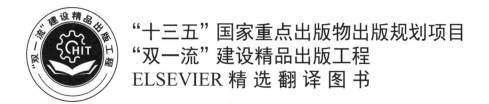

"十三五"国家重点出版物出版规划项目
"双一流"建设精品出版工程
ELSEVIER 精选翻译图书

综合膜科学与工程（第2版）
第1册 膜科学与技术

COMPREHENSIVE MEMBRANE SCIENCE
AND ENGINEERING （SECOND EDITION）

VOLUME 1 MEMBRANE SCIENCE AND TECHNOLOGY

［意］Enrico Drioli
［意］Lidietta Giorno　著
［意］Enrica Fontananova

徐 平 译

U0223154

哈尔滨工业大学出版社
HARBIN INSTITUTE OF TECHNOLOGY PRESS

Elsevier

内 容 简 介

由意大利国家研究委员会膜技术研究所(Institute on Membrane Technology of the National Research Council of Italy,ITM - CNR)的科学家 Enrico Drioli、Lidietta Giorno、Enrica Fontananova 撰写的《综合膜科学与工程(第 2 版)》共分为 4 册,分别为:第 1 册,膜科学与技术;第 2 册,先进分子分离中的膜操作;第 3 册,化学/能量转换膜和膜接触器;第 4 册,膜应用。

本册共 17 章,包括:从生物膜到人工合成膜系统;膜结构与传输特性的建模与仿真;膜内气体输运的基本原理;聚合物膜制备的基本原理;膜制备有机材料的研究现状及展望;用于压力驱动进程的先进聚合物及有机 - 无机膜;聚偏氟乙烯中空纤维膜;热重组聚合物膜:材料与应用;固有微孔聚合物薄膜(PIMs);等离子体膜;陶瓷膜;微结构陶瓷中空纤维膜及其应用;气体分离碳膜的制备;石墨烯膜;溶剂对热诱导相分离(TIPS)膜制备的影响(热力学和动力学的角度);用静电纺丝制造膜的策略与应用;高分子膜的物理化学表征。

本书可作为膜科学与技术领域的本科生或研究生的教材,也可供相关领域研究者参考。

图书在版编目(CIP)数据

综合膜科学与工程:第 2 版.第 1 册,膜科学与技术/(意)恩瑞克·德利奥里(Enrico Drioli),(意)利迪塔·吉奥诺(Lidietta Giorno),(意)恩里卡·丰塔纳诺娃(Enrica Fontananova)著;徐平译. —哈尔滨:哈尔滨工业大学出版社,2022.9

ISBN 978 - 7 - 5603 - 8629 - 4

Ⅰ.①综…　Ⅱ.①恩…②利…③恩…④徐…　Ⅲ.①膜材料　Ⅳ.①TB383

中国版本图书馆 CIP 数据核字(2020)第 017535 号

策划编辑　许雅莹
责任编辑　李青晏
封面设计　高永利
出版发行　哈尔滨工业大学出版社
社　　址　哈尔滨市南岗区复华四道街 10 号　邮编 150006
传　　真　0451 - 86414749
网　　址　http://hitpress.hit.edu.cn
印　　刷　哈尔滨博奇印刷有限公司
开　　本　787mm×1096mm　1/16　印张 47.25　字数 1120 千字
版　　次　2022 年 9 月第 1 版　2022 年 9 月第 1 次印刷
书　　号　ISBN 978 - 7 - 5603 - 8629 - 4
定　　价　390.00 元

(如因印装质量问题影响阅读,我社负责调换)

黑版贸审字 08 - 2020 - 085 号

Elsevier BV.

Comprehensive Membrane Science and Engineering, 2nd Edition

Enrico Drioli, Lidietta Giorno, Enrica Fontananova

Copyright © 2017 Elsevier BV. All rights reserved.

ISBN: 978 - 0 - 444 - 63775 - 8

注　意

　　本书涉及领域的知识和实践标准在不断变化。新的研究和经验拓展我们的理解,因此须对研究方法、专业实践或医疗方法做出调整。从业者和研究人员必须始终依靠自身经验和知识来评估和使用本书中提到的所有信息、方法、化合物或本书中描述的实验。在使用这些信息或方法时,他们应注意自身和他人的安全,包括注意他们负有专业责任的当事人的安全。在法律允许的最大范围内,爱思唯尔、译文的原文作者、原文编辑及原文内容提供者均不对因产品责任、疏忽或其他人身或财产伤害及/或损失承担责任,亦不对由于使用或操作文中提到的方法、产品、说明或思想而导致的人身或财产伤害及/或损失承担责任。

译 者 序

《综合膜科学与工程(第 2 版)》由意大利国家研究委员会膜技术研究所(ITM – CNR)的科学家 Enrico Drioli、Lidietta Giorno、Enrica Fontananova 撰写。本书从基本原理、结构设计、产业应用等方面详细地总结了膜科学与工程的发展,对于从事相关研究工作的科技工作者和研究生具有很好的参考价值。全书共分为 4 册,分别为:第 1 册,膜科学与技术;第 2 册,先进分子分离中的膜操作;第 3 册,化学/能量转换膜和膜接触器;第 4 册,膜应用。

第 1 册,从生物膜和人工合成膜出发,讨论了人工合成膜传输的基础知识以及它们在各种结构中制备的基本原理,概述了用于膜制备的有机材料和无机材料的发展现状和前景,以及膜相关的基本与先进表征方法。

第 2 册,针对先进分子分离过程中膜相关的操作,如液相和气相中的压力驱动膜分离及其他分离过程(如光伏和电化学膜过程),分析和讨论了它们的基本原理及应用。

第 3 册,介绍了广泛存在于生物系统中的分子分离与化学和能量转换相结合的研究进展,以及膜接触器(包括膜蒸馏、膜结晶、膜乳化剂、膜冷凝器和膜干燥器)的基本原理和发展前景。

第 4 册,侧重描述了在单个工业生产周期中,前 3 册中所描述的各种膜操作的组合,这有利于过程强化策略下完全创新的产业转型设计,不仅对工业界有益,在人工器官的设计和再生医学的发展中,也可以借鉴同样的策略。

哈尔滨工业大学化工与化学学院多位年轻教师和研究生对本书进行了翻译,希望能让我国读者更好地理解和掌握膜科学与工程的基本知识和发展前景。

本册由徐平译,吴婕、王婧、胡静、陈晓宇等博士研究生也参与了本书的翻译。

鉴于译者水平和能力有限,疏漏之处在所难免,欢迎广大读者对中文译本中的疏漏和不确切之处提出批评和指正。

徐平,邵路,姜再兴,杜耘辰
2022 年 3 月

第 2 版前言

  《综合膜科学与工程(第 2 版)》是一部由来自不同研究背景和行业的顶尖专家撰写的跨学科的膜科学与技术著作,共 58 章,重点介绍了近年来膜科学领域的研究进展及今后的发展方向,并更新了 2010 年第 1 版出版以来的最新成果。近年来,能推动现有膜分离技术局限性的新型膜材料已取得长足进展,比如一些用于气体分离的微孔聚合物膜和用于快速水传输的自组装石墨化纳米结构膜。一些众所周知的膜制备工艺,如电纺丝,也在纳米复合膜和纳米结构膜的合成方面取得了新的进展和应用。尽管一些膜操作的基本概念在几十年前就已经为人们所熟知,但最近几年它们才从实验室转移到实际应用中,比如基于膜能量转换过程的盐度梯度功率(SGP)生产工艺(包括压力阻滞渗透(PRO)和反向电渗析(RED))。这些在膜科学方面的进展是怎样取得的,下一步的研究是什么,以及哪些膜材料及其工艺的效率低于预期,这些问题都是本书的关注点。在第 2 版中,更加强调基础研究和实际应用之间的联系,涵盖了膜污染和先进检测与控制技术等内容,给出了对这些领域更全面更新颖的见解;介绍了膜的建模和模拟的最新进展、膜的操作和耐受性,以及组织工程和再生医学领域相关内容;并列举了关于膜操作的中大型应用的案例研究,特别关注了集成膜工艺策略。因此,本书对于科研人员、生产实践人员和创业者、高年级本科生和研究生,都是一本极具参考价值的工具书。

  在全球人口水平增长、平均寿命显著延长和生活质量标准全面提高的刺激下,对一些国家来说,过去的几十年是巨大的资源密集型工业发展时期。正如在第 1 版中介绍,这些积极的发展也伴随着相关问题的出现,如水资源压力、环境污染、大气中二氧化碳排放量的增加以及与年龄相关的健康问题等。这些问题与缺乏创新性技术相关。废水处理技术就是一个典型的例子。如图 1(a)所示,过去水处理工艺基本上延续了相同的理念,但在近几十年中出现了新的膜操作技术(图 1(b))。如今,实现知识密集型工业发展的必要性已得到充分认识,这将实现从以数量为基础的工业系统向以质量为基础的工业系统过渡。人力资本正日益成为这种社会经济转型的驱动力,可持续增长的挑战依赖于先进技术的使用。膜技术在许多领域已经被认为是能够促进这一进程的最佳可用技术之一(图 2)。工艺过程是技术创新中涉及学科最多的领域,也是当今和未来世界所必须要应对的新问题之一。近年来,过程强化理念被认为是解决这一问题的最佳方法,它由创新的设备、设计和工艺开发方法组成,这些方法有望为化学和其他制造与加工领域带来实质性的改进,如减小设备尺寸、降低生产成本、减少能源消耗和废物产生,并改善远程控制、信息通量和工艺灵活性(图 3)。然而,如何推进这些工艺过程仍旧不是很明朗,而现代膜工程的不断发展基本满足了过程强化的要求。膜操作具有效率高、操作简单、对特定成分传输具有高选择性和高渗透率的内在特性,不同膜操作在集成系统中的兼容性好、能量要求低、运行条件和环境相容性好、易于控制和放大、操作灵活性大等特点为化学和其他工业生产的合理化提供了一个可行的方法。许多膜操作实际上基于相同的硬件(设备、材料),只是软件不同(膜性质、方法)。传统的膜分离操作(反渗透(RO)、微滤(MF)、超滤(UF)、纳滤(NF)、电渗析(ED)、渗透汽化(PV)等),已广泛应用于许多不同的应用领域,如今已经与新的膜系统相结合,如催化膜反应器和膜接触器。目前,通过结合各种适合于分离和转化的膜单元,重新规划重要的工业生产循环,进而实现高集成度的膜工艺展现了良好的前景。在各个领域,膜操作已经成为主导技术,如海水淡化(图4)、废水处理和再利用(图5),以及人工器官制造(图6)等。

(a)过去的水处理工艺　　　　　　　　(b)新型的膜操作技术

图1　过去与现在的废水处理方法

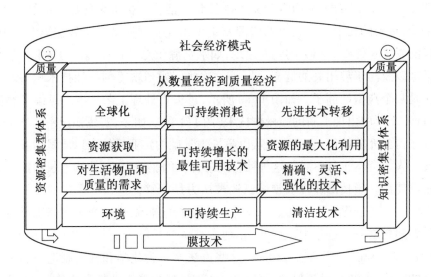

图2　当前社会经济技术推动资源密集型体系向知识密集型体系转型的过程示意图

未来工厂采用流程强化(右)
与传统工厂(左)使用对比图

采用无污染的工艺操作,工艺强化节约30%
(原材料+能源+操作成本)

设计清洁、高效的炼油
和石油化工过程

图3 过程强化技术

(Charpentier, J. C., 2007, *Industrial and Engineering Chemistry Research*)

有趣的是,如今在工业层面上实现的大部分膜工艺,自生命诞生以来就存在于生物系统和自然界中。事实上,生物系统的一个重要组成部分就是膜,它负责分子分离,化学转化,分子识别,能量、质量和信息传递等(图7),其中一些功能已成功地移植到工业生产中。然而,在再现生物膜的复杂性和效率,整合各种功能、修复损伤的能力,以及保持长时间的特殊活性,避免污染问题和各种功能退化,保持系统活性等方面还有困难。因此,未来的膜科学家和工程师将致力于探究和重筑新的自然系统。《综合膜科学与工程(第2版)》介绍和讨论了膜科学与工程的最新成果。来自世界各地的资深科学家和博士生完成了4册的内容,包括膜的制备和表征,以及它们在不同的操作单元中的应用、膜反应器中分子分离到化学转化和质能转化的优化、膜乳化剂配方等,强调了它们在能源、环境、生物医药、生物技术、农用食品、化工等领域的应用。如今,在工业生产中重新设计、整合大量的膜操作单元正变得越来越现实,并极具吸引力。然而,要将现有的膜工程知识传播给公众,并让读者越来越多地了解这些创造性、动态和重要的学科的基础和应用,必须付出巨大努力。作者将在本书中尽力为此做出贡献。

图4 EI Paso海水淡化厂反渗透膜(RO)装置

图 5 用于废水处理的浸没式膜组件

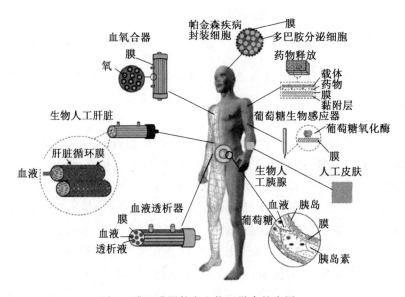

图 6 膜和膜器件在生物医学中的应用

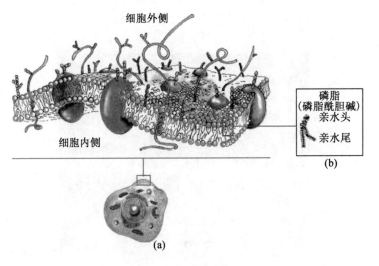

图 7 生物膜的功能

目　　录

第1章　从生物膜到人工合成膜系统

术语

水通道蛋白:允许水通过生物膜的蛋白质通道。

人工合成膜(仿生膜):模拟生物膜的人工合成膜系统。

合成膜:由生物材料制成的膜。

生物膜-1:用于分隔细胞内部与周围环境的多功能动态结构。

生物膜-2:具有受生物模型启发的结构和功能,但该膜既不能包含生物部分,也不能再现生物结构,它是使用生物模型作为灵感来源。

生物膜-3:传统的生物膜。

仿生胶囊膜:具有类似生物膜结构和功能的球形人工合成膜。

整合蛋白:生物膜结构蛋白。

植物抗毒素:从植物细胞中提取的用于应对病原体攻击的物质。

植物前体素:植物细胞中预先形成的用于防御病原体的物质。

1.1　引　言

生物膜有别于合成膜的特征在于:生物膜具有识别特性,能够调节具有不同理化性质的原子和分子的通道,在信号和信息传递方面以及接受外部物理、化学和生化刺激时,具有自我调节、自我愈合和自我清洁的响应,同时生物膜具有极高的选择性、精确性和有效性。

生物膜能够识别细胞生存所需的组分,从而促进物质信息和能量的交换,也能识别有害成分并阻止它们进入细胞甚至捕获和消除它们。生物膜能动态地执行这些动作,因此其具有适应新事件的能力。

但是,生物膜的生产率和机械稳定性不足以维持工业生产的需要。然而,人工合成膜可以保证可持续的生产率和机械稳定性。与大多数生物膜不同,人工合成膜非常稳定,可承受很大的压力、机械应力以及很高的温度和恶劣的物理化学条件。人工合成膜面临的挑战是实现类似于生物膜的选择性、识别和响应特性的同时,保持高的机械稳定性和生产率。

生物膜的独特特性是通过许多不同的功能单元、结构、架构、系统、机制和过程在多尺度水平上的分级组合来实现的。例如,如果将生物膜净水系统和人工合成膜净水系统进行比较,从宏观层面上看来,二者在过程集成和强化策略方面可以找到相似之处,但生物膜系统的复杂性更令人惊叹。

　　紧凑、集成和强化的生物过滤系统(如肾脏)由多种不同类型的元件、膜、结构、配置组合而成,通过逆流多组分系统来实现血液过滤。一般来说,毛细管是以使梯度浓度的质量传输最大化的路径来实现运输的。例如,肾脏每天产生 180 L 滤液,同时重新吸收的比例很大,允许产生大约 1.5 L 的尿液(即不到液体排放量的 2%)。

　　肾单位是肾脏的单位系统(图 1.1(b)),待净化的血液进入肾小球网络,分配在肾小球囊(鲍曼囊)内,从而被过滤。图 1.1(c)所示为肾小球膜结构的示意图,它是一种由三个不同层组成的毛细管不对称纳米复合膜(图 1.1(d)),并且每个层具有不同的孔径。面向管腔侧的层由内皮细胞构成,形成直径约 70 nm 的窗孔形状的孔;中间层即"肾小球基底膜",具有更致密的结构,孔直径约 25 nm,并带负电;外层由相互连接的足细胞组成,形成约 10 nm 的过滤狭缝孔。总而言之,肾小球膜是一种不对称毛细血管超滤膜,在保留血细胞、蛋白质和带负电荷的分子的前提下,允许小分子(高达 15 kDa)、离子和盐在约 10 mmHg($1\ \text{mmHg} = 1.333\ 22 \times 10^2\ \text{Pa}$)的压力梯度下通过。

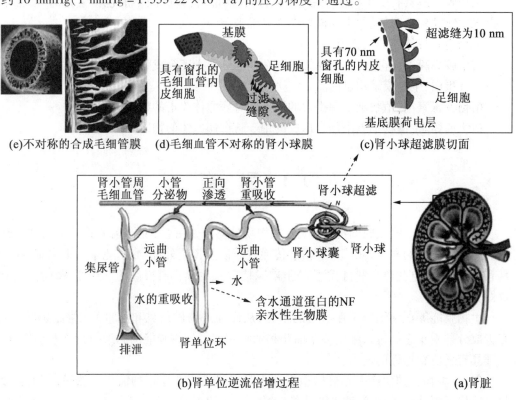

(e)不对称的合成毛细管膜　(d)毛细血管不对称的肾小球膜　(c)肾小球超滤膜切面

(b)肾单位逆流倍增过程　　(a)肾脏

图 1.1　肾的单位系统:一个未配对的集成和强化生物过滤系统

　　值得注意的是,被过滤的血液在面向承载较大孔径的膜层时,过滤过程由大孔径向小孔径进行,这是为了确保高选择性,尽管可能会产生更多的污垢。然而,该结构中的一些细胞具有吞噬和清除封闭大分子的能力。在每个通道中,只有 20% 的血液被过滤,而其余的 80% 重新进入血液循环。渗透液沿"近曲小管"收集,"近曲小管"与包含超滤剂的"肾小管周毛细血管"选择性再吸收可以使身体重新吸收氨基酸、葡萄糖、维生素离子，并平衡电解质水平。微绒毛的存在增加了表面积，从而提高了吸收效率。物质的再吸收增加了它们在血液中的浓度，因此水也会通过渗透作用被回收来平衡电解质水平。之后，浓缩的渗透液通过"肾单位环"，在亨利环路的下降端，由于膜结构中水通道蛋白的存在，只有水可以通过膜（这一过程可以比作通过含有正电荷的亲水性膜的纳滤，以避免 H_3O^+ 通过）。在亨利环路的上升端，水不能穿透细胞膜，只能转运离子。浓缩液沿"远曲小管"流动，在浓度梯度下通过渗透作用从"肾小管周毛细血管"重新吸收水分。最后，在"集尿管"中，水通过高度亲水的纳滤膜被重新吸收。

因此至少有三种不同的过滤方式（超滤、正向渗透、纳滤）集成在一起，通过毛细管膜的组装来消除有毒分子（如尿素），回收其他重要组分，从而实现梯度浓度下的运输最大化，并且废物排放量低。

生物膜系统的功能和结构很复杂，结构与机理的复杂性使其具有独特的性能。虽然生物解决方案在分子尺度、表面积与体积比、占地面积、低液体排放方面更有效，但人工合成膜在大规模生产方面表现更好。

根据进化理论，生物膜经过了漫长的进化过程，它是最适合于环境边界条件的系统。它基本上可以被认为是一个长期反复试验的结果，这个过程很可能从简单的分子和系统开始，发展到今天的膜。目前的挑战是如何通过合理的方法获得更好的性能。一门完整的"膜系统工程学"可以作为推进该领域现有知识层级发展的综合战略。

值得考虑的是，人工合成膜与生物膜不同，生物膜是在非常精确和自下而上调节过程的基础上形成的，人工合成膜最初是用不同于生物膜的方法开发出来的。目前，自下而上的方法正在发展，包括功能分子的自组装。尽管如此，大多数工业应用仍然依赖于传统的聚合物膜。随着单个元素的性质、它们在复杂体系中组装时所产生的功能以及如何合成复杂体系等知识的积累，将有助于人类更高效地实现人工合成膜。一般来说，"仿生"是指用于实现一般性能以及模仿生物功能。

1.2　生　物　膜

生物膜是一种复杂的多功能、动态结构的多组分系统，在细胞内或细胞周围起封闭或分离屏障的作用（图1.2）。这种屏障是一种选择性渗透结构，精细地控制着物质的进出，因此生物膜是细胞存活所必需的物质。原子和分子的大小、电荷和其他化学性质将决定它们是否通过生物膜。选择性渗透是细胞或细胞器与周围环境有效分离的关键特性。生物膜还具有一定的力学性能和弹性。如果一个物质太大不能穿过细胞膜，但细胞仍然需要它，该物质可以通过一个蛋白质通道或者通过内吞作用被吸收。

细胞膜含有种类繁多的生物分子，主要是蛋白质和脂质，它们参与多种细胞过程，如细胞黏附、离子通道电导、细胞发射信号和细胞信号转导。

生物膜也是细胞内骨架和细胞外细胞壁（如真菌、某些细菌和植物）的附着点。

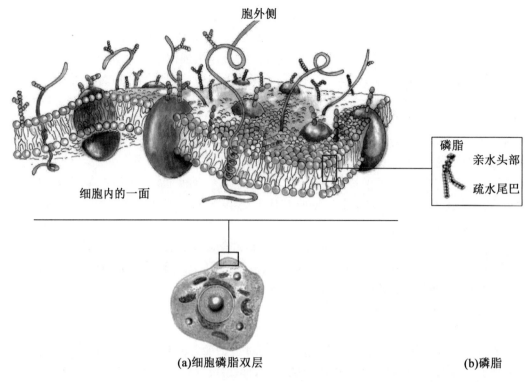

图 1.2　生物膜

　　细胞膜是一个两亲性层,是由脂质分子(通常是磷脂)和蛋白质组成的双层结构(图1.2(a))。两亲性磷脂(图1.2(b))自发排列,使疏水的尾部区域与周围的极性流体隔绝,而亲水的头部区域与所得双层的胞内和胞外表面相关联。这被认为是一个二维流体相(流体马赛克模型),组成它的脂质和蛋白质分子可以在2D平面上自由运动(图1.2(a))。这个连续的脂质双层包含嵌入的特定蛋白质和各种结构或结构域(包括整合素、钙黏附素,笼蛋白包裹的凹坑、小凹,蛋白质－蛋白质复合物,由肌动蛋白为基础的细胞骨架形成的脂筏、桩和栅栏,以及大的稳定结构(如突触或桥粒))。这些蛋白质和结构为细胞膜执行各种特定的功能奠定了物质基础。

　　细胞膜主要由磷脂、糖脂和类固醇这三种两亲性脂质组成。每种脂质的量取决于细胞的类型,通常磷脂是最丰富的,例如,磷脂酰胆碱(PtdCho)1、磷脂酰乙醇胺(PtdEtn)2、磷脂酰肌醇(PtdIns)3、磷脂酰丝氨酸(PtdSer)4。

　　磷脂和糖脂中的脂肪链含有16~20个碳,其中16和18碳脂肪酸是最常见的。脂肪酸可以是饱和的,也可以是不饱和的,双键的构型几乎都是顺式的。同时,脂肪酸链的长度和不饱和程度对膜的流动性有重要影响,因为不饱和脂肪阻止脂肪酸紧密地聚集在一起,从而增加了膜的流动性。某些生物通过改变脂质成分来调节细胞膜流动性的能力被称为同种黏性适应。整个膜通过疏水尾的非共价相互作用而结合在一起。在生理条件下,细胞膜中的磷脂分子处于液晶状态。这意味着脂质分子可以自由扩散,并沿其所在的层发生快速横向扩散。然而,双层膜内和膜外小叶之间的磷脂分子的交换是一个受控的过程。

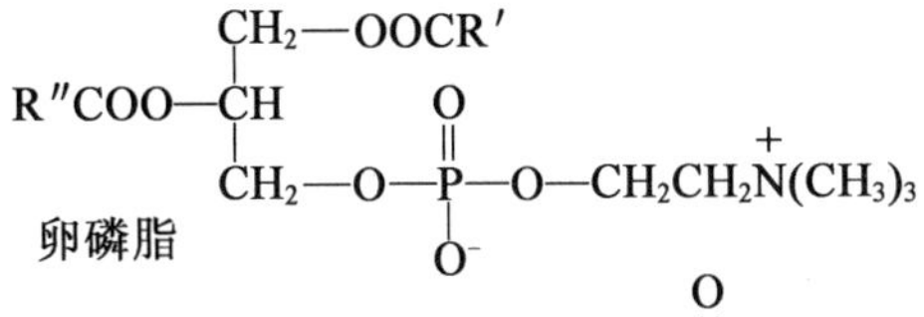

卵磷脂

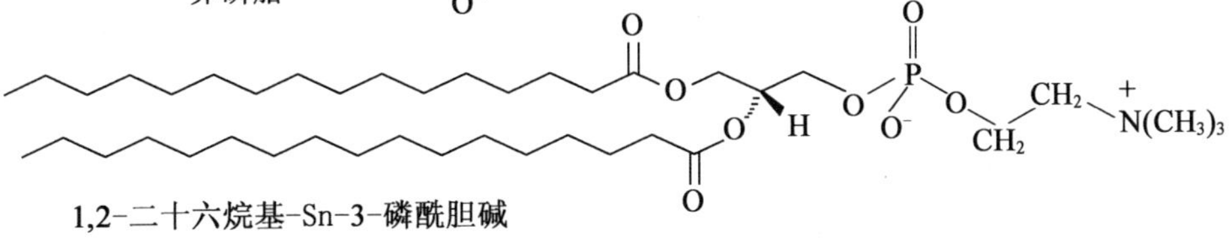

1,2-二十六烷基-Sn-3-磷酰胆碱

磷脂酰胆碱1

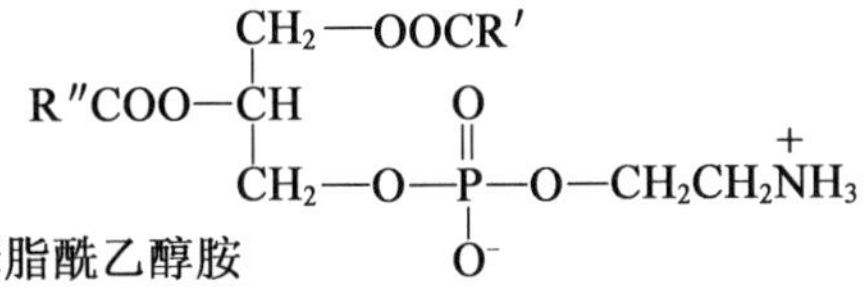

磷脂酰乙醇胺

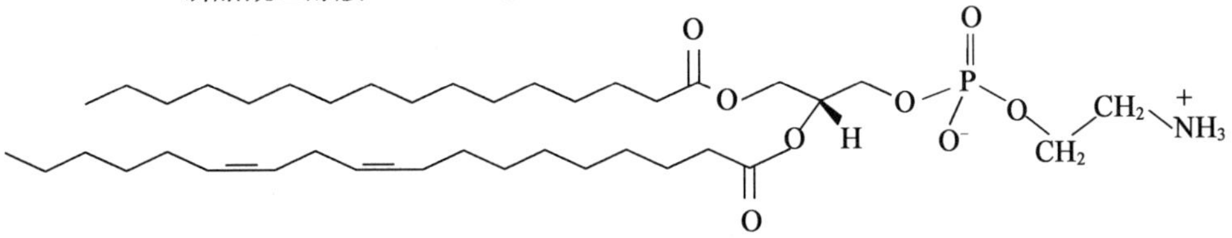

1-十六烷基，2-(9Z，12Z-十八二烯基)-Sn-甘油-3-磷酸乙醇胺

磷脂酰乙醇胺2

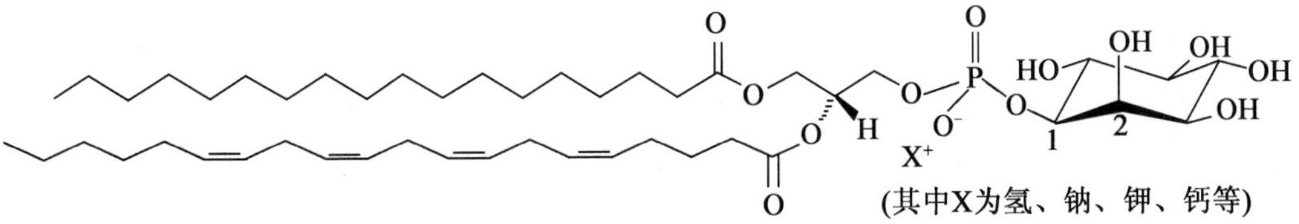

(其中X为氢、钠、钾、钙等)

1-十八烷基,2-(5Z,8Z,11Z,14Z-二十碳四烯醇)-Sn-丙三基-3-磷酸-(1'-肌醇)

磷脂酰肌醇3

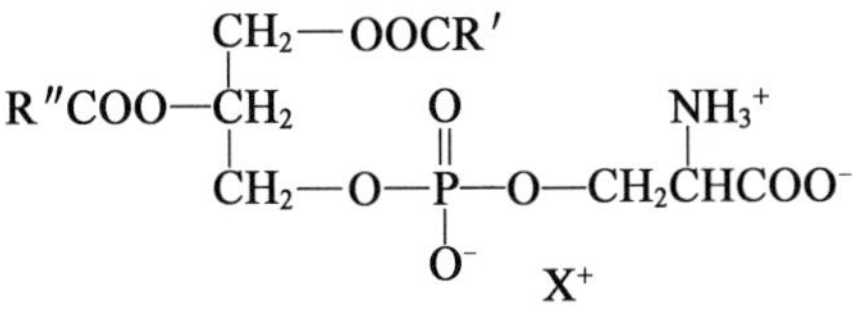

(其中X为氢、钠、钾、钙等)

1-十八烷酰,2-(4Z,7Z,10Z,13Z,16Z,19Z-二十二碳六烯基)-Sn-甘油-3-磷酸丝氨酸

磷脂酰丝氨酸4

质膜也含有碳水化合物,主要是糖蛋白,也含有一些糖脂(脑苷和神经节苷)。大多数情况下,细胞内表面的细胞膜不发生糖基化,糖基化一般发生在质膜的细胞外表面。

糖萼是所有细胞的重要特征,尤其是具有微绒毛的上皮细胞。最近的数据表明,糖萼参与了细胞黏附、淋巴细胞归巢等许多过程。

因为糖的主干在高尔基体中被修饰,所以次基糖为半乳糖,末基糖为唾液酸,唾液酸衍生物为带电荷的部分提供外部屏障(如N－乙酰神经氨酸,带负电荷)。唾液酸主要存在于糖蛋白和神经节苷脂中,这两种膜蛋白在细胞间的相互作用中起积极的作用。

细胞膜中的蛋白质可以是整体的,也可以是外围的(图1.2(b))。完整的蛋白质横跨整个膜的厚度。它们由与内部分子相互作用的亲水性胞外结构域以及由一个、多个a－螺旋和b－折叠蛋白基序组成的疏水膜扫描结构域组成,这些结构域将蛋白质锚定在细胞膜内。它们和与外部分子相互作用的亲水性胞外结构域作为离子通道、质子泵和G蛋白偶联受体。

外周蛋白仅存在于膜的一侧,它们附着在完整的膜蛋白上,或与脂质双层的外周区域相联系。这些蛋白质只与生物膜有短暂的相互作用,一旦与分子反应,它们独自在细胞质中完成工作,发挥酶和激素的作用。

脂质锚定蛋白作为G蛋白发挥作用,它们与单个或多个脂质分子共价结合,疏水插入细胞膜,并固定蛋白质,蛋白质本身不与膜接触。不同细胞膜的蛋白质含量不同,功能不同。细胞膜中的蛋白质典型含量是50%。暴露于外界环境中的细胞膜,是细胞间通信的重要场所。因此,蛋白质受体和识别蛋白种类繁多,如抗原,都存在于膜的表面。

膜蛋白的功能还包括细胞－细胞接触、表面识别、细胞骨架接触、信号传递、酶活性或跨膜转运物质等。

脂质双层的亲水极性头和疏水非极性尾的排列,阻止了氨基酸、核酸、碳水化合物、蛋白质和离子等极性溶质在细胞膜上扩散,但通常允许疏水分子的被动扩散。这使得膜能够通过跨膜蛋白复合物(如孔和门)来控制极性物质的运输。膜蛋白作为跨膜脂质转运体,例如翻转酶,允许磷脂分子在组成细胞膜的两片小叶之间移动(图1.3)。

如前所述,细胞膜在真核细胞和原核细胞中具有多种功能,其中最重要的作用之一是调节物质进出细胞的功能。磷脂双层结构具有特殊的膜蛋白,其具有选择渗透性和被动与主动的转运机制。此外,原核生物和真核生物线粒体和叶绿体中的膜能通过化学渗透促进ATP的合成。

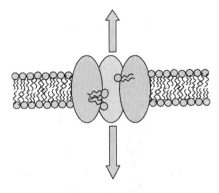

图 1.3 翻转酶

当物质穿过细胞膜可以达到化学动态平衡时,这种运动通常不需要净能量输入。如图1.4所示为被动运输,即通过梯度的简单扩散和通过载体的促进扩散。

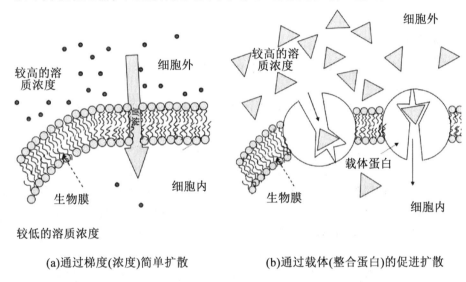

(a)通过梯度(浓度)简单扩散   (b)通过载体(整合蛋白)的促进扩散

图 1.4 被动运输

如图 1.5 所示为水通过脂质双分子层。即水通道蛋白中,水通过促进扩散的方式穿过细胞膜。由于某些上皮细胞的渗透性太大,不能简单地通过质膜扩散来解释,所以认为细胞膜上存在孔隙或通道以允许水流。水通道蛋白在细胞膜上形成四聚体,促进水的运输。同时在某些情况下,它也能帮助其他小溶质的运输,如甘油。然而,选择性是此类水孔的一个核心特性,这些水孔对带电物质(如氢离子、H_3O^+)是完全不可渗透的,因为它们的正电荷会在途中被拒绝。这对保护膜的电化学电位至关重要。

细胞不能仅仅依靠物质在细胞膜上被动运输来存活。在许多情况下,有必要将物质逆着其电位梯度或浓度梯度移动,以保持其细胞或细胞器内的适当浓度。并且逆着梯度运输物质是需要能量的,因为它们正远离平衡。细胞使用两种不同类型的活性转运,直接或间接地需要化学能。

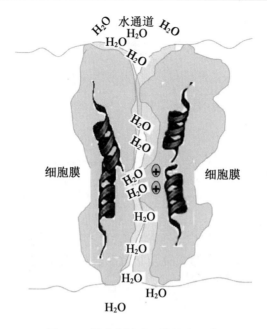

图 1.5　促进水被动运输的水通道

当 ATP 的第三个磷酸基团水解时,释放出大量的自由能(约 7.3 kcal·mol^{-1})。ADP 的第二个磷酸基团水解也是如此。这些实际上都是弱化学键,具有低键能,能够释放出高能量。如果该过程直接使用 ATP,则称为一级主动运输。如果传输还涉及使用电化学梯度,则称为二级主动运输。两种类型的主动转运都需要完整的膜蛋白。

在一级主动运输过程中,分子或离子与载体结合,促进 ATP 水解,从而导致载体构象变化,将分子移动到膜的另一侧。如图 1.6 所示,钠钾泵是一个主要为一级主动运输的例子,其中,ATP 水解产生的能量直接与一种特定物质在膜上的运动相耦合,这种运动不依赖于任何其他物质。

二级主动运输是利用离子的向下流动帮助一些其他分子或离子逆着其梯度运输。驱动离子通常是钠(Na^{+}),其梯度由 Na^{+}/K^{+} ATP 酶确定。

有时两种物质是同时向相同的方向运输的,又称共运输。钠葡萄糖泵可作为这种转运方式的一个实例,钠/葡萄糖转运蛋白是一种跨膜蛋白,允许钠离子和葡萄糖一起进入细胞。钠离子的浓度梯度降低,而葡萄糖分子的浓度梯度升高。随后,钠被 Na^{+}/K^{+} ATP 酶泵出细胞。

当一种物质与另一种物质同时向相反方向运输时,这种运输称为反向运输。

有时,细胞必须运输非常大的颗粒通过细胞膜,如食物颗粒或大量的水。此时细胞通常会通过内吞和外吞的过程(固体运输)来完成这一过程,运输的物质被细胞膜所裹住,如图 1.7 所示。

嵌入细胞膜的特定蛋白质可以作为分子信号,让细胞彼此交流。这种特定的蛋白质称为蛋白质受体。蛋白质受体无处不在,其功能是接收来自环境和其他细胞的信号。这些信号在细胞中以不同的形式被传递,例如,与受体结合的激素可能打开受体中的离子通道,使钙离子流入细胞。细胞膜表面的其他蛋白质作为标记物,用作识别。这些标记物与其各自受体的相互作用构成免疫系统中细胞-细胞相互作用的基础。

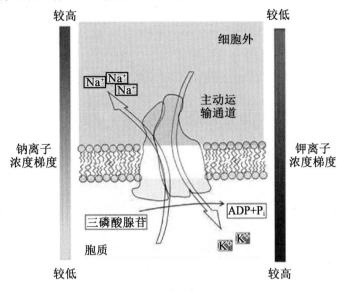

图 1.6 钠钾泵的运输(一级主动运输)

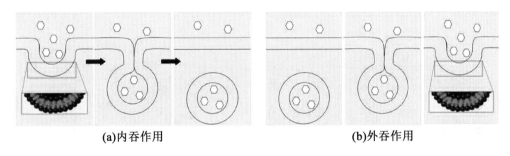

图 1.7 固体运输

细胞膜还起到改造细胞骨架的作用,为细胞提供形状,并附着在细胞外基质上,帮助细胞在组织形成过程中聚集在一起。

在细胞质中,细胞膜下的细胞骨架为膜蛋白的设计提供支架,并形成从细胞延伸的细胞器。实际上,细胞骨架元素与细胞膜广泛而密切地相互作用。一些特定的蛋白将它们限制在特定的细胞表面,例如,排列在脊椎动物肠道上的上皮细胞的顶端表面,限制了细胞骨架在双层中扩散的距离。细胞骨架能够形成类似附属物的细胞器,如纤毛,它是由细胞膜覆盖的微管状的延伸;丝状伪足,它是基于肌动蛋白的延伸。这些延伸物在膜中被打开,从细胞表面投射出来,以便感知外部环境或与基质、其他细胞接触。上皮细胞的顶端表面密集着以肌动蛋白为基础的手指状突起,称为微绒毛,微绒毛增加了细胞的表面积,从而提高了营养物质的吸收率。

1.3　植物防御机制体内的系统划分实例

　　膜单元通常将一个活细胞分为几个隔间。每个隔间都有特定的结构和功能,隔间之间的相互作用由特定的信号调节。植物对抗病原体是由刺激反应作用调节的一个重要例子。

　　与动物相比,植物的防御机制是不同的,因为植物是固定的有机体,不能影响它们的捕食者。在进化过程中,植物已成为自然界的有机化学家,它们共同合成了大量的次生代谢物,以抵御食草动物和微生物,并适应不同类型的非生物环境压力。

　　用于防御的化合物分为两大类:植物抗肽素类和植物抗毒素类。植物抗肽素是预先形成的物质,代表了对病原体的第一道屏障;而植物抗毒素则是为了预防病原体攻击而合成的。

　　许多植物防御化合物以非活性葡萄糖基化形式储存,这可以在提高其化学稳定性的同时增加其溶解性,使其适合储存在液泡中,并保护植物免受自身防御系统的毒性影响。

　　当细胞破裂(例如由咀嚼昆虫引起)时,防御化合物通过 β - 葡萄糖苷酶催化的糖苷键水解产生生物活性。如图 1.8 所示,在完整的植物组织中,β - 葡萄糖苷酶与底物分开储存。这种双组分系统为植物对抗食草动物和病原体提供了直接的化学防御,但其中每一个单独的组分都是化学惰性的。

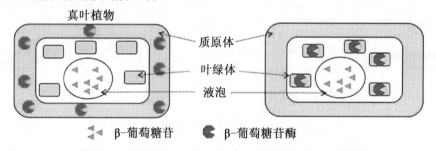

图 1.8　β - 葡萄糖苷酶与 β - 葡萄糖苷不同区域的示意图

　　β - 葡萄糖苷酶的催化机理如图 1.9 所示。两个保留的谷氨酸残基分别用作催化剂催化亲核细胞和通用酸/碱。在保留 β - 葡萄糖苷酶时,被催化的谷氨酸残基位于对接底物的 β - 葡萄糖苷键的对侧,距离为 5.5 Å(1 Å = 0.1 nm)。作为催化的第一步,亲核细胞对非单体碳进行亲核攻击,从而形成葡萄糖 - 酶中间体。在这个过程中,葡萄糖酸催化剂使葡萄糖酸氧质子化,促进了苷元的分离。在第二催化步骤(去糖基化)中,一个水分子被催化基激活,作为亲核试剂水解葡萄糖键并释放葡萄糖。在合适的条件下,β - 糖苷酶可以进行转糖基化,将酶 - 葡萄糖中间体中共价结合的葡萄糖转移到酒精或第二糖基上。防御化合物的生物活性归因于其水解产物,因此,将葡萄糖苷和 β - 葡萄糖苷酶分离成完整组织中的不同(亚)细胞间隔是双组分防御系统的一个关键特征。如图 1.8 所示,葡萄糖苷储存在液泡中,而通常 β - 葡萄糖苷酶在单子叶植物和真双子叶植物中的亚细胞定位是不同的。

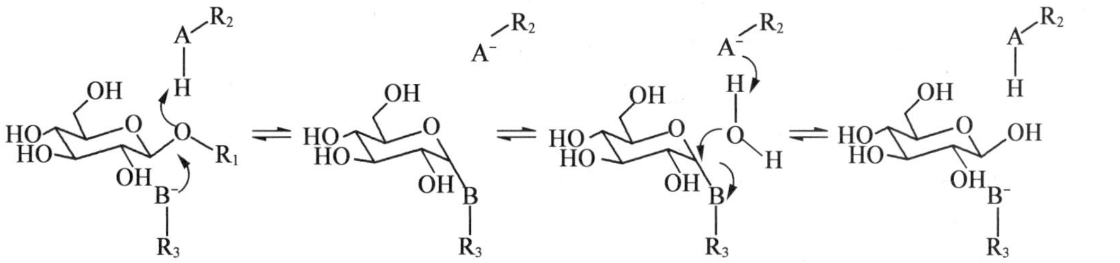

图 1.9 β－葡萄糖苷酶催化作用示意图

在一些植物中,底物和生物活化剂在细胞水平上被分离。这种分隔为植物提供了两部分的防御系统,其中每个单独的组成部分在化学上是惰性的。一旦组织被破坏,糖苷就会与降解的 β－葡萄糖苷酶接触,从而立即释放出有毒的防御化合物。通常,这两种成分在幼苗和植物幼嫩的部分含量最高,以保护植物在这一脆弱阶段免受食草动物和病原体的攻击。

1.4 模拟体内系统的体外生物杂化膜

模拟生物膜的效率并创建基于膜分离以及生产的系统是当前技术发展的瓶颈,在仿生分离/转换/传感器技术的发展过程中,需要考虑的重要方面包括通道(离子和水通道)和载体(运输工具)等单个元素以及整个复杂的组织/功能系统。第一个模块有助于产生高度选择性的各个模块的信息。第二个模块提供了如何将它们集成到整个系统中以实现和维护特定属性的信息。

一般来说,每类转运蛋白促进特定分子物种进出细胞,同时阻止其他组分通过,这个过程对于细胞内部物理－化学特性和组成的整体保护至关重要。如前所述,水通道蛋白是一种高效的膜孔蛋白,能够以非常高的速率(每秒高达 10^9 个分子)输送水分子,同时防止氢离子通过。载体蛋白通常具有较低的转化率,但能够利用 ATP 的化学能量进行梯度转运。对于这两类蛋白质来说,它们独特的渗透性和选择性使它们成为仿生膜的分离设计和开发的候选者。一个理想的分离装置需要利用这些组分的性质,通过它们来促进运输,并且支撑基质不渗透除了溶质以外的任何东西。在实践中,仿生载体基质通常具有对水、电解质和非电解质的渗透性,因此,仿生系统的效率可能取决于对生物成分运输和人工支撑物的相对贡献。此外,为了达到有效的使用寿命,并使其适用于生产应用,必须解决所含生物成分的稳定性问题。

2007 年,伊利诺斯大学的研究人员报道了一种用于水处理和药物输送的新一代仿生膜。这种具有高渗透性和选择性的膜是基于功能水通道蛋白 Z 与新型 A－b－A 三嵌段共聚物的结合。试验的膜以囊泡形式存在,比普通的反渗透膜具有更高的运输能力。

水通道蛋白的仿生膜与嵌入式水通道蛋白也已被报道。该系统支持的压力高达 10 bar[①],并允许水流大于 100 L/(m³·h)。因此,水通道蛋白膜的开发与合适的多孔载体材料的开发密切相关。仿生膜的生产规模从几平方厘米扩大到几平方米。采用基于 CO_2 激光烧蚀的微加工方法制备直径为 300~84 mm 的均匀孔径支撑膜。它们排列成阵列,最密集的膜具有高达 60% 的穿孔水平。同时,光圈也是被膜包围,其是由激光烧蚀过程中从光圈喷出的熔化材料形成的。采用聚二甲基硅氧烷(PDMS)复制品对这些凸起进行可视化分析。

在聚合物膜中,固定化酶的生物催化膜是仿生膜系统的另一个例子。参照 β-葡萄糖苷酶/油橄榄苦苷系统,该酶在细胞壁中被分隔,油橄榄苦苷在液泡中被分隔,通过在聚合物多孔非对称膜中固定该酶,并通过对流给底物油橄榄苦苷提供营养,构建了类似的结构。当橄榄苦苷通过细胞膜时,酶被固定在细胞膜上。固定化的 β-糖苷酶在聚合物膜的保护作用下保持了很高的稳定性和选择性。如图 1.10 所示,免疫化学分析显示酶在膜内的分布。β-糖苷酶与油酸尿苷的分离可用于生物活性分子的生产,也可作为生物活性制备配方的模型。结合其他膜的概念,如膜乳化,为制备功能化的微观结构提供了创新的可能性,能够划分模拟生物系统的生物活性分子。在聚合物和无机膜中,固定化酶成功用于生物反应器。

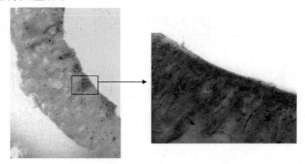

图 1.10 黑点表示固定化蛋白原位可视化

仿生膜可作为肺(为培养细胞提供氧气)、肾小球、静脉、皮肤等,该膜的特性在组织工程和再生医学应用中也得到了发展。在这一领域中,聚合物膜被用作细胞黏附的载体。在分隔的生物杂化系统中,同时也为代谢物和分解代谢产物的分子运输提供了一种选择性屏障。

仿生结构引起了人们极大的关注。自下而上的技术(如自组装和逐层(LbL)技术)在仿生人工结构的发展中发挥着关键作用。许多不同的功能元件已被用于制造仿生膜。表 1.1 总结了用于制备抗污染膜、纳米多孔膜和生物催化膜最常见的元件/材料。

---

① 1 bar = 10^5 Pa。

表 1.1　用于仿生膜制备的功能元件/材料

功能元件/材料	例子	应用	参考文献
两性离子化合物	N-(3-磺丙基)-N-(甲基丙烯氧乙基)-N,N-二甲基甜菜碱铵(SBMA) 3-(N-2-甲基丙烯氧基乙基-N,N-二甲基)氨甲丙烷磺酸(MAPS) 2-甲基丙烯酰氧乙基磷酰胆碱(MPC)	抗污染膜	18
糖共聚物和糖单体生物通道蛋白	聚(丙烯腈-共(α-烯丙基葡萄糖苷))(PANCAG) 聚[丙烯腈-D-葡萄糖酰胺基甲基丙烯酸乙酯共聚物](PANCGAMA) 水通道蛋白 α-溶血素 葛兰米菌素 A	抗污染膜	19 20~22 23~28
嵌段共聚物	聚(苯乙烯)(PS) 聚甲基丙烯酸甲酯(PMMA) 聚环氧乙烷(PEO) 聚乳酸(PLA) 聚苯乙烯-b-聚(二甲基丙烯酰胺)-b-聚乳酸(PS-b-PDMA-b-PLA)		
有机纳米管 冠醚大环 肽基	碳纳米管 环糊精 安定霉素 短杆菌素 N-苄氧基乙基大环	纳米多孔膜 纳米多孔膜 纳米多孔膜	29 30 31
酶	脂肪酶 β-葡萄糖苷酶膜 羧化酶	生物催化膜	32

　　仿生膜的构建有两种不同的策略:①将生物分子纳入合成基质(生物分子改性聚合物材料);②合成模拟生物分子结构和功能的人工单元。表 1.2 介绍了使用生物分子改性膜和人工合成膜制备的仿生膜。研究结果表明,天然蛋白质与基质的结合可以用于构建与天然相似的仿生膜。为了满足生物膜在水处理、传感、碳捕获和手性拆分等方面的应用,科学家设计了具有自然选择功能的膜,从而交替地制备出性能更高、稳定性更好的膜。

表 1.2 利用生物分子改性膜和人工合成膜制备的仿生膜

仿生人工膜	应用	制备			
		通过使用生物分子改性的高分子材料	参考文献	综合系统	参考文献
纳米多孔膜	海水淡化水净化水	包含组氨酸标记水通道蛋白的聚环氧乙烷－聚二甲基硅氧烷－聚2－甲基恶唑啉(PEO－PDMS－PMOXA)三嵌段共聚物囊泡	33	树枝状二肽 (4－3,4－3,5)－12G2－CH2－Boc－L－Tyr－L－Ala－ome	34,35
		包含三嵌段共聚物和水通道蛋白 Z(AqpZ)的甲基丙烯酸酯端基功能化醋酸纤维素	36	烷基脲基咪唑	37
		沉积多孔氧化铝膜制备含 AqpZ 结合的由二硫化聚2－甲氧唑啉－嵌段－聚二甲基硅氧烷－嵌段－聚2－甲基恶唑(PMOXA20－PDMS75－PMOXA20)三嵌段共聚物制备的聚合物囊泡	38	柱^5 芳烃衍生物	39,40
	传感器	含有膜 α－溶血素(α－HL)的纳米多孔膜	21	DNA 折纸	22
生物催化膜	二氧化碳捕获	碳酸酐酶(CA)固定化膜	41,42	聚 N－乙烯基咪唑锌配合物	43
	手性拆分	脂肪酶 青霉素 G 酰化酶	44,45	手性聚合物 分子印迹膜	45,46

仿生胶囊膜因其体积小(微尺度和纳米尺度)和界面面积大而备受关注。它们被广泛地用于药物传递、生物传感和生物催化。

药物传递系统可以封装生物活性化合物,并在所需的位置或者所需的时刻释放它们,从而实现更有效地传递和更少的副作用。根据外部环境调节药物的跨膜转运,科学家已研制出响应刺激的囊膜。

以响应刺激的水凝胶为基础的微胶囊,具有爆裂释放行为,其灵感来自于某些植物(如成熟的黄瓜),通过突然收缩果实壁,将含有种子的黏液射入空气中相当长的距离。以交联 PNIPAM 水凝胶为壳材,油芯包裹水基纳米颗粒制备热响应微胶囊。在超过 PNIPAM 体积相变温度的条件下对其加热,评估了水凝胶壳的收缩和挤压能力。

生物分子可触发微胶囊核心内容物的释放。采用一种能特异性结合葡萄糖的蛋白,如 Concanavalin A (Con A),制备了葡萄糖敏感型复合乳液。膜乳化技术已被用于在 W/O/W 界面取代 Con A,使得葡萄糖刺激及其浓度对药物释放的作用被证实。将牛血清白蛋白(BSA)溶于 $MnCO_3$ 微粒子上,与含二硫代丙酸丁二酰亚胺(Dithiobis Succinimidylpro

Pionate，DSP)交联,取芯,制备了牛血清白蛋白(BSA)空心微胶囊。由于交联剂中的二硫键在细胞还原环境或超声处理中很容易被破坏,因此它们有可能成为药物传递载体。在脂质修饰血红蛋白(Hb)微胶囊中组装 ATP 酶。ATP 是由葡萄糖的氧化和水解所提供的质子梯度驱动 ATP 酶产生的。微胶囊中 ATP 酶催化的演示对功能性“智能”材料和药物递送载体的设计具有重要意义,同时对特定分析物敏感的生物催化胶囊在药物控释方面也有潜在的应用。葡萄糖氧化酶和过氧化氢酶通过谷醛交联交替组装在胰岛素颗粒上,形成葡萄糖敏感的多层外壳。多刺激反应胶囊也正在成为能够模拟生物系统的理想基质,这是为了适应多种环境变化产生的结果,而不是单一变化导致的。一种基于 DNA - 介孔二氧化硅纳米颗粒偶联物的双刺激药物传递载体,通过 DNA 双链的热变性或引入 DNase I 高选择性地裂解 DNA 而引起药物释放。概念验证研究主要在这一领域进行,以证明改进的体外或体内药物释放方法有所提升。酶反应颗粒在诊断和药物传递中是非常有用的工具,因为酶表达的失调涉及不同的疾病。N - (2 - 羟丙基)甲基丙烯酰胺(HPMA)被用于制备纳米颗粒,该纳米颗粒通过可裂解单元(序列 gl - pheu - leu - gly)与阿霉素结合在一起,使人能够通过蛋白酶(组织蛋白酶 b 负载的 HPMA 纳米颗粒)在肽序列上的作用来触发药物的释放。脂质体中装载了一种多肽,这种多肽被设计成与第二种多肽 immo - bilized 在金纳米颗粒上的多肽互补,多肽之间的联系导致了折叠依赖的纳米颗粒桥接聚合。在用 PLA2 消化后,脂质体的消化决定了包囊的肽的释放,该肽诱导了纳米粒子聚集和显著的光谱红移。利用这一策略,可以检测物理相关的酶浓度(在皮摩尔范围内),并监测酶的活性。

负载酶的膜在稳定性、特定体积的生物催化剂负载、可回收性以及简化工业应用的下游处理方面具有优势。固定化酶要想在工业上成功应用,必须保持其最大的活性和稳定性。更可控的固定化方法能够再现酶的自然微环境,并保持一定的灵活性和构象变化的可能性,是获得酶的最佳活性所必需的。膜乳化已被证明是一种适合于脂酶负载颗粒构建的方法,提高了操作稳定性,促进了界面酶与基质之间固有的最优相互作用。脂肪酶是一种界面酶,具有开放的形式,在水/油界面存在的情况下,催化位点可以接触到底物。脂肪酶分布在稳定的水包油或膜乳化水包油乳液的界面,可实现酶的定向固定,这是酶和底物之间的生物特异性相互作用的基础。在温和的操作条件下,通过膜乳化技术评价脂肪酶在乳状液界面上的最佳空间排列,显示出高的对应选择性(100%)和活性产率(80%)。

1.5　仿生超疏水性能

超疏水性是生物系统用来保持表面清洁和干燥以防止细菌感染的一种特性。许多植物、昆虫和鸟类具有超疏水表面,这使得它们具有重要的功能特性。

如图 1.11 所示,莲花象征着“纯净”,即使它生长在脏的水池中,也能保持清洁;壁虎能在垂直的表面上爬上爬下而不掉下来;水黾能够在水面上行走。

据了解,超疏水性正在促进和保持这些独特的性质,通过化学材料性质和纳米级分层结构实现的物理纳米形貌的组合来促进超疏水性。

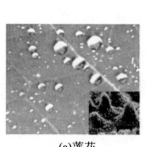

(a)莲花　　　　　　　(b)壁虎　　　　　　　(c)水黾

图 1.11　自然界中超疏水性的例子

荷叶由疏水蜡中的微尺度的乳头状结构和纳米尺度的枝状结构组成。壁虎的脚垫上覆盖着纳米级的纤维,这些纤维由嵌入疏水性分泌物中的角蛋白组成。昆虫的角质层有一层防止水渗透的表皮蜡层。每平方毫米数千根疏水毛发覆盖在水黾的体表,提高其在水面上行走的能力。这些细小的毛发可以捕捉空气,假如水黾潜入水中,气泡就会把水黾推回到水面;此外,它们还提供水下呼吸的空气。

自 1990 年以来,人工超疏水材料的研究快速发展。在膜技术中,超疏水性能在膜接触器,尤其是膜蒸馏、膜结晶、膜干燥等操作中起极其重要的作用。表面可切换的防水性可能是控制污垢,大幅减少维护程序和改善膜骨架寿命的策略,因为疏水表面很容易进行清洁并保持清洁干燥。

超疏水膜表面可通过在膜上涂覆疏水材料、多孔纳米材料、分层组件的组合来制备。

各种形态的疏水性微观结构,如球形、圆柱形、带状和圆锥形,可通过疏水性生物聚合物、石墨烯和富勒烯等各种分子的自组装获得。纳米或者微米结构可以通过自组装或者微米纳米制造工艺(包括新型膜乳化和基于膜的纳米沉淀工艺)制备。纳米结构需要通过各种自上而下的方法均匀分布在微调的膜结构/孔表面内。制备超疏水膜的技术有气相诱导相分离、溶胶－凝胶工艺、浸渍涂覆和交联、LBL 组装、印迹方法、化学接枝和 3D 印刷。

生物系统对伤口愈合的能力也受到关注,即把它转化成生物激发的自修复材料。有各种各样的方法来促进受损材料的原位自我修复。

自主自愈聚合物遵循类似于生物系统的机制,当发生损坏时,启动该过程,促进材料向受影响区域的运输,并维持化学修复(如聚合、可逆交联等)。

这些自我愈合的材料是基于胶囊的、血管的以及内在的系统,并依赖于释放的胶囊愈合剂进入损伤区。

内在的自我修复是由能够恢复其完整性的材料所促进的,要做到这一点,它们需要外部刺激(如热、电或光刺激)来促进愈合。

1.6 结论与展望

生物膜利用分级分子、超分子、纳米和微尺度组合物的结构和拓扑以实现它们的功能性质。具有层次化结构的仿生或仿生膜以其高精度、高效率的控制和调控功能特性而备受关注。可在合成膜基质中加入生物大分子,为在中短期内促进生物医学、药理学、生物技术领域、生物传感器和一般的一次性使用工具奠定了坚实的基础。尽管大规模地使用仍具挑战性,但可利用选择性生物分子(如水通道蛋白)来开发高透水性和选择性的膜。保护膜内蛋白质的新方法正在研究中,甚至在膜清洗过程中膜内蛋白质也可以确保其长期的稳定性,但这种生物杂交膜生产时所需的通道蛋白本身的有效性是个问题。因此开展指导膜蛋白大规模生产和纯化的研究工作是必然的,其中微生物的生产途径可以提供合适的替代方案。

对超分子化学和纳米级物理结构的理解促进生物功能特性的研究,如超亲水性和超疏水性刺激了新型功能材料的合成、纳米结构膜集成工艺的设计和制备。

本章参考文献

[1] Singer, S. J.; Nicolson, G. L. Science 1972, 175 (23), 720 – 731. doi:10.1126/science. 175. 4023. 720. http://www. sciencemag. org/cgi/pmidlookup? view = long&pmid =4333397, PMID 4333397.

[2] Alberts, B.; Johnson, A.; Lewis, J.; et al. Molecular Biology of the Cell, 4th ed.; Garland Science:New York, 2002, ISBN 0 – 8153 – 3218 – 1.

[3] Gray, J.; Groeschler, S.; Le, T.; Gonzalez, Z. "Membrane Structure" (SWF); Davidson College:Davidson NC, 2002.

[4] Lodish, H.; Berk, A.; Zipursky, L. S.; et al. Molecular Cell Biology, 4th ed.;Scientific American Books:New York, 2004, ISBN 0716731363.

[5] Jones, P.; Vogt, T. Planta 2001, 213, 164 – 174.

[6] Davies, G.; Henrissat, B. Structure 1995, 3, 853 – 859.

[7] Gruhnert, C.; Biehl, B.; Selmar, D. Planta 1994, 195, 36 – 42.

[8] Kumar, M.; Grzelakowski, M.; Zilles, J.; Clark, M.; Meier, W. Proc. Natl. Acad. Sci. U. S. A. 2007, 201119 – 220424.

[9] Nielsen, C. H. J. Anal. Bioanal. Chem. 2009, 395, 697 – 718, Article by Aquaporin CSO.

[10] Vogel, J.; et al. J. Micromech. Microeng. 2009, 19 (025026), 6, 10. 1088/0960 – 1317/19/2/025026.

[11] Hansen, J. S.; et al. J. Microeng. Microeng. 2009, 19, 025014. doi:10.1088/

0960 – 1317/19/2/025014（11 pp）.

[12] Mazzei, R.; Giorno, L.; Mazzuca, S.; Drioli, E. J. Membr. Sci. 2009, 339, 215 – 223.

[13] Giorno, L.; Drioli, E. Trends Biotechnol. 2000, 18, 339 – 348.

[14] Smuleac, V.; Butterfield, D.; Bhattacharyya, A. D. Langmuir 2006, 22, 10118 – 10124.

[15] Drioli, E.; De Bartolo, L. Artif. Organs 2006, 30, 793 – 802.

[16] Stamatialis, D. F.; Papenburg, B. J.; Girones, M.; Saiful, S.; Bettahallis, S. N. M.; Schmitmeier, S.; Wessling, M. J. Membr. Sci. 2008, 308, 1 – 34.

[17] Barboiu, M.; Cazacu, A.; Michau, M.; Caraballo, R.; Arnal – Herault, C.; Pasc – Banu, A. Chem. Eng. Process. Process Intensif. 2008, 47, 1044 – 1052.

[18] Reuben, B. G.; Perl, O.; Morgan, N. L.; Stratford, P.; Dudley, L. Y.; Hawes, C. J. Chem. Technol. Biotechnol. 1995, 63, 85 – 91.

[19] Hu, M. X.; Fang, Y.; Xu, Z. K. J. Appl. Polym. Sci. 2014, 131, 39658/1 – 39658/13.

[20] Tang, C. Y.; Zhao, Y.; Wang, R.; Hélix – Nielsen, C.; Fane, A. G. Desalination 2013, 308, 34 – 40.

[21] Hall, A. R.; Scott, A.; Rotem, D.; Mehta, K. K.; Bayley, H.; Dekker, C. Nat. Nanotechnol. 2010, 5, 874 – 877.

[22] Bell, N. A. W.; Engst, C. R.; Ablay, M.; Divitini, G.; Ducati, C.; Liedl, T.; Keyser, U. F. Nano Lett. 2011, 12, 512 – 517.

[23] Mecke, A.; Dittrich, C.; Meier, W. Soft Matter 2006, 2 (9), 751 – 759.

[24] Palivan, C. G.; Goers, R.; Najer, A.; Zhang, X.; Car, A.; Meier, W. Chem. Soc. Rev. 2016, 45 (2), 377 – 411.

[25] Bang, J.; Kim, S. H.; Drockenmuller, E.; Misner, M. J.; Russell, T. P.; Hawker, C. J. J. Am. Chem. Soc. 2006, 128, 7622 – 7629.

[26] Tang, C.; Bang, J.; Stein, G. E.; Fredrickson, G. H.; Hawker, C. J.; Kramer, E. J.; Sprung, M.; Wang, J. Macromolecules 2008, 41, 4328 – 4339.

[27] Phillip, W. A.; Rzayev, J.; Hillmyer, M. A.; Cussler, E. L. J. Membr. Sci. 2006, 286, 144 – 152.

[28] Phillip, W. A.; O' Neill, B.; Rodwogin, M.; Hillmyer, M. A.; Cussler, E. L. ACS Appl. Mater. Interfaces 2010, 2, 847 – 853.

[29] Barboiu, M.; Gilles, A. Acc. Chem. Res. 2013, 46, 2814 – 2823.

[30] Madhavan, N.; Robert, E. C.; Gin, M. S. Angew. Chem. Int. Ed. 2005, 44, 7584 – 7587.

[31] Matile, S.; VargasJentzsch, A.; Montenegro, J.; Fin, A. Chem. Soc. Rev. 2011, 40, 2453 – 2474.

[32] Mazzei R., Piacentini E., Gebreyohannes A., Giorno L., Current Organic Chemis-

try, 2017. http://dx. doi. org/10. 2174/1385272821666170306113448.

[33] Stoenescu, R. ; Graff, A. ; Meier, W. Macromol. Biosci. 2004, 4, 930 – 935.

[34] Percec, V. ; Dulcey, A. E. ; Balagurusamy, V. S. K. ; Miura, Y. ; Smirdrkal, J. ; Peterca, M. ; Numellin, S. ; Edlund, U. ; Hudson, S. D. ; Heiney, P. A. ; Duan, H. ; Magonov, S. N. ; Vinogradov, S. A. Nature 2004, 430, 764 – 768.

[35] Kaucher, M. S. ; Peterca, M. ; Dulcey, A. E. ; Kim, A. J. ; Vinogradov, S. A. ; Hammer, D. A. ; Heiney, P. A. ; Percec, V. J. Am. Chem. Soc. 2007, 129, 11698 – 11699.

[36] Zhong, P. S. ; Chung, T. S. ; Jeyaseelan, K. ; Armugam, A. J. Membr. Sci. 2012, 407 – 408, 27 – 33.

[37] Le Duc, Y. ; Michau, M. ; Gilles, A. ; Gence, V. ; Legrand, Y. – M. ; van der Lee, A. ; Tingry, S. ; Barboiu, M. Angew. Chem. Int. Ed. 2011, 50, 11366 – 11372.

[38] Duong, P. H. H. ; Chung, T. S. ; Jeyaseelan, K. ; Armugam, A. ; Chen, Z. ; Yang, J. ; Hong, M. J. Membr. Sci. 2012, 409 – 410, 34 – 43.

[39] Hu, X. B. ; Chen, Z. ; Tang, G. ; Hou, J. L. ; Li, Z. T. J. Am. Chem. Soc. 2012, 134, 8384 – 8387.

[40] Si, W. ; Chen, L. ; Hu, X. – B. ; Tang, G. ; Hou, J. L. ; Li, Z. T. Angew. Chem. Int. Ed. 2011, 50, 12564 – 12568.

[41] Favre, N. ; Pierre, A. C. J. Sol – Gel Sci. Technol. 2011, 60, 177 – 188.

[42] Zhang, Y. T. ; Zhang, L. ; Chen, H. L. ; Zhang, H. M. Chem. Eng. Sci. 2010, 65, 3199 – 3207.

[43] Yao, K. ; Wang, Z. ; Wang, J. ; Wang, S. Chem. Commun. 2012, 48, 1766 – 1768.

[44] Piacentini, E. ; Mazzei, R. ; Giorno, L. Curr. Pharm. Des. 2017, 23, 1 – 13.

[45] Xie, R. ; Chu, L. Y. ; Deng, J. G. Chem. Soc. Rev. 2008, 37 (6), 1243 – 1263.

[46] Maier, N. M. ; Lindner, W. Anal. Bioanal. Chem. 2007, 389 (2), 377 – 397.

[47] Liu, Z. ; Ju, X. ; Wang, W. ; Xie, R. ; Jiang, L. ; Chen, Q. ; Zhang, Y. ; Wu, J. ; Chu, L. Curr. Pharm. Des. 2016, 22, 1 – 7.

[48] Chu, L. Y. ; Park, S. H. ; Yamaguchi, T. ; Nakao, S. J. Membr. Sci. 2001, 192 (1 – 2), 27 – 39.

[49] Piacentini, E. ; Drioli, E. ; Giorno, L. Biotechnol. Bioeng. 2011, 108 (4), 913 – 923.

[50] Zhu, Y. ; Tong, W. J. ; Gao, C. Y. ; Mohwald, H. J. Mater. Chem. 2008, 18, 1153 – 1158.

[51] Qi, W. ; Duan, L. ; Wang, K. W. ; Yan, X. H. ; Citi, Y. ; He, Q. ; Li, J. B. Adv. Mater. 2008, 20, 601 – 605.

[52] Qi, W. ; Yan, X. H. ; Fei, J. B. ; Wang, A. H. ; Cui, Y. ; Li, J. B. Biomaterials

2009, 30, 2799 - 2806.

[53] Cheng, R.; Meng, F.; Deng, C.; Klok, H. A.; Zhong, Z. Biomaterials 2013, 34
    (14), 3647 - 3657.

[54] Chen, C.; Geng, J.; Pu, F.; Yang, X.; Ren, J.; Qu, X. Angew. Chem. Int.
    Ed. 2011, 50, 882 - 886.

[55] De La Rica, R.; Aili, D.; Stevens, M. M. Adv. Drug Deliv. Rev. 2012, 64
    (11), 967 - 978.

[56] Satchi, R.; Connors, T. A.; Duncan, R. Br. J. Cancer 2001, 81, 1070 - 1076.

[57] Aili, D.; Mager, M.; Roche, D.; Stevens, M. M. Nano Lett. 2010, 11 (4),
    1401 - 1405.

[58] Giorno, L.; Piacentini, E.; Mazzei, R.; Drioli, E. J. Membr. Sci. 2008, 317,
    19 - 25.

[59] Piacentini, E.; Yan, M.; Giorno, L. J. Membr. Sci. 2017, 524, 79 - 86.

[60] Ball, P. Nature 1999, 400, 507 - 509.

[61] Zhai, L.; Cebeci, F. Ç.; Cohen, R. E.; Rubner, M. F. Nano Lett. 2004, 4 (7),
    1349 - 1353.

[62] Feng, L.; Li, S.; Li, Y.; Li, H.; Zhang, L.; Zhai, J.; Song, Y.; Liu, B.;
    Jiang, L.; Zhu, D. Adv. Mater. 2002, 14, 1857 - 1860.

[63] Ariga, K.; Hill, J. P.; Ji, Q. M. Curr. Opin. Colloid Interface Sci. 2007, 12,
    106 - 120.

[64] Speck, T.; Bauer, G.; Flues, F.; Oelker, K.; Rampf, M.; Schüssele, A. C.;
    von Tapavicza, M.; Bertling, J.; Luchsinger, R.; Nellesen, A.; Schmidt, A. M.;
    Mülhaupt, R.; Speck, O. Bio - Inspired Self - Healing Materials. In Materials De-
    sign Inspired by Nature; RSC: Cambridge, 2013, 16, 359 - 389.

第 2 章　膜结构与传输特性的建模与仿真

符号

B_0:膜的渗透性

D_m:分子扩散率

C_s:坎宁安修正系数

$D_{s,i}$:孔隙结构中组分 i 的自扩散率

c_i:物种 i 的浓度

$D_{x,y,ze}$:在 x、y 和 z 方向的有效扩散率

c_s:声速

d_l:界面厚度

c_t:混合物的总浓度

d_m:分子尺寸

D_B:布朗扩散率

d_p:特征多孔化孔径

D_e:定向的平均有效扩散率

d_{par}:有效粒径

D_i:物种 i 在孔结构中的迁移扩散率

E:势能

D_{ij}:组分 j 中组分 i 的二元普通扩散率

e_j:在格子玻耳兹曼方法中 i 方向的速度

$D_{ij,e}$:(ij) 对的有效普通扩散率

F:法拉第常数

D_{im}:组分 i 在膜中的扩散系数

F_i:分子动力学中作用于粒子 i 的力

$\tilde{D}_k$:克努森扩散率

f_i:物种 i 的粒度

$D_{k,e}$:有效克努森扩散率

$f_i(\underset{\sim}{x},t)$:颗粒分布

$D_{ki,e}$:组分 i 的有效克努森扩散率

$f_i^{eq}(\underset{\sim}{x},t)$:格子玻耳兹曼方法中的平衡分布函数

$f_{s,i}(\underset{\sim}{x},t)$:格子玻耳兹曼方法中的溶质分布函数

K_n:克努森数,平均自由程与平均孔径之比

f_T:传输概率

k_B:玻耳兹曼常数

g_i:考虑所有类型约束的力

$\tilde{M}_s$:山梨酸盐的分子量

H:赫斯特指数

M_w:分子量

H_{st}:吸附等温热

m_i:分子动力学中粒子 i 的质量

N_i:物种 i 的输运通量

Z:构型积分

N_i:毛细血管输运速率

Z^{ig}:理想气相中山梨酸分子的构型积分

Pe:贝克来数

z_i:物种电荷数

P_i:膜渗透性

$z(\tilde{x})$:相位函数

p:压力

$\tilde{\boldsymbol{x}}$:位置矢量

p_i:组分 i 的分压

x_i: i 组分的摩尔分数

p_o:平面界面的蒸汽压力

K_H:亨利常数

$\boldsymbol{q}$:散射矢量

u_i:物种流动性

q_{sat}:饱和浓度

V_i:物种 i 的偏摩尔体积

R:理想气体常数

$\bar{u}$:平均热速度

R_f:在间隔中$(0,1)$的随机数

$R_z(\tilde{u})$:归一化自相关函数

$\tilde{\boldsymbol{r}}_j$:分子动力学中粒子 i 的位置矢量

$\bar{r}$:可进入膜孔径的水力半径

r_p:孔隙半径

r_i:毛细管 i 的半径

S_i:溶解性

S_α:可达比表面积

T_{desired} : 期望温度

T : 温度

T_{system} : 系统温度

θ_i : 组分 i 在吸附位置的占用比例

μ : 动态黏度

α_i' : 黏性选择性参数

Y_i : 组分 i 的活度系数

β : $=(k_{\text{B}}T)^{-1}$

Θ : 接触角

Γ_{ij} : 对 (ij) 的热力学修正系数

ξ_x : 分子在 x 方向的位移

$\gamma(r)$: 密度波动自相关函数

ρ : 凝结水密度

Δc_i : 出入口面浓度差

μ_i : 组分 i 的化学势

δ : 吸附层厚度

ν : 运动黏度

ε_α : 外通孔(可通过的孔)

ξ : 测试分子从初始位置的位移

η_{B} : 体积扩散的曲折因子

κ : 非理想格子玻耳兹曼模型中的流体参数

η_{K} : 弯曲系数

λ : 平均自由数

θ_{n+1} : 未占用位置的比例

2.1　引　言

使气体混合物和流固系统发生有效分离的膜的设计和制备,很大程度上取决于对膜材料内部结构在分离过程中的运输和吸附。尽管这种依赖关系在许多其他多孔材料或更一般的传输系统的应用中是显著的,但它在膜分离中的作用至关重要。混合物与膜材料的相互作用决定了它们通过膜的传输速率,或是它们膜渗透的能力差异,甚至是特定混合物与膜内部的可接近性。

事实上,现在要求严格的分离过程需要有能够在分子尺度上提供筛选操作的材料。因此控制了某些混合物物种的通过,并有选择地允许特定物质的运输。通过试验和理论研究深入理解和量化结构与分离的相互关系。膜科学中的建模和模拟技术依赖于多孔或致密材料背景下的类似工作,并且适当调整了结构近似和流体关系。因此,膜及其支架内部结构的孔/颗粒/纤维模型才具有研究意义,随后该模型应用了单组分、二组分和多组分输运方程(通常涉及一些弯曲因素)。自从计算机辅助重建技术在多孔材料以及在膜科学研究中广泛应用,孔隙结构建模也有显著改进。与早期的模型相比,这种技术具有明显的优势,即结构的描述是数字形式的,因此可以直接用于传输计算,不需要假设材料的孔隙、颗粒或任何其他结构元素的特定几何结构。由于在计算结构的扩散系数时加入了分子轨迹,因此不再需要假定弯曲因子的某些值。

由于微孔材料逐渐成为目标材料所倾向的类型,至少在有效的气体分离方面渗透膜相互作用是不可能清除的。为此,近年来分子模拟在膜科学领域有了巨大的发展,解决了膜材料本身以及分离过程中发生的运输和吸附现象。将分子模拟与原子级试验数据和量子力学计算联系起来,在精确预测输运和结构性质方面取得了重大进展。除其他信息外,量子力学计算还可以提供分子几何和电子性质以及分子相互作用的精确数据,这些数据可以引入蒙特卡洛的力场模型和分子动力学技术中。因此,膜材料的设计、制备和应用取决于分子尺度与实际材料工程规模之间的关系。为此,研究者认识到,某种层次模型可以为扩展膜材料的应用提供所需的杠杆作用,在每个尺度转换时,前一个尺度的计算精度损失最小。这种方法对所有类型的材料都有用,已被认为是聚合物领域的一种必要方法,同时也被认为是聚合物膜领域的一种必要方法。在聚合物膜领域中,通常需要几级粗粒化过程来填补长度尺度谱中约 10 个数量级和 20 个数量级的缺口,如时间尺度谱中的震级 r。尽管计算机硬件的快速改进,平均每 2 年提高一倍效率(摩尔定律),最近几乎每 18 个月提高一倍效率,但这仍需要更快的算法和对潜在现象的更深入了解,以便在跨尺度的模拟中可靠地筛选真正需要的参数。

更具体地说,膜材料和膜过程的建模不仅能了解和描述材料结构和渗透剂输送能力,而且还可以根据最终性能预测,对材料和模块候选进行可靠筛选。因此,膜模型和模拟可以选出合适的材料结构和分离工艺条件,以及排除整个"差"候选范围,显著减轻试验工作量。

在膜科学和技术领域,建模和模拟技术的一个重要作用是,在有效介质近似、体积平均近似的一般框架内,对为预测输运性质而开发的几种理论进行测试和验证,如 OAches、平滑场近似等,它们具有简单性和广泛适用于整个材料类别,通常是多孔材料或各种成分的混合物;但这类理论引用的假设将其精度限制在不足以进行最终设计或精确工艺计算的水平,因此,必须借助更先进的建模和仿真技术来测试这些理论,甚至对通常量化潜在现象的工作方程进行修改。尽管这些理论超出了本节范围,但在评估各种模拟器的实用性和性能的背景下,将对它们进行一些介绍。

本节的内容如下:概述了膜基气体 – 混合物和液 – 固分离过程中的主要传输机制,介绍了气体 – 液体和液 – 液处理过程中发生的其他现象。重点是纳米流体的处理,这在微孔膜分离领域变得越来越重要。尽管出现了许多在纳米尺度上模拟扩散的出版物,但在有或无同时扩散输运的情况下,在纳米尺度上模拟混合物的压力驱动流动并非如此。讨论了计算机辅助内膜结构重建的最新进展,并对多相流方法在复合膜数字表示中的应用提出了新的想法。一旦这种数字化表示可用,就可以模拟各种传输现象,并且可以计算传输特性,而无须借助弯曲因子或任何其他与结构相关的几何或拓扑"校正"因子。随后考虑分子尺度,并讨论无机和聚合物膜材料的原子级重建。介绍在分层建模的背景下粗粒化的概念,并讨论宏观流动的界面。

2.2 膜内转运机制

根据渗透剂的性质及其物理状态,可能存在各种传输机制,每种传输机制都需要有自己的建模方法。本节旨在为读者提供对运输机制的理解,以便在后面的章节中采用适当的建模和模拟替代方案。本节还介绍建模中遇到的不同尺度的确认。

2.2.1 输气机理

气体通过膜及其支撑物的运输可能涉及多种机制、分离或组合。虽然可以设想不同类型的机构分类,但使用两个指数来识别各种运输方式更方便。第一个指数是克努森(Knudsen)数 K_n,其定义为平均自由程与某些特征或平均孔径 d_p 的比值,即

$$K_n = \frac{\lambda}{d_p} \tag{2.1}$$

第二个指数 b_m 是分子大小(通常是等效球体直径)d_m 与平均孔径的比值,即

$$b_m = \frac{d_m}{d_p} \tag{2.2}$$

1. 克努森流动和克努森扩散

克努森输运(流动或扩散)是指气体在相当高的 K_n 值条件下通过孔隙或多孔材料的输运。这些条件通常涉及低压(大 L)或小孔径(小 d_p),小孔径在膜分离中具有明显的关键性。在这种情况下,由于分子 - 壁碰撞的频率比气相分子碰撞的频率高得多,渗透分子几乎只与孔壁交换动量(图 2.1(a))。实际上,这种机制主导了 $K_n > 100$ 的运输。气体分子与壁碰撞后,其运动方向发生变化,通常从在碰撞前与分子路径方向无关的方向上离开。这种"扩散"反射过程符合这样一个假设,即碰撞分子被瞬间吸附在表面上,然后再从表面重新传导。假设在这个吸附阶段所经过的时间足以使分子失去记忆,从而最终使表面保持一个完全随机的方向。试验数据为这一假设提供了支撑,这一假设通常用于在这种输运制度下的模拟。

虽然克努森流动和克努森扩散是交替使用的,严格来说,前者必须用于在压力梯度作用下的自由分子输运,而后者用于在浓度梯度作用下的自由分子输运。以驱动力公式的形式,克努森输运遵循驱动力的作用力 $\nabla p_i / RT$,其中,p_i 是组分 i 的分压,R 是理想气体常数,T 是温度。考虑到 $p_i = x_i p$,其中 p 是总压力,因此

$$\nabla p_i = x_i \nabla p + p \nabla x_i \tag{2.3}$$

其中,x_i 为物种的摩尔分数。显然,压力梯度和组成梯度都可以引起气体输运。

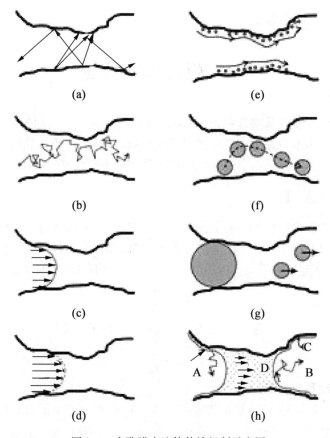

图2.1　多孔膜中流体传输机制示意图

　　有效的克努森扩散系数 $D_{\mathrm{k,e}}$ 与弯曲因子 η_{k} 有关,η_{k} 提供了一种测量气体输送阻力的方法,因为孔壁沿着穿过膜本身或穿过多孔支撑结构的弯曲路径存在。

$$D_{\mathrm{k,e}} = \frac{\varepsilon_{\alpha} D_{\mathrm{k}}(\bar{r})}{\eta_{\mathrm{k}}} \tag{2.4}$$

其中,ε_{α} 为可进入的孔隙(隔离的孔隙空间不利于运输);$D_{\mathrm{k}}(\bar{r})$ 为一个非常长的圆柱形孔隙中的克努森扩散率,其半径等于

$$\bar{r} = \frac{2\varepsilon_{\alpha}}{S_{\alpha}} \tag{2.5}$$

其中,S_{α} 为可接近的特定表面积。

　　关系式为

$$D_{\mathrm{k}}(\bar{r}) = \frac{2}{3}\bar{r}\,\bar{u} \tag{2.6}$$

又

$$\bar{u} = \sqrt{\frac{8RT}{\pi M_{\mathrm{w}}}} \tag{2.7}$$

是气体分子的平均热速度,M_{w} 是分子量,这意味着 $D_{\mathrm{k}}(\bar{r})$ 和 $D_{\mathrm{k,e}}$ 与 $(T/M_{\mathrm{w}})^{1/2}$ 成正比。因

此,二元气体混合物的分离系数可以从分子量的反比的平方根估算出来。

后面章节将说明,弯曲系数 η_k(传统上根据试验数据确定)的评估可以通过建模和模拟技术在特定条件下直接计算。

2. 分子扩散、普通扩散或体积扩散

在环境压力或升高压力(小 L)或相对较大的孔隙(大 d_p)下,在 K_n 区域中,气体分子主要在气相中相互碰撞,分子 - 壁碰撞非常罕见(图 2.1(b))。这是分子扩散、普通扩散或体积扩散的机制,在实践中,它适用于 $K_n < 0.01$。有效体积扩散系数通常表示为

$$D_{B,e} = \frac{\varepsilon_\alpha D_m}{\eta_B} \tag{2.8}$$

其中,D_m 为无孔壁时的分子扩散率;η_B 为体积扩散的曲折因子。

一般来说,$\eta_B \neq \eta_k$ 是由于气体分子在体积克努森扩散过程中,在多孔材料内部遇到不同程度的输运阻力。理论上,建模和仿真技术可以很好地估计 η_B,从而避免使用固定的试验数据。此外,在克努森输运机制中也是如此,模型和模拟器可以阐明孔结构几何和拓扑结构对膜或其支撑层中的体积扩散阻力的影响。但是,由于在这种情况下可以实现的分离指数较差,有利于这种输送机制的条件(工作压力、温度或结构特征)对气体混合物的分离没有太大的作用。它很可能是其中一个支撑层的主要运输机制之一,通常对气体分离的整个过程的重要性有限。

3. 黏性流动

在总压力梯度的作用下,对流发生,并且精确的驱动力变为 $x_i \nabla p/RT$。也就是说,每个混合物组分以与它的摩尔分数成比例的速率和压力梯度通过膜。对于 $K_n \ll 1$,连续假设是有效的,并且经典的斯托克斯方程、纳维尔 - 斯托克斯方程或可压缩动量守恒方程可用于空隙空间(图 2.1(c))。由于孔结构的存在,整个膜结构的整合远不是简单的,孔结构通常非常复杂。因此,通常使用达西方程或其他现象学方程,这主要取决于孔隙度水平,也取决于描述边界条件的方程。一般来说,在这种情况下,输送系数与 p/μ 成正比,其中 μ 是流体的动态黏度。比例常数是黏性渗透系数,其值是特定膜或支撑结构的特征。多孔膜中的黏性流体本身在混合物分离的选择性方面效率较低,因为分离物质的主要机制是物质分子向孔隙中心或边缘的差异驱动。通常,黏性流是膜两侧压力降的结果,但它与一些承担主要分离任务的扩散机制结合在一起。

4. 稀有气体流量

如果不满足条件 $K_n \ll 1$ 且总压力梯度不为零,则孔隙结构内会出现罕见的流体流动(图 2.1(d))。由于膜孔的尺寸很小,这种情况在气体分离中经常出现。尽管在已有文献中讨论了这两个极端($K_n \ll 1$,连续极限流量和 $K_n \gg 1$,克努森流量),但中等 K_n 值的情况并非如此。流体的可压缩性和位置相关的黏度可能是阻碍基于建模处理复杂因素的原因。通常,在膜分离中,连续介质极限流动或稀薄流体流动形式的对流伴随着混合物组分的浓度梯度驱动扩散,从而使建模和模拟进一步复杂化。鉴于稀薄流态在微纳米流体领域中的重要性,本节后面的建模部分将详细讨论相关的建模方法。

5. 表面扩散

众所周知,在将所有气体解吸回气相之前,在一定的表面浓度梯度下,所有气体在很

大程度上或较小程度上都可能被吸附在固体表面上,沿着固体表面进行输运(图 2.1 (e))。在一定的压力和温度条件下,在特定的孔径范围内,这种气体输运机制可能非常明显。由于在测量或理论上监测表面浓度是很困难的,在表达表面扩散流时,最好采用吸附等温线,因此,应采用散装阶段的局部浓度。在吸附等温线呈线性的足够小的体积浓度的特殊情况下,物种 i 的表面通量与该物种的本体浓度梯度的梯度成正比,比例常数是吸附等温线的线性常数(温度的函数)和有效表面扩散系数的乘积。后者是膜的表面扩散系数和比表面积的乘积,乘以孔隙率,再除以曲折因子 η_s。虽然分子模拟是描述表面扩散的明显选择,但在唯象方法中,通常采用表面扩散通量与气相扩散通量的直接加法。

6. 激活或配置扩散

表面扩散是一个激活的输运过程,在某种意义上,它需要一些活化能,即吸附分子在孔表面从一个位置跳到另一个位置所需的能量,但激活或配置扩散通常是为输运过程保留的。微孔(小于 2 nm)大小与渗透剂分子相当(图 2.1(f))。因此,表面扩散现象学与形态扩散现象学有许多相似之处,差异之处为:在持续扩散的情况下,孔径太小,不允许任何体积运动,整个过程由气体分子与孔壁的相互作用控制。

在这种情况下,至少有两种不同的运输系数是相关的。自扩散率 $D_{s,i}$ 是测量 i 种气体分子在孔隙结构中的平移迁移率的一种方法,通常通过计算单位时间内的均方位移获得。输运扩散系数 D_i 被定义为物种通量与同一物种浓度梯度负值之间的比例常数。这两种扩散率通常通过暗度方程联系在一起。

$$D_i = D_{s,i}\left(\frac{\partial \ln f_i}{\partial \ln c_i}\right) \tag{2.9}$$

其中,f_i 为 i 种的逸度;c_i 为每单位体积多孔介质的吸附相中 i 种的浓度。

这是一个近似值,严格地说,应该使用校正扩散系数来代替式(2.9)中的自扩散系数(针对热力学非理想性校正)。

在基于膜的气体混合物分离中,构象和克努森扩散机制是最重要的机制。克劳森扩散导致通量与物种分子量的平方根成反比。构象提供了取决于气体分子的形状和大小、孔大小以及气体分子与孔壁之间的相互作用。

7. 分子筛

如果膜孔的大小介于二元混合物中较小分子和较大分子的大小之间,则会形成一种可导致非常高分离系数的筛选机制(图 2.1(g))。这同样适用于多组分混合物,但分子大小低于或高于膜平均孔径的组分需要进一步筛选。当膜孔径小于 0.5 nm 时,分离系数大于 10。在实际应用中,膜的孔径分布比较均匀,分离系数也比较适中。为了在分子尺寸范围内制备孔径分布非常窄的膜,研究者做了大量的研究工作,分子筛操作的另一个特点是膜结构刚度降低(或变形性增加),这可能严重影响渗透剂分子通过孔隙空间的相对能力。这一特性体现在聚合物膜和无机膜中,将在后面的建模部分讨论。

8. 冷凝和毛细管流动

随着气体组分相对压力 p/p_0 的增加(其中 p_0 为平面界面的蒸汽压),孔壁上吸附气体的量增加,吸附位置的占有率逐渐增加,直至饱和。相对压力的进一步增加导致吸附

（液体）层的形成,而吸附（液体）层的厚度逐渐增大,最终在最初的小孔隙和逐渐变大的孔隙中聚结（图 2.1(h)）。对于圆柱形孔隙,毛细凝结压力 p_0 通过开尔文方程与孔隙半径 r_p 相关。

$$\frac{\rho R T}{M_w} \ln \frac{p_c}{p_0} = -\frac{2\sigma \cos \theta}{r_p - \delta} \tag{2.10}$$

其中,ρ 为凝析油密度;σ 为界面张力;θ 为接触角;δ 为吸附层厚度。

根据吸附水平的不同,不同的转运机制可能同时发生。例如,在图 2.1(h)所示的情况下,通常的扩散发生在气相区域 A 和 B,沿吸附（液体）层 C 形成压降驱动的流体动力流,在区域 D 形成毛细管压力驱动的流体动力流。这种情况经常发生在多孔膜内部,不仅在操作过程中（例如,分离可冷凝气体的混合物）,而且在涉及可冷凝气体的某些孔结构表征过程中,如氮气吸附 – 解吸技术。在这两种情况下,都需要有可靠的模型来描述和监测冷凝和毛细流动现象,而反过来又需要配备有相变特性的两相流动模拟器。

从以上内容可以明显看出,根据气体 – 膜相互作用的性质、膜孔径、主要条件和气体渗透剂的性质（永久性气体、可冷凝蒸汽等）,膜中的几种不同气体输运机制可能发展并成为主导。在实践中,期望不止一种机制发生,这是因为,膜孔径在整个结构中遵循一定的分布。支撑层中传输机制的一种常见组合是过渡扩散机制中的克努森传输机制和普通扩散机制,在这种情况下,气相和气体表面碰撞都负责动量传递。其他典型的例子包括:活性膜层中的表面扩散和构象扩散的组合,支撑层中的对流和扩散传输的组合,以及所有层中有或无相变的液相和气相传输的组合。

2.2.2　流体 – 固体分离中的输运机制

当流体中存在固体颗粒或溶质时,需要考虑额外的输运机制,这不仅同颗粒与膜外表面和内部孔壁的相互作用有关,而且同携带流体与溶剂的相互作用有关。

1. 流体输运

流固分离中的流体输运机制主要是液体悬浮情况下的黏性流动和气溶胶情况下的有扩散或无扩散流动。通常,膜内部的流动是通过膜两侧的压力降的作用来计算的。然而,根据孔径大小的不同,与非常狭窄路径相关的输运特征可能变得明显,就像纳米过滤（纳滤）膜中的流动一样。连续假设的有效性是这些案例中面临的主要问题。

2. 悬浮颗粒输运

悬浮颗粒输运不仅取决于悬浮颗粒和膜孔的相对大小,还取决于颗粒 – 壁的相互作用,可以区分不同的渗透或排斥膜结构的机制。

（1）水动力对流。

一般来说,颗粒是由膜内部形成的流体阻力输运的。当颗粒接近孔壁时,一些明显的水动力阻力会阻碍它们与固体表面的碰撞,这种碰撞随着间隙的减小而迅速增加,如果颗粒和壁都是无孔的,则接触后会变得更加紧密。如果两个物体中有一个是可渗透的,那么流体动力阻力保持不变,因为施加在流体上的应力消散到多孔物体中。这些现象也存在于颗粒相对于孔壁的正态或切向运动过程中（例如,参考文献[6 – 12]）。在壁附近,流体动力扭矩变得相当大,从而在潜在捕获之前引起粒子旋转。

（2）沉淀和浮选。

对于大于 1 mm 的颗粒,重力效应通常是显著的。根据颗粒与携带液的相对密度的不同,可能会发生沉淀或流动。在大多数情况下,引力效应与其他迁移机制相结合,如水动力驱动的迁移。

（3）颗粒与壁面的相互作用。

在孔壁附近,颗粒与表面的相互作用变得非常明显,当颗粒接近孔壁时,它们成为主要的相互作用。通常,伦敦－范德瓦耳斯和电动双层相互作用决定了颗粒在孔壁附近的运动。由前者引起的引力,通常也由后者引起,在大多数情况下,其变化取决于表面的电荷和溶液电荷,这是由双层力的转换而迅速增大排斥力造成的。

（4）过筛。

理论上基于尺寸排除的分离是保留悬浮颗粒的最简单机制,也会导致非常高的过滤效率。小孔径意味着不可接受的低渗透性,在过滤操作期间,由于膜的进料侧产生"滤饼",需要对其进行一些特殊处理,通常是反洗,则渗透性进一步降低。

尽管需要估算物理化学常数来定量描述这些相互作用,但这些常数低于或高于某些临界值时,颗粒保留率对这些常数的精确值并不敏感。必须强调的是,在孔径小于 10 nm 的纳滤膜中,这种电动现象占主导地位并延伸到整个膜域,在许多情况下,导致相当高的截留率。

（5）粒子扩散。

在液体过滤中,布朗扩散可能成为亚微米粒子的重要传输机制。对于比率 d_{par}/d_p 足够小的值,可以假设该过程在连续极限中发生,因此,它可以被视为由经典描述的质量扩散过程。在这种情况下,普通的扩散系数被布朗扩散系数代替,即

$$D_B = \frac{C_s k_B T}{3\pi\mu d_{par}} \tag{2.11}$$

其中,C_s 为坎宁安修正系数;k_B 为玻耳兹曼常数;d_{par} 为有效粒径。

如果水动力阻力和布朗力都很明显,则颗粒位移是由对流阶跃(仅由局部流体速度和时间步长确定)和布朗阶跃(具有随机方向,其大小由布朗扩散系数和时间步长确定)组合而成。对于气溶胶,除了使用亚微米颗粒的扩散率代替经典质量扩散公式中的普通扩散系数,类似的颗粒传输描述也适用。

3. 无孔膜中的输运机制

在无孔(致密)膜中,物种的输运只能通过膜材料本身进行,通常以溶液、扩散和最终排放的顺序进行。也就是说,物种首先溶解在膜的入口面,通过一些扩散或传导过程在膜材料的内部传播,最终从另一侧进入回流。因此,膜的分离效率是二元分离的溶解比和扩散比的函数。

根据输运物种和膜材料的性质,在致密膜中会遇到不同类型的溶解和扩散,其中离子导电膜包括最显著的固体氧化物和质子交换膜。在其他应用中,这些材料在燃料电池中起核心作用,因此引起了基础和应用材料科学和材料工程研究人员的关注。

固体氧化物导电氧,混合离子－电子导体导电氧离子和电子。氧渗透过程通常包括以下步骤:在膜的入口面进行电化学表面反应以生成氧离子;通过一系列氧空位将氧离

子通过大块氧化物运输;在出口面进行表面氧化反应形成分子氧。这些膜的特殊选择性以及与聚合物膜相比所获得的相对较高的流动性是这些材料的主要特征。在大型模块投入使用之前,仍有一些技术问题需要克服,如热梯度诱发开裂和密封问题。

质子交换膜可以是聚合物膜,也可以是无机膜,因为它们传导质子,可以用于发电设备。在磺化聚合物中,如钠离子、SO_3H 基团中的氢离子在加水后被活化。氢离子通过膜传输的一个可能机制是向水分子中加入质子,跳跃穿过水分子,然后进入另一个水分子。另一种或同时的转运机制是质子与水分子结合,形成一个复合分子,这个复合分子通过膜材料扩散。

据推测,随着水化的进展,水的束缚性降低,从而形成一个通过膜的通道网络。这意味着发展了额外的输送机制,从简单的渗滤到水的流体动力流动和离子的对流扩散。在这种情况下,能斯特 – 普朗克方程是相关的,在膜的单相近似中,该方程表示为

$$N_i = -Z_i \mu_i F c_i \nabla \phi - D_i \nabla c_i + c_i \mu \tag{2.12}$$

其中,N_i 为物种 i 的迁移率;Z_i 为物种电荷数;μ_i 为物种迁移率;c_i 为物种浓度;F 为法拉第常数;ϕ 为电位;D_i 为物种扩散率;μ 为溶剂速度。

式(2.12)右侧第一项表示由潜在梯度引起的物种迁移;第二项表示对物种流动的纯粹扩散贡献;第三项表示由溶剂流动引起的物种对流。额外的输运机制在足够高的水化作用水平下变得有意义,因此单个孔段有机会在膜内部形成。事实上,在燃料电池运行过程中,这样一个大通道的形成是导致燃料发生交叉的原因。通过引入对流和扩散/迁移项的修正因子,可以在式(2.12)中计入阻碍效应。

在基于膜的离子分离中,就像用于海水淡化的纳滤和反渗透一样,空间位阻与Donnan 效应和极化层效应结合在一起,增加了离子通过膜的传输机制。在这些情况下,必须在计算跨膜的总传输势时考虑相应的项,并解决膜 – 体界面处的排除 – 富集和分配等现象。Schoch 等人对纳米流体中的传输现象进行了出色的评论,重点介绍了电动现象。

2.3 建模方法

可控制膜内部及其多孔支撑物中传输的各种传输机制使分离或反应过程的精确建模和模拟复杂化。如果考虑到这些机制与曲折的膜结构的相互作用,这种并发症会变得更加严重。事实上,结构特征和端部特性之间的相互关系不仅是膜部门建模工作的主要目标,也是更一般的功能材料类建模工作的主要目标。在膜的特殊情况下,这是一项真正的多尺度任务,原因有两个:第一,两种或两种以上物种的分离通常控制在微观尺度上(分子尺度或微孔尺度);第二,膜通常非常薄,需要不同的支撑层来改善其机械和功能特性。为了解决这种复杂性,不仅需要在单个尺度上建模,还需要跨尺度建模。接下来的分析借鉴了更一般的多孔材料类的概念和想法,并在必需时,考虑了膜材料的特殊性。其目的是提供一个顶部 – 底部方法中膜内传输建模和模拟的框架,以便可以识别关键量的可测量性,并随着内部膜特征的逐渐放大,呈现出主要的建模路径。

2.3.1　通量关系现象学

通量关系现象学是对膜中传输现象的最简单和最方便的描述,也提供了驱动力和由此产生的流之间的定量关系。这是组织和汇编试验数据(压力或成分梯度条件下的流量测量)的一种非常有用的方法。在没有孔壁的理想气体多组分扩散的一般情况下,Stefan - Maxwell 方程适用:

$$-\frac{1}{RT}\nabla p_i = \sum_{\substack{j=1 \\ j \neq i}}^{n} \frac{x_j N_i - x_i N_j}{D_{ij}} \quad (i = 1, \cdots, n) \tag{2.13}$$

其中,p_i 为组分 i 的分压;x_i,N_i 分别为组分 i 的摩尔分数和摩尔数;D_{ij} 为组分 j 中的组分 i 的二元普通扩散系数。

在孔壁的存在下(多孔膜的情况下),式(2.13)采取尘埃气体方程的形式(例如,参考文献[4]):

$$-\frac{1}{RT}\nabla p_i = \sum_{\substack{j=1 \\ j \neq i}}^{n} \frac{x_j N_i - x_i N_j}{D_{ij,e}} + \frac{N_j}{D_{ki,e}} \quad (i = 1, \cdots, n) \tag{2.14}$$

其中,$D_{ij,e}$ 为 (ij) 对和 $D_{ki,e}$ 的有效普通扩散率或体积扩散率;$D_{ki,e}$ 为分量 i 的有效克努森扩散率。

表达有效扩散率的常用方法是

$$D_{ij,e} = \frac{\varepsilon_\alpha}{\eta_B} D_{ij} \tag{2.15}$$

以及

$$D_{ki,e} = \frac{\varepsilon_\alpha}{\eta_k} D_k(\bar{r}_p) \tag{2.16}$$

在式(2.5)中给出了 r_p。在式(2.15)和式(2.16)中,ε_α 是可获得的孔隙,而弯曲系数 η_B 和 η_k 与式(2.4)和式(2.8)相同。在体扩散过程中,自扩散的曲折因子与二元扩散过程中自扩散的曲折因子是相同的这一说法,并不具有明显的有效性。然而,这已经由 Sotirchos 和 Burganos 通过试验验证,在对孔隙网络中的多组分扩散进行了严格的光谱分析处理后,结合有效介质理论和光滑场近似法,并在理论上证实了这一点。更具体地说,由 Burganos 和 Sotirchos 证明了非均匀大小的孔隙网络的扩散阻力与具有与原始网络相同拓扑结构的均匀大小的孔隙网络的扩散阻力大致相同,但这一前提是以"有效"的孔隙扩散率为根据进行有效介质理论方程计算。一旦均匀化,可直接获得整体有效扩散率,例如,光滑场近似法可用于精确的规则孔隙网络。如果将此方法应用于多组分混合物,则可以通过光谱分析提取 16 个相似的表达式和结论。结果表明,每个组分的克努森弯曲因子和体积弯曲因子都是相同的。这极大地简化了弯曲系数的测量或计算,因为对于任何参数来说,它们只需要确定一次,然后就可以应用于其他混合物成分。

对于非理想混合物,必须修改多组分扩散方程,包括化学势梯度代替分压梯度。然后,可以将 flux 方程重新转换为

$$-\frac{x_i}{RT}\nabla T\mu_i = \sum_{j \neq i} \frac{x_j N_i - x_i N_j}{c_t D_{ij,e}} \tag{2.17}$$

在没有孔壁的情况下,用 c_t 表示混合物的总浓度。吉布斯 – 杜赫方程表明式(2.17)中只有 $n-1$ 是独立的,因为

$$\sum_{i=1}^{n} c_i \nabla T \mu_i = \nabla p \tag{2.18}$$

在存在孔壁和外力(此处为静电力)作用下,flux 方程的形式如下:

$$-\frac{x_i}{RT} \nabla_{T,p} \mu_i - \frac{x_i}{RT} V_i \nabla p - \frac{x_i}{RT} z_i F \nabla \phi = \sum_{j \neq i} \frac{x_j N_i - x_i N_j}{c_t D_{ij,e}} + \frac{N_i}{c_t D_{ki,e}} \tag{2.19}$$

其中,V_i 为物种 i 的偏摩尔体积;F 为法拉第常数;ϕ 为静电势。

除成分梯度外的总压力梯度会引起混合物的黏性流动,因此,也会引起对于扩散流体中添加的每一种组分的对流流动。对于理想气体,根据前面提到的多孔网络中多组分对流扩散的相似光谱分析,并应用有效介质理论和光滑场近似,证明了在多孔网络中对流部分需要一个单一的弯曲系数,这一点对于所有成分是相同的。对于非理想气体,在有黏性流的情况下,流动方程变成:

$$-\frac{c_i}{RT} \nabla_{T,p} \mu_i - \frac{c_i}{RT} V_i \nabla p - \alpha_i' c_i \frac{B_0}{\eta_B D_{ki,e}} \nabla p - c_i z_i \frac{F}{RT} \nabla \phi = \sum_{j=1}^{n} \frac{x_j N_j - x_i N_j}{D_{ij,e}} + \frac{N_i}{D_{ki,e}} \tag{2.20}$$

其中,c_i 为组分 i 的摩尔浓度;α_i' 为黏性选择性参数;B_0 为膜的渗透性;D_{im} 为组分 i 在膜内部的扩散系数。

黏性流对通过膜的混合物输送有一定的分离作用:较大的分子倾向于靠近孔中心移动,而较小的分子可能更容易靠近孔壁并附着在孔壁上,这取决于它们的大小和物理化学相互作用。流动也可能对混合物的运输产生“拉紧”或“筛选”效应,因为较大的分子可能由于惯性而被驱动到流动的“静止”区域,在那里它们可能被捕获,而较小的分子更可能沿着流线(没有扩散)传播到渗透的一面。在膜基气体分离的背景下,微孔扩散的情况尤为重要。由于孔的尺寸非常小(小于 2 nm),在这种情况下类似于渗透分子,因此气壁相互作用成为主导(构象扩散)。这种表面扩散机制明显受空置或占用场地的可用性以及含尘气体方程的影响。现在假设公式:

$$-\nabla \mu_i = RT \sum_{j=1}^{n} \theta_j \frac{\mu_i - \mu_j}{D_{ij,s}} + RT \theta_{n+1} \frac{\mu_i - \mu_{n+1}}{D_{i,n+1},S} \quad (i = 1, \cdots, n) \tag{2.21}$$

其中,$-\nabla \mu_i$ 为表面化学势梯度;μ_i 为组分 i 的速度;θ_i 为组分 i 对吸附位点的部分占有率;θ_{n+1} 为未占用位点的部分:

$$\theta_{n+1} = 1 - \sum_{i=1}^{n} \theta_i \tag{2.22}$$

化学势梯度与地表占有率之间的关系通常是以这种形式构造的:

$$\frac{\theta_i}{RT} \nabla \mu_i = \sum_{i=1}^{n} \Gamma_{ij} \nabla \theta_j \tag{2.23}$$

其中,Γ_{ij} 为热力学系数,定义为

$$\Gamma_{ij} = \theta_i \frac{\partial \ln p_i}{\partial \theta_j} \quad (i,j = 1, \cdots, n) \tag{2.24}$$

不同组分的占有率和分压之间的缺失联系是由特定混合物的吸附等温线提供的。

根据表面流动 $N_{i,s}$,多组分混合物微孔扩散的含尘气体方程变成:

$$-\frac{\theta_i}{RT}\nabla\mu_i = \sum_{\substack{j=1 \\ j\neq i}}^{n} \frac{\theta_j N_{i,s} - \theta_i N_{j,s}}{\rho_p \varepsilon_\alpha q_{sat} D_{i,s}} \quad (i = 1,\cdots,n) \tag{2.25}$$

其中,ρ_p 为流体密度;q_{sat} 为饱和浓度;下标 s 为表面项。

膜结构的连通性和孔道堵塞效应也引起了微孔膜分离研究人员的兴趣。这些通量关系在涉及分子筛中气体吸附和扩散的应用中得到了广泛应用。必须强调的是,这种现象学方法虽然对指导试验者相当有用,但没有对扩散系数的大小以及它们对膜材料和结构的依赖性进行介绍,也没有对分离的外部应用条件进行介绍。在这个问题上的任何进展都需要进入膜的内部孔隙结构,并将观察尺度向下切换到孔隙或颗粒尺度。

2.3.2　孔隙尺度建模

对多孔材料中的输运系数进行定量估计的需求激发了其内部结构的各种描述。

1. 孔隙模型

最简单和最早的研究是假设在宏观运输方向上横跨材料内部直的、均匀的、平行的毛细血管。该模型已被众多研究者采用,在计算中需要调用一个修正系数,用来解释实际多孔介质中通常复杂的结构。这个模型对试验人员也是适用的,因为只需要对每个材料样品测量一次扭曲系数,实现从散装运输性质到"有效"性质的简单转变,从而影响渗透剂种类与孔壁的相互作用。更具体地说,食品和制药行业的几种生产路线需要窄的液滴或粒径分布,这些分布可以通过具有均匀、平行的等截面孔的膜提供。这种理想化膜的制造已经在市场上进行,除了它们所提供的所有实际优势外,它们还允许对膜操作基础上的传输现象进行相对简单的物理描述和数学建模(从更广泛的意义上来说,是膜的乳化)。这是唯一的曲折因子近似等于 1 的情况,当然前提是传输系数不依赖于孔大小或物种浓度。一个典型的例子是,微量组分在直径较大的孔隙中的普通扩散,以排除激活或配置的扩散现象。所以,通过任何毛细管,将得到输送速率 N_k:

$$N_k = -D_k \pi r_k^2 \frac{\Delta c_k}{L} \tag{2.26}$$

其中,r_k 为毛细管 k 的半径;D_k 为该物种在毛细管 k 中的扩散系数;Δc_k 为出口和入口面之间的浓度差;L 为毛细管在传输方向上的长度。

运输流量为

$$N_D = \frac{\sum_k N_{ik}}{A} = -\pi \frac{\sum D_k r_k^2 \Delta c}{AL} \tag{2.27}$$

假设所有毛细管的浓度降相同(入口和出口面的浓度均匀)。如果扩散率与孔径无关,则式(2.27)变成:

$$N_D = -\varepsilon D \frac{\Delta c}{L} \tag{2.28}$$

式(2.27)与式(2.28)相比,这意味着 $\eta_B = 1$。这一结果不仅适用于均匀的毛细血管,也适用于分布不一的毛细血管,前提是所有毛细血管都平行于宏观传输方向且不重叠。

如果输运系数不依赖于孔隙大小或局部压力或浓度，则其他平行、不重叠孔隙中的输运机制也可获得类似的结果，例如，这是膜中液体黏性、不可压缩流动的情况。对于在 z 方向的压力梯度作用下圆柱形毛细管中的理想气体流动，flux 表达式为

$$N_v = -\frac{r^2 p}{8\mu RT}\frac{\mathrm{d}p}{\mathrm{d}z} \tag{2.29}$$

然后，可以找到与之前扩散情况类似的整体流动。为了更直观，孔隙模型演化为平行孔隙、重叠或不重叠的多维阵列模型。在后一种情况下，如果浓度梯度向量位于由孔轴确定的平面上，则二维孔集的弯曲系数为 2；如果输送系数为定向平均值，则三维孔集的弯曲系数为 3。这一简单而方便的结果不仅适用于单组分或二组分扩散，而且也适用于多组分扩散，因为谱分析方法采用了有效介质理论，并严格应用了光滑场近似。

如果允许孔重叠，则单个毛细管的简单通量表达式将无效，必须采用不同的方法。更具体地说，如果分子大小与孔大小的比值，或者通常与膜内部间隙空间的某些特征尺寸的比值足够小，足以证明将行进分子作为数学点来处理并且忽略与孔壁的相互作用，而不是从孔壁漫射反射，则可以计算出随机的分子轨迹，并且这也取决于当时的输运条件。这在 20 世纪 80 年代引起了多孔介质领域研究者的浓厚兴趣，并有力地阐明了孔隙结构特征对输运（主要是扩散）系数的影响。这项技术以及其他可用于模拟多孔膜中流动和分散的技术将在下一节中讨论。

将球形腔室添加到毛细管网络中，将丰富多样的孔几何形状和界面引入到多孔膜结构的孔型表示中。这可以以明确的定义和有序的方式来完成，例如在规则毛细管网络的交界处引入球形室，或以随机、无序的方式。在这两种情况下，可以完全随机地对球体和圆柱体大小进行采样，以装饰网络或规定室之间、毛细管之间或室和毛细管之间的尺寸的某些空间相关性。显然，这种孔隙结构中输运系数的预测必须求助于轨迹计算或数值技术，因为孔隙段之间不可避免地会出现相当大的重叠。尽管在构建这种孔隙空间表示和预测它们的传输特性方面变得越来越复杂，但它们已经在包括多孔岩石、催化剂和膜在内的各种多孔材料中得到广泛应用。它们比毛细网络更好地代表了各种多孔材料的孔隙空间。事实上，对加固材料的光学或电子显微镜分析表明，存在通过狭窄的孔颈相互连接的大孔空间。此外，用一组大的空腔和窄的连接件来表示颗粒材料的非固体空间通常是很方便的。或者，这些区域也可以由具有收敛－发散几何形状（例如，正弦形状的末端）的孔颈网络来表示。前者更适合于松散材料，而后者通常用于描述低孔隙率、固结材料的间隙。由于低孔隙率材料的孔道重叠有限，等效电阻网络近似技术可用于确定整体流动渗透率或气体扩散系数。

电阻网络方法如下：假设膜的孔隙空间可以用端部为正弦形的毛细血管的规则网络来表示，通过从孔径分布中适当取样，例如从汞的孔率测定曲线的侵入部分，可以实现具有圆柱形段网络键的装饰。根据光学或电子显微镜分析，可以从大空腔的尺寸分布中取样确定两个毛细端的正弦开口尺寸的空腔位置。毛细管直径的消除使特定的键不传递，从而将局部配位数（即在交叉点相遇的键数）减少了一个。将这种消除毛孔的概念应用到整个网络中，在每个颈部都有一定的概率，这样可以将平均配位数调整到所需的值。随后，利用数值或分析技术计算了每个孔隙中的流动或扩散速率。质量守恒条件的应用

(电阻模拟中的基尔霍夫定律)根据网络每个节点的压力或浓度值,产生一组线性代数方程。这些方程由适当的边界条件(通常是入口和出口面的固定压力或成分,以及侧面的周期性)补充,并使用一些共轭梯度或具有松弛技术的高斯-赛德尔数值求解。一旦确定了压力或浓度的节点值,就可以直接从有效传输系数的定义中计算出整体传输特性,并考虑到连接到 T 的孔阵列的局部压力或成分差异。但是,要紧慎地在将该技术应用于具有微孔或中孔的膜,因为连续介质假设可能不再有效,某些离散模拟技术可能更适合使用。

2. 颗粒模型

在某些情况下,用颗粒填料表示多孔膜的固体部分是很现实的方法,尤其是当微粉或纳米粉用作最终膜的前体时。膜的颗粒模型的构建过程如下:首先,对粉末进行透射电子显微镜分析,获得数字图像。图像处理和图像分析可以通过适当的软件实现,允许直接或算法计算单位投影面积的晶粒数或测量晶粒的等效球体直径。汞孔率测定法或气体吸附-解吸法可用于测定粉末的可获得孔隙和特定表面积。一旦知道了这些数量以及粒度分布,包装模拟器就可以对粉末进行三维重建,从而重现上述所有可测量的特性。相关文献中提出了不同的包装模型和模拟器(例如,参考文献[26]-[28])。使用弹道填料的概念,首先,从原始(在压实和加热之前)粉末尺寸分布中采样球形颗粒直径,这是使用前面描述的图像处理软件获得的。随后,采用重力驱动填料,在压缩前模拟粉末填料。事实上,任何进入固定方向的物体力都会对大型系统产生相同的结果,因为重力本身可能不是纳米粉末的主要外力。已取样的直径被分配给允许一次一个地沿着外力方向移动的球形颗粒。通常,矩形容器可用作纳米粉末的物理容器,并且周期性施加在垂直于外力方向的方向上。一旦球体与容器底侧接触,球体就固定在那里,并允许一个新球体沿着外力的方向移动。如果球体接触到另一个已经被固定的球体,就需要确定它是否会停留在那里或者继续它的轨道。这一标准肯定与纳米粉体所需的孔隙率有关,如前所述,孔隙率由试验确定。第一次接触后立即固定将导致相对较高的孔隙值。如果需要更致密的填料,则允许球体在其遇到的球体表面上滚动,直到与第二个球体接触。根据实际的填充密度,球体可能被固定在那里或在两个球体上滚动,直到获得第三个接触点。所有球体的黏附概率都很常见,并且选择的方式最终允许接近所需的孔隙值。在上述程序中根据球体尺寸对其进行分类,预计将显著影响模拟结果,即可以达到的最大密度,以及保证重建纳米粉末中孔隙的均匀性。更具体地说,如果首先落下大球体,最初将获得相对较高的孔隙值,随着较小球体的落下,孔隙值将逐渐降低,并允许其穿透较大球体之间的空隙空间。另外,如果小球体首先落下,则会形成一种相对致密的填料,而随后大球体的落下不会改变这种填料。在这种情况下,将产生密度梯度填料,根据产生纳米粉末的实际物理过程,这可能是现实的,也可能不是现实的。或者,可以使用蒙特卡洛程序生成随机填料:在每个步骤中,同时丢弃一组 n 个球体,只有达到最低位置的球体保留为堆栈的新成员。结果发现,该程序对大氮($>10^5$)的处理效果较好。

为了模拟纳米粉末的烧结,需要提高材料的机械性能,因为材料必须允许接触颗粒之间的传质。相关文献中提出了不同的算法来构造粒度增大的烧结材料(见 Roberts 和 Schwartz 的研究)。如果能够获得实际烧结样品的电子显微镜图像,则可以使用图像分析技术确定晶粒尺寸分布,并且还可以计算单位面积的晶粒数密度。此信息可按以下方式使用。可以设计出一种"捷径",而不是在微观尺度上开发质量传递的模拟器,这种"捷径"允许小颗粒之间的部分或全部质量传递到大颗粒之间,但前提是它们彼此接触。关于是否完全、部分或不传质的决定可以基于接触颗粒尺寸的临界比的选择,从而确保最终恢复所需的颗粒尺寸分布和颗粒数量密度。传质临界粒径比越小(粒径从小到大),烧结程度越有限,因此对多孔性和粒径分布的影响越小。为了同时捕获两个或多个接触颗粒的烧结过程中间阶段,在尺寸比在比率值的特定间隔内的情况下,可以假设不完全传质。为了提高模拟的精度并使整个过程更加真实,可从试验或接触颗粒的独立烧结模型中采用部分或完全传质的特征时间。据观察,烧结温度和加热斜坡都会影响传质过程及其动力学。这种"捷径"方法避免了烧结过程中了解细节的需要,因为它是通过双参数程序由烧结材料的直接电子显微镜图像引导的。显然,这种方法可以有几种变体,在任何情况下,结果都是一种三维颗粒结构,具有与实际结构一致的特征,并且可以直接用于流动、质量运输或吸附计算,而无须借助于任意几何或拓扑假设。

由于在颗粒模型中缺乏拓扑有序、直的运输管道,因此不宜使用电阻网络技术来计算有效的运输特性。必须使用数值技术来求解描述扩散、流动或对流扩散的微分方程,这些微分方程受通常调用的不渗透颗粒条件的影响。如果颗粒本身是多孔的,则需要对通过它们的运输进行单独的处理(例如,达西或布林克曼方程),不渗透的颗粒状态被颗粒表面流动的连续性所取代。除了离散微分方程的数值技术(例如有限差分法),还可以使用其他技术来解决固体颗粒之间的空间扩散和流动问题,如格子玻耳兹曼技术、直接模拟蒙特卡洛(DSMC)技术和传输概率或均方位移技术。与更传统的数值方法相比,这些方法的优点在于,它们可以在克努森数升高的情况下使用,这在涉及多孔膜的分离应用中引起了关注。

3. 光纤型号

使用纤维材料建造过滤器、膜和电极以用于不同的应用领域。从纤维延伸到整个控制体积的意义上说,这种材料在计算机上的重建可以使用有限长度的纤维或分布直径的"无限"长度的纤维来实现。就像前面的颗粒模型情况一样,图像分析技术也可以用来确定纤维的长度和直径分布。同一纤维的长度与直径的可能相关性,不仅影响孔隙度值,而且还影响传输特性。纤维模型中的另一个参数是纤维的取向,这在球形颗粒模型中不是问题。可以假定一维、二维或三维的平行纤维束在每个方向上具有相同或不同的单位体积数密度,或者采用具有类似于相应的随机取向毛细管的结构特征的随机取向纤维系统。考虑到它们中的每一个都是另一个的"负",可将结构特性从孔隙模型转移到相应的纤维模型。前者的孔隙率等于后者的固含量,比表面积相同,依此类推。当然,这两类模型的传输特性有很大的不同,因为流体在孔隙模型中使用孔隙作为传输通道,而在纤维模型中使用纤维之间的空隙作为传输通道。因此,电阻网络方法不能应用于纤维结构,因为缺乏直的输送管道,就像在孔隙模型中的情况一样。纤维模型中的扩散和流动可以用相应的连续介质极限微分方程来描述,这些微分方程可以用一些数值方法(有限差分法、有限元法等)来求解。格子玻耳兹曼技术也可以用于这一目的,它可以处理前一节提到的流动和对流扩散问题。随着克努森数的增加,不能再使用连续介质方法,因为必须考虑稀疏效应。分子轨迹技术可描述 K_n 值升高时的扩散,以使其在多孔膜中的应用变得有用。同样的理论也适用于格子玻耳兹曼技术,该技术也可以进行修改以解释稀疏效应。所有这些输运现象,即多组分混合物的扩散、流动和 K_n 值升高时的对流扩散,都可以用 DSMC 方法处理。

4. 数字化结构模型

如果膜的结构特征与某些经典形状(圆柱体、球体、椭球体等)的结构特征不相似,或者膜合成路线(例如,制备纳米粉体、压实或热烧结)未知,则不同类型的结构表示技术可以用于产生三维立体和空体素的数字阵列。如果将实际的多孔膜样品映射到 1(空隙)和 0(固体)的离散阵列上,可以获得非常方便的内部结构表示,随后可直接用于传输方程的数值求解或各种传输模拟方法的应用。这种重建程序的优点是不需要对结构特征的形状或连通性进行明确的假设。此外,在非对称膜的情况下,这些技术可以分别为每一层提供不同的数字表示,正如文献[31]中已经证明的那样。

在过去的十年中,出现了各种各样的重建技术,其中大多数都是基于原始的重建概念。由于它们一方面比孔隙或颗粒模型具有明显的优势,另一方面又能准确地表示膜科学中的微观结构特征,因此人们对这一方向产生了极大的兴趣。如果结构的特征尺寸大于连续截面之间的距离,并且大于用于离散材料的像素尺寸,则串行剖分或串行层析成像技术理论上可以直接描述多孔或双相材料的内部结构。尽管该技术已成功地应用于地质材料(如参考文献[32][33])和诊断医学,但膜的许多待解决问题仍然存在:需要在等距深度水平上对材料进行重复的物理切片(或更确切地说,抛光),使得该技术不可行。另一个艰巨的困难是需要调整不同的物理部分使之具有足够的精确度,并且公差仅为像素大小的一小部分。

从单个图像随机重建多孔结构没有上述缺点,因此,引发了该领域研究人员的强烈兴趣。一般来说,该过程包括以下步骤:首先,获得材料某些部分的光学或电子显微镜图像。在薄膜的情况下,需要具有足够分辨率的电子显微镜图像来确保捕获最小的相关尺寸尺度。其次,显微镜图像部分代表膜结构,而膜结构又意味着该部分的尺寸相当大,故应注意避免材料的非典型部分。如果材料是不均匀的或各向异性的,就像不对称膜一样,那么需要多个不同方向和在每个不同层内的图像,包括一些图像处理和分析。具体来说,如果电子显微镜软件不直接扫描图像,则扫描图像会以电子形式保存。图像文件通过卷积过滤器和增强两个阶段之间边界对比度的过滤器。然后用二进制值 1 或 0 替换每个像素中的颜色值,这些二进制值分别表示像素被空隙或固体占据的大部分空间。材料的相函数定义如下:

$$z(\underset{\sim}{\boldsymbol{x}}) = \begin{cases} 1 \ (\text{当 } x \text{ 为空隙空间}) \\ 0 \ (\text{其他}) \end{cases} \tag{2.30}$$

其中,$\underset{\sim}{\boldsymbol{x}}$ 为位置矢量。

显然,材料截面的孔隙度可以通过表达式直接获得。

平均化过程涉及图像上的所有像素。请注意,以这种方式获得的孔隙涉及可进入和不可进入的孔隙体积。通过 N 点相关函数的计算,可以进一步得到二值化结构的结构性质。2 点或自相关函数已经包含了关于特定区域上相位分布的大量信息,因为它将两个像素之间的距离映射到这些像素共享相同相位函数值的概率上(即位于相同的域、空或实体中)。

归一化自相关函数由下式给出:

$$\varepsilon = \langle z(x) \rangle \tag{2.31}$$

对于各向同性结构,它变成一维的,因为它只是距离 $u = |u|$ 的函数。高阶相关函数包含关于特定材料的进一步结构信息,但同时,它们使随机重构过程复杂化。

下一步是生成以两相材料离散形式表示的三维二进制阵列。该阵列的元素必须满足多孔性和任何期望的相关函数矩。该方向的早期工作采用了随机高斯函数的条件化和截断,并在重建材料与实际材料的视觉相似性,以及计算出的输运性质与测量值的一致性等方面取得了很好的结果。然而,使用这种方法只允许匹配相关函数的前两点,即孔隙度和自相关函数。因此,在界面形状上具有一定有序性或相关性的两相材料,如颗粒或纤维介质,不能用这种方法成功地重建。一个更复杂的选择是将相关函数的一些参数包括在内,其他可以在原始实际图像上测量或计算的分布函数,如线性路径和弦长尺寸,将被最小化。这样一个"模拟退火"过程也就不可避免地导致,在追求最小能量配置的意义上,可以导致相当满意的重建材料,当然,这将花费大量计算时间。

另一种仅利用孔隙度和自相关数据的随机重建技术,与高斯场方法相比,满足更多的结构特性,它是一种遵循布朗运动(FBM)统计的三维二进制阵列的技术。这种方法不仅在地质介质中得到应用,而且在多层陶瓷膜中也得到了广泛的应用。简而言之,主要概念是基于 FBM37 的定义。

$$\langle B_{\mathrm{H}}(x) - B_{\mathrm{H}}(x_0) \rangle = 0$$
$$\langle [B_{\mathrm{H}}(x) - B_{\mathrm{H}}(x_0)]^2 \rangle = |x - x_0|^{2H}$$

其中,H 为赫斯特指数。如果人们注意到对于 $H = 1/2$,经典布朗过程被恢复,那么 FBM 是相关的。故可以生成不相关或相关的结构,相关程度是 H 值的单调函数。在多孔介质传输的背景下,这种技术首先被用于再现大规模地质介质的相关渗透率图,但是根据基尼德和布尔加诺斯的文章,它也可以应用于结构本身,用数字化多孔材料中相应像素(或体素)的二元指数代替局部渗透值。

如图 2.2 所示,利用 FBM 程序对不同 Hurst 指数值重建多孔材料。更具体地说,所有三层膜都是每层仅一个图像的膜的三维重建。结果表明,所生成的结构与实际结构相近,计算出的渗透率值与实测值非常相近。预计该方法可应用于其他几种类型的膜材料,不仅是多孔材料,而且更普遍的是双相材料,如结晶–非晶态聚合物混合物。

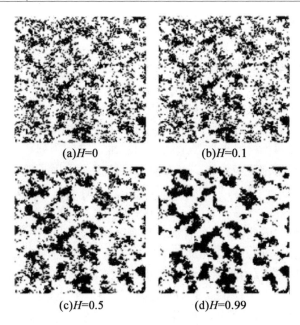

(a)$H=0$　　　　　(b)$H=0.1$

(c)$H=0.5$　　　　(d)$H=0.99$

图2.2　用分数布朗运动法重建多孔材料

上述重建技术可应用于具有在电子显微镜图像上"可见"的特征孔径的膜材料。如果特征尺寸在纳米尺度范围内,则可采用另一种方法提取自相关函数。具体来说,对于各向同性材料,小角度中子散射为

$$I(q) = 4\pi\rho^2 V \int_0^\infty r^2 \gamma(r) \frac{\sin qr}{qr} dr \tag{2.32}$$

其中,V为材料样品的体积;r为散射长度密度;$\gamma(r)$为密度偏差自相关函数;q为散射矢量,由下式得出:

$$q = \frac{4\pi\sin\theta}{\lambda}$$

对于各向同性散射,将反傅立叶变换应用于式(2.32)中,可以得到密度偏差自相关函数,从而可以从中确定两点相关函数:

$$R_z(\mu) = \gamma(\mu) + \varepsilon^2$$

一旦知道了自相关函数,当膜的多孔性是试验上可用,就可以像前面描述的那样应用重建过程的其余部分。

2.3.3　介观输运模拟

除了内部结构的一些简化表示,例如圆柱形孔的规则网络,可以用连续流模型来处理,大多数膜重建或结构模型需要使用一些计算技术来处理分离过程中发生的传输现象。这一中等规模的研究对于理解和量化膜的结构特征与其端部特性之间的关系具有重要意义。这些技术还可以对膜区内的输运或吸附性质进行评估,然后可以在集成到宏观尺度之前将其包含在局部 flux 表达式中。下面介绍各种传输模型和模拟技术,重点介绍与多孔膜特别相关的特征。这些模型假设原子尺度的液膜相互作用被集中到"相互作

用因子"中,这些因子作为边界条件进入模拟,从而避免了重新调整进入和退出固相原子描述的观察窗口。在后面的章节中,还将在多尺度建模和仿真的背景下讨论这种混合技术。

1. 弹道技术

如果分子尺寸远小于孔径,可以将气体分子视为一个数学点(尺寸 0),在膜的孔隙空间中传播。事实上,由于固体表面效应被假定为仅仅是有效的反射参数,而对整体中的分子运动的影响可以忽略不计,所以这些轨迹是在气相或与固体壁的连续碰撞之间以直线路径进行。两种碰撞的相对频率是克努森数的函数。这类技术首次用于计算无固体表面时体积相的扩散系数,而其在多孔材料有效扩散系数估算的应用始于 20 世纪 80 年代。由于它们的共性,这些技术可以直接应用于多孔膜,以提供弯曲因子值,然后可以在 flux 模型中使用。在实践中,考虑到实际膜中的孔大小对应于较大的克努森数系数(自由分子流动状态)或合理的扩散状态(已知会产生相当高的分离系数),因此可以简化它们,即只考虑气体 – 壁碰撞。用这种方法可以用两种不同的方法来计算多孔膜中的弯曲因子:用分子轨迹计算传递概率,或者用单位行程时间计算大量试验分子的均方位移。

(1)传输概率法。

设 F_1 和 F_2 为工作域的两个相对面,代表多孔膜样品的一部分(图 2.3),并假定气体组分的浓度分别保持在 c_1 和 c_2 值不变。因此,产生的浓度下降引起 x 方向上的扩散,这对于两个相对面是垂直的。假设在单位时间内,许多气体分子从 F_1 面的空隙部分释放到工作域的空隙空间中。根据动力学理论,在平衡状态下,这个速率明显与浓度 c_1 成正比。这些分子将在样品的空隙空间中相互碰撞,并与孔壁接触,直到它们到达对面的 F_2 面(并退出样品),或者在经过一段时间后返回到入口的 F_1 面并通过它退出。通过 F_2 面排出的分子分数将提供一个传输概率的度量 f_T。然后 x 方向的有效扩散率将由下式得出:

$$D_{x,e} = \frac{f_T L_x \bar{\mu}}{4}$$

其中,L_x 为 x 方向工作域的长度;$\bar{u}$ 为气体分子的平均热速度。

更严格地说,在上述方程中应考虑 $L_x \to \infty$ 的极限,以确保有效扩散率值不是工作域大小的函数。实际上,当 L_x 比结构的相关长度大几倍时,就达到了这个极限。所需 L_x 的精确值很大程度上取决于 K_n 值:如果 K_n 值增加,分子在连续碰撞之间会走较长的路径,并且到达出口面的速度越来越快,探索结构内部的机会越来越小,因此,提供关于有效性的曲折性的信息需要 x 方向更长的样品。

接下来介绍孔隙空间中分子轨道的一些特征。从泊松分布中随机抽取气相连续碰撞之间的距离 λ',其平均值等于过程实际压力和温度下气体的实际平均自由程 λ。这是通过表达式计算的:

$$\lambda' = -\lambda \ln R_f \tag{2.33}$$

其中,R_f 为间隔(0,1)中的随机数。

在新的位置上,假设分子与另一个分子发生碰撞,并继续沿着随机选择的方向运动。根据式(2.33)计算出一个新的自由路径 λ',并重复该过程,直到分子最终通过两个相对面(F_1 或 F_2)中的任何一个离开。引入新的测试分子,它的轨迹如前所述被计算,直到大量的测试分子被用来消除传输概率 f_T 计算中的统计误差,即具有可接受的公差。如果分子在到达路径 λ' 的末端之前遇到固体壁,那么它的路径将被中断,并发生分子－壁碰撞。通常,在这些模拟中假设的随机反射与余弦反射定律(漫反射定律)兼容。研究表明,如果使用不同的反射定律,则正 x 方向的有效扩散率与负 x 方向的有效扩散率不同,从而在扩散过程中引起"感官上的各向异性"。如果分子击中工作域中的任何平行于平均扩散方向的面,则允许分子从保持其方向的相反面重新进入域(周期性边界条件)。

如果在 y 方向和 z 方向重复相同的程序,则分别获得这些方向上的有效扩散率值,即 D_{ye} 和 D_{ze}。尽管在几种膜应用中,穿透平面方向的扩散系数是最重要的,但在垂直于宏观膜平面的方向上的有效扩散系数也很重要,例如,在燃料电池中使用的气体扩散层中。

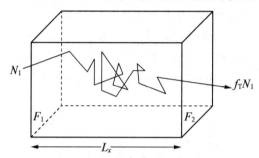

图 2.3　计算多孔材料有效扩散系数的轨迹法原理图

(2)均方位移法。

传输概率法是根据多个试验分子模拟轨迹的最终结果计算有效扩散率,不考虑每个分子到达任何相反面所需的时间(入口(F_1)或出口(F_2))。因此,如果特征粗糙度标度足够小,排除轨迹的变化,仅仅考虑分子运动的时间延迟,则此方法中的表面粗糙度效应并不重要。均方位移法确实考虑了膜结构内部测试分子运动所经过的时间。在这种情况下,分子随机选择工作区域内部的位置释放,而不是在一些外表面释放。除了周期性应用于工作域的所有面外,轨迹计算的方式与传输概率法相似。因此,当穿过任何外表面时,轨迹不会终止,但只有经过固定的行程时间 t_0 时才会终止,这对于所有测试分子来说都很常见。比如说,有效扩散率在 x 方向的计算公式是

$$D_{xe} = \lim_{t_0 \to \infty} \left[\frac{\xi_x^2}{2t_0} \right] \tag{2.34}$$

其中,ξ_x 为分子在经过时间 t_0 之后,在 x 方向上相对于其初始位置的位移,平均值取模拟中使用的整个测试分子系的平均值。

时间很容易通过运动分子的速度来追踪,通常认为它是恒定的,等于热速度。已经证明,在这种模拟中,将分子速度与麦克斯韦－玻耳兹曼分布合并在一起,对有效扩散率的值影响微乎其微。为了确保有效扩散率不是行程时间的函数,根据式(2.34),模拟中必须允许相当大的行程时间。而且无论使用多少测试分子,均方位移都与运动时间不成正比。这在相关文献中引起了一些争论,因为某些研究人员已经将这种非线性现象包括在更一般的异常扩散概念中,然而,膜结构和传输特性的建模和仿真并非如此。方向平

均的有效扩散率计算式为

$$D_e = \lim_{t_0 \to \infty} \frac{[\xi^2]}{6t_0}$$

其中，ξ 为试验分子在时间 t_0 后从初始位置的位移。

该算法的编码并不复杂，并且由于每个测试分子都是独立于其他分子进行处理的，因此可以将生成的软件并行化以显著减少计算时间。但这并不是忽略了分子间的相互作用，因为分子碰撞频率是通过以下事实来考虑的：分子运动在从平均自由路径的泊松分布随机取样的距离处被中断。这项技术实际上也适用于任何类型的孔隙结构，这些孔隙结构可以借助某些几何特征（颗粒、纤维、孔隙等）模型或通过应用某些重建技术来生成。在前一种情况下，用一些解析函数来分段描述固体 - 空穴界面，得到分子路径与它的交叉点，即 (x, y, z) 点，它既属于分子路径的界面又属于分子路径的线，并且最接近该步骤的起始位置。在后一种情况下，介质被离散成单位立方体（或体积元素、体素），分子 - 壁碰撞点也以类似的方式被发现。由于该技术对任何孔隙结构的直接适用性，研究各种结构特征对膜材料弯曲因子的影响成为可能，其中最显著的是孔或粒径之间的空间相关性。研究表明，尺寸相关性导致扩散系数增加，这种增加的精确程度是相关性程度、结构元素类型以及它们的顺序和拓扑结构等的函数。

2. DSMC 方法

DSMC 方法是一个随机过程，适用于模拟气体的流动和对流扩散，即使在连续极限未完全验证的非零克努森数值下也是如此。从本质上讲，它可以被视为具有随机蒙特卡洛成分的、智能的、非常有效的分子动力学。它避免了在原子尺度上求解运动方程或使用微观流动构造平衡配置的需要，还回避了分子轨道直线部分无意义的积分。DSMC 是一种非点阵伪粒子模拟方法，最初由伯德提出和开发。其主要概念是，不要试图跟踪控制体积中实际分子数的演变，而是只监测几十万或数百万个利用一些集中参数模拟实际分子轨迹的伪粒子轨迹。

系统的状态由一组伪粒子的位置和速度来确定，这些伪粒子在固定的工作域中彼此移动和碰撞，并使用一定数量的单元进行离散化。平均细胞大小为 $\lambda/3$，其中 λ 是在压力和温度的主要条件下分子的平均自由程。这是为了能够用实际的黏度值来解决压力流动的大梯度问题。系统演化被分解为两个相对不相关的子过程，即分子翻译和分子间碰撞。在模拟过程中，这些子流程的实现涉及以下四个不同的步骤。

（1）在时间间隔 Δt 期间粒子的无碰撞对流。最初，粒子被分配速度是通过麦克斯韦 - 玻耳兹曼分布随机抽取方向和大小。对于特定气体在特定压力和温度条件，时间 Δt 应小于碰撞时间。由于一些粒子会在自己的细胞外或甚至在工作区域外出现，因此需要施加边界条件，并确定计算宏观量的方法。这也是取决于一个事实，即一些粒子将在这个时间段内经历壁面碰撞，分子 - 表面相互作用是通过使用一些调节系数来模拟的。

（2）粒子的索引和跟踪。这是 DSMC 模拟中的一个重要步骤，因为在对流过程中，粒子的一个重要部分可能已经切换。

（3）使用随机方法进行分子间碰撞。在此步骤中，一小部分颗粒将与其他颗粒发生碰撞。与分子动力学技术相比，随机选择粒子对，并计算每对粒子的碰撞概率。如果这个概率(尤其是两个粒子的速度的函数)大于阈值,则允许发生碰撞;否则,两个粒子呈现对流定义的位置。为了加快计算速度,通常采用无时间计数方法,根据这种方法,将允许发生预选的碰撞次数,从而避免了沿着分子间碰撞序列的时间跟踪。为了提高计算的准确性,碰撞频率在单元级别定义,但碰撞对是在单元的细分中选择的,称为子单元。通过这种方式,相互靠近的成对分子被优先选择以产生碰撞。

(4)宏观量的计算。在此步骤中,在各个单元内计算所有宏观属性,从而在整个工作域中生成这些量的映射。这些平均值可以根据应用和相应的量在特定过程中的作用,然后在空间上或时间上取值。

在分子表面碰撞之后,新方向的典型选择是漫射(随机)和弹性(镜面)反射。前者导致稠密气体的无滑移,但对稀有气体产生一些有限的滑动速度。值得注意的是,DSMC 是模拟稀薄气体黏性流动的非常有用的工具,将其应用于多孔材料将大大增加我们对孔隙壁存在下的稀薄流动的理解和量化。尽管在这种情况下也可以使用其他的数值技术,但 DSMC 仍特别具有吸引力,因为它可以很容易地与像素化媒体和数字重建相结合,而不是像其他一些处理复杂边界的数值技术那样变得非常复杂。此外,根据膜两面的边界条件(压力和浓度差),DSMC 可以得到与 K_n 值升高相对应的足够窄的孔结构的局部压力和浓度场、速度场、渗透性和扩散系数。

利用 FBM 随机重建技术($H=0.99$)对多孔膜内氮气流动进行重构,DSMC 方法在多孔膜内氮气流动中的应用实例如图 2.4(a)所示,出口的克努森数设置为 2.5。为便于比较,图 2.4(b)为相同气体在相同条件下,相同孔隙度,但 $H=0$(不相关结构)下的流场。这两种情况的渗透率之比等于 6.23。注意,连续介质极限处的渗透率比为 9.87。因此,它是可以处理致密孔隙结构中的稀薄气体的流动模拟技术。DSMC 在预测多孔膜的实际渗透率方面被证明是非常有用的,并且可以指导添加分离因子的新材料或改性材料的设计。

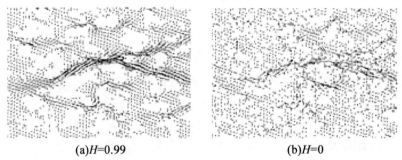

(a)$H=0.99$ (b)$H=0$

图 2.4 使用 DSMC 方法重建多孔材料(FBM)中的流场

3. 多孔膜中流动的晶格玻耳兹曼模拟

晶格玻耳兹曼技术是从 Frisch 等人最初提出的晶格气体模型发展而来的。在晶格气体中,假设一组相同的粒子代表实际的流体。这些粒子具有适当的动量,这些动量将使它们在单位时间间隔内从一个跨越工作区域的规则晶格的一个位置到另一个相邻的位置。每个位点要么被单个粒子占据,要么不被占据。粒子在时间和空间上的演化包括两个步骤:方向和碰撞。晶格玻耳兹曼模型是基于晶格气体粒子演化方程的总体平均值,因此可以用占据概率或总体密度来代替单个粒子。根据工作域的维数,采用二维(正方形、三角形等)或三维(通常是立方)格来离散空间。

粒子分布函数 $f_i(x,t)$ 的演化由以下方程计算得出:

$$f_i(\underset{\sim}{x} + e_{\underset{\sim}{j}}, t+1) - f(\underset{\sim}{x}, t) = -\frac{1}{\tau}[f_i(\underset{\sim}{x}, t) - f_i^{eq}(\underset{\sim}{x}, t)]$$

其中,$e_{\underset{\sim}{j}}$ 为 i 方向的速度;x 为位置矢量;τ 为松弛时间参数;$f_i^{eq}(x,t)$ 为平衡分布函数。

在该方程中,引入 Bhatngar – Gross – Krook(BGK)近似来简化原本相当复杂的碰撞算子,并采用单个松弛时间方法来简化区分多个松弛模型。局部密度和速度可由表达式确定:

$$\rho = \sum_i f_i$$

$$\rho \underset{\sim}{u} = \sum_i f_i e_{\underset{\sim}{j}}$$

可以看出,在时间和空间上,在 $K_n \to 0$ 和离散元素为零的情况下,Navier – Stokes 方程成立:

$$\rho \frac{\partial \underset{\sim}{u}}{\partial t} + \rho \underset{\sim}{u} \nabla \underset{\sim}{u} = -\nabla p + \rho \nu \nabla^2 \underset{\sim}{u}$$

其中,ν 为运动黏度;p 为压力。

以下给出了相应的等温状态方程:

$$p = c_s^2 \rho$$

其中,c_s 为声速,其精确表达式为离散速度集的函数。因此,在特定应用中可选择晶格。运动黏度通过表达式与声速和弛豫时间有关:

$$\nu = c_s^2 \left(\tau - \frac{1}{2}\right)$$

平衡密度函数可以展开为如下形式:

$$f_i^{eq} = A + B e_{\underset{\sim}{j}} \cdot \underset{\sim}{u} + C(e_{\underset{\sim}{j}} \cdot \underset{\sim}{u})^2 + D \underset{\sim}{uu}$$

其中,A、B、C、D 为数值系数,具体到模拟中使用的晶格类型。

晶格玻耳兹曼模型与晶格气体模型相比具有显著的优越性,因此在流动问题中得到越来越多的应用。从技术上讲,它不受晶格气体模型中出现的数值波动的影响。在晶格玻耳兹曼模型中恢复了伽利略不变性,波数恢复到一定的阶数。如果黏度易于调整并且适用于复杂几何形状(如在多孔材料内部遇到的那些)是相当简单的,那么它可以被认为是一种可以在几乎任意域中模拟流动的方法。

在晶格玻耳兹曼模型中,孔隙壁对应于种群密度向位于固 – 空界面的站点的传播,当与孔隙壁发生碰撞时,关于"反射"种群有几种选择。通常采用回弹条件,这实际上会导致到达固体场地的局部 F_i 方向的反转。在极限 $K_n \to 0$ 中,再现了无滑动条件。或者,到达一个固定地点的种群可能被重新定向到另一个方向,满足任一镜面反射定律(仅动量法向壁面分量的反向)或中间反射条件(从墙壁到主流的任意方向的随机选择)。在给定滑移速度的情况下,可以选择反射 F_i 的值,从而恢复给定的滑移速度。

对于在特定域中生成流,也有不同的选择。具体来说,可以在宏观流动方向上对种群密度施加压力,也可以在区域两端施加压力,从而保持恒定的流动驱动力。在实际应用中,一些四舍五入误差可能会导致计算不稳定,通常可以通过选择适当的仿真参数来避免。图2.5所示为晶格玻耳兹曼技术在具有分布尺寸的孔隙网络流动模拟中的应用实例。值得注意的是,采用晶格玻耳兹曼法计算得到的平均表观速度与相同流体的压力梯度成正比,相同孔隙结构的孔隙率相对较小,满足多孔介质中流动的达西定律。

当多孔膜的孔隙足够小,使得克努森数有限(大于0)时,这种晶格玻耳兹曼模型不适用于描述多孔微观结构中的流动。克努森数要成为位置的函数,需要对模型公式进行一些修改。科学家在这个方向上进行了各种尝试,将平均自由路径的概念纳入模型中,并得到了包含松弛的表达式;时间$\tau(x)$作为位置的函数。当然,这是密度对位置的依赖中不可忽略的直接结果,运动黏度也是如此。因此,将晶格玻耳兹曼模型应用于多孔膜中,需要计算局部弛豫时间参数,该参数也是时间的函数。

(a)孔分布尺寸网络　　　　(b)孔的邻域较小的流场

图2.5　晶格玻耳兹曼法计算得到的孔分布尺寸网络和孔的邻域较小的流场

动态黏度也随着克努森数的变化而变化,可以近似为体积(远离固体表面)和自由分子流动状态下黏度的调和平均值,就像扩散情况一样(Bosanquet 表达)。对改进的晶格玻耳兹曼模拟仪提供的直缝型孔隙中流动时的压力变化预测与 DSMC 方法的相应预测进行了比较,表明克努森数系数能更准确地表达黏度。在这方面的第二个主要问题是对孔隙表面的边界条件以及在壁面上的气体调节系数模型中适当的定义和合并。同样值得注意的是,如果使用连续方法来描述 K_n 值升高时的流动,则需要加入任意滑移速度来补充 Navier – Stokes 方程。这种方法使用一阶或高阶滑动边界条件通常不适应,这些条件涉及的参数一般无法估计或者就以任何一般形式表示。因此,只能放弃连续体描述和相应的数值技术,而是用介观方法。微流体和纳米流体领域是膜科学特别感兴趣的领域,预计越来越多的研究工作将致力于膜领域的这类模型和模拟器的研究。

4. 多孔膜中色散的晶格玻耳兹曼模拟

通常,多孔膜内部的孔结构是很复杂的(除了在特定应用中涉及直通孔的特殊情况),这导致了多孔域内流场的强非均质性。继而,这又将引起溶质粒子或气体种类的分散,这也就决定了分离的性质。在任何情况下,被分散的物种之所以存在这种情况,是因为某种力(布朗力、重力、静电力等)将其从给定的流线上带走。这导致的结果就是:物种在膜结构的某些部分或整个区域的分散,这一分散取决于异质性的尺度、物种分子或粒子所受的力的大小以及特定分离过程的时间尺度。描述多孔结构中弥散的介观方程与对流扩散方程具有相同的形式,这再一次引起人们对各过程性质及其区别的困惑。

除了前面提到的流体动力学非均匀性问题,还需要严格区分应用对流扩散方程的尺度和应用弥散方程的尺度,前者涉及分子扩散系数(通常是孔隙尺度),后者涉及局部宏观速度和弥散系数,而不是普通的分子扩散系数(如果出现某些流动不均匀性,例如管内的泰勒弥散,则为多孔区域或孔隙的尺度)。因此,处理孔隙网络中弥散的一个明显的方法是求解每个孔隙段中的对流扩散方程,然后使用电阻网络技术在工作域的尺度上积分通量表达式。这将计算出一个在介观尺度上的局部弥散系数,并且需要进一步的积分来扩大到宏观层面。

如果孔隙网络不能可靠地表示膜的空隙空间,则可采用重建技术,该技术将产生近似几何结构(颗粒、纤维等)或随机三维结构的表示,即 0 和 1 的二元数组。在任何情况下,都可以使用晶格玻耳兹曼或其他方法来确定局部流动场。为了纳入对流扩散,也可以使用改进的晶格玻耳兹曼方法,该方法包含两个演化方程,一个用于载流,另一个用于溶质,或者在气体混合物情况下,一个用于混合物本身作为一个实体,另一个用于混合物的每个成分。第一个方程描述了载流或混合物的主要流动,第二个方程描述了溶质或混合物组分的随机运动,其以平均混合物速度移动,但也以与引入的扩散迁移率参数成比例的速率扩散。这些模型是由 Dawson 等、Kumar 等和其他研究人员开发的,他们使得这些模型适应满足一些应用的特殊需求。模型的进化方程如下:

$$f_{s,t}(\underset{\sim}{x} + e_j, t+1) - f_{s,i}(\underset{\sim}{x}, t) = -\frac{1}{\tau_s}(f_{s,i} - f_{s,i}^{eq})$$

其中,下标 s 表示溶质或单个物种;其他术语与经典晶格玻耳兹曼演化方程中使用的术语具有相同的物理意义。

溶质或物种密度用以下表示:

$$\rho_s(\underset{\sim}{x}, t) = \sum_i f_{s,i}(\underset{\sim}{x}, t)$$

速度表示为

$$\rho_s u_s(\underset{\sim}{x}, t) = \sum_i f_{s,i}(\underset{\sim}{x}, t) e_j$$

扩散系数 D_s 与该物种的弛豫时间相关性如下:

$$D_s = c_s^2\left(\tau_s - \frac{1}{2}\right)$$

该模型已成功地应用于各种 Peclet 数值(贝克来数,Pe)的孔隙或裂缝交叉点,这是一个衡量对流和扩散在输运过程中相对重要性的指标。具体地说,Pe 定义为

$$Pe = \frac{uL}{D_s}$$

其中,L 为系统的相同特征长度,例如,与其他孔隙连续相交的孔隙长度或孔隙宽度。

结果表明,这种格子玻耳兹曼对流扩散技术在 Pe 值较低的情况下,与其他简单孔洞相交技术相比具有较快的速度。如果它应用于足够大小的复杂孔隙结构来证明弥散系数的定义是合理的,那么它的效率仍然有待观察。

5. 分散模拟的粒子跟踪方法

一旦通过晶格玻耳兹曼方法或任何其他数值技术使多孔膜内的流动场可用,则可通过随机游动类型的方法模拟溶质输运。除了水动力阻力和随机布朗力之外,在没有其他力的情况下,每个粒子的运动都可以通过这两种力引起的矢量位移来监控。

在短时间间隔 δt 内,总矢量位移由下式得出:

$$\delta \underset{\sim}{r} = \underset{\sim}{u}(\underset{\sim}{r})\delta t + \delta \underset{\sim}{\xi} \tag{2.35}$$

其中,$\delta \underset{\sim}{\xi}$ 为随机热运动引起的随机矢量位移;$\underset{\sim}{u}$ 为载体流体的局部速度。

在纳米颗粒的稀释分散情况下,假定其不受溶质运动的影响,这个表达是合理的。在所有其他情况下,必须考虑移动溶质引起的流场变形。

晶格玻耳兹曼或其他空间离散数值技术将提供格点或网格节点的局部速度分量,这可用于计算主要流场。然而,粒子运动的随机性显然需要了解非晶格位置的速度分量的值。为此,可以使用各种插值算法,随机位移的大小,$\delta \xi$ 可以从以下方程中计算出来:

$$D_s = \frac{\delta \xi^2}{6\delta t} \tag{2.36}$$

使用该方程的物理意义如下:在 δt 期间,溶质粒子将有可能经历足够多的单位步骤,从而形成有意义的扩散过程。实际上,这意味着 δt 的值远大于连续自由路径之间的平均时间。另外,δt 必须足够短,以防止过长的台阶将颗粒移动到不同流速的区域。也就是说,δt 的值必须限制在允许颗粒非常小的时间间隔内,以确保局部流动的平稳、受控。根据 Salles 等,这两个常数之间的折中是使用一个 δt 值,这使得二值化孔隙结构中粒子的总位移为一个分级数(即 1/2)像素大小。一旦确定了 δt 的值,则可以根据式(2.36)计算出 $\delta \xi$ 的值,并在当前粒子位置和半径等于 $\delta \xi$ 的情况下生成一个假设球体。由于假设过程的随机部分是扩散的,并且在达到位移 $\delta \xi$ 之前采取了大量中间步骤,因此可以假设,在 δt 间隔结束时,粒子失去了之前位置的记忆。因此,可以随机选择球体表面上的一个点(通常通过在球面坐标中选择随机方向余弦),并将其识别为仅考虑扩散过程且忽略主要流动的情况下移动粒子将到达的位置。对式(2.35)进行矢量求和,以确定由于对流和扩散而产生的粒子的下一个位置。如果使用规定的 Pe 值,对于较小的 Pe 值,对流和扩散位移的相对重要性会被精确地定义;对于较大的 Pe 值,扩散项是以随机方式指示粒子运动的项。必须强调的是,即使在扩散受到限制的大的 Pe 值下(例如 100 或更多),粒子的一些小的随机位移也可能将粒子带到不同的流线上,从这个流线到另一个流线等,最终导致粒子与原始流线大幅度偏离,尤其是在具有局部不均匀孔隙结构的多孔膜内部的情况下。

为了避免这种分散算法与分子轨道计算中的扩散模拟混淆,因此需要注意一些细节。在这种情况下,分子的每一个单独的步骤都是按照路径的泊松分布进行采样的,其平均值等于平均自由路径。在这些单独的步骤中所经过的时间非常小,比分散模拟中使用的时间间隔 δt 小得多。在后一种情况下,如果式(2.36)的 δt 值足够大,则可以叠加对流和扩散运动。另一个区别是,模拟过程中(即固定长度)的随机位移 $\delta \xi$ 是恒定的,而单个分子路径的分布长度平均值等于平均自由路径。图 2.6 所示为在主流流场和布朗场作用下,在模拟多孔膜中移动的一组溶质颗粒的演变快照。请注意,对于较低的 Pe 值,混合时间的顺序是通过时间的流动,而对于较高的 Pe 值,溶质颗粒与流线的距离相当近。然而,即使是流线上的一个小的随机位移,也可能会逐渐将颗粒带到不同的流动区域,并最终导致其与最初颗粒选择的孔段不同。由于流体流动的不均匀性,很容易设想溶质颗粒在更大范围内的更广泛分散。这些现象可以使用粒子跟踪或晶格玻耳兹曼对流扩散技术进行深入研究。最近的研究表明,这两种方法的预测在孔隙交叉点的尺度上达成了一致。这两种方法的区别在于,对于扩散很重要的低 Pe 值,粒子跟踪法要比晶格玻耳兹曼对流扩散法慢得多,但比在流动主导传输的高 Pe 范围内更快。因此,根据条件,可以选择一种或另一种方法来遵循分散过程的规律并计算分散系数。在多孔过滤器的情况下,纵向分散系数比横向分散系数更直接,因为所有可测量的量都沿平均方向。然而,在使用多孔膜进行横流操作的情况下,由于颗粒在孔隙空间内逐渐被截留,同时膜的结构特征也发生了不对称的变化。因此纵向和横向分散过程变得重要,并在分离过程中保持其增加的显著性。同时结构特征发生变化,因此在分离过程中保持其增加的显著性。

如果膜的孔隙空间可以通过单个孔隙网络进行模拟,则可以使用电阻式方法来评估膜内部的流动和孔连接处的压力。一旦流动溶液可用,可使用对流 – 扩散方程模拟每个孔段的分散,该方程将产生穿过每个孔的溶质浓度差。再次使用电阻模拟,这一次是为了溶质质量平衡,可以得到整个膜的浓度分布,从中可以提取纵向和横向的弥散系数。此外,还可以采用随机游走技术,以孔隙速度为主要准则,从各结点选取出口孔隙,模拟测试颗粒在孔隙网络中的运动。在每个孔隙中,粒子可以简单地遵循平均孔隙速度,也可以通过随机扩散过程转换流线。

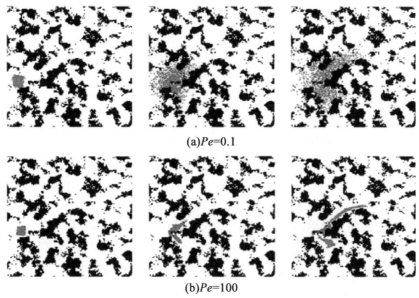

(a)Pe=0.1

(b)Pe=100

图 2.6 脉冲在重构膜中的色散

6. 膜污染孔尺度模拟

以上内容是假设溶质颗粒在水动力和布朗力的作用下在多孔膜的内部运动。当颗粒接近孔壁时,颗粒与表面的相互作用变得非常重要,最终导致颗粒在孔壁处的捕获和沉积。这种性质的典型力是伦敦 – 范德瓦耳斯力和电动(双层)力。对于大于 1 mm 的粒子,引力是非常重要的,不可忽略,但布朗力在室温下可以忽略不计。此外,当颗粒接近壁面时,由于位于颗粒与表面之间的液体对移动颗粒施加了额外的阻力,因此流体动力阻力表达式必须引入修正因子。如本节前面所讨论的,对多孔和非多孔颗粒表面的这种校正因子已经进行了分析和数值计算(Michalopoulou et al.)。如果颗粒和壁面都是无孔的,随着间隙减小到零,阻力迅速增大到无穷大,只有受到范德瓦耳斯力的强烈吸引,颗粒才会被表面吸附。如果颗粒(如骨料)或壁面(如多孔基体或颗粒沉积)是多孔的,由于多孔体内部的流动,因此即使在接触时阻力也是有限的。显然,这也是两个物体都是多孔的情况。如果粒子以向外的任何其他方向接近壁面,则拖曳力会产生一个水动力扭矩,该扭矩负责粒子的旋转,这可能(通常在很小的程度上)影响捕获的精确位置。如前所述,所有这些因素都已经在多孔滤波器和膜中的颗粒沉积模拟中得到考虑,从而导致估计颗粒去除效率对几个参数大小的依赖性(例如,Burganos 等),包括最显著的流体速度、颗粒表面相互作用常数、孔形状、颗粒尺寸和密度,以及较大颗粒的流动取向。

对于可以用来实现这些计算的算法,有两种主要的方法:跨整个膜样本域的粒子轨迹积分法或求助于电阻网络法。前者可以应用于任何结构类型,并且运动的粒子的初始位置可以在入口面(污垢的去除效率的计算和监控)或在随机位置的内部膜(运输计算属性如纵向和横向扩散系数)。电阻网络法可应用于单个孔段网络近似的多孔结构。在这种情况下,在每个孔段内确定颗粒轨迹,计算网络中每个孔的沉积速率,并求解每个孔交叉处的总体平衡,然后计算总沉积速率,确定整个沉积过程中的过滤效率。最近,通过对悬浮液流入过滤器的动态模拟,在逐渐积累沉积物方面取得了一些具体进展。更具体地说,颗粒轨迹的计算可以促进对过滤器内部局部沉积速率分布的估计。该信息可用于逐步更新介质中的沉积物和伴随的渗透性下降,这需要重新计算局部压力和局部流动场。在剪切应力的某个临界值下,沉积材料的一部分可能会重新进入主流,向下游移动,并在其他地方重新沉积,这一过程不可避免地改变流动场,甚至经常改变可用的运输路径,从而逐渐导致污染。值得注意的是,沉积物"塞子"是多孔的,尽管大大增加了液压阻力,但它却起着特殊的过滤器作用。这种方法在某些条件下也可应用于多孔膜中溶质颗粒和孔隙的相对大小、流动悬浮液的浓度、凝聚倾向等的研究。请注意,稠密悬浮液需要不同的处理,因为独立粒子轨迹的假设,即保持不受相邻粒子存在影响的轨迹,就像在整个悬浮液中物理化学性质一致的假设一样,变得无效。

7. 具有相变的两相流的晶格玻耳兹曼模拟

在各种与膜相关的过程中,包括膜制备、膜表征和膜模块操作中,经常会遇到两相流和相变过程。值得注意的例子是渗透和烧结过程,汞和气体孔隙度测量,通过膜接触器或渗透汽化器分离等。由于现代技术要求在纳米范围内设计越来越复杂的结构,并且还要有效地控制端部特性和实际操作,因此需要可靠的模拟器和快速代码,以便更好地理解孔尺度上的现象,并为材料和技术的开发提供有价值的数据。

点阵气体和点阵玻耳兹曼模型在有相变和无相变两相流的模拟中都是非常有用的,特别是当它们应用于多孔领域时。这是由于它们在复杂的几何形状中可以自我调节,例如二值化介质离散形式的孔隙结构或其他类型的膜重构。因此,如果选择某一晶格用于晶格玻耳兹曼模型的应用,则将该晶格映射到多孔样品上时将导致将许多晶格位置直接标记为"固体"位置,这些"固体"位置显然不参与流体粒子群的演化过程。此外,如果假定流体是非理想的,从而服从一定的非线性状态方程,则可以找到可能发生相变的某个

(p,T) 区域。相共存意味着界面区域的存在,界面区域的形状和宽度是特定流体的压力和温度的函数。这样的两相体系由 Swift 等使用采用 Cahn – Hilliard 类型的相变方法的晶格玻耳兹曼模型来建模。

界面的厚度 d_1 是有限的,分别与气体和液体密度 ρ_g 和 ρ_1 有关,如下式所示:

$$K = \frac{3d_1\sigma}{2(\rho_1 - \rho_g)^2}$$

其中,σ 为界面张力。

气相和液相的运动黏度 ν_g 和 ν_1 分别与相应的松弛时间有关,如下式所示:

$$\nu_j = \frac{2\tau_j - 1}{8}$$

$$\nu_j = \frac{2\tau_j - 1}{6}$$

对于 7 位的六角晶格和 15 位的立方晶格,利用平均场方法,可以证明平面界面的流体密度满足方程:

$$K\rho''(z) = \mu(\rho, T) - \mu_{eq}(T) \tag{2.37}$$

在这种情况下,局部的化学势起着"外力"的作用,满足式(2.37)的精度要求。表示式如下:

$$\rho(z) = \rho_c + \frac{1}{2}(\rho_1 - \rho_g)\tanh\left(\frac{z}{2d_1}\right)$$

图 2.7 所示为三个液气过程的界面流体密度变化。由 2.7 图可知密度系数非常平滑,不像其他类型数值方法遇到不连续的跳跃。Angelopoulos 等将该模型纳入了孔隙网络中不混溶流体的两相流动模拟中。在从这些初始方程中恢复质量和动量守恒方程时,研究者注意到晶格玻耳兹曼动量方程与纳维－斯托克斯方程非常相似,只是其中有两项含有密度梯度,暗示不存在伽利略不变量。虽然这些项在均匀流体的体积区域可能小得可以忽略不计,但由于两相的密度通常相差很大,它们的界面区域变得相当大。为了解决这个问题,对运动方程和压力表达式进行了的重新表述,最终恢复了伽利略不变性。Inamuro 等人利用渐近分析得出了类似的结果。Kalarakis 等通过模拟射流破碎和液滴剪切,证明了修正模型的成功。事实上,液滴的生成可以用这种晶格玻耳兹曼模型直接模拟,这种模型允许界面从孔板出口时脱落的演化,这对于将这种技术用于乳化过程的模拟是非常鼓舞人心的。然而,必须指出的是,由于这种方法还注意到界面内部,以确保连续描述密度的变化。从一个阶段到另一个阶段,在界面本身不可避免地需要一些有限数量的晶格点。如果出于计算的原因,晶格的总体大小要保持合理的小,那么就需要使用相对较厚的接口。反过来,这对应于温度升高,为了允许相共存,也对应于压力升高,其确切范围当然取决于所使用的状态方程和参数值。绕过这个问题的一种方法是使用自适应网格对界面附近的空间进行离散化,这种方法不仅局限于基于自由能的晶格玻耳兹曼模型,也适用于其他多相流晶格玻耳兹曼模型。

除了直接适用于数字化孔隙结构和界面"自动"传播的优点外,还必须强调这个晶格玻耳兹曼模型另一个特征,即直接结合固体表面上可控的润湿性条件。这可以用几种方式来完成,最简单的一种涉及将化学势或"密度"局部分配给固体位置,从而基本上将亲水性、疏水性或任何中间情况分配给固-空界面上的每个位置。

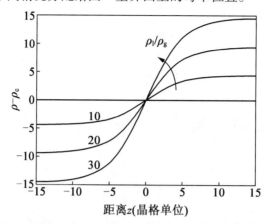

图2.7　三个液气过程的界面流体密度变化

在模型中使用非理想流体,并因此使用非线性状态方程,可以实现自发凝结或蒸发,这取决于主要的静态和流动条件。事实证明,这种相变特性在涉及冷凝蒸汽或挥发性液体的膜应用中非常有用。它也是模拟氮气吸附-脱附等孔结构表征过程的有价值的工具。图2.8所示为颗粒介质(例如,压实和烧结之前的氧化铝粉末)的这种模拟的各种照片。根据开尔文方程(2.10),随着氮气分压p的增加,表面膜(吸附液)逐渐增厚,首先在最窄的间隙内凝结,然后在逐渐增大的孔隙处凝结。因此,对于比率p_c/p_0的给定值,可以计算孔半径r_p,超过该半径的所有孔将排空毛细凝析油。解吸照片如图2.8所示,可以很容易地推断出众所周知的滞后现象。显然,这样的工具可以极大地方便对气体吸附-解吸曲线的解释,并阐明膜或其前体的各种结构特征在获得所需的膜材料的传输和分离性能方面所起的作用。此外,通过假设"冻结"吸附过程并应用相应的晶格玻耳兹曼流动模拟器或分子轨迹方法,可以在吸附-解吸过程的中间阶段确定渗透率和扩散系数值。

将这种两相晶格玻耳兹曼模型应用于膜基乳化的模拟也是可行的。图2.9所示为使用基于自由能的两相晶格玻耳兹曼技术在这种模拟过程中拍摄的一组快照。

在膜内部的孔是纳米尺寸的情况下,需要对晶格玻耳兹曼方法进行修改以考虑稀疏效应。为此,可以调用上一节中提出的模型来描述大部分相内的高克努森数区域内的流动。远离连续介质极限的两相晶格玻耳兹曼模型的开发目前正在进行中,有望在气相和液相的膜应用中得到广泛应用,并且无论是否发生相变。

众所周知,无论是纳米级还是微米级的液滴都会相互凝聚,形成较大的液滴。这通常是一个不希望发生的事件,因为这会使得平均液滴大小转移到更大的尺寸,而这些尺寸恰好与原始乳液的性质不同。例如,如果在化妆品或食品中使用微乳液,凝聚成较大的液滴将对最终产品的最终性能产生强烈的负面影响。此外,如果某些膜乳化或膜筛选技术产生特定平均尺寸和标准偏差的脂质体,其聚集将导致较大尺寸以及较大的偏差。这两种变化都会降低病理组织中活性成分的吸附效率,从而增强了药的副作用。尽管人们认为有几种技术可以调节这些效应,但液滴聚集确实是同性,需要可靠的模拟器能够在合理的计算时间内预测正确的动力学过程。

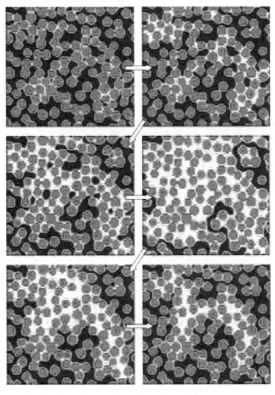

图 2.8 使用允许相变的两相晶格玻耳兹曼模型模拟颗粒材料中的气体吸附、冷凝和蒸发的照片
（时间顺序由上而下）

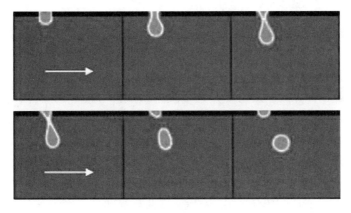

图 2.9 两相晶格玻耳兹曼模拟器膜基乳化的照片
（主流的流向是箭头所指的方向，时间顺序由上而下）

两相晶格玻耳兹曼方法也可用于液滴的凝聚及其动力学研究。与传统技术相比，它的优势之一是能够同时模拟多个液滴的聚集，而不仅仅是单个液滴的聚合。另一个重要的优点是它可以直接应用于任何结构内部的液滴凝聚，包括数字重建材料。图 2.10 所

示为采用晶格玻耳兹曼方法进行黏性烧结过程中颗粒材料的演化过程。假设颗粒具有不参与传质过程的固体芯,则可以模拟表面可控烧结,并以可调速率延迟该过程的动力学。如果有最终产品的显微镜图像,烧结程度可以很容易地控制。此外,该方法还可以在烧结过程的中间阶段生成多种结构构型,作为输运仿真器的输入用于预测扩散率和渗透率。这样就可以得到一组不同烧结水平下的膜的输运特性的数据。显然,这类信息在改进材料的设计和指导试验人员确定最佳制备条件等方面非常有用。

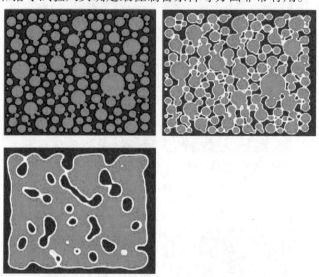

图2.10　两相流格子玻耳兹曼法模拟颗粒材料的烧结

2.3.4　原子尺度模拟

采用微观或原子尺度模拟的需要至少源于两个问题,即纳米尺度现象对分离过程的控制以及流固界面在流体输运过程中发挥的主要作用。在这两种情况下,充分了解原子之间的相互作用及其可靠的模拟对改进膜材料的设计和确定最佳操作的条件至关重要。一般来说,首先要在计算机上用力场描述系统各组成部分之间的相互作用,在原子尺度上重建感兴趣的构型。所需的参数和数据通常是通过测量和计算而得。下一步涉及具体的尝试,以确定稳定的配置版本,并建议在原子尺度上进行修改(离子交换、羟基化和一般意义上的功能化),以保证在某些特定的分离过程中改善材料的最终性能。在需要的情况下,这些结构中的吸附和输运也可以在原子尺度(如需要)或介观尺度上进行模拟,特别注意流体与固体表面的相互作用。尽管在时间和空间尺度(分别约为10 ns和10 nm)上它们可以跨越的范围相当有限,但是原子模拟一方面是量子力学计算,另一方面是平均场理论和介观模拟,它可以为微孔膜中物种的竞争性运输提供大量信息和宝贵见解,并缩小竞争力的差距。无机膜和高分子膜材料的分子模拟有几个共同的特点,接下来将分别对这两种材料进行介绍并加以区别。

1. 无机膜材料的原子重建

利用蒙特卡洛技术或分子动力学方法,在原子尺度上反复研究各种可能用于膜系统的无机材料的结构。重建过程通常包括以下中间阶段:首先,利用文献资料将结构原子定位在参考体点阵位置。选择一个力场来描述原子间的相互作用并计算构型的势能。在相关文献中提供了各种各样的力场,从快速简单的到高度复杂的,但都提出了更严格的计算要求。这样的力场包含许多参数,这些参数通常是根据经验数据或一步一步计算得到的。一个典型的例子是通用力场,它已经被整个周期表参数化。它是一个纯对角谐波力场,其参数由基于原子类型、杂化和连接性的规则生成。势能表达式中既考虑了分子内(键合)相互作用,又考虑了分子间(非键合)相互作用。在分子内相互作用中,最值得注意的是键的伸展,用调和项来描述;角键,用三项余弦傅立叶展开来表示;扭矩,用余弦傅立叶展开项来表示,两相之间的二面角在它们的自变量中由原子四元组定义;反转,它用与扭矩相似的方式来表示,只是使用了离面键和余弦傅立叶自变量中的其他三个原子所定义的平面所形成的角度。范德瓦耳斯相互作用用 12−6 伦纳德−琼斯势或指数−6(白金汉势)描述。使用原子单极子和屏蔽的(与距离相关的)库仑项也考虑了静电相互作用。下一步涉及边界条件的设置,边界条件可以是周期性的,也可以是自由面类型的。最后一个阶段是涉及结构势能最小化的阶段,使用牛顿−拉弗森法、最陡下降法或共轭梯度法,也可以对结构进行修改,例如,阳离子添加或离子交换(特别适用于设计分子筛,引入结构缺陷,例如从氧化物表面去除氧原子)以及任何其他在科学上看起来是有希望或有趣的改变。

除了在原子尺度上直接获得材料各种空间特性的文献数据外,还可以通过 XRD 图案提供有价值的输入,该图案可用于解决逆图案问题,即确定重现试验获得的衍射图案的结构细节。更具体地说,X 射线模式的索引可以首先使用试验互反晶格构造技术实现(例如,Ito 的方法)。随后,可以采用细化方法对结构进行优化确定,如 Pawley 和 Rietveld。对于这种过程的初始猜测可以从相关文献中报告的数据中构建,然后使用超滤或其他一些必须针对所研究的特定材料进行优化的力场来实现能量最小化步骤。

2. 模拟退火

利用模拟退火技术克服局部能量极小的缺点,从而使能量极小化过程的效率最大化。首先,利用原子间相互作用的力场描述和最小化过程的共轭梯度技术,对考虑中的结构进行能量最小化。随后,在原子数恒定、体积恒定和温度恒定(N、V、T)的条件下使用分子动力学,直到获得在特定温度下以所需速度分布移动的原子的结构。最后,将温度升高到不同的值,并重复最小化和分子动力学步骤,直到达到预定的上限(通常安全低于熔点)。最后,以相反的顺序重复相同的步骤,将系统冷却至初始温度。这种方法实际上可以应用于任何原子尺度结构,以产生具有全局能量最小值的平衡配置,避免陷入局部能量最小值内(例如,Deem 和 Newsam)。最近对分子筛重建的经验,即 Nax−Fau 晶体,表明模拟退火也可以使能量计算中的统计偏差比非退火结构计算中的统计偏差减少近两个数量级。

3. 吸附蒙特卡洛模拟技术

在许多基于膜的应用中,微孔材料内部原子尺度的吸附被认为控制相对渗透,并最终控制分离效率。事实上,一个或多个物种在"腔"中的选择性吸附能否促进或选择性地阻碍一些物种或未吸附物种的运输,这取决于是否发生了孔堵塞或通道清除。显然在存在静电相互作用的情况下,结构内部不同位置的吸附会强烈影响其余物种与表面离子和被吸附离子的相互作用。

可以使用不同的技术计算吸附的热力学。配分函数对所考虑系统的空间范围的依赖性的细节被包含在配置积分中,其对应坐标的 N 维矢量读取为

$$Z = \int \exp[-\beta E(r_1, r_2, \cdots, r_N)] d^3 r_1 d^3 r_2 \cdots d^3 r_N$$

其中,E 为势能;$\beta = (k_B T)^{-1}$;T 为模拟条件下的温度(Hecht)。

蒙特卡洛积分是计算这个积分的一种有吸引力的方法,实际上是从下式中估算的:

$$Z = \frac{V}{N_0} \sum_{i=1}^{N_0} \exp[-\beta E(r_j)]$$

其中,V 为系统的体积;N_0 为构建的随机配置数。

虽然蒙特卡洛积分比传统的数值积分技术效率更高,但它可以进一步改进,以减少与固体结构高概率重叠的构型的产生。随着自由度的增加,这一点变得越来越重要,例如,烷烃链就是这种情况。在这种情况下能量偏置技术极大地改善了构型积分的评估。

吸附模拟的后处理可以计算吸附的亨利常数和等空间热等性质。后者通常是在恒定的化学势、体积和温度(mVT)条件下进行的,因此允许在一个固定的控制体积中分析山梨酸盐分子的波动。亨利常数(K_H)是在低压极限下,山梨酸盐分子(N)的载荷与系统压力(p)的比值:

$$K_H = \lim_{p \to 0} \frac{\langle N \rangle}{p}$$

等效为吸附等温线的斜率为 $p \to 0$,则有

$$K_H = \frac{M_s Z}{RT \rho_0 Z^{ig}}$$

其中,M_s 为山盐的分子量;ρ_0 为固体的质量密度;Z^{ig} 为理想气相山梨酸盐分子的构型积分。

随着压力的降低,山梨酸盐 - 山梨酸盐相互作用的频率降低,在 $p \to 0$ 极限时,山梨酸盐 - 山梨酸盐相互作用占主导地位,完全控制亨利常数的值。

吸附等温热(H_{st})是一种测量由吸附引起的内能变化的方法,即

$$H_{st} = R\left[\frac{\partial \ln P}{\partial \left(\frac{1}{T}\right)}\right]_N = RT - \left[\frac{\partial \langle U \rangle}{\partial \langle N \rangle}\right]_{T,V} H_{st}$$

对压力的有限依赖表明了吸附表面通过色散 - 斥力的相互作用。另外,H_{st} 对压力的不可忽略的依赖表明在带电表面原子附近有优先吸附。随着吸附过程的进行,附加的山梨酸盐分子以较低势能的位置远离带电表面原子。显然,在分子分离的情况下,吸附位点的精确位置是非常重要的,因为它们会影响其他物种的途径,从而影响分离效率。图2.11(a)所示为用 Si/Al = 1 吸附在 Faujasite Nax 型 12 元环中的 CO_2 和 N_2 分子的照片。图2.11(b)所示为可通过该框架的主笼进行吸附和运输的空隙体积的计算:灰色表示该固体自由体积的外部边界,蓝色表示自由体积的内部(在材料工作室的帮助下获得)。吸附分子与微孔膜内部结构的相互作用会在一定程度上扭曲固体构型,从而影响微孔膜的

吸附能力和运输动力学。虽然固体结构在蒙特卡洛吸附模拟中通常是刚性的,但这种假设的松弛在计算上是可行的,可以提供有关不同负载和温度水平下吸附分子主动调节的数据。这在沸石的例子中尤为明显,众所周知沸石具有特殊的分子筛性能,在各种不同的温度范围的过程中都有应用。由于分子筛骨架畸变除了由吸附结构相互作用引起的之外,还可能由于温度的变化以及这两种来源通常相互影响,因此这一现象更为复杂。例如,观察到一些框架具有负的热膨胀系数,因此,加热后收缩,对其吸附和选择性吸附能力以及其筛选性能有明显影响。分子动力学技术已经能够处理这种效应,下面将对其进行概述。

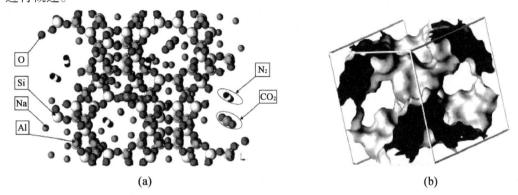

图 2.11 (a)吸附在 Nax – Faujasite 框架内的 CO_2 和 N_2 分子的球和棒表示,(b)Nax – Faujasite 中的固体自由体积。渗透剂分子只能使用灰色区域进行吸附和运输,其内部呈蓝色,便于识别内部形态。该配置是由 Accelerys 公司在 Material Studio 套件的 Materials Visualizer 模块的帮助下创建的(见附录彩图)

5. 扩散分子动力学模拟

微观描述的演化可以通过平衡或非平衡分子动力学来模拟。在没有可能导致可测量偏差的外力的情况下,平衡分子动力学可以非常有效地通过整合牛顿运动方程来监测流体和结构原子(或粒子)的运动。自扩散系数可借助分子动力学计算,并直接与脉冲场梯度核磁共振测量进行比较,因为这两种方法都涉及平衡系统。另外,如果在外部施加的成分梯度作用下产生宏观质量输运缺陷,则可以使用非平衡分子动力学来产生输运系数。

就像前面描述的吸附的蒙特卡洛模拟,应用分子动力学技术计算自扩散系数需要一个平衡的结构和一个可靠的力场来模拟原子间的相互作用。在一个截断半径处截断色散和排斥等短程相互作用,可以大大节省计算时间,但截断半径的精确定义是基于精度和计算时间约束之间的权衡。在沸石结构中,通常使用 $1.2 \sim 1.8$ nm 的截止半径。周期系统中使用截断的能量不连续和截断误差通常用倾倒函数或 Ewald 求和技术来处理,甚至可以使用分层方法(多极展开法)来避免(偶尔)截断。如果结构原子在空间上保持不变,则只需获得某类吸附物原子的相互作用的计算结果从而构建吸附物 – 结构相互作用数据的查找表,可以大大缩短计算时间。

在经典极限中,运动方程如下所示:

$$m \frac{\mathrm{d}^2 r_{\underset{\sim}{i}}}{\mathrm{d}t^2} = F_{\underset{\sim}{i}}$$

运动方程必须积分,其中 m_i、$r_{\underset{\sim}{i}}$ 和 $F_{\underset{\sim}{i}}$ 分别是作用于粒子 i 的质量、位置矢量和力。力 $F_{\underset{\sim}{i}}$ 由表达式给出:

$$F_{\underset{\sim}{i}} = -\nabla r_{\underset{\sim}{i}} E + g_{\underset{\sim}{i}}$$

其中,E 为粒子配置的势能;$g_{\underset{\sim}{i}}$ 为一个力,它解释了在位置坐标(例如固定键长度)之间形成的所有类型的约束力。

一旦一些初始条件以粒子的初始配置的形式被指定,就可以使用一些有限差分格式来整合运动方程。因此,在时间 t 时,可以获得粒子位置、动量和相互作用数据,则在时间 $t + \delta t$ 时可以更新这些量。但应该使得 δt 足够小,以确保系统总能量的守恒具有足够的精确性,以便在合理的时间内完成计算。如下式:

$$r_{\underset{\sim}{i}}(t + \delta t) = 2 r_{\underset{\sim}{i}}(t) - r_{\underset{\sim}{i}}(t - \delta t) + \delta t^2 \underset{\sim}{\alpha}(t) + O(\delta t^4)$$

尽管在分子动力学的背景下已经报道了几种积分技术,但 Verlet 算法却是最流行的一种,因为它回避了在每个时间评估速度的需要。其中 $\underset{\sim}{\alpha}$ 是局部加速度矢量。这些可以很容易地从以下公式中获得:

$$\underset{\sim}{v}(t) = \frac{r_{\underset{\sim}{}}(t + \delta t) - r_{\underset{\sim}{}}(t - \delta t)}{2\delta t} + O(\delta t^2)$$

如果需要,比如动能的估计,自扩散系数可由均方位移与 $6t$ 比值的极限计算得到

$$D_{s,i} = \lim_{t \to \infty} \frac{\langle [r_{\underset{\sim}{i}}(t) - r_{\underset{\sim}{i}}(0)]^2 \rangle}{6t}$$

由式(2.9)可知,输运扩散率 D_i 与自扩散率有关。

分子动力学提供的另一个有用的量是山梨酸盐分子的平均停留时间(MRT),它被定义为分子在特定区域内停留的时间。MRT 通常通过划分仿真所允许的总时间来实现无量纲化。这不仅对于靠近敏感层的气体分子(如气体传感器)是一个特别的量,对于膜也是如此,因为这种吸附表面的相互作用是吸附的前驱阶段。

无量纲 MRT 由下式给出:

$$\mathrm{MRT} = \frac{\int_0^\infty \rho_{\mathrm{NVT}}^{\mathrm{transition}} \left(\frac{r_{\underset{\sim}{}}^N(t)}{\delta z} \right) \mathrm{d}t}{\int_0^\infty \rho_{\mathrm{NVT}}^{\mathrm{transition}} (r_{\underset{\sim}{}}^N(t)) \mathrm{d}t}$$

其中,r 为位置矢量;N 为标准系综(NVT)中的粒子数;"邻近"延伸是指距离表面 δz。

该量可在分子动力学过程中的任何时间点作为后处理进行计算,并表征流体颗粒从块状物向边界层的转变。同时,它也与稳态吸附速率常数有关。

在模拟过程中指定所需的温度并保持其恒定不是简单的过程,在这里可以提供一些有趣特性,这些特性可以参与到它们的实现中。在模拟的第一阶段,粒子被分配速度,这些速度是在规定的温度下从麦克斯韦-玻耳兹曼分布中采样得到的。这种分布在模拟的演化过程中会发生变化,对于从远离平衡态的构型开始的系统来说,这种偏差可能会变得非常重要。恢复所需的温度需要减小这种偏差,并生成满足统计力学约束的构

型。这可以通过使用恒温器来实现,如"直接速度缩放"程序。具体来说,每次在模拟过程中发现不可忽略的偏差时,粒子速度都会根据关系重新调整,其中 v_i 和 v_i' 分别是校正前后粒子 i 的速度;T_{system} 是系统在特定时间步长的计算温度;$T_{desired}$ 是期望的温度值。这种恒温器通常用于需要获得较大偏差和快速恢复正确温度的情况。如果这个恒温器之后紧跟着稳定的恒温器(如 Berendsen 等人所建议的),就可以进行更精细但更缓慢的调整。这种恒温器可以用来模拟膜结构或山梨酸盐分子,甚至整个山梨酸盐结构系统。

$$\left(\frac{v_i'}{v_i}\right)^2 = \frac{T_{desired}}{T_{system}}$$

$$\frac{v_i'}{v_i} = \left[1 - \frac{\delta t}{\tau}\left(\frac{T_{system} - T_{desired}}{T_{system}}\right)\right]^{\frac{1}{2}}$$

必须指出的是,分子动力学技术也可以用于吸附研究,不仅在重构阶段(原子尺度构型中的热效应),而且在吸附过程本身也可以使用分子动力学技术。更具体地说,吸附的蒙特卡洛模拟并不总是捕捉到与从环境中可接近的吸附"笼"相关联的立体现象。这在沸石这样的材料中很容易看到,在这些材料中,可以容纳大量吸附剂分子的大型空腔并不总是通过同样宽的"通道"与材料的其余部分相连,最终与周围环境相连。相反,山梨醇分子必须使用狭窄的通道才能进入较大的"笼子"。例如,在八方沸石的情况下,其具有执行有效分离 CO_2 和轻烃的潜力,方钠石笼的有效直径约为 1.25 nm,而接入路径仅为 0.74 nm 宽。因此,在蒙特卡洛模拟中使用初始构型(涉及方钠石笼内一定数量的吸附物分子)的吸附是基于这样的任意假设,即在模拟期间这些或进一步添加的分子已经找到了通过比吸附物分子尺寸更窄的路径穿透到笼子中的方法。如果用分子动力学动态模拟吸附过程,那么初始构型可以是一个暴露在预先指定浓度的山梨酸盐分子"储存库"中的空骨架。这样既可以考虑框架的可达性问题,也可以考虑随之而来的变形,可以更真实地评估吸附能力。

6. 聚合物的结构和传输模拟

通常,具有较大孔隙率的聚合物膜可以按照在介观和宏观技术中描述的方法进行处理。在稠密的聚合物膜中,气体 i 的通量 N_i 通常用以下表达式表示:

$$N_i = \frac{D_{ei}S_i\Delta p_i}{L}$$

其中,Δp_i 为膜厚 L 上的分压降;D_{ei} 为扩散系数反映了膜内气体分子的迁移率;S_i 为气体吸附系数,则反映了膜内溶解的气体分子的数量。$D_{ei}S_i$ 的量也称为膜的渗透性 p_i,因为它是膜允许气体渗透的能力的度量。

对于二元混合物,膜的选择性可以写成

$$\frac{D_{ei}}{D_{ej}}\frac{S_i}{S_j}$$

其中,第一个比值为两种分子相对迁移率的选择性贡献,受两种分子相对大小的强烈影响;第二个比值为吸附选择性或溶解度选择性。这两种贡献的作用通常是相反的,因为大的聚合物分子通常意味着更低的扩散系数和更高的溶解度。因此使得这个研究非常有意义。

聚合物膜的扩散率和溶解度可以通过原子模拟和类似于无机材料的概念来计算。结合项和非结合项的势能表达式既可用于聚合物结构的原子化重建,也可用于输运和吸附性质的计算。聚合物的原子化填充遵循 Theodorou 和 Suter 提出的方法,通过描述母链的可塑性,描述其方向的三个欧拉角以及骨架键的旋转角来定义构型。"联合"原子的运动被广泛应用于聚合物的填充和输运模拟中,从而对同一聚合物部分或渗透分子的单个原子的行为进行聚类,因此这也节省了大量的计算时间。预测内部稀释溶解度或亨利常数的一个有趣的方法是采用试验粒子法,根据该方法,在聚合物结构内的随机选择位置注入"幽灵"分子。然后计算该分子与聚合物基体周围原子的相互作用能,并计算 NPT 系统中多余的化学势。亨利常数可以用温度和过量化学势的函数来计算,正如 Tsolou 等最近对聚异丁烯中轻气体的吸附所做的那样,即

$$K_H = \frac{V_0}{RT}\exp(-\beta\mu_{ex})$$

其中,V_0 为标准压力和温度条件下理想气体的摩尔体积。

与原子模拟不同,Gusev 和 Suter 之后的过渡态理论(TST)可以用来计算预测混合物分离因子所需的扩散率和溶解度。简单地说,在固定网格位置上计算插入聚合物填料的渗透分子所需的自由能。这些值用于生成能够容纳山梨酸盐分子的"空穴"图,以及计算山梨酸盐从一个空穴过渡到另一个空穴的概率。对于足够低的载荷,溶解度接近亨利常数;而在较高的载荷下,类液体吸附和气体吸附都可能发生。

另一种计算聚合物结构特征和扩散系数的方法是基于自由体积理论及其变体的方法。继 Cohen 和 Turnbull 之后,由于自由体积的不断重新分布,渗透分子的位错产生瞬间开口,因此扩散发生。在最初的文章中,每个跳跃被认为是单个硬球分子扩散过程的一部分。这一理论后来由 Vrentas 和合作者在一系列相关出版物(Duda 和 Zielinski)中推广到二元混合物,并根据两种组分所需的特定无孔体积提供了自扩散系数的表达式。试验上,聚合物的自由体积可以用正电子湮没寿命谱来表征,而计算上,它可以以基于网格的技术或小球体探测方法的变体来确定。在许多聚合物研究中(也见 Heuchel 等人最近对具有固有微孔率的聚合物的研究),以及分子动力学和自由体积理论中,都发现了 TST 和分子动力学计算之间令人满意的一致性。聚合物膜中自由体积元素的可视化为阐明材料的拓扑和几何特征提供了一种有价值和直接的手段。

7. 混合基质膜的输运建模

混合基质膜(MMMs)具有良好的渗透性和选择性,已引起人们的广泛关注。它们通常涉及一种有机基质,这种基质浸渍着具有高分离势的无机相(例如沸石和金属氧化物)的颗粒。

因此,混合基质膜结合了无机填料优越的分离效率和聚合物材料的平滑和廉价的工艺。根据试验研究,它们的性能明显低于预期。尽管很可能是由几个因素导致此结果,但人们普遍认为,基质对无机填料的微弱的物理化学亲和力在这方面起着独特的作用,导致无机填料的界面出现空洞和非选择性空隙(图 2.12)。质量传递机制在这些材料中特别受关注,并且对它们的理解和模拟可以对材料的性能改善起决定性作用。

可以设想用于通过 MMMs 的分子传输的多级传输机制。除了通常的溶解-扩散机

制外,还涉及几种中间机制。在基质与非选择性空隙的界面上,扩散分子被释放到空隙中,按照克努森型自由分子过程穿过空隙,并与无机包裹体表面相互作用,在那里它们可以吸附或反弹。一旦它们进入无机粒子,它们就通过构造扩散步骤移动,直到它们再次到达包裹体的表面,并再次转移到空隙区域,等等。

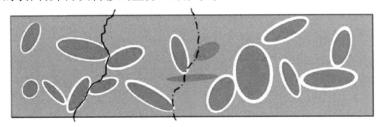

图 2.12　混合基质膜和分子轨道的示意图

(从沿着实体轨迹线的所有部分显示的大多数夹杂物周围的非选择性快速传输区域的发展来看,基质和夹杂物的黏附性差所产生的影响是显而易见的。虚线轨迹包含包裹体内部的一些步骤,这些步骤完美地黏附在聚合物基体上)

　　这种联合运输的建模有三种不同的方法,即使用理论逼近、理想表征的半解析和直接模拟运输和吸附现象的数值技术。在第一种情况下,典型的方法涉及 Maxwell – Garnett 表达式:

$$k_{12} = k_2 \frac{k_1 + (d-1)k_2 + (d-1)\varphi(k_1 - k_2)}{k_1 + (d-1)k_2 - \varphi(k_1 - k_2)} \qquad (2.38)$$

其中,渗透率 k_1 和 k_2 分别为夹杂物组合域和孔隙区域(域 A_1)的渗透率;φ 为夹杂物体积分数;d 为问题的维数(1、2、3),将膜视为域 A_1 与聚合物基体域 A_2 的共混物,得到 MMM 的整体渗透率。在相关文献中,Bruggeman 表达式也被建议分别用于每个域(两步计算),或者直接用于整个 MMM(单步计算)。这要归功于对任意数量的材料组件有效的相关表达式的形式:

$$\sum_{i=1}^{M} \varphi_i \frac{k_i - k_e}{k_i + (d-1)k_e} = 0 \qquad (2.39)$$

其中,φ_i 为第 i 相的体积分数;M 为相数;d 为问题的维数,$d = 1$、2、3。

　　其他分析方法包括修正的单步 Bruggeman 方法,以及根据相应的弹性模量计算改编的表达式。更多细节可以在 Aroon 等的文章中找到。

　　然而,这种均匀化方法和有效介质近似主要依赖于随机分散物体的假设,而没有考虑它们的几何特征或尺寸分布。在 MMMs 的情况下,非选择性间隙的发展不是发生在随机位置,而是严格地围绕夹杂物。此外,根据应用和材料制备方法的不同,夹杂物的形状可以从近球形到多面体或针状,甚至是片状。为了处理这类问题,可以使用两个阶段的数值模拟:三维 MMMs 的重建和重建区域中的输运问题的求解。这种方法是由 Petsi 和 Burganos 开发的,用于预测包括基体 – 包裹体界面层效应在内的金属基复合材料的有效扩散系数。对不同非球面形状的计算表明,各向异性会明显地发展,但其程度取决于夹杂物在空间中的排列。值得一提的是,如果夹杂物旨在改善阻隔性能,基质和夹杂物之间的非选择性区域的发展可能会导致膜的性能降低。具体地说,根据夹杂物的体积分数和孔隙区的厚度,移动分子的路径可能会完全绕过夹杂物,到达膜的出口面,而不会在无机夹杂物内部经历任何运动或分离。这一观察结果是加强努力改善 MMMs 中聚合物基体与包裹体之间黏附性的直接论据。这类对于识别参数和识别条件的模拟(包括夹杂物的体积分数、形状和取向)对提高膜分离性能的作用也很有启发。

2.4 总　结

随着分离应用中膜性能的不断提高,各种理论和试验技术的发展成为必要,这些技术能够更准确地确定材料和工艺细节,并深入理解结构与输运之间的相互关系。现象学方法对于膜的中间和末端性质的定量仍然具有独特的用处,因为它们提供了具有可测量的宏观参数或系数的工作方程。根据材料的性质和目标特定应用的要求,改进膜材料的任何进展都不可避免地依赖于对原子或介观尺度的结构的详细研究和探测。从原子尺度传递到宏观尺度,涉及本节中描述的几个转换步骤。事实上,图 2.13 所示的自上向下的方法表明了一个典型的分析框架,该框架重新聚焦于膜结构的逐渐细化。另外,从基本原理开始的传输属性计算遵循自下向上的过程,如果原子级别上有足够的信息可用,则自然可以采用这种方式进行。这种多层次的建模促进了粗粒化技术的发展。众所周知,粗粒化技术是当今材料科学和工程领域面临的主要挑战之一。在每个粗化阶段,较低比例的细节都会被模糊化,并且在不丢失有价值信息的情况下调用一些属性集。在这个过程中,这些尺度界面上的建模方法的匹配是至关重要的,这反过来又要求在各个尺度上对材料属性和行为进行一致的描述。“联合”或“超原子”方法无疑是这种粗粒化最流行的工具,因为它将单个成分的性质归结为系统在上层的有效性质。更复杂的方法是将系统映射到多个变量上,这些变量可以在足够长的长度和时间尺度上表征系统的行为。

由于多种原因,多尺度建模问题成为膜纳米材料领域的一个真正挑战。商业上可行的分离需要足够高的分离因子,这有利于在分子或单个颗粒水平上进行筛分。因此,新的或改进的材料的原子尺度设计成为一项主要的、直接的任务,这为设想具有易于处理的合成路线的激进结构创造了巨大机会。由于通常对薄膜材料的要求很高(以确保合理的处理量),提高筛分性能必须伴随着足够的机械稳定性。苛刻的操作条件可能涉及高压或高温,或两者兼而有之,这往往会带来额外的要求。根据要处理的流体的性质,可能还需要耐化学腐蚀的材料。这显然是一个非常复杂的问题,需要结合不同的技术以及设计和实现路由的算法。计算技术可以真正指导这一方向的研究,被认为是许多设计和合成挑战中不可或缺的,与足够精确的试验技术相结合的技术(包括沸石框架改性,用于选择性离子传导的致密聚合物,以及用于控制两相流操作的致密材料内的孔网络)。

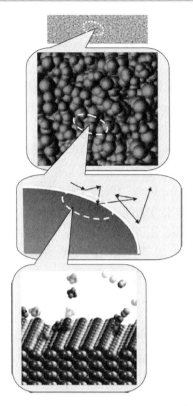

图 2.13 从宏观到原子层的跨尺度建模，具有活性表面的粒状晶体材料

本章参考文献

［1］ Theodorou, D. N. Chem. Eng. Sci. 2007, 62, 5697 – 5714.

［2］ Moore, G. E. Electronics 1965, 38. "the experts look ahead" section.

［3］ Sotirchos, S. V.; Burganos, V. N. Mater. Res. Soc. Bull. 1999, 24 (3), 41 – 45.

［4］ Jackson, R. Transport in Porous Catalysts; Elsevier: New York, 1977.

［5］ Darken, L. S. Trans. AIME 1948, 174, 184.

［6］ Goren, S. L. J. Colloid Interface Sci. 1979, 69, 78 – 85.

［7］ Nir, A. J. Eng. Math. 1981, 15, 65 – 75.

［8］ Sherwood, J. D. Physicochem. Hydrod. 1988, 10, 3 – 12.

［9］ Payatakes, A. C.; Dassios, G. Chem. Eng. Commun. 1987, 58, 119 – 138.

［10］ Michalopoulou, A. C.; Burganos, V. N.; Payatakes, A. C. AIChE J. 1992, 38, 1213 – 1228.

［11］ Michalopoulou, A. C.; Burganos, V. N.; Payatakes, A. C. Chem. Eng. Sci. 1993, 48, 2889 – 2900.

［12］ Babler, M. U.; Sefcik, J.; Morbidelli, M.; Baldyga, J. Phys. Fluids 2006, 18,

013302.

[13] Burganos, V. N.; Paraskeva, C. A.; Payatakes, A. C. J. Colloid Interface Sci. 1993, 158, 466 – 475.

[14] Weber, A. Z.; Newman, J. Chem. Rev. 2004, 104, 4679 – 4726.

[15] Schoch, R. B.; Jongyoon, H.; Renaud, P. Rev. Mod. Phys. 2008, 80, 839 – 883.

[16] Sotirchos, S. V.; Burganos, V. N. AIChE J. 1988, 34, 1106 – 1118.

[17] Burganos, V. N.; Sotirchos, S. V. AIChE J. 1987, 33, 1678 – 1689.

[18] Krishna, R.; Wesselingh, J. A. Chem. Eng. Sci. 1997, 52, 861 – 911.

[19] Sotirchos, S. V. AIChE J. 1989, 35, 1953 – 1961.

[20] Mason, E. A.; Lonsdale, H. K. J. Membr. Sci. 1990, 51, 1 – 81.

[21] Chen, Y. D.; Yang, R. T. AIChE J. 1991, 37, 1579 – 1582.

[22] Tsakiroglou, C. D.; Payatakes, A. C. J. Colloid Interface Sci. 1991, 146, 479 – 494.

[23] Burganos, V. N.; Payatakes, A. C. Chem. Eng. Sci. 1992, 47, 1383 – 1400.

[24] Burganos, V. N. J. Chem. Phys. 1993, 98, 2268 – 2278.

[25] Constantinides, G. N.; Payatakes, A. C. Chem. Eng. Commun. 1989, 81, 55 – 81.

[26] Coelho, D.; Thovert, J. – F.; Adler, P. M. Phys. Rev. E 1997, 55, 1959 – 1978.

[27] Kainourgiakis, M. E.; Kikkinides, E. S.; Galani, A.; Charalambopoulou, G. C.; Stubos, A. K. Transp. Porous Media 2005, 58, 43 – 62.

[28] Roberts, J. N.; Schwartz, L. M. Phys. Rev. B 1985, 31, 5990 – 5997.

[29] Skouras, E. D.; PhD Dissertation. University of Patras, 2000.

[30] Willett, M. J.; Burganos, V. N.; Tsakiroglou, C. D.; Payatakes, A. C. Sens. Actuators B 1998, 53, 76 – 90.

[31] Kikkinides, E. S.; Stoitsas, K. A.; Zaspalis, V. T.; Burganos, V. N. J. Membr. Sci. 2004, 243, 133 – 141.

[32] Yao, J.; Thovert, J. F.; Adler, P. M.; Burganos, V. N.; Payatakes, A. C.; Moulu, J. C.; Kalaydjian, F. Revue de l' IFP 1997, 52, 3 – 21.

[33] Adler, P. M.; Jacquin, C. J.; Quiblier, J. A. Int. J. Multiphase Flow 1990, 16, 691 – 712.

[34] Joshi, M. Y.; PhD Dissertation. University of Kansas, 1974.

[35] Quiblier, J. A. J. Colloid Interface Sci. 1984, 98, 84 – 102.

[36] Yeong, C. L. Y.; Torquato, S. Phys. Rev. E 1998, 57, 495 – 506.

[37] Mandelbrot, B. B.; van Ness, J. W. SIAM Rev. 1968, 10, 422.

[38] Kikkinides, E. S.; Burganos, V. N. Phys. Rev. E 1999, 59, 7185 – 7194.

[39] Kikkinides, E. S.; Burganos, V. N. Phys. Rev. E 2000, 62, 6906 – 6915.

[40] Kikkinides, E. S.; Kainourgiakis, M. E.; Stefanopoulos, K. L.; Mitropoulos, A.

C. ; Stubos, A. K. ; Kanellopoulos, N. K. J. Chem. Phys. 2000, 112, 9881 – 9887.

[41] Burganos, V. N. ; Sotirchos, S. V. Chem. Eng. Sci. 1998, 43, 1685 – 1694.

[42] Abbasi, M. H. ; PhD Dissertation. University of California, Berkeley, 1981.

[43] Evans, J. W. ; Abbasi, M. H. ; Sarin, A. J. Chem. Phys. 1980, 72, 2967 – 2973.

[44] Akanni, K. A. ; Evans, J. W. ; Abramson, I. S. Chem. Eng. Sci. 1987, 42, 1945 – 1954.

[45] Burganos, V. N. ; Sotirchos, S. V. Chem. Eng. Sci. 1989, 44, 2451 – 2462.

[46] Burganos, V. N. ; Sotirchos, S. V. Chem. Eng. Sci. 1989, 44, 2629 – 2637.

[47] Tomadakis, M. M. ; Sotirchos, S. V. AIChE J. 1993, 39, 397 – 412.

[48] Melkote, R. R. ; Jensen, K. F. AIChE J. 1992, 38, 56 – 66.

[49] Levitz, P. Europhys. Lett. 1997, 39, 593 – 598.

[50] Jeans, J. H. The Dynamical Theory of Gases; Cambridge University Press: London, 1925.

[51] Burganos, V. N. J. Chem. Phys. 1998, 109, 6772 – 6779.

[52] Bird, G. A. Molecular Gas Dynamics and the Direct Simulation of Gas Flows; Clarendon Press: Oxford, 1994.

[53] Frisch, U. ; Hasslacher, B. ; Pomeau, Y. Phys. Rev. Lett. 1986, 56, 1505 – 1508.

[54] Wolfram, S. J. Stat. Phys. 1986, 45 (3/4), 471 – 526.

[55] Bhatnagar, P. L. ; Gross, E. P. ; Krook, M. Phys. Rev. 1954, 94, 511 – 525.

[56] Beskok, A. ; Karniadakis, G. E. Microscale Thermophys. Eng. 1999, 3, 43 – 77.

[57] Pollard, W. G. ; Present, R. D. Phys. Rev. E 1948, 73, 762 – 774.

[58] Shen, C. ; Tian, L. B. ; Xie, C. ; Fan, J. Microscale Thermophys. Eng. 2004, 8, 423 – 432.

[59] Dawson, S. P. ; Chen, S. ; Doolen, G. D. J. Chem. Phys. 1993, 98, 1514 – 1523.

[60] Kumar, R. ; Nivarthi, S. S. ; Davis, H. T. ; Kroll, D. M. ; Maier, R. S. Int. J. Numer. Methods Fluids 1999, 31, 801 – 819.

[61] Salles, J. ; Thovert, J. F. ; Prevors, L. ; Auriault, J. L. ; Adler, P. M. Phys. Fluids 1993, A5, 2348 – 2376.

[62] Maier, R. S. ; Kroll, D. M. ; Bernard, R. S. ; Howington, S. E. ; Peters, J. F. ; Davis, H. T. Phys. Fluids 2000, 12, 2065 – 2079.

[63] Salamon, P. ; Fernàndez – Garcia, D. ; Gómez – Hernández, J. J. J. Contam. Hydrol. 2006, 87, 277 – 305.

[64] Michalis, V. K. ; Kalarakis, A. ; Skouras, E. D. ; Burganos, V. N. Comput. Math. Appl. 2008, 55, 1525 – 1540.

[65] Koplik, J. ; Redner, S. ; Wilkinson, D. Phys. Rev. A 1988, 37, 2619 – 2636.

[66] De Arcangelis, L. ; Koplik, J. ; Redner, S. ; Wilkinson, D. Phys. Rev. Lett. 1986,

57, 996 – 999.

[67] Sahimi, M.; Imdakm, A. O. J. Phys. A Math. Gen. 1988, 21, 3833 – 3870.

[68] Skouras, E. D.; Burganos, V. N.; Paraskeva, C. A.; Payatakes, A. C. Sep. Purif. Technol. 2007, 56, 325 – 339.

[69] Skouras, E. D.; Burganos, V. N.; Paraskeva, C. A.; Payatakes, A. C. J. Chin. Inst. Chem. Eng. 2004, 35, 87 – 100.

[70] Burganos, V. N.; Skouras, E. D.; Paraskeva, C. A.; Payatakes, A. C. AIChE J. 2001, 47, 880 – 894.

[71] Swift, M. R.; Osborn, W. R.; Yeomans, J. M. Phys. Rev. Lett. 1995, 75, 830 – 833.

[72] Rowlinson, J. S.; Widom, B. Molecular Theory of Capillarity; Oxford: Clarendon, 1982.

[73] Angelopoulos, A. D.; Paunov, V. N.; Burganos, V. N.; Payatakes, A. C. Phys. Rev. E 1998, 57, 3237 – 3245.

[74] Holdych, D. J.; Rovas, D.; Georgiadis, J. G.; Buckius, R. O. Int. J. Mod. Phys. C 1998, 9, 1393 – 1404.

[75] Kalarakis, A. N.; Burganos, V. N.; Payatakes, A. C. Phys. Rev. E 2002, 65, 56702 – 1 – 56702 – 13.

[76] Kalarakis, A. N.; Burganos, V. N.; Payatakes, A. C. Phys. Rev. E 2003, 67, 016702 – 1 – 016702 – 18.

[77] Inamuro, T.; Konishi, N.; Ogino, F. Comput. Phys. Commun. 2000, 129, 32 – 45.

[78] Toolke, J.; Freudiger, S.; Krafczyk, M. Comput. Fluids 2006, 35, 820 – 830.

[79] Kalarakis, A. N.; Burganos, V. N. 2016; in preparation.

[80] Rappé, A. K.; Casewit, C. J.; Colwell, K. S.; Goddard, W. A., III; Skiff, W. M. J. Am. Chem. Soc. 1992, 114, 10024 – 10035.

[81] Visser, J. W. J. Appl. Crystallogr. 1969, 2, 89 – 95.

[82] Pawley, G. S. J. Appl. Crystallogr. 1981, 14, 357 – 361.

[83] Rietveld, H. M. J. Appl. Crystallogr. 1969, 2, 65 – 71.

[84] Navascues, N.; Skouras, E. D.; Nikolakis, V.; Burganos, V. N.; Tellez, C.; Coronas, J. Chem. Eng. Process. 2008, 47, 1139 – 1149.

[85] Deem, M. W.; Newsam, J. M. J. Am. Chem. Soc. 1992, 114, 7198 – 7207.

[86] Krokidas, P.; Skouras, E. D.; Nikolakis, V.; Burganos, V. N. Mol. Simul. 2008, 34, 1299 – 1309.

[87] Hecht, C. E. Statistical Thermodynamics and Kinetic Theory; Freeman & Company: New York, 1990.

[88] Maginn, E. J.; Bell, A. T.; Theodorou, D. N. J. Phys. Chem. 1995, 99, 2057 – 2079.

[89] June, R. L. ; Bell, A. T. ; Theodorou, D. N. J. Phys. Chem. 1990, 94, 1508 – 1516.

[90] Caro, J. ; Noack, M. ; Kolsch, P. ; Schafer, R. Microporous Mesoporous Mater. 2000, 38, 3 – 24.

[91] Ewald, P. P. Ann. Phys. 1921, 369, 253 – 287.

[92] Karasawa, N. ; Goddard, W. A. Macromolecules 1992, 25, 7268.

[93] Greengard, L. ; Rokhlin, V. I. J. Comput. Phys. 1987, 73, 325.

[94] Allen, M. P. ; Tildesley, D. J. Computer Simulation of Liquids; Clarendon: Oxford, 1987.

[95] Skouras, E. D. ; Burganos, V. N. ; Payatakes, A. C. J. Chem. Phys. 1999, 110, 9244 – 9253.

[96] Skouras, E. D. ; Burganos, V. N. ; Payatakes, A. C. J. Chem. Phys. 2001, 114, 545 – 552.

[97] Agmon, N. J. Chem. Phys. 1984, 81, 3644 – 3647.

[98] Berendsen, H. J. C. ; Postma, J. P. M. ; van Gunsteren, W. F. ; DiNola, A. ; Haak, J. R. J. Chem. Phys. 1984, 81, 3684 – 3690.

[99] Theodorou, D. N. ; Suter, U. W. Macromolecules 1985, 18, 1467 – 1478.

[100] Widom, B. J. Chem. Phys. 1963, 39, 2808.

[101] Tsolou, G. ; Mavrantzas, V. G. ; Makrodimitri, Z. A. ; Economou, I. G. ; Gani, R. Macromolecules 2008, 41, 6228 – 6238.

[102] Gusev, A. A. ; Suter, U. W. J. Chem. Phys. 1993, 99, 2228 – 2234.

[103] Cohen, M. H. ; Turnbull, D. J. Chem. Phys. 1954, 31, 1164 – 1169.

[104] Vrentas, J. S. ; Duda, J. L. J. Polym. Sci. B Polym. Phys. 1977, 15, 403 – 416.

[105] Vrentas, J. C. ; Vrentas, C. M. ; Faridi, N. Macromolecules 1996, 29, 3272 – 3276.

[106] Duda, J. L. ; Zielinski, J. M. In Diffusion in Polymers; Neogi, P. , Ed. ; Marcel Dekker: New York, 1996.

[107] Finkelshtein, E. S. ; Makovetskii, K. L. ; Gringolts, M. L. ; Rogan, Y. V. ; Golenko, T. G. ; Starannikova, L. E. ; Yampolskii, Y. P. ; Shantarovich, V. P. ; Suzuki, T. Macromolecules 2006, 39, 7022 – 7029.

[108] Heuchel, M. ; Fritsch, D. ; Budd, P. M. ; Mc Keown, N. B. ; Hofmann, D. J. Membr. Sci. 2008, 318, 84 – 99.

[109] Harmandaris, V. A. ; Angelopoulou, D. ; Mavrantzas, V. G. ; Theodorou, D. N. J. Chem. Phys. 2002, 116, 7656 – 7665.

[110] Noble, R. D. Perspectives on mixed matrix membranes. J. Membr. Sci. 2011, 378, 393 – 397.

[111] Mahajan, R. ; Zimmerman, C. M. ; Koros, W. J. In Polymer Membranes for Gas and Vapor Separation; Freeman, B. D. ; Pinnau, I. , Eds. ; ACS: Washington,

DC, 1999; pp. 277 – 286.

[112]　Vankelecom, I. F. J. ; Merckx, E. ; Luts, M. ; Uytterhoeven, J. B. J. Phys. Chem. 1995, 99, 13187 – 13192.

[113]　Mahajan, R. ; Koros, W. J. Polym. Eng. Sci. 2002, 42, 1420 – 1431.

[114]　Maxwell, J. C. A Treatise on Electricity and Magnetism; Clarendon: Oxford, 1881.

[115]　Bruggeman, D. A. G. Ann. Phys. – Berlin 1935, 24, 636 – 664.

[116]　Landauer, R. AIP Conf. Proc. 1978, 40, 2 – 45.

[117]　Mori, T. ; Tanaka, K. Acta Metall. 1973, 21, 571 – 574.

[118]　Perrins, W. T. ; McKenzie, D. R. ; McPhedran, R. C. Proc. R. Soc. Lond. A 1979, 369, 207 – 225.

[119]　Hatta, H. ; Taya, M. J. Appl. Phys. 1986, 59, 1851 – 1860.

[120]　Hasselman, D. P. H. ; Johnson, L. F. J. Compos. Mater. 1987, 21, 508 – 515.

[121]　Durand, P. L. ; Ungar, L. H. Int. J. Numer. Methods Eng. 1988, 26, 2487 – 2501.

[122]　Petsi, A. J. ; Burganos, V. N. J. Membr. Sci. 2012, 421, 247 – 257.

[123]　Banhegyi, G. Colloid Polym. Sci. 1986, 264, 1030 – 1050.

[124]　van Beek, L. K. H. Prog. Dielectrics 1967, 7, 69 – 114.

[125]　Aroon, M. A. ; Ismail, A. F. ; Matsuura, T. ; Montazer – Rahmati, M. M. Sep. Purif. Technol. 2010, 75, 229 – 242.

第 3 章　膜内气体输运的基本原理

早在 18 世纪,人们就首次观察到蒸汽和液体通过看似不透水的容器壁进行输送。然而,气体、蒸汽和液体通过聚合物薄膜、液体薄膜和无机(如黏土)隔膜的传质过程可以在没有开孔的情况下进行(无孔、可渗透膜)。托马斯·格雷厄姆和约翰·米切尔在 19 世纪 30 年代对不同气体能否穿透橡胶薄膜进行了观察。格雷厄姆(1866 年)通过 30 多年的时间探索认识到不同气体的不同渗透率是由它们在膜材料中溶解的相对能力和在膜中或通过膜的扩散速度决定。根据格雷厄姆的观察,在所有气体中,通过天然橡胶薄膜的氢气和二氧化碳的渗透率最大。那一时期,人们恰巧发现了菲克定律(1855 年),所以氢的快速渗透与它的较大扩散系数有关。对于二氧化碳,格雷厄姆认为二氧化碳的快速渗透是由于其在薄膜材料中的溶解度大,因此产生了巨大的运输驱动力。因此,形成了膜科学的基本概念:气体渗透的溶解扩散机理。这些和膜科学早期历史上的其他文章已经在《膜科学杂志》的一期特刊中有转载。

3.1　溶液扩散机理

在通过均匀、致密的聚合物薄膜进行稳态等温输送(薄膜厚度为 l)时,将含有单一气体,同时压力为 $p_2 > p_1$ 的两个气相分开,符合菲克的第一定律:

$$J = -D\left(\frac{\mathrm{d}C}{\mathrm{d}x}\right) \tag{3.1}$$

其中,C 为浓度;x 为协调整个薄膜的系数;D 为扩散系数,D 是恒定的,不依赖于 C 和 x。

C 可以很容易地积分,但是边界条件 $C(x=1)$ 和 $C(x=0)$ 通常是未知的(与压力 p_1 和 p_2 成反比)。所以必须处理 $C(p)$ 和吸附等温线的关系。吸附等温线最简单的例子是亨利定律:

$$C = Sp \tag{3.2}$$

其中,S 为溶解度系数。

将式(3.1)中的 C 替换为 p,得到

$$J = \frac{DS(p_2 - p_1)}{l} = \frac{DS\Delta p}{l} \tag{3.3}$$

在这个方程中,两个参数(Δp 和 l)可以由试验人员选择,另外两个参数(D 和 S)是气体-聚合物体系的物理化学性质。考虑产物 DS 为单一常数,同时它也是气体-聚合物体系的一种性质,可见

$$P = DS \qquad (3.4)$$

这意味着 P 包含两个独立的参数,它们描述了吸附气体在聚合物薄膜中的迁移率(动力学参数 D)和过程驱动力(热力学因子 S)。

在 SI 系统中这些参数的单位如下:D 的单位为 $m^2 \cdot s^{-1}$;S 的单位为 $mol \cdot m^{-3} \cdot Pa^{-1}$。因此 P 的单位为 $mol \cdot m^{-1} \cdot s^{-1} \cdot Pa^{-1}$。

在实践中,科学家习惯于:D 的单位为 $cm^2 \cdot s^{-1}$;S 的单位为 $cm^3(STP) cm^{-3}(cm \cdot Hg)^{-1}$。因此 P 的单位为 cm^3。这里 STP 表示标准条件,即 1 bar 和 273 K。渗透率系数常用的单位是巴勒:

$$1 \ Barrer = 10^{-10} \ cm^3(STP) \ cm \cdot cm^{-2} \cdot s^{-1}(cm \cdot Hg)^{-1}$$

聚合物中常见气体的渗透率系数范围超过 7 个数量级,从 $10^{-3} \sim 10^4$ Barrer 甚至更多。

这些参数表征聚合物薄膜和膜中各种气体的通量。但在薄膜气相分离过程中,还需要考虑渗透选择性等参数。根据气体和聚合物的选择、输送条件(温度和压力)的设定以及其他情况,对这种性质有不同的定义。最简单的定义是 A 和 B 气体的理想选择性或理想分离系数:

$$\alpha = \frac{P_A}{P_B} \qquad (3.5)$$

考虑到式(3.4),下面介绍理想选择性的两种贡献 α:

$$\alpha = \alpha^D \alpha^S \qquad (3.6)$$

其中,α^D 为 D_A/D_B 的比值;α^S 为 S_A/A_B 的比值。α 值是在单个气体 A 和 B 的输运实践中确定的。这些经常适用的值大致评估了某种聚合物的选择性,通常用于轻(永恒)气体。

严格地说,分离系数 α 的变化范围很大程度上取决于薄膜对气体初步选择。对于空气分离,在 $2 \sim 15$ 的不同聚合物中,$\alpha\left(\dfrac{O_2}{N_2}\right)$ 的值是不同的。对于气体 H_2 和 N_2,分离因子 $\alpha\left(\dfrac{H_2}{N_2}\right)$ 在 $5 \sim 1\ 000$ 甚至更大的范围内。

当气体的溶解度很大时,它们可以影响聚合物基质的性质(使其塑化),或者在联合输送气体时,气体 A 和 B 可以影响它们的扩散率或溶解度,那么应该使用其他更复杂的方程来表征混合气体输送(气体混合物的分离)。对于有强相互作用的蒸汽分离系统,分离因子应该是实际的分离过程的特性:

$$\alpha_m\left(\frac{A}{B}\right) = \frac{\left(\dfrac{\gamma_A}{\gamma_B}\right)}{\left(\dfrac{x_A}{x_B}\right)} \qquad (3.7)$$

其中,γ_A 和 γ_B 为渗透液(穿过膜的流体)组分的摩尔分数。x_A 和 x_B 可以被认为是两种不同的定义。根据前人的研究,如果 x_A 和 x_B 表征了进料流中的组分,则其比值称为分离系数。关于混合气体选择性的更详细的讨论可以在参考文献[4]中找到。

以这种方式定义的选择性不仅取决于气 – 聚合物体系的性质,还取决于工艺参数,如上下游压力、分级切割(渗透率和进料流比)等。

与聚合物致密薄膜对比,气相分离膜是一种由多层沉淀物组成的复杂的气相分离装置。

选择层的厚度通常是未知的(或者是不均匀的)。因此,用另一个参数代替渗透率系数作为膜的渗透率或压力归一化的特征,即稳态通量 Q,Q 的单位为:$mol \cdot m^{-2} \cdot s^{-1} \cdot Pa^{-1}$(SI)或 $m^3(STP) \, m^{-2} \cdot h^{-1} \cdot atm^{-1}$ 或 $cm^3(STP) \, cm^{-2} \cdot s^{-1} (cm \cdot Hg)^{-1}$。渗透率也表示气体渗透单位(GPU),$1 \, GPU = 10^{-6} cm^3(STP) cm^{-2} \cdot s^{-1} (cm \cdot Hg)^{-1}$。

渗透率为 1 GPU 的膜,其固有渗透率为 1 Barrer,选择性层厚为 1 μm。

膜中理想的分离系数也可以由纯气体渗透率值确定,具体如下:

$$\alpha = \frac{Q_A}{Q_B} \tag{3.8}$$

类似的方程也可以用于膜的混合分离。

由于膜科学发展的最早期,人们就清楚地认识到,最好估计全部三个参数(P、D、S),或者至少估计其中的两个参数。有不同的方法对这些参数进行估算,见表 3.1。

戴纳在 1920 年提出了一种同时测定渗透率和扩散系数的传统方法(时滞法),百丽在 20 世纪 30~40 年代广泛使用,现在称为戴纳 - 百丽法。图 3.1 给出了该方法的图示。

表 3.1　气体渗透参数的确定方法

方法	直接的	间接的
瞬变状态(时滞)	P,D	$S = P/D$
稳态 + 吸附	P,S	$D = P/S$
吸附研究	D,S	$P = DS$

该方法建立稳态状态后,渗透率系数由直线斜率确定,扩散系数由公式估计

$$D = \frac{l^2}{6\theta} \tag{3.9}$$

其中,θ 为时滞(图 3.1)。

另一种方法是,当 P 值达到稳态后,用另一种聚合物样品直接进行吸附试验以独立估计溶解度系数,扩散系数估计为 P/S 比值。最后,原则上只能采用吸附研究(吸附平衡后通过吸附动力学和吸附平衡后的 S 测定 D),将 P 值估计为产物 DS,但这种方法并不普遍。

膜领域的一个长期问题是膜材料的渗透性和选择性之间的关系。不同的研究人员重新考察了这两个因素之间的关系(见文献[6]的简要综述),但对这个问题最全面的考虑是罗布森,其考虑并解释了各种"渗透性 - 选择性图"(罗布森图)。这对后续论文的进一步发展也非常有用。图 3.2 所示为气体 H_2/CH_4 对渗透率系数 P 与分离系数之间存在的权衡关系。

对于诸如 O_2/N_2、CO_2/CH_4 等的轻气体,也观察到相同的趋势。然而,准确地选择聚合物的结构或将纳米颗粒引入聚合物基质,可以克服分子的上限。因此,已经制备和研究的许多膜材料的数据点都高于 2008 的上限。

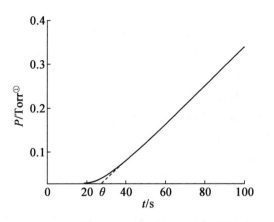

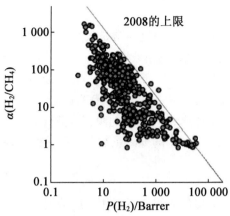

图 3.1　戴纳 – 百丽曲线实例(θ 为时滞)　　图 3.2　H$_2$/CH$_4$ 气体对的渗透率 – 选择性图
（罗布森图）

　　膜技术中存在气体对和主要任务之间缺乏平衡的问题。如图 3.3 所示,说明了丙烷渗透率与选择性 $P(C_3H_8)/P(CH_4)$ 之间的关系。

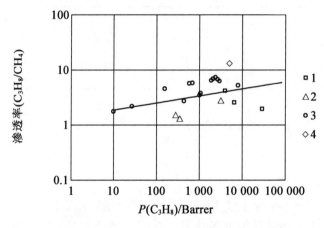

图 3.3　C$_3$H$_8$/CH$_4$ 气体对渗透率 – 选择性图

　　可见,对于这种气体,"快"气(本例为丙烷)的渗透率和选择性共同增加。重要的是,这种效应并不适用于所有的聚合物,只有橡胶、超渗透性玻璃聚合物和具有柔性侧基的玻璃聚合物才表现出这种被称为"溶解度可控渗透"的行为。对于这些聚合物,渗透系数的增加与溶解度系数的增加是相同的,而传统的玻璃聚合物对于相同系列的渗透系数显示出尺寸筛分或扩散率控制渗透等现象。

---

　①　1 Torr = 1.333 22 × 10^2 Pa。

3.2 温度和压力的影响

气体在聚合物中的扩散是一个活化过程,因此阿仑尼乌斯方程可以描述 D 的温度依赖性:

$$\ln D = \ln D_0 - \frac{E_D}{RT} \tag{3.10}$$

其中,E_D 为扩散活化能。

溶解度系数实际上是平衡常数,所以适用于范霍夫方程:

$$\ln S = \ln S_0 - \frac{\Delta H_S}{RT} \tag{3.11}$$

其中,ΔH_S 为吸附焓。

这就得到了另一个阿仑尼乌斯方程,描述渗透率系数 P:

$$\ln P = \ln P_0 - \frac{E_P}{RT} \tag{3.12}$$

E_D 值总是正的,对于不同类别的聚合物,E_D 值为 $5 \sim 80 \ \text{kJ} \cdot \text{mol}^{-1}$。$E_P$ 的符号取决于 E_D 和 ΔH_S 的相对大小。对于较轻的气体,通常为 $E_D > |\Delta H_S|$,因此,当温度升高时,得到的值 E_P 和渗透率增大。但是,在蒸汽吸附时,ΔH_S 具有较大的绝对值,或在聚合物中具有刚性主链和渗透率异常低的能量壁垒(如聚乙炔)。通过玻璃化转变温度时,经常观察到 T_g 对阿仑尼乌斯的依赖关系发生突变,因此,在 T_g 上可以看到较高的活化能 E_D 和 E_P。

式(3.3)、式(3.4)利用亨利定律推导了吸附等温线。然而,在很大压力范围内测量的吸附等温线通常是非线性的。对于玻璃聚合物,即在大多数情况下气体分离膜材料的吸附等温线是凹向压力轴的,用双模吸附模型描述:

$$C = k_D p + \frac{C'_H bp}{(1 + bp)} \tag{3.13}$$

其中,k_D 为表征的致密的玻璃状聚合物平衡基体吸附时的亨利定律参数;C_H 为表征玻璃状聚合物非平衡过剩体积吸附的朗缪尔吸附能力;b 为朗缪尔吸附参数。

尽管该方程很好地描述了大范围压力下的吸附数据,但缺乏预测能力。利用非平衡点阵流体(NELF)模型等现代模型可以更有效地解释吸附数据。低压极限下双模吸附模型的溶解度系数为

$$S = k_D + C'_H b \tag{3.14}$$

在高 T_g 的聚合物中,这个方程中 $C'_H b \gg k_D$。

对于聚合物中的低吸附永久气体,扩散系数通常与气体压力及其在聚合物中的浓度无关。由于对高浓度渗透剂(如有机蒸气)的吸附而引起的增塑剂,通常会导致 D 值呈线性或指数增长。聚合是增加扩散物种平均大小的有效方法,其表现为 D 值随浓度的增加而减小。最后,对于玻璃聚合物中浓度相对较低的许多渗透剂,D 值的 S 形增加符合基

于双模概念的输运模型。压力依赖性或对吸附气体浓度 C 的依赖性反映了 $D(P)$ 和 $S(P)$ 的相关性。对于轻的低吸附剂,渗透率不随着压力的增加而发生变化。当增塑剂的增塑效应显著时,渗透系数增大,扩散系数增大。在玻璃聚合物中,通过双模吸附和迁移模型预测,渗透率将随着压力的增加而降低,这在许多研究中得到了证实。

在这种情况下,在较高的渗透浓度下会发生过度的塑化,这通常会导致渗透率值的增加。可以在参考文献[25]中找到一些这种压力依赖关系的例子。

3.3 气体性质的影响

在恒定温度下,气体的扩散系数取决于扩散剂的分子大小。如何评估此大小有不同的选择。一个常用的测量方法是分子的临界体积 V_c。相关性 $D(V_c)$ 提供了大量的定性信息,但这些信息是非线性的,难以在各种相关性中使用。更适合的测量方法是 D 与扩散分子的动能截面的相关性。这个参数有几个刻度。基于试验的动力学直径与沸石(布瑞克的值),有些科学家产生怀疑:例如,二氧化碳的 D 值(3.3 Å)小于氧气的(3.46 Å)。图 3.4 所示为 D 与 d^2 的相关性。

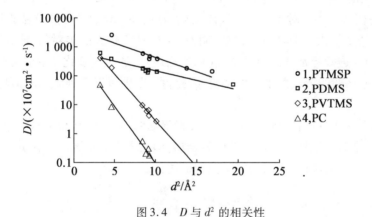

图 3.4 D 与 d^2 的相关性

可以看出,具有较大 D 值的聚合物的特征在于,这些线性关系的斜率较弱,因此被认为是扩散的一般选择性。橡胶和超渗透性聚合物就是这种行为的代表。另外,传统的玻璃聚合物具有 D 值较小、依赖性较大的特点,即扩散选择性较高。

溶解度系数 S 是热力学参数,表征了气体与凝聚聚合物之间的亲和关系。因此,不同的气体热力学参数与 S 值相关:沸点 T_b、临界温度 T_c 和伦纳德-琼斯势 e/k 的能量参数(k 为玻耳兹曼常数)。因为这三个参数是线性相关的,所以对应的相关性是相同的。图 3.5 所示为轻质气体与 T_c 的相关关系。

如果考虑 T_c 变化较大的气体和蒸汽,则可以观察到另一种线性相关关系:$\ln S$ 与 T,这是因为气体冷凝焓的影响。这里 ΔH_m 是混合的多余焓,ΔH_c 是凝结的焓。后一个参数与临界温度 T 的平方有关,在重蒸汽中占主导地位。

由式(3.4)可知,D 或 S 均控制渗透率系数 P 对渗透率大小的依赖关系,如图 3.6 所示。

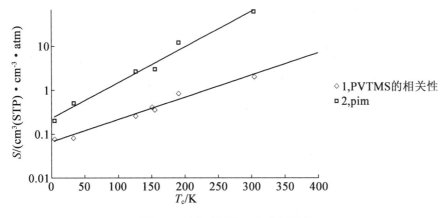

图 3.5 　溶解度系数 S 与临界温度 T_c

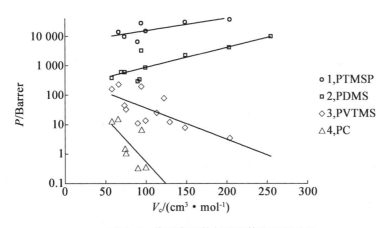

图 3.6 　渗透率系数与临界体积的相关性

T_c 也有类似的依赖性:V_c 越大的气体 T_c 越高。因此,可以讨论扩散率控制渗透(如 PVTMS 和 PC)或溶解度控制渗透(如 PDMS)。

3.4 　聚合物性能的影响

聚合物是比气体复杂得多的对象,因此很难考虑气体渗透参数与聚合物某些特性之间的定量关系。然而,这些性质与聚合物的透气性、扩散率和溶解度有很大的关系。

3.4.1 　分子量

聚合物的分子量 M_w 只对 P、D、S 参数有微弱的影响。其原因是:聚合物的分子量相对较小,可以预期的这种效应并没有表现出良好的成膜性能,因此还没有对其进行膜的研究。由于膜材料均具有较高的分子量,因此该参数的影响较为微弱。

3.4.2 玻璃转变温度

玻璃转变温度对橡胶和半晶态聚烯烃的影响特别大。T_g 值可以作为衡量主链迁移率的指标。在橡胶薄膜材料中,正是这种流动性决定了传质速率。因此,在室温下,T_g 值最低的聚二甲基硅氧烷,可以观察到链的最大迁移率。在玻璃聚合物中,效果不像在橡胶中那样直接。玻璃化温度不仅取决于链的刚度,而且还取决于链间相互作用。因此,聚乙炔非常高的 T_g 值显示出这些聚合物中松散的链填料和高的自由体积(稍后见)。然而,在一些低渗透聚合物(如聚酰亚胺)中存在大量高 T_g 的例子。在这些聚合物中,极性基团引起强烈的链间相互作用,从而导致高的 T_g。

3.4.3 自由体积

自由体积是影响聚合物扩散、吸附和渗透参数的最重要的性质。尽管自由体积可以表示为一个数字(有不同的表达方式),但实际上它是一个物质实体,就像构成它的聚合物链一样。

邦代提出最简单也是最受欢迎的方式来评估自由体积。它使用试验确定聚合物密度 $r(\text{g} \cdot \text{cm}^{-3})$ 或聚合物化学结构中较小基团的增量之和。使用这种方法可以找到自由体积 V_f 如下:

$$V_f = V_{sp} - 1.3V_w \tag{3.15}$$

通常是另一个参数,使用无分段体积 FFV:$\text{FFV} = V_f/V_{sp}$。在大多数玻璃聚合物中,FFV 在 $0.1 \sim 0.3$ 之间。这种方法(式(3.15))在文献中经常提及。目前还不清楚如何在交联聚合物、共聚物和聚合物共混物中使用这种方法,也包括范克里弗伦或其他手册中没有列出的基团。尽管如此,这种简单的方法很容易表征一系列聚合物,并得出各种 P 和 D 值的相关性的方法。

其他方法可以用于原子论和更详细的自由体积表征。试验测定聚合物中自由体积或自由体积元素(FVE)或微腔的尺寸分布,有几种方法(即探针法)。受到最广泛关注的是正电子湮没寿命谱(pal)。它基于这样的假设:进入聚合物样品的正电子湮灭的寿命谱的最长成分取决于正电子、类氢原子、正电子(电子 e^- 和正电子 e^+ 的组合)的状态。o - 正电子的寿命越长,其湮灭的 FVE 的尺寸越大。FVE 半径的聚合物在 $2 \sim 7$ Å 的范围内。浓度在所有的聚合物是有限的,限制在 $(2 \sim 7) \times 10^{20} \text{ cm}^{-3}$,因此,$D$ 和 P 的良好相关性不仅报告了基于 PALS 的 V_f 值,而且报告了 FVE 的大小。PALS 方法通过测量 FVE 的大小,也为粗略估算聚合物中的扩散选择性提供了便利的方法。

研究自由体积的一种现代方法是计算机原子建模,其结果通常与探测方法的结果一致。然而,用计算机方法对自由体积、P、D、S 参数进行预测的准确性还不足以取代对这些参数进行估计的试验工作。

3.5　聚合物化学结构的影响

非晶聚合物的化学结构对气体渗透参数有很大影响。因此,氧在共聚酯威达中的渗透率系数可以小到 0.000 5 Barrer,聚(三甲基硅丙烯)或其他一些聚乙炔中的渗透率系数也可以大到 10 000 ~ 20 000 Barrer。最详细的结构 - 性能关系信息是玻璃聚合物积累的。利用群贡献法预测气体渗透率参数的方法是这种现象存在的有力证据。关于这一主题的文献非常多,在参考文献中可以找到一些例子。

引入体积较大的取代基如 $SiMe_3$、$GeMe_3$、叔丁基、金刚烷甚至 CF_3 基团,均可引起气体渗透率的增加。在没有极性侧基的情况下,所有使主链更坚硬的物质也会增加气体的渗透率。该结构的其他元素会降低聚合物的渗透性,其中包括交联、结晶能力、氢键的出现以及相邻链之间的极性相互作用。同时,在许多情况下渗透性较差的聚合物也遵从同样的规律,所以这些聚合物往往具有更强的选择性。

本章参考文献

[1] Böddeker, K. W., Ed. J. Membr. Sci. 1995, 100 (Special issue), 1 – 68.

[2] Ghosal, K.; Freeman, B. D. Gas Separation Using Polymer Membranes: An Overview. Polymer. Adv. Technol. 1994, 5, 673 – 697.

[3] Koros, W. J.; Ma, Y. H.; Shimidzu, T. Terminology for Membranes and Membrane Processes. Pure Appl. Chem. 1996, 68, 1479 – 1489.

[4] Mateucci, S.; Yampolskii, Yu.; Freeman, B. D.; Pinnau, I. Transport of Gases and Vapors in Glassy and Rubbery Polymers. In Materials Science of Membranes for Gas and Vapor Separation; Wiley: Chichester, 2006; pp. 1 – 47.

[5] Daynes, H. A. Proc. Roy. Soc. Ser. A 1920, 97 (685), 286.

[6] Yampolskii, Yu Fundamental Science of Gas and Vapour Separation in Polymeric Membranes. In Advanced Membrane Science and Technology for Sustainable Energy and Environmental Application; Basile, A.; Nunes, S. P., Eds.; Woodhouse Publishing: Oxford, 2011; pp. 22 – 55.

[7] Robeson, L. M. Correlation of Separation Factor Versus Permeability for Polymeric Membranes. J. Membr. Sci. 1991, 62, 165 – 185.

[8] Robeson, K. M. Upper Bound Revisited. J. Membr. Sci. 2008, 320, 390 – 400.

[9] Sanders, D. F.; Smith, Z. P.; Guo, R.; Robeson, L. M.; McGrath, J. E.; Paul, D. R.; Freeman, B. D. Energy Efficient Polymeric Gas Separation Membranes for Sustainable Future: A Review. Polymer 2013, 54, 4729 – 4761.

[10] Robeson, L. M.; Smith, Z. P.; Freeman, B. D.; Paul, D. R. Contributions of

Diffusion and Solubility Selectivity to the Upper Bound Analysis for Glassy Gas Separation Membranes. J. Membr. Sci. 2014, 453, 71 – 83.

[11] Alentiev, A.; Yampolskii, Yu. Correlation of Gas Permeability and Diffusivity with Selectivity: Orientations of the Clouds of the Data Points and the Effects of Temperature. Ind. Eng. Chem. Res. 2013, 52, 8864 – 8874.

[12] Tocci, E.; De Lorenzo, L.; Bernardo, P.; Clarizia, G.; Bazzarelli, F.; McKeown, N. B.; Carta, M.; Malpass – Evans, R.; Friess, K.; Pilnáček, K.; Lanč, M.; Yampolskii, Yu. P.; Strarannikova, L.; Shantarovich, V.; Mauri, M.; Jansen, J. C. Molecular Modeling and Gas Permeation Properties of a Polymer of Intrinsic Microporosity Composed of Ethanoanthracene and Tröge's Base Units. Macromolecules 2014, 47, 7900 – 7916.

[13] Bushell, A. F.; Attfield, M. P.; Mason, C. R.; Budd, P. M.; Yampolskii, Yu.; Starannikova, L.; Rebrov, A.; Bazzarelli, F.; Bernardo, P.; Jansen, J. C.; Lanč, M.; Friess, K. Gas Permeation Parameters of Mixed Matrix Membranes Based on the Polymer of Intrinsic Microporosity PIM – 1 and the Zeolitic Imidazolate Framework ZIF – 8. J. Membr. Sci. 2013, 427, 48 – 62.

[14] Pinnau, I.; Toy, L. Transport of Organic Vapors Through Poly(1 – trimethylsilyl – 1 – propyne). J. Membr. Sci. 1996, 116, 199 – 209.

[15] Pinnau, I.; Morisato, A.; He, Z. Influence of Side Chain Length on the Gas Permeation Properties of Poly(2 – alkylacetylenes). Macromolecules 2004, 37, 2823 – 2828.

[16] Bermeshev, M. V.; Syromolotov, A. V.; Gringolts, M. L.; Starannikova, L. E.; Yampolskii, Y. P.; Finkelshtein, E. Sh. Synthesis of High Molecular Weight Poly [3 – {tris(trimethylsiloxy)silyl}tricyclononenes – 7] and Their Gas Permeation Properties. Macromolecules 2011, 44, 6637 – 6640.

[17] Stern, S. A.; Shah, V. M.; Hardy, B. J. Structure – Permeability Relationships in Silicone Polymers. J. Polym. Sci. B Polym. Phys. 1987, 25, 1263 – 1298.

[18] Naito, Y.; Kamiya, Y.; Terada, K.; Mizoguchi, K.; Wang, J. – S. Pressure Dependence of Gas Permeability in a Rubbery Polymer. J. Appl. Polym. Sci. 1996, 61, 945 – 950.

[19] Kaliuzhnyi, N.; Sidorenko, V.; Shishatskii, S.; Yampolskii, Yu. Membrane Separation of Hydrocarbons of Associated Petroleum Gas. Neftekhimia 1991, 31, 284 – 292.

[20] Thomas, S.; Pinnau, I.; Du, N.; Guiver, M. D. Hydrocarbon/Hydrogen Mixed – Gas Permeation Properties of PIM – 1, an Amorphous Microporous Spirobisindane Polymer. J. Membr. Sci. 2009, 338, 125 – 131.

[21] Masuda, T.; Iguchi, Y.; Tang, B. – Z.; Higashimura, T. Diffusion and Solution of Gases in Substituted Polyacetylene Membranes. Polymer 1988, 29, 2041 – 2049.

[22] Yasuda, H.; Hirotsu, T. The Effect of Glass Transition on Gas Permeabilities. J. Appl. Polym. Sci. 1977, 21, 105 – 112.

[23] Paterson, R.; Yampolskii, Yu. Solubility of Gases in Glassy Polymers. J. Phys. Chem. Ref. Data 1999, 28, 1255 – 1450.

[24] Sarti, G. C.; Doghieri, F. Prediction of the Solubility of Gases in Glassy Polymers Based on the NELF Model. Chem. Eng. Sci. 1998, 19, 3435 – 3447.

[25] Pixton, M. R.; Paul, D. R. Relationship Between Structure and Transport Properties for Polymers with Aromatic Backbones. In Polymeric Gas Separation Membranes; Paul, D. R.; Yampolski, Yu, Eds.; CRC Press: Boca Raton, 1994; pp. 83 – 153.

[26] Teplyakov, V.; Meares, P. Correlation Aspects of the Selective Gas Permeability of Polymeric Materials and Membranes. Gas Sep. Purif. 1990, 4, 66 – 73.

[27] Merkel, T. C.; Bondar, V.; Nagai, K.; Freeman, B. D. Sorption and Transport of Hydrocarbon and Perfluorocarbon Gases in Poly(1 – trimethylsilyl – 1 – propyne). J. Polym. Sci. Part B: Polym. Phys. 2000, 38, 273 – 296.

[28] Robb, W. L. Thin Silicon Membranes – Their Permeation Properties and Some Applications. Ann. N. Y. Acad. Sci. 1968, 146, 119 – 137.

[29] Ievlev, A.; Teplyakov, V.; Durgaryan, S. Permselectivity of Silane – Siloxane Block – Copolymers. Dokl. Akad. Nauk SSSR 1982, 264, 1421 – 1424.

[30] Hellums, M. W.; Koros, W. J.; Husk, G. R.; Paul, D. R. Fluorinated Polycarbonates for Gas Separation Applications. J. Membr. Sci. 1989, 46, 97 – 112.

[31] Norton, F. J. Gas Permeation Through Lexan Polycarbonate Resin. J. Appl. Polym. Sci. 1963, 7, 1649 – 1659.

[32] Volkov, V. V.; Durgaryan, S. G.; Novitskii, E. G.; Nametkin, N. S. Temperature Dependence of the Adsorption and Diffusion of Gases in Polyvinyltrimethylsilane. Dokl. Akad. Nauk SSSR 1977, 232, 838, Vysokomol. Soed. Ser. A 1979, 21, 927 – 931.

[33] Budd, P. M.; McKeown, N. B.; Ghanem, B. S.; Msayib, K. J.; Fritsch, D.; Starannikova, L.; Belov, N.; Sanfirova, O.; Yampolskii, Yu.; Shantarovich, V. Gas Permeation Parameters and Other Physicochemical Properties of a Polymer of Intrinsic Microporosity: Polybenzodioxane PIM – 1. J. Membr. Sci. 2008, 325, 851 – 860.

[34] Stern, S. A.; Mullhaupt, J. T.; Garries, P. J. The Effect of Pressure on the Permeation of Gases and Vapors Through Polyethylene. Usefulness of the Corresponding States Principle. AICHE J. 1969, 15, 64 – 73.

[35] Bondar, V.; Freeman, B. D.; Yampolskii, Yu. Sorption of Gases and Vapors in an Amorphous Glassy Perfluorodioxole Copolymer. Macromolecules 1999, 32, 6163 – 6171.

[36] Yampolskii, Yu.; Durgaryan, S.; Nametkin, N. Permeability, Diffusion and Solubil-

ity of n – Alkanes in Polymers. Vysokomol. Soed. B 1979, 21, 616 – 621.

[37] Yampolskii, Yu. ; Durgaryan, S. ; Nametkin, N. Translational and Rotational Mobility of Low Molecular Mass Compounds in Polymers with Different Glass Transition Temperatures. Vysokomol. Soed. 1982, 24, 536 – 541.

[38] Nagai, K. ; Masuda, T. ; Nakagawa, T. ; Freeman, B. D. ; Pinnau, I. Poly[1 – trimethylsilyl – 1 – propyne] and Related Polymers: Synthesis, Properties and Functions. Prog. Polym. Sci. 2001, 26, 721 – 798.

[39] Bondi, A. Physical Properties of Molecular Crystals, Liquids and Glasses; Wiley: New York, 1968.

[40] van Krevelen, D. W. Properties of Polymers, 3rd ed. ; Elsevier: Amsterdam, 1990.

[41] Yampolskii, Yu. Methods for Investigation of the Free Volume in Polymers. Russ. Chem. Rev. 2007, 76, 59 – 78.

[42] Dlubek, G. Positron Annihilation Lifetime Spectroscopy. In Encyclopedia of Polymer Science and Technology; Seidel, A. , Ed. ; Wiley: Hoboken, NJ, 2008.

[43] Yampolskii, Yu. On Estimation of Concentration of Free Volume Elements in Polymers. Macromolecules 2010, 43, 10185 – 10187.

[44] Nagel, C. ; Günther – Schade, K. ; Fritsch, D. ; Strunkus, T. ; Faupel, F. Free Volume and Transport Properties in Highly Selective Polymer Membranes. Macromolecules 2002 ,35 , 2071 – 2077.

[45] Shantarovich, V. ; Kevdina, I. ; Yampolskii, Yu. ; Alentiev, A. Positron Annihilation Lifetime Study of High and Low Free Volume Glassy Polymers: Effects of Free Volume Sizes on the Permeability and Permselectivity. Macromolecules 2000, 33, 7453 – 7466.

[46] Theodorou, D. H. Principles of Molecular Simulation of Gas Transport in Polymers. In Materials Science of Membranes for Gas and Vapor Separation; Yampolskii, Yu ; Pinnau, I. ; Freeman, B. D. , Eds. ; Wiley: Chichester, 2006; pp. 49 – 94.

[47] Robeson, L. M. ; Smith, C. D. ; Langsam, M. A Group Contribution Approach to Predict Permeability and Permselectivity of Aromatic Polymers. J. Membr. Sci. 1997, 132 ,33 – 54.

[48] Ryzhikh, V. ; Tsarev, D. ; Alentiev, A. ; Yampolskii, Yu. A Novel Method for Prediction of the Gas Permeation Parameters of Polymers on the Basis of Their Chemical Structure. J. Membr. Sci. 2015, 487, 189 – 198.

第4章 聚合物膜制备的基本原理

4.1 人工合成膜的材料和结构

人工合成膜由多种材料制成,包括合成聚合物、生物聚合物(包括微生物聚合物)、陶瓷、玻璃、金属或液体。这些材料可以是惰性的或带有官能团性质的。例如固定离子,它们可以是中性的或带有电荷。膜可以由单一类型的材料制成,也可以由不同类型的材料组合而成。在后一种情况下,各种材料可以组装成异质混合基体或形成复合多层薄膜。膜的构象可以是扁平的、管状的、毛细管状的、中空的纤维或囊状的。图4.1所示为最常见的人工合成膜的材料的结构示意图。虽然大多数技术相关的膜是由聚合物制成的,但市场上也有无机膜。由于环境问题,以生物聚合物为原料制备化学和机械稳定膜受到广泛关注。在选择性和渗透性方面对性能更好的膜的需求也有利于生物杂交膜的研究。

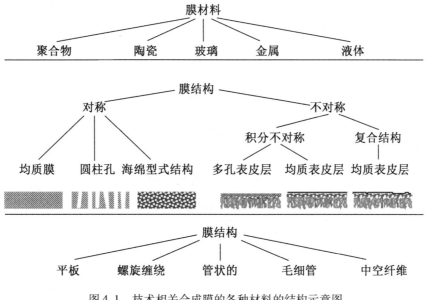

图4.1 技术相关合成膜的各种材料的结构示意图

4.1.1 对称和非对称膜

如前所述,人工合成膜可能具有对称或不对称结构。在对称膜中,整个截面上的结构和输运特性是相同的,整个膜的厚度决定了通量。对称膜目前主要用于透析和电渗析。在不对称膜中,膜截面的结构和输运特性各不相同。不对称膜由厚度为 0.1 ~ 1 mm 的"表皮"层组成,该"表皮"层位于厚度为 100 ~ 200 mm 的多孔子结构上。表皮代表了非对称膜的实际选择性屏障。

不对称膜可以是致密的,也可以是多孔的。其分离特性取决于材料的性质或皮肤层中毛孔的大小。通量主要由"表皮"厚度决定。多孔的亚层仅作为最薄、最脆弱的表皮的支撑,对膜的分离特性和传质速率影响不大。不对称膜主要用于反渗透、超滤或气汽分离等压力驱动膜工艺,因为不对称膜的独特性能,即高通量和良好的机械稳定性,可以得到最好的利用。制备不对称膜有两种技术:一种是利用反相过程,通过一个单一的过程,使表皮和支撑结构形成一个整体结构。另一种结构类似于一种复合结构,其中一层薄薄的阻挡层通过两步过程沉积在多孔下部结构上。在后一种情况下,屏障和支撑结构通常由不同的材料制成,可以沉积多个多孔下部结构,并且每一层可能具有不同的功能。

4.1.2 多孔膜

多孔结构是膜的一种非常简单的形式,其分离方式与传统的纤维过滤器非常相似。这些膜由一个固体基质组成,其孔或孔的直径从小于 1 nm 到 10 mm 不等。待分离物种的大分子尺寸在确定待用膜的孔径和相关膜过程中起着非常重要的作用。平均孔径大于 50 nm 的多孔膜被划分为大孔;平均孔径在 2 ~ 50 nm 之间的多孔膜被划分为介孔;平均孔径 0.1 ~ 2 nm 的膜称为微孔膜;致密膜没有单独的永久孔隙,但分离是通过自由体积的波动进行的。这种分类的示意图如图 4.2 所示。

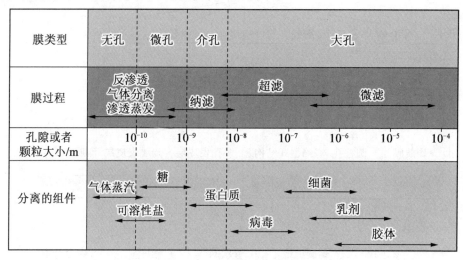

图 4.2 膜的分类示意图、相关过程及分离组分

在压力驱动膜工艺中,各组分的分离是通过以孔径和粒径为确定参数的筛分机构实现的。在热驱动膜分离过程中,以相平衡原理为基础进行分离,以膜孔的非润湿性为决定参数。多孔膜可以由陶瓷、石墨、金属或金属氧化物以及各种聚合物等材料制成。它们的结构可以是对称的,即孔径不随膜截面的变化而变化,也可以是不对称的,即孔径从膜的一侧增加到另一侧,通常增加 10 ~ 1 000 倍。制备多孔膜的技术可能有很大的不同,

包括简单的聚合物或陶瓷粉末的压制和烧结,模板的辐照和浸出,薄膜拉伸、成核轨迹蚀刻、相变和聚合物沉淀过程,或溶胶－凝胶转换技术。多孔膜用于分离微滤、超滤或透析过程中大小差异较大或分子量差异较大的组分。

4.1.3 均匀致密膜

均质膜仅仅是一种致密的膜,分子混合物在压力、浓度或电势梯度的作用下进行运输。混合物各组分的分离与它们在膜表面中的输运速率直接相关,膜表面中的输运速率由它们在膜基质中的扩散率和浓度决定。因此,均相致密膜称为溶液扩散型膜。它们可以由聚合物、金属、金属合金制备,在某些情况下,也可以由带正电荷或负电荷的陶瓷制备而成。由于均质致密膜中的质量输运是以扩散为基础的,因此其渗透性较低。均相膜主要用于反渗透、气汽分离、渗透汽化等过程中分离大小相似但化学性质不同的组分。在这些过程中使用了由多孔结构支撑且均匀的薄膜结构。

4.1.4 离子交换膜

带电荷基团的薄膜称为离子交换膜。它们由携带固定正电荷或负电荷的高度膨胀的凝胶组成。离子交换膜的性能和制备工艺与离子交换树脂的性能和制备工艺密切相关。离子交换膜有两种不同类型:①阳离子交换膜,它含有固定在聚合物基体上的负电荷基团;②阴离子交换膜,它含有固定在聚合物基体上的正电荷基团。在阳离子交换膜中,固定的阴离子与聚合物空隙中的移动的阳离子处于电平衡状态。而移动的阴离子由于其电荷与固定离子相同,或多或少被完全排斥在阳离子交换膜之外。由于不含阴离子,阳离子交换膜只允许阳离子的转移。阴离子交换膜携带固定在聚合物基体上的正电荷,因此,它们排斥所有阳离子,只对阴离子具有渗透性。无机离子交换材料虽然很多,但大多是以沸石和膨润土为基体的。然而相对于高分子材料,这些材料在离子交换膜中并不重要。离子交换膜主要应用于电渗析或电解。它们也被用于电池和燃料电池的离子导电分离器。

4.1.5 液膜

液膜主要与便利运输相结合,便利运输是以"载体"为基础,载体选择性地将金属离子等某些成分跨液膜运输。

一般来说,合成一层薄的流体膜是没有问题的。然而,维护和控制这种薄膜及其性能是很困难的。在质量分离过程中,为了避免膜的破裂,需要某种类型的加固来支撑这样一个脆弱的膜结构。目前有两种不同的技术用于制备液体膜:在第一种技术中,选择的液体屏障材料通过表面活性剂在乳化型混合物中形成稳定的液膜;在第二种技术中,多孔结构由液膜相(支撑液膜)填充。

液膜在萃取过程中,随着时间的推移,液相含量可能会扩散,因而这需要液膜具有一定的稳定性。离子液体和深共晶溶剂的使用可以改善支撑液膜稳定性。

4.1.6 固定载体膜

固定载体膜由具有官能团的均相或多孔结构组成,官能团选择性地输运某些化合物。固定载体膜可以有对称或不对称的结构这决定它们的应用。固定载体可以是离子交换基团,也可以是络合或螯合剂。例如,它们被用于共逆流运输和烷烃/烯烃混合物的分离。

4.1.7　其他膜

人们对以沸石和钙钛矿为原料制备的无机膜进行了研究,在工业上得到了应用。其可以很好地利用分子筛有趣的吸附和催化性能。优化后的无机膜比聚合膜具有更好的性能,但其机械强度(脆性)差、制造工艺复杂、成本高,限制了其大规模应用。

1. 沸石膜

沸石具有分子筛功能、较大的表面积、可控的主-底物相互作用和催化性能,一直被认为是膜结构和操作中应用的热点。沸石是一种三维的微孔晶体材料,具有清晰的孔隙结构和离散尺寸的孔道,可以通过具有清晰分子尺寸的孔洞(孔洞中含有铝、硅和氧)获得。沸石可分为小、中、大、超大型孔隙材料。它们可以被加工成对称的自支撑膜或不对称支撑膜。第一种类型由纯沸石相组成,而第二种类型由在支架上形成的沸石薄层组成。沸石可以根据大小、形状、极性和不饱和程度来分离分子。多孔性、离子交换性、内酸性、热稳定性高、内表面积大等多种性能的结合,使其在无机氧化物中具有独特的选择性。

2. 钙钛矿

钙钛矿体系由于其对 O_2 和 H_2 的高选择性,以及晶体结构中的空穴,形成了一种新的输运机制,使其在气体分离、高温燃料电池和膜反应器中作为致密陶瓷膜具有很好的应用前景。钙钛矿型氧化物由于具有较高的电子导电性和离子导电性,近年来也受到人们的关注。它们已被研究为高温超导体、压电材料、磁阻材料、氧离子和质子导体。在实际应用中,这些膜必须具有足够高的氧渗透率和结构稳定性,以适应高温和高氧以及高二氧化碳浓度等恶劣条件。钙钛矿膜可以通过将钙钛矿粉末压制成合适的形式,在 1 100～1 500 ℃的温度下烧结制成圆盘、片或管状。

4.1.8　膜制备

任何膜处理过程中唯一的部分就是膜本身。膜的结构、功能、输运性质、输运机理以及由膜构成的材料都有很大的不同。不同的膜,制造它们的方法也不同。一些薄膜是用简单的细粉烧结技术制成的,另一些薄膜是通过辐照和薄膜的轨迹蚀刻,或通过均匀的液体混合物或熔融成不均匀的固相来制备的。采用浸渍涂布法、界面聚合法和等离子体聚合法制备了复合膜;采用粉末烧结技术和溶胶-凝胶法制备了无机膜;以乳剂或多孔结构为载体制备具有可移动选择性载体的液体膜;将带正电或负电的基团引入合适的聚合物结构中,制备固定载体和离子交换膜。

基体材料和制备工艺的选择取决于膜的应用。在一些应用中,如气体分离或渗透汽化,膜材料作为阻隔层对膜的性能至关重要。而在微滤或超滤等其他应用中,膜材料并不像膜结构那样重要。

膜最重要的特性是它的选择性输运特性和渗透性。这种选择性,结合显著的渗透性,是由材料形成的内在化学性质决定的。选择一种给定的聚合物作为膜材料并不是任意的,而是基于来源于分子质量、链的柔韧性、链的相互作用等结构因素的特定的性质。结构因素决定了聚合物的热、化学和机械性能。这些因素也决定了渗透率。分子量分布是膜的一个重要性质。

链的灵活性和链的柔性由两个因素决定:

(1)主链的特性。

活动的	低活动的	
[—C—C—]	[—C＝C—]	[—C—C＝C—C—](有机的)
[—Si—O—]	[—P＝N—]	(无机的)

(2)侧链或侧组的存在和性质。

R = [—H]	对转动自由度没有影响
R = [—C₆H₅]	减少转动自由度

主要共价键存在于网络聚合物中。二级分子间力(偶极力(德拜力)、色散力(或伦敦力)、氢键力)发生在线性和支链聚合物中。

聚合物的选择对多孔膜的渗透性影响不大,但对其化学稳定性和热稳定性以及吸附和润湿性等表面效应都有影响。相反,对于致密的非多孔膜,高分子材料直接影响膜的性能,因此玻璃化转变温度和结晶度是非常重要的参数。一般来说,玻璃态的渗透率比橡胶态的渗透率低得多。运输是通过非晶区域而不是结晶区域进行的。聚合物链的流动性在玻璃态下受到很大限制,因为链段不能围绕主链键自由旋转。在橡胶状态下,链段可以沿主链自由旋转,这意味着链的高度可动性。

热化学稳定性受刚性链、芳香环、链间相互作用、高 T_g 等因素的影响。随着聚合物稳定性的增加,其加工难度普遍增大。稳定性和加工性能是相互对立的。力学行为包括材料在外力作用下的变形。虽然中空纤维和毛细管膜必须是自支撑的,但适当的支撑可以改善聚合物膜的力学性能。膜的制备方法最初是根据经验制订的。

4.2 多孔膜的制备

多孔膜由一种具有固定孔径的固体基质组成,孔径从小于 2 nm 到大于 20 mm 不等。它们可以由各种材料制成,如陶瓷、石墨、金属或金属氧化物以及聚合物。它们的结构可以是对称的,即孔径不随膜截面变化;也可以是不对称的结构,即孔径从膜的一边增加到另一边,增加 10 ~ 1 000 倍。多孔膜主要用于微滤和超滤。它们可以根据以下分类:

①它们是由陶瓷或聚合物制成的。

②它们的结构,即对称或不对称。

③它们的孔径和孔径分布。

膜材料决定了膜的力学性能和化学稳定性。在实际应用中,该材料的亲水性或疏水性等化学性质由于对混合料组分的特殊吸附作用而影响其性能。

目前制备多孔膜最广泛的方法是粉末烧结、薄膜拉伸、薄膜辐照和蚀刻、相变或溶胶 – 凝胶工艺。它们的不同结构、材料、制备方法和典型应用见表4.1。

表4.1　多孔膜及其制备和应用

膜的类型	膜的材料	孔径/μm	制备工艺	应用
对称多孔结构	陶瓷、金属、聚合物、石墨	0.1 ~ 20	粉末压制和烧结	微滤
对称多孔结构	低结晶度的聚合物	0.2 ~ 10	薄膜的挤出和拉伸	微滤、电池隔板
对称多孔结构	聚合物、云母	0.05 ~ 5	薄膜的辐照和蚀刻	微滤、点过滤器
对称多孔结构	聚合物、金属、陶瓷	0.5 ~ 20	薄膜的模板浸出	微滤
对称多孔结构	聚合物	0.5 ~ 10	温度诱导的相位反转	微滤
不对称多孔结构	聚合物	<0.01	扩散诱导的相位反转	超滤
不对称多孔结构	陶瓷	<0.01	复合膜凝胶 – 溶胶工艺	超滤

4.2.1　烧结、轨迹蚀刻、浸出法制备对称多孔膜

烧结是一种很简单的技术,即有机和无机材料中获得多孔结构(表4.2)。

一种由一定尺寸的颗粒组成的粉末被压成薄膜或平板,并在材料熔点以下烧结。典型烧结膜的结构如图4.3(a)扫描电子显微镜所示。这张照片显示了一种多孔膜的表面,这种多孔膜是由一种精细的聚四氟乙烯粉末压制和烧结而成的。该工艺得到的孔隙结构较低且不太规则,孔隙率在10% ~ 40%之间,孔径分布非常广泛。烧结膜制备的材料主要取决于所需要的力学性能以及材料在最终膜应用中的化学稳定性和热稳定性。烧结膜是由氧化铝、石墨等陶瓷材料和不锈钢、钨等金属粉末大规模制成的。粉末粒径是决定最终膜孔大小的主要参数,一般在0.2 ~ 20 mm之间。孔径的下限由粉末的粒度决定。烧结膜可以制成圆盘、粉盒或细孔管,用于胶体溶液和悬浮液的过滤。它们也适用于气体分离,广泛用于放射性同位素的分离。

多孔碳膜也可以在600 ~ 800 ℃的惰性气氛中通过热解形成聚丙烯腈膜制备。膜通常涂覆在多孔陶瓷支架上或制备成中空纤维。它们的孔径是1 ~ 4 nm。该膜用于超滤和气体分离。然而,它们非常脆弱,因此在大规模的实际应用中很难处理。

制备多孔膜的另一种相对简单的方法是拉伸具有部分结晶度的均匀聚合物薄膜。该技术主要用于聚乙烯或聚四氟乙烯薄膜,这些薄膜是在接近熔点的温度下伴随着快速下降从聚合物粉末中挤压出来的。半结晶聚合物中的结晶沿拉伸方向排列。退火冷却后,垂直拉伸方向挤压膜。这导致了薄膜的部分断裂,得到了相对均匀的孔径0.2 ~ 20 mm。由聚四氟乙烯制备的典型拉伸膜如图4.3(b)扫描电子显微镜所示。膜可以制成平板,也可以制成管和毛细血管。由于碱性聚合物的疏水性,这些膜对气体和蒸汽具有高渗透性,但对水溶液不透。可用于无菌过滤、血液氧化和膜蒸馏。由聚四氟乙烯制成

的拉伸膜也可用作拒水织物。由于它的高孔隙度,这种膜具有高的气体和蒸汽渗透性,但它在一定的静水压力下,完全不溶于水溶液。

多孔膜具有非常均匀的、近乎完美的圆形圆柱形孔隙,这种多孔膜是通过一种称为轨迹蚀刻的工艺获得的。膜的制作过程分为两步,如图 4.4 所示。薄膜或箔(聚碳酸酯)受到垂直于薄膜的高能粒子辐射,粒子破坏聚合物基体并产生轨迹。然后将薄膜浸入酸性(或碱性)溶液中,沿着轨道蚀刻聚合物材料,形成均匀的圆柱形孔洞,孔径 0.2 ~ 10 mm,孔隙度 10%。

表 4.2   烧结方法

工艺示意图	使用的材料	
加热 膜孔径:0.1 ~ 10 μm	聚合物粉末	聚乙烯 聚四氟乙烯 聚丙烯
	金属粉末	不锈钢、钨
	陶瓷粉末	氧化铝 氧化锆
孔隙率:10% ~20% 聚合物 孔隙率:80% 金属	石墨粉末	碳
	玻璃粉末	硅质岩

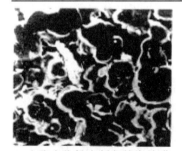  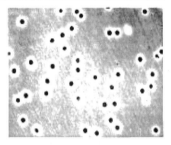

(a)由聚合物粉末制备的烧结膜的扫描电子显微镜照片

(b)通过垂直于挤出方向拉伸挤出的聚四氟乙烯膜而制备的膜的扫描电子显微镜照片

(c)轨迹蚀刻法制备的毛细管孔聚碳酸酯膜的扫描电子显微镜照片

图 4.3   三种方法制备的膜的扫描电子显微镜照片

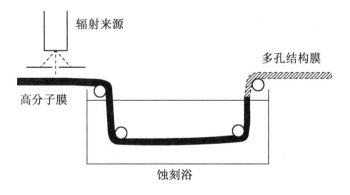

图 4.4   轨迹蚀刻法

　　第一步,一个均匀的、6～15 mm 厚的聚合物薄膜暴露在核反应堆的准直带电粒子。当粒子通过薄膜时,它们会在聚合物骨架的化学键受损的地方留下敏化轨迹。第二步,将辐照膜置于蚀刻槽中。在此槽中,沿轨道的损伤材料被优先蚀刻,形成均匀的圆柱形孔洞。轨迹蚀刻膜的孔密度由辐照器停留时间决定,孔径由蚀刻槽停留时间控制。这些膜的最小孔径约为 0.01 mm。轨迹蚀刻膜的最大孔径由蚀刻工艺决定,约为 5 mm。图 4.3(c)扫描电子显微镜为典型的轨迹蚀刻聚碳酸酯膜。毛细管孔膜主要由聚碳酸酯和聚酯薄膜制备而成。这些聚合物的优点是,它们在商业上具有 10～15 mm 厚度的均匀薄膜,这是核反应堆获得的准直颗粒的最大穿透深度。由聚碳酸酯和聚酯制成的毛细管孔膜由于其孔径分布窄、堵塞倾向低,在分析化学和微生物实验室以及医学诊断程序中得到了广泛的应用。毛细管孔膜用于工业规模生产超纯水的电子工业。在这里,其"冲洗"时间短,长期通量稳定性好,与其他膜产品相比具有一定的优势。由于它们的表面过滤特性,被膜保留的颗粒可以通过光学或扫描电子显微镜进一步监测。

　　其他制备多孔微滤膜的技术有微光刻法和模板浸出法。这些膜通常具有较小的孔径分布和较高的通量。模板浸出技术也应用于从玻璃、金属合金或陶瓷制备膜。多孔玻璃与金属膜的制备工艺相对简单:两种不同类型的玻璃或金属混合均匀;然后,一种类型的溶解,并得到一个有着明确孔隙大小的未溶解的网络材料。例如,对于多孔玻璃膜,三组分体系(如 $Na_2O - Ba_2O_3 - SiO_2$)的均相熔体(1 000～1 500 ℃)被冷却,系统分离为两相,一相主要由不溶于水的 SiO_2 组成,另一相溶于水。第二阶段是由酸或碱浸出,并可获得宽泛的孔径范围,最小孔径可达 0.05 mm。

4.2.2　相转化法制备对称多孔聚合物膜

　　所谓的相变过程,是将聚合物溶解在适当的溶剂中,然后在平板、皮带或织物支架上铺展成 20～200 mm 厚的薄膜,从而制备出最具商业价值的对称微孔膜。向该液膜中加入水等沉淀剂,将均相聚合物溶液分离为固相聚合物富集相和固相溶剂富集相。析出的聚合物形成多孔结构,其中含有或多或少均匀的孔隙网络。图 4.5(a)所示的扫描电子显微镜显示了一种由相变制成的微孔纤维素膜。

　　几乎任何聚合物都可以制成多孔相变型膜,这种聚合物可溶于适当的溶剂,并可在非溶剂中沉淀。通过改变聚合物、聚合物浓度、析出介质和析出温度,可以制备出孔径变化非常大的多孔反相膜,孔径为 0.1～20 mm 不等,且具有不同的化学和力学性能。这些膜最初是由纤维素聚合物在室温下,以及相对湿度大约为 100%的环境中沉淀而成。近年来,对称微孔膜也由各种聚酰胺、聚砜和聚偏二氟乙烯通过在水中沉淀聚合物溶液制备而成。也正是当今获得多孔结构最重要的技术。聚丙烯或聚乙烯也可用于制备多孔膜。然而,由于这些聚合物在室温下不易溶解,因此制备工艺必须略有不同。例如,聚丙烯在适当的胺中高温溶解,20%～30%的聚合物溶液在高温下分散成薄膜。然而,聚合物的析出并不是由非溶剂的加入引起的,而仅仅是通过将溶液冷却到形成两相体系的点而引起的。得到的开孔泡沫结构如图 4.5(b)所示。膜的孔径取决于聚合物浓度、溶剂体系、溶液温度和冷却速率。这种膜制备技术通常称为热凝胶。

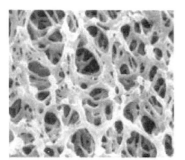
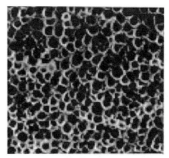

**(a)均相聚合物溶液经水蒸气沉淀法制备的
多孔硝酸纤维素膜的扫描电子显微镜图**　**(b)热凝胶法制备的多孔聚丙烯膜的
扫描电子显微镜图**

图 4.5　两种方法制备的膜的扫描电子显微镜照片

对称多孔聚合物膜在实验室和工业上广泛应用。典型的应用范围从澄清浑浊的溶液到去除细菌或病毒以检测病理成分，以及在人工肾脏中的血液解毒。分离机制是一个典型的深度过滤器，它将粒子困在结构的某个地方。多孔反相膜除了具有简单的"筛分"作用外，由于其内部表面非常大，往往表现出较高的吸附倾向。因此，当需要完全去除病毒或细菌等成分时，它们尤其适用。它们适用于固定化酶，用于现代生物技术。它们还广泛用于水质控制试验中微生物的培养。

4.3　不对称膜的制备

目前在大规模分离过程中使用的大多数膜都具有不对称结构，其由非常薄的，即在高度多孔碳的高度多孔的 100～200 mm 厚的子结构上的 0.1～1 mm 的选择性皮肤层组成，如图 4.6 所示的扫描电子显微图，这显示了图 4.6(a) 的横截面不对称膜与所谓的分级孔结构和图 4.6(b) 非对称膜与手指型结构。非常薄的表皮代表真正的薄膜。它可能由均匀的聚合物组成，也可能含有孔隙。其分离特性取决于聚合物的性质或皮肤中的孔隙大小，而质量输运速率则取决于皮肤的厚度。多孔子结构仅作为薄而脆弱的表皮的支撑，对膜的分离特性和传质速率影响不大。

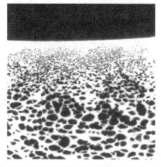
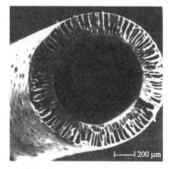

(a)具有分级孔结构的不对称反渗透膜　**(b)具有手指型结构的不对称超滤毛细管膜的截面**

图 4.6　扫描电子显微镜显示

图 4.7 所示为制备毛细管膜的装置示意图。不对称膜主要用于压力驱动膜工艺,如反渗透、超滤或气体分离,因此高传质率和良好的机械稳定性等性能可以得到最好的利用。除了高的过滤速率外,不对称膜还非常耐污。传统的对称结构充当深度过滤器,并在其内部结构中保留粒子。这些被捕获的颗粒堵塞了薄膜,因此在使用过程中通量下降。不对称膜是一种表面过滤器,它将所有的不合格材料保留在表面上,这些材料可以被平行于膜表面的进料溶液施加的剪切力去除。

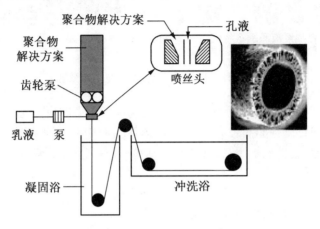

图 4.7　浸没沉淀法制备毛细管膜

制备不对称膜有两种技术:一种技术利用了相转化过程,使膜的表皮和子结构由相同的聚合物组成,这种膜称为整体不对称膜。另一种技术中,将极薄的聚合物薄膜沉积在预先形成的多孔子结构上,从而形成所谓的复合膜。

第一种整体反相不对称膜的研制是超滤和反渗透技术发展的重大突破。这些膜由醋酸纤维素(CA)制成,其通量是对称结构的 10～100 倍,分离性能相当。然而,现在大多数反渗透膜都是复合结构。

4.3.1　反相法制备整体不对称膜

利用相转化过程形成一种膜,其中表皮和亚结构由相同的聚合物组成。非对称相转化膜几乎可以由所有在一定温度下在适当的溶剂或溶剂混合物中可溶并且可以连续沉淀的聚合物制备。通过以下一般程序改变系统的温度或组成,从而达到同相。

①在一定温度下冷却为均质聚合物溶液。

②用两种或两种以上不同溶解性能的溶剂从均质聚合物溶液中蒸发挥发性溶剂能力。

③向均质溶液中加入非溶剂或非溶剂混合物。

这三个过程都会形成两个相,即形成膜孔的液相和形成膜结构的固相,这两个相可以是对称的、多孔的,也可以是不对称的,在多孔体相的一个或两个表面上有或多或少致密的表皮。这三种制备过程的唯一热力学假设是,在确定的浓度和温度范围内,系统具有可混溶间隙。

由温度变化引起的相分离称为温度诱导相分离,由向均匀溶液中加入非溶剂或非溶剂混合物引起的相分离称为扩散诱导相分离。在实际的膜制备中,采用一些组合的基本工艺,可以制备出结构和性能符合要求的膜。

4.3.2　扩散诱导相分离法制备实用膜

扩散诱导相分离过程由以下连续步骤组成:

①聚合物溶解在适当的溶剂中形成溶液。

②将溶液浇铸成 100 ~ 500 mm 厚度的薄膜。

③薄膜在非溶剂中淬火,通常是水或水溶液。

在淬火过程中,聚合物溶液分为两相:丰富的固相即形成膜结构的聚合物和丰富的液相即形成充满液体的膜孔的溶剂。通常情况下,首先析出且析出最迅速的薄膜表面的孔隙比薄膜内部或底部的孔隙要小得多。这导致了膜结构的不对称。

文献中描述的这种一般制备方法有不同的操作流程,例如,有时在沉淀前的蒸发步骤用于改变铸膜表面的成分,退火步骤用于改变沉淀膜的结构。

制备不对称膜的原始配方和随后的改进深深根植于经验主义。文献中对膜制备技术做了详细的描述。只有广泛使用扫描电子显微镜,提供必要的结构信息,才能使膜结构形成过程中所涉及的各种参数合理化。因此,在选择相应的制备参数时,可以从大量聚合物中通过扩散诱导相分离法制备对称和非对称的多孔结构。实际的相分离或反相不仅可以通过加入非溶剂来诱导,还可以通过控制溶剂/沉淀/聚合物三组分混合物中挥发性溶剂的蒸发来诱导,使体系在沉淀中富集时发生沉淀。或者,从气相中吸收析出物也可以产生简单的两组分聚合物 – 溶剂铸造溶液的析出。这种技术是最初多孔膜的基础,目前仍有几家公司在商业上使用。

4.3.3　温度诱导相分离法制备实用膜

在温度诱导的相分离中,浇注溶液的析出是通过冷却聚合物溶液实现的,聚合物溶液只有在高温下才能形成均匀的溶液,例如聚丙烯溶解在 N, N – 双(2 – 羟基乙基)脂胺中。温度诱导的相分离过程通常产生对称的多孔结构。在一定的试验条件下,也会产生不对称结构。温度诱导的相分离不仅适用于聚合物,它还用于从玻璃混合物和金属合金中浸出多孔膜。

4.4　反相膜制备工艺的合理化

虽然相关文献中给出的方法以制备多孔结构的聚合物是非常不同的,但它们都是基于类似的热力学和动力学参数,如各个组件的化学势和扩散系数和整个系统的混合吉布斯自由能。确定各种工艺参数是了解膜形成机理的关键,是优化膜性能和结构的必要条件。

4.4.1　相分离过程的现象学描述

对相变过程中涉及的所有热力学和动力学参数进行定量处理是困难的。但是,借助由聚合物、一种或多种溶剂和非溶剂组成的混合物在恒定或不同温度下的相图对该过程进行现象学描述,对于更好地理解膜结构与不同制备参数之间的关系非常有用。然而,必须认识到相图是平衡态的热力学描述。在膜形成过程中,相分离也是由动力学参数决定的,一般不能在宏观上得到热力学平衡,而且动力学的定量描述是困难的。然而仅仅根据聚合物/溶剂/非溶剂体系的相图对相分离过程进行一般的热力学描述,就可以提供关于反相过程得到的膜结构的有价值的信息。

两组分聚合物混合物的温度诱导相分离如图 4.8(a)所示,图中显示了聚合物和溶剂两组分混合物作为温度函数的相图。该图显示了在低温下,各种组分之间的混相间隙。在一定温度以上,聚合物和溶剂在各组分中形成同源溶液。在其他温度下,系统在某些成分下是不稳定的,会分裂成两相。该区域被称为混相区,被二项式曲线包围。如果将图 4.8(a)点 A 所示温度 T_1 下的某种组分的聚合物 – 溶剂混合物冷却到温度 T_2 由 B 点表示,它将分为两个不同的相,其组成由点 B' 和点 B'' 表示。点 B'' 表示聚合物富集相,点 B' 表示溶剂富集的聚合物稀液相。直线 $B' - B$ 和 $B'' - B$ 表示混合物中两相的含量之比,即总的孔隙度得到的多孔体系。当聚合物富集相中的聚合物浓度达到一定值时,其黏度增加到可以认为是固体的程度。聚合物富集相形成固体膜结构,聚合物稀相形成充满液体的孔隙。

向均相聚合物溶液中加入非溶剂引起的相分离如图 4.8(b)所示,为三组分等温相图。这种三组分混合物在许多组分中都存在可混相间隙。如果将非溶剂添加到由聚合物和溶剂组成的溶液中,其组成由溶剂 – 聚合物线上的点 A 所示。并且,如果以与非溶剂进入相同的速率从混合物中去除溶剂,混合物的组成将沿着 A – B 线变化。当体系的组成达到混相间隙时,体系将分离为两个阶段,形成由二项式确定的混相间隙的上边界表示的聚合物富集相和由混相间隙的下边界表示的聚合物稀相。当溶剂完全被非溶剂取代时,混合物达到以 B 点为代表的组分,点 B 分别代表组成 B' 和 B'' 的固体聚合物富相和液体聚合物固相的混合物。相对于在聚合物 – 溶剂混合物中加入非溶剂,相分离也可以通过从溶剂/聚合物/非溶剂混合物中蒸发溶剂来实现,溶剂/聚合物/非溶剂混合物用作膜的铸造溶液。

如图 4.8 所示,用相图描述多孔体系的形成,是基于热力学平衡的假设。它预测了在何种温度和组成条件下,一个系统会分裂成两个阶段。但它不会提供任何关于两相域大小及其形状的信息,即孔径,孔径形状为“手指”或“海绵”样,以及膜的孔径分布。这些参数由混合物中各组分的扩散系数、溶液黏度、化学势梯度等动力学参数决定,而动力学参数是混合物中各组分扩散的驱动力。由于这些参数在构成实际膜形成过程的相分离过程中是不断变化的,所以不会达到平衡的瞬态。因此,动力学参数很难通过独立的试验来确定,也就不容易得到。这使得定量描述膜的形成机制非常困难。

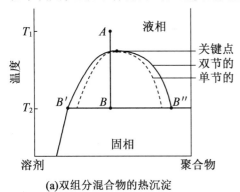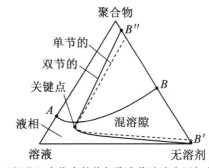

(a)双组分混合物的热沉淀

(b)向三组分混合物中的均相聚合物溶液中添加非溶剂,在一定温度和组成条件下显示出可混溶间隙

图 4.8 微孔系统形成的示意图

A—铸造溶液;B—膜孔径;B′—贫聚合物相;B″—富聚合物相

　　正如图 4.5 和图 4.6 的扫描电子显微镜所示,相变过程可以使对称膜和非对称膜具有不同于各种聚合物的结构。表 4.3 列出了目前在商业基础上使用的聚合物,它们通过相转化工艺制备各种应用和工艺的膜。一些聚合物对有机溶剂的耐受性见表 4.4。

表 4.3 反相法制备商用膜聚合物及其应用

膜材料	膜过程
醋酸纤维素(CA)	EP,MF,UF,RO
纤维素酯(混合)	MF,D
聚丙烯腈(PAN)	UF
聚酰胺(芳香族、脂肪族)(PA)	MF,UF,RO,MC
聚酰亚胺(PI)	UF,RO,GS
聚丙烯(PP)	MF,MD,MC
聚醚砜(PES)	UF,MF,GS,D
聚砜(PS)	UF,MF,GS,D
磺化聚砜	UF,RO,NF
聚偏氟乙烯(PVDF)	UF
聚乙烯(PE)	MF,UF
聚氯乙烯(PVC)	MF,UF

注:电泳(EP)、微过滤(MF)、超过滤(UF)、反渗透(RO)、气体分离(GS)、纳米过滤(NF)、透析(D)、膜蒸馏(MD)、膜接触器(MC)。

表 4.4　用于制备膜和耐有机溶剂的最常见聚合物

溶剂	甲醇	戊醇	四氢呋喃	己烷	二甲苯	甲苯	丙酮	乙醚
脂肪族聚酰胺(PA)(聚酰胺纤维龙-6)	SC	LC	NC	LC	—	—	LC	LC
芳香族聚酰胺(PA)(纤维)	SC	LC	NC	LC	—	—	LC	LC
聚酰亚胺(PI)	LC	—	NC	—	—	NC	—	—
聚丙烯(PP)	LC	LC	SC	NC	SC	LC	LC	LC
聚偏氟乙烯(PVDF)	LC	LC	LC	LC	LC	LC	NC	NC
聚砜(PS)	LC	LC	NC	LC	NC	NC	NC	LC
聚醚醚酮(PEEK)	—	—	—	LC	—	LC	NC	LC

注:LC = 长兼容性;SC = 短兼容性;NC = 不相容。

4.5　复合膜的制备

在反渗透、气体分离和渗透汽化等过程中,实际的质量分离是通过均匀聚合物层中的溶液扩散机制实现的。由于均匀聚合物基质中的扩散过程相对缓慢,所以这些膜应该尽可能薄。因此,非对称膜结构是这些过程的必要条件。遗憾的是,许多对气体混合物或液体溶液中各种组分具有满意的选择性和渗透性的聚合物并不适合于相转化膜制备过程。这促进了复合膜的发展。图 4.9 所示为典型复合膜的示意图和扫描电子显微镜图。复合膜由 20 ~ 1 000 nm 厚的聚合物阻挡层组成,阻挡层覆盖在 50 ~ 100 mm 厚的多孔膜上。复合膜的制备过程分为两步:①多孔载体的制备;②阻挡层在多孔载体表面的沉积。

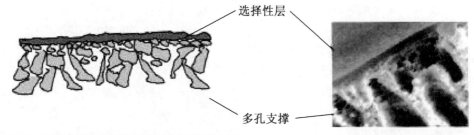

选择性层

多孔支撑

(a)以聚二甲硅氧烷为选择层的复合膜在聚砜支撑
结构上的多孔支撑结构和选择性表皮层示意图

(b)扫描电子显微镜图

图 4.9　以聚二甲硅氧烷为选择层的复合膜在聚砜支撑结构上的多孔支撑结构
和选择性表皮层示意图和扫描电子显微镜图

与整体不对称结构相比,复合膜的优点在于不同的聚合物可用于多孔载体和选择性阻挡层。这意味着,对于某些分离问题显示出所需的选择性。由于机械强度差或薄膜形成性能差而不适合制备成整体不对称膜的聚合物,可以用作复合膜中的选择性屏障。另外,适合于制备多孔结构但不具备特定分离任务的聚合物,也就是说可用作支撑结构。这大大扩展了用于制备具有给定分离任务的膜的各种可用材料。

制造复合膜需要两个步骤。一是制备合适的多孔支撑;二是制备支撑结构表面的实际阻挡层。复合膜的性能不仅取决于选择性阻挡层的性能,而且还受到多孔载体性能的显著影响。虽然实际阻挡层几乎完全决定了复合膜的选择性,但其通量率在一定程度上也取决于子结构的孔径和整体孔隙度。孔隙尺寸和整体孔隙度的影响如图 4.10 所示,在多孔支架上显示出了理想的均匀阻挡层。该组分通过阻挡层进入支撑结构孔隙的实际扩散路径始终大于阻挡层的厚度,但小于最长路径 Z_{max}。假设支撑结构中的输运仅通过孔隙,则有效路径长度可以表示为整体膜孔率、阻挡层厚度、支撑结构中孔隙半径的函数:

$$Z_{eff} = \omega Z_0 + (1-\omega)\frac{1}{2}\left(\sqrt{r^2\left(\frac{1-\omega}{\omega}\right) + Z_0^2} + Z_0\right) \tag{4.1}$$

其中,Z_{eff} 和 Z_0 分别为有效扩散路径长度和阻挡层厚度;r 为支撑结构中孔隙的半径;ω 为支撑结构的表面孔隙。

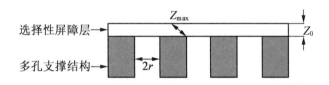

图 4.10 组分通过复合膜选择性阻挡层的扩散路径示意图

Z_0—最短路径;Z_{max}—最长路径

通过简单的几何考虑可以得到,有效扩散路径长度 Z_{eff} 受子结构表面孔隙率的影响较大。根据式(4.1),有效扩散长度约等于相对较高的表面孔隙率下的阻挡层厚度。但是,当孔隙度小于1%时,假设阻挡层厚度与孔隙半径近似相等,则孔隙度增加一个数量级。因此,通量以相同的幅度减小。式(4.1)中的几何考虑表明,支撑层的表面孔隙率对膜通量有显著影响。多孔性应尽可能高,以达到最佳的通量率薄膜复合膜。为保证足够的机械强度,孔径不应明显大于膜厚。

4.5.1 聚合物复合膜的制备技术

用于制备复合膜的技术一般可分为以下四步:

①将阻挡层浇铸在水浴表面,然后将其叠层在多孔支撑膜上。

②用聚合物、活性单体或预聚合物溶液涂覆多孔支撑膜,然后干燥或固化加热或辐射。

③辉光放电等离子体在多孔支撑膜上阻挡层的气相沉积。

④反应单体在多孔支撑膜表面的界面聚合。

将 CA 的超薄膜浇注在水面上并将其转移到多孔载体上是制备复合反渗透膜最早的技术之一。然而,这种技术现在已经不再使用了。

将多孔支撑结构浸入聚合物或预聚合物溶液中进行涂层的方法,目前主要用于制备用于气体分离和渗透汽化的复合膜。特别是聚二甲基硅氧烷等聚合物,可作为可溶性预聚体,热处理过程中容易交联,因而在大多数溶剂中不溶于水,适合制备这种类型的复合膜。如果选择合适的支撑膜孔尺寸,预聚体就无法穿透支撑层,很容易制备出厚度为 0.05 ~ 1 mm 的较薄均匀阻挡层。采用浸渍涂层制备的复合膜如图4.9(b)所示。摘要对一种不对称聚砜超滤膜进行了扫描电子显微镜观察。

采用等离子体聚合法制备了干多孔支撑膜上的阻挡层气相沉积反渗透膜。虽然反渗透膜具有优良的脱盐性能。尽管通过等离子体极化在实验室规模上制备了具有脱盐性能的反渗透膜,其抗盐性能超过99%,在盐水中测试通量为 $1.2\ m^3 \cdot m^{-1} \cdot d^{-1}$,但并没有用于大规模的工业生产复合膜。目前,制备复合膜最重要的技术是反应性界面聚合在多孔支撑膜表面的单体。第一膜生产规模大,反渗透性能好。海水淡化属性是在早期开发的年代在北极星研究所代号 NS 100。这个膜的制备过程相当简单,在 6 MPa 的海水的压力中,该膜的水通量约 $1\ m^3 \cdot m^2 \cdot d^{-1}$ 并且盐截留率超过99%。将聚砜支撑膜浸泡在0.5% ~ 1%的聚乙烯亚胺水溶液中,与0.2% ~ 1%的甲苯二异氰酸酯正己烷溶液在膜表面进行界面反应。在110 ℃下的热固化步骤中,与聚乙烯亚胺进一步交联。图4.11 所示为基于哌嗪和三甲酰氯的复合膜的制备。

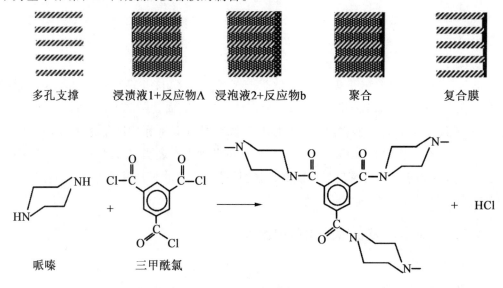

多孔支撑　　浸渍液1+反应物A　　浸泡液2+反应物b　　聚合　　复合膜

哌嗪　　　　三甲酰氯

图4.11　哌嗪与三甲酰氯界面聚合形成复合膜的示意图

这个过程涉及两种类型的反应。第一步,哌嗪与三甲酰氯的界面迅速反应形成聚酰胺表面表皮,而该表面以下的氨基保持未反应。在第二热处理步骤中,这些氨基发生内交联。因此,最后的膜具有三层不同的孔隙增加层:①致密的聚酰胺表面表皮;②延伸到支撑膜孔隙的薄交联哌嗪层;③实际的聚砜支撑膜。

4.6　固体均匀膜的制备

许多复合膜的选择性屏障可以被认为是均匀的固体膜。在均匀固体膜中,整个膜是致密的、固体的,由无孔结构组成。它们是由聚合物以及玻璃或金属等无机材料制成的。均相膜由于对不同的化学成分具有较高的选择性,被广泛应用于各种应用中,通常涉及分离分子尺寸相同或几乎相同的低分子质量组分。最重要的应用是气体分离。

钯或钯合金膜是一种重要的固体均匀膜,用于氢气的分离纯化。钯、钯合金和铂、银、镍等几种金属中氢的渗透率比其他气体高几个数量级。钯合金膜中氢的渗透率与温度高度相关,分离是在 300 ℃的高温下进行的。

膜一般由 10 ~ 50 mm 厚的金属箔组成。由于它们的高选择性,这些膜用于生产纯度超过 99.99% 的氢。

均相二氧化硅玻璃膜是一种均相结构,有望成为氦分离的选择性屏障。与金属膜一样,玻璃膜也在高温下使用。均匀的玻璃膜对氢离子也有很高的选择性,可用作 pH 电极的选择性屏障。相关文献中描述了研究者的准备工作。

4.7　液体膜的制备

液体膜与便利的偶联运输相结合是很重要的。正如前面讨论的,偶联运输利用选择性的"载体",选择性地以较高的速率通过液体膜运输某些成分,如金属离子。液膜从本质上是由分离两相的薄膜组成的,这两相可以是喹溶液或气体混合物。用于液膜的材料不能与水混溶,应具有较低的蒸汽压,以保证膜的长期稳定性。在两个水相或气相之间形成一层薄膜是相对容易的。然而,在质量分离过程中,保持和控制这种薄膜及其性能是很困难的。目前有两种不同的技术用于液膜的修复。在第一种制备技术中,所谓的支撑膜,是在多孔膜的孔隙中填充选择性液体阻挡材料,如图 4.12(a)所示。在第二种技术中,液体膜通过表面活性剂在乳化型混合物中稳定为一层油膜,如图 4.12(b)所示。在支撑液膜中,多孔结构提供了机械强度,充液孔提供了选择性分离屏障。这两种膜都可以用于从工业废水中选择性地去除重金属离子或某些有机成分。它们也被相当有效地用于分离氧和氮。另外,支撑液膜的制备极其简单。为使膜的使用寿命最大化,液膜材料应具有低黏度、低蒸汽压(即高沸点)的特点,并且在水溶液中使用时,应具有较低的水溶性。多孔子结构应具有较高的孔隙度和足够小的孔径,以支持静水压力下的液膜相;

子结构的聚合物应该是疏水的,因为大多数的液体膜是与水溶液一起使用的。在实践中,液体膜是通过将聚四氟乙烯(如 Gore – Texs)或聚乙烯(如 Cellgards)制成的疏水多孔膜浸泡在疏水液体中制备的。该液体可以是选择性载体,如在煤油中溶解的肟、叔胺或季胺。支撑膜的缺点是其厚度由多孔支撑结构的厚度决定,后者在 10 ~ 50 mm 范围内,比不对称聚合物膜的选择性屏障厚约 100 倍。因此,即使在渗透率较高的情况下,支撑液膜的通量也可能较低。

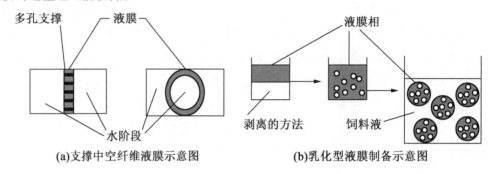

(a)支撑中空纤维液膜示意图　　　　(b)乳化型液膜制备示意图

图 4.12　两种液膜示意图

无支撑液膜的制备较为复杂。这里将两种不混相,疏水油膜相和水相(通常称为汽液分离溶液)混合,以形成连续油相中的水滴乳状液,然后通过加入表面活性剂来稳定。然后将该乳状液加入第二水相,第一乳状液的进料溶液在第二水相中形成液滴。总的结果是两个水相被形成液膜的油相分离。理想情况下,液滴是在这个过程中形成的,在这个过程中,水相被相对较薄的疏水相(膜)包围,膜被第二个连续的水相包围。实际上,如图 4.12(b)所示,在一个疏水液滴中发现了几个水滴,扩散路径变长了。可以用另一种水溶液,将待除去的成分提供给原始乳状液,并通过膜进入内液。

4.8　离子交换膜的制备

离子交换膜由携带固定正电荷或负电荷的高度膨胀的凝胶组成。离子交换膜的性能和制备工艺与离子交换树脂的性能和制备工艺密切相关。与树脂一样,不同的聚合物基体和不同的官能团有许多可能的类型来赋予产品离子交换性能。虽然无机离子交换材料有很多,大多数是以沸石和膨润土为基础的,但这些材料在离子交换膜中是不重要的。

离子交换膜的种类包括:①阳离子交换膜,阳离子交换膜含有固定在聚合物基体上的负电荷基团;②阴离子交换膜,含有固定在聚合物基体上的正电荷基团。此外,阳离子交换层和阴离子交换层也有可能形成双极膜。

在阳离子交换膜中,固定阴离子与聚合物空隙中的移动阳离子处于平衡状态。阳离子交换膜的基体含有固定的阴离子。移动阳离子称为反离子。相比之下,移动阴离子称为共离子,由于其电荷与固定离子相同,或多或少被完全排斥在聚合物基体之外。由于离子的排斥,阳离子交换膜只允许阳离子的转移。阴离子交换膜携带固定在聚合物基体上的正电荷。因此,它们排斥所有阳离子,只对阴离子具有渗透性。

在实际制备离子交换膜时,采用了两种不同的方法。一种非常简单的技术是将离子交换树脂和黏合剂聚合物(如聚氯乙烯)混合,然后在高于聚合物熔点的温度下将混合物挤压成薄膜。结果得到了一种离子交换材料结构域较大、黏结剂聚合物没有导电区域的非均质膜。为了获得具有良好导电性的离子交换膜,离子交换树脂的比例必须超过50% ~70%。这往往导致膜发生相当高的肿胀以及机械稳定性差。此外,离子交换粒子的尺寸应尽可能小,即直径为 2 ~ 20 mm,以使薄膜具有低电阻和高选择性。尽管如此,这种方法仍然被广泛用于制备离子交换膜。

近年来,均相离子交换膜是通过携带阴离子或阳离子基团的单体聚合或将这些基团引入合适溶液或预成型膜中的聚合物而制备的。

4.9　颗粒膜的制备

颗粒膜是球形的膜,基本上分为"球"和"胶囊"(图 4.13)。球是固体基质颗粒,而胶囊有一个被材料包围的核心,这个核心有明显的不同。核心可能是固体、液体,甚至是气体。它们的优点是有一个大的表面积和尺寸从纳米到微米范围。这些特性使其特别适用于生物技术(生物催化和生物传感器)和制药(控制药物精准作用于靶细胞)领域。

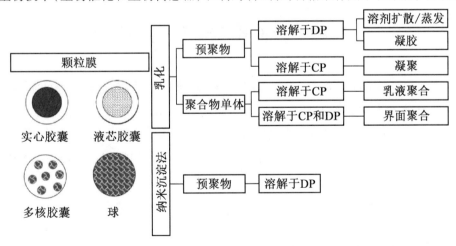

图 4.13　颗粒膜:结构与制备方法

在大多数情况下,颗粒膜是通过乳液形成和液滴凝固两个阶段得到的。乳液形成可以通过高速均匀化、超声或膜乳化来产生。液滴凝固的不同策略取决于使用的是预成型聚合物还是单体。

在用预制聚合物生产颗粒膜的情况下,聚合物溶解在分散相中(通常是不溶于水的聚合物,如 PLGA 或 PCL),乳液在聚合物溶剂蒸发时转化为颗粒悬浮液,允许其发生连续相扩散(溶剂扩散/蒸发)。另外,聚合物溶解在分散相(通常是一种水溶性聚合物,如海藻酸或壳聚糖)通过交联反应(在交联剂中存在如 Ca^{2+}、戊二醛、三聚磷酸盐)或通过冷却或加热的方式和乳液转化成一个粒子悬浮凝胶。如果聚合物材料溶解在连续相中,则颗粒通过凝聚作用得到,凝聚作用的定义是将同种聚合物溶液部分地脱溶成聚合物富集相(凝聚液)和聚合物贫集相(凝聚介质)。凝聚是通过添加相分离(简单凝聚)的脱溶剂(如非溶剂)或两个相对带电聚合物之间的络合(复杂凝聚)来促进的。核心材料被凝聚的微滴包裹,这些微滴聚集在核心粒子周围形成连续的外壳。

在单体生产颗粒膜的情况下,聚合过程可以由不同的机理引发。当溶解在连续相中的单体分子与可能是离子或自由基的引发剂分子碰撞时,发生引发。或者,单体分子可以通过高能辐射(包括 g 辐射、紫外线或强可见光)转变为引发基团。根据阴离子聚合机理,当引发的单体离子或单体自由基与其他单体分子碰撞时,链开始增长。可以在聚合反应终止之前或之后进行相分离和固体颗粒的形成。在界面聚合的情况下,涉及两个反应性单体或试剂,它们分别在两相(即连续相和分散相)中溶解,反应发生在两种液体的界面上。

颗粒膜也可以在一个步骤生产,而不需要形成乳液滴。这一过程称为纳米沉淀法或溶剂置换法。它涉及预制聚合物从其溶液中沉淀,并将聚合物溶剂扩散到聚合物的非溶剂中。

4.10　膜制备中的绿色溶剂

随着人们对环境问题的日益关注,用于膜制备的溶剂越来越受到人们的重视。尽管在膜制备中通常需要大量溶剂,但溶剂不是膜的直接成分,也不是膜本身的活性组分。为限制有毒、易燃,对环境不利的溶剂的使用,提出了用相变法制备膜的替代策略(表4.5)。溶剂具备在室温(非溶剂诱导的相分离)或至少在高温(温度诱导的相分离)下溶解聚合物的能力,以及得到的膜结构和性能与溶剂–聚合物链的相互作用严格相关。

采用无溶剂或温度诱导相分离方法,用替代的无毒溶剂制备了形貌(孔径分布、对称/非对称结构)和性能(截留值、透水率)与常规溶剂相当的平板和中空纤维膜。在某些情况下,无毒溶剂的使用为膜的制备开辟了新的前景,如 CA 衍生物和聚醚酰亚胺(PEI)膜的温度诱导相分离制备。

寻找用于膜制备的替代性绿色溶剂的可能性代表一个新的、有吸引力的研究领域,有望有力地促进膜作为工业生产过程中的"更绿色"替代品的使用。

表 4.5 聚合物膜制备用传统绿色溶剂与新型绿色溶剂的对比

制膜方法	聚合物	常规溶剂	可替代的无毒溶剂	参考文献
非溶剂诱导相分离	醋酸纤维素(CA)	N,N-二甲基甲酰胺(DMF)	乳酸甲酯 乳酸乙酯	46
		N,N-二甲基乙酰胺(DMA)	1-丁基-3-甲基咪唑硫氰酸酯([BMIM]SCN)	47
		丙酮 1,4-二恶烷 四氢呋喃(THF)		
	聚偏氟乙烯(PVDF)	N,N-二甲基甲酰胺(DMF)	磷酸三乙酯(TEP) 二甲基亚砜(DMSO)	48~52 53
	聚苯胺(PAN)	N,N-二甲基乙酰胺(DMA)		54 55
	聚酰亚胺(PI)	N-甲基-2-吡咯烷酮(NMP)		
	聚醚醚酮(PEEK-WC)	N,N-二甲基甲酰胺(DMF) N,N-二甲基乙酰胺(DMA) 四氢呋喃(THF) 氯仿	γ-丁内酯(γ-BL)	56
温度诱导相分离	醋酸纤维素(CA)	—	三甘醇(TEG) 2-甲基-2,4-戊二醇和 2-乙基-1,3-己二醇	57 58
	聚偏氟乙烯(PVDF)	邻苯二甲酸二甲酯(DMP)	磷酸三乙酯(TEP)	59
		邻苯二甲酸二乙酯(DEP)	二甲基亚砜(DMSO)	60
		邻苯二甲酸二丁酯(DBP)	O-乙酰柠檬酸三丁酯(ATBC)	61
		邻苯二甲酸二异辛酯(DHP)	三丁基乙酰柠檬酸(三醋精)	62
	聚醚酰亚胺(PEI)	—	γ-丁内酯(γ-BL)	63
			碳酸丙烯酯(PC)	64
			聚乙二醇(PEG)	65
			碳酸丙烯酯(PC)	66

4.11　新兴膜工艺所需的膜性能

近几十年来，膜生物反应器、膜接触器等新兴工艺在工艺和产品创新方面展现出巨大潜力；然而，它们的工业成功取决于专门为这些应用设计的膜的可用性。根据膜的特性对工艺的具体要求，研制具有目标性能的膜需要付出更多的努力。

在膜接触器中，膜的作用包括使靠近膜侧的相接触，同时使它们保持分离（即，溶剂膜萃取）；以一种非常可控的方式（即膜乳化），使液相（如水）保持在孔外，同时使气相通过膜孔（即膜孔）。在这些情况下，分离不是由于膜的选择性。

一般而言，接触器用膜必须具有一些一般特性：它们需要不被液相润湿，并且在合适的范围内具有较薄的厚度（以减少膜对质量传输的阻力）、较小的孔径和孔隙率，以最大限度地提高传质，而不会因液体进入导致的低压力而影响稳定性。

在膜乳化中，膜的作用是以细小液滴的形式将一相分散到另一不混溶的相中。对用于膜乳化的膜的特殊要求如下：膜材料优先被孔边界的连续相润湿，同时孔壁分散相亲和力增加或流体动力阻力降低（为了单独控制每滴的生产，提高了生产率），孔径分布均匀（以保证单分散液滴的生产），孔径大于 0.05 mm，孔隙率不大于 0.6 mm（防止液滴从膜表面的相邻孔中聚集），以及高的机械和耐化学性。

膜还具有许多潜在的生物和医学应用，包括传感、分离和释放生物分子。这些应用的膜应该具有狭窄的孔径分布，同时具有纳米级的结构来分隔生物分子，具有官能团来连接生物分子以及调节微环境的物理化学性质（强亲水性、高孔隙度和不污垢或低污垢性质）。此外，用于医疗器械的膜也必须具有生物相容性。

有机膜和无机膜可以被设计成满足特定用途的膜，而新应用的膜的设计必须经过仔细的研究，以提供制造新材料和改进材料所必需的化学、界面、机械和生物功能的组合参数。

本章参考文献

[1]　Kesting, R. E. J. Appl. Polym. Sci. 1973, 17, 1771.

[2]　Cadotte, J. E.; Petersen, R. I. Thin Film Reverse Osmosis Membranes: Origin, Development, and Recent Advances. In Synthetic Membranes; Turbak, A. F., Ed.; Desalination, ACS Symposium Series, vol. I; American Chemical Society, 153: Washington, D. C., 1981; pp 305 –325.

[3]　Cheryan, M. Ultrafiltration and Microfiltration Handbook; Technomic Publishing: Lancaster, PA, 1998.

[4]　Merten, U. Transport Properties of Osmotic Membranes. In Desalination by Reverse Osmosis; Merten, U., Ed.; The M. I. T. Press: Cambridge, MA, 1966; pp 15 –54.

[5] Strathmann, H. Ion – Exchange Membrane Separation Processes; Elsevier: Amsterdam, 2004.

[6] Dessau R. M., Grasselli R. K., Lago R. M., Tsikoyiannis J. G., US – Patent 5316661, 1994.

[7] Haag W. O., Tsikoyiannis J. G., US – Patent 5019263, 1991.

[8] Tsai, C. Y.; Dixon, A. G.; Ma, Y. H.; Moser, W. R.; Pascessi, M. R. J. Am. Ceram. Soc. 1998, 1437.

[9] Tavolaro, A.; Drioli, E. Zeolite Membranes. Adv. Mater. 1999, 11 (12), 975 – 996.

[10] Nagy, B.; Bodart, P.; Hannus, I.; Kiricsi, I. In Synthesis, Characterization and Use of Zeolitic Microporous Materials; Konya, Z.; Tubak, V., Eds.; DecaGen: Szeged – Szoreg, Hungary, 1998.

[11] Bein, T. Chem. Mater. 1996, 8 (8), 1636 – 1653.

[12] Hood H. P., M. E. Nordberg, Treated Borosilicate Glass, US patent 2106744, 1938.

[13] Loeb S., S. Sourirajan, High Flow Porous Membranes for Separating Water from Saline Solutions US Patent 3133132, 1964.

[14] Pall D. B., Process for Preparing Hydrophilic Polyamide Membrane Filter Media and Product, US Patent 4340479, 1982.

[15] Zsigmondy R., Filter and Method of Producing Same US Patent 1421341, 1922.

[16] Fleischer, R. L.; Price, P. B.; Walker, R. M. Nuclear Tracks in Solids. Sci. Am. 1969, 220, 30.

[17] van Rijn, C. J. M. Nano and Micro Engineered Membrane Technology; Elsevier: Amsterdam, 2004.

[18] Hiatt, W. C.; Vitzthum, G. H.; Wagner, K. B.; Gerlach, K.; Josefiak, C. Microporous Membranes Via Upper Critical Temperature Phase Separation. In Material Science of Synthetic Membranes; Lloyd, D. R., Ed.; ACS Symposium Series, 269; American Chemical Society: Washington, D.C., 1985; pp 229 – 244.

[19] Kesting, R. Synthetic Polymeric Membranes, a Structural Perspective; Wiley – Interscience: New York, N.Y., 1985.

[20] Kesting, R. E. Phase Inversion Membranes. In Material Science of Synthetic Membranes; Lloyd, D. R., Ed.; ACS Symposium Series, 269; American Chemical Society: Washington, D.C., 1985; p 131.

[21] Manjikian, S. Desalination Membranes for Organic Casting Solution. Ind. Eng. Chem. Prod. Res. Dev. 1967, 6, 23.

[22] Strathmann, H. Production of Microporous Media by Phase Inversion Processes. In Material Science of Synthetic Membranes; Lloyd, D. R., Ed.; ACS Symposium Series, 269; American Chemical Society: Wahington, DC, 1985; p 165.

[23] Strathmann, H. ; Scheible, P. ; Baker, R. W. A rationale for the Preparation of Loeb – Sourirajan – Type CA Membranes. J. Appl. Polym. Sci. 1971, 15, 811.

[24] Wijmans, J. G. ; Baaij, J. P. B. ; Smolders, C. A. The Mechanism of Formation of Microporous or Skinned Membranes Produced by Immersion Precipitation. J. Membr. Sci. 1983, 14, 263.

[25] Broens, L. ; Altena, F. W. ; Smolders, C. A. Asymmetric Membrane Structures as Aseparation Phenomena. Desalination 1980, 32, 33.

[26] Frommer, M. A. ; Feiner, I. ; Kedem, O. ; Block, R. Mechanism for Fromation of Skinned Membranes: II. Equilibrium Properties and Osmotic Flows Determining Memmbrane Structure. Desalination 1970, 7, 393.

[27] Sourirajan, S. ; Kunst, B. Cellulose Acetate and Other Cellulose Ester Membranes. In Reverse Osmosis and Synthetic Membranes; Sourirajan, S. , Ed. ; National Research Council: Ottawa, Canada, 1977.

[28] Kamide, K. ; Manabe, S. Role of Microphase Separation Phenomena in the Formation of Porous Polymeric Membranes. In Material Science of Synthetic Membranes; Lloyd, D. R. , Ed. ; ACS Symposium Series, 269; American Chemical Society: Washington, D. C. , 1985; p 197.

[29] Strathmann, H. ; Gudernatsch, W. ; Bell, C. – M. ; Kimmerle, K. Die Entwicklung von Lösungsmittelselektiven Membranen und Ihre Anwendung in der Gastrennung und Pervaporation. Chem. Ing. Tech. 1988, 60, 590.

[30] Riley, R. L. ; Lonsdale, H. K. ; Lyons, C. R. ; Merten, U. Preparation of Ultrathin Reverse Osmosis Membranes and the Attainment of Theoretical Salt rejection. J. Appl. Poly. Sci. 1967, 11, 2143.

[31] Yasuda, H. Composite Reverse Osmosis Membranes Prepared by Plasma Polymerization. In Reverse Osmosis Synthetic Membranes; Sourirajan, S. , Ed. ; National Research Council: Canada, Ottawa, 1977.

[32] Cadotte J. E. , Reverse Osmosis Membrane, US – Patent 4277,344, 1981.

[33] Rozelle, L. T. ; Cadotte, J. E. ; Cobian, K. E. ; Kopp, C. V. Nonpolysaccharide Membranes for Reverse Osmosis: NS 100 Membranes for Reverse Osmosis and Synthetic Membranes. In Reverse Osmosis Synthetic Membranes; Sourirajan, S. , Ed. ; National Research Council Canada: Ottawa, 1977.

[34] Cadotte, J. E. Evolution of Composite Reverse Osmosis Membranes. In Material Science of Synthetic Membranes; Lloyd, D. R. , Ed. ; ACS Symposium Series, 269; American Chemical Society: Washington, D. C. , 1985; p 229.

[35] Kammermeyer, K. Gas and Vapor Separation by Means of Membranes. In Progress in Separation and Purification; Perry, S. , Ed. ; Wiley – Interscience: New York, 1972.

[36] Buck, R. P. Electroanalytical Chemistry of Membranes. CRC Crit. Rev. Anal. Chem. 1976, 5, 323.

[37] Cussler, E. L. Diffusion; Academic Press: Cambridge, Massachusetts, 1984.

[38] Kimura, S. G.; Matson, S. L.; Ward, W. J. III Industrial Applications of Facilitated Transport. In Recent Developments in Separation Science; Li, N. N., Ed.; CRC Press: Boca Raton, Florida, 1979; vol. 5.

[39] Schultz, J. S.; Goddard, J. D.; Suchdeo, S. R. Facilitated Transport Via Carrier-mediated Diffusion in Membranes, Part I: Mechanistic Aspects, Experimental Systems and Characteristic Regimes. AIChE J. 1974, 20, 417.

[40] Ward, W. J., III Analytical and Experimental Studies of Facilitated Transport. AIChE J. 1970, 16, 405.

[41] Baker, R. W.; Roman, I. C.; Lonsdale, H. K. Liquid Membranes for the Production of Oxygen – Enriched Air – I. Introduction and Passive Liquid Membranes. J. Membr. Sci. 1987, 31, 15 – 29.

[42] Babcock, W. C.; Baker, R. W.; Lachapelle, E. D.; Smith, K. L. J. Membr. Sci. 1980, 7, 71 – 87.

[43] Li, N. N. AIChE J. 1971, 17, 459.

[44] Capello, C.; Fischer, U.; Hungerbühler, K. Green Chem. 2007, 9, 927 – 934.

[45] Figoli, A.; Marino, T.; Simone, S.; Di Nicolo, E.; Li, X. M.; He, T.; et al. Green Chem. 2014, 16 (9), 4034 – 4059.

[46] Medina – Gonzalez, Y.; Aimar, P.; Lahitte, J. – F.; Remigy, J. – C. Int. J. Sustain. Eng. 2011, 4, 75 – 83.

[47] Xing, D. Y.; Peng, N.; Chung, T. – S. Formation of Cellulose Acetate Membranes via Phase Inversion Using Ionic Liquid, [BMIM] SCN, as the Solvent. Ind. Eng. Chem. Res. 2010, 49, 8761 – 8769.

[48] Lin, D. – J.; Chang, H. – H.; Chen, T. – C.; Lee, Y. – C.; Cheng, L. – P. Eur. Polym. J. 2006, 42, 1581 – 1594.

[49] Liu, F.; Hashim, N. A.; Liu, Y.; Abed, M. M.; Li, K. J. Membr. Sci. 2011, 375, 1 – 17.

[50] Liu, F.; Tao, M. – M.; Xue, L. – X. Desalination 2012, 298, 99 – 105.

[51] Tao, M. – M.; Liu, F.; Ma, B. – R.; Xue, L. – X. Desalination 2013, 316, 137 – 145.

[52] Yeow, M. L.; Liu, Y. T.; Li, K. Morphological Study of Poly(vinylidene Fluoride) Asymmetric Membranes: Effects of the Solvent, Additive, and Dope Temperature. J. Appl. Polym. Sci. 2004, 92, 1782 – 1789.

[53] Wang, Q.; Wang, Z.; Wu, Z. Desalination 2012, 297, 79 – 86.

[54] Lohokare, H.; Bhole, Y.; Taralkar, S.; Kharul, U. Desalination 2011, 282, 46 – 53.

[55] Soroko, I.; Bhole, Y.; Livingston, A. G. Green Chem. 2011, 13, 162 – 168.

[56] Bey, S.; Criscuoli, A.; Simone, S.; Figoli, A.; Benamor, M.; Drioli, E. Desali-

nation 2011, 283, 16 – 24.

[57] Shibutani, T.; Kitaura, T.; Ohmukai, Y.; Maruyama, T.; Nakatsuka, S.; Watabe, T.; Matsuyama, H. J. Membr. Sci. 2011, 376, 102 – 109.

[58] Matsuyama, H.; Ohga, K.; Maki, T.; Tearamoto, M.; Nakatsuka, S. J. Appl. Polym. Sci. 2003, 89, 3951 – 3955.

[59] Zhang, Z.; Guo, C.; Liu, G.; Li, X.; Guan, Y.; Lv, J. Society of Plastics Engineers. In Polymer Engineering and Science; Lesser, A. J., Ed.; John Wiley & Sons, 2013. http://dx.doi.org/10.1002/pen.23763.

[60] Toledano, C.; Di Nicolò, E.; Langouche, F. In Proceeding of the Science for Innovation Conference, Bruxells; 2013.

[61] Cui, Z.; Hassankiadeh, N. T.; Lee, S. Y.; Lee, J. M.; Woo, K. T.; Sanguineti, A.; Arcella, V.; Lee, Y. M.; Drioli, E. J. Membr. Sci. 2013, 444, 223 – 226.

[62] Rajabzadeh, S.; Teramoto, M.; Al – Marzouqi, M. H.; Kamio, E.; Ohmukai, Y.; Maruyama, T.; Matsuyama, H. J. Membr. Sci. 2010, 346, 86 – 97.

[63] Su, Y.; Chen, C.; Li, Y.; Li, J. PVDF Membrane Formation via Thermally Induced Phase Separation. J. Macromol. Sci. Part A: Pure Appl. Chem. 2007, 44, 99 – 104.

[64] Benzinger W. D., Robinson D. N., Porous Vinylidene Fluoride Polymer Membrane Preparation and Process for Its Preparation, US Pat, 4 384 047, 1983.

[65] Fu, X.; Matsuyama, H.; Teramoto, M.; Nagai, H. Sep. Purif. Technol. 2005, 45, 200 – 207.

[66] Miiller H. – J., F. Wechs, Process for Producing Microporous Powders and Membranes, US Pat, 4 968 733, 1990.

[67] Piacentini, E.; Drioli, E.; Giorno, L. J. Membr. Sci. 2014, 468, 410 – 422.

第5章 膜制备有机材料的研究现状及展望

缩写

ATRP:原子转移自由基聚合

BCP:嵌段共聚物

CA:醋酸纤维素

DMAC:二甲基乙酰胺

DMF:二甲基甲酰胺

DMSO:二甲基亚砜

d_p:孔径

ED:电渗析

EIPS:蒸发诱导相分离

LbL:逐层

LLC:溶致液晶

MW:分子量

MWCO:截止分子量

MF:微滤

NF:纳滤

NIPS:非溶剂诱导相分离

NMP:N–甲基吡咯烷酮

OSN:有机溶剂纳滤

P4VP:聚(4–乙烯基吡啶)

PA:聚酰胺

PAN:聚丙烯腈

PC:聚碳酸酯

PDMAEMA:聚甲基丙烯酸甲酯

PDMS:聚二甲基硅氧烷

PE:聚乙烯

PEG:聚乙二醇

PES:聚醚砜

PET:聚亚乙基对苯二甲酸酯

PI:聚酰亚胺

PMMA:聚甲基丙烯酸甲酯

PP:聚丙烯

PSF:聚砜

PST:聚苯乙烯

PTFE:聚四氟乙烯

PV:渗透汽化

PVA:聚乙烯醇

PVDF:聚偏二氟乙烯

PVP:聚乙烯吡咯烷酮

RSA:刚性亲水脂分子

RO:反渗透

SNIPS:自组装非溶剂诱导相分离

TEP:磷酸三乙酯

TFC:薄膜复合材料

T_g:玻璃化转变温度

THF:四氢呋喃

T_m:熔点温度

TIPS:热致相分离

UF:超滤

VIPS:气相分离

5.1　引　言

随着膜技术在数量、体积和工业应用等方面的多样性发展，人们已经认识到，使用薄膜可以为许多全球性挑战提供独特的工程解决方案。最突出的例子包括有效的水净化过程（特别是超滤（UF）、纳滤（NF）和反渗透（RO））、系统能量转换（例如，燃料电池、电池或渗透发电机）、救生医疗疗法（特别是血液透析），以及可持续工业过程和各种技术来保护环境和气候（例如，从可再生资源或二氧化碳捕获和利用燃料物）。具有独特工程原理，尤其是在低能耗条件下易于实现连续工艺。现在有各种形状的膜，它们可以集成在非常紧凑、易于扩展的模块中，设计用于高通量和高效的传质。膜既可用作分离器，即利用膜的传输选择性进行质量分离，也可用作接触器，即膜用于以非常明确的方式使两相接触，并通过这种方式增加相之间的选择性传质速率。作为开发膜反应器的基础，膜与催化剂的结合或膜中催化性能的介绍将不在本章中讨论。

合成有机聚合物是主要的膜材料类型，因为它有各种优点，特别是大分子结构的多样性，以满足不同阻隔性和稳定性的需要，成本相对较低（高度专业化的聚合物除外），以及相对容易、灵活和高度可扩展地加工。因此，膜技术进一步发展的关键领域是聚合物合成、聚合物改性、聚合物加工、聚合物在胶体和固体状态下的表征、聚合物体系的多尺度模拟，以及将所有这些工作整合到聚合物膜表面和阻隔性能的分析和"剪裁"中。值得一提的是，用于膜的"有机材料"的范围也可以超越"经典"聚合物（基于其构件或重复单元之间具有共价键的大分子）。一方面，低分子量的添加剂或前驱体可以用来通过共混或反应工艺（例如，通过界面聚合的薄膜复合（TFC）膜）来制备膜。另一方面，由更大或更小的构件组成的"生物启发"的非共价体组装成选择性屏障结构也变得越来越重要。通过与无机（通常是纳米）材料相结合来改善聚合物膜的关键结构或功能特性已经做了很多尝试，由此产生的各种混合基质膜的方法将不在本章中讨论。

本节将对膜用有机材料做一综述。膜屏障结构及相关膜分离的简要介绍将作为基础，因为对膜材料的要求主要是由实际分离工艺条件确定的。其次是各种类型的膜的选择标准以及与有机材料性能的联系。对于各种重要的膜制备方法，本文将介绍材料的合成处理产生的阻隔功能和膜分离性能之间的关系。然后将概述几种重要的膜工艺在材料方面的最新进展，即微滤（MF）、超滤、纳滤、反渗透膜、电膜工艺和气体分离（GS）。目前和未来的膜发展前景将集中在先进材料对膜性能的改善上，重点放在最有前途的已经建立和正在出现的方法上，即定制的高分子结构和基于小的和大的有机构建块组装的先进加工。

5.2　膜分离和屏障结构

合成膜可以根据其选择性屏障、结构和形貌以及所使用的膜材料进行分类。选择性屏障(多孔、无孔、带固定电荷、具有特殊的化学亲和力或具有特殊的润湿特性)决定了渗透和分离的机制。结合膜传输的应用驱动力,可以区分出不同类型的膜过程。

5.2.1　选择性屏障结构

多孔膜的输运是通过黏性流动或扩散实现的,其选择性是基于尺寸(筛分机理)。这意味着渗透性和选择性主要受膜孔尺寸和进料组分(有效)尺寸的影响:大于最大膜孔尺寸的颗粒或分子将被完全排斥,小于最大膜孔尺寸的颗粒或分子可通过屏障。微滤膜可以通过深度和表面过滤效应来限制颗粒的通过。Ferry – Renkin 模型可以用来描述孔隙对超滤排斥反应的阻碍作用。

通过非孔膜的传输是基于溶液扩散机制的。分离效果主要集中在均相混合物中分子之间的差异。渗透溶质与膜材料之间的相互作用控制着传质和选择性。即一方面,溶解性和化学亲和力,以及聚合物结构对流动性的影响;另一方面,作为选择的标准。然而,势垒结构也可能通过从进料中吸收物质而改变(例如,通过气体分离中的增塑),在这些情况下,实际的选择性可能远远低于在进料中只使用一种成分或在混合物中以低活性进行试验所获得的选择性理想。

利用带电膜进行分离,无论是无孔(膨胀凝胶)还是多孔(孔壁上固定的带电基团),在很大程度上是基于电荷排斥效应(Donnan 效应:与膜内固定离子具有相同电荷的离子或分子会被排斥,而与膜内固定离子具有相反电荷的物质则会被膜吸收并通过膜运输)。因此,电荷种类和电荷密度是这些膜最重要的特性。

材料中物质具有特殊亲和力的分子或分子片断是载体介导膜转运的基础,具有很高的选择性,固定化液膜的(扩散)通量高于聚合物基固定载体膜。

正如在第 5.1 节中介绍的,膜可以用作分离器,即作为传输选择性分离剂,或者用作接触器,即明确和稳定两相之间的界面。在前一种情况下,膜的本征阻隔特性至关重要,它可以是多孔的,也可以是无孔的,并且可以含有带电基团或亲和基团。在后一种情况下,膜的界面性质具有主要相关性,最重要的情况是高孔膜,在这种情况下,孔隙不会被液体(如液体/气体接触器)或两种液体中的一种液体(如液体/液体接触器)浸湿。液体进入压力取决于膜孔大小、膜表面能(即润湿性质)的相互作用以及液体的表面能。

表5.1　膜特性及膜基分离工艺选择综述

选择势垒	典型结构	跨膜梯度		
		浓差	压差	电势
无孔	各向异性薄膜复合材料	渗透汽化 气体分离	反渗透纳滤 气体分离	
微孔 $d_p < 2$ nm	各向异性薄膜复合材料	透析	纳滤	电渗析
无孔或微孔,带固定电荷	各向同性的	透析		电渗析
介孔 $d_p = 2 \sim 50$ nm	各向异性、各向同性、磁道蚀刻	透析	超滤	电超滤
大孔 $d_p > 50$ nm	各向异性、各向同性		微滤	
大孔,疏水性	各向异性、各向同性	膜蒸馏		

5.2.2　截面结构

各向异性膜(也称为"非对称"膜)具有薄的多孔或非多孔的选择性屏障,由更厚的多孔结构机械支撑。这种形貌减小了选择势垒的有效厚度,相同驱动力下的渗透通量会增大。自支撑的非多孔膜(主要是离子交换膜)和大孔微滤膜具有各向同性(对称)膜截面,这两种膜也常用于膜元件(如前所述)。工业上建立的各向同性多孔膜的原型是孔径从几微米到10 nm的轨迹蚀刻聚合物薄膜。前面提到的所有薄膜原则上都可以由一种材料制成。与整体各向异性膜(组成均匀)相比,TFC膜由不同材料组成,具有较薄的选择性阻挡层和支撑结构。在复合膜中,使用两种(或两种以上)具有不同特性的材料的组合,以达到协同性能。除了TFCs外,其他的例子还有孔填充或孔表面涂层复合膜。

5.2.3　聚合物作为膜材料

聚合物膜在工业上的应用非常广泛。这是由于它们的优势:
①市面上有许多不同类型的聚合物材料。
②多种不同的选择性屏障,即多孔性、非多孔性、带电性和亲和性,可以通过多种多样的、稳定的方法制备。
③以可靠的生产工艺为基础,在工业规模上以合理的成本生产质量一致的薄膜。
④薄膜形状各异(平板、中空纤维、毛细管或管状)。

图5.1所示为可生产高包装密度的膜组件。然而,现有的膜聚合物也有一些局限性。对于许多有机聚合物来说,很难获得一个非常明确的规则孔隙结构,而且机械强度、热稳定性和化学抗性(例如,在极端pH或有机溶剂中)都相当低。因此克服这些局限性为有机膜材料的进一步发展提供了强大的动力。

工艺条件除了实际的跨膜驱动力外,对分离性能也有很大的影响。浓差极化可以控制超滤膜的跨膜通量,这可以用边界层模型来描述。由于被排斥分子的大小和通过非多孔屏障的通量低于超滤,极化效应在反渗透膜、纳滤、渗透汽化(PV)、GS、电渗析(ED)或载体介导的分离中不那么重要。材料中物质与膜表面之间非预期的相互作用,即污垢,也可能显著影响分离性能;对于含水材料,其污垢特别严重。由于污垢是建立在强烈受溶质或颗粒与膜表面相互吸引作用的基础上的,因此寻找抗污垢表面是有机膜材料进一步发展的另一个重要途径。

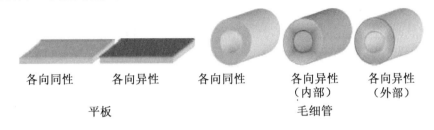

各向同性　　各向异性　　各向同性　　各向异性　　各向异性
　　　　　　　　　　　　　　　　　　　　　(内部)　　(外部)

平板　　　　　　　　　　　　毛细管

图 5.1　聚合物膜的形状和截面结构

5.3　膜用有机材料

5.3.1　概述

材料是根据其在特定应用条件下的性能来定义的,它的特点是(有机)材料的合成和加工。对于获得具有预期功能的所需结构都很重要。因此,对于有机聚合物,工艺性能也是一个主要的选择标准。众所周知,聚合物材料可分为热塑性材料、硬质材料和弹性体材料。热塑性塑料是基于线性或弱支链大分子,因此可以从它们的熔体(如果热稳定性足够)或从合适的(化学相似的)溶剂的溶液中加工成许多不同的形状。原则上,这些过程是可逆的,可以重复的,这样回收就很简单了。对于强交联固化剂和弱交联弹性体,成型和交联必须在同一步骤进行。因此,这些类别的传统材料不可能通过溶解或熔融来回收。

管状膜与平板膜相似,因为它们是浇铸在多孔管上作为支撑。中空纤维膜是直径较小的毛细血管,即 0.5 mm。注意,平板膜可以在多孔支撑材料上制备,而中空纤维或毛细管膜不存在这种选择。

聚合物也可以分为生物聚合物和合成聚合物。所选膜聚合物的化学结构如图 5.2所示。多糖是生物聚合物的重要例子,但只有纤维素衍生物被大规模用于工业膜。在可再生资源方面,纤维素作为一种突出的生物高分子材料具有很高的研究价值。但是,纤维素在普通溶剂中的溶解度非常有限,而且没有熔点,这就阻碍了纤维素的加工。纤维素酯是通过纤维素的酯化而得到的,因此是半合成聚合物;这些聚合物可以从熔体或溶液中加工,也就是说,它们是热塑性材料。当酯基被可控水解除去时,就得到了"再生"纤维素。目前大多数膜是由合成聚合物制成的。这些通常可以通过两种途径获得,链增长和阶梯增长反应。自由基聚合是第一种方法最重要的例子,而缩聚和加成是第二种方法的典型例子。大分子结构是膜屏障等性能的关键,主要包括链段的化学结构、摩尔质量(链长)、链的柔性以及分子间和分子间的相互作用。

高分子链的柔性受主链和侧基化学结构的影响。当主链上的单键可以自由旋转时,大分子是可弯曲的。这种灵活性可以通过几种方式来降低,例如,在主链上引入双键或芳香环,沿着主链形成阶梯结构,或者加入体积较大的侧基团。对于可能的宏观构象,更大的影响可以通过链结构的变化来实现,即从线性结构过渡到分支结构或网络结构。聚合物的摩尔质量及其多分散性是通过(不同或相同分子的)链段之间的相互作用,通过非共价结合,对化学和物理性质产生影响。对于膜的稳定性,高摩尔质量是可取的,因为相互作用位点的数量随着链长增加而增加,然而,溶解度会随着摩尔质量的增加而降低。

结构特征决定了聚合物的状态(橡胶态、玻璃态、半晶),这将强烈影响机械强度、热稳定性、耐化学性和输运性能。在大多数聚合物膜中,聚合物处于非晶状态。然而,一些聚合物,特别是具有规则化学结构的柔性链的聚合物(如聚乙烯、聚乙烯、聚丙烯、聚丙烯或者聚偏氟乙烯(PVDF)),强烈地倾向于形成晶体结构域。这将导致在非晶状态下比相同的聚合物更高的机械稳定性(高弹性模量),以及更高的温度和化学抗性,但自由体积(以及渗透率)将较小。对于半结晶聚合物,熔融温度(T_m)非常重要,因为在这个温度下晶体和液相之间会发生转变。玻璃化转变温度(T_g)不仅是表征非晶态聚合物的重要参数,也是表征许多半结晶聚合物的重要参数,因为在这个温度下会发生固体(玻璃态、弹性状态)和过冷熔体(黏弹性状态)之间的转变。在玻璃态下,分子包裹被冻结,因此,链的可移动性非常有限。在 T_g 上加热这种聚合物会使其具有更大的流动性和灵活性,弹性模量更低,渗透率更高。即所谓的玻璃聚合物的 T_g 高于室温,而"橡胶"聚合物(包括所有弹性体)的 T_g 低于室温。对于具有无孔选择屏障的膜来说,聚合物的选择将更加重要,因为通量和选择性取决于溶液扩散机制。对于具有多孔选择性阻挡层的膜,机械稳定性将是保持孔的形状和大小的关键。

为了获得高性能的聚合物膜,通常使用在同一高分子链中含有两个或两个以上不同重复单元的共聚物来代替均聚物;首要目的是不同组分之间的协同作用。此外,还进行聚合物或共聚物的共混。由此得到的固体膜可以是均匀的聚合物混合物,如两种(共)聚合物的 T_g 值之间的一个 T_g 值所示。多相(相分离)聚合物混合物的特征是单个相有两个(或更多)T_g 值。来自聚合物共混的大量现有知识也可以应用于膜制备。对于膜材料来说,有意义的是,开发连接到一个大分子中的两种不同类型的高分子链段的不相容性可能会导致微相分离。重要的例子是嵌段或接枝共聚物,更多细节将在第 5.6.2 和 5.6.3 节中讨论。

亲水 - 疏水平衡是另一个重要参数,它主要受聚合物官能团的影响。亲水性聚合物对水有很高的亲和力,因此适合作为对水具有高渗透性和选择性的无孔膜材料(例如,在反渗透中用于水的淡化)。此外,亲水膜在水体系中比疏水材料更不容易受到污染。相反,为了在具有水相的膜接触器中成功使用(例如,在用于水淡化的膜蒸馏中),膜材料应该是疏水性的,以防止孔被水润湿。在此条件下,高的膜孔隙率是促进高水蒸气透过率的参数之一。

聚合物的化学或物理交联是为了控制膜的溶胀,特别是用于有机混合物的分离。此外,这还可以提高膜的机械强度和化学稳定性。然而,交联降低了聚合物的溶解度,因此,它必须在(后交联)之后或在成膜期间进行(对于后一种情况,最突出的例子是用于反渗透的 TFC 膜中朝向交联聚酰胺(PA)层的界面聚合)。

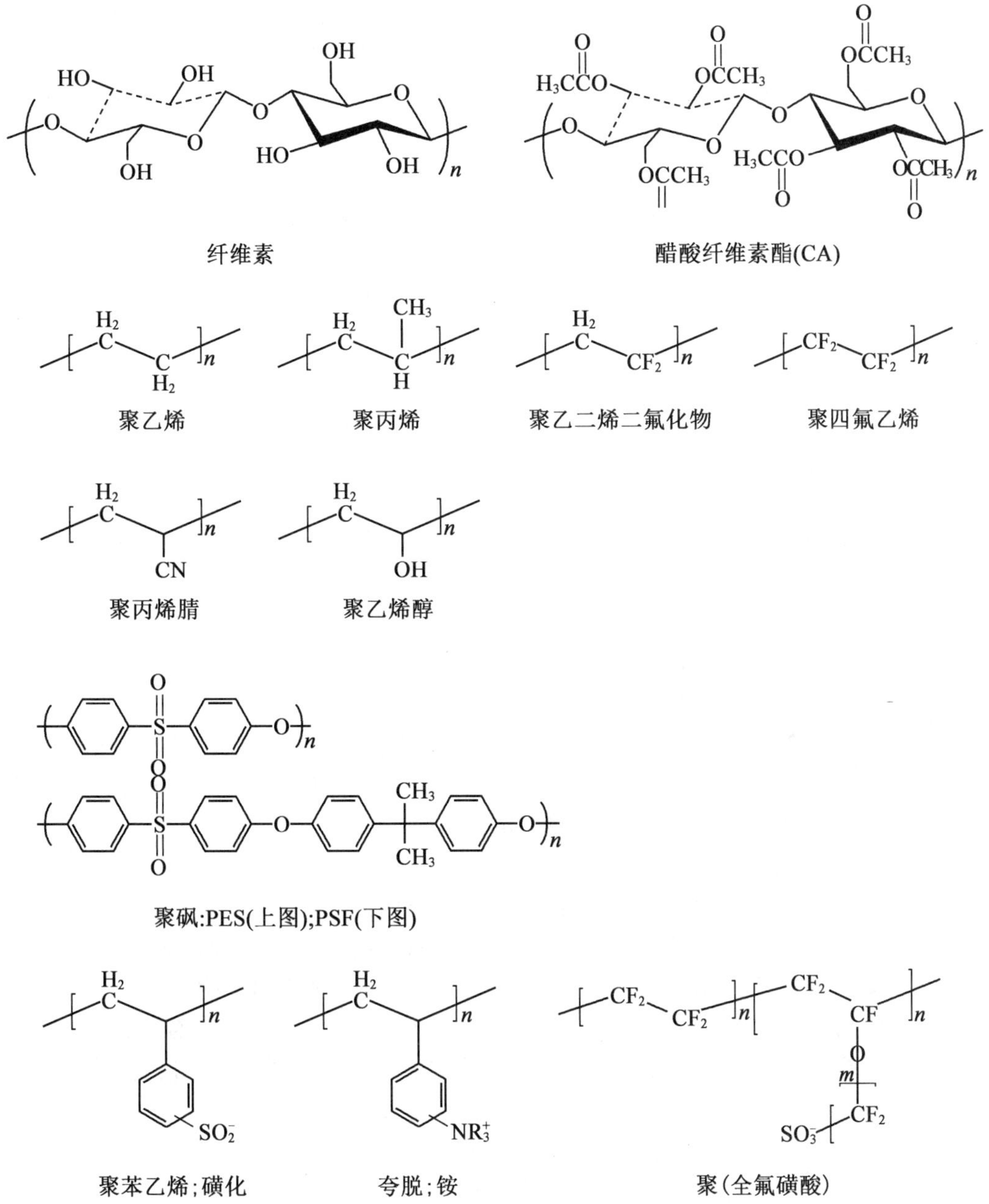

纤维素　　　　　　　　　　　　醋酸纤维素酯(CA)

聚乙烯　　　　聚丙烯　　　　聚乙二烯二氟化物　　　　聚四氟乙烯

聚丙烯腈　　　　聚乙烯醇

聚砜:PES(上图);PSF(下图)

聚苯乙烯;磺化　　　　夸脱;铵　　　　聚(全氟磺酸)

图 5.2　所选膜聚合物的化学结构

5.3.2　膜的选择标准

1. 多孔屏障聚合物

多孔膜对聚合物的选择是基于制造工艺的要求(主要是溶解度用于可控相分离,第5.4.3节)以及应用条件下的行为和性能。必须记住,膜聚合物对于限定膜的孔空间和形态以及提供其形状和机械强度(对于不能用额外的机械支撑制备的中空纤维或毛细管膜的情况下)是至关重要的。如图5.1所示。以下材料特性是需要考虑的重要因素。

(1)成膜性能。成膜性能表明聚合物具有形成黏结膜的能力,而大分子结构,尤其是分子质量和链段之间的吸引相互作用在这方面至关重要(5.3.1节)。聚芳砜(PES、PSF)、PAS或聚酰亚胺(PI)是优秀的成膜材料的例子。

(2)力学性能。力学性能包括膜强度、膜柔性和压实稳定性(特别是多孔结构)。后者对于高压过程(如反渗透膜的多孔子结构)最为重要。由于中空纤维膜是自支撑的,因此其力学稳定性尤为重要。许多商用平板薄膜是在非织造的支撑材料上制备的。

(3)热稳定性。热稳定性在很大程度上取决于应用情况,为了保证孔结构在纳米尺度上的完整性,聚合物的 T_g 应高于工艺温度。

(4)化学稳定性。化学稳定性要求聚合物在极端pH下的电阻和其他化学条件稳定,因为强酸、强碱或氧化剂等清洗剂通常用于清洗被污染的膜。在特殊溶剂中的稳定性在某些情况下也很重要,即考虑非水混合物的过程中。

(5)亲水性–疏水性平衡与材料对水的润湿性相关。当多孔膜用作液体和气相之间的接触器时,这个特性是很重要的。并且相边界稳定时,液体不会弄湿膜的干孔(参见第5.2节)。对于水相/液相,第一种情况需要更亲水的聚合物(例如,聚丙烯腈、PAN);第二种情况需要疏水性膜聚合物(例如,PP)。表面润湿性对污染也很关键,纤维素是亲水性聚合物作为低污染超滤膜材料的一个很好的例子。然而,疏水聚合物(例如 PVDF 或 PES)也能表现出更好的化学稳定性和热稳定性。

2. 用作非多孔屏障的聚合物

具有非多孔屏障的膜的分离性能主要受聚合物材料本身的影响,这是由于其主要通过溶液本身的扩散(第5.2节)。因此,材料的选择直接关系到聚合物的固有性能,而多孔膜的成膜性能、力学性能和热稳定性是适用性的基础。应考虑以下特点:

(1)聚合物呈玻璃状或橡胶状。T_g 值的确定是必不可少的。无孔聚合物的状态决定了聚合物的有效自由体积和链段迁移率,对分子在聚合物中的扩散具有决定性的影响。基于尺寸的扩散选择性只能与刚性非晶态的聚合物一起使用。

(2)自由体积将取决于聚合物本体中的链间距离。在某种程度上是独立的(参见早前的叙述),明显的主链刚性和非常大的侧基可以导致更大的自由体积,从而导致更高的渗透率。

(3)亲水性–疏水性平衡或其他更特殊的亲和力可以导致膜中分子的(选择性)溶解(吸附)。当膜与液体进料接触时,溶胀可能会变得相当大,并且这种影响通常在选择性方面占主导地位(第5.5.6节)。

(4)化学稳定性要求与多孔材料的要求相似。活性氯清洗的不稳定性是 PA 基反渗透 TFC 膜的一个特殊问题。由于越来越多地应用于非水体系(特别是在 PV 和 NF 中),聚合物对各种有机溶剂的耐受性正变得尤为重要。

醋酸纤维素、PAS、PI、聚乙烯醇(PVA)和聚二甲基硅氧烷(PDMS)是经常用于无孔屏障的选择性聚合物的例子(第5.5节)。

3. 带电屏障聚合物

一种带电荷(离子交换)膜是由一种含有离子侧基的聚合物制备而成的。一个阴离子交换膜包含固定带正电荷的离子(如,$—NR_2H^+$,$—NR_3^+$),这种膜能吸附进料流中的任何阴离子。阳离子交换膜含有固定的负离子(如$—SO_3^-$、$—COO^-$),吸附来自进料中的任何阳离子。具有相同电荷的离子的排除,很大程度上取决于膜内的轴电荷密度和膜外的电解质浓度。聚合物选择的基本标准:成膜性能、机械性能和热稳定性,以及高化学稳定性(极端 pH、氧化剂),与多孔和非多孔膜相似。此外,还应考虑离子交换膜的以下特性。

(1)高电荷密度是高介电常数的基础。离子交换膜对固定离子的反离子具有高渗透性,但对共离子(与固定离子电荷相同)则不具有渗透性。

(2)当离子交换膜对以电势梯度为驱动力的反离子渗透率较高时,其电阻较低。

(3)控制膨胀和降低对外界盐浓度变化的敏感性是保持高电荷密度(从而保持高选择性)必不可少的方法,是充分稳定和持续分离性能的基础。由于聚电解质对水的亲和力强,离子交换膜中的溶胀性强,为了限制过度膨胀,通常要进行化学交联。另一种方法是可以选择在疏水相中连续分布的离子交换团簇的相分离聚合物。

全氟磺酸聚合物,例如萘酚或联聚苯乙烯(PST)衍生物,是离子交换膜材料中最著名的例子(5.5.5 节和 5.6.2 节)。

5.4 膜制备方法

5.4.1 一般方法

膜的制备将决定膜的宏观形状和屏障功能。正如 5.3 节所述,实际的屏障结构对于分离选择性至关重要(表5.1)。为了允许高通量通过膜,屏障厚度应该尽可能小。同时,该膜必须具有机械稳定性。

具有非多孔屏障或小屏障孔径(如纳滤或超滤膜)的膜具有各向异性的截面结构(包括多孔支撑层),同时孔径较大的膜(如微滤膜)也可能具有各向同性。这意味着大多数与工业相关的膜很大一部分是多孔。相关的例子是一定厚的非多孔离子交换膜(5.5.5 节)。

非多孔形貌是材料在固体状态下紧密堆积而形成的。有机聚合物的典型结构是非晶或半晶(5.3.1 节)。较小的有机分子可以构建晶体结构,但它们通常与膜屏障材料无关。然而,小的两亲性和形状各向异性的有机分子确实可以用来获得纳米级有序的"纳米孔"屏障结构,例如,含有亚纳米宽的水通道阵列的特殊液晶相。多孔形貌通常可以通过"自上而下"或"自下而上"的方法获得。"自上而下"的方法旨在通过从原本无孔的形状中去除部分材料来形成孔洞。最先进的"自上而下"的工业膜制作方法是聚合物薄膜的轨迹蚀刻(5.4.5节)。"自下而上"的方法是在加工过程中对砌块进行组装,在砌块之间的空隙空间形成孔隙。合成或天然聚合物中的自由体积,由大分子段在不完全空间过滤时的填充而引起,从而导致亚纳米的"孔"尺寸。微孔聚合物向高级膜材料的专用发展将在后面讨论(5.6.4节)。当使用较大的或形状各向异性的构建块(如颗粒或纤维)时,空隙空间的尺寸会变大,可用来制备过滤膜(5.4.4节和5.6.3节)。在聚合物熔体(挤压和拉伸)加工过程中连续或同时形成孔隙,这种方法利用了内外力的结合,得到了各种各样的多孔结构。平板薄膜在各种选择中具有更大的灵活性,因为使用机械支撑进行加工,可以是临时的,也可以是永久的(图5.1)。特定的材料特性(如溶解度)与特定的加工条件(如暴露在非溶剂中)可以用来调整孔隙度。通过使用不同聚合物或者聚合物混合物,可以使这一范围进一步扩大。膜形成后去除添加剂或聚合物相也可用于改变/调整孔隙度。

5.4.2　聚合物熔体的挤出/拉伸

热塑性聚合物熔体挤出是一种广泛应用于合成塑料的方法。同时,所得到的非多孔材料具有许多的用途,例如包装用途,这可以从膜(屏障)特性的角度来阐述,但这超出了范围。有趣的是,通过挤压形成薄膜随后与多孔结构的形成相关联。

在凝固过程中或凝固后,将无孔前驱膜或中空纤维向一个或两个方向拉伸,可以得到多孔膜或中空纤维。所得到的材料必须经过加热的后处理,以减少多孔膜中的内应力。这过程仅限于半结晶聚合物,因为晶体域保证了基体在开放的非晶域之间的完整性。根据聚合物的微观结构,可以获得相对规则的孔隙结构和形貌,典型的特征是薄膜在单轴拉伸的作用下会出现类似裂缝的孔(图5.3)。该工艺用于具有吸引力的屏障聚合物的合成,因为这些聚合物不能通过相分离方法加工成多孔结构(5.4.3节)。这也是一个本质上无溶剂的制造过程。软化剂或颗粒等添加剂可以通过聚合物的固有的微观结构或其作为"孔模板"的功能来促进所需孔结构的形成。

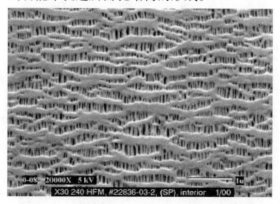

图5.3　采用挤压/拉伸法制备的孔径为0.03~0.6 mm的聚丙烯中空纤维微滤膜内表面
　　　　(Celgards X30-240,迈博锐有限公司,德国伍珀塔尔)

具有重要工业意义的膜材料的典型例子有PP(图5.3)、常规或超高分子量聚乙烯和聚四氟乙烯。根据拉伸的程度,可以生产孔径在0.02~10 mm之间的膜。在某些应用中,膜可以做得相对较薄(可达10 mm左右),这是很有吸引力的。所得到的膜可以用作一些特殊的超滤和微滤应用(例如,用于半导体工业中的强流),作为膜接触器(例如,膜蒸馏),或作为复合膜的支撑材料(例如,作为电池分离器;参见 5.5 节)。

5.4.3　聚合物溶液的相分离

聚合物膜的相分离通常被称为"相变",但它应该被描述为一个相分离过程:一个包含膜聚合物的单相溶液通过沉淀/凝固过程被转化为两个独立的阶段(聚合物丰富的固体和聚合物稀液相)。凝固前,均相液体通常会发生向两种液体(液 – 液半相)的转变。"原膜"是由膜聚合物的溶液通过在合适的基底上浇铸薄膜或通过喷丝板与孔流体一起纺丝而形成的。根据聚合物溶液固化的方式,可以区分出以下几种技术。

(1)非溶剂诱导相分离(NIPS)。聚合物溶液浸泡在非溶剂凝固浴中(通常为水),由于溶剂(从聚合物溶液)和非溶剂(从混凝浴)的交换,即溶剂和非溶剂必须是可混溶的,从而发生脱矿和沉淀。

(2)气相分离(VIP)。聚合物溶液暴露于含有非溶剂(通常为水)的大气中,非溶剂的吸收会引起脱相/沉淀。

(3)蒸发诱导相分离(EIPS)。聚合物溶液是在溶剂中(挥发性溶剂)或者挥发性较低的非溶剂的混合物中制成的,允许溶剂挥发,从而导致沉淀或半乳化/沉淀。

(4)热诱导相分离(TIPS)。采用聚合物和溶剂体系,其临界溶液温度较高,该溶液在高温下铸造或纺丝,冷却会导致脱矿/沉淀。

到目前为止,大多数聚合物膜,包括微滤膜和超滤膜等都是通过相分离生产的。热诱导相分离工艺通常用于制备具有大孔屏障的膜,即超滤膜,或作为液膜的载体和气液接触器。在工业生产中,非溶剂诱导相分离法应用最为广泛,可以得到了各向异性膜,通常可以在接触凝固浴前用来"微调"膜孔结构。因此,其中一些过程可以描述为气相分离和非溶剂诱导相分离的组合。非溶剂诱导相分离法可以合成各向异性聚合物膜。各向异性膜的截面结构对于将所需的选择性(通过具有较低纳米范围孔洞的阻挡层或通过无孔聚合物)与高通量结合在一起是至关重要的:表层充当薄的选择阻挡层,而多孔亚层提供高机械强度。这种完整的"不对称"膜是由 Loeb 和 sourirajan 首先发现的。这是商用膜技术的第一个突破,也就是说,这种反渗透膜比之前由同一聚合物制备的反渗透膜具有更高的流动性。该方法包括(图 5.4):

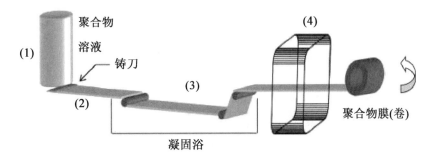

图 5.4　NIPS 连续制膜工艺示意图

（1）聚合物在单一或混合溶剂中的溶解。

（2）将聚合物溶液浇注在合适的基体上，使其形成厚度确定的薄膜（原膜）。

（3）在非溶剂凝固浴中浸泡沉淀。

（4）后处理，如冲洗、退火和干燥。

同样的步骤也可以在中空纤维或毛细管纺丝过程中实现（图5.5）。步骤（2）中出现了与流程表相比的主要差异：喷丝头的尺寸和形状，加上孔液和喷丝头与凝固浴之间气隙中的作用力，导致"原膜"的形状和边界条件不同。重要的是，由于孔道流体也可以是非溶剂，因此旋压和压入过程可以控制"原膜"两个表面的相分离条件，这样就有可能在外部、内部或两侧获得具有选择顶层的薄膜（图5.1）。

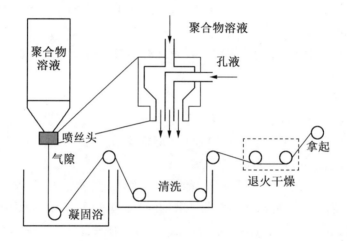

图5.5　通过纺纱和压辊工艺制备中空或毛细管膜的示意图

由这些过程产生的膜可以调整成多孔性的梯度（图5.6（a））。或者它们有一个非常薄（0.1 mm，通常甚至小于100 nm）的表层（选择性屏障），要么是无孔的，要么是多孔的（图5.6（b））。

以聚合物、溶剂和非溶剂三元相图为基础，对材料的选择和相分离机理进行了讨论。明显的可混溶间隙（不稳定区）是一个必要的先决条件。除了热力学方面，液体膜中的沉淀开始节点与速率（两者因与凝固浴的第一个接触面的距离不同而不同）也很重要。传质（非溶剂流入和溶剂流出）会产生巨大的影响。两种机制的区分如下：

（1）瞬时液体－液体除雾，将导致多孔膜。

（2）液－液除雾的延迟开始，可导致具有无孔屏障皮肤层的膜。

从顶部表面（在大多数情况下，与凝固浴的第一个接触面将是最终膜中的屏障）到铸膜底部表面的降水率降低。随着降水率的减少，将导致两相分离的时间更长，产生的孔径增大。实际上，大多数膜制备系统都含有三种以上的成分（例如，聚合物混合物作为铸造溶液和凝固浴的材料和溶剂混合物),因此,这些机制可能非常复杂,仍正在被深入地科学调查和讨论。控制膜特性的重要变量概述如下。

(1)铸造溶液的特性。最重要的是为聚合物提供合适的溶剂,也就是说,相互作用的强度与非溶剂沉淀的容易程度成反比(见下文讨论)。汉森溶解度参数可以用来量化影响,包括极性、分散性和氢键作用之间的溶质和溶剂。聚合物浓度在确定膜的孔隙率方面也起着至关重要的作用。提高聚合物在浇注液中的浓度会导致聚合物的比例更高,从而降低平均膜孔率和孔径。此外,聚合物浓度的增加也能抑制大孔隙的形成,增强形成海绵状结构的趋势。但是,这也会增加皮肤层的厚度。

(a)PES 片状微过滤膜(左, 微孔;右, 大孔),其标称孔径为0.2 μm
(来自德国Wuppertal的Membrana GmbH)

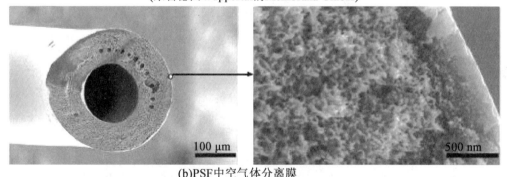

(b)PSF中空气体分离膜
(摘自Sanders,D.F.;Smith,Z.P.;Guo,R.;Robeson,L.M.;
McGrath,J.E.;Paul,D.R.;Freeman,B.D.Polymer 2013,54,4729-4761. 经允许)

图5.6 由聚芳基砜经 NIPS 制备的三种不同膜的横截面

(2)溶剂/非溶剂系统。溶剂必须与非溶剂(此处为水体系)混溶。非质子性极性溶剂,如 N - 甲基吡咯烷酮(NMP)、二甲基甲酰胺(D 微滤)、二甲基乙酰胺(DMAC)或二甲基亚砜(DMSO),在浸入非溶剂水中时可用于快速沉淀(瞬间除雾)。这样可以获得一个高孔隙各向异性薄膜。对于缓慢沉淀,产生低孔率或无孔膜的溶剂,应首选汉森溶解度参数相对较低的溶剂,如四氢呋喃(THF)或丙酮。

(3)添加剂。为了某些目的,在铸造溶液中添加添加剂或调节剂。事实上,这种添加

剂可以决定最终膜的性能,并且商用膜所用添加剂通常不公开。通常,添加剂包括:

①溶解度参数相对较高的共溶剂(该溶剂能减缓沉淀速度,达到较高的抑制率)。

②成孔剂,例如聚乙烯吡咯烷酮(PVP)或聚乙二醇(PEG)(这些亲水性添加剂不仅可以提高膜的孔径,而且可以提高膜的亲水性;部分的聚合物与膜聚合物(如 PSF 或 PES)可以形成稳定的混合物)。

③不溶物(应仅在不发生铸造溶液除雾的情况下添加,促进更多孔结构的形成,并可减少大孔隙的形成)。

④在铸造液中加入交联剂(使用频率较低,但也可减少大孔隙的形成)。

⑤凝固浴的特性。凝固浴中的一部分溶剂可以减缓液-液除雾。因此这可以获得一种多孔性较小的屏障结构。然而,也可能出现相反的效果,即添加溶剂会降低聚合物浓度(在原膜中),从而形成更开放的多孔结构。要添加的溶剂量很大程度上取决于溶剂与非溶剂的相互作用。随着溶剂和非溶剂相互作用的增加,需要更多的溶剂来达到对膜结构的影响。例如,在制备 Ca 膜时,DMSO/水系统的凝固浴中所需的溶剂含量高于二噁英/水系统。通过溶剂与非溶剂的良好混溶性,可以实现瞬间脱矿,形成多孔结构。相比之下,不易混溶的溶剂/非溶剂组合导致更无孔的结构,此外,在混凝浴中加入溶剂也可以减少大孔隙的形成,从而得到所需的、更稳定的支撑层海绵状结构。

⑥沉淀前原膜的暴露时间。浸泡前暴露在大气中的最终效果取决于溶剂性质(如挥发性、吸水性)和大气性质(如温度、湿度)。这一步骤(即 EIPS 或 VIPS 与 NIPS 的结合;参见前面讨论的)对皮肤层的特性和产生的膜的各向异性程度有显著影响。

5.4.4　聚合物纤维膜

几十年来,合成聚合物纺制纤维的技术一直是传统或者新型纺织工业的基础。一些聚合物非织造布对聚合物膜也很重要,因为它们被用来作为载体提高反渗透膜、纳滤和超滤膜的机械强度。然而,非织造物或传统纤维织造物的网孔尺寸太大,无法预期其固有的膜阻隔性能。

电纺丝技术在过去的几十年里得到了迅速的发展。这个过程可以总结如下。电荷用于从含有聚合物熔体或溶液的储层中提取纤维,当带电的流体聚合物喷射到喷嘴底部时,气流受电场迫使来回摆动,从而拉伸纤维,使其直径(几十微米)收缩几个数量级。纤维接触到喷嘴下方的表面时,就会形成一层薄薄的多孔膜。这一方法可以合成生物聚合物。这种电纺膜具有独特的拉伸强度组合,易于操作,适用范围广。由于纤维直径较小,可达 10~100 nm,因此产生的类非织造布结构也可在微滤和超滤应用中具有过滤性能。由于这种膜具有很高的孔隙率(最高可达90%),它们已经被用作处理气体流的有效颗粒过滤器。

将最大有效孔径为 5 μm 的电纺聚砜膜作为水处理的预过滤器。对静电纺聚酯膜进行了果汁澄清度的评估,这是一种典型的微滤工艺,表明在相同的颗粒排斥反应下,它能产生更高的流动性。对于 PES 膜,已经证明热处理可以在很大程度上提高机械稳定性,而不会对多孔性、渗透性和颗粒排斥产生负面影响,如图 5.7 所示。这项技术有着更大的前景,因为聚合物溶液的静电纺丝可以与相分离结合,形成纳米纤维中的多孔性与非织造大孔结构叠加在一起的分层孔结构。同时各种功能性添加剂的合成也被先后报道。

本节还提出了几种基于先进纳米层结构和选择性聚合物的薄阻挡层的复合膜实例。例如,以生物高聚物壳聚糖或以界面聚合法制备的 PA 为阻隔层的这类膜在同样的排斥反应下比传统的纳滤膜表现出更高的流动性。

最初的商业产品是从气流中去除颗粒的粗微滤膜。预计将会有更多的微滤膜和超滤膜用于特殊的气液两相流应用,但要达到超滤的效果,需要用非常小的纤维可再生地制造稳定的电纺材料。文献[14]中综述了电纺丝法制备膜的最新进展。

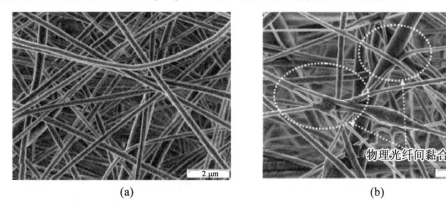

(a)　　　　　　　　　　　　(b)

图 5.7　电纺 PES 纳米纤维膜热处理(在 1 901 ℃下);平均流动孔径约 1 μm 和泡点孔径约 3 μm 没
　　　有显著变化,但通过纤维间键合大大提高了机械稳定性

　　　(摘自 Homaeigor, S.; Koll, J.; Lilleodden, E. T.; Elbahri, M. Separ. Purif. Techn. 2012,98,456 –
　　　463. 经许可)

5.4.5　聚合物的轨道蚀刻

通过轨迹蚀刻可以制备出孔径在几微米到 10 nm 之间非常规则的膜。相对较薄(小于 35 μm)的聚合物薄膜(通常来自聚对苯二甲酸乙二醇酯(PET)或芳香族聚碳酸酯(PC))首先被来自高能源的裂变粒子轰击,这些颗粒穿过薄膜,破坏聚合物链,造成损坏的“轨迹”。然后,将薄膜浸入蚀刻槽(强酸或强碱)中,使薄膜优先沿轨道蚀刻,从而形成孔洞。孔径密度由辐照强度和曝光时间决定,而蚀刻时间决定孔径大小。该技术的优点是可以获得孔径分布非常窄的均匀圆柱形孔洞。为了避免两个核轨迹过于靠近时产生的双孔或多孔,膜孔率通常保持在较低的水平,即通常小于 10%。

5.4.6   薄膜复合膜制备

复合膜是将两种或两种以上具有不同特性的不同材料相结合而成的膜。最相关的是具有各向异性截面结构的 TFC，这种薄膜的制作包括两个步骤：

（1）通常采用相分离工艺制备合适的多孔支架（第 5.4.3 节）；

（2）在多孔支架上沉积选择性阻挡层。

目前，许多方法用于制造这种各向异性复合膜，要么基于沉积（预合成）膜聚合物，要么通过在多孔载体上原位聚合。

（1）聚合物涂层。将聚合物溶液涂在支撑微孔支架上，然后干燥，或者使用反应性预聚体，并用红外辐射进行固化。其结果是，在基体上得到了一层薄的涂层聚合物。在某些情况下，交联是在固化过程中进行的，以提高机械稳定性。通常存在两个问题，即稀镀液渗透到支撑孔中，形成缺陷镀层。第一个问题可以通过用亲水聚合物（如聚乙烯醇）的保护层预涂在支架上，或者用湿润液体（如水或甘油）填充毛孔来解决。后者的问题可以通过在选择性聚合物膜和多孔衬底之间引入中间层来解决。

另一种从膜聚合物开始的方法是将先前铸造的薄膜层压到多孔载体上。将聚电解质层沉积到多孔载体上，特别是将聚阴离子和多阳离子逐层沉积到超薄阻挡层上，对于制造具有特定选择性的复合膜的具体内容将在 5.6.3 节中详细讨论。

（2）界面聚合。该方法最初由 Cadotte 等人开发，目前已成为反渗透膜和纳滤膜最重要的途径。选择性层是通过缩聚或在多孔载体表面加入反应性（双功能和三功能）单体或预聚体在原位形成的，通常由聚砜形成，其截面形貌类似于超滤膜。通常采用加热等后处理来获得完全交联的选择性屏障结构。概述图上最常见的全芳香族 PA 是通过缩聚和由此产生的选择性层的形态（图 5.8，间苯二胺（溶于水并过滤支撑膜的孔）和三甲基氯（溶于与水不溶的有机溶剂中））的界面缩聚，得到交联的全芳族聚酰胺。实际的无孔阻挡层位于非常粗糙的顶层，可以在顶视图 SEM 和横截面 TEM 图像中看到"脊谷"形态；EDX 分析表明，多孔聚砜支撑膜（含硫）顶部的聚酰胺层（含氮）非常薄）。该方法的优点是反应的可扩展性和自限制性，从而获得非常薄的势垒层（小于 10 nm）。然而，实际阻挡层的形成是一个复杂的过程，详细的结构控制是有限的，因此，对于所有已建立的 TFC – PA 膜，其性能取决于内外特性的综合。关于聚合物结构和本征势垒特性与反渗透膜和纳滤分离相关性的更多细节将在第 5.5.3 节中讨论。随着对海水淡化的关注，在过去的几十年里已经做了大量的变化，但是只有很少的变化被应用到改进的工业产品中。

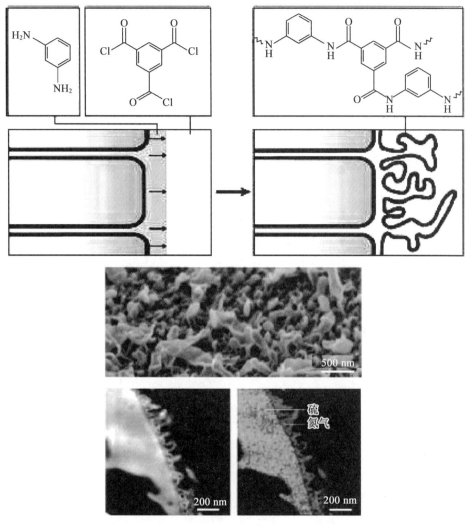

图 5.8　全芳族聚酰胺的扫描电子显微镜图片和透射电子显微镜图片

（摘自 Werber，J. R.；Osuji，C. O.；Elimelech，M. Nat. Mater. Rev.，2016，1，16018. 经许可）

　　在多孔支撑膜上向选择层原位聚合的其他方法有等离子体聚合，使用辉光放电等离子体中的特殊单体制备反渗透膜，或来源于表面改性，包括异种接枝共聚和其他反应性涂层方法（第 5.4.7 节）。

5.4.7　膜的改性

　　由于许多已建立的聚合物不能满足特定应用膜的所有性能要求，因此膜改性的重要性迅速增加。膜修饰的目的要么是最小化某些降低膜性能的相互作用（如膜污染），要么是引入额外的相互作用（如特性或响应特性），以提高选择性或创造一个全新的分离功能。一般有两种方法：

　　（1）膜聚合物的化学改性或在膜形成之前将膜聚合物与其他聚合物混合。

(2)膜制备后的表面改性。

第一种方法可能涉及浇铸或纺丝溶液成分的重大改变。因此,在相分离过程中形成膜结构(第 5.4.3 节),膜性能可能与未经改性的标准物质有很大不同。膜形成之前的聚合物改性的一个例子是 PSF 或 PES 的磺化或羧化,以便从非常稳定的膜聚合物获得更亲水的超滤膜。用于与膜聚合物混合的最著名的例子是在由 PSF 或 PES 制造平板或中空纤维膜期间使用水溶性 PVP。即使在凝聚和洗涤步骤期间,一些添加的改性或其他聚合物可以从膜基质中渗出,但仍有一部分残留在孔表面上从而增强了膜的亲水性。最近,两亲性接枝或嵌段共聚物(BCP)已经被作为高分子添加剂,使最终的膜表面变得亲水或疏水。有关更多详细信息,请参见下文以及第 5.4.1 和 5.6.2 节。

第二种方法,也就是已经建立的膜的后修饰,因为在理想情况下,阻隔属性和表面属性可以在两个单独的步骤中独立地调节。一般研究聚合物表面的许多方法和技术现在都适应于聚合物膜的表面功能化。值得注意的是,其可以作为另一个步骤集成到连续膜制造过程中的方法(图 5.4 和图 5.5)。表面改性的一个关键特征是基膜和新的功能层之间的协同。为了达到稳定的效果,化学改性优于物理改性。通过物理原理将功能部分附着到膜表面,其可以通过以下方式完成:

(1)吸附/黏附功能层仅物理固定在基材上,通过高分子层与固体表面官能团之间的多重相互作用可以增加结合强度。

(2)通过添加的功能聚合物与基体聚合物在界面中的混合实现互穿。

(3)添加聚合物层的机械渗透(宏观缠结)和膜的孔结构。

为了通过化学反应对膜表面进行改性,提出了如下方法:

(1)膜聚合物的非均相(聚合物类似)反应。

(2)"接枝 – 接枝"(功能大分子部分的一步连接)。

(3)"自接枝"(功能单体异相接枝共聚)。

(4)活性涂料(同时交联聚合并附着于表面)。

光接枝技术,即通过紫外光的高度选择性激发来控制化学表面功能化,可用于"接枝"和"自接枝",并已被广泛探索用于聚合物膜的可控功能化。

近年来,利用仿生化学方法制备的反应性涂料在许多方面得到了探索。"贻贝黏附激发"方法的原型示例是在水下表面原位形成薄的、紧密锚定的功能性多聚(多巴胺)层;这是由贻贝与固体表面的黏附激发的,这种黏附是由富含 3,4 – 二羟基 – L – 苯丙氨酸的表面蛋白触发的(就结构和活性而言,与多巴胺相似)。该方法不仅用于制备低污染的膜涂层,而且还用于将功能实体固定在膜表面。

水系统用耐污染和防污染释放表面是利用自组装单分子膜,在分子水平上识别了非吸附和非黏附表面的结构 – 性能关系。抗蛋白质吸附材料的特性应为:极性和亲水性、整体电中性、氢键受体、不是氢键供体。

在这些方面,聚乙二醇/聚氧乙烯、两性离子部分被鉴定为抗蛋白质吸附和细菌黏附的非污染材料(图 5.9)。这一原理已成功地应用于水系统中超滤和纳滤的耐污染聚合物膜的开发,通过与定制的接枝共聚物的混合物形成膜,或通过控制光引发或氧化还原引发的"自接枝"。

　　近十年来,防污表面功能化的研究范围已扩展到脱硫材料。与亲水性(高表面能)材料(参见前面讨论的)相比,这些材料的表面能较低,从而使一系列污垢的黏附力最小化,从而使清洁更加有效。典型的结构是受污染的有机部分或 PDMS 的衍生物。膜的这种污染释放功能化也可以通过已建立的膜的后功能化或通过在膜形成过程中通过特殊的共聚物添加剂的表面分离来实现(图 5.9)。为了在 NIPS 条件下将低表面能的部分强制到膜表面,即当“原膜”以非溶剂的形式暴露在水中时,使用了同时包含亲水和低表面能(疏水)段的共聚物,使得亲水段与水的相互作用强制在膜表面上的分离。

　　如图 5.9 所示,这种功能化可以通过亲磁性(阻滞剂)接枝共聚物获得。包括疏水性锚聚物、可使膜变形的添加剂或通过功能性聚合物的后接枝到疏水性聚合物。

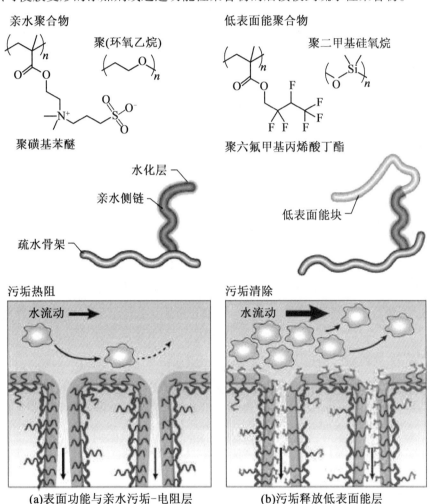

图 5.9　防水膜防污染表面示意图

(Taken from Werber,J. R. ;Osuji,C. O. ;Elimelech,M. Nat. Mater. Rev. ,2016,1,16018. 经许可)

5.5 所选膜工艺的最新进展

5.5.1 微滤

微滤的主要用途是从水混合物中去除直径在 $0.1~\mu m$ 到几微米之间的颗粒。最重要的例子是无菌过滤,即细菌的去除,这与医疗等生物技术、食品加工以及水净化有着密切的关系。颗粒截留通常通过深度过滤(即多孔膜内的沉积)和表面过滤的组合来实现。因此,微滤膜中污垢易于发生,尤其容易受到孔隙变窄和堵塞的影响。性能标准通常以高吞吐量(可以以可接受的流速处理的液体体积)的对数的减少值表示(以渗透物中的进料颗粒负载减少多少个数量级表示)。为了优化性能,屏障孔径(穿过整个膜厚度的孔的最小尺寸)及其分布(通常以平均流动孔径和气泡点表示,即最大孔径),并且膜横截面上的孔径分布都是至关重要的。许多最新开发的膜在孔径上具有非常明显的梯度,通常膜内有选择层(图 5.6(a)),因此高排异率可与高通量结合。在许多应用中,膜盒中也会使用微滤膜,这些膜盒中可包含两个或多个膜和预滤器的组合。

微滤膜可由多种聚合物制备(表 5.2)。这种选择取决于机械性能、化学性能、热性能,获得特定孔隙形态的可行性,以及材料的成本。对于工业制备的膜,也会使用几种不同的制造工艺。最宽的微滤膜(特别是从 PES 或 PVDF)是通过 NIPS 过程获得的(第1.5.4 节)。在某些情况下,VIP 和 NIPS 技术联合用于制备具有特定孔隙度梯度的膜。同时,为了一步制备两层不同孔隙度的微滤膜,建立了两种聚合物溶液,共铸成两层不同液体组成的"原膜",并进行了 NIPS 处理。对于 NIPS 中关于溶剂和非溶剂的选择造成限制的膜,通过 TIPS 制备是一种通用的膜(特别是对于 PE、PP 或 PA)。挤出/拉伸工艺是这种聚合物的另一种选择,但这会导致不同的孔形态(图 5.3)。等孔径轨迹蚀刻膜因其低孔隙率可以用于特殊的功能(例如,过滤特定液体体积后依靠膜来定量细菌),因此低渗透性不是那么重要。通过静电纺丝获得的纤维基膜(第 5.4.4 节)也可以作为微滤滤芯的预滤器。

表 5.2　相分离法制备多孔膜用聚合物及其一些特性

膜聚合物	普通溶剂	T_g/℃	耐酸碱度
再生纤维素	在大多数有机溶剂中稳定[a]	高度结晶	4~9
醋酸纤维素	丙酮、二氧六环、DMAC、DMF、DMSO、THF	约 135[b]	3~7
硝化纤维	乙酸、丙酮、醇、环己烷	约 50	4~8
聚丙烯腈	DMAC、DMF、硝酸	100	2~10
脂肪族聚酰胺	间甲酚、甲酸、甲醇、酚类或氟化溶剂	50	4~7
芳香族聚酰胺（例如 Kkvlar）	硫酸；极性非质子溶剂 + 约 5% $LiCl_2$	>400	4~7
聚酰亚胺（例如基质 P84）	DMAC、DMF、二噁烷、NMP	300	2~10
聚醚酰亚胺	NMP、DMAC、DMP	210~216	1~9
聚砜	DMAC、DMF、DMSO、NMP	198	2~13
聚醚砜	DMAC、DMF、DMSO、NMP	225	2~13
聚偏二氟乙烯	DMAC、DMF、NMP、DMSO	−40（T_m 约 175）	2~11
聚乙烯	芳香烃（如甲苯或二甲苯）	−120	1~14
聚丙烯（无规）	氯化溶剂（如三氯乙烷）、三氯苯苯、氯代烃、环己烷、二乙基醚甲苯	−20	1~14
聚丙烯（等规聚）	80 ℃以上：1,2,4 三氯苯、卤代烃、二正戊醚、植物油	−23~−14	1~14

a：通常由醋酸纤维素作为前体制备。

b：取决于乙酰化程度。

DMF—N,N–二甲基甲酰胺；DMSO—二甲基亚砜；DMAC—二甲基乙酰胺；NMP—N–甲基–2–吡咯烷酮；THF—四氢呋喃。

5.5.2　超滤

　　超滤的主要应用是去除水混合物中的胶体颗粒,或研究有价值的生物大分子的浓度。在不同的工业中,包括生物技术、食品可以有许多不同的加工方法。由于最小病毒（腮腺病毒）直径约为 20 nm,一般从净水或产品安全的角度来看,微滤膜并不能消除所有微生物病原体。因此,只有高质量的超滤膜才能为微生物病原体提供绝对屏障。由于传输和选择性是基于孔流和尺寸的（第 5.1 节）,聚合物材料本身对超滤膜中的流动和选择性没有直接影响。超滤膜通常具有通过 NIPS 技术获得的整体不对称结构,并且其多孔选择性屏障（孔径和厚度范围分别为 2~50 nm 和 0.1~1 mm）位于由大孔子层支撑的顶部（表皮）表面（第 5.3.2 节）。因此,超滤膜是根据表面过滤效果进行分离的,而且污垢也会预先（但并非完全）出现在外表面。超滤膜的表征通常是通过筛选试验来完成的。因此,商用超滤膜的规格不是孔径,而是通常的截止分子量（MWCO）,也就是说,观察到各试验溶液 90% 以上的排斥反应的分子量。

　　超滤的膜可以由一系列聚合物制备（表 5.2）。NIPS 方法对中空纤维或毛细管膜的制备具有直接的适应性（图 5.5）,因此,许多具有类似规格的超滤膜可以采用平板和毛细管两种形式。毛细管膜可以在外表面或内表面具有选择性层,也就是说,毛细管膜可以在内外膜中使用。商用超滤膜最常用的聚合物是聚醚砜、聚偏氟乙烯、聚偏氟乙烯和纤维素衍生物。然而,这种传统聚合物的超滤膜在阻隔层中的孔径分布通常较宽,导致尺寸选择性有限。事实上,已经发现尺寸选择性和渗透率之间存在明显的平衡关系(图5.10(a))。这可能与 NIPS 工艺与标准工程聚合物的结合导致对膜结构形成的控制有限有关。从这种相关性可以得出两个结论:首先,在渗透率相同的情况下,可以通过缩小阻挡层孔径分布(在相同孔隙率下)来提高分离系数。其次,在相同的选择性下,可以通过提高隔层孔隙度和降低隔层厚度来提高渗透率。如何获得超滤膜,将在第5.6.2节中讨论。

采用最先进的反渗透技术,TFC 膜已经成为超滤研究的热点。第一个例子,这种类型的商用膜由多孔多元醇纤维支架上再生纤维素形成的一层薄薄的阻挡层组成。其他用于超滤的薄膜水凝胶复合膜的实例是通过用含 PEG 或聚两性离子层的商用超滤 – PES 膜的接枝功能化获得的;筛选性能可通过附加水凝胶层的网络特性(网格大小)进行调整。在前面提到的两种情况下,多孔疏水基膜上亲水阻挡层的低污染倾向是一种额外的应用效益。此外,在纤维素基 TFC 膜的阻隔层中引入固定电荷,可以显著提高蛋白质超滤的选择性,除了尺寸限制外,还可以通过静电排斥提高蛋白质超滤的选择性。另一种通过电荷和尺寸选择性的叠加而导致选择性增加的替代方案是通过与功能化膜聚合物的共混物通过膜形成将固定电荷引入膜中。

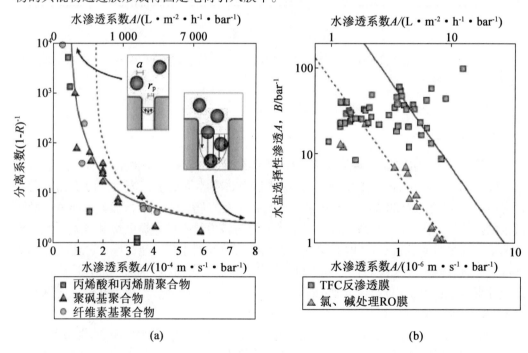

图5.10　(a)不同商用膜的分离系数与水该透系数曲线图;(b)各种材料的水透选择性渗透与水渗透系数的曲线图

(Take from Werber,J. R. ;Osuji,C. O. ;Elimelech,M. Nat. Mater. Rev. ,2016,1, 16018. 经许可)

与纳滤（5.3.1 节）的发展类似，耐溶剂超滤膜可以成为广泛应用的基础。重点研究交联的各向异性膜。一个很有前景的例子是由聚丙烯腈 – 甲基丙烯酸缩水甘油酯制成的膜，在 NIPS 与氨或其他三元或双功能胺交联之后。其他例子集中在 PI 膜的后交联上。这种膜也作为有机溶剂纳滤的 TFC 膜的载体。

5.5.3　纳滤与反渗透

用于水中应用的反渗透膜和纳滤膜在化学成分上是相似的，因此，膜的制备也是相似的。通常，纳滤膜被描述为反渗透膜的"更松散"版本，也就是说，它们在较低的溶质截留率下具有较高的渗透性。纳滤中的传质比反渗透膜中的传质更复杂，因为除了溶液扩散机制外，还涉及孔隙流以及尺寸和电荷排斥。（然而，正如稍后将结合典型 PA 阻挡层的微观结构所讨论的那样，即使对于反渗透，也不能完全排除孔隙流模型和尺寸排除的有效性。）理想情况下，用于反渗透膜和纳滤水溶液的聚合物膜应该是亲水性的，耐化学物质（特别是用于消毒的清洗剂和活性氯）和微生物的侵蚀，并且它们的结构和机械性能应该在长时间的运行中保持稳定。来自"第一代"材料醋酸纤维素的具有整体不对称结构的膜仍然可用。与 PA 基材料相比，纤维素膜具有较高的耐氯性，但耐溶剂性较差，pH 稳定性范围较窄。如今，TFC 膜显然在市场上占据主导地位。大多数商用反渗透膜和纳滤复合膜是以 PA 为基础的，但也发现了其他复合膜，例如，以磺化聚砜为选择材料的复合膜。界面聚合是制备 PA 复合结构的标准方法（图 5.8），涂层偶尔适用于其他选择性聚合物。

PA – TFC 膜被认为是反渗透的工业标准。一种超薄的"无孔"聚合物层，通常由交联芳香族 PA 制成，形成在多孔各向异性膜的顶部，顶层具有小的孔，通常由聚砜制成。这种膜的阻隔结构得到了广泛的优化，并用各种光谱方法对得到的结构进行了详细的分析（图 5.8）。利用正电子湮没寿命谱（PALS），获得了自由体积的详细信息，即"微孔"结构。结合互补方法和分析，发现交联聚合物网络可形成两个微孔群，即网络孔（直径在 0.3 ~ 0.4 nm 之间）和聚集孔（直径在 0.7 ~ 0.8 nm 之间）。还证明了膜的性能、膜的稳定性。通过改变界面聚合过程的参数，可以得到与 PALS 数据相关的结果。事实上，对于一系列的 PA – TFC 膜，已经发现 PALS 测定的活性表皮层的平均自由体积孔半径在 0.20 ~ 0.29 nm 范围内（对应于 0.4 ~ 0.6 nm 的"孔径"），并且该自由体积孔尺寸可以被视为是决定反渗透膜排斥中性溶质最重要参数。

与超滤的观察结果类似，其中完全不同的传输和选择性机制是有效的，也类似于 GS 的众所周知的趋势（第 5.5.4 节）中，也观察到了反渗透膜的选择性和渗透性之间的权衡（图 5.10（b））。当对一种类型的反渗透膜进行化学处理时，渗透性明显增加，但选择性有所下降。然而，在许多不同的 PA TFC 反渗透膜中，很难看到如此明显的趋势。这些观察结果可以与以下事实相联系：交联无定形芳香族 PA 的内在和外在性质的组合具有相当粗糙和不规则的形态（图 5.8），其仅对膜结构的形成进行了有限的控制，并且在不同程度上实现了真正的优化。为了进一步开发该技术，主要目标是在高渗透率下获得更高的选择性，即超越描述最新技术水平的权衡关系的分离性能。这将在第 5.6.5 节中讨论如何通过直径远小于 1 nm 的具有明确孔隙的有机材料实现这一目标。

近年来,化学稳定膜(包括氧化剂、酸碱稳定和有机耐溶剂材料)得到了广泛的发展,以扩大纳滤法在传统水系统之外的应用。发展有机溶剂纳米过滤(OSN)的主要动机是取代或补充化学工业中的能源密集型分离工艺。直接应用是在一个化学或药物合成序列中进行溶剂交换,或回收有价值的同质催化剂(有关综述,请参阅参考文献[50,51])。

PI 和 PAN 衍生物或聚醚基材料(例如,PEEK)通常用于制备具有整体各向异性结构的化学稳定性纳滤膜。对于复合膜(以 PSF、PAN、PI 或 PVDF 为典型的支撑材料),不同溶剂的渗透性和选择性由屏障聚合物控制。来自 PA、聚脲、聚苯醚或磺化 PES 的选择性层(例如来自 PAN 或交联 PI)更适合极性溶剂,而硅基层更适合非极性溶剂(在这方面,OSN 膜可以非常类似于 PV 膜;参见第 5.5.6 节)。

5.5.4 气体分离

GS 目前的主要应用集中在氢的回收,例如从氨净化气或从炼油厂的加氢装置中回收氢,以及调整合成气的组成。废弃生物质产生的沼气产量的增加也引发了以膜为基础的沼气的巨大市场:为了提高当地生产的沼气的燃料质量,并有可能使其通过天然气网络进行分配,则必须降低二氧化碳含量,因此紧凑、高效和易于操作的膜式沼气装置已经成为高度竞争的技术。

膜分离选择性的要求很大程度上取决于原料组成、产品流的目标纯度以及工艺设计的细节(驱动力、阶段数等)。选择性可以根据扩散率(粒径)和溶解度(溶解度也受粒径通过冷凝性的影响)的不同而定。高扩散选择性只能通过膜聚合物,在玻璃态具有更高的渗透性,但选择性则会更低(5.3.1 节)。并非所有情况下,具有高选择性的膜都是必需的,因此,原则上可以从具有广泛选择性的各种膜聚合物中进行选择。虽然膜污染在 GS 中并不常见(除了膜与含颗粒气体流直接接触的情况,例如从烟气中捕集 CO_2),但与膜相关的主要问题是原料组分(尤其是 CO_2)的塑化以及随后膜的老化,阻碍了应用。

由于前面提到的所有应用都是大规模的,因此大膜面积的工业膜制造必须是高效的。因此,利用聚合物溶液通过 NIPS 工艺在多孔支撑层上制备具有薄的非孔阻挡层的整体各向异性膜,用于制造工业 GS 的所有相关膜。各模块中均使用了平板和中空膜(图 5.6)。第一种商用 GS 膜是由聚砜制成的中空型。该膜已成功地应用于各种氢气回收工艺中。由 PC、PIS 或聚胺制成的膜用于从空气中富集氮。醋酸纤维素是一种被证明适用于天然气酸性气体脱除的材料。对于这类工艺,从完全合成的聚合物中(如 PIS)获得膜目前也得到了较为成功的应用。

工业上建立的聚合物的分离性能是以罗伯逊在 20 世纪 90 年代初提出的"上限"为基准的:分析了单个气体的聚合物膜的固有渗透性,并绘制了气体对的理想选择性与渗透性的对比图,得到了描述最佳性能材料权衡的线性关系。从图 5.11 可以看出,由现成聚合物制成的工业性膜显示出远低于"上限"的固有特性。"上限"由多种聚合物的试验数据确定。工业上建立的膜是由醋酸纤维素(CA)、聚砜(PSF)、四溴化双酚 A 基聚碳酸酯(TB - BISC - PC)、PI 基质或聚苯醚(PPO)制成。然而,从工业应用的角度来看,它们的大量生产和稳定的质量相比于最先进的技术更为重要。最新综述中概述了新型 GS 膜的各种途径。第 5.6.4 节将讨论针对"微孔"聚合物膜的特殊方法,这些方法远远超越了过去,是目前的"上限"。

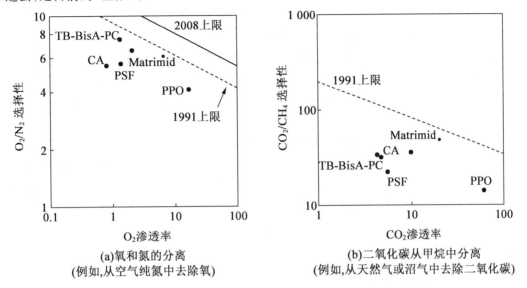

图 5.11　两种重要气体分离的选择性和渗透性之间的权衡关系

(摘自 Sanders,D. F.;Smith,Z. P.;Guo,R.;Robeson,L. M.;McGrath,J. E.;Paul,D. R.;Freeman,
B. D. Polymer 2013,54,4729 – 4761.经许可)

5.5.5　电膜工艺

离子交换膜目前不仅或多或少地用于膜电解(主要是氯碱法)、ED、透析或电滤等"常规"分离过程,而且还用于燃料电池等集成系统。对于使用无孔膜的工艺(电解、ED 用于分离小的离子目标物质、燃料电池),必须满足有关膜选择性和阻隔结构的最严格要求:在非选择性扩散的同时,阳离子或阴离子物质的电驱动传输应快速,以防止带相反电荷或中性溶液的离子。离子交换膜的特殊重要性质已在"带电屏障聚合物"一节中讨论过,将极高的离子交换基团(电荷)密度与水中可控溶胀相结合是极具挑战的。这种冲突只能通过膜的异质微结构来解决。

已有部分研究文献综述了离子交换膜的制备及其研究进展。膜有两种类型,即均相膜和非均相膜。非均相离子交换膜的制备方法是将阴离子或阳离子交换颗粒分散到聚合物基体中,然后将膜挤出。粒径显著影响膜的膨胀和机械强度。然而,目前,主要选用均相阴离子或阳离子交换膜,其由具有离子基团且由背衬材料支撑的碳氢化合物(例如,苯乙烯 – 二乙烯苯共聚物的衍生物)或氟碳化合物(例如,钠离子)聚合物组成。此类膜可通过以下途径制备:①含有离子交换基的单体与非官能化单体的共聚;②通过引入离子基(例如,通过离子交换聚合物或非官能化聚合物的"嫁接")对聚合物膜进行改性,然后进行化学官能化;③离子交换聚合物或其与另一种聚合物的混合物溶液的薄膜铸造和相分离。

方法①是苯乙烯 – 二乙烯苯共聚物最常见的路线。方法②通常适用于碳氢化合物（PE、PP）或氟碳基膜,因为很难为含有极性离子交换基团的膜聚合物找到合适的溶剂。方法③的实例是功能化聚醚酮、PST 及 PES,利用这些材料实施交联以改善化学稳定性。总体来说,在中等温度下,离子交换功能化的单氟碳聚合物（如钠离子）仍然表现出最佳性能。这些离子交换膜具有疏水结构域（提供非流化基质）以及极性带电结构域（提供离子选择性水通道）。一般来说,微相分离聚合物或聚合物混合物在不太高的吸水率（膨胀）下的高导电性似乎优于单相材料,这导致了溶液（例如燃料电池系统中的甲醇）的非选择性通过。

我们介绍了具有特殊结构和功能的离子交换膜。两性膜由正（弱碱性）和负（弱酸性）带电荷的固定基团组成,在化学上结合并随机分布到聚合物链上,这些膜的渗透选择性对酸碱值有响应。荷电镶嵌膜既有阳离子交换基团,又有阴离子交换基团,它们排列在由中性区分开的定向平行域中;每种离子交换基团都提供了从膜的一侧到另一侧的连续路径。还有一种称为双极膜,其中一侧含有阳离子交换基团,另一侧含有阴离子交换基团,在水分解或化学反应等方面具有广泛的应用价值。

5.5.6　其他膜工艺

下面将简要介绍其他膜工艺,重点介绍膜材料,特别是膜屏障结构与之前已经详细描述过的工艺的相似性。

1. 透析

通过血液透析（人工肾）进行血液解毒的药物治疗是目前最大的透析应用,也是所有膜工艺中销售最多的应用。由于低摩尔质量的毒素需要被清除到水透析液中,所有必需的蛋白质需要保留在血液中,所以标准血液透析膜的规格与"致密"超滤膜（MWCO 约 10 kDa）的规格一致,阻挡层孔径约为 5 nm。为了实现紧凑的模块,只使用中空纤维膜。以孔液为混凝剂,通过 NIPS 工艺,可以很容易地得到毛细管内具有选择性层的各向异性膜形貌（图 5.5）。聚乙烯吡咯烷酮用作添加剂。其他相关的膜聚合物是 PAN 或 PAS 的衍生物,"第一代"再生纤维素材料也可以在市场上找到。从治疗的角度来看,具有专门屏障和表面特性的膜的进一步发展是有吸引力的,但也受到法规和成本压力的阻碍。

2. 渗透汽化

在渗透侧使用气相分离均质液体混合物,使得 PV 在其他膜工艺中具有特殊性,它作为替代蒸馏或与蒸馏相结合的应用非常具有吸引力。目前有一些小规模的应用,例如有机溶剂脱水。生物燃料（特别是乙醇）的生产和提纯正在推动其大规模的应用和发展。至于反渗透膜和纳滤膜,大多数已建立的光伏膜是具有无孔聚合物屏障的复合材料。为了保证选择性,聚合物应与进料混合物中的一种组分有优先的相互作用。在有机物分离时,屏障的完整性非常重要,交联是限制膨胀和提高稳定性的首选。可以区分三种不同类型的选择性屏障:①亲水性;②亲有机性;③有机选择性。PAN 被用作大多数光伏膜的多孔支撑物,这是因为它的热稳定性和对大多数有机溶剂的明显抗性（表 5.2）。亲水性聚合物被用作有机液体经光伏脱水的选择性屏障。选择层通常来自玻璃状聚合物，化学交联的 PVA 是商用膜的既定材料。相反，亲有机的 PV 膜用于从水溶液中去除（挥发性）有机化合物。阻挡层通常由橡胶聚合物（弹性体）制成。交联硅橡胶（PDMS）是选择性屏障的最新技术。有机膜是用来分离有机 - 有机液体混合物的。典型的应用是分离共沸物或沸点相近的物质混合物。聚合物光伏膜的进一步发展面临的挑战是，要创造出既能提高选择性又能提高渗透性并具有高整体稳定性的材料。为了控制膨胀，人们提出了许多方法，例如使用刚性骨架聚合物、聚合物共混或化学交联。然而，基膜的孔隙过滤是另一个有吸引力的选择（第 5.6.5 节）。关于光伏薄膜发展的更多细节，可以在最近的一篇评论中找到。

3. 膜式接触器

膜接触过程有很多种，其中两相之间使用膜可以显著提高传统单元操作的效率，包括热分离（蒸馏、吸收、汽提、萃取、结晶等）。基于阻隔孔尺寸超过 0.1 μm 的工业膜的广泛组合，一些其他膜工艺也可以通过最初为微滤膜开发或衍生的膜来实现（第 5.5.1 节）。示例包括具有疏水膜（例如，来自 PP 或 PVDF）的各种液体/气体膜接触器，用于处理水性进料，例如，通过膜蒸馏（水脱盐）或脱气（从水中去除氧），或用于处理带有水吸收液的气体混合物（例如，去除碳二氧化物）。膜开发的标准是高透气性和液体入口压力符合特定工艺条件。然而，应记住，膜的特殊要求可能远远超过微滤膜的要求。例如，用于膜蒸馏的高性能膜还应具有低导热性，这一点也很重要。关于接触器工艺膜的更多细节，可以在本书的其他章节中找到。

4. 膜吸附器

膜吸附器是一种非常特殊的膜接触器，其中膜具有确保两相之间充分分离和充分接触以实现选择性分离的功能，是一种通过膜吸附器的多孔流体。类似于微滤类型的大孔膜在其孔表面进行功能化处理，以便通过离子交换或亲和作用实现选择性靶结合。分离可以在固相萃取模式下进行，包括结合、洗涤和洗脱步骤，也可以在色谱模式下进行，在逐步调节目标、固定和流动相之间的相互作用的基础上，得到几个不同的组分。与传统的基于粒子的固定相的吸附或色谱相比，用于分离大目标分子或低扩散率的粒子是其主要优点。与它们缓慢扩散到多孔珠中相比，通过膜的对流输运在很大程度上有利于分离。工业上成熟的应用主要集中在去除高摩尔质量杂质，例如从重组蛋白溶液中去除宿主细胞 DNA。典型的基膜是由聚砜或再生纤维素制成的，其功能化是通过向孔隙空间延伸的三维功能高分子层的非均相接枝共聚来实现的。通过这种方式，可以补偿与多孔珠相比，相对较小的特殊表面积的潜在缺点。关于膜吸附器的更多细节，可以在最近的文献中找到。

5.6　前　景

5.6.1　概况

对于这里讨论的几乎所有膜分离过程,已经确定了由可用膜引起的分离性能限制。这些限制可以用膜选择性和渗透性之间的权衡关系定量表示(图 5.10 和图 5.11)。多孔和非多孔屏障的观察结果与屏障层的结构和多孔性(多孔屏障的永久性孔;非多孔屏障的自由体积中的孔)的有限控制有关,这些多孔性和非多孔屏障是从长期存在的聚合物中获得的,并且使用最先进的膜制造技术。因此,获得大幅度提高分离性能的途径应基于改进或替代(理想情况下"定制")膜材料和/或先进的膜制备方法。一方面,屏障层应该被很好地定义,即它应该在一个强大的矩阵中包含相同大小和性质的高体积分数的传输路径(通道),以确保这些通道的稳定性。另一方面,阻挡层应尽可能薄。

在聚合物体系中,引起一个非常明显且相对有序的结构(微孔)的一种机制是非极性基质和极性(亲水性)基团之间的分离。这是许多离子交换聚合物固态微观结构的典型特征。对于一系列这样的聚合物,形成了水和离子通道;这种特性在 ED、燃料电池或电池应用的膜中得到了开发(第 5.5.5 节)。然而,这种膜屏障结构也可能与海水淡化有关。同样的原理也可用于其他两亲性共聚物结构,如接枝共聚物或 BCP;具有相同性质和相应结构域的所涉及的大分子段的大小可以更大,从而在固体(无孔)基质中获得明显的微相分离。当结合条件以实现大相分离时,也会形成中孔和/或大孔,得到横截面和阻挡层内具有层次结构的膜(图 5.12 重点讨论了可控微相分离的影响)。非多孔阻挡层(选择性存在于整体各向异性膜中)可以通过在晶体和非晶结构域之间或在一个共聚物中不相容的两种大分子段之间的微相分离得到"基体通道"结构。多孔阻挡层可以通过一种共聚物中两种不相容的大分子段之间的微相分离得到功能化的孔壁(这一过程可以通过只有功能化大分子段(绿色)与水相容的大相分离条件来促进)。多孔阻挡层的后功能化可以通过填孔或表面接枝得到类似的结构。

在下面的章节中,这些方面将通过关注明显超出标准的其他塑料的聚合物来说明。具有不同功能段的共聚物的大分子结构是提高膜性能的关键。本节还将介绍微孔聚合物的最新发展。此外,还将讨论通过分子设计和加工来合成高级有机材料的其他方法,重点是定制"基质中的通道"屏障结构或获得超薄的屏障层。在大多数情况下,分子或胶体构建块的自组装是实现这些目标的重要贡献。因此,重点将放在定制孔隙度和孔径范围从几十纳米到小于 1 nm 的膜屏障上。膜的表面改性,例如为了减少膜污染(5.4.7节),在一些情况下也可以同时实现(图 5.12 右图),但这方面不会是重点。

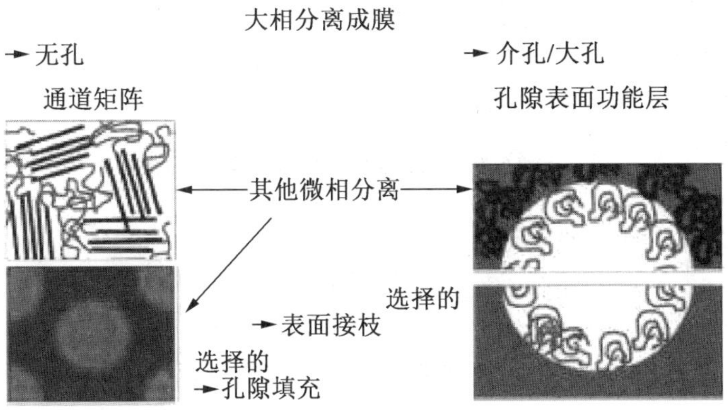

大相分离成膜

→ 无孔　　　　　　　　　→ 介孔/大孔

通道矩阵　　　　　　　　　孔隙表面功能层

其他微相分离

表面接枝

选择的　　　　选择的
孔隙填充

图 5.12　膜屏障形貌示意图(见附录彩图)

5.6.2　先进的膜聚合物体系结构

1. 两亲性共聚物

聚合物在一个大分子内具有化学上不同的片段,因此这种分离仅限于大分子链维的较低尺度,与"基体通道"形貌的形成具有高度相关性(图 5.12)。可以利用的化学差异是基于每一段的极性、分散和氢键的相互作用(这些作用可以借助 Hansen 参数来量化);整体差异大到一定程度会导致相容性差,但在不同溶剂范围内的溶解度也会有较大差异。如果共聚物中只有一段含有离子基团,这种差异会对促进微相分离产生强烈的附加效应,尤其是在有水作为溶剂的情况下。合成的共连续聚合物和纳米通道域如图 5.13 所示,具有阳离子和阴离子交换基团的高分子"骨架"(黑色;左侧)的聚合物段的示意图可视化,以及由疏水主链(骨架)和亲水侧基团(两者共价连接成大分子)之间的不相容性驱动的微偏析形态的形成。

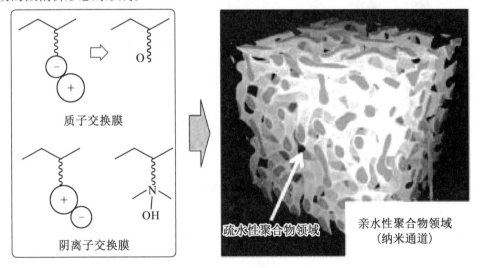

质子交换膜

阴离子交换膜

疏水性聚合物领域

亲水性聚合物领域
(纳米通道)

图 5.13　具有阳离子和阴离子交换基团的高分子"骨架"的联合物段的示意图
(摘自 Li,N.;Guiver,M. D. Macromolecules,2014,47,2175 – 2198.经许可)

　　对于接枝共聚物来说,这种材料的合成途径相对简单,通过主链聚合物与另一种聚合物的类似功能化得到接枝共聚物,从而形成支链结构。概述了不同的大分子结构以及标准和高级阳离子交换聚合物的具体实例(图5.14)。

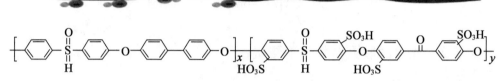

(a)标准离子交换聚合物

(b)嵌段共聚物

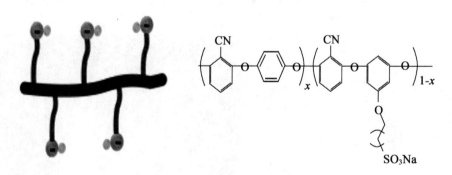

(c)具有簇状带电基团的离子交换聚合物

(d)接枝共聚物

图5.14　不同的聚合物结构与具有代表性的膜聚合物,可用于阳离子交换膜

(摘自 Ran,J.;Wu,L.;He,Y.;Yang,Z.;Wang,Y.;Jiang,C.;Ge,L.;Bakangura,E.;Xu,T. J. Membr. SCI. 2017,522, 267-291. 经许可)

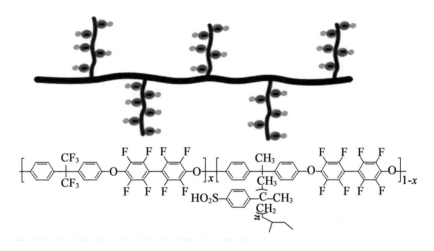

(e)接枝共聚物

(f)接枝共聚物

续图 5.14

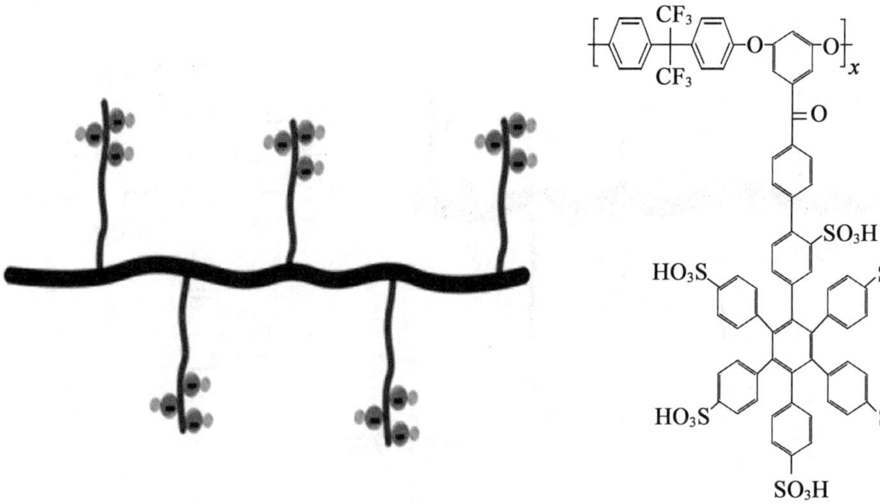

(g)接枝共聚物

续图 5.14

（1）离子交换膜。

近十年来,先进的聚合物离子交换膜得到了极大的发展,重点是利用可设计的大分子结构的潜力,促进离子通道结构的形成,以提高选择性和渗透性。这源于燃烧电池或电池分离器对更好和更低膨胀性(如萘酚膜相比)的膜的需求。研究发现,通过调整大分子骨架的密度、足够高的柔韧性(主要由柔韧侧链促进)和强制的不相容性促进离子团聚集的结构导致材料具有最佳性能。考虑到上述论点,图 5.14 所示的嵌段或接枝共聚物比标准聚合物优越,但也比仅含有簇状离子交换基团,但缺乏链弹性和段不相容性的聚合物优越。更积极的探索性研究是致力于阴离子交换聚合物,这是在碱性条件下典型的应用。不同于用于阳离子交换聚合物的磺酸基团,阴离子交换基团的类型及其与聚合物主链的连接都发生了强烈变化,以获得有效的微相分离和有效的化学稳定性(更多详情请参见参考文献[57])。

离子交换聚合物在过去也曾被提议用于反渗透脱盐,最近为此目的进行了新的尝试,例如,由于最先进的 PA‐TFC 膜的抗氧化性有限,合成了具有磺化和疏水段的聚芳基醚砜,并将其作为反渗透膜的分离层。与现有的商用膜相比,其具有优越的分离性能和氧化稳定性。从大分子结构的角度来看,多聚芳基醚砜具有重要的意义。

（2）纳米过滤膜。

当具有相对高分子量的主链聚合物与少量不同聚合物的相对长侧链进行接枝时,为在固体聚合物中形成化学上不同的纳米结构域提供了良好的先决条件。重要的是,微相分离的尺寸与侧链的旋转半径成比例,由此产生的形貌对于膜是有吸引力的,因为获得了双连续的微相(图 5.13)。与定义良好的二或三‐BCP 不同,畴是无序的,但在 2 nm 的尺寸范围内这并不是绝对必要的。事实上,如稍后将讨论的,来自二或三 – BCP 的有序的固态形态被限制在 42 nm 的畴尺寸(第 5.6.2 节)。在选定的情况下,嵌段状甚至随机线性共聚物也可以获得关于微相分离的类似效果。

在第一个例子中,通过控制自由基聚合合成的接枝共聚物聚(偏二氟乙烯基) – 接枝聚(甲基丙烯酸聚乙二醇酯)(PVDF – G – PPEGMA),用于通过在载体 PVDF 超滤膜上涂上一层薄膜来制备复合膜。通过高分辨率透射电子显微镜的结构表征和在纳滤试验中的分离性能表明,疏水基质中的亲水"纳米通道",在膜表层起到跨膜屏障的作用,并获得了水凝胶状的外膜表面结构(图 5.15,该复合膜由聚偏氟乙烯超滤膜上的聚偏氟乙烯 – g – 聚对苯二甲酸乙二醇酯(PVDF – g – PPEGMA)的微米薄分离层组成;标度条的长度为 2 nm)。该膜表现出非常高的流动性和分子选择性,同时具有最小的污染倾向。

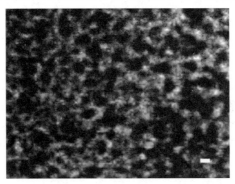

图 5.15 一种复合膜的外(选择性)表面的透射电子显微镜图像
(摘自 Akthakul,A.;Salinaro,R. F.;Mayes,A. M. Macromolecules 2004,37,7663 – 7668. 经许可)

这项工作已经通过改变主链聚合物(也使用了 PAN)和其他侧链聚合物(如 PEG 或聚两性离子)进行了扩展(审查见参考文献[65]),已经证明可以获得 1 ~ 2 nm 范围内的阻隔孔大小的膜,并且可以通过亲水侧的长度调节 MWCO(与其回转半径相关;参见上文)。由于纳米孔是由亲水性聚合物构成的,因此孔的大小也是溶剂质量的函数(由于只有部分的孔过滤,对于不太好的溶剂,孔的大小更大)。因此,这种膜在神经纤维范围内也表现出刺激反应的灵活性和选择性。最近的工作集中于两种含 PEG 的聚合物,一种是均相交联的 PPEGMA;另一种是基于具有 PEG 侧链的两亲性共聚物。结果表明,通过均相聚合物薄膜的扩散速率受溶质大小的控制,而通过共聚物的扩散速率则受溶质和 PEG 的汉森溶解度参数的差异的强烈控制。此外,对于纳米结构共聚物,两个选定分子之间的渗透选择性高出 2.5 倍。这种增强可能是由于"基质中的通道"结构的纳米离子效应(图 5.12)。这直接证明了由两亲性共聚物得到的微相分离聚合物结构比传统的交联亲水性聚合物具有更好的阻隔性能。

(3)超滤膜。

两亲性共聚物在相分离工艺条件下,可以同时发生宏观和微观相分离。这种共聚物可以作为单膜材料使用,但更可取的是作为添加剂与已建立的膜聚合物结合使用。后者具有两个潜在的优点:①需要更少数量的特殊聚合物;②相分离条件下的膜结构形成仍可能主要受主膜聚合物控制,因此所需的适应性更小。在所有情况下,当膜形成条件下不同段或最终膜内的不相容性足够大时,都可以得到表面功能化的多孔膜。当使用相对快速的溶剂交换或温度变化的 NIPS 或 TIPS 时,得到的形貌和微观结构不平衡。然而,可以得到非常有趣的膜性能。近十年来,关于这类方法的报道非常多,其目的是获得性能更好的超滤膜;与标准聚合物的膜相比,研究的重点要么是更高的表面孔隙度,要么是更高的亲水性。图5.9(第5.4.7节)中总结的使用共聚物添加剂(微相分离朝向亲水性段的表面偏析;参见图5.12,右)进行高级防污功能化的方法也属于这一类别,此处不做进一步讨论。

在 NIPS 条件下使用经过良好处理的双 BCP 是第一批示例之一,导致超滤膜具有显著的性能,并具有非常显著的超滤膜屏障特性的刺激响应性。膜是由聚苯乙烯 - B - 聚(N,N - 二甲氨基乙基甲基丙烯酸盐)(PST)通过连续活性阴离子聚合合成。NIPS 条件导致具有薄且无缺陷的多孔阻挡层和大孔体积结构的各向异性截面,并且膜是自支撑的。就水流量而言,膜能够以可逆方式对两种独立适用的刺激物(pH 和温度)进行反应。与获得最低水流量、低温和 pH 的条件相比,两种触发因素的激活导致渗透性增加 7 倍。这可以用一种微相分离结构来解释,其中 PST 作为膜基质,而 pH 和温度敏感的少数体PDMAEMA 则使孔表面产生双重刺激反应。更重要的是,通过在环境温度下对各种尺寸为 12 ~ 100 nm 的单分散二氧化硅颗粒进行 pH 依赖性超过滤来测试分离性能,并确定了在 pH >6 的条件下阻挡孔截从大于 22 nm 的孔隙转变为 pH = 2 条件下约为15 nm 孔隙的可逆转变。

2. 定义明确的嵌段共聚物

BCP 对高分子链长和结构的控制非常强,是一种非常有吸引力的纳米材料。它们的自组装性能基于这样一种设计,即不同块或段之间的不相容性导致了良好的微相分离,并且域的大小及其在空间中的排列可以由聚合物的合成和加工条件控制。在膜的平衡形态中,人们最感兴趣的是基质中的圆柱形区域和回转状区域的共连续相,两者都可以提供(潜在的)高孔隙度和均匀的(可调的)孔隙尺寸。

虽然三维体形貌已经得到了很广泛的研究,而且在许多情况下也得到了很好地理解,但是具有规则孔隙率的薄膜的制备却更为复杂,因为界面也是一大挑战。重要的是,在制膜过程中,首先将 BCP 溶液置于两个区块的共同溶剂中,然后在溶剂蒸发过程中进行微相分离,最后固化完成。由于形貌可能还没有达到平衡,因此可能需要额外的退火步骤,在这些步骤中,少量的溶剂或较高的温度可以使系统获得所需的有序形貌。此外,在典型的体积形貌中,由于两种聚合物(相)的密度接近平衡,所以没有开放孔隙。然而,正如前面已经指出的,域大小由 BCP 中不同的大分子的尺寸决定,迄今为止报告的最小尺寸为 3 nm。最终目的是利用定制的构建块的自组装特性在纳米尺度上创建具有明确孔隙率的聚合物屏障(图5.12 左图)。可以区分两种一般策略:①获得平衡结构(避免大相分离);②微相分离与大相分离的协同组合。

（1）基于平衡形态的等孔超过滤膜。

上文讨论了已有的策略①的实例，但使用了结构上不受控制的聚合物。上述例子描述了具有非常小的孔并且具有选择性的膜，其选择性受电荷相互作用控制或受充满孔的中性水凝胶的影响。

要获得具有较大开孔且明确的孔隙率，需要具有结构完全受控的聚合物，特别是采用先进的可控聚合方法合成的两嵌段共聚物和三嵌段三元共聚物。在获得具有充分发展的大分子自组装顺序的平衡体或薄膜形态的条件下制备薄膜。将这些薄膜转换成多孔膜涉及两个额外的挑战。首先，（希望）得到的有序膜只包含用于开孔的"模板"，因此必须在不破坏有序形态的情况下选择性地去除这种模板聚合物。两条主要途径是化学蚀刻或选择性溶解均聚物，或加入其他能够形成孔模板的添加剂。其次，并不是所有的形态都会导致连通的跨膜孔结构。垂直于膜表面的圆柱体是优选，也可以接受双连续陀螺结构。能否获得这样的结构取决于高分子结构，即不相容的嵌段之间的尺寸比和各自的绝对嵌段大小。

利用聚苯乙烯 – B – 聚甲基丙烯酸甲酯（PST – B – PMMA）二嵌段共聚物与其他 PM-MA 共混，实现了对可用于实际分离的多孔膜的突破。首先，在中性聚合物刷接枝的硅片上形成一个具有六角有序 PMMA 孔模板的薄膜（80 nm）。用氢氟酸溶解并将膜转移到商用 PSF 微滤膜作为载体后，用乙酸溶解 PMMA。这样就获得了非常规则的孔隙，孔径约为 20 nm。与同样孔径的刻痕膜相比，在同样可以完全排斥直径为 30 nm 的病毒的情况下，其流动性要高得多，这表明新型嵌段共聚物基膜在实际分离试验中首次优于最先进的膜。随后，利用 PS 基质的紫外交联对概念进行了修改，以通过制备稍厚的膜（160 nm），从而提高膜的稳定性。该膜不仅在其外表面上具有规则排列的 20 nm 孔，而且在体积上具有混合有序的圆柱体。较不规则的内膜结构和交联 ING 对观察到的高机械和化学稳定性至关重要（图 5.16）。

综上所述，使用"策略①"涉及复杂的程序，以获得更大孔隙的良好分离阵列。

（2）采用微相分离和大相分离相结合的等孔超滤膜。

在制备超滤膜方面，BCP 的研究取得了令人瞩目的进展，这是因为人们发现，在各向异性膜中，可以通过 NIPS 工艺将某些两亲性 BCP 溶液与有机溶剂混合，以水为辅料进行处理，从而获得非常好的等孔和薄的阻挡层。BCP 自组装和 NIPS 工艺（也称为 SNIPS）之间的协同作用是基于屏障层形成过程中的微相分离和多孔支撑层宏观相分离（两者均来自同一聚合物）的有效结合。然而，人们很快就发现，这些结构是由 BPC 胶束的自组装形成的，因此这种具有良好的脱膜势垒层的"构建块"的大小远远大于 BCP 中的大分子大小。最常用的 BCP 是聚苯乙烯块聚（4 – 乙烯基吡啶）（PST – B – P4V）。用该聚合物可获得的典型阻隔孔尺寸在 20 ～ 100 nm 之间。图 5.17 所示为各向同性的 BCP 分子与 NIPS 的自组装组合形成具有等孔阻挡层的膜。通过浇铸半稀释（SD）聚合溶液和溶剂而蒸发形成的膜，使其相互作用/自作用 – 在顶层进行组装，并将其浸入非渗透性凝固浴中，以固定表层范围和宏观相。

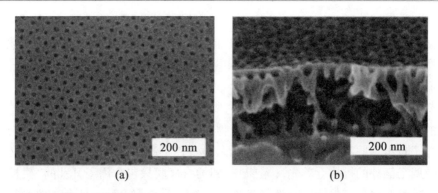

图5.16　高通量病毒过滤可用尺寸稳定、耐溶剂的 PS – B – PMMA/PSF 复合膜的选择性屏障层
（摘自 Yang,S. Y. ；Park,J. ；Yoon,J. ；Ree,M. ；Jang,S. K. ；Kim,J. K. Adv. Function. Mater.
2008,18,1371 – 1377. 经许可）

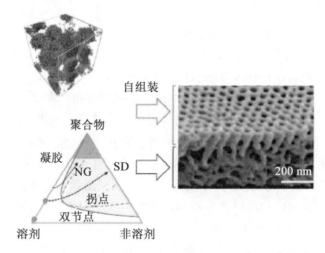

图5.17　各向同性的 BCP 分子与 NIPS 的自组装组合形成具有等孔阻挡层的膜
（Taken form Nunes,S. P. Macromolecules 2016,49,2905 – 2916. 经许可）

　　通过发现两种不同嵌段比或不同摩尔质量的 BCP 共混物可以大范围地调整由
SNIPS 获得的 BCP 超滤膜的孔径。最近,人们试图通过 BCP 的 SNIPS 将膜的孔径调整到
较小的值。在剪切法制备的膜中,使用聚苯乙烯嵌段聚(4 – 乙烯基吡啶)和聚苯乙烯 –
b – 聚丙烯酸(PST – b – PAA)的共混物(即具有相反电荷的嵌段之间的相互吸引作用
(P4PV 与 PAA)),各向异性膜可以具有良好的阻隔层形态和很高的通量(透水率为
430 L/(m² · h · bar))。另外,这些膜对直径为 1.5 nm 的测试溶质具有很高的截留率
(约100%)。与具有均匀屏障孔径的商品膜(以及具有薄的蛋白质自组装和交联层的
膜)相比,该膜具有非常相似的屏障特性但选择层的渗透性更高;如第5.6.3 节所述,这
些 BCP 共混膜采用简单的一步法制备工艺,所制备的膜具有较窄的孔径分布和非常高的
渗透性。SNIPS 方法的另一个重要扩展是制备具有等孔阻挡层的毛细管膜。

5.6.3　大分子或聚合物胶粒的替代组装方法

在支撑膜上进行聚合物的标准薄膜铸造的方法已经建立;在大多数情况下,只有一种聚合物(具有线性或分支结构)被溶解和涂层,并且由此产生的阻挡层也可以是微孔或微相分离(第 5.6.2 节)。其他各种涂层方法,例如,旋转涂层可用于达到非常低(亚微米)的屏障厚度,但这种方法的可扩展性不好。然而,本节的重点是基于预先合成的、稳定的大分子或具有预先确定的结构、尺寸和形状的粒子的自组装。目标是以另一种容易扩展的方式获得非常薄的阻挡层或非常精确地控制孔隙度。

第一个目标是通过一层一层地组装线性大分子(LBL)来实现,具有互补耦合群的构建块之间可以进行多价结合以及能够去除过量沉积物是前提条件,因此在每一步的拉伸构象中,水平组装的厚度仅随大分子构建块直径的增加而增加,因此每沉积层的厚度可以小到 1 ~ 2 nm(图 5.18(a))。自 20 世纪 90 年代初第一份关于逐层沉积的报告问世以来,其涉及可用的构建块(现在还包括颗粒、纤维或二维材料)、沉积条件(浸入、旋转、喷涂、电沉积或微流体),以及由此产生的材料和功能,使得该技术在很大程度上得到了拓展。

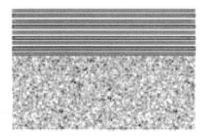

(a)通过LBL组装获得的具有互补反应性的两种聚合物的交替超薄层的侧视图

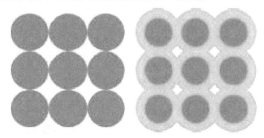

(b)两种类型的纳米颗粒阵列(刚性与刚性软核壳)的顶视图,其中空隙空间作为传输通道

(c)纳米纤维阵列

图 5.18　屏障层的示意图可视化

第二个目标是通过允许形状稳定的球形大分子或(核壳)纳米颗粒在晶格或阵列中组装,其中构建块之间的空隙空间可以提供传输路径(图 5.18(b))。单分散颗粒会形成胶体晶体,孔隙可以作为筛分介质。当使用硬球体紧密填充组件时,从几何近似值来看,四方孔的半径为球体半径的 0.225。通过使用直径为 5 nm 的颗粒,可以获得 2 nm 的孔径范围。另一种方法是沉积纳米纤维法(图 5.18(c)),这种方法将导致孔径分布不均匀。这两种方法的最终目标都是从规则填充的颗粒中获得超薄薄膜,其中这些构建块之间的空间(以及可选的构建块表面)负责运输和选择性。

1. 线性聚合物逐层沉积

通过层层沉积聚电解质多层膜(图 5.18(a))制备高级分离膜从一开始就聚焦于光伏和纳滤过程。这里将重点讨论纳滤的进展。在早期的研究中,在超过滤型的支撑膜上沉积了大量的多层膜,但人们已经认识到,为了获得良好的纳法选择性,只有双层膜才是有效的,这样的膜的活性层厚度为 10 ~ 20 nm。同时通过化学交联可额外稳定该层。例如,对于具有羧基和氨基的聚合物,当使用聚电解质作为构建块时,由于唐南排斥作用,内部的多极结构使得二价离子和一价离子之间具有很高的差异性。对于优化的 LBL 基复合膜,在 Na/Ca²⁺ 离子选择性为 50 时,对 Ca^{2+} 的截留率可达到 95%。从阴离子的角度来看,与氯化物(选择性 48)相比,对磷酸盐有很高的抑制率(98%),这表明使用这种膜的纳法回收磷的潜力。聚电解质多层复合膜的范围已经扩展到用 OSN 分离有机溶剂中的混合物,并且该方法已经被证实。与通过 NIPS(和交联)或在多孔支撑膜上进行界面聚合得到的 OSN 膜相比,可以获得更具有竞争性的性能。

在膜组件中制备复合膜以及通过膜组件和膜的流动来促进复合膜的制备,这对于进一步开发和实现 LBL 技术非常重要;这也促进了复合膜的“动态 LBL”制备方案的开发。该方案也可以应用于毛细管超滤膜作为支撑,从而将范围扩展到另一种纳滤膜格式。同时,这种高浓度的纳滤膜可以通过反冲洗来清洗。而且去除选择性层及其随后的重新定位是长期应用这种先进纳滤膜的另一个选择。

2. 胶体聚合物纳米颗粒沉积

胶体晶体(图 5.18(b))到目前为止只是偶尔作为尺寸选择膜进行探索,对于基于较大(亚微米)颗粒的系统,还没有使用。相反,以金属或金属氧化物纳米颗粒为核心和不同的有机配体作为壳体结构的各种体系已经被报道。在一个例子中,观察到刺激反应的超过滤行为。采用硫醇连接剂化学方法对具有薄金涂层的单分散硅颗粒(直径约为 300 nm)的胶体晶体薄膜进行表面功能化,使其与引发剂相结合,然后与功能聚合物进行原子转移从而实现自由基聚合(ATRP)。对于 pH 响应型聚合物聚甲基丙烯酸,通过改变 pH,可以使小摩尔质量染料的扩散速率改变 10 倍以上。

使用直径为 12 nm 的球形蛋白铁蛋白,通过在临时载体上进行过滤和化学交联来组装,为单分散刚性纳米粒子组装成高性能超滤膜提供了概念证明。在转移到多孔支撑膜上后,进行了过滤研究。对于具有约 60 nm 厚的选择层和 2.2 nm 阻隔孔径的复合膜来说(根据广泛的溶质排斥研究推断),已经达到了 9 000 $L \cdot m^{-2} \cdot h^{-1} \cdot bar^{-1}$ 的超高透水性(这比由 SNIPS 从完全脱胶的二嵌段共聚物混合物和 EST 制备的纳滤膜观察到的高一个数量级)。预计屏障孔径为 1.5 nm。这些吸引人的特征是由于组装和交联蛋白分子之间的间隙形成了很好的、相当短的运输通道(图 5.19(a)、(b):将刚性单分散有机纳米粒子(蛋白质铁蛋白;直径 12 nm)组装到大孔支架上获得的超滤膜的阻挡层示意图,以及试验确定的与球形构建块之间的空隙间距相关的阻挡层孔径的可视化图;图 5.19(c):TEM 图像确定蛋白质在层中的规则排列)。

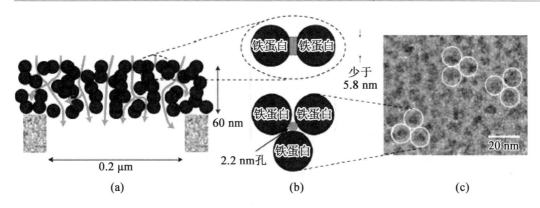

图 5.19　(a)、(b)阻挡展示意图;(c)蛋白质的 TEM 图

(摘自彭,X.;Jin,J.;Nakamura,Y.;Ohno,T.;Ichinose,I. Nat. Nanotechnol. 2009,4,553-357. 经许可)

同一组后来也使用了直径为 15 nm 的聚苯乙烯纳米粒子,但总体性能(选择性与渗透性)要低得多。另一项研究中使用了明显更大的聚合物基构建块。[94] 然而,结合退火后处理条件,采用核壳结构设计最终的纳滤膜屏障是可行的。采用直径为 48 nm、T_g 为 631 ℃ 的聚(2-羟乙基甲基丙烯酸酯)(PHEMA)制备的"软"亲水性壳体内交联聚苯并丁二烯(苯乙烯-丁二烯)纳米粒子,并将其分散在溶剂稳定的 PAN 超滤膜上。根据热后处理条件,可以得到不同的阻隔层内部结构,相应地,可以获得不同的膜性能。总体来说,通过一个潜在的"模块化"系统,包括各种定制的构建块和通过工艺参数进行的额外可调性,已经实现了水体系的竞争性膜性能。

另一个有趣的概念研究也报道了具有良好球形的有机小砌块的组装。一系列具有刚性非极性核的星形聚合物被合成,其中芳环及其稳定构象的空间填充导致了球形,并且在外围附着了短的亲水基团,所得到的结构被称为刚性星形两亲性(RSA)。同时研究者也研究了在聚醚砜(PES)超滤膜上制备复合膜的不同方法。采用中性亲水性 PVA 渗透后交联得到的中间层,然后通过控制过滤 RSA 溶液的不同时间以获得不同负载的最终活性层。复合膜的性能取决于所使用的构件和制备方法。在类似的有机染料截留率下,最好的复合膜提供的透水率是市售 PA TFC 纳滤膜的 1.3~3.1 倍(可通过制备选择层进行调节)。由此推测,厚度为 16 nm 或 9 nm 的活性层可能是由中性 RSA 分子的有效渗透形成的。

纳米纤维也可用于制造屏障结构。之前已经讨论过聚合物从其熔融物或溶液中的静电纺丝(第 5.4.4 节),但纳米纤维(纳米颗粒)也可用作构建基块(图 5.18(c))。纳米纤维素的分散体,也就是结晶纤维素的小颗粒,已经被用来制备有机溶剂纳滤的膜,这种"纳米纸"膜被发现具有非常好的分离性能。

在有机溶剂中,纤维素的纳米纤维形成基质,空隙空间通过屏障提供运输通道。在水中碳活化的类似膜具有稍微开放的屏障结构,其分子量可降至 6 kDa。最近的两项研究表明,通过在多孔支撑膜上沉积生物聚合物中的薄层纳米纤维,可以获得非常高的超滤性能。在第一种方法中,通过使用氮-吗啉-氮-氧化物,从冷冻纤维素溶液中进行水萃取,然后在大孔载体上进行过滤－沉积,制备了直径非常小且尺寸分布很窄的纤维素纳米纤维。超滤截止值是层厚的函数,24 nm 厚度的铁素体(直径 12 nm)可获得 90%以上的排斥率;5 nm 金纳米粒子的排斥率超过 90%;45 nm 厚度的金纳米粒子可获得90%以上的排斥率。如图 5.20 所示的孔径分布取决于膜的厚度,当与新型 UF 膜等相比,疏水率和透水性之间的关系甚至优于 UF 膜。

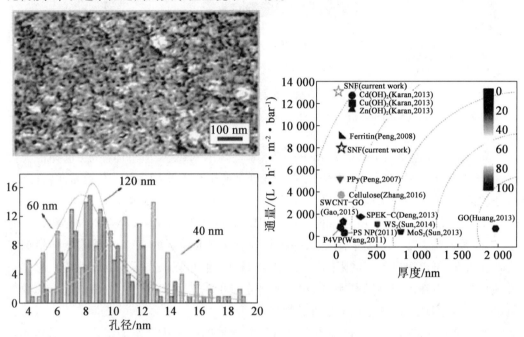

图 5.20　过滤－大孔载体上丝纳米纤维(SNF)沉积制备的载体膜的扫描电子显微镜图;孔径、分布及
　　　　对膜厚度的影响;纳米颗粒对膜与膜的对比组件(色标仪、试剂、试剂等);(铁蛋白(Peng,
　　　　2008)参考文献 92;PS NP(2011)参考文献 93;纤维素(Zhang,2016)来自参考文献 99)

5.6.4　微孔聚合物

随着诸如 PALS 等先进分析方法的发展,测定非晶态聚合物中的孔径分布也成为可能,这也被用于分析用于 GS 和反渗透膜的最先进聚合物(第 5.5.3 节)。近二十年来,为了模拟分子筛等无机材料所用的各种微孔结构,已经产生了各种类型的微孔有机聚合物,其直径范围可达 2 nm(根据 IUPAC 术语,"微孔"的范围)。当然,这些聚合物对于先进或新型膜的开发也很重要。突出的例子是所谓的具有固有微孔性(PIM)的聚合物,也就是说,在固态中大分子段的填充受到强烈干扰的材料,因此自由体积元素的尺寸和总自由体积分数大于常规非晶态聚合物。PIM 因其特殊的表面积(高达 1 000 m²/g)而备受关注。同时,人们发现,某些特定聚合物的 GS 性能可以通过热处理在很大程度上得到提高和稳定;这些聚合物被称为"热重排"(TR)聚合物。最近对这两个主要与 GS 相关的发展进行了审查。然而,最近对这些聚合物的性能进行了评估,聚合物的"固有微孔率"的

概念也可能用于其他膜过程。接下来将简要概述。

1. 用于气体分离膜的热重排聚合物

这些聚合物的原始版本是基于功能化的邻位取代。在对由前体制成的膜进行超过 350 ℃时的热处理后,同时消除二氧化碳的链内重排导致苯并恶唑型聚合物。所得膜在高 CO_2/CH_4 选择性下具有高的 CO_2 渗透性。即使在高二氧化碳压力下,几乎没有塑性化。此后,这一概念的范围扩大到了其他衍生产品和图 5.21 所示的另一种类型的重整。这种聚合物的转化机理和微观结构的细节仍在研究中。这种方法的一个优点是,通过使用极易溶解的前体聚合物,可以很容易地进行膜制造,因为生成的聚合物不再是可溶的。

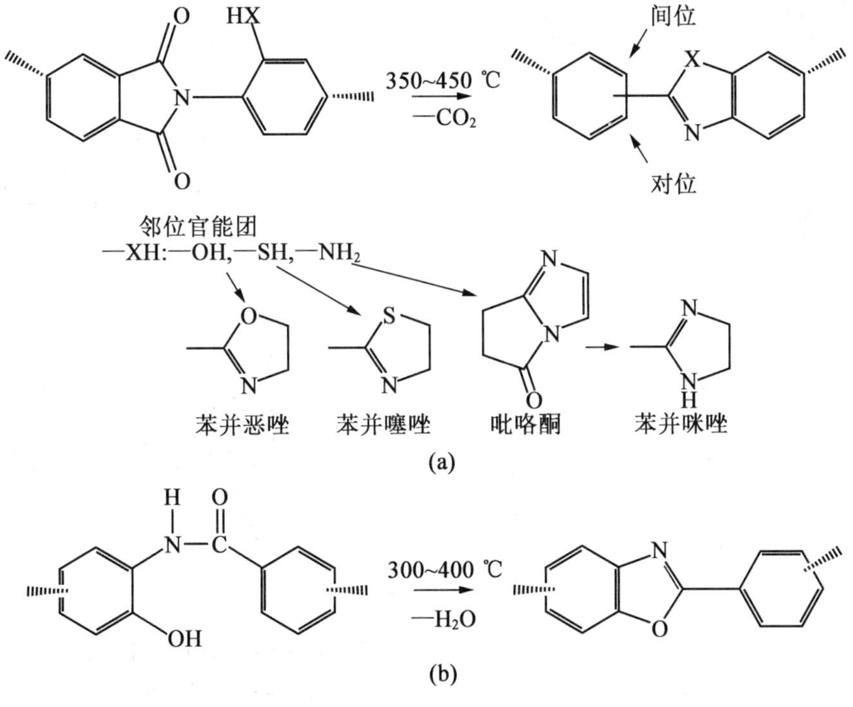

图 5.21　Tr–A 和 Tr–B 型热重排聚合物及其一般机理

(摘自 Kim,S.；Lee,Y. M. Prog. Polym. SCI,2015,43,1–32. 经许可)

2. 本征微孔聚合物用于气体分离和纳滤膜

PIMS 中的微孔结构是由于其高度刚性和扭曲的分子结构,阻止了大分子在固态中的有效填充。PIMS 的两个关键特征是其扭结的主干(Spiro 型结构)和高度受限的主干旋转运动(图 5.22)。PIMS 的“微气孔”被称为“固有的”,因为它仅仅来自于它们的分子结构,而不是来自于材料的热加工。就目前报道的来看,PIM–1 和 PIM–7 是最初报道的仅有的两种 PIM,它们可以形成足以进行膜测试的薄膜。与此同时,已经进行了广泛的结构变化,一些新的 PIM 显著超过了各种 GS 工艺的上限。然而,人们也认识到这些高自由体积聚合物的老化非常明显。但也有一些有关最大化性能和解决老化现象的策略的最新概述。

最近,PIMS 也被用于纳滤研究。由于 PMIS 具有典型的相对疏水性(图 5.22),因此

OSN 是主要目标。一种以 PIM－1 为阻隔层的 TFC 膜被报道。最近报道了一个重要的例子,说明先进制造可以推动大范围的限制。PIM 超薄薄膜已经被制备,并且发现对于厚度约 140 nm 的薄膜,溶剂渗透率异常高,可以使 OSN 发生革命性的变化(纯庚烷 18 L · m² · h⁻¹ · bar⁻¹ 的渗透性,分子量为 534 g/mol 的六苯基苯截留率为其 90%)。然而,较薄薄膜的渗透性要低得多,这与聚合物微观结构的松弛有关,导致孔隙体积损失。PIMS 的另一个潜在限制是,一些有机溶剂会使亚微米厚的 PIM 膜膨胀,从而形成类似液体的结构,而不具备高自由体积的优势。

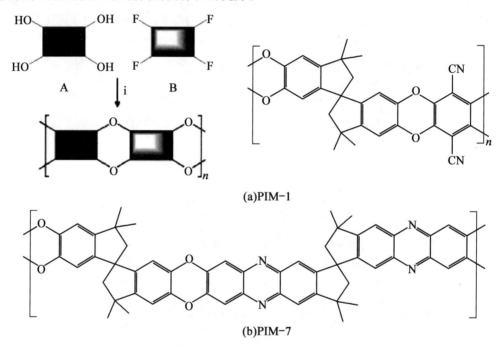

(a)PIM-1

(b)PIM-7

图 5.22　PIMS 的一般合成途径(典型反应条件:K₂CO₃ 和 DMF)和示例

(摘自 Kim,S.;Lee,Y. M. Prog. Polym. Sci. 2015, 43, 1-32. 经许可)

3. 界面聚合法制备类 PIM 聚合物

界面聚合是一种非常通用的制备超薄选择层的技术,从浸渍有一种单体水溶液的多孔膜开始,然后在不与水混溶的有机溶剂中通过具有互补反应性的第二单体溶液与膜接触(第 5.4.6 节)。然而,实际阻挡层的形成是一个复杂的过程,详细的结构控制是有限的;因此,对于所有已建立的 TFC PA 膜,性能取决于内在和外在特性的组合(第 5.5.3 节)。考虑到 PIMS 的潜力,最近的一项研究首次表明,用另外两种单体取代标准单体(TMC),这两种单体都会导致聚合物明显的扭曲结构,这实际上是一种通往具有交联 PIM 样屏障层的 TFC 膜的途径,因此可调节分离性能。在纳滤范围内保持排斥反应时,微孔体积大大增加,与渗透性显著增强的膜水平平行。在类似的尝试中,通过在有机相中使用 TMC,在水相中使双或多功能苯酚单体结合,在溶液中以 PIM 样结构作为超薄(20 nm)阻挡层的交联聚芳酯(即,具有酯而非 PAS 特有的酰胺链),制备了 NT 稳定的多孔支撑膜。与标准非晶态聚合物相比,最佳 PIM 的微孔分数高得多,与最先进的技术相比,渗透性大大增强(例如,对于玫瑰红 MW =1 017 g/mol,异丙醇的截留率为 8 L/(m² · h · bar),也就是说,对于相同的排斥,比所有文献数据大 10 倍左右)。图 5.23 显示,在这些条件下评估的 OSN 膜的"上限"非常高。

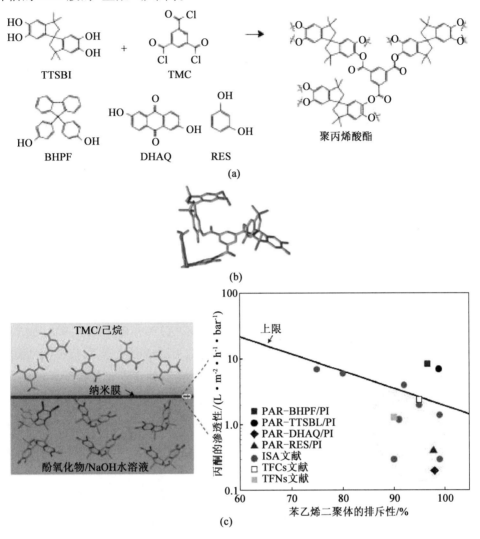

(a)

(b)

(c)

图 5.23　(a)制备聚丙烯酸酯示意图;(b)TMC/乙烷与本分氧化物/Naou 水溶液结构示意图;(c)中间的米膜的丙酮的渗透性与苯乙烯乙聚体的排斥性的示意图
(摘自 M. F. ; Song, Q. ; Jelfs, K. E. ; Munoz Ibanez, M. ; Livingston, A. G. Nat. Mater. 2016,15,760 – 767. 经许可)

5.6.5　基于小分子(活性)组装的替代制造工艺

以小分子为基块制备薄势垒层的方法有很多种,从原位(交联)聚合反应到随后的交联自组装。交联通常是为了在纳滤应用中存在溶剂(水或有机)的情况下稳定薄层,但与聚合相结合,也有助于制备薄且无缺陷的膜。等离子体聚合,也就是说,一种基于功能单体(也可以是基底表面)活化并导致交联功能性聚合物膜的工艺,自几十年来一直被考虑用于制备 TFC 膜。尽管有潜力,但在制备真正的膜方面的应用是罕见的,这可能是由于复杂的尺度和对生成的势垒层固有性质会产生有限控制。一个显著的例外是通过等离子体增强化学气相沉积制备了一系列 35 nm 薄类金刚石碳纳米片的分子前体(如乙炔、吡啶或己甲基二硅氮),其性能具有优异的纳滤性能,完全排斥了原孔。在 80 kPa 的跨膜压力下,Hyrine IX(MW =563 g/mol;直径为 1.5 nm),乙醇的渗透率为 67 L/($m^2 \cdot h$)。

本节的重点一方面在于复合膜的原位聚合方法,该方法在官能团和网络结构和阻挡层厚度方面提供了更好的控制方法,但由此产生的聚合物选择性层具有非晶态结构。另一方面,介绍了近年来在亚纳米范围内利用小分子自组装技术制备具有良好孔隙的液晶聚合物基选择层的方法。

1. 接枝与填孔共聚

在文献中已经报道了各种例子,其中多孔载体的反应性孔隙填充的概念已经被用于聚合物网络的固有分离中性溶质的尺寸选择性筛选(在超纳过滤中),通过电荷相互作用或溶液扩散作用分离离子(在纳滤中)等。

以水溶性单体为原料,在水中通过交联共聚反应合成水凝胶,提高了水凝胶对水溶液分离的选择性。有了溶剂稳定的基膜,延伸到有机溶剂系统就很简单了。由于聚合物网络在基膜的孔内形成,因此得到的复合膜(或其阻隔层)的孔隙率显著降低,而总厚度基本不变。基于功能聚合物在刚性多孔支撑材料孔隙中的空间分布,可以使用两种效应来控制或改善其性能;膜孔施加的膨胀限制可以在各种操作条件下保持屏障性能,并且机械性能得到改善,因此可使用压力驱动(对流)气流。功能性聚合物在多孔膜中的结合可以通过在基材表面开始的单体的接枝共聚、单体的原位交联聚合或预合成聚合物的交联来实现;在所有情况下,基膜(或至少其选择层)的孔必须均匀地填充含有适当浓度的凝胶前体的溶液,并且必须找到能够很好地控制转化率/交联度的反应条件。

对大孔聚丙烯(PP)膜中的聚(4 - 乙烯基吡啶)或聚(2 - 丙烯酰胺基 - 2 - 甲基丙磺酸)等多电解质原位交联聚合制备的多孔纳滤膜进行了全面的研究。其优异的离子和分子分离性能是由该复合材料控制的。凝胶根据其大小和额外的 DounN 排斥机制。例如,由于水凝胶施加的高电荷密度,具有高度交联的填孔聚合物的复合膜获得了非常高的 NaCl 截留率。相应地,在制备过程中,只需简单地调整一些水凝胶参数,就可以根据分离要求来调整膜的性能。与对称复合膜相比,不对称复合膜无论是由于基膜的非对称孔结构,还是由于孔内不对称的水凝胶结构,都具有更高的性能。与商用纳滤膜相比,通过保持较高的截留率(钠、钠、镁),可以获得更高的通量。通过使用紫外光引发的接枝共聚,以本征光反应性 PES 超滤膜为载体,结合两种单体乙烯磺酸(在所有阳离子交换单体中提供了可能最高的电荷密度)和交联剂单体亚甲基双丙烯酰胺,官能化可以限制在基膜的活性层和非常薄的一层充满孔的水凝胶上。选择性基于尺寸排除(如实现葡萄糖高排斥的可能性)和 Donnan 排除的组合。重要的是,在相对较高的盐浓度(高达 8 g/L)下,二价离子也保持了很高的截留率,这可以归因于活性层中的高电荷密度。

通过在溶剂稳定的 PAN UF 膜上进行光接枝共聚,还建立了一种用于 PV 的充满孔的复合膜,最近报道了一个类似的概念。通过非常薄的选择性势垒和通过限制支撑膜阻挡孔中的选择性聚合物防止选择性聚合物的溶胀,实现了 PV 分离有机 - 有机混合物的高通量和选择性。

2. 两亲物与液晶微孔相的组装和交联

与相对大的大分子或其超分子组件(第 5.6.2 节)相比,获得更小的均匀孔径的另一种方法(第 5.6.2 节)是确定小而均匀的结构块的有序组件。从原理上讲,亲液性液晶(LLC)的形态可以在基质中提供一种规则的、相对密集的潜在传输路径,并且通过合适的两亲性构建块,可以在聚合物基质中获得一组规则的连通水填充域。在其他小组早先的一些尝试之后,近十年来,Gin 和 Noble 基团在这一方向上取得了重大而系统的进展。通过一种特殊的 LLC 单体,通过原位交联聚合将双连续立方相(QI)转变为分子尺寸选择性的水滤膜。这种新型纳米多孔材料的有效孔径约为 0.75 nm,具有很高的拒盐性,其本征透水率与商业反渗透膜的阻隔层相似。最近,新的加工方法已经能够生产更大面积的 TFC 膜,与商业膜相比,由于实现了低阻挡厚度,因此可以直接证明与商用膜相比具有竞争性的分离性能,图 5.24 描述了 LLC 单体交联气相的结构、交联聚合制备薄膜复合膜的步骤以及通过纳米过滤材料进行水净化的建议机理;注意,与之前通过熔融挤压法制备的更厚的阻隔层相比,孔径稍大。在更详细的研究中还发现,通过这些膜的水流受到盐溶液的强烈影响,尤其是在之前的试验中通过膜过滤的阴离子。因此,有效孔径似乎也受到"调节"效应的影响,这可能与两亲性分子构建基团的极性官能团的阴离子交换特性有关。

已经报道了一种使用楔形液晶形成分子的类似方法,该分子具有一个阳离子头部基团和从芯延伸的侧基团中用于交联的双键,所获得的 TFC 膜的竞争分离性能也可以基于其具有显著的盐排斥和显著的离子选择性的有序的亚纳米水通道阵列来描述。

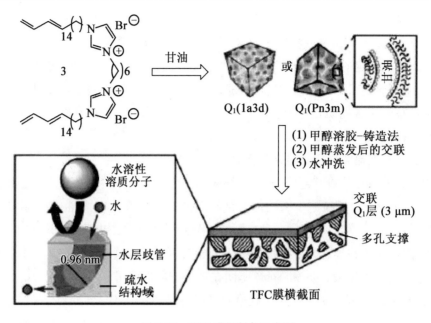

图 5.24　TFC 膜的制备示意图

(摘自 Carter, B. M; Wiesenawer, B. R.; Hataleyama, E. F.; Barton, J. L; Noble, R. D.; Gin, Dil. Chem mater. 2012,24,4005 – 4007. 经许可)

5.7　结　论

目前已经有多种具有不同阻隔性能的聚合物膜可供选择,其中许多膜具有不同的形式和不同的专用规格。该领域的持续发展是非常动态的,重点是进一步提高屏障选择性(如果可能,在最大跨膜流动时)或改善膜稳定性,以扩大适用性。这种膜性能的调整是通过各种途径进行的,以功能性聚合物结构为重点的受控高分子合成、新型复合膜的制备以及选择性表面或孔修饰是最重要的趋势。微孔或微相分离,通过将定制的构建块自组装到基质结构中,以改进固有势垒性能,从而在各种不同的膜分离过程中使分离性能高于"上限"。高级功能性聚合物膜,如刺激响应性或自我修复膜是该领域另一个维度发展的例子;同时,这种动态膜有着软性有机材料的特殊优势。总体来说,聚合物膜将在许多不同领域的工艺过程中发挥重要作用。

本章参考文献

[1] Baker, R. W. membrane Technology and Applications, 2nd ed., John Wiley & Sons, Ltd: Chichester, 2004.

[2] Ulbricht, M. Polymer 2006, 47, 2217 – 2262.

[3] George, S. C.; Thomas, S. Prog. Polym. Sci. 2001, 26, 985 – 1017.

[4] Utracki, L. A. Polymer Blend Hand Book; Kluwer Academic Publishers: Dordrecht, 2002.

[5] Ho, W. S., Sirkar, K. K. Membrane Handbook, Van Nostrand Reinhold: New York, 1992.

[6] Sirkar, K. K. lnd. Eng. Chem. Res. 2008, 47, 5250 – 5266.

[7] Loeb, S., Sourirajan, S. Sea Water Demineralization by Means of an Osmotic Membrane. Adv. Chem. Ser. 1962, 38, 117 – 132.

[8] Sanders, D. F.; Smith, Z. P., Guo, R.; Robeson, L. M.; McGrath, J. E., Paul, D. R.; Freeman, B. D. Polymer 2013, 54, 4729 – 4761.

[9] van de Witte, P.; Dijkstra, P. J.; vand den Berg, J. W. A.; Feijen, J. J. Membr. Sci. 1996, 117, 1 – 31.

[10] Khare, V. P.; Greehberg, A. R.; Krantz, W. B. J. Membr. Sci. 2005, 258, 140 – 156.

[11] Guillen, G. R.; Pan, Y.; Li, M.; Hoek, E. M. V. lnd. Eng. Chem. Res. 2011, 50, 3798 – 3817.

[12] http://www.hansen – solubility.com.

[13] Grulke, E. A. InPolymer Handbook, 4th ed.; Brandrup, J.; Immergut, E. H.; Grulke, E. A.; Abe, A.; Bloch, D. R., Eds.; John Wiley & Sons: New York, 1999: p. Ⅶ/675.

[14] Ahmed, F. E.; Lalia, B. S.; Hashaikeh, R. Desalination 2015, 356, 15 – 30.

[15] Gopal, R.; Kaur, S.; Feng, C. Y.; Chand, C.; Ramakrishna, S.; Tabe, S.; Matsuura, T. J. Membr. Sci. 2007, 289, 210 – 219.

[16] Veleirinho, B.; Lopes da Silva, F. A. Process Biochem. 2009, 44, 353 – 356.

[17] Homaeigohar, S.; Koll, J.; Lilleodden, E. T.; Elbahri, M. Sep. Purif. Technol. 2012, 98, 456 – 463.

[18] Yoon, K.; Kim, K.; Wang, X.; Fang, D.; Hsiao, B. S.; Chu, B. Polymer 2006,

47,2434 - 2441.

[19] Wang, X.; Yeh, T. M.; Wang, Z.; Yang, R.; Wang, R.; Ma, H.; Hsiao, B. S.; Chu, B. Polymer 2014,55,1358 - 1366.

[20] Fleischer, R. L.; Alter, H. W.; Fuman, S. C.; Price, P. B.; Walker, R. M. Science 1972,172,255.

[21] Fink, D. Fundamentals of Ion - Irradiated Polymers; Springer: Berlin, 2004.

[22] Petersen, R. J. J. Membr, Sci. 1993,83,81 - 150.

[23] Li, D.; Yan, Y.; Wang, H. Prog. Polym. Sci. 2016,61,104 - 155.

[24] Cadotte, J.; King, R.; Majerle, R.; Peltersen, R. J. Macromol. Sci., Chem. 1981,A15,727 - 755.

[25] Werber, J. R.; Qsuji, C. O.; Elimelech, M. Nat. Rev. Mater. 2016,1,16018.

[26] Yasuda, H. J. Membr. Sci. 1984,18,273 - 284.

[27] Möckel, D.; Staude, E.; Guiver, M. D. J. Membr. Sci. 1999,158,63 - 75.

[28] Boom, R. M.; van den Boomgaard, Th.; Smolders, C. A. J. Membr. Sci. 1994,90, 231 - 249.

[29] Asatekin, A.; Menniti, A.; Kang, S.; Elimelech, M.; Morgenroth, E.; Mayes, A. M. J. Membr. Sci. 2006,285,81 - 89.

[30] Rana, D.; Matsuura, T.; Narbaitz, R. M. J. Membr. Sci. 2006,277,177 - 185.

[31] Kato, K.; Uchida, E.; Kang, E. T.; Uyama, Y.; Ikada, Y. Prog. Polym. Sci. 2003,28,209 - 259.

[32] Yang, Q.; Adrus, N.; Tomicki, F.; Ulbricht, M. J. Mater. Chem. 2011,21,2783 - 2811.

[33] He, D. M.; Susanto, H.; UUlbricht, M. Prog. Polym. Sci. 2009,34,62 - 98.

[34] Zhao, J.; Zhao, X.; Jiang, Z.; Li, Z.; Fang, X.; Zhu, J.; Wu, H.; Su, Y.; Yang, D.; Pan, F.; Shi, J. Prog. Polym. Sci. 2014,39,1668 - 1720.

[35] Kane, R. S.; Deschatelets, P.; Whitesides, G. M. Langmuir 2003,19,2388 - 2391.

[36] Susanto, H.; Ulbricht, M. Langmuir 2007,23,7818 - 7830.

[37] Quilitzsch, M.; Osmond, R.; Krug, M.; Heijnen, M.; Ulbricht, M. J. Membr. Sci. 2016,518,328 - 337.

[38] Chen, W. J.; Su, Y. L.; Peng, J. M.; Dong, Y. N.; Zhao, X. T.; Jiang, Z. Y. Adv. Fuct Mater. 2011,21,191 - 198.

[39] Ulbricht, M.; Schuster, O.; Ansorge, W.; Ruetering, M.; Steiger, P. Sep. Purif. Technol. 2007,57,63 - 73.

[40] Kools W., Process of Forming Multilaryered Structures, U. S. Patent 7208200, April

24,2007.

[41] Mehta, A.; Zydney, A. L. J. Membr. Sci. 2005,249,245.

[42] Geise, G. M.; Park H. B.; Sagle, A. C.; Freeman, B. D.; McGrath, J. E. J. Membr. Sci. 2011,369,130 - 138.

[43] Peeva, P. D.; Million, N.; Ulbricht, M. J. Membr. Sci. 2012,390 - 391,99 - 112.

[44] van Reis, R.; Brake, J. M.; Charkoudian, J.; Burms, D. B.; Zydney, A. L. J. Membr. Sci. 1999,. 159,133 - 142.

[45] Kumar, M.; Ulbricht, M. RSC Adv. 2013,3,12190 - 12203.

[46] Hiche, H. G.; Lehmann, I.; Malsch, G.; Ulbricht, M.; Becker, M. J. Membr. Sci. 2002,198,187 - 196.

[47] Poloskaya. G. A.; Meleshko, T. K.; Gofman, I. V.; Polosky, A. E.; Cherkasov, A. N. Sep. Sci. Technol. 2009,44,3814 - 3831.

[48] Cahill, D. G.; Freger, V.; Kwak, S. Y. MRS Bull. 2008,33,27 - 32.

[49] Fujioka, T.; Oshima, N.; Suzuki, R.; Price, W. E.; Nghiem, L. D. J. Membr. Sci. 2015,486,106 - 118.

[50] Vandezande, P.; Gevers. L. E. M.; Vankelecom, I. F. J. Chem. Soc. Rev. 2008, 37,365 - 405.

[51] Marchetti, P.; Jimenez Solomon, M. F.; Szekely, G.; Livingson, A. G. Chem. Rev. 2014,114,10735 - 10806.

[52] Jue, M. L.; Lively, R. P. React. Funct. Polym. 2015,86,88 - 110.

[53] Strathmann, H. lon Exchange Membrane Separation Proccess; Elsevier:Amsterdam, 2004.

[54] Xu, T. J. Membr. Sci. 2005,263,1 - 29.

[55] Nasf, M. M.; Hegazy, E. S. A. Prog. Polym. Sci. 2004,29,499 - 561.

[56] Balster, J.; Stamatialis, D. F.; Wessling, M. Chem. Eng. Prog. 2004,43,1115 - 1127.

[57] Ran, J.; Wu, L.; He, Y.; Yang, Z.; Wang, Y.; Jiang, C.; Ge, L.; Bakangura, E; Xu, T. J. Membr. Sci. 2017,522,267 - 291.

[58] Robeson, L. M.; Hwu, H. H.; McGrath, J. E. J. Membr. Sci. 2007,302,70 - 77.

[59] Jonquieres, A.; Clement, R.; Lochon. P.; Neel, J.; Dresch, M.; Chretien, B. J. Membr. Sci. 2002, 206,87 - 117.

[60] Feng, X.; Huang, R. Y. M. lnd. Eng. Chem. Res. 1997,36,1048 - 1066.

[61] Ong, Y. K.; Shi, G. M.; Le, N. L.; Tang, Y. P.; Zuo, J.; Nunes, S. P.; Chung, T. S. Prog. Polym. Sci. 2016,57,1 - 31.

[62] Li, N.; Guiver, M. D. Macromolecules 2014,47,2175 – 2198.

[63] Park, H. B.; Freeman, B. D.; Zhang, Z. B.; Sankir, M.; McGrath, J. E. Angew. Chem. Int. Ed. 2008,120,6108 – 6113.

[64] Akthakul, A.; Salinaro, R. F.; Mayes, A. M. Macromolecules 2004,37,7663 – 7668.

[65] Asatekin, A.; Vannucci, C. Nanosci. Nanotechnol. Lett. 2015,7,21 – 32.

[66] Vannucci, C.; Taniguchi, I.; Asatekin, A. ACS MaCro Lett. 2015,4,872 – 878.

[67] Schacher, F.; Ulbrich, M.; Müler, A. E. H. Adv. Funct. Mater. 2009,19,1040 – 1045.

[68] Nunes, S. P. Macromolecules 2016,49,2905 – 2916.

[69] Yang, S. Y.; Ryu, H.; Kim, H. Y.; Kim, J. K.; Jang, S. K.; Russell, T. P. Adv. Mater. 2006,18,709 – 712.

[70] Yang, S. Y.; Park, J.; Yoon, J.; Ree, M.; Jang, S. K.; Kim, J. K. Adv. Funct. Mater. 2008,18,1371 – 1377.

[71] Peinemann, K. V.; Abetz, V.; Simon, P. F. W. Nat. Mater. 2007,6,992 – 996.

[72] Dorin, R. M.; Marques, D. S.; Sai, H.; Vainio, U.; Phillip, W. A.; Peinemann, K. V.; Nunes, S. P.; Wiesner, U. ACS Marcro Lett. 2012,1,614 – 617.

[73] Radjabian, M.; Abetz, V. Adv. Mater. 2015,27,352 – 355.

[74] Yu, H.; Qiu, X.; Moreno, N.; Ma, Z.; Calo, V. M.; Nunes, S. P.; Peinemann, K. V. Angew. Chem. Int. Ed. 2015,54,13937 – 13941.

[75] Radjabian, M.; Koll, J.; Buhr, J.; Handge, U. A.; Abetz, V. Polymer 2013,54, 1803 – 1812.

[76] Hilke, R.; Pradeep, N.; Behzad, A. R.; Nuncs, S. P.; Peinemann, K. V. J. Membr. Sci. 2014,472,39 – 44.

[77] Noor, N.; Koll, J.; Radiabian, M.; Abetz, C.; Abetz, V. Macromol. Rapid Commun. 2015,37,414 – 419.

[78] Richardson, J. J.; Björnmalm, M.; Caruso, F. Science 2015,348,2491.

[79] Green, E.; Fullwood, E.; Selden. J.; Zharov, I. Chem. Commun. 2015,51,7770 – 7780.

[80] Tieke, B.; Toutianoush, A.; Jin, W. Adv. Colloid Interface Sci. 2005,116,121 – 131.

[81] Hong, S. U.; Malaisamy, R.; Bruening, M. L. J. Membr. Sci. 2006,283,366 – 372.

[82] Joseph, N.; Ahmadiannamini, P.; Hoogenboom, R.; Vankelecom, I. F. J. Polym.

Chem. 2014,5,1817 – 1831.

[83] Sullivan, D. M. ; Bruening, M. L. J. Membr. Sci. 2005,248,161 – 170.

[84] Ouyang, L. ; Malaisamy, R. ; Bruening, M. L. J. Membr. Sci. 2008,310,76 – 84.

[85] Hong, S. U. ; Ouyang, L. ; Bruening, M. L. J. Membr. Sci. 2009,327,2 – 5.

[86] Ahmadiannamini, P. ; Li, X. ; Goyens, W. ; Meesschaert, B. ; Vanderlinden, W. ; Feyter, S. D. ; Vankelecom, I. F. J. J. Membr. Sci. 2012,403 – 404,216 – 226.

[87] Zhang, G. ; Gu, W. ; Ji, S. ; Liu, Z. ; Peng, Y. ; Wang, Z. J. Membr. Sci. 2006, 280,727 – 733.

[88] Menne, D. ; Kamp, J. ; Wng, J. E. ; Wessling, M. J. Membr. Sci. 2016,499,396 – 405.

[89] Shan, W. ; Bacchin, P. ; Aimar, P. ; Bruening, M. L. ; Tarabara, V. V. J. Membr. Sci. 2010,349,268 – 278.

[90] Menne, D. ; Üzüm, C. ; Koppelmann, A. ; Wong, J. E. ; van Foeken, C. ; Borre, F. ; Dähne, L. ; Laakso, T. ; Pihlajamäki, A. ; Wessling, M. J. Membr. Sci. 2016, 520,924 – 932.

[91] Ignacio – de Leon, P. A. A. ; Zharov, I. Langmuir 2013,29,3749 – 3756.

[92] Peng, X. ; Jin, J. ; Nakamura, Y. ; Ohno, T. ; Ichinose, I. Nat. Nanotechool. 2009,4,353 – 357.

[93] Zhang. O. G. ; Ghosh, S. ; Samitsu, S. ; Peng, X. S. ; Ichinose, I. J. Mater. Chem. 2011,21,1684 – 1688.

[94] Marchetii, P. ; Mechelhoff, M. ; Livingston, A. G. Sci. Rep. 2015,5,17353.

[95] Lu, Y. ; Suzuki, T. ; Zhang, W. ; Moore, J. S. ; Marinas, B. J. Chem. Marter. 2007,19,3194 – 3204.

[96] Suzuki, T. ; Lu, Y. ; Zhang, W. ; Moore, J. S. ; Marinas, B. J. Environ. Sci. Technol. 2007,41,6246 – 6252.

[97] Mautner, A. ; Lee, K. Y. ; Lahtinen, P. ; Hakalahti, M. ; Tammelin, T. ; Li, K. ; Bismarck, A. Chem. Commun. 2014,50,5778 – 5781.

[98] Mautner, A. ; Lee, K. Y. ; Tammelin, T. ; Mathew, A. P. ; Nadoma, A. P. ; Li, K. ; Bismarck, A. React. Funct Polym. 2015,86,209 – 214.

[99] Zhang, Q. G. ; Deng, C. ; Soyekwo, F; Liu, Q. L. ; Zhu, A. M. Adv. Funct. Mater. 2016,26,792 – 800.

[100] Ling, S. ; Jin, K. ; Kaplan, D. L. ; Buehler, M. J. Nano Lett. 2016,16,3795 – 3800.

[101] Dawson, R. ; Cooper, A. I. ; Adams, D. J. Prog. Pclym. Sci. 2012,37,530 – 563.

[102] McKeown, N. B.; Budd, P. M. Chem. Soc. Rev. 2006,35,675-683.

[103] Park, H. B.; Jung, C. H.; Lee, Y. M.; Hill, A. J.; Pas, S. J.; Mudie, S. T.; Van Wagner, E.; Freeman, B. D.; Cookson, D. J. Science 2007,318,254-258.

[104] Kim, S.; Lee, Y. M. Prog. Polym. Sci. 2015,43,1-32.

[105] Ghanem, B. S.; Swaidan, R.; Litwiller, E.; Pinnau, I. Adv. Mater. 2014,26, 3688-3692.

[106] Swaidan, R.; Ghanem, B. S.; Litwiller, E.; Pinnau, I. Macromolecules 2015,48, 6553-6561.

[107] Swaidan, R.; Ghanem, B. S.; Pinnau, I. ACS Macro Lett. 2015,4,947-951.

[108] Fritsch, D.; Merten, P.; Heinrich, K.; Lazar, M.; Priske, M. J. Membr. Sci. 2012,401-402,222-231.

[109] Gorgojo, P.; Karan, S.; Wong, H. C.; Jimenez-Solomon, M. F.; Cabral, T. J.; Livingston, A. G. Adv. Funct. Mater. 2014,24,4729-4737.

[110] Qian, H.; Zheng, J.; Zhang, S. Polymer 2013,54,557-564.

[111] Jimenez-Solomon, M. F.; Song, Q.; Jelfs, K. E.; Munoz-Ibanez, M.; Livingston, A. G. Nat. Mater. 2016,15,760-767.

[112] Karan, S.; Samitsu, S.; Peng, X.; Kurashima, K.; Ichinose, I. Science 2012, 335,444-447.

[113] Yamaguchi, T.; Nakao, S. I.; Kimura, S. Macromolecules 1991,24,5522-5527.

[114] Mika, A. M.; Childs, R. F.; dickson, J. M.; McCarry, B. E.; Gagnon, D. R. J. Membr. Sci. 1997,135,81-92.

[115] Ulbricht, M.; Schwarz, H. H. J. Membr. Sci. 1997,136,25-33.

[116] Adrus, N.; Ulbricht, M. J. Mater. Chem. 2012,22,3088-3098.

[117] Zhou, J.; Childs. R. F.; Mika, A. M. J. Membr. Sci. 2005,254,89-99.

[118] Mika, A. M.; Childs, R. F.; Dickson, J. M. J. Membr. Sci. 1999,153,45-56.

[119] Suryanarayan, S.; Mika, A. M.; Childs, R. F. J. Membr. Sci. 2006,281,397-409.

[120] Bernstein, R.; Antón, E.; Ulbricht, M. ACS Appl. Mater. Interfaces 2012,4, 3438-3446.

[121] Bernstein, R.; Antón, E.; Ulbricht, M. J. Membr. Sci. 2013,427,129-138.

[122] Grimaldi, J.; Imbrogno, J.; Kilduff, J.; Belfort, G. Chem. Mater. 2015,27,4142-4148.

[123] Gin, D. L.; Bara, J. E.; Noble, R. D.; Ellott, B. E. Macromol. Rapid Commun. 2008,29,367-389.

[124] Carter, B. M. ; Wiesenauer, B. R. ; Hatakeyama, E. S. ; Barton, J. L. ; Noble, R. D. ; Gin, D. L. Chem. Mater. 2012,24,4005 – 4007.

[125] Carter, B. M. ; Wisenauer, B. R. ; Noble, R. D. ; Gin, D. L. J. Membr. Sci. 2014,455,143 – 151.

[126] Henmi, M. ; Nakasuji, K. ; Ichikawa, T. ; Tomioka, H. ; Skamoto, T. ; Yoshio, M. ; Kato, T. Adv. Mater, 2012,24,2238 – 2241.

[127] Wandera, D. ; Wickamasinghe, S. R. ; Husson, S. M. J. Membr. Sci. 2010,357,6 – 35.

[128] Tyagi, P. ; Deratani, A. ; Bouyer, D. ; Cot, D. ; Gence, V. ; Barboiu, M. ; Phan, T. N. T. ; Berlin, D. ; Gigmes, D. ; Quemener. D. Angew. Chem. Int. Ed. 2012, 51,7166 – 7170.

第6章　用于压力驱动进程的先进聚合物及有机－无机膜

6.1　用于压力驱动进程的膜

在早期发表的文献中已有关于膜和膜材料的详细综述。在本章中,首先以目前最典型的应用实例介绍传统膜(反渗透膜(RO)、纳滤膜(NF)、超滤膜和气体分离膜(GS))在压力驱动进程中最新的研究进展。在此之后,本节将重点介绍近期研发的先进聚合物膜和有机－无机材料膜。

目前,制备多孔聚合物膜最常用的方法是"逆相法",该方法利用温度变化来诱导原有的高聚物均匀溶液发生相分离,然后将浇注液浸入非溶剂浴(湿法)或置于非溶剂气氛(干法)中。湿法制备是最常见的,并被广泛应用于工业上制备具有高渗透性和高选择性及不对称结构的超滤膜、反渗透膜、气体分离膜。若想进一步达到反渗透膜或者气体分离膜所需的选择性可以额外采用薄涂层技术。利用逆相法制备不对称膜及浇注液组分和温度等参数的影响一直是许多文章的研究主题,在此将不做详细介绍。

6.1.1　反渗透膜

反渗透技术是一项在工业上被长期认可的大规模制膜技术。世界上的大规模海水淡化工厂都在运用反渗透技术。最早用于薄膜制备的材料是醋酸纤维素,通过逆相法将溶液浇注在无纺布上并浸入水中可以很容易地制备出薄膜材料。膜上具有一个选择性的顶部层和加大尺寸的孔洞是整体不对称膜的一个显著特征。由于具有较高的耐氯性和稳定性,醋酸纤维素还成功地被应用在高污染的给水处理(螺旋缠绕模块)等应用领域,如在市政设施和地面供水中。在沙特阿拉伯,薄醋酸纤维素中空管主要用于海水淡化。若原料的一部分是有机溶剂且温度高于50 ℃时及 pH 小于3 或大于7 时,在化学和医药领域的应用中醋酸纤维素膜的缺点暴露的较为明显。在上述条件下,芳香族聚酰胺则表现出更高的耐溶剂性,并且可以在更宽的 pH 范围(pH =4 ~ 11)中使用,目前主要应用于微咸水和海水的处理领域中。醋酸纤维膜可以利用非常薄的中空纤维来制备,并且单位体积的表面积非常大,但其主要缺点是耐氯性低、易结垢,因此在海水淡化和废水处理领域中膜的需求量较大。此种应用中非常成功的一类膜是"薄膜复合材料"(TFC),它是在多孔载体表面通过界面聚合作用而制备成的。Petersen 发表了一篇关于复合膜的综述文章。TFC 膜通常允许具有较低的盐溶解度的水流大量通过。它们通常是由聚酰胺或聚醚的超薄层组成,可在原位反应过程中及在不对称多孔载体(通常是聚砜)的交联过程中聚合而成。由于致密的选择性层非常薄,膜可以在较高的流量和较低的压力下工作。虽然醋酸纤维素的耐氯性低,但化学稳定性较好,它们的 pH 在 2～11 之间变化。膜的制备过程首先是将多孔载体浸入含有水溶性单体的水溶液中,然后,将多孔载体浸泡在非极性溶剂的第二种单体溶液中。这两种单体只能在有机溶液和水溶液的界面上反应,并会在多孔载体表面形成一层薄薄的聚合物层,聚合物层一旦形成,就成为单体输送的屏障影响缩聚的连续性。另外,聚合物层上的任何缺陷都可以通过一种自愈机制立即修复,因为这时可以发生单体转移和缩聚反应。由 Cadotte 开发的 FilmTec FT－30 是最成功的 TFC 膜之一,现已被陶氏公司商业化。FT－30 制备过程中涉及如下反应:

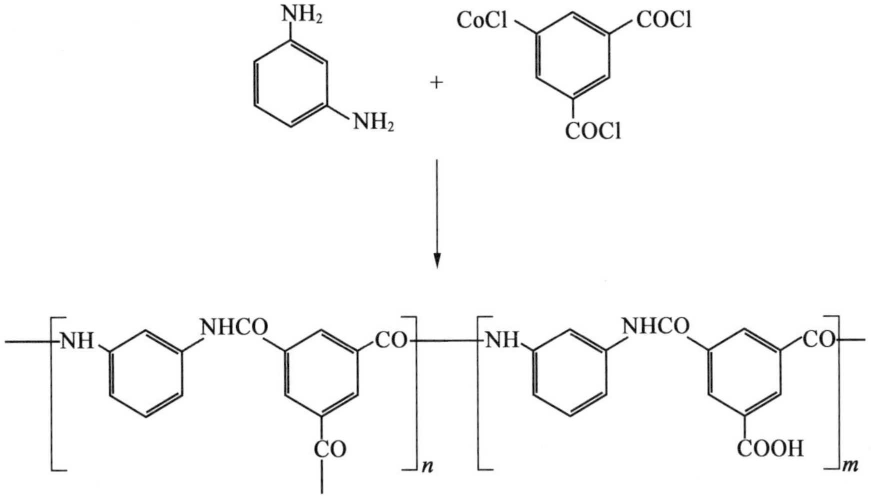

聚酰胺层是在聚酯支撑网上的不对称微孔聚砜支撑上形成的。聚酯网是主要的结构支撑物,且表面上的孔径大约为 15 nm 的小孔径聚砜类物质是适合形成 0.2 μm 聚酰胺顶层的基质。FT30 膜的最大工作压力约为 7 MPa,游离氯的耐受度小于 0.1×10^{-6} mg/L。

商业化的 TFC 膜经过了良好的优化,在市场上已经应用了几十年,在性能和成本上很难被超越,但是对膜进行改性的方法仍在不断地被提出。最为常见的一个应用实例是用纳米颗粒修饰聚酰胺层,以提高 TFC 膜的渗透性、耐氯性和抗污性。将纳米颗粒与 TFC 膜上的传统聚酰胺层结合,形成超薄纳米复合膜(TFN),膜的性能得到改善,亲水性增强,污垢效应减小。Jeong 等人将 NaA 沸石纳米颗粒包覆在聚酰胺膜中,提出了 TFN 反渗透膜的概念。此后,不同的纳米颗粒(如石墨烯、氧化石墨烯(GO)、GO－二氧化钛、二氧化硅、POSS、银和多壁碳纳米管(CNTs))都被用作纳米填料来制备 TFN 反渗透膜。

虽然聚合物膜的制备非常成功,但生物膜系统能够表现出更高的透水率和选择性。因此,生物膜是反渗透和其他领域进一步发展的灵感来源。在生物结合膜和材料合成膜中最突出的例子是水通道蛋白膜。水通道蛋白是一种以水为通道的膜蛋白。单一的水通道蛋白可以以大约每秒 10^9 个分子的速率将水分子高选择性地输送到水中。以水通道蛋白为基础的仿生反渗透膜与 TFC 反渗透膜结构相似,聚酰胺层中含有水通道蛋白的蛋白脂质体。通过界面聚合工艺,在聚砜载体上形成水通道蛋白包合的聚酰胺层。由于聚酰胺层中水通道蛋白的存在,以水通道蛋白为基础的仿生反渗透膜的水流量可增加到 $4.13\ L\cdot m^{-2}\cdot h^{-1}\cdot bar^{-1}$ 且高于 TFC 反渗透膜的流量($2.68\ L\cdot m^{-2}\cdot h^{-1}\cdot bar^{-1}$),但仍远远低于预期的基于水通道蛋白在生物膜系统的性能指标。

虽然反渗透膜在市场上已经很成熟,但是相关的新兴领域还需要一些新的膜。渗透动力或压力阻滞渗透装置这一概念,是诺曼、Jellinek 和 Loeb 在 20 世纪 70 年代提出的,如今在挪威得以实现。参考文献[17]对该技术进行了介绍。该技术利用了海水遇到峡湾及河流时形成的高渗透压。在 20 ℃时,每升含有 35 g 盐的海水的压力约为 29 bar。当水流流量为 $1\ m^3\cdot s^{-1}$ 时,这种压力足以驱动涡轮,并提供 2.2 MW 的能量。在典型的大型河流中,水的流量约为 $10\ 000\ m^2\cdot s^{-1}$。提供 1 MW 的能量将需要 20 万 m^2 的膜,这意味着膜制备行业有巨大的市场。这些膜要求具有像反渗透膜那样高的盐过滤性,而且要具有更高的水流量,以及更薄且更开放的多孔载体。为了使该工艺具有经济竞争力,此种膜可以提供的能量值需要在 5 $W\cdot m^{-2}$ 左右。目前,商业化最好的纤维素衍生物膜具有大约 1/10 的所需性能。最好的商用反渗透 TFC 膜具有 0.1 $W\cdot m^{-2}$。实验室制备的膜在 48 bar 的压力下,当 NaCl 的浓度为 3 $mol\cdot L^{-1}$ 时,TFC 片层薄膜的性能指标最大可以达到 60 $W\cdot m^{-2}$;在 20 bar 的压力下,当 NaCl 的浓度为 1 M 时,TFC 中空纤维膜的性能指标最大可以达到 24 $W\cdot m^{-2}$。

6.1.2　纳滤膜

虽然反渗透技术和超滤技术在很多应用中已经得到了长期的应用,但在 400 ~ 4 000 $g\cdot mol^{-1}$ 之间缺乏具有截断效应的高效膜,随着纳滤膜技术的发展,这一空缺得到了有效的填补。纳滤膜对于水的软化,乳浆中有机污染物的去除、富集和脱矿,糖和果汁的浓缩等具有重要意义。有关纳滤膜的原理和应用可以参考相关文献。

类似于反渗透膜,界面聚合作用已用于发展纳滤膜。陶氏公司研发出一系列 FILMTEC 薄膜:NF55、NF70 和 NF90(水流量大小顺序为 NF55 > NF70 > NF90),并能过滤除去 95% 以上的硫酸镁。最上层全部是芳香族的交联聚酰胺。NF270 由半芳香族哌嗪基聚酰胺层组成,该聚酰胺层位于聚砜微孔载体上,载体由聚酯无纺布加固。该膜亲水性非常好,其表面带负电荷,导致了带负电荷的溶质被排斥。美国海德能公司商业化的 ESNA 膜系列,也是一个具有芳香族聚酰胺层的薄透膜。

美国通用电气公司(水处理分公司)将五种 Desal™ 纳滤膜商业化。该膜有四层,一层是聚酯无纺布,一层是不对称微孔聚砜,还有两层专以磺化聚砜和聚哌嗪酰胺为基础的薄膜。Desal™ 纳滤膜也能在 pH 极低的环境下工作。

另一种获得纳滤膜的方法是用酸、三乙醇胺修饰处理的反渗透膜,或用不同的聚合物溶液(如纤维素的羟烷基衍生物)包覆超滤膜。Lu 等提出了一个新的方法,他们在甲醇/聚乙烯醇条件化的聚砜膜上沉积六臂刚性星形两亲分子,并通过拼接构建块来稳定所得到的膜。这些星状物质是具有亲水臂和疏水核的稳定分子,它们可以利用非共价超分子之间的相互作用锚定到支撑膜上。已经确认这种膜可以降解罗丹明和三价砷。

纳滤膜目前面临的一个关键问题是提高现有膜的溶剂稳定性,因为纳滤膜将会被广泛应用在化学、食品、石化和制药等领域。"有机溶剂纳滤"(OSN)和"耐溶剂纳滤"是有机溶剂的纳滤常用的术语。关于 OSN 的综述可以在以前的出版物中找到。本节从有机和无机两方面研究了如何在恶劣条件下制备稳定的 OSN 膜。聚合物 OSN 膜在溶剂过滤过程中主要需要解决的是膨胀、溶剂稳定性和压实性的问题。Tsuru 等以硅锆为原料制备了第一种无机 OSN 膜，与有机 OSN 膜相比，无机 OSN 膜具有良好的化学稳定性和抗膨胀压实性，表现出更高的稳定性。但无机膜易碎、选择性差、成本高。因此，提高 OSN 无机膜性能的工作较为艰巨。

SelRO ® 公司的纳滤膜后来被科赫膜系统商业化，是市场上抗溶剂膜的典范。OSN 膜也被 Evonik 和 GMT 商业化。科氏 MPS 44 和 MPS 50 膜在烷烃、醇类、醋酸酯、酮类和非质子溶剂中是稳定的。MPS 44 是一种亲水膜，适用于含有水和有机物的混合溶剂的分离过程。分子量在 250 g · mL^{-1} 左右的溶质可以被分离或浓缩，而且溶剂混合物的组成不会在通过膜时发生变化。亲水性 MPS 50 膜是一种用于纯有机介质的纳滤膜。膜的组成没有完全公开。引进此项专利的同一家公司介绍了一种通过浸泡在金属醇氧溶液中通过加热交联发制备出的在 DMF、NMP 或 DMSO 中不溶于水的多孔聚丙烯腈（PAN）膜，并测试了聚二甲基硅氧烷包覆的交联 PAN 膜在有机溶剂中对低聚物的过滤性能。涂上亲水聚合物（如聚乙烯亚胺），然后交联，将膜切断至纳滤范围。交联聚酰亚胺是目前研究最多的 OSN 膜材料之一，并且在最近发表了综合评论。目前已经成功被开发的其他聚合物有：多恶二唑、聚三唑、聚酮和聚苯并咪唑。

在液体压力驱动分离膜应用过程中最常见的问题之一是污垢处理。在液体分离过程中观察到四种类型的污垢，包括有机污垢、结垢、胶体污垢和生物污垢。膜的抗脱硫性能受其表面化学、亲水性、电荷、粗糙度和孔径等特性的控制。用于制备多孔膜的聚合物大多具有疏水性，且易被有机和生物杂质吸附。在过去的几十年里，从化学嫁接到等离子体表面改性，人们提出了许多策略来解决这个问题。改性的主要目的是提高膜表面亲水性和平整度，并将防污聚合物/颗粒引入膜表面。采用亲水高分子材料如两性聚合物、树枝状大分子和纳米刷等防污涂料可以有效地减少污垢的附着量。利用等离子体对微滤膜和超滤膜进行表面改性，对超薄膜进行了低压氩等离子体活化表面改性，得到了更光滑、更亲水的聚酰胺膜。Belfort 和 Ulbricht 深入研究了等离子体技术进行嫁接。用紫外光辐照促进嫁接是在膜表面加入季铵盐基团来增加正电荷及控制污垢的常用方法。另一种提高膜耐污性的方法是在膜的聚合物基质或膜表面加入少量的纳米颗粒。最近的综述文章报道了各种纳米颗粒（如金属基纳米颗粒、碳基纳米颗粒和纳米颗粒复合材料）的研究现状。Shannon 等总结了水处理技术的一些进展，其中包括降低污垢敏感性的膜。如果减少清洗次数，可以降低膜工艺的制备成本。此外，多步法制备的膜的价格相对较高。考虑到这一点，一种新奇的方法是使用具有疏水骨架和亲水侧链的梳树状共聚物等作为添加剂，这些添加剂可以在膜形成过程中自动定位于膜表面和孔壁上。

6.1.3　气体分离膜

与水处理膜、食品加工膜、透析膜等膜的应用领域相比，气体分离膜的市场仍然有限。醋酸纤维素在工业中仍然成功地被广泛应用于气体分离领域。然而，随着新型膜的发展，对工业流程清洁和排放量低的工厂的需求量不断增加，气体分离的重要性也在不断提升。实现能源领域企业现代化的推动力是发展清洁的炼油厂、煤电厂和水泥厂。尽管这一领域的许多工艺需要高温并且更倾向于使用无机膜,但聚合物膜在炼油厂的平台脱气(氢气/烃类的分离)处理过程和煤电厂气体混合过程中分离 CO_2 的工作中具有潜在的应用价值。能够稳定在 250 ℃ 的膜也可以应用在水气转换反应器中。目前有越来越多的文献报道了 CO_2 分离膜的研究进展。

自由体积较高的这类特殊的聚合物,如功能化的聚乙炔,可以用来填补微孔材料和高密度材料之间的缝隙。这类聚合物中最常用的是聚(1－三甲基硅烷基－1－丙炔)(PTMSP)和聚(4－甲基－2－戊炔)(PMP)。虽然 PMP 早在 1982 年就已被合成出来,但具有高气体渗透性的 PMP 在 1996 年才被 Pinnau 等制备出,并评估了 PMP 对碳氢化合物的分离性能。在这一领域中,将 PMP 膜用于天然气露点分析是一项非常吸引人的研究,即分离天然气中的甲烷和丁烷。PTMSP 和 PMP 的分离性能优于其他所有已知的聚合物。这些膜没有得到大规模应用的主要原因是它们能够强烈吸收低蒸汽压组分,从而导致渗透率急剧下降。有报道称可以通过加入纳米可以提高 PMP 和 PTMSP 膜的通量甚至可以提高其选择性。Merkel 等在 PMP 中加入气相二氧化硅,同时提高了丁烷通量和丁烷/甲烷选择性。这种不寻常的现象可以解释为气相二氧化硅引起聚合物链段断裂,并伴随分子运输自由体积元素尺寸增加。Gomes 等人通过溶胶－凝胶技术将纳米尺寸的二氧化硅颗粒加入到 PTMSP 中,发现可以同时提高其通量和选择性。还有一个有待研究的问题是纳米粒子的加入是否可以延缓聚乙炔的物理老化。

膜分离是一种新兴的 CO_2 捕集技术。随着能源的不断消耗,从沼气中提纯甲烷成了一项具有吸引力的研究。已有大型国际项目评估了利用气体分离膜从烟气中捕获 CO_2 的可能性。Freeman 等报道了一篇关于选择用于去除气体混合物中 CO_2 的膜制备材料的综述。研究们广泛研究了在含有不同极性基团的溶剂和聚合物中 CO_2 的溶解度和 CO_2/气体的溶解度选择性。聚合物中的环氧乙烷(EO)单元是实现高 CO_2 渗透率和高 CO_2/轻质气体选择性的最有用的集团之一。同聚环氧乙烷(PEO)是由 EO 单体组成的,但其缺点是结晶性强、透气性差。含 EO 单元的嵌段共聚物如聚(酰胺－b－乙醚)已被证明是这一设计的替代材料。这种类型的共聚物以 Pebaxs® ARKEMA 的商标名生产命名。PA 块体材料提供适当的机械强度,并且气体可以通过 PEO 进行输送。与 Pebaxs® 等柔性和刚性块体材料不相混溶的嵌段共聚物可以形成各种微相分离结构。通过改变聚酰胺和聚醚段、分子量和各组分的含量,可以对其力学、化学及物理性能进行常规建模。Pebaxs® 是一种很有应用前景的酸性气体处理膜材料。Bondar 等使用不同等级的 Pebaxs® 膜研究了 CO_2/N_2 和 CO_2/H_2 的分离性能。他们已经报道出了较高的 CO_2/N_2 和 CO_2/H_2 选择性,这是极性醚键对 CO_2 有很强的亲和力导致 CO_2 具有很高的溶解度。Kim 等也报道了 CO_2 对 N_2 的高渗透性和高选择性,以及 SO_2 对 N_2 的高选择性,这些特性归因于 PEO 嵌段使气体具有很强的极化能力。Patel 和 Spontak 合成了聚醚嵌段共聚物和聚乙二醇(PEG)的中间端,发现加入 PEG 可以提高 CO_2/H_2 的选择性。其他研究人员也描述了聚合物链中 PEG 对不同聚合物体系中 CO_2 输运性能的影响,并证明 EO 会影响玻璃状和橡胶状聚合物中 CO_2 的运输。最近的研究表明,低分子量 Pebax® 共混物在二氧化碳分离方面表现出优异的性能。

Budd 等人最近提出了一类具有高自由体积的新型聚合物。这些聚合物的分子结构包含一个刚性骨架内的扭曲位点（如螺旋中心）（如梯形聚合物）。发明者称这种聚合物为固有微孔聚合物（PIMs），其微孔是因其自身结构产生的，而不是仅仅是在制备过程中产生的。近年来，这些聚合物的三级结构已通过分子模拟被证实出来了。自 2005 年首次报道了 PIM - 1 膜的气体渗透性，不同的研究小组纷纷对其进行了探索。对于 370 Barrer 条件下的氧透过性和 4.0 PIM - 1 的 O_2/N_2 选择性来说，与 GS 聚合物相比表现出了卓越的性能。然而，长期的测量表明，物理老化的 PIM - 1 类似于 PTMSP，其渗透性有所降低。老化问题仍然是一个难点，但是与 PIM 相关的聚合物是一类非常令人关注的用于制造 GS 膜的聚合物。

在过去十年间出现的另一类膜是基于热重新排列聚合物的膜。这些膜主要是由功能化聚酰亚胺经热处理后制备出的，然后使其重排和转化为具有杂环的刚性结构，其中包括聚苯并恶唑和聚苯并咪唑。

最近许多的膜不仅是聚合膜，而且还包含无机相。有机无机膜材料的优势在于，它可以让渗透和选择性之间具有协同效应，并引入新的功能，以提高机械和热稳定性。在纳米尺度上将有机相和无机相相结合，专门合成具有多种功能的新材料，是一种可以同时控制自由体积和气体溶解度的非常有吸引力的方法。

用于物质分离的最典型的膜是通过在聚合物基质中引入渗透性无机填料而制备出的混合基质膜。其中不仅包括被动粒子，还包括分子筛，如沸石和功能化填料，这些粒子在分离过程中可能会变得更加活跃。"混合基质膜"一词由 Kulprathipanja 等提出，他在聚合物/沸石杂化膜领域开展了开拓性的研究工作。结果表明，加入硅沸石可以逆转醋酸纤维膜对 CO_2/H_2 的选择性。硅沸石－醋酸纤维膜的 CO_2/H_2 选择性为 5.1，而纯醋酸纤维膜的 CO_2/H_2 选择性为 0.77。

Hennepe 等首次在 PDMS 中加入硅酸盐进行渗透汽化，在稳态条件下显著提高了乙醇/水的选择性。Jia 等利用类似的方法（在 PDMS 中加入硅酸盐）率先使用沸石混合基质膜。由于分子筛的作用，气体选择性可能会发生改变。然而，最初的效果太低，不能用于实际应用。这些膜在应用过程中存在的一个问题是 $P_{PDMS}/P_{沸石}$ 的渗透率过高（式（6.2））。

由有机和无机片段形成的聚合物链或网状物质已被用于不同的膜基团中。例如像沸石这类分子筛，由于其具有良好的孔径结构，对许多气体混合物具有比聚合物膜更高的选择性。大规模地制备没有缺陷的沸石层是非常困难的。将沸石掺入柔性有机聚合物基质中可能会使这些分子筛同时具有优越的气体选择性与聚合物膜的可加工性。

利用 Maxwell 推导的公式，可以估算具有渗透性填充物的膜的渗透率和选择性参数，从而计算出包覆金属小球分散在其中的某种金属的电导率。膜对特定气体的渗透率公式如式（6.1）所示：

$$P = P_c \left[P_d + 2P_c - 2\phi_d (P_c - P_d) \right] / \left[P_d + 2P_c + \phi_d (P_c - P_d) \right] \tag{6.1}$$

因此，由所制备的膜的连续相渗透率 P_{c1} 和 P_{c2} 以及分散相渗透率 P_{d1} 和 P_{d2} 可以通过式（6.2）计算气体对 1 和 2 的选择性：

$$\alpha_{\text{eff}} = \alpha_{\text{c}} \frac{1 + 2P_{\text{rel}} - 2\phi\left(P_{\text{rel}} - 1\right)}{1 + 2P_{\text{rel}} + \phi\left(P_{\text{rel}} - 1\right)} \times \frac{\dfrac{1}{\alpha_{\text{d}}} + \dfrac{2P_{\text{rel}}}{\alpha_{\text{c}}} + \phi\left(\dfrac{P_{\text{rel}}}{\alpha_{\text{c}}} - \dfrac{1}{\alpha_{\text{d}}}\right)}{\dfrac{1}{\alpha_{\text{d}}} + \dfrac{2P_{\text{rel}}}{\alpha_{\text{c}}} - 2\phi\left(\dfrac{P_{\text{rel}}}{\alpha_{\text{c}}} - \dfrac{1}{\alpha_{\text{d}}}\right)} \tag{6.2}$$

其中,α_{c} 和 α_{d} 为气体对 1 和气体对 2 的连续相和分散相的选择性;P_{rel} 为连续相和分散相之间的渗透率之比。

从这个方程可以看出,选择性高度依赖于填料和基体的渗透率。当聚合物渗透率过高时,混合基质膜的选择性接近聚合物的选择性。但是,如果当填料与基体的渗透性相差不大时,那么高选择性填料对薄膜性能的影响很大。正如 Moore 和 Koros 所讨论的,无机分子筛和聚合物之间的相容性对于消除它们之间界面的气体扩散非常重要。

6.2　新一代有机膜材料

相变机制制膜技术是制膜领域的一大突破,并且在众多工业过程中得以应用。先进的新型过滤工艺要求膜具有更小的孔径分布和更高的化学耐受性。只有采用新材料和新制造技术,才能获得更小、更清晰的孔径分布。目前正在研究的调整孔径的方法包括嵌段和嫁接/梳状共聚物,这些共聚物可以自组装形成规则的纳米孔。

此外,如果膜上的孔能够对不同的刺激做出特定的反应,就像生物膜的选择透过性那样,那么未来就可以挑战新型分离任务。我们也可以想象出具有抗污表面和自动愈合功能的自清洁膜。自然界本身是人类获得创新灵感的最大源泉,其中包含超分子化学、自组装、可控纹理制备、复杂结构和功能系统。下面的部分将讨论如何通过自组装的方法来调整孔径大小,如何使用有机-无机材料来制备分层结构,如何使用纳米管来促进当前膜性能的提升,以及如何制造可对外界刺激做出反应的新一代膜。

6.2.1　分子印迹膜

一种控制膜孔径大小的简单而独特的途径是制备分子印迹膜。这种方法已经被不同的课题组探索过。Ulbricht 发表了一篇关于这个和其他功能膜的优秀评论。制备印迹膜的过程是在分析物(模板)存在的条件下将功能单体聚合,此时分析物(模板)的印迹将被留在聚合物中,随后可以通过萃取的方法将分析物(模板)提取出来。这种提取方法能够使膜上具有一个特定的识别位点,能够选择性地结合类似的分子。另一种方法是通过相分离的方法从共混聚合物中制备出膜。其中一种聚合物可以用于构建膜的结构,被广泛用于反相不对称膜(如 CA、聚砜、PAN)的研究。加入第二种聚合物是为了与包括模板在内的小分子产生强烈的相互作用。将小分子模板加入到铸型溶液中,通过相变过程在混凝浴中快速形成膜后,将小分子模板提取出来,将会留下有利于在过滤过程中容纳其他类似分子的位点。由于这些位点可能对原始分子具有一定的化学亲和力,因此其功能机制与抗体或酶类似。

分子印迹膜制备过程中面临的问题是如何同时优化分子印迹膜的识别能力和膜传

输性能。一个能够有效克服这一问题的方法是制备复合膜,这种膜可以通过表面/孔功能化的方法来获得。例如,Son 和 Jegal 采用了一种常用于制备反渗透膜的界面聚合技术,在聚砜载体上形成了用以进行手性分离的分子印迹聚合物层。所形成的薄层聚酰胺能保持较高的渗透率。类似的分子印迹聚合物可以在支架的孔隙表面进行原位聚合,从而形成一扇"智能阀"以实现物质的高效分离。其他可能用以同时优化分子印迹膜的识别能力和膜传输性能的方法是开发新型材料,如设计功能共聚物、新型共混聚合物或将分子印迹聚合物颗粒嵌入膜中。

6.2.2　嵌段共聚物

长期以来,嵌段共聚物一直被研究用于制备具有孔结构的膜。Ishizu 等人利用嵌段共聚物制备出了电荷镶嵌膜,这是一种带有微相分离的聚合物膜,其中包含带负电荷和带正电荷的两种相。尼龙弹性体是一种由聚酰胺与 PEO 发生共聚的商业嵌段共聚物。Lee 等用含有异戊二烯的嵌段和硅基官能团的嵌段合成出了一种共聚物。两种不同组分之间的不相容性导致了微相分离过程的发生。通过促进含有甲硅烷基的嵌段发生水解和缩合反应可以使致密膜发生交联。将异戊二烯嵌段用臭氧分解后,再用溶剂浸出,可以在聚硅氧烷基质中形成孔洞。孔径的大小可以通过使用不同孔径的嵌段共聚物制备来进行控制。Phillip 等以聚乳酸 – 聚二甲基丙烯酰胺 – 聚苯乙烯(PLA – PDMA – PS)三嵌段共聚物为基础制备出了膜,并通过控制相对嵌段长度,得到了包覆聚二甲基丙烯酰胺的聚乳酸,在聚苯乙烯连续介质中可以呈现出球状、片状和圆柱状。用水基蚀刻法去除聚乳酸嵌段,可以形成直径 13.7 nm 的规则孔洞。然而,主要问题是如何建立一种垂直定向的微畴方法,并确保从一边到另一边的孔隙连通性,其中一种可能解决这一问题的方法是在反应体系外部施加一个场来进行控制。Ikkala 和 ten Brinke 综述了以自组装超分子聚合物为基体的可调纳米多孔材料和智能膜的潜在应用。Peinemann 等介绍了一种通过采用自组装和非溶剂诱导进行相分离的过程来制备整体非对称的均孔膜的方法。从此以后,嵌段共聚物膜得到了快速发展。嵌段共聚物膜可以被制备成平面材料、中空纤维及球形微孔材料。已经证实了该嵌段共聚物膜对不同的 pH 有不同的反应情况,这说明嵌段共聚物膜可以作为"化学阀"控制反应的进行程度。最近经常有关于光敏反应的文献被报道。加入添加剂可以改变嵌段长度,达到调节气孔的目的。通过共混不同尺寸和组分的共聚物,可以得到孔径在纳滤范围的共聚物。通过加入金或银等金属颗粒,可以向膜中添加催化剂或杀菌活性剂。

6.2.3　新一代有机 – 无机膜

将有机材料和无机材料结合到膜的制备过程中是一种通用且成熟的研究方法。主要是将金属氧化物、沸石、金属有机骨架和碳纤维结合到混合基质膜中。无机相可以通过混合填料或原位生长的方法合成。本节简要讨论对已制备出的无机膜进行有机改性的方法。

1. 混合基质膜(金属有机框架材料和改性分子筛)

在混合基质膜大规模应用于商业化的气体分离领域之前,仍然需要解决一些工业上的问题。可以看到越来越多的大公司对气体分离感兴趣并且申请了相关专利,可以得出,混合基质膜将会被投入实际应用中。新型混合基质材料的研究开发仍将十分具有吸引力。除了传统分子筛和碳分子筛(CMS)之外,还需要设计新的选择性吸附材料。近十年来,关于可用于制备膜的过渡金属配合物纳米多孔 3D 网状 MOFs 的研究有了长足的发展。在过去的几年里,已经发表了大量关于 MOFs 体系的结构。对膜的制备和储存来说,结构的设计制订和连接剂的选择对于建立能够区分不同渗透率气体的网筛特别重要。金属有机框架材料(MOFs)与分子筛类似,但其又具有聚合物的化学多样性。MOFs材料具有非常高的孔隙度和非常合适的孔隙尺寸。但由于膜相容性的条件限制,制备无裂纹、无缺陷的 MOF – 聚合物混合基体膜具有一定的挑战性,并且在许多情况下混合基质膜的稳定性仍然是一个问题。沸石类咪唑骨架是一类应用在 CO_2 分离领域中具有较高的稳定性、良好的相容性以及优越的性能的材料。类似的材料,例如,共价键有机骨架(COFs),是完全具有强共价键的有机材料,可制备成 2D 或 3D 结构,并且最近常常被用于膜材料的制备。

具有高纵横比的二维层状材料,在混合基质膜领域引起了人们的广泛关注,因为它们的纳米片层可以起到限制大分子扩散的阻碍作用,同时它们的纳米"穿孔"扩展层又允许小分子在层上和层间扩散。因此,这种膜可被当作分子筛使用,如气体分离、水体净化或有机污染净化等方面。石墨烯是一种单原子厚度的二维碳材料,是最受关注的薄膜二维材料之一,本节稍后将对此进行讨论。

除了石墨烯外,黏土、AMH – 3、MFI、钛硅酸盐(JDF – L1)及铝磷酸盐(AIPO)等层状氧化物二维材料还被作为分子筛材料进行了研究。单层黏土的厚度大约为 1 nm,通常是由夹在两块硅铝四面体片之间的铝镁八面体片所构成。层状黏土是无孔的,并且已经证明当它们与聚合物基质的相结合时可以改善膜的力学和化学性能或增强膜的阻隔性能。

AMH – 3 是一种具有三维八元环(MR)孔的层状硅酸盐/沸石材料,由于其八元环孔具有 0.34 nm 的小尺寸,可用于各种小尺寸气体的分离,如 H_2(0.29 nm)、CO_2(0.33 nm)、O_2(0.35 nm)、N_2(0.36 nm)和 CH_4(0.38 nm),是气体分离领域最吸引人的候选材料。例如,含有膨胀 AMH – 3 的聚苯并咪唑聚合物基质材料对 CO_2/CH_4 选择性有明显的改善。

MFI 是一种具有十个三维八元环孔的沸石,其标称孔径为 0.55 nm。这种相对较大的三维八元环孔可以用于分离较大的分子,如碳氢化合物及其他有机物。Varoon 等证明了层状 MFI 在分离二甲苯混合物中具有优良的性能,获得了高达 65 的对/邻二甲苯分离因子。在合成过程中,使用具有长链 C_{22} 烷基的新型结构导向剂(SDA)可以得到层状MFI。这种长链基团限制了晶体在垂直方向的生长,因此可以在一步水热反应中生成 2 nm 的纳米薄 MFI 片。

层状钛硅分子筛 JDF – L1 是由 2 个 TiO_5 正方金字塔和 4 个 SO_4 四面体组成的,具有6 个三维八元环孔洞,其孔径较小,大约为 0.3 nm,可用在氢选择性膜上。Galve 等将JDF – L1 与共聚聚酰亚胺结合,发现其对 H_2/CH_4 的分离有显著改善。

采用合适的 SDA 可以合成二维层状的多孔 AIPO。传统的三维 AIPO 具有单位 Al/P比。研究表明,降低 Al/P 比会使骨架结构中的连接维数降低,因此在层状 AIPO 中,当 Al/P

比小于单位值时,层状 AIPO 带负电荷。在有效孔径为 0.44 nm、0.33 nm、0.32 nm 的多孔层状 AIPO 包覆的聚酰亚胺膜中,O_2/N_2 和 CO_2/CH_4 的分离效果得到了明显的改善。然而,与 JDF – L1 不同的是,层状 AIPO 具有网状结构,厚度非常小,大约为 0.5 nm,因此它在膨胀和脱落过程中更加脆弱,稳定性也相对较差。

尽管二维材料在混合基质膜的未来发展中显示出了巨大的潜力,但在制备纳米复合材料方面仍然面临着挑战,其中控制聚合物基质层的脱落是必不可少的。熔体弯曲是一种极具吸引力的剥离分散方法,但不适用于聚酰亚胺、醋酸纤维素、聚乙烯醇等具有永久选择性的聚合物,因为它们不能熔融加工,故一般采用溶液铸造法制备。然而,由于具有较强的团聚性,在溶液浇铸法制备的膜中剥离多孔二维材料的尝试以失败告终。为克服这一缺点,采用高剪切混合的方法对 CA 溶液中膨胀的 AMH – 3 进行剥离处理,获得了层数较少(4~8)的高剥离度的剥离物。其他剥离二维膜材料技术可能是原位聚合和溶胶 – 凝胶处理,但都尚未被应用。原位聚合法和溶胶 – 凝胶制膜法可能是非常有潜力的剥离二维膜材料的技术,但目前还没有应用。

无机相可以结合原位法利用自组装来实现。分子自组织或自组装的概念首先由 Lehn 在从小分子到超分子的结构研究中提出,这是一种自下而上的方法。Barboiu 等利用有机 – 无机分子的自组装,通过溶胶 – 凝胶法制备了混合膜。例如,这种膜可以作为三磷酸腺苷的离子驱动泵。对于膜的形成,含有大环基团(例如冠醚)的分子在溶液中自组装形成具有强氢键的上层结构,然后通过溶胶 – 凝胶法进行聚合,可以形成杂化的多聚硅氧烷材料。

新型有机 – 无机材料的最佳研究灵感来源于大自然。单细胞生物(放射虫)和硅藻硅酸盐骨架具有规则、复杂且精细的多孔结构。制备出具有相似孔结构的膜是未来研究中的一大挑战。在过去的几年中,研究者在这个方向上进行了一系列可行性尝试。Wiesner 使用嵌段共聚物和无机前体创建出规则的有机 – 无机结构。例如,使用两亲性聚(异戊二烯嵌段环氧乙烷)嵌段共聚物(PI – B – PEO)与 3 –(吡啶氧基丙基)三甲氧基硅烷、丙基三甲氧基硅烷和仲丁醇铝的混合物,通过溶胶 – 凝胶合成出有机改性的铝硅酸盐网络,煅烧后形成规则的多孔结构。

另一个可能会用于膜的有机 – 无机纳米多孔材料是具有功能结构的周期性介孔有机硅。孔壁中有机基团的嵌入为介孔分子筛的研究带来了新的方向。这些材料是用桥联有机硅前体$((EtO)_3Si – R – Si(OEt)_3)$在类似于制备介孔硅的条件下合成的。与纯介孔二氧化硅相比,有机改性可以调节多孔网络的疏水性和亲水性。与微孔沸石相比,它们的特征是孔径增加了,并且可以通过改变有机官能团来控制多孔网络的分子识别特性。有报道指出,具有—CH_2—CH_2—/—$CH = CH$—桥和苯环的介孔二氧化硅可进一步用于功能化研究。

2. 碳填充膜

制备碳膜需要具有较高热稳定性(在非氧化环境中)的环境并且要尽可能在有机溶剂中操作。CMS 膜通常由纤维素和聚酰亚胺等有机聚合物热解得到。通过选择合适的聚合物前驱体、热解温度和热解环境以及在该温度下的时间,可以制备出多孔结构。CMS膜的详细内容超出了本节的范围。"外模板法"是一种制备介孔分层碳材料的新方法。

在此方法中,合适的模板,如氧化铝膜、沸石、氧化锆和介孔二氧化硅,用碳前驱体如蔗糖浸渍,并在非氧化条件下碳化,然后用氟尿酸清洗模板。Su 等人报道了具有排列整齐的大孔道的碳多孔结构。

然而,碳膜也存在一些缺陷,这些缺陷阻碍了其在工业上的应用。它们易碎,而且大规模的生产比制备聚合膜要昂贵和复杂得多。近年来,利用不同几何形状的碳填料(CMS、富勒烯和 CNTs)制备聚合物膜的方法越来越有应用前景。

Koros 小组成功研究出以 CMS 为填料的 Matrimid® 5218 和 Ultems® 1000 在混合基质膜中分散性的规律。结果表明,相对于纯聚合物基体相的固有特性,由 CMS 颗粒合成的膜显著提升了选择渗透率(CO_2/CH_4 以及 O_2/N_2)和快速透气率(CO_2 及 O_2)。对于 CO_2/CH_4 的分离,CO_2/CH_4 的选择渗透率提高 45% ,CO_2 渗透率提高 200% ,超过了纯聚合物基质相的固有渗透率。

研究者首次用 PTMSP 为基质制备了均相分散的富勒烯气体分离膜。这种情况下富勒烯仅仅是物理分散的。Sterescu 等制备了以共价键连接富勒烯(C_{60})的聚(2,6 - 二甲基 - 1,4 - 苯氧基)的 PPO 膜。他们的思路是,富勒烯的硬球性质可以抑制分子聚合物链的堆积,从而可能导致高自由体积。与纯 PPO 相比,PPO 键合的 C_{60} 膜具有较高的透气性(高达 80%),且选择性不受影响。

CNTs 具有独特的综合性能:高长宽比/高表面积、导电性、超疏水性及具有无摩擦阻力的表面,而且 CNTs 能够在有机聚合物中快速分散流动、易功能化,此外还能够在填料含量较小的情况下提高机械强度,并其纳米尺度的孔径可以提供紧密的附着力。此外,官能团还可以定位到 CNTs 的表面,为开发分离位点提供了绝佳的机会。

在 CNT 生长过程中,纳米管的尺寸由催化剂颗粒的直径决定,通过设计催化剂的合成过程可以控制孔径大小。从膜的角度来看,将特定内径尺寸的纳米管嵌入膜内,应该能够在纳米尺度上很好地控制孔径。这些特性在气液分离膜的应用中首次得到研究。Hinds 等做出了开创性的贡献,报道了一种在水溶液中用于气体渗透和 $Ru(NH_3)_6^{3+}$ 运输的排列整齐的 CNT 膜。他的设计遵循了理论计算的预测结果,即直径约为 1 nm 的 CNTs 内部的轻质气体的扩散率,因此其固有的分子平滑度要比沸石等其他多孔结构高出几个数量级。在模拟纳米管中输水作用后,根据试验结果首次发现比预期更高的流速,使得 CNT 膜成为海水淡化的候选材料,并有可能通过调控管径来保留盐分。盐排斥系数可以赶上甚至超过那些商用纳滤膜,同时流量也高出商用纳滤膜的四倍之多。

CNTs 还被用于制造促进海水淡化的电容器电极。此外,CNTs 被认为是催化剂的力学载体,因此成为新一代催化膜的添加剂。此外,通过选择具有合适电导率的纳米管,并控制其在聚合物电解质中的分布,可以优化调整催化剂 - 电极 - 电解质间的界面层。

然而,使用纳米管制作薄膜也涉及许多挑战。第一个挑战是制备排列整齐且无缺陷的碳纳米管聚合物复合材料。另一个挑战是,由于碳纳米管的疏水性,它容易产生污垢。目前,在不同的膜中都应用了碳纳米管阵列。一些研究者预言,如果在膜中应用碳纳米管阵列,那么气体渗透率将会有所提高。此外,对于排列整齐的碳纳米管,超疏水性可能更为明显。文献中报道了不同的阵列排列方式。Nednoor 等通过化学气相沉积获得了生长在石英上的多壁碳纳米管垂直分布的阵列。管间充入聚苯乙烯,并用氢氟酸处理石英膜。Prehn 将平铺生长在硅片上的碳纳米管压在一层熔化的聚苯乙烯薄膜上,将其从硅片上分离出来,然后在纳米管上涂上离子聚合物,目的是将其用作燃料电池膜电极组件。然后将苯乙烯溶解,使碳纳米管尖端不受催化剂沉积的影响。Mi 等在多孔氧化铝支架上直接生长垂直排列的碳纳米管,并用聚苯乙烯填充碳纳米管之间的空间。Kim 等采用过滤法利用定向功能化的单壁碳纳米管制备了该膜。

碳纳米管的超疏水性十分吸引研究者的关注。一旦水进入毛孔,就会观察到超出预想的异常大的流量。如此大的流量可能是由于碳纳米管的原子表面光滑,其疏水壁允许大量的水通过孔隙进行滑移。然而,要使水湿润纳米管薄膜,还需要做一些工作。正如对纳滤膜所讨论的那样,对膜的表面进行修饰可以改变膜的表面性质,从而有可能降低进入纳米管的能垒。Wang 等研究了施加外电位对碳纳米管上水滴稳定性和水润湿行为的影响,证明了通过施加一个小的正向直流偏压,水可以有效地湿润管壁,并制备出超疏水的多壁纳米管阵列膜。

因此,含有碳纳米管的膜被认为具有很大的海水淡化潜力。如前所述,用膜进行海水淡化是一个成熟的过程,目前一些已使用的膜已有几十年的发展历史。根据最近报道的文献,受一种叫水通道蛋白的生物水孔隙通道的启发,研究者将会设计出含有纳米管的新一代薄膜。据报道,水通过纳米管的流速特别高,并且与纳米管的长度无关。在膜中嵌入纳米管使得利用选择性和可逆的化学相互作用对模拟蛋白质离子通道进行调控的设想成为可能。Nednoor 等利用这一思路,在活化的碳纳米管末端加入羧基,制备了具有碳纳米管阵列的膜,并进一步利用与大体积受体结合的分子对其进行衍生。受体可以控制孔径入口的开放与闭合。用与链霉亲和素可逆结合的脱硫杆菌素衍生物对纳米管进行功能分析证实了这一结果的成功。

Majumder 等提出将碳纳米管用于电压阀控膜,该膜的优点是碳纳米管可以作为绝缘矩阵内的导体,使尖端处的电场集中。然后可以通过施加适中的电压(100 mV)来控制通道入口的空间环境。

除了功能化外,制备碳纳米管膜面临的挑战还包括规模化、提高活性层单位面积的孔隙密度以及降低膜的制造成本。然而,合成碳纳米管的成本正变得越来越低,多壁碳纳米管已经得到大规模使用。

石墨烯由于具有优异的物理和热力学性能,同时其厚度在原子尺度上,因此作为用于分离各种膜基的先进材料而备受关注。通过化学或热处理产生的原子尺度的孔洞可以作为水、离子、气体和纳米粒子分离的专用通道。关于叙述石墨烯薄膜的详细综述超出了本节的范围。原始石墨烯由于不能与聚合物基体形成均匀的复合材料,在杂化膜中没有得到广泛的应用。另外,氧化态石墨烯纳米片由于其边缘和基面含有环氧基团、羟基和羧酸基团,可以与聚合物形成良好的相容性,因此氧化态石墨烯纳米片可能成为一种极具吸引力的碳填料。当嵌入适当的聚合物基体时,氧化石墨烯可以显著地改善聚合物基体的力学性能,即使在填充量低的情况下也具有较好的效果。

当氧化石墨烯纳米薄片在聚合物基质中位于水平方向时,由于阻塞了分子穿过膜的扩散途径,氧化石墨烯纳米薄片可以起到屏障的作用。一定范围内的氧化石墨烯可以产生曲折的路径,限制较大分子的扩散,同时仍然允许较小分子以较小的阻力扩散。这种效应导致了气体选择性的增强。当高比例的氧化石墨烯加入到聚合物基体中时,这种优势可能会丧失,因为较高的曲率可能无法根据分子大小来区分渗透剂。氧化石墨烯在碳填充膜中的另一个应用是防止碳纳米管聚集,因为它具有很强的空间效应。

此外,由于氧化石墨烯的亲水性质,它可以改善水通量、排盐性和防污性,因此,嵌入式氧化石墨烯膜成为海水淡化的研究热点。例如,Wang 等证明了负载质量分数为 0. 20 % 的氧化石墨烯的 PVDF 超滤膜,其渗透性和抗拉强度大约提高了两倍。此外,减小接触角可以增加膜的亲水性,这意味着膜的防污能力可能有所提高。

氧化石墨烯比碳纳米管更受欢迎,因为它具有更高的表面积、灵活性和更低的成本。与各向同性碳纳米管相比,高纵横比氧化石墨烯纳米片具有更高的分离性能,且负载更低。在膜的制备和扩大领域,氧化石墨烯纳米薄片由于具有与中空纤维膜的表皮层等超薄活性膜层结合的能力显得更有优势。

3. 有机改性的无机膜

本节着重介绍聚合物膜和含有无机组分的聚合物膜。另外,无机多孔筛可以用有机嵌段进行功能化。早期对有机基团嫁接到沸石微孔中的尝试都以失败告终,仅仅是修饰了晶体的外表面。微孔内以共价结合的具有有机基团的第一微孔晶体硅酸盐,是在硅酸盐合成凝胶中加入有机硅烷[$(CH_3O)_3SiR$],并在合成过程中加入沸石,制备出的具有潜在催化性能的有机功能化分子筛。

有序阳极氧化氧化铝基材具有非常规则的孔,可以用硅烷对其进行功能化。如果表面结合的分子能够随着 pH 的变化而改变构象,并能进一步附着在硅烷官能团上,它们就可以起到多孔结构上的选择透过性出入口支架的作用。

6.2.4　响应膜

新一代先进膜的要求是具有可切换的表面。Gras 等发表了一篇关于智能表面的综述。

1. 温度响应

众所周知,聚合物可以对外界的刺激做出反应。这类效应中报道最多的最深入的研究应是通过简单地改变温度,使聚合物链在溶液中发生收缩和膨胀。Heskins 和 Guillet 在 1968 年发表了他们对聚(N‐异丙基丙烯酰胺)的研究,报道了该系统在 32 ℃有最低临界溶液温度(LCST)。随着温度的升高,聚合物与溶剂之间的相互作用通常会得到改善或变得恶化。像这样的聚合物溶解的热力学条件随着温度的升高而改善的系统有很多。在这种情况下,热力学相图是由临界溶液温度上限决定的,低于临界溶液温度就会发生解离。例如,水/聚乙二醇和许多聚合物可以在有机溶剂中溶解。相反,随着温度的降低,聚(N‐异丙基丙烯酰胺)的溶解度增加。在最低临界溶液温度以上,水是该聚合物的不良溶剂。然后,聚合物链在最低临界溶液温度以上发生收缩,在最低临界溶液温度以下发生膨胀。在这种特殊情况下,聚合物的膨胀是由聚合物链中的酰胺基团和周围水分子之间有很强的氢键作用导致的。这种形式的水会保留在聚合物凝胶中。当温度高于最低临界溶液温度时,聚合物疏水基团暴露,与水的氢键被打断。当聚合物链收缩时,水分子又会被挤出凝胶。

　　由于最低临界溶液温度接近人体温度,该系统预计将被应用于生物医学领域,成为药物递送、生物分离、酶的固定和组织工程细胞培养的研究对象。

　　另外,在类似的系统中,如果 pH 或离子强度等额外因素发生改变,最低临界溶液温度会发生移动。然而,尽管热致凝胶已经在色谱等方面得到了应用,但其应用于薄膜制造领域的时间要晚得多,因为它们不能自支撑。为了克服这一缺点,采用了不同的方法,主要是利用共聚作用和相转化过程制备多孔膜,以及通过嫁接到高强度聚合物微孔膜(如轨迹蚀刻聚碳酸酯、PET、聚砜、聚偏氟乙烯)、聚丙烯或碱改性的醋酸纤维膜上制备复合膜及纳米纤维膜(如聚氨酯)。用于嫁接法的不同原位聚合技术有:等离子体诱导、光引发、表面引发原子转移自由基和可逆加成碎裂链转移聚合。

　　除了温度外,还有大量的外部刺激也可以引起表面疏水性的变化,包括电、电化学和光子效应。

2. 电化学响应

　　通过对表面施加电压,就会产生电荷,从而润湿度甚至化学性质也会发生变化。这种效果可以通过改变氧化还原状态来实现。这种膜可能有氧化还原活性基团附着在其孔壁上。这些基团可以被电荷氧化,形成阳离子,使膜具有类似于表面活性剂的亲水性。当撤下电压后,薄膜又会变得疏水。像轮烷这样的大分子可通过改变构象来响应电化学脉冲或附近质子浓度的变化。它们可能将会被用于制备人工分子肌肉,但如果仅仅是将其附着在薄膜表面上也可能有性能。

　　除了润湿性外,某些电响应凝胶(如聚电解质)的孔径可以通过施加电压来改变,那么膜可以作为一个电激活的渗透阀,调节通过该膜的特定溶质的输送能力。孔径的变化是由凝胶在电场作用下的变形引起的,当带电荷的离子指向凝胶的正极或负极一侧时,凝胶会发生各向异性膨胀或收缩。形变和孔径大小受 pH 或盐浓度、凝胶相对电极的位置、凝胶的厚度、形状和化学性质以及施加电压等因素的影响。本节将介绍凝胶嫁接到膜上的最新技术。

　　另一种制备具有电响应性能的膜的方法是将 β – 环糊精(β – CD)/二茂铁(Fc)配合物集成到膜中。施加电场会给二茂铁充电,并诱导复合物离解,使膜具有电响应性。本节以聚(四氟乙烯)为基底膜,首先与二茂铁嫁接,然后与 β – 环糊精交联。在电场作用下,膜通过有效去除污垢,恢复原有的过滤性,表现出自清洁能力。

　　将带负电荷的疏水链连接到膜上,可以制备出用于电化学反应的膜。Lahann 等对金表面的巯基十六烷基酸进行了验证。如果施加电压,带负电荷的末端(羧基)将会弯曲从而暴露出疏水部分的表面。

3. 光响应

　　据报道,偶氮苯等分子在紫外光照射下构象会发生可逆异构化。顺式比反式疏水性强,膨胀性差。在膜中引入类似的嵌段也可以通过改变润湿度或形成能允许离子或分子渗透的具有光适应性的膜来选择性地改变它们的流速。紫外光下的异构化也可以观察到其他光致变色分子,如嘧啶、二乙基乙炔、维洛根和螺吡喃。光响应膜的制备方法:由含有光色基团的单体或聚合物制备,用光响应聚合物使膜孔/表面功能化,或将光开关载体嵌入膜中。最近 Nicoletta 等人对光敏聚合物膜进行了综述。

4. pH 响应及离子强度响应

离子强度和 pH 是另一组导致膜性能变化的刺激因素。对 pH 变化的响应通常是由可电离的聚合电解质(如羧基、吡啶、咪唑和二丁基)的质子化/去质子化体现。对于嵌有 pH 敏感载体的非多孔膜,pH 变化引起的载体膨胀/收缩可以调控膜的渗透性和选择性。对于多孔膜,嫁接在孔壁上的 pH 敏感聚合物层可以可逆地改变其孔径,最终影响渗透性或选择性。例如,高 pH 环境会导致聚(丙烯酸)凝胶去质子化,从而导致其膨胀,增强溶质的渗透性。在 pH 较低时会发生相反的现象。这些反应使 pH 响应膜在溶质渗透控制、自清洁或粒径、电荷选择性过滤和分馏等方面具有潜在的应用价值。这些膜对不同 pH 的响应也取决于溶液的离子强度,因此离子强度也被认为是一种刺激因素。

6.3　总结与评论

近年来,纳米技术的研究有了惊人的进展。研究者提出了很多新的方法来调整膜的表面特性和孔径大小。膜的微观结构已被成功地应用于增加膜的表面积和流量。考虑到本章所述的方法,结合光刻法、逐层组装法、传统膜制备法等其他纳米制造方法,可以对微孔和表面功能进行优化。几年前,在测试了大量可用于制备的均聚物之后,膜制备领域似乎有些停滞,然而,这些均聚物都得到了推广,并成功地应用于工业化分离过程中。随着纳米科学最新成果的应用,膜领域发展所面临的挑战正在被一一攻克,显然还有很多的新方法有待探索。

本章参考文献

[1]　Nunes, S. P.; Peinemann, K. V. Presently Available Membranes for Liquid Separation. In Membrane Technology: in the Chemical Industry Wiley VCH: Germany, 2006; pp. 15 – 38, (Second, Revised and Extended Edition).

[2]　Kesting, R. E. Synthetic Polymeric Membranes: A Structural Perspectives, Second Edition By R. E. Kesting, John Wiley & Sons, 1985; p 348.

[3]　Strathmann, H. Membrane Separation Processes. J. Membr. Sci. 1981, 9 (1), 121 – 189.

[4]　Baker, R.; Cussler, E.; Eykamp, W.; Koros, W.; Riley, R. Membrane Separation System: Recent Developments and Future Directions. Noyes Data Corporation: Park Ridge, NJ, 1991. 451 pp.

[5]　Mulder, J. Basic Principles of Membrane Technology. Springer Science & Business Media: Germany, 2012.

[6]　Nunes, S. P. Recent Advances in the Controlled Formation of Pores in Membranes. Trends Polym. Sci. 1997, 5 (6), 187 – 192.

［7］　Petersen, R. J. Composite Reverse Osmosis and Nanofiltration Membranes. J. Membr. Sci. 1993, 83（1）, 81 –150.

［8］　Cadotte, J.; Petersen, R.; Larson, R.; Erickson, E. A New Thin – Film Composite Seawater Reverse Osmosis Membrane. Desalination 1980, 32, 25 –31.

［9］　Jeong, B. H.; Hoek, E. M. V.; Yan, Y.; Subramani, A.; Huang, X.; Hurwitz, G.; Ghosh, A. K.; Jawor, A. Interfacial Polymerization of Thin Film Nanocomposites: A New Concept for Reverse Osmosis Membranes. J. Membr. Sci. 2007, 294 （1 –2）, 1 –7.

［10］　Giwa, A.; Akther, N.; Dufour, V.; Hasan, S. W. A Critical Review on Recent Polymeric and Nano – Enhanced Membranes for Reverse Osmosis. RSC Adv. 2016, 6 （10）, 8134 –8163.

［11］　Lau, W. J.; Gray, S.; Matsuura, T.; Emadzadeh, D.; Paul Chen, J.; Ismail, A. F. A Review on Polyamide Thin Film Nanocomposite（TFN）Membranes: History, Applications, Challenges and Approaches. Water Res. 2015, 80, 306 –324.

［12］　Qi, S.; Wang, R.; Chaitra, G. K. M.; Torres, J.; Hu, X.; Fane, A. G. Aquaporin – Based Biomimetic Reverse Osmosis Membranes: Stability and Long Term Performance. J. Membr. Sci. 2016, 508, 94 –103.

［13］　Agre, P.; Brown, D.; Nielsen, S. Aquaporin Water Channels: Unanswered Questions and Unresolved Controversies. Curr. Opin. Cell Biol. 1995, 7 （4）, 472 –483.

［14］　Norman, R. S. Water Salination: A Source of Energy. Science 1974, 186 （4161）, 350 –352.

［15］　Jellinek, H. H. Osmosis Process for Producing Energy; Google Patents, 1976.

［16］　Loeb, S.; Norman, R. S. Osmotic Power Plants. Science 1975, 189 （4203）, 654 – 655.

［17］　Peinemann, K. V.; Nunes, S. P. Membrane Technology, Volume 2: Membranes for Energy Conversion. Wiley: Weinheim, 2008.

［18］　Straub, A. P.; Yip, N. Y.; Elimelech, M. Raising the Bar: Increased Hydraulic Pressure Allows Unprecedented High Power Densities in Pressure – Retarded Osmosis. Environ. Sci. Technol. Lett. 2014, 1 （1）, 55 –59.

［19］　Chou, S.; Wang, R.; Fane, A. G. Robust and High Performance Hollow Fiber Membranes for Energy Harvesting from Salinity Gradients by Pressure Retarded Osmosis. J. Membr. Sci. 2013, 448, 44 –54.

［20］　Schäfer, A. I.; Fane, A.; Waite, T. D. Nanofiltration: Principles and Applications. Elsevier: Oxford, 2005.

［21］　Mohammad, A. W.; Teow, Y. H.; Ang, W. L.; Chung, Y. T.; Oatley – Radcliffe, D. L.; Hilal, N. Nanofiltration Membranes Review: Recent Advances and Future Prospects. Desalination 2015, 356, 226 –254.

［22］　Määnttäri, M.; Pekuri, T.; Nyström, M. NF270, a New Membrane Having Promising Characteristics and Being Suitable for Treatment of Dilute Effluents from the Paper Industry. J. Membr. Sci. 2004, 242 (1), 107 – 116.

[23] Cadotte, J. E.; Walker, D. R. Novel Water Softening Membranes; Google Patents, 1989.

[24] Wheeler, J. W. Process for Opening Reverse Osmosis Membranes; Google Patents, 1993.

[25] Mickols, W. E. Method of Treating Polyamide Membranes to Increase Flux; Google Patents, 1998.

[26] Nunes, S. P.; Sforça, M. L.; Peinemann, K. V. Dense Hydrophilic Composite Membranes for Ultrafiltration. J. Membr. Sci. 1995, 106 (1), 49 – 56.

[27] Schmidt, M.; Peinemann, K. V.; Paul, D.; Rödicker, H. Celluloseether als Trennschichten Hydrophiler Polymermembranen. Angew. Makromol. Chem. 1997, 249 (1), 11 – 32.

[28] Livazovic, S.; Li, Z.; Behzad, A. R.; Peinemann, K. V.; Nunes, S. P. Cellulose Multilayer Membranes Manufacture with Ionic Liquid. J. Membr. Sci. 2015, 490, 282 – 293.

[29] Lu, Y.; Suzuki, T.; Zhang, W.; Moore, J. S.; Mariñas, B. J. Nanofiltration Membranes Based on Rigid Star Amphiphiles. Chem. Mater. 2007, 19 (13), 3194 – 3204.

[30] Valadez – Blanco, R.; Ferreira, F. C.; Jorge, R. F.; Livingston, A. G. A Membrane Bioreactor for Biotransformations of Hydrophobic Molecules Using Organic Solvent Nanofiltration (OSN) Membranes. J. Membr. Sci. 2008, 317 (1 – 2), 50 – 64.

[31] Peshev, D.; Peeva, L. G.; Peev, G.; Baptista, I. I. R.; Boam, A. T. Application of Organic Solvent Nanofiltration for Concentration of Antioxidant Extracts of Rosemary (Rosmarinus officiallis L.). Chem. Eng. Res. Des. 2011, 89 (3), 318 – 327.

[32] White, L. S. Development of Large – Scale Applications in Organic Solvent Nanofiltration and Pervaporation for Chemical and Refining Processes. J. Membr. Sci. 2006, 286 (1 – 2), 26 – 35.

[33] Székely, G.; Bandarra, J.; Heggie, W.; Sellergren, B.; Ferreira, F. C. Organic Solvent Nanofiltration: A Platform for Removal of Genotoxins from Active Pharmaceutical Ingredients. J. Membr. Sci. 2011, 381 (1 – 2), 21 – 33.

[34] Marchetti, P.; Jimenez Solomon, M. F.; Szekely, G.; Livingston, A. G. Molecular Separation with Organic Solvent Nanofiltration: A Critical Review. Chem. Rev. 2014, 114 (21), 10735 – 10806.

[35] Amirilargani, M.; Sadrzadeh, M.; Sudhölter, E. J. R.; de Smet, L. C. P. M. Surface Modification Methods of Organic Solvent Nanofiltration Membranes. Chem.

Eng. J. 2016, 289, 562 – 582.

[36] Vandezande, P. ; Gevers, L. E. M. ; Vankelecom, I. F. J. Solvent Resistant Nano-filtration: Separating on a Molecular Level. Chem. Soc. Rev. 2008, 37 (2), 365 – 405.

[37] Tsuru, T. ; Sudou, T. ; Kawahara, S. I. ; Yoshioka, T. ; Asaeda, M. Permeation of Liquids Through Inorganic Nanofiltration Membranes. J. Colloid Interface Sci. 2000, 228 (2), 292 – 296.

[38] Linder, C. ; Perry, M. ; Nemas, M. ; Katraro, R. Solvent Stable Membranes; Google Patents, 1991.

[39] Perry, M. ; Yacubowicz, H. ; Linder, C. ; Nemas, M. ; Katraro, R. Polyphenylene Oxide – Derived Membranes for Separation in Organic Solvents; Google Patents, 1992.

[40] Ebert, K. ; Koll, J. ; Dijkstra, M. ; Eggers, M. Fundamental Studies on the Perform-ance of a Hydrophobic Solvent Stable Membrane in Non – Aqueous Solutions. J. Mem-br. Sci. 2006, 285 (1), 75 – 80.

[41] Szekely, G. ; Jimenez – Solomon, M. F. ; Marchetti, P. ; Kim, J. F. ; Livingston, A. G. Sustainability Assessment of Organic Solvent Nanofiltration: From Fabrication to Application. Green Chem. 2014, 16 (10), 4440 – 4473.

[42] Hołda, A. K. ; Vankelecom, I. F. Understanding and Guiding the Phase Inversion Process for Synthesis of Solvent Resistant Nanofiltration Membranes. J. Appl. Polym. Sci. 2015, 132 (2015.27).

[43] Maab, H. ; Nunes, S. P. Porous Polyoxadiazole Membranes for Harsh Environment. J. Membr. Sci. 2013, 445, 127 – 134.

[44] Chisca, S. ; Duong, P. H. ; Emwas, A. H. ; Sougrat, R. ; Nunes, S. P. Crosslinked Copolyazoles with a Zwitterionic Structure for Organic Solvent Resistant Membranes. Polym. Chem. 2015, 6(4), 543 – 554.

[45] da Silva Burgal, J. ; Peeva, L. G. ; Kumbharkar, S. ; Livingston, A. Organic Sol-vent Resistant Poly (Ether – Ether – Ketone) Nanofiltration Membranes. J. Membr. Sci. 2015, 479, 105 – 116.

[46] Valtcheva, I. B. ; Kumbharkar, S. C. ; Kim, J. F. ; Bhole, Y. ; Livingston, A. G. Beyond Polyimide: Crosslinked Polybenzimidazole Membranes for Organic Solvent Nanofiltration (OSN) in Harsh Environments. J. Membr. Sci. 2014, 457, 62 – 72.

[47] Marré Tirado, M. L. ; Bass, M. ; Piatkovsky, M. ; Ulbricht, M. ; Herzberg, M. ; Freger, V. Assessing Biofouling Resistance of a Polyamide Reverse Osmosis Membrane Surface – Modified with a Zwitterionic Polymer. J. Membr. Sci. 2016, 520, 490 – 498.

[48] Sarkar, A. ; Carver, P. I. ; Zhang, T. ; Merrington, A. ; Bruza, K. J. ; Rousseau, J. L. ; Keinath, S. E. ; Dvornic, P. R. Dendrimer – Based Coatings for Surface Modification of Polyamide Reverse Osmosis Membranes. J. Membr. Sci. 2010, 349

(1 – 2), 421 – 428.

[49] Zhu, W. P.; Gao, J.; Sun, S. P.; Zhang, S.; Chung, T. S. Poly(Amidoamine) Dendrimer (PAMAM) Grafted on Thin Film Composite (TFC) Nanofiltration (NF) Hollow Fiber Membranes for Heavy Metal Removal. J. Membr. Sci. 2015, 487, 117 – 126.

[50] Rahaman, M. S.; Therien – Aubin, H.; Ben – Sasson, M.; Ober, C. K.; Nielsen, M.; Elimelech, M. Control of Biofouling on Reverse Osmosis Polyamide Membranes Modified with Biocidal Nanoparticles and Antifouling Polymer Brushes. J. Mater. Chem. B 2014, 2 (12), 1724 – 1732.

[51] Kramer, P.; Yeh, Y.; Yasuda, H. Low Temperature Plasma for the Preparation of Separation Membranes. J. Membr. Sci. 1989, 46 (1), 1 – 28.

[52] Reis, R.; Dumée, L. F.; Tardy, B. L.; Dagastine, R.; Orbell, J. D.; Schutz, J. A.; Duke, M. C. Towards Enhanced Performance Thin – Film Composite Membranes via Surface Plasma Modification. Sci. Rep. 2016, 6, 29206.

[53] Ulbricht, M.; Belfort, G. Surface Modification of Ultrafiltration Membranes by Low Temperature Plasma. I. Treatment of Polyacrylonitrile. J. Appl. Polym. Sci. 1995, 56 (3), 325 – 343.

[54] Ulbricht, M.; Belfort, G. Surface Modification of Ultrafiltration Membranes by Low Temperature Plasma II. Graft Polymerization Onto Polyacrylonitrile and Polysulfone. J. Membr. Sci. 1996, 111 (2), 193 – 215.

[55] Wang, D. Hydrophobic Membrane Having Hydrophilic and Charged Surface and Process; Google Patents, 1992.

[56] Jhaveri, J. H.; Murthy, Z. V. P. A Comprehensive Review on Anti – Fouling Nano-composite Membranes for Pressure Driven Membrane Separation Processes. Desalination 2016, 379, 137 – 154.

[57] Yang, Q.; Mi, B. Nanomaterials for Membrane Fouling Control: Accomplishments and Challenges. Adv. Chronic Kidney Dis. 2013, 20 (6), 536 – 555.

[58] Shannon, M. A.; Bohn, P. W.; Elimelech, M.; Georgiadis, J. G.; Marinas, B. J.; Mayes, A. M. Science and Technology for Water Purification in the Coming Decades. Nature 2008, 452 (7185), 301 – 310.

[59] Deratani, A.; Li, C. L.; Wang, D. M.; Lai, J. Y. New Trends in the Preparation of Polymeric Membranes for Liquid Filtration. Annales de chimie, Lavoisier 2007, 32, 107 – 118.

[60] Hester, J.; Banerjee, P.; Mayes, A. Preparation of Protein – Resistant Surfaces on Poly (Vinylidene Fluoride) Membranes via Surface Segregation. Macromolecules 1999, 32 (5), 1643 – 1650.

[61] Hester, J.; Mayes, A. Design and Performance of Foul – Resistant Poly(Vinylidene Fluoride) Membranes Prepared in a Single – Step by Surface Segregation. J. Membr.

Sci. 2002, 202 (1), 119 – 135.

[62] Wang, Y. Q.; Wang, T.; Su, Y. L.; Peng, F. B.; Wu, H.; Jiang, Z. Y. Remarkable Reduction of Irreversible Fouling and Improvement of the Permeation Properties of Poly (Ether Sulfone) Ultrafiltration Membranes by Blending with Pluronic F127. Langmuir 2005, 21 (25), 11856 – 11862.

[63] Baker, R. W.; Low, B. T. Gas Separation Membrane Materials: A Perspective. Macromolecules 2014, 47 (20), 6999 – 7013.

[64] Merkel, T. C.; Lin, H.; Wei, X.; Baker, R. Power Plant Post – Combustion Carbon Dioxide Capture: An Opportunity for Membranes. J. Membr. Sci. 2010, 359 (1), 126 – 139.

[65] Merkel, T. C.; Zhou, M.; Baker, R. W. Carbon Dioxide Capture with Membranes at an IGCC Power Plant. J. Membr. Sci. 2012, 389, 441 – 450.

[66] Pera – Titus, M. Porous Inorganic Membranes for CO_2 Capture: Present and Prospects. Chem. Rev. 2013, 114 (2), 1413 – 1492.

[67] Masuda, T.; Kawasaki, M.; Okano, Y.; Higashimura, T. Polymerization of Methylpentynes by Transition Metal Catalysts: Monomer Structure, Reactivity, and Polymer Properties. Polym. J. 1982, 14 (5), 371 – 377.

[68] Morisato, A.; Pinnau, I. Synthesis and Gas Permeation Properties of Poly(4 – Methyl – 2 – Pentyne). J. Membr. Sci. 1996, 121 (2), 243 – 250.

[69] Merkel, T.; Freeman, B.; Spontak, R.; He, Z.; Pinnau, I.; Meakin, P.; Hill, A. Ultrapermeable, Reverse – Selective Nanocomposite Membranes. Science 2002, 296 (5567), 519 – 522.

[70] Gomes, D.; Nunes, S. P.; Peinemann, K. V. Membranes for Gas Separation Based on Poly(1 – Trimethylsilyl – 1 – Propyne) – Silica Nanocomposites. J. Membr. Sci. 2005, 246 (1), 13 – 25.

[71] Lin, H.; Freeman, B. D. Materials Selection Guidelines for Membranes that Remove CO_2 from Gas Mixtures. J. Mol. Struct. 2005, 739 (1), 57 – 74.

[72] Lin, H.; Freeman, B. D. Gas Solubility, Diffusivity and Permeability in Poly(Ethylene Oxide). J. Membr. Sci. 2004, 239 (1), 105 – 117.

[73] Bondar, V.; Freeman, B.; Pinnau, I. Gas Sorption and Characterization of Poly(Ether – b – Amide) Segmented Block Copolymers. J. Polym. Sci. B Polym. Phys. 1999, 37 (17), 2463 – 2475.

[74] Kim, J. H.; Ha, S. Y.; Lee, Y. M. Gas Permeation of Poly(Amide – 6 – b – Ethylene Oxide) Copolymer. J. Membr. Sci. 2001, 190 (2), 179 – 193.

[75] Patel, N. P.; Spontak, R. J. Mesoblends of Polyether Block Copolymers with Poly (Ethylene Glycol). Macromolecules 2004, 37 (4), 1394 – 1402.

[76] Okamoto, K. I.; Fuji, M.; Okamyo, S.; Suzuki, H.; Tanaka, K.; Kita, H. Gas Permeation Properties of Poly(Ether Imide) Segmented Copolymers. Macromolecules

1995, 28 (20), 6950 – 6956.

[77] Patel, N. P.; Hunt, M. A.; Lin – Gibson, S.; Bencherif, S.; Spontak, R. J. Tunable CO_2 Transport Through Mixed Polyether Membranes. J. Membr. Sci. 2005, 251 (1), 51 –57.

[78] Kawakami, M.; Iwanaga, H.; Hara, Y.; Iwamoto, M.; Kagawa, S. Gas Permeabilities of Cellulose Nitrate/Poly (Ethylene Glycol) Blend Membranes. J. Appl. Polym. Sci. 1982, 27 (7), 2387 – 2393.

[79] Li, J.; Wang, S.; Nagai, K.; Nakagawa, T.; Mau, A. W. Effect of Polyethyleneglycol (PEG) on Gas Permeabilities and Permselectivities in Its Cellulose Acetate (CA) Blend Membranes. J. Membr. Sci. 1998, 138 (2), 143 – 152.

[80] Kim, J. H.; Ha, S. Y.; Nam, S. Y.; Rhim, J. W.; Baek, K. H.; Lee, Y. M. Selective Permeation of CO_2 Through Pore – Filled Polyacrylonitrile Membrane with Poly(Ethylene Glycol). J. Membr. Sci. 2001, 186 (1), 97 – 107.

[81] Car, A.; Stropnik, C.; Yave, W.; Peinemann, K. V. PEG Modified Poly(Amide – b – Ethylene Oxide) Membranes for CO_2 Separation. J. Membr. Sci. 2008, 307 (1), 88 – 95.

[82] Car, A.; Stropnik, C.; Yave, W.; Peinemann, K. V. Pebaxs/Polyethylene Glycol Blend Thin Film Composite Membranes for CO_2 Separation: Performance with Mixed Gases. Sep. Purif. Technol. 2008, 62 (1), 110 – 117.

[83] Budd, P. M.; Ghanem, B. S.; Makhseed, S.; McKeown, N. B.; Msayib, K. J.; Tattershall, C. E. Polymers of Intrinsic Microporosity (PIMs): Robust, Solution – Processable, Organic Nanoporous Materials. Chem. Commun. 2004, 2, 230 – 231.

[84] McKeown, N. B. Polymers of Intrinsic Microporosity. ISRN Materials Science 2012, 2012, 16, doi:10.5402/2012/513986. Article ID 513986.

[85] Heuchel, M.; Fritsch, D.; Budd, P. M.; McKeown, N. B.; Hofmann, D. Atomistic Packing Model and Free Volume Distribution of a Polymer with Intrinsic Microporosity (PIM – 1). J. Membr. Sci. 2008, 318 (1), 84 – 99.

[86] Ghanem, B. S.; McKeown, N. B.; Budd, P. M.; Fritsch, D. Polymers of Intrinsic Microporosity Derived from Bis (Phenazyl) Monomers. Macromolecules 2008, 41 (5), 1640 – 1646.

[87] Budd, P. M.; Msayib, K. J.; Tattershall, C. E.; Ghanem, B. S.; Reynolds, K. J.; McKeown, N. B.; Fritsch, D. Gas Separation Membranes from Polymers of Intrinsic Microporosity. J. Membr. Sci. 2005, 251 (1), 263 – 269.

[88] Song, Q.; Cao, S.; Pritchard, R. H.; Ghalei, B.; Al – Muhtaseb, S. A.; Terentjev, E. M.; Cheetham, A. K.; Sivaniah, E. Controlled Thermal Oxidative Crosslinking of Polymers of Intrinsic Microporosity Towards Tunable Molecular Sieve Membranes. Nat. Commun. 2014, 5, 4813.

[89] Du, N.; Dal – Cin, M. M.; Robertson, G. P.; Guiver, M. D. Decarboxylation –

Induced Cross - Linking of Polymers of Intrinsic Microporosity (PIMs) for Membrane Gas Separation. Macromolecules 2012, 45 (12), 5134 - 5139.

[90] Carta, M.; Bernardo, P.; Clarizia, G.; Jansen, J. C.; McKeown, N. B. Gas Permeability of Hexaphenylbenzene Based Polymers of Intrinsic Microporosity. Macromolecules 2014, 47 (23), 8320 - 8327.

[91] Mitra, T.; Bhavsar, R. S.; Adams, D. J.; Budd, P. M.; Cooper, A. I. PIM - 1 Mixed Matrix Membranes for Gas Separations Using Cost - Effective Hypercrosslinked Nanoparticle Fillers. Chem. Commun. 2016, 52 (32), 5581 - 5584.

[92] Swaidan, R.; Ghanem, B.; Litwiller, E.; Pinnau, I. Physical Aging, Plasticization and Their Effects on Gas Permeation in "Rigid" Polymers of Intrinsic Microporosity. Macromolecules 2015, 48 (18), 6553 - 6561.

[93] Kim, S.; Lee, Y. M. Rigid and Microporous Polymers for Gas Separation Membranes. Prog. Polym. Sci. 2015, 43, 1 - 32.

[94] Kulprathipanja, S.; Neuzil, R. W.; Li, N. N. Separation of Fluids by Means of Mixed Matrix Membranes; Google Patents, 1988.

[95] Te Hennepe, H.; Bargeman, D.; Mulder, M.; Smolders, C. Zeolite - Filled Silicone Rubber Membranes: Part 1. Membrane Preparation and Pervaporation Results. J. Membr. Sci. 1987, 35 (1), 39 - 55.

[96] Jia, M.; Peinemann, K. - V.; Behling, R. - D. Molecular Sieving Effect of the Zeolite - Filled Silicone Rubber Membranes in Gas Permeation. J. Membr. Sci. 1991, 57 (2 - 3), 289 - 292.

[97] Nunes, S. P. In Inorganic Membranes: Synthesis, Characterization and Applications; Mallada, R.; Menéndez, M., Eds.; vol. 13; 2008. Elsevier: Amsterdam, 2008.

[98] Maxwell, J. C. A Treatise on Electricity and Magnetism; Vol. 1 Dover Publication: New York, 1873.

[99] Moore, T. T.; Koros, W. J. Non - Ideal Effects in Organic - Inorganic Materials for Gas Separation Membranes. J. Mol. Struct. 2005, 739 (1), 87 - 98.

[100] Ulbricht, M. Advanced Functional Polymer Membranes. Polymer 2006, 47 (7), 2217 - 2262.

[101] Tasselli, F.; Donato, L.; Drioli, E. Evaluation of Molecularly Imprinted Membranes Based on Different Acrylic Copolymers. J. Membr. Sci. 2008, 320 (1), 167 - 172.

[102] Son, S. H.; Jegal, J. Chiral Separation of D - , L - Serine Racemate Using a Molecularly Imprinted Polymer Composite Membrane. J. Appl. Polym. Sci. 2007, 104 (3), 1866 - 1872.

[103] Ul - Haq, N.; Park, J. K. Optical Resolution of Phenylalanine Using D - Phe - Imprinted Poly(Acrylic Acid - co - Acrylonitrile) Membrane—Racemate Solution Concentration Effect. Polym. Compos. 2008, 29 (9), 1006 - 1013.

[104] Cristallini, C. ; Ciardelli, G. ; Barbani, N. ; Giusti, P. Acrylonitrile – Acrylic Acid Copolymer Membrane Imprinted with Uric Acid for Clinical Uses. Macromol. Biosci. 2004, 4 (1), 31 – 38.

[105] Li, L. ; Yin, Z. ; Li, F. ; Xiang, T. ; Chen, Y. ; Zhao, C. Preparation and Characterization of Poly(Acrylonitrile – Acrylic Acid – N – Vinyl Pyrrolidinone) Terpolymer Blended Polyethersulfone Membranes. J. Membr. Sci. 2010, 349 (1), 56 – 64.

[106] Ramamoorthy, M. ; Ulbricht, M. Molecular Imprinting of Cellulose Acetate – Sulfonated Polysulfone Blend Membranes for Rhodamine B by Phase Inversion Technique. J. Membr. Sci. 2003, 217 (1), 207 – 214.

[107] Kalim, R. ; Schomäcker, R. ; Yüce, S. ; Brüggemann, O. Catalysis of a b – Elimination Applying Membranes with Incorporated Molecularly Imprinted Polymer Particles. Polym. Bull. 2005, 55 (4), 287 – 297.

[108] Silvestri, D. ; Borrelli, C. ; Giusti, P. ; Cristallini, C. ; Ciardelli, G. Polymeric Devices Containing Imprinted Nanospheres: A Novel Approach to Improve Recognition in Water for Clinical Uses. Anal. Chim. Acta 2005, 542 (1), 3 – 13.

[109] Brooks, T. W. ; Daffin, C. L. Polym. Prepr. 1969, 10, 1174 – 1181.

[110] Lee, J. S. ; Hirao, A. ; Nakahama, S. Polymerization of Monomers Containing Functional Silyl Groups. 7. Porous Membranes with Controlled Microstructures. Macromolecules 1989, 22 (6), 2602 – 2606.

[111] Ishizu, K. ; Amemiya, M. Charge Mosaic Composite Membranes Constructed by Phase Growth. J. Membr. Sci. 1990, 54 (1), 75 – 87.

[112] Phillip, W. A. ; Rzayev, J. ; Hillmyer, M. A. ; Cussler, E. Gas and Water Liquid Transport Through Nanoporous Block Copolymer Membranes. J. Membr. Sci. 2006, 286 (1), 144 – 152.

[113] Morkved, T. ; Lu, M. ; Urbas, A. ; Ehrichs, E. Local Control of Microdomain Orientation in Diblock Copolymer Thin Films with Electric Fields. Science 1996, 273 (5277), 931.

[114] Schmidt, K. ; Schoberth, H. G. ; Ruppel, M. ; Zettl, H. ; Hänsel, H. ; Weiss, T. M. ; Urban, V. ; Krausch, G. ; Böker, A. Reversible Tuning of a Block – Copolymer Nanostructure via Electric Fields. Nat. Mater. 2008, 7 (2), 142 – 145.

[115] Peinemann, K. V. ; Abetz, V. ; Simon, P. F. Asymmetric Superstructure Formed in a Block Copolymer via Phase Separation. Nat. Mater. 2007, 6 (12), 992 – 996.

[116] Ikkala, O. ; ten Brinke, G. Functional Materials Based on Self – Assembly of Polymeric Supramolecules. Science 2002, 295 (5564), 2407 – 2409.

[117] Nunes, S. P. Block Copolymer Membranes for Aqueous Solution Applications. Macromolecules 2016, 49 (8), 2905 – 2916.

[118] Nunes, S. P. ; Car, A. From Charge – Mosaic to Micelle Self – Assembly: Block

Copolymer Membranes in the Last 40 Years. Ind. Eng. Chem. Res. 2012, 52 (3), 993 – 1003.

[119] Hilke, R.; Pradeep, N.; Madhavan, P.; Vainio, U.; Behzad, A. R.; Sougrat, R.; Nunes, S. P.; Peinemann, K. V. Block Copolymer Hollow Fiber Membranes with Catalytic Activity and pH – Response. ACS Appl. Mater. Interfaces 2013, 5 (15), 7001 – 7006.

[120] Yu, H.; Qiu, X.; Nunes, S. P.; Peinemann, K. V. Biomimetic Block Copolymer Particles with Gated Nanopores and Ultrahigh Protein Sorption Capacity. Nat. Commun. 2014, 5, 4110.

[121] Nunes, S. P.; Behzad, A. R.; Hooghan, B.; Sougrat, R.; Karunakaran, M.; Pradeep, N.; Vainio, U.; Peinemann, K. V. Switchable pH – Responsive Polymeric Membranes Prepared via Block Copolymer Micelle Assembly. ACS Nano 2011, 5 (5), 3516 – 3522.

[122] Nunes, S. P.; Sougrat, R.; Hooghan, B.; Anjum, D. H.; Behzad, A. R.; Zhao, L.; Pradeep, N.; Pinnau, I.; Vainio, U.; Peinemann, K. V. Ultraporous Films with Uniform Nanochannels by Block Copolymer Micelles Assembly. Macromolecules 2010, 43 (19), 8079 – 8085.

[123] Madhavan, P.; Sutisna, B.; Sougrat, R.; Nunes, S. Photoresponsive Nanostructured Membranes. RSC Adv. 2016, 6 (79), 75594 – 75601.

[124] Yu, H.; Qiu, X.; Moreno, N.; Ma, Z.; Calo, V. M.; Nunes, S. P.; Peinemann, K. V. Self – Assembled Asymmetric Block Copolymer Membranes: Bridging the Gap from Ultra – to Nanofiltration. Angew. Chem. Int. Ed. 2015, 54 (47), 13937 – 13941.

[125] Madhavan, P.; Hong, P. Y.; Sougrat, R.; Nunes, S. P. Silver – Enhanced Block Copolymer Membranes with Biocidal Activity. ACS Appl. Mater. Interfaces 2014, 6 (21), 18497 – 18501.

[126] Miller, S. J.; Kuperman, A.; Vu, D. Q. Mixed Matrix Membranes with Small Pore Molecular Sieves and Methods for Making and Using the Membranes; Google Patents, 2007.

[127] Koros, W. J.; Wallace, D.; Wind, J. D.; Miller, S. J.; Staudt – Bickel, C.; Vu, D. Q. Crosslinked and Crosslinkable Hollow Fiber Mixed Matrix Membrane and Method of Making Same; Google Patents, 2004.

[128] Kulprathipanja, S.; Charoenphol, J. Mixed Matrix Membrane for Separation of Gases; Google Patents, 2004.

[129] Ekiner, O. M.; Kulkarni, S. S. Process for Making Hollow Fiber Mixed Matrix Membranes; Google Patents, 2003.

[130] Kitagawa, S.; Kitaura, R.; Noro, S. I. Functional Porous Coordination Polymers. Angew. Chem. Int. Ed. 2004, 43 (18), 2334 – 2375.

[131] Rowsell, J. L. ; Yaghi, O. M. Metal – Organic Frameworks: A New Class of Porous Materials. Microporous Mesoporous Mater. 2004, 73 (1), 3 – 14.

[132] Rodenas, T. ; Luz, I. ; Prieto, G. ; Seoane, B. ; Miro, H. ; Corma, A. ; Kapteijn, F. ; Llabrés i Xamena, F. X. ; Gascon, J. Metal – Organic Framework Nanosheets in Polymer Composite Materials for Gas Separation. Nat. Mater. 2015, 14 (1), 48 – 55.

[133] Lin, J. Y. Molecular Sieves for Gas Separation. Science 2016, 353 (6295), 121 – 122.

[134] Nenoff, T. M. Hydrogen Purification: MOF Membranes Put to the Test. Nat. Chem. 2015, 7 (5), 377 – 378.

[135] Sabetghadam, A. ; Seoane, B. ; Keskin, D. ; Duim, N. ; Rodenas, T. ; Shahid, S. ; Sorribas, S. ; Guillouzer, C. L. ; Clet, G. ; Tellez, C. Metal Organic Framework Crystals in Mixed Matrix Membranes: Impact of the Filler Morphology on the Gas Separation Performance. Adv. Funct. Mater. 2016, 26, 3154 – 3163.

[136] Brown, A. J. ; Brunelli, N. A. ; Eum, K. ; Rashidi, F. ; Johnson, J. ; Koros, W. J. ; Jones, C. W. ; Nair, S. Interfacial Microfluidic Processing of Metal – Organic Framework Hollow Fiber Membranes. Science 2014, 345 (6192), 72 – 75.

[137] Snurr, R. Q. ; Hupp, J. T. ; Nguyen, S. T. Prospects for Nanoporous Metal – Organic Materials in Advanced Separations Processes. AIChE J. 2004, 50 (6), 1090 – 1095.

[138] Lai, L. S. ; Yeong, Y. F. ; Lau, K. K. ; Azmi, M. S. Zeolite Imidazole Frameworks Membranes for CO_2/CH_4 Separation from Natural Gas: A Review. J. Appl. Sci. 2014, 14 (11), 1161.

[139] Yang, T. ; Shi, G. M. ; Chung, T. S. Symmetric and Asymmetric Zeolitic Imidazolate Frameworks (ZIFs)/Polybenzimidazole (PBI) Nanocomposite Membranes for Hydrogen Purification at High Temperatures. Adv. Energy Mater. 2012, 2 (11), 1358 – 1367.

[140] Yao, J. ; Wang, H. Zeolitic Imidazolate Framework Composite Membranes and Thin Films: Synthesis and Applications. Chem. Soc. Rev. 2014, 43 (13), 4470 – 4493.

[141] Ding, S. Y. ; Wang, W. Covalent Organic Frameworks (COFs): From Design to Applications. Chem. Soc. Rev. 2013, 42 (2), 548 – 568.

[142] Kharul, U. K. ; Banerjee, R. ; Biswal, B. ; Chaudhari, H. D. Chemically Stable Covalent Organic Framework (COF) – Polybenzimidazole Hybrid Membranes: Enhanced Gas Separation Through Pore Modulation. Chemistry 2016, 22 (14), 4695 – 4699.

[143] Kang, Z. ; Peng, Y. ; Qian, Y. ; Yuan, D. ; Addicoat, M. A. ; Heine, T. ; Hu, Z. ; Tee, L. ; Guo, Z. ; Zhao, D. Mixed Matrix Membranes (MMMs) Comprising

Exfoliated 2D Covalent Organic Frameworks (COFs) for Efficient CO_2 Separation. Chem. Mater. 2016, 28 (5), 1277 – 1285.

[144] Choudalakis, G.; Gotsis, A. Permeability of Polymer/Clay Nanocomposites: A Review. Eur. Polym. J. 2009, 45 (4), 967 – 984.

[145] Choi, S.; Coronas, J.; Lai, Z.; Yust, D.; Onorato, F.; Tsapatsis, M. Fabrication and Gas Separation Properties of Polybenzimidazole (PBI)/Nanoporous Silicates Hybrid Membranes. J. Membr. Sci. 2008, 316 (1), 145 – 152.

[146] Galve, A.; Sieffert, D.; Vispe, E.; Téllez, C.; Coronas, J.; Staudt, C. Copolyimide Mixed Matrix Membranes with Oriented Microporous Titanosilicate JDF – L1 Sheet Particles. J. Membr. Sci. 2011, 370 (1), 131 – 140.

[147] Yu, J.; Sugiyama, K.; Zheng, S.; Qiu, S.; Chen, J.; Xu, R.; Sakamoto, Y.; Terasaki, O.; Hiraga, K.; Light, M. $Al_{16}P_{20}O_{80}H_{44}C_6H_{18}N_2$: A New Microporous Aluminophosphate Containing Intersecting 12 – and 8 – Membered Ring Channels. Chem. Mater. 1998, 10 (5), 1208 – 1211.

[148] Jeong, H. K.; Krych, W.; Ramanan, H.; Nair, S.; Marand, E.; Tsapatsis, M. Fabrication of Polymer/Selective – Flake Nanocomposite Membranes and Their Use in Gas Separation. Chem. Mater. 2004, 16 (20), 3838 – 3845.

[149] Kim, W. G.; Nair, S. Membranes from Nanoporous 1D and 2D Materials: A Review of Opportunities, Developments, and Challenges. Chem. Eng. Sci. 2013, 104, 908 – 924.

[150] Pavlidou, S.; Papaspyrides, C. A Review on Polymer – Layered Silicate Nanocomposites. Prog. Polym. Sci. 2008, 33 (12), 1119 – 1198.

[151] Kim, W. G.; Lee, J. S.; Bucknall, D. G.; Koros, W. J.; Nair, S. Nanoporous Layered Silicate AMH – 3/Cellulose Acetate Nanocomposite Membranes for Gas Separations. J. Membr. Sci. 2013, 441, 129 – 136.

[152] Lehn, J. Supramolecular Chemistry – Concepts and Properties; VCH: Weinheim, Germany, 1995.

[153] Barboiu, M.; Cerneaux, S.; van der Lee, A.; Vaughan, G. Ion – Driven ATP Pump by Self – Organized Hybrid Membrane Materials. J. Am. Chem. Soc. 2004, 126 (11), 3545 – 3550.

[154] Barboiu, M. Constitutional Hybrid Materials – Toward Selection of Functions. Eur. J. Inorg. Chem. 2015, 2015 (7), 1112 – 1125.

[155] Sanchez, C.; Arribart, H.; Guille, M. M. G. Biomimetism and Bioinspiration as Tools for the Design of Innovative Materials and Systems. Nat. Mater. 2005, 4 (4), 277 – 288.

[156] Toombes, G. E.; Mahajan, S.; Thomas, M.; Du, P.; Tate, M. W.; Gruner, S. M.; Wiesner, U. Hexagonally Patterned Lamellar Morphology in ABC Triblock Copolymer/Aluminosilicate Nanocomposites. Chem. Mater. 2008, 20 (10), 3278 –

3287.

[157] Simon, P. F. ; Ulrich, R. ; Spiess, H. W. ; Wiesner, U. Block Copolymer – Ceramic Hybrid Materials from Organically Modified Ceramic Precursors. Chem. Mater. 2001, 13 (10), 3464 – 3486.

[158] Hoheisel, T. N. ; Hur, K. ; Wiesner, U. B. Block Copolymer – Nanoparticle Hybrid Self – Assembly. Prog. Polym. Sci. 2015, 40, 3 – 32.

[159] Jones, J. T. ; Wood, C. D. ; Dickinson, C. ; Khimyak, Y. Z. Periodic Mesoporous Organosilicas with Domain Functionality: Synthesis and Advanced Characterization. Chem. Mater. 2008, 20 (10), 3385 – 3397.

[160] Inagaki, S. ; Guan, S. ; Ohsuna, T. ; Terasaki, O. An Ordered Mesoporous Organosilica Hybrid Material with a Crystal – Like Wall Structure. Nature 2002, 416 (6878), 304 – 307.

[161] Grainger, D. ; Hägg, M. B. Evaluation of Cellulose – Derived Carbon Molecular Sieve Membranes for Hydrogen Separation from Light Hydrocarbons. J. Membr. Sci. 2007, 306 (1), 307 – 317.

[162] Steel, K. M. ; Koros, W. J. Investigation of Porosity of Carbon Materials and Related Effects on Gas Separation Properties. Carbon 2003, 41 (2), 253 – 266.

[163] Su, B. L. ; Vantomme, A. ; Surahy, L. ; Pirard, R. ; Pirard, J. P. Hierarchical Multimodal Mesoporous Carbon Materials with Parallel Macrochannels. Chem. Mater. 2007, 19 (13), 3325 – 3333.

[164] Vu, D. Q. ; Koros, W. J. ; Miller, S. J. Effect of Condensable Impurity in CO_2/CH_4 Gas Feeds on Performance of Mixed Matrix Membranes Using Carbon Molecular Sieves. J. Membr. Sci. 2003, 221 (1), 233 – 239.

[165] Higuchi, A. ; Yoshida, T. ; Imizu, T. ; Mizoguchi, K. ; He, Z. ; Pinnau, I. ; Nagai, K. ; Freeman, B. D. Gas Permeation of Fullerene – Dispersed Poly(1 – Trimethylsilyl – 1 – Propyne) Membranes. J. Polym. Sci. B Polym. Phys. 2000, 38 (13), 1749 – 1755.

[166] Sterescu, D. M. ; Bolhuis – Versteeg, L. ; van der Vegt, N. F. ; Stamatialis, D. F. ; Wessling, M. Novel Gas Separation Membranes Containing Covalently Bonded Fullerenes. Macromol. Rapid Commun. 2004, 25 (19), 1674 – 1678.

[167] Reich, S. ; Thomsen, C. ; Maultzsch, J. Carbon Nanotubes: Basic Concepts and Physical Properties; Wiley: New York, 2008.

[168] Prehn, K. ; Adelung, R. ; Heinen, M. ; Nunes, S. P. ; Schulte, K. Catalytically Active CNT – Polymer – Membrane Assemblies: From Synthesis to Application. J. Membr. Sci. 2008, 321 (1), 123 – 130.

[169] Zhang, D. ; Shi, L. ; Fang, J. ; Dai, K. Influence of Diameter of Carbon Nanotubes Mounted in Flow – Through Capacitors on Removal of NaCl from Salt Water. J. Mater. Sci. 2007, 42 (7), 2471 – 2475.

[170] Planeix, J.; Coustel, N.; Coq, B.; Brotons, V.; Kumbhar, P.; Dutartre, R.; Geneste, P.; Bernier, P.; Ajayan, P. Application of Carbon Nanotubes as Supports in Heterogeneous Catalysis. J. Am. Chem. Soc. 1994, 116 (17), 7935 – 7936.

[171] Hinds, B. J.; Chopra, N.; Rantell, T.; Andrews, R.; Gavalas, V.; Bachas, L. G. Aligned Multiwalled Carbon Nanotube Membranes. Science 2004, 303 (5654), 62 – 65.

[172] Skoulidas, A. I.; Ackerman, D. M.; Johnson, J. K.; Sholl, D. S. Rapid Transport of Gases in Carbon Nanotubes. Phys. Rev. Lett. 2002, 89 (18), 185901.

[173] Kim, S.; Jinschek, J. R.; Chen, H.; Sholl, D. S.; Marand, E. Scalable Fabrication of Carbon Nanotube/Polymer Nanocomposite Membranes for High Flux Gas Transport. Nano Lett. 2007, 7 (9), 2806 – 2811.

[174] Hummer, G.; Rasaiah, J. C.; Noworyta, J. P. Water Conduction Through the Hydrophobic Channel of a Carbon Nanotube. Nature 2001, 414 (6860), 188 – 190.

[175] Corry, B. Designing Carbon Nanotube Membranes for Efficient Water Desalination. J. Phys. Chem. B 2008, 112 (5), 1427 – 1434.

[176] Holt, J. K.; Park, H. G.; Wang, Y.; Stadermann, M.; Artyukhin, A. B.; Grigoropoulos, C. P.; Noy, A.; Bakajin, O. Fast Mass Transport Through Sub – 2 – Nanometer Carbon Nanotubes. Science 2006, 312 (5776), 1034 – 1037.

[177] Fornasiero, F.; Park, H. G.; Holt, J. K.; Stadermann, M.; Grigoropoulos, C. P.; Noy, A.; Bakajin, O. Ion Exclusion by Sub – 2 – nm Carbon Nanotube Pores. Proc. Natl. Acad. Sci. 2008, 105 (45), 17250 – 17255.

[178] Li, W.; Wang, X.; Chen, Z.; Waje, M.; Yan, Y. Carbon Nanotube Film by Filtration as Cathode Catalyst Support for Proton – Exchange Membrane Fuel Cell. Langmuir 2005, 21 (21), 9386 – 9389.

[179] Nednoor, P.; Chopra, N.; Gavalas, V.; Bachas, L.; Hinds, B. Reversible Biochemical Switching of Ionic Transport Through Aligned Carbon Nanotube Membranes. Chem. Mater. 2005, 17 (14), 3595 – 3599.

[180] Liu, Z.; Lin, X.; Lee, J. Y.; Zhang, W.; Han, M.; Gan, L. M. Preparation and Characterization of Platinum – Based Electrocatalysts on Multiwalled Carbon Nanotubes for Proton Exchange Membrane Fuel Cells. Langmuir 2002, 18 (10), 4054 – 4060.

[181] Mi, W.; Lin, Y.; Li, Y. Vertically Aligned Carbon Nanotube Membranes on Macroporous Alumina Supports. J. Membr. Sci. 2007, 304 (1), 1 – 7.

[182] Yang, D.; Wang, S.; Zhang, Q.; Sellin, P.; Chen, G. Thermal and Electrical Transport in Multi – Walled Carbon Nanotubes. Phys. Lett. A 2004, 329 (3), 207 – 213.

[183] Wang, Z.; Ci, L.; Chen, L.; Nayak, S.; Ajayan, P. M.; Koratkar, N. Polarity – Dependent Electrochemically Controlled Transport of Water Through Carbon Nanotube

Membranes. Nano Lett. 2007, 7 (3), 697 – 702.

[184] Walz, T.; Smith, B. L.; Zeidel, M. L.; Engel, A.; Agre, P. Biologically Active Two – Dimensional Crystals of Aquaporin CHIP. J. Biol. Chem. 1994, 269 (3), 1583 – 1586.

[185] Qiao, R.; Georgiadis, J.; Aluru, N. Differential Ion Transport Induced Electroosmosis and Internal Recirculation in Heterogeneous Osmosis Membranes. Nano Lett. 2006, 6 (5), 995 – 999.

[186] Majumder, M.; Zhan, X.; Andrews, R.; Hinds, B. J. Voltage Gated Carbon Nanotube Membranes. Langmuir 2007, 23 (16), 8624 – 8631.

[187] Ionita, M.; Pandele, M. A.; Iovu, H. Sodium Alginate/Graphene Oxide Composite Films with Enhanced Thermal and Mechanical Properties. Carbohydr. Polym. 2013, 94 (1), 339 – 344.

[188] Li, X.; Ma, L.; Zhang, H.; Wang, S.; Jiang, Z.; Guo, R.; Wu, H.; Cao, X.; Yang, J.; Wang, B. Synergistic Effect of Combining Carbon Nanotubes and Graphene Oxide in Mixed Matrix Membranes for Efficient CO_2 Separation. J. Membr. Sci. 2015, 479, 1 – 10.

[189] Wang, Z.; Yu, H.; Xia, J.; Zhang, F.; Li, F.; Xia, Y.; Li, Y. Novel GO – Blended PVDF Ultrafiltration Membranes. Desalination 2012, 299, 50 – 54.

[190] Johnson, J.; Koros, W. J. Utilization of Nanoplatelets in Organic – Inorganic Hybrid Separation Materials: Separation Advantages and Formation Challenges. J. Taiwan Inst. Chem. Eng. 2009, 40 (3), 268 – 275.

[191] Sanchez, C.; Boissiere, C.; Cassaignon, S.; Chaneac, C.; Durupthy, O.; Faustini, M.; Grosso, D.; Laberty – Robert, C.; Nicole, L.; Portehault, D. Molecular Engineering of Functional Inorganic and Hybrid Materials. Chem. Mater. 2013, 26 (1), 221 – 238.

[192] Jones, C. W. Zeolites go Organic. Science 2003, 300 (5618), 439 – 440.

[193] Jirage, K. B.; Hulteen, J. C.; Martin, C. R. Nanotubule – Based Molecular – Filtration Membranes. Science 1997, 278 (5338), 655 – 658.

[194] Hollman, A. M.; Bhattacharyya, D. Pore Assembled Multilayers of Charged Polypeptides in Microporous Membranes for Ion Separation. Langmuir 2004, 20 (13), 5418 – 5424.

[195] Gras, S. L.; Mahmud, T.; Rosengarten, G.; Mitchell, A.; Kalantar – zadeh, K. Intelligent Control of Surface Hydrophobicity. ChemPhysChem 2007, 8 (14), 2036 – 2050.

[196] Heskins, M.; Guillet, J. E. Solution Properties of Poly(N – Isopropylacrylamide). J. Macromol. Sci., Chem. 1968, 2 (8), 1441 – 1455.

[197] Lue, S. J.; Hsu, J. J.; Wei, T. C. Drug Permeation Modeling Through the Thermo – Sensitive Membranes of Poly(N – Isopropylacrylamide) Brushes Grafted Onto

Micro – Porous Films. J. Membr. Sci. 2008, 321 (2), 146 – 154.

[198] Chilkoti, A.; Dreher, M. R.; Meyer, D. E.; Raucher, D. Targeted Drug Delivery by Thermally Responsive Polymers. Adv. Drug Deliv. Rev. 2002, 54 (5), 613 – 630.

[199] Pişkin, E. Molecularly Designed Water Soluble, Intelligent, Nanosize Polymeric Carriers. Int. J. Pharm. 2004, 277 (1), 105 – 118.

[200] Kim, H. K.; Park, T. G. Synthesis and Characterization of Thermally Reversible Bioconjugates Composed of a – Chymotrypsin and Poly (N – Isopropylacrylamide – co – Acrylamido – 2 – Deoxy – D – Glucose). Enzym. Microb. Technol. 1999, 25 (1), 31 – 37.

[201] Kikuchi, A.; Okano, T. Nanostructured Designs of Biomedical Materials: Applications of Cell Sheet Engineering to Functional Regenerative Tissues and Organs. J. Control. Release 2005, 101 (1), 69 – 84.

[202] Chen, Y. C.; Xie, R.; Chu, L. Y. Stimuli – Responsive Gating Membranes Responding to Temperature, pH, Salt Concentration and Anion Species. J. Membr. Sci. 2013, 442, 206 – 215.

[203] Ying, L.; Kang, E.; Neoh, K. Synthesis and Characterization of Poly(N – Isopropylacrylamide) – Graft – Poly (Vinylidene Fluoride) Copolymers and Temperature – Sensitive Membranes. Langmuir 2002, 18 (16), 6416 – 6423.

[204] Ying, L.; Kang, E.; Neoh, K.; Kato, K.; Iwata, H. Drug Permeation Through Temperature – Sensitive Membranes Prepared from Poly (Vinylidene Fluoride) with Grafted Poly (N – Isopropylacrylamide) Chains. J. Membr. Sci. 2004, 243 (1), 253 – 262.

[205] Wang, W.; Tian, X.; Feng, Y.; Cao, B.; Yang, W.; Zhang, L. Thermally On – Off Switching Membranes Prepared by Pore – Filling Poly(N – Isopropylacrylamide) Hydrogels. Ind. Eng. Chem. Res. 2009, 49 (4), 1684 – 1690.

[206] Adrus, N.; Ulbricht, M. Novel Hydrogel Pore – Filled Composite Membranes with Tunable and Temperature – Responsive Size – Selectivity. J. Mater. Chem. 2012, 22 (7), 3088 – 3098.

[207] Spohr, R.; Reber, N.; Wolf, A.; Alder, G. M.; Ang, V.; Bashford, C. L.; Pasternak, C. A.; Omichi, H.; Yoshida, M. Thermal Control of Drug Release by a Responsive Ion Track Membrane Observed by Radio Tracer Flow Dialysis. J. Control. Release 1998, 50 (1), 1 – 11.

[208] Temtem, M.; Pompeu, D.; Barroso, T.; Fernandes, J.; Simões, P. C.; Casimiro, T.; do Rego, A. M. B.; Aguiar – Ricardo, A. Development and Characterization of a Thermoresponsive Polysulfone Membrane Using an Environmental Friendly Technology. Green Chem. 2009, 11 (5), 638 – 645.

[209] Hsu, C. C.; Wu, C. S.; Liu, Y. L. Multiple Stimuli – Responsive Poly (Vinyli-

dene Fluoride)(PVDF)Membrane Exhibiting High Efficiency of Membrane Clean in Protein Separation. J. Membr. Sci. 2014, 450, 257 – 264.

[210] Guo, H.; Ulbricht, M. Preparation of Thermo – Responsive Polypropylene Membranes via Surface Entrapment of Poly(N – Isopropylacrylamide) – Containing Macromolecules. J. Membr. Sci. 2011, 372 (1), 331 – 339.

[211] Zhuang, M.; Liu, T.; Song, K.; Ge, D.; Li, X. Thermo – Responsive Poly(N – Isopropylacrylamide) – Grafted Hollow Fiber Membranes for Osteoblasts Culture and Non – Invasive Harvest. Mater. Sci. Eng. C 2015, 55, 410 – 419.

[212] Ou, R.; Wei, J.; Jiang, L.; Simon, G. P.; Wang, H. Robust Thermoresponsive Polymer Composite Membrane with Switchable Superhydrophilicity and Superhydrophobicity for Efficient Oil – Water Separation. Environ. Sci. Technol. 2016, 50 (2), 906 – 914.

[213] Chen, Y. C.; Xie, R.; Yang, M.; Li, P. F.; Zhu, X. L.; Chu, L. Y. Gating Characteristics of Thermo – Responsive Membranes with Grafted Linear and Crosslinked Poly(N – Isopropylacrylamide) Gates. Chem. Eng. Technol. 2009, 32 (4), 622 – 631.

[214] Li, P. F.; Xie, R.; Jiang, J. C.; Meng, T.; Yang, M.; Ju, X. J.; Yang, L.; Chu, L. Y. Thermo – Responsive Gating Membranes with Controllable Length and Density of Poly (N – Isopropylacrylamide) Chains Grafted by ATRP Method. J. Membr. Sci. 2009, 337 (1), 310 – 317.

[215] Hernández – Guerrero, M.; Min, E.; Barner – Kowollik, C.; Müller, A. H.; Stenzel, M. H. Grafting Thermoresponsive Polymers Onto Honeycomb Structured Porous Films Using the RAFT Process. J. Mater. Chem. 2008, 18 (39), 4718 – 4730.

[216] Feng, L.; Li, S.; Li, Y.; Li, H.; Zhang, L.; Zhai, J.; Song, Y.; Liu, B.; Jiang, L.; Zhu, D. Super – Hydrophobic Surfaces: From Natural to Artificial. Adv. Mater. 2002, 14 (24), 1857 – 1860.

[217] Lau, K. K.; Bico, J.; Teo, K. B.; Chhowalla, M.; Amaratunga, G. A.; Milne, W. I.; McKinley, G. H.; Gleason, K. K. Superhydrophobic Carbon Nanotube Forests. Nano Lett. 2003, 3 (12), 1701 – 1705.

[218] Verplanck, N.; Galopin, E.; Camart, J. – C.; Thomy, V.; Coffinier, Y.; Boukherroub, R. Reversible Electrowetting on Superhydrophobic Silicon Nanowires. Nano Lett. 2007, 7 (3), 813 – 817.

[219] Sondag – Huethorst, J.; Fokkink, L. Potential – Dependent Wetting of Electroactive Ferrocene – Terminated Alkanethiolate Monolayers on Gold. Langmuir 1994, 10 (11), 4380 – 4387.

[220] Aydogan, N.; Gallardo, B. S.; Abbott, N. L. A Molecular – Thermodynamic Model for Gibbs Monolayers Formed from Redox – Active Surfactants at the Surfaces of A-

queous Solutions: Redox – Induced Changes in Surface Tension. Langmuir 1999, 15 (3), 722 – 730.

[221] Gallardo, B. S.; Abbott, N. L. Active Control of Interfacial Properties: A Comparison of Dimeric and Monomeric Ferrocenyl Surfactants at the Surface of Aqueous Solutions. Langmuir 1997, 13 (2), 203 – 208.

[222] Gallardo, B. S.; Gupta, V. K.; Eagerton, F. D.; Jong, L. I.; Craig, V. S.; Shah, R. R.; Abbott, N. L. Electrochemical Principles for Active Control of Liquids on Submillimeter Scales. Science 1999, 283 (5398), 57 – 60.

[223] Gallardo, B. S.; Metcalfe, K. L.; Abbott, N. L. Ferrocenyl Surfactants at the Surface of Water: Principles for Active Control of Interfacial Properties. Langmuir 1996, 12 (17), 4116 – 4124.

[224] Riskin, M.; Basnar, B.; Chegel, V. I.; Katz, E.; Willner, I.; Shi, F.; Zhang, X. Switchable Surface Properties Through the Electrochemical or Biocatalytic Generation of Ag0 Nanoclusters on Monolayer – Functionalized Electrodes. J. Am. Chem. Soc. 2006, 128 (4), 1253 – 1260.

[225] Tajima, K.; Huxur, T.; Imai, Y.; Motoyama, I.; Nakamura, A.; Koshinuma, M. Surface Activities of Ferrocene Surfactants. Colloids Surf. A Physicochem. Eng. Asp. 1995, 94 (2), 243 – 251.

[226] Balzani, V.; Credi, A.; Silvi, S.; Venturi, M. Artificial Nanomachines Based on Interlocked Molecular Species: Recent Advances. Chem. Soc. Rev. 2006, 35 (11), 1135 – 1149.

[227] Chen, H.; Palmese, G. R.; Elabd, Y. A. Electrosensitive Permeability of Membranes with Oriented Polyelectrolyte Nanodomains. Macromolecules 2007, 40 (4), 781 – 782.

[228] Chuo, T. W.; Wei, T. C.; Chang, Y.; Liu, Y. L. Electrically Driven Biofouling Release of a Poly(Tetrafluoroethylene) Membrane Modified with an Electrically Induced Reversibly Cross – Linked Polymer. ACS Appl. Mater. Interfaces 2013, 5 (20), 9918 – 9925.

[229] Lahann, J.; Mitragotri, S.; Tran, T. N.; Kaido, H.; Sundaram, J.; Choi, I. S.; Hoffer, S.; Somorjai, G. A.; Langer, R. A Reversibly Switching Surface. Science 2003, 299 (5605), 371 – 374.

[230] Ichimura, K.; Oh, S. K.; Nakagawa, M. Light – Driven Motion of Liquids on a Photoresponsive Surface. Science 2000, 288 (5471), 1624 – 1626.

[231] Abbott, S.; Ralston, J.; Reynolds, G.; Hayes, R. Reversible Wettability of Photoresponsive Pyrimidine – Coated Surfaces. Langmuir 1999, 15 (26), 8923 – 8928.

[232] Budyka, M. F. Diarylethylene Photoisomerization and Photocyclization Mechanisms. Russ. Chem. Rev. 2012, 81 (6), 477 – 493.

[233] He, D.; Susanto, H.; Ulbricht, M. Photo – Irradiation for Preparation, Modifica-

tion and Stimulation of Polymeric Membranes. Prog. Polym. Sci. 2009, 34 (1), 62 – 98.

[234] Bunker, B.; Kim, B.; Houston, J.; Rosario, R.; Garcia, A.; Hayes, M.; Gust, D.; Picraux, S. Direct Observation of Photo Switching in Tethered Spiropyrans Using the Interfacial Force Microscope. Nano Lett. 2003, 3 (12), 1723 – 1727.

[235] Uda, R. M.; Matsui, T.; Oue, M.; Kimura, K. Membrane Potential Photoresponse of Crowned Malachite Green Derivatives Affording Perfect Photoswitching of Metal Ion Complexation. J. Incl. Phenom. Macrocycl. Chem. 2005, 51 (1 – 2), 111 – 117.

[236] Vlassiouk, I.; Park, C. D.; Vail, S. A.; Gust, D.; Smirnov, S. Control of Nanopore Wetting by a Photochromic Spiropyran: A Light – Controlled Valve and Electrical Switch. Nano Lett. 2006, 6 (5), 1013 – 1017.

[237] Oosaki, S.; Hayasaki, H.; Sakurai, Y.; Yajima, S.; Kimura, K. Photocontrol of Ion – Sensor Performances in Neutral – Carrier – Type Ion Sensors Based on Liquid – Crystalline Membranes. Chem. Commun. 2005, 41, 5226 – 5227.

[238] Nicoletta, F. P.; Cupelli, D.; Formoso, P.; De Filpo, G.; Colella, V.; Gugliuzza, A. Light Responsive Polymer Membranes: A Review. Membranes 2012, 2 (1), 134 – 197.

[239] Hendri, J.; Hiroki, A.; Maekawa, Y.; Yoshida, M.; Katakai, R. Permeability Control of Metal Ions Using Temperature – and pH – Sensitive Gel Membranes. Radiat. Phys. Chem. 2001, 60 (6), 617 – 624.

[240] Park, H. W.; Jin, H. S.; Yang, S. Y.; Kim, J. D. Tunable Phase Transition Behaviors of pH – Sensitive Polyaspartamides Having Various Cationic Pendant Groups. Colloid Polym. Sci. 2009, 287 (8), 919 – 926.

[241] Park, Y. S.; Ito, Y.; Imanishi, Y. pH – Controlled Gating of a Porous Glass Filter by Surface Grafting of Polyelectrolyte Brushes. Chem. Mater. 1997, 9 (12), 2755 – 2758.

[242] Peters, A. M.; Lammertink, R. G.; Wessling, M. Comparing Flat and Micro – Patterned Surfaces: Gas Permeation and Tensile Stress Measurements. J. Membr. Sci. 2008, 320 (1), 173 – 178.

[243] Ariga, K.; Hill, J. P.; Ji, Q. Layer – by – Layer Assembly as a Versatile Bottom – Up Nanofabrication Technique for Exploratory Research and Realistic Application. Phys. Chem. Chem. Phys. 2007, 9 (19), 2319 – 2340.

第7章 聚偏氟乙烯中空纤维膜

7.1 引 言

膜技术在解决水资源短缺、全球变暖、化石燃料资源枯竭等全球性问题上具有一定的发展前景和诸多优势,因而受到广泛关注。在用于膜制备的各种材料中,聚合物膜占据了膜市场的主要份额,因为聚合物膜已被物质分离领域开发利用,例如反向渗透膜(RO)、微滤膜(MF)、超滤膜(UF)、生物反应器膜(MBR)、压缩膜、蒸馏膜(MD)和渗透汽化膜。聚偏氟乙烯膜(PVDF)具有疏水性强、化学和物理抗性好、机械强度强、热稳定性好等优良性能,被广泛应用于膜的制备。

与普通的平板膜相比,中空纤维膜的几何结构具有很多优点,因其膜填料组件较高,故其单位体积生产率更高,使得中空纤维膜组件的占地面积减少。其次,平板膜组件(如螺旋创面)需要间隔和支撑导致结构更加复杂。而中空纤维膜可以自我支撑。因此,与传统的分离技术相比,中空纤维膜具有更广阔的应用前景。

四种主要的相分离类型是热诱导相分离(TIPS)、非溶剂诱导相分离(NIPS)、气相诱导相分离(VIPS)和溶剂蒸发。TIPS 方法与 NIPS 相比具有以下优点:

(1)可以制备无大空隙结构的膜。

(2)孔径分布范围较窄。

(3)该方法可以制备出机械强度优越的聚偏氟乙烯膜。

(4)易于大规模工业化生产。

(5)热诱导相分离法控制参数较少,操作简单。

这些优点为聚偏氟乙烯中空纤维膜的制备提供了一种良好的制备思路。

本章根据非溶剂诱导相分离法和热诱导相分离法作为两种主要的工业化制备方法,综述了聚偏氟乙烯中空纤维膜在理论研究和实际制备过程中的可能遇到的问题。由于非溶剂诱导相分离法在其他书籍章节和综述论文中已经得到广泛的研究和讨论,本章主要研究聚偏氟乙烯中空纤维膜的制备,介绍热诱导相分离法的基本概念,以及研究涂料溶液等关键参数对膜制备过程中的影响。

另外,对非溶剂诱导相分离法进行了简要的讨论。此外,本章还讨论了针对水处理中的污垢问题和膜接触器(MC)过程中的润湿问题,以及膜性能的改进方法。虽然本节的所有研究都没有对中空纤维膜进行研究,但我们认为这些方法在 PVDF 中空纤维膜上具有潜在的应用前景。最后,本章介绍了 PVDF 中空纤维的应用,包括 MBR 等新兴领域。

7.1.1　聚偏氟乙烯膜的属性

通常,商业化的具有重复单元—CH₂—CF₂—的偏氟乙烯聚合物是通过在乳液或悬浮液的聚合过程中使用自由基引发剂偏氟乙烯(VDF)来合成的。目前,聚偏氟乙烯作为一种半晶聚合物,由于其成膜的可行性、良好的力学性能及其固有的耐腐蚀性、热稳定性和高疏水性等优点,已被广泛应用于成膜材料中。聚偏氟乙烯对大多数化学物质具有明显的化学稳定性,包括一系列烈性的化学物质,如卤素和氧化剂、无机酸,以及脂肪族、芳香族和氯化溶剂。根据聚偏氟乙烯的主要供应商之一 Arkema Inc. (Kynars® PVDF Chemical Resistance, www. arkema – inc. com)提供的信息,可以认为聚偏氟乙烯对上述化学品的化学稳定性非常好。

然而,聚偏氟乙烯在强碱溶液、酯类和酮类溶剂中并不具有良好的化学稳定性。强碱会使聚偏氟乙烯聚合物链脱氢氟化,导致该聚合物大面积的开裂和严重的脆化。

聚偏氟乙烯作为一种半结晶聚合物,其结晶度在35% ~70%之间,熔融温度为155 ~192 ℃,玻璃化转变温度为 –40 ~ –30 ℃。聚偏氟乙烯可以呈现出五种不同的相(α、β、γ、δ 和 ε)和三种不同的分子确认式(反式(T)、间扭式(G)、间扭式(G'))。受热条件、冷却速率、聚合物分子量、分子量分布、聚合方法等参数将会影响聚偏氟乙烯的结晶性和多态性。(TGTG')确认式代表 α 相和 δ 相,而 γ 相和 ε 相的确认式为(TTTGTTTG'),但 β 相的确认式为(TTT)。在五种可能的相中,α、β、γ 相是在聚偏氟乙烯结晶过程中最常见的相,如图 7.1 所示。不同的相不仅具有不同的介电常数和极性,而且还具有不同的热、铁电和弹性等特性。α、β、γ 相的极性不同。β 和 γ 相是极性的,但 γ 相比 β 相弱,因为偏转键在每四个 C—C 重复单元中出现一次。然而,α 相是非极性的。多项研究表明,α 相是聚偏氟乙烯膜中最常见的相,而 β 相在聚偏氟乙烯膜中很少能观察到。α 相是动力学上最有利的形式,β 相是热力学上最稳定的形式。从文献[25]中可知,可以通过机械变形、强电场下的极化以及熔体在高压或极高冷却速率下结晶等多种工艺将非极性 α 相聚偏氟乙烯转变为 β 相聚偏氟乙烯。

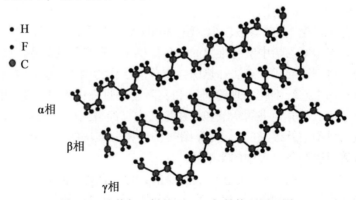

图 7.1　聚偏氟乙烯的 α、β、γ 相的构型原理图

7.1.2 热诱导相分离法(TIPS)

前面介绍了几种不同的制备聚合物膜的方法,包括控制拉伸法、熔体挤压法、电纺丝法、轨迹蚀刻法、浸没沉淀和相转变法。相转变法是目前最常用于高分子膜的制备的方法。在相变过程中,由于热力学平衡条件的变化,聚合物发生分层时,聚合物原液首先被分离为富聚合物相和稀聚合物相。然后,将溶剂去除形成固体膜。四种主要的相分离类型是热诱导相分离、非溶剂诱导相分离、气相诱导相分离和溶剂蒸发诱导相分离。

在相变过程中,针尖法和非溶剂诱导相分离法是制备平板型和中空纤维型高分子膜最常用的方法。热诱导相分离法出现于 1980 ~ 1990 年间;随后,在这一时期又有几项研究采用这种方法,利用非晶态或半晶态聚合物来制备微孔膜。Tang 等最近报道,从 1970 年到 2015 年,以"TIPS Paper & Patent"为关键词的文献检索量超过 10 000 篇,特别是 2000 年以后,该领域的研究数量显著增加。这一趋势表明,热诱导相分离法是近年来膜制备领域的研究热点。与非溶剂诱导相分离法相比,溶剂诱导相分离法具有以下优点,是一种良好的制膜方法。

(1)可以制备无大空隙结构的膜。

(2)孔径分布范围较窄。

(3)该方法可以制备出机械强度优越的聚偏氟乙烯膜。

(4)易于大规模工业化生产。

(5)热诱导相分离法控制参数较少,操作简单。

此外,热诱导相分离法可以用于制备多种聚合物。除本章介绍的聚偏氟乙烯膜以外,研究人员还尝试用热诱导相分离法制备不同的非晶态和半晶态聚合物膜,如聚丙烯(PP)、聚乙烯(PE)、聚(乙烯 - 氯三氟乙烯)(ECTFE)、醋酸纤维素膜(CA)、聚苯乙烯(PS)、聚(乙烯 - 乙烯醇)(EVOH)、聚(乙烯丁醛)(PVB)和聚(乳酸)(PLA)等。

热诱导相分离法是基于温度变化的相转变过程,这种方法的一般步骤如下:

(1)均相掺杂溶液首先是由聚合物在适当的稀释剂中溶解,在足够高的温度下,根据组合物的理想组分配制而成。为了得到均匀的聚合物溶液,混合时间至少为 2 h。聚偏氟乙烯不需要在氮气气氛下混合,但一些聚合物(如乙烯 - 三氟氯乙烯共聚物)在有氧环境下高温时易被氧化,应在氮气气氛下混合。混合完成后,在高温下保持一段时间,脱气除去在涂料溶液中形成的泡沫。

(2)采用齿轮泵或 N_2 的气体压力,使涂料溶液通过喷丝板进行纺丝,同时将内流体注入管腔一侧,形成中空纤维。

(3)将最初形成的中空纤维直接浸入淬火浴中,经过诱导相分离和凝固的过程,再由轧制机取下。

(4)相分离固化过程中,稀释剂并不能完全去除,会滞留在形成的中空纤维膜中。因此,根据稀释剂类型,用不同的溶剂(如水、乙醇、丙酮)进行溶剂萃取,可将聚合物基质中残留的溶剂全部除去。

(5)在工业规模上,形成的中空纤维膜一般干燥后用甘油溶液储存,防止孔隙堵塞以保存膜结构。

（6）可以采用后处理过程（如拉伸）来提高形成膜的性能。

上述热诱导相分离法制备中空纤维膜的步骤可以用于实验室的规模化制备或在生产线上批量生产。这一过程的原理图在许多文献中已经得到了较为详细的阐述。此外，还可以利用热诱导相分离的原理通过双挤出机连续制备针尖状的中空纤维膜。只有第一步不同于批量生产方法中对应的过程。该方法将聚合物和稀释液按一定速率送入螺杆给进区，然后再通过过渡区和熔融区进行混合。其他步骤几乎与批量生产流程相同。图7.2所示为双挤出机生产线的装置图。

图7.2　针尖法中空纤维膜双挤压纺丝机
（资料来源：日本神户大学膜与膜技术中心）

1. 相图

所有的相转变过程可以用相同的热力学原理描述，如热诱导相分离法、非溶剂诱导相分离法和气相诱导相分离法。当热力学稳定的掺杂溶液暴露在不稳定的环境中时，会发生分层现象并最终沉淀成固体膜。根据聚合物与稀释剂的相互作用关系、聚合物的初始浓度和热能的释放速率，熔融混合物冷却后可经历三个阶段的相分离过程：

（1）液–液相分离，即熔融共混物分离为富聚合物和贫聚合物液相，然后将富聚合物相凝固。

（2）固–液相分离，聚合物在溶液中开始结晶形成构型，所形成的构型取决于聚合物的特性和结晶条件：动力学因素对晶体的生长起到了至关重要的作用，因此膜的结构和性能受结晶动力学的控制。

（3）液–固相分离，稀释液在聚合物结晶之前就开始结晶：稀释液结晶又将会阻碍聚合物的结晶，聚合物与溶剂结晶的相对速率取决于膜的结构。在这种情况下，膜上的孔隙通常会非常大，并且会有所拉长。

（1）热诱导液–液相分离过程。

液–液相分离是由聚合物–稀释剂体系的热力学不稳定性所引起的，这种不稳定性可能是由于温度的降低使聚合物–稀释剂之间不利的相互作用增加或者温度的升高使自由体积增加所造成的。

当温度降低时，相分离系统会显示出较高的上临界溶解温度（UCST）。与温度较低时不同,在某些较高的温度下,相分离体系的上临界溶解温度会较低。

二元聚合物-溶剂体系的相图如图 7.3 所示,该相图所对应的是在上临界溶解温度下的相分离过程,图中是温度与聚合物溶液浓度之间的函数。在高温下,溶液是均匀的。当温度降低,聚合物浓度小于偏晶点(双节线通过结晶线交点)时,聚合物贫相和聚合物富相可以发生液-液相分离。随着温度的降低,聚合物的结晶或玻璃化转变会使晶体长大并凝固。液-液半离子化间隙的边界通常称为双节边界。通常,液-液分相区被细分成为一个旋节线分离区,以旋节线为边界。双节线和旋节线重合的点称为临界点。位于双节线和旋节线之间的混合物是亚稳态的,这意味着溶液相对于混合物中的微小波动是稳定的。然而,当波动足够大时,液-液相分离就会发生。另外,旋节线以内的组分是不稳定的,因此相分离过程是自发的。

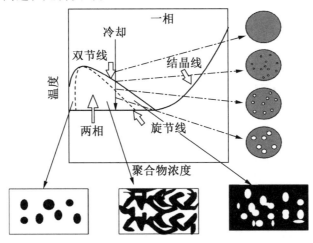

图 7.3　上临界溶解温度下的相分离相图

①热力学诱导液-液相分离过程。为了更清晰地理解液-液相分离的机理,本节将以由聚合物和溶剂组成的二元体系为例来进行解释。相分离膜的制备起点是一个热力学稳定的溶液,例如组分为 A,温度为 T_1(且 $T_1 > T_c$)的溶液。如图 7.4 所示,所有热力学稳定组分的温度均有 $T_1 > T_c$。当温度下降到双节线以下时,则会发生液-液相分离过程。

Φ^{I} 和 Φ^{II} 是曲线上的共切点,其中均匀溶液的 ΔG_m 大于由 Φ^{I} 和 Φ^{II} 两相简单混合成的溶液的 ΔG_m,并且通过相分离过程可以得到最小的自由能。因此,Φ^{I} 和 Φ^{II} 的初始混合物可分成 Φ^{I} 和 Φ^{II} 的两相组成成分。ΔG_m 的二阶导数在组分 Φ^{1} 和 Φ^{2} 之间为负(ΔG_m 为组分曲线中的拐点),说明在这个组分范围内系统是不稳定的。相分离过程可以在这个区域内自动发生。ΔG_m 的二阶导数在组分 Φ^{I} 和 Φ^{1} 之间及 Φ^{2} 和 Φ^{II} 之间均为正。相分离过程在该区域内不会自动发生,因为 Φ^{I} 和 Φ^{II} 组成的系统对小范围的浓度波动是稳定的。当浓度的波动大到足以克服能垒时就会发生相分离。

②动力学诱导液-液相分离过程。液-液相分离有两种原理:成核与生长机制

(NG)和旋节分解机制(SD)。光散射在聚合物体系相分离机理的研究中已得到广泛的应用。

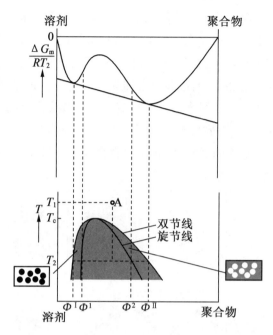

图 7.4 二元聚合物 – 溶剂体系的温度 – 组分相图

(a)成核与生长机制(NG)。当聚合物体系由热力学稳态区域缓慢地进入相图的亚稳态区域,在双节线和旋节线之间时,这时液 – 液相分离的原理是成核与生长机制。如果晶核形成的活化能高于其表面自由能,此时会形成分散的晶核并且这种晶核十分稳定。成核与生长机制通常是一个缓慢的过程,如果没有外界波动的影响,晶核内部的组成结构不会随时间而改变,只有晶粒的尺寸会随时间的延长而增大。当溶液初始组分中聚合物的浓度高于临界点时,液 – 液相分离将会在聚合物贫相中晶粒的成核与生长过程中发生。当聚合物浓度低于临界点时,在聚合物富相中晶粒的成核与生长过程中会伴随溶液分层现象的发生(图 7.3)。晶核一旦形成,晶粒就会因为浓度梯度的存在而生长。如果晶粒的成核与生长的分层现象在初始阶段就停止了,这将有利于形成封闭结构的晶体。在晶核的成核与生长末期,若晶核继续生长并且相互接触,则会形成相互连通的孔隙结构。

(b)旋节分解机制(SD)。在临界点附近,即使在穿过亚稳态区较慢的跃迁中,旋节分解机制也会以快速淬灭的方式进入到受旋节线限制的两相区内。在这种情况下,相分离过程的发生伴随着浓度波动幅度的增大,会产生两个具有周期间距的连续相,如图 7.5 所示。在膜制备过程中,旋节分解机制过程非常快而且难以量化,因此在膜上制备孔隙的过程中很少考虑旋节分解原理。当次级相的比例足够高时,旋节分解过程通过形成双连续结构来进行。聚合物富相和聚合物贫相是完全互连的。如图 7.3 所示,可以清楚地看到,在冷却过程中,在临界点处只能直接进入旋节线内的区域。除此之外,在其他情况下,首先必须要通过亚稳态区才能进入旋节线内的区域。较高的冷却速率可防止聚合物体系在亚稳态区域分解。图 7.3 所示的结构会随着时间的推移而变大变粗,最终可以得到两个完全分离的层。大多数粗化过程背后的驱动力是界面自由能的最小化。已发表的文献[58]中描述了许多关于聚合物的体系,这些体系的相分离原理均遵循旋节分解机制。在这种情况下,在相分离的早期阶段会形成共连续的两相体系,其平均特征相间距 d 的大小(或区域的大小)最终会变大,如图 7.5 所示,除非将聚合物的富相凝固使其形貌冻结。根据相分离理论,可以较好地描述成核生长相分离机制和旋节分解相分离机制的初始步骤。然而,在后期阶段,成核生长相分离过程和旋节分解相分离过程通常都可以进展到相聚结这一步,但最终的结构都很难预测。

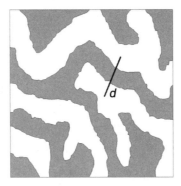

图 7.5　两相体系的膜分离过程示意图

（2）热诱导固 – 液相分离过程。

另一种情况是将聚合物溶液分离成固相和液相,即固液分离。在膜形成过程中发生的典型的固 – 液分离过程包括在液相存在下半结晶性聚合物的结晶。由于缺乏描述结晶热力学的相关理论,因此用于描述聚合物溶液中固液平衡的表达式与在溶剂存在的条件下聚合物熔点降低的方程一致。如图 7.3 所示,为包含半结晶性聚合物和具有弱相互作用稀释剂的体系的相图。在这个图中,液 – 液两相区位于单调点的左边及双节线的下方。固 – 液两相区位于单调点的右侧及熔点下降曲线的下方。冷却后,均相聚合物溶液分离为聚合物贫相和聚合物纯相。随着温度的进一步降低,聚合物纯相的组成保持不变;然而,随着更多的聚合物发生结晶,该相的体积将会增加。当溶液冷却到比结晶和双节线交点处的温度更低的温度时,聚合物将会结晶。然后液 – 液相分离体系的结构将会固定。然而,结晶过程会对其形貌产生影响。

由于热诱导相分离膜的形成是一个非平衡过程,因此必须要考虑到冷却速率对相图的影响。冷却速度对液 – 液相分离温度和双节线的位置影响较小。然而,冷却速率对固 – 液相分离的发生温度有着显著影响,即通过增加冷却速率可以使结晶温度降低。

根据聚合物与稀释剂的相互作用关系,在膜的制备过程中,液 – 液相分离与固 – 液相分离同时或者相继发生,但只能观察到固 – 液相分离的过程。对于聚合物与稀释剂的相互作用较强的体系,只发生固 – 液相分离过程。然而,如果半结晶性聚合物与稀释剂之间有较弱的相互作用,则可以观察到液 – 液相分离与固 – 液相分离并存的现象。在这种情况下,通常会发生液 – 液相分离过程,并在聚合物溶液体系中快速进行(甚至可在过冷度较小的条件下发生),而对于固 – 液相分离过程来说,根据冷却速率和过冷程度分析,成核与生长过程通常进行的较为缓慢。

即使从热力学角度来分析结晶过程较易发生,但液 – 液相分离过程也可先于结晶过程,因此双节线与旋节线之间的距离是至关重要的。在某些聚合物体系中,双节线和结晶边界线的相对位置可能会发生改变。这些双节线有时会与结晶边界线重叠,有时又会隐藏在结晶边界线之下。在重叠区域,两种相分离机制可能在动力学上相互竞争。在这些情况下,聚合物溶液的相分离过程会变得非常复杂。对于缓慢结晶的聚合物来说,与快速结晶的聚合物相比,结晶对液 – 液相分离过程中所形成的结构的影响要小得多。另外,膜的形成通常是一个快速的过程,并且只有能够快速结晶的聚合物才会显示出可观的结晶度。

2. 聚合物溶液组分对成膜的影响

中空纤维膜的制备是一个复杂的过程,纺丝过程中,需要调控中空纤维内外表面的相反演动力学、传热传质等方面的众多参数。现将这些不同的参数归类为聚合物溶液组分和纺丝条件参数。为了制备高性能的中空纤维膜,必须要全面考虑这些参数。

(1)聚合物浓度。

根据热诱导相分过程的相图,改变组分和温度可以改变相分离机理。基于聚合物浓度和温度值,聚合物溶液可以位于聚合物/稀释剂体系相图的不同区域。因此,由于不同的传质机理及不同的热力学和动力学现象,不同的膜结构可以通过液 – 液(L – L)相分离、固 – 液(S – L)相分离等方式形成。

在聚偏氟乙烯中,由于该聚合物是一种具有半结晶性的聚合物,所以聚偏氟乙烯膜的结晶度受聚合物浓度的影响。结果表明,随着聚偏氟乙烯浓度的增加,熔融吸热面积(ΔH_m)减小,结晶度也随之降低。由于聚合物的黏度较大,其结晶度受到聚合物浓度增加的限制,因此溶剂和溶质之间的交换变得十分困难。值得注意的是,在热诱导相分离过程中,一般采用水作为淬火介质,并且稀释剂在水中的溶解度较低。因此,基本上溶剂和溶质之间的交换可以忽略不计。当稀释剂在水中的溶解度较高时,或在淬火浴中使用某一种溶剂时,溶剂与溶质之间的交换就会变得十分明显。另外,当淬火浴温度较高,冷却速率和传热速率较低时,则可能会发生溶质和溶剂的交换。Hassankiadeh 等在他们的研究中基于溶质和溶剂之间的交换对膜的形态结构进行了阐述。另外,结晶温度随聚合物浓度的增加而升高。因此,外表面的结晶开始于较高的温度(即结晶速度快),且比低浓度的掺杂溶液要快。因此,球粒尺寸减小,且球粒间相交处的空隙消失(图 7.6),使得外表面的孔隙率随聚合物浓度的增加而减小,从而使致密层的平均厚度增加。据 Ghasem

等报道,聚偏氟乙烯浓度分别为 30%、32% 和 34% 时,表层厚度分别为 11 mm、20 mm 和 27 mm。由于内外表面淬火速率不同,聚合物浓度对内表面结构影响不大。众所周知,水的渗透率是由外表面孔隙度控制的,而不是由内表面孔隙度控制的。此外,膜的结晶度和多孔性决定了膜的力学性能,因此,降低膜表面孔隙度及减小膜外表面孔隙尺寸有助于提高膜的力学强度。综上所述,各项研究均认为聚合物浓度的增加会使水渗透率降低而使机械强度增加。

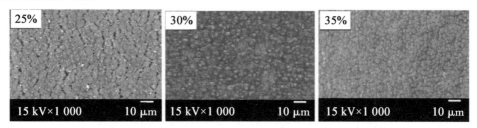

图 7.6　不同聚合物浓度下制备的聚偏氟乙烯中空纤维膜外表面的 SEM 图像

（2）稀释剂的影响。

尽管热诱导相分离法具有许多优点,但稀释剂的选择仍然是一个关键问题。稀释剂是用于制膜的聚合物溶液的主要成分。稀释剂应能够在高温下溶解聚合物以得到均匀的掺杂溶液。然而,大多数稀释剂是有毒的,甚至是致癌物质。例如,国际癌症研究机构（IARC）指出用邻苯二甲酸二辛酯（Dioctyl Phthalate, DOP）作为制备聚偏氟乙烯中空纤维膜的稀释剂,可能会使人体致癌。除此之外,邻苯二甲酸二丁酯（DBP）、邻苯二甲酸二乙酯（DEP）等邻苯二甲酸酯类稀释剂也有毒性,也会对人体健康产生不利影响。除了从环保和毒性角度考虑之外,稀释剂还会对固化速率、结晶速率、聚合物与稀释剂之间的相分离过程和膜结构有关的相互作用产生影响。因此,为了控制膜的结构,需要选择一种合适的稀释剂,这种稀释剂既要在高温下具有相溶性,同时在低温下又不具有相溶性,且要求分子量相对较低、挥发性较小、价格低廉、沸点较高。

稀释剂的溶解度参数是热诱导相分离法中选择用于得到均质溶液稀释剂的重要依据。表 7.1 为聚偏氟乙烯膜和一些常用于制备聚偏氟乙烯中空纤维膜的稀释剂、非溶剂和助溶剂以及 PVP、PMMA 这些添加剂的色散、极性、氢键及总溶解性（内聚力）的参数值（δ_d、δ_p、δ_h、δ_t）。在热诱导相分离过程中,需要选择在高温下和低温（如室温）下溶解性较强的稀释剂。当溶剂的溶解度参数（δ_t）（如 GTA）与聚偏氟乙烯的溶解度参数接近时,意味着溶剂与聚偏氟乙烯之间的亲和力较高,有望能够在高温下得到均匀的聚偏氟乙烯溶液。虽然溶解度参数是膜制备过程中选择溶剂时需要考虑的一个因素,但它并不是唯一因素。因此,需要结合聚合物溶液的均匀性、颜色变化、冷却后的机械强度、固化速率等条件对溶剂进行综合筛选。以上这些标准可以直观地用于热诱导相分离过程中相应溶剂的选择。

聚合物与稀释剂之间的相互作用在相分离机理中起到了关键作用。通过改变稀释剂,可由固-液相分离过程(如球形结构)变为液-液相分离过程(如双连续结构),反之亦然。因此,膜的孔隙度、孔径分布、机械强度、流量范围、透过率等性能都会受到稀释剂的影响。表7.2给出了不同的稀释剂-聚合物体系以及由这些稀释剂所形成的结构。

(3)非溶剂和助溶剂的影响。

热诱导相分离法中的非溶剂和助溶剂通常分别作为一元体系的添加剂和二元体系的二次稀释剂使用。它们可以通过在相分离过程中改变膜的结构来提高膜的性能(如透水性)。例如,由于非溶剂或共溶剂会对浊点、结晶温度、粗化时间以及由此产生的相分离机制产生影响,因此可通过添加非溶剂或共溶剂使固-液相分离转变成液-液相分离。然而,与聚合物(如PVP)或共聚物(如两性共聚物)共混可以改善膜的亲水性和防污性。

表7.1　聚偏氟乙烯膜、添加剂、稀释剂的汉斯溶解度参数　　　　　　　MPa$^{0.5}$

溶剂/非溶剂	δ_d	δ_p	δ_h	δ_t
聚偏氟乙烯 PVDF	17.2	12.5	9.2	23.2
聚乙烯吡咯烷酮 PVP	17.4	8.8	14.9	21.2
聚甲基丙烯酸甲酯 PMMA	17.7	9.11	7.1	22.7
甘油	17.4	12.1	29.3	36.2
丙二醇(PG)	16.8	9.4	23.3	30.2
乙二醇(EG)	17.0	11.0	26.0	32.9
邻苯二甲酸二乙酯(DEP)	17.6	9.6	4.5	20.6
酞酯二丁酯(DBP)	17.8	8.6	4.1	20.2
三乙酸甘油(GTA)	16.5	4.5	9.1	19.4
二苯甲酮(DPK)	19.6	8.6	5.7	22.1
二甲基乙酰胺(DMAc)	16.8	11.5	10.2	22.8
邻苯二甲酸二甲酯(DMP)	18.6	10.8	4.9	22.1
癸二酸二丁酯(DBS)	16.7	4.5	4.1	17.8
酞酯二辛酯(DOP)	16.6	7.0	3.1	18.2
索尔维绿色溶剂(PolarClean[a])	15.8	10.7	9.2	21.2
三丁基乙酰柠檬酸(ATBC)	16.02	2.56	8.55	18.3
丁内酯(GBL)	19.0	16.6	7.4	26.3
邻苯二甲酸二(2-乙基酯)(DEHP)	16.6	7	3.1	18.3
液态石磲(LP)	16.2	0.8	1.0	16.3
水	15.5	16	42.3	47.8

表 7.2　用热诱导相分离法制备中空纤维膜的实例汇总表

年[参考文献]	分级	稀释剂	孔流体	添加剂/共溶剂	温度/℃	结构	多相性	聚乙烯吡咯烷酮/(L·m⁻²·h⁻¹·bar⁻¹)	排斥物	拉力/MPa	伸长率/%
Cui et al.	Solef1015	三丁基乙酰柠檬酸	三丁基乙酰柠檬酸	—	180	海绵状	α相	330~1160	—	2.2~3.1	85~100
Wang et al.	Solef6008	邻苯二甲酸二辛酯,1,4-丁内酯	氮气	—	180	多孔的,海绵状	—	2000~10000	—	3.2~7	—
Hassankiad eh et al.	—	三丁基乙酰柠檬酸	三丁基乙酰柠檬酸	聚乙烯吡咯烷酮,聚甲基丙烯酸甲酯,丙三醇	190	球粒状	α相	100~2000	—	2~5	50~80
Hassankiad eh et al.	Solef1015	索尔维溶剂	索尔维溶剂	磷酸三乙酯,聚乙烯醚醋酸酯,丙三醇	160	球粒状	β相,α相	10~1000	—	1~6	15~411
Wang et al.	—	1,4-丁内酯,N-甲基吡咯烷酮	—	—	—	球粒状,多孔的	α相	—	—	—	—
Lee et al.	Solef1015	邻苯二甲酸二乙酯	氯化锂,丙三醇	氯化锂,丙三醇	150	球粒状	—	50~1600	—	4~5	—
Rajbazadeh et al.	Solef6020	苯二甲酸丁酯/邻苯二甲酸二甲酯	邻苯二甲酸二乙酯	两性离子	230	球粒状	—	240~265	90%(50 nm 聚苯乙烯粒子)	—	—
Ji et al.	Solef1015	苯二甲酸丁酯/邻苯二甲酸二甲酯	液态石蜡	共聚物	—	球粒状	γ相(含聚乙烯吡咯烷酮)	0~540	—	0.43~0.91	6.8~68.7
Cha et al.	Solef1015	乙烯乙二醇/二甲基乙酰胺	乙烯乙二醇/二甲基乙酰胺	—	140	球粒状	—	600~1100	>90%(100 nm 聚苯乙烯粒子)	—	250~300
Cha et al.	KF1300	1,4-丁内酯	乙烯乙二醇/二甲基乙酰胺	聚乙烯吡咯烷酮	140	球粒状	β相	0~4500	87%~100%(200 nm 聚苯乙烯粒子)	6.3~9.6	—

续表 7.2

年[参考文献]	分级	稀释剂	孔流体	添加剂/共溶剂	温度/℃	结构	多相性	聚乙烯吡咯烷酮/(L·m²·h⁻¹·bar⁻¹)	排斥物	拉力/MPa	伸长率/%
Rajbazadeh et al.	Solef6020	三乙酸甘油酯	三乙酸甘油酯	—	160~205	球粒状	α相	50~700	68%~95%（200 nm 聚苯乙烯粒子）	1~4	—
Rajbazadeh et al.	Solef6020	三乙酸甘油酯	三乙酸甘油酯	丙三醇	180	球粒状	β相，α相	50~200	—	—	40~120
Rajbazadeh et al.	Solef6020	三乙酸甘油酯	氮气或三乙酸甘油酯	聚甲基丙烯酸甲酯	—	球粒状	—	40~316	—	1.8~4.3	40~54
Ghasem et al.	Solef6020	三乙酸甘油酯	三乙酸甘油酯	丙三醇	160	球粒状	—	0~69	—	1.5~2.7	22~39
Ghasem et al.	Solef6020/1001	三乙酸甘油酯	三乙酸甘油酯	丙三醇	150~170	—	—	—	—	2.2~2.7	27~30
Rajbazadeh et al.	Solef6020	邻苯二甲酸二乙酯	邻苯二甲酸二乙酯	聚乙烯吡咯烷酮，聚甲基丙烯酸甲酯	190	多孔的	—	5~2 000	60%~80%，乙酰胺排斥物	1.8~7.5	100~750
Ghasem et al.	Solef6020/1001	三乙酸甘油酯	三乙酸甘油酯	—	170	球粒状	—	—	—	1.5~2.5	26~40
Li et al.	Solef1010	邻苯二甲酸二辛酯/苯二甲酸二丁酯(1/1)	邻苯二甲酸二辛酯	—	220	多孔的	—	260~280	—	3~5	110~200
Zhang et al.	Solef6010	磷酸三乙酯	三乙二醇	—	100	球粒状	β相 α相	—	—	—	—

虽然甘油是热诱导相分离法制膜过程中常用的稀释剂,但甘油在热诱导相分离法制备聚偏氟乙烯中空纤维膜的过程中常被当作非溶剂使用。甘油在加入聚偏氟乙烯溶液时,由于其溶解度参数与聚偏氟乙烯溶解度参数差异较大,所以将甘油作为一种非溶剂而不是稀释剂。甘油作为一种非溶剂可用于改善聚偏氟乙烯中空纤维膜的性能。Rajabzadeh 等报道了将甘油加入聚偏氟乙烯/三乙酸甘油酯体系中,不仅有结晶过程发生,而且还可以观察到浊点。然而,对于不含甘油的溶液,就观察不到浊点。能够观察到浊点则说明有液 - 液相分离过程发生。由此可见,通过添加非溶剂组分,膜的形成过程从聚合物结晶(固 - 液相分离)转变为液 - 液相分离,然后再一次发生结晶过程。随着非溶剂组分浓度的增加,聚合物与溶剂和非溶剂组分混合物之间的相互作用变弱,浊点温度升高,但结晶温度的变化不是十分明显。因此,非溶剂组分的浓度越高,从相分离开始到聚合物结晶的时间间隔越长。这使得相分离过程中晶体生长的时间更长,膜结构中的孔隙变得更大。由于聚偏氟乙烯膜具有相互连通的结构,因此,可以通过向聚合物溶液体系中加入甘油(非溶剂组分)来增加其透水性。此外,由于在聚合物组分溶液中加入了甘油,因此相分离的过程经历了从固 - 液相分离到液 - 液相分离的变化,在膜中形成了相互连通的结构,导致了聚偏氟乙烯中空纤维膜的拉伸强度和伸长率有所降低。Tang 等还试图通过加入 1,2 - 丙二醇(PG)来作为非溶剂组分,将聚偏氟乙烯/二苯甲酮(DPK)体系的液 - 液相分离区扩大到聚合物浓度所在的更高区域。相图表明,随着 PG/DPK 质量比的增加,单调点向聚合物浓度增加的方向移动。这意味着即使在聚合物浓度较高(如质量分数为 50 %)的情况下也可以观察到具有良好力学强度的双连续相结构。虽然在制备聚偏氟乙烯/二苯甲酮中空纤维膜的过程中没有使用 1,2 - 丙二醇作为非溶剂,但通过添加 1,2 - 丙二醇,在聚偏氟乙烯中空纤维膜的制备过程中也可以观察到类似的现象。

除聚偏氟乙烯一元稀释剂外,还研究了聚偏氟乙烯二元稀释剂体系(稀释剂混合物)在热诱导相分离过程中的应用。目前已对一些二元稀释剂进行了研究并且应用于平面或中空纤维膜的制备工艺中,如 GBL/cyclohexanone(CO)、DMP/DOS、DBP/DEHP、DBP/DOP、GBL/DOP、TEP/DCAC、DMP/DOA 及 CO/DBP。大多数的研究仅限于稀释剂混合物对制备平面膜的影响,而没有深入到二元稀释剂在制备聚偏氟乙烯中空纤维膜过程中的作用。在热诱导相分离过程中,一般将第二种溶剂加入到二元稀释剂体系中以改善膜的结构。除了沸点、毒性等需要考虑的因素之外,还需要适当加入与聚合物具有弱相容性且与主稀释剂之间具有良好相容性的第二稀释剂,但要保证主稀释剂与聚合物之间有较好的相容性。众所周知,聚合物/稀释剂体系的热力学性质(如浊点和结晶温度)直接影响聚合物与稀释剂的相容性。因此,添加相容性低于第一稀释剂的第二稀释剂会使浊点温度值增加,且第二稀释剂略受结晶温度的影响。因此,在热诱导相分离过程中,通过加入第二稀释剂使固 - 液相分离变成液 - 液分离,从而使膜结构从球状变为双连续状。Tang 等也利用耗散粒子动力学模拟方法验证了第二稀释剂会对相分离过程产生影响。

Ji 等采用稀释剂混合物(DBP/DEHP)制备出了聚偏氟乙烯中空纤维膜。在 DBP 和

DEHP 混合稀释剂中,增加 DBP 的比例会使膜的形态受到影响,进而对膜的性能产生影响。随着 DBP 比值的增大,膜的结构由相互连通的海绵状转变为不对称的球形粒状(图7.7),并且增大稀释液中 DBP 的比值,水的渗透性和弹性也急剧下降。Song 等还利用二元稀释体系(GBL/DOP)制备出了聚偏氟乙烯中空纤维膜。他们报道,当稀释剂混合物中DOP(作为贫相溶剂)体积分数增加时,双节线与旋节线之间(液 – 液相的面积)的差距变得更大,这使得微孔结构在膜结构中占有较大的比例。

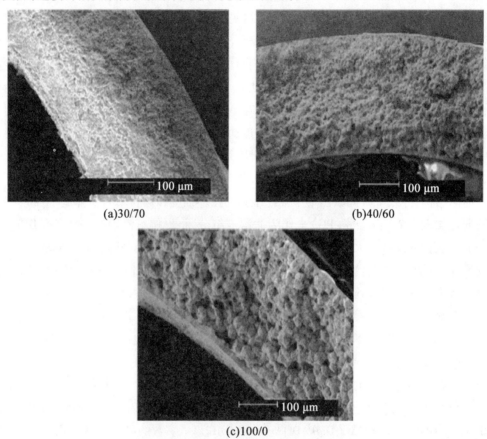

图 7.7 不同 DBP/DEHP 稀释剂比例下制备的 PVDF 中空纤维膜截面 SEM 图

(4)添加剂。

尽管聚偏氟乙烯膜具有一定的优点,但同时其较高的疏水性导致其膜上的污染沉积较多也是其最大的缺点之一。为了克服这一缺点,研究人员采用了化学处理、表面改性和共混等方法对其进行处理。与亲水聚合物共混是提高聚偏氟乙烯膜亲水性的一种有效方法,能够提高膜的防污性能。由于偶联聚合物的氟原子和羰基之间的相互作用,聚偏氟乙烯膜与含氧聚合物具有高度的相溶性。研究人员分别对以下几种聚合物体系进行了研究:PVDF/poly(vinylpyrrolidone)(PVP)、PVDF/poly(ethylene glycol)(PEG)、PVDF/polyethersulfone(PES)、PVDF/poly(acrylonitrile)(PAN)、PVDF/poly(vinyl acetate）、PVDF/zwitterionic copolymer（methyl methacrylate and the zwitterionic monomer 3 –（meth acryloyl amino）propyl – dimethyl（3 – sulfo – propyl）ammonium hydroxide）（MPD-SAH））和 PVDF/poly（methyl methacrylate）（PMMA）。在这些聚合物中，PMMA 与 PVDF 的相容性较好，但 PVP 能使膜的亲水性得到有效地增强。Rajabzadeh 等采用热诱导相分离法制备了聚偏氟乙烯/聚甲基丙烯酸甲酯中空纤维膜。结果表明，随着聚甲基丙烯酸甲酯浓度的增加，结晶温度降低。此现象可能与聚偏氟乙烯结晶过程中非晶聚甲基丙烯酸甲酯的阻滞作用有关。这种混合薄膜（PVDF 25% + PMMA 5%（质量分数））的结晶度为 52%，而原膜的结晶度（PVDF 30%（质量分数））为 59%。因此，加入聚甲基丙烯酸甲酯可以使膜的结晶度降低。所以，由于聚甲基丙烯酸甲酯是一种非晶聚合物，因此聚合物体系的结晶总量随着聚甲基丙烯酸甲酯的加入而降低。当晶粒含量较低时，球形的晶粒之间容易形成孔洞，从而导致晶体的孔隙度较高。以上即为聚偏氟乙烯/聚甲基丙烯酸甲酯中空纤维膜渗透率较高的原因。因此，可以观察到在加入 5% 之后，这种膜的水渗透率从 15 $m^{-2} \cdot h^{-1} \cdot bar^{-1}$ 增加到 60 $m^{-2} \cdot h^{-1} \cdot bar^{-1}$。

　　Hassankiadeh 等的研究结果也证实了 PMMA 掺杂后体系的孔隙度和渗透率均有所增加。图 7.8 所示为不同掺杂条件下制备的中空纤维膜的外表面结构，可以看出其表面的孔隙度较高。事实上，由组分为 25% PVDF + 5% PMMA 的溶液制备出的膜结构具有比由含有 30% PVDF（质量分数）的溶液制备出的膜结构更高的孔隙度（图 7.8(a)）。

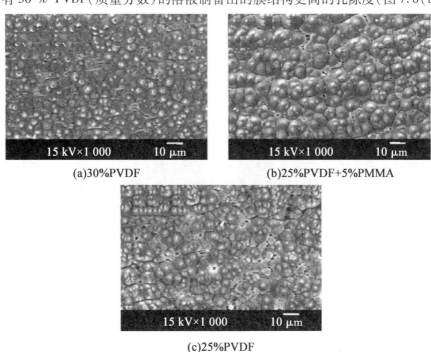

(a)30%PVDF　　　　　　　　　(b)25%PVDF+5%PMMA

(c)25%PVDF

图 7.8　掺杂溶液组成对膜外表面形貌的影响

Rajabzadeh 等和 Hassankiadeh 等研究结果表明，与质量分数为 5% 的 PMMA 共混后，聚偏氟乙烯中空纤维膜的拉伸强度急剧下降到40%左右,此外,与PMMA共混后其拉伸强度由4.8 MPa下降到2.8 MPa。由于PMMA是一种脆性聚合物,与聚偏氟乙烯共混后,因此聚偏氟乙烯中空纤维膜的拉伸强度下降。此外,Rajabzadeh等的研究结果表明,聚偏氟乙烯中空纤维膜与聚甲基丙烯酸甲酯(PMMA)共混后,由于其亲水性没有得到充分改善,其防污性能也几乎没有得到改善。通过添加PMMA使聚偏氟乙烯膜的水接触角从105°略微减小到98°,说明PMMA没有起到防止膜被污染的作用。虽然通过添加PMMA不能改善膜的机械性能和耐污性,但在添加PMMA后,通过丙酮萃取处理,聚偏氟乙烯/聚甲基丙烯酸甲酯膜的拉伸性能得到了显著提高。

如前所述,聚乙烯吡咯烷酮(PVP)是一种非常常见的添加剂,在非溶剂诱导相分离中常常作为成孔剂使用。然而,也有一些研究将PVP作为热诱导相分离过程中的添加剂。PVDF、PVP、PMMA的溶解度参数见表7.1。可以看出,由于PVDF与PVP的溶解度差异大于PVDF与PMMA的溶解度差异,所以PVP与PVDF的相溶性不如PMMA与PVDF的相溶性。与PVDF/PMMA相比,PVDF/PVP的晶粒尺寸较小(图7.9),结晶温度也较低,说明PVDF/PVP较低的相溶性使结晶温度显著降低,并可通过在晶体的形成过程中避开含有PVDF的区域来抑制PVDF结晶。因此,加入非晶态PVP会降低结晶温度,抑制结晶。

图7.9所示为PVDF、PVDF/PPMA、PVDF/PVP中空纤维膜的表面及横截面。有趣的是,与PVDF膜和PVDF/PMMA中空纤维膜相比,PVDF/PVP膜的结构有很大的不同。PVDF膜和PVDF/PMMA膜的晶粒结构在PVP存在时消失,但是却在外表面形成了一层致密层。由于PVDF与PVP的相溶性较差,PVDF壳层与PVP之间很难形成包含物,因此必须去除PVP。由于膜外表面附近的晶粒生长所受到的抑制程度大于膜内表面附近的晶粒生长所受到的抑制程度,所以在膜外表面附近会形成一层薄层。水透过率测试结果表明,与经过PVP共混后形成致密层的PVDF膜相比,PVDF/PVP中空纤维膜的水透过量明显降低。此外,PVP共混还能提高拉伸强度和伸长率,这也得益于通过PVP共混形成的致密层。这些结果表明,PVP共混对水渗透性和力学性能的影响与非溶剂诱导相分离过程中的常见趋势相反。Rajabzadeh等还发现聚偏氟乙烯中空纤维膜的防污性能够通过PVP共混来得到改善。PVDF聚偏氟乙烯膜与PVP共混后,水接触角从105°有效降低到89°,并且亲水性较好,具有较强的防污性。

为了改善聚偏氟乙烯中空纤维膜的防污性,研究人员常常在热诱导相分离过程中采用共混法。Rajabzadeh等首次将聚偏氟乙烯与两性离子聚合物(甲醛丙烯酸甲酯和氨水)混合,试图通过在热诱导相分离过程中采用共混法来改善PVDF中空纤维膜的防污性。

通过石英晶体微天平(QCM-D)的测量结果表明,加入共聚物后,牛血清白蛋白(BSA)的吸附量从3 mg/m^{2}急剧下降到1.7 mg/m^2。此外,污垢试验还表明,通过两性离子共混的方法可以提高膜的防污性。水接触角测定结果表明,将14.7%的共聚物共混后,聚偏氟乙烯膜的接触角由79°±3°下降到65°±3°。因此,可通过加入共聚物来提高亲水性,同时也能够提高聚偏氟乙烯膜的防污性。

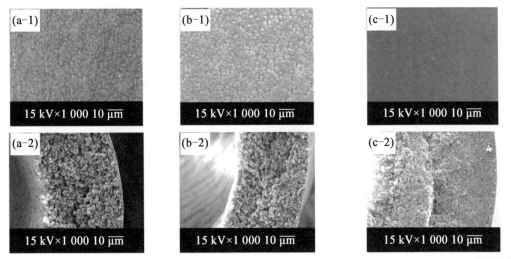

(a)PVDF 35%(质量分数)　(b)PVDF 25%/PMMA 10%(质量分数)　(c)PVDF 25%/PVP 10%(质量分数)

淬火冷却温度为0 ℃

图7.9　外表面(1)和截面(2)的 SEM 图

3. 纺丝条件对成膜的影响

(1)孔径流体。

孔径流体或氮气常被用作制备中空纤维膜的稀释剂。孔径流体不仅可以用于制备中空纤维,而且还可以使纤维的内表面与外表面形成不同的结构。由于孔内流体的温度在通过热喷嘴时会升高,所以靠近内表面的冷却速率比靠近外表面的冷却速率慢。此外,孔内的流体可以防止溶剂蒸发。因此,在靠近内表面的区域不会有薄层形成,且内表面的孔径和孔隙率远远高于外表面的孔径和孔隙率。相反,由于溶剂可以通过气孔间隙从外表面蒸发,所以靠近外表面的聚合物浓度大于靠近内表面的聚合物浓度。这就使得靠近外表面会形成了一个薄层。因此,外表面的孔隙尺寸和孔隙率都低于内表面。因此,热诱导相分离过程形成的中空纤维膜结构一般为不对称结构。图7.10 所示为三种不同条件下制备的聚偏氟乙烯中空纤维膜的内外表面 SEM 图。可见,膜内表面的孔隙率和孔径尺寸均高于膜外表面的孔隙率及孔径尺寸。由于高温时孔径流体的温度梯度最大,所以内侧壁的凝固速度比外侧壁的凝固速度慢。因此,当稀释剂作为孔径流体时,可以得到结构不对称的中空纤维膜,并且其内部孔隙率远大于外部。

氮气也常常作为孔径流体用于制备中空纤维膜。Rajabzadeh 等以稀释剂和氮气为孔径流体制备了聚偏氟乙烯中空甲基纤维素。如图7.11 所示,在膜的制备过程中,氮气作为孔径流体来制备膜时,膜的内表面孔隙率远低于溶剂作为孔径流体来制备膜时的内表面孔隙率。当氮气通过管腔一侧时,由于氮气的流动促进了溶剂的蒸发,内表面聚合物浓度增加,因此,内表面的孔隙率显著降低。

(a)PVDF/甘油醋酸酯(30/70%(质量分数))体系

(b)PVDF/甘油/甘油醋酸酯(30/10/60%(质量分数))体系

(c)PVDF/PMMA/甘油醋酸酯(25/5/70%(质量分数))

图7.10   不同条件下制备的中空纤维膜的内表面(1)和外表面(2)SEM 图

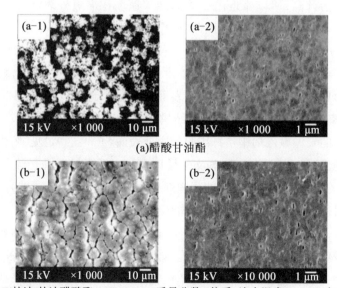

(a)醋酸甘油酯

(b)氮气, PVDF/甘油/甘油醋酸酯(33/10/57 %(质量分数))体系, 淬火温度T=50 ℃,气孔间隙为5 cm

图7.11   不同孔径流体制备出的中空纤维膜的内表面(1)和外表面(2)的 SEM 图

（2）淬火浴的组成。

一般来说，在热诱导相分离过程中，淬火浴一般是温度等于或低于室温的水，用于诱导相分离过程发生。另外，据 Matsuyama 等报道，在液体中传热比传质快两个数量级。因此，在膜表面传热比传质要高得多，从而在膜的外表面发生晶化的速率最高，且能够形成一个薄层。然而，当向体系中加入溶剂或将溶剂添加到淬火浴中时，聚合物将会在溶剂中溶解，从而使界面区域的聚合物浓度降低。此外，由于加入溶剂后对传质有利，因此溶剂和非溶剂的交换率会受到较大的影响并且会有所增加。因此，在淬火浴中加入溶剂会阻碍结晶，抑制致密层的形成。膜的渗水率及力学性能可以通过改变淬火浴的成分来改变。Cha 等将二甲基乙酰胺（溶剂）加入到淬火浴乙二醇（非溶剂）中，通过热诱导相分离法制备出了聚偏氟乙烯中空纤维膜。如图 7.12 所示，随着二甲基乙酰胺浓度的增加，晶粒尺寸减小，表面气孔率增大。SEM 图像也表明，随着淬火浴中二甲基乙酰胺浓度的增加，薄层消失，形成对称结构，而且二甲基乙酰胺浓度从 30% 提高到 60% 后，平均孔径由 0.08 μm 增大到 0.44 μm，抗拉强度由 9.6 MPa 减小到 7.4 MPa。

图 7.12　浸泡在不同比例的乙二醇/二甲基乙酰胺淬火浴中的中空纤维膜的外表面 SEM 图

（3）淬火浴的温度。

淬火浴的温度是热诱导相分离法制备空纤维膜过程中的一个重要操作参数，会直接影响膜的结构和性能。由于热诱导相分离过程是在高温下进行的，众所周知，在液体中传热一般比传质快两个数量级左右，因此热诱导相分离过程受传热控制。因此，温度梯度作为热传递的驱动力也是热诱导相分离过程中的一个主要参数。当淬火浴温度升高（温度梯度降低)时,热诱导相分离作用减弱,非溶剂诱导相分离作用占主导地位。此外,较高的淬火浴温度会增大传质速率,因此,非溶剂诱导相分离作用比淬火浴温度较低时更显著。

淬火浴的温度对结晶温度也有影响。据报道,降低淬火浴温度(增加冷却速率)会导致结晶温度降低。因此,较高的冷却速率可以扩大浊点与结晶温度(液-液相分离区)之间的差距。淬火速度越快,粗化时间越短,在液-液相分离区停留的时间就越短。因此,较高的淬火浴温度会使膜具有较高的孔隙率及较大的孔隙度,从而导致膜的渗水率较高。此外,Yang等对平面膜的研究表明,当聚合物浓度低于聚合物单体的浓度时,通过降低淬火浴的温度(提高淬火速度)可以降低膜的孔隙率。另外,在冷却的同时由于热聚合物溶液与淬火浴直接接触,膜外表面的冷却速率较高,而在膜的内表面一侧聚合物溶液与内部较热的溶剂接触,所以膜内表面的冷却速率较低。这意味着膜的外表面比内表面更容易发生晶化。由此可见,外表面的结晶速度较高有利于晶体团簇的生长,但留给晶体生长的时间较短,而较慢的结晶速度(淬火温度较高)则可以为晶体的生长提供足够的时间。因此,在淬火浴温度较低时,生长出的晶粒数量最大,但是晶粒的尺寸却是最小的。不同淬火浴温度下制备出的膜的外表面SEM图像如图7.13所示。可以看出,当淬火温度较低(20 ℃)时,膜的晶粒数量较多和晶粒尺寸小于淬火温度较高(35 ℃)时。

图7.13　不同淬火温度下制备的聚偏氟乙烯中空纤维膜外表面的SEM图

结果表明,在较低的淬火温度下制备的膜的外表面结构比较高的淬火温度下制备的膜的外表面结构更致密。众所周知,膜外表面的孔隙度控制着水的渗透率。因此,可以预期,由于外表面层具有致密结构,所以水的渗透率会随着淬火温度的降低而降低。关于淬火温度(冷却速率)的影响的多项研究表明,提高淬火温度(降低冷却速率)可以提高外表面的孔隙率,从而使水的渗透率增大,抑制率减小。另外,随着淬火温度的升高,膜的强度会降低。

提高淬火温度可以使传热速率降低,从而使膜的孔隙度增大及膜的外表面密度降低。众所周知,多孔材料的力学性能会受到体系中孔隙率的影响。这说明当孔隙率增加时,膜的拉伸强度会降低。因此,膜的强度会随淬火温度的升高而降低。

(4)纺丝温度。

在热诱导相分离过程中,最高纺丝温度或聚合物最高喷出温度至少应比聚合物的沸点小 10 ℃,最低温度应比浊点温度或溶胶转变温度高 20 ℃。对于没有浊点的体系,喷出温度至少要比混合溶液的聚合物结晶温度高 50 ℃,才能成功制备出高质量的聚偏氟乙烯中空纤维膜。虽然这个范围不是很宽,但是这个范围内温度的变化对薄膜的结构和性能却有很大的影响。

Rajabzadeh 等在不同的聚合物喷出温度下制备出了聚偏氟乙烯中空纤维膜。研究发现,喷出温度越高,膜外表面的蒸发速度越快。这会导致聚合物的浓度升高,表面孔隙率降低,膜的透水性降低。外层致密层的形成可以归因于聚合物浓度较高时晶粒的撞击。从不同聚合物喷出温度条件下制备出的中空纤维膜的 SEM 图像(图 7.14)可以看出,膜的孔隙率随聚合物喷出温度的升高而降低。还可以看出,由于从外表面到内表面温度梯度降低,晶体的淬火效果下降,晶粒的尺寸由外到内表面逐渐增大。晶粒的尺寸随喷出温度的升高而减小,在靠近外表面处形成致密层。

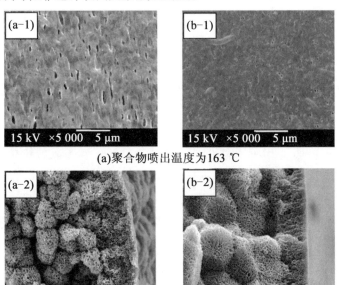

(a)聚合物喷出温度为163 ℃

(b)聚合物喷出温度为199 ℃

图 7.14 不同聚合物喷出温度下制备中空纤维膜的外表面(1)和外表面附近截面(2)的 SEM 图
(气孔间距为 5 mm;淬火浴温度为 60 ℃;聚偏氟乙烯浓度为30%(质量分数),
添加剂 = 10%(质量分数)甘油)

如前所述,当喷出温度升高时,膜的外表面会形成一层致密的、孔径较小的薄层。因此,可以推测这层薄层会使膜的机械强度增加。Ghanem 等的研究表明,聚偏氟乙烯中空纤维膜的力学性能随着聚合物混合溶液温度的升高而提高。结果表明,随着聚合物混合溶液温度的升高,水接触角也会增大。众所周知,膜表面的疏水性会受到膜表面的孔隙度和粗糙度的影响。由于随着聚合物喷出温度的升高,膜表面的孔径减小,膜表面的薄层变密,所以通过提高聚合物混合溶液温度,可以使内外表面的水接触角都增大。

(5)气孔间隙。

气孔间隙对分子链取向、溶剂在空气中的蒸发速度、拉伸应力、重力和结晶速率等现象都会产生影响。此外,离开喷丝头的流体形式也会受到气孔间隙变化的影响。由于聚偏氟乙烯溶液具有黏性,所以分子取向会影响刚从喷丝头喷出的初生纤维在气孔间隙内的膨胀和弛豫。本节描述了在极短的气孔间距内,离模膨胀对膜结构的影响。在不同的气孔间距下,可以得到不同的分子取向和延伸应力。

当气孔间隙增大时,稀释剂就会蒸发,从而在外表面形成一层致密层。因此,稀释剂的蒸发速率是影响纺丝纤维孔隙度的关键参数。此外,在较小的气孔间隙中,聚合物溶液可以更快地浸入到淬火浴中。由于温度梯度越大(传热系数越大),因此,在纤维外表面的晶体没有足够的时间生长。据 Matsuyama 小组的报道,当稀释剂蒸发速率较高,气孔间距从 0 mm 增大到 5 mm 时,可以形成一层致密的薄层,降低水的渗透性,增加晶粒之间的排斥力和拉伸应力。当气隙从 0 mm 提高到 5 mm,用甘油醋酸酯(GTA)作为稀释剂制备的聚偏氟乙烯中空纤维膜的透水性从 $800 \ L \cdot m^{-2} \cdot h^{-1} \cdot bar^{-1}$ 降低到 $100 \ L \cdot m^{-2} \cdot h^{-1} \cdot bar^{-1}$ 且抗拉强度从 1.5 MPa 增加到 4 MPa。然而,如果这种稀释剂的蒸发率很低,那么由其制备出的膜在气孔间隙上呈现出相反的趋势。Cui 等利用 ATBC 制备出的聚偏氟乙烯中空纤维膜,沸点(接近 343 ℃)高于由甘油醋酸酯制备出的膜的沸点(258 ℃)。因此,稀释剂的蒸发速率没有甘油醋酸酯的蒸发速率大。当气孔间距从 4 mm 增加到2.5 cm 时,水的渗透率从 $336 \ L \cdot m^{-2} \cdot h^{-1} \cdot bar^{-1}$ 增加到 $740 \ L \cdot m^{-2} \cdot h^{-1} \cdot bar^{-1}$,抗拉强度从 3.1 MPa 下降到 2.2 MPa。这些结果与之前其他研究小组的研究结果相矛盾。作者将这种不同的趋势归因于溶剂的沸点不同及膜外表面的气孔间隙的蒸发速率的不同。可以得出气隙效应受稀释剂性能影响的结论。结果表明,气隙效应会受到稀释剂性能的影响。

(6)卷绕速度。

在工业化制备中空纤维制的过程中,通常采用合适的卷绕速度来实现生产效率的最大化和生产成本的最小化。然而,由于冷却速率和拉伸应力的变化,卷绕速度会影响膜的结构和尺寸(如相关文献所述)。Li 等报道了膜的结构会受卷绕速度影响。图 7.15 所示分别为卷绕速度为 $20 \ m \cdot min^{-1}$ 和 $70 \ m \cdot min^{-1}$ 条件下制备出的中空纤维膜的横截面 SEM 图。很明显,可以通过提高卷绕速度使不对称结构消失。当卷绕速度从 $20 \ m \cdot min^{-1}$ 提高到 $72 \ m \cdot min^{-1}$ 时,内径和外径均减小了近一半。因此,在一定的淬火温度和喷出温度下,中空纤维膜壁的厚度减小,冷却速率增大。此外,在纺丝过程中,拉伸应力随拉伸速率的变化而变化。很显然,可以通过增加拉伸应力来增加拉伸速度,从而影响纺丝纤维的结构、性能(如相关文献所述)和尺寸(如相关文献所述)。因此,当卷绕速度明显提高时,冷却速率和拉伸应力的综合作用会使膜的结构发生明显变化。

　　Li 等发现,当卷绕速度速从 20 m·min^{-1}增加到 72 m·min^{-1}时,孔隙率和结晶度没有发生明显变化,水的渗透率也没有明显变化。虽然施加了较高的有利于聚偏氟乙烯定向结晶的拉伸应力,但结晶度并没有发生改变,因为这个拉伸速度(72 m·min^{-1})与工业化制备中空纤维的拉伸速度(高达几千米每分)相比是非常低的,从而使聚合物链定向并得到较高的结晶度。当卷绕速度与其他参数共同作用时这种作用更明显。例如,Shang 等报道,在制备聚乙烯醇中空纤维膜时,随着水浴温度的升高,卷绕速度的影响变得更加明显。由于高温水浴的结晶速度比低温水浴的结晶速度慢,聚合物的凝固速度随结晶速度的降低而降低,中空纤维容易被卷绕拉长。因此,在高温条件下,卷绕速度对渗透率的影响更为敏感。

　　此外,在一定的喷出速率下提高卷绕速度可以减少膜在气孔间隙中的停留时间。因此,从气孔间隙中蒸发的稀释剂的量将会减少,从而导致初生纤维表面孔径增大。另外,当膜卷绕紧时,由于卷取速度的增加而产生的高拉伸应力会拉伸孔隙并改变孔隙大小。从喷丝头喷出的初生纤维首先会受到重力的作用。在初生纤维浸入到淬火槽之后会发生相分离过程。初生纤维受到的另一个方向上的力是由张紧轮产生的。因此,孔隙的伸长与取向有关。综上所述,目前关于卷绕速度的影响还没有一个确切的定论,因为一些因素对膜的性能产生反向影响。

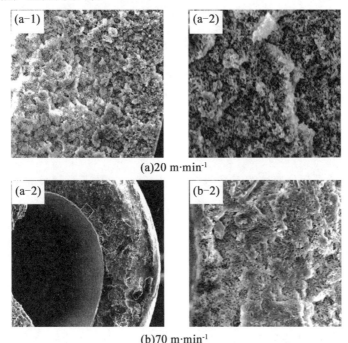

(a)20 m·min^{-1}

(b)70 m·min^{-1}

图 7.15　不同卷绕速度下制备的中空纤维膜的横截面 SEM 图

7.1.3　非溶剂诱导相分离(NIPS)

制备中空纤维纺丝所用到的仪器设备有粘胶罐、齿轮泵、喷丝头、混凝浴锅、膜清洗机、张力控制仪、卷绕机等。图7.16所示为一套用于非溶剂诱导相分离过程制备中空纤维纺丝的典型设备装置。首先,将PVDF与适当的溶剂在(1)粘胶罐中混合,得到均匀的溶液,经过一夜的脱气处理,制备用于纺丝的混合溶液。喷出合适的PVDF浆液和(2)齿轮泵内的不同流体通过(3)喷丝头。然后,将喷出的PVDF前驱体在(4)混凝浴锅中进行相变凝固。为了除去残留的溶剂和添加剂,通过(5)膜清洗机采用附加后处理的方法对膜进行清洗。随后,采用(6)卷绕机和(7)张力控制仪控制中空纤维膜的张力和伸长度。最后在(8)鼓筒中对膜进行收集。

图7.16　用于制备中空纤维纺丝的典型装置示意图

(1)—粘胶罐;(2)—齿轮泵;(3)—喷丝头;(4)—混凝浴锅;(5)—膜清洗机;(6)—卷绕机;(7)—张力控制仪;(8)—鼓筒

(资料来源:日本神户大学薄膜技术中心)

1. 相图

由于非溶剂诱导相分离法的工艺简单,因此,被认为是工业制膜的主要方法。同时,聚偏氟乙烯膜易于在普通有机溶剂中溶解,因此大部分的聚偏氟乙烯膜均采用非溶剂诱导相分离法制备。

为了更好地理解非溶剂诱导相分离法的成膜机理(主要是聚合物、溶剂和非溶剂这三种成分的作用),在三组分相图中给出了这些成分在形成混合物过程中的变化。聚偏氟乙烯膜作为半晶态聚合物的相分离过程比聚砜、聚醚砜、聚酰胺、聚酰亚胺和纤维素醋酸酯等非晶态聚合物的相分离过程更为复杂。

聚偏氟乙烯的相变机理一般可以在相转换过程中表现为两种形式,即伴随结晶过程的固-液相转换(S-L)过程和液-液相(L-L)转换,来控制膜的形态结构。半晶态聚合物的三相示意图如图7.17所示,在液-液两相溶液中存在双节线"bdc"区和旋节线"edf"区。

在聚合物浓度较高时,旋节线和双节线之间存在一个亚稳态区域"*bde*",而聚合物浓度较低时,另一个亚稳态区域"*fdc*"。在"*b*"点,聚合物富集相的多孔结构将被玻璃化。

区域Ⅰ是均匀的单相溶液区。在区域Ⅱ中,溶液由两种不同的成分组成,一种是富聚合物相,另一种是贫聚合物相。在区域Ⅲ和区域Ⅳ中,存在膨胀聚合物相和混合液相。在该区域,聚合物不能溶解,只能在溶剂和非溶剂的混合物中发生膨胀,但在这种混合物中却没有聚合物存在。在快速相转换过程(区域Ⅰ和区域Ⅱ)中,液−液相分离主要会使膜发生化学沉淀,同时也会对控制膜结构的其他因素产生影响,如形成致密层和大孔隙微观结构。相比之下,在相转换过程发生的较慢时,固−液相转换过程被认为在聚合物结晶过程中占主导作用。通过固−液相转换过程形成的膜具有相互连通的球状晶体或球状物结构,与具有大孔隙微观结构的膜相比机械强度较弱。固−液相分离通常发生在聚合物浓度较高的情况下(Ⅲ),而液−液相分离通常发生在聚合物和非溶剂浓度较为适中的情况下。在Ⅳ区,固−液相分离和液−液相分离同时存在。尽管如此,系统温度、掺杂组成、溶剂以及非溶剂等参数对实际相转化过程也有一定的影响。

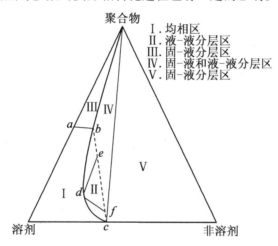

图 7.17　半结晶聚合物的相图

(1)溶剂对相图的影响。

为了了解溶剂选择性对聚偏氟乙烯膜结构的影响,将使用不同溶剂时的聚偏氟乙烯/溶剂/非溶剂体系的三元相图总结如下,如图 7.18 所示。Bottino 等对聚偏氟乙烯/溶剂之间的关键相互作用做了详细的基础研究。通过选择八种不同类型的溶剂:二甲基亚砜(DMSO)、三甲基磷酸酯(TMP)、三乙基磷酸酯(TEP)、N,N−二甲基甲酰胺(DMF)、N,N−二甲基乙酰胺(DMAc)、N−甲基−2−吡咯烷酮(NMP)、四甲基脲(TMU)、六甲基磷酰胺(HMPA),可以得到不同结构的聚偏氟乙烯膜。

通常,溶剂的极性越强,溶剂的拐点距离双节线越近。因此,聚合物/强溶剂体系与聚合物/弱溶剂体系相比,仅需添加少量的非溶剂来诱导液−液相分离。然而,真正的制膜过程并不完全遵照这种现象。如图 7.19 所示,以 TEP 为溶剂时,可以得到具有对称结构的膜。所以,TEP被认为是制备聚偏氟乙烯膜过程中有利于相转换的弱极性溶剂。因此,在膜制备过程的早期会发生液－液相分离,故不能形成大孔隙结构。这意味着聚偏氟乙烯膜形成的机理是由动力学参数决定的,尤其是溶剂和非溶剂之间的相互扩散系数,而不是由它们的热力学性质所控制。

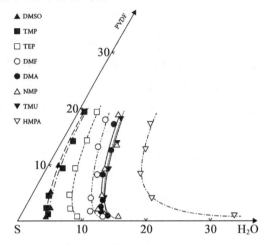

图7.18　聚偏氟乙烯/溶剂/非溶剂三元相图

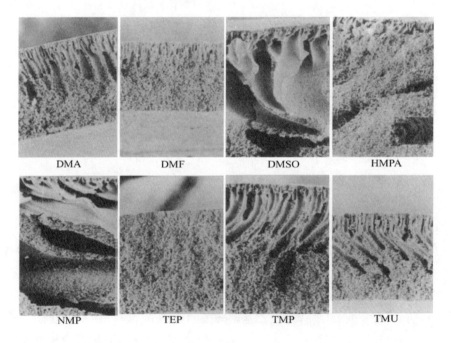

图7.19　不同溶剂下聚偏氟乙烯膜截面SEM图

(2)非溶剂对相图的影响。

在浸没沉淀过程中,非溶剂是通过影响相分离过程来控制膜结构的关键参数之一。水作为一种非溶剂,在浸渍沉淀法中,通常被称为诱导液－液相分离的强极性非溶剂,从而可以使聚偏氟乙烯膜具有手指状孔隙的不对称结构。另外,当使用弱极性非溶剂,膜结构可能从海绵结构变化到不同类型和大小的孔隙结构,这取决于非溶剂的一些工艺参数,将在下面进行讨论。

非溶剂效应可以用相图来进行解释。图 7.20 所示为基于浊点测量构建出的 PVDF/NMP/非溶剂体系三元相图。与其他非溶剂相比,水作为助凝剂时,该聚合物溶液的凝胶边界接近聚合物-溶剂这条坐标轴。这意味着只需要少量的非溶剂来干扰聚合物-溶剂体系就可以诱导液-液相分离过程发生。在图 7.20 中,非溶剂的强度依次为水 > 甲醇 > 乙醇 > 异丙醇。

Young 等研究了 1-辛醇和水在浸泡沉淀过程中作为非溶剂对制备聚偏氟乙烯膜的影响,不同结构的膜如图 7.21 所示。以水为非溶剂助凝剂,可以形成致密的不对称结构。相反,以 1-辛醇为非溶剂,可以得到具有均匀球状颗粒截面的对称结构。

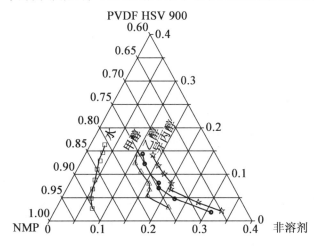

图 7.20　三元 PVDF/NMP/非溶剂体系相图

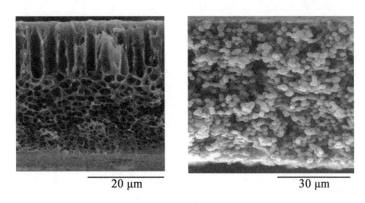

图 7.21　以水(左)和 1-辛醇(右)为非溶剂的 PVDF 膜横截面的 SEM 图

2. 掺杂溶液的组成对成膜的影响

在非溶剂诱导相分离过程中,将聚合物溶解到合适的溶剂中,可以得到均匀的掺杂溶液。在溶液中经常还会添加成孔剂、黏度改性剂和亲水性改性剂等添加剂来改善膜的性能。聚偏氟乙烯(PVDF)聚合物的浓度、溶剂和添加剂的作用对最终膜的性能也有很大的影响,下面将对此进行讨论。

(1)聚合物浓度。

众所周知,聚合物浓度在制膜过程中起着重要的作用。随着掺杂溶液中聚偏氟乙烯浓度的增加,溶液黏度急剧增加,这直接会影响到中空纤维膜的结构和性能。通常用临界聚合物浓度的概念来选择合适的聚合物浓度。采用低于临界聚合物浓度的聚偏氟乙烯可以制备出 MF 或 UF 聚偏氟乙烯中空纤维膜,而采用高于临界聚合物浓度的聚偏氟乙烯可以制备出用于气体分离或渗透汽化的具有致密层的中空纤维膜。Sukitpaneenit 和 Chung 两人研究了聚偏氟乙烯浓度在制膜过程中可能产生的影响。图 7.22 为使用不同 PVDF 浓度(质量分数为 15%、17%、19%)的 NMP 溶剂制备出的中空纤维膜的横截面和外表面结构图。无论 PVDF 聚合物的浓度取何值,在中空纤维膜的致密层下的大部分区域都会形成指状结构。当 PVDF 质量分数为 15% 时,整个截面都会呈现指状结构;当 PVDF 质量分数分别为 17% 和 19% 时,由于外层附近会形成海绵状结构,所以,指状结构只存在于有限的内侧区域。他们认为这种现象是由于聚合物溶液的黏弹性较大,这种黏弹性阻止了瞬时液 – 液相转换过程中直接对流型溶剂之间的交换。

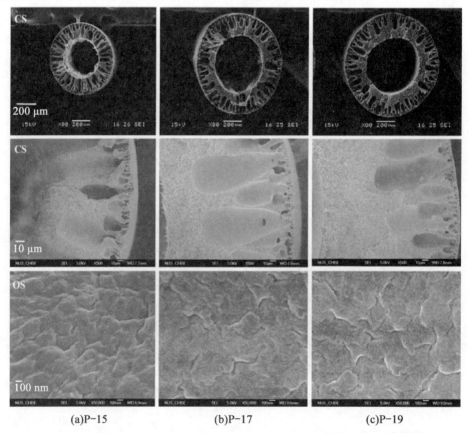

(a)P-15　　　　　(b)P-17　　　　　(c)P-19

图 7.22　不同聚合物浓度条件下制备出的 PVDF/NMP 纺丝中空纤维膜的横截面及外表面形貌图
CS—横截面;OS—外表面

（2）制备 PVDF 膜的溶剂。

如前文所述,溶剂在聚合物 - 溶剂原液体系中对膜结构的形成起着重要作用。Munari 和 Bottino 等对不同溶剂在 PVDF 膜制备过程中的影响做了系统性的基础研究。表 7.3 给出了采用浸没沉淀法制备 PVDF 膜时使用的几种不同溶剂的性质。在此基础上,使用 DMSO、TMP、TEP、DMF、DMAc、NMP、TMU、HMPA 等不同溶剂可以制备出具有不同结构的 PVDF 膜。在这些溶剂中,如果在原液中使用 TEP,则整个横截面区域会形成均匀的海绵状结构。Yeow 等和 Shih 等也观察到了类似的结果,他们认为 TEP 是对 PVDF 溶解性较弱的溶剂,这使得极少量的非溶剂就可以引起相变的发生。因此,如果液 - 液相分离现象发生得较早,在膜上就不会形成较大的孔隙。

表 7.3 制备 PVDF 膜的常用溶剂的性能

溶剂	分散度参数 $\delta_{d,p}$/MPa$^{1/2}$	极性参数 $\delta_{p,p}$/MPa$^{1/2}$	氢键参数 $\delta_{h,p}$/MPa$^{1/2}$	总溶度参数 $\delta_{t,p}$/MPa$^{1/2}$	沸点/℃
二甲亚砜(DMSO)	18.4	16.4	10.2	26.7	189
磷酸三甲酯(TMP)	16.8	16	10.2	22.3	197.2
磷酸三乙酯(TEP)	16.8	11.5	9.2	22.3	215.5
N,N - 二甲基甲酰胺(DMF)	17.4	13.7	11.3	24.8	153
N,N - 二甲基乙酰胺(DMAc)	16.8	11.5	10.2	22.7	165
N - 甲基 - 2 - 吡咯烷酮(NMP)	18	12.3	7.2	22.9	202
四甲基脲(TMU)	16.8	8.2	11.1	21.7	176.5
六甲基磷酰胺(HMPA)	18.4	8.6	11.3	23.2	232.5
丙酮					56.1
四氢呋喃(THF)					65

（3）添加剂。

在原液中加入添加剂是提高膜的孔隙度、亲水性、机械强度和防污性能的方法之一。添加剂可以作为成孔剂,增加原液的黏度或加快相变过程。用于制备 PVDF 膜的原液中使用的添加剂可分为三类:①低分子量添加剂,如水、醇、乙二醇、甘油以及氯化锂(LiCl)、高氯酸锂(LiClO$_4$)等无机盐;②聚乙烯吡咯烷酮(PVP)、聚乙二醇(PEG)等高分子量添加剂;③混合添加剂。

Wang 等研究了在纺丝原液中加入水、乙醇、1 - 丙醇等小分子添加剂对膜形貌的影响。在原液中加入水时,在膜的主体区域会有大空隙形成,并且在表面会形成致密层。Wang 等认为水作为添加剂可以抑制聚合物之间的相互作用和液 - 液相分离过程。用水、乙醇和甲醇作为添加剂制备出的 PVDF/NMP 膜的结构与 Sukitpaneenit 和 Chung 两制备出的膜的结构一致。当乙醇或甲醇用作添加剂时,膜的结构会表现出明显的差异,膜内部的主体区域为球状结构,外表面为固液相分离或结晶过程中形成的孔隙。khayet 等研究了在 PVDF/DMAc 原液中加入低分子量添加剂乙二醇对膜的形貌、孔隙度和孔径的影响。随着溶液中乙二醇含量的增加,孔隙尺寸和孔隙度均增加,从而使纯水的通量得到了提高。Atchariyawut 等报道了将甘油作为添加剂时,随着甘油浓度的增加,PVDF 中空纤维膜的孔径和有效孔隙率均增加。相反,当使用 DMSO 作为制备 PVDF 膜的溶剂时,有效孔隙率会随甘油浓度的增加而降低。他们认为上述差异是由不同溶剂的亲和力不同所引起的。LiCl 常常被用于制备 PVDF 中空纤维膜。通过增加 PVDF 原液中 LiCl 的浓度,可以使孔径和孔隙率增大;但机械强度却急剧下降。因为 LiCl 在水中的溶解度较大,所以聚合物在浸渍过程中从原液中析出的速率相对较高。由于锂对聚合物原液具有强烈的影响,作为添加剂的 LiClO$_4$ 和 LiCl 会呈现出相似的趋势。Yeow 等制备了以 LiClO$_4$ 为添加剂的 PVDF 中空纤维膜并对其进行了研究。他们认为溶液黏度会随着 LiClO$_4$ 浓度的增加而显著增加,这是由于添加剂 LiClO$_4$ 和溶剂 DMAc 之间具有强烈的相互作用。

在膜的制备过程中常常用高分子量添加剂 PVP 和 PEG 来提高膜的性能。PVP 和 PEG 具有亲水性,它们不仅可以增强原液的亲水性,而且还会使原液具有热力学不稳定性,从而加速了液 – 液相分离过程,使膜具有较高的孔隙度。在这些添加剂中,依据聚合度可将 PVP 分为低分子量和高分子量。在原液中加入低分子量 PVP 可以使制备出的膜具有较高的孔隙率、较大的流通量,并且残留的低分子量 PVP 易于从膜中清洗掉,而通过高分子量 PVP 制备出的膜则具有相反的特点。Moghareh Abed 等研究了使用 PEG 作为添加剂时对膜的形貌、力学性能及过滤性能的影响,添加剂 PEG 的分子量分别为 400 Da 和 6 000 Da。当添加剂 PEG 的分子量为 400 Da 时,PVDF 中空纤维聚在纺丝过程中,由于低分子量 PEG 与水之间的相互作用较好,在膜的壳体和管腔的附近会形成较大的孔隙;当 PEG 的分子量为 6 000 Da 时,在纺丝过程中,膜中则不会出现大孔隙。PEG 的分子量为 400 Da 时制备出的 PVDF 膜比 PEG 的分子量为 6 000 Da 时制备出中空纤维膜具有更高的水流通量,这是因为较低分子量的 PEG 比较高分子量的 PEG 能够更快更大程度地从新生纤维中扩散出去。

同时,许多研究者对混合添加剂的作用进行了广泛的研究,并在他们的书中或论文综述中对结果进行了详细的总结。Wang 等在聚偏氟乙烯(PVDF)制备原液中加入了氯化锂和非溶剂混合物,所制得的材料表现出了较高的渗透性和良好的机械强度。以氯化锂/异丙醇为添加剂时,膜的内部会形成球状结构,而以氯化锂/水为添加剂时,中空纤维膜内部则会形成相互连通的海绵状结构。Hou 等研究了将 LiCl 和 PEG 1500 作为 PVDF/DMAc 原液中的添加剂时可能会产生的效果;这两种添加剂的耦合作用会导致中空纤维膜内部形成孔隙率高且孔径分布窄的多孔海绵状结构。

3. 纺丝条件对成膜的影响

在相转换过程中,PVDF 等级、聚合物浓度、溶剂、添加剂等参数对最终膜的形态和性能会产生很大影响。由于这些参数对膜的形成和性能也有重要影响,本节将讨论气隙、浆料流量、孔流体、混凝浴条件、卷绕速度等纺丝条件对成膜过程可能产生的影响。

(1)气隙间距和浆料流量。

气隙间距对控制初生中空纤维膜的结构起着重要的作用。通常情况下,由于增加重力引起的拉伸应力比缩短气隙间距引起的拉伸应力大,因此具有较大气隙间距的中空纤维膜具有较大的分子取向和更加紧密的分子填充,并且这种效应在外表面比内表面更强烈。Wang 等和 Khayet 等研究了气隙间距长度对 PVDF 中空纤维膜形貌和性能的影响。Wang 等发现,当 PVDF 质量分数为 22% 时,纯水的流通量随气隙间距长度的增加而减小,但对分离性能没有显著影响。Khayet 更深入地研究了气隙间距对 PVDF 中空纤维膜外部形貌甚至是中空纤维内部形貌的影响。当气隙间距为 1 cm 时,由于大分子的膨胀,PVDF 中空纤维膜的直径和壁厚均大于其他气隙较大的膜。当中空纤维膜的气隙间距大于 45 cm 时,膜的横截面结构为致密结构。同时,中空纤维膜的内外表面粗糙度随气隙间距的增大而增大。Khayet 认为这种粗糙度的增强可能是聚合物与气隙之间的链间缠结增加所致。

PVDF 原液的挤出速率也是决定膜外径和膜厚的重要参数。聚合物流量受齿轮泵、施加的受控气压或者其他压力组合系统的控制。因此,喷丝头内部的原液可能会以不同的剪切速率喷出。随着原液流速的增大,浆料原液的剪切速率增大。Ren 等研究了剪切速率对 PVDF 中空纤维膜结构的影响。结果表明,如果采用接近牛顿流体的 PVDF 聚合物溶液时,则分子链取向可能会受剪切诱导的影响,但这种诱导产生的取向程度相对较小。与此相反,Qin 等报道了通过增加剪切速率来降低流通量并且能够抑制膜性能的方法。他们认为在高剪切诱导力下分子链取向很容易出现,而且分子链倾向于彼此更紧密地聚集在一起,从而导致致密层排列得更加紧密。

(2)孔流体。

从根本上说,孔流体的流量对 PVDF 中空纤维膜的内部尺寸有较大的影响。随着孔流体流量的增大,中空纤维膜的厚度逐渐减小。然而,到目前为止,对这一课题的研究还很少。Bonyadi 等研究了在使用不同孔流体条件下中空纤维膜内表面的波纹现象。他们发现,随着孔流体中溶剂浓度的增加,初生中空纤维膜的黏性降低,弹性内壳的抗弯刚度也随之降低。

在 PVDF 中空纤维纺丝过程中,通过控制孔流体的化学性质和流量,可以合理地确定初生中空纤维的内表面形貌。一般情况下,当使用强凝固剂(如水)时,会形成致密的光滑表面,而当使用弱凝固剂如各种有机溶剂(NMP、DMSO、DMAc、DMF)或它们与水的混合物时,则会形成疏松粗糙的表面。举一个典型的例子,如图 7.23 所示,Sukitpaneenit 和 Chung 研究了 NMP/H_2O 孔流体的组成对 PVDF 中空纤维膜结构的影响。当采用 90/10%(质量分数)NMP/H_2O 混合物作为孔流体时,膜的整个截面上都会出现巨大的指状空隙。Sukitpaneenit 解释说,这些独特的大孔隙可能是孔流体中 NMP 含量较高导致的。另外,当孔液中 NMP 含量较低时,可以观察到水的浸入会受到一定程度的抑制,纤维腔附近的指状结构会完全转变为海绵状结构。

(3)凝固浴。

通过控制外部混凝剂的化学组成和条件,可以对 PVDF 中空纤维膜的外表面形貌进行设计。当使用水作为用于中空纤维膜的原液中的强凝剂时,所制备出的膜的外层致密光滑表面无孔,而使用甲醇或乙醇等混合溶剂时,膜的外表面就会有孔洞形成。已有很多学者研究了外部混凝剂对 PVDF 中空纤维膜性能的影响。Deshmukh 和 Li 等研究了乙醇混凝浴对 PVDF 中空纤维膜形貌的影响。他们观察了 PVDF 中空纤维膜的形貌在不同乙醇/水比例的外部混凝浴中的变化。随着乙醇浓度的增加,膜的形态逐渐由指状结构变为海绵状结构。Sukitpaneenit 和 Chung 两人也观察到了膜形态的相似变化。图 7.24 所示为甲醇/水混合物作为外加剂对 PVDF 中空纤维膜形态的影响。以质量分数为 15% 的 PVDF/NMP 为原料,以质量分数为 0%、10%、20% 和 50% 的甲醇/水混合物为混凝剂对膜进行制备。当使用不含甲醇的水作为外混凝剂时,在整个横截面内会形成较大的指状孔隙,并有一小部分呈现细胞形态。另一方面,以质量分数为 10%、20% 的甲醇/水混合物为外部混凝剂,可以减小指状大空孔隙的尺寸。当使用质量分数为 50% 甲醇/水混合物作为外混凝剂时,整个横截面则呈现海绵状结构。这种膜形态上的显著差异可以通过调节不同混凝剂的强度和含量来控制,这些不同的混凝剂会导致沉淀过程中伴随结晶和延迟分层现象的发生。

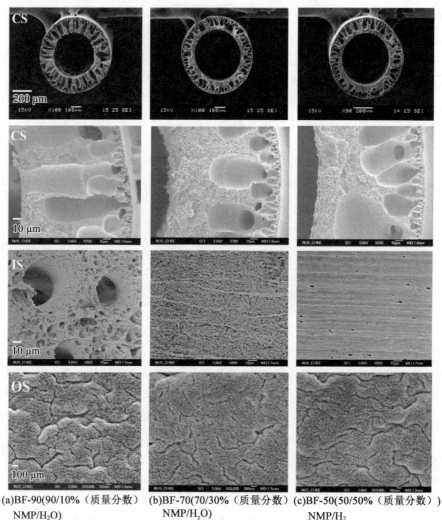

(a)BF-90(90/10%(质量分数) NMP/H₂O)　(b)BF-70(70/30%(质量分数) NMP/H₂O)　(c)BF-50(50/50%(质量分数) NMP/H₂

图 7.23　使用不同比例的 NMP/水为孔流体制备出的 PVDF 中空纤维膜的形态结构图
(气隙长度 = 1 cm,使用水做外部混凝剂和自由落体状态(无拉紧拉伸))
CS—截面;IS—内表面;OS—外表面

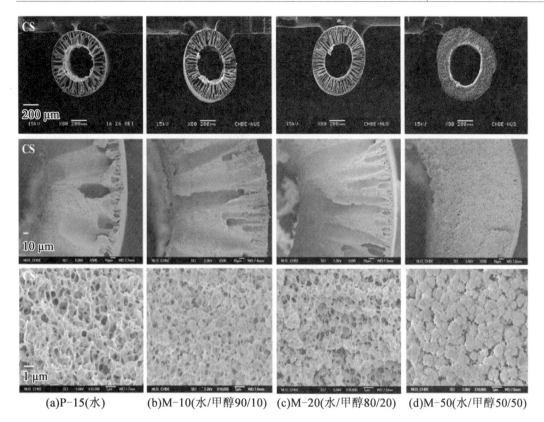

(a)P-15(水)　　(b)M-10(水/甲醇90/10)　　(c)M-20(水/甲醇80/20)　　(d)M-50(水/甲醇50/50)

图 7.24　将不同比例的水/甲醇作外部混凝剂加入到质量分数为 15% PVDF/NMP 纺丝原液中制备出的中空纤维膜的横截面形貌

　　凝固浴的温度也是决定 PVDF 中空纤维膜结构和结晶度的重要参数。若采用低温混凝剂,则膜会呈现海绵状结构;若采用高温混凝剂,则膜会呈现指状结构。Choi 等研究了凝固浴温度对不对称 PVDF 中空纤维膜致密化形成的影响。随着混凝温度的升高,各种气体的渗透选择性随着总渗透性的降低而提高。另一方面,随着凝固温度的降低,它们则表现相反的趋势。

　　(4)卷绕速度。

　　当卷绕速度与自由重力流相同时,拉伸应力可以为零。在无气隙的自由落体式纺丝过程中,几乎不产生拉伸应力,纺丝速度与喷丝头出口的速度几乎相同。如果卷绕速度变化较小,拉伸应力增加较大,则中空纤维膜的表面容易产生缺陷。与气隙纺丝工艺相比,控制湿法纺丝过程中自由落体式纺丝速度更为重要。

　　在工业化制备中空纤维的过程中采用较高的卷绕速度是使生产效率最大化且生产成本最小化的首选方法。一般来说,当卷绕速度增加时,中空纤维膜的直径就会减小。提高卷绕速度通常会使渗透通量降低,因为较高的卷绕速度不仅会导致沉淀路径发生改变,而且由于重力和拉伸应力的作用,还会促进链的定向和堆积。Wu 等报道了真空 MD 工艺中卷绕速度对 PVDF 中空纤维膜的影响。为了避免拉伸效应,在混凝浴中,卷绕速度与初生中空纤维的自由落体速度应保持一致。结果表明,卷绕速度对 PVDF 中空纤维膜的厚度有影响。同时,随着卷绕速度的增加,纯水的流通量减小。然而,如果采用的卷绕速度大于初生中空纤维膜的弹性区域所能承受的最大速度或卷绕速度高于初生中空纤维膜自由落下的速度,拉伸应力会影响膜的性能,最终会使链发生断裂来提高通量。

(5)喷丝头的设计效果。

Chung 等对喷丝头的设计进行了广泛的研究,并在他们的书中及评论文章中对研究结果进行了详细的总结。他们认为喷丝头中的聚合物掺杂原液流变行为在中空纤维膜纺丝过程中起着非常重要的作用。因此,中空纤维喷丝头的设计是该工艺的一项核心组成部分。当聚合物掺杂原液从喷丝头喷出时,会受到各种应力的影响,从而会影响到高分子链的取向和填充。Wang 等认为喷丝头内的流动角是影响中空纤维膜结构甚至性能的另一个变量。

同时,利用双层喷丝头在聚合物溶液采用单步共喷出法制备双层中空纤维膜的概念也得到了许多研究者的广泛研究。双层中空纤维具有降低成本的优点,因为只有外层喷了昂贵的功能聚合物,而内层则选用的是便宜材料。此外,该方法还可以简化中空纤维复合膜的制备过程,在制备过程中不需要进行任何涂层步骤。

7.2　改性和应用

7.2.1　PVDF 膜的亲水性改性

PVDF 具有优良的化学稳定性、热稳定性和机械稳定性,在 DMA、NMP、DMSO、DMF 等极性溶剂中具有良好的溶解性,是采用非溶剂诱导相分离法制备聚合物膜的理想材料。然而,PVDF 膜仍然存在一些缺陷。这些缺陷限制了 PVDF 膜的进一步发展和应用,尤其是在饮用水生产、废水处理、生物分离等水溶液的分离纯化方面。这些关键问题主要存在于下列情况:

(1)PVDF 膜润湿性差。由于 PVDF 具有高疏水性,因此,制备出的膜的纯水渗透率通常较低。

(2)PVDF 膜在水处理和废水处理中的另一个缺点是易结垢。疏水性 PVDF 膜在处理含有天然有机物(如蛋白质)的水溶液时容易受到污垢的影响。这些有机物容易强力吸附在膜表面或堵塞膜表面的孔隙。这会使膜的透水性和分离性能有所降低,从而降低膜的有效寿命,增加膜组件的更换和维护成本。

一般认为,增加膜的亲水性会提高膜的抗污性。亲水性较高的膜通常具有较高的表面张力,可以与周围的水分子形成氢键,在膜与本体溶液之间可以重新建立起较薄的纯水层。该纯水层容易在亲水性强的表面形成,可以防止疏水污染物吸附或沉积在膜表面,从而减少膜表面的污垢。因此,如何采用各种方法提高 PVDF 膜的亲水性,对提高 PVDF 膜组件的使用寿命,降低其运行成本是至关重要的。因此,许多关于 PVDF 膜的研究都集中在如何通过各种方法来提高亲水性,包括如何改进膜制备工艺及如何对现有的膜进行表面改性。

1. 对相分离过程的影响

亲水性 PVDF 膜在制备过程中不需要任何预处理或后处理过程,例如不需加入混合亲水性改性剂,即可同时获得具有其他理想性能的亲水性 PVDF 膜。共混改性是工业上规模化生产中最实用的方法,适用于中空纤维膜的改性。亲水性改性剂可以分为两类:聚合物材料和无机纳米颗粒。

(1)均聚物与共聚物共混。

提高 PVDF 膜亲水性的一个简单的方法是将膜与亲水均聚物共混。该方法通常将亲水性均聚物溶解于 PVDF 溶液中,在相分离过程中将其引入到 PVDF 膜上。亲水性均聚物包括聚乙烯醇(PVA)。需要注意的是,这些均聚物是不溶于水的,在膜形成过程中或膜的使用过程中,它们将被冲出聚合物基质。此外,这些均聚物的加入可以调节纺丝溶液的热力学性质和动力学性质,从而控制其形貌和结构。由于与 PVDF 不相容,亲水聚合物的浸出会在一定程度上降低其耐污性和亲水性。

其他可以对 PVDF 多孔膜起到改性作用的亲水性均聚物包括磺化聚碳酸酯(SPC)、全氟磺酸(PFSA)和磺化聚苯乙烯。表 7.4 列出了聚合物共混改性 PVDF 膜领域的一些重要研究。

表 7.4 聚合物共混改性 PVDF 膜的性能

几何结构	高分子聚合物	制膜方法	聚合物共混后对膜性能的影响	参考文献
中空纤维	PVA	NIPS	提高亲水性和防污性能 增加纯水通量,降低排斥性和力学强度 增加平衡水(EWC)的含量	150
中空纤维	PVP	TIPS	增加膜的排斥性和纤维的机械强度 减小水的流通量和平均孔径	50,70
片层结构	L2MMs(PEG 衍生物)	NIPS	增加膜表面的亲水性和纯水的渗透性	155
片层结构	PAN	NIPS	改善相容性 调整膜的亲水性和粗糙度	156
片层结构	磺化聚碳酸酯(SPC)	NIPS	不改变孔径分布,提高抗污性	152
中空纤维	单氟磺酸(PFSA)	NIPS	提高抗污性 增强稳定性	153

均聚物共混改性的主要缺点是亲水性聚合物与疏水性 PVDF 基体的相容性较差,在相分离过程中容易形成界面微孔。因此,虽然将亲水性均聚物与膜进行共混可以明显提高 PVDF 中空纤维膜的亲水性,但改性后的膜的破裂压和拉伸强度均低于原 PVDF 膜,不利于实际应用,例如,聚乙烯吡咯烷酮(PVP)、聚乙二醇(PEG)衍生物、PAN 等。虽然 PMMA 与 PVDF 具有良好的相容性且不溶于水,但 PMMA 在膜基质中的比例应达到 50% 以上,这样才能获得渗透性更好的膜。在 PMMA 含量较低的情况下,虽然 PVDF 膜的亲水性能增加了,但增加幅度不大,且膜的机械强度会明显降低。另一方面,随着时间的推

移,共混共聚物会从膜中逐渐析出。为了克服上述问题,科学家研究出了两亲性共聚物,这种共聚物既可以在膜基质中保持较高的保留率,又可以提高膜的亲水性。

1991年,Mayes等初步报道了利用两亲性梳状共聚物 P(MMA – r – POSE)作为膜添加剂,通过表面分离法在聚 PVDF 膜上制备具有抗蛋白质性能的表面的方法。其次,学者们对两亲性共聚物的合成及其在 PVDF 膜改性中的应用进行了大量的研究。一般来说,两亲性共聚物可以通过一般的自由基聚合法、热嫁接聚合法、原子转移自由基聚合法(ATRP)以及可逆加成断链转移聚合法(RAFT)合成。

所述的两亲性共聚物是一种不溶于水的具有亲水基团和疏水基团的添加剂,并且与疏水聚合物膜之间存在相互作用。疏水链与 PVDF 相容,而亲水链在相分离过程中由于发生分离现象会富集到膜孔表面,导致膜表面上含水侧链的覆盖率较高,该侧链由不溶于水的疏水主链锚定,并与 PVDF 本体缠结在一起。图 7.25 所示为利用聚苯乙烯 – b – 聚(乙二醇)甲基丙烯酸酯(PS – b – PEGMA)作为两亲性添加剂,通过 NIPS 法制备聚乙二醇化的 PVDF 膜的实例。在相分离过程中,位于膜顶部界面的共聚物分子的 PEGMA 片段面向液体,为 PVDF 膜提供了一个更加亲水的表面。Ma 等对不同 PEG 长度和 PEG-MA /PEG 嵌段比共混的 P(PEGMA – MMA)共聚物制备的防污 PVDF 膜进行了系统的研究,阐明了共混共聚物的结构对制备出的膜的防污性能的影响。

到目前为止,已经合成大量的两亲性共聚物,其中有很多共聚物已经被应用于 UF 和 MF 膜的改性工作中。用于制备亲水性 PVDF 膜的两亲性共聚物主要包括 PS – b – PEG-MA、P(MMA – r – POEM)、PVC – g – PEGMA 和 P(PEGMA – MMA)。近年来,利用两性单体作为共聚物的亲水性嵌段的研究引起了人们广泛的关注。同时,还开发了一些含有 PVDF 链段的具有疏水性且与 PVDF 本体具有较好的相容性的两亲性共聚物。这些共聚物可以作为改性剂,来改善 PVDF 膜的亲水性和防污性。

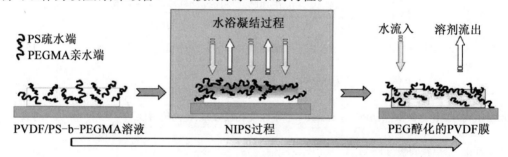

图 7.25　通过 NIPS 法从 PVDF/PS – b – PEGMA 中获得的聚乙二醇化 PVDF 膜的示意图

该两亲性共聚物还可以直接用于制备亲水性 PVDF 基膜。例如,Liu 等采用自由基聚合的方法合成了一种含有 PVDF 骨架和聚(丙烯酰吗啉)(PACMO)侧链的共聚物,然后将该共聚物用于制备不含 PVDF 的共混膜。共聚物合成原理图及成膜示意图如图 7.26 所示。合成的 PVDF 膜具有较好的亲水性和较好的抗蛋白质污染的能力。

拓扑结构(如线性、梳状和超支星)对两亲性共聚物有重要影响,并且可以使膜具有独特的性能。表 7.5 列出了在制备共聚物共混改性 PVDF 膜领域的一些有突出贡献的研究。

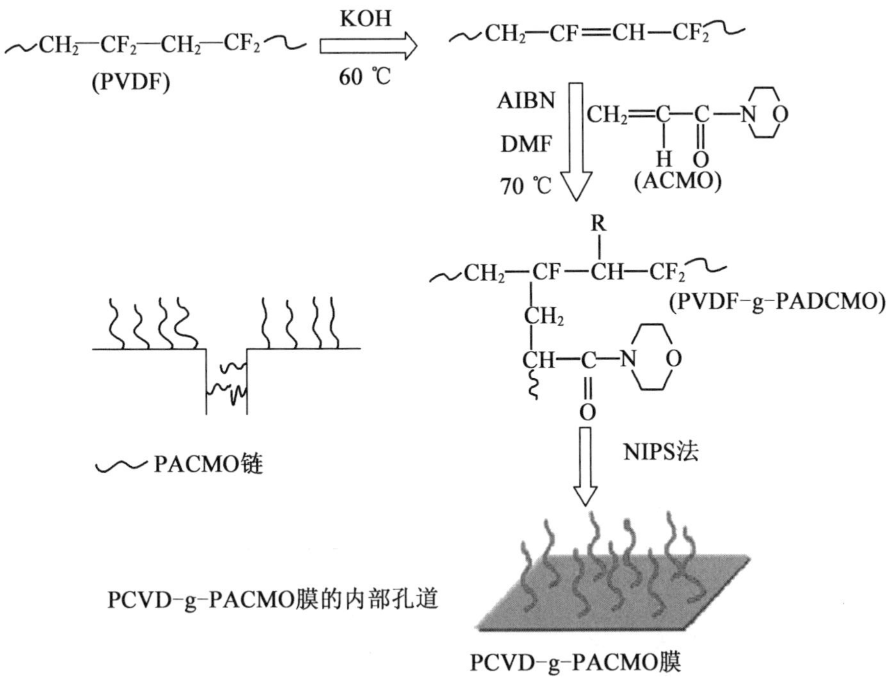

图 7.26   含有 PVDF 骨架和聚丙烯酰吗啉侧链共聚物的合成过程及膜的制备示意图

（2）无机纳米颗粒的掺入。

众所周知，无机纳米颗粒由于其体积小、表面积大、活性强，因此具有独特的电学、磁学、光学、热学和力学性能。因此，除了亲水性高分子材料外，无机纳米颗粒是另一种重要的改性剂，无机纳米颗粒由于其易于制备而受到人们的广泛研究。聚合物－无机纳米颗粒复合膜是一种改善聚合物膜分离、渗透和防污性及物理化学性质的有效途径。将纳米粒子引入 PVDF 膜中以提高膜的亲水性，作为一种有效的方法而备受关注。到目前为止，在 PVDF 膜中引入的纳米颗粒主要有 TiO_2、SiO_2、$Mg(OH)_2$、Al_2O_3、ZnO、碳纳米管、氧化石墨烯和不同种类的纳米黏土。

在制备过程中，将纳米颗粒引入 PVDF 膜的方法有两种：将纳米颗粒加入到混凝浴中或将其共混到聚合物溶液中。值得指出的是，纳米粒子共混过程中遇到的最大问题是会发生团聚。团聚现象的发生会使铸液变得不稳定，从而导致膜内的颗粒分布不均匀。因此，纳米颗粒的表面形貌、微观结构、性能的改变以及防污能力的降低都是由团聚现象引起的。这种团聚现象是由纳米颗粒与疏水性 PVDF 本体之间的相容性差，以及纳米颗粒的体积小、表面能高等性质所引起的。

目前，在制备有机－无机杂化膜的过程中，通常是通过强机械搅拌或超声法将纳米颗粒分散在聚合物基质中的。简言之，纳米颗粒的团聚可以通过以下方法实现最小化：

表 7.5　共聚物共混改性的 PVDF 膜的性能

几何结构	共聚物	共聚方法	制膜方法	共聚物共混后对膜性能的影响	参考文献
片层结构	P（MMA－r－POEM）	随机混合	NIPS 水热法	提高膜对牛血清白蛋白（BSA）吸附的阻力 增强膜对细菌的抵抗力 水化性能改善	160
中空纤维	PS－b－PEGMA	高压阻塞	NIPS	降低表面孔隙度 增加孔隙尺寸和孔隙率 促进相转换过程中溶剂和非溶剂的交换 增强表面亲水性和基质水化能力 减少生物淤积	165
中空纤维	P（MMA－MPDSAH）	随机混合	TIPS	降低 PVDF 结晶速率 增加对 BSA 的防污性能 降低膜表面对 BSA 的吸附	77
片层结构	PVC－g－PEGMA	原子转移自由基聚合	NIPS	孔隙尺寸越大，孔隙率越高，孔隙连通性越好 与相应的原生 PVDF 膜相比，具有更好的渗透性 提高膜亲水性和防污性	177
片层结构	PVDF－g－PEGMA	原子转移自由基聚合	NIPS	增加纯水流通量 提高亲水性和防污性 适用于生物分离和废水处理	168
片层结构	PVDF－g－PHEMA（聚羟基甲基丙烯酸乙酯）	原子转移自由基聚合	NIPS	增加纯水流通量 提高亲水性和防污性	184

续表 7.5

几何结构	共聚物	共聚方法	制膜方法	共聚物共混后对膜性能的影响	参考文献
片层结构	PVDF – g – POEM PVDF – g – PMMA	原子转移自由基聚合	NIPS	对 BSA 污垢有很强的抵抗力 pH 响应分离特性	160,163
片层结构	聚四氟乙烯苄基氯醇	随机混合	NIPS	增加膜表面的亲水性 通过加入少量两亲性共聚物，快速降低 BSA 吸附量和污垢 VA/TFE 共单体配比对膜的防污和亲水性的影响比 PVDF/共聚 物配比更有效	171
片层结构	P(PEGMA – MMA)	随机共聚	NIPS	增加纯水流通量 增强亲水性和蛋白质的防污性（可逆和不可逆） 增加孔隙尺寸	158

（1）纳米颗粒的表面改性。

（2）采用溶胶－凝胶法原位制备纳米颗粒。

（3）通过添加第三组分,建立桥梁以改善纳米粒子之间的相互作用。

表7.6列出了在引入无机纳米颗粒到PVDF膜中并对其进行改性的一些重要的研究。

表7.6　无机纳米颗粒改性的PVDF膜的性能

几何结构	纳米粒子类型	制备方法	添加纳米粒子对膜性能的影响	参考文献
片层结构	TiO_2	溶于原液	改善表面亲水性,增强结垢阻力	187
中空纤维	TiO_2	在原液中混合	提高亲水性,增加水渗透性,容易去除	206,207
中空纤维	SiO_2	在原液中混合	内层附有均匀分布的指状结构 在外层附有海绵状结构	188
片层结构	$Mg(OH)_2$	在原液中混合	由于纳米颗粒的添加,存在大量羟基基团 改善亲水性,改善抗污性	189
片层结构	ZnO	在原液中混合	减少不可逆污染 改善亲水性,增加机械强度	191
中空纤维	石英黏土	在原液中混合	增加空隙率 MD蒸气渗透通量高,脱盐率100% 220 h内膜性能没有降低 增加拉伸强度	193
中空纤维	蒙脱土	在原液中混合	CO_2渗透性高,显著提高表面疏水性	196,208
中空纤维	Ag负载NaY沸石结构	在原液中混合	抗菌特性 抗BSA的防污性能,高渗透性,高机械强度	209

2. PVDF膜的后处理过程

另一种常用于提高PVDF膜亲水性的有效方法是对膜进行表面亲水性改性。根据改性剂与膜之间的相互作用,该方法主要分为物理改性(表面涂层)和化学改性(表面嫁接)两大类。

通过在膜表面覆盖或沉积一层较薄的功能性亲水层对膜进行物理改性,是一种最简单可暂时提高PVDF膜表面亲水性的方法。化学改性是在膜表面进行磺化或交联等化学过程,通过共价键相互作用来使涂层固定。一般来说,物理改性和化学改性的目的是在现有的PVDF膜表面形成亲水层,防止膜与污染物接触,从而减少膜的污染。

（1）物理改性。

如前所述,在物理改性中,亲水性修饰剂是通过物理作用与PVDF膜表面连接在一起的,而不是通过共价键连接的,换句话说,PVDF膜的化学成分没有改变。然而,在物理改性过程中可能需要有化学反应的发生。物理改性存在的主要问题是改性后的涂层不稳定,由于PVDF膜与涂层之间的物理吸附作用较弱,在操作和清洗过程中容易被冲刷掉。

PVDF 膜的物理改性有两种方式：

①直接将亲水性聚合物涂覆或沉积在膜的表面(有时要进行进一步的处理)。

②首先将 PVDF 膜涂覆或浸入到具有化学活性的单体溶液中。然后,在 PVDF 膜不参与化学反应的情况下,单体通过交联或聚合反应固定在膜的表面。

表面涂层/沉积法是一种简单有效的膜表面改性方法,已经广泛应用于反渗透膜、纳滤膜、超滤膜、微滤膜的表面改性。用于 PVDF 膜表面改性的亲水聚合物主要有 PVA、壳聚糖、PEBAX 和聚(3,4 – 二羟基 – 苯基丙氨酸)(聚 DOPA)等商业材料。改性后的膜具有良好的防污性,减少了不可逆的膜污染。虽然改性后膜的亲水性和耐污性可以得到一定程度的提高,但是由于涂层材料不可避免地会在孔隙的表面进行堆积,因此纯水的流通量有所降低。表 7.7 列出了一些对 PVDF 膜表面进行物理改性的重要研究。

表 7.7　物理改性后的 PVDF 膜的性能

几何结构	物理涂层剂	物理表面涂层对膜性能的影响	参考文献
中空纤维	聚乙烯醇(PVA) 戊二醛和聚乙二醇(PEG)	改善亲水性	221
片层结构	稀释 PVA 水溶液	增强膜的光滑度和亲水性 增加纯水渗透性 改善防污性能	222
中空纤维	壳聚糖	能够保护膜免受润湿 能够保持稳定的通量 改善水通量 适用于含有高柠檬油的材料	223
片层结构	两亲性接枝共聚物 聚(环辛烯)骨架 聚(环氧乙烷)基团	暴露于水包油乳液时,防止膜污染	224
中空纤维	P(MPC – co – BMA) 具有两种不同的涂覆方法	提高抗 BSA 的防污性能 稳定涂层,涂层方法影响防污性能	210
片层结构	PPO – b – PSBMA	抗蛋白质(纤维蛋白原),防污性能好 共聚物中链段的结构影响膜的防污性能 两性离子片段(PSBMA)的量较高,水合能力高和血液相容性好	227

(2)化学改性。

对膜表面进行化学修饰的最有效的方法之一是利用嫁接链与膜之间的共价键作用来进行修饰。该方法一般是先通过化学反应或高能辐射来激活 PVDF 链,然后将亲水性改性剂嫁接到膜表面上。改性后膜的表面性能可以得到提高,且膜的体积不会受到明显影响。与物理表面涂层法相比,嫁接链在膜表面的共价键结合作用避免了它们的分层,并可以使嫁接链长期保持化学稳定性。目前,PVDF 膜的化学改性主要集中在脱氟磺化、O_3/O_2 预活化、电子束辐射、等离子体处理等方面。

Yang 等利用电子束诱导法研究了嫁接聚合丙烯酸对 PVDF 中空纤维膜的亲水性改性的影响。结果表明,当嫁接率为 18% 时,水接触角减小,说明改性后 PVDF 膜的亲水性有了很大的提高。

近年来,Liang 等将等离子体处理技术与无机纳米粒子涂覆技术相结合,对 PVDF - 超滤膜进行亲水性改性。采用等离子体诱导嫁接共聚的方法,将聚甲基丙烯酸(PMAA)嫁接到 PVDF 膜上,为 SiO_2 纳米粒子的后续结合提供足够的羧基作为固定位点,并用端胺阳离子配体对其进行表面修饰。利用带正电荷的配体来调整纳米颗粒的表面,使其具有超亲水性。氩等离子体处理、嫁接共聚和结合纳米粒子的 PVDF 膜的原理图,如图 7.27 所示。通过表面改性的方法可以显著提高 PVDF 膜的润湿性和防污性。

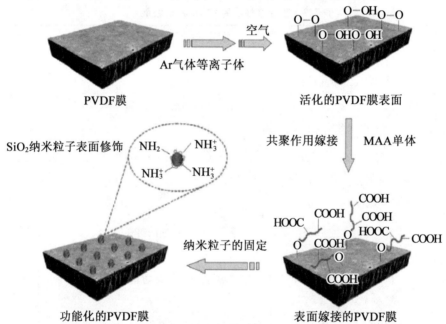

图 7.27　氩等离子体处理、嫁接共聚和结合纳米粒子的 PVDF 膜的原理图

在化学改性中,由于使用的改性剂与物理改性方法中的不同,改性剂与 PVDF 膜的表面通过共价键结合,因此膜表面的亲水性可以得到永久性的改善。但是,这些方法通常需要腐蚀性化学品或特殊设备,从而限制了实际应用。

表 7.8 列出了一些在采用化学改性方法对 PVDF 膜表面改性的重要研究。

表 7.8　化学改性后的 PVDF 膜表面的性能

几何结构	化学涂层剂	制备化学涂层的方法	化学表面涂层对膜性能的影响	参考文献
中空纤维	PVP	相转换交联反应	改善亲水性 长期稳定性 出色的抗蛋白质污垢	150
片层结构	聚(乙二醇)甲基醚甲基丙烯酸酯	活性自由基嫁接聚合或嫁接共聚	对结垢有很大的抵抗力 更均匀的孔径分布	164
片层结构	氯磺酸	浸渍在 KOH 溶液中脱氟后浸泡	达到亲水性 增加膜的润湿性和水通量 减少污垢量	241
片层结构	丙烯酸 4 - 苯乙烯磺酸钠	电子束诱导嫁接	水接触角明显减小 改善表面亲水性	242
片层结构	聚乙二醇	氩等离子体诱导固定	通量随着 PEG 聚合物表面浓度的增加而降低而孔径几乎保持不变 良好的抗蛋白污垢特性	243
中空纤维	丙烯酸	电子束诱导嫁接	减少水接触角 改善亲水性	244
片层结构	PMAA 嫁接	血浆诱导的移植共聚	改善亲水性 改善防污性能	245
片层结构	赖氨酸甲基丙烯酰胺	表面引发原子转移自由基聚合	显著提高润湿性和防污性 高水通量回收率	246
片层结构	磺基甜菜碱甲基丙烯酸酯	物理自由基嫁接	改善膜表面亲水性 优异的防污能力	247
中空纤维	3 - (甲基丙烯酰基氨基)丙基二甲基 - (3 - 磺丙基)氢氧化铵 2 - (甲基丙烯酰氧基乙基)乙基二甲基 - (3 - 磺丙基)氨	化学活化 原子转移自由基聚合	增强表面亲水性 显示出优异的抗蛋白污垢性能 提高回收率,降低总污染率	248
片层结构	聚(赖氨酸甲基丙烯酰胺)	通过大气等离子体活化表面并进行表面引发原子转移自由基聚合	高水通量回收率 增强抗蛋白污垢和抗油污性能	249
片层结构	聚(3 - (N - 2 - 甲基丙烯酰氧基乙基 - N,N - 二甲基)氨基丙烷磺内酯	表面引发原子转移自由基聚合	超高的排斥性 超低油滴吸附 优异的防污性能,可回收油脂及膜污垢	250

7.2.2　PVDF 膜的疏水改性

近年来,研究人员将膜技术与其他分离工艺相结合,制备出了纳米分子沉积膜、甲基纤维素膜、膜萃取(ME)、膜结晶、气体吸收膜等新型膜。在这些过程中,具有优良力学性能的疏水微孔膜脱颖而出。

在聚合物材料中,常用 PVDF、PP、PTFE、PE 等疏水材料制备疏水微孔膜。其中,由于 PVDF 具有优异的化学、物理、机械性能和热稳定性优异,因此,常常被用于膜制备领域。PVDF 膜的一个主要缺点是易被润湿,这对传质非常不利。通过适当的疏水改性可以提高聚偏氟乙烯膜的耐湿性,包括:①改进膜的制备工艺;②引入全氟聚合物;③对现有聚偏氟乙烯膜进行表面疏水改性。

1. 相分离工艺的改进

根据 Cassie 的理论,致密 PVDF 材料的固有接触角小于90°,可以通过增加表面粗糙度来增强相分离。因此,通过调整膜的制备参数,利用传统的相分离技术可以获得表面粗糙的,超疏水 PVDF 膜。

Hou 等采用非溶剂诱导相分离技术,以 DMAc 为溶剂,水为凝固介质,制备了 PVDF 中空纤维膜。采用无机盐(LiCl)与可溶性聚合物 PEG 1500 的混合物作为非溶剂添加剂。

以 PVDF/DMAc/LiCl/PEG 1500 原液为原料,利用 LiCl 与 PEG 1500 的协同作用,制备出了具有较长指状结构、超薄表皮、较窄孔径分布及海绵状互联多孔结构的膜。由于添加剂引起的膜表面粗糙,制备出的膜具有较高的孔隙率和适当的疏水性。

此外,Hou 等人还将聚乙二醇(PEG)和 LiCl 的混合物作为纳米分子沉积膜的非溶剂添加剂,制备了疏水性得到增强的 PVDF 中空纤维膜。他们将进行疏水性改性的碳酸钙($CaCO_3$)纳米颗粒分散在铸液中,采用非溶剂诱导相分离法制备了这种膜。疏水纳米颗粒的加入使膜具有较好的结晶度、较大的热机械强度、较高的孔隙率、较窄的孔径分布以及更加粗糙的膜表面,从而在一定程度上增加了接触角。结果表明,随着 $CaCO_3$ 纳米颗粒的加入,膜的粗糙度和接触角均有所增加,这表明 PVDF 膜的疏水性有所提高。

Fosi-Kofal 等人报道了将不同量的疏水 $CaCO_3$ 纳米颗粒包埋在聚合物基质中的方法,从而可以通过非溶剂诱导相分离法制备出多孔疏水 PVDF 复合中空纤维膜。与普通 PVDF 膜相比,疏水纳米颗粒掺入聚合物网络后,复合膜的指状结构更加狭窄。此外,纳米颗粒的加入提高了复合膜的表面粗糙度、渗透率、孔隙率和润湿性。另一方面,增加 $CaCO_3$ 掺量可以在一定程度上提高 CO_2 通量。

2. 全氟聚合物的介绍

与 PVDF 相比,全氟聚合物通常具有更好的疏水性。因此,在 PVDF 膜中引入全氟聚合物是提高其疏水性的有效途径。因此,超疏水 PVDF 膜可以采用全氟聚合物共混的方法制备或通过采用掺入共聚物的方法来制备。

(1)共混。

Teoh 等报道了用转换法制备 PVDF/PTFE 中空纤维膜及纳米分子沉积膜的方法。结果发现,在负载质量分数为 50% PTFE 的条件下,PTFE 粒子可以通过共混作用进入聚合物基体,形成无大孔的、颗粒分布均匀的中空纤维膜。这也使得具有 103°水接触角的 PVDF 膜的疏水性得到增强。事实上,中空纤维膜在较高的气隙下旋转,由于膜壁厚度减小,表面多孔性增大,从而提高了渗透通量,所制备的膜具有较高的热效率(EE)。在此基础上,研究了双层 PVDF/PTFE 复合中空纤维的制备方法。通过在外层涂料中混合质量分数为 30% 的 PTFE 颗粒,获得了理想的、没有大孔隙的、外表面疏水的且外层相对较薄的双层膜。制备的复合膜具有 114.5°中等角度的接触角。

与负载质量分数为 30% PFTE 颗粒的单层中空纤维相比,负载质量分数为 30% PFTE 颗粒的双层中空纤维由于内层传质阻力的降低,通量增加了约 24%。具有双层膜结构的壁更薄且内外径更大,为更快地输送水汽提供了有利的条件,并且可以应用到海水淡化领域。经疏水改性后的 PVDF 单层膜和双层膜在纳米分子沉积膜的测试中均表现出良好的长期稳定性。

Sun 等通过非溶剂诱导相分离技术制备了 PDMS - PVDF 疏水微孔膜,用于真空蒸馏(VMD)领域。结果表明,与指状孔 PVDF 膜相比,PDMS - PVDF 膜具有指状孔和海绵状孔两种孔隙,具有较高的孔隙率、较大的平均孔径、较高的疏水性、较强的力学性和较好的真空蒸馏性。同时,与 PVDF 膜相比,PDMS - PVDF 共混膜在渗透性能上具有显著的优势。

(2)共聚物的掺杂。

与 PVDF 相比,PVDF 的一些共聚物,如六氟丙烯(HFP)和四氟乙烯(TFE)具有优越的疏水性,作为一种潜在的膜材料备受关注。与 PVDF 相比,使用这些共聚物可以提高氟含量和膜的疏水性。

Shi 等人报道了用非溶剂诱导相分离法制备 PVDF - HFP 不对称微孔中空纤维膜的方法。该方法制备出的膜有较低的纯水流通量。在原液中加入 PVP(质量分数最高可达5%)可使膜中形成大的孔隙,从而使纯水的流通量增加。当 PVP 质量分数增加到 10% 时,不易形成大孔隙,但膜仍然呈现出较高的孔隙度,这使纯水通量从 $60 \text{ L/(h·m}^2\text{·atm)}$ 显著增加到 $107 \text{ L/(h·m}^2\text{·atm)}$。

与纯聚偏氟乙烯膜(PVDF)相比,PDVF - HFP 膜具有更高的疏水性和延展性。研究人员对氯化锂(LiCl)和甘油两种典型添加剂在 PVDF - HFP 不对称微孔中空纤维膜制备过程中产生的影响进行了研究。将这些添加剂添加到掺杂溶液中,可以改变合成的膜的形态和结构,这被认为与相转化过程中系统热力学和动力学性质的变化有关。根据这些结果,在保持相同硬度的同时,加入质量分数为 4% 氯化锂可以形成比 PVDF 商用膜的应变强度强 4 倍的膜。

3. 对现有 PVDF 膜进行表面疏水改性

有几种表面改性的方法可以提高现有 PVDF 膜的疏水性。这些方法主要集中在:①对膜的形貌和微观结构的修饰,即增加表面粗糙度;②膜表面的氟化,即增加氟的含量。与亲水改性相似,PVDF 膜的疏水改性也分为物理改性和化学改性。

（1）物理改性。

Yang 等研究了表面涂层对 PVDF 膜的超疏水改性。首先用硅烷偶联剂对纳米 SiO_2 进行改性，然后与氟树脂、交联剂、增稠剂混合制备 PVDF 膜的超疏水表面涂层。改性后的 PVDF 膜具有与荷叶相似的微观结构，接触角可达 162°，具有优良的超疏水性。

Razmjou 等报道了用低温水热法在微孔 PVDF 膜上沉积 TiO_2 纳米颗粒，从而形成具有多级粗糙度的分层结构。然后，用低表面能材料 H、1H、2H、2H 全氟十二烷基三氯硅烷对 TiO_2 包覆膜进行氟硅烷化。疏水改性后，由于表面自由能显著降低，粗糙度增大，膜表面的水接触角由 125°增加到 166°。结果表明，该改性剂具有良好的机械性、热稳定性和光活性。

Liao 等人对电纺丝法制备的 PVDF 膜进行了整体改性和表面改性，改性过程包括多巴胺表面活化、纳米银沉积和疏水处理。表征结果表明，改性后的膜表面形貌和拓扑结构发生了变化，由于改性后的膜具有层次结构，因此改性后的膜具有了超疏水性。改性后的 PVDF 膜的接触角大于 150°。对所有纳米纤维进行整体改性后，膜表面具有了超疏水性，使膜在保持高水通量的同时具有抗湿性。

Tong 等报道了将四氟乙烯（TFE）和 2,2,4－三氟－5－三氟甲氧基－1,3－二噁英（TTD）共聚物（Hyflon AD60）涂覆在 PVDF 膜上制备高疏水性 Hyflon AD60/PVDF 复合中空纤维膜的方法。结果表明，Hyflon AD60 涂层显著提高了 PVDF 中空纤维膜的疏水性，Hyflon AD60/PVDF 复合膜是 VMD 过程的理想材料。Lu 等同时还报道了在 PVDF 膜表面涂覆聚四氟乙烯 AF 2400 后，膜的润湿电位急剧下降。涂层膜接触角增加到 150°，液体的进入压大约增加了 100%，而流量却略有下降（大约为 21%），这证明了制备的膜在 MD 过程中具有长期稳定性。

（2）化学改性。

在化学改性过程中，首先用强碱或等离子体对 PVDF 膜进行活化，生成活性基团，然后将氟化单体嫁接到膜表面。增加氟含量可提高 PVDF 膜的疏水性。

Yang 等分别研究了化学和等离子体对聚偏氟乙烯膜的疏水改性。第一种方法是用含水氢氧化锂溶液对 PVDF 膜进行羟基化，然后用有机硼氢化钠溶液连续还原，然后再与含有乙氧基硅烷端基的全氟聚醚的全氟化合物进行交联。在第二种方法中，首先用等离子体激活 PVDF 膜表面，引入自由基。然后，将一种疏水性单体 1H、1H、2H、2H 全氟癸基丙烯酸酯聚合到膜表面。经过改进后，接触角分别从 88°增加到 115°和 105°。与未改性的 PVDF 中空纤维膜相比，两种改性膜在 1 个月的海水淡化（质量分数为 3.5% 的氯化钠溶液）试验中均表现出了较大的疏水性和机械强度且最大孔径及孔径分布范围变小，从而导致水通量变得更加可持续且水质更高（蒸馏水电导率小于 $1\ \mu s \cdot cm^{-1}$）。相比之下，化学改性的性能稍好，而且比等离子体的改性更均匀。研究表明，疏水性好、最大孔径小、进液压力高的膜具有较好的应用前景，适用于 MD 领域。

此外，Sairiam 等研究了不同含氟单体对 PVDF 膜进行化学改性和等离子体改性的活化作用。该 PVDF 膜是经过氢氧化钠活化、等离子体活化、三种有机硅烷嫁接这三个步骤制备出的。在 60 ℃下,随着氢氧化钠的浓度从 2.5 mol · L^{-1}增加到 7.5 mol · L^{-1},保持 3 h,原始膜(68°)的接触角从 44°减小到 31°。经 0.01 mol · L^{-1}的 FAS – C8 改性 24 h 后,NaOH 处理膜的接触角增大到 100°。同时,在氨等离子体激活之后,膜表面经过 24 h 的 0.01 mol · L^{-1} FAS – C8 的嫁接后,表面改性膜的接触角、机械强度和表面粗糙度均高 于 NaOH 活化膜,而其他的物理性能均无变化。

7.2.3 PVDF 中空纤维膜的应用

在过去的几十年里,工业的快速发展导致污染物被肆意排放到环境中,严重地污染 了环境。膜工业是一种很有吸引力的技术,有望在空气和水污染物的分离中发挥重要作 用。聚偏二氟乙烯(PVDF)作为一种用于膜制备的聚合物,由于具有较高的机械和化学 性能以及良好的热稳定性,引起了膜工业的广泛关注。Guo Dong 和 Cao Yiming 等在综述 论文中对 PVDF 中空纤维平板膜的应用进行了分类和总结。本节主要对 PVDF 中空纤维 膜的应用进行较为详细的介绍,因为此类膜无论何种形貌都具有单位体积生产率高、单 位体积回收率高、能耗低、成本低等优点,具有很大的吸引力。PVDF 中空纤维膜已在许 多领域得到应用。在这里,将最重要的几点总结如下:

(1)利用微滤膜、超滤膜、膜反应器和生物膜反应器对废水进行处理。

(2)采用膜接触器进行流体接触过程,包括蒸馏过程、酸性气体的吸收和解吸,以及 环境污染物的去除。

(3)利用渗透汽化膜回收生物燃料。

(4)支持复合膜的制备。

(5)应用于其他领域。

在这里,针对每一种应用进行更为详细的讨论,重点是中空纤维膜的具体应用:

1. 带过滤机制的过滤膜及废水处理应用

目前,PVDF 中空纤维膜广泛应用于水处理和废水处理领域中。Asahi Kasei chemical、Toray、GE、Hyflux、Koch 和 Siemens Water Technologies 等几家知名公司研究出商业化 的 PVDF 中空纤维模块。PVDF 中空纤维膜的制备及其在水和废水处理中的应用,已经 在国内外不同研究小组的文献中得到了广泛的研究,本节对这些文献进行了综述。

(1)微滤。

微滤膜可以分离 0.05 ~ 10 μm 的颗粒。微滤膜容易排斥细菌、悬浮物、胶体和大颗 粒。采用微滤膜还可以降低水的浊度。Xiao 等研究了采用 PVDF 中空纤维微滤膜和超 滤膜利用反渗透原理处理二级城市污水的可行性。他们注意到中空纤维微滤膜对水质 的渗透性很好,满足了反渗透过程对进水水质的要求。Bong Jun Ryong Chae 等研究了两 种中等规模 PVDF 中空纤维膜在相同的流通量和物理清洗条件下,在加压和浸没作用下 对饮用水处理应用中的排污性能。两种应用功能对有机物和无机物的去除效果相似。 采用预凝/沉淀低浊度水时,两种功能在化学清洗后均表现出相似的结垢趋势和回收率。 然而,在加压模式下,这种膜比浸没膜更易结垢。

虽然大部分 PVDF 中空纤维膜采用非溶剂诱导相分离法来制备,但 Rajabzadeh 等通过加入不同的均聚物和共聚物来调整膜结构和防污性,制备出了 PVDF 中空纤维微滤膜及其共混膜。在一项类似的研究中,Cha 等研究了以 PVP 为添加剂的高温聚偏氟乙烯纺丝对用于微滤技术的 PVDF 中空纤维膜性能的影响。结果表明,添加 PVP 后膜的机械强度和排斥反应均有所增强。

(2)超滤。

在 0.01 ~ 0.1 μm 的范围内,超滤膜的孔径比微滤膜的窄。通常,超滤膜的特点是截止分子量(MWCO)。通常,利用超滤技术可以去除水中的高分子材料、病毒、金属氢氧化物、胶体和乳化油。Khayet 等研究了以 DMAc 和乙二醇为溶剂和非溶剂添加剂制备 PVDF 中空纤维膜的过程及制备出的膜的性质。他们评估了添加剂和化学混凝剂对制备的膜的截留分子量的影响。Han Ling - Feng 等在添加了两种常用溶剂(DMAc 和 NMP)的 PVDF 混合溶液中制备出了不同 $SiO_2/TiO_2/Al_2O_3$ 纳米粒子比例的 PVDF 多元纳米复合中空纤维超滤膜,并采用湿纺法进行了纺丝。从纯水的渗透通量和牛血清白蛋白(BSA)排斥反应这两个方面对制备出的膜进行了表征。通过加入纳米颗粒,膜的透水性达到 352 $L \cdot m^{-2} \cdot h^{-1} \cdot bar^{-1}$,BSA 的抑制率约为 90%。Qian Li 等使用了一种 PVDF 中空纤维超滤膜,通过在膜上镀上一层聚亚砜(PSB)层,将孔径减小到超滤的范围(85 ~ 105 kDa)。制备的膜具有永久亲水性,对含油废水的处理具有很大的潜力。Ong 等以 PVP40k 为添加剂制备了 PVDF - TiO_2 中空纤维膜,并将其应用于含油污水处理中,获得了较为可观的透水性和选择性的结合比例,并且具有较高的污水回收率。Liu 等分别用热诱导相分离法和非溶剂诱导相分离法制备了内层为 PVDF 和外层为 PES 的新型双层中空纤维超滤膜。制备的膜具有较高的 BSA 排斥度、极高的抗拉强度,截留分子量为 33 ~ 292 kDa,纯水的流通量为 43 ~ 90 LMH,在 1 bar 的条件下具有良好的处理效果。

(3)膜反应器和生物反应器。

PVDF 中空纤维膜的另一个应用是在生物膜反应器中。该技术将传统的生物废水处理与膜分离技术相结合,在生物膜反应器处理后不需要进行沉淀过程。目前,该技术广泛应用于市政和工业废水处理领域。根据 MPR 系统所处理的废水质量和生物膜反应器出水的应用,生物膜反应器这一技术采用了不同材料、不同孔径和工艺配置的膜。膜生物反应器的膜通常是超滤或微滤膜。PVDF 中空纤维生物反应器膜在工业废水处理中得到了广泛的应用,并且具有良好的废水处理效果。Miyoshi 等对 PVDF 中空纤维膜污染进行了评价,并与其他由醋酸纤维素丁酸酯(CAB)和聚乙烯醇丁醛(PVB)在不同表面孔径下制备的聚合物中空纤维膜进行了比较。另一方面,也有文献报道了利用中空纤维膜反应器/生物反应器对空气进行净化的研究。Ya Zhao 等研究了中空纤维膜生物反应器(HMBR)的制备方法,其中固定在 PVDF 膜外的微生物有助于从空气中去除甲苯和三氯乙烯(TCE)。Zhang Ya - Tao 等研究了一种新型的含固化酶的 PVDF 中空纤维膜反应器,用于从混合气中选择性分离低浓度 CO_2。PVDF 中空纤维催化膜已在含油废水的处理中得到应用,并且 TOC 还原率显著提高。

表 7.9 对 PVDF 中空纤维膜在水处理和废水处理领域中的应用做出了较为详细的总结。

表 7.9　用于水处理和废水处理领域的 PVDF 中空纤维膜

	制备方法	待处理溶液	主要包含物	参考文献
微滤	TIPS 法,稀释剂 γ-内酯,添加剂 PVP	水 聚苯乙烯胶乳颗粒溶液	添加 PVP 膜,降低孔径和水通量,增加机械强度和排斥性	70
	TIPS 法,混合稀释液 DPK 和 DPC	城市污水二级出水	处理后的水质完全满足 RO 给水的要求 使用新制备的 MF 膜,再利用二级市政流出物	270
	加压和浸没 PVDF	废水	两种膜在有机物和无机物去除方面表现出相似的性能 加压膜比其他膜的污染更严重	271
超滤	溶剂 DMAC,非溶剂乙二醇,膜制备添加剂	聚乙二醇,聚环氧乙烷溶液	评估了非溶剂添加剂和孔隙液组成对膜结构的影响 不同的表征结果与膜的特点相关	123
	在 PVDF 表面涂上一层厚的聚(磺基甜菜碱)	处理含油废水	PSB 涂层的中空纤维 UF 膜显示出优异的抗油性 相对通量回收率(抗油污性能)较大	272
	DMAc 和 NMP 的混合溶剂 NIPS 法:PVP 和纳米颗粒 ($SiO_2/TiO_2/Al_2O_3$)	BSA 水溶液	改善膜的纯水渗透通量和牛血清白蛋白排斥性	200
膜反应器	固定化酶,纳米复合水凝胶疏水性微孔 PVDF 中空纤维	混合气体中的 CO_2 CO_2/N_2 和 CO_2/O_2	CO_2 以低浓度从混合气流中有效分离	285
	PVDF 膜外侧固定微生物	挥发性有机化合物	在 HFMR 中生物处理甲苯和三氯乙烯 TCE	284
生物反应器膜	使用亲水性 PVDF 膜	合成废水	两种类型的浸没式 MBR(附着和悬浮生长)过滤性高 悬浮生长模式:悬浮固体在膜表面上形成的动态膜	287
	商用 PVDF 中空纤维膜	市政污水	优化大型中试 MBR 的水力/水动力条件 合理地反映全尺寸系统的运行	288

2. 膜接触器工艺

膜接触器是膜系统中用来描述缓解两相流体之间的收缩过程的术语。与传统的膜相比,作为两相之间的屏障对两个或多个物种进行分离这一概念相反,膜接触器只为两种流体提供有效的接触面积。几种类型的膜技术被归为膜接触器技术,下面将对膜接触器技术进行简要介绍。

(1)蒸馏膜。

蒸馏膜系统是一种热驱动膜分离技术,在膜分离的过程中发生相分离。蒸馏膜技术虽然应用广泛,但目前主要应用于海水和咸水的淡化。目前,该技术发展迅速,是一种极具发展潜力的海水淡化技术,特别是利用太阳能对海水等高盐水域进行海水淡化。在蒸馏膜系统中,驱动力是膜表面温度梯度的变化。这种多孔疏水膜只允许蒸汽分子通过膜,从而抑制了体积水的通过。蒸馏膜系统的主要竞争优势是蒸馏过程发生在进料原液的正常沸点以下。在这一过程中使用的膜在高温下应具有良好的热稳定性,并且对膜的热损失应具有较低的热导率。PVDF 中空纤维膜在国内外的许多研究领域已经得到了非常广的应用。Mohamed Khayt 和 Takeshi Matsuura 对制备用于蒸馏膜系统的专用 PVDF 中空纤维膜进行了综合研究和评述。由于这一部分的内容非常广泛和全面,这里只对文献报道的蒸馏膜系统进行分类。根据渗透功能的配置,蒸馏膜系统可以分为以下类型:

①直接接触式蒸馏膜(DCMD),其中冷液在渗透面直接接触膜的表面。

②气隙蒸馏膜(AGMD),膜上的气隙渗透面作为冷凝面。

③尾气蒸馏膜(SGMD),气体流过渗透面。

④真空蒸馏膜(VMD),渗透面处于真空状态。

⑤渗透膜蒸馏(OMD),OMD 的质量输运驱动力为低温下的跨膜浓度差。OMD 又称渗透蒸发、膜蒸发、等温蒸发或气体蒸发工程。在蒸馏膜系统中,温度差会导致膜孔两端的蒸汽压差产生相应的差异,而在渗透蒸馏系统中,这种差异是由靠近膜两侧的体积相的组成不同造成的。OMD 的主要优点是能够在低温高压下将溶质浓缩到较高的浓度。

(2)酸性气体的吸附和解吸。

酸性气体脱硫,即从天然气或烟气中去除 CO_2、H_2S、SO_x、NO_x,是一个具有挑战性的过程,目前许多研究都是为了提高分离性能,降低分离成本而进行的。吸收塔常用于通过烷醇胺或碱性溶液来吸收酸性气体。然而,由于存在注水、起泡、引喷、窜流等缺陷,这些塔难以有效地被利用。为克服上述缺点,提出了膜接触器技术这一概念来作为酸气吸收的一种有前途的替代方案。针对 PVDF 中空纤维膜的高疏水性,不同的研究者对其进行了大量的研究。Sakarin Khaisri 等使用三种不同的膜,包括聚四氟乙烯膜(PTFE)、聚丙烯膜(PP)和聚偏氟乙烯膜(PVDF),在物理和化学吸收过程中对 CO_2 的吸收性能进行了研究和评估。他们发现只有聚四氟乙烯膜能长期保持稳定,其他膜在气体吸收过程中都会被润湿。另一方面,Rajabzadeh 等报道了可通过对 PVDF 中空膜表面结构进行工程化来在一定程度上缓解膜的润湿问题,并且具有与 PTFE 一样高的气体吸收性能。

在实际的气体脱硫装置中,吸附酸性气体后,化学吸附剂应是可循环利用的,以完成

吸附 - 脱附/再生循环过程。膜接触器不仅可以用于气体的吸收,而且还可以用于吸收液的解吸或再生。脱附过程中的传质方向是由富集气体的溶液一侧向反方向进行吹扫。由于再生温度较低,膜接触器中吸附剂再生所消耗的能量远低于传统的再生方法。PVDF 中空纤维膜作为膜接触器在许多研究中得到了广泛的应用,特别是用于酸性气体的吸收和剥离。由于 PVDF 的疏水性,可以降低其润湿性,因此可以认为 PVDF 是一种合适的材料。值得一提的是,聚四氟乙烯比 PVDF 疏水性更强;但是,考虑到膜的价格,PVDF 依然是首选。利用膜接触对酸性气体进行脱硫的研究引起了研究者的广泛关注,但对脱附过程的评价不高,还需要进行更深入的研究,使该循环工艺更适用于实际应用。

(3)减少环境污染。

在过去的几十年里,工业快速发展,大量的有害污染物被释放到环境中,如工业废水,这些污染物进入环境后,给人类、动物和植物带来了严重的问题。挥发性有机化合物(VOC)是环境保护署(EPA)认定的最有害的污染物之一。用膜接触器对有害污染物进行处理是一种有效减少水中 VOC 的方法。PVDF 中空纤维膜常被用于从水中分离挥发性有机化合物。除 VOCs 外,还可采用 PVDF 中空纤维膜分离氨和硼。Wu 等利用非溶剂诱导相分离法制备了结构不对称的 PVDF 中空纤维膜,并将其用于从水中去除 1,1,1 - 三氯乙烷(TCA)。采用与 VMD 技术相似的膜结构和最佳的操作条件,TCA 去除效率可以高达 97%。他们调整了下游的真空度、进料温度和进料流量,以获得最高的 TCA 去除效率。Tan 等采用非溶剂诱导相分离法制备了 PVDF 中空纤维膜,用于去除水中的氨。他们注意到用乙醇处理后的膜,其疏水性和表面孔径均增大,这有利于氨的去除。

表 7.10 更详细地总结了各种用于膜接触器的 PVDF 中空纤维膜。

3. 生物燃料渗透汽化回收膜

随着人口的快速增长,可再生能源而非化石燃料的生产和分配受到了广泛关注。另一方面,对环境危害较小或没有危害的绿色技术,也引起了科学家的关注。生物乙醇等生物燃料是近年来备受关注的最具潜力的可再生能源和可持续能源之一。从发酵液中分离或回收乙醇是一个关键的技术,必须对产生的废液进行充分的处理,使这项技术能过应用于实际生产中。近年来,渗透汽化被认为是一种很有吸引力的方法,受到了广泛的关注。例如,K. Jian 等从水中制备了苯、甲苯、氯仿、苯乙烯等非对称 PVDF 中空纤维膜,膜厚约为 3 μm,膜薄而致密。利用制备出的中空纤维膜,得到了分离系数高达 1 834 的苯。Panu Sukitpaneenit 等对所需的 PVDF 单层和双层中空纤维膜的制备过程进行了综合研究,并建立了 PVDF 非对称中空纤维膜中乙醇/水体系的渗透汽化模型。当采用单层聚偏氟乙烯中空纤维膜时乙醇/水的分离系数达到 5 ~ 8,通量为 3.5 ~ 8.8 kg·m^{-2}·h^{-1} 时,采用聚偏氟乙烯/N - 硅石双层中空纤维膜时,分离系数高达 29,可承受的通量高达约 1.1 kg·m^{-2}·h^{-1},几乎与无机膜相当。他们用孔流模型模拟了乙醇/水系统在其制备的膜上渗透汽化时发生的传质现象,并建立了一种改进的新型孔流模型,试验结果与新开发的模型结果非常吻合。

表 7.10　膜接触器系统

		膜种类/描述	溶液	说明	参考文献
蒸馏膜	接触式蒸馏膜	采用 NIPS 法制备的具有超薄表层和非对称结构的多孔支撑性的 PVDF/NMP/EG 中空纤维膜	质量分数为 3.5% NaCl 溶液	具有较高纯水流通量和排斥性的 PVDF 空心疏水膜	316
		通过溶剂－掺杂溶液共喷出法制备高度多孔无空隙的 PVDF 中空纤维膜	质量分数为 3.5% NaCl 溶液	新开发的中空纤维膜的能量效率和通量是普通 NIPS 纺丝纤维的 2～3 倍	302
		首次采用 NIPS 法制备并进行软凝固处理的亲水疏水双层中空纤维，每层组成不同，外层 PVDF/NMP/黏土；内层 PVDF/PAN/NMP/黏土	质量分数为 3.5% NaCl 溶液	新开发的膜的性能远远高于大多数单层中空纤维膜，表明该方法是一种有应用前景的 MD 工艺方法	303
		以甲醇为添加剂，合成的氟化硅颗粒为疏水改性剂，采用 NIPS 制备的具有疏水－亲水双层结构的膜	质量分数为 3.5% NaCl 溶液	新制备的海水淡化膜的适用性可达 5 天，由于甲醇的加入，膜的外表面结构由多孔的团聚球状结构转变为致密的互联球状结构	308
		采用 NIPS 法自制的中空纤维膜	质量分数为 3.5% NaCl 溶液	探讨了中空纤维膜形成条件与结构的关系，非溶剂添加剂对膜的制备影响最大，外层混凝组分对膜的影响最小	300
		采用 NIPS 法，利用专门设计的七针喷丝板制备的莲藕状七孔 PVDF 中空纤维（MBF）膜	质量分数为 3.5% NaCl 溶液 去离子水	新型 PVDF 中空纤维膜具有 300 h 蒸汽渗透通量稳定性和良好的抗盐性，在蒸馏冷凝方面，新研制的膜与传统的单孔流体膜相比，性能几乎没有差别	299
	气隙蒸馏膜（AGMD）	使用经典电纺丝装置制备的电纺 PVDF 膜	质量分数为 6.0% NaCl 溶液	电纺 PVDF 膜的膜通量与商业微滤膜相同，且膜结构和性能可以稳定几天不变	280

续表 7.10

蒸馏膜	扫气蒸馏膜(SGMD)	使用了 40 个 PP 膜（Mycrodyn）的商业化管壳式 MF 毛细管膜组件	几种盐溶液	随着盐盐浓度的增加,馏分通量略有下降,达到 182 mS/cm,进料熔点,进料温度和扫水速度对系统性能有较大影响	281
		这两种多孔疏水膜由聚四氟乙烯（PTFE）组成,受聚丙烯网的支撑	蒸馏水通量	理论预测和实验结果之间的压缩表明通过膜过膜是通过 Knudsen 组合和分子扩散流动机制进行输水的	282
		采用相转变法,以 PVDF／DMAc 为溶剂,水／LiCl 的混合物为非溶剂进行制备	苯/苯的水溶液	液相利膜（甚至气相）对苯和苯的传质阻力有贡献。苯和苯可同时从水中去除,且无不良耦合作用	298
	真空蒸馏膜	采用 30% 甲醇,30% 乙醇和 30% 异丙醇作为孔流体,采用水 PVA/NMP 作为水溶剂,PVP 作为扩孔剂	采用双蒸馏水和合成海水进行 VMD 实验	孔内流体组成对纤维形态、孔隙度、厚度和力学性能有影响。因此,旋转参数（如内混液体组成）对 VMD 性能的影响很大。使用含较高醇百分比的孔流体或含较长脂肪链醇（NMP30%～45% 或异丙醇 30%）的孔流体生产的纤维,由于凝固速度较慢,孔隙率降低和 VMD 通量较低,呈现出海绵状结构	297
		采用 PVDF/FEP 与 DMAc 和 DOP 溶剂共混熔融纺丝进行膜制备	质量分数为 3.0% NaCl 溶液	增大拉深比会引起外表面孔隙数和尺寸的增大,使 PVDF/FEP 共混膜的孔隙率明显提高,而 LEP 随着拉伸比的增加而降低	296
	渗透蒸馏膜	两种类型的 PVDF 中空纤维在相似的条件下制备	在低至 25～45 ℃ 的温度下,葡萄糖溶液的浓度为 30%～60%（质量分数）	温度是改进 OD 和 DCMD 工艺的重要因素。在 DCMD 中,两个流量值在维持驱动力和流量方面起着比在 OD 中更重要的作用。进给速度对 DCMD 性能有显著影响,但对 OD 性能的活度和黏度,在高浓度范围 45%～60% 时,比浓度 30%～40% 时,通量率下降更严重	351

续表7.10

	膜材料	应用	说明	
	由 Memcor 制备的疏水性多孔 PVDF 中空纤维膜	从乙醇溶液中除乙醇	随着进料速度、溶出液速度和系统温度的提高，乙醇通量和脱除性能均有所提高。香气成分在操作过程中明显散去	352
	PVDF 膜与壳聚糖涂层	防止果汁被油脂润湿，减少渗透蒸馏过程中的气味损失（OD）	覆膜以保护膜不被浸湿，保持稳定的通量；壳聚糖涂层使膜具有更高的水通量；壳聚糖经过覆交联后，水通量随甲醛浓度的增加而减小；涂膜适用于含高柠檬烯油的材料	223
蒸馏膜 渗透蒸馏膜	片状 PP、PTFE 和 PVDF	室温下的果汁浓度	果汁的质量是通过测定总多酚和抗氧化活性来评定的；对于 PTFE 和 PVDF 膜，$0.45 \sim 45\ \mu m$ 是最最有效的厚度；果汁脱水后没有发现多酚含量下降或抗氧化活性降低	353
	片状 PVDF 和 PP	高浓度含氨废水	OD 与吸收膜（MA）相结合；加热浓溶液和冷却稀溶液可有效抑制耦合外径；浓溶液与稀溶液的最小抑制温差（MITD）与膜材料有关	354
	PVDF 中空纤维膜有不同的内径，适用于低、高进料浓度范围	不同浓度的葡萄糖溶液，饱和的 $CaCl_2$ 溶液	与浓度极化相比，操作条件是温度极化的主导参数。OD 的浓度和温度极化对降低通量的贡献高达 18%。结果表明，浓度极化引起的通量衰减比温度极化引起的磁通量衰减大	355

酸性气体的吸附和解吸

续表 7.10

类型	说明	气体/条件	结论	文献
蒸馏膜	以聚四氟乙烯和聚丙烯为原料,制备的聚四氟乙烯中空纤维膜	以含 15% CO_2 和 85% 空气的模拟烟气为原料气(MEA 水溶液)	物理吸收:PVDF > PP 化学吸收:PTFE > PVDF > PP 稳定性:PTFE > PVDF > PP 膜	325
	采用 NIPS 法制备的三种不同的 PVDF 中空纤维膜	纯 CO_2,吸附剂:N_2,饱和水	该膜具有多孔衬底且没有内表面,用于膜的气 – 液接触过程	124
	采用 TIPS 法分别以三醋精和甘油为溶剂和非溶剂制备出的 PVDF 中空纤维膜	纯 CO_2,吸附剂:MEA 溶液	三个 PVDF 膜在 15 天的测试中性能几乎没有改变。PVDF 膜表面孔隙率非常小的膜(表面孔隙率非常小的膜除外)的性能与商业 PTFE 膜相当	323
	据 NIPS 法自组装,溶剂:NMP;添加剂:LiCl 和 H_2O	纯 CO_2,吸附剂:1 mol · L^{-1} 和 0.2 mol · L^{-1} NaOH 溶液,甲基二乙醇胺和二乙醇胺	制备的膜孔小,表面孔隙率高,传质阻力小,有利于气体吸收的应用。在 150 h 的长期试验中,膜的性能保持不变	328
	采用 TIPS 法制备的不同聚合物浓度和不同孔径流体的 PVDF/三乙酸甘油酯	纯 CO_2,吸附剂:单乙醇胺	内表面孔隙率高,孔径小的膜可稳定 200 h,而孔隙率低、孔径大的膜在 100 h 内完全润湿,通量率急剧下降	330
气体吸收膜(GAM)	据 NIPS 法制备,溶剂:NMP;添加剂:正磷酸、甘油、蒸馏水	纯 CO_2 和混合气体(20% CO_2;80% CH_4)吸附剂:蒸馏水	以磷酸为添加剂,膜孔较大,有利于 CO_2 通量的改善	356
	用 TIPS 法制备的四种不同喷出温度的溶剂:三丙酮	混合气体(9% CO_2;91% CH_4)吸附剂:0.5 mol · L^{-1} NaOH	PVDF 膜的孔径,水接触角,强度,孔隙率,有效表面孔隙率的升高制备温度的升高而增加了 CO_2 通量	52
	用 TIPS 法制备的四种不同喷出温度的溶剂:三丙酮	混合气体(9% CO_2;91% CH_4)吸附剂:0.5 mol · L^{-1} NaOH	PVDF 膜的孔径,水接触角,强度,孔隙率,有效表面孔隙率的升高制备温度的升高而增加了 CO_2 通量	63
	澳大利亚 Memcor 制备的商用膜	混合气体 20% CO_2 和 80% N_2;吸附剂:单乙醇胺,二乙醇胺,2 – 氨基 – 2 – 甲基 – 1 – 丙醇	对膜接触器的长期(12 天)稳定性进行了孔径(nm)测试:研究了十种不同吸附剂的膜润湿性	357

续表 7.10

气体吸收膜 (GAM)	天津工业大学制备的商用薄膜	混合气体(15% CO₂；85% N₂)(吸附剂：MEA 溶液，CO₂ 负载量均为 0.13 molCO₂，MEA 均为 0.13 mol)	长期运行后，PVDF 膜的 CO₂ 通量和回收率明显下降。PVDF 膜在长期运行过程中理化性能的变化应引起人们的重视	358
	据 NIPS 法自组装，溶剂：NMP	N₂ 平衡 SO₂，吸附剂：Na₂SO₃, Na₂CO₃, NaHCO₃, 水, NaOH (0.01 mol·L⁻¹, 0.02 mol·L⁻¹, 0.2 mol·L⁻¹, 2 mol·L⁻¹)	SO₂ 去除率较高(85%)，证明膜接触器是去除酸性气体的新技术	324
	据 NIPS 法自组装，溶剂：DMAc	N₂ 平衡的 H₂S (吸附剂：2 mol·L⁻¹ Na₂CO₃ 溶液)	进料浓度为 (17.9~1 159)×10⁻⁶ mg/L H₂S，在极短的阻力时间(0.1 s)和较低的液气比下即可完全去除 H₂S	359
	据 NIPS 法自组装 溶剂：DMAc 添加剂：LiCl H₂O	N₂ 平衡的 H₂S，5%~23% CO₂，吸附剂：DEA 溶液	高气液比会增加 CO₂ 的传质阻力，但对 H₂S 的影响较小，因此对 H₂S 的去除选择性较好	360
蒸馏膜	制备了添加 LiCl、甘油、PEG-400、甲醇、磷酸等多种非溶剂添加剂的微孔 PVDF 中空纤维膜	从二乙醇胺中提取 CO₂	结果表明，PVDF/PEG-400 膜的溶出通量最高，这与膜的高气体渗透率和有效表面孔隙率有关	338
酸性气体解吸	采用表面改性大分子(SMM)(质量分数为1%)作为增相剂，制备了 PVDF 中空纤维膜	从二乙醇胺中提取 CO₂	膜接触器模块中吸收液的流速、温度和 DEA 浓度越高，剥离效率越高	339
	采用 NIPS 法由 PEG-400 和邻磷酸(PA)合成的 PVDF/NMP	从水中提取 CO₂	聚合物掺杂 PEG-400 和 PA 制备的膜具有较高润湿性能。因此，通过对膜形态的控制，可以获得一种高渗透、高润湿性的高级结构，有利于气液膜接触器的应用	334

去除水中污染物

续表 7. 10

以 LiCl－H2O 为添加剂，采用相转换法自制的 PVDF/DMAc	从水中除去 1,1,1－三氯乙烷	试验和理论研究了下游真空度，进料温度，进料流量，进料 TCA 浓度等参数对 VMD 工艺性能的影响	
以 LiCl－H2O 为添加剂自制的 PVDF/DMAc	从水中去除氨	乙醇后处理不仅可以提高 PVDF 中空纤维膜的透水性，还可以提高膜的表面有效孔隙率，有利于氨的去除	350
采用 NIPS 法自制的 PVDF/DMAc/LiCl/乙二醇膜	从水中去除硼	该工艺除硼效率高，即使在高浓度下，渗透硼也低于最大允许水平	349

4. PVDF 膜为载体制备的复合膜

PVDF 膜具有热稳定性、耐化学腐蚀性、高机械强度等多种优异性能,除用于分离外,还可以在 PVDF 膜的顶部涂上一层功能层,作为载体或基质来制备复合膜。

Li 等在 PVDF 支撑层上涂二乙烯－聚偏二甲基硅氧烷复合中空纤维膜,通过蒸汽渗透法对苯、甲苯、二甲苯进行回收。随后,他们报道了由聚偏二甲基硅氧烷－聚偏二氟乙烯组成的改性硅－聚偏二氟乙烯复合中空纤维膜的制备方法,并用蒸汽渗透法对苯、甲苯、氯仿、乙酸乙酯和丙酮等多种挥发性有机物进行了去除试验。

Liu 等报道了以 PVDF 为载体,涂覆聚醚嵌段酰胺来制备中空纤维复合膜的方法,用于从氮气中分离回收汽油蒸气,实现排放控制的目的。

Ramaiah 等报道了将 TEOS 交联沸石填充的 PDMS 浇注在 PVDF 基板上用以制备新型薄膜复合膜的方法。然后用挥发性氯化烃对制备的膜进行了测试,由于填料 PDMS 和 PVDF 具有疏水性,其流通量和选择性均显著提高。

Zhao 等报道了一种在 PVDF 中空纤维膜的外表面将微生物固定化来制备 PVDF 基生物反应器膜的方法。结果表明,空气中甲苯和三氯乙烯可以被膜上的生物去除,去除率分别为 95% 和 22.1% 。

Kim 等研究了将 PVDF 微滤膜用于制备聚酰胺渗透膜的可行性。首先,对具有疏水性的 PVDF 膜进行等离子体改性,这样,可以显著提高 PVDF 膜表面的亲水性。以 PSF 为载体制备的膜具有较高的纯水渗透性和抗盐性。

Madaeni 等报道了在 PVDF 微滤膜表面沉积多壁碳纳米管(MWCNTs),再涂覆聚二甲基硅氧烷来制备新型抗生物超滤复合膜的方法。制备的超滤膜具有超疏水特性,可以减少进料水溶液与膜表面之间的相互作用,从而减少污垢的产生。同样,Park 等报道了基于 PVDF 纳米纤维支架和交联聚乙烯亚胺网络的超滤膜的发展前景。

Kim 等报道了利用 PVDF 中空纤维制备固定化液膜用于 CO_2/N_2 的分离。采用常规干/湿非溶剂诱导相分离法制备的多孔 PVDF 膜作为固定离子液体的载体,具有良好的耐化学性和力学性能,对离子液体具有较高的亲和力,并且所制备出的固定化液膜具有较高的 CO_2 渗透率。

Liu 报道了在 PVDF 中空纤维上涂一层薄薄的聚醚嵌段酰胺(PEBA)来制备复合膜的方法,并对制备的复合膜进行了从氮气中去除典型 VOC 的试验研究,包括己烷、庚烷、环己烷、碳酸二甲酯、乙醇、甲醇和甲基丁醇。

Ramaiah 等报道了在 PVDF 基板上加入疏水无机 ZSM－5 填料,制备 PDMS 混合基质疏水膜的方法。结果表明,基于聚氯乙烯的复合膜明显具有去除水溶液中有害氯代 VOC 的性能。

Lu 等报道了一种具有超疏水性的多孔 PVDF 三孔中空纤维膜的制备方法。他们将聚四氟乙烯 AF2400 包覆在膜表面,以提高膜的抗湿性能。

Dae－Hoon Kim 等制备了各种结构的 PVDF 中空纤维膜,以及固定化的 1－乙基－3－甲基咪唑－双(三氟甲基磺酰)亚胺([emim][Tf2N])作为具有高渗透性的 CO_2 分离稳定液。虽然由不同 PVDF 中空纤维膜载体制备出的膜的 CO_2 渗透率都很高(大于 2 600 barrer),但载体结构对膜的稳定性有很大影响。

5. 其他方面的应用

有趣的是,PVDF 膜还可以用于保护纸质文物。Q. Li 等通过静电纺丝法在纸张表面直接制备出 PVDF 纤维膜,以保护脆弱的纸张文物不受到环境破坏。PVDF 具有热稳定性高、抗老化性好、抗紫外线辐射、疏水性好、表面能低等优点。拉伸强度和伸长率经试验测试表明,PVDF 纤维膜在环境变化和老化条件下均能有效地保护纸张。紧密的纤维结构可以抵抗水、昆虫、灰尘和霉菌的污染,而普通气体可以自由通过,为纸质文物提供了良好的保护环境。

本章参考文献

[1] Mulder, M. Basic Principles of Membrane Technology; Kluwer: Dordrecht, 1996.

[2] Wang, D. - M.; Lai, J. - Y. Recent Advances in Preparation and Morphology Control of Polymeric Membranes Formed by Nonsolvent Induced Phase Separation. Curr. Opin. Chem. Eng. 2013, 2(2), 229 - 237.

[3] Kim, J. F.; et al. Thermally Induced Phase Separation and Electrospinning Methods for Emerging Membrane Applications: A Review. AICHE J. 2016, 62(2), 461 - 490.

[4] Song, Z.; et al. Determination of Phase Diagram of a Ternary PVDF/g - BL/DOP System in TIPS Process and Its Application in Preparing Hollow Fiber Membranes for Membrane Distillation. Sep. Purif. Technol. 2012, 90, 221 - 230.

[5] Cui, Z.; et al. Poly(Vinylidene Fluoride) Membrane Preparation with an Environmental Diluent Via Thermally Induced Phase Separation. J. Membr. Sci. 2013, 444, 223 - 236.

[6] Tang, Y. - H.; et al. PVDF Membranes Prepared Via Thermally Induced(Liquid - Liquid) Phase Separation and Their Application in Municipal Sewage and Industry Wastewater for Water Recycling. Desalin. Water Treat. 2016, 57(47), 22258 - 22276.

[7] Hauptschein, M. Process for Polymerizing Vinylidene Fluoride. US3193539 A. 1965, pp 1 - 6.

[8] Lovinger, A. J. Poly(Vinylidene Fluoride). In Developments in Crystalline Polymers—1; Bassett, D. C., Ed.; Springer: Dordrecht, 1982; pp 195 - 273.

[9] Lloyd, D. R.; Kinzer, K. E.; Tseng, H. S. Microporous Membrane Formation Via Thermally Induced Phase Separation. I. Solid - Liquid Phase Separation. J. Membr. Sci. 1990, 52(3), 239 - 261.

[10] Rajabzadeh, S. ; et al. Preparation of PVDF Hollow Fiber Membrane from a Ternary Polymer/Solvent/Nonsolvent System Via Thermally Induced Phase Separation(TIPS) Method. Sep. Purif. Technol. 2008, 63(2), 415 – 423.

[11] Awanis Hashim, N. ; Liu, Y. ; Li, K. Stability of PVDF Hollow Fibre Membranes in Sodium Hydroxide Aqueous Solution. Chem. Eng. Sci. 2011, 66(8), 1565 – 1575.

[12] Liu, F. ; et al. Progress in the Production and Modification of PVDF Membranes. J. Membr. Sci. 2011, 375(1 – 2), 1 – 27.

[13] Komaki, Y. ; OTSU, H. Observation of Nuclear Track Development in Polyvinylidene Fluoride with Several Etchants. J. Electron Microsc. 1981, 30(4), 292 – 297.

[14] Shinohara, H. Fluorination of Polyhydrofluoroethylenes, 2; Formation of Perfluoroalkyl Carboxylic Acids on the Surface Region of Poly(Vinylidene Fluoride)Film by Oxyfluorinastiion, Fluorination, and Hydrolysis. J. Polym. Sci. , Polym. Chem. Ed. 1979, 17(5), 1543 – 1556.

[15] Scheirs, J. Compositional and Failure Analysis of Polymers: A Practical Approach; Wiley: Chichester, 2000.

[16] Martins, P. ; Lopes, A. C. ; Lanceros – Mendez, S. Electroactive Phases of Poly(Vinylidene Fluoride): Determination, Processing and Applications. Prog. Polym. Sci. 2014, 39(4), 683 – 706.

[17] Lovinger, A. J. Annealing of Poly(Vinylidene Fluoride)and Formation of a Fifth Phase. Macromolecules 1982, 15(1), 40 – 44.

[18] Cui, Z. ; et al. Crystalline Polymorphism in Poly(Vinylidenefluoride)Membranes. Prog. Polym. Sci. 2015, 51, 94 – 126.

[19] Cui, Z. ; Drioli, E. ; Lee, Y. M. Recent Progress in Fluoropolymers for Membranes. Prog. Polym. Sci. 2014, 39(1), 164 – 198.

[20] Dillon, D. R. ; et al. On the Structure and Morphology of Polyvinylidene Fluoride – Nanoclay Nanocomposites. Polymer 2006, 47(5), 1678 – 1688.

[21] Manna, S. ; Batabyal, S. K. ; Nandi, A. K. Preparation and Characterization of Silver Poly(Vinylidene Fluoride)Nanocomposites: Formation of Piezoelectric Polymorph of Poly(Vinylidene Fluoride). J. Phys. Chem. B 2006, 110(25), 12318 – 12326.

[22] Hasegawa, R. ; et al. Crystal Structures of Three Crystalline Forms of Poly(Vinylidene Fluoride). Polym. J. 1972, 3(5), 600 – 610.

[23] Nalwa, H. S. Ferroelectric Polymers: Chemistry: Physics, and Applications; CRC Press: Boca Raton, 1995.

[24] Lopes, A. C. ; et al. Nucleation of the Electroactive g Phase and Enhancement of the Optical Transparency in Low Filler Content Poly(Vinylidene)/Clay Nanocomposites.

J. Phys. Chem. C 2011, 115(37), 18076 - 18082.

[25] Du, C. H.; Zhu, B. K.; Xu, Y. Y. Effects of Stretching on Crystalline Phase Structure and Morphology of Hard Elastic PVDF Fibers. J. Appl. Polym. Sci. 2007, 104(4), 2254 - 2259.

[26] Baker, R. W. Membrane Technology and Applications, 3rd ed.; Wiley: West Sussex, 2012.

[27] Khayet, M.; Matsuura, T. Membrane Distillation Principles and Applications; Elsevier: Boston, 2011.

[28] Castro, A. J. Methods for Making Microporous Products. US4247498 A. 1981, pp 1 - 62.

[29] Caneba, G. T.; Soong, D. S. Polymer Membrane Formation Through the Thermal - Inversion Process. 2. Mathematical Modeling of Membrane Structure Formation. Macromolecules 1985, 18(12), 2545 - 2555.

[30] Caneba, G. T.; Soong, D. S. Polymer Membrane Formation Through the Thermal - Inversion Process. 1. Experimental Study of Membrane Structure Formation. Macromolecules 1985, 18(12), 2538 - 2545.

[31] Lloyd, D. R.; Kim, S. S.; Kinzer, K. E. Microporous Membrane Formation Via Thermally - Induced Phase Separation. II. Liquid—Liquid Phase Separation. J. Membr. Sci. 1991, 64(1 - 2), 1 - 11.

[32] Kim, S. S.; Lloyd, D. R. Microporous Membrane Formation Via Thermally - Induced Phase Separation. III. Effect of Thermodynamic Interactions on the Structure of Isotactic Polypropylene Membranes. J. Membr. Sci. 1991, 64(1 - 2), 13 - 29.

[33] Lim, G. B. A.; et al. Microporous Membrane Formation Via Thermally - Induced Phase Separation. IV. Effect of Isotactic Polypropylene Crystallization Kinetics on Membrane Structure. J. Membr. Sci. 1991, 64(1), 31 - 40.

[34] Kim, S. S.; et al. Microporous Membrane Formation Via Thermally - Induced Phase Separation. V. Effect of Diluent Mobility and Crystallization on the Structure of Isotactic Polypropylene Membranes. J. Membr. Sci. 1991, 64(1), 41 - 53.

[35] Alwattari, A. A.; Lloyd, D. R. Microporous Membrane Formation Via Thermally - Induced Phase Separation. VI. Effect of Diluent Morphology and Relative Crystallization Kinetics on Polypropylene Membrane Structure. J. Membr. Sci. 1991, 64(1), 55 - 67.

[36] McGuire, K. s.; Lloyd, D. R.; Lim, G. B. A. Microporous Membrane Formation Via Thermally - Induced Phase Separation. VII. Effect of Dilution, Cooling Rate, and Nucleating Agent Addition on Morphology. J. Membr. Sci. 1993, 79(1), 27 - 34.

[37] Matsuyama, H.; et al. Preparation of Polyethylene Hollow Fiber Membrane Via Thermally Induced Phase Separation. J. Membr. Sci. 2003, 223(1 −2), 119 −126.

[38] Karkhanechi, H.; et al. Preparation and Characterization of ECTFE Hollow Fiber Membranes Via Thermally Induced Phase Separation (TIPS). Polymer 2016, 97, 515 −524.

[39] Matsuyama, H.; et al. Porous Cellulose Acetate Membrane Prepared by Thermally Induced Phase Separation. J. Appl. Polym. Sci. 2003, 89(14), 3951 −3955.

[40] Song, S. −W.; Torkelson, J. M. Coarsening Effects on the Formation of Microporous Membranes Produced Via Thermally Induced Phase Separation of Polystyrene − Cyclohexanol Solutions. J. Membr. Sci. 1995, 98(3), 209 −222.

[41] Shang, M.; et al. Effect of Glycerol Content in Cooling Bath on Performance of Poly (Ethylene − co − Vinyl Alcohol) Hollow Fiber Membranes. Sep. Purif. Technol. 2005, 45(3), 208 −212.

[42] Shang, M.; et al. Effect of Diluent on Poly(Ethylene − co − Vinyl Alcohol) Hollow − Fiber Membrane Formation Via Thermally Induced Phase Separation. J. Appl. Polym. Sci. 2005, 95(2), 219 −225.

[43] Shang, M.; et al. Preparation and Membrane Performance of Poly(Ethylene − co − Vinyl Alcohol) Hollow Fiber Membrane Via Thermally Induced Phase Separation. Polymer 2003, 44(24), 7441 −7447.

[44] Qiu, Y. −R.; Rahman, N. A.; Matsuyama, H. Preparation of Hydrophilic Poly(Vinyl Butyral)/Pluronic F127 Blend Hollow Fiber Membrane Via Thermally Induced Phase Separation. Sep. Purif. Technol. 2008, 61(1), 1 −8.

[45] Kitaura, T.; et al. Preparation and Characterization of Several Types of Polyvinyl Butyral Hollow Fiber Membranes by Thermally Induced Phase Separation. J. Appl. Polym. Sci. 2013, 127(5), 4072 −4078.

[46] Moriya, A.; et al. Reduction of Fouling on Poly(Lactic Acid) Hollow Fiber Membranes by Blending with Poly(Lactic Acid) − Polyethylene Glycol − Poly(Lactic Acid) Triblock Copolymers. J. Membr. Sci. 2012, 415 −416, 712 −717.

[47] Shen, P.; et al. Improvement of the Antifouling Properties of Poly(Lactic Acid) Hollow Fiber Membranes with Poly(Lactic Acid) − Polyethylene Glycol − Poly(Lactic Acid) Copolymers. Desalination 2013, 325, 37 −39.

[48] Lee, J.; et al. Effect of PVP, Lithium Chloride, and Glycerol Additives on PVDF Dual − Layer Hollow Fiber Membranes Fabricated Using Simultaneous Spinning of TIPS and NIPS. Macromol. Res. 2015, 23(3), 291 −299.

[49] Zhang, X.; et al. Hydrophilic Modification of High − Strength Polyvinylidene Fluoride

Hollow Fiber Membrane. Polym. Eng. Sci. 2014, 54(2), 276 –287.

[50] Rajabzadeh, S.; et al. Effect of Additives on the Morphology and Properties of Poly (Vinylidene Fluoride) Blend Hollow Fiber Membrane Prepared by the Thermally Induced Phase Separation Method. J. Membr. Sci. 2012, 423 –424, 189 –194.

[51] Ji, G. – L.; et al. Structure Formation and Characterization of PVDF Hollow Fiber Membrane Prepared Via TIPS with Diluent Mixture. J. Membr. Sci. 2008, 319(1 –2), 264 –270.

[52] Ghasem, N.; Al – Marzouqi, M.; Abdul Rahim, N. Effect of Polymer Extrusion Temperature on Poly(Vinylidene Fluoride) Hollow Fiber Membranes: Properties and Performance Used as Gas – Liquid Membrane Contactor for CO_2 Absorption. Sep. Purif. Technol. 2012, 99, 91 –103.

[53] Ougizawa, T.; Inoue, T. UCST and LCST Behavior in Polymer Blends and its Thermodynamic Interpretation. Polym. J. 1986, 18, 521 –527.

[54] Kurata, M. Thermodynamics of Polymer Solutions; Harwood Academic: London, 1982.

[55] Kim, S. S.; Lloyd, D. R. Thermodynamics of Polymer/Diluent Systems for Thermally Induced Phase Separation: 3. Liquid – Liquid Phase Separation Systems. Polymer 1992, 33(5), 1047 –1057.

[56] Burghardt, W. R. Phase Diagrams for Binary Polymer Systems Exhibiting Both Crystallization and Limited Liquid – Liquid Miscibility. Macromolecules 1989, 22(5), 2482 –2486.

[57] Tsai, F. J.; Torkelson, J. M. The Roles of Phase Separation Mechanism and Coarsening in the Formation of Poly(Methyl Methacrylate) Asymmetric Membranes. Macromolecules 1990, 23(3), 775 –784.

[58] Nunes, S. P.; Inoue, T. Evidence for Spinodal Decomposition and Nucleation and Growth Mechanisms During Membrane Formation. J. Membr. Sci. 1996, 111(1), 93 –103.

[59] Nunes, S. P.; Pienemann, K. – V. Membrane Technology in the Chemical Industry; Wiley – VCH: Weinheim, 2001.

[60] van de Witte, P.; et al. Phase Separation Processes in Polymer Solutions in Relation to Membrane Formation. J. Membr. Sci. 1996, 117(1), 1 –31.

[61] Tsai, F. J.; Torkelson, J. M. Microporous Poly(Methyl Methacrylate) Membranes: Effect of a low – Viscosity Solvent on the Formation Mechanism. Macromolecules 1990, 23(23), 4983 –4989.

[62] Zeman, L. J.; Zydney, A. L. Microfiltration an Ultrafiltration Principles and Appli-

cation; Marcel Dekker: New York, 1996.

[63] Ghasem, N. ; Al – Marzouqi, M. ; Duidar, A. Effect of PVDF Concentration on the Morphology and Performance of Hollow Fiber Membrane Employed as Gas – Liquid Membrane Contactor for CO_2 Absorption. Sep. Purif. Technol. 2012, 98, 174 – 185.

[64] Vickraman, P. ; Ramamurthy, S. A Study on the Blending Effect of PVDF in the Ionic Transport Mechanism of Plasticized PVC – $LiBF_4$ Polymer Electrolyte. Mater. Lett. 2006, 60(28), 3431 – 3436.

[65] Hassankiadeh, N. T. ; et al. Microporous Poly(Vinylidene Fluoride) Hollow Fiber Membranes Fabricated with PolarClean as Water – Soluble Green Diluent and Additives. J. Membr. Sci. 2015, 479, 204 – 212.

[66] Lin, Y. ; et al. Formation of a Bicontinuous Structure Membrane of Polyvinylidene Fluoride in Diphenyl Carbonate Diluent Via Thermally Induced Phase Separation. J. Appl. Polym. Sci. 2009, 114(3), 1523 – 1528.

[67] Yang, J. ; et al. Formation of a Bicontinuous Structure Membrane of Polyvinylidene Fluoride in Diphenyl Ketone Diluent Via Thermally Induced Phase Separation. J. Appl. Polym. Sci. 2008, 110(1), 341 – 347.

[68] Cui, Z. ; et al. Tailoring Novel Fibrillar Morphologies in Poly(Vinylidene Fluoride) Membranes Using a low Toxic Triethylene Glycol Diacetate(TEGDA)Diluent. J. Membr. Sci. 2015, 473, 128 – 136.

[69] Rajabzadeh, S. ; et al. Experimental and Theoretical Study on Propylene Absorption by Using PVDF Hollow Fiber Membrane Contactors with Various Membrane Structures. J. Membr. Sci. 2010, 346(1), 86 – 97.

[70] Cha, B. J. ; Yang, J. M. Effect of High – Temperature Spinning and PVP Additive on the Properties of PVDF Hollow Fiber Membranes for Microfiltration. Macromol. Res. 2006, 14(6), 596 – 602.

[71] Tang, Y. ; et al. Preparation of Microporous PVDF Membrane Via Tips Method Using Binary Diluent of DPK and PG. J. Appl. Polym. Sci. 2010, 118(6), 3518 – 3523.

[72] Bottino, A. ; et al. Solubility Parameters of Poly(Vinylidene Fluoride). J. Polym. Sci. B Polym. Phys. 1988, 26(4), 785 – 794.

[73] Hansen, C. M. Hansen Solubility Parameters: A User's Handbook, 2nd ed. ; CRC Press: Boca Raton, FL, 2007.

[74] Ghasem, N. ; Al – Marzouqi, M. ; Duaidar, A. Effect of Quenching Temperature on the Performance of Poly(Vinylidene Fluoride) Microporous Hollow Fiber Membranes Fabricated Via Thermally Induced Phase Separation Technique on the Removal of CO_2 from CO_2 – Gas Mixture. Int. J. Greenhouse Gas Control 2011, 5(6), 1550 – 1558.

[75] Hassankiadeh, N. T. ; et al. PVDF Hollow Fiber Membranes Prepared from Green Diluent Via Thermally Induced Phase Separation: Effect of PVDF Molecular Weight. J. Membr. Sci. 2014, 471, 237 - 246.

[76] Wang, L. ; et al. Preparation of PVDF Membranes Via the low - Temperature TIPS Method with Diluent Mixtures: The Role of Coagulation Conditions and Cooling Rate. Desalination 2015, 361, 25 - 37.

[77] Rajabzadeh, S. ; et al. Preparation of a PVDF Hollow Fiber Blend Membrane Via Thermally Induced Phase Separation(TIPS) Method Using new Synthesized Zwitterionic Copolymer. Desalin. Water Treat. 2015, 54(11), 2911 - 2919.

[78] Cha, B. J. ; Yang, J. M. Preparation of Poly(Vinylidene Fluoride) Hollow Fiber Membranes for Microfiltration Using Modified TIPS Process. J. Membr. Sci. 2007, 291(1 - 2), 191 - 198.

[79] Rajabzadeh, S. ; et al. Preparation of PVDF/PMMA Blend Hollow Fiber Membrane Via Thermally Induced Phase Separation(TIPS) Method. Sep. Purif. Technol. 2009, 66(1), 76 - 83.

[80] Zhang, X. ; et al. Study on the Interfacial Bonding State and Fouling Phenomena of Polyvinylidene Fluoride Matrix - Reinforced Hollow Fiber Membranes During Microfiltration. Desalination 2013, 330, 49 - 60.

[81] Zhang, Z. ; et al. Effects of PVDF Crystallization on Polymer Gelation Behavior and Membrane Structure from PVDF/TEP System Via Modified TIPS Process. Polym. - Plast. Technol. Eng. 2013, 52(6), 564 - 570.

[82] Matsuyama, H. ; et al. Structure Control of Anisotropic and Asymmetric Polypropylene Membrane Prepared by Thermally Induced Phase Separation. J. Membr. Sci. 2000, 179(1 - 2), 91 - 100.

[83] Su, Y. ; et al. Preparation of PVDF Membranes Via TIPS Method: The Effect of Mixed Diluents on Membrane Structure and Mechanical Property. J. Macromol. Sci. A 2007, 44(3), 305 - 313.

[84] Gu, M. ; et al. Formation of Poly(Vinylidene Fluoride)(PVDF) Membranes Via Thermally Induced Phase Separation. Desalination 2006, 192(1), 160 - 167.

[85] Ji, G. - L. ; et al. Preparation of Porous PVDF Membrane Via Thermally Induced Phase Separation with Diluent Mixture of DBP and DEHP. J. Appl. Polym. Sci. 2007, 105(3), 1496 - 1502.

[86] Li, X. ; et al. Effects of Mixed Diluent Compositions on Poly(Vinylidene Fluoride) Membrane Morphology in a Thermally Induced Phase - Separation Process. J. Appl. Polym. Sci. 2008, 107(6), 3630 - 3637.

[87] Zhou, B.; et al. Preparation of ECTFE Membranes with Bicontinuous Structure Via TIPS Method by a Binary Diluent. Desalin. Water Treat. 2015, 57(38), 17646 – 17657.

[88] Tang, Y. – H.; He, Y. – D.; Wang, X. – L. Effect of Adding a Second Diluent on the Membrane Formation of Polymer/Diluent System Via Thermally Induced Phase Separation: Dissipative Particle Dynamics Simulation and its Experimental Verification. J. Membr. Sci. 2012, 409 – 410, 164 – 172.

[89] He, Y. – D.; Tang, Y. – H.; Wang, X. – L. Dissipative Particle Dynamics Simulation on the Membrane Formation of Polymer – Diluent System Via Thermally Induced Phase Separation. J. Membr. Sci. 2011, 368(1 – 2), 78 – 85.

[90] Jin, K. K.; Ju, C. Y.; Ho, K. Y. Factors Determining the Formation of the b Crystalline Phase of Poly(Vinylidene Fluoride) in Poly(Vinylidene Fluoride) – Poly(Methyl Methacrylate) Blends. Vib. Spectrosc. 1995, 9(2), 147 – 159.

[91] Ma, W.; et al. Effect of PMMA on Crystallization Behavior and Hydrophilicity of Poly (Vinylidene Fluoride)/Poly(Methyl Methacrylate) Blend Prepared in Semi – Dilute Solutions. Appl. Surf. Sci. 2007, 253(20), 8377 – 8388.

[92] Chen, N.; Hong, L. Surface Phase Morphology and Composition of the Casting Films of PVDF – PVP Blend. Polymer 2002, 43(4), 1429 – 1436.

[93] Zhao, Y. – H.; et al. Porous Membranes Modified by Hyperbranched Polymers: I. Preparation and Characterization of PVDF Membrane Using Hyperbranched Polyglycerol as Additive. J. Membr. Sci. 2007, 290(1 – 2), 222 – 229.

[94] Zhao, Y. – H.; et al. Modification of Porous Poly(Vinylidene Fluoride) Membrane Using Amphiphilic Polymers with Different Structures in Phase Inversion Process. J. Membr. Sci. 2008, 310(1 – 2), 567 – 576.

[95] Wu, L.; Sun, J.; Wang, Q. Poly(Vinylidene Fluoride)/Polyethersulfone Blend Membranes: Effects of Solvent Sort, Polyethersulfone and Polyvinylpyrrolidone Concentration on Their Properties and Morphology. J. Membr. Sci. 2006, 285 (1 – 2), 290 – 298.

[96] Yang, M. – C.; Liu, T. – Y. The Permeation Performance of Polyacrylonitrile/Polyvinylidine Fluoride Blend Membranes. J. Membr. Sci. 2003, 226 (1 – 2), 119 – 130.

[97] Lee, W. – K.; Ha, C. – S. Miscibility and Surface Crystal Morphology of Blends Containing Poly(Vinylidene Fluoride) by Atomic Force Microscopy. Polymer 1998, 39 (26), 7131 – 7134.

[98] Ochoa, N. A.; Masuelli, M.; Marchese, J. Effect of Hydrophilicity on Fouling of an

Emulsified oil Wastewater with PVDF/PMMA Membranes. J. Membr. Sci. 2003, 226 (1 – 2), 203 – 211.

[99] Cui, Z. – Y.; et al. Preparation of PVDF/PMMA Blend Microporous Membranes for Lithium ion Batteries Via Thermally Induced Phase Separation Process. Mater. Lett. 2008, 62(23), 3809 – 3811.

[100] Huang, C.; Zhang, L. Miscibility of Poly(vinylidene Fluoride) and Atactic Poly (Methyl Methacrylate). J. Appl. Polym. Sci. 2004, 92(1), 1 – 5.

[101] Cui, Z. – Y. Preparation of Poly(Vinylidene Fluoride)/Poly(Methyl Methacrylate) Blend Microporous Membranes Via the Thermally Induced Phase Separation Process. J. Macromol. Sci., Part B: Phys. 2010, 49(2), 301 – 318.

[102] Lin, D. – J.; et al. Preparation and characterization of microporous PVDF/PMMA composite membranes by phase inversion in water/DMSO solutions. Eur. Polym. J. 2006, 42(10), 2407 – 2418.

[103] Matsuyama, H.; et al. Preparation of Porous Membrane by Combined use of Thermally Induced Phase Separation and Immersion Precipitation. Polymer 2002, 43 (19), 5243 – 5248.

[104] Chung, T. – S. The Limitations of Using Flory – Huggins Equation for the States of Solutions During Asymmetric Hollow – Fiber Formation. J. Membr. Sci. 1997, 126 (1), 19 – 34.

[105] Peng, N.; Chung, T. S. The Effects of Spinneret Dimension and Hollow Fiber Dimension on Gas Separation Performance of Ultra – Thin Defect – Free Torlons Hollow Fiber Membranes. J. Membr. Sci. 2008, 310(1 – 2), 455 – 465.

[106] Chen, P.; Kotek, R. Advances in the Production of Poly(Ethylene Naphthalate) Fibers. Polym. Rev. 2008, 48(2), 392 – 421.

[107] Wienk, I. M.; et al. Recent Advances in the Formation of Phase Inversion Membranes Made from Amorphous or Semi – Crystalline Polymers. J. Membr. Sci. 1996, 113(2), 361 – 371.

[108] Matsuyama, H.; et al. Membrane Formation Via Phase Separation Induced by Penetration of Nonsolvent from Vapor Phase. I. Phase Diagram and Mass Transfer Process. J. Appl. Polym. Sci. 1999, 74(1), 159 – 170.

[109] Wang, L. K.; Chen, J. P.; Huang, Y. T.; Shammas, N. K. Membrane and Desalination Technologies; Humana Press: New York, 2011.

[110] Sukitpaneenit, P.; Chung, T. – S. Molecular Elucidation of Morphology and Mechanical Properties of PVDF Hollow Fiber Membranes from Aspects of Phase Inversion, Crystallization and Rheology. J. Membr. Sci. 2009, 340(1 – 2), 192 – 205.

[111] Cheng, L. – P.; et al. Formation of Particulate Microporous Poly(Vinylidene Fluoride) Membranes by Isothermal Immersion Precipitation from the 1 – Octanol / Dimethylformamide/ Poly(Vinylidene Fluoride) System. Polymer 1999, 40(9), 2395 – 2403.

[112] Bottino, A.; et al. The Formation of Microporous Polyvinylidene Difluoride Membranes by Phase Separation. J. Membr. Sci. 1991, 57(1), 1 – 20.

[113] Munari, S.; Bottino, A.; Capannelli, G. Casting and Performance of Polyvinylidene Fluoride Based Membranes. J. Membr. Sci. 1983, 16, 181 – 193.

[114] Young, T. – H.; et al. Mechanisms of PVDF Membrane Formation by Immersion – Precipitation in Soft(1 – Octanol) and Harsh(Water) Nonsolvents. Polymer 1999, 40 (19), 5315 – 5323.

[115] Wang, D.; Li, K.; Teo, W. K. Preparation and Characterization of Polyvinylidene Fluoride(PVDF) Hollow Fiber Membranes. J. Membr. Sci. 1999, 163(2), 211 – 220.

[116] Peng, N.; et al. Evolution of Polymeric Hollow Fibers as Sustainable Technologies: Past, Present, and Future. Prog. Polym. Sci. 2012, 37(10), 1401 – 1424.

[117] Choi, S. – H.; et al. Effect of the Preparation Conditions on the Formation of Asymmetric Poly(Vinylidene Fluoride) Hollow Fibre Membranes with a Dense Skin. Eur. Polym. J. 2010, 46(8), 1713 – 1725.

[118] Smolders, C. A.; et al. Microstructures in Phase – Inversion Membranes. Part 1. Formation of Macrovoids. J. Membr. Sci. 1992, 73(2 – 3), 259 – 275.

[119] Yeow, M. L.; Liu, Y. T.; Li, K. Morphological Study of Poly(Vinylidene Fluoride) Asymmetric Membranes: Effects of the Solvent, Additive, and Dope Temperature. J. Appl. Polym. Sci. 2004, 92(3), 1782 – 1789.

[120] Shih, H. C.; Yeh, Y. S.; Yasuda, H. Morphology of Microporous Poly(Vinylidene Fluoride) Membranes Studied by Gas Permeation and Scanning Electron Microscopy. J. Membr. Sci. 1990, 50(3), 299 – 317.

[121] Wang, D.; Li, K.; Teo, W. K. Porous PVDF Asymmetric Hollow Fiber Membranes Prepared with the use of Small Molecular Additives. J. Membr. Sci. 2000, 178 (1 – 2), 13 – 23.

[122] Simone, S.; et al. Preparation of Hollow Fibre Membranes from PVDF/PVP Blends and Their Application in VMD. J. Membr. Sci. 2010, 364(1 – 2), 219 – 232.

[123] Khayet, M.; et al. Preparation and Characterization of Polyvinylidene Fluoride Hollow Fiber Membranes for Ultrafiltration. Polymer 2002, 43(14), 3879 – 3890.

[124] Atchariyawut, S.; et al. Effect of Membrane Structure on Mass – Transfer in the

Membrane Gas – Liquid Contacting Process Using Microporous PVDF Hollow Fibers. J. Membr. Sci. 2006, 285(1 – 2), 272 – 281.

[125] Mansourizadeh, A.; Ismail, A. F. Effect of LiCl Concentration in the Polymer Dope on the Structure and Performance of Hydrophobic PVDF Hollow Fiber Membranes for CO_2 Absorption. Chem. Eng. J. 2010, 165(3), 980 – 988.

[126] Hou, D.; et al. Fabrication and Characterization of Hydrophobic PVDF Hollow Fiber Membranes for Desalination Through Direct Contact Membrane Distillation. Sep. Purif. Technol. 2009, 69(1), 78 – 86.

[127] Yeow, M. L.; Liu, Y.; Li, K. Preparation of Porous PVDF Hollow Fibre Membrane Via a Phase Inversion Method Using Lithium Perchlorate($LiClO_4$) as an Additive. J. Membr. Sci. 2005, 258(1 – 2), 16 – 22.

[128] Tang, Y.; et al. Effect of Spinning Conditions on the Structure and Performance of Hydrophobic PVDF Hollow Fiber Membranes for Membrane Distillation. Desalination 2012, 287, 326 – 339.

[129] Abed, M. R. M.; et al. Ultrafiltration PVDF Hollow Fibre Membranes with Interconnected Bicontinuous Structures Produced Via a Single – Step Phase Inversion Technique. J. Membr. Sci. 2012, 407 – 408, 145 – 154.

[130] Wu, B.; et al. Removal of 1,1,1 – Trichloroethane from Water Using a Polyvinylidene Fluoride Hollow Fiber Membrane Module: Vacuum Membrane Distillation Operation. Sep. Purif. Technol. 2006, 52(2), 301 – 309.

[131] Hilal, N.; Ismail, A. F.; Wright, C. J. Membrane Fabrication; CRC Press: Boca Raton, 2015.

[132] Khayet, M. The Effects of air gap Length on the Internal and External Morphology of Hollow Fiber Membranes. Chem. Eng. Sci. 2003, 58(14), 3091 – 3104.

[133] Ren, J.; et al. Effect of PVDF Dope Rheology on the Structure of Hollow Fiber Membranes Used for CO_2 Capture. J. Membr. Sci. 2006, 281(1 – 2), 334 – 344.

[134] Qin, J. – J.; Wang, R.; Chung, T. – S. Investigation of Shear Stress Effect within a Spinneret on Flux, Separation and Thermomechanical Properties of Hollow Fiber Ultrafiltration Membranes. J. Membr. Sci. 2000, 175(2), 197 – 213.

[135] Bonyadi, S.; Chung, T. S.; Krantz, W. B. Investigation of Corrugation Phenomenon in the Inner Contour of Hollow Fibers During the Non – Solvent Induced Phase – Separation Process. J. Membr. Sci. 2007, 299(1 – 2), 200 – 210.

[136] Sukitpaneenit, P.; Chung, T. – S. Molecular Design of the Morphology and Pore Size of PVDF Hollow Fiber Membranes for Ethanol – Water Separation Employing the Modified Pore – Flow Concept. J. Membr. Sci. 2011, 374(1 – 2), 67 – 82.

[137] Deshmukh, S. P.; Li, K. Effect of Ethanol Composition in Water Coagulation Bath on Morphology of PVDF Hollow Fibre Membranes. J. Membr. Sci. 1998, 150(1), 75 – 85.

[138] Peng, N.; Chung, T. – S.; Wang, K. Y. Macrovoid Evolution and Critical Factors to Form Macrovoid – Free Hollow Fiber Membranes. J. Membr. Sci. 2008, 318(1 – 2), 363 – 372.

[139] Wu, B.; Li, K.; Teo, W. K. Preparation and Characterization of Poly(Vinylidene Fluoride) Hollow Fiber Membranes for Vacuum Membrane Distillation. J. Appl. Polym. Sci. 2007, 106(3), 1482 – 1495.

[140] Wang, K. Y.; et al. The Effects of Flow Angle and Shear Rate within the Spinneret on the Separation Performance of Poly(Ethersulfone)(PES) Ultrafiltration Hollow Fiber Membranes. J. Membr. Sci. 2004, 240(1 – 2), 67 – 79.

[141] Cao, C.; et al. The Study of Elongation and Shear Rates in Spinning Process and its Effect on Gas Separation Performance of Poly(Ether Sulfone)(PES) Hollow Fiber Membranes. Chem. Eng. Sci. 2004, 59(5), 1053 – 1062.

[142] Khayet, M.; Matsuura, T. Membrane Distillation; Elsiever: Amsterdam, 2011.

[143] Wang, K. Y.; et al. The Observation of Elongation Dependent Macrovoid Evolution in Single – and Dual – Layer Asymmetric Hollow Fiber Membranes. Chem. Eng. Sci. 2004, 59(21), 4657 – 4660.

[144] He, T.; et al. Preparation of Composite Hollow Fiber Membranes: co – Extrusion of Hydrophilic Coatings Onto Porous Hydrophobic Support Structures. J. Membr. Sci. 2002, 207(2), 143 – 156.

[145] Pereira, C. C.; et al. Hollow Fiber Membranes Obtained by Simultaneous Spinning of two Polymer Solutions: A Morphological Study. J. Membr. Sci. 2003, 226(1 – 2), 35 – 50.

[146] Li, F. Y.; et al. Development and Positron Annihilation Spectroscopy(PAS) Characterization of Polyamide Imide(PAI) – Polyethersulfone(PES) Based Defect – Free Dual – Layer Hollow Fiber Membranes with an Ultrathin Dense – Selective Layer for Gas Separation. J. Membr. Sci. 2011, 378(1 – 2), 541 – 550.

[147] Yang, Q.; Wang, K. Y.; Chung, T. – S. Dual – Layer Hollow Fibers with Enhanced Flux As Novel Forward Osmosis Membranes for Water Production. Environ. Sci. Technol. 2009, 43(8), 2800 – 2805.

[148] Kang, G.; Cao, Y. Application and Modification of Poly(Vinylidene Fluoride)(PVDF) Membranes—A Review. J. Membr. Sci. 2014, 463, 145 – 165.

[149] Kang, G.; Cao, Y. Development of Antifouling Reverse Osmosis Membranes for Wa-

ter Treatment: A Review. Water Res. 2012, 46(3), 584 – 600.

[150] Li, N.; et al. Preparation and Properties of PVDF/PVA Hollow Fiber Membranes. Desalination 2010, 250(2), 530 – 537.

[151] Yuan, Z.; Dan – Li, X. Porous PVDF/TPU Blends Asymmetric Hollow Fiber Membranes Prepared with the use of Hydrophilic Additive PVP (K30). Desalination 2008, 223(1), 438 – 447.

[152] Masuelli, M.; Marchese, J.; Ochoa, N. A. SPC/PVDF Membranes for Emulsified Oily Wastewater Treatment. J. Membr. Sci. 2009, 326(2), 688 – 693.

[153] Lang, W. – Z.; et al. Preparation and Characterization of PVDF – PFSA Blend Hollow Fiber UF Membrane. J. Membr. Sci. 2007, 288(1 – 2), 123 – 131.

[154] Uragami, T.; Naito, Y.; Sugihara, M. Studies on Synthesis and Permeability of Special Polymer Membranes. Polym. Bull. 1981, 4(10), 617 – 622.

[155] Pezeshk, N.; et al. Novel Modified PVDF Ultrafiltration Flat – Sheet Membranes. J. Membr. Sci. 2012, 389, 280 – 286.

[156] Liu, T. – Y.; et al. Surface Characteristics and Hemocompatibility of PAN/PVDF Blend Membranes. Polym. Adv. Technol. 2005, 16(5), 413 – 419.

[157] Bi, Q.; et al. Hydrophilic Modification of Poly(Vinylidene Fluoride)Membrane with Poly(Vinyl Pyrrolidone) Via a Cross – Linking Reaction. J. Appl. Polym. Sci. 2013, 127(1), 394 – 401.

[158] Ma, W. Z.; et al. Effect of Type of Poly(Ethylene Glycol)(PEG)Based Amphiphilic Copolymer on Antifouling Properties of Copolymer/Poly(Vinylidene Fluoride)(PVDF)Blend Membranes. J. Membr. Sci. 2016, 514, 429 – 439.

[159] Nunes, S. P.; Peinemann, K. V. Ultrafiltration Membranes from PVDF PMMA Blends. J. Membr. Sci. 1992, 73(1), 25 – 35.

[160] Hester, J. F.; Banerjee, P.; Mayes, A. M. Preparation of Protein – Resistant Surfaces on Poly(Vinylidene Fluoride)Membranes Via Surface Segregation. Macromolecules 1999, 32(5), 1643 – 1650.

[161] Liu, F.; et al. Preparation of Hydrophilic and Fouling Resistant Poly(Vinylidene Fluoride)Hollow Fiber Membranes. J. Membr. Sci. 2009, 345(1 – 2), 331 – 339.

[162] Wang, P.; et al. Synthesis, Characterization and Anti – Fouling Properties of Poly(Ethylene Glycol)Grafted Poly(Vinylidene Fluoride)Copolymer Membranes. J. Mater. Chem. 2001, 11(3), 783 – 789.

[163] Hester, J. F.; et al. ATRP of Amphiphilic Graft Copolymers Based on PVDF and Their Use as Membrane Additives. Macromolecules 2002, 35(20), 7652 – 7661.

[164] Chen, Y.; et al. Poly(Vinylidene Fluoride)with Grafted Poly(Ethylene Glycol)Side

Chains Via the RAFT – Mediated Process and Pore Size Control of the Copolymer Membranes. Macromolecules 2003, 36(25), 9451 – 9457.

[165] Venault, A.; et al. Low – Biofouling Membranes Prepared by Liquid – Induced Phase Separation of the PVDF/Polystyrene – b – Poly(Ethylene Glycol) Methacrylate Blend. J. Membr. Sci. 2014, 450, 340 – 350.

[166] Dutta, K.; Das, S.; Kundu, P. P. Effect of the Presence of Partially Sulfonated Polyaniline on the Proton and Methanol Transport Behavior of Partially Sulfonated PVdF Membrane. Polym. J. 2016, 48(3), 301 – 309.

[167] Hashim, N. A.; et al. Chemistry in Spinning Solutions: Surface Modification of PVDF Membranes During Phase Inversion. J. Membr. Sci. 2012, 415, 399 – 411.

[168] Hashim, N. A.; Liu, F.; Li, K. A Simplified Method for Preparation of Hydrophilic PVDF Membranes from an Amphiphilic Graft Copolymer. J. Membr. Sci. 2009, 345(1 – 2), 134 – 141.

[169] Loh, C. H.; Wang, R. Insight into the Role of Amphiphilic Pluronic Block Copolymer as Pore – Forming Additive in PVDF Membrane Formation. J. Membr. Sci. 2013, 446, 492 – 503.

[170] Loh, C. H.; Wang, R. Fabrication of PVDF Hollow Fiber Membranes: Effects of low – Concentration Pluronic and Spinning Conditions. J. Membr. Sci. 2014, 466, 130 – 141.

[171] Sun, Y.; et al. Preparation of PVDF/Poly(Tetrafluoroethylene – co – Vinyl Alcohol) Blend Membranes with Antifouling Propensities Via Nonsolvent Induced Phase Separation Method. J. Appl. Polym. Sci. 2016, 133(32). doi:10.1002/app.43780.

[172] Liu, B. C.; et al. High performance ultrafiltration membrane composed of PVDF blended with its derivative copolymer PVDF – g – PEGMA. J. Membr. Sci. 2013, 445, 66 – 75.

[173] Sui, Y.; et al. Antifouling PVDF Ultrafiltration Membranes Incorporating PVDF – g – PHEMA Additive Via Atom Transfer Radical Graft Polymerizations. J. Membr. Sci. 2012, 413, 38 – 47.

[174] Kang, S.; et al. Protein Antifouling Mechanisms of PAN UF Membranes Incorporating PAN – g – PEO Additive. J. Membr. Sci. 2007, 296(1 – 2), 42 – 50.

[175] Wang, L.; et al. Highly Efficient Antifouling Ultrafiltration Membranes Incorporating Zwitterionic Poly([3 – (Methacryloylamino) Propyl] – Dimethyl(3 – Sulfopropyl) Ammonium Hydroxide). J. Membr. Sci. 2009, 340(1 – 2), 164 – 170.

[176] Ran, F.; et al. Biocompatibility of Modified Polyethersulfone Membranes by Blending an Amphiphilic Triblock Co – Polymer of Poly(Vinyl Pyrrolidone) – b – Poly

(Methyl Methacrylate) – b – Poly(Vinyl Pyrrolidone). Acta Biomater. 2011, 7(9),
3370 – 3381.

[177] Shao, X. – S.; et al. Amphiphilic Poly(Vinyl Chloride) – g – Poly[Poly(Ethylene
Glycol) Methylether Methacrylate] Copolymer for the Surface Hydrophilicity Modifica-
tion of Poly(Vinylidene Fluoride) Membrane. J. Appl. Polym. Sci. 2013, 129(5),
2472 – 2478.

[178] Li, J. H.; et al. Improved Surface Property of PVDF Membrane with Amphiphilic
Zwitterionic Copolymer as Membrane Additive. Appl. Surf. Sci. 2012, 258(17),
6398 – 6405.

[179] Koh, J. K.; et al. Antifouling Poly(Vinylidene Fluoride) Ultrafiltration Membranes
Containing Amphiphilic Comb Polymer Additive. J. Polym. Sci. B Polym. Phys.
2010, 48(2), 183 – 189.

[180] Shen, X.; Zhao, Y.; Chen, L. The Construction of a Zwitterionic PVDF Membrane
Surface to Improve Biofouling Resistance. Biofouling 2013, 29(8), 991 – 1003.

[181] Liu, J.; et al. Acryloylmorpholine – Grafted PVDF Membrane with Improved Protein
Fouling Resistance. Ind. Eng. Chem. Res. 2013, 52(51), 18392 – 18400.

[182] Hester, J. F.; Mayes, A. M. Design and Performance of Foul – Resistant Poly(Vi-
nylidene Fluoride) Membranes Prepared in a Single – Step by Surface Segregation. J.
Membr. Sci. 2002, 202(1 – 2), 119 – 135.

[183] Zhao, Y. – H.; et al. Improving Hydrophilicity and Protein Resistance of Poly(Vi-
nylidene Fluoride) Membranes by Blending with Amphiphilic Hyperbranched – Star
Polymer. Langmuir 2007, 23(10), 5779 – 5786.

[184] Sui, Y.; et al. Antifouling PVDF Ultrafiltration Membranes Incorporating PVDF –
g – PHEMA Additive Via Atom Transfer Radical Graft Polymerizations. J. Membr.
Sci. 2012, 413 – 414, 38 – 47.

[185] Zhao, Y. – H.; et al. Porous Membranes Modified by Hyperbranched Polymers II.:
Effect of the arm Length of Amphiphilic Hyperbranched – Star Polymers on the Hy-
drophilicity and Protein Resistance of Poly (Vinylidene Fluoride) Membranes. J.
Membr. Sci. 2007, 304(1 – 2), 138 – 147.

[186] Xu, Z. L.; Yu, L. Y.; Han, L. F. Polymer – Nanoinorganic Particles Composite
Membranes: A Brief Overview. Front. Chem. Eng. China 2009, 3(3), 318 – 329.

[187] Oh, S. J.; Kim, N.; Lee, Y. T. Preparation and Characterization of PVDF/TiO$_2$
Organic – Inorganic Composite Membranes for Fouling Resistance Improvement. J.
Membr. Sci. 2009, 345(1 – 2), 13 – 20.

[188] Hashim, N. A.; Liu, Y.; Li, K. Preparation of PVDF Hollow Fiber Membranes U-

sing SiO$_2$ Particles: The Effect of Acid and Alkali Treatment on the Membrane Performances. Ind. Eng. Chem. Res. 2011, 50(5), 3035 – 3040.

[189] Dong, C.; et al. Antifouling Enhancement of Poly(Vinylidene Fluoride) Microfiltration Membrane by Adding Mg(OH)$_2$ Nanoparticles. J. Membr. Sci. 2012, 387, 40 – 47.

[190] Yan, L.; et al. Application of the Al$_2$O$_3$ – PVDF Nanocomposite Tubular Ultrafiltration(UF) Membrane for Oily Wastewater Treatment and its Antifouling Research. Sep. Purif. Technol. 2009, 66(2), 347 – 352.

[191] Liang, S.; et al. A Novel ZnO Nanoparticle Blended Polyvinylidene Fluoride Membrane for Anti – Irreversible Fouling. J. Membr. Sci. 2012, 394 – 395, 184 – 192.

[192] Zhang, J.; et al. Synergetic Effects of Oxidized Carbon Nanotubes and Graphene Oxide on Fouling Control and Anti – Fouling Mechanism of Polyvinylidene Fluoride Ultrafiltration Membranes. J. Membr. Sci. 2013, 448, 81 – 92.

[193] Wang, K. Y.; Foo, S. W.; Chung, T. – S. Mixed Matrix PVDF Hollow Fiber Membranes with Nanoscale Pores for Desalination Through Direct Contact Membrane Distillation. Ind. Eng. Chem. Res. 2009, 48(9), 4474 – 4483.

[194] Lai, C. Y.; et al. Enhanced Abrasion Resistant PVDF/Nanoclay Hollow Fibre Composite Membranes for Water Treatment. J. Membr. Sci. 2014, 449, 146 – 157.

[195] Mokhtar, N. M.; et al. Performance Evaluation of Novel PVDF – Cloisite 15A Hollow Fiber Composite Membranes for Treatment of Effluents Containing Dyes and Salts Using Membrane Distillation. RSC Adv. 2015, 5(48), 38011 – 38020.

[196] Rezaei, M.; et al. Preparation and Characterization of PVDF – Montmorillonite Mixed Matrix Hollow Fiber Membrane for Gas – Liquid Contacting Process. Chem. Eng. Res. Des. 2014, 92(11), 2449 – 2460.

[197] Teow, Y. H.; et al. Preparation and Characterization of PVDF/TiO$_2$ Mixed Matrix Membrane Via in Situ Colloidal Precipitation Method. Desalination 2012, 295, 61 – 69.

[198] Wang, X. – M.; Li, X. – Y.; Shih, K. In Situ Embedment and Growth of Anhydrous and Hydrated Aluminum Oxide Particles on Polyvinylidene Fluoride(PVDF) Membranes. J. Membr. Sci. 2011, 368(1 – 2), 134 – 143.

[199] Ngang, H. P.; et al. Preparation of PVDF – TiO$_2$ Mixed – Matrix Membrane and its Evaluation on Dye Adsorption and UV – Cleaning Properties. Chem. Eng. J. 2012, 197, 359 – 367.

[200] Han, L. – F.; et al. Performance of PVDF/Multi – Nanoparticles Composite Hollow Fibre Ultrafiltration Membranes. Iran. Polym. J. 2010, 19(7), 553 – 565.

[201] Cui, A.; et al. Effect of Micro – Sized SiO_2 – Particle on the Performance of PVDF Blend Membranes Via TIPS. J. Membr. Sci. 2010, 360(1 – 2), 259 – 264.

[202] Razmjou, A.; Mansouri, J.; Chen, V. The Effects of Mechanical and Chemical Modification of TiO_2 Nanoparticles on the Surface Chemistry, Structure and Fouling Performance of PES Ultrafiltration Membranes. J. Membr. Sci. 2011, 378(1 – 2), 73 – 84.

[203] Shi, F.; et al. Preparation and Characterization of PVDF/TiO_2 Hybrid Membranes with Ionic Liquid Modified Nano – TiO_2 Particles. J. Membr. Sci. 2013, 427, 259 – 269.

[204] Zhang, S.; et al. Treatment of Wastewater Containing Oil Using Phosphorylated Silica Nanotubes(PSNTs)/Polyvinylidene Fluoride(PVDF) Composite Membrane. Desalination 2014, 332(1), 109 – 116.

[205] Yu, L. – Y.; Shen, H. – M.; Xu, Z. – L. PVDF – TiO_2 Composite Hollow Fiber Ultrafiltration Membranes Prepared by TiO2 Sol – Gel Method and Blending Method. J. Appl. Polym. Sci. 2009, 113(3), 1763 – 1772.

[206] Ong, C. S.; et al. Preparation and Characterization of PVDF – PVP – TiO_2 Composite Hollow Fiber Membranes for Oily Wastewater Treatment Using Submerged Membrane System. Desalin. Water Treat. 2015, 53(5), 1213 – 1223.

[207] Ong, C. S.; et al. Effect of PVP Molecular Weights on the Properties of PVDF – TiO_2 Composite Membrane for Oily Wastewater Treatment Process. Sep. Sci. Technol. 2014, 49(15), 2303 – 2314.

[208] Rezaei, M.; et al. Experimental Study on the Performance and Long – Term Stability of PVDF/Montmorillonite Hollow Fiber Mixed Matrix Membranes for CO_2 Separation Process. Int. J. Greenhouse Gas Control 2014, 26, 147 – 157.

[209] Shi, H.; Liu, F.; Xue, L. Fabrication and Characterization of Antibacterial PVDF Hollow Fibre Membrane by Doping Ag – Loaded Zeolites. J. Membr. Sci. 2013, 437, 205 – 215.

[210] Ma, W.; Rajabzadeh, S.; Matsuyama, H. Preparation of Antifouling Poly(Vinylidene Fluoride) Membranes Via Different Coating Methods Using a Zwitterionic Copolymer. Appl. Surf. Sci. 2015, 357, 1388 – 1395.

[211] Li, J. – H.; et al. Fabrication and Characterization of a Novel TiO_2 Nanoparticle Self – Assembly Membrane with Improved Fouling Resistance. J. Membr. Sci. 2009, 326(2), 659 – 666.

[212] Yu, L. – Y.; et al. Preparation and Characterization of PVDF – SiO_2 Composite Hollow Fiber UF Membrane by Sol – Gel Method. J. Membr. Sci. 2009, 337(1 – 2),

257 – 265.

[213]　Yan, L.; Li, Y. S.; Xiang, C. B. Preparation of Poly (Vinylidene Fluoride) (PVDF) Ultrafiltration Membrane Modified by Nano – Sized Alumina(Al_2O_3) and its Antifouling Research. Polymer 2005, 46(18), 7701 – 7706.

[214]　Yan, L.; et al. Effect of Nano – Sized Al_2O_3 – Particle Addition on PVDF Ultrafiltration Membrane Performance. J. Membr. Sci. 2006, 276(1 – 2), 162 – 167.

[215]　Allegrezza, A. E.; Bellantoni, E. C. Porous Membrane Formed from Interpenetrating Polymer Network Having Hydrophilic Surface. Google Patents, 1992.

[216]　Koguma, I.; Nagoya, F. Microporous Hydrophilic Membrane. Google Patents, 2008.

[217]　Mullette, D.; Muller, J.; Patel, N. Membrane Post Treatment. Google Patents, 2011.

[218]　Louie, J. S.; et al. Effects of Polyether – Polyamide Block Copolymer Coating on Performance and Fouling of Reverse Osmosis Membranes. J. Membr. Sci. 2006, 280(1 – 2), 762 – 770.

[219]　Kim, I. – C.; Lee, K. – H. Dyeing Process Wastewater Treatment Using Fouling Resistant Nanofiltration and Reverse Osmosis Membranes. Desalination 2006, 192 (1), 246 – 251.

[220]　Musale, D. A.; Kumar, A.; Pleizier, G. Formation and Characterization of Poly (Acrylonitrile)/Chitosan Composite Ultrafiltration Membranes. J. Membr. Sci. 1999, 154(2), 163 – 173.

[221]　Wang, X.; et al. Preparation and Characterization of PAA/PVDF Membrane – Immobilized Pd/Fe Nanoparticles for Dechlorination of Trichloroacetic Acid. Water Res. 2008, 42(18), 4656 – 4664.

[222]　Du, J. R.; et al. Modification of Poly (Vinylidene Fluoride) Ultrafiltration Membranes with Poly (Vinyl Alcohol) for Fouling Control in Drinking Water Treatment. Water Res. 2009, 43(18), 4559 – 4568.

[223]　Hanachai, A.; Meksup, K.; Jiraratananon, R. Coating of Hydrophobic Hollow Fiber PVDF Membrane with Chitosan for Protection Against Wetting and Flavor Loss in Osmotic Distillation Process. Sep. Purif. Technol. 2010, 72(2), 217 – 224.

[224]　Gao, D. – W.; et al. Membrane Fouling in an Anaerobic Membrane Bioreactor: Differences in Relative Abundance of Bacterial Species in the Membrane Foulant Layer and in Suspension. J. Membr. Sci. 2010, 364(1 – 2), 331 – 338.

[225]　Sui, Y.; et al. An Investigation on the Antifouling Ability of PVDF Membranes by polyDOPA Coating. Desalin. Water Treat. 2012, 50(1 – 3), 22 – 33.

[226] Zhu, L. P.; et al. Surface Modification of PVDF Porous Membranes Via Poly(DOPA)Coating and Heparin Immobilization. Colloids Surf. B: Biointerfaces 2009, 69 (1), 152 – 155.

[227] Venault, A.; et al. Surface Self – Assembled Zwitterionization of Poly(Vinylidene Fluoride)Microfiltration Membranes Via Hydrophobic – Driven Coating for Improved Blood Compatibility. J. Membr. Sci. 2014, 454, 253 – 263.

[228] Rahimpour, A.; et al. Preparation and Characterization of Modified Nano – Porous PVDF Membrane with High Antifouling Property Using UV Photo – Grafting. Appl. Surf. Sci. 2009, 255(16), 7455 – 7461.

[229] Ulbricht, M.; Riedel, M.; Marx, U. Novel Photochemical Surface Functionalization of Polysulfone Ultrafiltration Membranes for Covalent Immobilization of Biomolecules. J. Membr. Sci. 1996, 120(2), 239 – 259.

[230] Susanti, R. F.; et al. A new Strategy for Ultralow Biofouling Membranes: Uniform and Ultrathin Hydrophilic Coatings Using Liquid Carbon Dioxide. J. Membr. Sci. 2013, 440, 88 – 97.

[231] Kasemset, S.; et al. Effect of Polydopamine Deposition Conditions on Fouling Resistance, Physical Properties, and Permeation Properties of Reverse Osmosis Membranes in oil/Water Separation. J. Membr. Sci. 2013, 425 – 426, 208 – 216.

[232] McCloskey, B. D.; et al. A Bioinspired Fouling – Resistant Surface Modification for Water Purification Membranes. J. Membr. Sci. 2012, 413 – 414, 82 – 90.

[233] Xi, Z. – Y.; et al. A Facile Method of Surface Modification for Hydrophobic Polymer Membranes Based on the Adhesive Behavior of Poly(DOPA) and Poly(Dopamine). J. Membr. Sci. 2009, 327(1 – 2), 244 – 253.

[234] McCloskey, B. D.; et al. Influence of Polydopamine Deposition Conditions on Pure Water Flux and Foulant Adhesion Resistance of Reverse Osmosis, Ultrafiltration, and Microfiltration Membranes. Polymer 2010, 51(15), 3472 – 3485.

[235] Sui, Y.; et al. Antifouling and Antibacterial Improvement of Surface – Functionalized Poly(Vinylidene Fluoride)Membrane Prepared Via Dihydroxyphenylalanine – Initiated Atom Transfer Radical Graft Polymerizations. J. Membr. Sci. 2012, 394 – 395, 107 – 119.

[236] Puspitasari, V.; et al. Cleaning and Ageing Effect of Sodium Hypochlorite on Polyvinylidene Fluoride(PVDF)Membrane. Sep. Purif. Technol. 2010, 72(3), 301 – 308.

[237] Baron? a, G. N. B.; Cha, B. J.; Jung, B. Negatively Charged Poly(Vinylidene Fluoride)Microfiltration Membranes by Sulfonation. J. Membr. Sci. 2007, 290(1 –

2), 46 – 54.

[238] Xu, Z. ; et al. The Application of the Modified PVDF Ultrafiltration Membranes in Further Purification of Ginkgo Biloba Extraction. J. Membr. Sci. 2005, 255(1 – 2), 125 – 131.

[239] Boributh, S. ; Chanachai, A. ; Jiraratananon, R. Modification of PVDF Membrane by Chitosan Solution for Reducing Protein Fouling. J. Membr. Sci. 2009, 342(1 – 2), 97 – 104.

[240] Han, M. J. ; Baronña, G. N. B. ; Jung, B. Effect of Surface Charge on Hydrophilically Modified Poly(Vinylidene Fluoride) Membrane for Microfiltration. Desalination 2011, 270(1 – 3), 76 – 83.

[241] Chang, Y. ; et al. Preparation of Poly(Vinylidene Fluoride) Microfiltration Membrane with Uniform Surface – Copolymerized Poly(Ethylene Glycol) Methacrylate and Improvement of Blood Compatibility. J. Membr. Sci. 2008, 309(1 – 2), 165 – 174.

[242] Liu, F. ; Zhu, B. – K. ; Xu, Y. – Y. Improving the Hydrophilicity of Poly(Vinylidene Fluoride) Porous Membranes by Electron Beam Initiated Surface Grafting of AA/ SSS Binary Monomers. Appl. Surf. Sci. 2006, 253(4), 2096 – 2101.

[243] Wang, P. ; et al. Plasma – Induced Immobilization of Poly(Ethylene Glycol) Onto Poly(Vinylidene Fluoride) Microporous Membrane. J. Membr. Sci. 2002, 195(1), 103 – 114.

[244] Yang, L. ; et al. Preparation of a Hydrophilic PVDF Membranes by Electron Beam Induced Grafting Polymerization of Acrylic Acid. Adv. Mater. Res. 2013, 625, 273 – 276.

[245] Liang, S. ; et al. Highly Hydrophilic Polyvinylidene Fluoride(PVDF) Ultrafiltration Membranes Via Postfabrication Grafting of Surface – Tailored Silica Nanoparticles. ACS Appl. Mater. Interfaces 2013, 5(14), 6694 – 6703.

[246] Liu, D. P. ; et al. Antifouling PVDF Membrane Grafted with Zwitterionic Poly(Lysine Methacrylamide) Brushes. RSC Adv. 2016, 6(66), 61434 – 61442.

[247] Li, M. Z. ; et al. Grafting Zwitterionic Brush on the Surface of PVDF Membrane Using Physisorbed Free Radical Grafting Technique. J. Membr. Sci. 2012, 405, 141 – 148.

[248] Li, Q. ; et al. Surface Modification of PVDF Membranes with Sulfobetaine Polymers for a Stably Anti – Protein – Fouling Performance. J. Appl. Polym. Sci. 2012, 125 (5), 4015 – 4027.

[249] Liu, D. P. ; et al. Antifouling Performance of Poly(Lysine Methacrylamide) – Grafted PVDF Microfiltration Membrane for Solute Separation. Sep. Purif. Technol.

2016, 171, 1 – 10.

[250] Zhu, Y. Z.; et al. A Novel Zwitterionic Polyelectrolyte Grafted PVDF Membrane for Thoroughly Separating oil from Water with Ultrahigh Efficiency. J. Mater. Chem. A 2013, 1(18), 5758 – 5765.

[251] Sun, D.; et al. Preparation and Characterization of PDMS – PVDF Hydrophobic Microporous Membrane for Membrane Distillation. Desalination 2015, 370, 63 – 71.

[252] Feng, X.; Jiang, L. Design and Creation of Superwetting/Antiwetting Surfaces. Adv. Mater. 2006, 18(23), 3063 – 3078.

[253] Hou, D.; et al. Preparation and Properties of PVDF Composite Hollow Fiber Membranes for Desalination Through Direct Contact Membrane Distillation. J. Membr. Sci. 2012, 405 – 406, 185 – 200.

[254] Fosi – Kofal, M.; et al. PVDF/CaCO$_3$ Composite Hollow Fiber Membrane for CO$_2$ Absorption in Gas – Liquid Membrane Contactor. J. Nat. Gas Sci. Eng. 2016, 31, 428 – 436.

[255] Teoh, M. M.; Chung, T. – S. Membrane Distillation with Hydrophobic Macrovoid – Free PVDF – PTFE Hollow Fiber Membranes. Sep. Purif. Technol. 2009, 66(2), 229 – 236.

[256] Teoh, M. M.; Chung, T. – S.; Yeo, Y. S. Dual – Layer PVDF/PTFE Composite Hollow Fibers with a Thin Macrovoid – Free Selective Layer for Water Production Via Membrane Distillation. Chem. Eng. J. 2011, 171(2), 684 – 691.

[257] Lalia, B. S.; et al. Fabrication and Characterization of Polyvinylidenefluoride – co – hexafluoropropylene(PVDF – HFP)Electrospun Membranes for Direct Contact Membrane Distillation. J. Membr. Sci. 2013, 428, 104 – 115.

[258] Shi, L.; et al. Fabrication of Poly(vinylidene fluoride – co – hexafluropropylene) (PVDF – HFP)Asymmetric Microporous Hollow Fiber Membranes. J. Membr. Sci. 2007, 305(1 – 2), 215 – 225.

[259] Shi, L.; et al. Effect of Additives on the Fabrication of Poly(vinylidene fluoride – co – hexafluropropylene) (PVDF – HFP) Asymmetric Microporous Hollow Fiber Membranes. J. Membr. Sci. 2008, 315(1 – 2), 195 – 204.

[260] Mosadegh – Sedghi, S.; et al. Wetting Phenomenon in Membrane Contactors—Causes and Prevention. J. Membr. Sci. 2014, 452, 332 – 353.

[261] Yang, W. F.; et al. Research on the Superhydrophobic Modification of Polyvinylidene Fluoride Membrane. Adv. Mater. Res. 2011, 197 – 198, 514 – 517.

[262] Razmjou, A.; et al. Superhydrophobic Modification of TiO$_2$ Nanocomposite PVDF Membranes for Applications in Membrane Distillation. J. Membr. Sci. 2012, 415 –

416, 850 – 863.

[263] Liao, Y. ; Wang, R. ; Fane, A. G. Engineering Superhydrophobic Surface on Poly (Vinylidene Fluoride) Nanofiber Membranes for Direct Contact Membrane Distillation. J. Membr. Sci. 2013, 440, 77 – 87.

[264] Tong, D. ; et al. Preparation of Hyflon AD60/PVDF Composite Hollow Fiber Membranes for Vacuum Membrane Distillation. Sep. Purif. Technol. 2016, 157, 1 – 8.

[265] Lu, K. J. ; Zuo, J. ; Chung, T. S. Tri – Bore PVDF Hollow Fibers with a Super – Hydrophobic Coating for Membrane Distillation. J. Membr. Sci. 2016, 514, 165 – 175.

[266] Yang, X. ; et al. Performance Improvement of PVDF Hollow Fiber – Based Membrane Distillation Process. J. Membr. Sci. 2011, 369(1 – 2), 437 – 447.

[267] Sairiam, S. ; et al. Surface Modification of PVDF Hollow Fiber Membrane to Enhance Hydrophobicity Using Organosilanes. J. Appl. Polym. Sci. 2013, 130(1), 610 – 621.

[268] Lloyd, D. R. ; Kinzer, K. E. ; Tseng, H. S. Microporous Membrane Formation Via Thermally Induced Phase – Separation: 1. Solid Liquid – Phase Separation. J. Membr. Sci. 1990, 52(3), 239 – 261.

[269] Pendergast, M. M. ; Hoek, E. M. V. A Review of Water Treatment Membrane Nanotechnologies. Energy Environ. Sci. 2011, 4(6), 1946 – 1971.

[270] Xiao, Y. ; et al. Feasibility of Using an Innovative PVDF MF Membrane Prior to RO for Reuse of a Secondary Municipal Effluent. Desalination 2013, 311, 16 – 23.

[271] Chae, S. – R. ; et al. Fouling Characteristics of Pressurized and Submerged PVDF (Polyvinylidene Fluoride) Microfiltration Membranes in a Pilot – Scale Drinking Water Treatment System Under low and High Turbidity Conditions. Desalination 2009, 244(1), 215 – 226.

[272] Li, Q. ; Yan, Z. – Q. ; Wang, X. – L. A Poly(Sulfobetaine) Hollow Fiber Ultrafiltration Membrane for the Treatment of Oily Wastewater. Desalin. Water Treat. 2016, 57(24), 11048 – 11065.

[273] Ashoor, B. B. ; et al. Principles and Applications of Direct Contact Membrane Distillation(DCMD): A Comprehensive Review. Desalination 2016, 398, 222 – 246.

[274] Asatekin, A. ; et al. Antifouling Nanofiltration Membranes for Membrane Bioreactors from Self – Assembling Graft Copolymers. J. Membr. Sci. 2006, 285(1 – 2), 81 – 89.

[275] Maekawa, R. ; et al. Commercial Technologies. In The MBR Book; Elsevier: Amsterdam, 2006; pp 163 – 205.

[276] Le – Clech, P. Membrane Bioreactors and Their Uses in Wastewater Treatments. Appl. Microbiol. Biotechnol. 2010, 88(6), 1253 – 1260.

[277] Visvanathan, C. ; Ben Aim, R. ; Parameshwaran, K. Membrane Separation Bioreactors for Wastewater Treatment. Crit. Rev. Environ. Sci. Technol. 2000, 30(1), 1 – 48.

[278] Mutamim, N. S. A. ; et al. Application of Membrane Bioreactor Technology in Treating High Strength Industrial Wastewater: A Performance Review. Desalination 2012, 305, 1 – 11.

[279] Mafirad, S. ; Mehrnia, M. R. ; Sarrafzadeh, M. H. Effect of Membrane Characteristics on the Performance of Membrane Bioreactors for Oily Wastewater Treatment. Water Sci. Technol. 2011, 64(5), 1154 – 1160.

[280] Feng, C. ; et al. Production of Drinking Water from Saline Water by Air – Gap Membrane Distillation Using Polyvinylidene Fluoride Nanofiber Membrane. J. Membr. Sci. 2008, 311(1 – 2), 1 – 6.

[281] Khayet, M. ; Godino, P. ; Mengual, J. I. Theory and Experiments on Sweeping Gas Membrane Distillation. J. Membr. Sci. 2000, 165(2), 261 – 272.

[282] Khayet, M. ; Godino, P. ; Mengual, J. I. Nature of Flow on Sweeping Gas Membrane Distillation. J. Membr. Sci. 2000, 170(2), 243 – 255.

[283] Abu – Zeid, M. A. ; et al. A Comprehensive Review of Vacuum Membrane Distillation Technique. Desalination 2015, 356, 1 – 14.

[284] Zhao, Y. ; et al. Cometabolic Degradation of Trichloroethylene in a Hollow Fiber Membrane Reactor with Toluene as a Substrate. J. Membr. Sci. 2011, 372(1 – 2), 322 – 330.

[285] Zhang, Y. – T. ; et al. Selective Separation of low Concentration CO_2 Using Hydrogel Immobilized CA Enzyme Based Hollow Fiber Membrane Reactors. Chem. Eng. Sci. 2010, 65(10), 3199 – 3207.

[286] Ong, C. S. ; et al. Investigation of Submerged Membrane Photocatalytic Reactor (sMPR) Operating Parameters During Oily Wastewater Treatment Process. Desalination 2014, 353, 48 – 56.

[287] Lee, J. ; Ahn, W. – Y. ; Lee, C. – H. Comparison of the Filtration Characteristics Between Attached and Suspended Growth Microorganisms in Submerged Membrane Bioreactor. Water Res. 2001, 35(10), 2435 – 2445.

[288] Guglielmi, G. ; et al. Flux Criticality and Sustainability in a Hollow Fibre Submerged Membrane Bioreactor for Municipal Wastewater Treatment. J. Membr. Sci. 2007, 289(1 – 2), 241 – 248.

[289] Drioli, E.; Criscuoli, A.; Curcio, E. Membrane Contactors: Fundamentals, Applications and Potentialities; Elsevier: Amsterdam, 2011.

[290] Gabelman, A.; Hwang, S. T. Hollow Fiber Membrane Contactors. J. Membr. Sci. 1999, 159(1 −2), 61 −106.

[291] Alkhudhiri, A.; Darwish, N.; Hilal, N. Membrane Distillation: A Comprehensive Review. Desalination 2012, 287, 2 −18.

[292] Camacho, L. M.; et al. Advances in Membrane Distillation for Water Desalination and Purification Applications. Water 2013, 5(1), 94 −196.

[293] El −Bourawi, M. S.; et al. A Framework for Better Understanding Membrane Distillation Separation Process. J. Membr. Sci. 2006, 285(1 −2), 4 −29.

[294] Lawson, K. W.; Lloyd, D. R. Membrane Distillation. J. Membr. Sci. 1997, 124(1), 1 −25.

[295] Wang, P.; Chung, T. S. Recent Advances in Membrane Distillation Processes: Membrane Development, Configuration Design and Application Exploring. J. Membr. Sci. 2015, 474, 39 −56.

[296] Huang, Q. −l.; et al. Effects of Post −Treatment on the Structure and Properties of PVDF/FEP Blend Hollow Fiber Membranes. RSC Adv. 2015, 5(94), 77407 − 77416.

[297] Simone, S.; et al. Effect of Selected Spinning Parameters on PVDF Hollow Fiber Morphology for Potential Application in Desalination by VMD. Desalination 2014, 344, 28 −35.

[298] Wu, B.; et al. Removal of Benzene/Toluene from Water by Vacuum Membrane Distillation in a PVDF Hollow Fiber Membrane Module. Sep. Sci. Technol. 2005, 40(13), 2679 −2695.

[299] Wang, P.; Chung, T. −S. Design and Fabrication of Lotus −Root −Like Multi −Bore Hollow Fiber Membrane for Direct Contact Membrane Distillation. J. Membr. Sci. 2012, 421 −422, 361 −374.

[300] Song, Z. W.; Jiang, L. Y. Optimization of Morphology and Performance of PVDF Hollow Fiber for Direct Contact Membrane Distillation Using Experimental Design. Chem. Eng. Sci. 2013, 101, 130 −143.

[301] Fujii, Y.; et al. Selectivity and Characteristics of Direct Contact Membrane Distillation Type Experiment. II. Membrane Treatment and Selectivity Increase. J. Membr. Sci. 1992, 72(1), 73 −89.

[302] Bonyadi, S.; Chung, T. −S. Highly Porous and Macrovoid −Free PVDF Hollow Fiber Membranes for Membrane Distillation by a Solvent −Dope Solution Co −Extrusion

Approach. J. Membr. Sci. 2009, 331(1 – 2), 66 – 74.

[303] Bonyadi, S.; Chung, T. S. Flux Enhancement in Membrane Distillation by Fabrication of Dual Layer Hydrophilic – Hydrophobic Hollow Fiber Membranes. J. Membr. Sci. 2007, 306(1 – 2), 134 – 146.

[304] Bonyadi, S.; Chung, T. S.; Rajagopalan, R. A Novel Approach to Fabricate Macrovoid – Free and Highly Permeable PVDF Hollow Fiber Membranes for Membrane Distillation. AICHE J. 2009, 55(3), 828 – 833.

[305] Chong, K.; et al. Performance of Surface Modification of Polyvinylidene Fluoride Hollow Fiber Membrane in Membrane Distillation. Adv. Mater. Res. 2013, 795, 137 – 140.

[306] Chong, K. C.; et al. Effect of Ethylene Glycol on Polymeric Membrane Fabrication for Membrane Distillation. Key Eng. Mater. 2016, 701, 250 – 254.

[307] Drioli, E.; et al. Novel PVDF Hollow Fiber Membranes for Vacuum and Direct Contact Membrane Distillation Applications. Sep. Purif. Technol. 2013, 115, 27 – 38.

[308] Edwie, F.; Teoh, M. M.; Chung, T. – S. Effects of Additives on Dual – Layer Hydrophobic – Hydrophilic PVDF Hollow Fiber Membranes for Membrane Distillation and Continuous Performance. Chem. Eng. Sci. 2012, 68(1), 567 – 578.

[309] Feng, C.; et al. Preparation and Properties of Microporous Membrane from Poly(vinylidene fluoride – co – tetrafluoroethylene)(F2.4) for Membrane Distillation. J. Membr. Sci. 2004, 237(1 – 2), 15 – 24.

[310] Francis, L.; et al. PVDF Hollow Fiber and Nanofiber Membranes for Fresh Water Reclamation Using Membrane Distillation. J. Mater. Sci. 2014, 49(5), 2045 – 2053.

[311] Garciía – Payo, M. C.; Essalhi, M.; Khayet, M. Effects of PVDF – HFP Concentration on Membrane Distillation Performance and Structural Morphology of Hollow Fiber Membranes. J. Membr. Sci. 2010, 347(1 – 2), 209 – 219.

[312] Khayet, M.; Matsuura, T. Preparation and Characterization of Polyvinylidene Fluoride Membranes for Membrane Distillation. Ind. Eng. Chem. Res. 2001, 40(24), 5710 – 5718.

[313] Mokhtar, N.; Lau, W.; Goh, P. Effect of Hydrophobicity Degree on PVDF Hollow Fiber Membranes for Textile Wastewater Treatment Using Direct Contact Membrane Distillation. Jurnal Teknologi 2013, 65(4), 77 – 81.

[314] Mokhtar, N. M.; Lau, W. J.; Ismail, A. F. Dye Wastewater Treatment by Direct Contact Membrane Distillation Using Polyvinylidene Fluoride Hollow Fiber Membranes. J. Polym. Eng. 2015, 35(5), 471 – 479.

[315] Mokhtar, N. M.; et al. Physicochemical Study of Polyvinylidene Fluoride – Cloisite15A[Registered Sign] Composite Membranes for Membrane Distillation Application. RSC Adv. 2014, 4(108), 63367 – 63379.

[316] Wang, K. Y.; Chung, T. S.; Gryta, M. Hydrophobic PVDF Hollow Fiber Membranes with Narrow Pore Size Distribution and Ultra – Thin Skin for the Fresh Water Production Through Membrane Distillation. Chem. Eng. Sci. 2008, 63(9), 2587 – 2594.

[317] Khayet, M.; Matsuura, T. Formation of Hollow Fibre MD Membranes. In Membrane Distillation, Elsiever: Amsterdam, 2011; pp 59 – 87.

[318] Burgoyne, A.; Vahdati, M. M. Direct Contact Membrane Distillation. Sep. Sci. Technol. 2000, 35(8), 1257 – 1284.

[319] Chiam, C. K.; Sarbatly, R. Vacuum Membrane Distillation Processes for Aqueous Solution Treatment—A Review. Chem. Eng. Process. 2013, 74, 27 – 54.

[320] Mengual, J. I.; et al. Osmotic Distillation Through Porous Hydrophobic Membranes. J. Membr. Sci. 1993, 82(1 – 2), 129 – 140.

[321] Cath, T. Y.; Adams, D.; Childress, A. E. Membrane Contactor Processes for Wastewater Reclamation in Space II. Combined Direct Osmosis, Osmotic Distillation, and Membrane Distillation for Treatment of Metabolic Wastewater. J. Membr. Sci. 2005, 257(1 – 2), 111 – 119.

[322] Gryta, M. Osmotic MD and Other Membrane Distillation Variants. J. Membr. Sci. 2005, 246(2), 145 – 156.

[323] Rajabzadeh, S.; et al. CO_2 Absorption by Using PVDF Hollow Fiber Membrane Contactors with Various Membrane Structures. Sep. Purif. Technol. 2009, 69(2), 210 – 220.

[324] Park, H. H.; et al. Absorption of SO_2 from Flue Gas Using PVDF Hollow Fiber Membranes in a Gas – Liquid Contactor. J. Membr. Sci. 2008, 319(1 – 2), 29 – 37.

[325] Khaisri, S.; et al. Comparing Membrane Resistance and Absorption Performance of Three Different Membranes in a Gas Absorption Membrane Contactor. Sep. Purif. Technol. 2009, 65(3), 290 – 297.

[326] Yeon, S. H.; et al. Determination of Mass Transfer Rates in PVDF and PTFE Hollow Fiber Membranes for CO_2 Absorption. Sep. Sci. Technol. 2003, 38(2), 271 – 293.

[327] Mansourizadeh, A.; Ismail, A. F. Effect of Additives on the Structure and Performance of Polysulfone Hollow Fiber Membranes for CO_2 Absorption. J. Membr. Sci.

2010, 348(1 −2), 260 −267.

[328] Mansourizadeh, A.; Ismail, A. F.; Matsuura, T. Effect of Operating Conditions on the Physical and Chemical CO_2 Absorption Through the PVDF Hollow Fiber Membrane Contactor. J. Membr. Sci. 2010, 353(1 −2), 192 −200.

[329] Atchariyawut, S.; Jiraratananon, R.; Wang, R. Separation of CO_2 from CH_4 by Using Gas − Liquid Membrane Contacting Process. J. Membr. Sci. 2007, 304(1 −2), 163 −172.

[330] Rajabzadeh, S.; et al. Effect of Membrane Structure on Gas Absorption Performance and Long − Term Stability of Membrane Contactors. Sep. Purif. Technol. 2013, 108, 65 −73.

[331] Cui, Z.; deMontigny, D. Part 7: A Review of CO_2 Capture Using Hollow Fiber Membrane Contactors. Carbon Manage. 2013, 4(1), 69 −89.

[332] Li, J. L.; Chen, B. H. Review of CO_2 Absorption Using Chemical Solvents in Hollow Fiber Membrane Contactors. Sep. Purif. Technol. 2005, 41(2), 109 −122.

[333] Mansourizadeh, A.; Ismail, A. F. Hollow Fiber Gas − Liquid Membrane Contactors for Acid Gas Capture: A Review. J. Hazard. Mater. 2009, 171(1 −3), 38 −53.

[334] Mansourizadeh, A.; Ismail, A. F. Influence of Membrane Morphology on Characteristics of Porous Hydrophobic PVDF Hollow Fiber Contactors for CO_2 Stripping from Water. Desalination 2012, 287, 220 −227.

[335] Mansourizadeh, A.; Ismail, A. F. CO_2 Stripping from Water Through Porous PVDF Hollow Fiber Membrane Contactor. Desalination 2011, 273(2 −3), 386 −390.

[336] Mansourizadeh, A. Experimental Study of CO_2 Absorption/Stripping Via PVDF Hollow Fiber Membrane Contactor. Chem. Eng. Res. Des. 2012, 90(4), 555 −562.

[337] Naim, R.; Ismail, A. F.; Mansourizadeh, A. Preparation of Microporous PVDF Hollow Fiber Membrane Contactors for CO_2 Stripping from Diethanolamine Solution. J. Membr. Sci. 2012, 392 −393, 29 −37.

[338] Naim, R.; Ismail, A. F.; Mansourizadeh, A. Effect of Non − Solvent Additives on the Structure and Performance of PVDF Hollow Fiber Membrane Contactor for CO_2 Stripping. J. Membr. Sci. 2012, 423 −424, 503 −513.

[339] Rahbari − Sisakht, M.; et al. Carbon Dioxide Stripping from Diethanolamine Solution Through Porous Surface Modified PVDF Hollow Fiber Membrane Contactor. J. Membr. Sci. 2013, 427, 270 −275.

[340] Rahbari − Sisakht, M.; et al. Study on CO_2 Stripping from Water Through Novel Surface Modified PVDF Hollow Fiber Membrane Contactor. Chem. Eng. J. 2014, 246, 306 −310.

［341］ Mulukutla, T. ; et al. Novel Membrane Contactor for CO_2 Removal from Flue Gas by Temperature Swing Absorption. J. Membr. Sci. 2015, 493, 321 – 328.

［342］ Naim, R. ; Ismail, A. F. Effect of Polymer Concentration on the Structure and Performance of PEI Hollow Fiber Membrane Contactor for CO_2 Stripping. J. Hazard. Mater. 2013, 250, 354 – 361.

［343］ Naim, R. ; et al. Polyvinylidene Fluoride and Polyetherimide Hollow Fiber Membranes for CO_2 Stripping in Membrane Contactor. Chem. Eng. Res. Des. 2014, 92 (7), 1391 – 1398.

［344］ Wang, Z. ; et al. Modeling of CO_2 Stripping in a Hollow Fiber Membrane Contactor for CO_2 Capture. Energy Fuel 2013, 27(11), 6887 – 6898.

［345］ Yeon, S. H. ; et al. Application of Pilot – Scale Membrane Contactor Hybrid System for Removal of Carbon Dioxide from Flue Gas. J. Membr. Sci. 2005, 257(1 – 2), 156 – 160.

［346］ Li, R. ; et al. Reduction of VOC Emissions by a Membrane – Based Gas Absorption Process. J. Environ. Sci. 2009, 21(8), 1096 – 1102.

［347］ Zhang, L. ; et al. Remove Volatile Organic Compounds(VOCs) with Membrane Separation Techniques. J. Environ. Sci. 2002, 14(2), 181 – 187.

［348］ Zhen, H. ; et al. Modified Silicone – PVDF Composite Hollow – Fiber Membrane Preparation and its Application in VOC Separation. J. Appl. Polym. Sci. 2006, 99 (5), 2497 – 2503.

［349］ Hou, D. ; et al. Boron Removal from Aqueous Solution by Direct Contact Membrane Distillation. J. Hazard. Mater. 2010, 177(1 – 3), 613 – 619.

［350］ Tan, X. ; et al. Polyvinylidene Fluoride(PVDF) Hollow Fibre Membranes for Ammonia Removal from Water. J. Membr. Sci. 2006, 271(1 – 2), 59 – 68.

［351］ Bui, V. A. ; Nguyen, M. H. The Role of Operating Conditions in Osmotic Distillation and Direct Contact Membrane Distillation—A Comparative Study. Int. J. Food Eng. 2006, 2(5), 1556 – 3758.

［352］ Varavuth, S. ; Jiraratananon, R. ; Atchariyawut, S. Experimental Study on Dealcoholization of Wine by Osmotic Distillation Process. Sep. Purif. Technol. 2009, 66 (2), 313 – 321.

［353］ Kujawa, J. ; et al. Raw Juice Concentration by Osmotic Membrane Distillation Process with Hydrophobic Polymeric Membranes. Food Bioprocess Technol. 2015, 8 (10), 2146 – 2158.

［354］ Wang, G. P. ; Shi, H. C. ; Shen, Z. S. Influence of Osmotic Distillation on Membrane Absorption for the Treatment of High Strength Ammonia Wastewater. J. Environ. Sci. 2004, 16(4), 651 – 655.

[355] Bui, A. V. ; Nguyen, H. M. ; Joachim, M. Characterisation of the Polarisations in Osmotic Distillation of Glucose Solutions in Hollow Fibre Module. J. Food Eng. 2005, 68(3), 391 – 402.

[356] Mansourizadeh, A. ; et al. Preparation of Polyvinylidene Fluoride Hollow Fiber Membranes for CO_2 Absorption Using Phase – Inversion Promoter Additives. J. Membr. Sci. 2010, 355(1 – 2), 200 – 207.

[357] Rongwong, W. ; Jiraratananon, R. ; Atchariyawut, S. Experimental Study on Membrane Wetting in Gas – Liquid Membrane Contacting Process for CO_2 Absorption by Single and Mixed Absorbents. Sep. Purif. Technol. 2009, 69(1), 118 – 125.

[358] Wang, L. ; et al. Effect of Long – Term Operation on the Performance of Polypropylene and Polyvinylidene Fluoride Membrane Contactors for CO_2 Absorption. Sep. Purif. Technol. 2013, 116, 300 – 306.

[359] Wang, D. ; Teo, W. K. ; Li, K. Removal of H_2S to Ultra – Low Concentrations Using an Asymmetric Hollow Fibre Membrane Module. Sep. Purif. Technol. 2002, 27(1), 33 – 40.

[360] Wang, D. ; Teo, W. K. ; Li, K. Selective Removal of Trace H_2S from Gas Streams Containing CO_2 Using Hollow Fibre Membrane Modules/Contractors. Sep. Purif. Technol. 2004, 35(2), 125 – 131.

[361] Wei, P. ; et al. A Review of Membrane Technology for Bioethanol Production. Renew. Sust. Energ. Rev. 2014, 30, 388 – 400.

[362] Shao, P. ; Huang, R. Y. M. Polymeric Membrane Pervaporation. J. Membr. Sci. 2007, 287(2), 162 – 179.

[363] Jian, K. ; Pintauro, P. N. Asymmetric PVDF Hollow – Fiber Membranes for Organic/Water Pervaporation Separations. J. Membr. Sci. 1997, 135(1), 41 – 53.

[364] Sukitpaneenit, P. ; Chung, T. – S. PVDF/Nanosilica Dual – Layer Hollow Fibers with Enhanced Selectivity and Flux as Novel Membranes for Ethanol Recovery. Ind. Eng. Chem. Res. 2012, 51(2), 978 – 993.

[365] Sukitpaneenit, P. ; Chung, T. – S. ; Jiang, L. Y. Modified Pore – Flow Model for Pervaporation Mass Transport in PVDF Hollow Fiber Membranes for Ethanol – Water Separation. J. Membr. Sci. 2010, 362(1 – 2), 393 – 406.

[366] Ji, J. ; et al. Poly(Vinylidene Fluoride)(PVDF) Membranes for Fluid Separation. React. Funct. Polym. 2015, 86, 134 – 153.

[367] Yeow, M. L. ; et al. Preparation of Divinyl – PDMS/PVDF Composite Hollow Fibre Membranes for BTX Removal. J. Membr. Sci. 2002, 203(1 – 2), 137 – 143.

[368] Liu, Y.; Feng, X.; Lawless, D. Separation of Gasoline Vapor from Nitrogen by Hollow Fiber Composite Membranes for VOC Emission Control. J. Membr. Sci. 2006, 271(1 – 2), 114 – 124.

[369] Ramaiah, K. P.; et al. Removal of Hazardous Chlorinated VOCs from Aqueous Solutions Using Novel ZSM – 5 Loaded PDMS/PVDF Composite Membrane Consisting of Three Hydrophobic Layers. J. Hazard. Mater. 2013, 261, 362 – 371.

[370] Kim, E. S.; et al. Preparation and Characterization of Polyamide Thin – Film Composite(TFC)Membranes on Plasma – Modified Polyvinylidene Fluoride(PVDF). J. Membr. Sci. 2009, 344(1 – 2), 71 – 81.

[371] Madaeni, S. S.; Zinadini, S.; Vatanpour, V. Preparation of Superhydrophobic Nanofiltration Membrane by Embedding Multiwalled Carbon Nanotube and Polydimethylsiloxane in Pores of Microfiltration Membrane. Sep. Purif. Technol. 2013, 111, 98 – 107.

[372] Razmjou, A.; et al. Superhydrophobic Modification of TiO_2 Nanocomposite PVDF Membranes for Applications in Membrane Distillation. J. Membr. Sci. 2012, 415, 850 – 863.

[373] Park, S. J.; et al. Nanofiltration Membranes Based on Polyvinylidene Fluoride Nanofibrous Scaffolds and Crosslinked Polyethyleneimine Networks. J. Nanopart. Res. 2012, 14(7), 884.

[374] Kim, D. H.; et al. Study on Immobilized Liquid Membrane Using Ionic Liquid and PVDF Hollow Fiber as a Support for CO_2/N_2 Separation. J. Membr. Sci. 2011, 372 (1 – 2), 346 – 354.

[375] Liu, Y. Separation of Volatile Organic Compounds from Nitrogen by Hollow Fiber Composite Membranes; UWSpace, University of Waterloo Library: Waterloo, ON, 2003.

[376] Kim, D. – H.; et al. Study on Immobilized Liquid Membrane Using Ionic Liquid and PVDF Hollow Fiber as a Support for CO_2/N_2 Separation. J. Membr. Sci. 2011, 372(1 – 2), 346 – 354.

[377] Li, Q.; Xi, S.; Zhang, X. Conservation of Paper Relics by Electrospun PVDF Fiber Membranes. J. Cult. Herit. 2014, 15(4), 359 – 364.

第8章 热重组聚合物膜:材料与应用

命名

4MPD	间苯二胺
6FBAHPP	2,2 – 双[4 – (4 – 氨基苯氧基苯)]六氟丙烷;4,4′ – (六氟异丙基)双(对苯氧基)二苯胺
6FDA	4,4′ – (六氟异丙烯)二酞酸酐
Ac	乙酸酐
AHPF	9,9 – 双(3 – 氨基 – 4 – 羟苯基)二苯并五环
APAF	2,2 – 双(3 – 氨基 – 4 – 羟苯基)六氟丙烷
BAP	4,4′ – (1,4 – 亚苯基二异亚丙基)二苯胺
BAPP	2,2 – 双[4 – (4 – 氨基苯氧基)苯基]丙烷
BPADA	4,4 – (4,4 – 异丙基二苯氧基)双(邻苯二甲酸酐)
BPDA	联苯四羧酸二酐
BTDA	3,3′,4,4′ – 二苯甲酮四甲酸二酐
DAB	3,3′ – 二氨基联苯胺
DABA	3,5 – 二氨基苯甲酸
DAM	2,4,6 – 三甲基 – 1,3 – 苯二胺
DMA	动态力学分析
DSC	差示扫描量热法
EA	酯酸
FDA	9,9′ – 双(4 – 氨基苯基)二苯并五环
FFV	自由柱容
HAB	3,3′ – 二羟基 – 4,4′ – 二氨基 – 联苯
HPA	羟基聚酰胺
HPAAc	羟基聚酰胺酸
HPI	羟基聚酰亚胺
MD	分子动力学
MDA	4,4′ – 二氨基二苯基甲烷
MS	质谱仪
NMP	N – 甲基 – 2 – 吡咯烷酮
ODA	4,4′ – 对氨基二苯醚
ODPA	4,4′ – 氧双邻苯二甲酸酐

PA　　　　　聚酰胺

PAAc　　　 聚酰胺酸

PAc　　　　2,2‐二甲基丙酸酐

PAI　　　　聚氨基酰亚胺

PALS　　　 正电子湮灭寿命谱

PBI　　　　聚苯并咪唑

PBO　　　　聚苯并噁唑

PBT　　　　聚苯并噻唑

PI　　　　　聚酰亚胺

PIM　　　　本征微孔聚合物

PMDA　　　苯四甲酸二酐

PPL　　　　聚吡咯

PrAc　　　 丙酸酐

PTMSP　　 聚(三甲基硅烷基‐1‐丙炔)

TBAHPB　 1,4‐双(4‐氨基‐3‐羟基苯氧基)2,5‐二‐叔‐丁基苯

TEA　　　　三乙胺

T_g　　　　　玻璃化转变温度

TGA　　　　热重分析

TR　　　　　热重排

T_{TR}　　　　热重排温度

8.1　引　言

在过去的几十年里,用于气体分离的聚合物膜得到了快速的发展,这些技术已经成功地渗透到工业气体分离领域中,传统意义上的工业气体分离是由物理吸附、化学吸附和低温蒸馏等分离技术实现的。本书的中心思想是材料的开发,许多根据需要设计出的聚合物已经应用到气体分离领域中,包括聚三甲基硅‐1‐丙烯(PTMSP)、热重排聚合物(TR)、多微孔型聚合物(PIMs)和 TROGER 碱聚合物。与传统的聚合物膜材料不同,这种膜材料依靠具有中等链刚度且紧密连接的聚合物来构建较小的分子空间,从而通过降低渗透性来达到提高选择性的目的,这些新型微孔聚合物的链刚度通过合理的设计得到加强,其中一些还具有弯曲结构。结果表明,它们都具有相同的微孔特性,具有较高的自由柱容(FFV)和较窄的空腔尺寸分布,以及良好的透气性和选择性。

在一系列微孔聚合物中,TR 聚合物具有扁平刚硬的棒状结构,同时具有阻止苯环‐杂环之间扭转的高能屏障,是最具刚性的微孔聚合物之一。因此,与其他微孔聚合物相比,TR 聚合物具有更窄的空腔尺寸和相似的自由柱容分数,从而提供了更高的选择性和可比性,能够更加广泛地适用到气体分离领域中。

本章从 TR 聚合物合成过程中热重排反应的基本原理入手,揭示了反应过程中微腔

和 FFV 的形成过程。然后,对不同类型的 TR 聚合物进行了详细的讨论,重点讨论了聚合物类型对聚合物微观结构的影响,特别是对自由柱容拓扑结构的影响。更重要的是,给出了 TR 聚合物设计的一般原理,包括单体的选择和合成路线,以及它们与聚合物自由柱容拓扑结构的关系,以及最终的气体渗透性。此外,还提供了 TR 聚合物的其他信息,包括表征技术和未来的工业应用前景,以及实现 TR 聚合物膜工业化生产应考虑的事项。

8.2　TR 聚合物基本信息

TR 聚合物的概念最初是受到在刚性玻璃聚合物中进行空间重排的启发而提出的,例如分子内环化,可生成具有可控 FFV 的结构,适用于气体输送的聚合物。例如,与杂环连接的芳香聚合物,如苯并恶唑、苯并噻唑、苯并咪唑等,在苯 – 杂环单元中均呈现扁平的刚性棒状结构。由于这些聚合物具有紧密堆积的扁平拓扑结构,因此它们具有优越的气体分离性能,从而产生了接近小分子气体尺寸的空腔。然而,这些聚合物的刚性链状结构使得将这些材料用于气体分离膜的制备时会面临重大的挑战,因为这些聚合物中的大多数在普通溶剂中会表现出极低的溶解性,这导致了无法使用常见的溶液铸造法来将这些材料制备成气体分离膜。

在此背景下,韩国汉阳大学的研究人员发现了一种新的后加工链重排反应,将高度的可溶前体转化为完全芳香化的不溶性聚合物。从而使得气体分离膜仍然可以通过传统的溶液铸造方法制备,首先利用可溶性前驱体(如羟基聚酰亚胺、HPI)进行膜的制备,然后将前驱体(如聚苯并恶唑、PBO)在固态下与芳香族聚合物膜进行热环化反应。图 8.1 所示为从 HPI 到 PBO 的热环化机理,该过程包括一个具有羧基 – 苯并恶唑中间的 HPI。将羟基亚胺环重排成羧基苯并恶唑,再进行 350~450 ℃ 的脱羧反应,得到完全芳香化的苯并恶唑产物。在固态热重排过程中,聚合物由链状结构变形成为刚性棒状结构,形成了在 0.3~0.4 nm 和 0.7~0.9 nm 范围内分布的双峰微孔,前者适用于气体分子的选择性输运,后者可显著增强气体扩散性能。TR 聚合物独特的形状让人联想到沙漏,狭窄的瓶颈和相邻的大腔室,这可以最大限度地优化它们的分子筛功能,非常有利于高效地分离气体分子,尤其是那些大小相差不大的气体分子。由于同时提高了选择性和渗透性,这些聚合物表现出优异的分离性能,克服了渗透性 – 选择性上限的限制。更重要的是,TR 聚合物的空腔尺寸可以通过聚合物结构的设计和热反应来进行调控,以实现对特定气体的分离。

根据用于 TR 转换的前驱体类型,可将 TR 聚合物大致分为六类:①TR – α,其中前驱体为具有邻位官能团的聚酰亚胺(PIs);②TR – β,由具有邻位官能团的聚酰胺前体(PAs)衍生而出;③交联 TR 聚合物;④TR 共聚物;⑤不稳定聚酰亚胺前驱体单元衍生的 TR 聚合物;⑥TR 螺旋联吲哚聚合物。在这六种聚合物类型中,研究最多的是 TR – α 聚合物,这种聚合物的结构设计和合成原理详见 8.2.1 节。需要注意的是,TR – α 聚合物的一些设计原则可以推广到其他类型的 TR 聚合物。

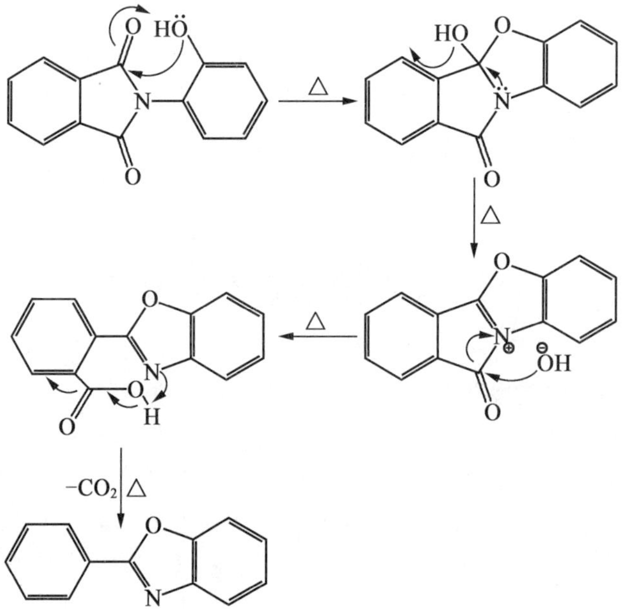

图 8.1　从 HPI 到 PBO 的热环化机理

8.2.1　聚酰亚胺(PIs)前驱体衍生的 TR - α 聚合物

　　TR - α 聚合物是由具有邻位官能团的 PI 前驱体衍生而来,该前驱体是由二酐和邻位官能团二胺的常规缩聚反应合成的。在热重排过程中,PIs 中的邻位官能团与酰亚胺反应,导致聚合物的结构发生变化。在高温下对具有邻位官能团的 PIs 进行热处理和脱羧反应,根据邻位官能团的不同,可得到高度刚性的杂环聚合物,如 PBO、聚苯并噻唑(PBT)、聚吡咯酮(PPL)和聚苯并咪唑(PBI)。

　　TR 聚合物的一个主要优点是,可通过聚合物结构的设计和合成路线的选择来控制 FFV 和相应的微腔尺寸及分布,从而控制气体的渗透性能。第 1 和 2 节详细讨论了上述两个方面对 TR - α 聚合物的结构、物理和渗透性能的影响。值得注意的是,选择 HPI(TR - α - PBO)衍生的 TR - α 聚合物作为代表来阐述选择材料的标准,这不仅适用于其他类型的 TR - α 聚合物,也适用于其他类型的 TR 聚合物。

　　除了前面提到的两个关键标准,其他因素也会影响 TR 聚合物的微观结构和渗透性能。例如,热处理过程和膜厚都对 TR 转换程度有较为直观的影响:温度越高,热暴露时间越长;膜越薄,TR 转换程度越大,渗透性越大。因此,本节将不详细讨论这些因素。

1. 聚合物结构设计:单体选择标准

　　如前所述,TR 聚合物的合成通常涉及二酐单体、羟基功能化二胺(以下简称 TR - able 二胺),偶尔也涉及无羟基的二胺(以下简称非 TR - able 二胺,详见 8.2.4 节)。依据如下几个原则可以通过选择合适的单体合成 TR 聚合物。单纯从提高 TR 聚合物的空腔尺寸、FFV 和透气性能的角度出发,可以根据本节描述的标准选择单体。

（1）低转动自由度的刚性骨架结构。

在热处理过程中，使用具有柔性骨架的单体可能会导致聚合物链向热力学平衡的方向弛豫，从而降低 FFV 和气体渗透率。根据这一原理，在聚合物主链中首选具有高度刚性的单体，如含有刚性联苯基团的单体。相反，含有醚基、—C（CF₃）₂—基团或—C（CH₃）₂—基团的单体通常具有较高的旋转自由度，由这些单体合成的 TR 聚合物通常具有较低的 FFV 和透气性。此外，比较两个典型的柔性基团（即，—C（CF₃）₂—和—C（CH₃）₂—），—C（CF₃）₂—基团由于 CF₃ 侧基团体积大，电负性高，其柔性较低。表8.1 按链刚度汇总了 TR 聚合物合成中常用的单体，柔性连接用曲线箭头表示。

表 8.1　TR 聚合物合成中常用单体的概述（曲线箭头表示柔性连接，灰色圆圈表示大体积基团）

	二酐	TR-able二胺	非TR-able二胺	
刚性　联苯基团	BPDA	HAB	DAB	OT
酮类	BTDA			
其他	PMDA	BisAHPF(cardo)	FDA	DAM
			4MPD	DABA
弹性　乙醚基团	ODPA	6FBAHPP	ODA	
	BPADA	TBAHPB	BAPP	
—C(CF₃)₂—基团	6FDA	BisAPAF		
		6FBAHPP		
—C(CH₃)₂—基团	BPADA		BAP	
			BAPP	
—C(R)₂—基团			MDA	

（2）含有大量桥联基团和/或坠饰基团的单体。

聚合物链中存在体积较大的桥联基团和/或坠饰基团，会有效降低聚合物链的填充密度，从而导致 FFV 更高和透气性更大。表8.1 用灰色圆圈标出了 TR 聚合物合成单体中典型的大体积基团,其中—C(CF₃)₂—和—C(CH₃)₂—是最常见的两个大体积基团。然而,正如前面所阐述的,这两个基团都是柔性的,因此,理论上可能导致FFV和气体渗透率的降低。然而,—C(CF₃)₂—和—C(CH₃)₂—的侧基体积较大,能够有效抵消其柔性骨架结构的负面影响,尤其是—C(CF₃)₂—基团,它的侧基的体积不仅大于—C(CH₃)₂—,而且还略显刚性。

前面列出的标准不仅可以用于提高气体渗透率,而且可以降低制造成本。TR聚合物通常需要在接近400 ℃的温度下进行热处理。从成本效益的角度来看,设计一种既可在温度较低的条件下进行热处理又不会影响转化率的TR聚合物是非常有意义的。热转换温度(T_{TR})通常高于玻璃化转变温度(T_g),说明热重排发生在橡胶态下,此状态下,自由柱容充足且嵌段运动能力较大,可以发生热重排反应。同时,聚合物的T_g与单体的柔性密切相关,因此可以通过单体的选择来控制影响T_{TR}的因素。表8.1汇总了合成TR聚合物中大多数常用的单体,其中含有柔性骨架(弯曲箭头)单体的T_g和T_{TR}值较低,因此用其合成TR聚合物的成本较低。而具有刚性结构的单体,如具有刚性联苯基团的HAB,通常具有较高的T_g和T_{TR}值,如果用这些单体合成TR聚合物,则需要较高的热处理温度,因此从成本上来看是不划算的。关于这个主题的研究有很多。如果想要精确调控聚合物链的柔性,可将前驱体PI的T_g从大约350 ℃降至大约235 ℃,将TR转换的起始温度从350 ℃降至290 ℃。然而,由于这些T_g值较低的TR聚合物的链段具有柔性,其透气性通常比具有刚性骨架结构的TR聚合物的透气性要低得多(最多低至100倍)。根据热重排温度(T_{TR})与气体渗透率之间的平衡关系可以明显地看出,前驱体聚合物的选择应综合考虑生产成本和分离性能。

2. 亚胺化反应路线的选择

TR聚合物的合成通常涉及两个关键步骤:通过酰化的方法合成具有邻位官能团的PI前驱体,然后将PI前驱体热转化为PBOs。本节主要讨论先进行亚胺化对前驱体PI的影响以及随后对TR聚合物最终性能的影响。前驱体PI通常由热处理法、共沸法、化学法或酯酸亚胺化法合成,采用具有邻位官能团的聚肟酸或由二酐和二胺单体生成的酯酸中间体通过两步缩聚反应来合成。虽然通过这些亚胺化路线合成的TR聚合物最终都具有相同的化学结构,但由不同的亚胺化路线合成的TR聚合物的物理和渗透性会有所不同。

(1)热亚胺化反应。

典型的热亚胺化过程,如图8.2所示。首先,通常是在室温下将羟基二胺溶解于溶剂(如NMP)中。然后,将溶液冷却到0 ℃,再将二酐和其他溶剂加入到溶液中。将反应混合物在0 ℃下进行长时间的搅拌,生成羟基聚酰胺酸(HPAAc)(步骤1),然后将HPAAc溶液浇注到玻璃平板上,待溶剂蒸发后制备成膜。最终,将得到的膜在300 ℃左右进行热处理,再通过脱水处理引发吸热闭环反应,将HPAAc转化为HPI(步骤2:热亚胺化),然后进一步加热至450 ℃,得到最终的TR – PBO膜(步骤3:热重排)。由热亚胺化路线制备的TR – PBO聚合物以下称为"tPBO"。

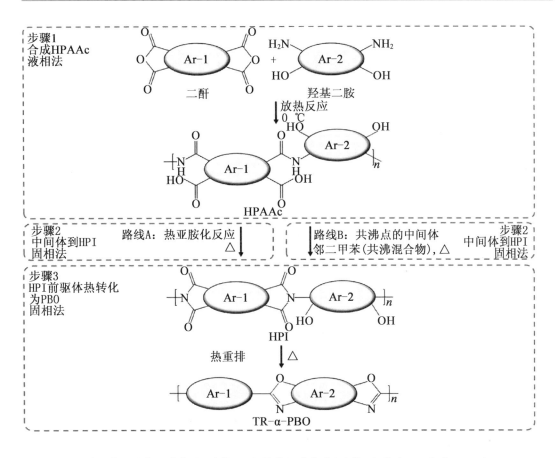

图 8.2　采用典型的热亚胺化法（路线 A）和共沸亚胺化法（路线 B）通过 HPI 合成 tPBO 和 aPBO
Ar‒1—二氢化物芳香基团；Ar‒2—羟基二胺芳香基团

（2）共沸亚胺化反应。

对于共沸亚胺化过程（图 8.2），中间体 HPAAc 的合成（步骤 1）与热亚胺化过程相同。在亚胺化过程中（步骤 2）使用邻二甲苯（共沸物）与水形成共沸混合物，使水很容易从 HPAAc 溶液中蒸发，在大约 180 ℃下发生脱水并进行亚胺化反应。与热亚胺化反应不同，热亚胺化反应是将 HPAAc 转化为固态的 HPI 并生成膜状的 HPI 产物，而共沸亚胺化反应是在液相中进行，生成的是干燥的粉末状 HPI 产物。然后将前体 HPI 粉末重新溶解在膜浇铸溶剂中，然后在温度高达 450 ℃的条件下进行热处理，以进行从 HPI 到 TR‒PBO 的最终重排（步骤 3）。采用共沸酰化路线合成的 TR‒PBO 聚合物以下称为“aPBO”。

（3）化学亚胺化反应。

化学酰化反应同样是从二酐和羟基二胺单体在 0 ℃条件下合成中间体 HPAAc 开始（图 8.3，步骤 1）。其次，引入乙酸酐（Ac）、丙酸酐（PRAC）或新戊酸酐（PAC）与 HPAAc 的部分氨基发生反应，在吡啶或三乙胺（TEA）存在的条件下，在室温下发生脱羧反应，形成闭合环，最终形成颗粒或功能化的纤维酯 PIS（步骤 2）。形成 TR‒PBO 的最终热重排步骤（步骤 3）与共沸酰化相同，通过该路线合成的 TR‒PBO 聚合物以下称为“cPBO”。

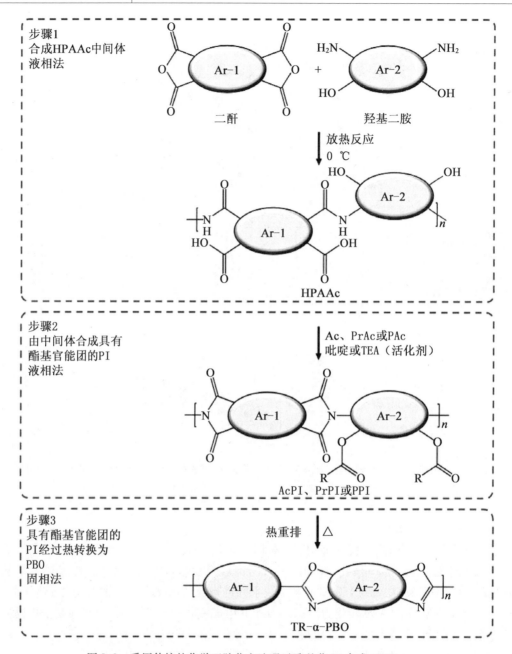

图8.3   采用传统的化学亚胺化方法通过酯基化 PI 合成 cPBO

Ar‑1—二酐芳香基团；Ar‑2—羟基二胺芳香基团

　　化学亚胺化方法的一个主要优点是，它能够在原位将不同大小的酯基连接到 PIS 上来控制 TR 聚合物的 FFV。当这些带有酯基的 PI 进行热处理时，通常会出现除 CO_2 外的一些副产物（Ac、PAc），这是由在热重排之前脱去邻位官能团造成的。因此，最终的 cP‑BO 聚合物的 FFV 与邻位酯基的大小有密切的关系，基团越大（PAc），其 FFV 值越高；基团越小（Ac），其 FFV 值越低。因此，酯基较大的 PI 前驱体在转化为 TR‑PBO 时，会表现出更强的透气性。

除了上述传统的化学亚胺化路线外,有时还采用硅烷化处理与化学亚胺化处理相结合的方法。硅烷化处理是利用氯三甲基硅烷作为缩聚促进剂来激活亲核的二胺,从而提高其在有酸受体吡啶时的反应活性。通过这一途径合成的带有酯基的 PI 前驱体的分子量通常比用常规化学酰化法合成的前驱体高。通过该路线合成的 TR – PBO 聚合物以下称为"sPBO"。

（4）酯酸法亚胺化反应。

酯酸法（图 8.4）是另一种亚胺化方法,用于制备在后续步骤中转化 TR 聚合物的 HPI 前驱体。与先前提到的酰化方法不同,HPAAc 中间体的合成首先是从溶剂中的羟基二胺开始进行的,而酯酸法是在 TEA 的存在情况下,通过高温回流将无水乙醇与二酐混合生成酯酸中间体开始进行的。然后加入邻位羟基二胺与酯酸中间体反应,并在溶液中以邻二氯苯（O – DCB）为共沸物进行高温酰化。然后对根据先前所述步骤所制备的前驱体 HPI 进行热处理,形成最终的 TR – PBO 产品,以下称为"EA – PBO"。

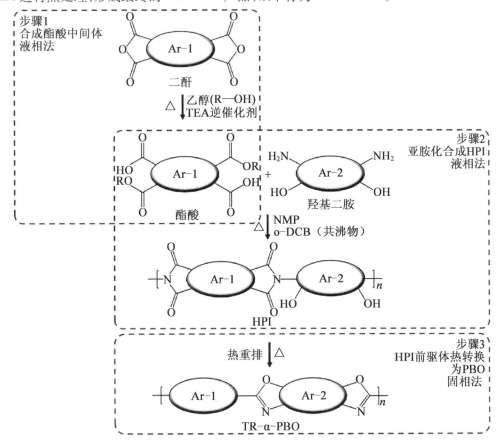

图 8.4　通过 HPI 采用酯酸法制备 EA – PBO 的原理图
Ar – 1—二氢化物的芳香基团；Ar – 2—羟基二胺的芳香基团

与其他亚胺化方法相比,酯酸法的主要优点是,先用二酐单体与醇（由吡啶或 TEA 促进)进行预反应,形成稳定的二酐邻酯酸,从而避免了二酐与残留的 H_2O 接触发生水解反应。对于其他的亚胺化方法,为了解决这一水分敏感性问题,通常是在加入二酐之前先将二胺溶解在溶剂中。此外,在环化过程中要预先在真空条件下对二酐进行热处理,避免由水解反应产生邻二酸杂质。

(5)亚胺化反应路线概述。

虽然上述亚胺化路线最终均得到具有相同化学结构的 TR - PBO,但 aPBO、tPBO、cP-BO、sPBO、EA - PBO 的物理和透气性却有很大差异。对于那些在液体状态下发生酰化的反应路径(例如共沸和酯酸酰化),最终的 TR 聚合物(APBO 和 EA - PBO)通常表现出极低的 FFV 值和较差的气体渗透性,这是由于在液体状态下聚合物链的流动性较高形成了线性的 PI 前驱体。另一方面,对于通过热酰化反应路径(TPBO)制备的 TR 聚合物,通常具有更大的 FFV 值和较好的气体渗透性,在热酰化路线中,闭环亚酰化反应通常在反应物为固态时发生。这是由于固体中聚合物链的流动性受到限制,在很大程度上保留了亚酰化过程中的 FFV 值;形成的 PI 前驱体在溶剂中不溶 6,固相的 HPAAc 与 HPI 发生分子间交联,促进了 FFV 的形成。在化学亚胺化路线上,虽然亚胺化也会在液态下发生,但最终的 TR 聚合物产物(cPBO)具有较大的 FFV 值和较高的 CO_2 渗透性,接近于4 000 Barrer(10^{-10} cm^3 [STP] cm·cm^{-2}·s^{-1}·$cmHg^{-1}$),类似于 tPBO(表 8.2)。这可以归因于从最终的热重排反应中产生的副产物(酯酸)产生了大量的 FFV,而这些 FFV 中的大部分被保留了下来,因为热重排发生在固态下,聚合物链流动性受到限制。就 EA - PBO聚合物而言,由于在液相酰亚胺化过程中气体渗透性低的现象非常普遍,但是它们仍有自己的优点,EA - PBO 聚合物的分子量比由其他途径合成的 PBOs 的分子量高,这是因为酯酸中间体的水解稳定性比由其他路径合成的 HPAAc 中间体的稳定性高。

最后,从膜的工业化生产来看,虽然 tPBO 通常具有最高的渗透性能,但由于二酐和HPAAc 中间体的湿敏问题,热亚胺化路线仍存在严重的问题。这一问题不可避免地会使生产成本增加,这是由于被降解的二酐的储存要求较高,但还可能是预热处理所导致的。相比之下,其他亚胺化路线对热稳定和化学稳定的 PI 前驱体的存储要求要低得多。

3. 其他 TR - α 聚合物

除了通过含有邻位羟基的 PI 前驱体制备的 TR - α - PBO 外,还可以通过其他邻位官能团 PIS 合成 TR - α 聚合物。这些 TR - α 聚合物包括 PPL(邻位 - NH_2)、PBI(邻位 - NH_2)和 PBT(邻位 - SH)。

TR - PPL 的合成路线如图 8.5 所示,从步骤 1 到步骤 3,首先在高温下二酐和四胺(3,30 - 二氨基联苯胺,DAB)发生缩聚反应,形成聚氨基甲酸(PAAC)中间体,然后进行热亚胺化转换反应,将聚氨基酰亚胺(PAI)转化为固态。随后,PAI 前驱体热转化为 PPL。

对于 PBI 聚合物,可以根据传统的合成路线来制备。但这些路线存在重现性差、胶凝性差、可控性差等问题。因此,提出了一种新型的 TR - PPL 后热处理合成 TR - PBI 的方法(图 8.5 中的步骤 4 和步骤 5)。这一过程涉及碱处理(步骤 4)和热重排(步骤 5),将阶梯状吡咯酮结构重排为苯并咪唑结构。与直接由 PBI 聚合物溶液浇铸制备的 TR - PBI 膜相比,用这种方法制备的 TR - PBI 膜的透气性有了显著的提高,这主要是热处理过程中脱羧作用使 FFV 增大所致。此外,TR - PBI 膜在高温下(1 000 ℃ 以上)对氢气也表现出良好的输运性能,表明其在高温制氢中具有潜在的应用价值。

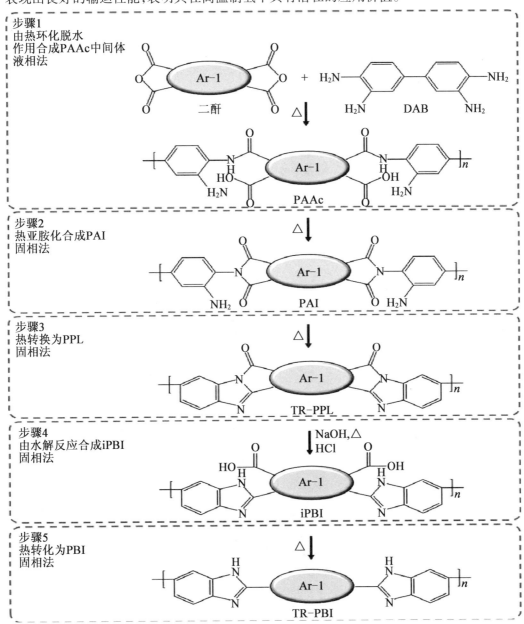

图 8.5　TR－PPL(步骤 1~3)和 TR－PBI(步骤 4~5)的合成路线

Ar－1—二氢化物的芳香基团

8.2.2　羟基聚酰胺(HPAs)衍生的 TR－β－PBO 聚合物

　　与从具有邻位官能团的 PIs 聚合物衍生而来的 TR－α 聚合物不同的是,TR 聚合物是由具有邻位官能团的羟基聚酰胺(HPAs)合成的,这类 TR 聚合物称为 TR－β 聚合物。如图 8.6 所示,TR－β－PBO 聚合物的合成是从羟基二胺与二酸氯缩聚反应开始的。将反应混合物在 0 ℃下进行长时间的搅拌,以保证形成 HPA 的放热反应(步骤 1)的进行。随后,将所得的 HPA 聚合物粉末再溶解于溶剂中并浇铸成膜的形式,然后在约 350 ℃下对 HPA 前驱体膜进行热处理,在此期间 HPA 前驱体首先转化为羟基 PBO 中间体(步骤 2),然后重排成最终的 TR – β – PBO 聚合物。

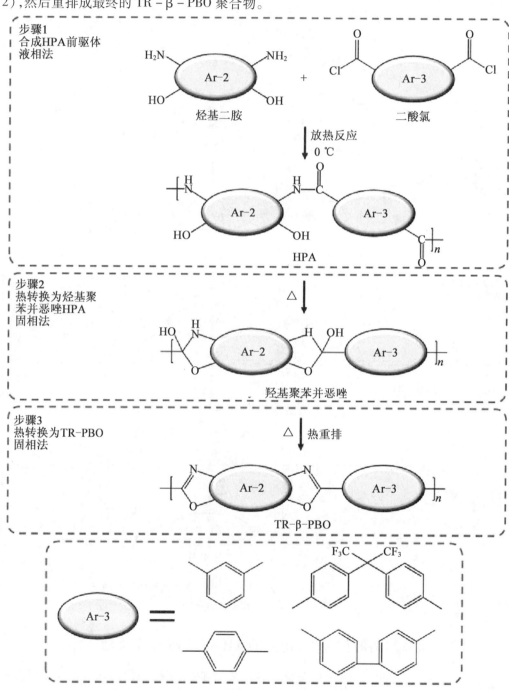

图 8.6　以 HPA 为前体合成 TR – β – PBO

Ar – 2—羟基二胺的芳香基团;Ar – 3—二酸氯化物的芳香基团

通过比较 TR - α 和 TR - β 聚合物的合成路线，可以得出以下几个主要区别。首先，与由叔胺组成的 HPI 相比，HPA 中间体中的羟基在芳香酰胺键(包括仲胺)上表现出更强的柔性。此外，二元氯化物的芳香族部分(图 8.6 中的 Ar - 3)似乎也比二酐的芳香族部分体积小(表 8.1)。因此，从 HPAs 到 TR - β - PBOs 热重排的起始温度可以比从 HPI 进行热重排的起始温度低 100 ℃。更重要的是，前面提到的差异还会导致 TR - β - PBOs 的空腔尺寸略小于 TR - α - PBOs，从而更有效地分离出小体积的气体对(如 H_2 和 CO_2)，并增强了 H_2 的渗透性。

8.2.3 交联 TR 聚合物

从工业生产的角度来看，液相亚胺化(例如，共沸亚胺化及 aPBO)优于固态亚胺化(例如，热亚胺化及 tPBO)，因为在固态亚胺化过程中通常遇到单体和中间体对水分敏感性问题。然而，tPBO 比 aPBO 具有更大的 FFV 和更好的透气性，部分原因是在固态下其分子之间可以发生随机交联。当然，如果精心设计用于 aPBO 合成的前驱体的热处理过程，使其分子之间发生交联，那么可以解决 aPBO 通透性较低的问题。此外，交联 TR 聚合物还可以解决高压 CO_2 分离过程中聚合物膜的增塑问题，在高压 CO_2 分离中，CO_2 作为增塑剂会引起聚合物链膨胀，使得聚合物膜的分离效率降低。通过限制聚合物链在交联网络上的迁移率，可以大大降低其塑化的倾向。

到目前为止，只有两种交联方法被尝试用于制备 TR 聚合物，以试图增大 FFV 和气体渗透性，这两种方法都使用了 3,5 - 二氨基苯甲酸(DABA)。对于第一种方法(图 8.7 中的路线 A)，首先将 DABA 与二酐和羟基二胺混合，采用共沸酰化法(步骤 1 和 2)合成可交联的 HPI，然后与二醇(通常为 1,4 - 丁二醇，由于其具有高亲和性和反应活性)进行单酯化反应催化(步骤 3)。接下来，在高温真空固态条件下，引发酯交换反应，使 HPIS 中坠饰的羧基发生共价交联反应(步骤 4)。最后，将交联的 HPI 热转化为分子间交联的 TR - PBO - co - PI(以下标记为 XTR - PBOI)，再降解松散的双酯链间交联物，形成更为刚性的联苯键(步骤 5)。

尽管采用酯交换交联法(路线 A)制备的 TR 聚合物具有良好的透气性，但后来发现，单酯化反应中的出现的链断现象降低了 HPI 前驱体的分子量，并且降低了其溶解在溶剂中后的黏度，不利于膜的制备。为此，专门设计出了另一种更简单的交联方法(图 8.7 路线 B)，在最后的热重排步骤(路线 B 步骤 3)中，直接降解 DABA 中的支链羧酸基团形成刚性的联苯，作为分子间交联剂，避免了使用二醇单体及进行酯交换反应。

与通过路径 B 制备的 XTR - PBOI 聚合物相比，通过路径 A 制备的 XTR - PBOI 聚合物通常能够对更多种类的气体具有更强的渗透性，这可能是由于在路径 B 中，同时进行了交联和热重排反应，因此在热处理过程中，可能会在形成交联网络之前抑制部分 FFV 的产生。相比之下，在路径 A 中，由于交联网络的支持，在之后的热重排过程中，由于在热处理步骤之前已经完成了交联过程，所以 FFV 在很大程度上会被保留下来。这些推测表明，未来在研究交联 TR 聚合物的过程中，开发新的交联剂或优化热处理过程将是非常有意义的，以保证能够在热重排之前更早地进行交联反应，从而使大部分 FFV 得以保留。

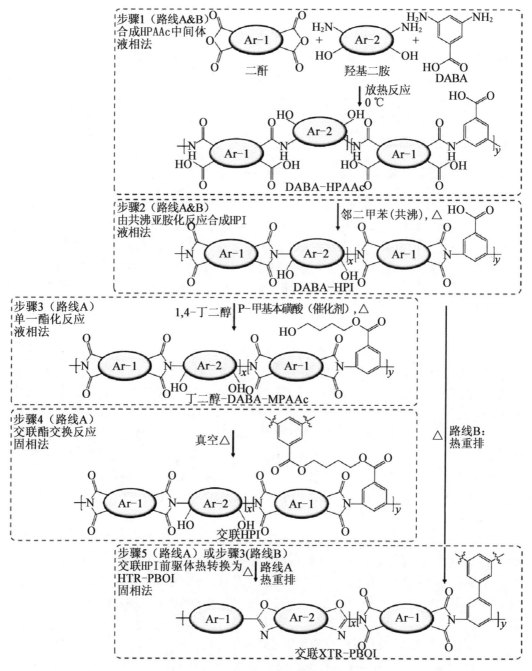

图 8.7　XTR - PBOI 的合成

A—酯交换交联路径；B—羧基降解和联苯交联路径；

Ar - 1—二酐的芳香基团；Ar - 2—羟基二胺的芳香基团

8.2.4　TR 共聚物

另一思路是采用共聚法制备 TR 聚合物，不仅可以使各种 TR 聚合物与玻璃态聚合物产生协同效应，还可以对聚合物链的强度进行微调，以提高机械性能。常用制备 TR 共聚物的方法有：①添加非 TR - able 二胺制备聚酰亚胺苯并恶唑（TR - PBOI）或聚酰胺苯并恶唑（TR - PBOA）；②掺入不同的 TR 聚合物，如聚吡咯酮苯并恶唑（TR - PBO - co - PPL），将 TR - α 与 TR - β 的结合。对于前一种方法，主要目标是提高最终的膜产品的力学性能，因为 TR - PBO 膜具有脆性，而脆性对膜的制备及进行工业化生产提出了巨大的挑战。添加非 TR - able 二胺可以提高链的转动自由度，通过调节 TR - able 和非 TR - able 二胺的比例，可以将聚合物链的强度降低到所需的水平。在气体渗透性能方面，附加非 TR - able 二胺既可以使气体渗透性增大也可以使气体渗透性减弱，这具体取决于链刚度（降低渗透性）与非 TR - able 二胺中大体积基团的尺寸（增加渗透性）之间的关系，这是控制 FFV 形成的主要因素。对于后者，一种 TR 聚合物通过结合另一种不同类型的 TR 聚合物，可以保持两种 TR 聚合物的优良特性。例如，TR - PBO - co - PPL 具有超出罗伯逊交换上限的渗透性（来源于 PBO）和超常的选择性（来源于 PPL）。

8.2.5 不稳定聚酰亚胺单元前驱体衍生的 TR 聚合物

TR 聚合物的前驱体可以用热不稳定单元进行改性，以更好地调整其空腔尺寸和 FFV 的量。为了成功嫁接上热不稳定单元，前驱体聚合物应含有—SO_3H 和—COOH 等官能团，这些官能团可以被体积较大的热不稳定单元所取代，包括葡萄糖、蔗糖、棉子糖和环糊精（α、β 和 γ - CDs）等。在固态热处理过程中，这些体积大的不稳定单元将会被分解，留下大空腔，从而大大提高气体的渗透性。

8.2.6 TR 螺旋联吲哚聚合物

除了 TR 聚合物外，近年来又有学者研究出了另一种多微孔材料命名为本征微孔聚合物（PIMs）。因此，研究人员致力于将这两种性能优良的材料结合在一起，以期望制备出了一类新型的 TR 螺旋联吲哚聚合物（也称为 PI - TR - PBO）。PI - TR - PBO 聚合物不仅保持了 PIMs 和 TR 聚合物优异的透气性能，而且其力学性能也较原来的 PIMs 聚合物有了显著的提高。

8.3　TR 聚合物的表征技术

聚合物材料和聚合物膜的表征技术有很多种，在此不一一列举。本节只选择适用于 TR 聚合物的表征技术进行详细阐述。目的在于阐明如何从这些技术中获取与 TR 聚合物相关的有用信息，尤其是关于聚合物自由柱容的拓扑学特性（微腔尺寸及分布情况），以及它与单体结构和前驱体结构、合成路线、热处理、TR 度转换等方面的关系。

8.3.1 自由柱容的拓扑学表征

TR 聚合物由于具有独特的双峰微腔从而比传统聚合物具有更优异的气体分离性能。因此，能够测量微孔材料空腔尺寸及分布情况的 TR 聚合物表征技术已被广泛应用，包括正电子湮没寿命谱（PALS、空腔尺寸和分布情况）、小角度 X 射线散射（空腔尺寸和分布情况),以及分子动力学模拟(MD、聚合物结构和腔尺寸模型)。此外,BET 氮吸附解吸技术也常用于测量聚合物基体内表面积,从而间接测量出 TR 聚合物的 FFV。广角 X 射线衍射是另一种通过测量聚合物链间的平面间距来间接测量 FFV 的技术。

1. 正电子湮灭寿命谱(PALS)

PALS 法常用于测定 TR 聚合物的自由柱容。如图 8.8(a)所示,利用 PALS 技术可以观察到 TR-PBO 聚合物在两个窄区域内分布的独特的双峰微腔,其中小空腔可以根据尺寸差异对气体进行分离,大空腔可以促进气体快速扩散。此外,PALS 慢扫技术是一种用来表征非对称膜的更为先进的技术,不仅可以通过测量膜的厚度来测量空腔尺寸的变化情况,而且可以估计从顶部的选择性表层到中间的过渡层再到多孔基底层的每一层的厚度(图 8.8(b))。

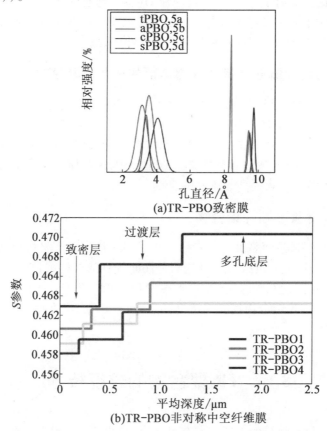

(a)TR-PBO致密膜

(b)TR-PBO非对称中空纤维膜

图 8.8　采用 PALS 技术对 TR-PBO 致密膜和 TR-PBO 非对称中空纤维膜进行了腔径分析((a)经 Han, S. H.; Misdan, N.; Kim, S.; Doherty, C. M.; Hill, A. J.; Lee, Y. M. 同意后转载自 Thermally Rearranged(TR)Polybenzoxazole: Effects of Diverse Imidization Routes on Physical Properties and Gas Transport Behaviors. Macromolecules 2010, 43, 7657-7667. Copyright 2010, American Chemical Society. (b)经 Woo, K. T.; Lee, J.; Dong, G.; Kim, J. S.; Do, Y. S.; Hung, W.-S.; Lee, K.-R.; Barbieri, G.; Drioli, E.; Lee, Y. M. 同意后转载自 Fabrication of Thermally Rearranged(TR)Polybenzoxazole Hollow Fiber Membranes with Superior CO_2/N_2 Separation Performance. J. Membr. Sci. 2015, 490, 129-138. Copyright 2015, Elsevier.)

2. 分子动力学(MD)模拟

采用 MD 模拟方法对 TR 聚合物在原子水平上进行了研究。利用这种方法可以揭示聚合物结构与 FFV(空腔尺寸和角度分布)之间的关系,以及气体输运特性(溶解度和扩散率)。除了 MD 模拟外,还可以利用蒙特卡洛模拟研究 TR 聚合物基体内腔尺寸的原子化分布情况。然而,在试验中经常会遇到的不完全 TR 转换及潜在的交联现象,这在仿真模拟中是很难考虑到的,会导致模拟工作产生较大的偏差。

8.3.2 热转换/重排行为的评估

正如本节所讨论的,聚合物的合成路线、热处理过程和 TR 转换程度对 TR 聚合物的微孔结构和气体输运行为具有强烈的影响。因此,在热处理研究中适当地使用各种表征技术,对于开发具有理想性能的 TR 聚合物至关重要。

1. 热重分析与质谱联用(TGA – MS)

TGA 通常用来测量 TR 转换的程度。通过模拟 TR 膜制备过程中的热处理过程,TGA 记录了随温度升高而失重的情况,提供了关于 TR 膜的转化过程的关键信息。当与质谱(TGA – MS)相结合时,它也可以证明 CO_2 的转化过程。在热重排过程中,从具有邻位官能团的前驱体向 TR 聚合物的转化过程中,通常会出现两处明显的失重过程,如图 8.9 所示。前者通常出现在 300~500 ℃ 的温度范围内,对应的是热重排过程中释放 CO_2 的过程,而后者出现在 500 ℃ 以上,对应的是聚合物骨架的分解过程。已知 TGA 测量出的第一处失重是由于释放 CO_2 所造成的实际失重,则 TR 转换程度可以根据实际失重与理论失重的比值计算出。但应特别注意对温度图和失重图的分析,因为热处理时可能会出现重叠失量的现象,包括去除的残留溶剂和副产物的质量。此外,可能还会伴有分子间反应的发生,这是无法用 TGA 来区分的。

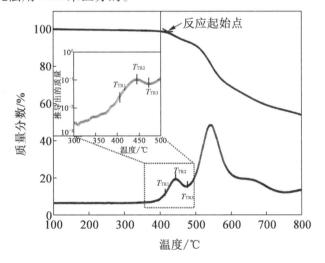

图 8.9 根据热重分析(TGA)获得的从 HPI 热转换到 TR – PBO 的失重与温度关系的典型曲线(经 Jo, H. J.; Soo, C. Y.; Dong, G.; Do, Y. S.; Wang, H. H.; Lee, M. J.; Quay, J. R.; Murphy, M. K.; Lee, Y. M. 同意后转载自 Thermally Rearranged Poly(benzoxazole – co – imide) Membranes with Superior Mechanical Strength for Gas Separation Obtained by Tuning Chain Rigidity. Macromolecules 2015, 48, 2194 – 2202. Copyright 2015, American Chemical Society.)

在分析 TGA 的测量数据时,也可以通过计算热重曲线的一阶导数来确定 T_{TR}(图8.9),一阶导数曲线开始升高的温度被认为是热重排(T_{TR1})的起始温度。曲线的峰值表明,在该温度下,热重排反应速率最高,每升高 1 ℃ 释放的 CO_2 的量最大,故最高峰处的温度被认为是热重排(T_{TR2})的峰值温度,峰谷温度被认为是热重排(T_{TR3})的终止温度。

2. 差示扫描量热法(DSC)

差示扫描量热法(DSC)是另一种常用于分析 TR 聚合物的热分析技术,主要用于 T_g 的测定。它可以作为聚合物链迁移率的指标,与热重排过程中的焓变密切相关,柔性聚合物的焓变相对较小。

3. 动力学分析(DMA)

采用动力学分析法研究 TR 聚合物的热松弛行为,不仅可以比 DSC 法更精确地测量出 T_g,而且还为研究 TR 转化对整体链迁移率的影响以及研究其与聚合物结构和热处理方法之间的关系提供了广阔的思路。

图 8.10 所示为 TR-PBO 聚合物的储能系数以及 $\tan\delta$ 与温度之间的函数关系。随着温度的升高,可以观察到三个运动弛豫过程:γ、β 和 α,如图 8.10(a)所示。α 弛豫对应的是常见的玻璃态转变为橡胶态的相变过程,在此过程中,刚性玻璃聚合物链发生弛豫并向橡胶态移动,而 β 和 γ 弛豫对应的是与局部迁移有关的亚玻璃态弛豫。在弛豫过程中,储能系数明显下降,如图 8.10(a)所示,表明 TR-PBO 聚合物由玻璃态向橡胶态转变。同样,在相同温度下,$\tan\delta$ 曲线中出现一个峰值(图 8.10(b)),定义为 T_g。DMA 温度进一步升高表明储能系数上升,反映了在动态机械加热扫描期间热重排开始进行。因此,在玻璃化转变过程中,$\tan\delta$ 曲线上出现的峰值所对应的温度被定义为 T_{TR}。

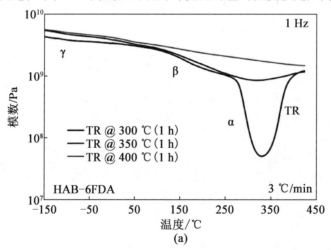

图 8.10　DMA 测量出的 TR-PBO 聚合物的储能系数和 $\tan\delta$ 值与温度的典型关系曲线

(经 Comer, A. C.；Ribeiro, C. P.；Freeman, B. D.；Kalakkunnath, S.；Kalika, D. S. 同意后转载自 Dynamic Relaxation Characteristics of Thermally Rearranged Aromatic Polyimides. Polymer 2013, 54, 891-900. Copyright 2013, Elsevier.)

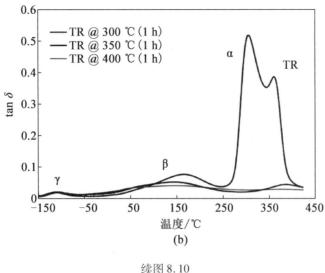

续图 8.10

除了可以确定 T_g 和 T_{TR} 之外，还可以从玻璃态 – 橡胶态相变 α 弛豫附近的动力学模量的测量过程中得到与 TR 转换程度有关的信息。例如，如图 8.10 所示，随着聚合物样品预处理温度从 300 ℃ 升高到 400 ℃，储能系数的降低变得缓慢，tan δ 曲线中的 α 峰也相应地逐渐消失。经过高温预处理后的聚合物样品中没有玻璃态 – 橡胶态的 α 相变，表明在动态力学测量之前就已经发生了热重排，因此可以作为 TR 转换程度的一个指标。

8.4 TR 聚合物的应用

8.4.1 用于气体分离的 TR 聚合物

TR 聚合物最大的用途是分离各种工业气体的混合物，由于其具有独特的双峰分布式的微腔，因此具有特殊的气体分离性能。如前几节所述，可通过设计聚合物结构（例如，选择合适的单体、掺入共聚物和交联聚合物）、合成路线和热处理过程，对包括 TR 聚合物的空腔大小和分布在内的自由柱容拓扑结构进行微调。因此，通过控制这些合成条件，可将空腔大小控制在一个小范围内，以最大限度地优化其分子筛功能，从而提高对气体的选择性。同时，还可以对 FFV 整体进行调整，以提高气体渗透性。

表 8.2 总结了各种已制备出的 TR 聚合物的气体渗透性能。最值得注意的是，大多数 TR 聚合物表现出比传统聚合物高出几个数量级的 CO_2 渗透性，同时与对 CO_2 的选择性相类似，TR 聚合物对 N_2 和 CH_4 的选择性也比传统聚合物高，这使得 TR 聚合物更接近甚至超过了传统聚合物所不能达到的渗透性与选择性的平衡值（图 8.11）。这种超常的

气体运输特性主要是由于 TR 聚合物中的微孔在 $0.3 \sim 0.4$ nm 和 $0.7 \sim 0.9$ nm 范围内具有独特的双峰式分布。前者特别适用于从 N_2 和 CH_4 中分离 CO_2,因为它的空腔尺寸位于 CO_2(0.33 nm)和 N_2(0.364 nm)或 CH_4(0.38 nm)的动力学直径之间,后者的空腔尺寸有助于气体分子的快速扩散。更重要的是,结合文献报道的空腔尺寸,虽然不同 TR 聚合物之间的空腔尺寸变化相对较小,但这些 TR 聚合物在 CO_2 渗透率上的差异却高达 10 倍。这一观察结果可以部分归因为这些 TR 聚合物的 FFV 和间距 d 之间存在很大的差异,这些因素对聚合物基质中气体分子的吸附和扩散行为有着重要的影响。这些结果清楚地表明,腔的大小和分布并不是研究 TR 聚合物时唯一需要考虑的因素,因为它们只对气体对的选择性有影响,而 FFV 和间距 d 则对调节聚合物基质的气体渗透性起着关键作用。

　　TR 聚合膜具有优异的 CO_2 渗透性,在工业上分离各种含有 CO_2 的气体时显示出巨大的潜力。例如,①从烟气(CO_2/N_2)捕获碳,即在近大气压下将 CO_2 从大量燃烧后的烟气中分离出来,进行后续的 CO_2 储存/分离工作,因此,根据其优越的 CO_2 渗透性专门设计出了一种 TR 聚合膜。②天然气脱硫(CO_2/CH_4)是一种在高压下从天然气原气中脱去 CO_2 的工艺。正如前面 8.2.3 节所讨论的,在高压下对 CO_2 进行分离的过程中,聚合物膜面临的关键问题是 CO_2 气体分子可能引起聚合物发生塑化,通过将 TR 聚合物进行交联从而限制聚合物链的流动性可以解决这一问题。③沼气升级(CO_2/CH_4)是一个从沼气中去除 CO_2 以增加其加热能力的过程。此外,一些 TR 聚合物还具有从合成气(H_2/CO_2)中分离出 H_2 的能力,但这需要在较高的温度下将 H_2 从 CO_2 中分离出来,由于选择性较低,这对大多数的聚合物膜来说都是面对的问题。在该领域中,通过对 PBI 聚合物进行溶液浇注而制备的膜具有良好的 H_2/CO_2 选择性,但其渗透性较低。另一方面,热重排聚苯并咪唑膜(TR – PBI)表现出良好的 H_2/CO_2 渗透性和选择性,特别是在高温下,这表明了它们具有在高温下分离合成气的潜力。近年来,发现了一种新型的 TR 共聚物(TR – PBOA),在温度超过 200 ℃时仍具有良好的 H_2/CO_2 选择性且渗透性与普通的 TR 共聚物没有太大的差异,同样可用于合成气中的 H_2 分离。

表 8.2　TR 聚合物致密膜的透气性能

TR 聚合物	单体名称	渗透性/Barrer					选择性						参考文献
		H_2	CO_2	O_2	N_2	CH_4	O_2/N_2	CO_2/N_2	CO_2/CH_4	H_2/CO_2	H_2/N_2	H_2/CH_4	
TR－a－PBO tPBO－1－1	6FDA＋bisAPAF	2 774	4 045	747	156	73	4.8	25.9	55.4	0.7	17.8	38.0	2,5
tPBO－2	BPDA＋bisAPAF	444	597	93	20	15	4.7	29.9	39.8	0.7	22.2	29.6	
tPBO－3	ODPA＋bisAPAF	91	73	14	2.3	1	6.1	31.7	73.0	1.2	39.6	91.0	
tPBO－4	BTDA＋bisAPAF	356	469	81	15	10	5.4	31.3	46.9	0.8	23.7	35.6	
tPBO－5	PMDA＋bisAPAF	635	952	148	34	23	4.4	28.0	41.4	0.7	18.7	27.6	
tPBO－1－2	6FDA＋bisAPAF	4 194	4 201	1 092	284	151	3.8	14.8	27.8	1.0	14.8	27.8	6
aPBO－1	6FDA＋bisAPAF	408	398	81	19	12	4.3	20.9	33.2	1.0	21.5	34.0	
cPBO－1	6FDA＋bisAPAF	3 612	5 568	1 306	431	252	3.0	12.9	22.1	0.6	8.4	14.3	
sPBO	6FDA＋bisAPAF	3 585	5 903	1 354	350	260	3.9	16.9	22.7	0.6	10.2	13.8	
aPBO－2	6FDA＋6FBAHPP	439	486	88.5	20	17	4.4	24.3	28.6	0.9	22.0	25.8	22
cPBO－2	6FDA＋HAB	530	410	100	25.3	18.2	4.0	16.2	22.5	1.3	20.9	29.1	30
EA－PBO	6FDA＋HAB－EA	—	51	—	—	1.4	—	—	36.4	—	—	—	20
EA－PBO－Ac－1	6FDA＋HAB－Ac	—	174	—	—	5.1	—	—	34.1	—	—	—	
EA－PBO－PAc	6FDA＋HAB－PAc	—	211	—	—	11.4	—	—	18.5	—	—	—	
EA－PBO－Ac－2	6FDA＋APAF	1 665	1 993	474	154	115	3.1	12.9	17.3	0.8	10.8	14.5	25
EA－PBO－Ac－3	BTDA＋APAF	229	149	31	6.5	3.9	4.8	22.9	38.2	1.5	35.2	58.7	
EA－PBO－Ac－4	ODPA＋APAF	188	112	26	5.3	3.2	4.9	21.1	35.0	1.7	35.5	58.8	
cPBO－cardo	6FDA＋HAB(95)＋bisAHPF(5)	1 189	1 079	227	57.1	41.7	4.0	18.9	25.9	1.1	20.8	28.5	31
	6FDA＋HAB(90)＋bisAHPF(10)	1 479	1 539	316	83.6	65	3.8	18.4	23.7	1.0	17.7	22.8	
	6FDA＋HAB(85)＋bisAHPF(15)	1 254	1 306	264	69.3	58.7	3.8	18.8	22.2	1.0	18.1	21.4	
	6FDA＋HAB(0)＋bisAHPF(100)	371	255	54.2	11.8	9.2	4.6	21.6	27.7	1.5	31.4	40.3	

续表 8.2

TR 聚合物	单体名称	渗透性/Barrer					选择性						参考文献
		H_2	CO_2	O_2	N_2	CH_4	O_2/N_2	CO_2/N_2	CO_2/CH_4	H_2/CO_2	H_2/N_2	H_2/CH_4	
pTR	6FDA + pHAB	260	240	45	10	7.7	4.5	24.0	31.2	1.1	26.0	33.8	32
mTR XTR-PBOI	6FDA + mHAB	570	720	130	34	31	3.8	21.2	23.2	0.8	16.8	18.4	
XTR-PBOI-1	6FDA + bisAPAF + DABA/diol(5)	603	746	133	29.6	19.9	4.5	25.2	37.5	0.8	20.4	30.3	33
	6FDA + bisAPAF + DABA/diol(10)	763	980	193	50.9	33	3.8	19.3	29.7	0.8	15.0	23.1	
	6FDA + bisAPAF + DABA/diol(15)	515	668	119	29.8	19.4	4.0	22.4	34.4	0.8	17.3	26.5	
	6FDA + bisAPAF + DABA/diol(20)	421	440	81.9	19.7	12.4	4.2	22.3	35.5	1.0	21.4	34.0	
	6FDA + bisAPAF + DABA(5)	578	619	116	27.8	18	4.2	22.3	34.4	0.9	20.8	32.1	34
XTR-PBOI-2	6FDA + bisAPAF + DABA(10)	483	491	90	20.2	13	4.5	24.3	37.8	1.0	23.9	37.2	
	6FDA + bisAPAF + DABA(15)	553	655	122	29.2	19.8	4.2	22.4	33.1	0.8	18.9	27.9	
	6FDA + bisAPAF + DABA(20)	481	521	97	24	15.3	4.0	21.7	34.1	0.9	20.0	31.4	
TR-a-PBI	6FDA + bisAPAF + DABA(25)	446	498	95	24.7	17.3	3.8	20.2	28.8	0.9	18.1	25.8	
PBI TR-b-PBO	6FDA + DAB	1 779	1 624	337	62	35	5.4	26.2	46.4	1.1	28.7	50.8	16
PBO-IPCl	IPCl + bisAPAF	65	22	6.4	0.4	0.5	16.0	55.0	44.0	3.0	162.5	130.0	7
PBO-TPCl	TPCl + bisAPAF	128	72	17	3.2	1.9	5.3	22.5	37.9	1.8	40.0	67.4	
PBO-6FCl	6FCl + bisAPAF	65	44	11	5.6	1.5	2.0	7.9	29.3	1.5	11.6	43.3	
PBO-BPDC TR-a-PBO-co-PI	BPDC + bisAPAF	526	532	105	30.3	28.9	3.5	17.6	18.4	1.0	17.4	18.2	35
TR-PBOI-1	BPDA + bisAPAF(8) + ODA(2)	623	389	90	18	14	5.0	21.6	27.8	1.6	34.6	44.5	36
	BPDA + bisAPAF(5) + ODA(5)	47	25	4.8	0.82	0.65	5.9	30.5	38.5	1.9	57.3	72.3	
	BPDA + bisAPAF(2) + ODA(8)	38	11	2.2	0.4	0.3	5.5	27.5	36.7	3.5	95.0	126.7	

续表 8.2

TR 聚合物	单体名称	渗透性/Barrer					选择性						参考文献
		H_2	CO_2	O_2	N_2	CH_4	O_2/N_2	CO_2/N_2	CO_2/CH_4	H_2/CO_2	H_2/N_2	H_2/CH_4	
TR–PBOI–2	6FDA+bisAPAF(8)+DAM(2)	222	173	36	8.0	4.8	4.5	21.6	36.0	1.3	27.8	46.3	37
	6FDA+bisAPAF(5)+DAM(5)	287	270	53	13	8.3	4.1	20.8	32.5	1.1	22.1	34.6	
	6FDA+bisAPAF(2)+DAM(8)	309	318	60	15	10	4.0	21.2	31.8	1.0	20.6	30.9	
TR–PBOI–3	6FDA+bisAPAF(8)+ODA(2)	106	64	13	2.7	1.4	4.8	23.7	45.7	1.7	39.3	75.7	
	6FDA+bisAPAF(5)+ODA(5)	87	57	11	2.2	1.2	5.0	25.9	47.5	1.5	39.5	72.5	
	6FDA+bisAPAF(2)+ODA(8)	61	39	6.9	1.4	0.7	4.9	27.9	55.7	1.6	43.6	87.1	
TR–PBOI–4	6FDA+HAB(8)+DAM(2)	122	91	16	3.6	2.6	4.4	25.3	35.0	1.3	33.9	46.9	
	6FDA+HAB(5)+DAM(5)	203	185	32	7.5	5.7	4.3	24.7	32.5	1.1	27.1	35.6	
	6FDA+HAB(2)+DAM(8)	299	334	60	15	12	4.0	22.3	27.8	0.9	19.9	24.9	
TR–PBOI–5	6FDA+HAB(8)+ODA(2)	71	46	8.4	1.7	1.1	4.9	27.1	41.8	1.5	41.8	64.5	
	6FDA+HAB(5)+ODA(5)	55	33	5.9	1.1	0.7	5.4	30.0	47.1	1.7	50.0	78.6	
	6FDA+HAB(2)+ODA(8)	56	29	5.5	1.0	0.6	5.5	29.0	48.3	1.9	56.0	93.3	
TR–PBOI–6	ODPA+bisAPAF(8)+MDA(2)	43.4	18	3.9	0.66	0.41	5.9	27.3	43.9	2.4	65.8	105.9	38
TR–PBOI–7	ODPA+bisAPAF(8)+DAM(2)	53.2	23.5	4.99	0.79	0.43	6.3	29.7	54.7	2.3	67.3	123.7	
TR–PBOI–8	ODPA+bisAPAF(8)+OT(2)	47.3	16.8	3.45	0.57	0.32	6.1	29.5	52.5	2.8	83.0	147.8	
TR–PBOI–9	ODPA+bisAPAF(8)+BAP(2)	31.2	11.9	2.39	0.39	0.22	6.1	30.5	54.1	2.6	80.0	141.8	
TR–PBOI–10	ODPA+bisAPAF(8)+BAPP(2)	40.4	18.8	3.48	0.62	0.41	5.6	30.3	45.9	2.1	65.2	98.5	
TR–PBOI–11	6FDA+HAB(3)+4MPD(1)	—	19	—	0.9	0.48	—	21.1	39.6	—	—	—	39
	6FDA+HAB(1)+4MPD(1)	—	52	—	2.3	1.2	—	22.6	43.3	—	—	—	
	6FDA+HAB(1)+4MPD(3)	—	226	—	11	5.8	—	20.5	39.0	—	—	—	

续表8.2

TR 聚合物	单体名称	渗透性/Barrer					选择性						参考文献
		H_2	CO_2	O_2	N_2	CH_4	O_2/N_2	CO_2/N_2	CO_2/CH_4	H_2/CO_2	H_2/N_2	H_2/CH_4	
TR – PBOI – 12	6FDA + HAB(3) + FDA(1)	—	14	—	0.94	0.59	—	14.9	23.7	—	—	—	
	6FDA + HAB(1) + FDA(1)	—	23	—	1.4	1.04	—	16.4	22.1	—	—	—	
TR – a – PBO – co – PPL	6FDA + HAB(1) + FDA(3)	—	36	—	2.6	1.47	—	13.8	24.5	—	—	—	
TR – PBO – co – PPL	6FDA + bisAPAF(8) + DAB(2)	1 989	1 874	421	94	50	4.5	19.9	37.5	1.1	21.2	39.8	40
	6FDA + bisAPAF(5) + DAB(5)	2 895	1 805	475	85	46	5.6	21.2	39.2	1.6	34.1	62.9	
	6FDA + bisAPAF(2) + DAB(8)	1 680	525	132	18	6.7	7.3	29.2	78.4	3.2	93.3	250.7	
TR – PPL	6FDA + DAB	376	234	65	13	8.1	5.0	18.0	28.9	1.6	28.9	46.4	
TR – b – PBO – co – PA													
TR – b – PBOA	IPCl + HAB(8) + ODA(2)	3.42	0.64	0.15	0.024	0.017	6.3	26.7	37.6	5.3	142.5	201.2	41
	IPCl + HAB(2) + ODA(8)	4.6	0.68	0.22	0.025	0.013	8.8	27.2	52.3	6.8	184.0	353.8	
TR – a,b – PBO													
TR – a,b – PBO	TAC + bisAPAF	663	456	98.1	23.8	17.4	4.1	19.2	26.2	1.5	27.9	38.1	42
热不稳定 PI													
TR – bCD – 1	6FDA + DABA + bCD	—	8 000	2707	523	463	5.2	15.3	17.3	—	—	—	43
TR – 葡萄糖	6FDA + DABA + 葡萄糖	—	533	135	33.7	21.5	4.0	15.8	24.8	—	—	—	44
TR – 蔗糖	6FDA + DABA + 蔗糖	—	370	88.9	21.7	13.6	4.1	17.1	27.2	—	—	—	
TR – 棉子糖	6FDA + DABA + 棉子糖	—	407	106	27.8	19.3	3.8	14.6	21.1	—	—	—	

续表 8.2

TR 聚合物单体名称		渗透性/Barrer						选择性				参考文献
		H_2	CO_2	O_2	N_2	CH_4	O_2/N_2	CO_2/N_2	CO_2/CH_4	H_2/CO_2	H_2/N_2	H_2/CH_4	
TR – aCD	6FDA + 杜烯 + DABA + aCD	—	2 423	572.77	127.67	111.67	4.5	19.0	21.7	—	—	—	45
TR – bCD – 2	6FDA + 杜烯 + DABA + bCD	—	3 112	754.35	166.1	140.25	4.5	18.7	22.2	—	—	—	
TR – gCD	6FDA + 杜烯 + DABA + gCD	—	4 211	1 024.4	231.23	187.66	4.4	18.2	22.4	—	—	—	
螺双二氢化茚热重排聚合物													
TR – PIM – 1	—	429	675	120	30	34	4.0	23	20	0.6	14	13	46
TR – PIM – 2	—	261	263	48	11	15	4.4	24	18	1.0	24	18	

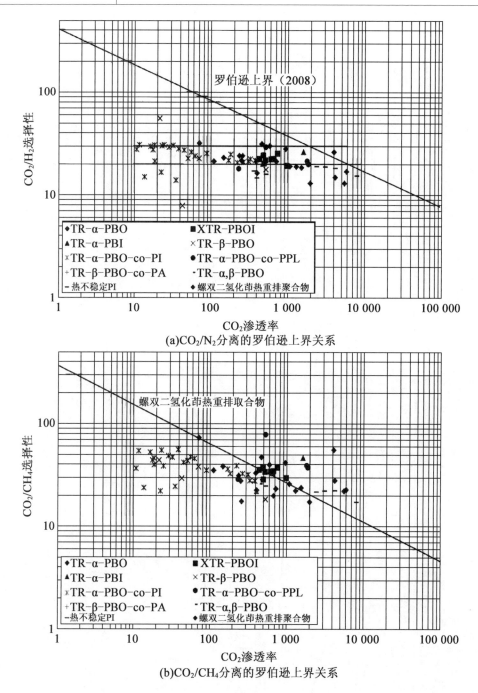

图 8.11 CO_2/N_2 分离的罗伯逊上界关系图和 CO_2/CH_4 分离的罗伯逊上界关系图

8.4.2 TR 聚合物的其他应用

由于 TR 聚合物具有多孔结构和良好的热稳定性及化学稳定性,所以 TR 聚合物膜也可应用于在高温或在苛刻的化学条件下进行物质分离。例如,专门为在中温区及低湿度条件下工作的聚合物电解质燃料电池（MT/LH – PEFC）开发了一种 TR – PBO 聚合物膜。采用热亚胺化法制备的 TR – PBO 膜，经酸浸渍可以提供供电子基团。由于 TR – PBO 膜具有微孔结构以及较大的表面积，其酸掺杂水平和质子输运能力得到了提升。此外，由于 TR – PBO 膜具有优异的热稳定性和化学稳定性，在典型的 MT/LH – PEFC 工作温度范围内，具有优异的抗热氧化分解的能力。近年来，利用 TR – PBO 和 TR – PBOI 聚合物开发了两种新型的高能量密度锂离子电池（LIB）膜/隔膜。研究人员又提出了一种新的制备方法，利用 HPI 前驱体通过电纺丝来制备基底膜（图 8.12 中的 P1），然后在基底膜表面涂上 HPI 纳米颗粒，通过热处理过程转化为最终的 TR – PBOI 膜（图 8.12 中的 P2）。与商用 Celgards ® 膜/隔膜相比，这种由独特的工艺制备出的膜/隔膜具有诸多优点，包括①引入纳米粒子增加了表面涂层的粗糙度；②由于苯并恶唑和亚胺共聚物中存在氧和氮，从而大大降低了接触角，并提高了润湿性；③由于提高了膜/隔膜与电解质之间的相容性，因此降低了电池电阻，增加了离子电导率；④显著提高了 TR 聚合物固有的热稳定性。

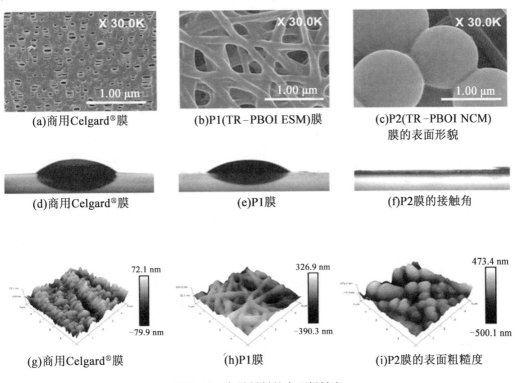

(a)商用Celgard®膜　　(b)P1(TR – PBOI ESM)膜　　(c)P2(TR – PBOI NCM)膜的表面形貌

(d)商用Celgard®膜　　(e)P1膜　　(f)P2膜的接触角

(g)商用Celgard®膜　　(h)P1膜　　(i)P2膜的表面粗糙度

图 8.12　各种材料的表面粗糙度

（经 Lee, M. J.；Kim, J. H.；Lim, H. – S.；Lee, S. Y.；Yu, H. K.；Kim, J. H.；Lee, J. S.；Sun, Y. – K.；Guiver, M. D.；Suh, K. D.；Lee, Y. M. 同意后转载自 Highly Lithium – Ion Conductive Battery Separators from Thermally Rearranged Polybenzoxazole. Chem. Commun. (Cambridge, U. K.)2015, 51, 2068 – 2071. Copyright 2015, Royal Society of Chemistry. ）

　　基于相同的制备理念，采用直接 – 接触式的膜蒸馏工艺，将 TR – PBOI 纳米颗粒包覆在由静电纺丝法制备出的 TR – PBOI 纤维膜基质上，从而制备出了一种可用于海水淡化的纳米复合膜。由于得到的 TR – PBOI 膜的孔隙率较高、孔径分布较窄，孔隙结构之间又可相互连通，疏水性较强，因此液体的进入压、纯水的流通量和排盐能力得到了大幅度地提高。此外，这种新型的纳米复合膜还能促进晶体的非均相成核，有利于膜的结晶。

此外，TR 聚合物优异的热稳定性和化学稳定性，也使得其可以在高温或苛刻的化学条件下进行应用，如渗透蒸发或对有机溶剂进行纳滤（OSN）。

8.5　大规模制备时应注意的事项

聚合物膜研发的最终目标是将膜产品商业化，用于工业化的物质分离领域。前些部分的讨论内容主要是围绕如何提高材料的分离性能而展开的，而其他方面的性能以及适应性等问题也是决定能否对膜进行工业化生产的关键因素。在这一节中，我们提出了在气体分离（TR 聚合膜的主要市场）中大规模应用 TR 聚合膜时需要考虑的几个主要问题，以及解决这些问题的方法。图 8.13 所示为气体分离膜发展的几个主要阶段。在最终的商业化之前，涉及四个相互关联的阶段，而在之前的章节中大部分关于 TR 聚合物合成的讨论仅仅是围绕第一阶段（材料开发）展开的。

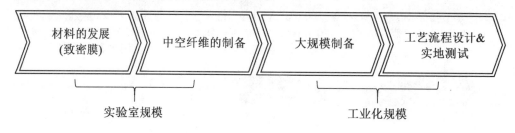

图 8.13　工业化使用 TR 聚合物膜进行气体分离的发展阶段

工业化生产气体分离膜所面临的第一个问题是如何调控膜的几何结构。对于材料开发（第一阶段），在实验室制备的样品膜通常采用对称致密的形式进行浇铸，以便从根本上对聚合物膜的微观结构和气体渗透性能之间的关系进行研究。然而，具有这种几何结构的膜并不能满足工业上进行气体分离的两个关键要求，即要求膜的渗透通量高且占地面积小。因此，在工业上，具有不对称几何结构的中空纤维比致密薄膜更受欢迎，原因如下：①不对称中空纤维的超薄表层使其具有更大的渗透通量；②中空纤维膜的膜面积/体积比越高，所需的占地面积越小。基于此，研究人员致力于开发制造 TR 中空纤维膜（图 8.14），并解决了 TR 聚合物特有的几个关键技术问题。例如，中空纤维纺丝通常要求制备原液中具有相对较高的聚合物浓度，以确保形成无缺陷的表层，同时纺丝溶液的黏度要适当。传统聚合物可以很容易地满足这些要求，但经过研究发现，如果要达到制备 TR 聚合物的浓度要求，则纺丝溶液的黏度就会高于可纺阈值。这一难题可以通过提高原液温度来解决，这不仅可以降低纺丝溶液的黏度，还可以保证达到形成无缺陷的膜所需的浓度要求。

(a) HPAAc (b)HPI (c)TR-PBO

图 8.14　由 HPAAc、HPI、TR-PBO 制备的中空纤维膜

(经 Kim, S.; Han, S. H.; Lee, Y. M. 同意后转载自 Thermally Rearranged(TR)Polybenzoxazole Hollow Fiber Membranes For CO₂ Capture. J. Membr. Sci. 2012, 403-404, 169-178. Copyright 2012, Elsevier.)

$\qquad$在实验室中,利用 TR 聚合物制备中空纤维膜需要解决的另一个问题是,与前驱体膜的厚度均匀分布的致密薄膜不同的是,中空纤维的前驱体在厚度上呈现梯度分布。这种密度梯度使得当膜经过高温热处理时,不同厚度的膜对热的响应程度不同。此外,在热处理过程中,特别是在中间过渡层,聚合物链段会发生弛豫现象,导致该层致密化程度不理想,整体传质阻力增大。解决这一问题可以采用如下方法,例如,调整热处理过程以避免产生温度冲击,以及使用交联 TR 聚合物形成一个强有力的聚合物网络,使得膜的各点的致密化程度达到平衡状态。

$\qquad$第三阶段(大规模制备)需解决的问题中涉及 TR 中空纤维膜的两个关键性能:①膜的机械性能需足够高,以便于对膜的制备过程进行调控;②必须采用适当的模块尺寸策略来尽可能高地提升 TR 聚合物膜的分离性能。对于前一问题,可以将与非 TR-二胺结合的 TR 共聚物作为一种原液,由于这些共聚物降低了聚合物链刚性,所以这些共聚物通常表现出比常见的 TR 聚合物更高的机械性能。然而,正如第 8.2.4 节中所述以及 Jo 等报道的那样,如果采用这种方法改善膜的机械性能,可能会导致膜的渗透性降低,这需要调整 TR-二胺与非 TR-二胺之间的比率,以使得膜的机械性能和渗透性能精确地达到平衡。此外,除共聚方法外,研究人员还试图制备掺有 PIS 的 TR 聚合膜,以提高其力学性能。

$\qquad$在膜尺寸的确定过程中,如何控制膜长度方向上的压降是一个需要解决的关键问题,因为它会在压力驱动膜进行气体分离的过程中影响气体输运的驱动力。当压力下降使膜完全失去驱动力时,可能存在一个临界膜长。一项模拟研究表明,由于高性能的 TR 膜具有特殊的渗透性能,因此其压降可以在渗透流中被放大。因此,在压力下降的过程中,TR 膜会比传统膜更早到达临界长度。换句话说,在对 TR 中空纤维膜进行尺寸调整时,由于驱动力的下降程度相对较小,因此膜长较短时的性能可能优于膜长较长时的性能。

$\qquad$最后一个阶段(工艺设计和现场测试)是在真实的工业条件下对 TR 膜的性能进行测试,以确定 TR 膜的坚固性和稳定性。对于适合用 TR 聚合物膜进行工业化分离的气体来说,如果其中存在微量污染物,如 H₂O、SO$_x$、NO$_x$ 等,不仅会影响分离效率,还会与待分离气体之间存在竞争反应,而且还会对膜的长期稳定性造成影响。先前的两相研究表明,水蒸气的存在对 TR 膜捕获烟气中的碳的性能影响最小,证明了 TR 膜可以用于捕获烟气中的碳。此外,意大利 ITM - CNR 的研究人员提出了一种将少量的甲醇原位注入膜中的创新性想法,以恢复物理老化的 TR 膜的性能,这是气体分离膜得以工业化运行的重要步骤。在流程设计方面,需要对上下游需求、能源消耗、资本和运营成本、系统可操作性、占地面积要求和其他具体限制的各种考虑事项进行全面分析,通常需要逐一进行分析。本章将不研究这个宽泛的话题,但建议对该主题感兴趣的读者阅读一些相关书籍。

8.6　结论与展望

近年来,微孔聚合物材料特别是 TR 聚合物的发展被认为是气体分离膜技术的重大突破。由于其具有平面、刚性的聚合物链结构和独特的双峰分布式微腔,因此 TR 聚合物不仅可以提供非常适合气体分离的空腔尺寸和较窄的空腔尺寸分布范围,而且还提供了可以使气体快速扩散的较大的 FFV。因此,由 TR 聚合物制成的膜同时具有更高的渗透性和选择性,成功地超过了 Robeson 上限,使其成为新一代气体分离膜良好的候选材料。TR 聚合物的主要优点之一是能够通过聚合物的结构设计和合成路线的选择来对其空腔尺寸进行微调,及控制气体运输的性能。如表 8.3 第一列所示,对这些特性的研究一直是 TR 聚合物开发的重点,目前,已经提出了很多研究思路。

正如本章所讨论的,TR 聚合物的主要应用于对各种混合气体进行工业化分离,而且需要其不仅可以在高压状态下工作,而且还需要能够对大量的气体进行分离。这些特性表明,TR 聚合物膜必须具有较强的机械强度,以便能够承受跨膜的压差,并且这种中空纤维的几何结构要满足工业化制备要求。表 8.3 第二和第三列总结了为解决这些问题而提出的方案。

表 8.3　提高 TR 聚合物膜性能的方法汇总表

提高气体输送性的方法	提高机械性能的方法	实现工业化生产的方法
提高渗透率: 具有刚性骨架结构的单体 带有大型桥连结构或嵌段基团的单体 固态亚胺化(热亚胺化) 大体积的正功能酯基(化学亚胺化) 交联 TR 聚合物 具有不稳定单元的聚酰亚胺 TR 聚合物前驱体 TR 螺旋联吲哚聚合物	含有非 TR 段的 TR 共聚物 交联 TR 聚合物 TR 聚合物与 PI 共混 降低热处理温度	实现大规模调制(非对称中空纤维): TR 共聚物与非 TR 段结合 交联 TR 聚合物 控制热处理过程,以限制过渡层的致密化
提高选择性: TR 共聚物(即 TR - PBO - co - PPL)		增强可持续性: 交联 TR 聚合物以抑制 CO_2 在高压时出现塑化现象

虽然在 TR 聚合物开发方面已经取得了巨大的进步，但要想将这种材料应用在气体分离中并且能够平衡优化其渗透性、选择性、机械性能和生产成本等方面的关系仍然存在需要解决的问题，而且这些问题中大多都会阻碍 TR 聚合物投入实际应用。TR 聚合物材料在未来的发展中还存在着巨大的改进机会，包括合成具有更大侧基或更强刚性的骨架结构的新型二酐和二胺单体，开发新的合成路线，以及新的交联方法。最重要的是，降低生产成本需要解决一个关键问题是降低热处理所需的温度，这涉及对一系列相互关联的因素进行深入研究，例如单体类型、合成条件、气体渗透以及聚合膜产品最终的机械性能。

此外，TR 聚合物膜的可持续性还有待进一步研究。在实际工业应用中，腐蚀性进料气体会严重影响 TR 聚合物膜的气体分离性能。由 CO_2 或其他增塑剂引起的塑化现象可能严重影响膜的分离性能，并且长时间的物理老化也会降低 TR 聚合物膜的使用寿命。虽然为了解决这些问题，已经对 TR 聚合物进行了初步的研究，但仍需要更全面的评估测试来证明 TR 聚合物膜的性能在工业条件下可以长期维持稳定。此外，进料流中其他微量组分的存在也可能对膜的长期稳定性造成潜在的影响。然而，由于 TR 聚合物具有优异的化学稳定性，这可能并不是 TR 聚合物需要解决的主要问题。

最后，探索 TR 聚合物膜在其他领域的应用：例如，开发空腔尺寸更大的（即，大于 0.4 nm）适用于分离较小的烃类的 TR 聚合物，或利用此类材料优异的化学热稳定性，将其用于燃料电池、蒸馏膜、结晶膜、有机溶剂纳滤膜等条件苛刻的研究领域中。

本章参考文献

[1]　Masuda, T.; Isobe, E.; Higashimura, T.; Takada, K. Poly[1 - (trimethylsilyl) - 1 - propyne]: A New High Polymer Synthesized with Transition - Metal Catalysts and Characterized by Extremely High Gas Permeability. J. Am. Chem. Soc. 1983, 105, 7473 - 7474.

[2]　Park, H. B.; Jung, C. H.; Lee, Y. M.; Hill, A. J.; Pas, S. J.; Mudie, S. T.; Van Wagner, E.; Freeman, B. D.; Cookson, D. J. Polymers with Cavities Tuned for Fast Selective Transport of Small Molecules and Ions. Science 2007, 318, 254 - 258.

[3]　Budd, P. M.; Elabas, E. S.; Ghanem, B. S.; Makhseed, S.; McKeown, N. B.; Msayib, K. J.; Tattersall, C. E.; Wang, D. Solution - Processed, Organophilic Membrane Derived from a Polymer of Intrinsic Microporosity. Adv. Mater. (Weinheim, Ger.)2004, 16, 456 - 459.

[4]　Carta, M.; Malpass - Evans, R.; Croad, M.; Rogan, Y.; Jansen, J. C.; Bernardo, P.; Bazzarelli, F.; McKeown, N. B. An Efficient Polymer Molecular Sieve for Membrane Gas Separations. Science 2013, 339, 303 - 307.

[5] Park, H. B.; Han, S. H.; Jung, C. H.; Lee, Y. M.; Hill, A. J. Thermally Rearranged(TR)Polymer Membranes for CO_2 Separation. J. Membr. Sci. 2010, 359, 11 – 24.

[6] Han, S. H.; Misdan, N.; Kim, S.; Doherty, C. M.; Hill, A. J.; Lee, Y. M. Thermally Rearranged(TR)Polybenzoxazole: Effects of Diverse Imidization Routes on Physical Properties and Gas Transport Behaviors. Macromolecules 2010, 43, 7657 – 7667.

[7] Han, S. H.; Kwon, H. J.; Kim, K. Y.; Seong, J. G.; Park, C. H.; Kim, S.; Doherty, C. M.; Thornton, A. W.; Hill, A. J.; Lozano, A. E.; Berchtold, K. A.; Lee, Y. M. Tuning Microcavities in Thermally Rearranged Polymer Membranes for CO_2 Capture. Phys. Chem. Chem. Phys. 2012, 14, 4365 – 4373.

[8] Thornton, A. W.; Doherty, C. M.; Falcaro, P.; Buso, D.; Amenitsch, H.; Han, S. H.; Lee, Y. M.; Hill, A. J. Architecturing Nanospace via Thermal Rearrangement for Highly Efficient Gas Separations. J. Phys. Chem. C 2013, 117, 24654 – 24661.

[9] Robeson, L. M. Correlation of Separation Factor Versus Permeability for Polymeric Membranes. J. Membr. Sci. 1991, 62, 165 – 185.

[10] Robeson, L. M. The Upper Bound Revisited. J. Membr. Sci. 2008, 320, 390 – 400.

[11] Guiver, M. D.; Lee, Y. M. Polymer Rigidity Improves Microporous Membranes. Science 2013, 339, 284 – 285.

[12] Kim, S.; Lee, Y. M. Rigid and Microporous Polymers for Gas Separation Membranes. Prog. Polym. Sci. 2015, 43, 1 – 32.

[13] Kim, S.; Lee, Y. M. Thermally Rearranged(TR)Polymer Membranes with Nanoengineered Cavities Tuned for CO_2 Separation. J. Nanopart. Res. 2012, 14, 1 – 11.

[14] Hu, X. – D.; Jenkins, S. E.; Min, B. G.; Polk, M. B.; Kumar, S. Rigid – Rod Polymers: Synthesis, Processing, Simulation, Structure, and Properties. Macromol. Mater. Eng. 2003, 288, 823 – 843.

[15] Xiao, Y.; Low, B. T.; Hosseini, S. S.; Chung, T. S.; Paul, D. R. The Strategies of Molecular Architecture and Modification of Polyimide – Based Membranes for CO_2 Removal from Natural Gas – A Review. Prog. Polym. Sci. 2009, 34, 561 – 580.

[16] Han, S. H.; Lee, J. E.; Lee, K. – J.; Park, H. B.; Lee, Y. M. Highly Gas Permeable and Microporous Polybenzimidazole Membrane by Thermal Rearrangement. J. Membr. Sci. 2010, 357, 143 – 151.

[17] Park, C. H.; Tocci, E.; Lee, Y. M.; Drioli, E. Thermal Treatment Effect on the Structure and Property Change Between Hydroxy – Containing Polyimides(HPIs) and Thermally Rearranged Polybenzoxazole(TR – PBO). J. Phys. Chem. B 2012, 116,

12864 – 12877.

[18] Wang, H.; Paul, D. R.; Chung, T. – S. The Effect of Purge Environment on Thermal Rearrangement of Ortho – Functional Polyamide and Polyimide. Polymer 2013, 54, 2324 – 2334.

[19] Wang, H.; Chung, T. – S.; Paul, D. R. Thickness Dependent Thermal Rearrangement of an Ortho – Functional Polyimide. J. Membr. Sci. 2014, 450, 308 – 312.

[20] Guo, R.; Sanders, D. F.; Smith, Z. P.; Freeman, B. D.; Paul, D. R.; McGrath, J. E. Synthesis and Characterization of Thermally Rearranged (TR) Polymers: Effect of Glass Transition Temperature of Aromatic Poly (hydroxyimide) Precursors on TR Process and Gas Permeation Properties. J. Mater. Chem. A 2013, 1, 6063 – 6072.

[21] Calle, M.; Chan, Y.; Jo, H. J.; Lee, Y. M. The Relationship Between the Chemical Structure and Thermal Conversion Temperatures of Thermally Rearranged (TR) Polymers. Polymer 2012, 53, 2783 – 2791.

[22] Calle, M.; Lee, Y. M. Thermally Rearranged (TR) Poly (ether benzoxazole) Membranes for Gas Separation. Macromolecules 2011, 44, 1156 – 1165.

[23] Calle, M.; Lozano, A. E.; Lee, Y. M. Formation of Thermally Rearranged (TR) Polybenzoxazoles: Effect of Synthesis Routes and Polymer Form. Eur. Polym. J. 2012, 48, 1313 – 1322.

[24] Sanders, D. F.; Guo, R.; Smith, Z. P.; Liu, Q.; Stevens, K. A.; McGrath, J. E.; Paul, D. R.; Freeman, B. D. Influence of Polyimide Precursor Synthesis Route and Ortho – Position Functional Group on Thermally Rearranged (TR) Polymer Properties: Conversion and Free Volume. Polymer 2014, 55, 1636 – 1647.

[25] Liu, W.; Xie, W. Acetate – Functional Thermally Rearranged Polyimides Based on 2,2 – Bis (3 – amino – 4 – hydroxyphenyl) hexafluoropropane and Various Dianhydrides for Gas Separations. Ind. Eng. Chem. Res. 2014, 53, 871 – 879.

[26] Guo, R.; Sanders, D. F.; Smith, Z. P.; Freeman, B. D.; Paul, D. R.; McGrath, J. E. Synthesis and Characterization of Thermally Rearranged (TR) Polymers: Influence of Ortho – Positioned Functional Groups of Polyimide Precursors on TR Process and Gas Transport Properties. J. Mater. Chem. A 2013, 1, 262 – 272.

[27] Sanders, D. F.; Guo, R.; Smith, Z. P.; Stevens, K. A.; Liu, Q.; McGrath, J. E.; Paul, D. R.; Freeman, B. D. Influence of Polyimide Precursor Synthesis Route and Ortho – Position Functional Group on Thermally Rearranged (TR) Polymer Properties: Pure Gas Permeability and Selectivity. J. Membr. Sci. 2014, 463, 73 – 81.

[28] Muñoz, D. M.; de la Campa, J. G.; de Abajo, J.; Lozano, A. E. Experimental and Theoretical Study of an Improved Activated Polycondensation Method for Aromatic

Polyimides. Macromolecules 2007, 40, 8225 – 8232.

[29] Comesana – Gandara, B.; de la Campa, J. G.; Hernandez, A.; Jo, H. J.; Lee, Y. M.; de Abajo, J.; Lozano, A. E. Gas Separation Membranes Made Through Thermal Rearrangement of Ortho – Methoxypolyimides. RSC Adv. 2015, 5, 102261 – 102276.

[30] Sanders, D. F.; Smith, Z. P.; Ribeiro, C. P., Jr.; Guo, R.; McGrath, J. E.; Paul, D. R.; Freeman, B. D. Gas Permeability, Diffusivity, and Free Volume of Thermally Rearranged Polymers Based on 3,3' – Dihydroxy – 4,4' – diamino – bi-phenyl(HAB) and 2,2' – Bis – (3,4 – dicarboxyphenyl) Hexafluoropropane Dian-hydride(6FDA). J. Membr. Sci. 2012, 409 – 410, 232 – 241.

[31] Yeong, Y. F.; Wang, H.; Pallathadka Pramoda, K.; Chung, T. – S. Thermal In-duced Structural Rearrangement of Cardo – Copolybenzoxazole Membranes for En-hanced Gas Transport Properties. J. Membr. Sci. 2012, 397 – 398, 51 – 65.

[32] Comesaña – Gándara, B.; Calle, M.; Jo, H. J.; Hernández, A.; de la Campa, J. G.; de Abajo, J.; Lozano, A. E.; Lee, Y. M. Thermally Rearranged Polybenzox-azoles Membranes with Biphenyl Moieties: Monomer Isomeric Effect. J. Membr. Sci. 2014, 450, 369 – 379.

[33] Calle, M.; Doherty, C. M.; Hill, A. J.; Lee, Y. M. Cross – Linked Thermally Re-arranged Poly(benzoxazole – co – imide) Membranes for Gas Separation. Macromole-cules 2013, 46, 8179 – 8189.

[34] Calle, M.; Jo, H. J.; Doherty, C. M.; Hill, A. J.; Lee, Y. M. Cross – Linked Thermally Rearranged Poly(benzoxazole – co – imide) Membranes Prepared from Ortho – Hydroxycopolyimides Containing Pendant Carboxyl Groups and Gas Separation Proper-ties. Macromolecules 2015, 48, 2603 – 2613.

[35] Wang, H.; Chung, T. – S. The Evolution of Physicochemical and Gas Transport Properties of Thermally Rearranged Polyhydroxyamide(PHA). J. Membr. Sci. 2011, 385 – 386, 86 – 95.

[36] Jung, C. H.; Lee, J. E.; Han, S. H.; Park, H. B.; Lee, Y. M. Highly Permea-ble and Selective Poly(benzoxazole – co – imide) Membranes for Gas Separation. J. Membr. Sci. 2010, 350, 301 – 309.

[37] Jo, H. J.; Soo, C. Y.; Dong, G.; Do, Y. S.; Wang, H. H.; Lee, M. J.; Quay, J. R.; Murphy, M. K.; Lee, Y. M. Thermally Rearranged Poly(benzoxazole – co – imide) Membranes with Superior Mechanical Strength for Gas Separation Obtained by Tuning Chain Rigidity. Macromolecules 2015, 48, 2194 – 2202.

[38] Soo, C. Y.; Jo, H. J.; Lee, Y. M.; Quay, J. R.; Murphy, M. K. Effect of the Chemical Structure of Various Diamines on the Gas Separation of Thermally Rearranged

Poly(benzoxazole − co − imide)(TR − PBO − co − I) Membranes. J. Membr. Sci. 2013, 444, 365 − 377.

[39] Scholes, C. A.; Ribeiro, C. P.; Kentish, S. E.; Freeman, B. D. Thermal Rearranged Poly(benzoxazole − co − imide) Membranes for CO$_2$ Separation. J. Membr. Sci. 2014, 450, 72 − 80.

[40] Choi, J. I.; Jung, C. H.; Han, S. H.; Park, H. B.; Lee, Y. M. Thermally Rearranged(TR) Poly(benzoxazole − co − pyrrolone) Membranes Tuned for High Gas Permeability and Selectivity. J. Membr. Sci. 2010, 349, 358 − 368.

[41] Do, Y. S.; Seong, J. G.; Kim, S.; Lee, J. G.; Lee, Y. M. Thermally Rearranged(TR) Poly(benzoxazole − co − amide) Membranes for Hydrogen Separation Derived from 3,3' − Dihydroxy − 4,4' − diamino − biphenyl(HAB), 4,4' − Oxydianiline(ODA) and Isophthaloyl Chloride(IPCl). J. Membr. Sci. 2013, 446, 294 − 302.

[42] Wang, H.; Liu, S.; Chung, T. − S.; Chen, H.; Jean, Y. − C.; Pramoda, K. P. The Evolution of Poly(hydroxyamide amic acid) to Poly(benzoxazole) via Stepwise Thermal Cyclization: Structural Changes and Gas Transport Properties. Polymer 2011, 52, 5127 − 5138.

[43] Xiao, Y.; Chung, T. − S. Grafting Thermally Labile Molecules on Cross − Linkable Polyimide to Design Membrane Materials for Natural Gas Purification and CO$_2$ Capture. Energy Environ. Sci. 2011, 4, 201 − 208.

[44] Chua, M. L.; Xiao, Y. C.; Chung, T. − S. Effects of Thermally Labile Saccharide Units on the Gas Separation Performance of Highly Permeable Polyimide Membranes. J. Membr. Sci. 2012, 415 − 416, 375 − 382.

[45] Chua, M. L.; Xiao, Y. C.; Chung, T. − S. Modifying the Molecular Structure and Gas Separation Performance of Thermally Labile Polyimide − Based Membranes for Enhanced Natural Gas Purification. Chem. Eng. Sci. 2013, 104, 1056 − 1064.

[46] Li, S.; Jo, H. J.; Han, S. H.; Park, C. H.; Kim, S.; Budd, P. M.; Lee, Y. M. Mechanically Robust Thermally Rearranged(TR) Polymer Membranes with Spirobisindane for Gas Separation. J. Membr. Sci. 2013, 434, 137 − 147.

[47] Chung, T. − S. A Critical Review of Polybenzimidazoles. J. Macromol. Sci. C 1997, 37, 277 − 301.

[48] Kumbharkar, S. C.; Karadkar, P. B.; Kharul, U. K. Enhancement of Gas Permeation Properties of Polybenzimidazoles by Systematic Structure Architecture. J. Membr. Sci. 2006, 286, 161 − 169.

[49] Pesiri, D. R.; Jorgensen, B.; Dye, R. C. Thermal Optimization of Polybenzimidazole Meniscus Membranes for the Separation of Hydrogen, Methane, and Carbon Di-

oxide. J. Membr. Sci. 2003, 218, 11 – 18.

[50] Berchtold, K. A.; Singh, R. P.; Young, J. S.; Dudeck, K. W. Polybenzimidazole Composite Membranes for High Temperature Synthesis Gas Separations. J. Membr. Sci. 2012, 415 – 416, 265 – 270.

[51] Kim, S.; Seong, J. G.; Do, Y. S.; Lee, Y. M. Gas Sorption and Transport in Thermally Rearranged Polybenzoxazole Membranes Derived from Polyhydroxylamides. J. Membr. Sci. 2015, 474, 122 – 131.

[52] Dong, G.; Li, H.; Chen, V. Plasticization Mechanisms and Effects of Thermal Annealing of Matrimid Hollow Fiber Membranes for CO_2 Removal. J. Membr. Sci. 2011, 369, 206 – 220.

[53] Wang, H.; Chung, T. – S.; Paul, D. R. Physical Aging and Plasticization of Thick and Thin Films of the Thermally Rearranged Ortho – Functional Polyimide 6FDA – HAB. J. Membr. Sci. 2014, 458, 27 – 35.

[54] Kim, S.; Woo, K. T.; Lee, J. M.; Quay, J. R.; Keith Murphy, M.; Lee, Y. M. Gas Sorption, Diffusion, and Permeation in Thermally Rearranged Poly(benzoxazole – co – imide) Membranes. J. Membr. Sci. 2014, 453, 556 – 565.

[55] Zhuang, Y.; Seong, J. G.; Lee, W. H.; Do, Y. S.; Lee, M. J.; Wang, G.; Guiver, M. D.; Lee, Y. M. Mechanically Tough, Thermally Rearranged(TR) Random/Block Poly(benzoxazole – co – imide) Gas Separation Membranes. Macromolecules 2015, 48, 5286 – 5299.

[56] Zhuang, Y.; Seong, J. G.; Do, Y. S.; Jo, H. J.; Lee, M. J.; Wang, G.; Guiver, M. D.; Lee, Y. M. Effect of Isomerism on Molecular Packing and Gas Transport Properties of Poly(benzoxazole – co – imide)s. Macromolecules 2014, 47, 7947 – 7957.

[57] Comesaña – Gándara, B.; Hernández, A.; de la Campa, J. G.; de Abajo, J.; Lozano, A. E.; Lee, Y. M. Thermally Rearranged Polybenzoxazoles and Poly(benzoxazole – co – imide)s from Ortho – Hydroxyamine Monomers for High Performance Gas Separation Membranes. J. Membr. Sci. 2015, 493, 329 – 339.

[58] Askari, M.; Xiao, Y.; Li, P.; Chung, T. – S. Natural Gas Purification and Olefin/Paraffin Separation Using Cross – Linkable 6FDA – Durene/DABA Co – polyimides Grafted with a, b, and g – Cyclodextrin. J. Membr. Sci. 2012, 390 – 391, 141 – 151.

[59] McKeown, N. B.; Budd, P. M.; Msayib, K. J.; Ghanem, B. S.; Kingston, H. J.; Tattershall, C. E.; Makhseed, S.; Reynolds, K. J.; Fritsch, D. Polymers of Intrinsic Microporosity(PIMs): Bridging the Void Between Microporous and Polymeric Materials. Chem. Eur. J. 2005, 11, 2610 – 2620.

[60] Swaidan, R.; Ma, X.; Litwiller, E.; Pinnau, I. High Pressure Pure – and Mixed – Gas Separation of CO_2/CH_4 by Thermally – Rearranged and Carbon Molecular Sieve Membranes Derived from a Polyimide of Intrinsic Microporosity. J. Membr. Sci. 2013, 447, 387 – 394.

[61] Woo, K. T.; Lee, J.; Dong, G.; Kim, J. S.; Do, Y. S.; Hung, W. – S.; Lee, K. – R.; Barbieri, G.; Drioli, E.; Lee, Y. M. Fabrication of Thermally Rearranged(TR) Polybenzoxazole Hollow Fiber Membranes with Superior CO_2/N_2 Separation Performance. J. Membr. Sci. 2015, 490, 129 – 138.

[62] Chang, K. – S.; Wu, Z. – C.; Kim, S.; Tung, K. – L.; Lee, Y. M.; Lin, Y. – F.; Lai, J. – Y. Molecular Modeling of Poly(benzoxazole – co – imide) Membranes: A Structure Characterization and Performance Investigation. J. Membr. Sci. 2014, 454, 1 – 11.

[63] Park, C. H.; Tocci, E.; Kim, S.; Kumar, A.; Lee, Y. M.; Drioli, E. A Simulation Study on OH – Containing Polyimide(HPI) and Thermally Rearranged Polybenzoxazoles(TR – PBO): Relationship Between Gas Transport Properties and Free Volume Morphology. J. Phys. Chem. B 2014, 118, 2746 – 2757.

[64] Jiang, Y.; Willmore, F. T.; Sanders, D.; Smith, Z. P.; Ribeiro, C. P.; Doherty, C. M.; Thornton, A.; Hill, A. J.; Freeman, B. D.; Sanchez, I. C. Cavity Size, Sorption and Transport Characteristics of Thermally Rearranged(TR) Polymers. Polymer 2011, 52, 2244 – 2254.

[65] Comer, A. C.; Ribeiro, C. P.; Freeman, B. D.; Kalakkunnath, S.; Kalika, D. S. Dynamic Relaxation Characteristics of Thermally Rearranged Aromatic Polyimides. Polymer 2013, 54, 891 – 900.

[66] Sanders, D. F.; Smith, Z. P.; Guo, R.; Robeson, L. M.; McGrath, J. E.; Paul, D. R.; Freeman, B. D. Energy – Efficient Polymeric Gas Separation Membranes for a Sustainable Future: A Review. Polymer 2013, 54, 4729 – 4761.

[67] Kim, S.; Lee, Y. M. High Performance Polymer Membranes for CO_2 Separation. Curr. Opinion Chem. Eng. 2013, 2, 238 – 244.

[68] Kraftschik, B.; Koros, W. J. Cross – Linkable Polyimide Membranes for Improved Plasticization Resistance and Permselectivity in Sour Gas Separations. Macromolecules 2013, 46, 6908 – 6921.

[69] Lee, C. H.; Lee, Y. M. Highly Proton – Conductive Thermally Rearranged Polybenzoxazole for Medium – Temperature and Low – Humidity Polymer Electrolyte Fuel Cells. J. Power Sources 2014, 247, 286 – 293.

[70] Lee, M. J.; Hwang, J. – K.; Kim, J. H.; Lim, H. – S.; Sun, Y. – K.; Suh, K. – D.; Lee, Y. M. Electrochemical Performance of a Thermally Rearranged Polybenzox-

azole Nanocomposite Membrane as a Separator for Lithium – Ion Batteries at Elevated Temperature. J. Power Sources 2016, 305, 259 – 266.

[71] Lee, M. J.; Kim, J. H.; Lim, H. – S.; Lee, S. Y.; Yu, H. K.; Kim, J. H.; Lee, J. S.; Sun, Y. – K.; Guiver, M. D.; Suh, K. D.; Lee, Y. M. Highly Lithium – Ion Conductive Battery Separators from Thermally Rearranged Polybenzoxazole. Chem. Commun. (Cambridge, U. K.)2015, 51, 2068 – 2071.

[72] Kim, J. H.; Park, S. H.; Lee, M. J.; Lee, S. M.; Lee, W. H.; Lee, K. H.; Kang, N. R.; Jo, H. J.; Kim, J. F.; Drioli, E.; Lee, Y. M. Thermally Rearranged Polymer Membranes for Desalination. Energy Environ. Sci. 2016, 9, 878 – 884.

[73] Ong, Y. K.; Wang, H.; Chung, T. – S. A Prospective Study on the Application of Thermally Rearranged Acetate – Containing Polyimide Membranes in Dehydration of Biofuels via Pervaporation. Chem. Eng. Sci. 2012, 79, 41 – 53.

[74] Ribeiro, C. P.; Freeman, B. D.; Kalika, D. S.; Kalakkunnath, S. Aromatic Polyimide and Polybenzoxazole Membranes for the Fractionation of Aromatic/Aliphatic Hydrocarbons by Pervaporation. J. Membr. Sci. 2012, 390 – 391, 182 – 193.

[75] Kim, S.; Han, S. H.; Lee, Y. M. Thermally Rearranged(TR)Polybenzoxazole Hollow Fiber Membranes for CO_2 Capture. J. Membr. Sci. 2012, 403 – 404, 169 – 178.

[76] Woo, K. T.; Dong, G.; Lee, J.; Kim, J. S.; Do, Y. S.; Lee, W. H.; Lee, H. S.; Lee, Y. M. Ternary Mixed – Gas Separation for Flue Gas CO_2 Capture Using High Performance Thermally Rearranged(TR)Hollow Fiber Membranes. J. Membr. Sci. 2016, 510, 472 – 480.

[77] Woo, K. T.; Lee, J.; Dong, G.; Kim, J. S.; Do, Y. S.; Jo, H. J.; Lee, Y. M. Thermally Rearranged Poly(benzoxazole – co – imide)Hollow Fiber Membranes for CO_2 Capture. J. Membr. Sci. 2016, 498, 125 – 134.

[78] Scholes, C. A.; Ribeiro, C. P.; Kentish, S. E.; Freeman, B. D. Thermal Rearranged Poly(Benzoxazole)/Polyimide Blended Membranes for CO_2 Separation. Sep. Purif. Technol. 2014, 124, 134 – 140.

[79] Dong, G.; Woo, K. T.; Kim, J.; Kim, J. S.; Lee, Y. M. Simulation and Feasibility Study of Using Thermally Rearranged Polymeric Hollow Fiber Membranes for Various Industrial Gas Separation Applications. J. Membr. Sci. 2015, 496, 229 – 241.

[80] Cersosimo, M.; Brunetti, A.; Drioli, E.; Fiorino, F.; Dong, G.; Woo, K. T.; Lee, J.; Lee, Y. M.; Barbieri, G. Separation of CO_2 from Humidified Ternary Gas Mixtures Using Thermally Rearranged Polymeric Membranes. J. Membr. Sci. 2015, 492, 257 – 262.

[81] Scholes, C. A.; Freeman, B. D.; Kentish, S. E. Water Vapor Permeability and

Competitive Sorption in Thermally Rearranged (TR) Membranes. J. Membr. Sci. 2014, 470, 132 – 137.

[82] Baker, R. W. Membrane Technology and Applications; McGraw – Hill: New York, 2000.

[83] Freeman, B. D. ; Pinnau, I. Polymer Membranes for Gas and Vapor Separation: Chemistry and Materials Science; American Chemical Society: Washington DC, 1999.

[84] Kesting, R. E. ; Fritzschz, A. K. Polymeric Gas Separation Membranes; John Wiley & Sons: New York, 1993.

[85] Mulder, M. Basic Principles of Membrane Technology, 2nd ed. ; Kluwer Academic Pub: Netherlands, 1996.

[86] Smith, Z. P. ; Sanders, D. F. ; Ribeiro, C. P. ; Guo, R. ; Freeman, B. D. ; Paul, D. R. ; McGrath, J. E. ; Swinnea, S. Gas Sorption and Characterization of Thermally Rearranged Polyimides Based on 3,3′ – Dihydroxy – 4,4′ – diamino – biphenyl(HAB) and 2,2′ – Bis – (3,4 – dicarboxyphenyl) Hexafluoropropane Dianhydride(6FDA). J. Membr. Sci. 2012, 415 – 416, 558 – 567.

[87] Gleason, K. L. ; Smith, Z. P. ; Liu, Q. ; Paul, D. R. ; Freeman, B. D. Pure – and Mixed – Gas Permeation of CO_2 and CH_4 in Thermally Rearranged Polymers Based on 3,3′ – Dihydroxy – 4,4′ – diamino – biphenyl(HAB)and 2,2′ – Bis – (3,4 – dicarboxyphenyl)Hexafluoropropane Dianhydride(6FDA). J. Membr. Sci. 2015, 475, 204 – 214.

[88] Ma, X. ; Swaidan, R. ; Belmabkhout, Y. ; Zhu, Y. ; Litwiller, E. ; Jouiad, M. ; Pinnau, I. ; Han, Y. Synthesis and Gas Transport Properties of Hydroxyl – Functionalized Polyimides with Intrinsic Microporosity. Macromolecules 2012, 45, 3841 – 3849.

[89] Jung, C. H. ; Lee, Y. M. Gas Permeation Properties of Hydroxyl – Group Containing Polyimide Membranes. Macromol. Res. 2008, 16, 555 – 560.

[90] Kim, S. ; Jo, H. J. ; Lee, Y. M. Sorption and Transport of Small Gas Molecules in Thermally Rearranged(TR)Polybenzoxazole Membranes Based on 2,2 – Bis(3 – amino – 4 – hydroxyphenyl) – hexafluoropropane (bisAPAF) and 4,4′ – Hexafluoroisopropylidene Diphthalic Anhydride(6FDA). J. Membr. Sci. 2013, 441, 1 – 8.

第 9 章　固有微孔聚合物薄膜(PIMs)

9.1　引　言

2004 年,一种被称为"固有微孔聚合物"(PIMs)的新型成膜聚合物被报道出来,并且这类材料在高效能分子分离方面具有应用前景。这些具有高自由体积和玻璃状的聚合物在气体分离、有机溶剂纳米过滤(OSN)和亲油性渗透汽化方面的应用引起了广泛关注。本章对过去十二年间的研究进展进行了总结,讨论了已得到发展和研究的聚合物结构及其作为薄膜的应用,所讨论和提及的关于 PIMs 的早期研究进展综述均已发表。

由于组成 PIMs 的大分子链之间难以组装,因此 PIMs 具有较高的自由体积。虽然构成 PIMs 的大分子骨架不能进行大范围构象变化,并且骨架中没有容易发生旋转的单键,但 PIMs 的结构可以通过一些"扭曲位点"扭曲成螺旋形的构象,如螺环中心、乙烷蒽单元、三蝶烯单元或特罗格碱单元。这种"刚性的、扭曲的"分子在固态下不易填满空间,因此会将大量的相互连接的自由体积捕获,它们所形成的薄膜被应用化学会(IUPAC)定义为"微孔薄膜",也就是说,它们就像具有尺寸为 0 ~ 2 nm 孔径的气孔的材料。从这个意义上说,由于拥有多孔壁相互作用,微孔材料表现出非常好的气体吸附能力。

第一种被制备成膜的固有微孔聚合物,简写为"PIM - 1",它是研究得最多的材料,会在本节最先讨论。然后会讨论用类似的化学方法制备出的其他(双芳香亲核取代)PIMs,接着会讨论具有类似 PIM 行为的聚酰亚胺和利用特罗格碱形成的一系列新型 PIMs。

9.2　PIMs

9.2.1　PIM - 1

在 PIM - 1 材料中,骨架完全是由稠环构成,形成了一个梯子结构,若要发生旋转,必须要打破化学键才能进行,在骨架中能发生任意旋转的"扭曲位点"被称为螺环中心(一个四面体碳原子,构成两个五元环的一部分)。PIM - 1 是通过 TTSBI 和 TFTPN 之间的双芳香亲核取代反应制备得到的(图9.1)。这个反应以二甲基甲酰胺(DMF)和 K_2CO_3 分别作为溶剂和碱,在 651 ℃温度下反应超过三天,形成了二苯二氮氧化合物结构。TFTPN 中的丁腈基团和氟原子提供一个单体,这个单体对这类反应有很强的活化作用,这样就可以降低反应温度,比通常能够发生亲芳亲核取代反应的温度更低,随后的更高温度用于加速反应。事实上,正如 Du 等所证实的,反应可以在 1 551 ℃ 和剧烈搅拌的条件下,几分钟之内就可完成,Song 等优化了聚合条件,从而可以产生支链结构、循环结构和线性结构。Kricheldorf 等对硅基化的 TTSBI 在聚合反应中的应用进行了研究,发现了预主导循环产物的形成条件,同组人又对不同溶剂的影响进行了探讨。TTSBI 与 TFTPN 的反应本质上是 A – A + B – B 缩聚反应,一对羟基用 A 表示,一对氟用 B 表示。根据 Carother 理论,如果要得到高分子量的聚合物,这种类型的聚合反应需要小心控制化学计量,即使单体中的杂质含量很低,也会破坏化学计量学,从而导致聚合物的分子量过低,以至于无法形成良好的膜。可以自缩聚的 A – B 型单体有潜在的优势,Zhang 等就证明了这种方法。另一个 Zhang 等表明 PIM – 1 用机械化学方法就可制备得到,过程中不需要使用任何溶剂。

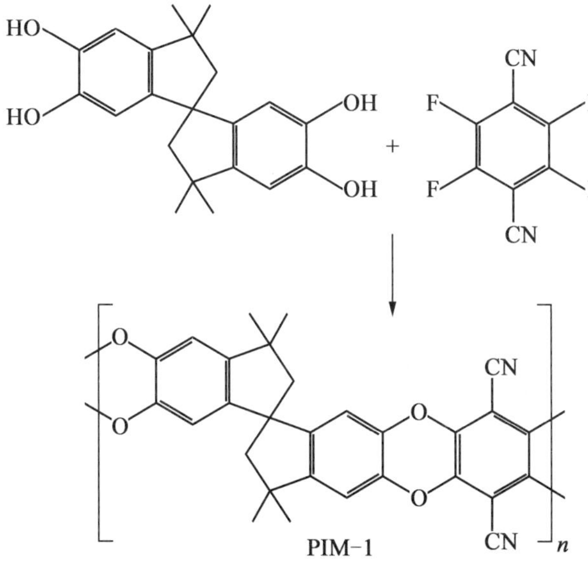

图 9.1 由 TTSBI(左)和 TFTPN(右)制备 PIM – 1 示意图

9.2.2 PIM – 1 的化学修饰

尽管化学过程很难像在低分子量物质中那样顺利进行,但通过化学改性,从 PIM – 1 中产生了多种具有不同特性的聚合物,尤其是 PIM – 1 中的氰基为化学修饰提供了位点,如图 9.2 所示。Du 等应用碱催化水解制备了羧化的 PIM – 1,他们还表明,羧化的聚合物可以通过热处理进行交联,后来又证明了水解产物中含有酰胺和羧化结构。Yanara-nop 等也已经证实,使用过氧化氢可以很容易地获得酰胺官能团。Mason 等以五硫化磷为硫单体,制备得到了硫酰胺结构,同组人用硼烷配合物得到了胺 – PIM – 1。Du 等人表明 PIM – 1 中的腈可以与叠氮化钠(单击反应)进行[2 +3]环加成反应,得到四唑官能团。他们继续证明四唑官能化的 PIM – 1(TZ – PIM)可以与甲基碘化物甲基化,从而得到甲基四唑官能化的 PIM – 1(MTZ – PIM),与 TZ – PIM 相比,其溶解特性得到了改善。Patel 等证明了通过 PIM – 1 与羟胺反应可以形成偕胺肟官能团。Satilmis 等研究了乙醇胺和二乙醇胺与 PIM – 1 的反应,并意外地发现它们的产物具有羟烷基氨基烷基酰胺结构。

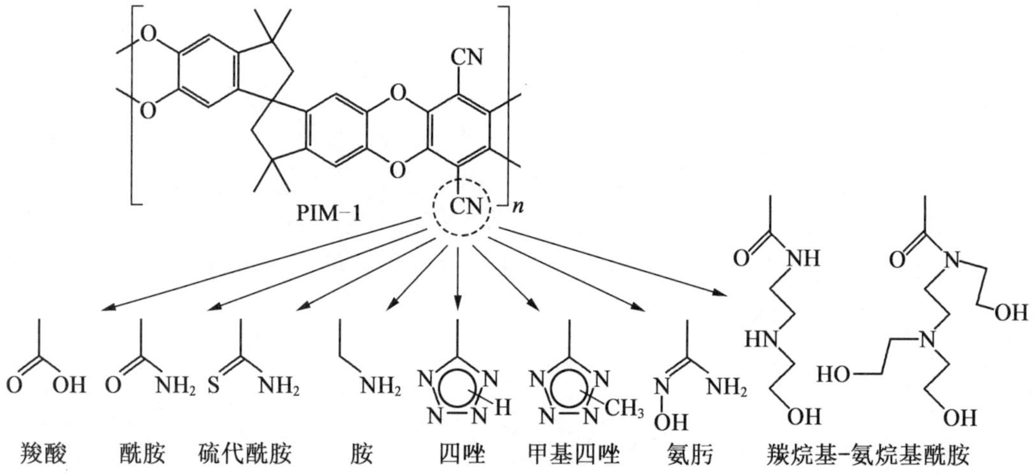

图 9.2　PIM – 1 中腈的化学修饰

9.2.3　通过芳香亲核取代合成的其他 PIMs

用于合成 PIM – 1 的化学方法(芳香亲核取代)也已经被广泛用于其他 PIMs 成膜的合成中,通过将适当的四羟基化合物与四氧基或四氯化合物组合起来实现。以这种方法制备的 PIMs 的典型示例如图 9.3 所示,其中,多种 PIMs 的合成需要复杂的单体,而用于合成 PIM – 1 的单体已经实现商业化。

证据显示,对于一些单体对,它们很难获得高分子量聚合物,但是加入第三种单体就可以制备出适用于膜研究的共聚物。利用具有更高功能性的单体,还可以制备出网状 PIMs,但是由于它们不能进行溶液处理,所以这里不对其进行讨论。

Ghanem 等开发了含螺环和含乙醇蒽的双(苯基)单体,并通过与适当的四羟基单体反应合成了一系列 PIMs,包括 PIM – 7、PIM – 8、Cardo – PIM – 1 和 Cardo – PIM – 2。

Du 等引入了一种新的单体——七氟丁酰氯 – P – 甲苯基苯砜,通过其与 PIM – 1 单体共聚,产生了一系列 TFMPSPIM 共聚物。同一组人继续利用新的二砜单体、含有二烯丙基单元的 DNPIM 共聚物和含有噻吩单元的 TOTPIM 共聚物制备出了 DSPIM 共聚物。"共聚物"方法也被 Emmler 等采用,他们合成了 PIM – 1 的变体,这些变体中的部分螺旋中心被乙醇蒽单元取代。

Short 等对二(3,4 – 二羟基苯基)四苯基苯的 1,2 – 和 1,4 – 位置异构体制备的产物进行了比较,结果表明,前者主要产生环状低聚物(HDP – PIM – 1),而后者则形成具有高分子量的成膜聚合物(HDP – PIM – 2)。

Ghanem 等开发了具有三苯乙烯单元并能发生自缩聚的 A – B 单体。所得到的聚合物 TPIM – 1 和 TPIM – 2 显示出优异的氢分离性能,稍后将进一步讨论。

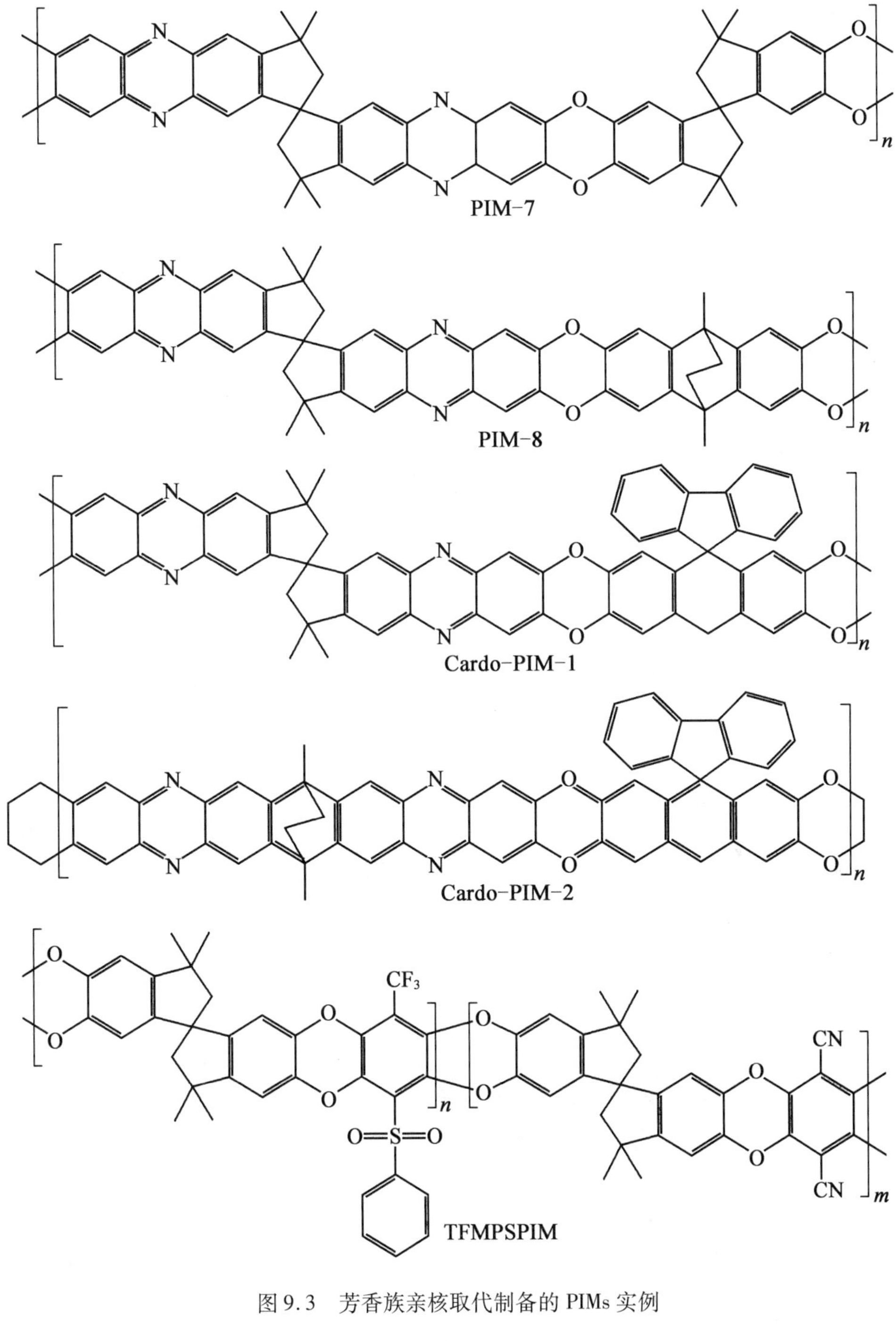

图 9.3 芳香族亲核取代制备的 PIMs 实例

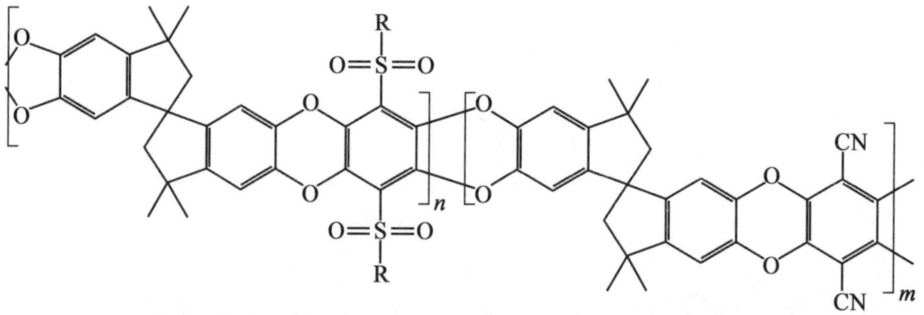

DSPIM1(R=Ph),DSPM2(R=PhOCH₃),DSPM3(R=CH₂CH₃)

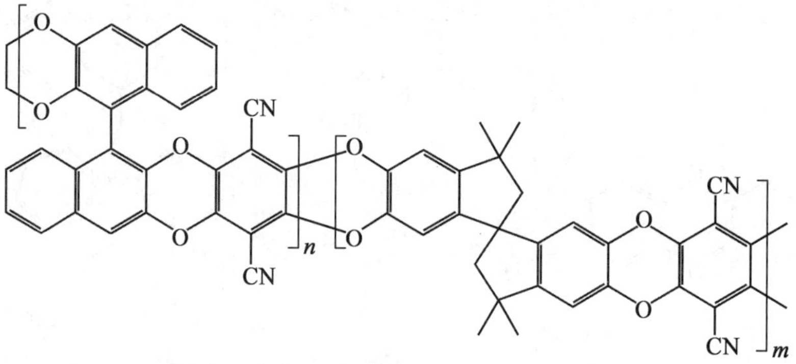

DNPIM

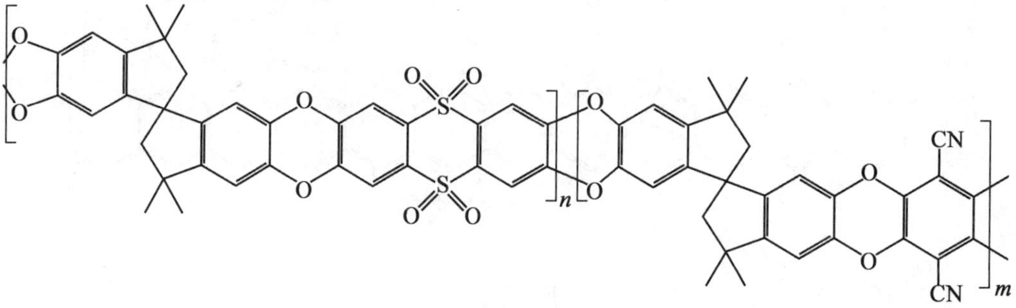

TOTPIM

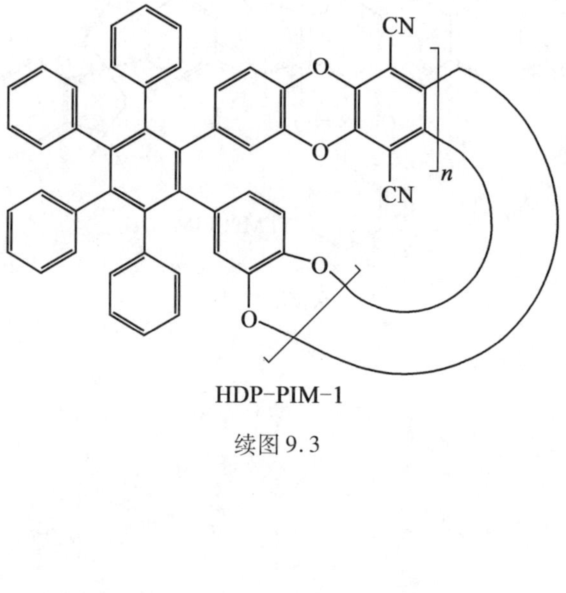

HDP-PIM-1

续图 9.3

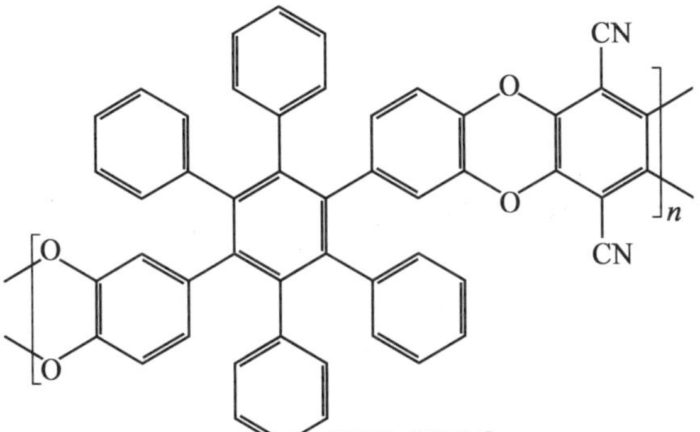

HDP-PIM-2

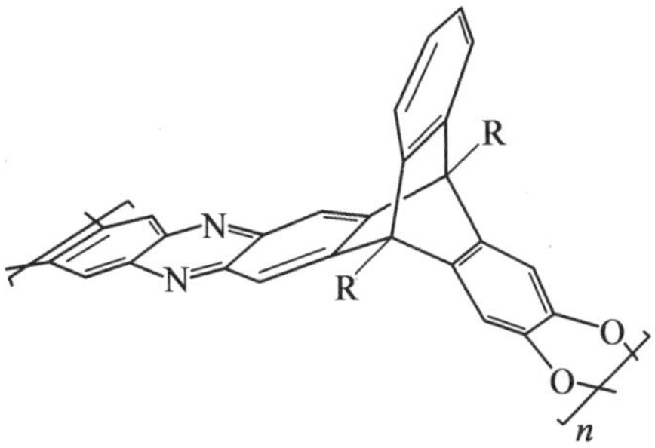

TPIM-1(R=异丙基),TROM-2(R=直丙基)

续图 9.3

9.2.4 PIM 聚酰亚胺

芳香族聚酰亚胺作为成膜聚合物已得到广泛研究,其中最常用的是一种二酐和二胺。在气体分离中,它们可以表现出良好的选择性,但通常渗透性较低。PIM 概念的应用使得聚酰亚胺具有高自由体积,因此具有高渗透性。因为将酰亚胺键结合到 PIM 中会引入单键,从而使得 PIM 链更加灵活。然而,如 Ghanem 等所示,在聚酰亚胺中,如果围绕酰亚胺键的旋转受到强烈阻碍,并且分子的其余部分具有足够的刚性,则可以实现类 PIM 的行为。PIM 聚酰亚胺的例子如图 9.4 所示。

Ghanem 等制备了含螺环二酐,与一些二胺反应得到一系列 PIM – 聚酰亚胺(PIM – PIs 1 – 8),其主链的灵活性程度不同,因此渗透率也不同。用 3,3 – 二甲基萘啶(PIM – PI – 8)制备的聚合物的气体渗透率以往的聚酰亚胺更高。Rogan 等利用更紧凑的二酐扩大了 PIM – 聚酰亚胺(PIM – PIs 9 – 11)的范围。Ma 等引入了包含两个螺旋中心的二胺,9,9 – 螺双芴 – 2,2 – 二胺(SBF) 和 3,3 – 二溴 – 9,9 – 螺双芴 – 2,2 – 二胺(BSBF),它们与一系列二酐反应,包括 4,4 – (六基异丙基) 二苯酐(6FDA),得到本征微孔聚酰亚胺。

Ghanem 等和 Swaidan 等合成了二酐,该二酐中的三苯单元作为扭曲位点,用于制备一系列 KAUST – PI 聚酰亚胺。KAUST – PI – 1 等聚合物表现出高度的超微孔隙率(孔径为 0.7 nm),具有优良的分子筛分性能。

Rogan 等在二酐单体中引入乙醇蒽作为扭曲位点,该单体用于生成高渗透 PIM – PI

－EA（也称为 PIM－PI－12）。

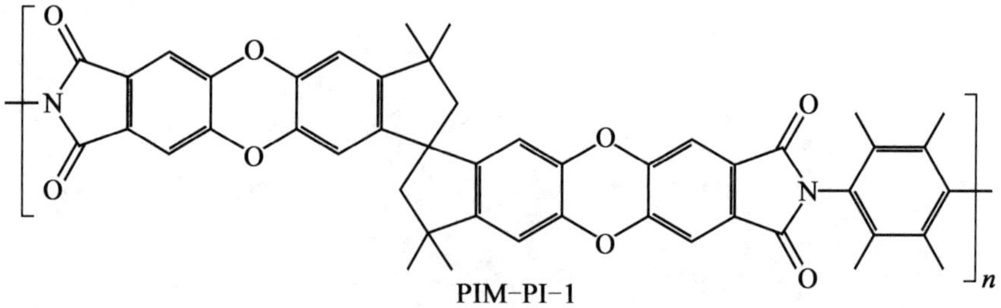

PIM-PI-1

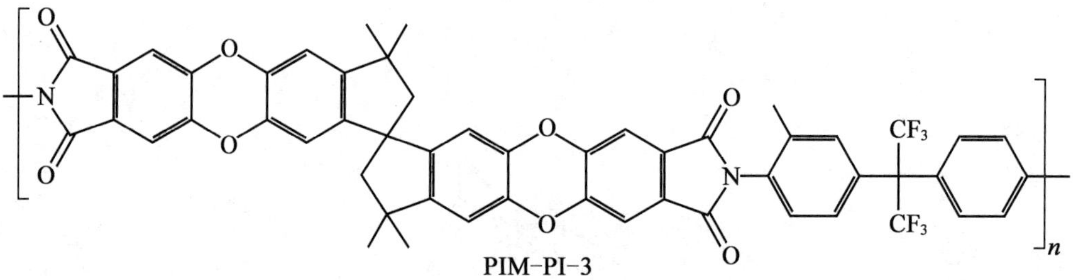

PIM-PI-3

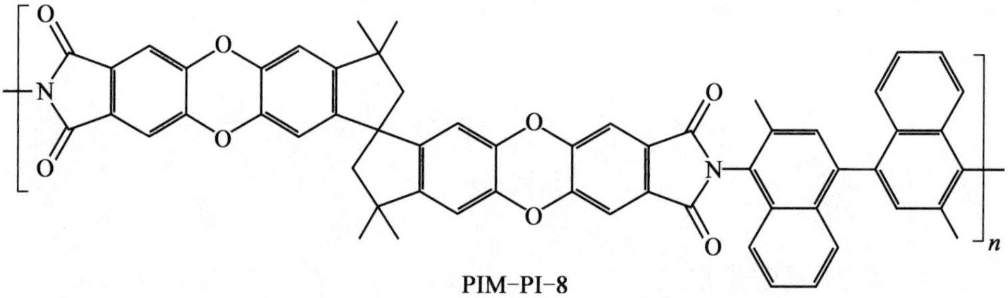

PIM-PI-8

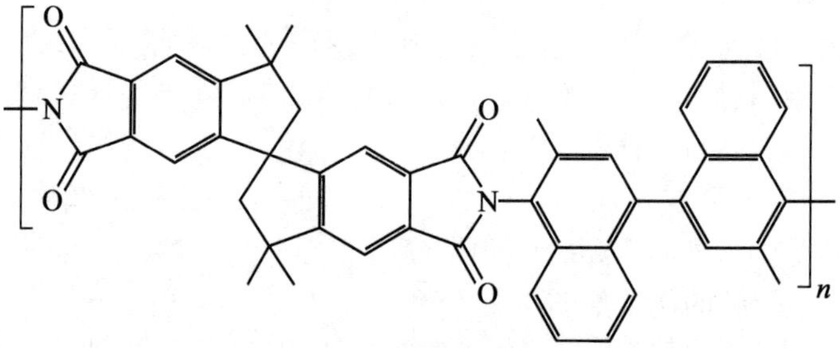

PIM-PI-10

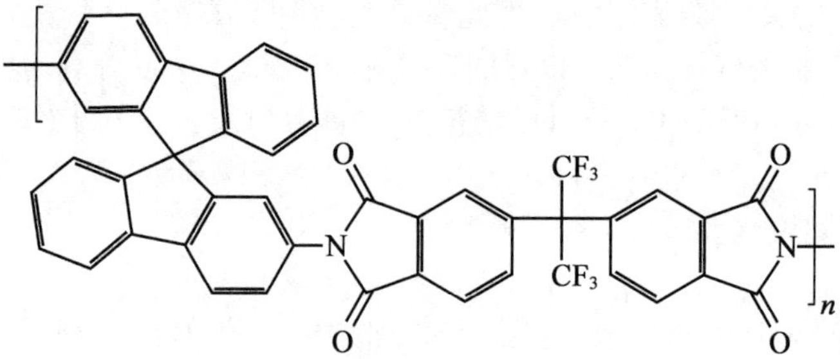

6FDA-SBF

图 9.4　PIM 聚酰亚胺的实例

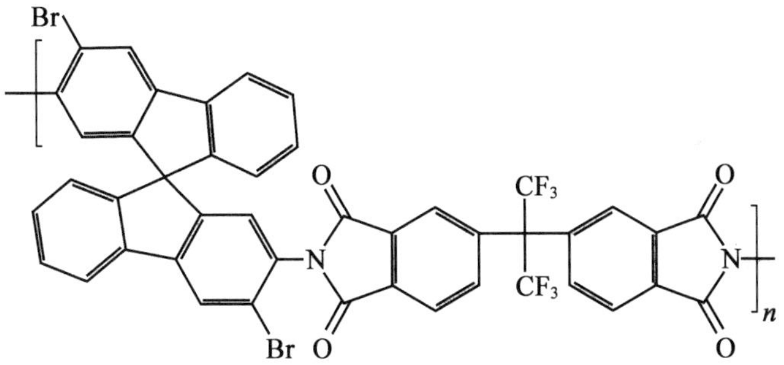

6FDA-BSBF

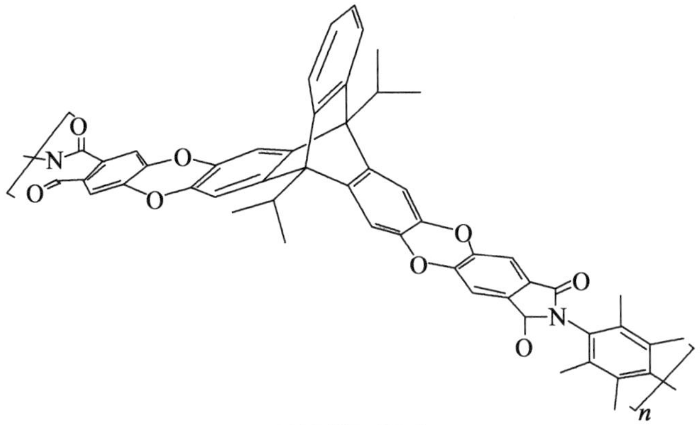

KAUST-PI-1

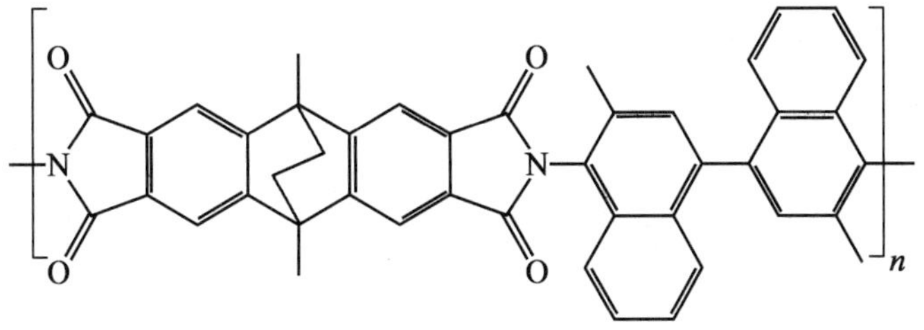

PIM-PI-EA

续图 9.4

近年来，聚酰亚胺备受关注，这些聚酰亚胺可以加工成膜，首先要通过热处理转化成聚合物，否则很难以薄膜的形式得到。具有邻位—OH 或—SH 基团的芳香族聚酰亚胺可分别转化为苯并恶唑或苯并噻唑结构，许多研究小组已经在探寻开发可热重排的 PIM -聚酰亚胺，图 9.5 所示为几个实例。

MA 等和 Li 等独立地开发了以螺环中心作为扭动位点的羟基官能化二胺的制备路线，这种制备方法被用于制备聚合物，如 PIM -6FDA -OH，其在 400 ~ 500 ℃ 的热处理温度下形成聚苯并恶唑结构。Ma 等和 Swaiden 等进一步表明，热处理可以跨越单纯的重排，在最高可达 800 ℃ 的温度下进行处理，使碳分子筛膜具有从天然气中去除二氧化碳的潜力。

Shamsipur 等将含螺环的二酐与含羟基的二胺结合，得到 PIM -PI -OH -1 等聚合物，这些聚合物显示热重排后其渗透性增加。

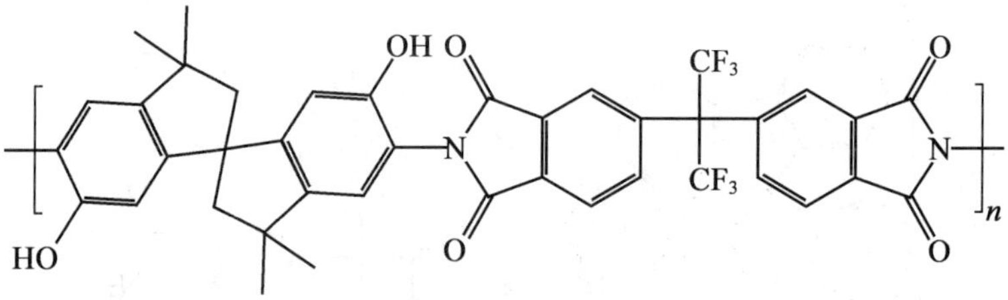

PIM-6FDA-OH

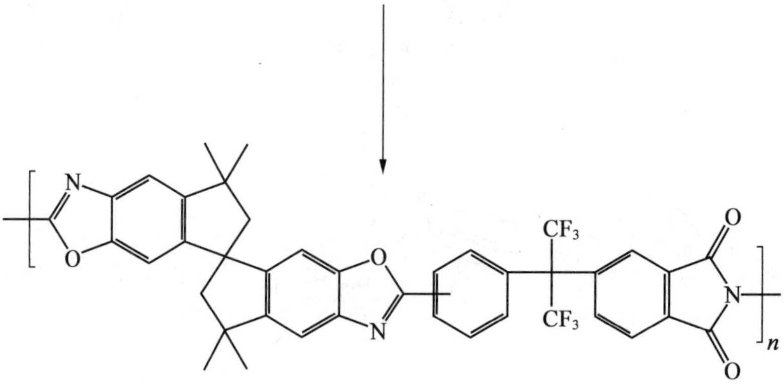

热重排 PIM-6FDA-OH

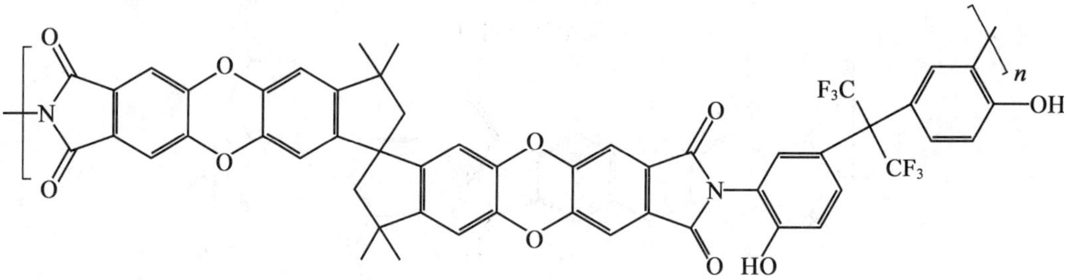

PIM-PI-OH-1

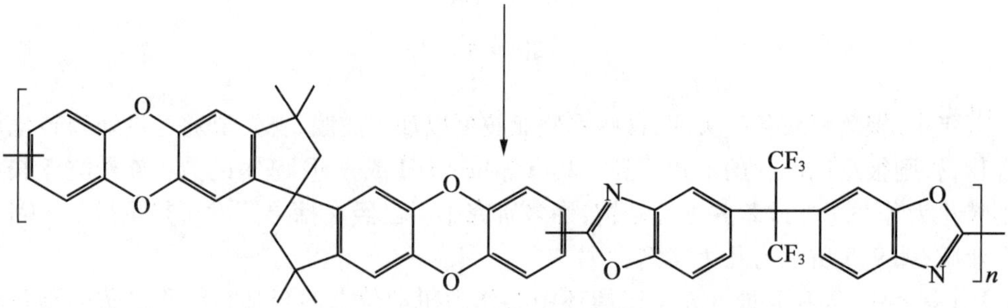

PIM-PBO-1

图9.5 热处理后形成的可热重排 PIM-聚酰亚胺和聚苯并恶唑聚合物的实例

9.2.5 特罗格碱 PIMs

因为 PIM 在骨架中没有容易发生旋转的单键,因此被认为具有"刚性"的结构,它们不能经历大规模的构象改变。然而，没有一种完全静止的结构，而且在每种聚合物中都发生着局部热运动。对于含有二苯并二氧六环单元的 PIM，则存在一定程度的带状柔性。为了制造具有更多形状且持久结构的聚合物，Carta 等利用特罗格碱（TB）的形成方式开发了一种新的聚合形式。虽然早在 1887 年，导致特罗格碱的反应就有报道，但这种反应没有应用在聚合方式中。聚合过程中产生的 TB 单元起到"扭曲位点"的作用，在聚合物结构中可以建立额外的扭曲位点。图 9.6 所示为 TB PIMs 的例子。

关于 TB PIMs 的第一篇论文，将含有乙醇蒽单元（PIM－EA－TB）的聚合物与含有螺旋中心（PIM－SBI－TB）的聚合物进行了比较，PIM－EA－TB 被证明是非常有效的分子筛薄膜，气体分离数据显示其作为分子筛薄膜具有高度尺寸选择性。同一研究小组继续开发了包含其他结构单元的 TB 聚合物，包括三苯乙烯（PIM－Trip－TB）和金刚烷（TB－Ad－Me）。Zhuang 等制备了具有 TB 和聚酰亚胺特性的聚合物，并将 TB 聚合应用在了含酰亚胺的单体中。

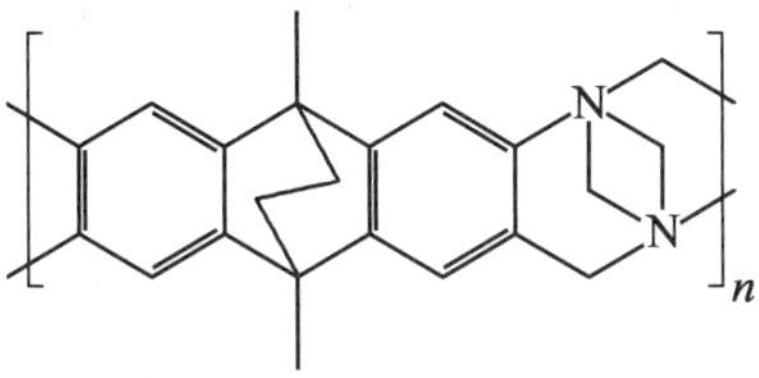

PIM-EA-TB 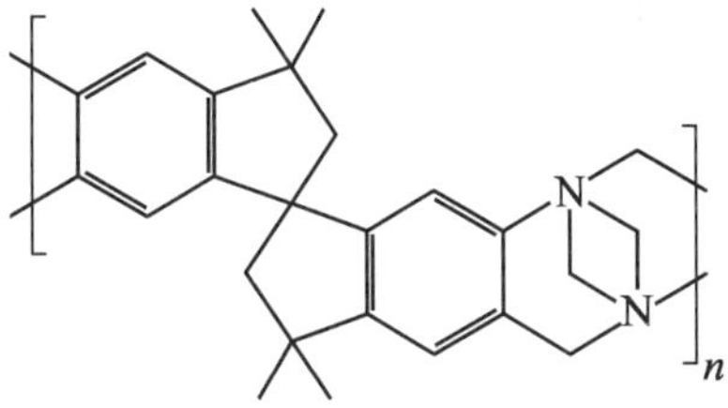   PIM-SBI-TB

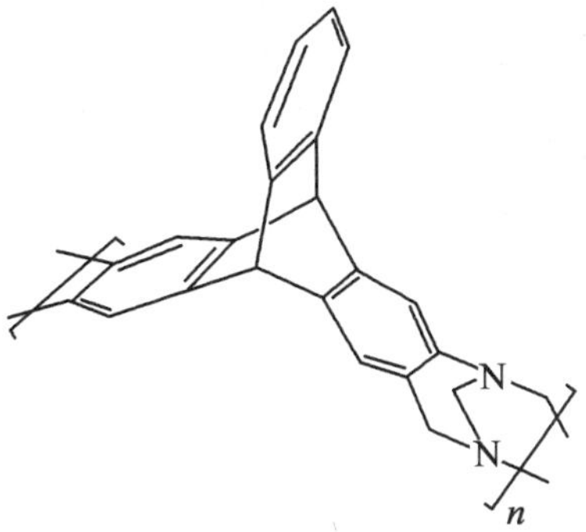

PIM-Trip-TB 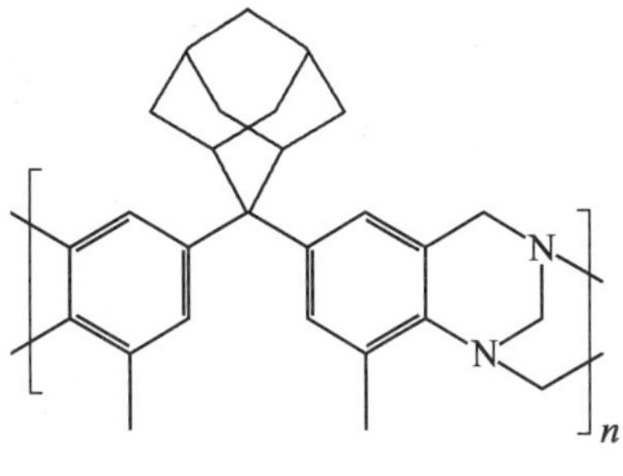   TB-Ad-Me

图 9.6　特罗格碱（TB）PIMs 实例

9.3　气体分离

作为气体分离膜的材料，通常要在选择性和渗透性之间做出权衡。因为提高选择性时通常会导致渗透性的丧失，反之亦然。1991 年，Robeson 对聚合物膜的气体渗透数据进行了综述，根据工业上一些重要气体对的选择性对渗透率绘制了双对数曲线图，并给出了经验性能的上限。随后对膜材料进行研究，并试图实现超出 1991 年上限的性能。

2005年,Budd等首次报道了PIM膜的气体渗透数据,由于PIM突破了Robeson在1991年报道的关于O_2/N_2和CO_2/CH_4等气体对的上限,同时具有比绝大多数聚合物(除了超渗透聚合物外,如取代的聚乙炔聚[1-(三甲硅基)-1-丙炔](PTMSP))更高的渗透性,这个结果引起了研究者们极大的兴趣。随后,PIMs数据被记录在Robeson 2008年的修订版中。至2015年,新型PIM结构的发展取得了很大进展,Swaiden等人提出了O_2/N_2、H_2/N_2和H_2/CH_4气体对的上限,远远超过了2008年的上限,这一进展如图9.7所示(根据表9.1、9.2、9.5~9.9得到的PIMs的数据),图9.7中显示了O_2/N_2气体对在1991、2008、2015年上限的Robeson曲线图,稍后将对各种类型PIM的数据做出进一步讨论。

通过计算机模拟和试验研究探讨了PIM的输运特性。

文献中的大多数试验气体渗透数据都是对应于相对较厚(通常在30~120 mm范围内)的自支撑膜,其可能是纯聚合物、聚合物共混物或纳米复合材料(混合基质膜,MMM)。对于较薄的LM复合材料(TFC)膜也有一些报道。这些数据会在稍后收集。

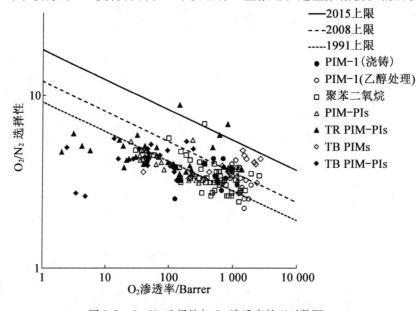

图9.7 O_2/N_2选择性与O_2渗透率的双对数图

9.3.1 PIM-1自支撑膜

PIM-1作为PIM的原型,在气体分离方面得到了最广泛的研究。一般将聚合物溶液浇注在溶剂(如氯仿($CHCl_3$)或四氢呋喃(THF)中,并使溶剂缓慢蒸发就能制备得到自支撑膜。PIM-1铸态膜的气体渗透数据见表9.1,因为测量条件不同,而且由于样品历史不同,不同铸膜的膜性能会表现出很大的差异,尤其是水或其他污染物的存在会明显地影响渗透率。

表 9.1　铸态自支撑 PIM - 1 膜的气体渗透率数据

参考文献	气体渗透率/bar						选择性				
	He	H$_2$	CO$_2$	O$_2$	N$_2$	CH$_4$	H$_2$/CH$_4$	H$_2$/N$_2$	CO$_2$/CH$_4$	O$_2$/N$_2$	CO$_2$/N$_2$
62	—	—	1 550	150	45	114	—	—	13.6	3.3	34.4
62	760	1 630	4 390	580	180	310	5.3	9.1	14.2	3.2	24.4
9	—	1 900	4 030	990	270	350	5.4	7	11.5	3.7	14.9
18	640	1 450	4 790	680	240	440	5.3	6	10.9	2.8	20
64	1 340	2 936	5 303	969	252	320	9.2	11.7	16.6	3.8	21
65	800	—	2 790	510	120	170	—	—	16.4	4.3	23.3
66	—	2 430	3 620	—	180	240	10.1	13.5	15.1	—	20.1
51	660	1 300	2 300	370	92	125	10.4	14.1	18.4	4	25
62	—	—	1 540	157	49	122	—	—	12.6	3.2	31.4
62	155	270	950	128	51	—	—	5.3	—	2.5	18.6
62	786	1 670	4 350	590	190	330	5.1	8.8	13.2	3.1	22.9
62	740	1 600	3 700	530	155	240	6.7	10.3	15.4	3.4	23.9
67	1 228	2 661	8 147	1 175	393	688	3.9	6.8	11.8	3	20.7
68	—	—	3 799	—	228	310	—	—	12.3	—	16.7
69	—	1 936	3 425	—	148	229	8.5	13.1	15	—	23.1
70	1 061	2 332	3 496	786	238	360	6.5	9.8	9.7	3.3	14.7
71	—	2 696	3 375	712	166	204	13.2	16.2	16.5	4.3	20.3
72	—	—	3 815	728	192	272	—	—	14	3.8	19.9
73	—	2 918	3 825	735	192	268	—	—	14.3	3.8	19.9
74	—	—	3 294	562	163	322	—	—	10.2	3.4	20.2
63	—	2 640	—	210	—	—	—	—	—	—	—

气体渗透单位：1 bar = 3.35 × 10^{-16} mol · m · m^{-2} · s^{-1} · Pa^{-1}。

选择性是两种气体的渗透率之比。

　　玻璃状聚合物膜的一种常见制备方法是用醇（甲醇或乙醇）对膜进行处理，通常经过一整夜时间的醇处理可使膜发生膨胀，同时有助于清除污染物。在乙醇蒸发时，膜还会保留一些过量的自由体积，因此形成的铸膜具有更高的渗透率。醇处理过的 PIM - 1 膜的气体渗透数据见表 9.2，乙醇处理后的膜的 CO$_2$ 渗透率大多数都在 6 000 ~ 9 000 bar（1 bar = 3.35 × 10^{-16} mol · m · m^{-2} · s^{-1} · Pa^{-1}）范围内，但也有报道中会高达 12 600 bar。醇处理过的膜，其不同渗透率的结果反映在测量工艺的差异上，一些情况下，测量是在溶剂蒸发之后立即进行的；在其他情况下，膜在测量之前要经过真空和/或高温。在乙醇处理过程中所捕获的过量的自由体积，会随着时间通过物理老化过程而损失，所以 Swaiden 等认为，为了保持对固有特性测量的一致性，渗透率数据不应在用酒精处理后的瞬态获取,而应给予足够的时间使其结构放松到"准平衡"状态后获得。

表9.2 醇处理(甲醇或乙醇)自支撑 PIM-1 膜的气体渗透数据

参考文献	气体渗透率/bar						选择性				
	He	H_2	CO_2	O_2	N_2	CH_4	H_2/CH_4	H_2/N_2	CO_2/CH_4	O_2/N_2	CO_2/N_2
62	—	—	12 600	1 610	500	740	—	—	17.0	3.2	25.2
75	1 500	3 600	6 500	1 300	340	430	8.4	10.6	15.1	3.8	19.1
14	1 368	3 580	8 310	1 790	727	—	—	4.9	—	2.5	11.4
76	1 380	3 320	6 000	1 340	405	—	—	8.2	—	3.3	14.8
20	—	—	8 461	1 521	687	—	—	—	—	2.2	12.3
65	1 760	—	11 400	1 950	660	1 000	—	—	11.4	3.0	17.3
77	1 610	3 210	5 120	1 130	270	340	9.4	11.9	15.1	4.2	19.0
62	1 320	3 300	11 200	1 530	610	1 160	2.8	5.4	9.7	2.5	18.4
78	1 048	—	6 211	928	279	401	—	—	15.5	3.3	22.3
79	—	3 274	9 896	1 396	483	789	4.1	6.8	12.5	2.9	20.5
69	—	3 018	6 501	—	328	572	5.3	9.2	11.4	—	19.8
71	—	3 949	6 957	1 257	337	472	8.4	11.7	14.7	3.7	20.6
80	—	3 731	6 601	1 172	309	431	8.7	12.1	15.3	3.8	21.4
81	—	3 877	—	1 260	334	464	8.4	11.6	—	3.8	—
82	1 577	3 365	5 919	985	248	362	9.3	13.6	16.4	4.0	23.9
83	—	—	7 640	—	315	—	—	—	—	2.4	24.3
63	—	—	7 010	—	360	—	—	—	—	—	19.5
84	—	—	10 683	2 179	912	1 374	—	—	7.8	2.4	11.7

气体渗透单位:1 bar = 3.35×10^{-16} mol·m·m^{-2}·s^{-1}·Pa^{-1}。

选择性是两种气体的渗透率之比。

玻璃状聚合物从未真正处于平衡状态。PIM 与其他具有高自由体积的玻璃态聚合物一样,都要经历物理老化过程,从而导致渗透率随时间发生损失。这是造成这些聚合物的难以用于商业开发的最大障碍,并且已经有很多研究致力于探索玻璃聚合物物理老化,尤其是 PIMs 的物理老化。

9.3.2 交联 PIM-1

减少老化和其他影响的一种实用方法是形成交联聚合物,PIM-1 可以通过与二叠氮化物的氮烯反应以及热处理进行化学交联。通过水解的 PIM-115 的热脱羧以及多价阳离子与水解的 PIM-1 的相互作用,也实现了交联。表9.3 列出了交联 PIM-1 的经典气体渗透数据。与未交联的聚合物相比,交联通常导致渗透率降低,但是可以提高选择性,在某些情况下,性能将远远超过 2008 年的 Robeson 上限。此外,对 PIM-1 进行了紫外处理,它们的性能也得到了改善。然而,微量氧的存在会导致膜表面附近的光氧化链断裂,而不是膜本体的交联导致。

表 9.3　交联 PIM-1 膜的气体渗透率数据

交联方法	参考文献	气体渗透率/bar						选择性				
		He	H_2	CO_2	O_2	N_2	CH_4	H_2/CH_4	H_2/N_2	CO_2/CH_4	O_2/N_2	CO_2/N_2
二嗪农	93	—	—	580	114	32		—	—	—	3.6	18.1
	93	—	—	219	38	—	—	—	—	—	4.8	27.4
热量	67	114	147	434	49	14	24	6.3	10.5	18.5	3.5	31
	71	—	1 360	1 968	326	76	73	18.6	17.9	27	4.3	25.9
	71	—	3 872	4 000	582	96	73	53	40.3	54.8	6.1	41.7
	94	—	2 328	1 956	445	72	58	40.1	32.3	33.7	6.2	27.2
	94	—	1 820	1 104	245	30	16	114	60.7	69	8.2	36.8
	94	—	2 796	4 468	907	232	213	13.1	12.1	21	3.9	19.3
	94	—	2 768	3 945	853	196	145	19.1	14.1	27.2	4.4	20.1
	94	—	1 955	1 540	340	55	26	75.5	35.6	59.5	6.2	28
	94	—	1 547	518	121	13.6	7.5	206	114	69.1	8.9	38.1
脱羧	15	—	—	5 093	1 017	342	555	—	—	9.2	3	14.9
	15	—	—	2 345	554	161	192	—	—	12.2	3.4	14.6
	15	—	—	1 987	411	118	157	—	—	12.7	3.5	16.8
	15	—	—	1 996	375	103	116	—	—	17.2	3.6	19.4
	15	—	—	1 536	238	57.6	86.4	—	—	17.8	4.1	26.7
	15	—	—	1 291	231	49.9	52.6	—	—	24.5	4.6	25.9
Ca^{2+}	84	—	—	5 112	1 339	480	491	—	—	10.4	2.8	10.7
	84	—	—	3 163	646	202	223	—	—	14.2	3.2	5.7
Al^{3+}	84	—	—	1 944	411	116	90	—	—	21.6	3.5	16.8
	84	—	—	907	173	40	29	—	—	31.3	4.3	22.7

气体渗透单位:1 bar = 3.35×10^{-16} mol · m · m^{-2} · s^{-1} · Pa^{-1}。
选择性是两种气体的渗透率之比。

9.3.3　化学修饰的 PIM-1

如 9.2.2 节所述,对 PIM-1 中的腈可进行各种化学修饰,表 9.4 给出了经过不同类型的化学改性后 PIM-1 的气体渗透数据。水解的 PIM-1 在高度水解时表现出对 H_2/N_2、O_2/N_2 和 CO_2/N_2 的选择性增强,并且渗透率降低。此外,硫代酰胺 PIM-1 也显示出较高的选择性和较低的渗透率,四唑 - PIM、甲基四唑 - PIM 和偕胺肟 - PIM 对 CO_2/N_2 具有较好的分离性能。与其他改性剂相比,胺 - PIM - 1 的性能有显著差异,在吸附试验中,加入伯胺可促进 CO_2 的吸收;而在纯气体渗透试验中,CO_2 扩散系数会急剧下降,证明 CO_2 渗透性会损失。

表 9.4　化学改性 PIM - 1 膜的气体渗透数据

修饰	参考文献	气体渗透率/bar						选择性				
		He	H_2	CO_2	O_2	N_2	CH_4	H_2/CH_4	H_2/N_2	CO_2/CH_4	O_2/N_2	CO_2/N_2
水解	14	837	1 902	3 924	784	282	—	—	6.7	—	2.8	13.9
水解	14	523	1 256	1 962	400	110	—	—	11.4	—	3.6	17.8
水解	14	153	408	620	110	24	—	—	17	—	4.6	25.8
硫代酰胺	18	55	92	150	19	3.9	8.7	10.6	23.6	17.2	4.9	38.5
硫代酰胺	18	270	610	1 120	140	37	56	10.9	16.5	20	3.8	30.3
TZ - PIM	19	—	—	2 106	—	78	—	—	—	—	—	27
TZ - PIM	19	—	—	5 492	—	172	—	—	—	—	—	32
MTZ - PIM	20	—	—	1 391	269	63	—	—	—	—	4.3	22.2
偕胺肟	82	412	912	1 153	147	33	34	26.8	27.6	33.9	4.5	34.9
氨基	96	391	876	295	216	56	83	10.6	15.7	3.6	3.9	5.3
氨基	96	863	2 210	1 230	662	181	269	8.2	12.2	4.6	3.7	6.8

气体渗透单位:1 bar = 3.35×10^{-16} mol·m·m^{-2}·s^{-1}·Pa^{-1}。

选择性是两种气体的渗透率之比。

9.3.4　芳香亲核取代法制备 PIM

除了 PIM - 1,利用芳香族亲核取代法进行聚合还可以制备其他种类的 PIMs(如上文所述 9.2.3 节)。表 9.5 收集了各种 PIM 的气体渗透率数据,对于氢气分离(H_2/CH_4 和 H_2/N_2)和空气分离(O_2/N_2),TPIM - 1 表现出优异的性能。对于二氧化碳分离(CO_2/CH_4 和 CO_2/N_2),Cardo - PIM - 1、TPIMs 和 PIM - Br - HPB 表现出良好的选择性。然而,若将这种聚合物引入功能膜中并展示其长期性能研究,还需要进一步的研究工作来实现。

表 9.5　芳香亲核取代法制备 PIMs 的气体渗透数据

聚合物	参考文献	气体渗透率/bar						选择性				
		He	H_2	CO_2	O_2	N_2	CH_4	H_2/CH_4	H_2/N_2	CO_2/CH_4	O_2/N_2	CO_2/N_2
PIM－7	51	440	860	1 100	190	42	62	13.9	20.5	17.7	4.5	26.2
	23	449	860	1 100	190	42	62	13.9	20.5	17.7	4.5	26.2
Cardo－PIM－1	23	170	320	430	59	13	22	14.5	24.6	19.5	4.5	33.1
TFMPSPIM1	24	—	—	5 366	1 133	353	—	—	—	—	3.2	15.2
TFMPSPIM2	24	—	—	731	156	33	—	—	—	—	4.7	22.2
TFMPSPIM3	24	—	—	1 476	308	75	—	—	—	—	4.1	19.7
TFMPSPIM4	24	—	—	2 841	561	158	—	—	—	—	3.6	18
DNPIM－33	26	968	2 347	4 646	907	242	—	—	9.7	—	3.7	19.2
DNPIM－33	25	—	—	1 408	322	88	—	—	—	—	3.7	16
DNPIM－33	25	—	—	1 077	216	52	—	—	—	—	4.2	20.7
DNPIM－50	25	—	—	2 154	639	93	—	—	—	—	4	23.2
DNPIM－25	27	—	1 487	2 627	522	132	—	—	—	—	4	19.9
TOTPIM－100	27	—	3 049	5 799	1 139	321	—	—	—	—	3.5	18.1
TOTPIM－25	27	—	1 368	3 056	642	190	—	—	—	—	3.4	16.1
DNTOTPIM－50	27	—	3 567	6 441	1 596	570	—	—	—	—	2.8	11.3
DNTOTPIM－25	27	—	1 703	3 065	621	172	—	—	—	—	3.6	17.8
PIM－CO15	27	—	2 695	4 814	973	287	—	—	—	—	3.4	16.8
PIM－CO15－75	98	330	600	1 070	150	40	56	10.7	15	19.1	3.8	26.8
PIM－CO15－50	98	520	1 100	2 570	350	110	180	6.1	10	14.3	3.2	23.4
PIMCO1－CO15－50	98	770	1 700	4 600	630	210	370	4.6	8.1	12.4	3	21.9
PIMCO2－CO15－50	98	870	2 100	5 400	760	240	350	6	8.8	15.4	3.2	22.5
DNPIM－25	98	950	2 150	5 300	790	260	430	5	8.3	12.3	3	20.4
PIMCO6－CO15－50	98	650	1 500	3 800	520	170	280	5.4	8.8	13.6	3.1	22.4
PIMCO19－CO15－50	98	620	1 300	3 400	460	150	260	5	8.7	13.1	3.1	22.7
PIMCO19	98	880	2 100	6 100	820	320	580	3.6	6.6	10.5	2.6	19.1
HPB－PIM－2	29	340	723	1 730	217	66.5	122	5.9	10.9	14.2	3.3	26
SBF－PIM	99	2 200	6 320	13 900	2 640	786	1 100	5.7	8	12.6	3.4	17.7
	99	1 840	5 240	10 400	1 950	554	754	6.9	9.5	13.8	3.5	18.8
TPIM－1	35	—	2 666	1 549	368	54	50	53.3	49.4	31	6.8	28.7
TPM－2	35	—	655	434	101	18	18	36.4	36.4	24.1	5.6	24.1
PIM－HPB	97	320	671	1 640	221	68	124	5.4	9.9	13.2	3.3	24.1
	97	592	1 413	3 800	534	190	361	3.9	7.4	10.5	2.8	20

续表9.5

聚合物	参考文献	气体渗透率/bar						选择性				
		He	H_2	CO_2	O_2	N_2	CH_4	H_2/CH_4	H_2/N_2	CO_2/CH_4	O_2/N_2	CO_2/N_2
PIM – CH3 – HPB	97	249	501	990	154	46	82	6.1	10.9	12.1	3.3	21.5
	97	578	1 220	2 620	408	122	230	5.3	10	11.4	3.3	21.5
PIM – Br – HPB	97	91.4	154	189	30.4	6.3	10.1	15.2	24.4	18.7	4.8	30
	97	392	930	2 130	301	92	177	5.3	10.1	12	3.3	23.2
PIM – CN – HPB	97	113	181	228	37.3	7.8	12.8	14.1	23.2	17.8	4.8	19.2
	97	541	1 200	2 390	386	123	212	5.7	9.8	11.3	3.1	19.4
PIM – 4bI – 100	79	—	1 182	4 010	465	176	316	3.7	6.7	12.7	2.6	22.8
PIM – 4bI – 30	79	—	2 355	7 608	981	361	641	3.7	6.5	11.9	2.7	21.1
PIM – 4bII – 100	79	—	1 255	4 093	491	180	322	3.9	7	12.7	2.7	22.7
PIM – 4bII – 30	79	—	3 404	9 803	1 328	482	828	4.1	7.1	11.8	2.8	20.3
PIM – 4bIII – 100	79	—	2 822	9 272	1 272	532	998	2.8	5.3	9.8	2.4	18.4
PIM – 4bIII – 30	79	—	3 032	9 519	1 313	485	834	3.6	6.3	11.4	2.7	19.6
PIM – 4bIV – 100	79	—	533	1 172	158	51	78	6.8	10.5	15	3.1	23
PIM – 4bIV – 30	79	—	2 290	7 155	956	363	669	3.4	6.3	10.7	2.6	19.7
PIM – 4bV – 100	79	—	872	2 900	337	127	226	3.9	6.9	12.8	2.7	22.8
PIM – 4bV – 30	79	—	2 126	6 806	881	342	634	3.4	6.2	10.7	2.6	19.9

气体渗透单位:1 bar = 3.35×10^{-16} mol·m·m^{-2}·s^{-1}·Pa^{-1}。

选择性是两种气体的渗透率之比。

9.3.5 本征微孔聚酰亚胺

对于许多的薄膜领域研究者,对聚酰亚胺化学是非常熟悉的。如9.2.4节所讨论的,为了使聚酰亚胺表现出固有的微孔率,必须使用具有相对刚性的单体,单体中必须含有扭曲位点,并且必须能够高度阻碍围绕酰亚胺键的旋转。聚酰亚胺中的结构变化导致其具有较大范围的气体渗透性能,见表9.6。PIM 概念的应用使得聚酰亚胺具有比传统PIMs 高得多的渗透率,并在很多情况下具有合理的选择性。对于氢气分离(H_2/CH_4 和H_2/N_2)和空气分离(O_2/N_2),KAUST – PIs 展现出了非常有前途的性能。

表9.6 本征微孔聚酰亚胺的气体渗透率数据

聚合物	参考文献	气体渗透率/bar						选择性				
		He	H_2	CO_2	O_2	N_2	CH_4	H_2/CH_4	H_2/N_2	CO_2/CH_4	O_2/N_2	CO_2/N_2
PIM – PI – 1	31	260	530	1 100	150	47	77	6.9	11.3	14.3	3.2	23.4
PIM – PI – 3	31	190	360	520	85	23	27	13.3	15.7	19.3	3.7	22.6
PIM – PI – 8	31	660	1 600	3 700	545	160	260	6.2	10	14.2	3.4	23.1
PIM – PI – 2	32	160	220	210	39	9	9	24.4	24.4	23.3	4.3	23.3
PIM – PI – 4	32	205	300	420	64	16	20	15	18.8	21	4	26.3
PIM – PI – 7	32	190	350	510	77	19	27	13	18.4	18.9	4.1	26.8
PIM – PI – 9	33	400	840	2 180	295	94	170	4.9	8.9	12.8	3.1	23.2
PIM – PI – 10	33	300	670	2 154	270	84	168	4	8	12.8	3.2	25.6
PIM – PI – 11	33	332	624	1 523	208	65	129	4.8	9.6	11.8	3.2	23.4
GFDA – DATRI	100	198	257	189	39	8.1	6.2	41.5	31.7	30.5	4.8	23.3
GFDA – SBF	34	—	234	182	35.1	7.8	6.4	36.6	30	28.4	4.5	23.3
PMDA – SBF	34	—	230	197	35.5	8.5	9.1	25.3	27.1	21.6	4.2	23.2
SPDA – SBF	34	—	501	614	111	28.6	41.1	12.2	17.5	146.3	3.9	210.3
GFDA – BSBF	34	—	531	580	107	27	24.9	21.3	19.7	23.3	4	21.5
PMDA – BSBF	34	—	560	693	116	28.8	36.5	15.3	19.4	19	4	24.1
SPDA – BSBF	34	—	919	1 340	243	69	102	9	13.3	13.1	3.5	19.4
KAUST – PI – 1	30	1 771	3 983	2 389	627	107	105	37.9	37.2	22.8	5.9	22.3
KAUST – PI – 2	30	1 026	2 368	2 071	490	98	101	23.4	24.2	20.5	5	21.1
KAUST – PI – 3	36	862	1 625	916	238	43	43	37.8	37.8	21.3	5.5	21.3
KAUST – PI – 4	36	176	302	286	48	10.6	10.7	28.2	28.5	26.7	4.5	27
KAUST – PI – 5	36	816	1 558	1 552	356	87	77	20.2	17.9	20.2	4.1	17.8
KAUST – PI – 6	36	278	409	322	64.8	14.4	11	37.2	28.4	29.3	4.5	22.4
KAUST – PI – 7	36	1371	3 198	4 391	842	225	354	9	14.2	12.4	3.7	19.5
PIM – PI – EA	37	1 580	4 230	7 340	1 380	369	457	9.3	11.5	16.1	3.7	19.9
GFDA – DAT1	88	161	198	120	25.4	4.7	3.2	61.9	42.1	37.5	5.4	25.5
GFDA – DAT2	88	204	281	210	43.3	9	7.1	39.6	31.2	29.6	4.8	23.3
SBFDA – DMN	89	—	3 342	6 674	1 193	369	581	5.8	9.1	11.5	3.2	18.1
	89	—	2 966	4 700	850	226	326	9.1	13.1	14.4	3.8	20.8

气体渗透单位：1 bar = 3.35 × 10^{-16} mol · m · m^{-2} · s^{-1} · Pa^{-1}。

选择性是两种气体的渗透率之比。

9.3.6　本征微孔可热重排聚酰亚胺

如上面(9.2.4节)所讨论的,与亚胺有羟基邻位的聚酰亚胺能够在400~500 ℃的温度下转变为聚苯并恶唑结构;更高的温度处理可形成碳分子筛膜,见表9.7,许多羟基官能化的 PIM-聚酰亚胺已经被制备出来,并研究了它们的热处理产物。一般来说,重新排列成聚苯并恶唑结构时,渗透率会增加,而选择性也随温度的升高而增加。

表9.7　热重排列的本构微孔聚酰亚胺和热处理产物的气体渗透率数据

聚合物	参考文献	气体渗透率/bar						选择性				
		He	H$_2$	CO$_2$	O$_2$	N$_2$	CH$_4$	H$_2$/CH$_4$	H$_2$/N$_2$	CO$_2$/CH$_4$	O$_2$/N$_2$	CO$_2$/N$_2$
PIM-PI-1	39	260	530	1 100	150	47	77	6.9	11.3	14.3	3.2	23.4
PIM-PI-3	39	190	360	520	85	23	27	13.3	15.7	19.3	3.7	22.6
PIM-PI-8	42	660	1 600	3 700	545	160	260	6.2	10	14.2	3.4	23.1
PIM-PI-2	42	160	220	210	39	9	9	24.4	24.4	23.3	4.3	23.3
PIM-PI-4	40	205	300	420	64	16	20	15	18.8	21	4	26.3
PIM-PI-7	40	190	350	510	77	19	27	13	18.4	18.9	4.1	26.8
PIM-PI-9	40	400	840	2 180	295	94	170	4.9	8.9	12.8	3.1	23.2
PIM-PI-10	40	300	670	2 154	270	84	168	4	8	12.8	3.2	25.6
PIM-PI-11	40	332	624	1 523	208	65	129	4.8	9.6	11.8	3.2	23.4
6FDA-DATRI	40	198	257	189	39	8.1	6.2	41.5	31.7	30.5	4.8	23.3
6FDA-SBF	40	—	234	182	35.1	7.8	6.4	36.6	30	28.4	4.5	23.3
PMDA-SBF	40	—	230	197	35.5	8.5	9.1	25.3	27.1	21.6	4.2	23.2
SPDA-SBF	41	—	501	614	111	28.6	41.1	12.2	17.5	146.3	3.9	210.3
6FDA-BSBF	41	—	531	580	107	27	24.9	21.3	19.7	23.3	4	21.5
PMDA-BSBF	41	—	560	693	116	28.8	36.5	15.3	19.4	19	4	24.1
SPDA-BSBF	41	—	919	1 340	243	69	102	9	13.3	13.1	3.5	19.4
KAUST-PI-1	43	1 771	3 983	2 389	627	107	105	37.9	37.2	22.8	5.9	22.3
KAUST-PI-2	43	1 026	2 368	2 071	490	98	101	23.4	24.2	20.5	5	21.1
KAUST-PI-3	43	862	1 625	916	238	43	43	37.8	37.8	21.3	5.5	21.3
KAUST-PI-4	43	176	302	286	48	10.6	10.7	28.2	28.5	26.7	4.5	27
KAUST-PI-5	43	816	1 558	1 552	356	87	77	20.2	17.9	20.2	4.1	17.8
KAUST-PI-6	43	278	409	322	64.8	14.4	11	37.2	28.4	29.3	4.5	22.4
KAUST-PI-7	43	1 371	3 198	4 391	842	225	354	9	14.2	12.4	3.7	19.5
PIM-PI-EA	43	1 580	4 230	7 340	1 380	369	457	9.3	11.5	16.1	3.7	19.9
6FDA-DAT1	30	161	198	120	25.4	4.7	3.2	61.9	42.1	37.5	5.4	25.5
6FDA-DAT2	30	204	281	210	43.3	9	7.1	39.6	31.2	29.6	4.8	23.3
SBFDA-DMN	37	—	3 342	6 674	1 193	369	581	5.8	9.1	11.5	3.2	18.1
	101	—	2 966	4 700	850	226	326	9.1	13.1	14.4	3.8	20.8

气体渗透单位:1 bar = 3.35 × 10^{-16} mol·m·m^{-2}·s^{-1}·Pa^{-1}。

选择性是两种气体的渗透率之比。

9.3.7 Tröger 碱 PIM

McKeown 团队开发的 Tröger 碱（TB）PIMs（9.3.7 节）推动了一系列的 TB PIMs（表 9.8）和含有 TB 单元的聚酰亚胺（表 9.9）的发展，高度形状保持的 Tröger 碱基单元为高渗透聚合物提供了基础，使得该高渗透聚合物对小分子，如 H_2，具有良好的选择性。

表 9.8 Tröger 碱的气体渗透率数据

聚合物	参考文献	气体渗透率/bar						选择性				
		He	H_2	CO_2	O_2	N_2	CH_4	H_2/CH_4	H_2/N_2	CO_2/CH_4	O_2/N_2	CO_2/N_2
PIM – EA – TB	44	2 570	7 760	7 140	2 150	525	699	11.1	14.8	10.2	4.1	13.6
	44	2 720	7 310	5 100	1 630	380	572	12.8	19.2	8.9	4.3	13.4
PIM – SBI – TB	44	878	2 200	2 900	720	232	450	4.9	9.5	6.4	3.1	12.5
	44	858	2 110	2 720	657	215	406	5.2	9.8	6.7	3.1	12.7
PIM – Trip – TB	45	2 500	8 039	9 709	2 718	629	905	8.9	12.8	10.7	4.3	15.4
PIM – EA – TB	45	2 685	8 114	7 696	2 294	580	774	10.5	14	9.9	4	13.3
TB – Ad – Me	105	—	161.4	201	40.2	11.2	19	8.6	14.4	10.7	3.6	17.8
	105	—	1 800	1 820	437	121	162	11.1	14.9	11.2	3.6	15
TBPIM33	106	—	—	4 353	864	240	353	—	—	12.3	3.6	18.1
TBPIM25	106	—	—	4 441	917	262	375	—	—	11.8	3.5	17
PIM – EA – TB	107	779	2 175	2 319	687	178	259	8.4	12.2	9	3.9	13
	107	223	568	1 400	259	76	152	3.7	7.5	9.2	3.4	18.4
	107	219	517	1 022	205	63	131	3.9	8.2	7.8	3.3	16.2
	107	2 320	6 450	3 690	1 430	300	340	19	21.5	10.9	4.8	12.3
	107	2 570	7 760	7 140	2 150	525	699	11.1	14.8	10.2	4.1	13.6
	107	2 676	7 069	7 696	1 510	334	488	14.5	21.2	15.8	4.5	23
	107	345	880	2 010	365	112	254	3.5	7.9	7.9	3.3	17.9
	107	1 849	5 460	11 325	2 390	780	1 160	4.7	7	9.8	3.1	14.5
	107	1 088	3 383	6 883	1 237	457	964	3.5	7.4	7.1	2.7	15.1
PIM – Btrip – TB	46	2 932	9 980	13 200	3 290	926	1 440	6.9	10.8	9.2	3.6	14.3

气体渗透单位：1 bar $= 3.35 \times 10^{-16}$ mol·m·m^{-2}·s^{-1}·Pa^{-1}。

选择性是两种气体的渗透率之比。

表9.9 Tröger碱单元的聚酰亚胺的气体渗透数据

聚合物	参考文献	气体渗透率/bar						选择性				
		He	H$_2$	CO$_2$	O$_2$	N$_2$	CH$_4$	H$_2$/CH$_4$	H$_2$/N$_2$	CO$_2$/CH$_4$	O$_2$/N$_2$	CO$_2$/N$_2$
PI – TB – 1	47	376	607	457	119	31	27	22.5	19.6	16.9	3.8	14.7
PI – TB – 2	47	86	134	55	14	2.5	2.1	63.8	53.6	26.2	5.6	22
TBDA1 – 6FDA – PI	108	199	253	155	28	6.5	3.3	76.7	38.9	47	4.3	23.8
TBDA1 – ODPA – PI	108	30.3	36.4	13.4	2.5	0.5	0.37	98.4	72.8	36.2	5	26.8
TBDA2 – 6FDA – PI	108	223	390	285	47	12	8	48.8	32.5	35.6	3.9	23.8
TBDA2 – ODPA – PI	108	119	159	106	16.2	3.8	2.2	72.3	41.8	48.2	4.3	27.9
TBDA1 – SBI – PI	109	398	915	895	190	35	45	20.3	26.1	19.9	5.4	25.6
TBDA2 – SBI – PI	109	530	1 155	1 213	240	49	65	17.8	23.6	18.7	4.9	24.8
PI – TB – 3	49	221	299	218	42	9.5	6.7	44.6	31.5	32.5	4.4	22.9
PI – TB – 4	49	37.3	40	13.5	3.5	1.3	1	40	30.8	13.5	2.7	10.4
PI – TB – 5	49	43.7	53.8	19.6	4.9	1.9	1.7	31.6	28.3	11.5	2.6	10.3
PIM – PI – TB – 1	110	300	612	662	133	42	44	13.6	14.6	15	3.2	15.8
PIM – PI – TB – 2	110	328	582	595	123	34	31	18.8	17.1	19.2	3.6	17.5
CoPO – TB – 1	48	139	249	158	34	7	7	35.6	35.6	22.6	4.9	22.6
CoPO – TB – 2	48	230	403	209	53	10.2	10.1	39.9	39.5	20.7	5.2	20.5
CoPO – TB – 3	48	223	371	196	47	9.5	8.9	41.7	39.1	22	4.9	20.6
CoPO – TB – 4	48	362	667	241	96	19.9	17.9	37.3	33.5	13.5	4.8	12.1
CoPO – TB – 5	48	177	334	228	48	10.4	11.4	29.3	32.1	20	4.7	21.9
CoPO – TB – 6	48	243	472	330	73	16.4	19	24.8	28.8	17.4	4.5	20.1

气体渗透单位:1 bar = 3.35 × 10^{-16} mol · m · m^{-2} · s^{-1} · Pa^{-1}。

选择性是两种气体的渗透率之比。

9.3.8 聚合物共混膜

聚合物的共混法为调整聚合物膜的气体渗透性能提供了一种解决方法。向PIM中添加少量的传统聚合物可以提高选择性,而向传统聚合物中添加一定比例的PIM则可以提高渗透率(表9.10)。Chung小组研究了PIM – 1与聚酰亚胺基质和聚醚酰亚胺Ultem的聚合物共混膜,羧化的PIM – 1与聚酰亚胺基质和P84以及聚酰胺酰亚胺Torlon的共混膜。Wu等将PIM – 1与聚乙二醇(PEG)共混,以提高CO$_2$/CH$_4$分离的选择性。

表 9.10　聚合物共混膜的气体渗透率数据

聚合物	参考文献	气体渗透率/bar						选择性				
		He	H_2	CO_2	O_2	N_2	CH_4	H_2/CH_4	H_2/N_2	CO_2/CH_4	O_2/N_2	CO_2/N_2
PIM－1/Matrimid 95:5	72	—	—	3 355	632	168	239	—	—	14	3.8	20
PIM－1/Matrimid 50:50	72	—	—	155	31	5.74	5.53	—	—	28	5.4	27
PIM－1/Matrimid 5:95	72	—	—	12	2.6	0.414	0.343	—	—	35	3.8	29
PIM/Matrimid 90:10	73	—	2 218	2 855	575	144	173	12.2	14.7	16.5	4	19.8
PIM/Matrimid 10 min TETA	73	—	739	185	68	10	8.5	86.9	73.9	21.8	6.8	18.5
PIM－1/UlTEM 95:5	112	889	—	3 276	277	155	277	—	—	11.8	1.8	21.1
PIM－1/UlTEM 50:50	112	76	—	52	2	1.9	2.2	—	—	23.5	1.2	27.2
PIM－1/UlTEM 5:95	112	10	—	2	0	0.16	0.06	—	—	36.3	0.4	13.6
CPIM1/Torlon 95:5	115	—	1 044	1 382	244	67.42	86	12.1	15.5	16	3.6	20.5
CPIM1/Torlon 50:50	115	—	52	21	4	0.854	0.7	74.3	61	30.6	4.9	25.1
CPIM1/Torlon 5:95	115	—	4	1	0	0.023	0.017	254.4	188	40.1	7.1	29.7
PIM/PEG 2K－2.5	68	—	—	1 575	—	68	36	—	—	43.8	—	23.2
PIM/PEG 20K－3.5	68	—	—	1 952	—	115	50	—	—	39	—	17
PIM/PEG 20K－2.5	68	—	—	2 278	—	137	68	—	—	33.5	—	16.6
P84/Cpim－1 70:30	114	—	—	7	—	—	0.22	—	—	31.7	—	—
P84/Cpim－1 50:50	114	—	—	19	—	—	0.61	—	—	31.5	—	—
P84/Cpim－1 30:70	114	—	—	121	—	—	5.28	—	—	22.9	—	—
P84/Cpim－1 10:90	114	—	—	2 061	—	—	101	—	—	20.4	—	—

气体渗透单位:1 bar = 3.35×10^{-16} mol·m·m^{-2}·s^{-1}·Pa^{-1}。
选择性是两种气体的渗透率之比。

9.3.9　混合基质膜

用多种填料与 PIM－1 共混可以得到纳米复合材料或 MMMs（表 9.11）。有意思的是,即使是无孔过滤器,如气相二氧化硅颗粒,也能提高气体的渗透性,导致这种现象的部分原因要归功于过滤器破坏了聚合物链的填充,从而导致自由体积增加。但是在较低的浓度下,功能化的单壁碳纳米管、石墨烯和石墨碳氮化物纳米片也会出现类似的效应。多孔过滤器能够调整渗透性和选择性,并能改善膜的老化行为。与 PIM－1 结合的多孔过滤器,包括无机沸石硅化物－1、金属有机框架（MOF）（如 ZIF－8、MIL－101、UiO－66 和钛交换 UiO－66）和有机物种（如笼状分子、超交联聚合物和多孔芳香框架（PAFs））。后者引起了极大的兴趣,据报道它是种可以"终止超玻璃态聚合物膜的老化",甚至提供"随年龄增长而改善"的膜。

表 9.11　混合基质膜的气体渗透率数据

聚合物	参考文献	气体渗透率/bar						选择性				
		He	H_2	CO_2	O_2	N_2	CH_4	H_2/CH_4	H_2/N_2	CO_2/CH_4	O_2/N_2	CO_2/N_2
PIM-1/SiO_2 6.7%	76	1 540	3 670	6 200	1 480	460	—	—	8	—	3.2	13.5
PIM-1/SiO_2 23.5%	76	2 940	7 190	13 400	3 730	1 800	—	—	4	—	2.1	7.4
PIM-1/CC3 10:3	65	4 380	—	37 400	6 810	3 270	7 220	—	—	5.2	2.1	11.4
PIM-1/红 CC3 10:2	65	808	—	3 720	616	190	282	—	—	13.2	3.2	19.6
PIM-1/纳米 CC3 10:3	65	3 010	—	18 090	3 720	1 010	1 280	—	—	14.1	3.7	17.9
PIM-1/f-SWCNT1%	78	949	—	15 721	2 305	949	1 820	—	—	8.6	2.4	16.6
PIM-1/f-SWCNT0.5%	78	1167	—	7 535	995	315	698	—	—	10.8	3.2	23.9
PIM-1/ZIF-8 28%	119	1 430	2 980	4 270	870	195	230	13	15.3	18.6	4.5	21.9
PIM-1/ZIF-8 43%	119	3 180	6 680	6 300	1 680	350	430	15.5	19.1	14.7	4.8	18
PIM-1/ZIF-8 28%	119	6 040	10 650	17 050	4 010	1 090	1 440	7.4	9.8	11.8	3.7	15.6
PIM-1/ZIF-8 43%	119	5 990	14 430	19 350	5 810	1 760	2 660	5.4	8.2	7.3	3.3	11
PIM-1/PAF-1 10%	123	—	—	14 000	—	1 217	—	—	—	—	—	11.5
PIM-1/硅沸石-1	118	—	894	2 530	351	83	183	4.9	10.8	13.8	4.2	30.5
PIM-1/UiO-66(质量分数为5%)	66	—	3 590	5 340		250	310	11.6	14.4	17.2	—	41.4
PIM-1/TiUiO-66(质量分数为5%)1 天	66	—	4 370	10 350	-	430	660	6.6	10.2	15.7	—	31.5
PIM-1/TiUiO-66(质量分数为5%)5 天	66	—	5 280	13 540		660	1 220	4.3	8	11.1	—	12
PIM-1/TiUiO-66(质量分数为5%)10 天	66	—	3 330	7 890		380	630	5.3	8.8	12.5	—	—
UV-PIM-1/ZIF-71 30%	74		—	3 458	807	128.8	97		35.6	6.3	26.8	
PIM-1/g-C3N4 1%	69	—	3 830	5 785		354	503	7.6	10.8	11.5	—	16.3
PIM-1/g-C3N4 2%	69	—	2 805	3 381		171	235	11.9	16.4	14.4	—	19.8
PIM-1/g-C3N4 1%	69	—	5 720	10 528		765	1270	4.5	7.5	8.3	—	13.8
PIM-1/g-C3N4 2%	69	—	4 076	5 221		281	453	9	14.5	11.5	—	18.6
PIM-1/HCP-PS 5%	122	—	—	4 313	—	218	—	—	—	—	—	19.8
	122			10 125		828						12.2
PIM-1/HCP-PS 9%	122	—	—	4 700		243	—	—	—	—	—	19.3
	122			12 496		1 055						11.8
PIM-1/HCP-PS 17%	122	—	—	10 040		587	—	—	—	—	—	17.1
	122			19 086		1 652						11.6
PIM-1/石墨烯 0.000 96%	77	1 770	4 660	12 700	2 260	870	1 450	3.2	5.4	8.8	2.6	14.6
PIM-1/石墨烯 0.003 4%	77	1 830	4 470	7 830	1 560	410	550	8.1	10.9	14.2	3.8	19.1
PIM-1/石墨烯 0.024 3%	77	1 390	3 210	5 150	1 040	270	390	8.2	11.9	13.2	3.9	19.1
PIM-1/UiO-66(Zr)(CO_2H)$_2$ 16.6%	121	1 720	4 270	9 720	1 740	514	826	5.2	8.3	11.8	3.4	18.9
PIM-1/UiO-66(Zr)-NH_2 16.6%	121	2 280	5 690	10 700	2 090	499	779	7.3	11.4	13.7	4.2	21.4

气体渗透性单位:1 bar $= 3.35 \times 10^{-16}$ mol·m·m^{-2}·s^{-1}·Pa^{-1}。

选择性是两种气体的渗透率之比。

Song 等在热氧化交联的 PIM – 1 中加入了多种纳米填料,扩大了 PIM – 1 基的 MMMS 的范围,使得即使是老化两年后的分子筛膜,仍能保持高渗透性。Yong 等表明,在 PIM – 1 中添加多面体低聚倍半硅氧烷(POSS)纳米颗粒,可以在抑制老化和塑化效应的同时提高二氧化碳的渗透性。

多孔填料可以装载具有选择性促进特殊物种运输的材料。Ma 等将可选择传输二氧化碳的离子液体负载于 MOF 上,并将其结合到了含有 PIM – 1 的 MMMS 中。

传统的 MMMs 包括聚合物基质和分散其中的填料,也可能具有其他的纳米复合形貌。Meckler 等通过氧化锌的化学转化形成 ZIF,然后在 PIM – 1 薄膜表面生成 ZIF 亚微米涂层。

对于进一步理解 MMMS 的行为,计算机模拟具有重要的辅助作用。Semino 等试图将分子动力学与密度泛函理论计算相结合,以建立 PIM – 1 和 MOF(如 ZIF – 8)之间的界面微观模型。模拟结果表明,MOF 表面对聚合物的作用距离为 2 nm 或更长。Zhao 等进行了大标准蒙特卡洛(GCMC)模拟,研究了 H_2 和 CH_4 在 PIM – 1 和硅铝酸盐 – 1 上的吸附。Gonciaruk 等人[130]模拟了 PIM – 1 和石墨烯之间的相互作用。

9.3.10　不对称膜和薄膜复合材料(TFC)

在实际应用中,要求膜具有较高的渗透性,因此分离层一般要尽可能的薄。然而,如果活性层很薄,则需要大孔结构作为机械支撑。这可以通过一个相转化过程来实现,该过程在多孔的子层上生成一个具有致密表皮的不对称膜。或者,另一种更实用的方法是形成一种 TFC 膜,其中活性层以薄膜的形式覆盖在大孔支架的表面上,大孔支架则可以是不同的材料。非对称膜和 TFC 膜可以是平板状或中空状,中空膜通常是气体分离的首选,因为它们在膜组件内提供了高效的表面积。

Chung 课题组制备了非对称的 PIM – 1/Matrimid 共混中空膜,选择层的厚度小于 70 nm。加入质量分数为 5% ~15% 的 PIM – 1 到基质中可以提高气体的渗透性,同时也可以提高 CO_2/CH_4 和 O_2/N_2 的选择性。同组制备了双层中空膜,外层为 PIM – 1/聚醚酰亚胺混合物,内层为纯的聚醚酰亚胺,这种方法大大减少了相对昂贵的 PIM 的用量。

Khan 等用亥姆霍兹吉斯达中心研究的聚丙烯腈(PAN)作为支架,将功能化的碳纳米管与 PIM – 1 复合而成的纳米复合物,在 PAN 支架上形成了平板片状 TFC 膜,研究了老化对 PIM – 1 和纳米复合 TFC 膜的影响。同一组研究了由 PAN 做支架支撑的马来酰亚胺蒽基 PIMs 上的 TFC 膜。Scholes 等研究了 PIM – 1 和其他高自由体积聚合物的 TFC 膜,并用其作为膜接触器,应用于单乙醇胺中脱除二氧化碳。

9.4　纳米过滤

由于 PIMs 与许多有机溶剂之间有着良好的相容性,因此可用于 OSN 膜的开发。OSN 膜是一种由压力驱动的膜工艺,它能将大分子与有机溶剂分离。Fritsch 等利用 PAN 作为支架,在 PAN 上形成了 PIM – 1 和 PIM 共聚物的 TFC 膜。为控制膜的膨胀,将 PIM

与聚乙烯亚胺(PEI)混合在一起,经热交联或化学交联后就形成了 TFC 膜,研究表明,PIM – TFC 膜的性能优于当时的商用膜。

Gorgojo 等研究了用于 OSN 的、具有非常薄的 PIM – 1 分离层的 TFC 膜,其厚度小于 35 nm。研究发现,在非常薄的层中,渗透性会降低,这可能归因于聚合物的增强填充。然而,这种具有分离层的 TFC 膜不同于传统 OSN 膜,当退火温度达到 150 ℃后,渗透率仍能保持不变。

Tsarkov 等研究了与 OSN 相关的聚合物 – 溶质之间的相互作用。Anokhina 等研究表明,PIM – 1 不仅适用于 OSN,还可用于溶剂的循环中,作为纳米过滤与溶剂摆动吸附耦合过程中的吸附剂。

为了获得适用于水性纳米过滤的膜,Kim 等将 PIM – 1 碳化,并用 O_2 等离子体处理提高了性能。这种膜具有高水流量、良好的 $MgSO_4$ 排斥性能,以及防污性能。

9.5　渗透汽化

关于 PIM – 1 膜的应用,本章第一个报道的是亲有机渗透汽化,渗透汽化是通过膜进行蒸发的过程。结果表明,PIM – 1 膜可以将苯酚在水溶液中的浓度从进料侧的 5% 提高到渗透侧的近 50% 。

自 20 世纪 80 年代以来,亲水性渗透汽化在酒精脱水中的应用越来越广,但适用于有机渗透汽化的材料相对较少,PIMs 是其中之一。从水溶液中去除有机物或分离有机/有机混合物的技术发展尚处于初期阶段,目前,一个特别吸引人的领域是渗透蒸发,具有从发酵液中回收生物丁醇的应用前景。

有工作就 PIM – 1 用于乙醇/水和丁醇/水混合物的分离进行了研究,后一项研究强调了非交联膜引起的老化效应问题。在 PIM – 1 中添加疏水性硅沸石,可以产生 MMM,从而能提高乙醇/水渗透汽化的选择性。此外,还研究了 PIM – 1 在去除废水中的挥发性有机化合物(VOCs),如乙酸乙酯、二甲醚和乙腈领域的应用。

此外,又进一步对 PIM – 1 膜进行了乙二醇/水和乙二醇/甲醇混合物渗透汽化试验,在这种情况下,需要优先运输水或甲醇。与亲水性膜不同,在所有条件下,随着进给料中的水或甲醇含量增加,流体和分离因子均发生了增加。

9.6　其他应用

除了气体和液体混合物的膜分离之外, PIMs 的其他应用也在很多工作中得到了报道,比如,利用 PIMs 的可加工性和容量来吸收和/或运输小分子物质。在视觉指示器中的应用,是 PIM 首次进入商业化市场,用于监测微量挥发性有机化合物(VOCs)。3M 公司开发了这种简单的传感器,作为有机蒸汽吸附罐的寿命终止指示器,用于对接触挥发性有机化合物的工人进行个人防护。在这种传感器中,一层薄薄的 PIM 夹在多孔镜和无孔半反射镜之间，半反射镜反射的光和镜面反射的光发生干涉产生绿色，而通过多孔镜并被 PIM 吸附的蒸汽会改变折射率，并将干涉颜色变为红色。

在预浓缩器中的应用，是关于 PIMs 在传感器方面的另一个有潜力的应用。预浓缩器可以吸附低浓度的物质，并将其浓缩到可以检测到的水平，PIM-1 具有被测试材料的最低检测限度。

Zhang 等通过静电纺丝制备了微纤维 PIM-1/POSS 膜，得到了超疏水和超亲油性的膜。试验表明，它们能够以 499.97% 的效率分离不混溶的油水混合物。此外，它们还能吸附油中的有机污染物。

用于合成 PIM-1 的螺双辛丹单体是以外消旋形式获得的。Weng 等发现了一种可分离出对映体纯形式的方法，从而制备出了手性 PIM，然后将其用于有对映选择性渗透的半透膜中。

Pang 等开发了一种用于捕获二氧化碳的固体吸附剂，由经过 PEI 浸渍的 PIM-1 组成。Jeffs 等合成了中空纤维复合吸附剂，可有效去除气流中的污染物。这些纤维由聚合物基质中的活性炭吸附剂组成，利用具有固有微孔的 PIM-1 代替聚醚砜（PES）作为基质，使纤维的有效吸附能力增加了一倍。

Son 等对 PIM-1 在石英上的旋涂薄膜进行碳化处理，将 PIM-1 碳化到极限，从而形成了一种具有石墨烯形貌的碳纳米片，可将其用于有机太阳能电池作为透明电极。Gupta 等报道称，PIM-1 的作用类似于 n 型半导体，他们结合 PIM-1 制作了一种有机发光二极管（OLED）。

Marken 团队已经就 PIMs 在各种电化学中的应用进行了大量研究。其中，将 PIM-EA-TB 用在电催化中作为一种保护涂层，使燃料电池阳极催化剂的性能得到了提高。

9.7 结 论

自 2004 年以来，PIMs 已从实验室的基础研究，发展到传感器领域的实际应用中，尤其是在膜分离领域，它们显示出了巨大的应用潜力。对于气体分离，通过 PIMs 的研究，不仅使气体分离性能超过 1991 年的上限，而且也远远超过了 2008 年的关键气体对的上限。对于 OSN 和有机渗透汽化，在 PIMs 概念的基础上还有很大的发展空间。PIMs 的研究将继续推动薄膜和其他应用性能的发展。

本章参考文献

［1］ Budd, P. M.; Ghanem, B. S.; Makhseed, S.; McKeown, N. B.; Msayib, K. J.; Tattershall, C. E. Polymers of Intrinsic Microporosity(PIMs): Robust, Solution-Processable, Organic Nanoporous Materials. Chem. Commun. 2004, 2, 230-231.

［2］ Budd, P. M.; Elabas, E. S.; Ghanem, B. S.; Makhseed, S.; McKeown, N. B.;

Msayib, K. J. ; Tattershall, C. E. ; Wang, D. Solution – Processed, Organophilic Membrane Derived from a Polymer of Intrinsic Microporosity. Adv. Mater. 2004, 16 (5), 456 –459.

[3] McKeown, N. B. ; Budd, P. M. ; Msayib, K. J. ; Ghanem, B. S. ; Kingston, H. J. ; Tattershall, C. E. ; Makhseed, S. ; Reynolds, K. J. ; Fritsch, D. Polymers of Intrinsic Microporosity (PIMs) : Bridging the Void between Microporous and Polymeric Materials. Chem. A Eur. J. 2005, 11(9), 2610 –2620.

[4] McKeown, N. B. ; Budd, P. M. Polymers of Intrinsic Microporosity (PIMs) : Organic Materials for Membrane Separations, Heterogeneous Catalysis and Hydrogen Storage. Chem. Soc. Rev. 2006, 35(8), 675 –683.

[5] McKeown, N. B. ; Budd, P. M. Exploitation of Intrinsic Microporosity in Polymer – Based Materials. Macromolecules 2010, 43(12), 5163 –5176.

[6] Budd, P. M. ; McKeown, N. B. Highly Permeable Polymers for Gas Separation Membranes. Polym. Chem. 2010, 1(1), 63 –68.

[7] Sing, K. S. W. ; Everett, D. H. ; Haul, R. A. W. ; Moscou, L. ; Pierotti, R. A. ; Rouquerol, J. ; Siemieniewska, T. Reporting Physisorption Data for Gas/Solid Systems. Pure Appl. Chem. 1985, 57(4), 603 –619.

[8] Du, N. ; Song, J. ; Robertson, G. P. ; Pinnau, I. ; Guiver, M. D. Linear High Molecular Weight Ladder Polymer Via Fast Polycondensation of 5,5′,6,6′ – Tetrahydroxy – 3,3,3′,3′ – Tetramethylspirobisindane with 1,4 – Dicyanotetrafluorobenzene. Macromol. Rapid Commun. 2008, 29(10), 783 –788.

[9] Song, J. ; Du, N. ; Dai, Y. ; Robertson, G. P. ; Guiver, M. D. ; Thomas, S. ; Pinnau, I. Linear High Molecular Weight Ladder Polymers by Optimized Polycondensation of Tetrahydroxytetramethylspirobisindane and 1,4 – Dicyanotetrafluorobenzene. Macromolecules 2008, 41(20), 7411 –7417.

[10] Kricheldorf, H. R. ; Fritsch, D. ; Vakhtangishvili, L. ; Schwarz, G. Cyclic Ladder Polymers by Polycondensation of Silylated Tetrahydroxy – Tetramethylspirobisindane with 1,4 – Dicyanotetrafluorobenzene. Macromol. Chem. Phys. 2005, 206 (22), 2239 –2247.

[11] Kricheldorf, H. R. ; Lomadze, N. ; Fritsch, D. ; Schwarz, G. Cyclic and Telechelic Ladder Polymers Derived from Tetrahydroxytetramethylspirobisindane and 1, 4 – Dicyanotetrafluorobenzene. J. Polym. Sci. Part A Polym. Chem. 2006, 44(18), 5344 –5352.

[12] Zhang, J. ; Jin, J. ; Cooney, R. ; Zhang, S. Synthesis of Polymers of Intrinsic Microporosity Using an AB – Type Monomer. Polymer 2015, 57, 45 –50.

[13] Zhang, P. ; Jiang, X. ; Wan, S. ; Dai, S. Advancing Polymers of Intrinsic Microporosity by Mechanochemistry. J. Mater. Chem. A 2015, 3(13), 6739 –6741.

[14] Du, N. ; Robertson, G. P. ; Song, J. ; Pinnau, I. ; Guiver, M. D. High – Perform-

ance Carboxylated Polymers of Intrinsic Microporosity(PIMs)with Tunable Gas Transport Properties. Macromolecules 2009, 42(16), 6038 – 6043.

[15] Du, N.; Dal – Cin, M. M.; Robertson, G. P.; Guiver, M. D. Decarboxylation – Induced Cross – Linking of Polymers of Intrinsic Microporosity (PIMs) for Membrane Gas Separation. Macromolecules 2012, 45(12), 5134 – 5139.

[16] Satilmis, B.; Budd, P. M. Base – Catalysed Hydrolysis of PIM – 1: Amide versus Carboxylate Formation. RSC Adv. 2014, 4(94), 52189 – 52198.

[17] Yanaranop, P.; Santoso, B.; Etzion, R.; Jin, J. Y. Facile Conversion of Nitrile to Amide on Polymers of Intrinsic Microporosity(PIM – 1). Polymer 2016, 98, 244 – 251.

[18] Mason, C. R.; Maynard – Atem, L.; Al – Harbi, N. M.; Budd, P. M.; Bernardo, P.; Bazzarelli, F.; Clarizia, G.; Jansen, J. C. Polymer of Intrinsic Microporosity Incorporating Thioamide Functionality: Preparation and Gas Transport Properties. Macromolecules 2011, 44(16), 6471 – 6479.

[19] Du, N.; Park, H. B.; Robertson, G. P.; Dal – Cin, M. M.; Visser, T.; Scoles, L.; Guiver, M. D. Polymer Nanosieve Membranes for CO_2 – Capture Applications. Nat. Mater. 2011, 10(5), 372 – 375.

[20] Du, N.; Robertson, G. P.; Dal – Cin, M. M.; Scoles, L.; Guiver, M. D. Polymers of Intrinsic Microporosity (PIMs) Substituted with Methyl Tetrazole. Polymer 2012, 53(20), 4367 – 4372.

[21] Patel, H. A.; Yavuz, C. T. Noninvasive Functionalization of Polymers of Intrinsic Microporosity for Enhanced CO_2 Capture. Chem. Commun. 2012, 48(80), 9989 – 9991.

[22] Satilmis, B.; Alnajrani, M. N.; Budd, P. M. Hydroxyalkylaminoalkylamide PIMs: Selective Adsorption by Ethanolamine – and Diethanolamine – Modified PIM – 1. Macromolecules 2015, 48(16), 5663 – 5669.

[23] Ghanem, B. S.; McKeown, N. B.; Budd, P. M.; Fritsch, D. Polymers of Intrinsic Microporosity Derived from Bis(phenazyl) Monomers. Macromolecules 2008, 41(5), 1640 – 1646.

[24] Du, N.; Robertson, G. P.; Song, J.; Pinnau, I.; Thomas, S.; Guiver, M. D. Polymers of Intrinsic Microporosity Containing Trifluoromethyl and Phenylsulfone Groups as Materials for Membrane Gas Separation. Macromolecules 2008, 41(24), 9656 – 9662.

[25] Du, N.; Robertson, G. P.; Pinnau, I.; Guiver, M. D. Polymers of Intrinsic Microporosity Derived from Novel Disulfone – Based Monomers. Macromolecules 2009, 42(16), 6023 – 6030.

[26] Du, N.; Robertson, G. P.; Pinnau, I.; Thomas, S.; Guiver, M. D. Copolymers of Intrinsic Microporosity Based on 2,20,3,30 – Tetrahydroxy – 1,10 – dinaphthyl. Mac-

romol. Rapid Commun. 2009, 30(8), 584 – 588.

[27] Du, N.; Robertson, G. P.; Pinnau, I.; Guiver, M. D. Polymers of Intrinsic Micro-porosity with Dinaphthyl and Thianthrene Segments. Macromolecules 2010, 43(20), 8580 – 8587.

[28] Emmler, T.; Heinrich, K.; Fritsch, D.; Budd, P. M.; Chaukura, N.; Ehlers, D.; Ratzke, K.; Faupel, F. Free Volume Investigation of Polymers of Intrinsic Microporosity(PIMs): PIM – 1 and PIM1 Copolymers Incorporating Ethanoanthracene U-nits. Macromolecules 2010, 43(14), 6075 – 6084.

[29] Short, R.; Carta, M.; Bezzu, C. G.; Fritsch, D.; Kariuki, B. M.; McKeown, N. B. Hexaphenylbenzene – Based Polymers of Intrinsic Microporosity. Chem. Commun. 2011,47(24), 6822 – 6824.

[30] Ghanem, B. S.; Swaidan, R.; Litwiller, E.; Pinnau, I. Ultra – Microporous Trip-tycene – based Polyimide Membranes for High – Performance Gas Separation. Adv. Mater. 2014,26(22), 3688 – 3692.

[31] Ghanem, B. S.; McKeown, N. B.; Budd, P. M.; Selbie, J. D.; Fritsch, D. High – Performance Membranes from Polyimides with Intrinsic Microporosity. Adv. Mater. 2008,20(14), 2766 – 2771.

[32] Ghanem, B. S.; McKeown, N. B.; Budd, P. M.; Al – Harbi, N. M.; Fritsch, D.; Heinrich, K.; Starannikova, L.; Tokarev, A.; Yampolskii, Y. Synthesis, Characterization, and Gas Permeation Properties of a Novel Group of Polymers with In-trinsic Microporosity: PIM – Polyimides. Macromolecules 2009, 42(20), 7881 – 7888.

[33] Rogan, Y.; Starannikova, L.; Ryzhikh, V.; Yampolskii, Y.; Bernardo, P.; Ba-zzarelli, F.; Jansen, J. C.; McKeown, N. B. Synthesis and Gas Permeation Proper-ties of Novel Spirobisindane – Based Polyimides of Intrinsic Microporosity. Polym. Chem. 2013, 4(13), 3813 – 3820.

[34] Ma, X.; Salinas, O.; Litwiller, E.; Pinnau, I. Novel Spirobifluorene – and Dibro-mospirobifluorene – Based Polyimides of Intrinsic Microporosity for Gas Separation Ap-plications. Macromolecules 2013, 46(24), 9618 – 9624.

[35] Ghanem, B. S.; Swaidan, R.; Ma, X.; Litwiller, E.; Pinnau, I. Energy – Effi-cient Hydrogen Separation by AB – Type Ladder – Polymer Molecular Sieves. Adv. Mater. 2014,26(39), 6696 – 6700.

[36] Swaidan, R.; Ghanem, B.; Al – Saeedi, M.; Litwiller, E.; Pinnau, I. Role of In-trachain Rigidity in the Plasticization of Intrinsically Microporous Triptycene – Based Polyimide Membranes in Mixed – Gas CO_2/CH_4 Separations. Macromolecules 2014, 47(21), 7453 – 7462.

[37] Rogan, Y.; Malpass – Evans, R.; Carta, M.; Lee, M.; Jansen, J. C.; Bernardo, P.; Clarizia, G.; Tocci, E.; Friess, K.; Lanc, M.; McKeown, N. B. A Highly

Permeable Polyimide with Enhanced Selectivity for Membrane Gas Separations. J. Material. Chem. A 2014, 2(14), 4874 – 4877.

[38] Park, H. B.; Han, S. H.; Jung, C. H.; Lee, Y. M.; Hill, A. J. Thermally Rearranged(TR) Polymer Membranes for CO_2 Separation. J. Membr. Sci. 2010, 359 (1 – 2), 11 – 24.

[39] Ma, X.; Swaidan, R.; Belmabkhout, Y.; Zhu, Y.; Litwiller, E.; Jouiad, M.; Pinnau, I.; Han, Y. Synthesis and Gas Transport Properties of Hydroxyl – Functionalized Polyimides with Intrinsic Microporosity. Macromolecules 2012, 45(9), 3841 – 3849.

[40] Li, S.; Jo, H. J.; Han, S. H.; Park, C. H.; Kim, S.; Budd, P. M.; Lee, Y. M. Mechanically Robust Thermally Rearranged(TR) Polymer Membranes with Spirobisindane for Gas Separation. J. Membr. Sci. 2013, 434, 137 – 147.

[41] Ma, X.; Swaidan, R.; Teng, B.; Tan, H.; Salinas, O.; Litwiller, E.; Han, Y.; Pinnau, I. Carbon Molecular Sieve Gas Separation Membranes Based on an Intrinsically Microporous Polyimide Precursor. Carbon 2013, 62, 88 – 96.

[42] Swaidan, R.; Ma, X.; Litwiller, E.; Pinnau, I. High Pressure Pure – and Mixed – Gas Separation of CO_2/CH_4 by Thermally – Rearranged and Carbon Molecular Sieve Membranes Derived from a Polyimide of Intrinsic Microporosity. J. Membr. Sci. 2013, 447, 387 – 394.

[43] Shamsipur, H.; Dawood, B. A.; Budd, P. M.; Bernardo, P.; Clarizia, G.; Jansen, J. C. Thermally Rearrangeable PIM – Polyimides for Gas Separation Membranes. Macromolecules 2014, 47(16), 5595 – 5606.

[44] Carta, M.; Malpass – Evans, R.; Croad, M.; Rogan, Y.; Jansen, J. C.; Bernardo, P.; Bazzarelli, F.; McKeown, N. B. An Efficient Polymer Molecular Sieve for Membrane Gas Separations. Science 2013, 339(6117), 303 – 307.

[45] Carta, M.; Croad, M.; Malpass – Evans, R.; Jansen, J. C.; Bernardo, P.; Clarizia, G.; Friess, K.; Lanc, M.; McKeown, N. B. Triptycene Induced Enhancement of Membrane Gas Selectivity for Microporous Troger's Base Polymers. Adv. Mater. 2014, 26(21), 3526 – 3531.

[46] Rose, I.; Carta, M.; Malpass – Evans, R.; Ferrari, M. – C.; Bernardo, P.; Clarizia, G.; Jansen, J. C.; McKeown, N. B. Highly Permeable Benzotriptycene – Based Polymer of Intrinsic Microporosity. ACS Macro Lett. 2015, 4(9), 912 – 915.

[47] Zhuang, Y.; Seong, J. G.; Do, Y. S.; Jo, H. J.; Cui, Z.; Lee, J.; Lee, Y. M.; Guiver, M. D. Intrinsically Microporous Soluble Polyimides Incorporating Troger's Base for Membrane Gas Separation. Macromolecules 2014, 47(10), 3254 – 3262.

[48] Zhuang, Y.; Seong, J. G.; Do, Y. S.; Lee, W. H.; Lee, M. J.; Cui, Z.; Lozano, A. E.; Guiver, M. D.; Lee, Y. M. Soluble, Microporous, Troger's Base Co-

polyimides with Tunable Membrane Performance for Gas Separation. Chem. Commun. 2016, 52(19), 3817 – 3820.

[49] Zhuang, Y.; Seong, J. G.; Do, Y. S.; Lee, W. H.; Lee, M. J.; Guiver, M. D.; Lee, Y. M. High – Strength, Soluble Polyimide Membranes Incorporating Troger's Base for Gas Separation. J. Membr. Sci. 2016, 504, 55 – 65.

[50] Robeson, L. M. Correlation of Separation Factor versus Permeability for Polymeric Membranes. J. Membr. Sci. 1991, 62(2), 165 – 185.

[51] Budd, P. M.; Msayib, K. J.; Tattershall, C. E.; Ghanem, B. S.; Reynolds, K. J.; McKeown, N. B.; Fritsch, D. Gas Separation Membranes from Polymers of Intrinsic Microporosity. J. Membr. Sci. 2005, 251(1 – 2), 263 – 269.

[52] Robeson, L. M. The Upper Bound Revisited. J. Membr. Sci. 2008, 320(1 – 2), 390 – 400.

[53] Swaidan, R.; Ghanem, B.; Pinnau, I. Fine – Tuned Intrinsically Ultramicroporous Polymers Redefine the Permeability/Selectivity Upper Bounds of Membrane – Based Air and Hydrogen Separations. ACS Macro Lett. 2015, 4(9), 947 – 951.

[54] Fang, W.; Zhang, L.; Jiang, J. Polymers of Intrinsic Microporosity for Gas Permeation: A Molecular Simulation Study. Mol. Simul. 2010, 36(12), 992 – 1003.

[55] Heuchel, M.; Fritsch, D.; Budd, P. M.; McKeown, N. B.; Hofmann, D. Atomistic Packing Model and Free Volume Distribution of a Polymer with Intrinsic Microporosity(PIM – 1). J. Membr. Sci. 2008, 318(1 – 2), 84 – 99.

[56] Fang, W.; Zhang, L.; Jiang, J. Gas Permeation and Separation in Functionalized Polymers of Intrinsic Microporosity: A Combination of Molecular Simulations and Ab Initio Calculations. J. Phys. Chem. C 2011, 115(29), 14123 – 14130.

[57] Hart, K. E.; Abbott, L. J.; McKeown, N. B.; Colina, C. M. Toward Effective CO_2/CH_4 Separations by Sulfur – Containing PIMs via Predictive Molecular Simulations. Macromolecules 2013, 46(13), 5371 – 5380.

[58] Hoelck, O.; Boehning, M.; Heuchel, M.; Siegert, M. R.; Hofmann, D. Gas Sorption Isotherms in Swelling Glassy Polymers – Detailed Atomistic Simulations. J. Membr. Sci. 2013, 428, 523 – 532.

[59] Hart, K. E.; Abbott, L. J.; Colina, C. M. Analysis of Force Fields and BET Theory for Polymers of Intrinsic Microporosity. Mol. Simulat. 2013, 39(5), 397 – 404.

[60] Larsen, G. S.; Hart, K. E.; Colina, C. M. Predictive Simulations of the Structural and Adsorptive Properties for PIM – 1 Variations. Mol. Simulat. 2014, 40(7 – 9), 599 – 609.

[61] Larsen, G. S.; Lin, P.; Hart, K. E.; Colina, C. M. Molecular Simulations of PIM – 1 – Like Polymers of Intrinsic Microporosity. Macromolecules 2011, 44(17), 6944 – 6951.

[62] Budd, P. M.; McKeown, N. B.; Ghanem, B. S.; Msayib, K. J.; Fritsch, D.;

Starannikova, L. ; Belov, N. ; Sanfirova, O. ; Yampolskii, Y. ; Shantarovich, V. Gas Permeation Parameters and Other Physicochemical Properties of a Polymer of Intrinsic Microporosity: Polybenzodioxane PIM – 1. J. Membr. Sci. 2008, 325(2), 851 – 860.

[63] Lasseuguette, E. ; Carta, M. ; Brandani, S. ; Ferrari, M. C. Effect of Humidity and Flue Gas Impurities on CO_2 Permeation of a Polymer of Intrinsic Microporosity for Post – Combustion Capture. Int. J. Greenhouse Gas Control 2016, 50, 93 – 99.

[64] Li, P. ; Chung, T. S. ; Paul, D. R. Gas Sorption and Permeation in PIM – 1. J. Membr. Sci. 2013, 432, 50 – 57.

[65] Bushell, A. F. ; Budd, P. M. ; Attfield, M. P. ; Jones, J. T. A. ; Hasell, T. ; Cooper, A. I. ; Bernardo, P. ; Bazzarelli, F. ; Clarizia, G. ; Jansen, J. C. Nanoporous Organic Polymer/ Cage Composite Membranes. Angew. Chem. Int. Ed. 2013, 52(4), 1253 – 1256.

[66] Smith, S. J. D. ; Ladewig, B. P. ; Hill, A. J. ; Lau, C. H. ; Hill, M. R. Post – synthetic Ti Exchanged UiO – 66 Metal – Organic Frameworks That Deliver Exceptional Gas Permeability in Mixed Matrix Membranes. Sci. Rep. 2015, 5, 7823 – 7829.

[67] Khan, M. M. ; Bengtson, G. ; Shishatskiy, S. ; Gacal, B. N. ; Rahman, M. M. ; Neumann, S. ; Filiz, V. ; Abetz, V. Cross – Linking of Polymer of Intrinsic Microporosity(PIM – 1) via Nitrene Reaction and its Effect on Gas Transport Property. Eur. Polym. J. 2013, 49(12), 4157 – 4166.

[68] Wu, X. M. ; Zhang, Q. G. ; Lin, P. J. ; Qu, Y. ; Zhu, A. M. ; Liu, Q. L. Towards Enhanced CO_2 Selectivity of the PIM – 1 Membrane by Blending with Polyethylene Glycol. J. Membr. Sci. 2015, 493, 147 – 155.

[69] Tian, Z. Z. ; Wang, S. F. ; Wang, Y. T. ; Ma, X. R. ; Cao, K. T. ; Peng, D. D. ; Wu, X. Y. ; Wu, H. ; Jiang, Z. Y. Enhanced Gas Separation Performance of Mixed Matrix Membranes from Graphitic Carbon Nitride Nanosheets and Polymers of Intrinsic Microporosity. J. Membr. Sci. 2016, 514, 15 – 24.

[70] Staiger, C. L. ; Pas, S. J. ; Hill, A. J. ; Cornelius, C. J. Gas Separation, Free Volume Distribution, and Physical Aging of a Highly Microporous Spirobisindane Polymer. Chem. Mater. 2008, 20(8), 2606 – 2608.

[71] Li, F. Y. ; Xiao, Y. ; Chung, T. – S. ; Kawi, S. High – Performance Thermally Self – Cross – Linked Polymer of Intrinsic Microporosity(PIM – 1)Membranes for Energy Development. Macromolecules 2012, 45(3), 1427 – 1437.

[72] Yong, W. F. ; Li, F. Y. ; Xiao, Y. C. ; Li, P. ; Pramoda, K. P. ; Tong, Y. W. ; Chung, T. S. Molecular Engineering of PIM – 1/Matrimid Blend Membranes for Gas Separation. J. Membr. Sci. 2012, 407, 47 – 57.

[73] Yong, W. F. ; Li, F. Y. ; Chung, T. – S. ; Tong, Y. W. Highly Permeable Chemically Modified PIM – 1/Matrimid Membranes for Green Hydrogen Purification. J. Ma-

ter. Chem. A 2013, 1(44), 13914 – 13925.

[74] Hao, L.; Liao, K. – S.; Chung, T. – S. Photo – Oxidative PIM – 1 Based Mixed Matrix Membranes with Superior Gas Separation Performance. J. Mater. Chem. A 2015, 3(33), 17273 – 17281.

[75] Thomas, S.; Pinnau, I.; Du, N.; Guiver, M. D. Pure – and Mixed – Gas as Permeation Properties of a Microporous Spirobisindane – Based Ladder Polymer(PIM – 1). J. Membr. Sci. 2009, 333(1 – 2), 125 – 131.

[76] Ahn, J.; Chung, W. – J.; Pinnau, I.; Song, J.; Du, N.; Robertson, G. P.; Guiver, M. D. Gas Transport Behavior of Mixed – Matrix Membranes Composed of Silica Nanoparticles in a Polymer of Intrinsic Microporosity(PIM – 1). J. Membr. Sci. 2010, 346(2), 280 – 287.

[77] Althumayri, K.; Harrison, W. J.; Shin, Y.; Gardiner, J. M.; Casiraghi, C.; Budd, P. M.; Bernardo, P.; Clarizia, G.; Jansen, J. C. The Influence of Few – Layer Graphene on the Gas Permeability of the High – Free – Volume Polymer PIM – 1. Phil. Trans. R. Soc. A 2016, 374(2060); article 20150031.

[78] Khan, M. M.; Filiz, V.; Bengtson, G.; Shishatskiy, S.; Rahman, M. M.; Lillepaerg, J.; Abetz, V. Enhanced Gas Permeability by Fabricating Mixed Matrix Membranes of Functionalized Multiwalled Carbon Nanotubes and Polymers of Intrinsic Microporosity(PIM). J. Membr. Sci. 2013, 436, 109 – 120.

[79] Khan, M. M.; Bengtson, G.; Neumann, S.; Rahman, M. M.; Abetz, V.; Filiz, V. Synthesis, Characterization and Gas Permeation Properties of Anthracene Maleimide – Based Polymers of Intrinsic Microporosity. RSC Adv. 2014, 4(61), 32148 – 32160.

[80] Li, F. Y.; Xiao, Y.; Ong, Y. K.; Chung, T. – S. UV – Rearranged PIM – 1 Polymeric Membranes for Advanced Hydrogen Purification and Production. Adv. Energy Mater. 2012,2(12), 1456 – 1466.

[81] Li, F. Y.; Chung, T. – S. Physical Aging, High Temperature and Water Vapor Permeation Studies of UV – Rearranged PIM – 1 Membranes for Advanced Hydrogen Purification and Production. Int. J. Hydrogen Energy 2013, 38(23), 9786 – 9793.

[82] Swaidan, R.; Ghanem, B. S.; Litwiller, E.; Pinnau, I. Pure – and Mixed – Gas CO_2/CH_4 Separation Properties of PIM – 1 and an Amidoxime – Functionalized PIM – 1. J. Membr. Sci. 2014, 457, 95 – 102.

[83] Scholes, C. A.; Jin, J.; Stevens, G. W.; Kentish, S. E. Competitive Permeation of Gas and Water Vapour in High Free Volume Polymeric Membranes. J. Polym. Sci. Part B Polym. Phys. 2015, 53(10), 719 – 728.

[84] Zhao, H. Y.; Xie, Q.; Ding, X. L.; Chen, J. M.; Hua, M. M.; Tan, X. Y.; Zhang, Y. Z. High Performance Post – Modified Polymers of Intrinsic Microporosity (PIM – 1)Membranes Based on Multivalent Metal Ions for Gas Separation. J. Membr. Sci. 2016, 514, 305 – 312.

[85] Huang, Y.; Paul, D. R. Effect of Film Thickness on the Gas – Permeation Character-istics of Glassy Polymer Membranes. Ind. Eng. Chem. Res. 2007, 46(8), 2342 – 2347.

[86] Harms, S.; Raetzke, K.; Faupel, F.; Chaukura, N.; Budd, P. M.; Egger, W.; Ravelli, L. Aging and Free Volume in a Polymer of Intrinsic Microporosity(PIM – 1). J. Adhes. 2012, 88(7), 608 – 619.

[87] McDermott, A. G.; Budd, P. M.; McKeown, N. B.; Colina, C. M.; Runt, J. Physical Aging of Polymers of Intrinsic Microporosity: A SAXS/WAXS Study. J. Mater. Chem. A 2014, 2(30), 11742 – 11752.

[88] Alghunaimi, F.; Ghanem, B.; Alaslai, N.; Swaidan, R.; Litwiller, E.; Pinnau, I. Gas Permeation and Physical Aging Properties of Iptycene Diamine – Based Micro-porous Polyimides. J. Membr. Sci. 2015, 490, 321 – 327.

[89] Ma, X.; Ghanem, B.; Salines, O.; Litwiller, E.; Pinnau, I. Synthesis and Effect of Physical Aging on Gas Transport Properties of a Microporous Polyimide Derived from a Novel Spirobifluorene – Based Dianhydride. ACS Macro Lett. 2015, 4(2), 231 – 235.

[90] Swaidan, R.; Ghanem, B.; Litwiller, E.; Pinnau, I. Physical Aging, Plasticization and Their Effects on Gas Permeation in "Rigid" Polymers of Intrinsic Microporosity. Macromolecules 2015, 48(18), 6553 – 6561.

[91] Yong, W. F.; Kwek, K. H. A.; Liao, K. – S.; Chung, T. – S. Suppression of Aging and Plasticization in Highly Permeable Polymers. Polymer 2015, 77, 377 – 386.

[92] Pilnacek, K.; Vopicka, O.; Lanc, M.; Dendisova, M.; Zgazar, M.; Budd, P. M.; Carta, M.; Malpass – Evans, R.; McKeown, N. B.; Friess, K. Aging of Poly-mers of Intrinsic Microporosity Tracked by Methanol Vapour Permeation. J. Membr. Sci. 2016, 520, 895 – 906.

[93] Du, N.; Dal – Cin, M. M.; Pinnau, I.; Nicalek, A.; Robertson, G. P.; Guiver, M. D. Azide – Based Cross – Linking of Polymers of Intrinsic Microporosity(PIMs)for Condensable Gas Separation. Macromol. Rapid Commun. 2011, 32(8), 631 – 636.

[94] Song, Q.; Cao, S.; Pritchard, R. H.; Ghalei, B.; Al – Muhtaseb, S. A.; Ter-entjev, E. M.; Cheetham, A. K.; Sivaniah, E. Controlled Thermal Oxidative Crosslinking of Polymers of Intrinsic Microporosity Towards Tunable Molecular Sieve Membranes. Nat. Commun. 2014, 5, 4813 – 4825.

[95] Song, Q.; Cao, S.; Zavala – Rivera, P.; Lu, L. P.; Li, W.; Ji, Y.; Al – Muhta-seb, S. A.; Cheetham, A. K.; Sivaniah, E. Photo – Oxidative Enhancement of Pol-ymeric Molecular Sieve Membranes. Nat. Commun. 2013, 4, 1918 – 1927.

[96] Mason, C. R.; Maynard – Atem, L.; Heard, K. W. J.; Satilmis, B.; Budd, P. M.; Friess, K.; Lanc, M.; Bernardo, P.; Clarizia, G.; Jansen, J. C. Enhance-

ment of CO_2 Affinity in a Polymer of Intrinsic Microporosity by Amine Modification. Macromolecules 2014, 47(3), 1021 – 1029.

[97] Carta, M.; Bernardo, P.; Clarizia, G.; Jansen, J. C.; McKeown, N. B. Gas Permeability of Hexaphenylbenzene Based Polymers of Intrinsic Microporosity. Macromolecules 2014, 47(23), 8320 – 8327.

[98] Fritsch, D.; Bengtson, G.; Carta, M.; McKeown, N. B. Synthesis and Gas Permeation Properties of Spirobischromane – Based Polymers of Intrinsic Microporosity. Macromol. Chem. Phys. 2011, 212(11), 1137 – 1146.

[99] Bezzu, C. G.; Carta, M.; Tonkins, A.; Jansen, J. C.; Bernardo, P.; Bazzarelli, F.; McKeown, N. B. A Spirobifluorene – Based Polymer of Intrinsic Microporosity with Improved Performance for Gas Separation. Adv. Mater. 2012, 24(44), 5930 – 5933.

[100] Cho, Y. J.; Park, H. B. High Performance Polyimide with High Internal Free Volume Elements. Macromol. Rapid Commun. 2011, 32(7), 579 – 586.

[101] Ma, X.; Salinas, O.; Litwiller, E.; Pinnau, I. Pristine and Thermally – Rearranged Gas Separation Membranes from Novel o – Hydroxyl – Functionalized Spirobifluorene – Based Polyimides. Polym. Chem. 2014, 5(24), 6914 – 6922.

[102] Swaidan, R.; Ghanem, B.; Litwiller, E.; Pinnau, I. Effects of Hydroxyl – Functionalization and Sub – T – g Thermal Annealing on High Pressure Pure – and Mixed – Gas CO_2/CH_4 Separation by Polyimide Membranes Based on 6FDA and Triptycene – Containing. J. Membr. Sci. 2015, 475, 571 – 581.

[103] Alaslai, N.; Ghanem, B.; Alghunaimi, F.; Litwiller, E.; Pinnau, I. Pure – and Mixed – Gas Permeation Properties of Highly Selective and Plasticization Resistant Hydroxyl – Diamine – Based 6FDA Polyimides for CO_2/CH_4 Separation. J. Membr. Sci. 2016, 505, 100 – 107.

[104] Salinas, O.; Ma, X.; Litwiller, E.; Pinnau, I. Ethylene/Ethane Permeation, Diffusion and Gas Sorption Properties of Carbon Molecular Sieve Membranes Derived from the Prototype Ladder Polymer of Intrinsic Microporosity(PIM – 1). J. Membr. Sci. 2016, 504, 133 – 140.

[105] Carta, M.; Malpass – Evans, R.; Croad, M.; Rogan, Y.; Lee, M.; Rose, I.; McKeown, N. B. The Synthesis of Microporous Polymers Using Troger's Base Formation. Polym. Chem. 2014, 5(18), 5267 – 5272.

[106] Wang, Z. G.; Liu, X.; Wang, D.; Jin, J. Troger's Base – Based Copolymers with Intrinsic Microporosity for CO_2 Separation and Effect of Troger's Base on Separation Performance. Polym. Chem. 2014, 5(8), 2793 – 2800.

[107] Tocci, E.; De Lorenzo, L.; Bernardo, P.; Clarizia, G.; Bazzarelli, F.; McKeown, N. B.; Carta, M.; Malpass – Evans, R.; Friess, K.; Pilnacek, K.; Lanc, M.; Yampolskii, Y. P.; Strarannikova, L.; Shantarovich, V.; Mauri, M.; Jans-

en, J. C. Molecular Modeling and Gas Permeation Properties of a Polymer of Intrinsic Microporosity Composed of Ethanoanthracene and Troger's Base Units. Macromolecules 2014, 47(22), 7900 – 7916.

[108] Wang, Z.; Wang, D.; Zhang, F.; Jin, J. Troger's Base – Based Microporous Polyimide Membranes for High – Performance Gas Separation. ACS Macro Lett. 2014, 3(7), 597 – 601.

[109] Wang, Z.; Wang, D.; Jin, J. Microporous Polyimides with Rationally Designed Chain Structure Achieving High Performance for Gas Separation. Macromolecules 2014, 47(21), 7477 – 7483.

[110] Ghanem, B.; Alaslai, N.; Miao, X. H.; Pinnau, I. Novel 6FDA – Based Polyimides Derived from Sterically Hindered Troger's Base Diamines: Synthesis and Gas Permeation Properties. Polymer 2016, 96, 13 – 19.

[111] Yong, W. F.; Li, F. Y.; Xiao, Y. C.; Chung, T. S.; Tong, Y. W. High Performance PIM – 1/Matrimid Hollow Fiber Membranes for CO_2/CH_4, O_2/N_2 and CO_2/N_2 Separation. J. Membr. Sci. 2013, 443, 156 – 169.

[112] Hao, L.; Li, P.; Chung, T. – S. PIM – 1 as an Organic Filler to Enhance the Gas Separation Performance of Ultem Polyetherimide. J. Membr. Sci. 2014, 453, 614 – 623.

[113] Yong, W. F.; Chung, T. – S. Miscible Blends of Carboxylated Polymers of Intrinsic Microporosity (cPIM – 1) and Matrimid. Polymer 2015, 59, 290 – 297.

[114] Salehian, P.; Yong, W. F.; Chung, T. S. Development of High Performance Carboxylated PIM – 1/P84 Blend Membranes for Pervaporation Dehydration of Isopropanol and CO_2/CH_4 Separation. J. Membr. Sci. 2016, 518, 110 – 119.

[115] Yong, W. F.; Li, F. Y.; Chung, T. S.; Tong, Y. W. Molecular Interaction, Gas Transport Properties and Plasticization Behavior of cPIM – 1/Torlon Blend Membranes. J. Membr. Sci. 2014, 462, 119 – 130.

[116] De Angelis, M. G.; Gaddoni, R.; Sarti, G. C. Gas Solubility, Diffusivity, Permeability, and Selectivity in Mixed Matrix Membranes Based on PIM – 1 and Fumed Silica. Ind. Eng. Chem. Res. 2013, 52(31), 10506 – 10520.

[117] Khan, M. M.; Filiz, V.; Bengtson, G.; Shishatskiy, S.; Rahman, M.; Abetz, V. Functionalized Carbon Nanotubes Mixed Matrix Membranes of Polymers of Intrinsic Microporosity for Gas Separation. Nanoscale Res. Lett. 2012, 7, 1 – 12.

[118] Mason, C. R.; Buonomenna, M. G.; Golemme, G.; Budd, P. M.; Galiano, F.; Figoli, A.; Friess, K.; Hynek, V. New Organophilic Mixed Matrix Membranes Derived from a Polymer of Intrinsic Microporosity and Silicalite – 1. Polymer 2013, 54 (9), 2222 – 2230.

[119] Bushell, A. F.; Attfield, M. P.; Mason, C. R.; Budd, P. M.; Yampolskii, Y.; Starannikova, L.; Rebrov, A.; Bazzarelli, F.; Bernardo, P.; Jansen, J. C.;

Lanc, M.; Friess, K.; Shantarovich, V.; Gustov, V.; Isaeva, V. Gas Permeation Parameters of Mixed Matrix Membranes Based on the Polymer of Intrinsic Microporosity PIM – 1 and the Zeolitic Imidazolate Framework ZIF – 8. J. Membr. Sci. 2013, 427, 48 – 62.

[120] Alentiev, A. Y.; Bondarenko, G. N.; Kostina, Y. V.; Shantarovich, V. P.; Klyamkin, S. N.; Fedin, V. P.; Kovalenko, K. A.; Yampolskii, Y. P. PIM – 1/MIL – 101 Hybrid Composite Membrane Material: Transport Properties and Free Volume. Petroleum Chem. 2014, 54(7), 477 – 481.

[121] Khdhayyer, M. R.; Esposito, E.; Fuoco, A.; Monteleone, M.; Giorno, L.; Jansen, J. C.; Attfield, M. P.; Budd, P. M. Mixed Matrix Membranes Based on UiO – 66 MOFs in the Polymer of Intrinsic Microporosity PIM – 1. Sep. Purif. Technol. 2017, 173, 304 – 313.

[122] Mitra, T.; Bhavsar, R. S.; Adams, D. J.; Budd, P. M.; Cooper, A. I. PIM – 1 Mixed Matrix Membranes for Gas Separations Using Cost – Effective Hypercrosslinked Nanoparticle Fillers. Chem. Commun. 2016, 52(32), 5581 – 5584.

[123] Lau, C. H.; Phuc Tien, N.; Hill, M. R.; Thornton, A. W.; Konstas, K.; Doherty, C. M.; Mulder, R. J.; Bourgeois, L.; Liu, A. C. Y.; Sprouster, D. J.; Sullivan, J. P.; Bastow, T. J.; Hill, A. J.; Gin, D. L.; Noble, R. D. Ending Aging in Super Glassy Polymer Membranes. Angew. Chem. 2014, 53(21), 5322 – 5326.

[124] Lau, C. H.; Konstas, K.; Thornton, A. W.; Liu, A. C. Y.; Mudie, S.; Kennedy, D. F.; Howard, S. C.; Hill, A. J.; Hill, M. R. Gas – Separation Membranes Loaded with Porous Aromatic Frameworks That Improve with Age. Angew. Chem. 2015, 54(9), 2669 – 2673.

[125] Song, Q.; Cao, S.; Pritchard, R. H.; Qiblawey, H.; Terentjev, E. M.; Cheetham, A. K.; Sivaniah, E. Nanofiller – Tuned Microporous Polymer Molecular Sieves for Energy and Environmental Processes. J. Mater. Chem. A 2016, 4(1), 270 – 279.

[126] Ma, J.; Ying, Y.; Guo, X.; Huang, H.; Liu, D.; Zhong, C. Fabrication of Mixed – Matrix Membrane Containing Metal – Organic Framework Composite with Task – Specific Ionic Liquid for Efficient CO_2 Separation. J. Mater. Chem. A 2016, 4(19), 7281 – 7288.

[127] Meckler, S. M.; Li, C. Y.; Queen, W. L.; Williams, T. E.; Long, J. R.; Buonsanti, R.; Milliron, D. J.; Helms, B. A. Sub – micron Polymer – Zeolitic Imidazolate Framework Layered Hybrids via Controlled Chemical Transformation of Naked ZnO Nanocrystal Films. Chem. Mater. 2015, 27(22), 7673 – 7679.

[128] Semino, R.; Ramsahye, N. A.; Ghoufi, A.; Maurin, G. Microscopic Model of the Metal Organic Framework/Polymer Interface: A First Step toward Understanding the

Compatibility in Mixed Matrix Membranes. ACS Appl. Mater. Interfaces 2016, 8 (1), 809 – 819.

[129] Zhao, L.; Zhai, D.; Liu, B.; Liu, Z. C.; Xu, C. M.; Wei, W.; Chen, Y.; Gao, J. S. Grand Canonical Monte Carlo simulations for Energy Gases and Silicalite – 1. Chem. Eng. Sci. 2012, 68(1), 101 – 107.

[130] Gonciaruk, A.; Althumayri, K.; Harrison, W. J.; Budd, P. M.; Siperstein, F. R. PIM – 1/Graphene Composite: A Combined Experimental and Molecular Simulation Study. Microporous Mesoporous Mat. 2015, 209, 126 – 134.

[131] Gao, Y.; Shi, W.; Wang, W.; Wang, Y.; Zhao, Y.; Lei, Z.; Miao, R. Ultrasonic – Assisted Production of Graphene with High Yield in Supercritical CO_2 and Its High Electrical Conductivity Film. Ind. Eng. Chem. Res. 2014, 53(7), 2839 – 2845.

[132] Koschine, T.; Raetzke, K.; Faupel, F.; Khan, M. M.; Emmler, T.; Filiz, V.; Abetz, V.; Ravelli, L.; Egger, W. Correlation of Gas Permeation and Free Volume in New and used High Free Volume Thin Film Composite Membranes. J. Polym. Sci. B Polym. Phys. 2015, 53(3), 213 – 217.

[133] Khan, M. M.; Filiz, V.; Emmler, T.; Abetz, V.; Koschine, T.; Raetzke, K.; Faupel, F.; Egger, W.; Ravelli, L. Free Volume and Gas Permeation in Anthracene Maleimide – Based Polymers of Intrinsic Microporosity. Membranes 2015, 5 (2), 214 – 227.

[134] Scholes, C. A.; Kentish, S. E.; Stevens, G. W.; Jin, J.; deMontigny, D. Thin – Film Composite Membrane Contactors for Desorption of CO_2 from Monoethanolamine at Elevated Temperatures. Sep. Purif. Technol. 2015, 156, 841 – 847.

[135] Scholes, C. A.; Kentish, S. E.; Stevens, G. W.; deMontigny, D. Comparison of Thin Film Composite and Microporous Membrane Contactors for CO_2 Absorption into Monoethanolamine. Int. J. Greenh. Gas Control 2015, 42, 66 – 74.

[136] Fritsch, D.; Merten, P.; Heinrich, K.; Lazar, M.; Priske, M. High Performance Organic Solvent Nanofiltration Membranes: Development and Thorough Testing of Thin Film Composite Membranes Made of Polymers of Intrinsic Microporosity(PIMs). J. Membr. Sci. 2012, 401, 222 – 231.

[137] Gorgojo, P.; Karan, S.; Wong, H. C.; Jimenez – Solomon, M. F.; Cabral, J. T.; Livingston, A. G. Ultrathin Polymer Films with Intrinsic Microporosity: Anomalous Solvent Permeation and High Flux Membranes. Adv. Funct. Mater. 2014, 24 (30), 4729 – 4737.

[138] Tsarkov, S.; Khotimskiy, V.; Budd, P. M.; Volkov, V.; Kukushkina, J.; Volkov, A. Solvent Nanofiltration through High Permeability Glassy Polymers: Effect of Polymer and Solute Nature. J. Membr. Sci. 2012, 423, 65 – 72.

[139] Anokhina, T. S.; Yushkin, A. A.; Budd, P. M.; Volkov, A. V. Application of

PIM – 1 for Solvent Swing Adsorption and Solvent Recovery by Nanofiltration. Sep. Purif. Technol. 2015, 156, 683 – 690.

[140] Kim, H. J.; Kim, D. G.; Lee, K.; Baek, Y.; Yoo, Y.; Kim, Y. S.; Kim, B. G.; Lee, J. C. A Carbonaceous Membrane based on a Polymer of Intrinsic Microporosity(PIM – 1)for Water Treatment. Sci. Rep. 2016, 6, 36078 – 36086.

[141] Marszalek, J.; Rdzanek, P.; Kaminski, W. Improving Performance of Pervaporation Membranes for Biobutanol Separation. Desalin. Water Treat. 2015, 56(13), 3535 – 3543.

[142] Adymkanov, S. V.; Yampol'skii, Y. P.; Polyakov, A. M.; Budd, P. M.; Reynolds, K. J.; McKeown, N. B.; Msayib, K. J. Pervaporation of Alcohols Through Highly Permeable PIM – 1 Polymer Films. Polym. Sci. Ser. A 2008, 50(4), 444 – 450.

[143] Zak, M.; Klepic, M.; Stastna, L. C.; Sedlakova, Z.; Vychodilova, H.; Hovorka, S.; Friess, K.; Randova, A.; Brozova, L.; Jansen, J. C.; Khdhayyer, M. R.; Budd, P. M.; Izak,P. Selective Removal of Butanol from Aqueous Solution by Pervaporation with a PIM – 1 Membrane and Membrane Aging. Sep. Purif. Technol. 2015, 151, 108 – 114.

[144] Wu, X. M.; Zhang, Q. G.; Soyekwo, F.; Liu, Q. L.; Zhu, A. M. Pervaporation Removal of Volatile Organic Compounds from Aqueous Solutions Using the Highly Permeable PIM – 1 Membrane. AIChE J. 2016, 62(3), 842 – 851.

[145] Wu, X. M.; Guo, H.; Soyekwo, F.; Zhang, Q. G.; Lin, C. X.; Liu, Q. L.; Zhu, A. M. Pervaporation Purification of Ethylene Glycol Using the Highly Permeable PIM – 1 Membrane. J. Chem. Eng. Data 2016, 61(1), 579 – 586.

[146] Rakow, N. A.; Wendland, M. S.; Trend, J. E.; Poirier, R. J.; Paolucci, D. M.; Maki, S. P.; Lyons, C. S.; Swierczek, M. J. Visual Indicator for Trace Organic Volatiles. Langmuir 2010, 26(6), 3767 – 3770.

[147] Thomas, J. C.; Trend, J. E.; Rakow, N. A.; Wendland, M. S.; Poirier, R. J.; Paolucci, D. M. Optical Sensor for Diverse Organic Vapors at ppm Concentration Ranges. Sensors 2011, 11(3), 3267 – 3280.

[148] Hobson, S. T.; Cemalovic, S.; Patel, S. V. Preconcentration and Detection of Chlorinated Organic Compounds and Benzene. Analyst 2012, 137(5), 1284 – 1289.

[149] Zhang, C.; Li, P.; Cao, B. Electrospun Microfibrous Membranes Based on PIM – 1/POSS with High Oil Wettability for Separation of Oil – Water Mixtures and Cleanup of Oil Soluble Contaminants. Ind. Eng. Chem. Res. 2015, 54(35), 8772 – 8781.

[150] Weng, X.; Baez, J. E.; Khiterer, M.; Hoe, M. Y.; Bao, Z.; Shea, K. J. Chiral Polymers of Intrinsic Microporosity: Selective Membrane Permeation of Enantiomers. Angew. Chem. 2015, 54(38), 11214 – 11218.

[151] Pang, S. H.; Jue, M. L.; Leisen, J.; Jones, C. W.; Lively, R. P. PIM – 1 as a

Solution – Processable "Molecular Basket" for CO$_2$ Capture from Dilute Sources. ACS Macro Lett. 2015, 4(12), 1415 – 1419.

[152] Jeffs, C. A. ; Smith, M. W. ; Stone, C. A. ; Bezzu, C. G. ; Msayib, K. J. ; McKeown, N. B. ; Perera, S. P. A Polymer of Intrinsic Microporosity as the Active Binder to Enhance Adsorption/Separation Properties of Composite Hollow Fibres. Microporous Mesoporous Mater. 2013, 170, 105 – 112.

[153] Son, S. Y. ; Noh, Y. J. ; Bok, C. ; Lee, S. ; Kim, B. G. ; Na, S. I. ; Joh, H. I. One – Step Synthesis of Carbon Nanosheets Converted from a Polycyclic Compound and Their Direct use as Transparent Electrodes of ITO – Free Organic Solar Cells. Nanoscale 2014, 6(2), 678 – 682.

[154] Gupta, B. K. ; Kedawat, G. ; Kumar, P. ; Rafiee, M. A. ; Tyagi, P. ; Srivastava, R. ; Ajayan, P. M. An n – Type, new Emerging Luminescent Polybenzodioxane Polymer for Application in Solution – Processed Green Emitting OLEDs. J. Mater. Chem. C 2015, 3(11), 2568 – 2574.

[155] Xia, F. ; Pan, M. ; Mu, S. ; Malpass – Evans, R. ; Carta, M. ; McKeown, N. B. ; Attard, G. A. ; Brew, A. ; Morgan, D. J. ; Marken, F. Polymers of Intrinsic Microporosity in Electrocatalysis: Novel Pore Rigidity Effects and Lamella Palladium Growth. Electrochim. Acta 2014, 128, 3 – 9.

[156] He, D. ; Rong, Y. ; Carta, M. ; Malpass – Evans, R. ; McKeown, N. B. ; Marken, F. Fuel Cell Anode Catalyst Performance Can be Stabilized with a Molecularly Rigid Film of Polymers of Intrinsic Microporosity (PIM). RSC Adv. 2016, 6 (11), 9315 – 9319.

第 10 章　等离子体膜

缩写词

AFC：碱性燃料电池

ATR：衰减总反射

BSA：牛血清白蛋白

BSC：苯磺酰氯

BSF：苯磺酰氟醚

CAP：竞争消融聚合

CTFE：氯四氟乙烯

CVD：化学气相沉积

DVB：二乙烯苯

DEVEP：二乙基乙烯基醚磷酸酯

DMFC：直接甲醇燃料电池

F：流量

FI：污染指数

FR：清洗后助焊剂回收

FTIR：傅立叶变换红外

GP：接枝聚合物或接枝聚合

OMCTSO：八甲基环四硅氧烷

PAN：聚丙烯腈

PDMS：聚二甲基硅氧烷

PECVD：等离子体增强化学气相沉积

PEI：聚乙烯亚胺

PEMFC：质子交换膜燃料电池

TFB：四氟苯

PEO：聚乙烯氧化物

PES：聚醚砜

PP：等离子体聚合或等离子体聚合

PPO：氧化聚丙烯

PSG：磷掺杂硅酸盐玻璃

PSU：聚砜

HFP：六氟丙烯

HMDSN：六甲基二硅氮烷

HMDSO：六甲基二硅氧烷

IPA：异丙醇

J：转移膜通量

J_b^0：缓冲剂通量

J_b^c：牛血清白蛋白过滤及清洗后缓冲液的流量

J_b^f：牛血清白蛋白过滤后缓冲液的流量

J_p：牛血清白蛋白通量

LF：低频

M：分子量

MBS：甲基苯磺酸盐

MS：质谱

MW：微波

OFCB：八氟环丁烷

SAMFC：固体碱性膜燃料电池

SEM：扫描电子显微镜

sPI：磺化聚酰亚胺

PR：蛋白质沉积

sSEBS：磺化聚苯乙烯嵌段聚（乙烯 - ran - 丁烯）- 嵌段聚苯乙烯

TFCE：三氟氯乙烯

TFE：四氟乙烯

TFMS：三氟甲烷磺酸

TMVS：三(2 - 甲氧基乙氧基)乙烯基硅烷

VDF：偏氟乙烯

PTFE:聚四氟乙烯

PVDF:聚偏二乙烯

RF:过滤过程中流量减少

W:输入功率

XPS:X 射线光电子能谱

符号

A:理想选择性,也称为选择性

非国际单位

能量:1 eV = 1.602 2 × 10^{-19} J

压力:1 Torr = 133.3 Pa

离子交换容量:1 meq · g^{-1}(一价离子为 1 mmol/g,二价离子为 0.5 mmol/g)

词汇

Cobb 测试(可勃法):在一定的温度、压力和时间下,以单位面积的纸和纸板所吸收的水的质量来测量纸板的吸水性的方法。

冠状放电:一种局部放电,由大气压下,高的、不均匀的电场引起,伴随着周围大气的电离作用。

德拜长度:移动电荷载体(如电子)、屏蔽等离子体和其他导体中的电场的尺度。换言之,德拜长度是发生明显电荷分离的距离。

工作周期:运行时间与总循环时间之比。

电子回旋加速器共振:由于洛伦兹力,静态均匀磁场中的电子以圆周运动的现象。圆周运动可与均匀的轴向运动叠加,从而形成螺旋线,或与磁场垂直的均匀运动,例如,在存在电场或重力场的情况下,形成摆线。

法拉第笼:屏蔽外部静电场的导电外壳。

自由体积:分子链间空位与物质总体积的比值。

电离度:在气相中,电离物质的密度与物质总密度的比值。

磁控管:一种二极管真空管,其中电子从中央阴极流向圆柱形阳极的流动由交叉的磁性和电性控制;主要用于微波振荡器。

平均自由程:粒子与其他粒子碰撞之间的平均移动距离。

溅射:固体靶材料中的原子被高能离子(从等离子体)轰击而喷射到气相的物理过程。然后喷射出的原子沉积到邻近的基底表面上形成一层涂层。

10.1 引　言

20 世纪 50 年代,起初等离子工艺是为微电子技术开发的,它代表一种清洁的(很少产生或不产生任何影响的)技术,也是一种极其灵活的技术,它的基本设备能够很好地适应自动化,在特定的应用属性方面,使实现多样或单一的目标成为可能。此外,它们的运行成本相对较低。基于这些优势,等离子工艺目前被用于许多材料化学领域(尤其是薄膜领域),尽管这项技术的前景广阔,但是由于实施这项技术所需的设备成本高,而且工业家对引进这项新技术持保守态度,致使其工业化仍然不太发达。

本章的第一部分介绍了等离子体过程的基本方面和等离子体膜中与其结构性质相关的输运现象。后面的章节将介绍等离子体膜在不同应用领域的最新进展,只对提供特殊物质运输的活性膜的相关应用进行了介绍,即气体或液体分离(尤其是环境物质)和能源生产装置(电池和燃料电池)。第2版的重点更多地放在能源生产装置上,这是最近许多论文讨论的主题。或将膜作为屏障材料(尤其是包装)或应用于传感器,不仅未涉及特定物种的扩散,而且使用等离子工艺并没有得到创新,故这里没有进行讨论。对于每一个应用领域,与更传统的膜相比,特别讨论了等离子体膜在结构和输运性质方面的特性。

10.2　等离子体工艺及相关材料的基本知识

10.2.1　等离子体和等离子体化学基础

等离子体是在低压(小于10 Torr)下,电场作用于气相而产生的部分电离且整体呈中性的介质,1879年被克鲁克斯定义为物质的第四种状态。当外加电场的能量被转移到自由电子上,自由电子与气体分子会发生碰撞,这种非弹性冲击使电子获得足够的能量(高达50 eV)以诱导气体分子发生电离。这种被电离的物质(通常获得在0~2 eV 范围内的能量)会引发大量复杂的反应(电离、激发、中和、复合、去激发……),构成所谓的辉光放电。辉光放电意味着有多种物质产生:电子、负离子和正离子,自由基、中性原子和分子,还有光子(由辐射去激发发出),并由它们的混合物构成等离子体状态。等离子体的本质特征是其能量和电子密度,根据这两个微观参数值,可以区分不同种类的天然或人工等离子体,主要分为两类,热等离子体和冷等离子体。热等离子体是由电弧放电产生的,其压力等于、甚至高于大气放电的压力,它们在自然界中广泛分布(以彗星、星系、飞灰、闪电的形式),特点是电子和气体分子之间的碰撞频率高,气体温度高达数千度。

人工等离子体是由低频(25~450 kHz)、射频过滤(RF)(1~500 MHz)或微波(500 MHz-某些 GHz)在相当低的压力下(10^{-2}~10 Torr)持续或交替放电产生的冷等离子体。冷等离子体的特征是能量和电子密度分别等于1~10 eV 和 10^{10} cm^{-3}。它们的电离度低于 10^{-3},因此气相主要由处于激发态(自由基)的中性物质组成。这些等离子体的一个特点是在电子温度(几千度)和气体温度(接近环境)之间没有热力学平衡。冷等离子体通常通过两种反应器实现:①具有外部线圈或环形电极以通过射频放电激励的管式反应堆;②具有内部平行板金属电极的钟罩式反应堆。在后一种情况下,放电激励通常使用低频或射频电压。随着微波能量的各种应用方法(最常见的是多模腔,也称为微波炉模式),微波放电也得到了广泛的应用。磁流体也可用来辅助等离子体模式:电子回旋共振放电和平面或圆柱形磁控管。冷等离子体与置于其中的材料(基底)之间的相互作用导致同时或连续发生几种类型的效应,主要效应一般可分为四个:

（1）蚀刻：将气相的活性物质与基底的原子或原子组结合，在基底表面上形成活性位点（表面烧蚀），并形成在气相中扩散的挥发性物质。

（2）功能化：通过在基底表面的活性部位上固定气相的活性物质。

（3）交联（在聚合物基质的情况下）：通过打开（在等离子体的活性物质的作用下）基质表面原子之间的键，使其重组（通过在高分子链之间架桥）。

（4）在基板表面形成沉积物：通过对吸附在基板表面的活性物质进行重组。

其中每种效应的普遍性，与受放电影响气体的性质直接相关。在等离子体涉及非冷凝气体（单原子或双原子气体）的情况下，三个主要效应是蚀刻、功能化和交联。基底只进行表面修饰，相关的等离子体过程被称为等离子体处理。在等离子体涉及可冷凝气体（有机、无机或有机金属化合物）的情况下，主要作用是在基体表面形成一种沉积，这种沉积是由试剂气体的碎片以随机方式组合而成的三维基质构成的。在有机化合物气体的特殊情况下，相关的等离子体过程被称为等离子体增强化学气相沉积（PECVD）或等离子体聚合。

受到放电作用的气体的性质并不是等离子体的唯一参数，还有许多其他参数对基板也有着很大的影响，这些参数包括：

（1）几何性质：反应器室尺寸和形状，电极的位置、性质和形态，气体入口和泵出口的位置。

（2）现象学本质：放电频率（控制带电物质的动能）、放电功率（控制物质的破碎程度）、气体反应性和流速。控制物质在等离子体中的停留时间、不同气体的比例、工作气体压力（控制电子的停留时间和平均能量、物质的平均自由程和气体密度）、基底温度（控制迁移率、吸收和解吸基质表面的活性物质）。

特制材料的制造需要严格控制上述所有参数。

10.2.2　等离子体处理

等离子体处理主要用于聚合物或金属的表面改性，主要的表面效应与受放电气体的性质之间有着直接关系。

化学活性气体如氨（NH_3）、氮（N_2）、氧气（O_2）、二氧化碳（CO_2）、水蒸气（H_2O）、四氟化碳（CF_4）等，特别是支持功能化反应：NH_3 或 N_2 的胺型或酰胺型官能团的接枝，O_2 或 H_2O 的过氧化物或氢氧化物功能的接枝，$C=O$、$C—OH$、$C(=O)OH$ 功能的接枝，CF_4 中 CF_x 的功能接枝。氢气主要支持交联现象，化学惰性气体，如稀有气体（氩（Ar）、氦（He））主要支持蚀刻作用。

在过去十年中，等离子体处理技术在薄膜领域中的应用迅速发展。等离子体处理特别适用于改善传统聚合物膜的润湿性、可印刷性、黏附性或生物相容性，调节其传输性能（通过改变亲水/疏水平衡，提供特定官能团的嫁接或表面链的交联），或加强它们的机械、热、化学稳定性（本质上的影响下交联）。然而众所周知的是，对于一些特殊的聚合物膜，这种修饰所做出的效果可能会在储存过程中消失或显著减弱。此外，等离子体处理有时会改变材料的物理化学性质，特别是聚合物表面的物理化学性质。要克服这一限制，有效的方法是实施一种叫作等离子体诱导接枝聚合或等离子体接枝的工艺，在这一过程中,等离子体仅能使聚合物表面形成官能团,这些官能团则能够引发含有多个键的单体的常规聚合。反应可以通过两种方式进行,在单体的气相中进行或在溶液中进行。其原理如下:等离子体处理可以通过离子轰击和紫外线辐射,诱导聚合物表面自由基的形成,处理过的聚合物表面形成的自由基在真空中会非常稳定,但暴露在反应性气体中时则会反应迅速。因此,如果不饱和的气相单体在聚合物基片的表面处理后被引入等离子体反应器中,在聚合物基体表面形成的自由基会立即引起该单体的聚合。这个过程也可以在溶液中实现,在这种情况下,聚合物基质在等离子体处理后会从反应器中释放出来,然后暴露在大气中。在氧气或空气的存在的情况下,在聚合物表面会产生过氧化物和氢过氧化物,这些官能团可引发单体在溶液中发生聚合。无论是气相法还是溶液法,通过控制等离子体和接枝参数,接枝密度和接枝毛刷长度都可以进行一定的调节。该技术的主要优点就是能够永久地修改聚合物基体的表面性能,但不影响其整体力学和化学性能。

10.2.3　等离子体增强化学气相沉积(PECVD)或等离子聚合

1. 沉积机理

PECVD 或等离子聚合工艺主要用于制备无机、杂化或类聚合物薄层。在膜领域,大多数的等离子体沉积物是由有机前驱体制备的,在这种情况下,人们偏向于称这个沉积过程为等离子体聚合,而不是 PECVD。等离子体聚合与传统聚合几乎没有共同之处,在薄膜沉积过程中会发生许多副反应。这是因为等离子体中化学键断裂的选择性差,但沉积的机理还不太清楚,难以明确机理是活性物质的复杂性和多样性,还是反应步骤以及对等离子体参数的依赖性。随后,几种等离子体聚合动力学模型被提出,其中最受欢迎的是 Lam 等、Poll 等和 Yasuda 的模型,这些模型都涉及竞争性烧蚀和聚合(CAP)机制,该机制解释了等离子体聚合物(PPs)沉积过程中碎片元素间复杂但相互关联的影响。值得一提的是,链生长聚合反应不能在真空下发生,这是因为虽有大量的含链物质,但没有足够的具有良好的化学结构和能够进行链生长聚合的单体。随着单体结构断裂的发生,情况会变得更糟。聚丙烯(PP)在等离子体中形成的方式可以用快速步长聚合机理来解释(图 10.1),必要的基本反应是活性物质(自由基)的逐步重组或通过撞击自由基来夺取氢。需要注意的是,这些基本反应本质上是低聚反应,而不是自行形成聚合物。为了形成聚合物沉积,必须在表面重复一定数量的步骤。随着等离子体聚合的进行,活性物质可能会攻击生长中的聚合物层。这种攻击可以分解聚合物,延长聚合物的交联,或消除沉积聚合物(烧蚀过程),这些聚合和烧蚀过程相互竞争,等离子体沉积的总体速率取决于等离子体聚合参数。

在众多的等离子体聚合参数中。三个参数具有特别显著的影响:前驱体的性质由其分子量 M 表示,放电功率为 W,前驱体流速为 F。由 Yasuda 提出,能量输入水平用 W/FM 表示(单位为 J/kg 或单位质量单体的能量),是决定碎片程度的主要因素。低 W/FM 值与操作条件有关,在该操作条件下,活性物质的浓度远远低于引入等离子体的单体分子;随着 W/FM 的增加,活化种类的增加,PP 的沉积速率也随之增加,在这样的 W/FM 值范围内被称为单体充分区。对于中 W/FM 值,对应于竞争区,引入等离子体的单体分子数量恰好是能被激活的数量,在这种情况下,薄膜沉积速率是 *W/FM* 的不变函数。对于高 *W/FM* 值,对应于单体密度区域,由于缺少可能被激活的单体分子,材料沉积速率随 *W/FM* 降低(图 10.2)。

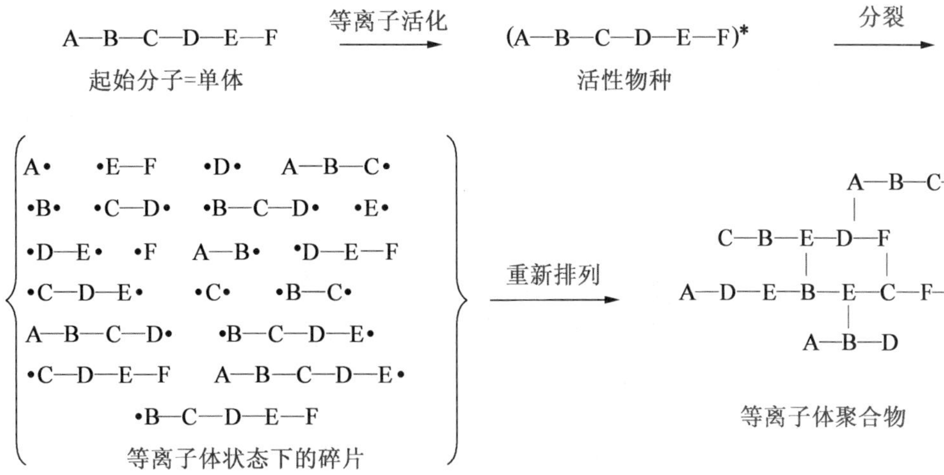

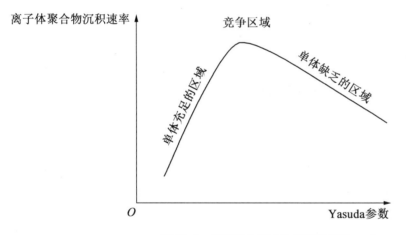

A—B—C—D—E—F
起始分子=单体
等离子活化
(A—B—C—D—E—F)*
活性物种
分裂
A• •E—F •D• A—B—C•
•B• •C—D• •B—C—D• •E•
•D—E• •F A—B• •D—E—F
•C—D—E• •C• •B—C•
A—B—C—D• •B—C—D—E•
•C—D—E—F A—B—C—D—E•
•B—C—D—E—F
等离子体状态下的碎片
重新排列
A—B—C—D
C—B—E—D—F
A—D—E—B—E—C—F—B
A—B—D
等离子体聚合物

图 10.1 等离子体聚合的示意图

离子体聚合物沉积速率
竞争区域
单体充足的区域
单体缺乏的区域
O
Yasuda参数

图 10.2 等离子体聚合物沉积的区域

对于膜的应用,等离子体聚合通常是在具有高度气孔的基质上进行的,其唯一的作用是机械地支持等离子体聚合物薄膜。然而,等离子体聚合也可以应用于致密或多孔性差的活性膜的基底上,在这种情况下,它可以达到与等离子体处理相同的效果(即膜基体表面特性的修饰),同时具有 PP 纳米膜的其他优势特征。另外,近年来一种特殊的等离子体聚合备受关注,利用高分子靶材射频溅射制备 PPs,其中研究热点是利用磁控管从聚四氟乙烯(PTFE)溅射形成的氟碳聚丙烯薄膜。该工艺的主要优点是沉积速率和材料结构链的组织都比传统 PPs 工艺要高,虽然活化机理与经典的等离子体聚合有很大的不同,但沉积机理却是一样的。

2. 聚苯硫醚(PPs)的结构性能

聚苯硫醚(PPs)与传统聚合物不同,不是通过单体单元的重复形成。PPs是无组织的薄膜,具有短链和支链(随机终止,并有频繁的交联),通常与组成它们的单体不同。在材料性能方面,等离子体聚合物与合成的薄膜相比具有许多优点,一方面采用真空沉积技术,另一方面采用液态合成方法。

(1)与所有的真空沉积技术一样,等离子体聚合可以制备出厚度在几纳米到几微米之间的非常薄的薄膜(图10.3),这在传统聚合中是不可能实现的。沉积速率可以很高(每分钟几毫米),使得该工艺成为工业应用的理想选择。

图10.3　沉积在多孔碳基板上的等离子体聚合物的扫描电子显微镜显微图

(2)这项技术的主要优点之一是在室温下材料沉积在对热敏感的基底上,如传统有机聚合物,而传统化学气相沉积(CVD)不可能实现在热解相蒸汽中进行化学沉积。聚合物载体由玻璃、半导体、陶瓷和金属表面组成,等离子体沉积在这些基板上具有良好的黏附性。

(3)等离子聚合沉积的材料通常是致密、无定形、强交联的,与其他真空沉积技术(如蒸发或溅射)相比,缺陷和孔密度较低。

(4)等离子体沉积物的三维高度交联结构源自于这些材料的一些非常特殊的特性,人们无法用常规方法获得这些特性,如化学惰性、良好的热稳定性、防腐性,尤其与氧气和水蒸气有关的势垒特性。

(5)等离子聚合使调节沉积材料的化学成分和微观结构成为可能,从而可以通过工艺参数的简单调整来改变这些材料的物理化学性质,这是一个比其他沉积技术更广泛的领域。如果从工艺的角度来看,这就要求严格控制工艺参数,活性物质和反应步骤的复杂性和多样性与等离子体参数直接相关,可为制备材料的性能提供高度的灵活性。

沉积物的微观结构主要取决于等离子体聚合的参数,尤其是 W/FM 参数。在单体充足区域(低 W/FM 值),在等离子体聚合过程中单体分子的碎片较少,等离子体聚合物具有排列少、某些基团(如氢、甲基、羟基和羰基)损失小的特点。在这种软合成条件下,等离子体聚合保留了较多的单体分子结构;等离子体聚合物更有机,交联度更低,因此类似于更传统的聚合物,它们被称为类聚合物材料。在单体缺失区域(高 W/FM 值),单体分子受到较严重的破碎,等离子体聚合物的重排更多,一些基团(特别是碳基)损失更大。在这种剧烈的合成条件下,等离子聚合物更硬、更无机、交联度更高,据报道称它们是陶瓷状的。对于 W/FM 的中间值,可以制造各种混合材料。图 10.4 所示为六甲基二硅氧烷(HMDSO)作为等离子体聚合中广泛使用的单体时,Yasuda 参数对等离子体材料结构的影响。对于单个单体,可以用 W/F 代替 W/FM 作为主要的工艺控制参数。在软质等离子体条件下,由 HMDSO 合成的等离子体薄膜的结构与 HMDSO 单体的结构相近,如傅立叶变换红外光谱(FTIR)所示,是最接近常规聚合物的聚二甲基硅氧烷(PDMS)。因此,这种等离子体薄膜被称为类似 PDMS 的等离子体聚合物,其密度非常低,等于 1.1。在硬等离子体条件下,得到的等离子体膜与无定形氢化硅类似,密度为 2.2,用 a–SiO$_2$:H("a"表示无定形,"H"表示氢化)表示。在等离子体反应器中用氧化气体如 O_2 或 N_2O进行稀释,可以在较低的 W/F 值下实现这种硅结构。质谱(MS)是一种非常有用的技术,质谱结果显示,单体在软等离子体条件下的破碎度低,反之,在高能等离子体中由于强烈破碎作用,则会形成许多轻物质。图 10.5 所示为类 PDMS 的等离子体聚合物(以传统的 PDMS 聚合物为参照)和无定形氢化的二氧化硅的结构示意图。

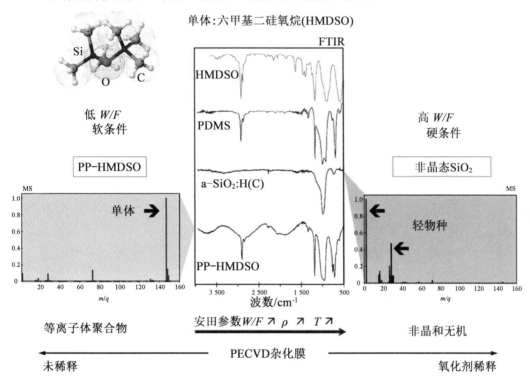

图 10.4　PECVD 从相同前驱体 HMDSO 中获得类聚合物或无定形二氧化硅薄膜的极端条件

　　尽管等离子体聚合物被认为是密度较大的材料,但其特征是其自由体积可与超微孔(链之间的间距小于 0.7 nm)相当。在制备过程中改变等离子体参数可以调节自由体积和链的弹性。将提高自由体积和链灵活性的方法总结如下:①尽量减小 W/FM 参数;②射频场脉冲化,减少等离子体开启时间;③在衬底周围使用法拉第笼;④将样品放置在等离子区下游(放电后配置);⑤使用含有可聚合双键的单体;⑥使用冷基板。在等离子体反应器中加入成孔剂作为共单体,然后通过热处理或紫外线后处理将其从制备的薄膜中去除,可以进一步增加自由体积并将其变为微孔(孔径在 0.7 ~ 2 nm 之间)或中孔(孔径为几个纳米)。成孔剂法主要用于制备聚合物类等离子体薄膜,事实上,类陶瓷等离子体材料通常要具有高密度结构,但由于交联度非常高,链断裂便会自然地含有一些微孔。

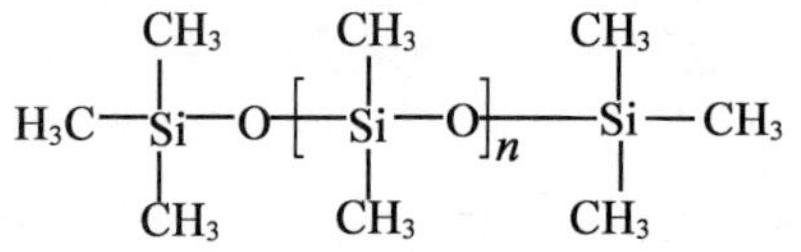

(a)PDMS

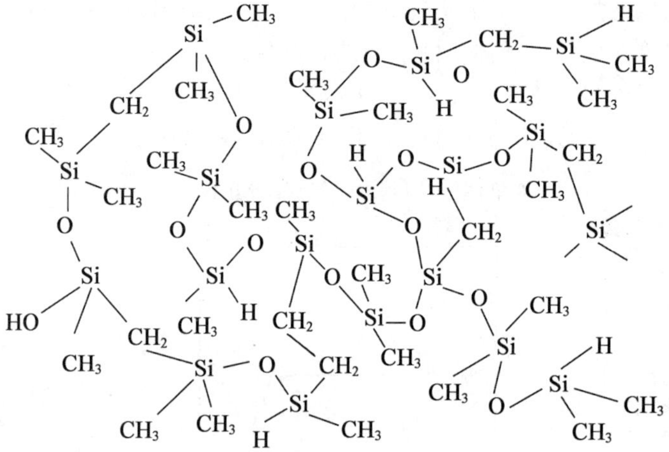

(b)PP-HMDSO

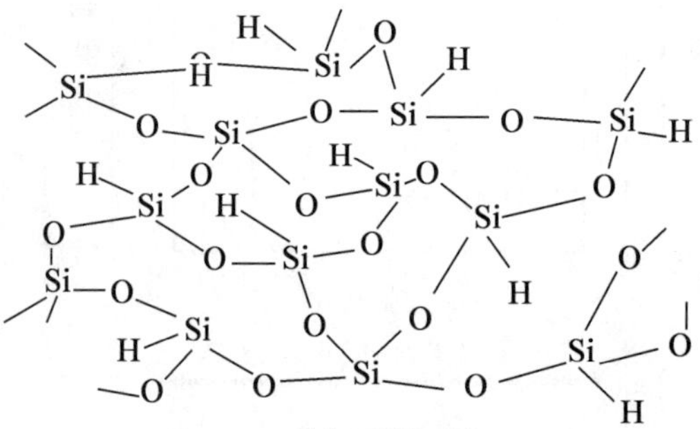

(c)a-SiO₂:H

图 10.5 PDMS 类等离子体聚合物、传统 PDMS 聚合物和无定形氢化硅的结构示意图

3. 等离子体聚合物的输运特性

由于制备的膜材料具有较高的自由体积和高度柔韧性的化学结构,使其成为膜材料的理想选择。自 20 世纪 80 年代以来,PPs 已被用作膜材料,首次报道 PPs 的研究来自于 Yasuda。PPs 的主要优点是交联度高、分离效率高,化学稳定性和热稳定性好,且厚度小,易于调节渗透能力。由于等离子体聚合物不是自支撑的,因此它们必须沉积在对称或不对称的载体上,其表面孔径和表面粗糙度应与沉积厚度一致,这种支架主要起到机械支

撑的作用。不同于反扩散化学气相沉积,等离子体聚合技术不能在多孔基体的孔壁上沉积薄膜,但是等离子体聚合能够改变基体表面的孔隙口,特别是当孔隙是大孔(孔径大于50 nm)时。膜的最终性能既取决于等离子体聚合物,也取决于起始支撑物,因为应用等离子体聚合工艺的时间不够长,无法形成完整均匀的层状结构。在形成完整均匀层的情况下,等离子体聚合物的输运性质主要取决于其固有的分离性质。第一种开发的等离子体膜是用于气体的渗透或滞留和渗透汽化的,近年来,等离子体薄膜已经可以用于液体分离过程(本质上是纳滤和超滤)。对于气体或液体分离,要求膜具有较高的渗透性,类似聚合物的等离子体薄膜更适用这种情况。如果等离子体膜不能完全堵住气孔,则输运特性将由黏性流控制。如果等离子体膜在其载体表面形成一个完整的均质层,则输运性质将主要受等离子体聚合物固有的溶质扩散、微孔表面扩散和分子筛分机制控制。类聚合物等离子体材料本质上是高度交联的,通常不像传统膜那样具有渗透性。为了提高它们的渗透性,最简单的解决办法是减小厚度,破坏它们的机械稳定性。另一个解决办法是增加它们的自由体积或链的灵活性,使它们更像传统的聚合物。对于气体滞留(本质上是包装应用),需要提供低渗透性的膜,类陶瓷等离子体膜就更适用于这种情况,因为与传统的结晶陶瓷相比,它们的输运特性受分子筛机制的控制。

近来,类聚合物等离子薄膜已应用于离子导电膜领域,如电泳过程(特别是电渗析)、电化学传感器或更广泛的能源生产设备(燃料电池、锂离子电池……)。这种应用要求在水中具有良好溶胀性并具有特定功能的材料,这些功能通常是带电的,以有序的方式分布,以便形成有效的离子传导通道。通过等离子体聚合的方法来制备这类材料尤其具有挑战性,在前驱体的选择和等离子体参数的调整方面都要进行更细致的研究。

10.3 气液分离用等离子体膜

10.3.1 气体渗透

气体分离膜通常是不对称的,由一叠多孔层组成,其平均孔径逐渐减小,直至对特定气体具有永久选择性的活性层,通常分离效率取决于最终的(超)薄微孔层和(超)微孔层的孔径分布。在过去的 10 年里,特别是过去的 2 年里,对不凝气体(Ar、N_2、O_2、CF_4 等)进行等离子体处理的气体渗膜,对这种气体渗透膜的选择透射率研究非常少。10 年前,Kumazawa 等研究了在 N_2 或 NH_3 中,聚乙烯(PE)和聚丙烯膜经过 5 min 时长的等离子体处理后的气体渗透选择性。他们发现,氮并没有显著与聚合物网络结合,而等离子体处理后,CO_2 的渗透性系数略有增加,而 N_2 的渗透性系数没有受到影响,这使得这些经等离子体处理的聚合物膜在 CO_2 分离系数方面优于聚酰亚胺等传统玻璃聚合物。最近的研究则是通过对聚偏氟乙烯(PVDF)、聚酰胺、聚酰亚胺或聚砜(PSU)膜进行等离子体处理来提高气体渗透性,但处理后的膜的化学表面能和表面粗糙度会发生改变,导致 CO_2/CH_4 或 O_2/N_2 的选择性遭到破坏。

　　在多孔基质上制备聚苯硫醚引起了大多数研究者的感兴趣,如果膜是连续的,此时膜的渗透性能取决于新的 PECVD 材料的顶层;如果沉积的 PP 材料不能覆盖整个表面,膜的渗透性能则主要取决于基材的表面形貌,部分取决于开孔的尺寸。早在 20 世纪 80 年代末,Inagaki 等就测试了几种以碳氢化合物和氟为基础的前驱体,用于制备等离子体聚合(PP)膜,用来从氮中分离氧。可以达到 $\alpha(O_2/N_2) = 5$ 的理想选择性,且与材料中的 C—CF_n 浓度密切相关(图 10.6)。在这 300 ~ 500 nm 厚的膜中,认为是低氟碳单元在氧/氮分离中起着重要作用。通过等离子体离子轰击和高温分解,可以进一步处理类聚合物等离子体膜,使 H_2/N_2 的理想选择性提高至 45,同时保持较高的氢渗透性:2×10^{-6} mol·m^{-2}·s^{-1}·Pa^{-1} (温度为 150 ℃时)。

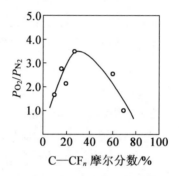

图 10.6　含 C – CF_n 功能的等离子体聚合物的理想 O_2/N_2 选择性
(计算为 O_2 渗透率 P_{O_2} 与 N_2 渗透率 P_{N_2} 的比值)

　　本课题组的第一项关于 PECVD 膜对不同前驱体气体的选择性渗透的研究已于 2002 年发表,结果表明,单一气体,如 H_2、CO_2、N_2、CH_4,通过任何有机硅前体的 a – SiOC:H PECVD 材料的渗透性与 Yasuda 参数 W/FM(图 10.7)密切相关。由 HMDSO 或八甲基四硅氧烷(OMCTSO)合成的 PECVD 膜的气相输运性质主要受扩散机制控制。事实上,在软等离子体条件下,气体的渗透性随 W/FM 的增加而增加,这是由于柔性硅氧烷键的数量增加(如化学成分分析所示,此处未做描述);在硬等离子体条件下,由于材料的致密化作用,气体渗透率随 W/FM 的增加而降低,导致材料致密化的链交联是该区域的限制因素。无论单体是什么,在逻辑上,H_2(最小的气体)在任何 Yasuda 参数下都应具有最高的渗透性。然而,从 PP – HMDSO 的 CO_2 高渗透系数和 PP – OMCTSO 的 CH_4 高渗透系数可以看出,吸附现象也对渗透性有影响(尤其是在软等离子体条件下合成的 PPs)。在 W/FM 非常高的情况下,也就是说,当材料由于其高刚性而具有非晶态无定形形态时,此时高的交联度足以使材料对任何气体产生阻挡效应。

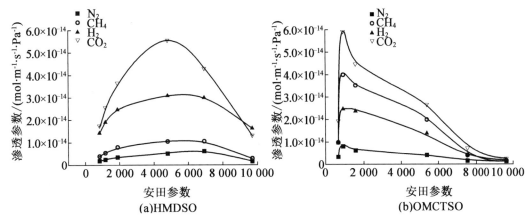

图 10.7　HMDSO 或 OMCTSO 合成的不同 PECVD 膜(从类聚合物到无定形二氧化硅 a – SiO₂ :H)的渗透率系数

　　近年来,研究了 PECVD 碳氮化硅膜在 400 ℃工作温度下对小气体(He 或 H₂)的穿透选择性。前驱体是六甲基二硅氮烷(HMDSN)与无水氨混合,调节沉积网络中的氮量,即 Si—N 化学键的数量与 Si—C 键的数量之比。如前所述,合成条件对膜的性能影响极大,研究了相关的三个合成条件:①在低频电容耦合 LF – PECVD 反应器中,介孔载体上合成 a – SiCₓNᵧ :H 膜时,沉积过程中不对载体进行加热;②300 ℃温度下,相同的反应器和载体上合成 a – SiCₓNᵧ :H 膜;③在微波 MW – PECVD 反应器中,在热的介孔载体(平面或管状)上合成 a – SiCₓNᵧ :H 膜。在上述每一种情况下,碳和氮的比例都进行调整,以优化膜的性能,使其对 He 或 H₂ 的渗透性达到最佳。此外,在软条件下,当膜工作温度升高时,沉积的材料是柔性的、不稳定的,并且对水蒸气不稳定,对 CO、CO₂、CH₄(合成气)等气体的氢选择性太低,导致难以实现工业化应用。根据等离子体放电类型(低频 LF 或微波 MW)、沉积过程中表面温度、C/N 元素比的不同,PECVD 材料具有较高的多孔性,但当 NH₃ 分压高(无机条件下,LF – PECVD 不加热)或可能成为任何气体的障碍(图 10.9),即使是最小的气体,如 He 或 H₂(LF – PECVD 在 300 ℃),或可以通过最大值(图 10.10,MW – PECVD 在 230 ℃)。这样的机械约束可能会产生介孔(图 10.8),因此不具有选择性。对于最大 He/N₂ 选择性,图 10.11 所示为 150 ℃时几种气体的渗透性可作为其动力学直径的函数,表明这种材料具有较好的分离最小气体(即 H₂ 和 He)的能力。在工业化前的 MW – PECVD 反应器中,150 ℃下测得含有 H₂、CO、CO₂ 和 CH₄ 的混合气体的最高分离系数 He/N₂ 为 20(图 10.12)。热的载体表面(230 ℃)有助于 PECVD 沉积过程中的表面扩散,使沉积材料对温度更加稳定。在不同类型的 PECVD 反应器(LF、MW 用于平板或管状支撑)中,硅碳氮化物薄膜的厚度在 50~100 nm 范围内。因此,陶瓷介孔载体的表面应非常光滑。

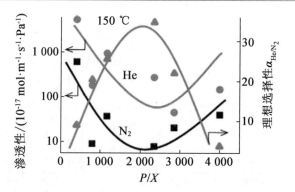

图 10.8 常温下 BF–PECVD 在氧化铝表面沉积的 SiN$_X$C$_Y$:H 膜(平均孔径 5 nm),在 150 ℃下测得的 He 和 N$_2$ 渗透性及 He/N$_2$ 理想选择性随 P/X 比值变化的函数(P:等离子体电功率;等离子体相中的 X = [HMDSN]/([HMDSN] + [NH$_3$]))

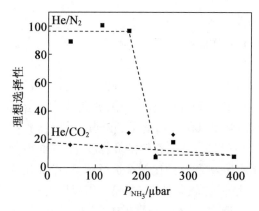

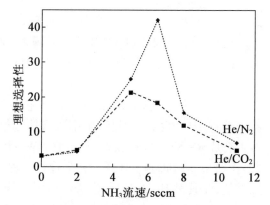

图 10.9 150 ℃下测得的 He/N$_2$ 和 He/CO$_2$ 理想选择率与 230 ℃下 BF–PECVD 在氧化铝上沉积的 SiN$_X$C$_Y$:H 膜时等离子体反应器中的 NH$_3$ 分压的函数(平均孔径:5 nm)

图 10.10 150 ℃下测量的 He/N$_2$ 和 He/CO$_2$ 理想选择性随 SiN$_X$C$_Y$:H 膜在氧化铝上沉积(平均孔径 5 nm)NH$_3$ 流速的变化

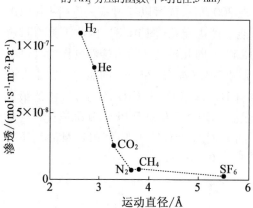

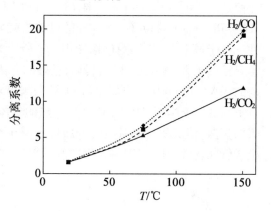

图 10.11 不同气体的渗透性随其动力学直径的变化

图 10.12 H$_2$/CO、H$_2$/CO$_2$、H$_2$/CH$_4$ 理想选择性随 SiN$_X$C$_Y$:H 膜在氧化铝(平均孔径 5 nm)上的测量温度变化的关系

10.3.2 渗透汽化

Vilani 等将聚氨酯膜用丙烯酸蒸汽等离子体处理后,通过渗透汽化可从甲基叔丁基醚中分离甲醇。结果表明,采用高等离子体输入功率(100 W)进行短时间改性,可使选择性因子从 5 增加到 30,渗透通量也可得到提高(图 10.13)。他们将这些变化归因于 CQC 贡献的增加和 C—N 含量的减少,从而造成表面自由体积和链弹性的降低,在表面形成交联。

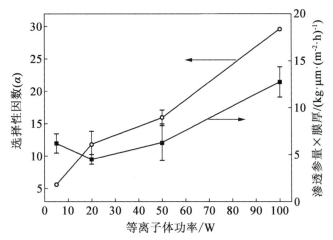

图 10.13　丙烯酸等离子体功率对等离子体处理聚氨酯膜渗透通量和选择性因子的影响
(处理时间为 1 min)

Upadhyay 和 Bhat 证明了用氮等离子体处理比氧等离子体或空气等离子体处理无孔聚乙烯醇基膜的效率更高(图 10.14)。用氮处理薄膜可对水分子(超过 1 200 个异丙醇(IPA)-水混合物,IPA 质量分数低于 0.8)具有极高的选择性,这可能是由于表面交联,因此水分子的扩散比较大的 IPA 更有利。可以肯定的是,经过氧或空气等离子体处理,膜对水的选择性会变差,因为这种高能量流会导致膜中的非晶态区域腐蚀,所以其膨胀减少。

Yamaguchi 等人采用等离子体诱导接枝聚合技术,用丙烯酸酯对多孔高密度聚乙烯进行表面改性,以去除水中溶解的有机物。Ar 等离子体功率为 10 W,等离子体反应器压力为 0.1 mbar,反应时间为 60 s。采用一系列相同浓度、相同温度的丙烯酸酯,具有较长链的单体反应速率最低。1,1,2-三氯乙烷稀水溶液的渗透汽化是一种高效的渗透汽化方法。近年来,Li 等通过等离子体诱导丙烯酰胺接枝聚合对聚四氟乙烯的表面进行了改善,以提高醇水溶液脱水的渗透汽化性能(图 10.15)。该膜与水的接触角为 50°,水渗透速率可达 373 g·m^{-2}·h^{-1},应控制精确的 Ar 等离子体曝光时间来对嫁接的 AAm 进行聚合,以防止对聚四氟乙烯表面进行任何蚀刻。

本课题组以 HMDSO 或 OMCTSO 的聚丙烯薄膜为渗透汽化膜,从水溶液中回收有机物(苯酚、氯仿、吡啶、甲基异丁基酮)。在薄膜制备的过程中,加入等离子体会导致有机物的增加,尤其是水渗透性的增加,从而导致选择性降低,这与膜结构的密度有直接关系。在软等离子体条件下,选择性接近于 PDMS,但渗透性要小三个数量级。然而,由于聚丙烯层的厚度较小,二者性能相当。

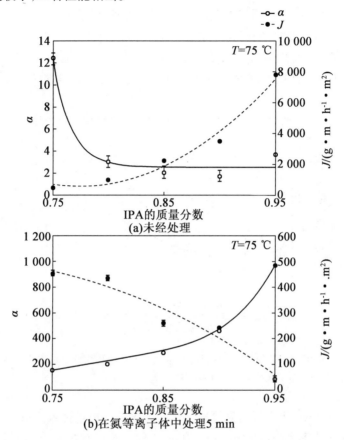

图 10.14　75 ℃下聚乙烯醇膜作为水 – 异丙醇混合物的函数测得的通量(J)和选择性(α)

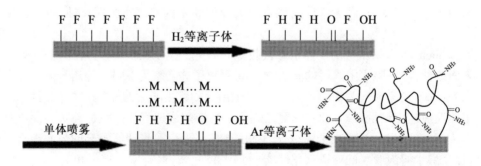

图 10.15　等离子体诱导接枝聚合法将亲水性单体接枝到聚四氟乙烯膜上的示意图

10.3.3　液体分离

用于液体分离的膜是多孔膜,根据孔径,它们被称为大孔膜(孔径大于 50 nm)、介孔膜(孔径为 2 ~ 50 nm)或微孔膜(孔径小于 2 nm),并且更适用于反渗透(使用微孔)、电渗析(也使用微孔)、纳米过滤(使用孔径小于 10 nm 的介孔)、超滤(使用大的中孔或小的大孔)或微滤(使用大孔)。各种材料和结构的典型应用取决于目标应用。

用于过滤水溶液中非荷电物质(反渗透、纳米、超滤和微过滤)的传统膜材料主要有 PSU、聚醚砜(PES)、聚丙烯腈(PAN)、聚丙烯、聚氨酯、聚酰亚胺、PDMS、PVDF、聚四氟乙烯和聚对苯二甲酸乙二醇酯。关于形貌,可以设想为管状或中空纤维膜,这些膜通常具有良好的体积特性,如热稳定性、机械强度和耐溶剂性。然而,它们的过滤性能较弱,其中一些(特别是用于蛋白质分离的微孔类)由于疏水性强,容易受到污染,可以通过使用空气、Ar、He、N_2、NH_3、CO_2 或水蒸气进行等离子体改性、等离子体诱导接枝聚合或等离子体聚合来解决这些问题。等离子体改性的目的是获得膜表面的特定功能(酸性、两性或碱性),使其更亲水。利用超过滤将水从疏水性液体(油、柴油等)中分离出来,这个方法在石油、制药、化妆品和营养油工业中非常重要,而通常使用的常规膜(多孔材料,如过滤纸或聚酯织物)的表面则相反,它们过于亲水。用氟基或有机硅单体进行等离子体聚合是一种很有前景的膜表面疏水技术。

离子交换聚合物膜可用于电渗析分离带电物质,这种膜在某些具有腐蚀性、酸性或碱性介质中化学性质不稳定,此外,它们的离子选择性并不总是很好。在其表面沉积上高交联的等离子体聚合物可以提高其化学稳定性,同时提高其离子选择性。

1. 等离子体工艺增强亲水性在过滤中的应用

PSU 膜被广泛应用于微滤或超滤过程中,特别是血清和血浆中对低蛋白的吸附方面。近年来,人们对不凝气体等离子体处理、等离子体诱导接枝聚合或等离子体聚合后的 PSU 表面亲水性进行了研究。

(1)等离子体处理。

PSU 和 PES 已被广泛应用于 CO_2 等离子体处理。Wavhal 和 Fisher 将反应器配有的额外圆柱形玻璃膜支架(图 10.16),首先用甲醇清洗膜,然后使其垂直于气流方向,这种排布允许等离子体穿透膜的深处。反应器内压力设置为 150 ~ 160 mTorr,射频功率(13.56 MHz)分别在 5、10、20 W(对于 PSU 膜)和 20 ~ 35 W(对于 PES 膜)功率下引发;PSU 膜处理时间为 10 ~ 300 s,PES 膜处理时间为 0.5 ~ 15 min。利用红外光谱和 X 射线光电子能谱(XPS)对等离子体处理的 PES 薄膜的微观结构进行了表征,结果表明,CO_2 等离子体处理对聚苯硫醚(PES)有一定的影响,在暴露于空气中 24 h 后,FTIR 光谱上的—OH 拉伸带(3 200 ~ 3 700 cm^{-1})和 CQO 吸收带(1 700 ~ 1 800 cm^{-1})发生了显著变化。此后,只观察到很小的变化。然后对等离子体处理前后 PES 膜两侧的 XPS 的元素组成进行了测定。对于处理 30 s 的等离子体,膜两侧都进行了同样的改性,氧浓度都增加了 47%。在处理时间较长的情况下,即使等离子体功率和处理时间均增加,两侧的成分也没有发生改变,文献[36]中对高分辨率 XPS 的 C_{1s}、O_{1s} 和 S_{2p} 光谱进行了讨论。在 PSU 和 PES 膜的两侧进行了接触角测量,主要结论是,即使在空气中保存 6 个月,经过处理的膜的浸润性也没有发生改变。作者在文献中讨论了反应性等离子体在膜层深度内的渗透,堆积两层膜(开启侧 1 – 紧固侧 1/开启侧 2 – 紧固侧 2)可以探索通过膜的等离子处理的深度。随着处理时间的延长,四种表面的亲水性增强,这意味着等离子体的反应物质可以穿透膜的深度增大,穿透深度估计为 150~300 mm,与所选等离子体条件下 Debye 长度估计值 100~200 mm 一致。这与此学者在之前做出的关于应用于 PSU 和 PES 膜的 H_2O 等离子体处理结果一致。Gancarz 等在微波(2.45 GHz)脉冲 CO_2 等离子体放电中对 PSU 膜进行了改性,等离子体条件(气体流量、总压、功率、占空比和处理时间)见文献 [39]。对表面张力、分散性和极性组分进行了测定。结果表明,处理后的 PSU 膜的亲水性迅速增加(极性和分散性成分相等)。表面反应发生在处理开始后的第 1 min,等离子体处理 1 min 后再测量上述参数没有发生过变化。样品在空气中存放 24 h 后,其极性组分略有下降,但总表面张力仍相对较高。图 10.17 所示为 CO_2 等离子体前后 PSU 膜接触角与水溶液 pH 的关系,虽然 pH 高达 13 时,未改性的 PSU 的接触角仍然不变,但当 pH > 7 时,经过改性的 PSU 的接触角会减小。这些结果证实了 Shahidzadeh - Ahmedi 等人的预测:经过 CO_2 等离子体改性后,PSU 表面具有酸性的特征。

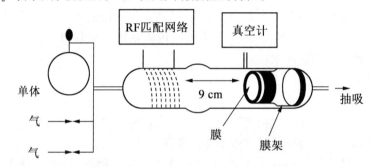

图 10.16　等离子体反应器配备了 Wavhal 和 Fisher 使用的附加圆柱形玻璃膜支架

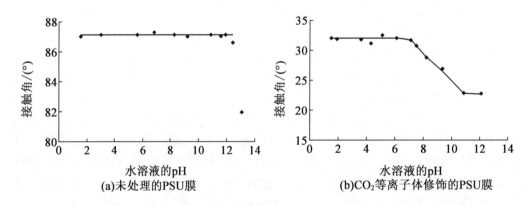

图 10.17　接触角对水 pH 的依赖性

在其他论文中,Gancarz 等指出了等离子体处理会影响 PSU 膜的孔径。他们使用葡聚糖标准以假设分布对孔径进行了估计。可以清楚地看到,由于烧蚀现象,等离子体改性后的孔径变大(图 10.18(a))。因此,PSU 膜的过滤特性发生了变化:经过 2 min 的等离子体处理后,通过它们的水流量最小,随后增加(图 10.18(b))。等离子体处理时间短于 2 min 时水流量减少,这要归因于亲水性基团的优先烧蚀,使孔隙表面更加疏水,然后诱导水发生滞留,这种效应在孔径增大的过程中占主导地位。而经 2 min 处理后,孔径增大成为主要影响因素,水流量增大。

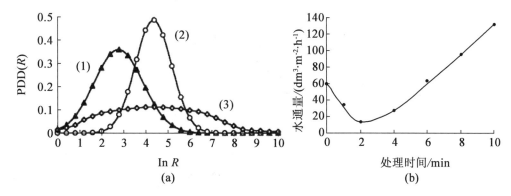

图 10.18　(a)处理前(1)、CO₂ 等离子体处理后 2 min(2)和 10 min(3)PSU 膜的孔径分布，PDD(R)
　　　　 为孔径分布；ln R 为孔隙半径的对数，单位是 nm。(b)CO₂ 等离子体处理的 PSU 膜的水通
　　　　 量与等离子体处理时间的关系

同一研究小组还利用氮、氨等离子体对 PSU 膜表面进行修饰，改善其过滤性能。在处理的前 2 min 内，氮气等离子体的作用是提高亲水性，极性组分略高于分散分量，对于较长时间的处理，观察到表面张力缓慢增加。膜在空气中储存一天，就会导致总表面张力和极性成分降低，这是由于膜表面功能的迁移或对实验室空气中疏水基团的吸附。将处理后的膜保存在双蒸馏水中，第一周总表面张力下降，之后趋于稳定，同时色散分量增大，极性分量减小。PSU 膜经氮气等离子体处理 2 min 和 10 min 后的孔径分布如图 10.19 所示，平均孔径略大，分布较宽，证明氮等离子体的蚀刻与接枝处于平衡状态。NH₃ 和 NH₃/Ar 等离子体会导致孔径增大，且效果与处理时间无关。

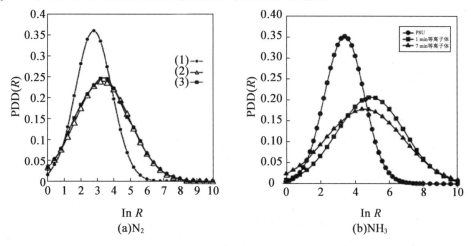

图 10.19　N₂、NH₃、NH₃/Ar 处理的 PSU 膜孔尺寸分布。N₂(A)、(1)、(2)、(3)分别对应于未处理、
　　　　 2 min 长处理和 10 min 长处理的膜孔尺寸分布。PDD(R)为孔径分布；ln R 是孔隙半径的
　　　　 对数，单位是 nm

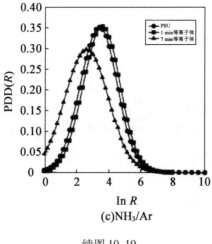

(c)NH$_3$/Ar

续图 10.19

将 PSU 膜进行 CO$_2$、N$_2$、NH$_3$ 和 NH$_3$/Ar 等离子体处理,然后进行蛋白过滤试验,两种不同 pH(3 和 9)时的缓冲液(J_b^0)、牛血清白蛋白(BSA)溶液(J_p)、BSA 过滤后的缓冲液(J_b^f)和清洗后的缓冲液(J_b^c)的流量如图 10.20 所示。根据这些数值,参考文献[44](图 10.21)报道了污垢指数(FI)、清洗后的通量恢复(FR)、RF 和蛋白保留(SR)。考虑到与最低 FI 和 RF(较低的污垢强度)和最高 FR(最佳通量回收率)相对应的最佳结果,CO$_2$ 和 N$_2$ 等离子体处理获得了最佳性能。NH$_3$/Ar 等离子体改性膜的各项指标均不如 NH$_3$ 等离子体改性膜。在所有情况下,在不同的酸碱度中改性后的膜的性能没有明显的差异,说明改性后的膜表面具有两性特征。

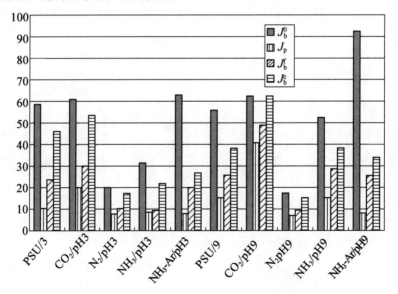

图 10.20　缓冲液和 BSA 溶液通过未处理和等离子体处理的 PSU 膜的通量

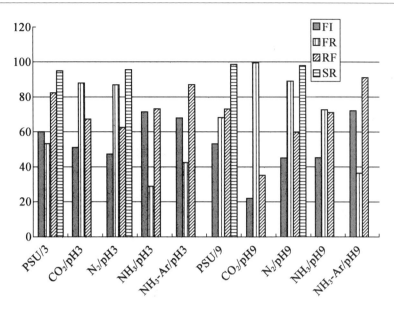

图 10.21 原始 PSU 膜和等离子体改性 PSU 膜的过滤指标

不幸的是,等离子体处理将导致材料的物理化学性质发生改变,尤其是聚合物表面的物理化学性质,特别是对于 PSU 膜,等离子体处理可导致其发生光降解。Gesner 和 Kelleher 发现最易降解的化学键(图 10.22);Poncin-Epaillard 等比较了等离子体处理与自由基光氧化处理的降解效果,利用衰减全反射(ATR)技术记录了膜表面的红外光谱,以获得等离子体处理后,膜结构变化的信息。膜的少数特征带的强度增加,这个结果表明,表面和等离子体产生的稳定自由基之间发生了反应。等离子体处理后,光谱中出现了大量新的吸收带,在起初 48 h 的空气储存过程中,其中一些吸收带会下降。通过观察 FTIR,推导出了膜的光降解机理。除了芳香族 C—C 和 C—H 键外,每个键都发生了断裂。可分为以下几个步骤:等离子体中物质表面轰击产生自由基位点,链断裂伴随着挥发性物质损失,等离子体中主要挥发性产物的进一步气相反应,剩余自由基与氧和氮的反应,暴露在空气中的残余自由基与氧和氮的反应。

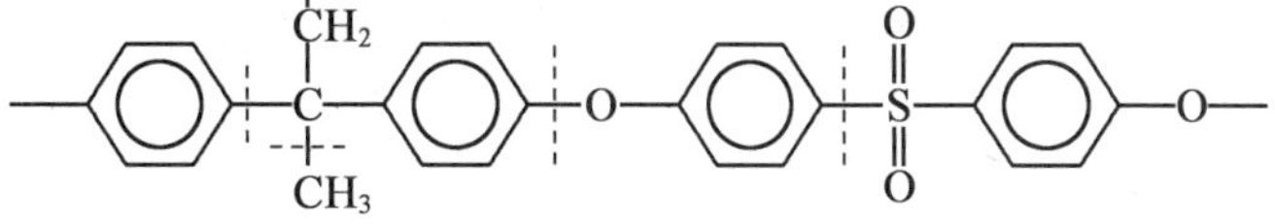

图 10.22 光降解可能断裂的 PSU 和化学键的分子式

(2)等离子体诱导接枝聚合。

用 CO_2、N_2、NH_3 或 O_2 等气体对膜进行等离子体处理会使膜的不对称性增加,超过滤膜的亲水性,但随着空气老化,亲水性会降低;此外,等离子体处理过程中的蚀刻效应可能会损害膜的完整性。等离子体引发的接枝聚合可以在不改变膜的情况下,轻松实现长时间增强的孔过滤和亲水性。研究者将等离子体活化膜浸入待接枝单体溶液中进行接枝聚合,可在 PAN 和 PSU 上接枝丙烯酸或甲基丙烯酸,在 PAN 上接枝 N - 乙烯基 - 2 - 吡咯烷酮。在气相条件下也进行了接枝聚合,在 PAN 和 PSU 上接枝丙烯酸和甲基丙烯酸,PAN 上接枝苯乙烯,PTFE 上接枝 2 - 羟基甲基丙烯酸乙酯或乙烯基磺酸钠,聚丙烯上接枝 N - 乙烯基 - 2 - 吡咯烷酮,PVDF 上接枝烯丙胺或二氨基环己烷。在这些工作中,使用等效的等离子体活化,在等离子体反应器中用惰性气体(He、Ar、N₂、O₂ 等),对膜进行 10 ~ 300 s 的辐照,在液相接枝的情况下,在液相接枝前暴露于空气中 5 ~ 10 min,或在气相接枝的情况下,与要接枝的单体蒸汽(在等离子体反应器中)接触,这样处理会在膜表面产生过氧化物,接枝后,用去离子水冲洗膜并干燥。在此报告 Zhao 等在 PAN 膜上接枝丙烯酸的结果。利用 XPS 测试,证实了丙烯酸接枝在了基体上。场效应扫描电子显微镜照片显示了膜具有光滑表面并且气孔得到了填充。当等离子体活化时间超过 60 s 时,孔径首先随辐照时间的增大而减小,随后再增大(图 10.23)。接枝聚合的结果是孔径不断减小,亲水性逐渐增强,由于 PAN 对孔隙的填充,膜的水渗透通量随等离子体输入功率的增大和接枝反应时间的延长而减小。就接枝反应时间对蔗糖溶液过滤的影响进行了研究,等离子体引发接枝聚合 15 min 后,蔗糖的保存率达到 75% 左右。同一研究小组用等离子体接枝苯乙烯也得到了类似的结果。随着等离子体输入功率和接枝反应时间的增加,孔径分布从 14 nm 减小到 8 nm,这种等离子体接枝聚合 PAN 膜通过混合脱蜡溶剂(甲基乙基酮或甲苯)可以有效地去除润滑油中的蜡。在脱蜡溶剂中,膜对油脂的排斥率高达 73%。随着接枝时间的延长,通量和排斥反应增加。

在聚偏氟乙烯等离子体氨基官能化的情况下,以烯丙胺或二氨基环己烷为单体的等离子体诱导接枝聚合与以氮氢混合物或氨为单体的连续和脉冲等离子体聚合进行了比较。采用接枝方法时,二氨基环己烷实现了更高程度的功能化。

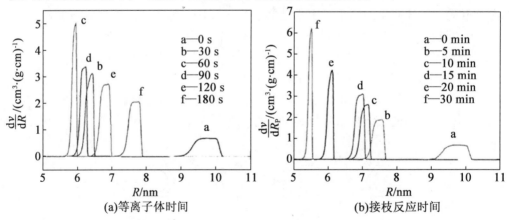

图 10.23　丙烯酸接枝聚丙烯腈膜的孔径分布:等离子体接枝聚合对等离子体时间和接枝反应时间的影响

(3)等离子体聚合。

将经过等离子体聚合沉积的丙烯酸与接枝在 PSU 膜上的丙烯酸进行对比,用微波(2.45 GHz)等离子体放电进行等离子体聚合,采用脉冲等离子体(脉冲频率 125 Hz,占空比 25%)和放电后技术,低功率等离子体(30 W)产生的聚丙烯薄膜与传统的聚丙烯酸非常相似,两种方法的聚合率相似,接枝聚合(GP)为 34 mg·cm^{-2},等离子聚合(PP)为 20 mg·cm^{-2}。PP 膜的孔径分布略宽于 GP 膜,但平均孔径较小。对于 GP 改性膜,随着接枝程度的增加,改性 PSU 膜的水通量显著降低,而 PP 改性膜的水通量则呈线性下降(图 10.24)。

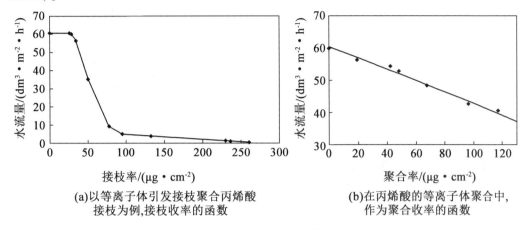

(a)以等离子体引发接枝聚合丙烯酸　　　(b)在丙烯酸的等离子体聚合中,
接枝为例,接枝收率的函数　　　　　作为聚合收率的函数

图 10.24　经过处理的 PSU 膜的水通量

蛋白质过滤方法与等离子体处理章节中所述的方法相同,在两个 pH 下,将 GP 膜和 PP 膜的 FI、FR、RF 和 SR 参数的变化进行对比,结果见表 10.1。与未处理的 PSU 膜相比,改性膜在碱性溶液中表现出比在 BSA 酸性溶液中的性能更好:FI 和 RF 较低,FR 较高,SR 相当。GP 改性膜和 PP 改性膜之间的性能没有显著差异。

表 10.1　参数 FI、FR、RF 和 SR 用于未处理,接枝聚合和等离子聚合 PSU 膜的两个 pH

参数	pH = 3			pH = 9		
	PSU	GP	PP	PSU	GP	PP
FI	59.9	66.1	65.7	53.5	40.7	41.6
FR	53.2	42.2	45.1	68.4	80.0	76.5
RF	82.5	77.2	82.2	72.9	53.6	64.3
SR	95	76	93.6	98.6	92.6	97.1

2. 等离子体聚合增强疏水性在过滤中的应用

在滤纸或涤纶织物等多孔材料上沉积一层疏水 PP 薄层,可获得用于疏水液体中分离水的选择性膜。有机硅和氟基化合物可作为等离子体单体,Bankovic 等采用 HMDSN 或 HMDSN − n − 正己烷混合物作为单体,处理后的膜表面与水的接触角范围为 135°~155°。并且老化不影响膜的性能,Cobb 试验测定的水吸附量从未处理表面的 300 ~ 9 000 g·m^{-2} 下降到处理表面的 0 ~ 20 g·m^{-2}。这些表面处理方法适用于从不同链长的有机极性(乙醇、2 − 丙醇、四氯化碳、苯酚……)和非极性(正己烷、环己烷、庚烷、十二烷、苯……)化合物中分离水。

在不含氟的情况下,超疏水层也可以一步沉积在多孔聚合物膜上,可用于液体分离。目前面临的挑战是寻找特殊的 PECVD 沉积条件,以自下而上的方式实现快速的无序增长。由于 HMDSO 前驱体的性质,表面的高粗糙度和疏水性都能产生超疏水表面(图10.25(a))。PECVD 反应器配有旋转样品架,保证了沉积的均匀性。图 10.25(b)所示为水流作为施加压力的函数,与原始亲水膜的行为进行了比较,超疏水 PECVD 层引起的流量降低与厚度有关。

(a)沉积在亲水多孔再生纤维素膜上的
超疏水膜的横截面和表面

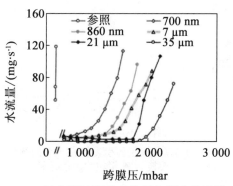

(b)水流过该膜,作为施加压力的函数

图 10.25　沉积在亲水多孔再生纤维素膜上的超疏水膜的横截面和表面;水流过该膜,作为施加压力的函数

3. 电渗析中等离子体工艺的选择性增强

增强电渗析膜选择性研究的唯一报道来自于 Vallois 等的研究,为了提高阳离子交换膜(由 Du Pont de Nemours 公司商业化的全氟磺化聚合物)和磺化聚酰亚胺(SPI)膜的离子选择性,应用于含有金属盐的溶液中回收酸,采用了两种技术,在膜表面沉积了一薄层聚乙烯亚胺(PEI)。第一种方法是等离子体预蚀刻膜,先用 50% O_2－50% Ar 等离子体放电预蚀刻膜,然后在溶液中经典电沉积 PEI。第二种方法是用乙烯－氨混合物进行等离子聚合,对于 Nafion® 和 sPI 来说,PEI 电沉积膜使铜(在含有质子和铜离子的溶液中)的输运数量与原始膜相比分别减少了 65% 和 26%。PEI 等离子体聚合膜可更好地降低74% 和 59%。因此,等离子体聚合法比传统的电沉积法更有效地提高了离子交换膜的离子选择性。

10.4　能量生产装置用等离子体膜

集成等离子体膜的能源生产设备本质上是可充电电池和燃料电池,本部分将介绍这类设备的主要研究。

10.4.1　可充电电池

在许多应用使用中,电池仍然是不可替代的,其具有良好的电气性能、良好的可靠性和维修费用低等优点。在电池中,电能是通过电极上的氧化还原反应将化学能转换成电能而产生的。电池的基本结构包括阳极和阴极两极板、电池分离器和电解质。当负载加在电池上时,电子在阳极处产生(通过其氧化作用),通过负载,然后返回到阴极处的电池单元,随后被还原。分离器在所有电池中都起着关键作用,它们在大多数电池的正极和负极之间形成物理屏障,以防止它们之间的电流流动。另一方面,它们必须允许在电化学电池充电和放电期间完成电池内部电路所需的离子电荷载体的快速传输。这意味着分离器必须是一个良好的电绝缘体,同时也是一个良好的离子导体。此外,分离器是电池中体积最小、最薄弱的部分,通常,电池的循环寿命及其性能受到分离器故障的限制。因此,除了具有最小的电解电阻(离子的良好导电性)和电绝缘性外,良好的分离器的重要要求还包括:良好的机械性能和耐电解质或活性电极材料降解的化学性能,低成本的制造也是另一个优势。在大多数电池中,分离器是由机织和非织造织物或微孔聚合物薄膜制成的。作为孔隙率较高的电非导体,该材料通常既满足电绝缘的要求,又具有良好的离子导电性能。尽管如此,这些材料在电池这样的腐蚀性介质中,对机械和化学的抵抗能力往往不强。等离子体处理(处理或沉积)有望克服这个问题。

1. 镍镉电池

镍-镉(Ni-Cd)电池的应用领域之一是军事和民用航空服务。除了前面提出的一般要求外,镍镉电池必须非常可靠,在某些情况下必须具有高功率因数。这意味着电池单元的所有组成部分,包括分离器,必须是最高质量的。在密封的镍镉(也包括镍金属氢化物)电池中,分离器必须具有对气体分子的高渗透性,以提供过充保护,同时充当电解质储层。在这些电池中,分离器通常是由孔隙率为50%或更多的聚丙烯膜和无纺布垫制成的双层系统。在开放式或阀门调节的大功率镍镉电池中的分离器应具有极低的厚度(在当前技术中,25.4 mm似乎是标准厚度),具有最小的电解电阻。在这些特殊的电池中,所用的分离器由纤维素(玻璃纸)或微孔多元醇薄膜制成。不幸的是,所有这些分离材料都有一些缺点,特别是多孔聚丙烯膜具有很高的耐电解性能,KOH溶液的润湿性较差。文献中描述了几种克服这一缺点的方法。用于这一目的的最常用方法包括使用表面活性剂或用某些溶剂对膜进行打底。不幸的是,这种方法不能使膜表面保持长时稳定的亲水性和实现最小的电解阻力。其他方法还包括火焰、电晕放电、光子、电子束、离子束、X射线和G射线,以及等离子体方法,等离子体方法可以为聚合物提供一个新的、稳定的、单功能的表面。等离子体工艺方面最值得关注的研究是Ciszewski等制备的聚(丙烯酸)接枝或沉积25 mm聚丙烯微孔膜。Ciszewski等采用的第一种方法是在Ar存在下等离子体聚合丙烯酸,在聚丙烯膜表面沉积聚(丙烯酸)样等离子体聚合物。第二种方法是等离子体引发丙烯酸接枝聚合,首先将氩等离子体(使用脉冲微波放电)施加到聚丙烯薄膜上,以在其表面上产生活化位点,然后将薄膜与丙烯酸接触,或在放电结束后等离子体室中的气相,或在高温或紫外线照射下的液体溶液中。对采用这两种方法处理的膜,用XPS、SEM和FTIR-ATR等分析手段进行表征,确定了聚丙烯表面均匀接枝了聚丙烯酸。接枝链的聚合程度与接枝程度密切相关,并依赖于等离子体参数,其变化范围从350到70 000不等。接枝发生在膜孔的表面和内部,使膜不透水(接枝程度为42),但亲水性好,面积阻力低。在紫外光照射下,聚丙烯薄膜在溶液中的接枝性能最好,接枝度可达

$18\ mmol\cdot g^{-1}$,从而降低了电解面积电阻(室温下约 $30\ m\Omega\cdot m^{-2}$)和良好的循环稳定性(100 个循环后无任何变化)。采用接枝的聚丙烯薄膜作为 Ni – Cd 电池的隔膜,电池性能($2\ 000\ W\cdot dm^{-3}$, $0.6\ V$)优异,可与纤维素膜作隔膜时相媲美,被认为是目前最好的商用隔膜。此外,接枝的聚丙烯似乎没有玻璃纸的缺点。因此,可应用于可充电、高功率镍镉电池中,它是一种廉价、安全的分离器的理想选择。

2. 氧化还原电池

氧化还原电池通常由两种溶液组成,由一个分离器分开。每种溶液都包含具有有氧化还原能力的阳离子(例如 Fe^{2+}/Fe^{3+}、Cr^{2+}/Cr^{3+})、质子和阴离子。氧化还原电池的整体性能很大程度上取决于相同极性离子之间的隔膜电容的选择性。事实上,氧化还原离子通过分离器进行传输将降低电池的效率和循环性。虽然阴离子交换膜可以作为阻挡氧化还原阳离子的屏障,但它的电阻通常比传统的阳离子交换膜高。此外,一些含有氧化还原物质的阴离子络合物离子可以渗透到阴离子交换膜中。另一方面,阳离子交换膜通常表现出较低的电阻,但很容易被氧化还原阳离子渗透。考虑到这些因素,最好的分离器是具有高质子置换选择性的阳离子交换膜(经典的全氟磺酸膜)。不幸的是,在不同的反离子中,全氟磺酸膜的选择性通常很低,在全氟磺酸膜表面沉积阴离子交换膜可以解决这一问题。图 10.26 所示为提高一价阳离子置换选择性的原理图,由于阳离子交换膜中固定阴离子的静电排斥作用,阴离子不能透过膜。同样,单价阳离子和多价阳离子的转移也受到阴离子交换覆盖薄层中固定阳离子的静电排斥的抑制。但是,由于固定阳离子对单价阳离子的斥力弱于多价阳离子,所以单价阳离子可以优先移动。在较薄的阴离子交换层中,固定阳离子密度较高时将产生高的单价阳离子的置换选择性,然而,这种增强是以牺牲膜的电导为代价的。等离子体聚合是形成超薄均匀层的一种有效方法,该层紧密地黏附在全氟磺酸膜上。这种方法需要一层含有氮基团(如吡啶环或胺)的薄层,以便在含氮基团在酸性或甲基卤化物溶液中带正电(或季铵盐化)时,作为阴离子交换层。

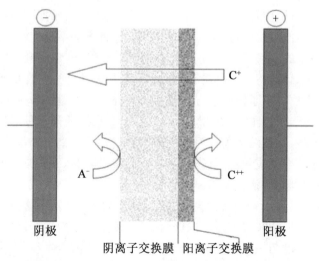

图 10.26　通过阳离子交换膜增强一价离子选择性的原理

将等离子工艺应用在氧化还原电池领域(1989~1995 年)中,Ogumi 等是唯一对此感兴趣的研究人员。首先,进行了经典的等离子聚合,他们使用 4 - 乙烯基吡啶为单体,氩气为稀释气体,采用放电后的射频等离子体反应器,采用经氧等离子体预处理的全氟磺酸膜作为阳离子交换膜的支撑膜,以获得 100~300 nm 厚的等离子体聚合物的最佳黏附力。将双层膜浸入 1 - 溴丙烷 - 碳酸丙烯酯(PC)溶液中,对等离子体聚合物进行季铵化。微观结构表征表明,在 5~10 W 和 10~40 Pa 的输入功率和压力范围内,等离子体聚合物沉积速率与 CPA 机理(最高值:1 000 μg·h^{-1}·cm^{-2})一致。在低输入功率和高压下,吡啶环的保存效果较好。通过测定 HCl/FeCl$_2$ 或 LiCl、CH$_3$COOLi、CH$_3$COOH/FeCl$_2$ 溶液中 Fe^{2+} 迁移数,对双层膜的阳离子透过选择性进行了评估。Fe^{2+} 迁移数越低,阳离子置换选择性越高。可以观察到,对于在高输入功率、低压和高层厚度下合成的等离子体聚合物,其 Fe^{2+} 输运数目最低;在最佳合成条件(50 W, 10 Pa, 300 nm 厚度)下,其含量低至 10^{-2}(原始全氟磺酸膜为 0.6),但是要以高膜电阻 15 Ω·cm^2(而原始全氟磺酸膜的膜电阻等于 0.5 Ω·cm^2)为代价。高阻值可归因于,在全氟磺酸膜中存在穿透含氮物质形成的界面层,而非四元化形成全氟磺酸膜的磺基与四元化氨基或吡啶基之间的紧密结合离子对。几年后,同一研究小组将等离子体诱导的 4 - 乙烯基吡啶或 3 - (2 氨基乙基)氨基丙基三甲氧基硅烷接枝聚合到经 Ar 或 O$_2$ 等离子体活化的全氟磺酸膜上。在 1 - 溴丙烷 - PC 溶液中对覆盖层进行季铵化是双层膜制备的最后一步,通过测定 LiCl、CH$_3$COOLi、CH$_3$COOH/FeCl$_2$ 溶液中 Fe^{2+} 迁移数,评估了双层膜的阳离子的透过选择性。Ar 等离子体活化比 O$_2$ 等离子体活化更有利于阳离子的永久选择性,因为 O$_2$ 活化形成的自由基与氨基自由基竞争,从而固定在活化的全氟磺酸膜表面。使用 3 - (2 - 氨基乙基)氨基丙基三甲氧基硅烷作为接枝化合物比使用 4 - 乙烯基吡啶更有利于阳离子选择性,因为前一种化合物中固定的氨基数量高于后一种化合物。为获得最佳的等离子体 - 气体接枝复合物对,可分别测量 Fe^{2+} 迁移数和膜电阻,其最小值分别为 7.5 × 10^{-3} Ω·cm^2 和 6 Ω·cm^2。这里需要指出,由于等离子体中不存在含氮阳离子种类,而且在全氟磺酸膜和等离子体覆盖层之间没有形成界面层,所以其电阻不像 PP 覆盖层那样高。

作为等离子体修饰全氟磺酸膜的替代品,该研究小组还设想以苯磺酸甲酯(MBS)和 1,3 - 丁二烯为前体,制备以磺酸酯基为整体膜的超薄 PP 薄膜,研究了射频功率对放电等离子体中磺酸基团分解的影响,探讨了等离子体聚合机理。通过与碘化锂反应,将磺酸酯基转化为磺酸锂。最佳的磺酸盐阳离子交换膜,厚度为 0.7 mm 时单位面积的膜电阻为 0.40 Ω·cm^2(离子电导率为 1.8 × 10^{-4} S·cm^{-1})。

3. 锂离子电池

锂离子充电电池是目前研究和开发的热点。传统锂离子电池(使用液体电解质)的某些运行局限性直接或间接地与分离器的性能特点有关,基于聚乙烯或聚丙烯的微孔膜,其混合物、共聚物和层压板,作为锂离子电池的隔板,得到了广泛的应用。聚烯烃分离器的主要缺点是对高介电常数的循环电解液(如碳酸乙烯(EC)和 PC)的润湿性差,从而导致电池内阻增加。聚烯烃表面改性可以改善分离剂的润湿性能,但其化学性质和接枝密度对性能影响很大。为此,Kim 等设想通过等离子体处理将丙烯腈在聚乙烯上接枝聚合,与原始的聚乙烯膜相比,等离子体诱导的丙烯腈涂层聚乙烯膜表现出更好的润湿性和与液体电解质的亲和力,并且电极和分离器之间的黏附力得到了增强,因此与未改性聚乙烯相比,改性聚乙烯膜锂离子电池的循环性能更好。最近,两个不同的研究小组通过实施非常简单的等离子体处理,改善了分离器的表面润湿性。Son 等使用 O_2/Ar 电感耦合等离子体放电处理 PP 分离器,经过处理后,分离器的亲水性变得更强,电池的循环性能和速率容量都比未经处理的电池有所提高。Li 等对 PE 膜分离器表面进行了 O_2 电容耦合等离子体处理,结果显示表面氧官能团浓度明显升高。另外,研究发现,将无机纳米颗粒掺入各种聚合物中也是改善电池分离器性能的一种很好的途径。纳米颗粒可以分散在聚合物基体中形成复合膜,也可以与合适的黏结材料先结合后沉积在非织造支架上。原则上,有机-无机杂化膜的界面特性会得到改善,但通常无法承受电池组装和运行过程中的机械应力。在 Fang 等的研究中,报道了一种通过沉积二氧化硅纳米颗粒薄膜来改善聚烯烃分离器润湿特性的新方法。他们的方法在于将带正电荷的纳米颗粒静电固定在等离子体处理膜的表面。首先用等离子体对膜进行氧处理,形成表面锚定基团,然后将其浸入带正电的二氧化硅纳米颗粒的分散体中,从而合成纳米颗粒涂层分离器。这一过程导致纳米颗粒不仅被静电吸附在表面的外部,而且还被吸附在膜的孔内。通过控制纳米粒子的 ζ 电位,可以调整涂层的厚度和深度。该膜对普通电池电解质(如 PC)的润湿性有所改善。即使是在简单的 EC/PC 混合物中,基于纳米颗粒涂膜的细胞也是可操作的。相比之下,基于原始未处理膜的相同电池,即使在添加表面活性剂来改善电解质润湿性后也无法充电。当使用 EC/PC/DEC(碳酸二乙酯)/VC(碳酸乙烯酯)电解质混合物,对锂离子电池中进行评估时,经 100 个循环后,纳米颗粒涂层的分离器保留了 92% 的荷电容量,相比之下,仅经等离子体处理的膜和原始膜分别保留了 80% 和 77%。与此同时,利用固体聚合物电解质代替传统分离剂与腐蚀性液体电解质的结合,制备固态锂离子电池也得到了广泛关注。一些锂离子导电聚合物/盐复合物,特别是含碱金属盐的聚醚,由于在较低或甚至室温下具有较高的离子(Li^+)导电性($10^{-6} \sim 10^{-8}$ S·cm^{-1}),已被证明是固体电解质的潜在候选物。由于这些固体聚合物电解质的离子电导率一般低于液体电解质($10^{-4} \sim 10^{-6}$ S·cm^{-1}),因此需要使用超薄膜来降低实际膜电阻。然而,制备用于固体聚合物电解质的超薄膜并不容易,因为薄膜越薄,传统技术越容易产生针孔。等离子体聚合是一种很有吸引力的方法,它可以提供一种超薄的、均匀的,对电池电极有很强黏附性的聚合物层。

在聚醚中,含有硅氧烷单元的聚醚引起了学者们的注意,众所周知,在聚合物中引入硅氧烷单元会导致玻璃化转变温度降低,有利于提高固体聚合物电解质的离子导电性。在 1988 ~ 1990 年期间,Ogumi 等在这一领域发表了许多论文。他们的方法是将一种由有机硅化合物与一种锂基化合物形成的等离子体聚合物进行杂交,最终再与第三种化合物聚乙二醇(PEO)或聚丙烯氧化物(PPO)杂交。作为第一个方法,他们使用射频放电制备了一个类似 PDMS 的等离子体薄膜,然后将等离子体聚合物浸泡在锂盐溶液中,最后将其干燥。首先,他们以 OMCTSO 为单体,将 PPO 和 LiClO$_4$ 溶解在丁醇中为浸渍液,研究了射频输入功率和锂盐浓度对制备薄膜微观结构和输运性能的影响。无论输入功率是多少,等离子薄膜都保持很薄(1 ~ 3 mm),交联度很高(密度:1.45),具有 ClO$_4^{4-}$ 和 Li$^+$ 物种分布均匀的特点。根据前面描述的 CAP 机制,在输入功率为 10 W 的中值下,聚合物沉积速率最大(170 μg·h^{-1}·m^{-2});在这种等离子体条件下,等离子体聚合物与传统的 PDMS 接近。对于较高的输入功率,发生甲基消除和 Si—O—Si 交联反应,使薄膜更类似硅的结构。因此,随着材料制备过程中输入功率的降低,薄膜的锂电导率也随之升高。 LiClO$_4$ 浓度的影响可以分为两个区域,在低浓度范围(质量分数小于4%),盐浓度的增加增加了离子载体的数量,诱导电导率的增加;在高浓度范围内(质量分数大于4%),膜中出现了 LiClO$_4$ 的结晶域,使得电导率随锂盐浓度的降低而降低。电化学测试表明,膜由一个微异质结构(OMCTSO 段 – PPO 段)组成,其中 PPO 段主要参与 LiClO$_4$ 的离子离解。在最佳的操作条件下,60 ℃下的导电性可以达 2.6×10^{-6} S·cm^{-1}(电阻:40 Ω·cm^2),导电性相当好。在电池中进行的测试显示,电池具有相当好的可充电性(循环在 10 ~ 40 μA·cm^2),但内阻很大,这是因为在电池的界面形成了电阻层,导致薄膜与电极之间没有紧密接触。Ogumi 等认为,在薄膜中有单一的移动物种(只有 Li),比两种移动物种更有利于高离子传导,然后在 OMCTSO 等离子体放电中加入甲基甲磺酸盐或 MBS,以获得含有—SO$_3$R 基团的类 PDMS 等离子体聚合物。这些材料依次浸泡在 LiI – PC 和丁醇溶液中,得到类似(含—SO$_3$Li)/PEO 薄膜的混合 PDMS。微结构表征表明,MBS 比甲基甲磺酸盐在聚合物基体中引入—SO$_3$R 基团的效率更高。结果表明—SO$_3$Li 在聚合物基体上分布均匀,基团附着性好。在最佳的操作条件下,60 ℃下的导电性可以达到相当好的 1.3×10^{-6} S·cm^{-1}(电阻:80 Ω·cm^2)。作为第二种策略,Ogumi 等使用射频放电制备聚[三(2 – 甲氧基乙氧基)乙烯基硅烷] – 类等离子体膜,然后用锂盐溶液喷涂等离子体聚合物,再在喷涂溶液的顶部沉积第二层等离子体聚合物,最后多层结构经干燥处理,这样锂盐溶液就可以均匀地扩散到两个聚合物层中。首先,他们使用三(2 – 甲氧基乙氧基)乙烯基硅烷(TMVs)作为单体和甲醇 – LiClO$_4$ 混合物作为喷射溶液,证明其在材料中可以均匀扩散。在 100 ℃下具有 4.4×10^{-5} S·cm^{-1}(电阻:2.3 Ω·cm^2)的良好导电性,并且在锂离子电池中集成后具有良好的充电性能。然而,之前在类 PDMS 等离子体膜中出现较大的电池内阻问题,在聚(TMVS)类膜中也观察到。为了克服这个问题,Ogumi 等在 TMVS 等离子体放电中加入了甲基丙烯酸甲酯,以获得含有—COOR 基团的共聚(TMVS) – 聚(甲基丙烯酸甲酯)类等离子体聚合物,然后在第二次沉积等离子体聚合物和最终干燥之前喷涂 LiI – PC 溶液。显微结构表征表明,聚合物基体上的—COOLi 分布均匀,并且这些基团在聚合物基体上有良好的附着性。然而,即使是在最佳操作条件下合成的材料,在室温下也能达到 10^{-8} S·cm^{-1} 的极低导电性,这可能是由于羧酸基团的酸性较弱。随后,在 20 世纪 90 年代中期,Kwak 等首次报道了采用等离子聚合与等离子溅射相结合的方法制备锂导电质膜。射频放电是在含有碳氢化合物单体 C$_2$H$_4$(采用二极管枪)、稀释气体 Ar 和 O$_2$ 以及锂源 Li$_3$PO$_4$ 靶(置于磁控管上)的腔内实现的,可获得薄锂导电复合等离子体膜。这些薄膜是随机交联的烷烃,偶有不饱和碳碳键分布。此外,研究还发现,这些膜中含有不同的官能团,这些官能团是由与等离子体工艺中气体种类的反应而产生的,特别是 C—O—C、—OH 和 C≡O 基团,研究发现来自 Li$_3$PO$_4$ 靶的元素结合在聚合物骨架并分散在无机相中。膜的沉积速率与 CAP 机理一致,无机相的含量可根据操作条件进行调节。研究发现,随着无机相含量的增加(最高值:40 ℃时为 2.7×10^{-9} S·cm^{-1}),离子电导率增加,而活化能(0.8~0.9 eV)则取决于聚合物主链中的交联和配位密度。作者指出,使用脉冲放电或含有所有所需元素(烃基和锂)的单体源可以产生单相大分子,从而获得最高的电导率。最近,就电纺 PVDF 纳米纤维网作为离子导电膜的基础材料,Choi 等进行了研究,在室温下,由这些纳米纤维网和嵌入多孔聚合物基质的 $LiN(CF_3SO_2)_2$ 电解质溶液,形成的聚合物电解质的离子电导率可达 2.0×10^{-3} S·cm^{-1}。尽管这些膜具有很高的传导性,但它们的孔隙堵塞是必要的,因此它们可以用作锂离子电池的隔膜。为此,Choi 等在 PVDF 纳米纤维网上沉积了一层类似聚乙烯的等离子体层(来自等离子体放电的乙烯单体),然后将其浸渍在锂盐中。通过熔融接枝在 PVDF 纳米纤维上的聚乙烯层得到了乙烯等离子体处理毡,并起到了百叶窗作用。本研究组制备了以八甲基环四硅氧烷为基的锂离子导电膜,测量得到了 10^{-6} S·cm^{-1} 的令人满意的电导率(未公布的结果)。

4. 其他锂基电池

锂 - 空气(锂 - 氧)电池由于其高能量密度和低成本,近年来备受关注,并有望在未来的电动汽车的电力系统中得到广泛应用。然而,由于他们最近的概念,文献中只报道了一项此类电池与等离子工艺制备相关的工作。在 Li 等的研究中,制备了具有调谐孔结构的聚偏二氟乙烯 - 六氟丙烯(PVDF - HFP)膜,并将其用作锂 - 氧电池的隔膜。氧和氩等离子体处理都可以被用来调整膜的表面孔径和密度。随着膜的孔径和密度的增大,锂 - 氧电池的放电容量增大。孔径约为 1.48 mm 时,电池的放电容量几乎达到最大。更重要的是,使用具有调谐孔结构的 PVDF - HFP 膜的锂 - 氧电池表现出显著增强的速率性能,这可能是由于锂离子在膜上的传输更快。对于 PVDF - HFP 厚度为 110 mm、孔径为 1.48 mm 的锂 - 氧电池,在电流密度为 5 mA·cm^{-2} 的情况下,达到了 466.1 mAh·g^{-1} 的最高放电容量。这种放电能力大约是商业 PP/PE/PP 膜的 10 倍。据我们所知,这是记录通过调节隔膜的孔隙结构可以显著提高锂 - 氧电池的速率性能的第一次报道,这可能为解决非水锂 - 氧电池的低速率特性提供了一种新的方法。

锂硫(Li - S)电池采用元素硫作为正极中的活性材料,这种设计可以显著提高当前电池技术的比能量,并可应用于电动汽车、电网级储能等领域。这主要得益于硫的理论比荷(1 672 mAh·g^{-1})和由此产生的特定能量(约 2 600 W·h·g^{-1}),远高于目前锂离子电池中约 800 W·h·g^{-1} 的值。虽然这种新设计具有环境友好、价格低廉等优点,但到目前为止,也面临着很多挑战,阻碍了其商业化。最重要的是,硫是一种不良的导体,它会生成可溶性多硫化物中间产物(Li_2S_n, $4 < n < 8$),从而导致不良的循环电子转移反应,这一过程被称为多硫化物穿梭。减少这种现象的一种方法是使用功能化的分离器来捕获或排斥生成的 S_n^{2-} 物质。Conder 等是唯一提出用等离子体法合成一种新型微孔隔膜,更准确地说,是进一步利用等离子体诱导的接枝共聚。该隔膜是一种不对称膜,由商用多孔聚丙烯组成,在多孔聚丙烯材料的表面或附近用苯乙烯磺酸盐进行改性。对这些隔膜进行抑制多硫化物扩散能力测试,结果表明,多硫化物扩散对引入疏水基底的带负电荷的 SO_3^- 基团的量有很大的依赖性。在锂 - 硫电池模型中使用改进的隔膜进行的循环试验,结果显示其库仑效率提高。

10.4.2　燃料电池

为了更好地支配自然资源,需要开发先进的能源生产技术,以减少对环境潜在的影响。通常,燃料电池被认为是能够提供清洁能源的合理解决方案之一。它们的工作原理被描述为:在同时产生电、水和热的情况下,用电化学方法控制燃料(氢、甲醇等)和氧气的燃烧。这种燃烧发生在一个结构内,通常称为燃料电池芯,主要由两个催化电极(燃料被氧化的阳极和氧气被还原的阴极)被电解液分离。电解质起着两个关键作用:一方面,它在两个电极之间形成物理屏障,防止燃料和氧气之间的接触;另一方面,它提供在一个电极上产生并在另一个电极上消耗的离子的运输。在不同种类的燃料电池中,目前使用聚合物膜的电解质的燃料电池是研究得比较广泛的,而致力于等离子体方法的得到的燃料电池则具有更重要的意义(与其他种类燃料电池的等离子体膜相关的工作,特别是SOFC 固体氧化物燃料电池,将不会此处描述)。聚合物电解质燃料电池有许多优点:它们对二氧化碳的敏感度比其他电池低;它们具有较低的工作温度(在 80 ~ 100 ℃ 范围内),与其他类型的燃料电池相比,能够更快地启动,有更高的操作灵活性和更好的热管理;此外,它们具有多用途(固定、运输和便携式应用),以及覆盖功率范围大($0.1 \text{ W} \sim 10 \text{ MW}$)。对于需要微型燃料电池的便携式电子设备(移动电话、微型计算机、照相机、小型机器人等)的特定市场,聚合物电解质燃料电池尤其有前景。根据电解质的酸性或碱性,可区分两种不同类型的聚合物电解质燃料电池。使用酸性聚合物电解质的称为质子交换膜燃料电池(PEMFC)(图 10.27(a)),或称为更一般的固体聚合物燃料电池,包括直接甲醇燃料电池(DMFC)和直接乙醇燃料电池,它们的功率密度分别为 500 mW·cm^{-2} 和 100 mW·cm^{-2}。使用碱性聚合物电解质的电池,最近才被概念化,称为固体碱性膜燃料电池(SAMFC)(图 10.27(b))。特别是甲醇,由于其操作简单、安全性高、能量密度高等优点,在微尺度上优于氢气提供燃料电池。

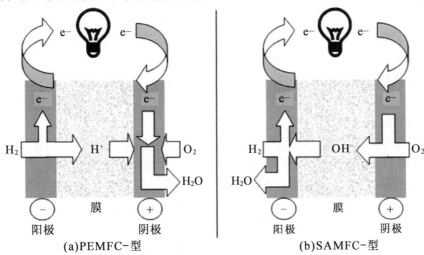

(a)PEMFC - 型　　　　　　　　　　**(b)SAMFC - 型**

图 10.27　PEMFC - 型和 SAMFC - 型燃料电池的原理示意图

1. 酸性燃料电池

PEMFC 和 DMFC 的电解质是一种酸性离子交换膜,通常由全氟聚合物基体组成,在基体上含有接枝的质子交换基团,如膦酸($—PO_3H$)、羧酸($—COOH$)或更常见的磺酸($—SO_3H$)。这种电解质的主要作用是提供从阳极(燃料氧化产生质子)运输到阴极(氧气还原成水消耗质子)的质子(图 10.26(a))。到目前为止,针对 PEMFC 或 DMFC 的电解质膜开发的相关研究基本上集中于此。然而,全氟磺酸膜有许多缺点,这些缺点高度限制了酸性聚合物电解质燃料电池的竞争力,特别是高成本(800 欧元$/m^2$),传导能力高度依赖于其含水量,限制了其须在低于 100 ℃的温度下使用,以及 DMFC 中的高甲醇渗透性($2.5 \times 10^{-6} \sim 3 \times 10^{-6}$ $cm^2 \cdot s^{-1}$)。它不仅会导致阴极的混合电位,而且还会造成相当大的燃料损失,这种甲醇跨界现象的产生是由于水的大渗滤尺寸致使全氟磺酸膜膨胀造成的。尽管它们的大渗透尺寸是使全氟磺酸膜具有高质子导电性的主要原因,但不幸的是,它也会允许甲醇分子穿透膜。作为其他缺陷,全氟磺酸膜的机械强度低,由于聚合物骨架之间缺乏分子间的交联,以及难以降低其厚度限制了其在微燃料电池中的应用。因此,最近的研究工作集中在新型膜的开发上,这种膜可能作为全氟磺酸膜的有利替代品。主要的研究目的是开发替代膜,重点是降低甲醇的渗透性。研究一般分为两种,第一种是通过与其他聚合物/无机材料共混或表面改性来修饰全氟磺酸膜;第二种是开发新型的合成聚合物膜,这种膜具有较小渗透尺寸的离子簇。在许多方法中,等离子体方法是在这两种方法中最有前途的技术。

(1)等离子工艺对全氟磺酸膜的表面改性。

目前,使用氩进行等离子体处理吸引了一些研究者的关注,这些研究表明,等离子体改性聚合物电解质膜(本质上是全氟磺酸膜)可以表现出 PEMFC 应用所需的优越性能,如增强化学和机械稳定性,降低燃料渗透性以及与电极更好的相容性。最初的等离子体处理方法是采用氩等离子体与钯靶溅射相结合的钯沉积方法,堵塞全氟磺酸膜表面的孔隙。全氟磺酸膜的甲醇渗透性可除以系数 1.5,但要以质子导电性降低(降低 30%)为代价,导致燃料电池性能在低电流密度下不变或仅略有改善(其中,质子导电性和甲醇交叉对燃料电池性能的影响都很重要)。不幸的是,在高电流密度下燃料电池的性能更差(在这种情况下甲醇交叉的影响通常可以忽略不计)。另一种原始的方法是等离子体引发的接枝聚合,用于在全氟磺酸膜表面沉积一层硫化聚苯乙烯层。在氩气等离子体活化表面后,将全氟磺酸膜浸泡在苯乙烯或苯乙烯 - 二乙烯基苯(DVB)(交联剂)溶液中进行接枝反应,再浸泡在乙酸硫酸盐 -1,2 - 二氯乙烷混合物中进行磺化反应。结果表明,随着接枝液中 DVB 浓度的增加,接枝反应速率降低,接枝层厚度、溶胀度和吸水率降低,离子团簇减小。当 DVB 摩尔分数增加到 5%(由于溶胀程度、离子簇大小和嫁接层的吸水率降低)时,改性后全氟磺酸膜的甲醇渗透性降低,然后在 5%(摩尔分数)以上(在减小接枝层厚度和减小接枝层膨胀程度、离子簇大小和吸水率的折中效应下)达到 2×10^{-6} $cm^2 \cdot s^{-1}$(全氟磺酸的 83%)时达到平稳状态。由于苯乙烯上的磺酸基团的酸性低于全氟磺酸膜中磺酸基团的酸性,因此改性后的全氟磺酸膜的质子电导率低于原始全氟磺酸膜。质子电导率与甲醇渗透率呈相反趋势,随着 DVB 摩尔分数升高至 5%(在降低嫁接层厚度的作用下),在约 0.03 $S \cdot cm^{-1}$(全氟磺酸膜的 90%)、摩尔分数高于 5%(在所有微观结构特征的折中作用下)时达到平台。Walker 等在脉冲微波放电过程中使用正己烷 – 氢气混合物或四氟乙烯(TFE)作为前驱体,分别在全氟磺酸膜上沉积了厚度在 200 ~ 300 nm 范围的聚乙烯型或 PTFE 型等离子体膜。由于等离子体膜对甲醇的吸附能力较低,甲醇渗透率可分别降低 15 和 20 倍。反过来,在聚乙烯型等离子体薄膜中,质子电阻增加了 7 倍(在聚四氟乙烯层中未公布的值)。Kim 等使用四乙氧基硅烷等离子体在全氟磺酸膜上沉积一个类似二氧化硅的等离子体层,对于厚度小于 10 nm 的等离子体薄膜,甲醇渗透性降低 40%,同时质子导电性降低,导致燃料电池性能提高 20%。Finsterwalder 等利用氩等离子体与磺化单体(SO_2、CF_3SO_3H 或 $ClSO_3H$)的等离子体聚合作用下,使用 PTFE 靶的等离子溅射在全氟磺酸膜上沉积 370 nm 厚的磺化 PTFE 类等离子膜。由聚四氟乙烯溅射产生的 CF 片与来自磺化单体片的硫组分结合形成一个连续的薄膜,在二氧化硫存在时,硫组分比其他磺化单体的硫组分小。因此,得到的聚合物由较短的链组成,故而具有更高的交联度,所以甲醇渗透率的降低更为明显,与原始的全氟磺酸膜相比,甲醇渗透率降低了 10 倍,由于 SO_2 不能在等离子体层中形成磺酸基团,所以质子的电阻乘以 20。在 CF_3SO_3H 或 $ClSO_3H$ 的情况下,由于含有磺酸基团的等离子体聚合物刚性较差,因此质子阻力的增加较少(因子 4),但甲醇的不渗透性增加较少(因子 5)。最近,Prakash 等在全氟磺酸膜上制备了磷掺杂硅酸盐玻璃(PSG)膜作为质子导电层。硅酸盐玻璃具有良好的质子导电性,具有成本低、可靠性好、易于由 PECVD 在较宽的厚度范围内制备等优点。此外,还可以作为甲醇阻挡层,降低 DMFC 中燃料的交叉速率,是一种理想的电池材料。掺杂磷的石英玻璃中离子电导率的大小取决于自由体积和孔表面积(对于离子传输)、玻璃中的化学结构(例如—Si—OH 和 P—OH 浓度)、中间范围顺序和玻璃网络中的局部结合环境。SiH_4、PH_3 和 N_2O 混合物的辉光放电可产生 2 ~ 3 mm 厚的薄膜,在最佳合成条件下,其质子电导率高达 2.5×10^{-4} S·cm^{-1},也就是说,低衬底温度(100 ℃)有利于磷和硅醇在薄膜中的结合,在高输入功率下会增加硅烷醇的缺陷位置和在中等压力下可提高过滤器的缺陷密度。对原始全氟磺酸膜和 PSG 涂层全氟磺酸膜进行极化试验,结果表明,PSG 膜的存在显著改善了电池性能(开路电压增加了约 65 mV,0.4 V 时的电流密度几乎增加了 3 倍)。

电解质 – 催化剂 – 电极的界面对质子交换膜燃料电池的性能起着重要作用,增加界面有效面积和降低界面电荷转移电阻是提高电池性能的关键点。在 Leu 等的研究中,首先采用氧等离子体处理提高全氟磺酸膜的表面粗糙度,然后采用智能涂层工艺制备初始 Pt/C 催化剂层,降低界面的电荷转移阻力。在最佳条件下,界面电荷转移电阻为 0.45 Ω·cm^{-2},比未经处理的界面电荷转移电阻低 1 ~ 2 个数量级。在 Cho 等的研究中,通过等离子蚀刻法制作了一种表面修饰膜,含有蚀刻膜的膜电极组件(MEA)的性能受到复杂因素的影响,如与蚀刻时间相关的膜的厚度和表面形态。在优化的等离子体条件下,与未经处理的膜相比,经 10 min 腐蚀作用的膜在 0.7 V 下的单电池性能提高了约 19%。在 0.35 V 下,膜蚀刻 20 min 的 MEA 的电流密度为 1 700 mA·cm^{-2},比未处理膜(1 580 mA·cm^{-2})的 MEA 高 8%。

(2)等离子体材料或经等离子体处理改性的新型合成高分子膜。

传统 – 等离子混合膜的开发,旨在获得比全氟磺酸膜更便宜的新型合成聚合膜和/

或具有更小的渗透尺寸的离子簇,以实现低甲醇交叉,同时具有较高的机械、热和/或化学稳定性。Won 等专注于降低成本,他们使用比全氟磺酸膜便宜得多的磺化聚苯乙烯嵌段－聚(乙烯－兰－丁烯)嵌段－聚苯乙烯(sSEBS)作为质子导电膜,与钠离子相比,sSEBs 的稳定性较差,对甲醇的渗透性更强,因此它们使用顺丁烯二酸酐作为前体沉积在聚丙烯层上,然后将其浸泡在两个连续的溶液中:第一个是 NaOH－NaHCO₃－H₂O 溶液,将琥珀酸酐基团转变为羧酸盐基团;第二个是在盐酸溶液中得到质子导电羧基。尽管在等离子体层中存在质子导电基团,但增加顺丁烯二酸酐单体的流动速率会使甲醇的渗透性降低至 1.4×10^{-6} cm²·s⁻¹,但是要以降低质子导电性(降低至 6×10^{-3} S·cm⁻¹)为代价。为了达到同样的目的,Lue 等将 GEFCs 作为质子导电膜,以 Ar 稀释的全氟庚烷为单体,在其上沉积了一层完全黏附且具有机械稳定性的聚氟乙烯类等离子体层。参数化研究表明,等离子体放电的输入功率是最主要的影响因素,当输入功率最大时,产生疏水性和交联度最高,吸水率和离子交换能力最低的等离子体层,甲醇渗透率最小,等于 3.3×10^{-8} cm²·s⁻¹(与 GEFCs 相比时,除以 73),但是要以最低的质子电导率 1.1×10^{-4} S·cm⁻¹为代价(与 GEFCs 相比除以 50)。其他研究者提出了用离子导电接枝聚合物填充多孔聚合物(由于其成本低,机械、热、化学稳定性好以及其刚度不利于甲醇交叉)的概念,通过等离子体活化进行接枝。利用该技术,接枝的聚合物可以通过共价键从孔表面生长,填充整个基体孔隙。由于它是一种线性聚合物,所以它的迁移率(尤其是离子导电性)很高。Yamaguchi 等采用聚四氟乙烯为多孔基体,氩等离子体为接枝活化源,丙烯酸为接枝单体的方法实现了这一技术。多孔质膜的甲醇渗透性较低(温度高达 130 ℃条件下,比全氟磺酸膜渗透性低 10 倍),耐用性可高达 180 ℃。基于同样的原理,Bae 等采用聚丙烯为多孔基体,氩等离子体为接枝活化源,苯乙烯为接枝单体,在乙酸－硫酸盐－1、2－二氯乙烷混合物中对膜进行后磺化处理。较小的接枝和磺化时间会使甲醇的渗透性降低(低至 8.6×10^{-7} cm²·s⁻¹),但因于膜层和催化剂层之间的分层现象,会造成低离子交换容量($1 \sim 1.5$ meq·g⁻¹)和低质子导电性(3×10^{-3} S·cm⁻¹),导致燃料电池性能(最好为 16 mW·cm⁻²)低于全氟磺酸膜(21 mW·cm⁻²)。另一种方法是将具有多孔的稳定聚合物浸泡在含有钠离子的溶液中,通过等离子体处理首先使多孔聚合物在表面和孔中进行过滤,以增加钠离子的浸泡量及其与多孔聚合物的界面稳定性。Bae 等采用这种方法,以多孔聚丙烯为基体,氟利昂－116 为等离子气体,可测量到室温下甲醇的渗透率比全氟磺酸膜的低 10 倍(以质子电导率降低 103 倍为代价)。

最近,将改性的层状无机黏土(Laponite,硅酸锂镁)加入到全氟磺酸膜、PSU 或磺化 PSU 商用膜中,制备了复合聚合物膜,旨在提高商用膜的质子导电性,尤其是在高温下的质子导电性。采用等离子体活化法、磺酸基化学接枝法以及直接等离子体磺化法对褐铁矿颗粒进行了改性。改性 Laponite 颗粒加入在聚合物膜中,有助于提高复合膜的质子电导率,特别是在高温下(PSU 为 +25%,而 Nafions 为 +53%,温度为 85 ℃),这是由于添加了—SO₃H 基团,并改善了膜的保水性能,从而使膜更容易加速质子在膜中的扩散。通过提高 Laponite 的质子电导率和复合膜的热稳定性,提高了利用该类型膜制备得到的燃料电池的性能:全氟磺酸/接枝 Laponite(质量分数为 3%)膜在 0.7 V 下的功率密度提高了 20%。最后,采用等离子体处理技术将苯乙烯接枝到聚四氟乙烯粉体上。将接枝的聚四氟乙烯粉末在氯磺酸中磺化,制成廉价的膜。结果表明,氮等离子体接枝聚四氟乙烯粉体均获得了良好的接枝效果。由于磺酸基团含量最高,复合膜的离子交换容量值 $(4.0 \text{ meq} \cdot \text{g}^{-1})$ 高于商用全氟磺酸膜的离子交换容量值 $(1.4 \text{ meq} \cdot \text{g}^{-1})$,说明该复合膜可作为 PEMFC 质子交换膜的替代品。本课题组以较低的成本制备了制备了含氟聚合物(聚(VDF – co – CTFE))和含磷聚合物(聚(CTFE – alt – DEVEP))的新型聚合物共混膜。研究表明,质子电导率高(80 ℃下 $40 \text{ mS} \cdot \text{m}^{-1}$,100HR)和良好的热稳定性与膜的特殊结构直接相关。由于交联效应,氩等离子体处理混合膜,能在不改变其形态、化学成分和质子导电性的情况下改善其热稳定性和燃料保持性。初步燃料电池试验表明,经等离子体处理的混合膜是质子交换膜燃料电池优秀的候选材料。

(3)等离子体质子导电膜。

在以往的研究中,均将等离子体作为接枝活性源或用来调节传统离子导电聚合物的输运物质。这些研究表明,由于甲醇输运和质子电导率在传统聚合物中存在一种权衡关系,在不影响质子电导率的情况下,选择性地降低质子电导率是具有困难的,反之亦然。由于等离子体聚合物中的传质,特别是离子传质机理有很大的不同,因此,只有由等离子体材料构成的离子导电膜可以克服这一局限。许多研究小组对等离子体离子导电膜的制备做了大量研究,良好的离子导电膜的主要要求标准是:浸渍在电解溶液中的含水量高,在聚合物基体中分布有大量的离子官能团、厚度小。用等离子体聚合法制备离子导电膜是一个真正的挑战。事实上,高含水量意味着等离子聚合物由透气性好且柔韧的链组成。现在人们知道等离子体聚合物是自然高度交联的。为了克服这种锁定,首先,有必要选择一种具有长链和弹性链的前体,或在其结构中最多包含间隔物(例如苯基),然后用软等离子体放电启动合成过程,以便很好地对可能构成骨骼的前体的组成元素进行保留。第二个要求的准则(大量的可电离官能团在聚合物基体中分布良好)也是非常具有挑战性的。实际上,等离子体聚合物通常由非电离和随机分布的基团组成。在其结构中选择含有所需可电离官能团的前体并实施软等离子体放电可使材料具有足够丰富的可电离基团。然而,控制这些基团在聚合物基体中的排列仍然是乌托邦式的。

早在 20 世纪 90 年代末,Inagaki 等就将氟碳化合物(全氟苯、五氟苯或四氟苯(TFB))与 SO_2(作为磺酸基的来源)或 CO_2(作为羧酸基的来源)混合起来,作为射频等离子体放电中的单体。TFB – SO_2(摩尔分数为 75%)混合物的沉积速率最高 $(14 \text{ mg} \cdot \text{cm}^{-2} \cdot \text{min}^{-1})$,离子交换能力最高 $(1.3 \text{ meq} \cdot \text{g}^{-1})$,质子电导率最高 $(4.3 \times 10^{-5} \text{ S} \cdot \text{cm}^{-1})$。Ogumi 等以 MBS、苯磺酰氯(BSC)、苯磺酰氟(BSF)或三氟甲烷(TFMS)为磺酸基团,与 1,3 – 丁二烯、三氟 – 氯乙烯(TFCE)、六氟丙烯(HFP)或八氟环丁烷(OFCB)为单体,进行射频或低频等离子体聚合,采用氩气作为稀释气体。在 MBS 丁二烯混合物存在的情况下,将 200 nm 厚的等离子聚合物浸泡在锂丁醇溶液中,可以将磺酸酯基水解成磺酸锂基。对于低输入功率值(能够在等离子体聚合过程中保留磺酸酯基),合成的等离子体聚合物显示出最高的离子交换能力 $(1.4 \text{ meq} \cdot \text{g}^{-1})$,因为它高度交联,所以具有最低的质子电导率 $(1.8 \times 10^{-4} \text{ S} \cdot \text{cm}^{-1})$,但由于其厚度很小,其质子电阻比全氟磺酸膜低 $(0.04 \text{ } \Omega \cdot \text{cm}^{-2})$。在 BSC 或 BSF – 丁二烯混合物中,将等离子体聚合物浸泡在 $NaOH – H_2O$ – 甲醇溶液中,以将磺酸卤化物基团水解为磺酸钠基团。对于 BSF,磺酰氟醚基团被引入到等离子体聚合物中,而 BSC 在等离子体聚合过程中容易分解。根据原位质谱和分子轨道计算的结果,讨论了这一差异。对于 BSF,由于 S—F 键的裂解困难,母离子$[C_6H_5SO_2F]+\cdot$是将氟化磺酸基团引入等离子体聚合物的主要物质。但 BSC 的母离子在放电等离子体中不稳定,S—Cl 键容易断裂并产生 Cl 自由基。对于低输入功率值,来自 BSF 的等离子体聚合物的离子交换能力($1.5\ meq \cdot g^{-1}$)比全氟磺酸膜高。在 TFMS – TFCE 混合物中,直接得到了含磺酸基团的等离子体聚合物。随着等离子体反应器中 TFMS 浓度的增加,会导致磺酸基含量增加,从而使质子电导率高达$5 \times 10^{-5} S \cdot cm^{-1}$。尽管等离子聚合物本质上比全氟磺酸膜导电性差,但其厚度小,因此其质子电阻($2\ \Omega \cdot cm^2$)相同。在相同的单体混合物中,使用 TFCE 而不是氩气作为 TFMS 的气体载体,Brumlik 等在室温或更高温度下可获得 10 倍的高导电性($6 \times 10^{-4}\ S \cdot cm^{-1}$)。Ogumi 等人还从 TFMS – HFP 或 TFMS – OFCB 混合物中获得了含有磺酸基的 PPs,在最佳的等离子体条件下(低输入功率、高压力),HFP 基等离子体聚合物表现出最低的离子交换容量级($0.7\ meq \cdot g^{-1}$)和一个质子电导率最低($1.8 \times 10^{-4} S \cdot cm^{-1}$),这是因为它们具有高度的交联结构。当在等离子体放电过程中加入水蒸气(可以比氩更有效地保护磺酸基)时,OFCB 基等离子体聚合物表现出最佳的质子导电性($10^{-4}\ S \cdot cm^{-1}$)。Finsterwalder 等(之前描述过)利用 SO_2、CF_3SO_3H 或 $ClSO_3H$,将磺化的类聚四氟乙烯膜沉积在全氟磺酸膜上,这种膜也可被用作单等离子膜。与 $ClSO_3H$ 聚合的膜表现出了最高的离子电导率($4 \times 10^{-4}\ S \cdot cm^{-1}$)、吸水能力($8.5\ mmol \cdot g^{-1}$)和离子交换能力($0.15\ mmol \cdot g^{-1}$)。Finsterwalder 等对含磺酸基团的等离子体聚合物导电性差提出了解释,这种较差的电导率可能是由于二次结构。尽管在全氟磺酸膜中,灵活的主链和侧链使磺酸基在极性团簇中凝聚,增强了磺酸基的流动性,但等离子体聚合物的刚性基质阻碍了通过离子通道的有效离子传输网络,因此,磺酸基彼此间保持隔离,而不是相互作用,不会进行质子传输。吸水率测量表明,等离子体聚合物中每个磺酸基的水分子数高于全氟磺酸膜中,因此水化水更像块状,更有利于 Grotthus 运输(假设质子通过膜从水中跳跃到相邻的水分子)。较高的水化率可以弥补小范围的相分离。然而,这种补偿通常不是必要的,对等离子体聚合物唯一有利的补偿是它们的厚度较薄,这使得尽管它们的固有导电性很低,但在离子传导方面与钠离子一样具有竞争力。本课题组多年来一直致力于在射频电容耦合等离子体反应器中,用苯乙烯/TFMS(CF_3—SO_3H)前体混合物制备磺化聚苯乙烯型等离子体膜,以苯乙烯为聚合剂,形成含芳香族间隔基团的碳质基体(防止交联结构过高),以 TFMS 为磺化剂,提高质子电导率。最近利用一个配有脉冲电源和精密单体注入装置的中试规模反应器,经过几个小时的沉积时间便合成出了厚度约为数十微米(最佳生长速度:$160\ nm \cdot min^{-1}$),在 140 ℃温度下,结构稳定性高的均匀的等离子体膜。在这种优化的膜中,磺酸基的比例比全氟磺酸膜高得多,质子电导率可达到$1.7 \times 10^{-3}\ S \cdot cm^{-1}$。尽管这些膜的电导率比全氟磺酸膜低 40 倍(在同一电池中测量到的$1.7 \times 10^{-2}\ S \cdot cm^{-1}$),但由于膜的厚度非常小,其质子转运能力并不弱于全氟磺酸膜。然后将这种质膜集成到由两个电极组成的电池中,电极由商用 E – TEK 制成,Pt 催化剂通过等离子溅射沉积在电极上。制备得到的膜电极组件(图 10.28)各层之间显示出完美的界面,有望获得较高的电池性能。未来,这项工作将在单一集成等离子体工艺中,开发完全由等离子体材料

(由碳基单体 PECVD 制备的扩散层)组成的装置。

自 21 世纪初以来,其他研究小组就开始研究以苯乙烯为前体制备质子导电 PP 膜,以形成聚合物基体。Nath 等选择三氟甲烷磺酸(和我们一样)或甲基甲烷磺酸盐作为磺化剂,它们可以测量高达 $0.6\ S \cdot cm^{-1}$(使用三氟甲烷磺酸)的质子电导率和高达 $500\ mW \cdot cm^{-2}$ 的功率密度,其中等离子体膜与在 60 ℃ 下、以 H_2/O_2(2:1)运行的燃料电池(使用甲基甲烷磺酸盐作为磺化剂)中的标准电极相关联。Merche 等在亚大气压力下的介质阻挡放电中进行苯乙烯/三氟甲烷磺酸混合物聚合反应,它们可以将质膜与通过在射频大气等离子炬放电后、喷涂 Pt 胶体溶液获得的接枝的碳基板结合起来。在(亚)大气压下工作的最大优点是避免了受到昂贵的高真空系统相关的限制,因此可以在连续生产线上轻松实现该过程。然而,高压的一个主要缺点是反应物的平均自由程非常小,这使得反应机制更加难以理解,因此也就更加难以控制。Jiang 等使用三氟甲烷磺酸/苯乙烯,开发了最多的方法,他们首先设想了一种低频余辉电容耦合放电技术,以保持苯乙烯单体的结构并获得最高的磺酸含量,从吸水率、密度、离子交换容量等方面推断,质子交换基团比例(高达 $0.62\ meq \cdot cm^{-3}$)均高于全氟磺酸膜 – 117($0.18\ meq \cdot cm^{-3}$)。由于质子交换基团比例高、交联结构强,因此,膜的导电性(环境温度下可达 $180\ mS \cdot cm^{-1}$,RH 100%)和甲醇渗透性($7.5 \times 10^{-12}\ m^2 \cdot s^{-1}$)均低于全氟磺酸膜 – 117($155\ mS \cdot cm^{-1}$,$2.1 \times 10^{-10}\ m^2 \cdot s^{-1}$)。以 2 – 乙烯基吡啶为第三前驱体,可得到携带吡啶基团的磺化膜,吡啶基团可通过碱性氮介质,在磺酸基团之间进行质子转移。最后,Jiang 等人采用了脉冲等离子体方法,包括选择性等离子体“开”,允许单体分子降解产生活性种,选择性等离子体“关”,允许生成活性种重组和聚合物沉积。这种方法可以大大降低等离子体放电过程中单体的降解程度,并产生高磺化膜。实施以 BSF 为第三前体的脉冲放电(其作用是进一步降低单体的碎裂程度并减少酸基对聚合物的烧蚀),可制备出具有更高的电化学性能(高达 $20\ mW \cdot cm^{-2}$)和稳定性的聚丙烯膜,这些性能均优于同一研究小组从两种前体和全氟磺酸膜 – 117 制备出的等离子体聚合物。从更基本的观点来看,Peterson 等用准弹性中子散射法测量了质子在苯乙烯/TFMS 脉冲放电制备的等离子体聚合物中的自扩散。分子动力学模拟和试验结果都可以描述这种辅助超高速扩散过程(在低水化条件下比全氟磺酸膜更显著一个数量级),这可能为更强大的燃料电池的研发开辟道路。

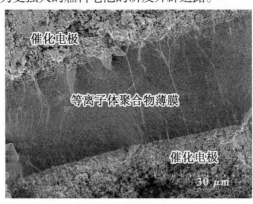

图 10.28　等离子体法合成膜和催化剂的燃料电池芯的 SEM 显微图像

虽然膦酸基(—PO₃H₂)的酸性比磺酸基低,但对于在中温(80~150℃)下工作的燃料电池,以膦酸基为基础的膜是理想的选择。实际上,—PO₃H₂ 基团是两性的,具有相对较高的介电常数。这些特性的结合导致了高度的自离解,有利于形成氢键网络,使质子电导率独立于温度和相对湿度,从而最终允许质子通过无水传导机制(Grotthuss one)传输。因此,膦酸基电解质膜的主要关键在于其在干燥条件下的高质子电导率,即在中等温度(80~150℃)和较低相对湿度下的质子电导率,这适合预期应用的条件。以膦酸基为基础的膜比磺酸基膜具有更高的化学稳定性和热稳定性,Mex 等以 TFE 和乙烯基膦酸的混合物为单体,制备了含膦酸基团的高热稳定性(在空气中可达 200℃)质子导电质膜。这两种单体都表现出 p 键,这使得等离子体聚合可以在不破坏膦酸基团的情况下实现,并确保了这些基团与膜的聚合是主干之间的化学结合。在低输入功率下制备的等离子体膜具有很高的质子电导率(在 30℃下可达 0.56 S·cm⁻¹)和非常有前途的燃料电池性能。用水蒸气代替膦酰乙烯基酸(打算加入—OH⁻作为质子交换基)可使质子电导率降低(在最佳合成条件下,在 30℃下为 0.14 S·cm⁻¹),但由于燃料渗透率降低,因此电池性能提高,这与较高的交联度有直接关系。近年来,本团队研究了以同时含有聚合基团和膦化基团的膦酸二甲基丙烯基膦酸酯为单一前驱体,制备了基于膦酸基团的 PP 膜(图 10.29)。从技术和力学的角度看,使用单一前驱体可以简化等离子体过程,SEM 图片显示,无论支撑物(硅片、全氟磺酸膜 –211 或聚四氟乙烯)是什么,PP 膦酸薄膜都表现出较高的致密度和均匀性,并且无缺陷、黏附性好。三种载体上的薄膜生长速率(没有上冷凝层)随等离子体放电功率的变化是双峰的,在 60 W 时最大(Si 上接近 30 nm·min⁻¹),X 射线反射法测试显示等离子体膜密度在 1.45~1.72 g·cm⁻³ 范围内。等离子体材料的化学成分(通过 FTIR、EDX 和 XPS 进行研究)从表面到体积都是均匀的,它的特点是各种各样的键的发生排列。其中一些排列,如 C—C(—C)、C—H 和 C—C(—O),被认为是构成等离子体聚合物主链的碳氢化合物的烃基的存在。其他的基团,如 P—O—C 和 P—O—H 显示了膦酸和膦酸基团的存在,这些基团首先集中在 60 W 条件下合成的等离子体膜中,其特征是具有最高的离子交换能力(4.65 meq·g⁻¹)。热重分析表明,膦酸基等离子体聚合物在 150℃范围内不失水,具有良好的热稳定性。根据结构性质,最好的导电膜是在 60 W(厚度:1.55 mm)下制备的;在 90℃和 30%相对湿度下,其质子电导率为 0.08 mS·cm⁻¹,比全氟磺酸膜 –211(燃料电池参考膜)的比电阻低近 5 倍。在燃料保持方面,等离子体膜本质上性能很好(甲醇、乙醇和甘油的渗透性比全氟磺酸膜 –211 低 50~70),而且仍具有广泛的竞争力,特别是在甘油作为燃料时。最后,羧基也被设想为用作燃料电池的 PP 膜中的酸性基团。在 Thery 等的论文中,利用水蒸气和 C₄F₈ 作为一种非常简单、廉价、无毒的前体混合物,制备了氟羧酸膜。利用这些前驱体,聚合物中的酸性基团直接在等离子体阶段产生,从而实现了高等离子体功率,提高薄膜的增长率。具有整体高厚度(约 10 mm)、无任何裂缝的多层涂层,可采用与 30 mm 厚纳滤膜相同的燃料渗透屏障效应来制备。对于质子电导率可达 20 mS·cm⁻¹ 的等离子体膜,经测量,其开路电压为 900 mV,输出功率为 3 mW·cm⁻²。

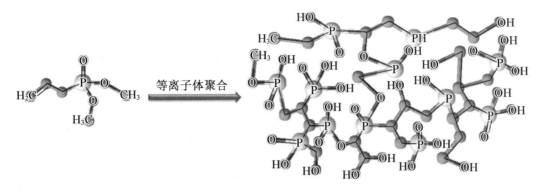

图 10.29　磷系质子导电膜的原子排列示意模型

2. 碱性燃料电池

固体碱性燃料电池(SAMFC)是近年来发展起来的一种性能优良、成本低廉的新型燃料电池。SAMFC 的工作原理是 DMFC 和传统碱性燃料电池(AFCs)在空间应用中的混合概念(自 1965 年以来 Gemini 项目)(图 10.27(b))。SAMFC 是一种碱性电解质的离子交换膜,通常由烃基聚合物基质组成,在该聚合物基质上接枝羟基交换基团,如季胺类($-N(CH_3)^{3+}$)。这种电解质的主要作用是将羟基离子从阴极输送到阳极。在阴极中,羟基离子是由氧还原成水而产生的,在阳极中,羟基离子是由燃料氧化而消耗的。与传统的 AFC 相比,SAMFC 的预期优势在于,可以方便地处理和储存燃料(在本例中是甲醇),而且由于电解质的固体性质(在本例中是膜,而不是 AFC 中的碱性溶液),它还可以方便地控制碳化。与 DMFC 相比,SAMFC 的预期优势包括:由于电解质的基本性质而减少甲醇的交叉,以及具有使用价格更低的非贵金属催化剂的可能性。对于这种燃料电池来说,主要的挑战之一是开发出具有高阴离子导电性、低燃料渗透性和高化学稳定性的羟基交换膜。众所周知,由于在强碱溶液中类三元胺基的霍夫曼降解,阴离子交换膜在强碱性介质中的化学稳定性尤其突出。目前,很少有研究致力于 SAMFC 膜的开发,这些膜通常由传统聚合物基质(以环氧乙烷、表氯醇、碳氢化合物或氟碳链为基础)组成,在其上接枝含有四胺基的脂肪族或芳香烃侧链。

(1)等离子体处理聚合物膜。

作为碱性燃料电池(SAMFC)中一种有前途的固体电解质,商用 ADP – Morgane® 膜已经在 DMFC 中使用过,并测量了其离子导电性、甲醇渗透性(均低于全氟磺酸膜)和在 MEA 中组装时的性能。近年来,ADP – Morgane® 膜在直接硼氢化物燃料电池中的应用逐渐兴起。这些工作基本上均表明,$NaBH_4$ 和水(分别位于阳极和阴极界面)的膜保存性必须得到改善。目前,利用等离子体工艺对膜进行表面改性是一种很有前途的提高液体或气体保持性的方法。我们的是唯一一个提出通过在商业 OH⁻ 导电膜的表面添加上等离子体膜,来提高在燃料中的氢氧根导电能力具有可行性的团队。在平行交联等离子体治疗中使用不凝气相也有同样的目的。质子导电膜(证明了这种交联等离子体处理在提高燃料保留率方面的作用,在我们的研究中,对两种不同类型的合成阴离子导电聚合物膜进行了等离子体改性和表征。第一种是来自比利时 Solvay 的 ADP – Morgane® 商业膜,它是一种交联后季铵盐化乙烯四氟乙烯 – 氯甲基苯乙烯共聚物。第二种是最近由特殊聚合物(法国蒙彼利埃)开发的一种膜,命名为 AMELI－32 ®,它是一种含有季铵功能的交联聚芳醚聚合物,由于其结构性质和化学成分,其价格低于 ADP－Morganes ®。已经进行了两种不同的等离子体处理:以氩为气相的等离子体处理(在 ADP Morgane ® 和 AMELI－32 ® 上)和以三乙胺为前体的等离子体沉积(仅在 ADP Morgane ® 上)。在等离子体改性固有的蚀刻/交联/氧化效应的同时,膜的传输性能(离子交换容量、水吸收、离子导电性和燃料保留)得到了改善。因此,与未经处理的膜相比,在以甘油为燃料的固体 AFC 中使用等离子体修饰的 ADP Morgane ® 膜作为电解质可使最大功率密度增加 3 倍(在 80 ℃时高达 22.6 mS·cm^{-2})。作为另一种等离子体处理方法,Zhang 等人以氯乙烯苄基三甲胺为无毒阳离子剂,聚氯乙烯(PVC)或卡多聚醚酮为聚合物基质,在聚合物粉体上进行了乙烯苄基三甲胺基等离子体接枝。测试表明,此膜具有达到要求的酒精保留率,对于 PVC 基质,甲醇渗透量等于 9.6×10^{-12} m^2·s^{-1},对于酚酞基聚芳醚酮基质,乙醇渗透量等于 6.6×10^{-11} m^2·s^{-1},热稳定性可高达 130 ℃,化学稳定性和羟基导电性(在环境温度和 100% 相对湿度下)可高达 14.5 mS·cm^{-1}。

(2)等离子体羟基导电膜。

据调查,只有四个研究小组一直致力于通过等离子聚合法制作羟基导电膜:Ogumi 的小组、Zhang 的小组、Sudoh 的小组和我们的小组。Ogumi 等在 2008 年研究了 4－乙烯基吡啶后季铵盐与 1－溴吡啶烷的等离子体聚合反应,在最佳合成条件下,制备的等离子体聚合物厚度为 10 mm,羟基导电性为 5.4×10^{-4} S·cm^{-1},相关电阻为 1.9 Ω·cm^2。与商业膜(例如,来自 Solvay 的 ADP Morgans,来自 Tokuyama Co. 的 AHA)相比,这些质膜的导电性要低上 10 倍(由于其高度交联的结构),但由于其厚度较低,因此具有一定的竞争力。作为商用 AHA 膜和 E－TEK 阳极之间的界面层,这种聚丙烯薄膜可改善阳极三相点,测量了系数 4.5 时阳极电流的增加。

最近,Zhang 等设想了乙烯基苄基氯的等离子体聚合,随后使用三甲胺进行季铵化处理,然后使用氢氧化钾进行碱化处理。制备的等离子体聚合物具有良好的热稳定性(可达 100 ℃)、化学稳定性、离子交换能力(可达 1.3 mmol·g^{-1})、羟基导电性(可达 0.033 S·cm^{-1})和活化能(7.63 kJ·mol^{-1})。采用脉冲或余辉放电可以提高等离子体聚合物的热稳定性(可达 120 ℃)和离子交换能力(可达 1.4 mmol·g^{-1}),同时保持离子电导率。为了提高离子电导率,Zhang 等人最近研究了 4－乙烯基氯化苄与 4－乙烯基吡啶的等离子体共聚。等离子体共聚可以产生和聚集离子群,形成离子运输通道,从而在聚合物中形成良好的相分离形态。所制备的聚合物具有优异的羟基导电性(常温下可达 14 mS·cm^{-1}, RH 为 100%)、化学稳定性和热稳定性、超薄和机械完整性结构以及建立有效的三相边界的能力。

Sudoh 等还用 4－乙烯基吡啶和 HFP 为单体(1－溴丙烷为季铵盐化剂)进行了一些等离子体共聚。分别在 10 min 和 30 min 的沉积膜上获得最高的开路电压(0.93 V)和短路 c. d. (180 mA·cm^{-2})。

我们的研究小组,通过脉冲射频放电的三烯胺(N—(CH$_2$—CHQCH$_2$)$_3$)等离子体聚合制备了含胺基的羟基导电聚乙烯型等离子体聚合物。选择三烯丙胺作为前驱体与以下假设有关,即实施非常软的等离子体放电应该能够使三烯丙胺通过其双键聚合,从而在最终的材料中保留叔胺实体—NR_3。为了获得高导电性材料，将从等离子体反应器中出来的等离子体聚合物与甲基卤化物（乙腈中 30% 的 ICH_3）接触，这个目的是将—NR_3 基团转变为四元胺官能团—NR_4—，这是非常有效的阴离子导电功能。但实际上，只有等离子体膜上表面的胺类基团才是真正的四元化。甲基化前后的合成材料是均匀的，在任何基质上都能很好地黏附，厚度在 10 nm ~ 10 μm 之间。在最佳合成条件下（低输入功率和高脉冲频率），甲基化前的聚丙烯膜的羟基电导率为 4×10^{-5} S·cm^{-1}，相关电阻为 0.7 Ω·cm^2（接近传统膜）。甲基化后的聚丙烯膜的传导能力并没有像预期的那样明显地高，这是因为季铵化反应的影响很小，将这些等离子膜集成到燃料电池中的研究工作正在进行中。

10.5 结 论

等离子体工艺在材料表面修饰或沉积薄层方面的潜力非常大，因此自 20 世纪 80 年代以来，等离子体工艺在薄膜领域的研究越来越受到人们的关注。

非凝性气体的等离子体处理特别适用于改善传统聚合物膜的润湿性、印刷性和黏附性或生物相容性，调节其传输性能（通过改变亲水/疏水平衡，提供特定功能组的接枝或交联表面活性剂），或增强其机械、热和化学稳定性（基本上在交联作用下）。

PECVD 和使用可凝前体的等离子聚合使薄层的沉积成为可能，薄层的物理和化学性质可以通过工艺参数的简单变化进行很大程度的调整，而且这一范围比其他沉积技术要宽得多。如果从工艺角度来看，这需要对工艺参数进行严格控制，与等离子体参数直接相关的活性物质和反应步骤的复杂性和多样性在制备材料性能上具有高度的灵活性。这种高度的柔韧性使它们成为膜材料的理想选择，它们在这类应用领域的主要优势在于它们的高交联度，使它们具有高分离效率、高化学和热稳定性，并且通过它们的厚度小和易于调节的厚度能够调节它们的渗透能力。后者也可以调整，在等离子薄膜中产生和控制微/中孔。这种多孔性最近是通过两种蒸汽前体的混合物形成等离子体共聚物获得的；两种前体中的一种通常是具有低热稳定性的碳氢化合物（通常称为成孔剂），通过进一步的热处理或紫外线处理从薄膜中去除后，其目的是形成多孔性。这种孔隙度可以用我们小组开发的一种原始方法——椭圆度孔隙度法来表征，这种方法也能够描述沉积在膜支架表面的一层薄薄的 PECVD 膜阻挡开放孔隙度（"孔隙封闭"）的屏障效应。作为产生多孔性的第二种方法，按顺序和周期地应用两种前体的沉积，改变每个序列的高能等离子体条件：选择硬等离子体条件以从主前体沉积无机膜，实施软等离子体条件以沉积聚合物 - 像从成孔剂化合物中提取的 a - C:H 薄膜。在剧烈条件下的序列中，无机膜的沉积和 a - C:H 的蚀刻同时发生。在每个循环期间，可通过 PECVD 沉积时间来控制孔隙和孔径。第一种开发的等离子体改性或 PP 膜用于气体的渗透或保留，也用于渗透汽化。最近，自 20 世纪 90 年代以来，已经为液体分离过程（本质上是纳滤和超滤）制备了质膜。聚合物类等离子体膜的发展最近被应用于离子导电膜的应用领域，如电介质膜工艺（尤其是电渗析）或更广泛的能源生产设备（燃料电池、锂离子电池……）。

　　在所有这些应用中,等离子体工艺由于其在制备材料方面的高通用性,已经实现了突破。在目前的环境背景下,等离子体工艺作为一种非常清洁的技术显得更加有前途。由于这些优势,它们应该能够说服越来越多的实业家引进它,并在未来几十年赢得越来越多的市场。

本章参考文献

[1]　Yasuda, H.; Plasma Polymerization; Academic Press, Inc: Orlando, 1985.

[2]　d'Agostino, R. Plasma Deposition, Treatment and Etching of Polymers. Academic Press: New York, 1990.

[3]　Biederman, H.; Osada, Y. Plasma Polymerization Processes; Elsevier: Amsterdam, 1992.

[4]　Inagaki, N. Plasma Surface Modification and Plasma Polymerization; Technomic Publishing Co., Inc: Lancaster, 1996.

[5]　Lam, D. K.; Baddour, R. F.; Stancell, A. F. In Plasma Chemistry of Polymers; Shen, M., Ed.; Marcel Dekker: New York, 1976.

[6]　Poll, H. U.; Arty, M.; Wickleder, K. H. Eur. Polym. J. 1976, 12, 505 – 512.

[7]　Finsterwalder, F.; Hambitzer, G. J. Membr. Sci. 2001, 185, 105 – 124.

[8]　Kim, Y.; Cho, S.; Lee, H.; Yoon, H.; Yoon, D. Surf. Coat. Technol. 2003, 174 – 175, 166 – 169.

[9]　Storgaard – Larsen, T.; Leistiko, O. J. Electrochem. Soc. 1997, 144, 1505 – 1513.

[10]　Ayral, A.; Julbe, A.; Rouessac, V.; Roualdes, S.; Durand, J. Microporous Silica Membrane—Basic Principles and Recent Advances. In Membrane Science and Technology; Malada, R.; Menendez, M., Eds.; Vol. 13; Elsevier: Amsterdam, 2008; pp. 33 – 79, Chapter 2.

[11]　Favennec, L.; Jousseaume, V.; Rouessac, V.; Fusalba, F.; Durand, J.; Passemard, G. Mater. Sci. Semicond. Process. 2004, 7, 277 – 282.

[12]　Rouessac, V.; Puyrenier, W.; Broussous, L.; Rebiscoul, D.; Ayral, A. In Bredesen, R.; Raeder, H., Eds.; Proceedings of the 9th Int. Conf. on Inorganic Membranes(ICIM9), Lillehammer, Norway, June 25 – 29, 2006, 2006; pp. 484 – 487.

[13]　Roualdes, S.; Sanchez, J.; Durand, J. J. Membr. Sci. 2002, 198(2), 299 – 310.

[14]　Yasuda, H. J. Membr. Sci. 1984, 18, 273 – 284.

[15]　Nakata, M.; Kumazawa, H. J. Appl. Polym. Sci. 2006, 101, 383 – 387.

[16]　Teramae, T.; Kumazawa, H. J. Appl. Polym. Sci. 2007, 104, 3236 – 3239.

[17]　Ji, J.; Liu, F.; Awanis Hashim, N.; Moghareh Abed, M. R.; Li, K. React. Funct. Polym. 2015, 86, 134 – 153.

[18]　Zarshenas, K.; Raisi, A.; Aroujalian, A. RSC Adv. 2015, 5, 19760 – 19772.

[19] Fatyeyeva, K.; Dahi, A.; Chappey, C.; Langevin, D.; Valleton, J. – M.; Poncin – Epaillard, F.; Marais, S. RSC Adv. 2014, 4, 31036 – 31046.

[20] Yuenyao, C.; Tirawanichakul, Y.; Chittrakarn, T. J. Appl. Polym. Sci. 2015, 132, 42116.

[21] Inagaki, N.; Tasaka, S.; Park, M. S. J. Appl. Polym. Sci. 1990, 40, 143 – 153.

[22] Inagaki, N.; Tsutsumi, D. Polym. Bull. 1986, 16, 131 – 136.

[23] Wang, L. J.; Chau – Nan Hong, F. Microporous Mesoporous Mater. 2005, 77, 167 – 174.

[24] Julbe, A.; Rouessac, V.; Durand, J.; Ayral, A. J. Membr. Sci. 2008, 316, 176 – 185.

[25] Kafrouni, W.; Rouessac, V.; Julbe, A.; Durand, J. J. Membr. Sci. 2009, 329, 130 – 137.

[26] Haacké, M.; Coustel, R.; Rouessac, V.; Drobek, M.; Roualdès, S.; Julbe, A. Eur. Phys. J.: Spec. Top. 2015, 224, 1935 – 1943.

[27] Coustel, R.; Haacké, M.; Rouessac, V.; Durand, J.; Drobek, M.; Julbe, A. Microporous Mesoporous Mater. 2014, 191, 97 – 102.

[28] Haacké, M.; Coustel, R.; Rouessac, V.; Roualdès, S.; Julbe, A. Plasma Process. Polym. 2016, 13, 258 – 265.

[29] Vilani, C.; Weibel, D. E.; Zamora, R. R. M.; Habert, A. C.; Achete, C. A. Appl. Surf. Sci. 2007, 254, 131 – 134.

[30] Weibel, D. E.; Vilani, C.; Habert, A. C.; Achete, C. A. J. Membr. Sci. 2007, 293, 124 – 132.

[31] Upadhyay, D. J.; Bhat, N. V. J. Membr. Sci. 2004, 239, 255 – 263.

[32] Yamaguchi, T.; Tominaga, A.; Nakao, S. I.; Kimura, S. AIChE J. 1996, 42(3), 892 – 895.

[33] Li, C. – L.; Tu, C. – Y.; Inagaki, N.; Lee, K. – R.; Lai, J. – Y. J. Appl. Polym. Sci. 2006, 102, 909 – 919.

[34] Roualdes, S.; Durand, J.; Field, R. W. J. Membr. Sci. 2003, 211, 113 – 126.

[35] Wavhal, D. S.; Fisher, E. R. J. Polym. Sci., Part B: Polym. Phys. 2002, 40, 2473 – 2488.

[36] Wavhal, D. S.; Fisher, E. R. Desalination 2005, 172, 189 – 205.

[37] Steen, M. L.; Hymas, L.; Harvey, E. D.; Capps, N. E.; Castner, D. G.; Fisher, E. R. J. Membr. Sci. 2001, 188, 97 – 114.

[38] Steen, M. L.; Jordan, A. C.; Fisher, E. R. J. Membr. Sci. 2002, 204, 341 – 357.

[39] Gancarz, I.; Pozniak, G.; Bryjak, M. Eur. Polym. J. 1999, 35, 1419 – 1428.

[40] Shahidzadeh – Ahmedi, N.; Arefi – Khonsari, F.; Amouroux, J. J. Mater. Chem. 1995, 5, 229 – 236.

[41] Bryjak, M.; Gancarz, I.; Krajciewicz, A.; Piglowski, J. Angew. Makromol. Chem. 1996, 234, 21 – 29.

[42] Gancarz, I.; Pozniak, G.; Bryjak, M. Eur. Polym. J. 2000, 36, 1563 – 4569.

[43] Bryjak, M.; Gancarz, I.; Pozniak, G.; Tylus, W. Eur. Polym. J. 2002, 38, 717 – 726.

[44] Bryjak, M.; Gancarz, I. Angew. Makromol. Chem. 1994, 219, 117 – 124.

[45] Gesner, B. D.; Kelleher, P. G. J. Appl. Polym. Sci. 1968, 12, 1199 – 1208.

[46] Poncin – Epaillard, F.; Chevet, B.; Brosse, J. C. Eur. Polym. J. 1990, 26, 333 – 339.

[47] Vigo, F.; Nicchia, M.; Uliana, C. J. Membr. Sci. 1988, 36, 187 – 199.

[48] Ulbricht, M.; Belfort, G. J. Membr. Sci. 1996, 111, 193 – 215.

[49] Zhao, Z. P.; Li, J.; Wang, D.; Chen, C. X. Desalination 2005, 184, 37 – 44.

[50] Zhao, Z. P.; Li, J.; Zhang, D. X.; Chen, C. X. J. Membr. Sci. 2004, 232, 1 – 8.

[51] Zhao, Z. P.; Li, J.; Chen, J.; Chen, C. X. J. Membr. Sci. 2005, 251, 239 – 245.

[52] Chen, J.; Li, J.; Zhao, Z. P.; Wang, D.; Chen, C. X. Surf. Coat. Technol. 2007, 201, 6789 – 6792.

[53] Inagaki, N.; Tasaka, S.; Goto, Y. J. Appl. Polym. Sci. 1997, 66, 77 – 83.

[54] Liu, Z. M.; Xu, K. Z.; Wan, L. S.; Wu, J.; Ulbricht, M. J. Membr. Sci. 2005, 249, 21 – 31.

[55] Muller, M.; Oehr, C. Surf. Coat. Technol. 1999, 116 – 119, 802 – 807.

[56] Gancarz, I.; Pozniak, G.; Bryjak, M.; Frankiewicz, A. Acta Polym. 1999, 50, 317 – 326.

[57] Bankovic, P.; Demarquette, N. R.; da Silva, M. L. P. Mater. Sci. Eng. 2004, B112, 165 – 170.

[58] Rouessac, V.; Ungureanu, A.; Bangarda, S.; Deratani, A.; Lo, C. – H.; Wei, T. – C.; Lee, K. – R.; Lai, J. – Y. Chem. Vap. Deposition 2011, 17, 198 – 203.

[59] Vallois, C.; Sistat, P.; Roualdes, S.; Pourcelly, G. J. Membr. Sci. 2003, 216, 13 – 25.

[60] Falk, S. U.; Salkind, A. J. Alkaline Storage Batteries; John Wiley & Sons, Inc: New York, 1969.

[61] Barak, M. Electrochemical Power Sources—Primary and Secondary Batteries; Peter Peregrinns Ltd: Stevenae, 1980.

[62] Linden, D. Handbook of Batteries; McGrew – Hill, Inc: New York, 1995.

[63] Ciszewski, A.; Gancarz, I.; Kunicki, J.; Bryjak, M. Surf. Coat. Technol. 2006, 201, 3676 – 3684.

[64] Ciszewski, A.; Kunicki, J.; Gancarz, I. Electrochim. Acta 2007, 52, 5207 – 5212.

[65] Gancarz, I. ; Bryjak, M. ; Kunicki, J. ; Ciszewski, A. J. Appl. Polym. Sci. 2010, 116, 868 – 875.

[66] Ogumi, Z. ; Uchimoto, Y. ; Tsujikawa, M. ; Takehara, Z. – I. J. Electrochem. Soc. 1989, 136(4), 1247 – 1248.

[67] Ogumi, Z. ; Uchimoto, Y. ; Tsujikawa, M. ; Takehara, Z. – I. ; Foulkes, F. R. J. Electrochem. Soc. 1990, 137(5), 1430 – 1435.

[68] Ogumi, Z. ; Uchimoto, Y. ; Tsujikawa, M. ; Yasuda, K. ; Takehara, Z. – I. Bull. Chem. Soc. Jpn. 1990, 63, 2150 – 2153.

[69] Ogumi, Z. ; Uchimoto, Y. ; Tsujikawa, M. ; Yasuda, K. ; Takehara, Z. – I. J. Membr. Sci. 1990, 54, 163 – 174.

[70] Yasuda, K. ; Yoshida, T. ; Uchimoto, Y. ; Ogumi, Z. ; Takehara, Z. – I. Chem. Lett. 1992, 21(10), 2013 – 2016.

[71] Takehara, Z. – I. ; Ogumi, Z. ; Uchimoto, Y. ; Yasuda, K. J. Adhes. Sci. Technol. 1995, 9(5), 615 – 625.

[72] Yasuda, K. ; Uchimoto, Y. ; Ogumi, Z. ; Takehara, Z. Denki Kagaku oyobi Kogyo Butsuri Kagaku 1993, 61(12), 1438 – 1441.

[73] Kim, J. Y. ; Lee, Y. ; Lim, D. Y. Electrochim. Acta 2009, 54, 3714 – 3719.

[74] Son, J. ; Kim, M. – S. ; Lee, H. W. ; Yu, J. – S. ; Kwon, K. – H. J. Nanosci. Nanotechnol. 2014, 14(12), 9368 – 9372.

[75] Li, C. ; Liang, C. – H. ; Huang, C. Jpn. J. Appl. Phys. 2016, 55, 01AF04.

[76] Fang, J. ; Kelarakis, A. ; Lin, Y. – W. ; Kang, C. – Y. ; Yang, M. – H. ; Cheng, C. – L. ; Wang, Y. ; Giamelis, E. – P. ; Tsai, L. – D. Phys. Chem. Chem. Phys. 2011, 13, 14457 – 14461.

[77] Ogumi, Z. ; Uchimoto, Y. ; Takehara, Z. – I. J. Electrochem. Soc. 1988, 135(10), 2649 – 2650.

[78] Ogumi, Z. ; Uchimoto, Y. ; Takehara, Z. – I. J. Power Sources 1989, 26, 457 – 460.

[79] Ogumi, Z. ; Uchimoto, Y. ; Takehara, Z. – I. J. Electrochem. Soc. 1989, 136(3), 625 – 630.

[80] Ogumi, Z. ; Uchimoto, Y. ; Takehara, Z. – I. ; Foulkes, F. R. J. Electrochem. Soc. 1990, 137(1), 29 – 34.

[81] Ogumi, Z. ; Uchimoto, Y. ; Takehara, Z. – I. J. Chem. Soc. , Chem. Commun. 1989, 6, 358 – 359.

[82] Ogumi, Z. ; Uchimoto, Y. ; Takehara, Z. – I. ; Kanamori, Y. J. Chem. Soc. , Chem. Commun. 1989, 21, 1673 – 1674.

[83] Uchimoto, Y. ; Ogumi, Z. ; Takehara, Z. – I. Solid State Ionics 1990, 40 – 41, 624 – 627.

[84] Kwak, B. S. ; Zuhr, R. A. ; Bates, J. B. Thin Solid Films 1995, 269, 6 – 13.

[85] Choi, S. –S.; Lee, Y. S.; Joo, C. W.; Lee, S. G.; Park, J. K.; Han, K. –S. Electrochim. Acta 2004, 50, 339 – 343.

[86] Li, Y.; Yin, Y.; Guo, K.; Xue, X.; Zou, Z.; Li, X.; He, T.; Yang, H. J. Power Sources 2013, 241, 288 – 294.

[87] Conder, J.; Urbonaite, S.; Streich, D.; Novak, P.; Gubler, L. RSC Adv. 2015, 5, 79654 – 79660.

[88] Heinzel, A.; Barragan, V. M. J. Power Sources 1999, 84, 70 – 74.

[89] Arico, A. S.; Srinivasan, S.; Antonucci, V. Fuel Cells 2001, 1, 133 – 161.

[90] Kreuer, K. D. J. Membr. Sci. 2001, 185, 29 – 39.

[91] Ren, X.; Gottesfeld, S. J. Electrochem. Soc. 2001, 148, A87 – A93.

[92] Choi, W. C.; Kim, J. D.; Woo, S. I. J. Power Sources 2001, 96, 411 – 414.

[93] Yoon, S. R.; Hwang, G. H.; Cho, W. I.; Oh, I. –H.; Hong, S. –A.; Ha, H. Y. J. Power Sources 2002, 106, 215 – 223.

[94] Lue, S. J.; Shih, T. S.; Wei, T. C. Korean J. Chem. Eng. 2006, 23, 441 – 446.

[95] Bae, B.; Kim, D.; Kim, H. J.; Lim, T. H.; Oh, I. H.; Ha, H. Y. J. Phys. Chem. B 2006, 110, 4240 – 4246.

[96] Ramdutt, D.; Charles, C.; Hudspeth, J.; Ladewig, B.; Gengenbach, T.; Boswell, R.; Dicks, A.; Brault, P. J. Power Sources 2007, 165, 41 – 48.

[97] Lue, S. J.; Hsu, W. –L.; Chao, C. –Y.; Mahesh, K. P. O. J. Fuel Cell Sci. Technol. 2014, 11(6), 061004/1 – 061004/6.

[98] Bae, B.; Ha, H. Y.; Kim, D. J. Membr. Sci. 2006, 276, 51 – 58.

[99] Walker, M.; Baumgärtner, K. –M.; Ruckh, M.; Kaiser, M.; Schock, H. W.; Räuchle, E. J. Appl. Polym. Sci. 1997, 64, 717 – 722.

[100] Walker, M.; Baumgärtner, K. –M.; Kaiser, M.; Kerres, J.; Ullrich, A.; Räuchle, E. J. Appl. Polym. Sci. 1999, 74, 67 – 73.

[101] Walker, M.; Baumgärtner, K. –M.; Feichtinger, J.; Kaiser, M.; Räuchle, E.; Kerres, J. Surf. Coat. Technol. 1999, 116 – 119, 996 – 1000.

[102] Feichtinger, J.; Galm, R.; Walker, M.; Baumgärtner, K. –M.; Schulz, A.; Räuchle, E.; Schumacher, U. Surf. Coat. Technol. 2001, 142 – 144, 181 – 186.

[103] Kim, D.; Scibioh, M. A.; Kwak, S.; Oh, I. –H.; Ha, H. Y. Electrochem. Commun. 2004, 6, 1069 – 1074.

[104] Prakash, S.; Mustain, W. E.; Park, S. –O.; Kohl, P. A. J. Power Sources 2008, 175, 91 – 97.

[105] Leu, H. –J.; Chiu, K. –F.; Lin, C. –Y. Appl. Energy 2013, 112, 1126 – 1130.

[106] Cho, Y. –H.; Bae, J. –W.; Cho, Y. –H.; Lim, J. W.; Ahn, M.; Yoon, W. –S.; Kwon, N. –H.; Jho, J. Y.; Sung, Y. –E. Int. J. Hydrogen Energy 2010, 35, 10452 – 10456.

[107] Won, J. ; Choi, S. W. ; Kang, Y. S. ; Ha, H. Y. ; Oh, I. – H. ; Kim, H. S. ; Kim, K. T. ; Jo, W. H. J. Membr. Sci. 2003, 214, 245 – 257.

[108] Lue, S. J. ; Hsiaw, S. – Y. ; Wei, T. – C. J. Membr. Sci. 2007, 305, 226 – 237.

[109] Yamaguchi, T. ; Hayashi, H. ; Kasahara, S. ; Nakao, S. – I. Electrochemistry 2002, 70(12), 950 – 952.

[110] Bae, B. ; Kim, D. J. Membr. Sci. 2003, 220, 75 – 87.

[111] Bae, B. ; Chun, B. – H. ; Ha, H. – Y. ; Oh, I. – H. ; Kim, D. J. Membr. Sci. 2002, 202, 245 – 252.

[112] Lixon Buquet, C. ; Fatyeyeva, K. ; Poncin – Epaillard, F. ; Schaetzel, P. ; Dargent, E. ; Langevin, D. ; Nguyen, Q. T. ; Marais, S. J. Membr. Sci. 2010, 351, 1 – 10.

[113] Fatyeyeva, K. ; Chappey, C. ; Poncin – Epaillard, F. ; Langevin, D. ; Valleton, J. – M. ; Marais, S. J. Membr. Sci. 2011, 369, 155 – 166.

[114] Fatyeyeva, K. ; Bigarre, J. ; Blondel, B. ; Galiano, H. ; Gaud, D. ; Lecardeur, M. ; Poncin – Epaillard, F. J. Membr. Sci. 2011, 366, 33 – 42.

[115] Lan, Y. ; Cheng, C. ; Zhang, S. ; Ni, G. ; Chen, L. ; Yang, G. ; Nagatsu, M. ; Meng, Y. Plasma Sci. Technol. 2011, 13(5), 604 – 607.

[116] Bassil, J. ; Labalme, E. ; Souquet – Grumey, J. ; Roualdes, S. ; David, G. ; Bigarre, J. ; Buvat, P. Int. J. Hydrogen Energy 2016, 41, 15593 – 15604.

[117] Inagaki, N. ; Tasaka, S. ; Horikawa, Y. J. Polym. Sci., Part A: Polym. Chem. 1989, 27, 3495 – 3501.

[118] Inagaki, N. ; Tasaka, S. ; Kurita, T. Polym. Bull. 1989, 22, 15 – 20.

[119] Inagaki, N. ; Tasaka, S. ; Chengfei, Z. Polym. Bull. 1991, 26, 187 – 191.

[120] Ogumi, Z. ; Uchimoto, Y. ; Yasuda, K. ; Takehara, Z. – I. Chem. Lett. 1990, 19 (6), 953 – 954.

[121] Uchimoto, Y. ; Yasuda, K. ; Ogumi, Z. ; Takehara, Z. – I. J. Electrochem. Soc. 1991, 138(11), 3190 – 3193.

[122] Uchimoto, Y. ; Yasuda, K. ; Ogumi, Z. ; Takehara, Z. – I. ; Tasaka, A. ; Imahigashi, T. Ber. Bunsenges. Phys. Chem. 1993, 97(4), 625 – 630.

[123] Uchimoto, Y. ; Endo, E. ; Yasuda, K. ; Yamasaki, Y. ; Takehara, Z. – I. ; Ogumi, Z. ; Kitao, O. J. Electrochem. Soc. 2000, 147(1), 111 – 118.

[124] Ogumi, Z. ; Uchimoto, Y. ; Takehara, Z. – I. J. Electrochem. Soc. 1990, 137 (10), 3319 – 3320.

[125] Brumlik, C. J. ; Parthasarathy, A. ; Chen, W. – J. ; Martin, C. R. J. Electrochem. Soc. 1994, 141(9), 2273 – 2279.

[126] Yasuda, K. ; Uchimoto, Y. ; Ogumi, Z. ; Takehara, Z. – I. Ber. Bunsenges. Phys. Chem. 1994, 98(4), 631 – 635.

[127] Yasuda, K.; Uchimoto, Y.; Ogumi, Z.; Takehara, Z. - I. J. Electrochem. Soc. 1994, 141(9), 2352 - 2355.

[128] Yoshimura, K.; Minaguchi, T.; Nakano, H.; Tatsuta, T.; Tsuji, O.; Toyozawa, K.; Abe, T.; Ogumi, Z. J. Photopolym. Sci. Technol. 2000, 13(1), 13 - 20.

[129] Mahdjoub, H.; Roualdes, S.; Sistat, P.; Pradeilles, N.; Durand, J.; Pourcelly, G. Fuel Cells 2005, 5(2), 277 - 286.

[130] Roualdes, S.; Topala, I.; Mahdjoub, H.; Rouessac, V.; Sistat, P.; Durand, J. J. Power Sources 2006, 158(2), 1270 - 1281.

[131] Brault, P.; Roualdes, S.; Caillard, A.; Thomann, A. L.; Mathias, J.; Durand, J.; Coutanceau, C.; Leger, J. - M.; Charles, C.; Boswell, R. Eur. Phys. J. Appl. Phys. 2006, 34, 151 - 156.

[132] Durand, J.; Rouessac, V.; Roualdes, S. Ann. Chim. Sci. Mat. 2007, 32(2), 145 - 158.

[133] Roualdes, S.; Schieda, M.; Durivault, L.; Guesmi, I.; Gerardin, E.; Durand, J. Chem. Vap. Depos. 2007, 13(6 - 7), 361 - 363.

[134] Roualdes, S.; Ennajdaoui, A.; Schieda, M.; Larrieu, J.; Durand, J. J. Membr. News 2007, 74, 9 - 13.

[135] Ennajdaoui, A.; Larrieu, J.; Roualdes, S.; Durand, J. Eur. Phys. J.: Appl. Phys. 2008, 42(1), 6 - 16.

[136] Ennajdaoui, A.; Roualdes, S.; Brault, P.; Durand, J. J. Power Sources 2010, 195(1), 232 - 238.

[137] Caillard, A.; Coutanceau, Ch.; Brault, P.; Mathias, J.; Léger, J. - M. J. Power Sources 2006, 162, 66 - 73.

[138] Nath, B. K.; Khan, A.; Chutia, J.; Pal, A. R.; Bailung, H.; Sarma, N. S.; Chowdhury, D.; Adhikary, N. C. Bull. Mater. Sci. 2014, 37(7), 1613 - 1624.

[139] Nath, B. K.; Khan, A.; Chutia, J. Mater. Res. Bull. 2015, 70, 887 - 895.

[140] Merche, D.; Dufour, T.; Hubert, J.; Poleunis, C.; Yunus, S.; Delcorte, A.; Bertrand, P.; Reniers, F. Plasma Process. Polym. 2012, 9, 1144 - 1153.

[141] Jiang, Z.; Jiang, Z. - J.; Yu, X.; Meng, Y.; Li, J. Surf. Coat. Technol. 2010, 205, S231 - S235.

[142] Jiang, Z.; Jiang, Z. - J.; Yu, X.; Meng, Y. Plasma Process. Polym. 2010, 7, 382 - 389.

[143] Jiang, Z.; Jiang, Z. - J.; Meng, Y. J. Membr. Sci. 2011, 372, 303 - 313.

[144] Jiang, Z.; Meng, Y.; Jiang, Z. - J.; Shi, Y. Surf. Rev. Lett. 2009, 16(2), 297 - 302.

[145] Jiang, Z.; Jiang, Z. - J. Int. J. Hydrogen Energy 2012, 37, 11276 - 11289.

[146] Jiang, Z.; Jiang, Z. - J. RSC Adv. 2012, 2, 2743 - 2747.

[147] Jiang, Z.; Jiang, Z. - J. Plasma Process. Polym. 2016, 13, 105 - 115.

[148] Peterson, V. K.; Corr, C. S.; Boswell, R. W.; Izaola, Z.; Kearley, G. J. J. Phys. Chem. C 2013, 117, 4351 – 4357.

[149] Mex, L.; Müller, J. Membr. Technol. 1999, 115, 5 – 9.

[150] Mex, L.; Sussiek, M. Chem. Eng. Commun. 2003, 190, 1085 – 1095.

[151] Mex, L.; Ponath, N.; Müller, J. Fuel Cells Bull. 2001, 39, 9 – 12.

[152] Bassil, J.; Roualdes, S.; Flaud, V.; Durand, J. J. Membr. Sci. 2014, 461, 1 – 9.

[153] Thery, J.; Martin, S.; Faucheux, V.; Le Van Jodin, L.; Truffier – Bourry, D.; Martinent, A.; Laurent, J. – Y. J. Power Sources 2010, 195, 5576 – 5580.

[154] Bauer, B.; Strathmann, H.; Effenberger, F. Desalination 1990, 79, 125 – 144.

[155] Sata, T.; Tsujimoto, M.; Yamaguchi, T.; Matsusaki, K. J. Membr. Sci. 1996, 112, 161 – 170.

[156] Yu, E. H.; Scott, K. J. Power Sources 2004, 137, 248 – 256.

[157] Adams, L. A.; Poynton, S. D.; Tamain, C.; Slade, R. C. T.; Varcoe, J. R. ChemSusChem 2008, 1, 79 – 81.

[158] Ilie, A.; Simoes, M.; Baranton, S.; Coutanceau, C.; Martemianov, S. J. Power Sources 2011, 196, 4965 – 4971.

[159] Jamard, R.; Latour, A.; Salomon, J.; Capron, P.; Martinent – Beaumont, A. J. Power Sources 2008, 176, 287 – 292.

[160] Reinholdt, M.; Ilie, A.; Roualdes, S.; Frugier, J.; Schieda, M.; Coutanceau, C.; Martemianov, S.; Flaud, V.; Beche, E.; Durand, J. Membranes 2012, 2, 529 – 552.

[161] Hu, J.; Zhang, C.; Cong, J.; Toyoda, H.; Nagatsu, M.; Meng, Y. J. Power Sources 2011, 196, 4483 – 4490.

[162] Hu, J.; Zhang, C.; Zhang, X.; Chen, L.; Jiang, J.; Meng, Y.; Wang, X. J. Power Sources 2014, 272, 211 – 217.

[163] Hu, J.; Zhang, C.; Jinag, L.; Fang, S.; Zhang, X.; Wang, X.; Meng, Y. J. Power Sources 2014, 248, 831 – 838.

[164] Zhang, C.; Hu, J.; Fan, W.; Leung, M. K. H.; Meng, Y. Electrochim. Acta 2016, 204, 218 – 226.

[165] Matsuoka, K.; Chiba, S.; Iriyama, Y.; Abe, T.; Matsuoka, M.; Kikuchi, K.; Ogumi, Z. Thin Solid Films 2008, 516, 3309 – 3313.

[166] Zhang, C.; Hu, J.; Nagatsu, M.; Meng, Y.; Shen, W.; Toyoda, H.; Shu, X. Plasma Process. Polym. 2011, 8, 1024 – 1032.

[167] Zhang, C.; Hu, J.; Cong, J.; Zhao, Y.; Shen, W.; Toyoda, H.; Nagatsu, M.; Meng, Y. J. Power Sources 2011, 196, 5386 – 5393.

[168] Hu, J.; Meng, Y.; Zhang, C.; Fang, S. Thin Solid Films 2011, 519, 2155 – 2162.

[169] Zhang, C.; Hu, J.; Wang, X.; Toyoda, H.; Nagatsu, M.; Zhang, X.; Meng, Y. J. Power Sources 2012, 198, 112 –116.

[170] Sudoh, M.; Niimi, S.; Takaoka, N.; Watanabe, M. ECS Trans. 2010, 25(13), 61 –70.

[171] Sudoh, M.; Niimi, S.; Takaoka, N.; Watanabe, M. ECS Trans. 2011, 41(1), 1775 –1784.

[172] Schieda, M.; Roualdes, S.; Durand, J.; Martinent, A.; Marsacq, D. Desalination 2006, 199, 286 –288.

[173] Roualdes, S.; Schieda, M.; Durivault, L.; Guesmi, I.; Gerardin, E.; Durand, J. Chem. Vap. Deposition 2007, 13(6 –7), 361 –363.

[174] Schieda, M.; Salah, F.; Roualdes, S.; van der Lee, A.; Beche, E.; Durand, J. Plasma Process. Polym. 2013, 10(6), 517 –525.

[175] Rouessac, V.; van der Lee, A.; Bosc, F.; Durand, J.; Ayral, A. Microporous Mesoporous Mater. 2008, 111, 417 –428.

[176] Puyrenier, W.; Rouessac, V.; Broussous, L.; Rébiscoul, D.; Ayral, A. Microporous Mesoporous Mater. 2007, 106, 40 –48.

[177] Barranco, A.; Cotrino, J.; Yubero, F.; Espinos, J. P.; Contreras, L.; Gonzales – Elipe, A. R. Chem. Vap. Deposition 2004, 10, 17 –20.

第 11 章　陶瓷膜

11.1　引　言

陶瓷膜一般由氧化铝、氧化锆或氧化钛、碳化硅等无机材料制成。它们能抵抗机械、化学和热应力,具有高孔隙率和亲水表面。自20世纪80年代以来,陶瓷膜逐渐在民用领域的应用得到迅速发展。其优异的性能不仅适用于水处理领域,而且适用于恶劣环境下的应用,具有长期稳定的可靠性。

膜的结构决定了相应的分离过程。膜分离的应用及相应的尺寸如图11.1所示。陶瓷膜中具有一定尺寸的孔隙,从大分子到纳米不等,可用于液体过滤、气体分离和渗透汽化。但适用于气体分离的陶瓷膜要么是微孔膜,要么是致密膜,如微孔硅膜或沸石膜,气体输送的驱动力是通过膜的化学势梯度的浓度。本章重点介绍了陶瓷膜在液体过滤中的主要应用,从微过滤(MF;50 nm ~ 1 mm)、超过滤(UF;2 ~ 50 nm)到纳米过滤(NF;0 ~ 2 nm)。

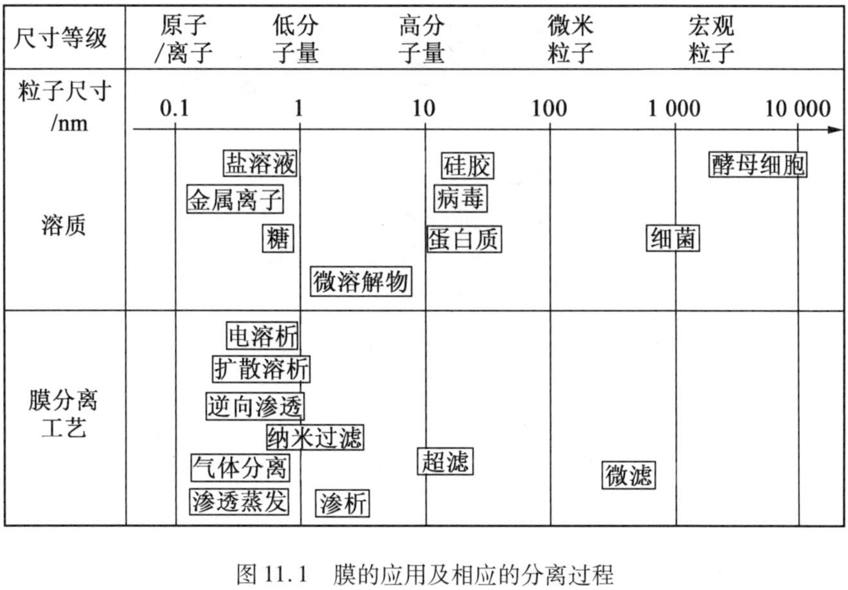

尺寸等级	原子/离子	低分子量	高分子量	微米粒子	宏观粒子	
粒子尺寸/nm	0.1	1	10	100	1 000	10 000
溶质	盐溶液 金属离子 糖	微溶解物	硅胶 病毒 蛋白质		细菌	酵母细胞
膜分离工艺	电溶析 扩散溶析 逆向渗透 纳米过滤 气体分离 渗透蒸发 渗析		超滤	微滤		

图 11.1　膜的应用及相应的分离过程

一般来说,陶瓷膜往往具有不对称结构,由一个薄的、可满足分离要求的选择性层和一个可渗透的支撑结构组成,如图 11.2 所示。根据应达到的截止速度,在支架上固定多个膜层,从较粗的中间层到最终分离层,孔径减小,直到达到指定的孔径。中间层的孔径比小于支撑层的孔径比,其目的是在制备功能层时防止颗粒渗入多孔支撑层。通常,膜的选择性要求越高,需要的支撑层就越多。此外,较薄的不对称膜顶层使其具有更大的渗透性。

支撑层孔径范围为 1～20 mm,孔隙率为 30%～65%,其主要作用是保证整体膜的机械强度。支架决定了陶瓷膜元件的几何形状,它们可以是平板、中空纤维、管状或多通道。多通道陶瓷膜在工业上有着广泛的应用。虽然中空纤维、管状和平板陶瓷膜主要用于实验室研究,但它们在工业环境中的应用尚处于初级阶段,陶瓷多道膜的图片如图 11.3 所示。

图 11.2　不对称陶瓷膜横截面示意图

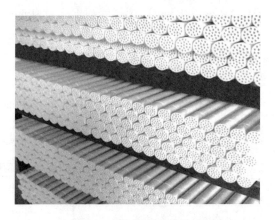

图 11.3　陶瓷多道膜照片

(照片由 Jiuwu 提供)

如前所述,根据分离层的孔径,用于液体过滤的陶瓷膜可分为 MF(孔径为 450 nm)、UF(孔径为 2～50 nm)和 NF(孔径为 0～2 nm)。陶瓷膜的制备方法很大程度上取决于其靶向结构,尤其是孔径范围。固体烧结和溶胶－凝胶法制备微滤膜和超滤膜是大规模连续生产微滤膜和超滤膜的两种常用工艺。这两种方法的过程类似,首先是在膜基体上均匀分散的悬浮液或溶胶涂层,然后进行热处理,以达到对 MF、UF 或 NF 的最终选择性。

在工业生产和商业应用中,陶瓷膜是第一个成功应用的膜。由于陶瓷膜在食品和饮料的处理和过滤方面具有各种各样的优点,因此大多数陶瓷膜都被用于牛奶的过滤,以及葡萄酒和果汁的预过滤。成功应用于乳品、葡萄酒等行业后,陶瓷 MF 膜的应用逐渐扩展到食品工业、环境工程、生物工程、电子工业、净化等领域。分离层常用的材料有 Al_2O_3、ZrO_2,以及支撑在多孔 $\alpha - Al_2O_3$ 基底或多层复合不对称支撑物上的 TiO_2。目前世界上有几十家供应商提供这种陶瓷膜组件,主要在美国、法国、德国、日本和中国(表 11.1)。

表 11.1 陶瓷膜供应商简介

制造商	分离工艺	材料	分子质量/孔隙尺寸
Pall, USA	MF	$\alpha - Al_2O_3$	$0.1 \sim 1.4 \ \mu m$
	UF	ZrO_2	$20 \sim 100 \ nm$
	NF	TiO_2, SiO_2	$600 \sim 1\ 000 \ Da$
NGK, Japan	MF	$\alpha - Al_2O_3$	$0.1 \sim 1.2 \ \mu m$
	UF	TiO_2, SiO_2	$10 \sim 150 \ kDa$
Jiuwu, China	MF	$\alpha - Al_2O_3$, ZrO_2	$0.1 \sim 0.8 \ \mu m$
	UF	$\alpha - Al_2O_3$, TiO_2, ZrO_2	$5 \sim 50 \ nm$
	NF	TiO_2, ZrO_2	$1\ 000 \ Da$
Atech, Germany	MF	$\alpha - Al_2O_3$, TiO_2, ZrO_2	$0.1 \sim 1.2 \ \mu m$
	UF	TiO_2, ZrO_2, $\alpha - Al_2O_3$	$1 \sim 150 \ kDa$, $50 \ nm$
Tami, France	MF	$\alpha - Al_2O_3$	$0.14 \sim 1.4 \ \mu m$
	UF	ZrO_2/TiO_2	$3\ 000 \sim 300\ 000 \ Da$
	NF	TiO_2	$1\ 000 \ Da$
Novasep, France	MF	ZrO_2/TiO_2	$0.1 \sim 0.8 \ \mu m$
	UF	ZrO_2/TiO_2	$15 \sim 300 \ kDa$
Inopor, Germany	MF	$\alpha - Al_2O_3$, TiO_2, ZrO_2	$0.07 \sim 1.0 \ \mu m$
	UF	$\gamma - Al_2O_3$, TiO_2, ZrO_2	$3 \sim 30 \ nm$
	NF	TiO_2, SiO_2	$450 \sim 750 \ Da$
GreaMem, USA	MF	SiC, $\alpha - Al_2O_3$	$0.1 \sim 0.5 \ \mu m$
	UF	SiO_2, TiO_2	$5 \sim 50 \ nm$

陶瓷超滤膜(UF)的孔径一般在 $2 \sim 50 \ nm$ 之间。与陶瓷 MF 膜相比,它们具有更小的孔径和较窄的分布,因此具有更好的分离性能,包括较高的分离精度和抗污染能力。在早期阶段,UF 膜也是通过固态烧结工艺制备的,但使用的是更小粒径的纳米颗粒或纳米纤维。陶瓷 UF 膜的典型应用是含油废水处理、饮料和果汁净化、生物发酵处理和有机

溶剂过滤。为了制备超细孔径(2~10 nm)的超细超滤膜,从胶体或聚合物溶胶出发,采用溶胶-凝胶技术制备超细超滤膜。Leenaars 等成功地应用溶胶-凝胶技术制备了 Al_2O_3 膜,并在一系列的文献中详细综述了 AlOOH 溶胶的合成过程以及膜的渗透和保持性能。最近,美国、日本、德国、法国、中国和其他国家的研究人员都在对这项技术进行研究。溶胶-凝胶法与其他形成超滤膜的方法相比有很多优点。通过溶胶-凝胶处理,可以获得各种各样的化学组成和大范围的孔径(取决于溶胶的粒径)。此外,前驱体材料价格低廉,加工成本也较低。目前,UF g-氧化铝、二氧化钛或氧化锆膜已经商业化,主要是通过溶胶-凝胶法制备得到,并具有诸如从水中分离染料颗粒和为其他膜制造中间层或支撑层的应用。

陶瓷 NF 的分子量截止值(MWCO)为 200~1 000 Da。有两种不同机制分离的溶质:基于离子在水中的价态变化(如果溶质带电)和基于分子量的筛选(如果溶质不带电)。随着纳米技术的发展,NF 膜逐渐在石化、食品加工、废水处理、能源、医疗等多种加工应用中占据重要地位,取代了传统的小分子分离方法,实现了通用技术的可持续发展。陶瓷 NF 膜是用大量不同的陶瓷材料制成的,如 g-Al_2O_3、TiO_2、ZrO_2、SiO_2、TiO_2-ZrO_2、SiO_2-ZrO_2 等。近年来,陶瓷 NF 膜从实验室研究转向工业规模产品,但在工业项目中应用较少。本章综述了陶瓷 NF 膜的制备方法、膜结构和性能的优化研究进展。

陶瓷膜技术发展的关键是膜的高渗透性和选择性,以及使用廉价和可控的制造方法。膜的渗透性和选择性与膜的材料有关,与微观结构有关(如孔径和分布、多孔性和膜厚度),以及与其他表面特性也有关。通过研究控制参数与膜微观结构的定量关系,建立起膜制备过程的数学模型,可以实现膜制备过程的定量控制。另一方面,陶瓷膜的表面性能对其分离性能和污垢倾向有重要影响。众所周知,一种具有特殊表面性能的改性膜促进了陶瓷膜在油包水乳液分离、油提纯、溶剂回收和蛋白质提纯等方面的应用。随着市场容量的增加,陶瓷膜在通量稳定性、分离效率和长寿命方面的高性能和持续下降的制造成本相结合,陶瓷膜现在变得具有竞争力,甚至可能在未来十年引起膜市场的根本性变化。BlueTech Research 在过去的 20 年中对陶瓷膜 UF 在水和废水中的应用进行了建模,如图 11.4 所示。陶瓷膜的采用相当温和,估计有 200 多个处理厂,相当于过去 20 年中使用该技术的大约 500 万人口。过去 5 年,陶瓷膜在处理方面的应用有了小幅的增长,2014 年 PWN 和 Metawater(4 100 000 $m^3 \cdot d^{-1}$)开发的两家大型工厂投产。到目前为止,已在世界各地建立了陶瓷膜设备 10 000 余项,其中江苏九物高新技术有限公司在中国建立的陶瓷膜设备约 2 000 项。

本章将在接下来的部分对膜的结构、制备方法和目前的应用进行概述。

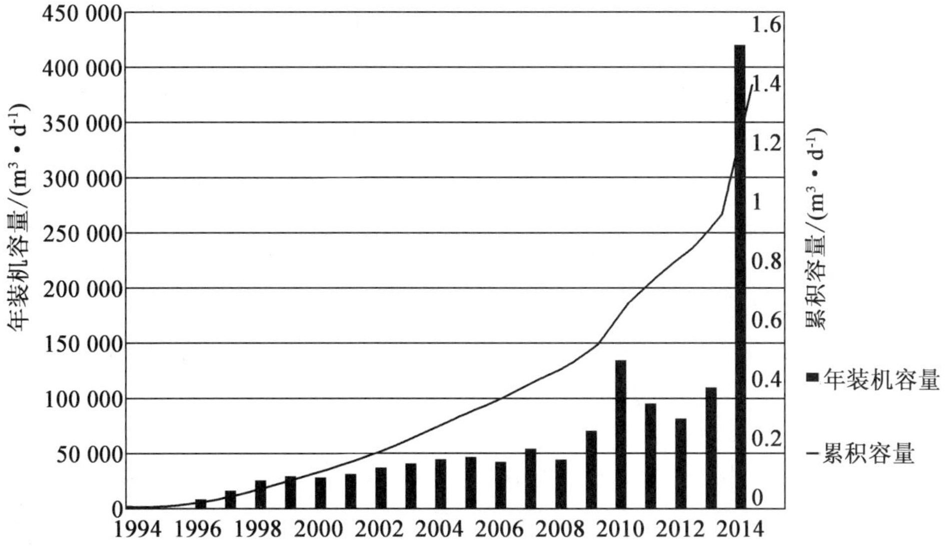

图 11.4　过去 20 年中陶瓷膜超滤膜在水和废水中的应用

11.2　陶瓷膜的制备方法

　　膜的制备是膜科学技术领域的核心问题,许多科学家把注意力集中在这个问题上,同时许多工程师开发了新的设备来改进膜制备技术。近几十年来,陶瓷膜的制备技术取得了重大进展,成功地发展了成孔剂法、模板法、纤维构筑法、溶胶－凝胶法和化学沉积法等低成本的新方法,提高了陶瓷膜的渗透性、选择性、分离精度和防污性能。例如,为了获得高渗透性的陶瓷膜,提出了孔隙形成和纤维构筑的方法。成孔方法是通过加入成孔剂来增加陶瓷膜的孔隙数,提高陶瓷膜的孔隙率。模板法是一种特殊类型的成孔剂方法,其中的成孔剂可以创建具有特定尺寸和有序形状的孔隙。纤维构筑方法以陶瓷纤维为原料,通过纤维通道的层层设置,孔的形状多样化,以提高孔隙率为目标。

　　溶胶－凝胶技术是目前制备中孔陶瓷膜的主要方法之一。它通常使用金属醇氧化物作为形成聚合物或胶体溶胶的前体,其中含有许多纳米颗粒。此外,还采用化学沉积的方法,通过减小孔径、修补缺陷和改变表面性能,改善陶瓷膜的分离性能。最后,为了满足陶瓷膜的商业应用要求,采用了一些采用低成本原料、低成本烧结工艺和一些先进的制造技术的制造方法。

11.2.1　成孔剂法

　　陶瓷膜的渗透性主要取决于其孔隙率、孔的弯曲度和孔的形态。成孔剂法被认为是一种简单、高效、经济的提高陶瓷孔隙率的方法。成孔剂可分为无机和有机两类,无机成孔剂包括无机盐和碳材料,它们在高温下可分解,如碳酸铵、碳酸氢铵、氯化铵、石墨和粉煤。有机成孔剂包括天然纤维和聚合物,如锯末、淀粉、聚苯乙烯(PS)和聚甲基丙烯酸甲酯(PMMA)。

为了增加开孔率,通常将石墨或活性炭等碳颗粒与陶瓷粉末混合,然后煅烧或烧结。Yao 等以高岭土和氧化铝为原料,采用原位反应烧结法制备了多刚玉多孔陶瓷。结果表明,加入20%(质量分数)石墨作为成孔剂后,孔隙率由29.7%提高到50.6%。石墨的使用有效地增加了孔隙度,并创造了相对较大的孔隙。但随着加入量的增加,孔隙率降低,可能的原因是成孔剂过多,烧结过程中产生了更大的收缩,这可部分抵消了成孔剂导致孔隙率增加的影响。Liu 等研究了石墨粒径和含量对多孔堇青石连接 SiC 性能的影响。结果表明,当加入量为25%(质量分数)时,用粒径为 10 mm 的石墨作为成孔剂,可使气孔率由28.1%提高到44.5%。用该方法制备的陶瓷膜的孔隙率取决于成孔剂的体积,但当粒径从 5 mm 到 20 mm 时,其增加幅度不大。Dong 等研究了添加活性炭对多孔性和孔径的影响。研究发现,当活性炭添加量从 0~17%(质量分数)增加时,孔隙率由36%~45%增加,而三点弯曲强度在 50 MPa 左右时几乎不变。他们还发现,当活性炭添加量恒定时,随着烧结温度的升高,孔径增大。其原因可能是由于活性炭在高温下的桥接现象,促进了气孔之间的连接。She 等研究了石墨作为成孔剂制备多孔 SiC 的方法。当石墨含量从25%增加到60%时,多孔陶瓷的孔隙率从36.4%线性增加到75.4%。Collier 等以15%(质量分数)淀粉为成孔剂,在 1 600 ℃烧结得到高孔隙率约64.6%的氧化铝膜。经制备,膜的平均孔径约为10.1 mm,纯水渗透率约为 122 $m^3/(m^2 \cdot h \cdot bar)$。Yang 等分别以膨润土和玉米淀粉为助烧结剂和成孔剂,制备了多孔氧化铝膜。添加10%(质量分数)玉米淀粉后,多孔氧化铝膜的孔隙率和透气性均有所提高。孔隙度由24%增加到38%,渗透率由 1.68 m^2 增加到6.86 m^2。

研究人员已经使用成孔剂来提高多孔陶瓷膜的渗透性,主要是通过增加其孔隙率。在此过程中,对陶瓷膜的孔隙度进行了定量控制,同时将陶瓷膜的平均孔隙尺寸及其分布保持在初始水平。然而,这种方法很难获得具有细孔的膜。但适用于制备大孔、高孔隙率的高渗透性膜。

11.2.2 模板法

模板法是一种特殊的成孔剂方法,它采用规则或均匀的成孔剂,有效地控制合成材料的形态,得到有序的孔结构和均匀的孔径分布。模板法具有模板剂选择的变异性和调整孔结构的灵活性等吸引人的特点。因此,模板法近年来引起了研究者的广泛兴趣。

1. 有机微球模板

Velev 等以胶体晶体为模板制备了三维(3D)有序大孔 SiO_2 材料。通过改变模板的粒径,可以得到孔径在0.15~1 mm 之间的有序大孔 SiO_2 材料。制备的大孔 SiO_2 材料具有较大的孔隙率(约78%)。Park 等通过紫外聚合工艺,以有机 PS 微球为模板制备了平均孔径约为 100 nm 的三维有序大孔膜。如图 11.5 所示,膜呈现高度有序的三维多孔结构。孔隙表面密度约为 2×10^9 cm^{-2},每个孔隙表面直径约为 100 nm。Sadakane 等以 PMMA 为模板制备了三维有序大孔陶瓷。所得多孔陶瓷的孔隙率较大,在66%~81%之间。

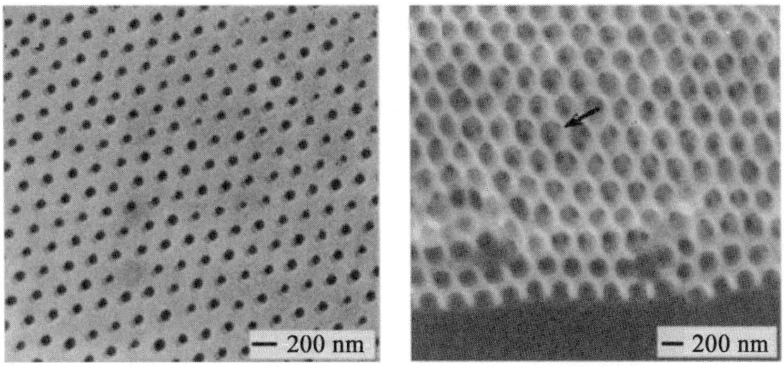

（a）俯视图　　　　　　　　　（b）横截面图

图 11.5　三维有序大孔膜的扫描电子显微镜图像

为了增加膜的多孔性和改善膜的流动性，人们做了许多努力。Zhao 等以 PMMA 为模板制备了三维有序大孔 ZrO_2、SiO_2、Al_2O_3 对称陶瓷膜。经处理，ZrO_2 和 SiO_2 陶瓷膜的孔隙率分别为 60% 和 48.1% 左右。图 11.6 所示为带负电荷的 PMMA（680 nm）和带正电荷的 Al_2O_3 颗粒在 pH = 4 时制备的有序大孔 Al_2O_3 膜的扫描电子显微镜（SEM）图像。结果表明，该模板法制备的膜具有良好的抗氧化性能。Xu 等将 PS 微球与 TiO_2 – SiO_2 复合溶胶混合，通过旋涂工艺在多孔基底上制备 TiO_2 – SiO_2 复合膜。经制备，复合膜的平均孔径为 200 ~ 300 nm。

图 11.6　以 PMMA 为模板的三维有序大孔 Al_2O_3 膜的扫描电子显微镜图像

2. 表面活性剂模板

由于表面活性剂是可以在溶液中自组装形成胶束、微乳液、液晶、囊泡等物质，因此通常采用表面活性剂作为有机模板剂。1992 年，美孚公司的科学家首次用十六烷基三甲基溴化铵（CTAB）作为有机模板，合成了有序介孔 MCM – 41。这种介孔材料显示出各种对称的孔，孔径在 2 ~ 50 nm 范围内。Ji 等以 CTAB 为模板表面活性剂，在水热条件下在多孔载体上制备了介孔 MCM – 48 二氧化硅膜。在他们的研究中，使用溶剂萃取法，而不采用煅烧法来去除模板。结果表明，1 mol·L^{-1} HCl/EtOH 溶液的溶剂对 MCM – 48 材料中的模板的提取效果较好，90% 以上的模板需在室温下提取 24 h。Xu 等进一步研究了

以 H_2O 为孔隙填充剂,防止溶胶溶液渗入支撑孔,制备了介孔 MCM – 48 膜。H_2/N_2 分离因子为 3.47,跨膜压力(TMP)为 0.05 MPa。

不同的模板剂可用于有序二氧化硅膜的制备。Kumar 等以 CTAB 为模板,通过水热法在多孔基质上制备了介孔 MCM – 48 膜。两种基质的平均孔径分别为 200 nm 和 300 nm。试验结果表明,该膜的平均孔径为 2.6 nm,孔隙率为 40%。同时,在制备过程中,膜层呈现出高度有序的孔结构,有利于提高膜的性能。Zhang 等以十六烷基三甲基氯化铵为模板剂,在 Al_2O_3 基体上制备了无支撑有序介孔 SiO_2 膜和有支撑有序介孔 SiO_2 膜,制备的介孔 SiO_2 膜具有均匀的孔径分布和较小的孔径(2 ~ 3 nm)。

除了有序的二氧化硅膜外,Choi 等还利用 Tween80 作为模板获得了具有梯度孔结构和提高渗透性的 $TiO_2 – Al_2O_3$ 复合陶瓷膜。孔径梯度从上至下分别为 2 ~ 6 nm、3 ~ 8 nm、5 ~ 11 nm,孔隙率分别高达 46.2%、56.7%、69.3%。CaO 等采用 P123 模板溶胶 – 凝胶法制备了 TiO_2 超滤膜。在制备过程中,超滤膜的截留分子量为 7 500 Da,高纯水通量为 170 L/(m·h·bar)。

11.2.3   纤维构筑法

由于陶瓷过滤器超薄的结构,可以在大孔基体表面快速堆积和桥接,从而减少渗透现象。同时,多孔性和表面积高的陶瓷膜是很容易获得的,这对提高陶瓷膜的渗透性有显著影响。

Lei 等以二氧化钛为原料,通过浸涂法获得平均孔径为 2.6 mm 的陶瓷膜。这种膜具有很好的纯水渗透性,几乎是颗粒原料的两倍。Ke 等以大的 TiO_2 和小的勃姆石为原料,在不同的多孔载体上制备了 Al_2O_3 和 TiO_2 纳米纤维膜。随机取向的钛酸盐纳米纤维可以完全覆盖多孔基体的粗糙表面,不留下针孔或裂纹。在这种钛酸盐纤维层的顶部,使用勃姆石纳米纤维形成一层氧化铝纤维。他们发现多孔支撑物的差异对所得膜的结构没有实质性影响。结果表明,对于平均粒径为 60 nm 的纳米球形颗粒,超滤膜的平均孔径约为 50 nm,截留率高达 95% 以上。同时,膜具有较大的孔隙率(大于 70%),渗透率高达 900 L/(m²·h)。他们进一步以氧化铝胶体凝胶为原料,通过水热反应进一步合成了勃姆石纳米纤维,用于制备孔径较小的纳米纤维膜。制备的氧化铝纳米纤维膜平均孔径约为 11 nm,分离效率高,分子量筛截(MWCO)为 70 kDa。

纤维构筑法通过增加陶瓷膜的孔隙率来提高陶瓷膜的渗透性,然而,膜层的强度被削弱。因此,提出了几种加强纤维间颈部连接的方法。Fernando 等在制备强度高的 Al_2O_3 纤维膜过程中添加了磷酸盐作为黏合剂,以促进 Al_2O_3 纤维的颈部连接。Qiu 等在 TiO_2 纤维中加入 TiO_2 溶胶粒子,制备 TiO_2 纤维 UF 膜。TiO_2 溶胶粒子的加入可促进颈部较强的连接。

11.2.4   溶胶 – 凝胶法

随着陶瓷膜制造技术的成熟,陶瓷膜的促渗研究主要有两种。一种是制备具有大孔的陶瓷膜,用于高温下的气体净化;另一种是制备具有小孔的陶瓷膜,用于 NF 甚至气体分离过程。因此,溶胶 – 凝胶法已被认为是商业化生产具有纳米孔结构的陶瓷膜最有效和最有发展潜力的方法之一。

溶胶 – 凝胶法主要通过调节溶胶中胶体的粒径来控制膜层的分离精度。胶体大小可控制在几纳米以下,制备孔径小、孔径分布窄、分离精度高的 UF 和 NF 陶瓷膜。

1. 陶瓷超滤膜的制备

$\gamma - Al_2O_3$ 超滤(UF)膜是溶胶 – 凝胶法制备的最早的陶瓷超滤膜之一。随后,大量的研究集中在溶胶合成过程中,以提高膜的渗透性和保持性能。Das 等采用溶胶 – 凝胶法在多孔基质上制备了 $\gamma - Al_2O_3$ 膜。采用平均孔径为 0.1 ~ 0.7 mm 的 MF 膜作为 UF 膜层沉积的载体。采用平均粒径为 30 ~ 40 nm 的胶体溶胶形成超滤膜层。在制备过程中,超滤膜对水中大肠杆菌的去除率高达 100%。

与 $\gamma - Al_2O_3$ 膜相比,ZrO_2 和 TiO_2 由于其良好的化学稳定性,在陶瓷 UF 膜的制备中更受欢迎。Vacassy 等采用聚合物溶胶 – 凝胶法制备了 ZrO_2 UF 膜。ZrO_2 UF 对蔗糖(MW 342 $g \cdot mol^{-1}$)和维生素 B12(MW 1 355 $g \cdot mol^{-1}$)的排斥率分别为 54% 和 73%。Ju 等采用胶体溶胶 – 凝胶法,在较低的烧结温度下获得了孔径较小的 ZrO_2 UF 膜。ZrO_2 UF 膜的烧结温度由 1 100 ℃ 降至 500 ℃,同时 ZrO_2 超滤膜的平均孔径从 50 nm 下降到 20 nm,分离精度显著提高。Manjumol 等采用胶体溶胶 – 凝胶法制备了平均孔径约为 5 nm 的 TiO_2 UF 膜。在制备过程中,超滤膜的牛血清白蛋白(BSA)(MW 67 000 $g \cdot mol^{-1}$)保留率超过 98%。Fan 等采用胶体溶胶 – 凝胶法制备了多通道 TiO_2 UF 膜层,采用平均孔径约为 200 nm 的多通道衬底。以右旋糖酐为标准物质,对该二氧化钛超滤膜的 MWCO 进行了测定,结果表明,该膜的 MWCO 值约为 9 000 Da。随后,使用制备得到的多通道 TiO_2 UF 膜去除废水中的直接黑(MW 909 $g \cdot mol^{-1}$)和聚乙二醇(MW 70 000 $g \cdot mol^{-1}$),这两种物质的保留率均大于 99%。

2. 陶瓷纳滤膜的制备

陶瓷纳滤膜具有较高的分离精度,可用于寡糖、染料、多价离子等元素的选择性分离。溶胶 – 凝胶法是制备陶瓷 NF 膜最合适的方法之一,文献中通常描述两种溶胶 – 凝胶方法。一种是利用有机溶剂中金属有机前驱体的化学性质;另一种是基于水介质中的胶体化学。这两个过程分别称为聚合物溶胶 – 凝胶方法和胶体溶胶 – 凝胶方法。

聚合物溶胶 – 凝胶法是制备陶瓷 NF 膜最常用的方法。由于矿物核心被有机外壳包围,它可以保护小于 10 nm 的单个颗粒,从而防止聚集。Tsuru 等以平均孔径约为 1 mm 的 $\alpha - Al_2O_3$ 大孔膜作为衬底,采用聚合物溶胶 – 凝胶法制备了平均孔径为 1.2 nm 的 TiO_2 NF 膜。经制备,TiO_2 NF 膜的 MWCO 为 600 Da,NaCl 的截留率为 60%。在随后的研究中,他们使用聚合物溶胶 – 凝胶方法制备了孔径在 0.7 ~ 2.5 nm 范围内的 TiO_2 NF 膜。根据 PEG 的保留率,这种膜的 MWCO 在 500 ~ 2 000 Da 之间。Qi 等制备了平均粒径约 1.2 nm 的聚合物 TiO_2 溶胶。随后,利用该聚合物二氧化钛溶胶制备了 MWCO 为 890 Da 的二氧化钛纳滤膜。在制备过程中,当盐浓度为 0.025 mol $\cdot L^{-1}$,pH = 4.0,TMP 为 5×10 Pa 时,二氧化钛纳滤膜对 Ca^{2+} 和 Mg^{2+} 的截留率分别为 96.5% 和 92.8%。

对于在恶劣条件下陶瓷纳滤膜的应用,ZrO_2 被认为是一种有前途的材料。Van Gestel 等报道了以醇盐为前驱体,通过溶胶 – 凝胶法合成乙酰丙酮的 ZrO_2 圆盘式 NF 膜。Beffer 等以丙醇锆为前驱体,通过溶胶 – 凝胶法制备了 ZrO_2 NF 膜。直接红(MW 990.8 $g \cdot mol^{-1}$)

对 ZrO^2 纳滤膜的截留率高达 99.2% 。

同时,TiO_2 – ZrO_2 复合 NF 膜比纯 NF 膜或 NF 膜具有更高的相变温度和热稳定性。Aust 等采用聚合物溶胶 – 凝胶法制备了 TiO_2 – ZrO_2 复合 NF 膜。通过调整锆盐前驱体和钛盐前驱体的摩尔比,可以控制孔径和分离精度。所有制备的 TiO_2 – ZrO_2 复合纳滤膜对直接红色染料(MW 990.8 g·mol^{-1})均具有良好的截留性能,截留率可高达 95% 。

不同于聚合物溶胶 – 凝胶方法,作为一种环境友好的替代方法,涉及多种有机和有害溶剂,胶体溶胶凝胶路线由于使用水作为溶剂而受到越来越多的关注,它是生理无害的、无毒的、不易挥发的、低成本的,并且在大范围内可用。胶体溶胶 – 凝胶法是工业规模化生产的首选方法。然而,通过胶体溶胶 – 凝胶技术制备 TiO_2 NF 膜的一个难点就是要在溶胶阶段防止颗粒聚集,从而制备微孔陶瓷。因此,首先需要合成一种粒径小于 10 nm 的高度稳定的颗粒溶胶。图 11.7 所示为一种含有机添加剂的改性胶体溶胶 – 凝胶工艺,用于制备 TiO_2 – NF 膜,MWCO 约为 820 Da,膜的纯水渗透性约为 8 L/(m^2·h·bar)。

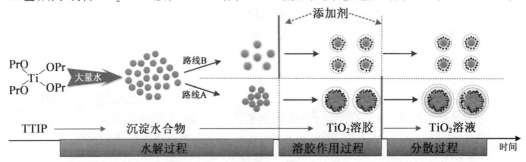

图 11.7　一种改进的胶体溶胶 – 凝胶工艺

采用胶体溶胶 – 凝胶法制备了无裂纹的 γ – Al_2O_3、YSZ、ZrO_2 和 TiO_2 – ZrO NF 薄膜。YSZ NF 膜的透水性为 28 L/(m·h·bar),MWCO 为 800 Da(图 11.8)。在 60 ℃ 过滤时,荧光增白剂回收率为 99%,NaCl 去除率大于 98%,说明陶瓷 NF 膜是处理高矿化度染料废水的首选工艺。

利用不同的金属氧化物制备复合陶瓷膜,提高 NF 膜的多样性和性能越来越受到人们的关注。Tsuru 等制备了一系列具有不同粒径分布的 SiO_2 – ZrO_2 胶体复合溶胶。以这些复合溶胶为基础,制备了孔径为 2.9 nm、1.6 nm 和 1.0 nm 的 SiO_2 – ZrO_2 复合纳滤膜,其孔径随胶体复合溶胶粒径的减小而减小。Lu 等采用锆无机盐和钛烷氧化物的混合物,通过胶体溶胶 – 凝胶法制备了 TiO_2 – ZrO_2 复合 NF 膜。TiO_2 – ZrO_2 NF 膜的 FESEM 图像如图 11.9 所示。结果表明,该材料形成了一层良好的无裂纹表层,厚度约为 200 nm。复合 NF 膜表现出较低的 MWCO 约 500 Da,高纯水渗透性 35 ~ 40 L/(m·h·bar),在模拟放射性废水处理($pH = 3$,$T = 25$ ℃)中,1×10^{-6} mg·L^{-1} Co^{2+} 的预期保留率为 99.6%,13×10^{-6} mg·L^{-1} Sr^{2+} 的预期保留率为 99.2%,7 ppm Cs^+ 的预期保留率为 75.5%,这表明陶瓷纳滤膜在放射性废水处理中具有广阔的应用前景。

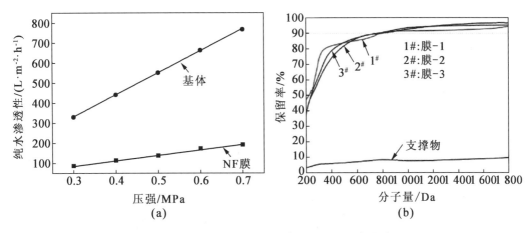

图 11.8　YSZ – NF 膜的纯水渗透性和 PEG 保留率

图 11.9　TiO_2 – ZrO_2 纳滤膜的场发射扫描电子显微镜图像

11.2.5　化学沉积法

自溶胶 – 凝胶法制备陶瓷、致密 UF 膜及陶瓷 NF 膜的商业化以来,研究人员正在开发化学沉积法,通过减小孔径、细化孔径分布,进一步提高陶瓷膜的渗透性和选择性。目前已开发的几种改性技术包括化学气相沉积(CVD)、超临界流体沉积(SCFD)、原子层沉积(ALD)技术和表面接枝。这些化学沉积方法不仅可以修复缺陷,提高膜的稳定性,而且还可以进一步减小孔径,提高分离精度。

1. 化学气相沉积法

CVD 法是通过在多孔基底上沉积氧化硅或金属氧化物来优化孔结构和提高陶瓷膜渗透性的有效方法。Labropoulos 等在 573 K 温度下,通过循环使用 CVD 方法,将 SiO_2 膜的孔径从 1 nm 减小到 0.56 nm。Lin 等采用 CVD 方法对平均孔径为 4 nm 的 g – Al_2O_3 陶瓷膜进行了改性,得到了平均孔径为 0.4 ~ 0.6 nm,膜厚 1.5 mm 的 SiO_2 膜。Fernandes 等采用 CVD 法在多孔石英玻璃上沉积四氯化硅溶液。孔径由 4.4 nm 减小到 2 nm。然而,CVD 工艺通常需要高温和真空环境,并且前体应该是易挥发的。因此,大多数的化学气相沉积方法通常应用于实验室研究。

2. 超临界流体沉积(SCFD)法

SCFD 技术是基于超临界流体溶剂(如典型的 SC-CO$_2$),它将携带的前驱体沉积在多孔陶瓷的孔隙中。该方法可用于陶瓷膜的改性。在此过程中,陶瓷前驱体在超临界流体中的溶解度随着压力的降低而降低,前驱体会沉积在陶瓷基体的孔隙中,因此,陶瓷膜的孔径减小。Wang 等基于一组动力学方程、超临界溶液的相平衡模型和经典成核理论,建立了描述超临界流体渗透过程的数学模型。随后,他们将该数学模型应用在试验中,并将平均孔径从 110 nm 减小到 80 nm。Brasseur 等提出了使用超临界异丙醇作为溶剂将钛醇氧化物前体沉积到氧化铝基板上的 SCFD 方法。研究发现,基质的孔径从 110 nm 显著减小到 5 nm。Tatsuda 等采用 SCFD 方法,以四异丙醇钛为前体,以 SC-CO$_2$ 为溶剂,对介孔 SiO$_2$ 进行了改性。结果表明,前驱体渗入介孔 SiO$_2$ 后,孔径明显减小。

3. 其他新的化学沉积方法

ALD 是一种基于气相化学过程,可连续使用的薄膜沉积技术,它被认为是 CVD 的一个子类。大多数的 ALD 反应使用两种化学物质,通常称为前驱体,它们以连续的、自我限制的方式一次与一种材料的表面反应,通过反复暴露在不同的前体中,慢慢沉积一层薄薄的薄膜。Li 等通过 ALD 将氧化铝层沉积到平均孔径为 50 nm 的基底上。经过 600 个周期的 ALD 处理,该膜的 BSA 截留率由 2.9% 提高到 97.1%。

与化学沉积方法类似,目前,表面接枝技术用于通过形成超薄聚合物层(甚至小于 1 nm)来调整膜材料的表面性质,而不是形成无机沉积层。同时,对于孔径较小的膜,在接枝过程中孔径结构也会降低。陶瓷膜表面通常吸附水形成羟基,通过将有机硅烷方法接枝到介孔膜表面可以修饰一层有机分子。通过改变不同官能团和分子链长度的接枝物质,可以控制膜的孔径和表面性质,以满足不同应用体系的不同要求。Sah 等以三甲基氯硅烷为接枝剂,成功地将孔径从 2.3 nm 减小到 2.0 nm。Faibish 等通过两步反应将聚乙烯吡啶酮接枝到陶瓷 UF 膜上,使陶瓷膜的孔径减小了 25% ~28%,从而提高了陶瓷膜的保留性能。

11.2.6　低成本制造方法

陶瓷膜的高生产成本限制了其应用。陶瓷膜的制备成本主要来自原料和烧结工艺。因此,降低陶瓷膜的制备成本,如采用助烧结剂降低烧结温度,采用低成本的原材料,采用先进的烧结工艺等成为研究的热点。

1. 低成本易烧结原料

为了在低温下制备烧结陶瓷膜,降低制备成本,通常采用液相烧结助剂和固相烧结助剂来促进低温烧结。液态烧结助剂包括原高岭土、钾长石等天然硅酸盐黏土矿物,可在低温下熔融成液体。液相在毛细管力的作用下会变湿并包裹在颗粒表面。随后,助烧剂将颗粒连接起来,提高陶瓷的强度。固态助烧剂包括二氧化钛、氧化锆、氧化钇和其他熔融氧化物,它们可以与氧化铝形成固溶体系,降低烧结温度。

Hu 等将粒径小于 0.5 mm 的 α-Al$_2$O$_3$ 粉末作为助烧结剂,添加到 α-Al$_2$O$_3$ 原料(22 mm)中进行烧结。同时,采用聚甲基丙烯酸铵和聚乙烯亚胺对大颗粒进行表面包覆。烧结温度从 1 700 ℃ 降低到 1 550 ℃。制备的 α – Al_2O_3 陶瓷膜强度为 34.2 MPa，孔隙率 34%，平均孔径 2.34 mm，纯水渗透率 205 $m^3/(m^2 \cdot h^{-1})$（1 MPa）。

Falamaki 等研究了 $CaCO_3$ 作为多孔过滤器和助烧剂在盘状氧化铝载体制造中的双重行为。结果表明，当多孔硅初始质量分数在 1% ~ 7% 范围内时，最佳烧结温度为 1 350 ℃，对应于最高的磁导率。同时，使用 5% 初始孔隙质量分数获得最大渗透率。他们还证明，孔隙生长机制并不是这种渗透性增强的原因。相反，在液相烧结过程中，弯曲度的降低是形成"圆形气孔"机制的主要原因。

Wang 等以工业钛白粉（金红石）为助烧剂，实现了 1 300 ℃ 下多孔氧化铝陶瓷膜载体的反应烧结。研究还发现，金红石、有机造孔剂和烧结技术对烧结体的微观结构有显著影响。这些结果表明，当加入的金红石小于 10.0%（质量分数）时，气孔半径（从 1.6 nm 到 0.8 mm）显著降低。为了节能，在 1 400 ℃ 下以较短的烧结时间（2 ~ 4 h），足以获得具有高开孔率和所需机械强度的陶瓷膜支架，以及更好的抗腐蚀性。

廉价的天然非金属矿物，如高岭土、工业莫来石、粉煤灰和其他工业废料，也被用作原材料，以实现低成本制造陶瓷膜。Almandoz 等用各种铝硅酸盐浆料配方制成的无支撑 MF 陶瓷膜，铸造生料的最佳烧结温度在 1 200 ~ 1 300 ℃ 之间。Dong 等以废粉煤灰和碱式碳酸镁为原料，在管状大孔堇青石载体上制备了堇青石基多孔陶瓷膜。Majouli 等用天然珍珠岩制作平面支架，将粉体粉碎，过筛至 200 mm，加入有机添加剂和水，在 1 000 ℃ 时优化了支架的烧成温度。得到的支架平均孔径为 6.64 mm，孔隙率为 41.8%。同时，其纯水渗透率为 1 797 L/($h \cdot m^2 \cdot bar$)。此外，还对珠光体的耐化学性进行了测试，结果表明，珠光体载体在酸性介质中的耐化学性优于碱性介质。

2. 低成本烧结方法

为了获得多层非对称结构，烧结过程必须重复多次，这可能会导致较长的制造周期和较高的成本。因此，烧结工艺已成为低成本制备陶瓷膜的瓶颈。为了降低陶瓷膜的成本，除了采用低成本、易烧结的原料外，缩短烧结时间已成为降低陶瓷膜制造成本的另一种有效方法。

一些研究人员利用快速烧结技术来缩短烧结时间，以降低烧结成本。其中，微波烧结技术的应用最为广泛。这项技术是一种非接触技术，以电磁波的形式进行热传递。这样，热量就可以直接进入材料的内部区域，可以有效地避免烧结不均匀性，因此，可以同时降低烧结时间和温度。微波技术通常用于制备接近致密的陶瓷复合材料，如 Al_2O_3 – ZrO_2 和 Al_2O_3 – TiO_2。此外，微波技术可以改善陶瓷膜的组织并提高其性能。因此，这些微波技术可用于多孔陶瓷膜的制备。Oh 等通过微波烧结制备了力学性能改善的 Al_2O_3/ ZrO_2 多孔复合材料。结果表明，在微波加热过程中，由于 ZrO_2 具有较高的介电损耗因子和良好的微波能量吸收能力，通过在 Al_2O_3 粒子之间选择加热 ZrO_2，可以实现初始接触粒子间的颈部生长。结果表明，微波烧结法制备的复合材料比常规烧结法制备的复合材料具有更高的弹性模量和断裂强度。

为了缩短烧结时间，一些研究者从多层陶瓷器件的封装领域引入了共分相技术，通过减少烧结周期来降低陶瓷膜的制造成本。Feng 等提出了一种共分相工艺，以减少管状双层 α – Al_2O_3 的生产时间和成本。研究发现，首先要解决的问题是两个膜层在共切过程中的收缩失配。共切温度的选择是最主要的问题。否则,两层膜的烧结收缩失配量过大,会造成裂纹、大气孔等缺陷。1 300 ℃共分相制备的膜无缺陷,界面结合力强。这些优点得益于两个膜层在共切过程中的适度收缩失配。同时,超声处理后的共隔膜具有稳定的渗透性和微观结构。此外,在 $CaCO_3$ 悬浮液的过滤过程中,通过共沉淀处理的膜比传统工艺制备的膜具有更高的稳定渗透通量,并且能够承受较高的反冲洗压力。

在后续的研究中,采用共分相方法在 Al_2O_3 基板上制备了 ZrO_2/Al_2O_3 双层膜。结果表明,采用较薄的无缺陷亚层膜,可以实现膜层与支撑体的良好结合。但是,顶层膜不能很薄,否则,由于表层膜的快速收缩所引起的压缩应力,在氧化过程中促进下层膜的烧结将是十分不利的。下层膜和上层膜的厚度分别优化为 15 mm 和 10 mm。在 1 200 ℃条件下,得到平均孔径约为 0.28 mm,纯水通量约为 2.82×10^3 L/($m^2 \cdot h \cdot bar$)的双层 ZrO_2/Al_2O_3 膜。

为了将共分相法用于制备孔径较小的陶瓷膜,邱等在共分相过程中,以溶胶包覆的纳米纤维为材料制备了二氧化钛超滤膜。为此,采用二氧化钛纳米纤维覆盖多孔基体,制备出具有高孔隙率和高通量的均匀层。同时,利用溶胶制备的二氧化钛纳米颗粒提高了二氧化钛纳米膜的机械强度。在较低的烧结温度下,纳米纤维与胶体颗粒(溶胶)之间形成烧结颈可以解释这种增强机制。随后,将二氧化钛胶体颗粒溶胶沉积在二氧化钛纳米纤维层的顶部,在合适的烧结温度 480 ℃下进行共分相,以减小孔径并获得高分离效率。经制备,超滤膜表面均匀,无明显缺陷。同时,UF 膜的纯水通量渗透率约为 1 100 L/($m^2 \cdot h \cdot bar$),MWCO 为 32 000。Dong 等通过共分相方法制备了多孔堇青石膜。同时,以低成本工业级粉末为原料,降低了制造成本和加工时间。结果表明,两层堇青石膜(厚度分别为 45.0 mm 和 15.0 mm)的烧结收缩性能差异较小,可以实现共夹层。

11.3　陶瓷膜性能的影响因素

面向应用的陶瓷膜的制备方法主要包括:陶瓷膜的微观结构、材料性能和操作参数的设计。陶瓷膜的分离性能与其结构参数和材料性能密切相关。陶瓷膜的结构参数包括平均孔径、孔径分布、膜厚、孔径、孔径形状、弯曲度等,是影响陶瓷膜渗透性的主要因素。材料性能包括化学稳定性、热稳定性、机械强度和表面性能,这些性能不仅影响膜分离性能的渗透性,而且与膜的寿命密切相关。操作参数包括膜表面的流速、TMP 和温度,这些参数会影响浓度极化程度、膜污染以及渗透性和排阻性能。

11.3.1　微观结构的影响

随着陶瓷膜制备技术的发展,陶瓷膜的性能得到了很大的提高。同时,制备工艺的可控性使陶瓷膜的微观结构调整成为可能。因此,在相同的应用系统中,考虑不同孔径膜的不同性能,越来越多的研究关注膜的微观结构对陶瓷膜性能的影响。

孔径是影响膜渗透性能和分离性能的主要因素。对于纯溶剂系统,孔径越大,陶瓷膜的渗透性越大。然而,由于吸收、浓度极化和膜污染现象(如堵塞)的影响,实际过滤系统很少显示出与膜的纯水渗透性相当的渗透性值。在处理油田生产的水和苹果汁时,发现随着膜孔径的增大,液体浓度严重下降。只有当膜和污染层的总阻力达到最小值时,具有合适孔径的膜系统才能达到最高的渗透通量。因此,在膜应用中,膜应具有合适的孔径分布,以尽可能达到最大的渗透性。同时,应将抗渗透性保持在要求的水平。如图11.10所示,在分离卵蛋白和右旋糖酐溶液的过程中,渗透性并没有随着膜孔径的增大而线性增加。当膜孔径为0.8 mm时,渗透率最高。这可能是由于使用孔径较大的膜时,堵塞现象导致输送阻力增大。只有当膜孔径与目标物质的粒径相匹配时,膜系统才能达到最高的渗透通量。

由于流体通过膜的路径长度随膜厚的增加而明显增加,因此膜厚对性能的影响主要表现为渗透性。结果表明,随着膜厚的增加,膜的输送阻力增大,渗透系数减小。然而,膜的厚度也会影响膜的保持性能。Cheng等研究了静电吸附去除钛黄的带正电微孔陶瓷膜,发现随着膜厚的增加,钛黄的去除率增加。研究人员解释说,过滤路径和有效吸附面积都随着膜厚的增加而增加,因此去除率也随之增加。

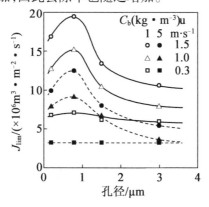

图 11.10 卵蛋白和右旋糖酐溶液过滤中孔径对陶瓷膜渗透性的影响

具有高孔隙率的陶瓷膜拥有更多的开放孔和高渗透性。一般情况下,膜层的孔隙率为20%~60%,而基质的孔隙率比膜层大得多。对于中频膜,多孔性通常大于30%。

针对上述现象,一些研究者建立了结构与性能的理论关系,建立了面向应用的陶瓷膜结构设计方法。Xu等提出了面向应用的陶瓷膜设计研究框架。建立了一种新的颗粒悬浮液错流MF模型,提出了一种描述膜污染的阻塞因子(k)。该模型描述了膜透性与膜结构参数之间的关系。此外,还得到了渗透通量随过滤时间的变化,通过该模型可以在理想条件下,从理论上预测膜结构参数(如孔径、厚度和渗透通量上的气孔率)的影响。模拟结果表明,在悬浮液的过滤过程中存在一个最佳的孔径,以获得最大的渗透流量。同时,颗粒的尺寸和尺寸分布影响了最佳孔径。最后,在二氧化钛纳米悬浮体系中验证了新的膜设计和应用方法,模型计算与试验结果吻合良好。

11.3.2 膜表面性能的影响

陶瓷膜的亲水性和荷电性能在膜的应用中起着重要的作用。膜表面的电化学特性影响流体物质与膜之间的相互作用。因此,陶瓷膜的渗透性和排斥性受到影响。Zeta电位和等电点(IEP)是表征薄膜电化学性能的常用方法。

Elzo 等研究了在充电状态下对陶瓷膜性能的影响。他们对 $\alpha - Al_2O_3$ 颗粒进行了 ze-ta 电位测量,以代表膜表面的 zeta 电位。Moritz 等通过流电位测量研究了由 TiO_2、ZrO_2 和 $\alpha - Al_2O_3$ 和 $\gamma - Al_2O_3$ 制成的陶瓷超滤膜。结果表明,膜表面电荷与被排斥物质电荷之间的相互作用对过滤结果的影响越来越大。同时,研究结果还表明,与膜表面的电化学相互作用可能对膜的渗透通量、截留率、结垢倾向、效率甚至应用过程中的清洗条件产生影响。Zhang 等研究了微孔陶瓷膜对有机染料的排斥作用。由于纳米 Y_2O_3 涂层的存在,陶瓷膜表面由负电荷向正电荷转变。结果表明,这种带正电荷的陶瓷膜对水中带负电荷的小分子染料 Titan - Yellow 和 Eriochrome - Black T 有很高的排斥反应。

多孔陶瓷膜的表面性质,如表面润湿性和表面电荷,也在油水过滤过程中起着重要作用。Lu 等沉积了含有多种金属氧化物的陶瓷超滤膜,包括 TiO_2、Fe_2O_3、MnO_2、CuO 和 CeO_2,得到了不同亲水性的陶瓷膜。研究发现,亲水性的差异导致膜表面对油滴的黏附力不同。高亲水性 Fe_2O_3 的结垢趋势最低。为了改善油性乳液体系中陶瓷膜的稳定流动性,还研究了掺杂对表面的改性。采用固态烧结法制备了平均孔径为 0.2 mm 的掺杂二氧化钛的 Al_2O_3 复合膜。将 TiO_2 掺杂到 Al_2O_3 中会导致更强的负表面电荷和 IEP 向较低的 pH 移动。此外,$Al_2O_3 - TiO_2$ 复合膜的初始接触角较低,接触角的下降速度比 Al_2O_3 膜更快(图 11.11)。因此,通过 $Al_2O_3 - TiO_2$ 复合膜观察到更高且更稳定的流动(图 11.12),由于更多的亲水基团减少油滴的吸附。此外,复合膜与油滴具有相同类型的电荷(即负电荷),这有助于控制油乳液废水过滤过程中的膜污染。

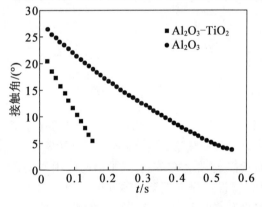

图 11.11　Al_2O_3 和 $Al_2O_3 - TiO_2$ 膜接触角的
时间依赖性

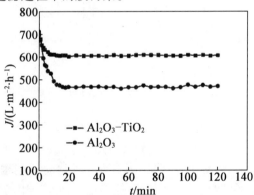

图 11.12　Al_2O_3 和 $Al_2O_3 - TiO_2$ 膜的渗透流量
随过滤时间的变化

另一方面,陶瓷膜的表面疏水改性是通过自组装的有机硅烷单层完成的。ZrO_2 膜和改性 ZrO_2 膜接触角变化的时间依赖性如图 11.13 所示。原始 ZrO_2 膜的接触角小于 17°,随着时间的推移而减小。但是,改性后的 ZrO_2 膜的接触角大得多,约为 134°,接触角保持稳定。结果表明,该改性可以使 ZrO_2 膜表面具有较好的疏水性,从而提高了油系统的耐污性。如图 11.14 所示,改性膜的拒水率始终大于未改性膜的拒水率。对于未改性膜而言,水排阻率约为 88%,当 TMP 从 0.04 MPa 增加到 0.13 MPa 时,水排阻率略有下降;而对于改性膜而言,水排阻率约为 98%,当 TMP 增加时,后面水排阻率无明显差异。

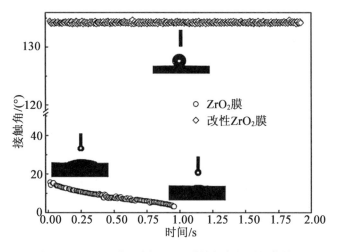

图 11.13 ZrO₂ 膜和改性 ZrO₂ 膜接触角的时间依赖性

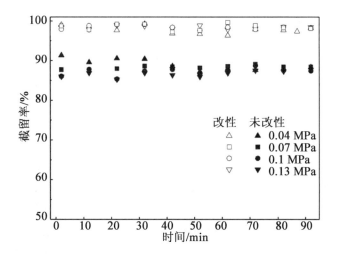

图 11.14 不同 TMP 值的乳状液、煤油、水过滤中 ZrO₂ 膜与改性 ZrO₂ 膜截留面的比较

11.3.3 溶液性质的影响

溶液的本质性质包括黏度、酸碱度、离子强度和电解质。这些性能直接影响接触膜的表面性能。同时,通过改变溶液的性质,也可能影响颗粒或大分子溶质的行为,而这些颗粒或大分子溶质将被膜从溶剂中分离出来。因此,由于溶液性质的变化,膜的性能发生了变化。

一般来说,酸碱度和离子强度的变化会影响溶液的行为。例如,当溶液的 pH 在 IEP 附近时,胶体颗粒会沉淀,溶胶体系也会不稳定。此外,这些蛋白质在其 IEP 中也显示出最小的溶解性,并倾向于在膜表面吸收。因此,当溶液的 pH 在 IEP 附近时,膜系在分离蛋白质、微生物和大分子的过程中总是以最小的渗透性进行。然而,对于含有无机粒子的体系,由于无机粒子的聚集,当溶液的 pH 在 IEP 附近时,膜的渗透性增加。另外,溶液中酸碱度的变化也会影响膜的表面电荷。一般来说,陶瓷膜在中性水溶液中带负电荷。因此，通过调节膜的 zeta 电位，可以显著提高蛋白质对混合物的选择性。同时，当流体通过时，膜的 zeta 电位的变化也会影响电黏性效应。通过膜孔，从而影响膜的渗透性。

溶液中的无机离子对膜分离性能也有显著影响，特别是在蛋白质系统的处理中。一方面，一些无机盐复合材料可以直接吸附沉积在膜表面和膜孔中，或者提高蛋白质在膜表面的吸收率。另一方面，无机盐影响离子强度，对蛋白质的溶解性和结构，甚至对蛋白质污垢的密度有很强的影响。因此，由无机离子引起的这些变化显著影响陶瓷膜的渗透性。

Alventosa 等利用陶瓷膜研究了含 NaCl 和活性染料的模型溶液的 UF。在溶液中加入 NaCl 时，通量衰减较大，总阻力较大，除色率较低，通过改变膜电荷可以影响排斥 – 吸引现象。

Yoon 等研究了以酒精蒸馏废水为消化饲料的膜耦合厌氧生物反应器（MCAB）系统中无机膜的污染机理。结果表明，无机膜的污染机理与传统的膜过滤过程有明显的不同。无机沉淀物，即鸟粪石（$MgNH_4PO_4 \cdot 6H_2O$），而不是厌氧微生物絮体，是主要的污染源。在这一过程中，磷酸铵不仅在膜表面，而且在膜孔内沉淀，一般物理清洗不易去除。因此，用酸进行化学清洗仍然是恢复膜流的必要条件。

Hoogland 等研究了 pH 对氧化铝膜渗透性的影响，包括纯水和矿浆过滤。最大纯水流量出现在低于 2 的 pH，等于膜的 IEP 值。相比之下，高 pH 时膜阻力最大，远离 IEP。这可以用高 pH 下的电渗透现象来解释。然而，在矿物泥浆（二氧化硅颗粒）的过滤过程中，在低和高 pH 下都可以获得较高的氧化铝膜渗透性。这是因为在高 pH 条件下，膜和颗粒都会呈现负电荷，从而导致膜 – 溶液界面的排斥力和膜的去极化。

Moosemiller 等发现，当 pH 在 IEP 附近时，负载的 $\gamma - Al_2O_3$ 和 TiO_2 陶瓷膜对无颗粒电解质溶液的渗透通量均达到最大值。Nazzal 等研究了 pH 和离子强度对陶瓷 MF 膜性能的影响。然而，在 IEP 附近没有发现最大渗透通量。同时，随着离子强度的增加，通量逐渐减小。结果表明，反离子对渗透通量的影响远远大于孔壁的德拜长度。Huisman 等发现，MF 和 UF 膜的 2% ~8% 的水流量增加是由盐浓度从 30 μmol 增加到 0.1 mol 引起的。这些结果由电黏性效应解释：盐浓度增加导致 zeta 电位降低和双层变薄，对水的阻力较小。

Kwon 等研究了饲料悬浮液的粒径和离子强度对临界流量的影响。结果表明，悬浮液的离子强度对临界流量有显著影响。对于小于 $1 \times 10^{-1.5}$ mol 的离子强度，临界流量降低。这可能是由于沉积物的致密层，这是粒子扩散层厚度较小的结果。在离子强度以上，临界流量明显增加，这可能是由于颗粒的聚集。

Chevereau 等研究了溶液中存在单一盐对 UF TiO_2 膜行为的影响。研究发现，在氯化钠存在下，二氧化钛的 IEP 保持稳定，而在氯化镁存在下，其转变为更高的 pH。在自然 pH（接近 7）下，将 Mg^{2+} 吸附在 TiO_2 表面会导致表面电荷反转，并导致表面电荷密度的显著增加。

Elzo 等使用 0.2 mm 孔径的无机膜研究了 pH、离子强度和盐对 0.5 mm 二氧化硅颗粒的横流 MF 性能的影响。在高 pH 和低盐浓度下可获得高渗透性。相比之下，低过滤浓度被测量为具有高盐浓度、低 pH 和 $CaCl_2$ 电解质。这些结果是由二氧化硅颗粒之间的排斥作用解释的,而排斥作用可能受这些条件的影响。

Chiu 研究了时间或老化对陶瓷 MF 电动特性的影响及其对乳清悬浮液 MF 性能的影响。结果表明,随着老化时间的延长,膜的 zeta 电位逐渐升高,然后逐渐趋于平稳。因此,在老化过程中发现较高的渗透流。

Huisman 等在过滤二氧化硅颗粒悬浮液的同时研究了 MF 的临界流量。研究发现,膜的 zeta 电位和颗粒的 zeta 电位均不影响观察到的临界流。临界流量随壁面剪应力力线性增大,随颗粒浓度的增加而减小。采用两种不同的颗粒输运机制,即颗粒滚动(扭矩平衡模型)和剪切诱导扩散(剪切诱导扩散)来表达临界流量。

由于溶液体系的复杂性,溶液性质对膜工艺性能的影响还没有统一的规律。甚至还有一些矛盾的结果。因此,应针对这些问题开展进一步的研究。

11.3.4 运行参数的影响

操作条件的优化是膜应用研究的一个重要方面。不同的操作条件(如膜压差、膜表面流速和操作温度)对膜分离性能有显著影响。所有膜应用应在优化的操作条件下工作。

渗透流的临界值受到许多研究者的关注。Wang 等研究了用氧化锆膜处理轧制废乳剂的可行性。结果表明,当压力小于 0.2 MPa 时,流量随 TMP 的增加而增加。如果超过 0.2 MPa,则流量可能随着 TMP 的增加而下降。换句话说,通过使用 Al_2O_3 – MF 膜回收酸性废物流中的二氧化钛微粒,观察到一个关键的 TMP 以获得最大的渗透流量,这也是由 Zhao 等观察到的。Alpatova 等研究了陶瓷超滤膜去除油砂工艺影响水中无机和有机化合物的性能。虽然渗透通量随着 TMP 从 1.4 bar 增加到 3.5 bar 而增加,但在 TMP 为 3.5 bar 时观察到较大的渗透通量下降,这是由于膜表面的污垢积累增加。

此外,Cui 等研究了作为海水淡化预处理的陶瓷膜过滤的临界流量对横流速度的影响。结果表明,横流速度仅在层流区或仅在湍流区变化时对临界流没有显著影响,但在过渡区横流速度变化时,影响明显。他们得出结论,低横流速度下的临界流量可通过在高横流速度下测量层流流量来评估。因此,他们在 0.015 m/s 的横流速度下获得临界流量,略小于 185.4 L/($m^2 \cdot h$)。

一般来说,溶液的黏度随温度的升高而降低。同时,溶解度和传质系数随温度的升高而增大。这些事件可以加速溶质从膜表面向流体的扩散,从而减小浓差极化层的厚度。因此,膜渗透和分离效率提高。对于稀溶液,可通过黏度和温度之间的关系来预测渗透流和温度之间的关系。Chang 等发现,在分离稳定的水包油乳状液过程中,当温度从 20 ℃ 上升到 60 ℃ 时,渗透流几乎翻了一番。Da 等研究了温度对陶瓷纳滤膜处理染料废水性能的影响。30 ℃ 时的流量值约为 44 L/($m^2 \cdot h$),60 ℃ 时增加至 84 L/($m^2 \cdot h$)。但是,较高的温度不可避免地导致了溶质保留率的降低。这一现象可以用两个原因来解释:①较高的温度加速了荧光增白剂在膜中的扩散;②较高的温度下,孔壁上的吸附水分子层会变薄,随着有效孔径的增加,孔内的水动力阻力减小。

11.4　陶瓷膜的应用与案例研究

陶瓷膜独特的热稳定性、耐化学性和机械性能使其具有显著的优势,并使其适用于糟糕环境。陶瓷膜的典型应用包括生物制药、化学品、电子、食品和饮料以及废水。本节介绍了五种工业应用,包括陶瓷膜反应器、含油废水处理、生物发酵处理、植物提取物和盐水处理。

11.4.1　陶瓷膜反应器

超过70%的现有工业规模工艺依赖催化。世界上99%以上的汽油生产来自石油馏分的催化裂化和其他催化过程。在各种催化方法中,具有超微粒或纳米颗粒大小的多相催化剂在许多反应中表现出非常高的活性和选择性。然而,从反应浆中分离催化已经阻碍了具有超微粒或纳米颗粒大小的多相催化剂的大规模推广。

膜反应器已经成为一种合理的替代方案,膜分离过程可以去除反应产物、保留催化剂或添加反应物。最重要的是,膜反应器可以保持催化剂原位,使反应过程持续进行。此外,膜反应器系统具有易于操作、控制和规模化的特点。然而,由于反应过程中的苛刻条件,膜通常需要坚韧的材料来承受这些条件。因此,具有高热、化学和机械阻力的陶瓷膜可能是最有前景的类型。

膜分离与非均相催化反应的协同效应是影响多孔陶瓷膜反应器性能和长期运行稳定性的主要因素。对于膜分离过程,效率很大程度上取决于所用膜相对于应用系统的微观结构。一直以来,多孔膜结构的控制在稳定膜反应器的发展中具有特殊的重要性,本文前面已经讨论了种方法。为了提高膜反应器的效率,陶瓷膜反应器的优化考虑通常是非常重要的,例如分离和反应的协同控制、工艺参数的优化以及数学模型的建立。因此,能够实现几乎100%催化剂保留在陶瓷膜膜反应器中。

此外,陶瓷膜还可用作反应物添加过程中的分配器。Jiang 等开发了一种双膜反应器,其中一个管状多孔陶瓷膜作为反应剂的分配装置来控制反应剂的供应,第二个管状多孔陶瓷膜作为膜分离器来从产品中就地去除催化剂。结果表明,原料转化率和目标化合物的选择性均有所提高。

膜污染是一个重要的考虑因素,因为它影响清洗要求和操作成本。对于多相催化,反应悬浮体与陶瓷膜之间的物理化学相互作用是多孔陶瓷膜反应器中膜污染的主要因素。然而,目前针对膜反应器系统建立膜污染模型的研究还很少。可能是由于膜反应器中的污染性质和程度受到许多因素的强烈影响:①反应悬浮特性,包括溶解物、粒径和粒径分布;②膜特性,如孔径、孔隙、粗糙度和亲水性/疏水性;③与横流速度和 TMP 相关的操作条件。

在之前的研究中,通过两个例子来解释多相催化多孔陶瓷膜反应器的污垢机理,包括超细 TS-1 催化剂和纳米镍催化剂。在本节的基础上,通过优化膜的微观结构和操作参数,膜污染问题得到了很好的控制,陶瓷膜反应器系统可以在不清洗膜的情况下连续运行 6 个月以上。因此,陶瓷膜反应器的一些工业应用已经实现。图 11.15 所示为陶瓷膜反应器工业化装置。接下来,给出了两个多相催化的工业应用实例:环己酮在超细 TS – 1 催化剂上氨氧化生成环己酮肟;纳米镍对硝基苯酚加氢生成对氨基苯酚。

图 11.15 陶瓷膜反应器工业化装置

(照片由 Jiuwu 提供)

1. 示例:环己酮肟的生产

环己酮肟是生产己内酰胺的中间体,通过环己酮肟的重排,可获得 90% 的己内酰胺。研究了以 TS – 1 为催化剂,NH_3/H_2O_2 催化环己酮直接氨氧化制备环己酮的新方法。然而,超细催化剂的分离成为该工艺实际应用中需要解决的另一个问题。江苏九物高新技术有限公司开发了环己酮肟侧流膜反应器,处理能力约 35 万吨/年。回收的催化剂被不断地回收到反应器中,并在下一次反应中重复使用。通过连续使用强碱性和酸性溶液,可以实现污垢膜的清洗。催化剂的渗透率低至 1 mg/L。同时,该反应的转化率和选择性均高于 99.5%。

2. 示例:对氨基苯酚生产

本节讨论对氨基苯酚,一种主要用于橡胶工业、感光材料工业和其他工业的重要中间体。由于对对氨基苯酚的需求日益增长,对硝基苯酚直接催化加氢制对氨基苯酚已成为一条高效、绿色的途径,因此对氨基苯酚的直接催化加氢变得越来越重要。江苏九五高新技术有限公司成功地采用陶瓷膜反应器生产对氨基苯酚,建设了年产 5 000 t 对氨基苯酚项目。在此过程中,采用陶瓷膜单元从反应浆中去除纳米催化剂。在本项目中,对氨基苯酚在单位反应容积中的产量显著提高,单位产品成本显著降低。

11.4.2 含油废水处理

石油生产或使用过程中产生大量含油废水。如果废水未经处理排放,由于其含油量(尤其是矿物油)的危险性,对环境和人类健康无疑会造成重大威胁。因此,从废水中去除油是许多行业污染控制的重要目标。

传统的油水分离处理技术包括重力沉降法、化学破乳剂法、混凝反絮凝法和溶气反硝化法。膜分离技术以其高效、准确的分离效果,特别是在油水乳状液中油滴直径小于 20 mm 的情况下,引起了人们对油污水处理的极大兴趣。

Hua 等研究了用平均孔径为 50 nm 的陶瓷膜处理植物油废水。研究了各种参数对分离行为的影响,发现在所有试验条件下,总有机碳去除率均高于92.4%。Yeom 等制造了用于处理含油废水的无裂缝、氧化铝涂层、黏土 – 硅藻土复合膜。在他们的研究中,对使用的空气膜进行简单的燃尽过程,以恢复稳态流量和废油率。在101 kPa 的压力下,再生膜仍然表现出极高的排油率(99.9%),原料油浓度为600 mg/L。

　　然而,由于对资源节约和环境保护的要求越来越严格,单膜法难以达到高纯度的排放要求。因此,综合工艺被认为是处理含油废水的理想方法。Abbasi 等研究了采用混合混凝 MF 工艺处理含油废水。在不同浓度的混凝 – MF 混合过程中,评估了四种混凝剂(即氯化亚铁、硫酸亚铁、氯化铝和硫酸铝)加氢氧化钙的混凝效果。此外,他们还研究了混合型 MF 粉末活性炭工艺。在这两种混合工艺中,应用 Hermia 的模型研究了莫来石 – 氧化铝陶瓷膜在含油废水处理中的污染机理。结果表明,滤饼过滤模型可用于预测渗透通量衰减。Nidal 等实现了金属加工液的处理,并结合 UF 和 NF 膜工艺评估了渗透再利用的可行性。Maria 等人研究了在综合超滤和反渗透系统中处理舱底水的可行性。研究发现,舱底水处理第一阶段的渗透物含油量低于10 mg/L,不含悬浮固体,获得的反渗透渗透物不含油。Yu 等研究了采用膜过滤和反渗透相结合的工艺处理植物性含油废水的可能性和可行性。在膜过滤过程中,对渗透流和排液的操作条件进行了优化。工作温度应保持在30~40 ℃范围内,适当的横流速度和 TMP 应分别保持在4 m/s 和0.15 MPa 左右。结果表明,膜过滤与反渗透相结合的两级膜是处理植物含油废水最可行、最可靠的工艺。

　　冷轧乳化液废水处理示例如下。

　　钢铁行业冷轧乳化液废水是一种典型的含油废水,处理难度大。Yang 等研究了膜材料和孔径对处理油水乳状液的陶瓷膜性能的影响。结果表明,平均孔径约为0.2 mm 的 $ZrO_2/\alpha - Al_2O_3$ 膜是首选膜。Zhang 等研究了用无机陶瓷膜处理冷轧乳化液。研究还表明,ZrO_2 膜与 Al_2O_3 膜相比具有优势。通过 ZrO_2 膜的流量大于 Al_2O_3 膜的流量。Zhang 等研究了膜材料特性和溶液 pH 对含油污水处理渗透流的影响。进一步优化了陶瓷膜的表面性能。江苏九物高新技术有限公司在研究的基础上,成功地将陶瓷膜应用于轧制乳化液废水的处理。目前,陶瓷膜技术已广泛应用于大多数钢铁厂冷轧乳化液的处理。在中国,每年有100 万 t 的滚动乳化液废水得到处理。图11.16 所示为用于处理含油废水的陶瓷膜装置。

图11.16　处理含油废水的陶瓷膜装置

(照片由 Jiuwu 提供)

11.4.3　生物发酵处理

生物发酵是生物医药生产和食品加工领域的主要工艺。值得关注的重要问题是生产成本(需要低产量、高纯度的产品)和微生物污染(细菌、病毒和支原体)。膜过滤是生物发酵工业中的一种主要分离技术。

1. 示例:乳酸生产

乳酸(HL)是发酵生产的一种商品化学品,广泛应用于食品、化工和制药行业。HL通常是通过发酵生产的,其中微生物生长的适宜 pH 必须通过添加 Ca(OH)$_2$ 维持在 5~6,以确保 HL 的生产力。随后,采用过滤法从微生物细胞中分离乳酸钙,然后用硫酸酸化得到 HL。为提高 HL 的纯度,采用活性炭吸附和离子交换工艺。最后,采用多效蒸发法去除水中的水分,对 HL 进行了浓缩。在这一传统的生产过程中,可以快速地得到大量副产品(石膏,1 t/t HL)。

为了减少石膏的工业废渣,加入氢氧化钠或 NH$_4$OH 作为中和剂,调节酸碱度,避免抑制细胞生长。然而,利用传统的生产工艺,从发酵液中回收高纯度产品成为一个关键的技术问题。因此,为从发酵液中回收 HL,人们进行了大量的研究,提出了新的分离技术,如萃取、吸附和膜分离。在过去的二十年中,由于膜技术可以很容易地与传统发酵器结合,因此,人们对膜技术进行了广泛的研究。在传统工艺中,横流陶瓷膜可以比平板和框架过滤更有效地保留细胞和蛋白质。

Pal 等综述了膜法生产单体级 HL 的最新进展。他们提出了一个使用微滤和纳滤膜的综合生产方案。然而,这种连续发酵的 HL 生产方案与膜的两级集成不能确保微生物细胞的分离,以便在没有额外细胞供应的情况下循环利用。针对这一问题,将膜法与分批发酵相结合是一种有前途的方法。因此,应致力于开发一种膜集成工艺,用于 HL 生产。

Wang 等研究集成陶瓷 MF/UF、NF 和双极膜电渗析(BMED)的可行性,然后用 NaOH 中和发酵,设置方案如图 11.17 所示,用陶瓷膜去除细胞,然后将陶瓷膜的渗透液引入 NF 工艺,从乳酸钠中分离出糖、蛋白质和二价盐。BMED 过程应用于乳酸钠转化为 HL 和 NaOH,NaOH 循环至发酵系统,在此基础上江苏九物高新技术有限公司(Jiuwu)成功地进行了 HL 生产中试年产 1 000 t。

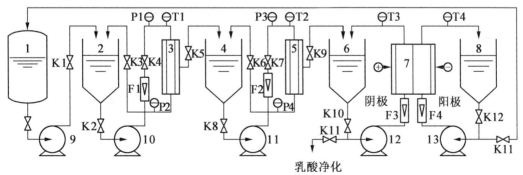

图 11.17　一体化膜工艺设置方案

1—发酵罐;2—UF 进料罐;3—陶瓷膜组件;4—NF 进料罐;5—NF 膜组件;6—酸罐;7—BMED 烟囱;8—碱罐;9~13—泵;P1~P4—压力表;T1~T4—温度计;F1~F4—流量计

2. 示例:头孢菌素生产

自 1945 年意大利药理学家 Giuseppe Brotzu 发现头孢菌素以来,由于其高效、广谱抗菌活性、低毒性和对酶的抵抗力,已被广泛用于治疗各种细菌感染。

在生产头孢菌素的过程中,首先必须从发酵液中去除菌丝、悬浮固体和大分子蛋白质,以获得头孢菌素的澄清溶液。随后,对该溶液进行再过滤和干燥处理以获得头孢菌素粉末。由于头孢菌素的热敏感性,必须在低温(0~5 ℃)下进行再过滤,这超出了聚合物膜的适用范围。因此,陶瓷膜系统由于具有良好的热稳定性,成为获得头孢菌素澄清溶液的一种很有前景的选择。图 11.18 所示为江苏九物高新技术有限公司开发的生产头孢菌素的工业陶瓷膜分离系统,总膜面积 422 m²,生产过程中头孢菌素的收率可达 92% 以上。

图 11.18   生产头孢菌素的工业陶瓷膜分离系统

(照片由 Jiuwu 提供)

到目前为止,我国已建成 400 多个用于生物发酵处理的工业陶瓷膜系统。研究发现,陶瓷膜系统比板框过滤系统有许多优点。项目的详细列表见表 11.2。

表 11.2   陶瓷膜系统与板框式压滤机的比较

项目	板框式压滤机	陶瓷膜
流量/(L·(m²·h)⁻¹)	40~80	150~200
菌丝体去除率/%	70~85	99
浊度去除率/%	80~85	99
膜的去污力	难	容易
稳定性	差	好
设备投资	低	高
寿命/年	>3	3~5

11.4.4 植物提取

植物提取通过物理、化学或生物方法从植物中分离和纯化有效成分。提取的有效成分包括苷、酸、多酚、多糖、萜类、黄酮类和生物碱。植物活性成分的分离纯化是植物提取物的关键技术，直接影响企业的效益。一般来说，植物萃取液中的活性成分含量较低。同时，提取液中常含有淀粉、蛋白质、碳水化合物、色素和果胶等杂质。活性成分的分子量通常在几十万到数百万道尔顿之间。

目前，各种膜分离技术在植物提取物的分离纯化、脱色、脱盐、浓缩等方面得到了广泛的应用。在这些工艺中，通常采用一套完整的集成膜技术来有效地去除大分子物质。结果表明，该工艺具有避免返混现象、提高透光率、降低产品含盐量、减轻下一阶段（脱色脱盐）负担甚至取代溶剂等优点。

1. 示例：花青素生产

膜技术通常被用于食品提取物的提纯和浓缩，而不是传统的方法，如离心分离和框架过滤。花青素属于酚类化合物的花青素，是一种能消除自由基的水溶性色素，其容量是维生素 C 的 20 倍，是维生素 E 的 50 倍，广泛应用于食品、医药、化妆品和其他食品中。在提取花青素的过程中，陶瓷膜作为一种过滤技术，去除花青素提取物中的大分子杂质，降低下一步树脂技术的负荷。随后，花青素提取液经纳滤膜浓缩，去除小分子和无机盐，回流乙醇。图 11.19 所示为利用集成膜技术生产花青素的膜系统。采用集成膜技术生产花青素，可节约树脂含量的 35%，提高花青素含量的 45%。图 11.20 所示为用于花青素项目的陶瓷膜设备。

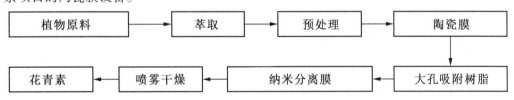

图 11.19 集成膜技术生产花青素工艺流程图

2. 示例：利口酒的生产

在药物提取物中，江苏九物高新技术有限公司采用集成膜技术对多种中药中的有效成分进行提取分离，然后与葡萄酒混合，形成"数字提取技术"的滋补酒。首先，采用无机陶瓷超滤膜技术去除悬浮物、高分子蛋白、多糖等非药用成分，使药物从膜孔中渗出。第二，超滤膜的渗透物被纳滤膜浓缩。在活性成分净化方面，采用膜技术替代传统中药提取技术，可节约 80% 以上的成本。图 11.21 所示为利口酒项目的陶瓷膜设备。

11.4.5 盐水过滤器

氯碱法是电解氯化钠的工业过程，其主要产物是氯和氢氧化钠。氯碱法是世界上最大的电化学操作之一。工艺中所用盐水的纯度是影响电解槽效率的最重要因素之一。

因此,盐水通常是第一步。饱和盐水中通常含有一些常见杂质,包括 Mg^{2+}、Ca^{2+} 和 SO_4^{2-},这些杂质会影响电解槽的性能。为了从盐水中去除这些杂质,化学沉淀通常用于净化过程,然后进行混凝、反凝、沉淀、砂过滤或浓缩,以分离沉淀。近年来,膜分离技术作为一种简单有效的分离方法,进一步提高了卤水的纯度。

图 11.20   一个花青素项目的陶瓷膜设备
（照片由 Jiuwu 提供）

图 11.21   利口酒项目的陶瓷膜设备
（照片由 Jiuwu 提供）

然而,膜分离过程中的污染对膜过程产生了许多负面影响,如降低渗透通量、增加操作压力、降低产品质量并最终缩短膜寿命。在某些膜生物反应器过程中,膜表面发生无机污染,可通过酸洗消除。在 W. L. Gore&Associates 和 Hyflux 有限公司开发的盐水净化膜工艺中,被无机盐污泥污染的聚四氟乙烯膜可在反脉冲后通过酸洗回收。Gu 等研究了盐水净化过程中污染的多道陶瓷膜的清洗效率和动力学,发现主要是 $BaSO_4$ 晶体沉积在膜表面,造成膜污染。为了恢复膜的流动性,开发了由二乙烯三硝基五乙酸（DTPA）、草酸和氢氧化钠组成的清洗液,用于清洗膜表面的 $BaSO_4$ 晶体。用清洗液可以完全回收膜。此外,还建立了与浓度因子和温度因子相关的溶解动力学模型,与试验结果吻合较好。基于此模型,发现用 DTPA、草酸和 NaOH 组成的清洗液溶解 $BaSO_4$ 的活化能小于纯 DTPA 溶液的活化能,说明复合溶液比纯 DTPA 溶液具有更好的清洗性能。在氯碱厂运行的盐水净化陶瓷膜系统的流程图如图 11.22 所示。

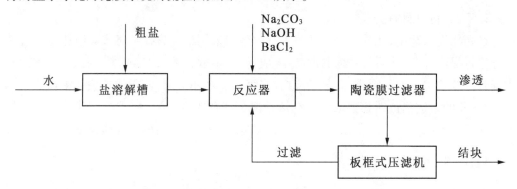

图 11.22   盐水净化陶瓷膜系统流程图

到目前为止,我国氯碱企业已建成数十套卤水回收工业装置,并顺利投产。具有不同处理能力的几个工业装置如图 11.23 ~ 11.25 所示。

图 11.23 烧碱生产用盐水回收装置(10 万 t/a)
(照片由 Jiuwu 提供)

图 11.24 烧碱生产用盐水回收装置(15 万 t/a)
(照片由 Jiuwu 提供)

图 11.25 烧碱生产用盐水回收装置(30 万 t/a)
(照片由 Jiuwu 提供)

11.5 结 语

陶瓷膜的制备和应用在过去的 40 年中得到了广泛的研究,研发得到了政府和一些大公司的支持。以应用为导向的结构设计方法的发展取得了显著的进步,实现了陶瓷膜制备技术的突破,促进了陶瓷膜产品的产业化。尽管已经开发出许多新的制备技术来提高分离性能和降低陶瓷膜的成本,但仍需要进一步的研究来生产具有广泛独特微观结构和表面特性的膜,这些特性可以适应应用并增加其市场容量。

未来陶瓷膜制备与应用发展的重点将包括以下几个方面:①在面向应用的设计工艺

和制备方法的基础上,开发低成本、高性能的陶瓷膜元件;②开发用于从实验室规模到工业规模的分子级分离的陶瓷纳滤膜,打开窗口,扩大其应用范围;③丰富陶瓷的表面性能,提高膜的耐污染性,延长其在实际应用中的使用寿命;④加强对陶瓷膜纳米孔道传输机理的基本理论研究。

本章参考文献

[1]　Burggraaf, A. J.; Cot, L. Fundamentals of Inorganic Membrane Science and Technology. Elsevier 1996.

[2]　Rao, L. J. M. Handbook of Membrane Separations; Wiley, 2009.

[3]　Van Gestel, T.; Vandecasteele, C.; Buekenhoudt, A.; et al. Alumina and Titania Multilayer Membranes for Nanofiltration: Preparation, Characterization and Chemical Stability. J. Membr. Sci. 2002, 207(1), 73-89.

[4]　Leenaars, A. F. M.; Keizer, K.; Burggraaf, A. J. The Preparation and Characterization of Alumina Membranes eith Ultrafine Pores. J. Mater. Sci. 1984, 19, 1077-1088.

[5]　Hilal, N.; Al-Zoubi, H.; Darwish, N. A.; et al. A Comprehensive Review of Nanofiltration Membranes: Treatment, Pretreatment, Modelling, and Atomic Force Microscopy. Desalination 2004, 170(3), 281-308.

[6]　Drioli, E.; Giorno, L. Comprehensive Membrane Science and Engineering; Elsevier, 2010.

[7]　Su, C. H.; Xu, Y. Q.; Zhang, W.; et al. Porous Ceramic Membrane with Superhydrophobic and Superoleophilic Surface for Reclaiming Oil from Oily Water. Appl. Surf. Sci. 2012, 258(7), 2319-2323.

[8]　Moritz, T.; Benfer, S.; Arki, P.; et al. Influence of the Surface Charge on the Permeate Flux in the Dead-End Filtration with Ceramic Membranes. Sep. Purif. Technol. 2001, 25(1-3), 501-508.

[9]　Liu, S.; Zeng, Y.-P.; Jiang, D. Fabrication and Characterization of Cordierite-Bonded Porous SiC Ceramics. Ceram. Int. 2009, 35(2), 597-602.

[10]　Velev, O. D.; Jede, T. A.; Lobo, R. F.; et al. Microstructured Porous Silica Obtained via Colloidal Crystal Templates. Chem. Mater. 1998, 10(11), 3597-3602.

[11]　Ke, X.; Zhu, H.; Gao, X.; et al. High-Performance Ceramic Membranes with a Separation Layer of Metal Oxide Nanofibers. Adv. Mater. 2007, 19(6), 785-790.

[12]　Das, N.; Maiti, H. S. Ceramic Membrane by Tape Casting and Sol-Gel Coating for Microfiltration and Ultrafiltration Application. J. Phys. Chem. Solids 2009, 70(11),

1395 – 1400.

[13] Yao, A.; Yu, B.; Yang, K.; et al. Fabrication and Properties of Mullite – Alumina Ceramic Support. Rare Metal Mater. Eng. 2005, 34, 255 – 258.

[14] Dong, G.; Qi, H.; Xu, N. Effect of Active Carbon Doping on Structure and Property of Porous Alumina Support. J. Chin. Ceram. Soc. 2012, 40(6), 844 – 850.

[15] Gregorová, E.; Pabst, W. Porosity and Pore Size Control in Starch Consolidation Casting of Oxide Ceramics—Achievements and Problems. J. Eur. Ceram. Soc. 2007, 27(2 – 3), 669 – 672.

[16] She, J.; Deng, Z.; Daniel – Doni, J.; et al. Oxidation Bonding of Porous Silicon Carbide Ceramics. J. Mater. Sci. 2002, 37(17), 3615 – 3622.

[17] Collier, A. K.; Liu, W.; Wang, J. G.; et al. Alpha – Alumina Inorganic Membrane Support and Method of Making the Same. US patent 20110045971, 2011.

[18] Yang, G. C. C.; Tsai, C. – M. Effects of Starch Addition on Characteristics of Tubular Porous Ceramic Membrane Substrates. Desalination 2008, 233(1 – 3), 129 – 136.

[19] Park, S. H.; Xia, Y. N. Macroporous Membranes with Highly Ordered and Three – Dimensionally Interconnected Spherical Pores. Adv. Mater. 1998, 10(13), 1045 – 1048.

[20] Sadakane, M.; Horiuchi, T.; Kato, N.; et al. Facile Preparation of Three – Dimensionally Ordered Macroporous Alumina, Iron Oxide, Chromium Oxide, Manganese Oxide, and Their Mixed – Metal Oxides with High Porosity. Chem. Mater. 2007, 19(23), 5779 – 5785.

[21] Zhao, K.; Fan, Y.; Xu, N. Preparation of Three – Dimensionally Ordered Macroporous SiO_2 Membranes with Controllable Pore Size. Chem. Lett. 2007, 36(3), 464 – 465.

[22] Zhao, K.; Fan, Y.; Wang, R.; et al. Preparation of Closed Macroporous Al_2O_3 Membranes with a Three – Dimensionally Ordered Structure. Chem. Lett. 2008, 37(4), 420 – 421.

[23] Xu, J.; Xiang, W.; Hu, F. Preparation of Monodisperse Polystyrene Spheres and Inorganic Porous Films. Rare Metal Mater. Eng. 2008, 37, 196 – 200.

[24] Beck, J. S.; Vartuli, J. C.; Roth, W. J.; et al. A New Family of Mesoporous Molecular – Sieves Prepared with Liquid – Crystal Templates. J. Am. Chem. Soc. 1992, 114(27), 10834 – 10843.

[25] Ji, H.; Fan, Y.; Jin, W.; et al. Synthesis of Si – MCM – 48 Membrane by Solvent Extraction of the Surfactant Template. J. Non – Cryst. Solids 2008, 354(18), 2010 – 2016.

［26］ Xu, D. K. ; Fan, Y. Q. Mesoporous Si – MCM – 48 Membrane Prepared by Pore – Filling Method. Sci. China Technol. Sci. 2010, 53(4), 1064 – 1068.

［27］ Kumar, P. ; Ida, J. ; Kim, S. ; et al. Ordered Mesoporous Membranes: Effects of Support and Surfactant Removal Conditions on Membrane Quality. J. Membr. Sci. 2006, 279(1 – 2), 539 – 547.

［28］ Zhang, J. ; Li, W. ; Meng, X. ; et al. Synthesis of Mesoporous Silica Membranes Oriented by Self – Assembles of Surfactants. J. Membr. Sci. 2003, 222(1 – 2), 219 – 224.

［29］ Choi, H. ; Sofranko, A. C. ; Dionysiou, D. D. Nanocrystalline TiO_2 Photocatalytic Membranes with a Hierarchical Mesoporous Multilayer Structure: Synthesis, Characterization, and Multifunction. Adv. Funct. Mater. 2006, 16(8), 1067 – 1074.

［30］ Cao, X. P. ; Jing, W. H. ; Xing, W. H. ; et al. Fabrication of a Visible – Light Response Mesoporous TiO_2 Membrane with Superior Water Permeability via a Weak Alkaline Sol – Gel Process. Chem. Commun. 2011, 47(12), 3457 – 3459.

［31］ Lei, W. ; Fan, Y. Effect of Sintering Temperature on Microfiltration Membrane Prepared with TiO_2 Ceramic – Fiber. Membr. Sci. Technol. 2009, 29(5), 54 – 57.

［32］ Ke, X. ; Zheng, Z. ; Liu, H. ; et al. High – Flux Ceramic Membranes with a Nanomesh of Metal Oxide Nanofibers. J. Phys. Chem. B 2008, 112(16), 5000 – 5006.

［33］ Ke, X. ; Zheng, Z. ; Zhu, H. ; et al. Metal Oxide Nanofibres Membranes Assembled by Spin – Coating Method. Desalination 2009, 236(1 – 3), 1 – 7.

［34］ Ke, X. B. ; Huang, Y. M. ; Dargaville, T. R. ; et al. Modified Alumina Nanofiber Membranes for Protein Separation. Sep. Purif. Technol. 2013, 120, 239 – 244.

［35］ Fernando, J. A. ; Chung, D. D. L. Improving an Alumina Fiber Filter Membrane for Hot Gas Filtration Using an Acid Phosphate Binder. J. Mater. Sci. 2001, 36(21), 5079 – 5085.

［36］ Qiu, M. ; Fan, S. ; Cai, Y. ; et al. Co – Sintering Synthesis of Bi – Layer Titania Ultrafiltration Membranes with Intermediate Layer of Sol – Coated Nanofibers. J. Membr. Sci. 2010, 365(1 – 2), 225 – 231.

［37］ Pastila, P. ; Helanti, V. ; Nikkila, A. P. ; et al. Environmental Effects on Microstructure and Strength of SiC – Based Hot Gas Filters. J. Eur. Ceram. Soc. 2001, 21 (9), 1261 – 1268.

［38］ Li, J. ; Lin, H. ; Li, J. Factors that Influence the Flexural Strength of SiC – Based Porous Ceramics Used for Hot Gas Filter Support. J. Eur. Ceram. Soc. 2011, 31 (5), 825 – 831.

［39］ Ding, S. ; Zeng, Y. ; Jiang, D. In – Situ Reaction Bonding of Porous SiC Ceramics. Mater. Charact. 2008, 59(2), 140 – 143.

[40] Vacassy, R.; Guizard, C.; Thoraval, V.; et al. Synthesis and Characterization of Microporous Zirconia Powders: Application in Nanofilters and Nanofiltration Characteristics. J. Membr. Sci. 1997, 132(1), 109–118.

[41] Ju, X.; Huang, P.; Xu, N.; et al. Study of Factors Influencing Pore Size of Zirconia Ultrafiltration Membrane. J. Chem. Eng. Chin. Univ. 2000, 14(2), 103–105.

[42] Manjumol, K. A.; Shajesh, P.; Baiju, K. V.; et al. An 'Eco–friendly' All A-queous Sol Gel Process for Multi Functional Ultrafiltration Membrane on Porous Tubular Alumina Substrate. J. Membr. Sci. 2011, 375(1–2), 134–140.

[43] Fan, S.; Qiu, M.; Zhou, X.; et al. Preparation of Multichannel TiO_2 Ultrafiltration Membrane and Its Application in Dyeing Wastewater. J. Nanjing Univ. Technol. 2010, 33(1), 44–47.

[44] Sakka, S. Handbook of Sol–Gel Science and Technology: Processing, Characterization and Applications; Kluwer Academic Publishers: Holland, 2005.

[45] Tsuru, T.; Hironaka, D.; Yoshioka, T.; et al. Titania Membranes for Liquid Phase Separation: Effect of Surface Charge on Flux. Sep. Purif. Technol. 2001, 25(1–3), 307–314.

[46] Tsuru, T.; Ogawa, K.; Kanezashi, M.; et al. Permeation Characteristics of Electrolytes and Neutral Solutes through Titania Nanofiltration Membranes at High Temperatures. Langmuir 2010, 26(13), 10897–10905.

[47] Qi, H.; Li, S.; Jiang, X.; et al. Preparation and Ions Retention Properties of TiO2 Nanofiltration Membranes. J. Inorg. Mater. 2011, 26(3), 305–310.

[48] Van Gestel, T.; Sebold, D.; Kruidhof, H.; et al. ZrO_2 and TiO_2 Membranes for Nanofiltration and Pervaporation. J. Membr. Sci. 2008, 318(1–2), 413–421.

[49] Benfer, S.; Popp, U.; Richter, H.; et al. Development and Characterization of Ceramic Nanofiltration Membranes. Sep. Purif. Technol. 2001, 22–23, 231–237.

[50] Spijksma, G. I.; Huiskes, C.; Benes, N. E.; et al. Microporous Zirconia–Titania Composite Membranes Derived from Diethanolamine–Modified Precursors. Adv. Mater. 2006, 18(16), 2165–2168.

[51] Aust, U.; Benfer, S.; Dietze, M.; et al. Development of Microporous Ceramic Membranes in the System TiO_2/ZrO_2. J. Membr. Sci. 2006, 281(1–2), 463–471.

[52] Cai, Y.; Wang, Y.; Chen, X.; et al. Modified Colloidal Sol–Gel Process for Fabrication of Titania Nanofiltration Membranes with Organic Additives. J. Membr. Sci. 2015, 476, 432–441.

[53] Chen, X.; Zhang, W.; Lin, Y.; et al. Preparation of High–Flux g–Alumina Nanofiltration Membranes by Using a Modified Sol–Gel Method. Microporous Mesoporous Mater. 2015, 214, 195–203.

［54］ Da, X. ; Wen, J. ; Lu, Y. ; et al. An Aqueous Sol – Gel Process for the Fabrication of High – Flux YSZ Nanofiltration Membranes as Applied to the Nanofiltration of Dye Wastewater. Sep. Purif. Technol. 2015, 152, 37 – 45.

［55］ Da, X. ; Chen, X. ; Sun, B. ; et al. Preparation of Zirconia Nanofiltration Membranes through an Aqueous Sol – Gel Process Modified by Glycerol for the Treatment of Wastewater with High Salinity. J. Membr. Sci. 2016, 504, 29 – 39.

［56］ Lu, Y. ; Chen, T. ; Chen, X. ; et al. Fabrication of TiO_2 – Doped ZrO_2 Nanofiltration Membranes by Using a Modified Colloidal Sol – Gel Process and Its Application in Simulative Radioactive Effluent. J. Membr. Sci. 2016, 514, 476 – 486.

［57］ Tsuru, T. ; Wada, S. ; Izumi, S. ; et al. Silica – Zirconia Membranes for Nanofiltration. J. Membr. Sci. 1998, 149(1), 127 – 135.

［58］ Lin, Y. S. A Theoretical Analysis on Pore Size Change of Porous Ceramic Membranes after Modification. J. Membr. Sci. 1993, 79(1), 55 – 64.

［59］ Xomeritakis, G. ; Lin, Y. S. Chemical – Vapor – Deposition of Solid Oxides in Porous – Media for Ceramic Membrane Preparation—Comparison of Experimental Results with Semianalytical Solutions. Ind. Eng. Chem. Res. 1994, 33(11), 2607 – 2617.

［60］ Labropoulos, A. I. ; Romanos, G. E. ; Karanikolos, G. N. ; et al. Comparative Study of the Rate and Locality of Silica Deposition During the CVD Treatment of Porous Membranes with TEOS and TMOS. Microporous Mesoporous Mater. 2009, 120(1 – 2), 177 – 185.

［61］ Lin, C. L. ; Flowers, D. L. ; Liu, P. K. T. Characterization of Ceramic Membranes. 2. Modified Commercial Membranes with Pore – Size Under 40 Angstrom. J. Membr. Sci. 1994, 92(1), 45 – 58.

［62］ Fernandes, N. E. ; Gavalas, G. R. Gas Transport in Porous Vycor Glass Subjected to Gradual Pore Narrowing. Chem. Eng. Sci. 1998, 53(5), 1049 – 1058.

［63］ Sarrade, S. ; Guizard, C. ; Rios, G. M. New Applications of Supercritical Fluids and Supercritical Fluids Processes in Separation. Sep. Purif. Technol. 2003, 32(1 – 3), 57 – 63.

［64］ Wang, Z. ; Dong, J. ; Xu, N. ; et al. Pore Modification Using the Supercritical Solution Infiltration Method. AICHE J. 1997, 43(9), 2359 – 2367.

［65］ Brasseur – Tilmant, J. ; Chhor, K. ; Jestin, P. ; et al. Ceramic Membrane Elaboration Using Supercritical Fluid. Mater. Res. Bull. 1999, 34(12 – 13), 2013 – 2025.

［66］ Tatsuda, N. ; Fukushima, Y. ; Wakayama, H. Penetration of Titanium Tetraisopropoxide into Mesoporous Silica Using Supercritical Carbon Dioxide. Chem. Mater. 2004, 16(9), 1799 – 1805.

［67］ Li, F. ; Yang, Y. ; Fan, Y. ; et al. Modification of Ceramic Membranes for Pore

Structure Tailoring: The Atomic Layer Deposition Route. J. Membr. Sci. 2012, 397, 17 – 23.

[68] Van Gestel, T.; Van der Bruggen, B.; Buekenhoudt, A.; et al. Surface Modification of g – Al_2O_3/TiO_2 Multilayer Membranes for Applications in Non – Polar Organic Solvents. J. Membr. Sci. 2003, 224(1 – 2), 3 – 10.

[69] Singh, R. P.; Way, J. D.; Dec, S. F. Silane Modified Inorganic Membranes: Effects of Silane Surface Structure. J. Membr. Sci. 2005, 259(1 – 2), 34 – 46.

[70] Sah, A.; Castricum, H. L.; Bliek, A.; et al. Hydrophobic Modification of g – Alumina Membranes with Organochlorosilanes. J. Membr. Sci. 2004, 243(1 – 2), 125 – 132.

[71] Leger, C.; Lira, H. D. L.; Paterson, R. Preparation and Properties of Surface Modified Ceramic Membranes. Part II. Gas and Liquid Permeabilities of 5 nm Alumina Membranes Modified by a Monolayer of Bound Polydimethylsiloxane(PDMS)Silicone Oil. J. Membr. Sci. 1996, 120(1), 135 – 146.

[72] Faibish, R. S.; Cohen, Y. Fouling – Resistant Ceramic – Supported Polymer Membranes for Ultrafiltration of Oil – in – Water Microemulsions. J. Membr. Sci. 2001, 185(2), 129 – 143.

[73] Rovira – Bru, M.; Giralt, F.; Cohen, Y. Protein Adsorption onto Zirconia Modified with Terminally Grafted Polyvinylpyrrolidone. J. Colloid Interface Sci. 2001, 235(1), 70 – 79.

[74] Khemakhem, S.; Ben, Amar R. Grafting of Fluoroalkylsilanes on Microfiltration Tunisian Clay Membrane. Ceram. Int. 2011, 37(8), 3323 – 3328.

[75] Lin, Y. S.; Burggraaf, A. J. Experimental Studies on Pore Size Change of Porous Ceramic Membranes after Modification. J. Membr. Sci. 1993, 79(1), 65 – 82.

[76] Hu, J.; Qi, H.; Fan, Y.; et al. Porous Ceramic Support of Coated Alumina Prepared by Low – Temperature Sintering. J. Chin. Ceram. Soc. 2009, 37(11), 1818 – 1823.

[77] Falamaki, C.; Naimi, M.; Aghaie, A. Dual Behavior of $CaCO_3$ as a Porosifier and Sintering Aid in the Manufacture of Alumina Membrane/Catalyst Supports. J. Eur. Ceram. Soc. 2004, 24(10 – 11), 3195 – 3201.

[78] Wang, Y.; Zhang, Y.; Liu, X.; et al. Microstructure Control of Ceramic Membrane Support from Corundum – Rutile Powder Mixture. Powder Technol. 2006, 168(3), 125 – 133.

[79] Vasanth, D.; Pugazhenthi, G.; Uppaluri, R. Fabrication and Properties of Low Cost Ceramic Microfiltration Membranes for Separation of Oil and Bacteria from Its Solution. J. Membr. Sci. 2011, 379(1 – 2), 154 – 163.

[80] Dong, Y.; Hampshire, S.; Zhou, J.; et al. Sintering and Characterization of Flyash – Based Mullite with MgO Addition. J. Eur. Ceram. Soc. 2011, 31(5), 687 – 695.

[81] Fang, J.; Qin, G.; Wei, W.; et al. Preparation and Characterization of Tubular Supported Ceramic Microfiltration Membranes from Fly Ash. Sep. Purif. Technol. 2011, 80(3), 585 – 591.

[82] Almandoz, M. C.; Marchese, J.; Prádanos, P.; et al. Preparation and Characterization of Non – Supported Microfiltration Membranes from Aluminosilicates. J. Membr. Sci. 2004, 241(1), 95 – 103.

[83] Dong, Y.; Liu, X.; Ma, Q.; et al. Preparation of Cordierite – Based Porous Ceramic Micro – Filtration Membranes Using Waste Fly Ash as the Main Raw Materials. J. Membr. Sci. 2006, 285(1 – 2), 173 – 181.

[84] Majouli, A.; Younssi, S. A.; Tahiri, S.; et al. Characterization of Flat Membrane Support Elaborated from Local Moroccan Perlite. Desalination 2011, 277(1 – 3), 61 – 66.

[85] Kingman, S. W. Recent Developments in Microwave Processing of Minerals. Int. Mater. Rev. 2006, 51(1), 1 – 12.

[86] Menezes, R. R.; Kiminami, R. Microwave Sintering of Alumina – Zirconia Nanocomposites. J. Mater. Process. Technol. 2008, 203(1 – 3), 513 – 517.

[87] Bian, H. M.; Yang, Y.; Wang, Y.; et al. Alumina – Titania Ceramics Prepared by Microwave Sintering and Conventional Pressure – Less Sintering. J. Alloys Compd. 2012, 525, 63 – 67.

[88] Oh, S. T.; Tajima, K.; Ando, M.; et al. Fabrication of Porous Al_2O_3 by Microwave Sintering and Its Properties. Mater. Lett. 2001, 48(3 – 4), 215 – 218.

[89] Feng, J.; Fan, Y.; Qi, H.; et al. Co – Sintering Synthesis of Tubular Bilayer Alpha – Alumina Membrane. J. Membr. Sci. 2007, 288(1 – 2), 20 – 27.

[90] Feng, J.; Qiu, M.; Fan, Y.; et al. The Effect of Membrane Thickness on the Co – Sintering Process of Bi – Layer ZrO_2/Al_2O_3 Membrane. J. Membr. Sci. 2007, 305(1 – 2), 20 – 26.

[91] Dong, Y.; Lin, B.; Wang, S.; et al. Cost – Effective Tubular Cordierite Micro – Filtration Membranes Processed by Co – Sintering. J. Alloys Compd. 2009, 477(1 – 2), L35 – L40.

[92] Chowdhury, S. R.; Keizer, K.; ten Elshof, J. E.; et al. Effect of Trace Amounts of Water on Organic Solvent Transport Through Gamma – Alumina Membranes with Varying Pore Sizes. Langmuir 2004, 20(11), 4548 – 4552.

[93] Zhang, H.; Zhong, Z.; Xing, W. Application of Ceramic Membranes in the Treatment of Oilfield – Produced Water: Effects of Polyacrylamide and Inorganic Salts. De-

salination 2013, 309, 84 – 90.

[94] Zhao, D. ; Lau, E. ; Huang, S. ; et al. The Effect of Apple Cider Characteristics and Membrane Pore Size on Membrane Fouling. LWT Food Sci. Technol. 2015, 64(2), 974 – 979.

[95] Matsumoto, Y. ; Nakao, S. ; Kimura, S. Cross – Flow Filtration Solutions of Polymers Using Ceramic Microfiltration. Int. Chem. Eng. 1988, 28, 677 – 683.

[96] Cheng, X. ; Li, N. ; Zhu, M. ; et al. Positively Charged Microporous Ceramic Membrane for the Removal of Titan Yellow Through Electrostatic Adsorption. J. Environ. Sci. 2016, 44, 204 – 212.

[97] Yang, C. ; Zhang, G. ; Xu, N. ; et al. Preparation and Application in Oil – Water Separation of $ZrO_2/a – Al_2O_3$ MF Membrane. J. Membr. Sci. 1998, 142(2), 235 – 243.

[98] Xu, N. ; Li, W. ; Zhao, Y. ; et al. Theory and Method of Application – Oriented Ceramic Membranes Design(I). J. Chem. Ind. Eng. (China)2003, 54(9), 1284 – 1289.

[99] Li, W. ; Zhao, Y. ; Liu, F. ; et al. Theory and Method of Application – Oriented Ceramic Membranes Design(II). J. Chem. Ind. Eng. (China)2003, 54(9), 1290 – 1294.

[100] Zhao, Y. ; Li, W. ; Zhang, W. ; et al. Theory and Method of Application – Oriented Ceramic Membranes Design (III). J. Chem. Ind. Eng. (China) 2003, 54 (9), 1295 – 1299.

[101] Elzo, D. ; Huisman, I. ; Middelink, E. ; et al. Charge Effects on Inorganic Membrane Performance in a Cross – Flow Microfiltration Process. Colloids Surf. A Physicochem. Eng. Asp. 1998, 138(2 – 3), 145 – 159.

[102] Zhang, L. ; Li, N. ; Zhu, M. ; et al. Nano – Structured Surface Modification of Microporous Ceramic Membrane with Positively Charged Nano – Y_2O_3 Coating for Organic Dyes Removal. RSC Adv. 2015, 5(98), 80643 – 80649.

[103] Fievet, P. ; Szymczyk, A. ; Aoubiza, B. ; et al. Evaluation of Three Methods for the Characterisation of the Membrane – Solution Interface: Streaming Potential, Membrane Potential and Electrolyte Conductivity inside Pores. J. Membr. Sci. 2000, 168 (1 – 2), 87 – 100.

[104] Lu, D. ; Zhang, T. ; Gutierrez, L. ; et al. Influence of Surface Properties of Filtration – Layer Metal Oxide on Ceramic Membrane Fouling During Ultrafiltration of Oil/Water Emulsion. Environ. Sci. Technol. 2016, 50(9), 4668 – 4674.

[105] Zhang, Q. ; Jing, W. ; Fan, Y. ; et al. An Improved Parks Equation for Prediction of Surface Charge Properties of Composite Ceramic Membranes. J. Membr. Sci.

2008,318(1 −2), 100 −106.

[106] Zhang, Q.; Fan, Y.; Xu, N. Effect of the Surface Properties on Filtration Performance of Al_2O_3 − TiO_2 Composite Membrane. Sep. Purif. Technol. 2009, 66(2), 306 −312.

[107] Gao, N.; Li, M.; Jing, W.; et al. Improving the Filtration Performance of ZrO_2 Membrane in Non − Polar Organic Solvents by Surface Hydrophobic Modification. J. Membr. Sci. 2011, 375(1 −2), 276 −283.

[108] Gao, N. W.; Fan, Y. Q.; Quan, X. J.; et al. Modified Ceramic Membranes for Low Fouling Separation of Water − in − Oil Emulsions. J. Mater. Sci. 2016, 51 (13), 6379 −6388.

[109] Hsieh, H. P. Inorganic Membranes for Separation and Reaction; Elsevier Science: Amsterdam, 1996.

[110] Almecija, M. C.; Ibanez, R.; Guadix, A.; et al. Effect of pH on the Fractionation of Whey Proteins with a Ceramic Ultrafiltration Membrane. J. Membr. Sci. 2007, 288(1 −2), 28 −35.

[111] De Angelis, L.; de Cortalezzi, M. M. F. Ceramic Membrane Filtration of Organic Compounds: Effect of Concentration, pH, and Mixtures Interactions on Fouling. Sep. Purif. Technol. 2013, 118, 762 −775.

[112] De la Casa, E. J.; Guadix, A.; Ibanez, R.; et al. Influence of pH and Salt Concentration on the Cross − Flow Microfiltration of BSA Through a Ceramic Membrane. Biochem. Eng. J. 2007, 33(2), 110 −115.

[113] Fakhfakh, S.; Baklouti, S.; Baklouti, S.; et al. Preparation, Characterization and Application in BSA Solution of Silica Ceramic Membranes. Desalination 2010, 262 (1 −3), 188 −195.

[114] Farsi, A.; Boffa, V.; Christensen, M. L. Electroviscous Effects in Ceramic Nanofiltration Membranes. Chem Phys Chem 2015, 16(16), 3397 −3407.

[115] Sbai, M.; Fievet, P.; Szymczyk, A.; et al. Streaming Potential, Electroviscous Effect, Pore Conductivity and Membrane Potential for the Determination of the Surface Potential of a Ceramic Ultrafiltration Membrane. J. Membr. Sci. 2003, 215(1 −2), 1 −9.

[116] Alventosa − DeLara, E.; Barredo − Damas, S.; Zuriaga − Agusti, E.; et al. Ultrafiltration Ceramic Membrane Performance During the Treatment of Model Solutions Containing Dye and Salt. Sep. Purif. Technol. 2014, 129, 96 −105.

[117] Yoon, S. H.; Kang, I. J.; Lee, C. H. Fouling of Inorganic Membrane and Flux Enhancement in Membrane − Coupled Anaerobic Bioreactor. Sep. Sci. Technol. 1999, 34(5), 709 −724.

[118] Hoogland, M. R.; Fane, A. G.; Fell, C. J. D. The Effect of pH on the Cross – Flow Filtration of Mineral Slurries Using Ceramic Membranes. In Proceedings of the First International Conference on Inorganic Membranes. Montpellier, France, 1989; p. 153.

[119] Moosemiller, M. D.; Hill, C. G.; Anderson, M. A. Physicochemical Properties of Supported g – Al$_2$O$_3$ and TiO$_2$ Ceramic Membranes. Sep. Sci. Technol. 1989, 24 (9 – 10), 641 – 657.

[120] Nazzal, F. F.; Wiesner, M. R. pH and Ionic Strength Effects on the Performance of Ceramic Membranes in Water Filtration. J. Membr. Sci. 1994, 93(1), 91 – 103.

[121] Huisman, I. H.; Dutré, B.; Persson, K. M.; et al. Water Permeability in Ultrafiltration and Microfiltration: Viscous and Electroviscous Effects. Desalination 1997, 113(1), 95 – 103.

[122] Grabow, W. O. K.; Dohmann, M.; Haas, C.; et al. Influence of Particle Size and Surface Charge on Critical Flux of Crossflow Microfiltration. Water Quality International '98 Water Sci. Technol. 1998, 38(4), 481 – 488.

[123] Chevereau, E.; Zouaoui, N.; Limousy, L.; et al. Surface Properties of Ceramic Ultrafiltration TiO$_2$ Membranes: Effects of Surface Equilibriums on Salt Retention. Desalination 2010, 255(1 – 3), 1 – 8.

[124] Chiu, T. Y. Effect of Ageing on the Microfiltration Performance of Ceramic Membranes. Sep. Purif. Technol. 2011, 83, 106 – 113.

[125] Huisman, I. H.; Vellenga, E.; Trägårdh, G.; et al. The Influence of the Membrane Zeta Potential on the Critical Flux for Crossflow Microfiltration of Particle Suspensions. J. Membr. Sci. 1999, 156(1), 153 – 158.

[126] Wang, P.; Xu, N.; Shi, J. A Pilot Study of the Treatment of Waste Rolling Emulsion Using Zirconia Microfiltration Membranes. J. Membr. Sci. 2000, 173(2), 159 – 166.

[127] Zhao, Y.; Zhong, J.; Li, H.; et al. Fouling and Regeneration of Ceramic Microfiltration Membranes in Processing Acid Wastewater Containing Fine TiO$_2$ Particles. J. Membr. Sci. 2002, 208(1 – 2), 331 – 341.

[128] Alpatova, A.; Kim, E. – S.; Dong, S.; et al. Treatment of Oil Sands Process – Affected Water with Ceramic Ultrafiltration Membrane: Effects of Operating Conditions on Membrane Performance. Sep. Purif. Technol. 2014, 122, 170 – 182.

[129] Cui, Z.; Peng, W.; Fan, Y.; et al. Effect of Cross – Flow Velocity on the Critical Flux of Ceramic Membrane Filtration as a Pre – treatment for Seawater Desalination. Chin. J. Chem. Eng. 2013, 21(4), 341 – 347.

[130] Chang, Q.; Zhou, J.; Wang, Y.; et al. Application of Ceramic Microfiltration

Membrane Modified by Nano – TiO$_2$ Coating in Separation of a Stable Oil – in – Water Emulsion. J. Membr. Sci. 2014, 456, 128 – 133.

[131] Hutchings, G. J. New Approaches to Rate Enhancement in Heterogeneous Catalysis. Chem. Commun. 1999, 4, 301 – 306.

[132] Julbe, A.; Farrusseng, D.; Guizard, C. Porous Ceramic Membranes for Catalytic Reactors—Overview and New Ideas. J. Membr. Sci. 2001, 181(1), 3 – 20.

[133] Jiang, H.; Meng, L.; Chen, R. Z.; et al. Progress on Porous Ceramic Membrane Reactors for Heterogeneous Catalysis over Ultrafine and Nano – Sized Catalysts. Chin. J. Chem. Eng. 2013, 21(2), 205 – 215.

[134] Zhong, Z.; Xing, W.; Jin, W.; et al. Adhesion of Nanosized Nickel Catalysts in the Nanocatalysis/UF System. AICHE J. 2007, 53(5), 1204 – 1210.

[135] Chen, R.; Du, Y.; Wang, Q.; et al. Effect of Catalyst Morphology on the Performance of Submerged Nanocatalysis/Membrane Filtration System. Ind. Eng. Chem. Res. 2009, 48(14), 6600 – 6607.

[136] Jiang, H.; Meng, L.; Chen, R. Z.; et al. A Novel Dual – Membrane Reactor for Continuous Heterogeneous Oxidation Catalysis. Ind. Eng. Chem. Res. 2011, 50 (18), 10458 – 10464.

[137] Kim, M. J.; Kang, O. Y.; Rao, B. S.; et al. Proposing a New Fouling Index in a Membrane Bioreactor(MBR) Based on Mechanistic Fouling Model. Desalin. Water Treat. 2011, 33(1 – 3), 209 – 217.

[138] Wu, J.; He, C.; Jiang, X.; et al. Modeling of the Submerged Membrane Bioreactor Fouling by the Combined Pore Constriction, Pore Blockage and Cake Formation Mechanisms. Desalination 2011, 279(1 – 3), 127 – 134.

[139] Chang, I. S.; Le Clech, P.; Jefferson, B.; et al. Membrane Fouling in Membrane Bioreactors for Wastewater Treatment. J. Environ. Eng. – ASCE 2002, 128(11), 1018 – 1029.

[140] Le – Clech, P.; Chen, V.; Fane, T. A. G. Fouling in Membrane Bioreactors Used in Wastewater Treatment. J. Membr. Sci. 2006, 284(1 – 2), 17 – 53.

[141] Zhong, Z.; Xing, W.; Liu, X.; et al. Fouling and Regeneration of Ceramic Membranes Used in Recovering Titanium Silicalite – 1 Catalysts. J. Membr. Sci. 2007, 301(1 – 2), 67 – 75.

[142] Zhong, Z.; Li, D.; Liu, X.; et al. The Fouling Mechanism of Ceramic Membranes Used for Recovering TS – 1 Catalysts. Chin. J. Chem. Eng. 2009, 17(1), 53 – 57.

[143] Vaidya, M. J.; Kulkarni, S. M.; Chaudhari, R. V. Synthesis of p – Aminophenol by Catalytic Hydrogenation of p – Nitrophenol. Org. Process Res. Dev. 2003, 7 (2), 202 – 208.

[144] Koltuniewicz, A. B. ; Field, R. W. ; Arnot, T. C. Engineering of Membrane Processes Ⅱ: Environmental Applications Cross – Flow and Dead – End Microfiltration of Oily – Water Emulsion. Part Ⅰ: Experimental Study and Analysis of Flux Decline. J. Membr. Sci. 1995, 102, 193 – 207.

[145] Marchese, J. ; Ochoa, N. A. ; Pagliero, C. ; et al. Pilot – Scale Ultrafiltration of an Emulsified Oil Wastewater. Environ. Sci. Technol. 2000, 34(14), 2990 – 2996.

[146] Bensadok, K. ; Belkacem, M. ; Nezzal, G. Treatment of Cutting Oil/Water Emulsion by Coupling Coagulation and Dissolved Air Flotation. Desalination 2007, 206 (1), 440 – 448.

[147] Hua, F. L. ; Tsang, Y. F. ; Wang, Y. J. ; et al. Performance Study of Ceramic Microfiltration Membrane for Oily Wastewater Treatment. Chem. Eng. J. 2007, 128 (2 – 3), 169 – 175.

[148] Yeom, H. J. ; Kim, S. C. ; Kim, Y. W. ; et al. Processing of Alumina – Coated Clay – Diatomite Composite Membranes for Oily Wastewater Treatment. Ceram. Int. 2016, 42(4), 5024 – 5035.

[149] Bhave, R. R. ; Fleming, H. L. Removal of Oily Contaminants in Wastewater with Microporous Alumina Membranes. AlChE Symp. Ser. 1988, 84, 19 – 27.

[150] Abbasi, M. ; Taheri, A. Modeling of Coagulation – Microfiltration Hybrid Process for Treatment of Oily Wastewater Using Ceramic Membranes. J. Water Chem. Technol. 2014, 36(2), 80 – 89.

[151] Abbasi, M. ; Taheri, A. Selecting Model for Treatment of Oily Wastewater by MF – PAC Hybrid Process Using Mullite – Alumina Ceramic Membranes. J. Water Chem. Technol. 2016, 38(3), 173 – 180.

[152] Hilal, N. ; Busca, G. ; Hankins, N. ; et al. Desalination Strategies in South Mediterranean Countries: The Use of Ultrafiltration and Nanofiltration Membranes in the Treatment of Metal – Working Fluids. Desalination 2004, 167, 227 – 238.

[153] Tomaszewska, M. ; Orecki, A. ; Karakulski, K. Desalination and the Environment Treatment of Bilge Water Using a Combination of Ultrafiltration and Reverse Osmosis. Desalination 2005, 185(1), 203 – 212.

[154] Yu, X. ; Zhong, Z. ; Xing, W. Treatment of Vegetable Oily Wastewater Using an Integrated Microfiltration – Reverse Osmosis System. Water Sci. Technol. 2010, 61 (2), 455 – 462.

[155] Yang, C. ; Zhang, G. ; Xu, N. ; et al. Preparation and Application in Oil ± Water Separation of $ZrO_2/a – Al_2O_3$ MF Membrane. J. Membr. Sci. 1998, 142(2), 235 – 243.

[156] Zhang, G. ; Gu, H. ; Xing, W. Treatment of Cool Rolling Emulsion with Inorganic

Ceramic Membranes. J. Chem. Eng. Chin. Univ. 1998, 12(3), 288.

[157] Kamble, S. P.; Barve, P. P.; Joshi, J. B.; et al. Purification of Lactic Acid via Esterification of Lactic Acid Using a Packed Column, Followed by Hydrolysis of Methyl Lactate Using Three Continuously Stirred Tank Reactors(CSTRs)in Series: A Continuous Pilot Plant Study. Ind. Eng. Chem. Res. 2012, 51(4), 1506 – 1514.

[158] Datta, R.; Henry, M. Lactic Acid: Recent Advances in Products, Processes and Technologies—A Review. J. Chem. Technol. Biotechnol. 2006, 81(7), 1119 – 1129.

[159] Kyuchoukov, G.; Yankov, D. Lactic Acid Extraction by Means of Long Chain Tertiary Amines: A Comparative Theoretical and Experimental Study. Ind. Eng. Chem. Res. 2012, 51(26), 9117 – 9122.

[160] Bayazit, S. S.; Inci, I.; Uslu, H. Adsorption of Lactic Acid from Model Fermentation Broth Onto Activated Carbon and Amber Lite IRA – 67. J. Chem. Eng. Data 2011, 56(5), 1751 – 1754.

[161] Bouchoux, A.; Roux – de Balmann, H.; Lutin, F. Investigation of Nanofiltration as a Purification Step for Lactic Acid Production Processes Based on Conventional and Bipolar Electrodialysis Operations. Sep. Purif. Technol. 2006, 52(2), 266 – 273.

[162] Li, W.; Xing, W. Advances in Refinement of Lactic Acid from Fermentation Broths. Chem. Ind. Eng. Prog. 2009, 28(3), 491 – 495.

[163] Persson, A.; Jonsson, A. S.; Zacchi, G. Separation of Lactic Acid – Producing Bacteria from Fermentation Broth Using a Ceramic Microfiltration Membrane with Constant Permeate Flow. Biotechnol. Bioeng. 2001, 72(3), 269 – 277.

[164] Pal, P.; Sikder, J.; Roy, S.; et al. Process Intensification in Lactic Acid Production: A Review of Membrane Based Processes. Chem. Eng. Process. 2009, 48(11 – 12), 1549 – 1559.

[165] Wang, K.; Li, W.; Fan, Y.; et al. Integrated Membrane Process for the Purification of Lactic Acid from a Fermentation Broth Neutralized with Sodium Hydroxide. Ind. Eng. Chem. Res. 2013, 52(6), 2412 – 2417.

[166] Aspelund, M. T.; Glatz, C. E. Purification of Recombinant Plant – Made Proteins from Corn Extracts by Ultrafiltration. J. Membr. Sci. 2010, 353(1 – 2), 103 – 110.

[167] Roman, G. P.; Neagu, E.; Moroeanu, V.; et al. The Ultrafiltration Performance of Composite Membranes for the Concentration of Plant Extracts. Rom. Biotech. Lett. 2009, 14(5), 4620 – 4624.

[168] Xu, N.; Xing, W. Process for Refining Salt – Water by Inorganic – Membrane Filtering. Patent CN1868878, 2006.

[169] Shirazi, S.; Lin, C. - J.; Chen, D. Inorganic Fouling of Pressure - Driven Membrane Processes—A Critical Review. Desalination 2010, 250(1), 236 - 248.

[170] Kim, J.; Yoon, T. I. Direct Observations of Membrane Scale in Membrane Bioreactor for Wastewater Treatment Application. Water Sci. Technol. 2010, 61 (9), 2267 - 2272.

[171] Lee, M.; Kim, J. Membrane Autopsy to Investigate $CaCO_3$ Scale Formation in Pilot - Scale, Submerged Membrane Bioreactor Treating Calcium - Rich Wastewater. J. Chem. Technol. Biotechnol. 2009, 84(9), 1397 - 1404.

[172] Gu, J.; Zhang, H.; Zhong, Z.; et al. Conditions Optimization and Kinetics for the Cleaning of Ceramic Membranes Fouled by $BaSO_4$ Crystals in Brine Purification Using a DTPA Complex Solution. Ind. Eng. Chem. Res. 2011, 50(19), 11245 - 11251.

第12章 微结构陶瓷中空纤维膜及其应用

12.1 引 言

陶瓷膜在科学界、工业界和商业界中并不陌生,多年来已在水处理、食品和饮料、生物技术、制药、石油和天然气工业、反应工程、能源生产等多个领域中广泛应用。尽管它们的发展明显慢于聚合物膜,但由于其良好的化学、热和机械稳定性,使用范围仍在稳步增长。由于近年来薄膜的应用范围广泛,并且越来越多的极端条件需要提供具有长期稳定性能的薄膜,这为陶瓷膜提供了比聚合膜更具竞争力的优势。

陶瓷膜发展速度较慢的主要原因是其较高的资金成本、固有的脆性和在模块中排列时的低填充密度。传统的制造方法需要多个高温(大于1 000 ℃)烧结阶段,这是能源密集型并且成本昂贵的,它们最常见的配置是管状形式,具有大的外径和低包装密度。相转化和烧结相结合的方法的出现,创造了具有优异性能的高度不对称陶瓷中空纤维膜,显著缩短了制造过程,降低了成本,并提供了改进的填料密度。此外,中空纤维壁由密集排列的微通道组成,这些微通道不仅扩大了薄膜的表面积,还可以作为微存储空间扩大其应用范围。

本章重点介绍了微结构陶瓷中空纤维膜的制备,对微通道的形成给出一些见解,并对这些膜在分离和反应中的潜在应用进行了最新的综述。

12.2 微结构陶瓷中空纤维

本节仅对由相反转和烧结相结合而成的微结构陶瓷中空纤维进行讨论。微结构陶瓷膜是独一无二的,它们由离散不同的子结构组成:由陶瓷颗粒连续堆积而成的微通道。这种独特的结构带来了许多优点,并扩大了陶瓷中空纤维的多种应用范围。

图12.1所示为两个子结构的空心截面形态的示例。很明显,在壳外厚的连续结构和管腔内侧的非常薄的连续屏障之间夹有长的、薄的和密集排列的微通道。整个中空纤维结构由陶瓷颗粒填充物固定,陶瓷颗粒在烧结后彼此连接。当陶瓷颗粒连续排列时,形成中空过滤器的阻挡层/分离层,如图中的外壳和内腔侧所示。在制造过程中,可以对阻挡层的厚度,以及微通道的形状、尺寸、长度和密度进行控制。

微通道的空间是孤立的,可以极大地增加中空纤维的表面积。它们可以用来降低整个膜的传质阻力、增加膜的渗透率,或者用作存储空间来装载功能材料,这将在本章后面详细讨论。由于这些有趣的微观结构的存在,陶瓷中空纤维的新应用已经出现,例如:膜微反应器、新型吸附柱、微型管状固体氧化物燃料电池(SOFC)、膜接触器等。下一节将描述和解释这些中空纤维的制造工艺,并详细说明可控制薄膜微观结构以及达到最终所需形态的参数。

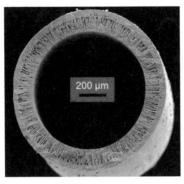

图 12.1　钇稳定氧化锆(YSZ)中空纤维经相转化烧结形成的截面结构 SEM 图像

12.3　陶瓷中空纤维制造工艺概述

采用相转化和烧结相结合的方法制备非对称陶瓷中空纤维,可以概括为三个主要步骤:悬浮成形、旋压和热处理。首先,以粉末形式存在的陶瓷材料悬浮在有机溶剂中,其中添加聚合物作为添加剂,并且将悬浮液球磨,直到形成连续悬浮液。接下来,悬浮液在非溶剂浴中发生相反转,在所需的几何结构中从液体转变为固体。最后,使用一次热处理过程烧掉所有有机成分并烧结相,形成最终的强化膜。

这是一个更简单的过程,获得的中空纤维能够实现较高的分离能力,可超过滤一个生产周期。传统方法包括多次涂层和随后的热处理过程,以使最终膜获得具有足够高的选择性用以进行微过滤和超过滤。对于相转化和烧结相结合的方法,每一阶段都有许多参数会影响最终膜的规格和质量,下一节将进行详细解释。

12.3.1　陶瓷悬浮液的制备

制备陶瓷悬浮液类似于奠定房屋的地基,在这个阶段中的任何错误都将持续存在,并恶化中空纤维的质量。因此,重要的是要确保充分了解该工艺的每个阶段,以生产始终如一的高质量中空纤维。制备过程包括四个主要阶段:分散剂与所选溶剂的混合、添加陶瓷颗粒、聚合物黏合剂的溶解,最后,在中空纤维旋转之前对悬浮液进行脱气。下一节将更详细地讨论陶瓷悬浮液的制备阶段。

1. 分散剂与所选溶剂的混合

选择溶剂的标准有以下几点:聚合物黏合剂和任何其他添加剂的溶解能力好,与非溶剂的混溶性高。此外,在相转化阶段的溶剂和非溶剂的交换速率,在很大程度上决定了中空过滤器的最终形态,因此应仔细选择适合期望结构的溶剂。在第一阶段,还添加了分散剂,其作用是通过减少陶瓷颗粒的团聚来稳定悬浮液,以确保最终获得高质量的中空纤维。

大多数情况下,陶瓷悬浮液中使用的都是微米或亚微米尺度的粒子,因此范德瓦耳斯力、静电力和布朗力等表面力都会影响它们的行为。众所周知,根据 DLVO 理论,无论是在小距离还是大距离上,范德瓦耳斯力都具有吸引力,以幂律函数的形式将占主导地位,而在中间分离时,指数排斥力大于吸引力。因此,在用于旋转中空纤维的浓缩陶瓷悬浮液中,范德瓦耳斯的吸引力应超过排斥力,从而增加颗粒在碰撞时形成软团块的趋势。在陶瓷悬浮液中,不希望出现团聚现象,因为团聚会影响陶瓷材料的有效粒径,增加悬浮液的特定体积,在初级颗粒之间的空隙中截留空气,在最终膜中产生针孔,引入高度不规则和不可预测的孔径,以及改变悬浮液的黏度。

减少颗粒间的黏附,则需要增加颗粒间的排斥力,两种常用的方法是:增加颗粒 – 液体界面上的排斥静电双层厚度,导致静电稳定,或通过在颗粒表面吸附聚合物来实现对颗粒间的排斥。调节悬浮液的离子强度,如改变溶液的酸碱度,改变并控制静电双层半径。由于复杂性增加,如颗粒溶解等现象发生,通常此方法不用于稳定中空纤维制造用陶瓷悬浮液。

使用聚合物分散剂是一种常见的方法,以提高陶瓷颗粒之间的斥力,以实现均匀和稳定的胶体悬浮。添加剂被吸附在颗粒上,当它们近距离接触时,聚合物层的相互渗透会导致颗粒间斥力的增加。吸附层的厚度、聚合物对表面的亲和力、聚合物在介质中的吸附量和溶解能力等因素都与空间稳定化的效果密切相关。表面活性剂(如嵌段共聚物)通常用于空间稳定。例如表面活性剂 Arlacel P135,它有一个亲水性聚乙二醇头和两个多羟基硬脂酸酯疏水尾。亲水基团附着在陶瓷颗粒表面的羟基上并固定,疏水端溶解在溶剂中。每个粒子的链重叠,构型熵的损失产生排斥力,粒子变得空间稳定。选择分散剂的另一个考虑因素是,分散剂必须易于从最终的中空纤维中去除,也就是说,在热处理过程中,它必须易于在热处理过程中烧掉。图 12.2 所示为一种氧化铝颗粒,其周围有一个 Arlacel P135 表面活性剂层,厚度约为 20 nm。

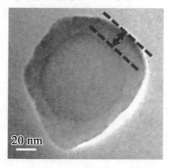

图 12.2　具有表面活性剂层的氧化铝粒子的透射电子显微镜(TEM)图像

2. 添加陶瓷颗粒
由于最终得到的中空纤维结构是由陶瓷颗粒填充而成,因此向悬浮液中添加陶瓷颗粒的阶段是最终决定中空纤维膜许多特性的一个重要步骤,例如其孔径、孔径分布、多孔性、机械稳定性和表面粗糙度。在此步骤中,影响最终性能的因素包括陶瓷粒径、粒径分布和陶瓷负载。

最终膜的孔径和选择性取决于陶瓷填料之间的间距。悬浮液中的陶瓷粒径分布可用于控制最终孔径。例如,较大的陶瓷颗粒会导致较大的气孔,反之亦然。此外,使用不同尺寸陶瓷颗粒的混合物,可以形成更小的孔。另一方面,陶瓷负载对中空纤维的最终性能也有很大影响。如果负载太少,每个颗粒之间会有较大的分离距离,这将导致最终膜中的孔变大但烧结程度不足,从而削弱最终中空纤维。相反,当使用高陶瓷负载时,悬浮液的黏度会显著增加,最终变成糊状物,在纺纱过程中造成了实际的困难。加入陶瓷颗粒后,将悬浮液球磨数天,以确保形成尽可能少结块的连续悬浮液。陶瓷悬浮液经过球磨后,在真空下进行机械搅拌,以去除制备过程中引入悬浮液的气泡。

一个有效的填充陶瓷系统是非常重要的,这将会减少热处理过程中的收缩,并获得具有高填充密度和高质量的最终膜。假设陶瓷颗粒是相同的球体,则可能存在一系列不同的排列方式,其结果造成填料密度不同,如图 12.3 所示。当存在团块且悬浮液不连续时,所产生的孔隙不规则,则填充密度较低(图 12.3(a))。简单立方填料类型(图 12.3(b))的配位数为 6,填料密度为 0.524,而菱形排列(图 12.3(e))的配位数为 12,单分散系统的理论填料密度最高为 0.740。通过向空隙中添加更细的颗粒,可以进一步提高填料密度(图 12.3(d))。

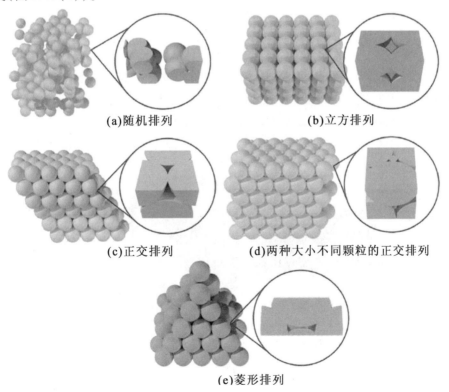

(a)随机排列   (b)立方排列

(c)正交排列   (d)两种大小不同颗粒的正交排列

(e)菱形排列

图 12.3 填料的不同堆积方式示意图

3. 聚合物黏合剂的添加

在经过适当球磨,获得均匀的陶瓷悬浮液后,添加聚合物黏合剂。这种聚合物黏合剂是一种临时"胶水",在成型过程中连接并固定膜前体的陶瓷颗粒。陶瓷颗粒首先溶解在陶瓷悬浮液中,在成型过程中,悬浮液被转移到具有所需形状的模具中(浮盘、浮板等),或通过喷丝头旋转以形成中空纤维。它们被浸入非溶剂浴中,其中聚合物不溶,快速的溶剂和非溶剂交换导致聚合物沉淀,形成刚性膜前体。在热处理过程中,聚合物黏合剂被烧掉,因此需要选择一种能充分燃烧的聚合物。由于聚醚砜(PESF)成本低,可以在 600 ℃下完全烧掉,因此大多数的研究都使用它作为聚合物黏合剂,聚合物黏合剂的浓度以及陶瓷悬浮液与聚合物的比例也是重要的参数。如果聚合物的浓度太低,不足以将成膜前驱体固定在一起;如果聚合物浓度太高,悬浮液的黏度将增加,形成所需的几何形状极具难度。到目前为止,对于氧化铝悬浮液,陶瓷负载与 PESF 的比率建议为 10。

12.3.2　中空纤维前驱体纺丝

1. 纺丝工艺概述

纺丝工艺中的纺丝阶段是将连续陶瓷悬浮液转换成中空纤维固体形式,这是通过管孔喷丝板挤压悬浮液来实现的。图 12.4 所示为通常用于陶瓷中空纤维的纺纱设备。在该装置中,陶瓷悬浮液和孔液存储在不锈钢注射器中,由连接到质量流量控制器的注射泵控制。它们共同控制陶瓷悬浮液和孔流体从喷丝头中挤出的速度。悬浮液和孔道流体分别从喷丝通道挤出,当它们离开喷丝板时,会与外部的凝结浴接触,凝结浴通常是环境条件下的去离子水。由于悬浮液和孔道流体与外部混凝剂之间的溶剂和非溶剂交换,悬浮液中的聚合物黏合剂变得不稳定,并且相转化为固体形式,从而将陶瓷颗粒保持在一个中空的几何结构中。在这一阶段,由于界面不稳定而产生的微通道也可以生长并被聚合物黏合剂固定。中空纤维沉淀在水凝固浴中,通常在水中浸泡一夜,使聚合物黏合剂完全沉淀。随后,在热处理之前,对纤维前体进行干燥和矫直。

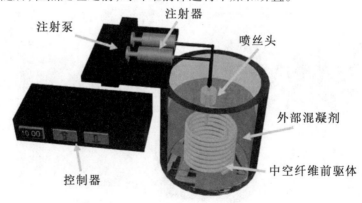

图 12.4　典型陶瓷中空纤维纺纱装置示意图

2. 不同喷丝头的几何设计

在纺丝阶段,可以通过仔细设计喷丝头来控制中空纤维的几何结构。图 12.5 所示为各种喷丝头的横截面。双层喷丝头(图 12.5(a))是纺制中空纤维最简单的喷丝头,用于制造单层陶瓷中空纤维,普通孔径/内径为 3.0/1.2 mm。三层和四层喷丝头(图 12.5(b)和(c))可用于共旋不同的陶瓷层,形成双层和三层复合材料或陶瓷中空纤维整体。此外,多层喷丝头还可用于制造具有特殊聚合物层的中空纤维,并且可以根据最终膜的要求设计和控制每层的组成。喷丝头也可以设计成多孔孔口来制造多通道材料,如图 12.5(d)所示。图 12.6 所示为可实现的不同中空纤维的种类。

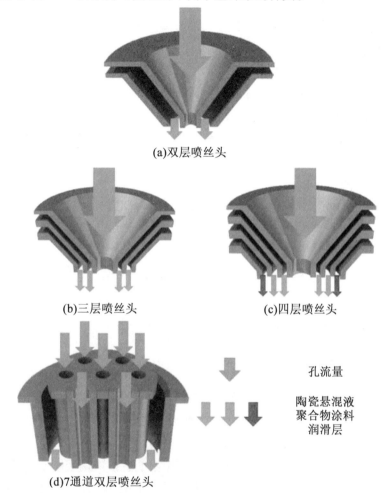

(a)双层喷丝头

(b)三层喷丝头 (c)四层喷丝头

孔流量

陶瓷悬混液
聚合物涂料
润滑层

(d)7通道双层喷丝头

图 12.5 四种喷丝头横截面示意图,分别用于制造双层、三层、四层中空膜和 7 通道管状膜

图 12.6 可以实现的中空纤维的种类

3. 流变性和可纺性

用于纺丝的悬浮液的流变性是影响纺纱过程实用性和最终中空纤维横截面形貌的一个重要参数,可在陶瓷悬浮液的制备过程中加以控制。流变行为主要受以下因素影响:陶瓷体积负载、陶瓷颗粒形状、尺寸和粒径分布、聚合物黏合剂在溶剂中的溶解性、聚合物黏合剂浓度以及粒子间作用力的范围和大小。

找到最佳的纺纱悬浮液黏度可能是困难的:如果悬浮液太低,悬浮液将无法保持在一起并分裂成液滴;如果悬浮液太高,悬浮液将变成糊状,无法从喷丝头中纺出。对于聚合物溶液,它的黏度从 10 P 开始可以被纺丝,并可通过喷丝头提取。陶瓷悬浮液具有更高的黏度,对于浓缩的颗粒悬浮液,最佳的可纺性观察应在当黏度表现为轻微剪切变稀而非触变的情况下观察。向悬浮液中添加添加剂可以进一步调整黏度,对于由硬球组成的悬浮液,通常使用 Krieger 和 Dougherty 和 Maron – Pierce 方程将黏度与体积荷载联系起来。

Krieger 和 Dogherty 方程:

$$\eta_r = \left(1 - \frac{\varphi}{\varphi_{max}}\right)^{[\eta]\rho\varphi_{max}}$$

Maron – Pierce 方程:

$$\eta_r = \left(1 - \frac{\varphi}{\varphi_{max}}\right)^{-2}$$

其中,η_r 为悬浮体的相对黏度,即悬浮体的黏度与溶剂的黏度之比;φ 为悬浮体的体积分数;φ_{max} 为最大体积分数;ρ 为悬浮体的密度;$[\eta]$ 为固有黏度。

4. 相反转和微通道形成

在纺丝过程中,悬浮液通过管孔喷丝板与孔内流体同时被挤压进入非凝固浴中。由于聚合物黏合剂在非溶剂中不稳定,溶剂和非溶剂交换过程导致聚合物沉淀,这通常被称为非溶剂诱导相转化。这一阶段还创造了包括微通道在内的陶瓷中空纤维的独特形态。虽然许多聚合物膜研究者可能对非溶剂诱导相转化法非常熟悉,但由于旋转悬浮液的组成明显不同,优化聚合物膜旋转的理论和规则不能直接应用于陶瓷膜的制备。对于设计和控制适用于特定应用的形貌,了解这种相位反转过程以及子结构形成机制,是非常重要的。

通过相转化法制成的陶瓷膜,由两个主要的子结构组成:海绵状致密结构和微通道,如图 12.7 所示,它们是使陶瓷应用得以扩展并提高性能的关键性能之一。整个陶瓷膜支架是由陶瓷颗粒组成的,这些陶瓷颗粒被打包并随后烧结在一起。当这些陶瓷颗粒连续地相互叠放在一起时,就会形成一个均匀的海绵状结构。陶瓷颗粒之间的间隙成为膜的孔隙,可以在烧结过程中致密化。另一方面,微通道是膜中具有长圆锥形形状的大空间,可以调整其填充强度、直径和长度。

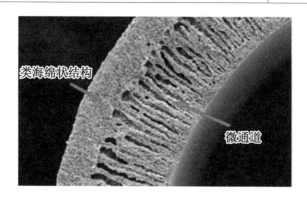

图 12.7　显示海绵状结构和微通道的 YSZ 中空过滤器横截面形态的 SEM 图像

与对称膜相比,在单一的非对称整体中空纤维中,微通道支撑的海绵状层间的组合往往具有更好的性能。这是因为海绵状的分离层可以制备得非常薄,而这种薄的有效膜厚可以显著提高渗透通量。此外,微通道可以作为微存储,大大扩展中空纤维的表面积,可以沉积或加载功能材料,形成高性能、高效、紧凑的系统。因此,为每个应用专门定制能够准确地设计和控制微通道是至关重要的。

目前,对陶瓷微通道形成机理的研究还没有统一的理论。对于聚合物膜,已经提出了更广泛的理论来解释类流体的形成,可能的来源包括:界面张力梯度(Marangoni 不稳定性)、黏度梯度(黏性流体)、密度梯度(Rayleigh – Taylor 不稳定性(RTI))。

所有的微通道或网状大孔隙都有一个独有的特征,即膜中有规律和周期性的排列,因此许多研究人员将其归因于:陶瓷悬浮液和混凝剂之间的一种或多种界面的不稳定引起的周期性表面干扰波。

最近,Lee 等试图用 RTI 理论来解释微通道,RTI 理论是由界面上的加速度驱动的,并由陶瓷悬浮体和混凝剂之间的质量差异促成。通过初步模拟,可以定量模拟微通道间距,与试验结果吻合较好。

另外,有大量的研究可以用来考查陶瓷中空纤维的制造参数和微通道特性的影响,这些研究对于设计自己的微通道、增强型中空纤维起到了很好的指导作用。

12.3.3　热处理和烧结

中空纤维前驱体干燥矫直后,必须进行热处理烧结,以提高其力学、化学和热稳定性。该步骤不影响中空纤维的整体形貌,但对各陶瓷颗粒之间的孔隙结构有较大影响。热处理包括三个主要步骤:预焙、热解和最终烧结,主要在空气中进行。本节将更详细地描述和解释每个步骤。

1. 预烧结

预烧结是陶瓷中空纤维前体的初始加热,目的是在环境条件下干燥后去除中空纤维前体中残留的所有液体以及吸附的额外水分。在这一阶段,从粒子表面或在无机相中形成的结晶水的任何化学结合水将被去除,而陶瓷粒子不会发生变化。必须注意加热速率不要太快,以避免由于相发生不同热膨胀引起的蒸汽压增加而产生应力,从而形成裂缝。

2. 热分解

为去除所有有机成分,热分解通常在 500～600 ℃下进行,并保持 2～3 h,如聚合物黏合剂和分散剂。实现有机成分的完全烧损是很重要的,以防止最终纤维中形成缺陷。这就是聚合物黏合剂和分散剂的标准之一是完全烧损的原因。

3. 最终烧结

陶瓷的最终烧结得到了深入的研究,其过程复杂。其中一个步骤是,单个离散包装的粒子成为一个单独的、连续的、相互连接的坯体。它是在 200～300 ℃、低于目标陶瓷熔化温度下进行的,这个阶段是膜的微观结构发生最剧烈变化的阶段。烧结步骤决定了膜的最终形状、尺寸、分布、孔数以及机械稳定性。烧结过程是复杂的,但在文献中得到了充分研究,可以分为四个主要阶段:预烧结、初始阶段、中间阶段和最终阶段,如图 12.8 所示。

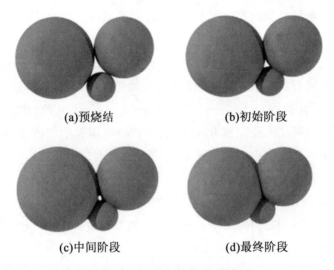

(a)预烧结　　　　　　　　　(b)初始阶段

(c)中间阶段　　　　　　　　(d)最终阶段

图 12.8　烧结的不同阶段示意图

不同的阶段有不同的性质和特点,并在不同的温度下发生。预烧结时,粒子只是简单地以小接触点紧靠在一起。在初始阶段,颗粒之间的接触点形成晶界,颗粒间颈部生长开始,颗粒表面开始光滑。然后,中间阶段占据了烧结过程的大部分,此时颈部生长较慢,孔隙为圆形,孔隙率明显降低。这也是大多数收缩发生的阶段,孔隙相互连接成沟道状结构。在最终阶段,连通孔隙被封闭,孔隙被隔离,形成封闭的孔隙。孔隙不断收缩,可能达到一定的尺寸或完全消除。这些气孔是否完全闭合取决于多种不同的因素,将在下一节中更详细地讨论。图 12.9 所示为烧结温度对被烧结陶瓷的表观密度和平均晶粒度的影响。

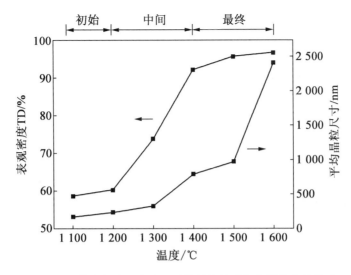

图 12.9　氧化铝的表观密度和平均晶粒尺寸与烧结温度的关系

（1）烧结机理。

在烧结过程中，为了降低系统能量，扩散可以通过不同的路径发生，存在着许多不同的传质机制，目的是降低系统能量。不同的运输路径可分为表面输运和散货运输。表面输运可以通过晶格扩散或蒸发－冷凝发生，不会导致孔收缩或致密，因为质量输运源和水槽位于同一粒子的表面，而只是原子和空位的重新排列。

另外，散货运输机制包括晶界扩散、点阵扩散晶界扩散、塑性流动和黏性流动。这有助于颈部生长和毛孔收缩，因为它们将质量从颗粒输送到颈部。由于它们具有较高的活化能，在高温烧结中占主导地位。大多数情况下，晶界扩散是烧结材料致密化的主要原因，晶界扩散在表面扩散和晶界扩散之间具有活化能。当在烧结过程中施加机械压力时，更为相关的是塑性流动，而在没有晶界（如玻璃等非晶态材料）的情况下，如在玻璃等非晶材料中，则会出现黏性流动。

（2）孔粗化和致密化。

陶瓷膜的晶粒形状和尺寸、孔径、孔径分布、孔隙率等微观结构是决定其功能和性能的重要性能指标，在烧结过程中变化最大。因此，要了解它们是如何形成的，以及什么影响了它们的形成，这样才能控制最终的微观结构。一般来说，希望得到尽可能大的高密度、最小的晶粒尺寸和尽可能均匀的微观结构。

图 12.10 所示为由不同数量的颗粒包围的不同类型的单孔。为了通过减小晶界面积来降低晶界能量，晶粒有长大的趋势。晶粒生长可分为正常晶粒生长和异常晶粒生长，在正常晶粒生长中，所有晶粒尺寸和形状都在一个狭窄的范围内，烧结后晶粒尺寸没有太大差别。异常的晶粒生长是指以较小的晶粒为代价，一些大晶粒快速生长，并可能导致晶粒尺寸分布的显著变化。

小孔隙被少量颗粒（配位数）包围，晶界呈现凸形。为了减小晶界面积，使其达到亚稳态（图 12.10（b）），从晶粒向孔中进行传质，随后孔缩小，晶粒长大。另一方面，较大的气孔被大量的颗粒包围，这些颗粒的边界是凹的。为了达到亚稳态，物质从晶界向晶界流动,从而使孔变粗,周围的晶粒变小。

对于给定的二面角(例如120°),有人提出配位数小于临界值6的孔发生收缩,而配位数较大的孔增长。较大的孔通常具有较大的配位数,因此它们将经历粗化,反之亦然。因此,如果需要一种完全致密的膜,则尽可能有效地填充绿色中空纤维的颗粒非常重要。

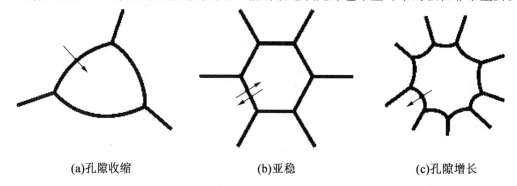

(a)孔隙收缩   (b)亚稳   (c)孔隙增长

图12.10   二维空间中120°的二面角的孔隙稳定性

大多数时候,陶瓷膜中的颗粒不是理想的填充物,在烧结的最终阶段,将得到不同尺寸的孔组成的结构。在这种情况下,原子将从大孔流向小孔,这将同时导致大孔粗化和小孔的致密化。

4. 附加膜功能化

陶瓷中空纤维经步成型和烧结之后,它们可能需要经历额外过程来赋予膜附加的功能,或改变其性能。例如,表面改性可将陶瓷膜由亲水改为疏水,为提高选择性而沉积额外涂层,或为扩大应用范围而沉积的先进材料,将在第12.4节中进行更详细的讨论。

浸渍或自旋涂层是较常用的在陶瓷中空纤维支架上沉积涂层方法。自旋涂层是指将载体从悬浮液中浸出后,由于毛细管力的作用,液体在基体上形成一层,与功能粒子一起被吸进支撑孔中。当悬浮体沉积在基体表面时,旋转涂层旋转基体。

溶胶－凝胶法也是一种很受欢迎的方法,它可以制造具有高选择性的膜和尺寸为100 nm到几个纳米的孔。在此方法中,胶体(由醇氧化合物组成)或聚合物溶液首先通过浸渍涂层沉积在膜基体上,然后通过水解、缩合或聚合转化为凝胶形式。之后,对中空纤维进行热处理,使这一额外的层在膜上形成一层薄而均匀的皮肤。除此之外还有化学气相沉积、中子溅射、等离子体等其他涂层技术,有大量文献可供参考。

12.4   陶瓷中空纤维特性

12.4.1   已形成中空纤维的材料范围

采用相转化和烧结相结合的方法,将多种无机材料制成中空纤维,膜材料的选择主要取决于应用要求和经济考虑。

最早采用相转化和烧结相结合的方法制备的陶瓷中空纤维是 $\alpha - Al_2O_3$ 材料。它们的制备考虑了微过滤和超过滤等应用,以及作为致密膜形成的坚固多孔支撑物,由于具有良好的稳定性和可用性而被广泛使用。其本质上是亲水的,因此适用于水过滤应用,如水处理。然而,氧化铝中空纤维是易碎的,如果其横截面结构高度不对称,则其机械稳定性较低。

此外,氧化铝相对昂贵,但需要较高的烧结温度,这推动了人们对成本低廉替代品的研究。董青石似乎是一个更经济有效的选择,因为材料成本和烧结温度远低于氧化铝,同时保持良好的热稳定性和化学稳定性。这种材料已被用来形成中空纤维,采用相反转和烧结相结合的方法,具有丰富的微通道阵列和弯曲强度,类似于氧化铝中空纤维,但比氧化铝的烧结温度(1 330 ~ 1 400 ℃)下。此外,通过使用煤渣作为原材料,莫来石中空纤维制备成功,降低了烧结温度和原料成本。

其他非氧化物陶瓷材料还有碳化硅(SiC),其具有较高的机械和化学稳定性,以及由于其固有的亲水性而具有较高的水渗透性。但是,要达到这一性能,需要非常高的烧结温度(高达 2 075 ℃),并且只能在氮气、氩气等惰性气体中烧结。氮化硅(Si_3N_4)也被制成不对称的中空纤维,具有很高的抗氧化和耐腐蚀性、硬度、机械稳定性和良好的热冲击性。中空纤维的抗弯强度达到 290 MPa,高于大多数氧化陶瓷的强度,但需要在氮气环境下和较高的 1 700 ℃左右的烧结温度。

混合离子导电(MIEC)材料用于致密中空膜为中空膜的应用开辟了新的领域。这些MIEC 材料可以同时传输氧离子(或质子)和电子,不需要电极或外部电负荷。最常用作研究的 MIEC 材料是被制成致密的薄膜的过氧化钙,因此氧(或氢)的传输只发生在钙钛矿结构中的空位。这意味着,如果薄膜没有缺陷,且具有极强的氧(或氢)选择性,可用于在氧气生产或化学处理和反应中提供纯氧。常用的钙钛矿材料包括镧锶钴铁氧体(LSCF)和钙钛矿钡(BaCeO)。致密的钙钛矿材料通常被制成圆片,但它们具有较低的填充密度和较厚的厚度,因此,钙钛矿中空纤维使用相反转和烧结技术制造。然而,操作温度太高,一般超过 900 ℃,导致很高的操作成本,而且很难找到具有相似热膨胀系数的外壳和密封件。

对于大多数应用,选择正确的材料仍然是主要的挑战,尤其是多层中空纤维,不同层之间必须要具有相似的热膨胀系数,而且必须表现出优良性能。为了解决不同应用中的许多瓶颈问题,人们设计并实现了各种陶瓷复合材料,如镍和钇稳定氧化锆(YSZ)或混合氧化镍和 YSZ 等金属陶瓷以改善该层的电子传导。

非对称 YSZ 中空纤维具有广阔的应用前景。YSZ 由于其在高温下具有足够的氧离子导电性,在微管型 SOFCs 中被广泛用作电解质层,由于其固有的疏水性,被广泛用于膜蒸馏。另一种掺杂材料是掺加钆的二氧化铈,它用于微管软绵体。

对于当前的应用范围,以及新兴的和新的应用,仍有许多材料需要探索。由于相转化法和烧结法是一种比较新的方法,因此成功地将有限范围的陶瓷材料制成中空纤维。此外,将不同材料组合在不同的层中时,分层将更加困难,因此,需要仔细规划和设计,以确保无缺陷的最终中空纤维。

12.4.2　已实现的几何图形的范围

为获得高质量的单层中空纤维,早期的研究集中在优化纺纱条件和陶瓷悬浮成分,多层中空纤维的目的是扩大单层膜的功能。对于聚合物膜,对多层中空纤维有着大量的研究。如图 12.5 所示,它们可以通过多层喷丝头共挤在一个步骤中轻松制造。多层陶瓷中空纤维近年来才进入薄膜制造领域,在膜反应器和 SOFCs 等领域有着非常有前途的新应用。制造多层无机薄膜比制造多层有机薄膜困难得多。引入的层数越多,将缺陷引入膜的可能性越高。这是因为无机薄膜需要经过高温热处理,当选择不同热膨胀系数的材料时,层之间会出现裂纹、缺陷和分层。此外,如果材料的烧结温度大不相同,可能导致其中一种材料的烧结不充分。

成功地制备了双层和三层陶瓷中空纤维。由氧化镍(NiO)和 YSZ 或掺钪氧化锆(Sc-SZ)催化基体组成的双层陶瓷膜和由镧 – 锶 – 锰氧化物(LSM)和 YSZ 或 SCSZ 组成的薄氧分离外层被制成中空膜反应器,用于甲烷的部分氧化。催化剂和载体作为一个单一的中空过滤器,反应器设计具有更高的比表面积。另外,电解质层和阳极层也共挤形成双层微管拱腹,如图 12.11 所示。电解质层材料包括掺钆铈(CGO),阳极层包括镍 CGO。为了制备一种微型管状 SOFCs,通过浆状涂层和烧结将 LSCF – CGO 的阴极层沉积到中空过滤器上。

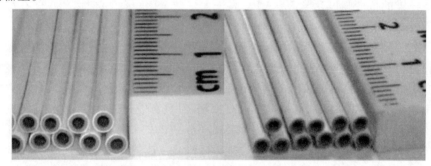

图 12.11　CGO/ Ni – CGO 双层中空纤维前驱体(LHS)与 Ni – CGO/ Ni – CGO/CGO 三层中空纤维前驱体的图像

三层中空纤维主要用于微管软质 SOFCs 材料。这三层在一个步骤中共挤,然后再共挤。已经使用的材料包括由 NiO 和 CGO 组成的阳极层,不同成分的 NiO 和 CGO 的阳极功能层(AFL),以及纯 CGO 的外层。为了减少活化或浓度极化,引入了 AFL。

除了单孔中空纤维外,还采用图 12.5(d)所示的喷丝头设计制造了多孔中空纤维。这种空心纤维的几何形状(图 12.12)是为了增加陶瓷膜的横截面积,从而提高其固有脆性的力学稳定性。使用了不同的材料,如 α – Al_2O_3 和 YSZ。

12.4.3　横截面形态

相转化和烧结相结合不仅是制造中空纤维的一种简单且廉价,而且由紧密填充微通道的径向阵列组成的纤维横截面形态也大大扩展了陶瓷中空纤维的应用。这些微通道不仅通过减少有效膜厚度来降低整个膜的传质阻力,而且还扩展了中空纤维的表面积,并且可以充当微存储空间的口袋。在过去的 20 年中,微通道的形成和结构发生了显著的变化,本节回顾了陶瓷空心管微通道设计的进展。

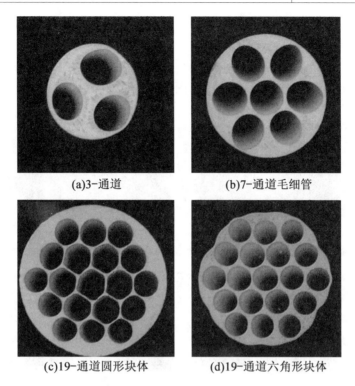

(a)3-通道   (b)7-通道毛细管

(c)19-通道圆形块体   (d)19-通道六角形块体

图 12.12 氧化铝中空纤维的光学照片

一般来说,通过无气隙的反相,也被称为湿纺,横截面形态包括两个表面阻挡层夹两层微通道,中间夹一层海绵状结构,如图 12.13(b)所示。这是因为新生纤维暴露在非凝聚状态下,同时在两个表面上生长,因此微通道在同一时间启动,并以相同的速率在纤维壁上传播。

早期的研究集中在调整悬浮液成分和旋压参数,以从两个表面获得不同长度的微通道。通过增加气隙,微通道从壳程开始的延迟也会增加,导致其长度变得越来越短,直到完全消除为止,如图 12.13(c)所示。由于消除了中心海绵状结构,这种形态进一步降低了图 12.13(b)中结构的传质阻力。

接下来,通过操纵孔流体对微通道进行重新排列,其形态如图 12.13(d)所示。对于不可混溶的孔流体(如己烷),没有从管腔侧开始的微通道,单层微通道都从壳侧开始。在此之前,所有的形态在腔侧和壳侧都有两层薄薄的屏障层。

接下来,使用溶剂作为钻孔流体,以消除腔侧的阻挡层,这是因为它在中空纤维中含量丰富,并阻止进入微通道(图 12.13(e))。在这一阶段,微通道在管腔侧打开,可以很容易地进入中空纤维壁内的微球,创造了一种新型的膜反应器,称为膜中空纤维微反应器。催化剂可以沉积到微通道中,显著增加了催化剂在每个过滤器上的负载,并且可以同时实现反应和分离。

下一步的发展包括引入聚合物陶瓷层,如图 12.13(f)~(h)所示,微通道可以在管腔或壳侧或两者都打开。在相转化过程中,微通道在聚合物和陶瓷层之间传播,在热处理过程中,聚合物层被烧焦。关闭,显示陶瓷基板与开放微通道。由于微通道设计的灵活性,可以根据应用情况调整中空纤维的形态。不同的形态包括在腔侧和壳侧都有开放式微通道,没有阻挡层(图 12.13(f)),仅在壳侧开放式微通道(图 12.13(g)),以及在腔侧和壳侧开放式微通道,中间夹有海绵状层(图 12.13(h))。后一种结构可作为膜微反应器进行连续反应。

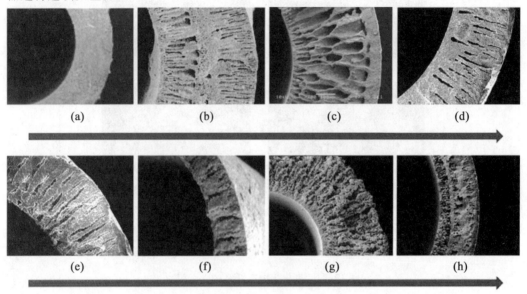

图 12.13 陶瓷中空纤维横断面形态的演化

((a)对称结构,(b)微通道源自腔和壳牌双方海绵状层和夹层被薄封闭屏障层,(c)微通道源自腔方面,有两个障碍层,(c)微通道来源于壳程,在两层阻挡层中,(e)微通道起源于管腔侧微通道开放的壳侧和壳侧阻挡层,(f)微通道同时在管腔和壳侧开放,(g)微通道起源于管腔侧,在管腔侧具有阻挡层,微通道在壳体侧打开,(h)微通道在管腔和壳体侧同时打开,夹有一层海绵状结构)

12.4.4 表面形态

陶瓷膜的表面形态非常重要,因为它决定了陶瓷膜的选择性、能达到的过滤范围,以及作为支撑材料,膜层能在多大程度上黏附在陶瓷膜上。采用相转化和烧结相结合的方法制备的陶瓷薄膜,其中的孔隙可分为两类:陶瓷颗粒堆积形成的孔和微通道不完全封闭形成的孔,分离层上的孔径决定了薄膜的截止点。为了获得高的膜选择性,需要一个狭窄的孔径分布,并且孔的数量应该足够高,以有效地传输质量。因此,膜表面气孔率也是影响渗透通量的一个重要因素。陶瓷膜的表面气孔率一般在 10% ~ 50% 之间。

采用相转化和烧结相结合的方法,在不同孔径范围内制备了完整的多孔陶瓷膜。已形成峰值孔径在 0.1 ~ 1.0 mm 之间的陶瓷中空纤维,且均在微过滤范围内。最近,使用 YSZ 作为膜材料,孔径减小到 0.02 mm。调整纺丝悬浮液中的陶瓷负载,改变陶瓷粒径和聚合物黏合剂浓度,控制烧结时间和温度是最明显的调整孔径的方法。

压汞测孔法和气 – 液置换法所得到的氧化铝中空纤维的典型孔径分布如图 12.14

所示,其形态由两层阻挡层和一层微通道(图 12.13(d))组成。这两种方法给出了不同的孔径分布,因为气液置换只测量通孔,并揭示了最小孔径表面的信息,而压汞测孔法给出了膜中所有孔径的详细信息。

气－液置换法(图 12.14(b))表明,较厚的阻挡层的峰值孔径约为 0.1 μm,而压汞测孔法测定数据(图 12.14(a))表明,较薄的阻挡层的平均孔径为 0.54 μm,较厚的阻挡层的孔以及微通道之间的孔对 0.23 μm 的峰值贡献较大。很明显,提高烧结温度会导致孔径分布发生显著变化,图 12.15 更清楚地显示了这一点。提高烧结温度可以看出,以牺牲最小气孔的密度为代价使气孔变粗,从而导致气孔的总体减少。

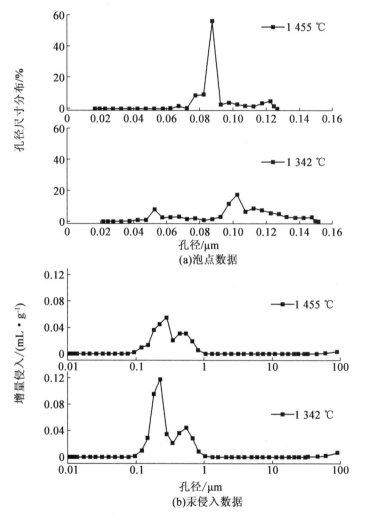

图 12.14　不同温度下烧结的氧化铝中空过滤器的泡点数据和汞侵入数据,其横截面形态由两个阻挡层夹在一层微通道中组成

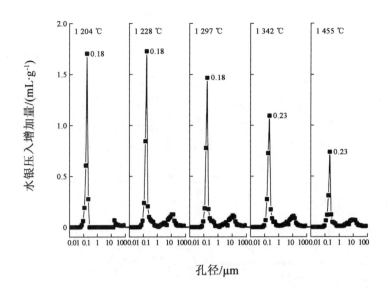

图 12.15   在不同温度下烧结、具有由单一阻挡层和开放微通道组成的截
面形态的氧化铝空心纤维的孔径分布压汞数据

图 12.16 所示为在不同时间和温度下烧结的 YSZ 中空纤维表面形态的 SEM。很明显,随着烧结温度从 1 000 ℃ 增加到 1 400 ℃,薄膜的多孔性降低,直到从 1 400 ℃ 到 1 500 ℃ 发生完全致密化,晶粒尺寸显著增加。

陶瓷中空纤维的亲水性等表面特性可以通过表面改性来调整,以扩大其在不同介质中的应用。陶瓷膜上的官能团的化学接枝,如:氟烷基三乙氧基硅烷、氟代烷基硅烷(FAS)和聚乙烯吡咯烷酮(PVP),通常用于调节表面亲水性。用于嫁接的成分包括水解头和疏水尾。水溶性头与陶瓷膜表面的羟基发生化学键合,使疏水尾部暴露,使表面更加疏水。

(a)1 000 ℃、8 h

图 12.16   不同温度下烧结 4 h、8 hYSZ 中空纤维膜的表面形貌

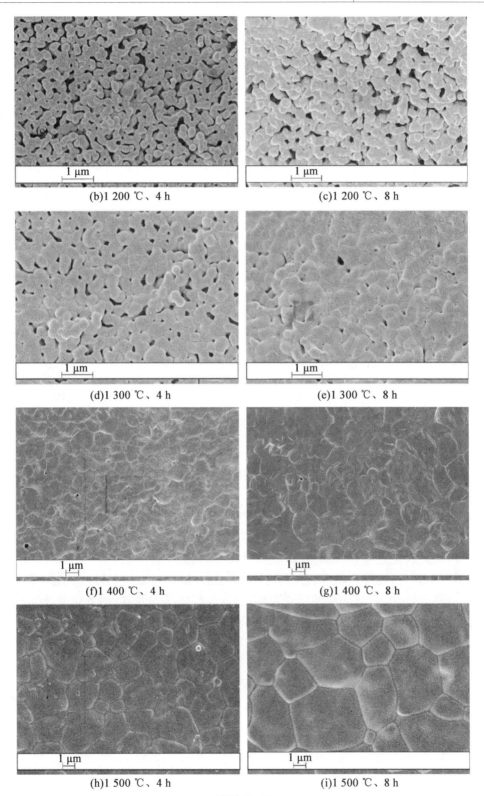

(b)1 200 ℃、4 h

(c)1 200 ℃、8 h

(d)1 300 ℃、4 h

(e)1 300 ℃、8 h

(f)1 400 ℃、4 h

(g)1 400 ℃、8 h

(h)1 500 ℃、4 h

(i)1 500 ℃、8 h

续图 12.16

表面粗糙度也是陶瓷中空纤维的一个重要特性,特别是陶瓷中空纤维用作薄膜的基体时。它可以确定可以在陶瓷支架顶部获得的附加涂层的厚度。此外,由于表面的微观粗糙度增加了可供吸附的表面积,因此在微过滤、超过滤应用过程中,表面粗糙度会影响陶瓷膜的污染趋势,表面附近的流体动力学也会恶化,从而增加浓度极化的可能性。许多因素,如陶瓷粉粒径、烧结温度和烧结时间,都会影响最终膜基板的表面粗糙度,但研究表面粗糙度的研究很少。采用相转化和烧结相结合的方法制备陶瓷中空纤维。图12.17 所示为制备的 YSZ 中空纤维外表面的原子力显微镜(AFM)图像,显示在 2 mm × 2 mm 的扫描区域中。很明显,表面由峰(亮区)和谷(暗区)组成,用 FAS 分子接枝膜后,平均粗糙度从 41.0 nm 降低到 27.6 nm,平均粗糙度从 53.4 nm 降低到 33.6 nm。

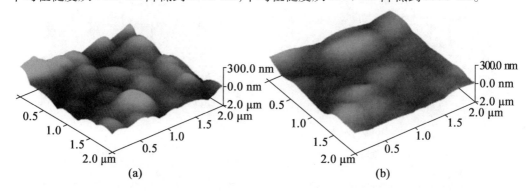

图12.17   在 1 300 ℃下烧结的 YSZ 中空纤维外表面和嫁接后的 AFM 图像

12.4.5   渗透性能

在设计和制造具有所需形态和微观结构的陶瓷中空过滤器之后,需要进行某种形式的渗透试验以显示膜在实际应用中的性能。不同的膜应用需要不同的渗透试验。例如,如果最终应用是针对水溶液的微/超过滤,则需要进行纯水渗透试验,以探测膜的最大水流。对于涉及气体的应用,需要进行气体渗透试验。

纯水渗透试验通常在死端或交叉流配置中进行,空心过滤器的密封端设置如图 12.18 所示。由于传质阻力的降低,由相转化形成的多孔非对称陶瓷膜的水渗透通量普遍高于对称陶瓷膜。经过多年的设计和布置,如第 12.4.3 节所述,陶瓷中空纤维的纯水流得到了显著的改善。表 12.1 比较了过去 20 年中开发的氧化铝中空纤维的不同横截面形态及其相应的透水性。引入微通道后,很明显已经实现了水渗透通量的实质性改进。很明显,微通道的密度对水渗透通量也有影响,因为具有最大微通道填充密度的膜实现了159 000 L·m^{-2}·h^{-1}·bar^{-1}惊人的水渗透通量,尽管 SiC 本质上更为高效,但这是商用 SiC 管膜的 16 倍。

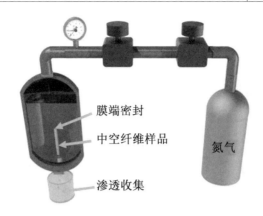

图 12.18 陶瓷中空纤维在外配置中的密封端水渗透设置的简化示意图

表 12.1 氧化铝中空纤维在不同横截面形态中的透水量

断面形貌	透水量/($L \cdot m^{-2} \cdot h^{-1} \cdot bar^{-1}$)	平均孔隙尺寸/μm	烧结温度/℃
	340	1.3	1 450
	1 069	0.1	1 342
	997	0.1	1 342

续表 12.2

断面形貌	透水量/(L·m^{-2}·h^{-1}·bar^{-1})	平均孔隙尺寸/μm	烧结温度/℃
	1 874	0.1	1 342
	159 000	1.1	1 450

　　对于涉及气体应用的中空过滤器,测量其气体渗透特性非常重要,图 12.19 所示为气体渗透试验的典型设置。密相 MIEC 膜的气体渗透性能在很大程度上取决于烧结条件、膜形态和操作温度等因素。人们研究了烧结温度对 LSCF 膜性能的影响,发现更高的烧结温度会导致更高的氧气流动性,从 1 000 ℃到 1 300 ℃可能高出 10 倍,如图 12.20 所示。

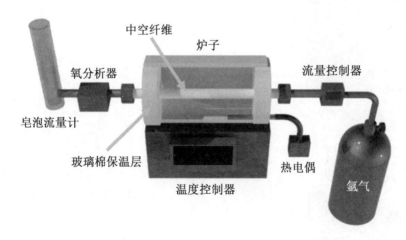

图 12.19　中空纤维气体渗透试验装置的简化示意图

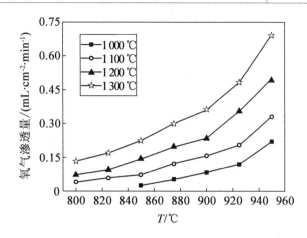

图 12.20　在 1 000 ~ 1 300 ℃下烧结的 LSCF 膜的渗透流动温度依赖性

氧渗透过程主要分为三个步骤:膜表面高氧分压侧的氧交换反应、氧离子或空位和电子空穴的大量扩散,以及膜表面渗透侧晶格氧和电子空穴之间的表面反应和氧的解吸。大多数时候,氧传递的阻力主要归因于表面氧交换反应和体积扩散,因此减少膜厚度和增加膜表面积以提高表面交换动力学是很重要的。谭等及 Othman 等已经制造了具有开放微通道和单个分离层的 LSCF 中空过滤器,氧气渗透流量显著增加。他们研究的氧渗透量在 1 000 ℃时达到了 4.62 mL·cm^{-2}·min^{-1},这是没有开放微通道的 LSCF 中空过滤器的两倍多。由于体积扩散和表面交换率的增强,高工作温度也会导致更高的氧渗透量,在许多研究中都可以观察到。图 12.21 所示为工作温度对 LSCF 膜氧渗透通量的影响。

对于具有离子导电性和电子导电性的致密膜来说,它们是气密的,不允许任何气体通过。中空纤维膜的气密性受制备因素的影响,如烧结条件、陶瓷粒径和膜形态。在较高的烧结温度下,微通道保持其形状,海绵状区域致密化,最终获得某些陶瓷材料的气密膜。

使中空纤维膜完全气密且无任何缺陷需氮透过率小于 10^{-10} mol·m^{-2}·s^{-1}·Pa^{-1}。通过相转化和烧结组合方法制备的钙钛矿薄膜很容易满足该阈值。单层、致密、对称的氧化锶钴钡(BSCF)毛细血管在 10^{-10} mol·m^{-2}·s^{-1}·Pa^{-1}下实现了氮的渗透,而不对称的 LSCF 中空纤维具有两层封闭的微通道,为海绵状区域,其中两层阻挡层氮透过率均小于 10^{-10} mol·m^{-2}·s^{-1}·Pa^{-1}。LSCF 中空纤维,阻挡层为单层,管腔侧微通道开放,氮透过率为 1.04 × 10^{-10} mol·m^{-2}·s^{-1}·Pa^{-1},刚刚达到阈值。另一方面,Tao 等证明了多层中空纤维可以显著提高膜的气密性,他们将阳极功能层(AFL)加入到三层陶瓷中空纤维中,作为微管固体氧化燃料电池(SOFDs),使氮气的氮透过率从 1.5 × 10^{-9} mol·m^{-2}·s^{-1}·Pa^{-1}以上降到了 3 × 10^{-10} mol^{-2}·s^{-1}·Pa^{-1}以下。

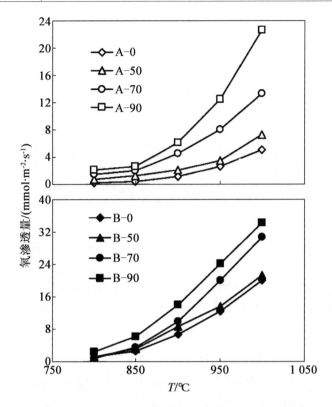

图 12.21 不同操作温度下 LSCF 中空纤维膜的氧渗透量
（He 扫描流量为 147 mL · min⁻¹,进气流量为 250 mL · min⁻¹）

12.5 机械稳定性

众所周知,陶瓷材料具有很高的抗压缩和抗拉伸能力,但本质上是易碎的,因此,在弹性条件下表现不佳。一般来说,在工业应用中,其流体强度至少需要 100 MPa。对称陶瓷中空纤维很容易达到这个值,但带有微通道的不对称中空纤维具有明显的折中性。表12.2 列出了各种陶瓷中空纤维形态的流动应力。结果表明,当微通道的密度和长度较长时,机械稳定性降低的幅度最大,而另一侧的单阻挡层和开口微通道的形态力学表现出最差的稳定性。在制备过程中,通过提高固体负载和烧结温度,可以提高机械稳定性,但弯曲强度几乎总是以降低膜渗透性为代价得到提高。

为了提高陶瓷中空纤维的抗弯强度,人们做了各种各样的尝试,例如选择固有强度更高的材料,用微或纳米纤维加固,以及制造多通道中空纤维。提高中空纤维力学稳定性最明显的方法是使用不同的材料。例如,YSZ 本质上比氧化铝强,其形态由两层封闭的微通道和海绵状层组成,当在 1 400 ℃下烧结时,空心纤维可以达到 200～330 MPa 的弯曲强度;另一方面,钙钛矿通常更脆,而 LSCF 中空纤维具有与前面提到的 YSZ 相同的形态,其弯曲强度略高于 70 MPa。

表 12.2 氧化铝中空纤维在不同横截面形态下的三点弯曲应力

断面形貌	弯曲应力/MPa	烧结温度/℃
	182.4	1 600
	116.5	1 455
	88.2	1 455
	96.3	1 455
	117.4	1 500

续表 12.2

断面形貌	弯曲应力/MPa	烧结温度/℃
	30.9	1 500
	12.5	1 500

　　提高机械稳定性的一种常用方法是用晶须或纤维加固陶瓷膜，这些晶须或纤维充当裂缝之间的桥梁以消除裂缝的影响。用于陶瓷增强的最常用材料是：碳化硅、碳化钛、碳、碳纳米管、不锈钢等。在相转化和烧结复合法制备的陶瓷中空纤维中，氧化铝膜中加入了碳化硅纳米纤维，使本底提高了40%。此外，Wang 等还发现，当在 1 450 ℃下烧结时，天然气的强度为 154～218 MPa。不锈钢颗粒增强 LSCF 中空纤维，在 1 000 ℃下烧结时，弯曲强度从 72.8 MPa 增加到 122 MPa，提高了80%。

　　形貌对中空纤维的弯曲强度有明显的影响，见表 12.2。提高中空纤维力学稳定性的一种方法是增加其截面积，这可以通过使用多通道配置来实现。Lee 等在截面上用微通道制备了 3 - 通道中空纤维、7 - 通道毛细管和 19 - 通道毛细管。单通道、3 通道、7 通道和 19 通道膜的断裂载荷分别为 6.8 N、9.7 N、21.7 N 和 42.2 N。Wang 等制备了 YSZ 增强氧化铝多通道毛细管膜，也得到了类似的结果。陶瓷中空纤维的抗弯强度一直是制约其工业化和商品化的重要瓶颈，不过研究工作已经成功地提高了其抗弯强度，并有望在未来得到进一步的改善。

12.5.1　陶瓷中空纤维潜在应用

　　如第 12.3.1 节所述，采用相转化和烧结相结合的方法制备了各种不同材料的陶瓷中空纤维。由于这种制造方法对不同材料的广泛适用性，已经制备出具有多孔和非多孔（致密）的中空纤维。各种材料，如氧化铝、钇稳定氧化锆（YSZ）、镧锶钴铁氧体（LSCF）、钡锶铁钴酸盐（BSCF）等，已被制备成多孔致密的中空膜。这些薄膜已被应用于不同的和新的应用领域，这部分将进行介绍和讨论，并提供一些关键的数据和展望。

多孔陶瓷中空纤维潜在应用如下。

1. 微过滤

陶瓷中空纤维膜在果汁澄清、生物技术等微滤工艺中有着广泛的应用。它们现在也被商业应用于水处理,如作为预处理步骤的饮用水生产和膜生物反应器中城市或工业废水的处理。由于陶瓷中空纤维膜的化学、热和机械稳定性高,可以在恶劣环境中使用。在恶劣环境中,例如在溶剂、强酸性或腐蚀性溶液和油性水中,聚合物膜具有不同的性能,此外,与聚合物膜不同,它们不会在溶剂中膨胀,可以使用强力清洁剂和反冲洗方便地清洁和消毒。然而,大多数商业或更大规模的应用涉及结构对称的管状或圆盘陶瓷膜。如前 12.4.5 节所述,商用陶瓷膜的纯水渗透通量远低于采用相转化和烧结相结合法制备的非对称氧化铝膜。由于纯水渗透性大大提高、传质阻力降低、填料密度提高,不对称陶瓷膜有望在水溶液中的微过滤应用中发挥巨大的潜力。目前,在更现实的条件下,在更大的规模和更长的测试时间内,通过相反转和烧结相结合的方法制备的不对称陶瓷空心纤维的性能研究非常有限。

2. 膜蒸馏

传统的陶瓷膜,由于其固有的亲水性而不能用于膜蒸馏。然而,它们具有高化学稳定性、热稳定性和机械稳定性等优点,使研究人员找到了一种将其用于膜蒸馏的方法。研究认为,通过将氟化有机硅烷(FAS)接枝到薄膜表面,可以对陶瓷膜进行表面改性。Fas 的可水解基团与陶瓷的表面羟基发生反应,使 FAS 的疏水端去除。

在各种研究中,通过将 FAS 表面接枝到氧化铝中空纤维上,实现了表面由亲水性向疏水性的转化。当施加 10^5 Pa 跨膜压力时,表面接触角从 48° 增加到 130°,水渗透通量从 12 500 $L \cdot m^{-2} \cdot h^{-1} \cdot bar^{-1}$ 减小到 0 $L \cdot m^{-1} \cdot h^{-1} \cdot bar^{-1}$。就膜蒸馏性能而言,表面改性膜具有可与市场上最好的聚合薄膜相媲美的水通量(42.9 $L \cdot m^{-2} \cdot h^{-1} \cdot bar^{-1}$ 和 99.5% 以上的盐排斥率,在 80 ℃ 下的水溶液为 4%(质量分数)NaCl,管腔侧真空度为 4 000 Pa),并且比管状陶瓷薄膜高一个数量级。由于其不对称的结构,降低了传质阻力,具有较低的弯曲路径。在研究过程中,研究了盐浓度、进料温度以及压力差对蒸馏性能的影响。除氧化铝外,微结构氮化硅中空纤维也成功地与 FAS 接枝,并表现出良好的性能。

3. 膜接触器

陶瓷膜也可用于溶剂蒸馏,正如 Koonaphapdeelert 等在其研究中所报道的那样,氧化铝中空纤维用于在 93~97 ℃ 下蒸馏苯和甲苯,这对聚合物膜来说是一个挑战性的条件,试验装置如图 12.22 所示。由于气相和液相的完全分离,中空纤维膜结构在常规填料塔的浸水极限以上工作。对气速对中空纤维组件性能的影响进行研究,发现传送单元的高度可低至 9 cm,这相当于高度为 11.4 cm 的理论板(HETP)的高度,而且远低工于高度约为 40 cm 的传统的 HETP 石柱,这是因为小直径的中空纤维拥有较大的界面积。

Koonaphapdeelert 等制备了表面改性氧化铝中空纤维,用于在 90 ℃ 下从单乙醇胺中脱除二氧化碳,试验装置如图 12.23 所示。结果表明,由于膜能实现气相和液相的完全分离,该模块是可行的,最大容量系数比流体线高 2 ~ 10 倍。就 HETP 而言,该模块的性能在 15 ~ 40 cm 范围内,明显低于传统填料的 60 ~ 90 cm。研究了温度、液相流速、汽提气相流速等操作参数对色谱柱性能的影响,最后发现传质阻力主要分布在液侧(90%),并主导整个传质过程。结果表明,陶瓷中空纤维具有很好的潜力,可以改善剥离性能,并可以形成更加紧凑和高效的分离系统。

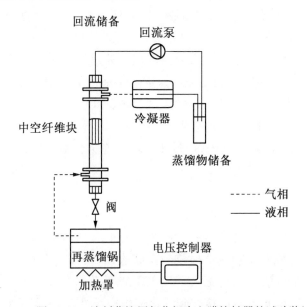

图 12.22　溶剂蒸馏用氧化铝中空膜接触器的试验装置

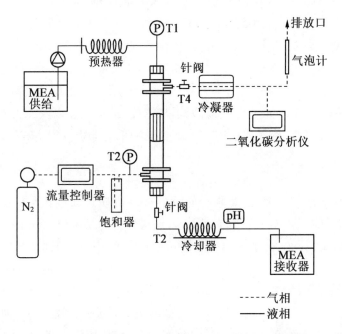

图 12.23　使用氧化铝中空过滤器模块进行二氧化碳汽提的试验装置

4. 膜吸附柱

由于陶瓷中空纤维微通道的开放,设计并实现了一种全新的吸附柱结构。吸附塔常被用于填料塔和流化床结构中,但它们有一些缺点,如压力降大、吸附剂颗粒破碎以及残留物的逸出。通过采用空腔设计,在壳侧有开放的微通道,在管腔侧有一层薄的阻挡层,王等提出了一种新的结构。为了缓解前面提到的问题,在这一配置中,一种新型的优秀吸附剂 UiO-66 金属有机框架(MOF)被沉积并填充到微通道中(图 12.24),以形成具有极低压力滴的开孔中空吸附柱。该设计用于处理砷污染的水,将饲料插入壳侧,并从管腔收集干净的水。管腔侧的阻挡层的平均孔径为 1 mm,阻止了吸附剂进入渗透液流,形成了一个高效、密集的系统。

(a)微通道填充吸附柱配置示意图

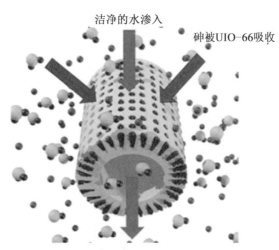

(b)采用新型填充吸附柱设计的砷污染水处理工艺

(c)微通道填充MOF的扫描电子显微镜图像

图 12.24 微通道填充相关示意图

从图 12.25 中可以明显看出,Wang 等的研究显示了优异的性能,即这种新设计只需要吸附剂总负载的 1/8,即达到相同吸附程度所需类似尺寸的填充柱。新的填料塔配置提供了符合饮用水标准的干净渗透液。然而,这仍然是一个初步的研究,需要进一步的工作来扩大这一进程。

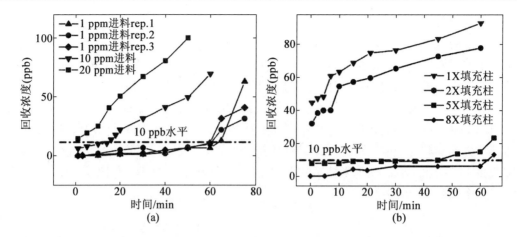

图 12.25   突破性研究:(a)用于砷水净化的中空膜(1、10 和 20 ppm 作为进料溶液中的砷酸盐浓度);(b)不同 MOF 负载时使用填充柱进行砷水净化(1 ppm 作为进料溶液中的砷酸盐浓度进行比较)

5. 膜色谱柱

相同的填充柱配置也可用作开孔中空膜气相色谱柱(图 12.26)。这种设计可以在忽略压力下降的情况下提供高的注入容量。Lee 等通过将 0.5 nm 的颗粒填充到中空过滤器的微通道中,从氩载气中注入的空气样品中进行氧和氮分离,证明了该应用的可行性。通过使用 8 m 长的柱,分辨率高达 1.03,载气流速为 10 mL·min^{-1},注入量为 45 mL,成功分离氧和氮(图 12.27)。该柱对氧气的效率(理论板数)几乎是填充柱的 30 倍,而对于氮气,效率几乎是填充柱的 10 倍,并且它们几乎可以与毛细管柱相媲美。

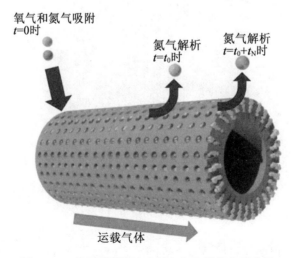

图 12.26   微通道填充中空膜气相色谱操作示意图

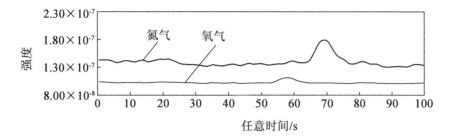

图 12.27　氮气和氧气通过一个 8 m 长的柱状物的质谱图
（空气喷射量为 45 mL，氩载体流速为10 mL·min^{-1}）

12.5.2　致密陶瓷中空纤维的应用前景

1. 制氧

一些陶瓷材料，如钙钛矿和闪锌矿，在高温下具有混合氧离子和电子导电性。当它们呈致密形式且无缺陷时，它们表现为对氧的无限选择性，这意味着只有氧可以通过膜渗透。当存在部分氧差时，通过钙钛矿晶格结构中的移动氧空位和电子缺陷的扩散发生氧输运，因此其他气体物种不会通过给定的薄膜完全致密和无缺陷渗透。因此，这些材料已被广泛研究以从空气中产生氧气，或用于反应器中，用于轻烃的选择性氧化、富氧燃烧、煤气化等。

特别是，由相转化和烧结相结合形成的不对称中空纤维，由于其高填充密度、低透氧性和易高温密封性，在许多方面优于传统的盘状和管状结构。因此，不对称中空纤维是最接近满足商业制氧要求的发展。目前，人们认为主要的氧输运阻力来自表面氧交换反应和体扩散。

海绵状层的厚度会影响膜的透氧速率。通过相转化和烧结相结合的方法制造的早期 BSCF 中空纤维的形态由管腔和壳侧的两个阻挡层以及两层微通道之间的海绵状层组成。950 ℃时，氧渗透量约为 9.50 mL·cm^{-2}·min^{-1}。而在随后的研究中，通过调整形态，当中空过滤器由一个致密层和一个多孔层组成时，950 ℃时，氧渗透量达到11.46 mL·cm^{-2}·min^{-1}。

另一方面，与 BSCF 相比，LSCF 中空纤维具有较低的氧气渗透性能，在 1 000 ℃下，其最大流量约为 2.19 mL·cm^{-2}·min^{-1}，其形态由单层海绵状结构和单层微通道组成，外壳和腔侧均具有阻挡层。但是，它们比 BSCF 具有更好的化学稳定性，更适用于含有腐蚀性气体（如二氧化碳、二氧化硫等）的大气中。Tan 等首次发表了关于控制钙钛矿形态以改善氧分离的研究，他们制造了具有开放腔表面的 LSCF 中空纤维，并且在1 000 ℃时，纤维的最大氧通量约为 4.62 mL·cm^{-2}·min^{-1}，远高于其他不具有开放微通道的非对称LSCF 中空纤维的氧通量。

微通道钙钛矿膜的透氧通量明显高于早期钙钛矿膜，950 ℃条件下，后者的氧渗透量为 1.4 mL·cm^{-2}·min^{-1}。然而，由于钙钛矿大多为碱土化合物，受到 CO_2、SO_2 等酸性气体的不利影响，因此需要对钙钛矿的化学稳定性进行研究。

2. 催化膜反应器

不对称陶瓷空心纤维作为薄膜微反应器也得到了广泛的研究。它们的有趣之处在于具有很高的填充密度、机械、热和化学稳定性,并且它们独特的微通道可以作为微反应器,因此它们可能成为高效紧凑的反应器。它们在能源生产、水气转换、烃类转化等反应中得到了广泛的研究。

Gouveia等将Ni基催化剂分散到氧化铝中空纤维的微通道中,用于甲烷蒸气重整和水汽转移联合工艺,从甲烷中生产氢气,这是一种在高温低压条件下的吸热反应。在甲烷蒸汽重整反应中,甲烷转化为氢气和二氧化碳或一氧化碳。氢气可以直接作为清洁能源载体使用,一氧化碳在水气转移反应中进一步反应生成氢气。通过使用膜反应器,该反应与脱氢同时发生,并且可以将反应转移到产物,从而在较低的温度下实现较高的甲烷转化率和氢气产量。在Gouveia等的研究中,SBA-15催化剂从管腔侧的开口填充到微通道中的氧化铝中空纤维中,并在外表面涂上钯膜用于原位氢收集,如图12.28所示。

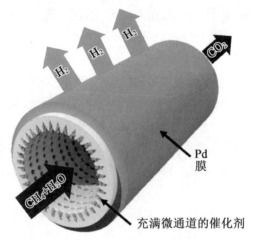

图12.28　空心反应器配置示意图

研究发现,只有在较高温度(高于560 ℃)下,新配置才能提供更好的性能。在膜上化学镀钯会导致一些催化活性的损失,因此CH_4转化率明显低于没有钯层的催化中空过滤器(CHF)。通过向反应区通入氢气,提高了甲烷的有效转化率。当温度高于560 ℃时,催化中空膜反应器(CHFMR)的催化性能优于CHF,略高于平衡(CH_4浓度为53%)。此外,在575 ℃下,由于原位脱氢反应平衡向产物侧转移,CO_2选择性从91%增加到94%,而CHF的选择性降低。

离子-电子混合导电陶瓷是膜反应器的常用材料。它们可用于天然气部分氧化为合成气等反应。Othman制造并使用LFCF中空纤维膜用于甲烷的氧化耦合,将甲烷转化成了更具价值的C_{2+}产品,如乙烯和乙烷。在本节中,制备了管腔侧带有开放式微通道的LSCF中空纤维,并将BYS催化剂沉积到微通道中。空心微反应器的性能与另一种配置进行了比较,即催化剂被填充在空心微反应器和固定床反应器的外壳外,如图12.29所示。

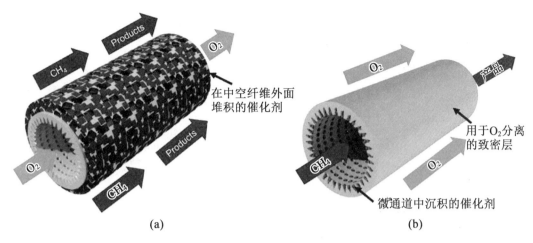

图 12.29　中空过滤器内腔侧为开放式微通道,壳侧为填充床中空膜反应器(PBHFMR)的 BYS 催化剂,以及 BYS 催化剂作为催化中空膜微反应器(CHFMMR)填充在微通道内的示意图

Othman 等前期研究表明,使用催化中空纤维膜微反应器(CHFMMR)时,甲烷的氧化偶联(OCM)性能总体较好,是唯一在 8 501 ℃条件下 C_2H_4/C_2H_6 高于 1.0 的反应器。由于接触时间短,CHFMMR 甲烷转化率较低,但 C_{2+} 选择性较高(图 12.30)。当使用最低量的催化剂(30 mg,相比于填充床反应器(PBR)中使用的 200 mg,填充床中空纤维膜反应器(PBHFMR)中使用的 500 mg)时,CHFMMR 的 C_{2+} 产率也是最高的(900 ℃时为 15%,图 12.31)。CHFMMR 的结构使得反应物和催化剂之间的接触是均匀的,使得反应物更容易接触到催化剂的活性位点,C_{2+} 产量仍不足以用于工业用途,但由于这是一项早期研究,因此可以预期到可以从优化过程中慢慢改进。

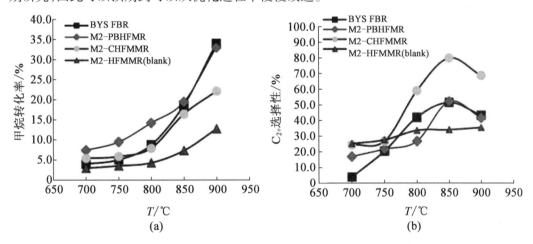

图 12.30　将腔侧的 CH_4(5.93 mL·min^{-1})和壳侧的空气(23.56 mL·min^{-1})混合后,甲烷转化率,C_{2+} 选择性,C_{2+} 产率,CO_x 选择性,副固定床反应器(BYS – FBR)C_2H_4/C_2H_6 比,M2 – 填充床中空膜反应器(M2 – PBHFMR),M2 催化中空膜微反应器(M2 – CHFMR)和 M2 空白中空膜反应器(M2 – 空 – HFMR)的比较

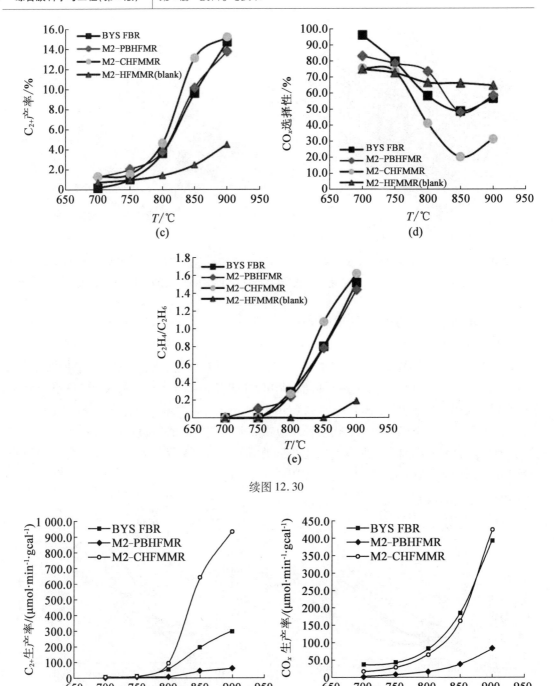

续图 12.30

图 12.31　BYS 固定床反应器(BYS－FBR)、M2 填充床中空纤维膜反应器(M2－PBHFMR)和 M2 催化中空纤维膜微反应器(M2－CHFMMR)的 C_{2+} 生产率和 CO_x 生产率的比较

3. 固体氧化物燃料电池(SOFCs)

SOFCs 是一种将化学能从氢燃料转化为电能的装置。由于减少了二氧化碳的排放,它们被视为一种更环保的提供能源的方法。此外,微管固体 SOFCs 的包装密度比传统的平面设计具有更高的填充密度,因此可以形成具有高生产效率的紧凑系统,并且因为它们通常位于加热区之外,它们不需要高温密封,允许使用更广泛的材料。另外,还具有其他一些优点,包括快速启动和关闭时间、高功率密度和良好的循环性能,但同时微管 SOFCs 目前的主要问题是制造成本高和电流采集困难。

有少数早期研究考虑使用多层非对称中空纤维作为微管 SOFCs。这些中空纤维可以与各种材料的不同层相结合,大大减少了烧结循环次数,从而降低了制备过程的能耗。此外,独特的微通道和海绵状的莫尔光学组合被认为可以降低燃料输送阻力,并分别提供更多的反应位点。

Li 等在其研究中采用了封闭微通道共挤压的微管 SOFCs。他在外部对称电解质层(CGO)和非对称阳极层(NiO 和 CGO 的混合物)之间加入了非对称阳极功能层(AFL)(NiO 和 CGO 的混合物),如图 12.32 的 SEM 图所示。为了减小燃料扩散阻力,在阳极层引入径向微通道,增加了三相边界(TPB),有助于匹配阳极与电解质之间的热扩展系数。研究发现,在阳极与电解液之间引入 AFL 可以提高电解液的气密性和机械强度(在 AFL 厚度约为 80 mm 时,中空纤维的断裂力是没有 AFL 时的两倍以上)。同时,仍能保持足够的电导率。当 AFL 在 16.9 mm 处最薄时,由于 TPB 的增加,最大功率密度增加了 30%(0.89~1.21 $W \cdot cm^{-2}$)。

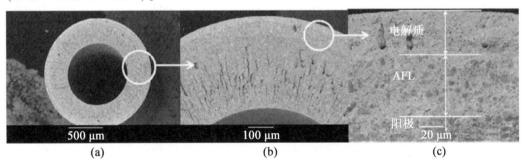

图 12.32　采用 3 mL·min^{-1}的 AFL 挤压速率得到的烧结三层中空纤维得整个横截面,放大横截面,更高放大倍数的 SEM 图像

此外,Li 等还通过开放的微通道制备了一种新的镍基阳极集流器,通过减少接触损耗实现更均匀的电流收集。在管腔侧形成 108 条微通道开口的双层中空纤维,形成网格状开口均匀分布的纤维层,如图 12.33 所示。网状结构和长的微通道有效地降低了燃料输送阻力,并且电导率随着集电器厚度的增加而增加(图 12.34),体积电导率达到 4.1×10^4 $S \cdot cm^{-1}$,是单层的两倍。然而,随着集电器厚度的增加,弯曲强度降低,而且在集电器厚度低于 20 mm 时,仍然可以保持超过 150 MPa 的弯曲强度,这适用于微型管状 SOFCs 的构筑。本研究尚处于早期阶段,需要进一步改进其性能,并结合 AFL 和集流器在微

管 SOFC 中的优势。

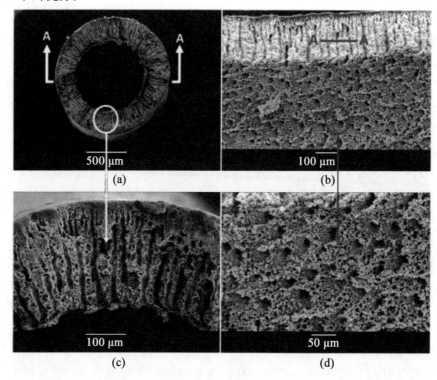

图 12.33 　(a)径向横截面形貌,(b)轴向横截面,(c)径向横截面形貌放大,(d)电流集电极挤出速率
　　　　为 2 mL · min⁻¹ 的双层前体过滤器的内表面

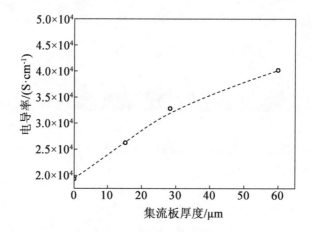

图 12.34 　降低的阳极/阳极集流器双层中空纤维电导率随集流器厚度的函数

12.6 结 论

本章介绍了微结构陶瓷中空纤维膜及其应用。采用相反转和烧结相结合的方法,不仅显著减少了空心纤维制造的步骤,而且在纤维壁上施加了有趣的微通道结构,从而大大提高了现有应用的性能,并有效地拓展了潜在的应用领域。中空纤维的截面形态具有很大的灵活性,微通道可以根据不同的应用情况进行定制。这些独特的微通道增强多孔中空纤维在微滤水处理、膜蒸馏、吸附塔、脱气膜接触器、气相色谱等领域具有广阔的应用前景。作为甲烷偶联反应的 CHF 微反应器和用于能源生产的 SOFCs,致密中空纤维在氧分离方面具有良好的性能和发展前景。大多数研究仍处于早期阶段,随着陶瓷薄膜受到越来越多的关注,会继续取得新的进展。

本章参考文献

[1] Ranieri, G.; et al. Use of a Ceramic Membrane to Improve the Performance of Two – Separate – Phase Biocatalytic Membrane Reactor. Molecules 2016, 21(3), 345.

[2] Gouveia Gil, A.; et al. Microstructured Catalytic Hollow Fiber Reactor for Methane Steam Reforming. Ind. Eng. Chem. Res. 2015, 54(21), 5563 – 5571.

[3] Gouveia Gil, A.; et al. A Catalytic Hollow Fibre Membrane Reactor for Combined Steam Methane Reforming and Water Gas Shift Reaction. Chem. Eng. Sci. 2015, 137, 364 – 372.

[4] Wang, C.; et al. A Metal – Organic Framework/a – Alumina Composite with a Novel Geometry for Enhanced Adsorptive Separation. Chem. Commun. 2016, 52 (57), 8869 – 8872.

[5] Li, T.; Wu, Z.; Li, K. Co – Extrusion of Electrolyte/Anode Functional Layer/Anode Triple – Layer Ceramic Hollow Fibres for Micro – Tubular Solid Oxide Fuel Cells—Electrochemical Performance Study. J. Power Sources 2015, 273, 999 – 1005.

[6] Li, T.; Wu, Z.; Li, K. Single – Step Fabrication and Characterisations of Triple – Layer Ceramic Hollow Fibres for Micro – Tubular Solid Oxide Fuel Cells(SOFCs). J. Membr. Sci. 2014, 449, 1 – 8.

[7] Faiz, R.; et al. Separation of Olefin/Paraffin Gas Mixtures Using Ceramic Hollow Fiber Membrane Contactors. Ind. Eng. Chem. Res. 2013, 52(23), 7918 – 7929.

[8] Lee, M.; et al. Formation of Micro – Channels in Ceramic Membranes—Spatial Structure, Simulation, and Potential Use in Water Treatment. J. Membr. Sci. 2015, 483,

1 - 14.

[9]　Pugh, R. J.; Bergstrom, L. Surface and Colloid Chemistry in Advanced Ceramics Processing; Taylor & Francis: New York, 1993.

[10]　Lewis, J. A. Colloidal Processing of Ceramics. J. Am. Ceram. Soc. 2000, 83(10), 2341 - 2359.

[11]　Dunn, A. S. Polymeric Stabilization of Colloidal Dispersions. By D. H. Napper, Academic Press, London, 1984. pp. xviii 428, price d39. 50, MYM65. 00. ISBN 0 - 12 - 513980 - 2. Br. Polym. J. 1986, 18(4), 278.

[12]　Li, K. Ceramic Membranes for Separation and Reaction; John Wiley & Sons: England, 2007.

[13]　Kingsbury, B. F.; Li, K. A Morphological Study of Ceramic Hollow Fibre Membranes. J. Membr. Sci. 2009, 328(1), 134 - 140.

[14]　Kitano, T.; Kataoka, T.; Shirota, T. An Empirical Equation of the Relative Viscosity of Polymer Melts Filled with Various Inorganic Fillers. Rheol. Acta 1981, 20(2), 207 - 209.

[15]　Haisheng, C.; Yulong, D.; Chunqing, T. Rheological Behaviour of Nanofluids. New J. Phys. 2007, 9(10), 367.

[16]　Studart, A. R.; et al. Rheology of Concentrated Suspensions Containing Weakly Attractive Alumina Nanoparticles. J. Am. Ceram. Soc. 2006, 89(8), 2418 - 2425.

[17]　Mary, B.; et al. Rheological Properties of Suspensions of Polyethylene - Coated Aluminum Nanoparticles. Rheol. Acta 2006, 45(5), 561 - 573.

[18]　Gregorova, E.; et al. Rheology of Ceramic Suspensions with Organic or Biopolymeric Gelling Additives Part III: Suspensions with Starch. Ceramics - Silikáty 2008, 52, 250 - 259.

[19]　Sternling, C. V.; Scriven, L. E. Interfacial Turbulence: Hydrodynamic Instability and the Marangoni Effect. AIChE J. 1959, 5(4), 514 - 523.

[20]　Saffman, P. Viscous Fingering in Hele - Shaw Cells. J. Fluid Mech. 1986, 173, 73 - 94.

[21]　Taylor, G. The Instability of Liquid Surfaces When Accelerated in a Direction Perpendicular to Their Planes. I. Proc. R. Soc. Lond. A Math. Phys. Sci. 1950, 201, 192 - 196. The Royal Society.

[22]　Lewis, D. The Instability of Liquid Surfaces When Accelerated in a Direction Perpendicular to Their Planes. II. Proc. R. Soc. Lond. A Math. Phys. Sci. 1950, 202, 81 - 96. The Royal Society.

[23]　Sharp, D. H. An Overview of Rayleigh - Taylor Instability. Physica D 1984, 12(1), 3 - 18.

[24] Ray, R. J.; Krantz, W. B.; Sani, R. L. Linear Stability Theory Model for Finger Formation in Asymmetric Membranes. J. Membr. Sci. 1985, 23(2), 155 – 182.

[25] Kingsbury, B. F. K.; Wu, Z.; Li, K. A Morphological Study of Ceramic Hollow Fibre Membranes: A Perspective on Multifunctional Catalytic Membrane Reactors. Catal. Today 2010, 156(3 – 4), 306 – 315.

[26] Tan, X.; Liu, S.; Li, K. Preparation and Characterization of Inorganic Hollow Fiber Membranes. J. Membr. Sci. 2001, 188(1), 87 – 95.

[27] Chinelatto, A. S. A.; et al. Effect of Sintering Curves on the Microstructure of Alumina – Zirconia Nanocomposites. Ceram. Int. 2014, 40(9, Part B), 14669 – 14676.

[28] Rahaman, M. N. Ceramic Processing and Sintering; Taylor & Francis: New York, 2003.

[29] Lindqvist, K.; Lidén, E. Preparation of Alumina Membranes by Tape Casting and Dip Coating. J. Eur. Ceram. Soc. 1997, 17(2), 359 – 366.

[30] Gu, Y.; Meng, G. A Model for Ceramic Membrane Formation by Dip – Coating. J. Eur. Ceram. Soc. 1999, 19(11), 1961 – 1966.

[31] Babaluo, A. A.; et al. A Modified Model for Alumina Membranes Formed by Gel – Casting Followed by Dip – Coating. J. Eur. Ceram. Soc. 2004, 24(15 – 16), 3779 – 3787.

[32] Das, N.; Maiti, H. S. Ceramic Membrane by Tape Casting and Sol – Gel Coating for Microfiltration and Ultrafiltration Application. J. Phys. Chem. Solids 2009, 70(11), 1395 – 1400.

[33] Larbot, A.; et al. Inorganic Membranes Obtained by Sol – Gel Techniques. J. Membr. Sci. 1988, 39(3), 203 – 212.

[34] Agoudjil, N.; Kermadi, S.; Larbot, A. Synthesis of Inorganic Membrane by Sol – Gel Process. Desalination 2008, 223(1), 417 – 424.

[35] Kim, J.; Lin, Y. Sol – Gel Synthesis and Characterization of Yttria Stabilized Zirconia Membranes. J. Membr. Sci. 1998, 139(1), 75 – 83.

[36] Hao, Y.; et al. Preparation of $ZrO_2 – Al_2O_3$ Composite Membranes by Sol – Gel Process and Their Characterization. Mater. Sci. Eng. A 2004, 367(1), 243 – 247.

[37] Wu, J. C. – S.; Cheng, L. – C. An Improved Synthesis of Ultrafiltration Zirconia Membranes via the Sol – Gel Route Using Alkoxide Precursor. J. Membr. Sci. 2000, 167(2), 253 – 261.

[38] Hsieh, H. Inorganic Membranes for Separation and Reaction; Elsevier: Amsterdam, 1996, Vol. 3.

[39] Burggraaf, A. J.; Cot, L. Fundamentals of Inorganic Membrane Science and Technology; Elsevier: Amsterdam, 1996.

[40] Zhang, X.; et al. Asymmetric Porous Cordierite Hollow Fiber Membrane for Microfiltration. J. Alloys Compd. 2009, 487(1 – 2), 631 – 638.

[41] Dong, Y.; et al. Preparation of Low – Cost Mullite Ceramics from Natural Bauxite and Industrial Waste Fly Ash. J. Alloys Compd. 2008, 460(1 – 2), 599 – 606.

[42] Zhu, L.; et al. A Low – Cost Mullite – Titania Composite Ceramic Hollow Fiber Microfiltration Membrane for Highly Efficient Separation of Oil – in – Water Emulsion. Water Res. 2016, 90, 277 – 285.

[43] de Wit, P.; et al. Highly Permeable and Mechanically Robust Silicon Carbide Hollow Fiber Membranes. J. Membr. Sci. 2015, 475, 480 – 487.

[44] Zhang, J. – W.; et al. Preparation of Silicon Nitride Hollow Fibre Membrane for Desalination. Mater. Lett. 2012, 68, 457 – 459.

[45] Tan, X.; Li, K. Modeling of Air Separation in a LSCF Hollow – Fiber Membrane Module. AIChE J. 2002, 48(7), 1469 – 1477.

[46] Tan, X.; Liu, Y.; Li, K. Preparation of LSCF Ceramic Hollow – Fiber Membranes for Oxygen Production by a Phase – Inversion/Sintering Technique. Ind. Eng. Chem. Res. 2005, 44(1), 61 – 66.

[47] Tan, X.; Liu, Y.; Li, K. Mixed Conducting Ceramic Hollow – Fiber Membranes for Air Separation. AIChE J. 2005, 51(7), 1991 – 2000.

[48] Liu, S.; et al. Preparation and Characterisation of SrCe0. 95Yb0. 05O2. 975 Hollow Fibre Membranes. J. Membr. Sci. 2001, 193(2), 249 – 260.

[49] Liu, S.; Gavalas, G. R. Oxygen Selective Ceramic Hollow Fiber Membranes. J. Membr. Sci. 2005, 246(1), 103 – 108.

[50] Schiestel, T.; et al. Hollow Fibre Perovskite Membranes for Oxygen Separation. J. Membr. Sci. 2005, 258(1 – 2), 1 – 4.

[51] Leo, A.; et al. High Performance Perovskite Hollow Fibres for Oxygen Separation. J. Membr. Sci. 2011, 368(1 – 2), 64 – 68.

[52] Athayde, D. D.; et al. Review of Perovskite Ceramic Synthesis and Membrane Preparation Methods. Ceram. Int. 2016, 42(6), 6555 – 6571.

[53] Yang, N.; Tan, X.; Ma, Z. A Phase Inversion/Sintering Process to Fabricate Nickel/Yttria – Stabilized Zirconia Hollow Fibers as the Anode Support for Micro – Tubular Solid Oxide Fuel Cells. J. Power Sources 2008, 183(1), 14 – 19.

[54] Liu, Y.; et al. Euromembrane 2006 Preparation of Yttria – Stabilised Zirconia(YSZ) Hollow Fibre Membranes. Desalination 2006, 199(1), 360 – 362.

[55] Wei, C. C.; Li, K. Yttria – Stabilized Zirconia(YSZ) – Based Hollow Fiber Solid Oxide Fuel Cells. Ind. Eng. Chem. Res. 2008, 47(5), 1506 – 1512.

[56] Mahato, N.; et al. Progress in Material Selection for Solid Oxide Fuel Cell Technolo-

gy: A Review. Prog. Mater. Sci. 2015, 72, 141 –337.

[57] Shang, S. Y. ; et al. Preparation and Characterization of Hydrophobic Porous Yttria – Stabilized Zirconia Hollow Fiber for Water Desalination. Wuji Cailiao Xuebao J. Inorg. Mater. 2013, 28(4), 393 –397.

[58] Wu, Z. ; Wang, B. ; Li, K. A Novel Dual – Layer Ceramic Hollow Fibre Membrane Reactor for Methane Conversion. J. Membr. Sci. 2010, 352(1 –2), 63 –70.

[59] Wu, Z. ; Wang, B. ; Li, K. Functional LSM – ScSZ/NiO – ScSZ Dual – Layer Hollow Fibres for Partial Oxidation of Methane. Int. J. Hydrog. Energy 2011, 36 (9), 5334 –5341.

[60] Othman, M. H. D. ; et al. Single – Step Fabrication and Characterisations of Electrolyte/Anode Dual – Layer Hollow Fibres for Micro – Tubular Solid Oxide Fuel Cells. J. Membr. Sci. 2010, 351(1 –2), 196 –204.

[61] Othman, M. H. D. ; et al. Electrolyte Thickness Control and Its Effect on Electrolyte/Anode Dual – Layer Hollow Fibres for Micro – Tubular Solid Oxide Fuel Cells. J. Membr. Sci. 2010, 365(1 –2), 382 –388.

[62] Lee, M. ; et al. Micro – Structured Alumina Multi – Channel Capillary Tubes and Monoliths. J. Membr. Sci. 2015, 489, 64 –72.

[63] Wang, B. ; Lee, M. ; Li, K. YSZ – Reinforced Alumina Multi – Channel Capillary Membranes for Micro – Filtration. Membranes 2016, 6(1), 5.

[64] Shi, Z. ; et al. Preparation and Characterization of a – Al_2O_3 Hollow Fiber Membranes with Four – Channel Configuration. Ceram. Int. 2015, 41(1, Part B), 1333 –1339.

[65] Liu, S. ; Li, K. ; Hughes, R. Preparation of Porous Aluminium Oxide(Al_2O_3) Hollow Fibre Membranes by a Combined Phase – Inversion and Sintering Method. Ceram. Int. 2003, 29(8), 875 –881.

[66] Lee, M. ; et al. Micro – Structured Alumina Hollow Fibre Membranes—Potential Applications in Wastewater Treatment. J. Membr. Sci. 2014, 461, 39 –48.

[67] Lee, M. ; Wang, B. ; Li, K. New Designs of Ceramic Hollow Fibres toward Broadened Applications. J. Membr. Sci. 2016, 503, 48 –58.

[68] Wei, C. C. ; et al. Ceramic Asymmetric Hollow Fibre Membranes—One Step Fabrication Process. J. Membr. Sci. 2008, 320(1 –2), 191 –197.

[69] Koonaphapdeelert, S. ; Li, K. Preparation and Characterization of Hydrophobic Ceramic Hollow Fibre Membrane. J. Membr. Sci. 2007, 291(1 –2), 70 –76.

[70] Krajewski, S. R. ; et al. Grafting of ZrO_2 Powder and ZrO_2 Membrane by Fluoroalkylsilanes. Colloids Surf. A Physicochem. Eng. Asp. 2004, 243(1 –3), 43 –47.

[71] Rovira – Bru, M. ; Giralt, F. ; Cohen, Y. Protein Adsorption onto Zirconia Modified with Terminally Grafted Polyvinylpyrrolidone. J. Colloid Interface Sci. 2001, 235

(1), 70 – 79.

[72] Cuperus, F. P.; Smolders, C. A. Characterization of UF Membranes. Adv. Colloid Interf. Sci. 1991, 34, 135 – 173.

[73] Wei, C. C.; Li, K. Preparation and Characterization of a Robust and Hydrophobic Ceramic Membrane via an Improved Surface Grafting Technique. Ind. Eng. Chem. Res. 2009, 48(7), 3446 – 3452.

[74] Xu, G.; et al. SiC Nanofiber Reinforced Porous Ceramic Hollow Fiber Membranes. J. Mater. Chem. A 2014, 2(16), 5841 – 5846.

[75] International, L. COMEMs 25 mm Diameter—Round Channels. 2016 [cited 2016 03/10]; Available from: http://www. liqtech. dk/img/user/file/CoMem – OD25mm – ID3% 202016. pdf.

[76] Zeng, P.; et al. Significant Effects of Sintering Temperature on the Performance of La0. 6Sr0. 4Co0. 2Fe0. 8O3 – d Oxygen Selective Membranes. J. Membr. Sci. 2007, 302(1 – 2), 171 – 179.

[77] Tan, X.; et al. Morphology Control of the Perovskite Hollow Fibre Membranes for Oxygen Separation Using Different Bore Fluids. J. Membr. Sci. 2011, 378(1 – 2), 308 – 318.

[78] Othman, N. H.; Wu, Z.; Li, K. A Micro – Structured La0. 6Sr0. 4Co0. 2Fe0. 8O3 – δ Hollow Fibre Membrane Reactor for Oxidative Coupling of Methane. J. Membr. Sci. 2014,468, 31 – 41.

[79] Liu, S.; et al. Ba0. 5Sr0. 5Co0. 8Fe0. 2O3 – δ Ceramic Hollow – Fiber Membranes for Oxygen Permeation. AIChE J. 2006, 52(10), 3452 – 3461.

[80] Adriansens, W.; et al. Gas – Separating Dense Ceramic Membrane. Google Patents, 2005.

[81] Buysse, C.; et al. Development, Performance and Stability of Sulfur – Free, Macro-void – Free BSCF Capillaries for High Temperature Oxygen Separation from Air. J. Membr. Sci. 2011, 372(1 – 2), 239 – 248.

[82] Tan, X.; Li, K. Oxidative Coupling of Methane in a Perovskite Hollow – Fiber Membrane Reactor. Ind. Eng. Chem. Res. 2006, 45(1), 142 – 149.

[83] Paiman, S. H.; et al. Morphological Study of Yttria – Stabilized Zirconia Hollow Fibre Membrane Prepared Using Phase Inversion/Sintering Technique. Ceram. Int. 2015,41(10, Part A), 12543 – 12553.

[84] Wang, B.; et al. Reinforced Perovskite Hollow Fiber Membranes with Stainless Steel as the Reactive Sintering Aid for Oxygen Separation. J. Membr. Sci. 2016, 502, 151 – 157.

[85] Wang, B.; Lee, M.; Li, K. YSZ – Reinforced Alumina Multi – Channel Capillary

Membranes for Micro – Filtration. Membranes 2015, 6(1), E5.

[86] Han, D.; et al. New Morphological Ba0. 5Sr0. 5Co0. 8Fe0. 2O3 – a Hollow Fibre Membranes with High Oxygen Permeation Fluxes. Ceram. Int. 2013, 39(1), 431 – 437.

[87] Fernández García, L.; álvarez Blanco, S.; Riera Rodríguez, F. A. Microfiltration Applied to Dairy Streams: Removal of Bacteria. J. Sci. Food Agric. 2013, 93(2), 187 – 196.

[88] Michael, B. P. P. Filtration by Means of Ceramic Membranes—Practical Examples from the Chemical and Food Industries; Atech innovations gmbh: Germany, 2013.

[89] Peinemann, K. V.; Nunes, S. P.; Giorno, L. Membrane Technology. In Membranes for Food Applications; Wiley: Germany, 2011, Vol. 3.

[90] Prasad, N. K. Downstream Process Technology: A New Horizon in Biotechnology; Prentice – Hall of India Pvt. Limited: New Delhi, 2012.

[91] Cera Mems Ceramic Membrane Technology. Technology Brief [cited 2016 09]; Available from: http://www. tundrasolutions. ca/files/TechnologyBriefVWSCeramicMembranes. pdf

[92] PUB and Meiden Singapore collaborate. PUB and Meiden Singapore Collaborate on Ceramic Membrane MBR Demonstration Plant. Membr. Technol. 2012, 2012(9), 1 – 16.

[93] Fang, H.; et al. Hydrophobic Porous Alumina Hollow Fiber for Water Desalination via Membrane Distillation Process. J. Membr. Sci. 2012, 403 – 404, 41 – 46.

[94] Zhang, J. – W.; et al. Preparation and Characterization of Silicon Nitride Hollow Fiber Membranes for Seawater Desalination. J. Membr. Sci. 2014, 450, 197 – 206.

[95] Koonaphapdeelert, S.; et al. Solvent Distillation by Ceramic Hollow Fibre Membrane Contactors. J. Membr. Sci. 2008, 314(1 – 2), 58 – 66.

[96] Koonaphapdeelert, S.; Wu, Z.; Li, K. Carbon Dioxide Stripping in Ceramic Hollow Fibre Membrane Contactors. Chem. Eng. Sci. 2009, 64(1), 1 – 8.

[97] Wang, H.; et al. Perovskite Hollow – Fiber Membranes for the Production of Oxygen – Enriched Air. Angew. Chem. Int. Ed. 2005, 44(42), 6906 – 6909.

[98] Vente, J. F.; Haije, W. G.; Rak, Z. S. Performance of Functional Perovskite Membranes for Oxygen Production. J. Membr. Sci. 2006, 276(1 – 2), 178 – 184.

[99] Dong, H.; et al. Investigation on POM Reaction in a New Perovskite Membrane Reactor. Catal. Today 2001, 67(1 – 3), 3 – 13.

[100] Tsai, C. – Y.; et al. Dense Perovskite Membrane Reactors for Partial Oxidation of Methane to Syngas. AIChE J. 1997, 43(S11), 2741 – 2750.

[101] Zeng, Y.; Lin, Y. S.; Swartz, S. L. Perovskite – Type Ceramic Membrane: Syn-

thesis, Oxygen Permeation and Membrane Reactor Performance for Oxidative Coupling of Methane. J. Membr. Sci. 1998, 150(1), 87 –98.

[102] Mundschau, M. V.; et al. Dense Inorganic Membranes for Production of Hydrogen from Methane and Coal with Carbon Dioxide Sequestration. Catal. Today 2006, 118 (1 –2), 12 –23.

[103] Wang, Z.; et al. Preparation and Oxygen Permeation Properties of Highly Asymmetric La0. 6Sr0. 4Co0. 2Fe0. 8O3 – α Perovskite Hollow – Fiber Membranes. Ind. Eng. Chem. Res. 2009, 48(1), 510 –516.

[104] Shao, Z.; et al. Investigation of the Permeation Behavior and Stability of a Ba0. 5Sr0. 5Co0. 8Fe0. 2O3 – δ Oxygen Membrane. J. Membr. Sci. 2000, 172(1 –2), 177 –188.

[105] Hashim, S. M.; Mohamed, A. R.; Bhatia, S. Current Status of Ceramic – Based Membranes for Oxygen Separation from Air. Adv. Colloid Interf. Sci. 2010, 160 (1 –2), 88 –100.

[106] Wei, Y.; et al. Dense Ceramic Oxygen Permeable Membranes and Catalytic Membrane Reactors. Chem. Eng. J. 2013, 220, 185 –203.

[107] Zhu, L.; et al. Perovskite Materials in Energy Storage and Conversion. Asia Pac. J. Chem. Eng. 2016, 11(3), 338 –369.

[108] Li, T.; Wu, Z.; Li, K. A Dual – Structured Anode/Ni – Mesh Current Collector Hollow Fibre for Micro – Tubular Solid Oxide Fuel Cells(SOFCs). J. Power Sources 2014, 251, 145 –151.

[109] Yang, C.; et al. Fabrication and Characterization of an Anode – Supported Hollow Fiber SOFC. J. Power Sources 2009, 187(1), 90 –9.

第 13 章　气体分离碳膜的制备

13.1　引　言

随着在生产和纯度方面对高效膜分离工艺需求的日益增加,在全球范围内,人们越来越倾向于采用膜材料作为潜在的长期解决方案,以期减少造成温室效应和导致全球变暖的气体的排放。在过去的二十年中,利用膜方法来进行气体分离逐渐有了显著的进步,甚至可以节省 50% 的能源成本。在全球范围内,环境问题日益严重,寻找用于气体分离应用的替代材料。这也推动着膜技术的巨大进步,尤其是气体分离膜技术。与现有的聚合物膜相比,由微孔结构组成的碳膜具有优异的耐热性,在腐蚀环境中的化学稳定性、高透气性和优良的气体选择性,已成为用于气体分离应用有前景的材料之一。

聚合物膜材料被认为是一种很有前景的气体分离材料。然而,这些聚合物膜不能完全满足膜技术的要求,特别是在高温、恶劣的环境下的操作。近几十年来,基于碳材料的膜材料已经成为各种气体分离的替代候选材料。尽管聚合物膜是当前工业上用于气体分离的主要材料之一,但是基于其渗透性和选择性的权衡以及化学性能和热阻的限制,聚合物膜的发展可能会得到促进,进而替代碳膜。通过对聚合物前驱膜的碳化,可以制备出碳膜。碳膜通过吸附和分子筛机制在气体分离中作用显著,即使在分子大小相近的气体之间也可以很好地实现分离。通过选择碳膜的前驱体材料、制备工艺,对前驱体进行预处理、热处理和后处理,可以调节所形成的微孔的分子尺寸以及控制随后的分子筛性能。但它们的渗透性很低,机械强度很差。因此,本章讨论相关概念和制造技术,旨在提高碳膜的物理化学性能和气体分离性能。目前,碳膜已被证实在众多领域中存在应用价值,用以替代其他传统工艺,从而达到降低成本和节能的目的,如气体混合物的净化,精细化工产品的脱水,天然气加工等,与工业上已商品化的聚合物膜相比,碳膜具有优异的热稳定性和化学稳定性。此外,它们还可以在不损失产率的情况下获得较高的选择性,从而超过聚合物膜的上限值。目前,由于碳膜材料具有较高的选择性、渗透性和稳定性,可高温操作以及良好的孔隙结构等特点,因此在膜技术发展的新时代,碳膜材料在气体分离和液－液相分离中变得越来越重要。此外,与聚合物膜不同,由于具有很高的热稳定性和化学稳定性,碳膜通常十分耐用,并能够承受苛刻的环境。碳膜在分子筛材料中表现出对平面分子具有良好的形状选择性和高疏水性等优良特性。因此,形成碳膜更为可行。这些特性激发了研究人员在 20 世纪 80 年代初进一步研究这些膜分离特性的兴趣。近年来,碳膜也被发现是制备纳滤、渗透汽化和微滤膜有潜力的研究材料之一。

本章从制备优质气体分离用碳膜出发,论述了影响碳膜制备的重要因素。

聚合物前驱膜、平板、毛细管和中空纤维的碳化导致了自支撑碳膜的形成。支撑碳膜有两种结构：扁平（圆盘或扁平圆形）和管状。基于前人的研究可知，碳中空纤维膜具有成本低、填充密度高、分离性能好等优点。然而，碳中空膜的脆性使得其处理难度加大，限制了其在膜分离中的应用。因此，近年来的研究工作主要集中在支撑碳膜的制备上。支撑碳膜由于分离层薄、机械强度高等优点，已成为工业应用的首选材料。一般而言，支撑碳膜是通过在多孔支撑材料/基质上涂覆聚合物前驱体层，然后进行热处理（碳化）工艺来制备的。

在过去的二十年中，大多数环境问题都是由二氧化碳的排放造成的。二氧化碳（CO_2）是造成全球温室效应的最主要贡献者，尽管甲烷（CH_4）和氯氟烃所造成的温室效应（按气体质量计算）要高得多。CO_2是最丰富的天然气污染物，在某些情况下，其摩尔分数超过50%。为了降低大气中CO_2的浓度，人们采取了各种各样的策略，其中之一就是制造高性能的膜来有效地捕捉CO_2。CO_2除了会造成温室效应外，也是造成管道腐蚀的潜在因素。含氟气体（NF_3、CF_4和SF_6）也是温室气体，其中NF_3导致全球变暖的力度是CO_2的17 400倍。据估计，从煤层气中去除氮气比去除相应的CO_2更具挑战性且耗费成本更高。[10]目前，由于低温蒸馏技术的CH_4回收率高，因此该技术已被广泛应用于工业生产。然而，预处理的复杂性和资本密集度等因素降低了其吸引力。碳膜在气体分离中，包括在O_2/N_2、CO_2/CH_4、N_2/CH_4和CO_2/N_2分离中，更能获得高的渗透率和选择性。因此，该膜可以超过碳化后可溶性聚合物材料的上限值。此外，碳膜还被用来研究从气化气体中分离H_2、净化CH_4以及从废气中回收H_2。负载型碳膜因具有高的机械强度和良好的热稳定性，被认为是潜在的H_2分离候选膜。

预计到2020年，新膜装置被用于天然气处理的概率将会增加。表13.1总结了不同研究者对碳膜性能的研究结果。基于碳膜的制造成本高、机械稳定性差、老化现象严重等现实问题，目前尚无法在实验室和工业规模上推广应用。因此，为了弥补这种高成本的不足，人们对提高各类气体分离性能的研究进行了探索。本章重点介绍了目前负载型碳膜的研究进展，包括有效膜的改进、制备技术的改进、新型前驱膜的开发以及碳膜在各种气体分离中的应用。

表 13.1　不同研究人员报道的碳膜性能结果

前驱体/构造	O_2/N_2	CO_2/CH_4	CO_2/N_2	H_2/N_2	参考文献
酚醛树脂/圆板	3.3		4.7	46.4	29
PFA/圆盘	1.2			6.2	30
6FDA – mPDA/DABA 共聚聚酰亚胺/平板		5.2			31
沸石 ZSM – 5/PEI/平板	4.2		10	85.8	32
线型酚醛清漆树脂/管状	15			725	33
BTDA – TDI/MDI(P84)共聚聚酰亚胺/空心纤维		262	28	602	34
6FDA/DETDA/平板	7	46			24
6FDA:BPDA(1:1)/DETDA/平板	4	24			

续表 13.1

前驱体/构造	O_2/N_2	CO_2/CH_4	CO_2/N_2	H_2/N_2	参考文献
6FDA/DETDA:DABA(3:2)/平板	4	30			
6FDA/1,5 – ND:ODA(1:1)/平板	6	45			
纤维素乙酸酯/空心纤维			29		23
聚酰亚胺/圆盘			19		35
酚醛树脂/圆盘	15		97		36
PEI/PEG/圆盘		64	38		37

13.2　碳膜的制备及表征

由于碳膜具有优异的性能和良好的稳定性,因此其在气体分离的应用,特别是在分子尺寸接近膜孔的气体分离中的应用中得到了广泛的关注。理想的双峰孔分布通常用于表示碳膜的孔的特性,其主要包括微孔隙(6~20 Å)和超微孔隙(小于6 Å)。在气体分离过程中,微孔提供吸附位点,而超微孔则相当于分子筛作用,使碳膜具有高渗透性和选择性,其性能高于聚合物膜的上限值。碳膜还具有较高的热稳定性和化学稳定性,在极端环境下仍然能保持其性能。

如图 13.1 所示,碳膜一般可分为两大类:自支撑碳膜(平板、中空纤维、毛细管)和支撑碳膜(平板、管状)。然而,事实证明很难以无缺陷、连续的形式制备这些膜。由于碳膜的制备涉及许多重要步骤,制备较为困难,故必须仔细控制和优化这些步骤。成功制备碳膜取决于经验和知识,特别是在制备聚合物前驱体或膜的过程中,因为膜的高质量反过来又确保了高质量碳膜的获得。碳膜的制备可分为五个步骤:前驱体材料的选择、聚合物膜的制备、前驱体的预处理、碳化过程和碳化膜的后处理。因此充分了解和掌握制备条件和变量是进一步提高碳膜性能的有效途径。本节概述了碳膜制备的常规步骤,并详细讨论了高性能碳膜制备的一些指导原则。

自支撑碳膜具有良好的 CO_2、O_2 分离能力,以及烯烃/石蜡分离能力。然而,自支撑碳膜固有的机械强度较差的特点仍然是限制其广泛应用的主要因素。因此,为了弥补支撑碳膜的不足,人们研究了自支撑碳膜来作为一种替代材料。在制备支撑碳膜的过程中,基体的特性起着关键作用,尤其是在表面性能方面,表面粗糙度低、孔隙率高、孔径小、缺陷少的基体是首选。石墨、二氧化硅、氧化锆、氧化铝和不锈钢等坚固的材料已被用作支撑碳膜的多孔载体。这些类型的底物在化学和物理性质上都是稳定的,并且具有比碳膜更低的扩散阻力。近年来,多孔不锈钢管支架因其在恶劣环境下具有放大和提高可靠性的显著优点而得到广泛应用。此外,焊接和不锈钢支撑的 Swagelok 配件保证了其有效的密封和模块的组装。虽然早期报道的大多数碳膜所使用的是平面/圆盘基板,但管状支架也具有类似的吸引力,因为它在机械上更能抵抗压缩压力,而且具有更大的比表面积。

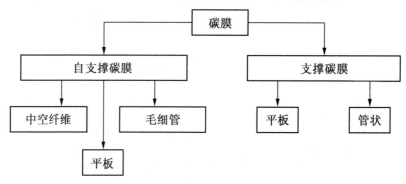

图 13.1　碳膜的分类和构型

　　研制高性能支撑碳膜是一项复杂的任务,由于涉及许多步骤,因此必须进行合理的设计和优化。支撑碳膜的制备综合了聚合物前驱体类型、形貌和微观结构、涂层技术、涂层条件及热处理条件等重要因素。因此,需要对这些因素进行良好的控制,才能获得具有预期性能的高性能碳膜。碳膜虽然具有许多优点,但其制造难度大、渗透率低、物理强度差等缺点是其工业化生产和实施的最大障碍。这些问题可以通过在多孔基体上引入碳层制造支撑碳膜来解决。

　　此外,理想的衬底除了应该具有无缺陷的表面、低粗糙度、高孔隙率和小孔径等必要的性能外,还应具有其他所需的特性,如热稳定性、物理强度和气体扩散性。以往的研究大多选择多孔陶瓷作为基体,因为其在高温处理下具有较强的稳定性和丰富的市场可用性。一般来说,大多数微孔和纳米孔陶瓷都是通过溶胶 – 凝胶法在大孔陶瓷基底上沉积一层或多层微孔陶瓷层,形成不对称结构。虽然基体材料的高质量有助于抑制膜缺陷、减轻膜的制作难度,但其高成本最终会阻碍膜的应用前景。

　　因此,开发成本低、性能优良的碳膜基材势在必行。例如,Wang 等采用中间凝胶涂层技术,将表面粗糙度和孔径大小降到最低,修复低成本大孔 α – Al_2O_3 管的表面缺陷。在该研究中,在将聚糠醇(PFA)聚合物溶液浸渍于基体表面之前,将 Al_2O_3 管通过中间凝胶涂层涂敷 AlOOH(拟薄水铝石)溶胶。然后在氩气环境下碳化至 700 ℃,升温速率为 1 ℃·min^{-1},碳化 4 h,冷却至室温。通常,孔径小于 1 mm 的支撑膜可以直接使用,而较大孔径的支撑膜必须预先进行改性,溶胶 – 凝胶法是最有效的技术。原生 Al_2O_3 和凝胶 Al_2O_3 底物的照片和扫描电子显微镜(SEM)图如图 13.2 所示。由此可知,Al_2O_3 基体表面粗糙,由不规则的 Al_2O_3 颗粒组成,而凝胶 Al_2O_3 基体表面光滑无缺陷。这是因为 AlOOH 凝胶膜在涂层和热处理过程中可以防止 PFA 的渗透。气体渗透率测试数据显示,气体渗透率依次为:$H_2(44 \times 10^{-9}$ mol·m^{-2}·s^{-1}·$Pa^{-1}) > CO_2(20 \times 10^{-9}$ mol·m^{-2}·s^{-1}·$Pa^{-1}) > O_2(9.6 \times 10^{-9}$ mol·m^{-2}·s^{-1}·$Pa^{-1}) > N_2(1.8 \times 10^{-9}$ mol·m^{-2}·s^{-1}·$Pa^{-1})$,这与它们的分子运动直径的顺序相反,但与分子筛分机理的典型特征是一致的。对于 H_2/N_2、CO_2/N_2 和 O_2/N_2 气体对,分别获得了 24、11 和 5.3 的选择性。结果表明,AlOOH 凝胶对基底表面改性效果显著,有利于形成高质量的 PFA 膜作为膜的前驱体。

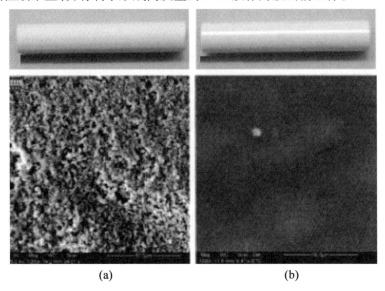

(a)　　　　　　　　　　(b)

图 13.2　(a)原生 Al_2O_3 和(b)凝胶 Al_2O_3 底物照片和 SEM 图像

(Wang, C.; Hu, X.; Yu, J.; Wei, L.; Huang, Y. Intermediate Gel Coating on Macroporous Al_2O_3 Substrate for Fabrication of Thin Carbon Membranes. Ceram. Int. 2014, 40(7), 10367 – 10373.)

　　本节还简要介绍了用于气体分离的碳膜的一些典型的表征方法,包括气体渗透率测量、傅立叶变换红外光谱(FTIR)、X 射线衍射(XRD)和扫描电子显微镜(SEM)的结构和形貌表征。为了建立经济可行的分离单元,膜的合成需廉价和简单。另一种要求是膜具有长期稳定的通量,即没有明显的老化。此外,它还需具有足够的机械强度,以克服制造和震荡工艺要求,如压力和温度的变化。图 13.3 所示为一般碳膜的制备工艺流程图。各个步骤的讨论见下一章节。

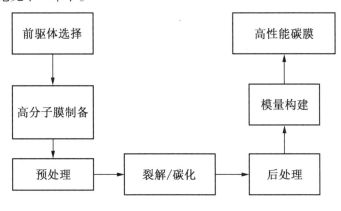

图 13.3　碳膜的制备步骤

13.2.1   前驱体的选择

聚合物前驱体的性能可能是生产高质量碳膜的重要因素之一。由于可用于制备碳膜的聚合物前驱体种类繁多，要制备成功的碳膜，首先必须确定最合适碳膜的特性，因为不同前驱体的碳化可能导致形成不同类型的碳膜。通过在碳膜制备过程中获得的实践经验和知识，确定了两个最主要的特征：聚合物分子在分子水平上良好的耐热性和均匀的分布，这些特性使得进一步微调膜形态以及优化分离性能成为可能。除了耐高温外，热固性聚合物在任何碳化阶段既不液化也不软化。适用于碳膜制备的前驱材料，碳化后不会出现孔洞或裂纹。选择聚合物前驱体为首选的另一重要因素是合成的膜与活性炭前驱体相比，杂质更少。

近年来，不同的高分子材料，如聚酰亚胺（PIs）和类 PIs 聚合物、酚醛树脂、PFA、酚醛甲醛、纤维素、PFA、聚亚苯氧基（PPO）、聚偏二氯乙烯（PVDC）、聚吡咯酮、聚邻苯二甲酸乙酯砜酮（PPESK）和酚醛树脂都被认为是聚合物前驱体。图 13.4 所示为通常用于制备碳膜的前驱体 PIs 的化学结构。这些聚合物前驱体具有热固性，加热时不会熔化，因而在加热和碳化过程中仍然可以保持原有的结构和形貌。在可能的聚合物前驱体中，PIs 由于其优异的物理性能和利用二氢化物和二胺单体组成的不同分子结构的可调化学成分，被认为是碳膜研究中最有前景的前驱体之一。Kapton 基碳膜在 25 ℃ 对 O_2/N_2、CO_2/CH_4、CO_2/N_2 的选择性分别为 4、16 和 9 。此外，在聚合物主溶液中引入聚乙烯吡咯烷酮（PVP）和聚乙二醇（PEG）等对热不稳定的聚合物也可以提供一个明显的优势。近年来，利用共混法制备出了许多碳膜，如共混 PPO/PVP、PEI/PVP、PAN/PEG、PAN/PVP、PI/PEG、PI/PVP 和 PBI/PI 等多种类型的 PIs 被成功地合成并作为膜材料的性能进行了研究。基于 PI 的聚合物膜（4,40 – hexafluoroisopropylidene）二苯酐（6FDA）基 PIs 具有良好的分离性能，包括高产率和高选择性（特别是优异的 CO_2/CH_4 固有选择性），优异的热化学稳定性，以及在天然气原料高压下的机械性能。以往的热交联研究表明，当温度接近脱羧温度时，—COOH 基团所占据的空间会产生微空洞和填料破坏，而且聚合物链可能被锁定。这种微孔交联结构会在随后的碳化过程中得以保持，从而形成透气性优越的碳膜。研究发现，聚合物前驱体结构中 DABA 基团浓度越高，脱羧点越多，即交联位点越多。新型脱羧诱导交联和交联位点密度的大幅增加，表明这类 6FDA 基材料可以为气体分离碳膜的发展提供一个具有多种可能方向的平台。

美国的研究人员已经探索了从四种新的基于 6FDA 的 PI 前驱体中得到的碳膜结构特性。在该研究中，所有的碳膜致密膜都是在惰性氩气气氛下制备的，最终温度为550 ℃。聚合物前驱体与最终碳膜的分离性能无相关性。例如 6FDA/DETDA:DABA 基（3:2）碳膜显示出最高渗透性（CO_2, >20 000 Barrer；O_2, 4 000 Barrer），但其前驱体在四种聚合物中含量第三。6FDA/DETDA 和 6FDA:BPDA(1:1)/DETDA——基碳膜透气性较低，但在真空条件下存放一个月后才出现中度老化的趋势。6FDA/DETDA:DABA(3:2)基碳膜的 CO_2 渗透性损失约 4%，CO_2/CH_4 选择性损失约 6%。因此，物理老化问题是生产这种碳膜需要解决的产品标准之一。

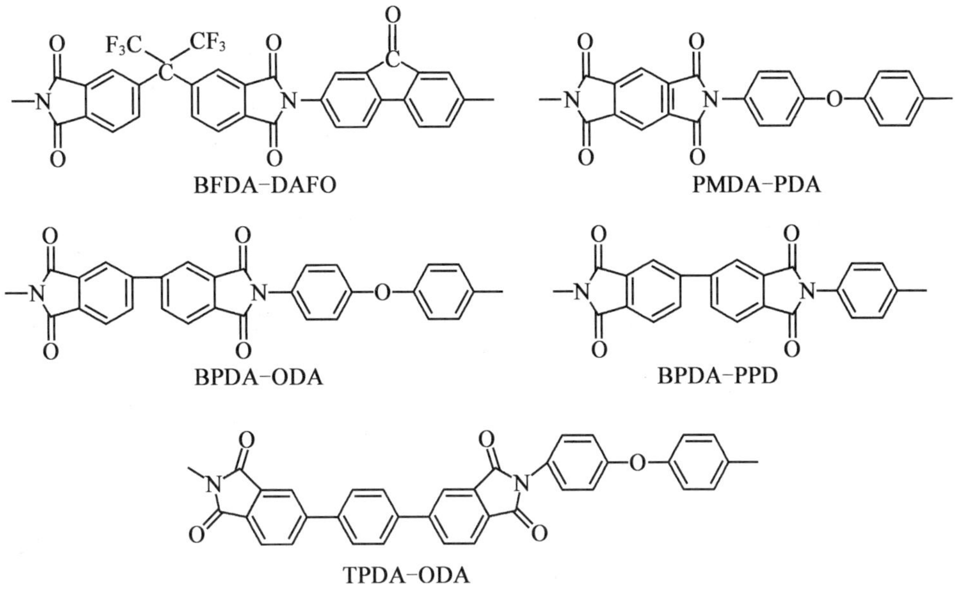

图 13.4　某些聚酰亚胺(PI)前驱体的化学结构

在最近开发的新型聚合物前驱体中,聚醚酰亚胺(PEI)或 PI 衍生物由于具有灵活的 C—O 键分子骨架,因此受到广泛关注。该 PEI 具有的芳香族酰亚胺单元,使得其具备耐热性、刚性,同时,因其含有作为可释放链的旋转基团(—O—),故具有良好的加工性。结合 PEI 膜的研究表明,其具有良好的化学稳定性和热稳定性,以及较高的分离因子。PEI 作为高分子膜,与聚砜和聚醚砜相比具有更高的选择性。尽管 PEI 聚合物具有较低的气体渗透率,但是其对 He/N_2、CO_2/N_2 和 O_2/N_2 的高本征选择性使得该聚合物成为具有吸引力的膜材料之一。近年来科研工作者亦开展了关于制备 PEI 基碳膜的研究工作。Fuertes 和 Centeno 以 PEI 为原料,采用 800 ℃碳化法制备了圆盘支撑碳膜, 其 O_2/N_2 的分离选择性为 7.4。Itta 等采用 650 ℃碳化法制得圆盘支撑碳膜,其对 H_2/N_2 的分离选择性为 16.2。Sedigh 等采用 600 ℃碳化法制备了管状碳膜,其对 CO_2/CH_4 的分离选择性为 12.5。

2015 年,一种新型的前驱体,3,3′,4,4′－二苯二甲酸－4,4′－二苯胺(ODPA－ODA)型 PEI 被合成,并通过过氧化－碳化法成功制备出了碳膜。这一结果表明,480 ℃过氧化和 650 ℃碳化后的碳膜透氧率为 131.5 Barrer,其理想 O_2/N_2 选择性为 9.7。从试验结果也可得出,在膜基质中加入沸石(ZSM－5)可以进一步提高气相分离性能。

PFA 是一种廉价的热固性树脂,被认为是制备碳膜的潜在前驱体材料,其高碳收率约为其原始前驱体的 50%(质量分数)。然而,由于 PFA 在室温下呈液态,因此它只能用于制备支撑膜。这一限制使得该聚合物很少被研究。Chen 和 Yang 以聚甲醛为原料,在 N_2 气氛下,通过 500 ℃可控碳化法制备了负载型碳膜。经过 5 次涂敷碳化处理,最终得到了 15 mm 厚的无缺陷碳膜。这些膜成功地被用于 CH_4/C_2H_8 的单组分和二元混合物的测试。Shiflett 和 Foley 在 600 ℃ 氦气气氛下制备了 PFA 基纳米多孔碳膜。结果表明，H_2/CH_4、CO_2/CH_4、N_2O/N_2 和 H_2/CO_2 的选择性分别为 600、45、17 和 14。

科研工作者已研究制得由一层或两层自旋涂层 PFA 和一层等离子体沉积的聚甲醛组成的支撑碳膜。利用旋涂法，丙酮中的 PFA 在陶瓷基板表面以 1 500 r/min 的速率旋涂。在等离子体沉积方面，采用自制的平行板反应器，以 13.56 MHz 的温度将 FA 单体作为薄膜沉积在陶瓷基底上 1 h，如图 13.5 所示。在等离子体处理之前，用旋转泵将真空反应器系统抽真空至 20 mTorr[①]。然后通过喷头将流量可控的单体引入反应器，其中总气体质量流量固定在 15 sccm(标准 $cm^3 \cdot min^{-1}$)。试验证明，等离子体沉积技术比传统的重复镀膜技术更有效。

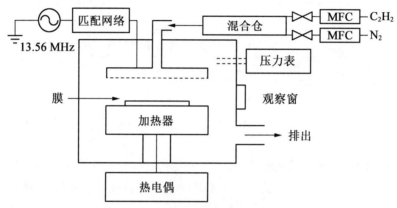

图 13.5　等离子体反应器系统原理图

(Tu, C. Y. ; Wang, Y. C. ; Li, C. L. ; Lee, K. R. ; Huang, J. ; Lai, J. Y. Expanded Poly(Tetrafluoro Ethylene) Membrane Surface Modification Using Acetylene/Nitrogen Plasma Treatment. Eur. Polym. J. 2005, 41, 2343 – 2353.)

到目前为止，关于碳膜分离 N_2/CH_4 的报道非常有限。在此之前，Steel 和 Koros 在真空下用 Matrimid 在 800 ℃ 下制备了碳膜，获得了 5.89 的 N_2/CH_4 选择性。最近 Ning 和 Koros 证明了在氩气气氛下的碳化过程中，Matrimid 基碳膜的 N_2/CH_4 选择性可以得到改善。对于 800 ℃ 处理的碳膜，N_2 渗透率为 6.78 Barrer，N_2/CH_4 选择性为 7.69，二者的结合超过了聚合物膜的上限值。N_2/CH_4 选择性的增强主要是由于扩散选择性的增加，这与碳膜的独特结构是一致的(碳膜的孔分布范围很广)。膜结构中形成的微孔具有较高的吸附系数和渗透性，而超微孔作为分子筛位点具有较高的扩散选择性。由图 13.6 可知，N_2/CH_4 的分离性能随着碳化温度的降低而降低，这是由于碳膜的结构变得更加紧密，因此随着碳化温度的升高，超微孔分布向更小的尺寸转移。

Hosseini 和 Chung 通过在涂料配方中加入 PBI 聚合物，成功提高了基质碳膜的 $N_2/$

---

① 1 mTorr = 0.133 Pa。

CH$_4$ 选择性。使用 PBI 和聚合物 Matrimid 的共混物用于制备碳膜,其热处理条件与 Steel 和 Koros 相似,并且显示出了较高的 N$_2$/CH$_4$ 选择性(约为 8)。Hosseini 等研究了前驱分子结构对气体分离性能的影响。在其工作中,PBI 作为主要聚合物,选用三种不同二酐的 PIs(即 BPDA(Kapton)、PMDA,以及 BTDA(P84 HT))与 PBI 共混。结果表明,从 PBI (50%)/P84 HT(50%)中提取的碳膜具有比其他两种共混样品更高的透气性。同时, PBI(50%)/Kapton(50%)碳膜对所有气体的渗透性最低。虽然 PBI/Kapton 基聚合物膜的气相选择性最低,但当转化为碳膜时,其具有最高的选择性。这种趋势可能是孔径的减小,更紧密和更致密的结构的形成,较少的大孔数量或孔径分布更窄等导致的。通过将 PBI/Kapton 共混溶液中的 Kapton 质量分数提高到 75% ,还可以提高碳膜的渗透性,得到 N$_2$/CH$_4$、CO$_2$/CH$_4$、O$_2$/N$_2$ 和 CO$_2$/N$_2$ 的最高选择性分别为 2.47、143.4、12.17 和 58。本研究证明,适当的材料共混可以使不同分离性能和物理化学特性的聚合物通过一种简单而又可重复的方法得以调和。聚合物共混不仅可以改变组成聚合物的性能,从而获得协同性能,而且还可能产生任何单一组分所不具有的新特性。

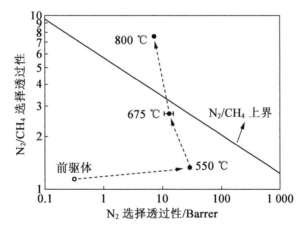

图 13.6   基质前驱体与拥有上限线的碳膜对 N$_2$/CH$_4$ 分离的渗透效果比较

(Ning, X.; Koros, W. J. Carbon Molecular Sieve Membranes Derived from Matrimids Polyimide for Nitrogen/Methane Separation. Carbon 2014, 66, 511 – 522.)

此外,玻璃化温度为 213 ℃的聚丙烯(2,6 – 二甲基 – 1,4 – 对苯二胺)(PPO)被认为是一种很有前景的用于碳膜制备的聚合物材料。但以 PPO 聚合物为原料制备碳膜并对其进行渗透的研究目前鲜有报道。由于 PPO 具有分配给其苯基环的旋转运动的线性结构,因此其具有优异的机械性能。由于醚键的存在和极性基团的缺失,PPO 聚合物膜在芳香族聚合物膜中具有较高的透气性。而且由于苯环两侧的甲基基团阻碍苯环的自由旋转,PPO 膜具有较高的选择性。Yoshimune 等在聚合物基体中加入三甲基硅基(TMS)取代基,以 PPO 为原料成功制备了碳膜。通过对 TMSPPO 碳膜的微观结构分析可知, TMS 基团可以通过增加微孔体积来改善气体扩散率。聚合物前驱体中 TMS 基团的摩尔含量对 O$_2$ 的渗透性和 O$_2$/N$_2$ 选择性也有重要影响。从他们的研究中发现,随着 TMS 组摩尔含量的增加,O_2 渗透率增加,O_2/N_2 选择性略有降低,说明 TMS 组具有改善 PPO 碳膜性能的潜力。

另一后续研究包括应用统计学技术对 PBI – PI 衍生的碳膜上的气体渗透特性进行试验、建模和优化。采用适当的统计分析设计,对不同分子结构的前驱体和前驱体共混物的选择进行了改进和优化。在优化过程中,将 PI 前驱体和共混组分等关键影响因素作为有效响应变量进行操作,可以显著提高碳膜的设计、制备效率和性能。本研究结果证实,碳化过程中各种二酐(dianhydride)基团的去除会显著影响碳结构及其气体渗透性能。在 94% 的共混成分下,UIP – R/PBI 达到了最佳条件。在此条件下,CH_4 和 CO_2 的模型估计渗透率分别为 26.7 Barrer 和 310 Barrer,而测得的 CO_2/CH_4 的选择性响应为 77.5。本研究揭示了在进一步开发用于气体分离和其他应用的共混膜的背景下,碳膜制备的因素。另一方面,Centeno 和 Fuertes 探索了 PVDC 作为前驱体用于制备碳膜来分离气体。在一次铸造过程中获得了几乎零缺陷的碳膜。试验采用不同分子大小的纯气体(He、CO_2、O_2、N_2 和 CH_4)进行单组分气体渗透。其在 700 ℃ 碳化膜的渗透性能最好,对 O_2/N_2 的分离选择性可达 14。PVDC 是首批以 Saran 商标商业化的合成聚合物之一。这种材料在 40 年前就被研究用来作为碳材料的前驱体。Lamond 等观察到来自 Saran 碳化的温度达到了 1 000 ℃,使得其具有 6 Å 分子筛特性。此外,聚吡咯酮是一种热稳定性和化学稳定性高的阶梯聚合物,可以用来作为碳膜的前驱体。本研究以聚吡咯酮为原料,采用两步法合成碳膜,先制备聚胺酸,然后对中间聚胺亚胺进行热循环脱水,碳化工艺在 800 ℃ 下进行。结果表明,在 PI 骨架链中引入梯形结构,同时抑制了链的堆积和分子内的运动,因此气体渗透性得以提高,并保持了气体的选择性。与前驱体相比,在 500~700 ℃ 下碳化膜的渗透率提高了两个数量级。

此外,Zhang 等还利用经热处理后微孔率较高的 PPESK 制备了碳膜。其在碳结构中形成两种孔道(0.56 nm 的超微孔和 0.77 nm 的超微孔),实现了较高的气体分离性能。Liu 等人还对利用 PPESK 作为前驱体制备用于气体分离的碳膜进行了类似的研究。Wang 等指出通过控制砜与酮的单位摩尔比(S/K),可以改善 PPESK 膜及其碳膜的微观结构和透气性。他们分别研究了三种不同比例的共聚物 PPESK(20/80、50/50 和 80/20)制备所得碳膜的性能。试验数据表明,S/K 比为 50/50 的碳膜比 S/K 比为 20/80 和 80/20 的碳膜具有更好的选择性,这是由于制备的膜比较致密以及拥有规则的微观结构。该试验中针对聚丙烯酰胺基碳膜的溶剂类型、干燥方法等膜铸造参数对其性能的影响也进行了研究。结果表明,采用溶解度参数比较接近的溶剂对 PPESK 进行改性有利于提高碳膜的渗透性,这是因为溶剂的沸点影响了碳化后聚合物前驱膜的收缩。并且,用于冷冻干燥的高选择性碳膜在 750 ℃ 下被成功地制备出来,以上测试的所有气体分离数据都超过了 Robeson 的上限。

酚醛树脂是一种交联聚合物,具有热稳定性高、热处理过程质量消除程度小等特点。Teixeira 等以酚醛树脂为原料,通过改变酚醛树脂和勃姆石的组成制备了碳膜。结果表明,碳铝比越大,膜的渗透率越高,选择性越低;其对 H_2 的渗透率为 2 047 Barrer,对 H_2/

N_2 的选择性为 65.6。据报道,用聚吡咯酮制备的碳膜在 500 ℃下碳化时,具有高达 88 的 H_2/N_2 选择性和 6 580 Barrer 的 H_2 渗透率。图 13.7 所示为 Robeson 分离 H_2/N_2 的上限线。试验值表明,碳膜位于上限线以上。

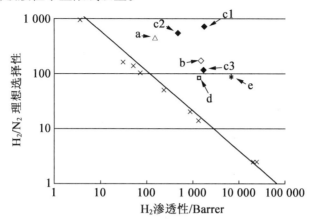

图 13.7　Robeson H_2/N_2 分离的 Robeson 上界图

(a—玻璃纸基碳膜;b—PPO/PI – 基支撑碳膜;c1—空气老化 1 天后 550 ℃制备酚醛树脂基碳管膜;c2—空气老化 5 个月后 550 ℃制备酚醛树脂基碳管膜;c3—空气老化 1 天后在 500 ℃制备酚醛树脂基碳管膜;d—聚苯并咪唑/PI 基碳膜;[76] e—酚醛树脂基碳管膜)

(Tanco, M. A. L.; Tanaka, D. A. P.; Mendes, A. Composite – Alumina – Carbon Molecular Sieve Membranes Prepared from Novolac Resin and Boehmite. Part II: Effect of the Carbonization Temperature on the Gas Permeation Propertiesm. Int. J. Hydrogen Energy 2015, 40, 3485 – 3496.)

氟基气体(NF_3、CF_4 和 SF_6)在液晶显示器和硅基薄膜的生产中作为主要的蚀刻和清洁气体而被广泛应用。由于其体积小,为了对 F 基气体进行区分,膜应该允许 N_2 的渗透。遗憾的是,N_2 通过 PI 和聚砜等聚合物膜的固有透气性较低(小于 1 Barrer)。从基质中得到的圆盘支撑碳膜已经被证明能够为 F 基气体的分离和回收提供一种方便的途径。由于 F 基气体(NF_3 0.45 nm,CF_4 0.48 nm 和 SF_6 0.55 nm)的动力学直径大于 N_2(0.36 nm)的动力学直径,因此分子筛膜可以区分氟基气体和氟基气体/N_2 混合物。大多数关于碳膜的文献报道,由于 N_2/F 基气体的体积大,吸附能力弱,目前的碳膜对 N_2/F 基气体的分离效率降低。因此,Kim 等人开发了新的热处理方案来优化碳膜的厚度,从而提高其 N_2 的渗透性。在碳化温度为 650 ℃、升温速率为 2.4 ℃·min^{-1}、He 气氛下制备的碳膜具有良好的 N_2/F 基气体分离性能。Robeson 的试验证明,其气体分离性能远远高于 N_2/NF_3 分离的上界,如图 13.8 所示。碳膜被认为在有效渗透 N_2 的同时,对扩散的 F 气体也拥有足够的阻力。高 N_2 渗透率可能是由碳膜的厚度(1 mm)导致的。

近年来,前驱体配方与无机材料的共混技术在全球范围内得到了大量的研究并取得了一定的成果。发表的数千篇论文都阐述了该方法在气体分离应用中的相容性和有效性。目前,碳膜制备中可行的无机材料有碳纳米管、纳米银、陶瓷纳米颗粒(boehmite)、纳米镍、纳米硅、沸石等。添加剂和碳基之间的协同作用已被证明可以有效地提高膜的气体分离性能。由于碳膜的纳米孔结构很大程度上依赖于前驱体,关于有序多孔前驱体形成碳膜以实现窄孔径分布的研究就变得至关重要。

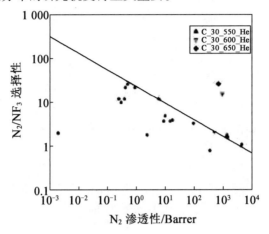

图 13.8 N_2/NF_3 分离的 Robeson 图

(Kim, S. J.; Park, Y. I.; Nam, S. E.; Park, H.; Lee, P. S. Separations of F – Gases from Nitrogen Through Thin Carbon Membranes. Sep. Purif. Technol. 2016, 158, 108 – 114.)

目前已经证明,即使无机颗粒在碳膜中没有很好的分散,也可以通过添加无机颗粒来改善气体的扩散率。例如,Rao 等通过对 PEI 前驱体改性并使之与多壁碳纳米管(MWCNTs)共混制备了碳膜。渗透数据表明,CO_2 渗透率为 1 463 Barrer,O_2/N_2 渗透率为 24 Barrer。MWCNTs 通过降低气体扩散阻力,在提高气体渗透率方面具有良好的效果。Tseng 等的结论表明对于 PI/MWCNTs 碳膜,CO_2、N_2、O_2 渗透率均有所提高,CO_2/N_2 和 O_2/N_2 的理想选择性分别提高了 2 倍和 1.5 倍。Zhang 等重点介绍了聚丙烯酰胺(PPESK)负载 PVP 和沸石复合碳膜的制备方法。他们的研究表明,这两种添加剂可以显著提高 H_2、CO_2、O_2 的透气性达 7 ~ 20 倍,同时降低 H_2/N_2、CO_2/N_2、O_2/N_2 选择性至 35% ~ 90%,因此可以用于制备复合碳膜。另一方面,通过添加氧化铝,聚亚胺硅氧烷碳膜的 O_2 和 CO_2 渗透率可以提高 3 倍以上。

Rodrigues 团队目前成功地从间苯二酚 – 甲醛树脂中提取了碳膜。resorcinol – 甲醛树脂是一种低成本的前驱体,其内负载了 boehmite(软水铝石)粒子。结果表明,正如分子筛机理所预期的,气体通过所制备的碳膜的传输是一个活化扩散过程。在 500 ℃下制备的碳膜对 O_2/N_2(渗透率8.7 Barrer,理想选择性411.5)、H_2/N_2(渗透率445.6 Barrer,理想选择性4 586)和 He/N_2(渗透率413.8 Barrer,理想选择性4 544)均具有较好的分离效果。这是由于和在550℃所制备的碳膜相比,在 500 ℃ 所制备的碳膜具有更大尺寸的微孔(图 13.9)。结果表明,制备的碳膜呈现出超微孔(0.3 ~ 0.7 nm)和较大的微孔(0.7 ~ 1.0 nm)。然而,在 550 ℃下制备的碳膜具有大量的微孔和较大体积的超微孔,这比在 500 ℃下制备的碳膜具有更高的理想选择性和 He 渗透率。

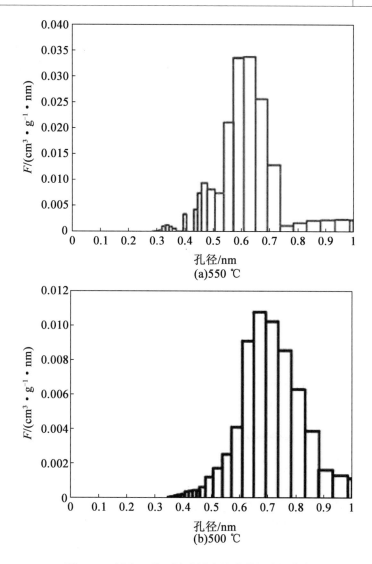

图 13.9　间苯二酚－甲醛树脂基碳膜的孔径分布

（Rodrigues, S. C.; Whitley, R.; Mendes, A. Preparation and Characterization of Carbon Molecular Sieve Membranes Based on Resorcinol－Formaldehyde Resin. J. Membr. Sci. 2014, 459, 207－216.）

对于 O_2/N_2 分离的情况，Zhang 等以合成的 ODPA－ODA PEI 为原料，采用沸石法成功制备了碳膜。结果表明，PEI/沸石基碳膜的透气性明显低于无沸石碳膜。这是由于碳与沸石相界面微观结构致密，碳化过程中无定形碳堵塞了沸石中的多孔通道。需要注意的是，ODPA－ODA PEI/沸石中大部分的孔隙都是不透气孔。另外，所制得的 ODPA－ODA PEI/沸石基碳膜超出了碳膜的上限，表现出高的 O_2 渗透率和 O_2/N_2 选择性。

无缺陷碳膜可以通过在碳化前对前驱体膜进行过氧化作用来实现，还可以通过在前驱体中形成交联结构，提高其热稳定性和孔隙度。图 13.10 所示为前驱体和预氧化 PEI 的 FTIR 光谱，其中在 1 550 cm^{-1} 处的 C—NH 基和 1 665 cm^{-1} 处的 CONH 基相关的两个谱带已经消失。这证明了聚酰胺酸经过过氧化反应完全转化为亚胺基团。亚胺基团的带强度随着过氧化温度的升高而增强。氧桥通过酯或醚基团形成交联结构,这可以通过1 017 cm⁻¹和1 477 cm⁻¹两个新带的出现来证实,这两个新带对应芳香族或脂肪族酯键或 C—OH 伸缩振动和 O—H 平面变形或 N≡O 伸缩振动。

然而,无机材料与聚合物的结合将导致碳膜的产生,并不可避免地产生脆化,这是由于在宿主膜基质中分散材料沿界面边界形成微裂纹。

据报道,无机材料的选择在制备具有优异透气性和选择性的混合基质基碳膜中也起着重要作用。因此,人们尝试在聚合物前驱体与无机材料如碳分子筛(CMS)和有序介孔碳(OMC)之间开发具有更好碳相容性的碳膜。由于 OMC 材料具有有序的孔隙结构、较窄的孔径分布和良好的中孔,在 2～10 nm 尺寸范围内可控,因此,近几十年来科研工作者不断对其进行深入的研究。据报道,这些膜的气体输运机理以 Knudsen 扩散为主,据此,研究人员认为,这些类型的碳膜在纳滤、膜反应器、化学传感器以及电池的生物分离和电极材料等其他应用方面具有广阔的前景。制备这种孔结构清晰、孔径分布窄的材料最有效的方法是使用硬模板和软模板。

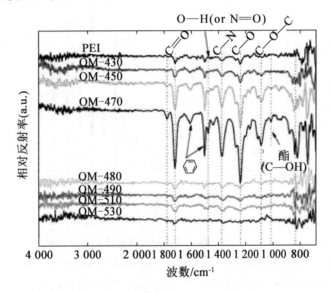

图 13.10　预氧化样品在不同温度下的红外光谱

(Zhang, B.; Wu, Y.; Lu, Y.; Wang, T.; Jian, X.; Qiu, J. Preparation and Characterization of Carbon and Carbon/Zeolite Membranes from ODPA – ODA Type Polyetherimide. J. Membr. Sci. 2015, 474, 114 – 121.)

Zhang 等将硬模板法合成的 OMC 引入到 PI 酸溶液中,成功地制备了一种无缺陷碳膜。在 1 ℃·min⁻¹的加热速率以及在 650 ℃ N₂ 气氛下进行碳化。结果表明,OMC 的存在显著提高了 PI 的热稳定性。与纯 PI 衍生的碳膜相比,PI/OMC 基碳膜对 H₂、CO₂ 和 O₂ 气体的透气性分别提高了 3.4 倍、15 倍和 10.2 倍。据此说明,OMC 作为一种成孔剂,有利于提高碳材料的气体扩散率。Li 等在碳膜的制备中成功地应用了软模板法合成了 OMC。本研究在薄层与基体之间引入了 OMC 中间层,试验证明,OMC 夹层可以有效地减小多孔基体的表面缺陷,提高基体与薄分离层之间的界面附着力。气体渗透试验表明,采用 OMC 夹层制备的碳膜的透气性高于不采用 OMC 夹层制备的碳膜。H_2 渗透率最高为 545×10^{-10} mol·m^{-2}·s^{-1}·Pa^{-1},H_2/N_2 选择性高达 76。

OMC 也被 Yoshimune 等用作一种独立膜。用间苯二酚和甲醛溶胶 – 凝胶法制备的新型 OMC 膜在介孔区表现出明显的孔径分布,通过改变间苯二酚(R)与催化剂(C)摩尔比,可以控制在 5.48 ~ 13.9 nm 范围内。制备的碳膜由于不依赖于 He 而没有裂纹,并且 N_2 渗透率与进料压力有关。这些膜由于具有良好的介孔结构,对于分子量不同的气体(H_2、He、CH_4、N_2、CO_2、CF_4)表现出较高的透过率。

此外,科研工作者还尝试在碳化前将金属离子加入聚合物前驱体中。Xiao 等报道的制造碳化磺化聚(芳基醚酮)(SPAEK)膜与不同反离子(H^+、Na^+ 和 Ag^+)作为添加剂与碳膜及其前驱体相比,只有 SPAEK/Ag 基碳膜在 800 ℃碳化时表现出增强的气体渗透性。与 SPAEK/H 和 SPAEK/Na 碳膜相比,SPAEK/Ag^+ 膜具有更高的 CO_2/CH_4 和 H_2/N_2 气体对的理想气体选择性。

Campo 等在 550 ℃的 N_2 气氛下,从透明纸中成功制备了碳膜。这些膜对水蒸气具有极强的渗透性。X 射线微分析表明,薄膜本质上是碳基,但也存在 O 元素,这证明了碳基质对水蒸气的亲和力。然而,没有观察到由于氧气或水蒸气暴露而导致的老化效应。试验数据表明,制备的碳膜优于聚合物膜的 Robeson 束缚,尤其是在对 O_2/N_2、H_2/N_2、H_2/O_2、H_2/CH_4、H_2/CO_2 的理想选择性方面。因此,这些膜可以很好地用于工业应用,如从空气中分离氮气或从合成气中回收 H_2。

金属 – 有机骨架(MOFs)等无机材料由于其碳含量大,在不添加任何碳源的情况下实现了直接碳化。MOFs 作为一种新型的气体分子筛,由于其结构的高度多样化、孔径和孔隙度的可调性、孔径分布的广谱性和多功能,引起了广泛的研究兴趣。MOFs 是一种多孔晶体材料,由金属离子或由各种有机连接剂相互连接的团簇组成。Chaikittisilp 等和 Torad 等以沸石咪唑框架(ZIF – 8)为单一前驱体,直接碳化制备纳米多孔碳。所得纳米多孔碳的孔径分布窄而尖锐,与母体 ZIF – 8 非常接近。结果表明,MOFs(ZIFs)是制备超级电容器电极用纳米多孔碳的理想材料。随着纳米多孔碳的成功制备,钟等对气相分离特别是 H_2 分离用的纳米多孔碳复合膜的制备进行了研究。采用了一种新的叶状二维 ZIF(ZIF – L)算法。如图 13.11 所示,碳复合膜的制备过程分为三个步骤。

其 H_2/N_2 和 H_2/CO_2 的理想选择性分别为 6.2 和 4.9,具有很高的 H_2 渗透率(约 3.5×10^{-6} mol·m^{-1}·s^{-1}·Pa^{-1})。与聚合物基碳膜相比,ZIF – L 基碳膜具有更高的 H_2 渗透率。这是因为 ZIF – L 结构中与 Zn^{2+} 配位的 2 – 甲基咪唑小分子比有机聚合物更容易分解,从而产生较大的孔。这种由 ZIF(或 MOF)合成功能碳复合膜的新方法为能源和环境相关应用提供了重要的平台。

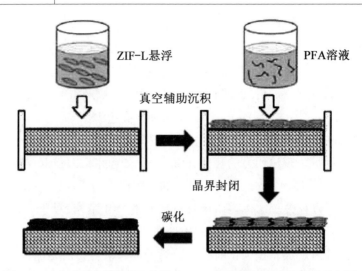

图13.11　在多孔氧化铝盘上制备ZIF－L衍生碳复合膜的步骤示意图

（Zhong, Z.；Yao, J.；Low, Z. X.；Chen, R.；He, M.；Wang, H. Carbon Composite Membrane Derived from a Two－Dimensional Zeolitic Imidazolate Framework and Its Gas Separation Properties. Carbon 2014, 72, 242－249.）

13.2.2　前驱体膜的预处理

在碳化前,通常对聚合物膜进行预处理,以保证碳化过程中前驱体结构的稳定性和对其进行预保护。事实上,采用特定的预处理工艺,可以制备出稳定性和分离性能均优良的碳膜。物理预处理包括前驱体的拉伸,而化学预处理主要是用一些化学试剂处理聚合物前驱体。在某些情况下,前驱体要经过一种以上的预处理方法才能在碳膜中达到预期的性能。由于对产生碳膜的性能有实质性的影响,预氧化被认为是非常必要的步骤之一。

该处理在任何情况下都能有助于稳定前驱体的不对称结构,并提供足够的尺寸稳定性以承受碳化步骤中的高温。拉伸是一种通常应用于空心纤维前驱体的预处理方法。这种技术适用于碳纤维的制造,有时也称其为后纺丝。一种理想的后纺丝改性方案可以去除表面缺陷,减少丝直径的变化,并在热处理前增强分子取向的保留。用某些化学物质对膜进行预处理可以增强碳化过程中形成的孔系统的均匀性。肼、二甲基甲酰胺、盐酸和氯化铵等物质常被用于进行化学预处理。在化学预处理过程中,一般先将膜完全浸入适当的溶液中,然后清洗干燥,最后再进行热处理。也有证据表明,在某些情况下,在化学试剂预处理前用低压将膜孔抽离,然后在常压下充入氮气,可能更有利于预处理过程,且能得到碳含量较高的膜。

13.2.3　碳膜的碳化

聚合物前驱体的碳化条件是碳膜的一个显著特征。当适当地选择给定的前驱体及其碳化条件时,可以调整理想的微孔尺寸和形状。选择合适的孔径对制备高性能碳膜具有重要意义,这种碳膜具有选择性和渗透性之间的最佳平衡,并且适用于各种气体分离。这就要求需要对碳化条件下的最佳生产操作有很好的掌握。通过严格控制碳化条件,如温度、升温速率、气氛和热浸泡时间、气体流量、压力和浓度、预处理/后处理条件等,几乎可以连续调节孔径,从而可以专门设计用于气体分离和反应的膜模块。碳膜是由聚合物前驱体碳化制备的,碳化通常是在温度 500～1 000 ℃下真空或惰性气氛中进行。这一过程除去了最初存在于聚合物大分子中的大部分异质原子,在碳化过程中,由于气态产物的演化和起始聚合物前驱体分子结构的重新排列,形成了一种具有非晶多孔结构的刚性交联碳基体。

碳膜的输运性能取决于其多孔结构和孔径分布。在碳化过程中会产生非晶态碳材料,这些材料呈现出微孔尺寸的分布,其微孔尺寸仅为特定孔径的短期级,且孔径大于超微孔。这些连接超微孔的大孔需要具备分子筛的性能,从而才能达到高的气体分离生产率。碳膜的孔隙分布通常是不均匀的,因为它由相对较宽的开口和一些收缩组成。孔隙的大小、形状和连通程度可以很大程度上取决于聚合物前驱体的性质和碳化条件。孔口通常指的是超微孔(小于 10 Å),其允许对穿透分子进行筛选,同时材料的较大微孔(6～20 Å)可能允许气体分子通过碳材料进行扩散。因此,人们认为,通过适当条件所制备的碳材料能够同时表现出分子筛的能力,并允许高通量的渗透分子通过材料。碳化温度对碳膜的结构、分离性能(渗透性和选择性)以及气体分离的输运机理都有显著影响。碳化温度的升高通常会导致碳膜具有更高的致密性、更大的涡轮结构、更高的结晶度和密度,以及碳石墨层之间较小的平均平面间距。一般来说,碳化温度的升高会导致气体渗透率的降低和选择性的增加。

在已有文献的基础上,人们对多种聚合物前驱体候选材料的热处理条件的影响进行了大量的研究,但如何设计高效、耐用的气体分离性能仍是一个难题。碳化温度是影响碳膜结构、分离性能和输运机理的重要参数之一。在碳化过程中,部分原本存在于聚合物结构中的杂原子被消除,同时留下交联的刚性碳基体。由于聚合物前驱体分子结构的重新排列,气化时将产生非晶微孔结构。近年来,人们也对碳化温度(450～750 ℃)对薄碳管膜渗透性能和老化性能的影响进行了研究。结果表明,随着碳化温度的升高,孔径随之减小。由于 O_2 化学吸附和水物理吸附使孔隙尺寸减小,与室内空气接触后,气体渗透率也随之降低。在常压空气中贮存 24 h 后,在 550 ℃下碳化的膜在室温下表现出的 O_2/N_2 的选择性为 15,且在 Robeson 上限以上。

Pirouzfar 等通过 PBI/PI 碳化制备碳膜。统计分析表明,对于纯气体,将碳化温度从 580 ℃提高到 800 ℃可降低膜的渗透性。在共混物组成为 94%、碳化温度为 10^{-7} Torr 下 620 ℃的条件时,得到了 UIP – R/PBI 的最佳工艺条件。在此条件下,模型估计 CH_4 和 CO_2 的渗透率分别为 26.7 Barrer 和 310 Barrer,测量 CO_2/CH_4 的选择性响应为 77.5。将碳化温度从 300 ℃改变到 700 ℃,保温时间为 2 h 时,可提高 PFA 基碳膜的性能。在较高的碳化温度(500 ℃ 和 700 ℃)下,由于物质的释放而形成石墨样结构,膜基质中微孔的形成成为可能。在 500 ℃下碳化的膜具有较高的 CO_2 和 O_2 透过率,分别为 772 GPU 和 150 GPU,CO_2/N_2 和 O_2/N_2 选择性分别为 14 和 3。随着碳化温度升高到 700 ℃,碳膜的选择层变得非常薄,由于膜孔径减小,膜的渗透率和选择性降低。Liu 等报道了 PPESK 基碳膜在 650 ℃ 下碳化后,其 H_2、CO_2 和 O_2 渗透率分别为 1 016 Barrer、710 Barrer 和 188 Barrer。同时,在 850 ℃ 下对 H_2/N_2、CO_2/N_2、O_2/N_2 和 O_2/N_2 混合物分别进行了碳化处理,获得了较高的选择性。

此外,Zhang 等的研究表明,随着碳化温度从 750 ℃ 进一步提高到 850 ℃,PPESK 基碳膜的渗透率降低,但选择性有所提高。这与热重分析(TGA)和 FTIR 数据相符,在 650 ~ 750 ℃ 范围内,由于热缩合反应,孔隙会产生,将在 750 ~ 850 ℃ 温度范围内发生收缩。在 750 ℃ 的碳化温度下制备的碳膜具有最高的 O_2 渗透率,分别为 270 Barrer(单气体)和 257 Barrer(O_2/N_2 混合物)。进一步提高碳化温度至 800 ℃ 以上,不仅产生较多的裂纹,而且产生的裂纹较大并且有脱层。这可能是衬底上碳膜对热的不稳定性所导致的。

Pirouzfar 等通过统计的分析,研究了碳化气氛对混合 PI 碳膜性能的影响。结果表明,随着真空度从 10^{-3} Torr 降低到 10^{-7} Torr,理想选择性提高约 1.4 倍,同时渗透率降低。最佳条件下的碳化温度在 10^{-7} Torr 时达到 620 ℃。Vu 等在氮、氩、真空等不同气氛下制备了碳膜(0.01 ~ 0.03 Torr)。结果表明,对于 O_2/N_2 的分离,与惰性吹扫法相比,真空碳化法具有较高的选择性和较低的渗透率 CO_2/CH_4 的分离也存在类似的现象。与此同时,Kim 等研究了升温速率(9.6 ℃ · min^{-1}、2.4 ℃ · min^{-1}、0.8 ℃ · min^{-1})和碳化温度(600 ~ 700 ℃)对碳化过程的影响。采用快速爬坡速率时,碳膜与基体之间存在明显的热应力突变裂缝。以中速和慢速爬坡速率制备的碳膜气相分离性能相似,具有足够的热稳定性。同时,随着碳化温度的升高,碳膜的孔径分布向更小的区域移动。当碳化温度为 650 ℃ 和 700 ℃ 时,所制备的碳膜对 N_2/NF_3 具有良好的分离性能。

来自希腊的研究人员研究了热浸泡时间对 P84 基碳膜透气性能的影响。结果表明,在较长的热浸泡时间 60 min 下制备的碳膜具有较低的透气性。其碳膜对 H_2 的分离效果良好,H_2/N_2 选择性为 602,H_2/CH_4 选择性为 5 500。据报道,在较高温度下进行碳化,延长热浸泡时间,可获得具有较小有效孔径的碳膜。为了制备出具有较高分离效率的可再生碳膜,需要对热处理工艺进行进一步的研究。众多研究人员都认为,热处理条件对碳基体中产生的孔隙数量以及最终碳膜的气体渗透性有很强的影响。表 13.2 简要综述了近年来国内外研究人员在碳膜制备中的热处理条件,以及前驱体的类型和结构。

表 13.2　以前研究人员使用的热处理条件

前驱体/构型	温度/℃	加热速率 /(℃ · min^{-1})	恒温时间 /h	气氛	参考文献
FFA/管状	800	1		N_2	116
酚醛树脂/圆板	400	2	3	N_2	29
	600	1	6		
PFA/圆盘	550	0.5	2	N_2	30

续表 13.2

前驱体/构型	温度/℃	加热速率 /(℃·min^{-1})	恒温时间 /h	气氛	参考 文献
沸石 ZSM-5/PEI/平板	400	2			32
	650	1			
线型酚醛清漆树脂/管状	100	1	1/2	N$_2$	33
	450~1 000	1	2		
PAN/空心纤维	250	5	0.5	空气	117
	500~800	3	0.5	N$_2$	
PAN/平板	450~950	1	2	N$_2$/Ar	118
BTDA-TDI/MDI(P84) 共聚聚亚酰胺/空心纤维	900	5	1	氩气	34
纤维素乙酸酯/空心纤维	550	4	2	CO$_2$	23
聚亚酰胺/圆盘	550~700		1	氮气或 N$_2$/O$_2$ 混合气 (99.95% N$_2$, 0.05% O$_2$)	35
酚醛树脂/圆盘	150~300	1		空气	36
	600~900	1		真空	
酚醛树脂/管状	700~1 000	10	1~8	真空	119
PEI/PVP/空心纤维	300	3	0.5	空气	73
	650	3	0.5	N$_2$	
PEI/PEG/圆盘	300	1		空气	37
	550~700	1		N$_2$	
BPDA-ODA/管状	600~900	5		脱氧氮	120
PFA/管状	100	5	1	氩气	121
	400~600	5	2		
线型酚醛清漆树脂(管状)	150	0.5	1	空气	45
	850	0.5	1	氩气	

13.2.4 碳膜的后处理

在碳化过程中,聚合物膜转化为具有不同孔隙度、结构和分离性能的碳膜,这些性能在一定程度上取决于碳化条件。在某些情况下,发现通过简单的热化学处理可以调节碳膜中的孔尺寸和分布以满足不同的分离需求和目的。因此,为了满足碳膜所需要的孔结构和分离性能,同时修复碳膜中存在的缺陷和裂缝,人们采用了各种后处理方法。后氧化或活化是改变碳膜孔结构的常用后处理方法之一。通常情况下,当膜碳化后暴露在氧化气氛中,其孔径和微孔体积增大,但孔径分布跨度并未变宽。不同的活化温度和停留时间可以得到不同材料中所需的孔隙结构。碳膜的选择性可以通过将有机物质引入碳膜的孔隙系统并进行热解分解来提高,即化学气相沉积(CVD)。

一般来说,为了制备 CMSs,首先通过控制热预处理将碳质前驱体的固有孔径结构裁剪成合适的孔径范围,然后通过 CVD 对孔径进行最终调整。除了 CVD,碳化后处理是另一种可以用来降低膜孔大小的处理方法。一般来说,通常在氧化处理之后应用碳化后处理,以便孔道从过度扩张中得以恢复。有时候会重复使用几次氧化后处理和碳化后处理,直到达到理想的孔径分布。然而,这种处理方法很少使用,因为高温下的第一步碳化会由于碳结构的收缩而产生小孔隙。

通常采用氧化后处理工艺对制备的碳膜进行结构和分离性能的微调。氧化过程可以通过空气、纯 O_2 或 O_2 与其他气体混合进行。据报道,当膜暴露在氧化气氛中时,平均孔径会增大。Lee 等研究了不同氧化条件下,后氧化条件对 PPO 基碳膜气相分离性能的影响。氧化后处理是在不同的温度(100 ~ 400 ℃)和时间(30 min ~ 3 h)以 5 ℃·min^{-1} 升温速率在空气气氛中来实现的。氧化碳膜的 N_2 和 CH_4 渗透率分别提高了 3 ~ 9 倍和 4 ~ 9 倍。在具有小动力学直径的气体(He 和 CO_2)的情况下,氧化碳膜的渗透率仅增加两到三倍。结果表明,随着氧化温度和氧化次数的增加,碳膜的孔径和孔容均有所增大。与未氧化碳膜相比,所有气体种类的选择性均显著降低。最佳氧化条件被确定为 200 ℃,氧化时间为 1 h。在空气气氛下,PI 基碳管膜在 300 ℃下氧化 3 h 也观察到类似的趋势。

FFA 基碳膜的孔径可以通过后活化步骤、利用各种气体和蒸气(如 H_2、CO_2、O_2 和蒸汽)来增大。二氧化碳活化碳膜的 H_2 透过率比原碳膜高约四倍。结果表明,在 H_2 和水蒸气的活化作用下,FFA 基碳膜的孔径从 0.30 nm 增加到 0.45 nm。在 H_2 和蒸汽活化过程中,两种分子都扩散到碳膜的孔隙中,吸附在孔隙的内表面。这是因为 H_2(0.29 nm)和蒸汽(0.26 nm)的动力学直径小于所制备的碳膜(0.30 nm)的孔径。后活化温度也起到了重要的作用,700 ℃时碳膜的孔径开始增大。Kai 等发现在潮湿条件下,铯(Cs)的加入改善了聚合物前驱体溶液中的分离性能。结果表明,无 Cs 的碳膜在潮湿条件下比在干燥条件下具有更低的 CO_2 渗透率和 CO_2/N_2 分离系数。

此外,碳膜后处理的目的通常是为了使其再生。Tanco 等在 N_2 气氛下(升温速率 0.7 ℃·min^{-1},浸泡时间 120 min)通过活化工艺进行后处理,以去除碳膜孔网中的水分。在大气氛中老化约 5 个月后,在不同温度(100 ~ 200 ℃)下对复合氧化铝 - 碳薄膜进行活化处理。气体渗透率数据表明,活化处理后老化膜的透气性增加。Lagorsse 等人对 O_2 化学吸附引起的老化也进行了类似的研究工作。结果表明,高温还原氧气气氛下的热处理能有效去除氧气表面基团。结果表明,碳膜氧化后的氧碳比降低了 22%。Kusakabe 等在惰性气氛下,对 PI 基碳膜在 600 ℃下进行后处理以消除表面氧化物。在另一项研究中,Jones 和 Koros 使用丙烯来减少碳膜老化的影响。试验结果表明,丙烯对膜性能有明显的恢复作用,证明丙烯可以十分有效地去除吸附基团。丙烯除了作为再生剂外,还可用于碳膜的储存。

在制备活性炭等碳基材料时,先前的研究人员已经使用臭氧氧化即臭氧化作用来改变所制备的活性炭的质构和表面化学。研究结果表明,低温臭氧化法制备活性碳可以在活性炭表面形成羧基,且略微减小表面积和孔容。Mahdyarfar 等以酚醛树脂为原料,在 800 ℃下制备碳膜,随后并对其进行了臭氧化后处理。臭氧化过程中,将体积分数为 6% 臭氧的 O_2/O_3 气体混合物以 $500~mL \cdot min^{-1}$ 的流速在室温下供给反应器 1 h,如图 13.12 所示。结果表明,臭氧处理可以提高孔径、降低对 O_2/N_2 的吸附能力和动力学吸附选择性,这是因为臭氧化后会形成更大的孔隙。

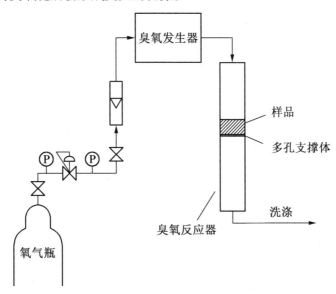

图 13.12　臭氧化系统后处理工艺示意图

(Kim, S. J.; Park, Y. I.; Nam, S. E.; Park, H.; Lee, P. S. Separations of F – Gases from Nitrogen Through Thin Carbon Membranes. Sep. Purif. Technol. 2016, 158, 108 – 114.)

13.3　自支撑碳膜的制备

13.3.1　平板式膜

一般而言,基于芳香族 PI 的 CMS 膜的多孔碳结构和气体渗透性能取决于这种有机前驱体的热分解过程。在碳化过程中,各种气体从聚合物前驱体演变而来,并在较宽的温度范围内产生。初始的微孔碳结构转化为有序的选择性涡轮增压碳结构,主要取决于碳化温度的差异。Kim 等以(聚酰胺酸(BTDA) –4,49 – 二氨基二苯醚(ODA)PI)为前驱体,研究了碳化条件(碳化温度和停留时间)对前驱体结构和多孔碳膜的影响。采用 3 ℃·min^{-1}的升温速率将碳化温度从 300 ℃提高到 550 ℃、700 ℃和 800 ℃,然后将试样在各自的温度下保持 30 min。与 550 ℃、700 ℃、800 ℃碳化碳膜的红外光谱相比,如图 13.13 所示,由于 PI 前驱体在碳化过程中的演化,PI 前驱体中特征吸收带的强度在碳化温度较高时消失。

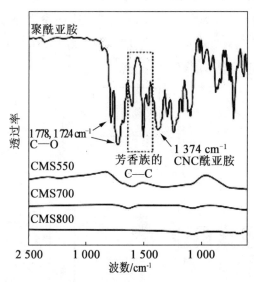

图 13.13　聚酰亚胺前驱体和碳分子筛在 550 ℃、700 ℃,以及 800 ℃下碳化后的
傅立叶变换红外光谱(FTIR)

热重分析表明,PI 在 500 ℃以下热稳定,在 550 ~ 700 ℃范围内热分解迅速。在 500 ~ 600 ℃的温度范围内,由大量气体(例如 CH_4、CO_2 或 CO)的析出而引起质量损失,从而导致 PI 前驱体中苯环的裂解。另一方面,在 700 ~ 1 000 ℃的温度范围内,较低的质量损失主要是少量气体(例如 CH_4、H_2 或 N_2)的析出造成的,以及多孔碳膜的密度增加导致的。不同碳化温度下的广角 X 射线衍射谱提供了微孔碳结构填充程度的比较值,同时平均 d 间距值被广泛用于非晶态材料的相对比较,并推断出了一些微观结构上的平面间距信息。如图 13.14 所示,随着碳化温度的升高,宽峰向更高的衍射角偏移,表明相邻平面间的层间距随着碳化温度的升高而减小。因此,观察到微孔碳结构的平均 d 间距值减小,这反过来又表明碳矩阵中微孔碳结构域的填充程度增加。

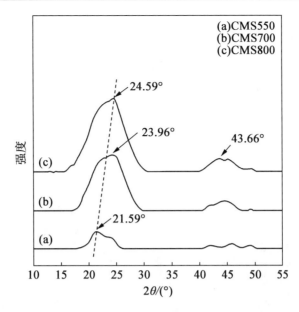

图 13.14 碳分子筛(CMS)膜在增碳化温度作用下的广角 X 射线衍射图

13.3.2 中空纤维膜

Coutinho 等以 N - 四基 - 2 - 吡咯烷酮溶液为原料,采用 PEI 和 PVP 溶液湿法纺丝制备中空纤维膜。

在惰性气氛下碳化之前,聚合物膜首先需在温和的温度和氧化气氛下进行处理,使之形成化学基团如羟基和羰基,从而促进膜的稳定性,以便进行进一步的高温处理。在这个稳定过程中,含氧基团被合并到聚合物链中。因此,由于这些基团的引入,稳定过程中的总质量变化较小。在稳定至 400 ℃时,很少观察到挥发性化合物,主要是 CO_2 和 H_2O,这表明聚合物的降解和聚合物链的氧化。在最佳氧化温度(400 ℃)下,由于纤维变形和不规则性较小,氧化效果较好,碳化条件的影响显著。延长氧化周期,加热速率为 3 ℃·min^{-1} 或更低时,有助于完成氧化反应,从而更有效地获得稳定的纤维。然而,长时间碳化降低了中空纤维的力学稳定性,这可以从形貌分析得以证明,温度达到 400 ℃以上碳化过程便不稳定。首先,CO、CO_2、H_2O 在 420~680 ℃之间被释放,证明存在交联反应和一些降解反应。在较高温度(450~800 ℃)下,可以检测到氢气的析出,表明形成了石墨状结构。

碳化气氛对碳膜性能影响很大,必须进行适当的调整,以防止碳化过程中膜前驱体的非预期烧蚀和化学损伤。Favvas 等在最近的一项研究中报道了碳化气氛对使用基于商用基质 5218 前驱体的碳中空纤维膜在惰性和活性条件下产生膜的结构和性能的影响。碳化在三种不同的气氛中进行产生三种不同类型的碳纤维:氮气、水饱和 N_2 和碳化介质 CO_2。当加热至 650 ℃时,在碳化炉内反应性气氛下(水饱和 N_2 和 CO_2)碳化的膜与惰性气氛下的膜相比,质量损失较大。结果表明,聚合物发生较高程度的分解和随后的碳氧化。碳化过程结束后,纤维表面仍可观察到大量的大孔洞,这可以归因于碳化过程对聚合物中空纤维前驱体的影响。相反,膜的氮吸附特性表明,碳化过程所处的环境对微孔体积有重要影响。值得注意的是,氧化剂降低了薄膜表面的抗热降解性,导致微孔体积的增加。二氧化碳是一种比水更有效的氧化剂,可能是由于在高温处理期间碳表面的疏水性增加。图 13.15 所示为聚合物前驱体的 SEM 显微图和在 CO_2 气氛下碳化的中空纤维结构。

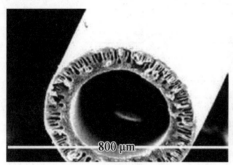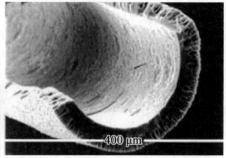

(a)聚合物前驱体　　　　　　　　(b)在CO_2气氛下碳化后的中空纤维结构

图 13.15　聚合物前驱体在 CO_2 气氛下碳化后的中空纤维结构的扫描电子显微镜(SEM)显微图

13.4　支撑碳膜的制备

用于气体分离的支撑碳膜通常是将合适的聚合物溶液涂在多孔碳、陶瓷或金属载体在受控条件下碳化而制备的。支撑膜被认为适合大规模的工业应用。将碳膜纳入实际应用的主要限制因素是其制备过程。为了获得无缺陷的碳膜,必须多次重复涂敷碳化过程,这需要耗时并且十分专注。在最近的一项研究中,Lee 等人研究了后氧化的条件,如氧化温度和时间,对聚合物 2,6 - 二甲基 - 1,4 - 苯氧化物(PPOO)衍生碳膜透气性能的影响。通过在大孔管状陶瓷载体上涂覆一层薄层膜制备碳膜。在氩气气氛中以 700 ℃碳化支撑膜,然后在不同氧化条件下对碳膜进行空气氧化。在碳膜的空气氧化失重中,即使在碳化碳材料的空气氧化过程中,当温度升高到 400 ℃时,测量到总质量损失为4%。质量损失小,说明该负载碳化 PPO 碳膜即使在空气氧化下也具有良好的热稳定性。

对氮气吸附测量中孔特性的表征表明,孔特征值(表 13.3)如表观孔径、孔容和比表面积等由于后氧化作用而增加,从而有助于提高气体分离性能,特别是对于具有大分子尺寸的气体而言。对于膜支撑物的选择,需要考虑的因素主要有成本、大规模应用的灵活性以及基底与顶部膜膜层之间的黏附性等。煤基碳管可以作为合适的候选材料用以制备低成本、具有高气体分离性能的支撑膜。借助于多孔煤基碳管为载体,可以成功制备得到聚甲醛 C/CMS 复合膜。与此同时,碳化温度对 C/CMS 复合膜的气体分离性能也有很大的影响。研究发现,较高的碳化温度会导致碳膜生成非晶态的超微孔结构。通过 XRD 谱图可以看出,其结构十分紧凑,选择性也更强,石墨碳层间的 d 间距也有所减小。这些结构变化反过来降低了渗透率,但同时大大提高了气体分子的选择性。

目前,多种涂层技术可以用于制造支撑碳膜,例如浸渍、喷涂、旋压、滑涂和真空沉积。理想情况下,最上层是控制选择性的分离层,而多孔基体提高了渗透率和机械强度。虽然在制备碳膜的过程中,前驱体的选择和碳化条件一直是研究的重点,但对涂层参数的研究却很少。表 13.4 总结了近年来各研究者在碳膜制备中应用的涂层条件。

表 13.3　基于对氮的吸附的碳材料的孔性能

碳材料	孔容(BET)/(cm³·g⁻¹)	比表面积(BET)/(m²·g⁻¹)	表观孔径(HK 法)/nm
M700	26.82	116.8	0.43
M700 – MOx – 400	80.35	349.7	0.54

表 13.4　前人研究的涂层条件

前驱体/构型	支撑体类型	涂层条件	参考文献
FFA/管状	a – 铝管	涂布	116
酚醛树脂/圆板	酚醛树脂粉末	涂布, 2 ~ 60 s, 一次	29
PFA/圆片	a – 铝圆片	真空沉积, 压力降至 1 bar	30
线型酚醛清漆树脂/管状	a – 铝管	涂布	33
聚酰亚胺/圆片	铝圆片	滑泻表面处理涂层, 30 s	35
酚醛树脂/圆片	铝圆片	滑泻表面处理涂层, 30 s, 1 ~ 3 次	36
聚酰亚胺/圆片	铝圆片	涂布, 15 s, 30 s, 60 s	115
PEI/PEG/圆片	铝圆片	涂布, 10 s	37
BPDA – pPDA 聚酰亚胺/圆片	石墨/酚醛树脂	旋涂, 1 600 r/min	81
BPDA – ODA/管状	a – 铝管	涂布, 2 ~ 3 次	120
PFA/管状	不锈钢	旋涂, 1 000 r/min, 4 次	121
PFA/平板	陶瓷	旋涂, 1 500 r/min	7

在支撑碳膜制备过程中,为了保持膜的选择性,必须避免膜缺陷(裂纹和针孔)。因此,必须重复几个涂层碳化循环。目前,对于单涂层碳化法制备无缺陷支撑碳膜的研究工作比较少。Teixeira 等在聚合物溶液中加入低成本的铂石陶瓷纳米颗粒制备酚醛碳管膜,在单涂层碳化循环中制备高渗透性无缺陷复合碳膜。通过对 boehmite 树脂的分解和脱氧形成碳层。结果表明,该碳膜更适合分离 C_3H_6、C_3H_8 等大分子,而不太适合分离 O_2

和 N_2。Teixeira 等最近发表的一篇文章报道了不同酚醛树脂和 boehmite 组成的碳膜。当 boehmite 在配方中的质量分数从 0.5% 增加到 1.2% 时,CO_2 和 O_2 的透气性分别显著提高了 76% 和 8% 左右。结果表明,制备的碳膜气体分离性能已经超过了 C_3H_6/C_3H_8 的上限。Rodrigues 等最近也采用了类似的方法。以负载 boehmite 纳米颗粒的甲醛树脂为前驱体,对 O_2/N_2、H_2/N_2、He/N_2 均有较好的分离性能。

在多孔载体上获得无缺陷的薄膜聚合物涂层是制备具有高气体透过率和选择性薄碳膜的先决条件。根据载体的孔径大小,通过调节聚合物前驱溶液的黏度,可以制备出相应的涂层。通常,不同的聚合物组成会导致不同的溶液黏度。据报道,支架表面并没有形成聚合物膜,并且大部分的前驱体溶液已经渗透到支架的孔隙中。因此,在试验中,需引入一个中间层。例如,Kim 等尝试将氧化铝粉末(0.01~0.02 mm)在基体上进行预涂覆。在30%的聚合物溶液中,观察到基质平均厚度约为 1 mm 的碳薄膜(图 13.16)。Lee 等在沉积碳膜之前,先在多孔不锈钢管内涂覆中间氧化铝层(孔径小于 10 nm),以提供均匀的表面和较少的多孔支撑。

Tseng 等研究了碳膜作为沟槽层制备气相分离复合膜的方法。该方法旨在提高 PPO 基复合膜的机械稳定性和分离性能。根据涂层碳化工艺,从 PPO 中提取碳基体,在 600 ℃ 高温下经碳化后形成沟槽层。沟槽层在所述选择层(聚合物膜)与所述衬底之间充当沟槽和黏附介质。尽管 PPO 在 500 ℃ 碳化后质量减少,但仍能产生光滑连续的薄碳层。氯仿溶剂沸点低、气化率高,使富含聚合物的相快速凝固而不穿透多孔基体。结果表明,碳层改性基板的孔隙体积较原基板有所增大;用碳层修饰的底物制备的复合膜比无载体制备的复合膜具有更高的 CO_2/CH_4 选择性。采用碳层改性底物时,可提高 CO_2 的渗透率。Weng 等报道了类似的 H_2 分离方法。多孔陶瓷基板上的碳层由聚合物双酚-CO-4-硝基苯酐-1,3-苯二胺(PBNPI)衍生并在 600 ℃ 下碳化而成。聚合物层与多孔陶瓷基板之间的碳层复合膜具有较高的选择性,其 H_2/CH_4 和 H_2/N_2 的选择性分别为 31.8 和 37.1。

图 13.16　基于 Matrimid 基质的碳膜(来自30%的聚合物溶液)的截面 SEM 图像

(Lee, P. S.; Kim, D.; Nam, S. E.; Bhave, R. R. Carbon Molecular Sieve Membranes on Porous Composite Tubular Supports for High Performance Gas Separations. Microporous Mesoporous Mater. 2016, 224, 332-338.)

另一方面,碳夹层的加入也可以克服基体与分离层之间的界面黏附。例如,Li 等研究表明,碳夹层可以有效降低大孔径基体的表面缺陷,改善基体与分离层的界面黏附,进一步提高支撑碳膜的气体分离性能,从而成功一步法制备涂膜的负载型碳膜。气体渗透率结果表明,O_2、CO_2 和 H_2 的渗透率比无碳夹层的高 4 倍。此外,为了防止毛细管效应的不同导致聚合物前驱涂层表面质量密度分布不均,人们引入了一种通过在基体上涂敷溶胶 – 凝胶的中间薄改性层。此外,在聚合物前驱体溶液中加入阳离子表面活性剂 CTAB 对生成的碳基体结构有明显的影响。由于 CTAB 促进了聚(N – 甲基吡咯)通过原位聚合的方式渗透到聚(4 – 苯乙烯类杀菌剂)基质中,因此可以观察到晶粒的均匀混合。在 600 ℃下制备的碳膜具有 167 的最佳 CO_2/CH_4 选择性,其 CO_2 渗透率为 7.19 Barrer。

Lee 等最近的研究报道了多孔不锈钢管支架上碳膜的制备。多孔支架内部引入中间氧化铝层,降低多孔不锈钢管的孔径,从而提供均匀的表面粗糙度。图 13.17 所示为不锈钢支架及其表面形貌图。如图 13.17(c)所示,氧化铝层能够在不锈钢支架内部均匀涂层,无明显缺陷。氧化铝层的孔径分布较窄,平均孔径约为 5 nm。结果表明,在 700 ℃下采用三层涂层和碳化法可以成功制备得到高性能碳膜,得出的 He/N_2、CO_2/N_2 和 O_2/N_2 的最佳选择性分别为 462、97 和 15.4,采用低黏度的前驱体溶液和附加的涂层 – 碳化工艺可以制备出具有高分离因子的碳膜。

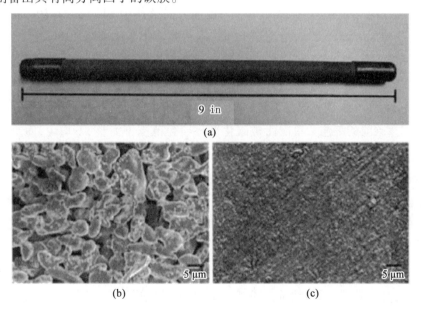

图 13.17 (a)不锈钢管支架的图片;(b)不锈钢管未处理表面的 SEM 图;(c)在不锈钢管
上涂覆中间氧化铝层的 SEM 图

(Mahdyarfar, M.; Mohammadi, T.; Mohajeri, A. Gas Separation Performance of Carbon Materials Produced from Phenolic Resin: Effects of Carbonization Temperature and Ozone Post Treatment. New Carbon Mater. 2013, 28(1), 39 – 46.)

近期,Cheng 等采用旋涂和等离子体增强化学气相沉积(PECVD)两种方法制备了 PFA 和 FA 单体两种负载型碳膜。研究结果表明,两层自旋涂层碳膜的制备成本较高、制备时间长、能耗高。对于自旋包覆的碳膜,与在 500 ℃下经过两个包覆碳化循环需要 60 h 左右相比,用等离子体沉积技术制备无缺陷碳膜只需要三分之一的时间。等离子体沉积是一种简化的技术,不需要重复涂敷碳化循环,具有可重复性。利用该方法可以制备出厚度约为 1 mm 的超薄 FA 无缺陷层。在 PECVD 中,单体前驱体的气态分子被电离,然后在释放高能电子的过程中被聚合,从而破坏单体结构产生自由基。在气相分离性能方面,结果表明,用 PECVD 法制备的支撑碳膜比用自旋涂层法制备的支撑碳膜具有更高的气相分离性能。采用 PECVD 后,CO_2/N_2 和 O_2/N_2 的选择性分别提高了 60% 和 18% 左右。前人的研究表明,用 PECVD 方法可以在基体上获得均匀的超薄涂层。

Zhang 等在 600 ℃下通过将环氧树脂/原乙酸三乙酯涂在平板支架表面碳化从而制备得到了有序纳米多孔碳膜。涂层工艺主要有两种方法:一种是将涂层支架一次性浸入成膜溶液中 2~60 s,另一种是将溶液(滴涂)多次滴在支架表面。结果表明,当浸渍时间从 10 s 延长到 20 s 时,气相渗透率提高了 2.5~8.5 倍,选择性则降低了三分之一。

在滴涂情况下,11 滴后达到了良好的透气性和选择性组合,这是因为与一次性浸渍法相比,滴落法的重复使用使溶剂的蒸发更加均匀和缓慢。此外,碳膜的 N_2 渗透率先降低,然后随着浸泡时间从 2 s 提高到 60 s 而增加。在浸泡 10 s 时获得 1.16 Barrer 的最低值。同时,当涂层液滴从 11 滴增加到 19 滴,利用滴涂法制得碳膜的 N_2 透气性增加了 3 个数量级。最终得到的支撑碳膜的透气性以分子筛机制为主,H_2/N_2、CO_2/N_2、O_2/N_2 的最佳选择性分别为 46、5、3。

Lee 等研究了多层碳膜通过重复涂敷 – 碳化循环的可行性,优化了以酚醛树脂为原料的圆盘支撑碳膜的工艺。单次涂敷碳化循环覆盖范围不完整、不均匀,而重复涂敷碳化循环可分别在 2 次和 3 次涂敷碳化过程中形成 300~400 nm 和 600~800 nm 厚度均匀致密的碳膜。结果表明,单循环碳膜具有很高的透气性,理想的分离系数低于 Knudsen 分离系数。但当连续循环次数增加时,理想分离系数显著高于 Knudsen 分离系数,而气体渗透率值显著降低。因此,可以推断出选择性酚醛树脂基碳膜可以用低黏度的前驱溶液和附加的涂层碳化循环来制备。将 OMC 中间层结合在基体上,在聚合物前驱体涂层上制备了具有一步涂敷 – 碳化循环的支撑碳膜。

此外,研究还发现,添加到每个膜基质中的聚合物总量对 PFA 基碳管膜的气体分离性能产生显著影响。结果表明,在低碳化温度条件下,需要大量的涂层聚合物。另外,随着涂层时间的增加,碳膜的厚度也会增加。降低聚合物层的厚度可以得到透气性较高的碳膜,这可以通过缩短浸渍涂层的时间来实现。随着膜厚由 2 100~520 nm 逐渐减小,所研究的气体 He、N_2、C_3H_6、C_3H_8 的透气性均有所增大。值得注意的是,进一步将厚度从 520 nm 减小到 300 nm 会导致气体渗透率降低,但是 He/N_2 选择性却有所增加。此外,在

15 s 的浸涂时间下,随着浸涂溶液质量分数从 2% 降低到 0.2% ,渗透率增加约 8 倍。这是因为聚合物链更均匀地分散在稀释的溶液中,从而导致覆膜在基体上的聚合物膜中形成更紧密的聚合物链。Shiett 和 Foley 研究发现,在 600 ℃ He 气氛下碳化的 PFA 基碳膜中,聚合物溶液在基板上分布均匀,O_2/N_2 分离选择性提高到 30。这是由于在膜制备步骤中,涂层 – 碳化循环有所增加。

13.5 膜组件的制备

为了确保膜处理在特定应用中的效率,膜的几何形状和它在适当装置中的安装方式是很重要的。膜组件的选择主要由经济因素决定。然而,最便宜的配置并不总是最佳选择,因为应用程序的类型以及模块的功能也是需要考虑的重要因素。许多研究人员提出了各种各样的碳膜生产模块。碳膜较差的机械稳定性是在制造这些模块时必须考虑的,同时也是最具挑战性的任务。对于商业应用的膜,最好是制造一个具有不对称结构和毛细管或中空纤维配置的模块,以提高产品的渗透率。如表 13.5 所总结,在所有的系统设计中,必须考虑模块在产物、成本、维护和效率方面的特性。图 13.18 和图 13.19 分别展示了由 Ismail、David、Koros 和其研究伙伴们所制作的中空纤维配置模块。

表 13.5 膜组件制备的重要考虑事项

分类	特征
产物	高比表面积(如,填集密度——材料形成稳定膜的能力)
	容易形成给定的构型和结构
	高分子/膜的性质
成本	低的操作成本
低投资成本	低的污染倾向
容易维护清洗	膜的替换成为可能
效率	使用的范围
	预期分离的性质
	结构强度

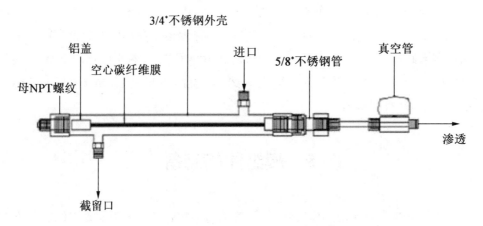

图 13.18　Ismail 和 David 构建的模块

(David, L. I. B.; Ismail, A. F. Influence of the Thermastabilization Process and Soak Time During Pyrolysis Process on the Polyacrylonitrile Carbon Membranes for O_2/N_2 Separation. J. Membr. Sci. 2003, 213, 285 – 291.)

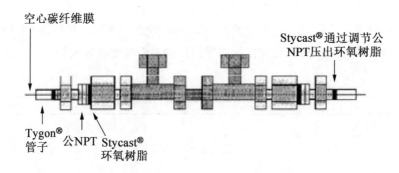

图 13.19　由 Koros 和同事构建的模块

(Vu, D. Q.; Koros, W. J.; Miller, S. J. High Pressure CO_2/CH_4 Separation Using Carbon Molecular Sieve Hollow Fiber Membranes. Ind. Eng. Chem. Res. 2002, 41, 367 – 380.)

13.6　气体通过碳膜输送和分离

随着气体分离在商业上的应用变得越来越有吸引力,人们需要一种新型的膜,这种膜应具有能够承受高温和恶劣环境的能力,同时能够提高天然气净化等工艺的可行性。一般来说,碳膜的气体输运特性与碳化温度密切相关。在碳化温度 800 ℃下,会导致孔隙结构的形成和扩大;同时,较高的温度会导致孔隙收缩、破坏孔隙系统。此外,加热速率也可能影响膜的气体分离性能。另外,碳化气氛的选择也会影响孔隙大小和几何形状的变化,甚至表面的性质也受到烧结(孔洞闭合)或活化(孔洞打开通过去除表面基团或燃烧)的影响,从而产生不同的气体输运特性。对于多孔膜气体分离,可以考虑如下四种输运机理:Knudsen 扩散、表面扩散、毛细管冷凝和分子筛。这四种机制对总输运的贡献很大程度上取决于试验条件。大部分碳膜所具有的输运机制是分子筛机制,如图 13.20 所示。碳膜包含碳基质的收缩,这接近吸收物质的分子尺寸。通过这种方式,它们能够有效地分离出大小相似的气体分子。根据这一机理可知,这种分离是由气体混合物中较小分子通过气孔而较大分子被保留下来而引起的。

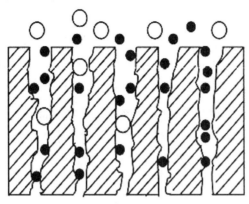

图 13.20 典型的分子筛输运机理

(Ismail, A. F.; David, L. I. B. A Review on the Latest Development of Carbon Membranes for Gas Separation. J. Membr. Sci. 2001, 193, 1 – 18.)

在气体输运研究中,渗透率被认为是膜材料内溶质扩散率的函数,通常用 Barrer 表示,选择性被定义为单气体渗透率的比值。众所周知,多组分气体混合物中不同组分的渗透性和选择性是由不同组分浓度、吸附势和组分间相互作用等因素控制的复杂平衡的结果。文献报道了一个普遍存在的关系,即随着各自气体渗透率的增加,其选择性降低。影响气体扩散率的关键因素之一是膜基质中自由体积的变化。扩散率可以通过创造通道效应和促进气体分子通过膜的扩散来增强。对于 CO_2/CH_4 等工业关注度高的二元气体混合物,选择性值的增加对于天然气净化至关重要。渗透率测量既可以对单一气体进行,也可以对气体混合物进行。

13.7 碳膜研究的结论与展望

碳膜在分离过程中表现出突出的作用,在 H_2 分离、天然气中 CO_2 回收、烟气中温室气体减排等几个重要应用中具有巨大的潜力,受到了学术界和工业界的高度重视。近年来,随着对新型纳米多孔碳膜及其制备工艺的积极探索,在碳膜的分离性能和稳定性方面取得了显著的进展。但要实现碳膜在工业上的广泛应用,还需要进行深入的研究和开发工作。

在之前讨论过的聚合物前驱体中,芳香型 PI 型聚合物是研究量最大的聚合物,被认为是制备具有优越分离性能碳膜的最有前途的候选材料之一。这主要是由于该材料能够承受高温处理而不迅速软化分解,物理性能好、化学稳定性高。这些材料由于具有难以置信的高强度和惊人的耐热性和耐化学性,在高温处理后可以产生高碳量的碳膜,并保持其结构形状。因此,PI 聚合物是一种用途广泛的塑料,可以从多种二酐和二胺单体中合成,故对 PI 聚合物制备碳膜的研究还有待进一步深入。化学改性,如对原来的 PI 进行磺化、酸化、交联,也可以用来进一步改变 PI 的结构性能。换句话说,基于 PI 的碳膜可以根据特定的分离任务设计和开发各种具有不同物理化学性质的化学结构。然而,由 PI 制备碳膜的挑战之一是其高的经济价值。众所周知,PI 是一种昂贵的材料。因此,为了降低碳膜的生产成本,人们在开发廉价的前驱体或优化制备程序方面已经做出了相当大的努力。例如,聚合物共混改性 PI 是一种最经济、最简单的结构和性能调整方法。该技术是通过添加热不稳定聚合物(如 PVP 或 PEG)或无机材料(如二氧化硅、沸石或 CNT)来实现的。因此,这些材料的加入可以显著改善碳膜的输运性能。

进一步研究工艺参数的影响是获得高分离效率的可再生碳膜的关键。前人已经通过研究涂层和碳化条件来获得高性能的支撑碳膜进行了广泛的研究。结果表明,碳膜的分离性能对制备过程中涉及的工艺参数非常敏感。因此,本章讨论工艺参数对碳膜分离性能的影响。

碳膜的研究大多集中于 O_2/N_2 分离,可用于空气分离、富 O_2 空气的燃烧过程、医疗用途、纯 O_2 和 N_2 的生产。此外,与煤气化工艺相结合的发电厂需要在 $300 \sim 500$ ℃之间进行氢气分离。在高温操作中,只有压力驱动的膜分离工艺才能将 H_2 从其他碳化合物(CO_2、CO)中分离出来。因此,在这种情况下,碳膜的化学惰性、热稳定超过 500 ℃可以被视为替代材料之一。因此,利用碳膜回收 CO_2 的研究可以进一步应用于天然气和烟气的 CO_2 去除、重整混合物的处理,以及对沼气和垃圾填埋气的改造。此外,还发现了在普通聚合物和支链聚合物之间分离碳氢化合物异构体的可能性。从工业的角度来看,如果碳膜能够容易地生产和重复利用,那么它可以成为替代市场上现有聚合物膜的潜在材料。虽然它们是非晶态的,但规则的纳米结构使得孔隙网络较窄,分布尺寸在 $0.3 \sim 0.6$ nm 之间。

除气体分离应用外,碳膜还可以应用于其他潜在领域。Itoh 和 Haraya 证实了碳膜反应器脱氢环己烷生成苯的性能较普通反应器有较好的提高。Lapkin 等采用酚醛树脂基碳膜作为催化反应器中丙烷水化的接触器,结果表明,该多孔接触器反应器用于高压催化反应具有一定的实用价值。Coutinho 等认为基于 PEI 的碳膜具有催化反应器应用的潜力。Rao 和 Sircar 对表面选择性碳膜富集含 $C_1 - C_4$ 碳氢化合物的氢流进行了研究。近年来,Muench 等将碳形成聚合物 PI 的碳化与离子轨道刻蚀技术相结合,合成了分层结构的多孔碳膜。由于其具有独特的孔结构,被认为是一种很有前途的催化剂载体、电极材料或吸附剂材料。

　　碳膜也可用于涉及水或液溶液的操作。Kishore 等以酚醛树脂为原料,成功研制了纳米过滤碳膜。Song 等证实了煤基微滤碳膜处理含油废水是可行的。试验数据表明,含油废水的拒油率达 97%,渗透液的含油量小于 10 mg/L,符合国家污水排放标准。近年来,Li 等为提高煤基碳膜对含油废水的分离性能,探索了一条新的途径。结果表明,煤基碳膜与电解碳膜结合后,由于阳极氧化,提高了含油废水的渗透率和去除率。值得注意的是,低总污垢率和高通量回收意味着施加电场可以显著提高碳膜的防污能力。碳膜与电场的结合在含油污水净化处理中仍显示出巨大的潜力。以矿物煤和酚醛树脂为碳前驱体,制备了新型碳/碳不对称微滤膜。在工业纺织废水处理领域,该膜应用在渗透通量和效率方面表现出良好的性能(COD 和盐度分别保持 50% 和 30%,浊度和色度几乎保持总量不变)。新型多孔薄板碳膜/烧结金属钢纤维大膜厚复合材料的制备及其在结构固定床吸附材料中的应用的研究目前正在进行中。

　　大量的研究集中在根据碳膜的透气性和选择性来调整碳膜的性能方面。然而,对碳膜稳定性的研究相对较少。稳定性是指膜在活性晶种和长期储存条件下的性能,其缺乏关注的部分原因是碳膜的刚性性质以及它们与聚合物前驱体膜相比具有优异的化学稳定性和热稳定性。为了在工业规模上成功实施碳膜技术,在制造和运行过程中对碳膜的加工和处理进行智能化的工程设计,是真正了解碳膜运行稳定性的关键。

　　碳膜所具有的巨大潜力和优势必在未来几年得到广泛的应用。利用碳膜对气体分离的技术被认为可以突破现有聚合物膜的局限。本章的主要目的是为研究人员和工程技术人员提供一个科学的平台,开发出一种适用于各种分离工艺,特别是针对未来气体分离的工艺。

本章参考文献

[1] Baker, R. W.; Lokhandwala, K. Natural Gas Processing with Membranes: An Overview. Ind. Eng. Chem. Res. 2008, 47 (7), 2109–2121.

[2] Ockwig, N. W.; Nenoff, T. M. Membranes for Hydrogen Separation. Chem. Rev. 2007, 107 (10), 4078–4110.

[3] Salleh, W. N. W.; Ismail, A. F. Carbon Hollow Fiber Membranes Derived from PEI/PVP for Gas Separation. Sep. Purif. Technol. 2011, 80, 541–548.

[4] Tin, P. S.; Chung, T.–S.; Liu, Y.; Wang, R. Separation of CO_2/CH_4 Through Carbon Molecular Sieve Membranes Derived from P84 Polyimide. Carbon N. Y. 2004,

42 (15), 3123 – 3131.

[5] Tseng, H. H.; Chang, S. H.; Wey, M. Y. A Carbon Gutter Layer – Modified a – Al_2O_3 Substrate for PPO Membrane Fabrication and CO_2 Separation. J. Membr. Sci. 2014, 454, 51 – 61.

[6] Gilron, J.; Soffer, A. Knudsen Diffusion in Microporous Carbon Membranes with Molecular Sieving Character. J. Membr. Sci. 2002, 209 (2), 339 – 352.

[7] Cheng, L. H.; Fu, Y. J.; Liao, K. S.; Chen, J. T.; Hu, C. C.; Hung, W. S.; Lee, K. R.; Lai, J. Y. A High – Permeance Supported Carbon Molecular Sieve Membrane Fabricated by Plasma – Enhanced Chemical Vapor Deposition Followed by Carbonization for CO_2 Capture. J. Membr. Sci. 2014, 460, 1 – 8.

[8] Teixeira, M.; Rodrigues, S. C.; Campo, M.; Pacheco Tanaka, D. A.; Llosa Tanco, M. A.; Madeira, L. M.; Sousa, J. M.; Mendes, A. Boehmite – Phenolic Resin Carbon Molecular Sieve Membranes – Permeation and Adsorption Studies. Chem. Eng. Res. Des. 2014, 92 (11), 2668 – 2680.

[9] Baker, R. W. Future Directions of Membrane Gas Separation Technology. Ind. Eng. Chem. Res. 2002, 41, 1393 – 1411.

[10] Ning, X.; Koros, W. J. Carbon Molecular Sieve Membranes Derived from Matrimids Polyimide for Nitrogen/Methane Separation. Carbon N. Y. 2014, 66, 511 – 522.

[11] Hosseini, S. S.; Omidkhah, M. R.; Zarringhalam Moghaddam, A.; Pirouzfar, V.; Krantz, W. B.; Tan, N. R. Enhancing the Properties and Gas Separation Performance of PBI – Polyimides Blend Carbon Molecular Sieve Membranes via Optimization of the Pyrolysis Process. Sep. Purif. Technol. 2014, 122, 278 – 289.

[12] Itoh, N.; Haraya, K. A Carbon Membrane Reactor. Catal. Today 2000, 56 (1 – 3), 103 – 111.

[13] Liang, C.; Sha, G.; Guo, S. Carbon Membrane for Gas Separation Derived from Coal Tar Pitch. Carbon N. Y. 1999, 37 (9), 1391 – 1397.

[14] Koros, W. J.; Mahajan, R. Pushing the Limits on Possibilities for Large Scale Gas Separation: Which Strategies. J. Membr. Sci. 2001, 181 (1), 141.

[15] Park, H. B.; Lee, Y. M. Pyrolytic Carbon – Silica Membrane: A Promising Membrane Material for Improved Gas Separation. J. Membr. Sci. 2003, 213 (1 – 2), 263 – 272.

[16] Hayashi, J.; Mizuta, H.; Yamamoto, M.; Kusakabe, K.; Morooka, S. Pore Size Control of Carbonized BPDA – pp′ ODA Polyimide Membrane by Chemical Vapor Deposition of Carbon. J. Membr. Sci. 1997, 124 (2), 243 – 251.

[17] Kyotani, T. Control of Pore Structure in Carbon. Carbon N. Y. 2000, 38 (2), 269 −286.

[18] Kishore, N.; Sachan, S.; Rai, K. N.; Kumar, A. Synthesis and Characterization of a Nanofiltration Carbon Membrane Derived from Phenol − Formaldehyde Resin. Carbon N. Y. 2003, 41(15), 2961 −2972.

[19] Sakata, Y.; Muto, A.; Uddin, M. A.; Suga, H. Preparation of Porous Carbon Membrane Plates for Pervaporation Separation Applications. Sep. Purif. Technol. 1999, 17 (2), 97 −100.

[20] Song, C.; Wang, T.; Pan, Y.; Qiu, J. Preparation of Coal − Based Microfiltration Carbon Membrane and Application in Oily Wastewater Treatment. Sep. Purif. Technol. 2006, 51 (1), 80 −84.

[21] Saufi, S. M.; Ismail, A. F. Fabrication of Carbon Membranes for Gas Separation—A Review. Carbon N. Y. 2004, 42 (2), 241 −259.

[22] Vu, D. Q.; Koros, W. J.; Miller, S. J. High Pressure CO_2/CH_4 Separation Using Carbon Molecular Sieve Hollow Fiber Membranes. Ind. Eng. Chem. Res. 2002, 41 (3), 367 −380.

[23] He, X.; Hägg, M. B. Hollow Fiber Carbon Membranes: Investigations for CO_2 Capture. J. Membr. Sci. 2011, 378 (1 −2), 1 −9.

[24] Fu, S.; Sanders, E. S.; Kulkarni, S. S.; Koros, W. J. Carbon Molecular Sieve Membrane Structure − Property Relationships for Four Novel 6FDA Based Polyimide Precursors. J. Membr. Sci. 2015, 487, 60 −73.

[25] Salleh, W. N. W.; Ismail, A. F.; Matsuura, T.; Abdullah, M. S. Precursor Selection and Process Conditions in the Preparation of Carbon Membrane for Gas Separation: A Review. Sep. Purif. Rev. 2011, 40 (4), 261 −311.

[26] Fuertes, A. B.; Centeno, T. A. Preparation of Supported Carbon Molecular Sieve Membranes. Carbon N. Y. 1999, 37 (4), 679 −684.

[27] Rao, M. B.; Sircar, S. Nanoporous Carbon Membranes for Separation of Gas Mixtures by Selective Surface Flow. J. Membr. Sci. 1993, 85 (3), 253 −264.

[28] Geiszler, V. C.; Koros, W. J. Effects of Polyimide Pyrolysis Conditions on Carbon Molecular Sieve Membrane Properties. Ind. Eng. Chem. Res. 1996, 35 (95), 2999 −3003.

[29] Zhang, B.; Shi, Y.; Wu, Y.; Wang, T.; Qiu, J. Preparation and Characterization of Supported Ordered Nanoporous Carbon Membranes for Gas Separation. J. Appl. Polym. Sci. 2014, 131(4), 1 −10.

[30] Zhong, Z. ; Yao, J. ; Low, Z. X. ; Chen, R. ; He, M. ; Wang, H. Carbon Composite Membrane Derived from a Two − Dimensional Zeolitic Imidazolate Framework and Its Gas Separation Properties. Carbon N. Y. 2014, 72, 242 − 249.

[31] Qiu, W. ; Zhang, K. ; Li, F. S. ; Zhang, K. ; Koros, W. J. Gas Separation Performance of Carbon Molecular Sieve Membranes Based on 6FDA − mPDA/DABA(3:2)Polyimide. ChemSusChem 2014, 7 (4), 1186 − 1194.

[32] Zhang, B. ; Wu, Y. ; Lu, Y. ; Wang, T. ; Jian, X. ; Qiu, J. Preparation and Characterization of Carbon and Carbon/Zeolite Membranes from ODPA − ODA Type Polyetherimide. J. Membr. Sci. 2015, 474, 114 − 121.

[33] Llosa Tanco, M. A. ; Pacheco Tanaka, D. A. ; Mendes, A. Composite − Alumina − Carbon Molecular Sieve Membranes Prepared from Novolac Resin and Boehmite. Part II: Effect of the Carbonization Temperature on the Gas Permeation Properties. Int. J. Hydrogen Energy 2015, 40 (8), 3485 − 3496.

[34] Favvas, E. P. ; Heliopoulos, N. S. ; Papageorgiou, S. K. ; Mitropoulos, A. C. ; Kapantaidakis, G. C. ; Kanellopoulos, N. K. Helium and Hydrogen Selective Carbon Hollow Fiber Membranes: The Effect of Pyrolysis Isothermal Time. Sep. Purif. Technol. 2015, 142, 176 − 181.

[35] Kim, S. J. ; Park, Y. I. ; Nam, S. E. ; Park, H. ; Lee, P. S. Separations of F − Gases from Nitrogen Through Thin Carbon Membranes. Sep. Purif. Technol. 2016, 158, 108 − 114.

[36] Lee, P. S. ; Kim, D. ; Nam, S. E. ; Bhave, R. R. Carbon Molecular Sieve Membranes on Porous Composite Tubular Supports for High Performance Gas Separations. Microporous Mesoporous Mater. 2016, 224, 332 − 338.

[37] Zainal, W. N. H. W. ; Tan, S. H. ; Ahmad, M. A. Carbon Membranes Derived from Polymer Blend of Polyethylene Glycol/Polyetherimide: Preparation, Characterization and Gas Permeation Studies. Chem. Eng. Technol. 2016, 40 (1), 94 − 102.

[38] Li, L. ; Song, C. ; Jiang, H. ; Qiu, J. ; Wang, T. Preparation and Gas Separation Performance of Supported Carbon Membranes with Ordered Mesoporous Carbon Interlayer. J. Membr. Sci. 2014, 450, 469 − 477.

[39] Das, M. ; Perry, J. D. ; Koros, W. J. Gas − Transport − Property Performance of Hybrid Carbon Molecular Sieve − Polymer Materials. Ind. Eng. Chem. Res. 2010, 49 (19), 9310 − 9321.

[40] Ismail, A. F. ; David, L. I. B. A Review on the Latest Development of Carbon Membranes for Gas Separation. J. Membr. Sci. 2001, 193 (1), 1 − 18.

[41] Rungta, M. ; Xu, L. ; Koros, W. J. Carbon Molecular Sieve Dense Film Membranes Derived from Matrimids For Ethylene/Ethane Separation. Carbon N. Y. 2012, 50 (4), 1488 – 1502.

[42] Singh, R. ; Koros, W. J. Carbon Molecular Sieve Membrane Performance Tuning by Dual Temperature Secondary Oxygen Doping(DTSOD). J. Membr. Sci. 2013, 427, 472 – 478.

[43] Tseng, H. H. ; Shih, K. ; Shiu, P. T. ; Wey, M. Y. Influence of Support Structure on the Permeation Behavior of Polyetherimide – Derived Carbon Molecular Sieve Composite Membrane. J. Membr. Sci. 2012, 405 – 406, 250 – 260.

[44] Wang, H. ; Ding, S. ; Zhu, H. ; Wang, F. ; Guo, Y. ; Zhang, H. ; Chen, J. Effect of Stretching Ratio and Heating Temperature on Structure and Performance of PTFE Hollow Fiber Membrane in VMD for RO Brine. Sep. Purif. Technol. 2014, 126, 82 – 94.

[45] Wei, W. ; Qin, G. ; Hu, H. ; You, L. ; Chen, G. Preparation of Supported Carbon Molecular Sieve Membrane from Novolac Phenol – Formaldehyde Resin. J. Membr. Sci. 2007, 303 (1 – 2), 80 – 85.

[46] Wang, C. ; Hu, X. ; Yu, J. ; Wei, L. ; Huang, Y. Intermediate Gel Coating on Macroporous Al_2O_3 Substrate for Fabrication of Thin Carbon Membranes. Ceram. Int. 2014, 40 (7 Part B), 10367 – 10373.

[47] Wang, C. ; Ling, L. ; Huang, Y. ; Yao, Y. ; Song, Q. Decoration of Porous Ceramic Substrate with Pencil for Enhanced Gas Separation Performance of Carbon Membrane. Carbon N. Y. 2015, 84 (1), 151 – 159.

[48] László, K. ; Bóta, A. ; Nagy, L. G. Comparative Adsorption Study on Carbons from Polymer Precursors. Carbon N. Y. 2000, 38 (14), 1965 – 1976.

[49] Lua, A. C. ; Su, J. Effects of Carbonisation on Pore Evolution and Gas Permeation Properties of Carbon Membranes from Kaptons Polyimide. Carbon N. Y. 2006, 44 (14), 2964 – 2972.

[50] Kim, S. ; Pechar, T. W. ; Marand, E. Poly(Imide Siloxane) and Carbon Nanotube Mixed Matrix Membranes for Gas Separation. Desalination 2006, 192 (1 – 3), 330 – 339.

[51] Steel, K. M. ; Koros, W. J. An Investigation of the Effects of Pyrolysis Parameters on Gas Separation Properties of Carbon Materials. Carbon N. Y. 2005, 43 (9), 1843 – 1856.

[52] Park, H. B. ; Lee, S. Y. ; Lee, Y. M. Pyrolytic Carbon Membranes Containing Sili-

ca: Morphological Approach on Gas Transport Behavior. J. Mol. Struct. 2005, 739 (1 – 3), 179 – 190.

[53] Shao, L.; Chung, T. S.; Wensley, G.; Goh, S. H.; Pramoda, K. P. Casting Solvent Effects on Morphologies, Gas Transport Properties of a Novel 6FDA/PMDA – TMMDA Copolyimide Membrane and Its Derived Carbon Membranes. J. Membr. Sci. 2004, 244 (1 – 2), 77 – 87.

[54] Park, H. B.; Jung, C. H.; Kim, Y. K.; Nam, S. Y.; Lee, S. Y.; Lee, Y. M. Pyrolytic Carbon Membranes Containing Silica Derived from Poly(Imide Siloxane): The Effect of Siloxane Chain Length on Gas Transport Behavior and a Study on the Separation of Mixed Gases. J. Membr. Sci. 2004, 235 (1 – 2), 87 – 98.

[55] Kim, Y. K.; Park, H. B.; Lee, Y. M. Gas Separation Properties of Carbon Molecular Sieve Membranes Derived from Polyimide/Polyvinylpyrrolidone Blends: Effect of the Molecular Weight of Polyvinylpyrrolidone. J. Membr. Sci. 2005, 251 (1 – 2), 159 – 167.

[56] Kim, Y.; Park, H.; Lee, Y. Preparation and Characterization of Carbon Molecular Sieve Membranes Derived from BTDA – ODA Polyimide and Their Gas Separation Properties. J. Membr. Sci. 2005, 255 (1 – 2), 265 – 273.

[57] Centeno, T. A.; Fuertes, A. B. Supported Carbon Molecular Sieve Membranes Based on a Phenolic Resin. J. Membr. Sci. 1999, 160 (2), 201 – 211.

[58] Centeno, T. A.; Fuertes, A. B. Carbon Molecular Sieve Membranes Derived from a Phenolic Resin Supported on Porous Ceramic Tubes. Sep. Purif. Technol. 2001, 25 (1 – 3), 379 – 384.

[59] Song, C.; Wang, T.; Wang, X.; Qiu, J.; Cao, Y. Preparation and Gas Separation Properties of Poly(Furfuryl Alcohol) – Based C/CMS Composite Membranes. Sep. Purif. Technol. 2008, 58(3), 412 – 418.

[60] Zhang, X.; Hu, H.; Zhu, Y.; Zhu, S. Carbon Molecular Sieve Membranes Derived from Phenol Formaldehyde Novolac Resin Blended with Poly(Ethylene Glycol). J. Membr. Sci. 2007, 289(1 – 2), 86 – 91.

[61] Lie, J. A.; Hägg, M. B. Carbon Membranes from Cellulose and Metal Loaded Cellulose. Carbon N. Y. 2005, 43 (12), 2600 – 2607.

[62] Chen, Y. D.; Yang, R. T. Preparation of Carbon Molecular Sieve Membrane and Diffusion of Binary Mixtures in the Membrane. Ind. Eng. Chem. Res. 1994, 33 (12), 3146 – 3153.

[63] Lee, H. J.; Suda, H.; Haraya, K. Characterization of the Post – Oxidized Carbon

Membranes Derived from Poly(2,4 – Dimethyl – 1,4 – Phenylene Oxide)and Their Gas Permeation Properties. Sep. Purif. Technol. 2008, 59 (2), 190 – 196.

[64] Yoshimune, M.; Fujiwara, I.; Haraya, K. Carbon Molecular Sieve Membranes Derived from Trimethylsilyl Substituted Poly(Phenylene Oxide)for Gas Separation. Carbon N. Y. 2007, 45(3), 553 – 560.

[65] Centeno, T. A.; Fuertes, A. B. Carbon Molecular Sieve Gas Separation Membranes Based on Poly(Vinylidene Chloride – co – Vinyl Chloride). Carbon N. Y. 2000, 38 (7), 1067 – 1073.

[66] Kita, H.; Yoshino, M.; Tanaka, K.; Okamoto, K. Gas Permselectivity of Carbonized Polypyrrolone Membrane. Chem. Commun. 1997,(11), 1051 – 1052.

[67] Zhang, B.; Wang, T.; Liu, S.; Zhang, S.; Qiu, J.; Chen, Z.; Cheng, H. Structure and Morphology of Microporous Carbon Membrane Materials Derived from Poly (Phthalazinone Ether Sulfone Ketone). Microporous Mesoporous Mater. 2006, 96 (1 – 3), 79 – 83.

[68] Zhang, B.; Wang, T.; Wu, Y.; Liu, Q.; Liu, S.; Zhang, S.; Qiu, J. Preparation and Gas Permeation of Composite Carbon Membranes from Poly(Phthalazinone Ether Sulfone Ketone). Sep. Purif. Technol. 2008, 60 (3), 259 – 263.

[69] Zhou, W.; Yoshino, M.; Kita, H.; Okamoto, K. Preparation and Gas Permeation Properties of Carbon Molecular Sieve Membranes Based on Sulfonated Phenolic Resin. J. Membr. Sci. 2003, 217(1), 55 – 67.

[70] Lagorsse, S.; Magalhães, F. D.; Mendes, A. Xenon Recycling in an Anaesthetic Closed – System Using Carbon Molecular Sieve Membranes. J. Membr. Sci. 2007,301 (1 – 2), 29 – 38.

[71] Lee, H. J.; Suda, H.; Haraya, K.; Moon, S. H. Gas Permeation Properties of Carbon Molecular Sieving Membranes Derived from the Polymer Blend of Polyphenylene Oxide(PPO)/Polyvinylpyrrolidone(PVP). J. Membr. Sci. 2007, 296 (1 – 2), 139 – 146.

[72] Rao, P. S.; Wey, M. Y.; Tseng, H. H.; Kumar, I. A.; Weng, T. H. A Comparison of Carbon/Nanotube Molecular Sieve Membranes with Polymer Blend Carbon Molecular Sieve Membranes for the Gas Permeation Application. Microporous Mesoporous Mater. 2008, 113 (1 – 3), 499 – 510.

[73] Wan Salleh, W. N.; Ismail, A. F. Effect of Stabilization Temperature on Gas Permeation Properties of Carbon Hollow Fiber Membrane. J. Appl. Polym. Sci. 2013, 127 (4), 2840 – 2846.

[74] Linkov, V. M.; Sanderson, R. D.; Jacobs, E. P. Highly Asymmetrical Carbon Membranes. J. Membr. Sci. 1994, 95 (1), 93 – 99.

[75] Hatori, H.; Kobayashi, T.; Hanzawa, Y.; Yamada, Y.; Iimura, Y.; Kimura, T.; Shiraishi, M. Mesoporous Carbon Membranes from Polyimide Blended with Poly(Ethylene Glycol). J. Appl. Polym. Sci. 2001, 79 (5), 836 – 841.

[76] Hosseini, S. S.; Chung, T. S. Carbon Membranes from Blends of PBI and Polyimides for N_2/CH_4 and CO_2/CH_4 Separation and Hydrogen Purification. J. Membr. Sci. 2009, 328 (1 – 2), 174 – 185.

[77] Pirouzfar, V.; Moghaddam, A. Z.; Omidkhah, M. R.; Hosseini, S. S. Investigating the Effect of Dianhydride Type and Pyrolysis Condition on the Gas Separation Performance of Membranes Derived from Blended Polyimides Through Statistical Analysis. J. Ind. Eng. Chem. 2014, 20 (3), 1061 – 1070.

[78] Qiu, W.; Chen, C. – C.; Xu, L.; Cui, L.; Paul, D. R.; Koros, W. J. Sub – Tg Cross – Linking of a Polyimide Membrane for Enhanced CO_2 Plasticization Resistance for Natural Gas Separation. Macromolecules 2011, 44 (15), 6046 – 6056.

[79] Wang, D.; Li, K.; Teo, W. K. Preparation of Asymmetric Polyetherimide Hollow Fibre Membrane with High Gas Selectivities. J. Membr. Sci. 2002, 208 (1 – 2), 419 – 426.

[80] Kurdi, J.; Tremblay, A. Y. Preparation of Defect – Free Asymmetric Membranes for Gas Separations. J. Appl. Polym. Sci. 1999, 73 (8), 1471 – 1482.

[81] Fuertes, A. B.; Centeno, T. A. Preparation of Supported Asymmetric Carbon Molecular Sieve Membranes. J. Membr. Sci. 1998, 144 (1 – 2), 105 – 111.

[82] Itta, A. K.; Tseng, H. H.; Wey, M. Y. Effect of Dry/Wet – Phase Inversion Method on Fabricating Polyetherimide – Derived CMS Membrane for H_2/N_2 Separation. Int. J. Hydrogen Energy 2010, 35 (4), 1650 – 1658.

[83] Sedigh, M. G.; Jahangiri, M.; Liu, P. K. T.; Sahimi, M.; Tsotsis, T. T. Structural Characterization of Polyetherimide – Based Carbon Molecular Sieve Membranes. AIChE J. 2000, 46 (11), 2245 – 2255.

[84] Shiflett, M. B.; Foley, H. C. On the Preparation of Supported Nanoporous Carbon Membranes. J. Membr. Sci. 2000, 179 (1 – 2), 275 – 282.

[85] Shiflett, M. B.; Foley, H. C. Reproducible Production of Nanoporous Carbon Membranes [1]. Carbon N. Y. 2001, 39 (9), 1421 – 1425.

[86] Tu, C. – Y.; Wang, Y. – C.; Li, C. – L.; Lee, K. – R.; Huang, J.; Lai, J. – Y. Expanded Poly(Tetrafluoroethylene) Membrane Surface Modification Using Acety-

lene/Nitrogen Plasma Treatment. Eur. Polym. J. 2005, 41, 2343 – 2353.

[87] Mannan, H. A.; Mukhtar, H.; Murugesan, T.; Nasir, R.; Mohshim, D. F.; Mushtaq, A. Recent Applications of Polymer Blends in Gas Separation Membranes. Chem. Eng. Technol. 2013, 36(11), 1838 – 1846.

[88] Lamond, T. G.; Metcalfe, J. E.; Walker, P. L. 6Å Molecular Sieve Properties of Saran – Type Carbons. Carbon N. Y. 1965, 3 (1), 59 – 63.

[89] Wang, T.; Zhang, B.; Qiu, J.; Wu, Y.; Zhang, S.; Cao, Y. Effects of Sulfone/Ketone in Poly(Phthalazinone Ether Sulfone Ketone) on the Gas Permeation of Their Derived Carbon Membranes. J. Membr. Sci. 2009, 330 (1 – 2), 319 – 325.

[90] Zhang, B.; Li, L.; Wang, C. L.; Pang, J.; Zhang, S. H.; Jian, X. G.; Wang, T. H. Effect of Membrane – Casting Parameters on the Microstructure and GAS Permeation of Carbon Membranes. RSC Adv. 2015, 5 (74), 60345 – 60353.

[91] Campo, M. C.; Magalhães, F. D.; Mendes, A. Carbon Molecular Sieve Membranes from Cellophane Paper. J. Membr. Sci. 2010, 350 (1 – 2), 180 – 188.

[92] Tseng, H. – H.; Itta, A. K. Modification of Carbon Molecular Sieve Membrane Structure by Self – Assisted Deposition Carbon Segment for Gas Separation. J. Membr. Sci. 2012, 389, 223 – 233.

[93] Allgood, C. C. Fluorinated Gases for Semiconductor Manufacture: Process Advances in Chemical Vapor Deposition Chamber Cleaning. J. Fluor. Chem. 2003, 122 (1), 105 – 112.

[94] Merkel, T. C.; Bondar, V. I.; Nagai, K.; Freeman, B. D.; Pinnau, I. Gas Sorption, Diffusion, and Permeation in Poly(Dimethylsiloxane). J. Polym. Sci., Part B: Polym. Phys. 2000, 38 (3), 415 – 434.

[95] Barsema, J.; Balster, J.; Jordan, V.; van der Vegt, N. F.; Wessling, M. Functionalized Carbon Molecular Sieve Membranes Containing Ag – Nanoclusters. J. Membr. Sci. 2003, 219 (1 – 2), 47 – 57.

[96] Teixeira, M.; Campo, M.; Tanaka, D. A.; Tanco, M. A.; Magen, C.; Mendes, A. Carbon – Al$_2$O$_3$ – Ag Composite Molecular Sieve Membranes for Gas Separation. Chem. Eng. Res. Des. 2012, 90(12), 2338 – 2345.

[97] Rodrigues, S. C.; Whitley, R.; Mendes, A. Preparation and Characterization of Carbon Molecular Sieve Membranes Based on Resorcinol – Formaldehyde Resin. J. Membr. Sci. 2014, 459, 207 – 216.

[98] Teixeira, M.; Campo, M. C.; Pacheco Tanaka, D. A.; Llosa Tanco, M. A.; Magen, C.; Mendes, A. Composite Phenolic Resin – Based Carbon Molecular Sieve

Membranes for Gas Separation. Carbon N. Y. 2011, 49 (13), 4348 – 4358.

[99] Zhang, L. ; Chen, X. ; Zeng, C. ; Xu, N. Preparation and Gas Separation of Nano – Sized Nickel Particle – Filled Carbon Membranes. J. Membr. Sci. 2006, 281 (1 – 2), 429 – 434.

[100] Park, H. B. ; Lee, Y. M. Fabrication and Characterization of Nanoporous Carbon/Silica Membranes. Adv. Mater. 2005, 17 (4), 477 – 483.

[101] Lua, A. C. ; Shen, Y. Preparation and Characterization of Polyimide – Silica Composite Membranes and Their Derived Carbon – Silica Composite Membranes for Gas Separation. Chem. Eng. J. 2013, 220, 441 – 451.

[102] Liu, Q. ; Wang, T. ; Liang, C. ; Zhang, B. ; Liu, S. ; Cao, Y. ; Qiu, J. Zeolite Married to Carbon: A New Family of Membrane Materials with Excellent Gas Separation Performance. Chem. Mater. 2006, 18 (26), 6283 – 6288.

[103] Tseng, H. – H. ; Kumar, I. A. ; Weng, T. – H. ; Lu, C. – Y. ; Wey, M. – Y. Preparation and Characterization of Carbon Molecular Sieve Membranes for Gas Separation—The Effect of Incorporated Multi – Wall Carbon Nanotubes. Desalination 2009, 240 (1 – 3), 40 – 45.

[104] Han, S. H. ; Kim, G. W. ; Jung, C. H. ; Lee, Y. M. Control of Pore Characteristics in Carbon Molecular Sieve Membranes(CMSM) Using Organic/Inorganic Hybrid Materials. Desalination 2008, 233 (1 – 3), 88 – 95.

[105] Zhang, B. ; Shi, Y. ; Wu, Y. ; Wang, T. ; Qiu, J. Towards the Preparation of Ordered Mesoporous Carbon/Carbon Composite Membranes for Gas Separation. Sep. Sci. Technol. 2014, 49(2), 171 – 178.

[106] Zhang, X. ; Hu, H. ; Zhu, Y. ; Zhu, S. Effect of Carbon Molecular Sieve on Phenol Formaldehyde Novolac Resin Based Carbon Membranes. Sep. Purif. Technol. 2006, 52 (2), 261 – 265.

[107] Yoshimune, M. ; Yamamoto, T. ; Nakaiwa, M. ; Haraya, K. Preparation of Highly Mesoporous Carbon Membranes via a Sol – Gel Process Using Resorcinol and Formaldehyde. Carbon N. Y. 2008, 46 (7), 1031 – 1036.

[108] Li, J. ; Qi, J. ; Liu, C. ; Zhou, L. ; Song, H. ; Yu, C. ; Shen, J. ; Sun, X. ; Wang, L. Fabrication of Ordered Mesoporous Carbon Hollow Fiber Membranes via a Confined Soft Templating Approach. J. Mater. Chem. A 2014, 2 (12), 4144.

[109] Liang, C. ; Li, Z. ; Dai, S. Mesoporous Carbon Materials: Synthesis and Modification. Angew. Chem. , Int. Ed. 2008, 47 (20), 3696 – 3717.

[110] Xiao, Y. ; Chng, M. L. ; Chung, T. S. ; Toriida, M. ; Tamai, S. ; Chen, H. ;

Jean, Y. C. J. Asymmetric Structure and Enhanced Gas Separation Performance Induced by In Situ Growth of Silver Nanoparticles in Carbon Membranes. Carbon N. Y. 2010, 48 (2), 408 –416.

[111] Chaikittisilp, W.; Hu, M.; Wang, H.; Huang, H. – S.; Fujita, T.; Wu, K. C. – W.; Chen, L. – C.; Yamauchi, Y.; Ariga, K. Nanoporous Carbons Through Direct Carbonization of a Zeolitic Imidazolate Framework for Supercapacitor Electrodes. Chem. Commun. 2012, 48, 7259.

[112] Torad, N. L.; Hu, M.; Kamachi, Y.; Takai, K.; Imura, M.; Naito, M.; Yamauchi, Y.; Material, E. S.; This, C. C.; Society, T. R. Facile Synthesis of Nanoporous Carbons with Controlled Particle Sizes by Direct Carbonization of Monodispersed ZIF – 8 Crystals. Chem. Commun. 2013, 49 (3), 2521 –2523.

[113] Tanihara, N.; Shimazaki, H.; Hirayama, Y.; Nakanishi, S.; Yoshinaga, T.; Kusuki, Y. Gas Permeation Properties of Asymmetric Carbon Hollow Fiber Membranes Prepared from Asymmetric Polyimide Hollow Fiber. J. Membr. Sci. 1999, 160 (2), 179 –186.

[114] Liu, S.; Wang, T.; Liu, Q.; Zhang, S.; Zhao, Z. Gas Permeation Properties of Carbon Molecular Sieve Membranes Derived from Novel Poly (Phthalazinone Ether Sulfone Ketone). Society 2008, 47 (3), 876 –880.

[115] Ma, X.; Lin, Y. S.; Wei, X.; Kniep, J. Ultrathin Carbon Molecular Sieve Membrane for Propylene/Propane Separation. AIChE J. 2016, 62 (2), 491 –499.

[116] Hirota, Y.; Ishikado, A.; Uchida, Y.; Egashira, Y.; Nishiyama, N. Pore Size Control of Microporous Carbon Membranes by Post – Synthesis Activation and Their use in a Membrane Reactor for Dehydrogenation of Methylcyclohexane. J. Membr. Sci. 2013, 440, 134 –139.

[117] David, L. I. B.; Ismail, A. F. Influence of the Thermastabilization Process and Soak Time During Pyrolysis Process on the Polyacrylonitrile Carbon Membranes for O_2/N_2 Separation. J. Membr. Sci. 2003, 213 (1 –2), 285 –291.

[118] Song, C.; Wang, T.; Qiu, Y.; Qiu, J.; Cheng, H. Effect of Carbonization Atmosphere on the Structure Changes of PAN Carbon Membranes. J. Porous Mater. 2009, 16 (2), 197 –203.

[119] Centeno, T. A.; Vilas, J. L.; Fuertes, A. B. Effects of Phenolic Resin Pyrolysis Conditions on Carbon Membrane Performance for Gas Separation. J. Membr. Sci. 2004, 228 (1), 45 –54.

第 14 章 石墨烯膜

14.1 石墨烯

　　碳是自然界中含量排名第六的元素,也是人类生活中至关重要的元素。碳在自然界中以不同的结构存在,即所谓碳的同素异形体。碳的同素异形体最常见的晶体形式是金刚石和石墨。石墨是具有层状结构的三维(3D)碳同素异形体和由 sp^2 杂化碳组成的平面六边形碳网络结构的物质。这些石墨层的每一层都称为石墨烯层。这些石墨烯层间距为 0.335 nm,层内碳碳共价键长为 0.142 nm。而且,p 轨道是离域的 p 型键,它们垂直于平面延伸,在两层之间产生微弱的范德瓦耳斯引力。事实上,由于石墨烯的能带结构的特征,人们早就对其进行了理论研究并预测其具有非常不寻常的特性。此外,通过从石墨中剥离来获得石墨烯的想法由来已久,可以追溯到 20 世纪初。物理学家菲利普华莱士(Philip Wallace)在 1947 年首次探索了石墨烯背后的理论,他计算出了石墨烯中电子的行为。直到 2004 年,英国曼彻斯特的 Geim 教授课题组利用 Scotch 胶带技术从石墨上反复剥离出几层石墨,成功地观察到了石墨烯单层,石墨烯的名字才真正被广泛使用。自那时起,石墨烯以其独特的、未受侵蚀的物理化学性质,如优异的导电性和导热性、高载流子迁移率、高弹性模量、高断裂强度、大比表面积等,在众多领域均得到了广泛的研究。也就是说,石墨烯具有许多突出的、独特的物理性质,如二维(2D)原子薄结晶、透明度(约98%)、有史以来最强的材料(硅的 200 倍)、最硬的已知材料(金刚石的 2 倍)、伸缩性能优异的晶体(弹性高达 20%)、超快电荷迁移率(硅的 200 倍)和高电导率以及高热导系数(金刚石的 2 倍)等。

　　近十年以来,石墨烯也被用于膜的应用上,主要是因为它的原子厚度、可伸缩的面积以及在刚性但较软的晶体格子中设计选择性纳米孔的能力。显然,对于其他碳材料或其他纳米材料而言,其作为大面积膜片的可用性已经激发了将石墨烯用于薄膜应用想法的产生。人们对石墨烯的巨大兴趣可能与目前开发新型膜材料的努力密切相关,这些材料具有更高的渗透性和选择性,可用于更节能的膜工艺。尽管石墨烯及其衍生物(如 GO、功能化石墨烯)在实际薄膜应用方面仍存在许多障碍,但石墨烯在薄膜应用方面仍将继续快速发展,尤其是在气液分离方面。本章将介绍石墨烯合成、石墨烯性能、多孔石墨烯膜的输运机理和其他石墨烯基膜的基本知识,以及它们在膜上的应用前景。

14.1.1 石墨烯的合成

　　获取或合成石墨烯的方法可分为五大技术,见表 14.1,即机械剥离法、外延生长法、化学气相沉积法(CVD)、有机合成法和化学剥离法。

表 14.1 各种石墨烯合成方法

方法	插图	图片	优势	劣势
机械剥离			高质量石墨烯	不可缩放
外延生长			高质量石墨烯	不连续
化学气相沉积			高质量、高比表面积	成本高，转移复杂
自下而上合成			可能适合批量生产	缺陷多
化学剥离及其还原			低成本、可能适合批量生产	缺陷多

(1)机械剥离或解离方法是通过胶带从石墨上剥离获得高质量的石墨烯薄片。采用透明胶带反复黏高质量石墨(如高定向热解石墨,HOPG),将石墨烯单层转移到基体上进行光学检测(如硅晶圆片上的 SiO_2 层)。由于石墨烯层间的范德瓦耳斯力较弱(相互作用能约 2 eV/nm),用胶带很容易将石墨烯层从石墨上剥离。该方法可获得高质量的石

墨烯单层,适用于基础研究,可对其物理性能进行试验研究,但生产效率极低,不适合工业化大批量生产。

(2)石墨烯的外延生长方法必须在基板(例如,单晶 SiC)上及高温(约1 300 ℃)条件下真空石墨化。当富碳表面经历重组和石墨化时,硅原子会升华,从而在 SiC 晶圆上形成石墨烯。这种外延生长的石墨烯可以用电子器件的光刻方法来制作图形。然而,这种方法也存在一些缺点:①石墨烯厚度难以控制;②石墨烯堆积异常;③受成本和晶圆尺寸的限制。

(3)CVD 是目前大规模生产大面积单层石墨烯最可行的方法之一。利用 CVD 方法,单层或多层石墨烯可直接生长在过渡金属基底上,如铜和镍,在高温下暴露于碳氢化合物气体中时,可通过碳饱和来实现。镍或铜箔通常用作甲烷的衬底。通常,CVD 的生长是在约1 000 ℃下用碳氢化合物气体进行的。催化金属基体可以分解烃类气体,烃类气体作为碳源吸附到基体中。当基体冷却时,碳在基体上的溶解度降低,碳沉淀在基体上形成单层至多层石墨烯薄膜,这取决于基体的类型和碳在金属基体中的溶解度。在金属基体中,冷轧铜箔被广泛应用于 CVD 石墨烯的生长。由于碳在 Cu 中的溶解度很低(接近于零),铜已经成为单层石墨烯 CVD 生长的潜在基质。特别是在多晶铜箔上,可以实现高质量单层石墨烯(覆盖率大于98%)的生长。作为一个整体,铜铝箔在大约1 000 ℃的 H$_2$ 气氛中进行退火以去除杂质或使衬底表面光滑。然后将 H$_2$/CH$_4$ 的混合物引入CVD 系统,在铜箔表面诱导石墨烯生长。在生成连续的石墨烯层后,系统冷却到室温。尽管 CVD 方法在实际应用中也有一些障碍需要克服,但与其他现有方法相比,CVD 方法已成为一种结构混乱或缺陷较少的大规模生产的重要技术。

(4)有机合成可用于制备石墨烯类多环芳烃(PAHs),这是一种自下而上制备石墨烯的方法。多环芳烃可视为二维石墨烯,是有机合成化学和材料科学中研究最广泛的一类碳化合物。Yang 等报道了纳米级多环芳烃,其表现为石墨烯纳米带(GNRs)形式的石墨烯样性质。如果这种 GNRs 能够在尺寸上得到扩展,那么多环芳烃将成为整个有机合成石墨烯的新途径。用 10,100 - 二溴 - 9,90 - 双氰基前驱体单体在金表面制备的其他GNRs 已有报道,在超真空条件下,将单体热沉积在金表面,去除前驱体中的卤素取代基,为 GNRs 的合成提供分子基础。

在石墨烯制备方法中,CVD 在石墨烯质量、可扩展性和相对较低的金属基体(如铜箔)成本方面提供了最佳选择。三星已经展示了利用 CVD 技术在铜箔上大面积生产石墨烯的可能性,展示了 30 inCVD 石墨烯片的卷对卷转移,索尼也通过卷对卷工艺展示了100 m 长的石墨烯涂层薄膜,如图 14.1 所示。同样的策略也适用于微孔载体上石墨烯薄膜的辊对辊生产。然而,必须研究如何在石墨烯表面生成有效的纳米孔。此外,CVD 石墨烯仍然存在大量的结构缺陷,因此必须开发出防止此类缺陷或修复不良大孔的技术。

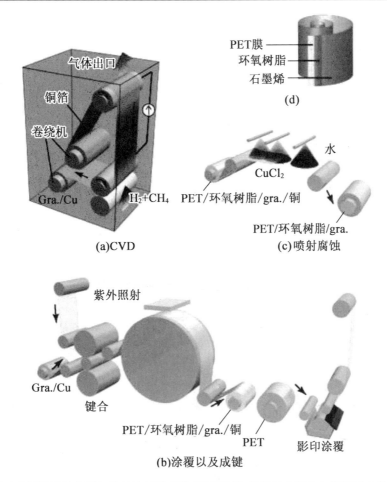

图 14.1 （a）采用选择性焦耳加热的连续卷对卷 CVD 系统，将悬挂在两个电流进料电极辊之间的铜箔加热到约 1 000 ℃以生长石墨烯。（b）将可光固化环氧树脂的凹版反向涂布在聚酯薄膜上，然后黏合到石墨烯/铜箔上，进而固化环氧树脂。（c）用 $CuCl_2$ 溶液对铜箔进行喷淋蚀刻。（d）制备的石墨烯/环氧树脂/PET 薄膜结构

14.1.2　石墨烯的属性

如上所述，石墨烯是石墨的单原子层（0.345 nm），是碳的同素异形体，由紧密结合的碳原子组成，形成六边形晶格。事实上，人们普遍认为，在单层石墨烯用透明胶带法进行试验分离之前，二维材料由于对热不稳定而不能够存在。以石墨烯为例，石墨烯晶格中的碳碳键非常小（长 0.142 nm），而且强度很大，可以防止热波动破坏其稳定性。石墨烯最有前途的特性之一无疑是超高导电性。在石墨烯中，每个碳原子在二维平面上与另外三个碳原子相连，在三维空间中留下一个电子自由地进行电子传导。也就是说，作为高移动电子的 π 电子被放置在石墨烯薄片的上方和下方。基本上，石墨烯的电子性质可以通过 π 轨道的成键（价带）和反键（导带）来阐明。事实上，由于质量很轻，石墨烯中的电子在流动性方面与光子非常相似。石墨烯的另一个突出性能是其优异的机械强度，这使

得石墨烯适合用于膜基质。石墨烯被认为是迄今为止发现的最坚固的材料,抗拉强度为130 GPa(相对于 A36 结构钢(0.4 GPa)和聚胺(0.38 GPa))。此外,石墨烯非常轻(0.77 mg·m^{-2}),所以 1 g 石墨烯可以单层覆盖整个足球场(57 600 ft^2)。众所周知,石墨是由许多石墨烯组成的,其热膨胀系数(TEC)在 0~700 K 的温度范围内为负值。同样,单层石墨烯的 TEC 与温度有很强的依赖性,并且在整个温度范围内用室温值(-8.0(±0.7)×10^{-6}×K^{-1})也测量到了负 TEC。此外,石墨烯的导热性能也优于其他材料。采用化学气相沉积(CVD)或机械劈裂法制备的单层石墨烯在空气中约 500 ℃ 开始出现缺陷。缺陷最初为 sp^3 杂化型,在高温下呈空位状。众所周知,双层石墨烯具有更好的热稳定性。尽管完美无缺陷的石墨烯是纳米技术中最有前途的材料之一,但其优异的物理性能随着固有缺陷或非固有缺陷而变差。石墨烯中具有代表性的缺陷包括点状缺陷(如纯石墨烯晶格重构(五边形、六边形、七边形之间的切换)产生的 Stone – Wales 缺陷、单空位、多空位)和一维缺陷(如错位缺陷、石墨烯层边缘缺陷)(图 14.2)。特别是石墨烯中晶界对应的线性缺陷应该是非常重要的,因为多晶石墨烯的性质往往由晶粒大小和晶界的原子结构决定。

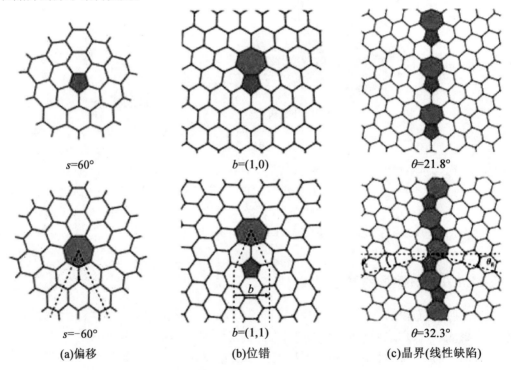

s=60°	b=(1,0)	θ=21.8°
s=-60°	b=(1,1)	θ=32.3°
(a)偏移	(b)位错	(c)晶界(线性缺陷)

图 14.2　石墨烯中不同类型拓扑缺陷之间的关系

14.1.3　多孔石墨烯

在模拟中,可以理想地将精确的亚纳米孔或纳米孔制作成具有一定孔密度的单层石墨烯膜。在无缺陷的大面积石墨烯薄片上进行高孔隙密度的窄孔径工程具有一定的技术挑战性。到目前为止,已经开发出几种自上而下的方法在单层石墨烯薄片上生成纳米孔。聚焦电子束辐照可在石墨烯薄片上形成良好的纳米孔(孔径约为 3.5 nm),但这种方法只可用于扫描电子显微镜(SEM)或扫描透射电子显微镜(STEM),因此对于孔径密度较大的大面积石墨烯薄膜效率较低,且不可扩展,即限于小面积石墨烯片(图 14.3(a))。同样地,聚焦离子束辐照也被用于获得石墨烯中可调谐的、定义明确的孔径。但是,孔径相对于聚焦电子束比较大(5 ~ 100 nm),而且也仅限于小面积。利用紫外诱导氧化蚀刻法,人们制备了小于 10 nm 的多孔石墨烯膜,Bunch 等研究了该方法制备的纳米孔石墨烯膜的选择性气体输运特性(图 14.3(b))。该方法具有可扩展性,但孔径分布过于广泛,无法进行分子筛分离。O' Hern 等利用离子轰击在单层石墨烯上产生孤立的反应性缺陷,并通过化学氧化蚀刻将这些缺陷扩大到纳米孔(图 14.3(c))。与聚焦电子束法相比,该方法可以处理孔径可调(小于 1 nm)、孔隙密度适中的大面积石墨烯。氧等离子体刻蚀可产生可调孔径工程,对孔密度适中的大面积石墨烯样品进行处理(图 14.3(d))。2010 年,Bai 等利用嵌段共聚物(如聚苯乙烯 – 甲基丙烯酸甲酯)光刻技术,演示了所谓的石墨烯纳米孔等孔石墨烯薄膜(图 14.3(e))。因此,他们获得了孔径小于 20 nm 清晰的等孔石墨烯薄膜。实际上,这项工作并不适用于膜,而且该方法得到的孔径仍然太大,无法用于小气体分离,但该结果为制备等孔石墨烯膜开辟了可行性。

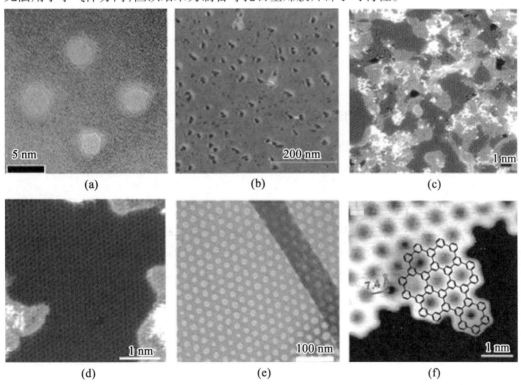

图 14.3 (a)用电子束烧蚀法制备的多个纳米孔的透射电子显微镜图像。(b)UV 刻蚀悬浮石墨烯的 AFM 图像。红色区域是 UV 蚀刻产生的凹坑。(c)离子轰击形成的石墨烯膜孔的 STEM 图像。(d)经像差校正后的石墨烯在氧等离子体中的 STEM 图像。(e)石墨烯纳米网格的透射电子显微镜图像。(f)由 CHP 主干组成的聚合物网络的 STM 图像(见附录彩图)

　　虽然有一些关于自下而上合成多孔石墨烯的报道，但是 Bieri 和同事们成功地创造出了一种多孔石墨烯，这种石墨烯的孔隙分布是有规律的。值得注意的是，他们在环己间苯二甲苯（CHP）的金属表面通过芳基-芳基偶联制备了具有单原子宽孔和亚纳米周期的二维聚苯网络，如图 14.3(f)所示。实际上，这项工作显示了自下而上合成具有精确孔径的多孔石墨烯的巨大可能性。然而，使用这种多孔石墨烯薄膜存在许多具有挑战性的问题，如减少缺陷、扩大规模和安全转移。

14.2　氧化石墨烯

　　氧化石墨烯（GO）是单层的石墨氧化物。氧化石墨是高度氧化的石墨。氧化石墨烯可从氧化石墨的剥离中获得。GO 基本上是一种褶皱的二维碳板，其基面和边缘上有各种含氧官能团，厚度约为 1 nm，横向尺寸在几纳米到几微米之间。GO 在科学界越来越受欢迎，因为它被认为是石墨烯的重要前驱体，而 GO 本身也具有独特的性质，适用于石墨烯等许多有前途的应用。此外，通过石墨的强力氧化和剥离，可以廉价地大规模合成GO。GO 薄片由于其电离官能团（如羟基和羧基）的静电斥力而能很好地分散在水中。一般而言，制备多层 GO 膜比制备纳米孔石墨烯膜容易得多，可扩展性也更强。此外，各种涂层方法（如真空过滤、滴铸、逐层沉积、喷涂涂层和旋转铸造）可用于在现有多孔支架上创建薄 GO 层。一般来说，邻近 GO 薄片之间的二维纳米通道可用于分子和离子的通道，这些通道的间距小于 GO 薄片的层间间距，同时阻碍了大型物种的生长。

14.2.1　氧化石墨烯的合成

　　基本上，GO 可以通过多种方法合成，如 Brodie 法，Staudenmaier 法，Hummers 法，改进 Hummers 法，以及最近的 Tour 法，见表 14.2。每种方法产生的 GO 具有不同的氧化程度、化学结构和结构特征（如缺陷）。

表 14.2　用于合成 GO 的合成方法综述

方法	氧化物	反应介质	C/O 比	拉曼 ID/IG	注意
Staudenmaier	$KClO_3$	$HNO_3 + H_2SO_4$	1.17	0.89	$KClO_3$ 分几次加入而不是一次性加入；
Brodie	$KClO_3$	发烟硝酸	—	—	
Hofmann	$KClO_3$	非发烟硝酸	1.15	0.87	
Hummers	$KMnO_4 + NaNO_3$	浓硫酸	0.84	0.87	改进型可以消除对 $NaNO_3$ 的需求
Tour	$KMnO_4$	$H_3PO_4 + H_2SO_4$	0.74	0.85	

　　（1）Brodie 法。大约 150 年前，英国化学家 B. C. Brodie 在 19 世纪首次合成了石墨氧化物。Brodie 利用氯酸钾（$KClO_3$）和发烟硝酸（HNO_3）来重复处理石墨。

　　（2）Staudenmaier 法。Staudenmaier 通过改变两方面来改进之前的 Brodie 方法：①使

用浓硫酸来增加混合物的酸度;②在反应过程中向混合料中加入较多的氯酸钾溶液。因此,他在单批反应中得到了高度氧化的 GO 产品,从而减少了试验过程。然而,这种方法具有危险性并且十分耗时,所以现在很少用于 GO 的生产。

(3)Hummers 和 modified Hummers 法。Hummers 和 Offeman 开发了一种不同的化学配方,利用硝酸钠(NaNO$_3$)、高锰酸钾(KMnO$_4$)和浓硫酸(H$_2$SO$_4$)的混合物生产 GO。石墨氧化时,混合物保持在 45 ℃以下,氧化时间在 2 h 左右,产物高度氧化。然而,原始的 Hummers 方法导致了不完全氧化,即没有完全氧化产物。因此,Kotyukhova 在 1999 年引入了预膨胀工艺,以获得更高的氧化程度。在此方法中,使用浓硫酸、硫酸钾和五氧化二磷在 80 ℃混合溶液中对石墨预处理数小时。在 Hummers 方法之前,混合物需经过过滤、冲洗和干燥。近年来,包括高锰酸钾加成在内的改性 Hummers 法在 GO 合成中的应用越来越广泛。通常,改良后的 Hummers 方法产生的单层 GO 片晶厚度为 1 nm,横向尺寸从几纳米到几微米不等。一般情况下,化学成分接近于 C:O:H =4:2.95:2.5(即 C/O =1.36)。GO 的氧化程度和氧化时间较 Brodie 法有了很大的提高,但要获得高质量的 GO,需要通过几个分离纯化步骤将杂质完全去除。

(4)Tour 法。近期,在 2010 年,莱斯大学(Rice University)的 Tour 课题组开发了一种合成 GO 的新配方。他们没有使用硝酸钠(NaNO$_3$),而是在反应步骤中引入了一种新的酸,即磷酸。在 9:1 的 H$_2$SO$_4$/H$_3$PO$_4$ 混合物中,用 6 份当量的 KMnO$_4$ 制备了高氧化 GO。由于 NaNO$_3$ 的缺失,该方法在氧化反应过程中不产生有毒气体(如 NO$_2$、N$_2$O$_4$ 或 ClO$_2$),并产生更完整的石墨基面。

14.2.2　氧化石墨烯的结构和性能

1939 年,Hofmann 和 Holst 提出了 GO 的化学结构。他们提出的结构由环氧基组成,环氧基以 C/O 比为 2 分布在石墨烯的基面上(图 14.4(a))。1946 年 Ruess 对 Hofmann 模型进行了修正,将羟基引入波纹基面(图 14.4(b))。他的模型包括环己烷上的 1,3 - 醚,环己烷上有 4 位羟基,化学计量上也是有序的。后来 Scholz 和 Boehm 提出了一种新的模型,将环氧基和醚基从 Ruess 模型中完全去除,将羟基放在 1,2 - 氧化环己烷环的 4 个位置(图 14.4(c))。1988 年,Nakajima 和 Matsuo 提出氟化石墨中的阶段 2 型模型(C$_2$F$_n$),并尝试对 GO 的化学结构进行氧化模拟(图 14.4(d))。最新的模型是 Lerf 和 Klinowski(图 14.4(e))以及 Szabo 和 Dekany 模型(图 14.4(f))。在这期间,尽管 GO 的精确化学结构仍然存在争议,但 Lerf 和 Klinowski 模型已经被科学界广泛采用。在 Lerf 和 Klinowski 模型中,GO 被认为是一种非化学计量的非晶结构。先前的模型是基于元素分析、化学反应性和 X 射线衍射数据,而 Lerf 和 Klinowski 模型使用固态 C - 核磁共振(SSNMR)技术对 GO 进行表征。通过 SSNMR 分析和 GO 对各种化合物的反应性试验,他们得出结论:GO 在基体平面上有环氧基和羟基,而酮基在 GO 的外围比羧酸更受青睐。此外,GO 的酸度可能是由酮烯醇互变异构化的酮基和烯醇位点上的质子交换造成的。他们还发现 GO 本身和水分子之间存在很强的氢键。

Szbo - Dekany 模型与 Lerf 和 Klinowski 模型有些相似,但是这个模型是基于 Ruess 和

Scholz–Boehm 模型中表达碳网络波纹性质的逻辑。尽管对 GO 的结构进行了大量的研究,但由于 GO 的合成方法不同、氧化程度不同、石墨来源不同、GO 的亚稳态以及 GO 的非晶、非化学计量性质等原因,导致 GO 的样品间差异较大,导致 GO 的确切化学结构仍未得到解决。

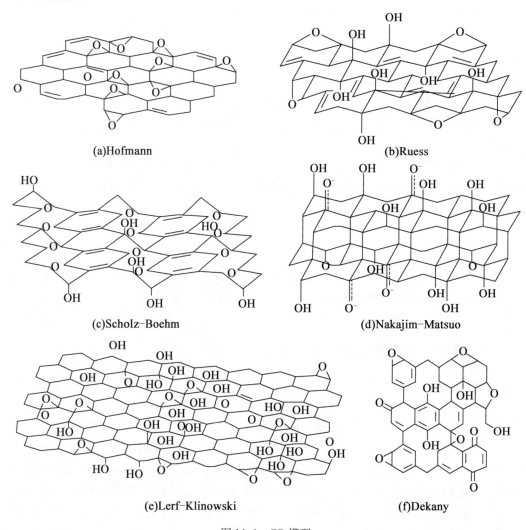

图 14.4　GO 模型

尽管 GO 可能有广泛的应用,但外界刺激(如温度、湿度和光线)对 GO 稳定性的影响一直存在争议。Kim 等认为,Hummers 法生产的多层 GO 是一种亚稳态材料,其结构和化学性质在室温下发生变化(图 14.5)。他们提出 GO 在准平衡状态下碳氧比几乎处于降低的状态,结构上不含环氧基团,羟基丰富。也就是说,GO 中的氢含量是控制 GO 结构、化学和性质的重要因素。

与单层 GO 相比,夹层水分子在多层 GO 薄片中的作用在改变整个层间化学过程中也起着重要作用。Acik 等证实了缺陷的形成和羧基的形成都是由夹层水驱动的(图 14.6)。

因此,应进一步研究 GO 膜在各种环境下的稳定性,对 GO 膜的传质有更基本的认识。

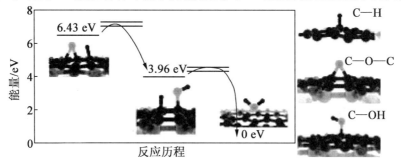

图 14.5　GO 还原的 DFT 能量图

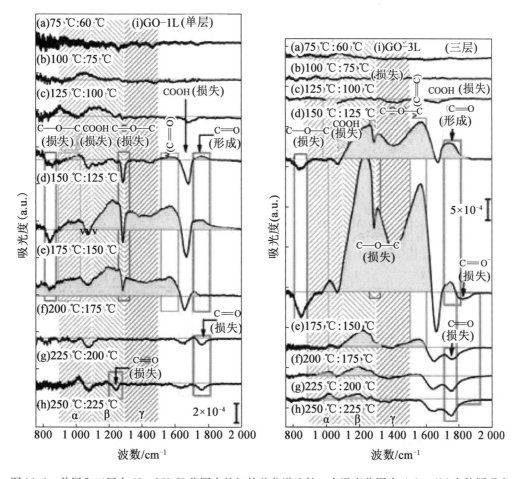

图 14.6　单层和三层在 60～250 ℃范围内的红外差分谱比较。在温度范围为 (a)～(h) 官能团吸光
　　　　度变化。环氧化合物和羧基的损失用红色和黄色实线表示,羰基的形成/损失用粉色实线
　　　　表示,醚的形成用绿色实线表示,CQC 的形成用灰色实线表示。吸光度单位缩写为 a.u.,
　　　　频率区域如 α –、β – 和 γ – 分别用蓝色、橙色和绿色虚线标出。湖绿色区域显示红外的增
　　　　强(见附录彩图)

14.2.3 多孔氧化石墨烯

与多孔石墨烯膜不同的是,考虑到 GO 层叠微观结构,GO 膜的传质通道为 GO 片间的空隙间距。实际上,GO 薄片的横向尺寸在 100 nm ~ 5 mm 之间,所以即使是超薄的多层 GO 膜,由于高纵横比,其传质路径也会相当长,因此质量通量较低。为减小由于其层状结构而引起的传质阻力,应减小过流板的尺寸,并控制相邻过流板之间的层间距。另一种方法是在基底面上形成毛孔。已有试验表明,减小 GO 的尺寸,增大 GO 片的孔隙率,可以提高 GO 膜的渗透性。与石墨烯中的孔隙形成相比,GO 制备过程中 GO 片内孔隙的形成很难控制,对多孔 GO 片的合成研究力度不足。Fan 等通过 MnO_2 在石墨烯薄片上刻蚀碳原子,制备出多孔石墨烯纳米薄片(图 14.7)。

将 GO 水溶液与 $KMnO_4$ 混合,用微波加热。其反应机理是 $4MnO_4^- + 3C + H_2O \longrightarrow 4MnO_2 + CO_3^{2-} + 2HCO_3^-$。

Koinuma 等报道了一种在紫外照射下利用 O_2 中的光反应在 GO 薄片上制备纳米孔的简单方法(图 14.8)。在氧气中紫外线照射后,氧质量分数从 34% 下降到 24%,导致某些纳米孔中的氧含量减少。其可能的反应机理如下(在 O_2 中):

$$2C = O + H_2O \text{ (ad)} \longrightarrow COH + COOH \text{ (在 } O_2 \text{ 中)} \tag{14.1}$$

$$C = O + COOH \longrightarrow CO_2 + COH \text{ (在 } O_2 \text{ 中)} \tag{14.2}$$

$$COC + H_2O(\text{ad}) \longrightarrow 2COH \text{ (在 } O_2 \text{ 中)} \tag{14.3}$$

$$4COH + O_2 \longrightarrow 4C = O + 2H_2O \text{ (在 } O_2 \text{ 中)} \tag{14.4}$$

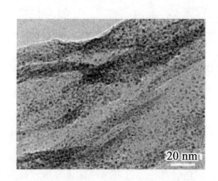

图 14.7 蚀刻多孔石墨烯纳米薄片的 TEM 图像

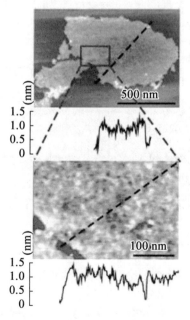

图 14.8 GO 纳米片在氧气中光反应 1 h 后的 AFM 图像

反应(14.1)是 GO 纳米孔生成的触发反应。一些 COOH 基团可能与 C═O 反应生成 CO_2(反应(14.2)),从而形成非常小的纳米孔。在 O_2 中,反应(14.4)会形成许多 C═O,促进反应(14.2)增加纳米孔的大小和/或数量。反应(14.4)产生的水会促进 O_2 中 COOH(反应(14.1))和 COH(反应(14.1)、反应(14.3))的生成。但是,这种方法不能生成石墨烯薄片,因为石墨烯薄片不含 sp^3 - 氧基团。在文献中还可以找到在 GO 薄片上形成气孔的其他方法。到目前为止,大多数在 GO 中制备纳米孔的方法往往引起 GO 薄片的化学还原或热还原,从而导致 GO 薄片间层间距的减小,这可能会增加传质的能垒。因此,在 GO 中无还原生成纳米孔的方法还有待开发。

14.3　气体分离

14.3.1　多孔石墨烯膜的气体分离性能

一般来说,许多气体分离膜,如高密度聚合物膜,可以用溶质扩散模型来实现。这里的选择性来自于膜材料的扩散率选择性和溶解度选择性的乘积。基本上,扩散率由聚合物链的热运动控制,导致较小分子的尺寸依赖性扩散,而选择性可以由自由体积(即孔隙度)、化学亲和力、分子结构等控制。不同于传统的气体分离膜,通过多孔石墨烯膜的分离机理将遵循尺寸筛分机理。另外,典型的筛分膜材料的一个很大的区别是膜的厚度是单原子厚度,即没有很长的输运通道。从本质上讲,石墨烯晶格是一种不允许任何分子或离子穿透的刚体,因为它的碳芳香族环呈六边形,电子密度很高。Bunch 等的试验表明,石墨烯对氦气等气体具有不渗透性,这引发了石墨烯膜具有潜在的孔隙工程性质的研究。也就是说,要利用石墨烯作为一种气体选择性膜材料,在石墨烯平面上形成合适的纳米孔是十分必要的。在试验制备多孔石墨烯薄膜之前,已经进行了大量的理论研究,以预测气体在假想多孔石墨烯、石墨烯、硅烯、C_2N - h2D 晶体、2D 聚苯网络等类似材料中的输运行为。在这些模拟中,密度泛函理论或其他量子力学方法被用来计算气体分子穿透孔隙的能量势垒。实际上,由于其单原子厚度的性质,气体渗透性是没有意义的。相反,气体渗透系数的计算采用了一种过渡态方法,该方法考虑了气体分子的动能分布。选择性可由 Arrhenius 因子的比值得到。另一种估算多孔石墨烯膜透气性的方法是分子动力学(MD)。正如预期的那样,气体透过多孔石墨烯薄膜的渗透性和选择性与分子尺寸、表面吸附、孔隙修饰官能团的吸引或排斥相互作用以及分子质量等因素密切相关。预测气体渗透率和选择性的模拟结果各不相同,这取决于模拟方法。一般情况下,当石墨烯膜的孔径大于气体分子时,气体的输运就会发生渗流。渗流是一种通过比气体平均自由路径小的小孔的分子流。如果孔隙的大小与气体分子的大小相同或略小于气体分子的大小,则孔隙可作为气体输运的能量屏障(图14.9)。利用这些模拟技术,在不考虑支撑膜的情况下,只要能够获得合适的孔径和孔隙密度,多孔石墨烯膜(不考虑支撑膜)具有极高的气体渗透率。利用空间排阻模型和活化输运模型,考虑气体的相对孔径比和分子尺寸,可以解释气体在多孔石墨烯膜上的输运。或许,孔径不仅是决定多孔石墨烯膜中气体选择性的主要因素。石墨烯膜上气体分子的表面吸附和扩散应进一步考虑与孔缘上的杂原子或官能团的相互作用。

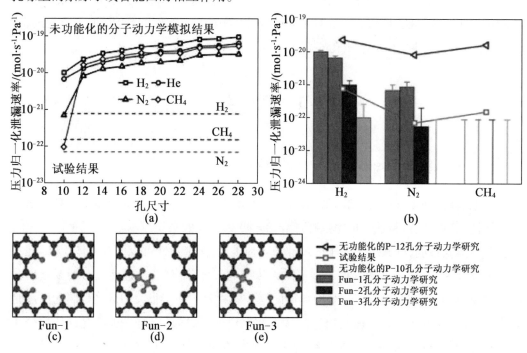

图14.9　孔功能化的影响及与试验结果的比较

((a)未功能化孔隙的MD结果与现有试验结果的比较。(b)四种选定孔隙(P−10、Fun−1、Fun−2和Fun−3)的MD结果与现有试验结果的比较。(c)~(e)功能化孔的草图分别为Fun−1、Fun−2和Fun−3。蓝色球体表示石墨烯中的c原子,红色球体表示H原子,粉色球体表示官能团中的C原子(见附录彩图))

2012年,Koenig等首次报道了通过多孔石墨烯膜的选择性气体传输。他们使用双层石墨烯薄膜,以确保其石墨烯薄膜最初没有缺陷,而不是可能包含内在缺陷的单层石墨烯。通过紫外线/臭氧蚀刻,他们希望在不透水的石墨烯薄膜上形成孔洞。通过监测紫外线/臭氧蚀刻过程中的气体传输,他们成功地在双层或单层石墨烯薄膜上形成了亚纳米孔。在单层多孔石墨烯膜中,随着气体动力学直径的增大,气体渗透顺序为$He > Ne > H_2 > Ar$。然而,它们对二氧化碳和N_2O的气体渗透率异常高,这可能是由于它们与孔隙边缘的一些极性基团发生了强烈的极性相互作用。虽然孔隙边缘没有化学信息,但可以想象,在环境大气中蚀刻UV/臭氧可能会导致石墨烯氧化。氧化位点可与此类极性气体（如 CO_2）相互作用,最终增强气体渗透率(图 14.10)。

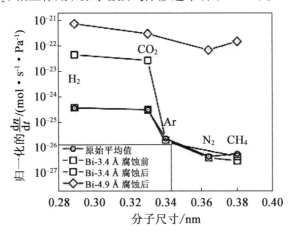

图 14.10 测量泄漏率的汇编

（Bi－3.4 Å 膜在腐蚀前和腐蚀后的微腔泄漏率, Bi－4.9 Å 蚀刻后的膜, 在与 Bi－3.4 Å 膜相同的石墨烯粉上蚀刻 24 个膜之前的平均值($N_2$12 h）(请注意,最后的这些符号被一些气体的黑色方块所隐藏))

最近,Celebi 等展示了使用聚焦离子束进行气体分离而生成更大比例的多孔石墨烯薄膜。然而,孔径仍然太大(约 7.6 nm),无法有效分离小的气体分子。H_2/CO_2 选择性与渗出性一致,但 H_2 渗透率约为 10^2 $mol \cdot m^{-2} \cdot s \cdot Pa$,由于膜厚超薄,比现有选择性相近的气体分离膜高出 3 个多数量级。

遗憾的是,由于缺乏精确的孔隙工程技术和高质量的大面积石墨烯膜生产的困难,制备大面积多孔石墨烯气相分离膜的试验方法非常有限。虽然这样,但由于石墨烯制备方法的快速发展,这种情况在未来将会变得更好。

14.3.2 氧化石墨烯膜的气体分离性能

作为多孔石墨烯膜的一种替代方法,可以使用多层氧化石墨烯(GO)膜实现气体选择性石墨烯基膜。使用 GO 进行气体分离的概念是利用 GO 薄片之间的层间距进行气体传输。图形层之间的层间距离基本上窄至 0.334 nm,即使是很小的气体分子也无法通过层间距离扩散。另一方面,已知 GO 薄片之间的层间距在 0.6~1.2 nm 范围内。这种层间距离也可以通过在 GO 基面上插入分子间隔物或修饰官能团来进一步控制。然而,与上述预期形成鲜明对比的是,Nair 等的研究表明,干 GO 膜(约 0.5 mm 厚)甚至可以作为小气体分子(如氦气)的屏障材料。与 PET 薄膜相比,他们没有检测到 He 透过干氧化膜的渗透性。当干燥的 GO 膜暴露在潮湿的空气中时,它开始渗透到水化 GO 膜中,同时水化 GO 膜的输水量也出乎意料的快(图 14.11)。这主要是由于 GO 薄片的亲水性,GO 的基面和边缘含有许多含氧官能团(如羟基、环氧基和羧基)。随着相对湿度的增加,由于水分子的夹层增多,GO 薄片之间的层间距增大,因此水的渗透性加快。与此同时,由于 GO 水合物薄片之间的层间距足够大,气体分子在有水分子存在的情况下也能通过水化 GO 薄片。

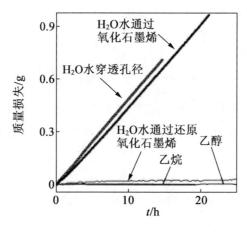

图 14.11　渗透通过 GO

(用 GO 薄膜密封容器的质量损失,GO 膜厚约 1 μm;孔径面积约 1 cm²。乙醇、己烷等没有检测到损失,但是水从容器中蒸发就像通过一个开口一样自由(蓝色曲线)。测量是在室温零湿度下进行的(见附录彩图))

　　Kim 等和 Li 等在 2013 年几乎同时报道了不同多孔载体(如微孔聚合物膜或多孔无机膜)上超薄 GO 膜(小于 10 nm)采用旋涂或真空过滤的透气性能。Li 等在阳极氧化铝滤片上制备超薄 GO 膜(1.8 nm 厚),并测定各种气体渗透性。他们发现,超薄 GO 膜的透气性远远高于相对较厚的 GO 膜,说明这种层合 GO 膜的透气性与膜厚有很大关系(图 14.12)。由于层叠结构引起的扩散通道较长,扩散的能垒相对于其他膜材料较高,通过膜的压力梯度也不同于聚合物致密膜。如上所述,他们使用阳极氧化铝盘涂覆薄 GO 膜,使 GO 膜与多价铝离子发生离子交联,从而具有较高的 H_2/CO_2 或 H_2/N_2 分离性能。Kim 等还研究了在微孔聚合物(聚醚砜,PES)膜上涂覆超薄 GO 的透气性,以及在高的跨膜压力下涂覆独立式厚且干的膜的透气性。与 Geim 小组之前的研究结果[82]形成鲜明对比的是,尽管气体渗透率很低,但小分子气体可以以不同的渗透率通过自成体系的厚 GO 膜。干 GO 膜的透气性顺序与本研究中测试的气体(即 $He > H_2 > CO_2 > O_2 > N_2 > CH_4$)的动力学直径一致,说明热解碳分子筛膜中常见的分子筛机制对分离过程起主导作用。他们还发现 GO 平均尺寸显著影响合成 GO 膜的透气性。他们用不同尺寸的 GO 制备了不同的 GO 膜,在 GO 悬浮液中使用不同的超声时间制备了不同的 GO 膜。如预期,随着 GO 平均粒径的减小,气体渗透率显著增加,这是由于随着 GO 粒径的减小,扩散途径减小(图 14.13(a))。此外,他们还研究了 GO 薄片堆叠方式对 GO 膜透气性的影响,以及相对湿度对 GO 膜透气性的影响。他们用两种不同的方法在 PES 膜上覆盖了超薄 GO 层(小于 10 nm):①方法 1,将支撑膜的表面与 GO 溶液的气液界面接触,然后自旋铸造形成相对不均匀的 GO 涂层。②方法 2,将 GO 溶液直接滴注在 PES 膜的上表面,可制备出互连性更高的 GO 薄层。两种涂覆方法所得 GO 膜的透气性差异较大,受不同 GO 堆积结构的影响较大。方法 1 制备的薄 GO 膜在纳米孔膜中 Knudsen 输运后表现出典型的气体渗透行为。即使经过多次涂覆,其选择性也只是遵循 Knudsen 选择性,这意味着由较少互连 GO 薄片边缘形成的纳米孔很少被相同的涂覆方法覆盖(图 14.13(b))。另一方面,方法 2 制备的 GO 膜在分子筛选机制下具有较高的气体选择性。由于 GO 膜是在常压下干燥的,所以 GO 层中仍然存在一些水分子夹层。GO 层中的水分子比本研究中测试的任何其他气体都有助于提高 CO_2 气体渗透性,这导致了较高的 CO_2/N_2 选择性,因为 CO_2 在水中的溶解度远高于 N_2 在水中的溶解度(图 14.13(c))。一般来说,气体混合物中水蒸气的存在严重地破坏了传统膜材料(如疏水性玻璃聚合物、沸石膜)的分离性能,导致膜表面或孔内的水冷凝从而显著降低渗透性和选择性。因此,GO 膜中的水强化气相分离可用于燃烧后的 CO_2 捕集过程,因为渗透侧的脱水过程要比高压进料侧的脱水过程容易得多。他们还测试了 200 ℃ 以下热处理还原 GO 膜的透气性。在热处理过程中,水和 CO_2 发生了变化,导致了一些缺陷和层间距的减小。因此,这种热还原的 GO 膜显示出高的 H_2/CO_2 选择性(图 14.13(d))。

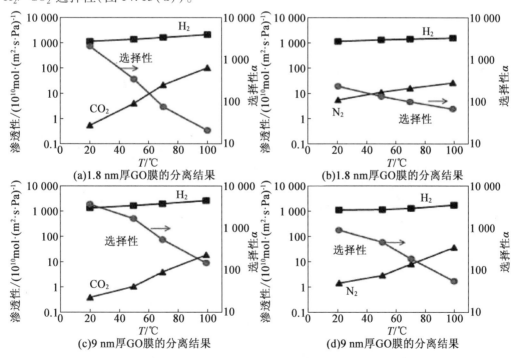

图 14.12　50:50 H_2/CO_2 和 H_2/N_2 气体混合物的分离及与文献资料的比较

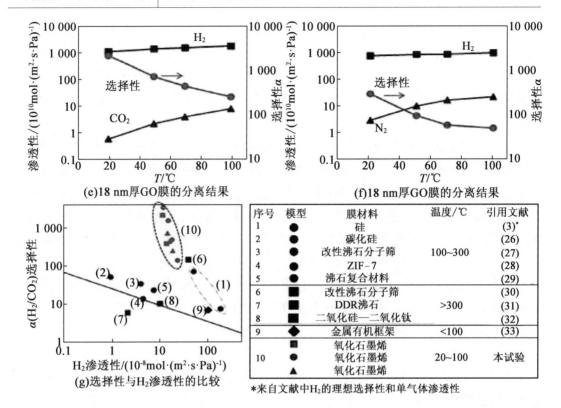

(e)18 nm厚GO膜的分离结果

(f)18 nm厚GO膜的分离结果

(g)选择性与H₂渗透性的比较

序号	模型	膜材料	温度/℃	引用文献
1	●	硅		(3)*
2	●	碳化硅		(26)
3	●	改性沸石分子筛	100~300	(27)
4	●	ZIF-7		(28)
5	●	沸石复合材料		(29)
6	■	改性沸石分子筛		(30)
7	■	DDR沸石	>300	(31)
8	■	二氧化硅—二氧化钛		(32)
9	◆	金属有机框架	<100	(33)
10	▣	氧化石墨烯		
	●	氧化石墨烯	20~100	本试验
	▲	氧化石墨烯		

*来自文献中H₂的理想选择性和单气体渗透性

续图 14.12

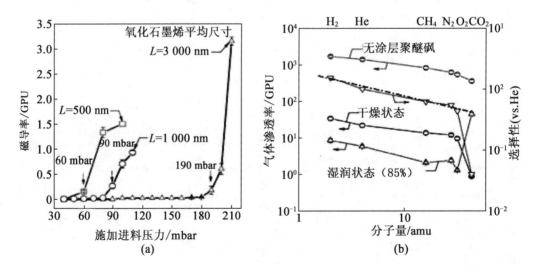

(a)

(b)

图 14.13　气体通过超薄 GO 膜的传输行为

((a)方法2制备的薄GO膜的 H₂ 透过率随外加进料压力的变化。(b)GO膜的气体透过率与分子量的函数关系（方法1；虚线表示干燥和潮湿条件下的理想 Knudsen 选择性）。(c)GO 膜在干燥和加湿条件下的气体透过率是动力学直径的函数关系（方法2）。(d)气体通过热还原 GO 膜的传输行为。热处理 GO 膜的 H₂ 和 CO₂ 渗透率是温度的函数）

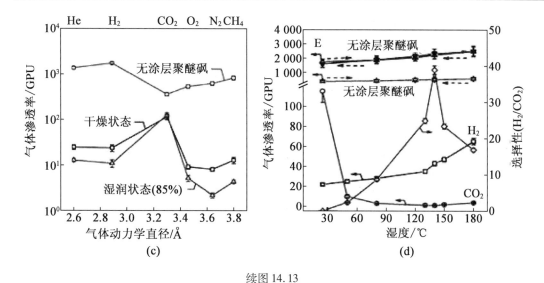

续图 14.13

14.4 液体分离

14.4.1 多孔石墨烯膜的液相分离

水分子(直径约 2.8 Å)通过多孔石墨烯膜的传输主要由孔径决定。此外,对于水/离子选择性,应仔细设计孔径。与气体分离类似,液体分离尤其是脱盐的试验研究还处于起步阶段。Surwade 等使用悬浮在微米级孔径上的单层石墨烯显示出高的水/离子选择性。为了在单层石墨烯中形成孔,他们使用氧等离子体,然后成功地在石墨烯中以约 10^{12} cm^{-2} 的密度引入约 1 nm 孔。在适当的等离子体处理条件下,当水快速通过多孔石墨烯膜时,他们报告了 100% 的 NaCl 截留率(图 14.14)。这可能是关于亚纳米孔多孔石墨烯膜脱盐性能的第一个试验报告,尽管大量的模拟工作已经预测亚纳米孔石墨烯可以作为一种高选择性和渗透性的膜,其膜性能优于目前最先进的聚合物膜。

虽然在合成大面积石墨烯薄膜方面已经做了大量的工作,但是正如前面提到的,制备大面积无缺陷单层石墨烯仍然具有很高的挑战性。目前制备大面积石墨烯的方法是 CVD 法。CVD 石墨烯还包括多层斑点、Stone – Wales(5 ~ 7 环)缺陷、撕裂和其他固有缺陷。因此,使用多层石墨烯更有可能成为一种潜在的廉价、可伸缩且高产的无缺陷石墨烯薄膜制备方法,而无须进一步修复导致非选择性流动的不利大孔隙。假设这种多层石墨烯薄膜(注意每个石墨烯薄片都含有适当的孔隙和孔隙密度)更接近实际应用,Cohen – Tanugi 等的结果表明,考虑石墨烯层数、层间距离、孔径、孔向等构型变量,多层 NPG 要比单层纳米孔石墨烯(NPG)好得多(图 14.15)。虽然层间距离和石墨烯层之间的孔排列,包括适当的孔径(6 ~ 9 Å),看起来是不现实的,但是他们的模拟结果为试验科学家提供了关于多层纳米多孔石墨烯膜的有用材料指南。

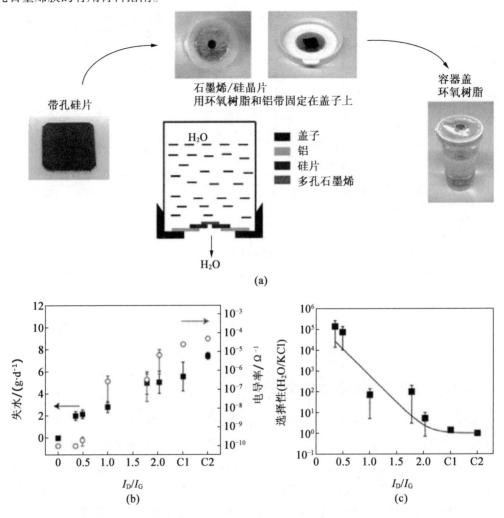

图14.14　输水测量及海水淡化试验

((a)用于水通量测量的多孔石墨烯薄膜组件。硅片上的石墨烯薄膜在300 mm厚的SiN膜上有一个5 mm的孔,密封在一个装满去离子水的玻璃小瓶上。将小瓶倒置,置于40 ℃的烘箱中。通过监测小瓶的质量来测量失水量。(b)24 h后的失水量和在不同暴露时间蚀刻的同一多孔石墨烯膜的离子导电性。C1和C2分别是大撕裂或石墨烯薄膜完全破裂的对照组。(c)水/盐的选择性作为I_D/I_G比值的函数,在较短的蚀刻时间内表现出极高的选择性。选择性的计算方法为(b)的水通量与离子电导率之比,归一化为不含石墨烯的SiN中孔隙的水通量与电导率之比)

　　Kim等研究了石墨烯层数对气体分离性能的影响,但不适用于液体分离。事实上,CVD石墨烯存在许多结构缺陷(如晶界、点缺陷),因此,即使是多层石墨烯薄片,也可以通过折叠或褶皱和缺陷扩大的层间间距来传输气体(图14.16)。也就是说,如果能够在石墨烯薄片中插入合适的分子间隔并形成孔洞,那么这种多层石墨烯膜就可以用于分子的分离。

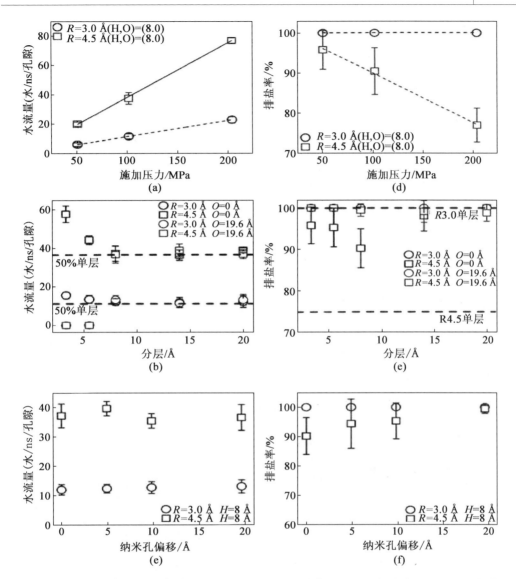

图 14.15 膜结构参数对双层膜每孔流速(a)~(c)和盐排率(d)~(f)的影响,(a),(d)压力效应,(b),(e)不同孔隙偏移(即 $O=0$ Å 和 $O=19.6$ Å)下的层分离效应,以及(c),(f)8 Å下的孔隙偏移效应

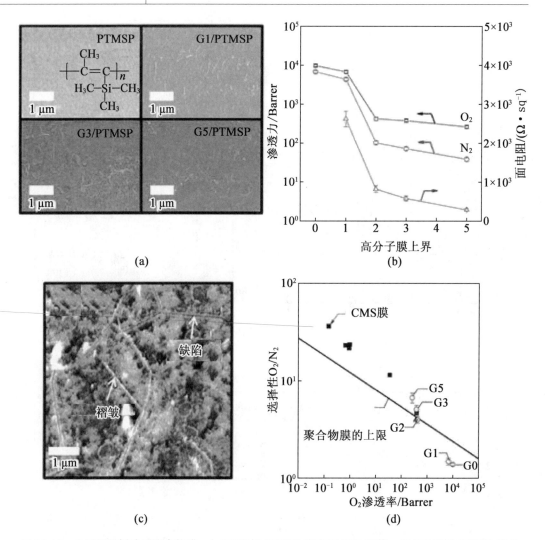

图 14.16　少层石墨烯涂层聚合物膜。(a)石墨烯/PTMSP 膜表面 SEM 图像。(b)石墨烯/PTMSP 膜的
透气性和片电阻随石墨烯层数的变化。(c)石墨烯/ PTMSP 膜表面 AFM 图像。(d)石墨烯/
PTMSP 膜的 O_2 渗透率与 O_2/N_2 选择性的关系

14.4.2　采用氧化石墨烯膜进行液体分离

由于 GO 具有亲水性,GO 片在水中可以很好地分散,因此 GO 膜在水的净化和脱盐方面得到了广泛的研究。从本质上讲,水分散 GO 薄膜的制备也导致了许多使用 GO 或改性 GO 薄膜的试验研究。特别是利用 GO 薄膜进行液体分离的研究,自从 Geim 小组报道了水通过 GO 薄膜不受阻碍地蒸发以来,已经得到了极大的发展。实际上,早在 1980 年,Boehm、Clauss 和 Hofmann 就已经发表了关于氧化石墨(未完全去角质)的膜特性的论文,他们发现这种膜是可以被水渗透的。事实上,人们对超快水通过 GO 薄膜的兴趣与碳纳米管中无摩擦水流的情况类似。然而,GO 薄片中的亲水结构域(由氧官能团修饰)覆盖达 80% 以上,因

此少量石墨烯结构域之间不会相互连接。也就是说,如何让水分子能快速地通过层叠层还是个问题。此后,Joshi 等展示了独立 GO 膜的选择性水/离子行为。最初,他们使用双室扩散细胞测量不同液体(如水、甘油、甲苯、苯、二甲基亚砜和乙醇)的渗透率。一个小室装满水,另一个小室装满 1 mol·L^{-1} 蔗糖溶液。只有水分子才能通过渗透压快速渗透到 GO 膜中(图 14.17(a))。

在同样的试验中,盐透过 GO 薄膜的能力是通过监测接收腔内离子导电性随时间的增加而增加来测量的。根据水合离子的大小,用几种盐离子来评价通孔膜的盐渗透性。在水合离子尺寸不超过 4.5 Å(图 14.17(b))时,小离子(例如 NaCl)可以渗透通过 GO 膜。

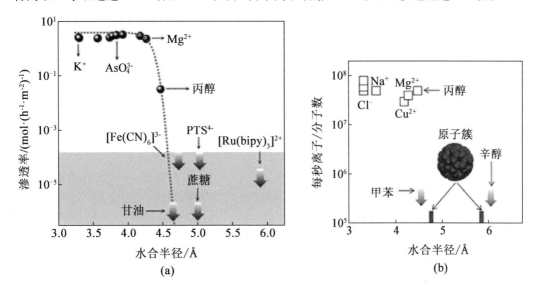

图 14.17 (a)通过原子尺度网格进行筛选。所示渗透率按 1 mol/L 进料溶液进行归一化,并使用 5 mm 厚的膜进行测量。在不少于 10 天的不间断测量中,灰色区域内的溶质没有渗透。粗箭头表示我们的检测极限,它取决于溶质。其他几个大分子,包括苯甲酸、DMSO 和甲苯,也进行了测试,没有发现渗透。虚曲线是一个指南,显示在 4.5 Å 处呈指数状的锐角截止,宽度约为 0.1 Å。(b)分子筛模拟。NaCl、CuCl$_2$、MgCl$_2$、丙醇、甲苯和辛醇在毛细血管中的渗透速率。对于不易溶于水的辛醇,水化半径未知,我们采用其分子半径。蓝色标记表示石墨烯毛细管中容纳两层和三层水的原子簇(插图)的渗透截止(宽度分别为 9 Å 和 13 Å)(见附录彩图)

Raidongia 等证实了在偏压下通过 GO 片之间的纳米通道选择性离子传输的可能性。此外,Sun 等使用双室扩散池观察 GO 膜的选择性水/离子传输特性。在重金属离子渗透率相对较低的情况下,小离子(如 NaCl)快速通过 GO 膜,即 GO 膜可以进行选择性离子分离(图 14.18)。

实际上,到目前为止,大多数关于 GO 及其衍生物用于液体分离膜的研究,都是采用真空或高压驱动过滤的方法,在机械稳定的多孔载体上来获得薄 GO 膜。这些方法在实验室中很容易得到,但不适用于工业规模,如 roll-to-roll 工艺。最近,Akbari 等证明了扩大 GO 基膜,特别是液体分离的可能性。本研究的 GO 膜结构与文献报道的 GO 膜结构有所不同,因为他们使用高黏度 GO 溶液(约 60 mg·mL⁻¹)在多孔聚合物载体(如 Nylon66,孔径 0.2 μm)上制备了薄的 GO 层。高剪切涂布率导致多层 GO 复合膜具有高度有序、连续的薄层。这些 GO 薄膜复合膜对带电荷和不带电荷的有机分子(水合半径大于或等于 5 Å)(图 14.19(b)和(c))有较高的排斥反应(大于 90%),而对单价和二价离子的排斥反应较低 (30% ~40%)(图 14.19(d))。此外,他们还报告说,这种高度有序的 GO 薄片在膜平面上可以形成更清晰的运输通道,从而可以提高水的渗透性(71 m⁻²·h⁻¹·bar⁻¹对于 150 nm 厚的 GO 膜)(图 14.19(a))。

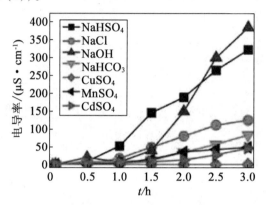

图 14.18　不同离子化合物通过 GO 膜的渗透过程

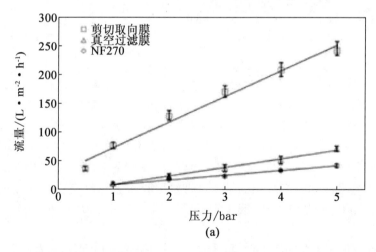

(a)

图 14.19　(a)三种不同膜的水通量与施加压力的关系：SAM(红色)的厚度为 1 515 nm,真空过滤(蓝色)的厚度为 170 ± 20 nm,以及 NF270 的商业纳滤膜(绿色)。SAM 对甲基红的保留率为 90 ± 2%,真空过滤膜和 NF270 的保留率分别为 50 ± 5% 和 90 ± 1.5%。(b)对于不同电荷和大小的探针分子,150 ± 15 nm 厚剪切取向膜作为水化半径的函数的保留性能。(MV 为甲基 viologen, MR 为甲基红,MnB 为甲基蓝,MO 为甲基橙,OG 为橙色 G, Ru 为三(联吡啶)氯化钌(Ⅱ)氯化物,RB 为罗丹明 B, RosB 为玫瑰红,MB 为亚甲基蓝,BB 为艳蓝。绿色、红色和蓝色的符号分别表示带负电的探针分子、带正电的探针分子和带负电的探针分子。(c)探针分子膜的保留细节。(d)对于四种不同的盐溶液,用 150 ± 15 nm 厚的 SAM 保留盐。这些配置中的误差条来自显示最大值和最小值的 5 个有效测量值(见附录彩图)

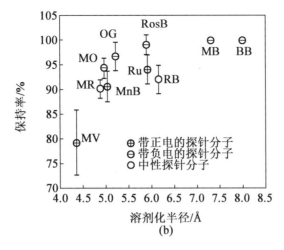

(b)

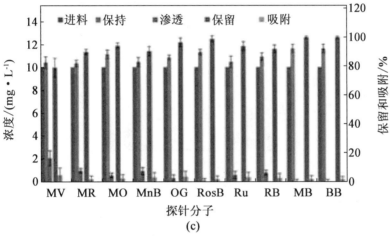

(c)

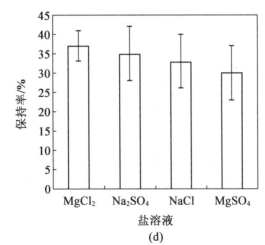

(d)

续图 14.19

除文献报道的 GO 膜的液体分离性能外,GO 膜的稳定性在实际应用中还需要得到进一步研究。根据 pH、离子杂质和制备条件的不同,多层 GO 膜可以在水溶液中分解。很多情况下,实际的液体分离过程使用交叉流过滤系统来防止浓差极化和膜污染。基于这种实际条件的存在,关于原始 GO 膜结构稳定性问题的报道很少。根据最近关于稳定性的研究,整齐的 GO 薄膜很容易在水中分解,因为 GO 薄片在水合作用中带负电荷,而静电斥力排斥带同样负电荷的 GO 薄片。他们还发现应该仔细检查 GO 的制备条件。许多研究人员在 GO 膜的制备过程中使用了阳极氧化铝滤片。过滤过程中释放铝离子,通过静电吸引交联 GO 片。因此,阳极氧化铝滤池 GO 膜在水中未发生严重崩解(图 14.20(a))。溶液的 pH 也是决定合成 GO 膜结构稳定性的重要因素(图 14.20(b))。

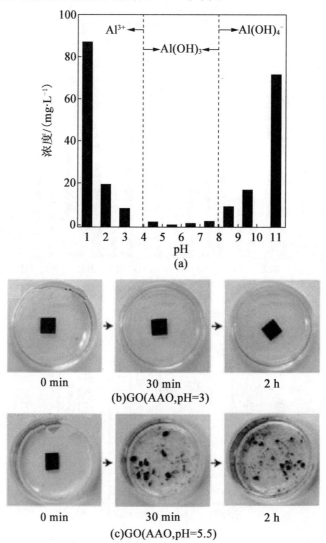

图 14.20　(a)从 AAO 和 Teflon 过滤器中获得的 GO 膜具有相似的微观结构,但在水中的机械性能和
　　　　　稳定性却截然不同。在 Teflon 和 AAO 上制备氧化石墨烯薄膜的照片。GO(Teflon)很容易
　　　　　在水中分解,而 GO(AAO)保持完整。(b)pH 对 AAO 腐蚀的影响及相应 GO 在水中的稳定
　　　　　性。1 天后释放的铝浓度作为 pH 的函数。在水中浸泡 30 min 和 2 h 前后,分别在 pH=3、
　　　　　pH=5.5 和 pH=8.5 条件下,用 GO 溶液制备 GO(AAO)的照片

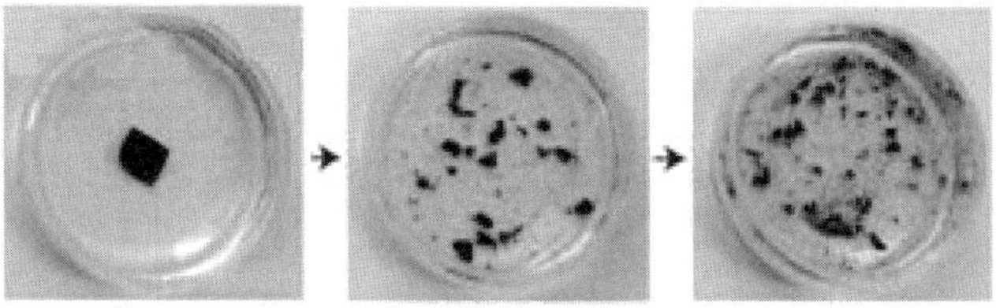

0 min　　　　30 min　　　　2 h

(d)GO(AAO,pH=8.5)

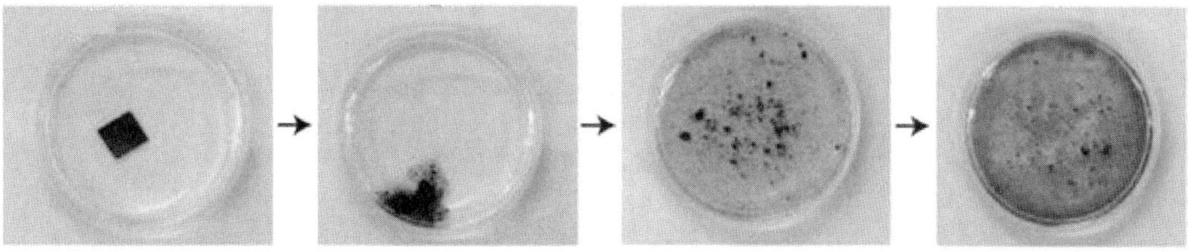

0 min　　　30 min　　　2 h　　　1 d

(e)GO(Teflon)

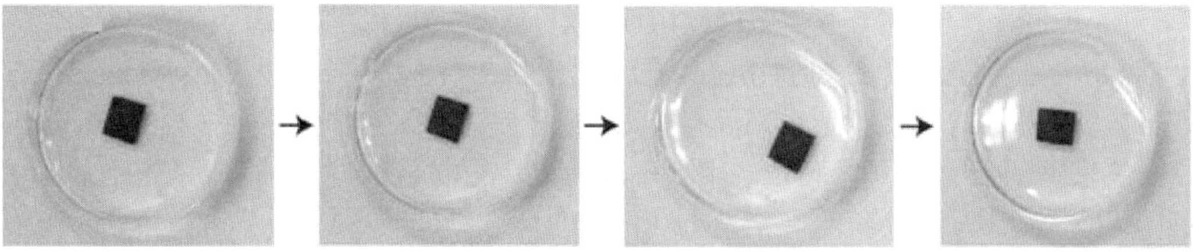

0 min　　　30 min　　　2 h　　　1 d

(f)GO(AAO)

续图 14.20

14.5　其他膜的应用

14.5.1　燃料电池的应用

2013 年 Tateishi 等报道,GO 在较低相对湿度(RH)和温度下也表现出较高的质子电导率。GO 的主要含氧官能团是环氧化物,水分子与环氧化物结合后,即使在较低的 RH 和室温下,环氧化物也是质子转移的场所。在 25 ℃及相对湿度为 10% ~20% 的条件下,质子电导率为 $10^{-5} \sim 10^{-4}$ S·cm^{-1}。这种特性可用于各种电化学电池和电池。虽然在高 RH(约100%)下,GO 厚膜的质子电导率低于完全水合的 Nafion 膜,但 GO 厚膜的质子电导率与厚度有很强的依赖性,因此 GO 薄膜可以与 Nafion 膜竞争。图 14.21 所示为 Pt/C 电极 GO 燃料电池的性能。与由 Pt/C 电极和约 150 mm 厚度的 Nafion MEM 膜组成的膜电极组件相比,带 Pt/C 电极的 GOFC 具有更好的燃料电池性能。

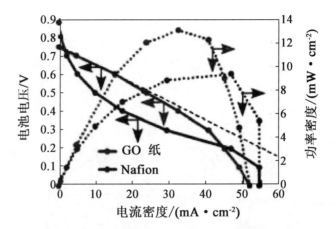

图14.21　膜电极组件(MEA)的极化和功率密度曲线,包括GO电解质和Pt/C电极(红色),以及25℃
下由Nafion电解质和Pt/C电极(蓝色)组成的膜电极组件(MEA)(见附录彩图)

Hu等报道了石墨烯和其他2D材料的有趣特性。也就是说,石墨烯的单层和六边形氮化硼(hBN)在一定的条件下对热质子具有高渗透性,而对于单层二硫化钼(MoS_2)、双层石墨烯或多层hBN等较厚的晶体,则没有监测到质子输运进行。作者提出,在石墨烯膜和氢hBN膜中加入催化金属纳米颗粒,可以进一步提高质子电导率,这将带来很有前途的氢基技术(图14.22)。

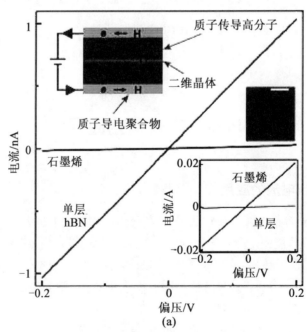

图14.22　质子在二维晶体中的传输

((a)HBN、石墨和MoS_2单层的$I-V$特性示例。(b)二维晶体的柱状图显示出可测量的质子电导率)

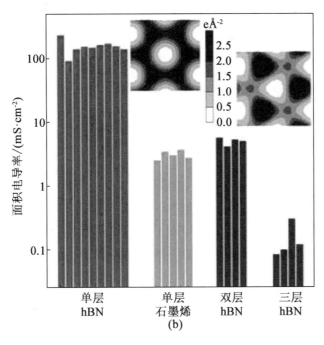

续图 14.22

14.5.2　电池用离子选择性膜

由于 GO 膜具有离子选择性,研究人员研究了 GO 膜在锂硫电池和钒氧化还原流电池等离子选择性应用中的实际情况。Huang 等利用离子选择性超薄 GO 薄膜,研制出一种新型的离子选择性高渗透性电池隔膜,可显著提高锂硫电池的能量密度和功率密度。锂硫电池是一种很有前途的新一代电池。在这里,多硫化物是在阴极一侧产生的物质,通过薄膜扩散与锂阳极反应,继而返回。在此过程中,多硫化物溶解并与金属锂和有机组分发生不可逆反应,包括阴极结构的破坏、锂阳极的耗竭、活性硫材料的损失。到目前为止,多孔聚丙烯或聚乙烯等多孔聚合物膜已被用于分离物理上的两个电极,但没有离子选择性。另一方面,GO 膜可以通过静电斥力和空间排斥力阻挡多硫化物,有效地长期抑制穿梭效应(图 14.23)。

针对大容量储能系统的需求,钒氧化还原流电池(VRB)因其效率高、周期长、成本较低而成为理想的选择。然而,VRB 商用膜 Nafion 有几个缺点,如成本高(500～700 美元/平方米)和离子选择性低。因此,人们为开发高性能 VRBs 的高离子选择性和可调离子电导率的烃类聚合物膜已经付出了相当大的努力。一般来说,磺化烃膜已经被开发出来。然而,烃类聚合物的高磺化度获得高离子电导率往往会导致机械强度的降低以及高膨胀度,影响钒离子通过膜的跨界,限制了 VRB 的性能。为了防止这种负面影响,GO 被纳入这种高度磺化的聚合物电解质中,因为 GO 本身可以通过表面扩散提供质子运输途径。Aziz 等报道了一种由磺化聚芳醚酮和 GO 组成的钒氧化还原流电池的高离子选择性膜。随着 GO 的加入,氧化石墨烯复合膜具有有效的低自放电率和良好的库仑效率(图 14.24)。

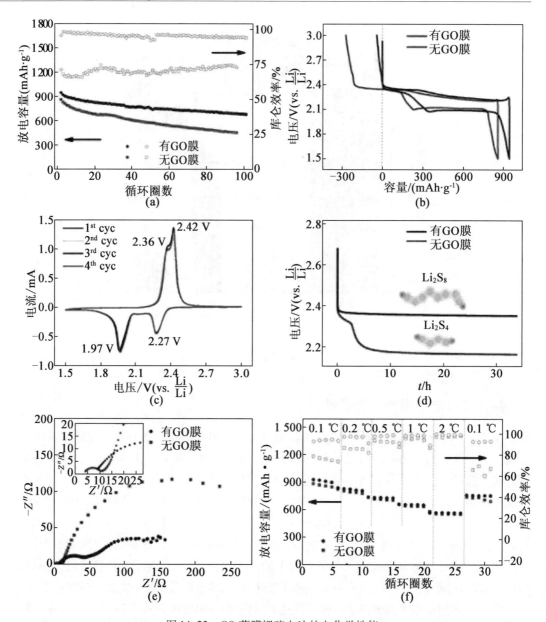

图 14.23 GO 薄膜锂硫电池的电化学性能

((a)在 0.1 C 的速率下,使用/不使用 GO 膜的循环性能;(b)在速率为 0.1 C 下恒流充放电曲线;
(c)扫速为 0.1 mV·s⁻¹CV 配置 GO 膜;(d)显示自放电行为的开路电压系数;(e)电化学阻抗谱
(插图为高频区放大的 EIS);以及(f)带/不带 GO 膜的锂硫电池的性能)(见附录彩图)

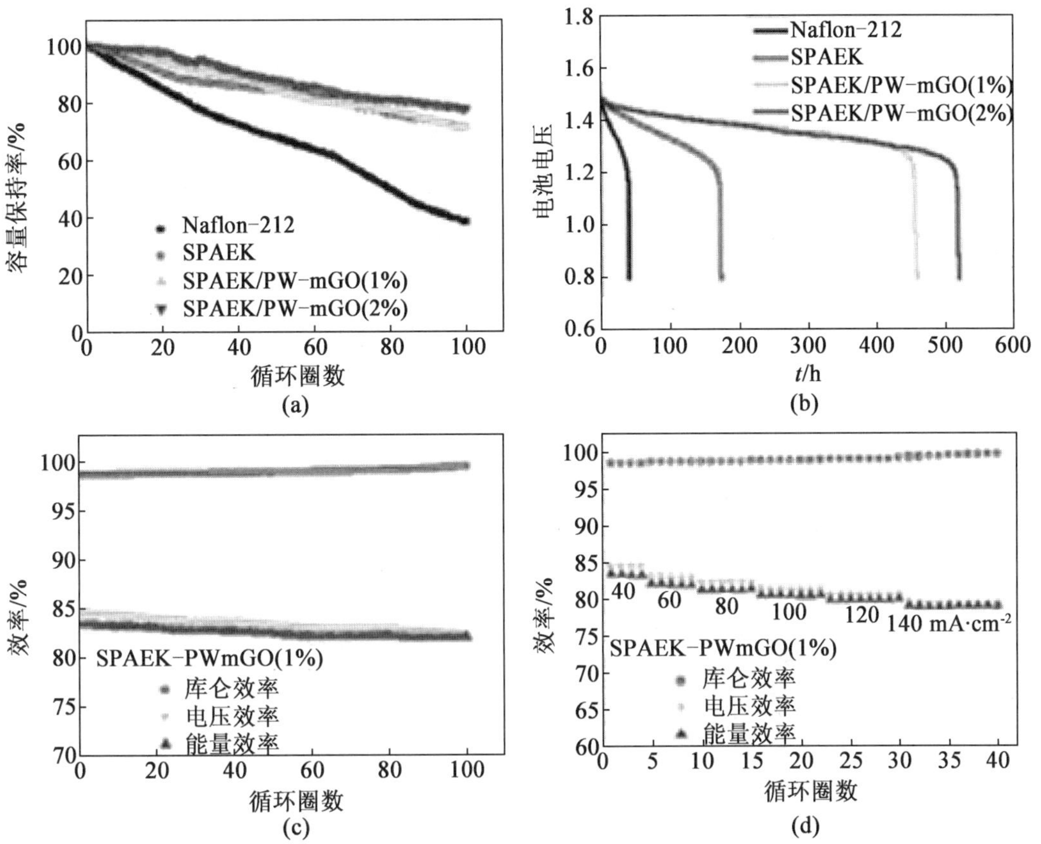

图 14.24 （a）VRB 的放电容量保持以及（b）Nafion – 212、SPAEK、SPAEK/PW – mGO（1%）、SPAEK/
PW – mGO（2%）膜构建的 VRBs 自放电曲线；（c）采用 SPAEK/PW – mGO（1%）膜构建的
VRB 的循环效率是电流密度为 40 mA·cm^{-2} 时循环次数的函数和（d）不同的电流密度值
（见附录彩图）

14.5.3 渗透蒸发

由于水在亲水性 GO 膜中的传输速度快，且亲水性 GO 膜对大的有机溶剂具有很高的截留性能，因此采用渗透蒸发法对 GO 膜进行了水性有机溶液脱水研究。Huang 等采用真空抽吸法制备 GO 涂层陶瓷中空纤维。他们尝试使用 GO 涂层陶瓷膜分离碳酸二甲酯（DMC）/水混合物，试验表明在 40 ℃，高分离系数为 740 的情况下，水渗透通量高达 2 100 m^{-2}·h^{-1}。如此高的分离因子不能仅用尺寸排除机制来解释，其依据是水分子（0.265 nm）和 DMC 分子（0.47 nm < d_{DMC} < 0.63 nm）的动力学直径以及 GO 薄片（0.6 ~ 1.0 nm）的层间距离。渗透汽化膜通常遵循溶质扩散机理。因此，总选择性可以同时受到扩散选择性和溶解选择性的影响。他们检测了 GO 表面对水和 DMC 的吸附量，发现 GO 表面对水的吸附量大于 DMC，导致溶解度选择性高（图 14.25）。

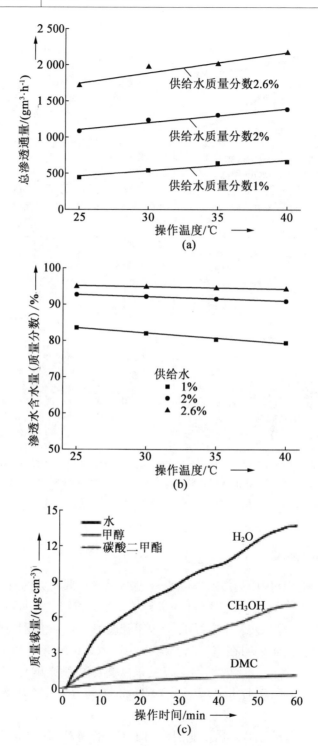

图 14.25 (a)用于分离 DMC/水混合物的总渗透通量和(b)渗透中的含水量。(c)水(黑色)、甲醇(红色)和 DMC(蓝色)对 GO 吸附能力的 QCM 响应(见附录彩图)

14.5.4 膜蒸馏

未来几十年,由于全球对安全饮用水的需求会越来越大,因此通过热蒸馏和反渗透的节能脱盐工艺备受关注。膜蒸馏(MD)是一种基于膜的热蒸发过程,可以在相对较低的温度下提供节能的水生产(50～90 ℃)。因此,利用低品位热源和太阳能可以有效地实现 MD。在 MD 中,疏水多孔膜在热进料和冷渗透之间起屏障作用。当加热的盐水通过膜的进料一侧时,部分转化为水蒸气,并通过孔在渗透一侧凝结。Bhadra 等研究表明,在非常疏水的聚四氟乙烯(PTFE)膜表面固定化 GO 能显著提高膜的整体渗透通量,且完全抑制盐分,其渗透通量在 80 ℃时高达 97 kg · m^{-2} · h(图 14.26)。

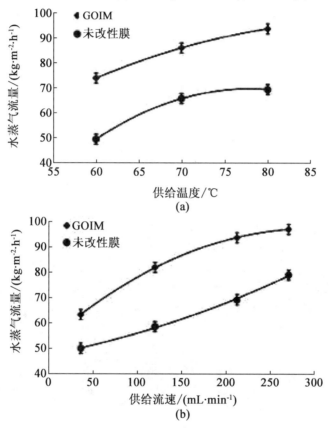

图 14.26　温度和流速对水蒸气流量的影响

已知 GO 薄片上含氧官能团的存在会产生纳米级的褶皱和结构缺陷,为水的输送提供通道,而疏水石墨烯结构区会形成一个几乎无摩擦的表面,使水快速流过薄膜。这可能有助于增强通过 GO 辅助膜的整体水通量。总体而言,石墨烯导热系数较高,而 GO 的热输运性能尚不清楚。模拟技术预测,随着氧含量的增加,GO 的导热系数显著降低。由于 GO 只存在于表面,这有助于降低温度极化而不会导致导热损失,导热损失是 MD 中增加通量的关键因素。

14.6　膜用其他二维材料

　　事实上,石墨烯在膜科学技术中已经引起了人们对二维材料的极大关注。

　　由于其原子厚度和可伸缩的横向尺寸,许多二维材料作为一种应用于节能技术的有价值的薄膜得到了实质性发展。到目前为止,讨论了石墨烯或石墨烯基膜在气体分离、水净化和脱盐、渗透汽化、燃料电池应用、膜蒸馏和电池等许多膜应用领域的快速发展。尽管并非所有的二维材料都像石墨烯那样具有原子厚度,但利用具有良好孔隙的块状晶体材料制备二维纳米薄片的研究已经得到了广泛的应用。例如,沸石和 MOFs 就是这样的候选材料。许多研究人员高度重视利用二维沸石纳米片进行分子分离。最近,Tsapatsis 小组利用聚合熔融复合剥离技术结合密度梯度离心法成功地获得了高纯度去角质沸石(MFI)纳米薄片(1.5 单位细胞厚度,300 nm 横向尺寸)。结果表明,可以在多孔载体上制备高纵横比沸石纳米片组成的分子筛薄膜,如图 14.27 所示。由于纳米片的高纵横比,任何纳米片都不能穿透支撑膜的大孔,由此说明可以制备高通量沸石膜。然而,相邻纳米薄片之间的缺陷仍然存在,因此这些缺陷需要修复以获得高选择性的膜。近年来,金属有机骨架纳米板(MOFs)在膜的应用方面也得到了广泛的研究。在聚合物基体中加入 MOF 纳米片可以获得许多有研究意义的性能,如抗塑化或提高气体渗透率和选择性。由于它们的多样性,类似的研究还将继续。

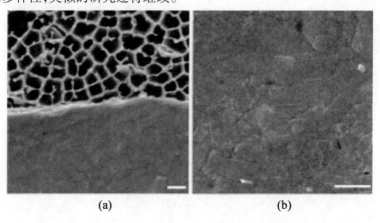

(a)　　　　　　　　(b)

图 14.27　多孔支架上 MFI 纳米薄片涂层的图像

((a)无孔磁盘上 MFI 纳米片涂层的 SEM 图像(俯视图)。图像的上半部分显示裸的无孔支撑,而下半部分显示支撑的 200 nm 孔上均匀的纳米片涂层。(b)自制多孔 A - 氧化铝载体上 MFI 纳米片涂层的扫描电子显微镜图像(俯视图)。(c)(b)涂层横截面的 FIB 图像。图像是由一个 GA 离子源(30 kV)以 52°的倾斜角度拍摄的。纳米板涂层夹在纤维沉积铂(防止涂层被碾磨)和氧化铝载体之间。(d)(b)涂层横截面的透射电子显微镜图像。涂层顶部的黑色层是纤维沉积铂。(e)涂层截面的 HRTEM 图像。(a)~(d)的标尺 200 nm;(e)中,20 nm)

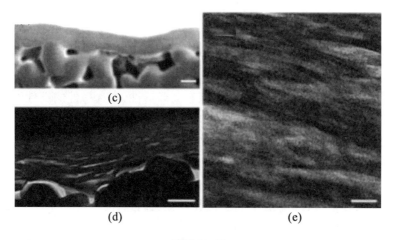

(c)

(d)   (e)

续图 14.27

目前,获得二维纳米薄片的方法有很多。其中,层状材料的液体剥离将是一种很有前途的方法。一般来说,层状材料是由二维板组成的,它们堆叠形成三维结构。其代表性材料有石墨、hBN、过渡金属二茂金属、过渡金属三茂金属、金属卤化物、氧化物、Ⅲ－Ⅵ层状半导体、层状磷酸锆和磷酸盐、黏土(层状硅酸盐)、层状双氢氧化物(LDH)、三元过渡金属碳化物和氮化物。其中一些层状材料已被研究开发出混合基质膜形式的新型膜材料。在任何意义上,二维纳米片都可以作为很好的候选填料,通过加入少量的纳米片来影响聚合物膜的性能,考虑到实际选择的膜层厚度只有 100 nm 以下。图 14.28 所示为主要液体剥离机理示意图。

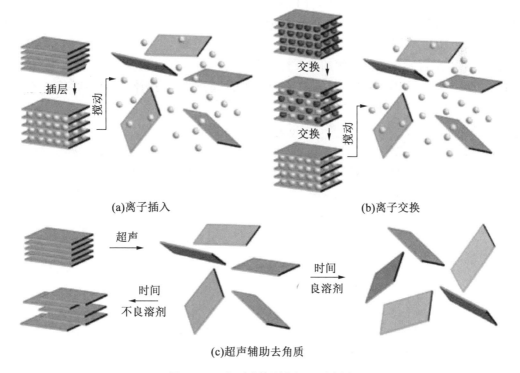

(a)离子插入   (b)离子交换

(c)超声辅助去角质

图 14.28 主要液体剥离机理示意图

14.7 结论与展望

石墨烯等由石墨烯引发的二维材料为探索高渗透性、高选择性的高性能膜材料提供了新的途径。

虽然其他纳米材料或纳米孔材料主要作为传统膜材料(如聚合物)中的约束或转运增强填料而进行研究,但像石墨烯这样的二维材料已经形成了膜。因此,通过在纳米尺度上控制这些材料中的纳米孔,即可用于气液分离等膜应用。然而,对于实际的膜应用而言,要在真正的膜平台上实现还有很长的路要走。例如,薄膜复合膜,虽然已经实现了精确的孔结构工程,但亚纳米孔径仍然是一个巨大的挑战。考虑到目前市面上可用的等孔膜最多是聚碳酸酯轨迹蚀刻膜和阳极氧化铝膜,因此制作等孔膜工艺十分烦琐,它们只用于研究和分析应用。由于石墨烯已经可以用CVD技术大规模合成,因此石墨烯的可扩展性不像其他薄膜材料那样重要。然而,CVD石墨烯仍然存在许多结构缺陷(如线缺陷或点缺陷),阻碍了其在电子领域的早期应用。相反,如果这些缺陷能够通过功能化得到适当地控制或修复,这些缺陷就可以用于膜的应用。另一件困难的事情是排列。石墨烯可在催化金属基体(如铜箔)上生长。也就是说,无论是石墨烯还是金属基体上的多孔石墨烯,都应小心地转移到适当的多孔支撑物上,以供实际应用。许多石墨烯转移方法都得到了积极的发展,但大多数方法似乎不适合现有的薄膜制造。还应发展无损石墨烯转移方法。基于石墨烯具有单原子性质,从而很难对这种超薄材料进行处理从而制备薄膜。在合成或转移过程中要避免缺陷的形成是非常困难的。因此,在某种意义上,多层叠加法可能是真实膜结构的更好选择。最后,需要开发适合这种2D材料的支撑膜。在许多情况下,经常强调支持膜的重要性。目前,现有支撑膜(超滤级)表面孔隙率最高可达约5%。也就是说,即使可以开发出超渗透性、超薄的2D选择层,但与现有的支撑膜结合后,渗透性和选择性仍然较低。

尽管目前仍存在许多具有挑战性的问题,但石墨烯和类似石墨烯的2D材料将为薄膜领域或分离领域之外开辟一个新的领域提供巨大的机遇。这种超薄的、原子厚度的薄膜不仅适用于大规模的分离过程,也可以用于电池、燃料电池、传感器、能量收集和生物医学应用等其他应用中。质子选择性输运是如何通过单一纳米孔进行的,就像发生在生物膜(例如水通道蛋白)中的那样,是科学界迄今一直亟须解决的问题。因此,单原子厚度的二维膜材料是研究单孔选择性输运或功能化单孔选择性输运的良好平台,这将是膜分离的第一步。

本章参考文献

[1] Wallace, P. R. The Band Theory of Graphite. Phys. Rev. 1947, 71, 622.

[2] Novoselov, K. S.; et al. Electric Field Effect in Atomically Thin Carbon Films. Science 2004, 306, 666 –669.

[3] Geim, A. K.; Novoselov, K. S. The Rise of Graphene. Nat. Mater. 2007, 6, 183 – 191.

[4] Fernandez – Moran, H. Single Crystals of Graphite and Mica as Specimen Support for Electron Microscopy. J. Appl. Phys. 1960, 31, 1840.

[5] Zhang, Y. B.; Small, J. P.; Pontius, W. V.; Kim, P. Fabrication and Electric – Field – Dependent Transport Measurements of Mesoscopic Graphite Devices. Appl. Phys. Lett. 2005, 86, 073104.

[6] Soldano, C.; Mahmood, A.; Durardin, E. Production, Properties and Potential of Graphene. Carbon 2010, 48, 2127 –2150.

[7] Berger, C.; Song, Z. M.; Li, X. B.; Wu, X. S.; Brown, N.; Naud, C.; Mayou, D.; Li, T. B.; Hass, J.; Marchenkov, A. N.; Conrad, E. H.; First, P. N.; de Heer, W. A. Electronic Confinement and Coherence in Patterned Epitaxial Graphene. Science 2006, 312, 1191 –1196.

[8] Bae, S.; et al. Roll – to – Roll Production of 30 – inch Graphene Films for Transparent Electrodes. Nat. Nanotechnol. 2010, 5, 574 –578.

[9] Kim, K. S.; et al. Large – Scale Pattern Growth of Graphene Films for Stretchable Transparent Electrodes. Nature 2009, 457, 706 –710.

[10] Li, X.; et al. Large – Area Synthesis of High – Quality and Uniform Graphene Films on Copper Foils. Science 2009, 324, 1312 –1314.

[11] Cai, W. W.; Moore, A. L.; Zhu, Y. W.; Li, X. S.; Chen, S. S.; Shi, L.; Ruoff, R. S. Thermal Transport in Suspended and Supported Monolayer Graphene Grown by Chemical Vapor Deposition. Nano Lett. 2010, 10, 1645 –1651.

[12] Li, X. S.; et al. Large – Area Graphene Single Crystals Grown by Low – Pressure Chemical Vapor Deposition of Methane on Copper. J. Am. Chem. Soc. 2011, 133, 2816 –2819.

[13] Yang, X. Y.; Dou, X.; Rouhanipour, A.; Zhi, L. J.; Rader, H. J.; Mullen, K. Two – Dimensional Graphene Nanoribbons. J. Am. Chem. Soc. 2008, 130, 4216 – 4217.

[14] Cai, J. M.; Ruffieux, P.; Jaafar, R.; Bieri, M.; Braun, T.; Blankenburg, S.; Muoth, M.; Seitsonen, A. P.; Saleh, M.; Feng, X. L.; Mullen, K.; Fasel, R.

Atomically Precise Bottom – Up Fabrication of Graphene Nanoribbons. Nature 2010, 466, 470 – 473.

[15] Kobayahsi, T. ; et al. Production of a 100 – m – Long High – Quality Graphene Transparent Conductive Film by Roll – to – Roll Chemical Vapor Deposition and Transfer Process. Appl. Phys. Lett. 2013, 102, 023112.

[16] Steward, E. G. ; Cook, B. P. ; Kellett, E. A. Dependence on Temperature of the Interlayer Spacing in Carbons of Different Graphitic Perfection. Nature 1960, 187, 1015 – 1016.

[17] Yoon, D. ; Son, Y. – W. ; Cheong, H. Negative Thermal Expansion Coefficient of Graphene Measured by Raman Spectroscopy. Nano Lett. 2011, 11, 3227 – 3231.

[18] Balandin, A. A. Thermal Properties of Graphene and Nanostructured Carbon Materials. Nat. Mater. 2011, 10, 569.

[19] Ghosh, S. ; Nika, D. L. ; Pokatilov, E. P. ; Balandin, A. A. Heat Conduction in Graphene: Experimental Study and Theoretical Interpretation. New J. Phys. 2009, 11, 095012.

[20] Nan, H. Y. ; Ni, Z. H. ; Wang, J. ; Zafar, Z. ; Shi, Z. X. ; Wang, Y. Y. The Thermal Stability of Graphene in Air Investigated by Raman Spectroscopy. J. Raman Spectrosc. 2013, 44, 1018 – 1023.

[21] Banhart, F. ; Kotakoski, J. ; Krasheninnikov, A. V. Structural Defects in Graphene. ACS Nano 2011, 5, 25 – 41.

[22] Fischbein, M. D. ; Drndic, M. Electron Beam Nanosculpting of Suspended Graphene Sheets. Appl. Phys. Lett. 2008, 93, 113107.

[23] Koenig, S. P. ; Wang, L. ; Pellegrino, J. ; Bunch, J. S. Selective Molecular Sieving Through Porous Graphene. Nat. Nanotechnol. 2012, 7, 728 – 732.

[24] O' Hern, S. C. ; Boutilier, M. S. H. ; Idrobo, J. – C. ; Song, Y. ; Kong, J. ; Laoui, T. ; Atieh, M. ; Karnik, R. Selective Ionic Transport Through Tunable Subnanometer Pores in Single – Layer Graphene Membranes. Nano Lett. 2014, 14, 1234 – 1241.

[25] Surwade, S. P. ; Smirnov, S. N. ; Vlassiouk, I. V. ; Unocic, R. R. ; Veith, G. M. ; Dai, S. ; Mahurin, S. M. Water Desalination Using Nanoporous Single – Layer Graphene. Nat. Nanotechnol. 2015, 10, 459 – 464.

[26] Bai, J. ; Zhong, X. ; Jiang, S. ; Huang, Y. ; Duan, X. Graphene Nanomesh. Nat. Nanotechnol. 2010, 5, 190 – 194.

[27] Bieri, M. ; Treier, J. ; Cai, J. ; Ait – Mansour, K. ; Ruffieux, P. ; Groning, O. ; Groning, P. ; Kastler, M. ; Rieger, R. ; Feng, X. ; Mullen, K. ; Fasel, R. Porous Graphenes: Two – Dimensional Polymer Synthesis with Atomic Precision. Chem. Commun. 2009, 45, 6919 – 6921.

[28] Celebi, K.; et al. Ultimate Permeation Across Atomically Thin Porous Graphene. Science 2014, 344, 289 – 292.

[29] Segal, M. Selling Graphene by the Ton. Nat. Nanotechnol. 2009, 4, 611 – 613.

[30] Park, S.; Ruoff, R. S. Chemical Methods for the Production of Graphenes. Nat. Nanotechnol. 2009, 4, 217 – 224.

[31] Bai, H.; Li, C.; Wang, X.; Shi, G. Q. On the Gelation of Graphene Oxide. J. Phys. Chem. C 2011, 115, 5545 – 5551.

[32] Huang, L.; Li, C.; Yuan, W. J.; Shi, G. Q. Strong Composite Films with Layered Structures Prepared by Casting Silk Fibroin – Graphene Oxide Hydrogels. Nanoscale 2013, 5, 3780 – 3786.

[33] Putz, K. W.; Compton, Q. C.; Segar, C.; An, Z.; Nguyen, S. T.; Brinston, L. C. Evolution of Order During Vacuum – Assisted Self – Assembly of Graphene Oxide Paper and Associated Polymer Nanocomposites. ACS Nano 2011, 5, 6601 – 6609.

[34] Choi, W.; Choi, J.; Bang, J.; Lee, J. – H. Layer – by – Layer Assembly of Graphene Oxide Nanosheets on Polyamide Membranes for Durable Reverse – Osmosis Applications. ACS Appl. Mater. Interfaces 2013, 5, 12510 – 12519.

[35] Hu, M.; Mi, B. Enabling Graphene Oxide Nanosheets as Water Separation Membranes. Environ. Sci. Technol. 2013, 47, 3715 – 3723.

[36] Brodie, B. C. On the Atomic Weight of Graphite. Philos Trans. R. Soc. Lond. B: Biol. Sci. 1859, 149, 249 – 259.

[37] Staudenmaier, L. Verfahren Zur Darstellung der Graphitsäure. Ber. Dtsch. Chem. Ges. 1898, 31, 1481 – 1487.

[38] Staudenmaier, L. Verfahren Zur Darstellung der Graphitsäure. Ber. Dtsch. Chem. Ges. 1899, 32, 1394 – 1399.

[39] Hummers, W. S.; Offeman, R. E. Preparation of Graphitic Oxide. J. Am. Chem. Soc. 1958, 80, 1399.

[40] Kovtyukhova, N. I.; Ollivier, P. J.; Martin, B. R.; Mallouk, T. E.; Chizhik, S. A.; Buzaneva, E. V.; Gorchinskiy, A. D. Layer – by – Layer Assembly of Ultrathin Composite Films from Micron – Sized Graphite Oxide Sheets and Polycations. Chem. Mater. 1999, 11, 771 – 778.

[41] Chen, J.; Yao, B.; Li, C.; Shi, G. An Improved Hummers Method for Eco – Friendly Synthesis of Graphene Oxide. Carbon 2013, 64, 225 – 229.

[42] Marcano, D. C.; Kosynkin, D. V.; Berlin, J. M.; Sinitskii, A.; Sun, Z.; Slessarev, A.; Alemany, L. B.; Lu, W.; Tour, J. M. Improved Synthesis of Graphene Oxide. ACS Nano 2010, 4, 4806 – 4814.

[43] Dreyer, D. R.; Todd, A. D.; Bielawski, C. W. Harnessing the Chemistry of Graphene Oxide. Chem. Soc. Rev. 2014, 43, 5288 – 5301.

［44］ Hofmann, U. ; Holst, R. The Acidic Nature and the Methylation of Graphitoxide. Ber. Dtsch. Chem. Ges. 1939, 72, 754 – 771.

［45］ Ruess, G. über das Graphitoxyhydroxyd (Graphitoxyd). Monatsch. Chem. 1947, 76, 381 – 417.

［46］ Scholz, W. ; Boehm, H. P. Graphite Oxide. 6. Structure of Graphite Oxide. Z. Anorg. Allg. Chem. 1969, 369, 327 – 340.

［47］ Nakajima, T. ; Mabuchi, A. ; Hagiwara, R. A New Structure Model of Graphite Oxide. Carbon 1988, 26, 357 – 361.

［48］ Lerf, A. ; He, H. Y. ; Forster, M. ; Klinowski, J. Structure of Graphite Oxide Revisited. J. Phys. Chem. B 1998, 102, 4477 – 4482.

［49］ He, H. Y. ; Riedl, T. ; Lerf, A. ; Klinowski, J. Solid – State NMR Studies of the Structure of Graphite Oxide. J. Phys. Chem. 1996, 100, 19954 – 19958.

［50］ Lerf, A. ; He, H. Y. ; Riedl, T. ; Forster, M. ; Klinowski, J. C – 13 and H – 1 MAS NMR Studies of Graphite Oxide and Its Chemically Modified Derivatives. Solid State Ion 1997, 101, 857 – 862.

［51］ He, H. ; Klinowski, J. ; Forster, M. ; Lerf, A. A New Structural Model for Graphite Oxide. Chem. Phys. Lett. 1998, 287, 53 – 56.

［52］ Szabo, T. ; Berkesi, O. ; Forgo, P. ; Josepovits, K. ; Sanakis, Y. ; Petridis, D. ; Dekany, I. Evolution of Surface Functional Groups in a Series of Progressively Oxidized Graphite Oxides. Chem. Mater. 2006, 18, 2740 – 2749.

［53］ Kim, S. ; Zhou, S. ; Hu, Y. ; Acik, M. ; Chabal, Y. J. ; Berger, C. ; de Heer, W. ; Bongiorno, A. ; Riedo, E. Room – Temperature Metastability of Multilayer Graphene Oxide Films. Nat. Mater. 2012, 11, 544 – 549.

［54］ Acik, M. ; Mattevi, C. ; Gong, C. ; Lee, G. ; Cho, K. ; Chhowalla, M. ; Chabal, Y. J. The Role of Intercalated Water in Multilayered Graphene Oxide. ACS Nano 2010, 4, 5861 – 5868.

［55］ Paneri, A. ; Moghaddam, S. Impact of Synthesis Conditions on Physicochemical and Transport Characteristics of Graphene Oxide Laminates. Carbon 2015, 86, 245 – 255.

［56］ Han, Y. ; Xu, Z. ; Cao, C. Ultrathin Graphene Nanofiltration Membrane for Water Purification. Adv. Funct. Mater. 2013, 23 (29), 3693 – 3700.

［57］ Fan, Z. ; Zhao, Q. ; Li, T. ; Yan, J. ; Ren, Y. ; Feng, J. ; Wei, T. Easy Synthesis of Porous Graphene Nanosheets and Their Use in Supercapacitors. Carbon 2012, 50, 1699 – 1712.

［58］ Koinuma, M. ; Ogata, C. ; Kamei, Y. ; Hatakeyama, K. ; Tateishi, H. ; Watanabe, Y. ; Taniguchi, T. ; Gezuhara, K. ; Hayami, S. ; Funatsu, A. ; Sakata, M. ; Kuwahara, Y. ; Kurihara, S. ; Matsumoto, Y. Photochemical Engineering of Graphene Oxide Nanosheets. J. Phys. Chem. C 2012, 116 (37), 19822 – 19827.

[59] Russo, P.; Hu, A.; Compagnini, G. Synthesis, Properties and Potential Applications of Porous Graphene: A Review. NanoMicro Lett. 2013, 5 (4), 260 – 273.

[60] Yu, C.; Zhang, B.; Yan, F.; Zhao, J.; Li, L.; Li, J. Engineering Nano – Porous Graphene Oxide by Hydroxyl Radicals. Carbon 2016, 105, 291 – 296.

[61] Baker, R. W.; Low, B. T. Gas Separation Membrane Materials: A Perspective. Macromolecules 2014, 47, 6999 – 7013.

[62] Baker, R. W. Membrane Technology and Applications; Wiley: Chichester, 2004.

[63] Yampolskii, Y. Polymeric Gas Separation Membranes. Macromolecules 2012, 45, 3298 – 3311.

[64] Baker, R. W. Future Directions of Membrane Gas Separation Technology. Ind. Eng. Chem. Res. 2002, 41, 1393 – 1411.

[65] Bunch, J. S.; et al. Impermeable atomic membranes from graphene sheets. Nano Lett. 2008, 8, 2458 – 2462.

[66] Jiang, D.; Cooper, V. R.; Dai, S. Porous Graphene as the Ultimate Membrane for Gas Separation. Nano Lett. 2009, 9, 4019 – 4024.

[67] Du, H.; et al. Separation of Hydrogen and Nitrogen Gases with Porous Graphene Membrane. J. Phys. Chem. C 2011, 115, 23261 – 23266.

[68] Schrier, J. Helium Separation Using Porous Graphene Membranes. J. Phys. Chem. Lett. 2010, 1, 2284 – 2287.

[69] Blankenburg, S.; et al. Porous Graphene as an Atmospheric Nanofilter. Small 2010, 6, 2266 – 2271.

[70] Cranford, S. W.; Buehler, M. J. Selective Hydrogen Purification Through Graphdiyne Under Ambient Temperature and Pressure. Nanoscale 2012, 4, 4587.

[71] Jiao, Y.; et al. Graphdiyne: A Versatile Nanomaterial for Electronics and Hydrogen Purification. Chem. Commun. 2011, 47, 11843.

[72] Zhang, H.; et al. Tunable Hydrogen Separation in sp – sp^2 Hybridized Carbon Membranes: A First – Principles Prediction. J. Phys. Chem. C 2012, 116, 16634 – 16638.

[73] Hu, W.; Wu, X.; Li, Z.; Yang, J. Porous Silicone as a Hydrogen Purification Membrane. Phys. Chem. Chem. Phys. 2013, 15, 5753 – 5757.

[74] Mahood, J.; et al. Nitrogenated Holey Two – Dimensional Structures. Nat. Commun. 2015, 6, 6486.

第 15 章　溶剂对热诱导相分离(TIPS)膜制备的影响(热力学和动力学的角度)

缩写

术语

L-L	液-液分离	N-TIPS	非溶剂热诱导相分离
MW	分子量	S-L	固-液分离
NG	成核与生长	TIPS	热诱导相分离
NIPS	非溶剂诱导相分离	VIPS	气相诱导相分离

应用

MBR	膜生物反应器	MF	微滤
MCr	膜结晶	NF	纳滤
MD	膜蒸馏	UF	超滤

高分子

ECTFE	聚三氟乙烯	PEG	聚乙二醇
EVOH	聚(乙烯-共-乙烯醇)	PMMA	聚(甲基丙烯酸甲酯)
iPP	等规聚丙烯	PTFE	聚四氟乙烯
PEEK	聚醚醚酮	PVDF	聚偏二氟乙烯

溶剂

DBP	邻苯二甲酸二丁酯	DPK	二苯甲酮
DBS	癸二酸二丁酯	DPM	二苯甲烷
DEHP	邻苯二甲酸二乙基己酯	MS	水杨酸甲酯
DEP	邻苯二甲酸二乙酯	NMP	N,N-甲基-2-吡咯烷酮
DMP	邻苯二甲酸二甲酯	PC	PolarClean(甲基-5-(二甲基氨基)-2-甲基-5-氧戊酸)
DOP	邻苯二甲酸二辛酯	PG	丙二醇
DPC	碳酸二苯酯	TPP	亚磷酸三苯酯

符号

Φ_i	体积分数	$\Delta\delta_{p-s}$	聚合物与溶剂溶解度参数的差异
T_m	熔点温度	HSP	Hansen 溶解度参数(δ)
T_g	玻璃化温度	δ_d	色散参数
T_c	结晶温度	δ_p	极参数
ΔT_m	熔点下降程度	δ_h	氢键参数
ΔS_m	混合熵	R_a	Hansen 溶解度参数距离
ΔH_m	混合焓	χ	Flory – Huggins 相互作用参数
ΔH_f	重复装置的熔化热	χ_s	熵贡献
ΔG_m	吉布斯混合自由能	χ_H	焓贡献
V_i	摩尔体积		

15.1　引　言

　　膜技术目前的应用范围十分广泛,涉及领域从水处理、医疗到化学分离和食品加工行业。最近,膜已经扩展到新的领域,如能源生产和从海洋中回收有价值的矿物。目前隔膜的市场规模约为每年 200 亿美元,增长率约为 10%。其在反渗透市场发展也十分迅速,目前大部分在线海水淡化厂主要工艺也是依靠膜技术。随着水质法规的日益严格,纳滤(NF)技术等小众应用也表现出十分强劲的势头。另一方面,超滤(UF)和微滤(MF)从规模经济角度考虑,目前被认为是成熟的技术。值得注意的是,膜生物反应器(MBR)已经获得了成本竞争力,并且正在新的废水厂中达到普遍性应用。

　　随着薄膜市场的快速增长,人们已经在许多方面进行了密集的研究工作,以改善膜的性能。利用目前的膜制造技术,可以制造具有致密或多孔形貌、适当孔隙率和机械强度的膜,从而在一定程度上满足工业需求。除了膜制备技术,各种后处理方法也得到了积极的发展。

　　在膜制备方法中,相转化法是迄今为止最通用、应用最广泛的制备聚合物膜的方法。相反转的概念很简单。目标聚合物首先溶解在适当的溶剂中以形成热力学稳定的涂料溶液。然后,将掺杂溶液暴露在不再是热力学稳定的环境中,从而将相变回为固体形式。通过控制溶液稳定性(热力学效应)和相分离速率(动力学效应),膜的形态可以被裁剪成所需的形式:致密或多孔,对称或不对称,平板或中空纤维。

　　相转化法可以以几种不同的方式进行。最著名的,也许是膜研究者们最熟悉的,是一种非溶剂诱导相分离(NIPS)方法,也称为浸没预沉淀法或 Loeb – Sourirajan 法。在这种方法中,聚合物首先溶解在合适的溶剂中,通常是极性的非质子性溶剂,然后将溶液浇铸成期望的形状(例如平板或空心纤维)。随后将其浸入非溶剂浴(例如,水)中进行相转化。NIPS要想成功,聚合物不能溶解在非溶剂中,溶剂和非溶剂之间要有亲和力。在这种条件下,聚合物自发凝固成膜。

除了通用的NIPS方法(图15.1),还可以通过气相诱导相分离(VIPS)、蒸发诱导相分离和本节研究的主题热诱导相分离(TIPS)进行反演。如图15.1所示,不同的相转化法带来了不同的结构和膜性能。虽然相转化法包含多种方法,但总的概念是相同的。合适方法的选择是基于所需的形貌、孔径,聚合物的相容性、溶剂的选择和可用的设备来进行的。

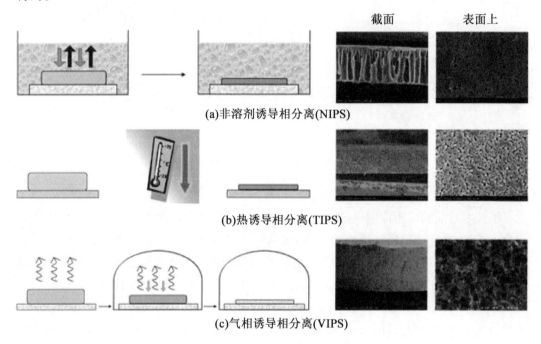

截面　　表面上

(a)非溶剂诱导相分离(NIPS)

(b)热诱导相分离(TIPS)

(c)气相诱导相分离(VIPS)

图15.1　不同类型的相转化方法

(经Jung, J. T.; Kim, J. F.; Wang, H. H.; di Nicolo, E.; Drioli, E.; Lee, Y. M. 允许转载。Understanding the Non-solvent Induced Phase Separation (NIPS) Effect During the Fabrication of Microporous PVDF Membranes via Thermally Induced Phase Separation (TIPS). J. Membr. Sci. 2016, 514, 250–263. Copyright 2016, Elsevier)

(经Kim, J. F.; Jung, J. T.; Wang, H. H.; Lee, S. Y.; Moore, T.; Sanguineti, A.; Drioli, E.; Lee, Y. M. 允许转载。Microporous PV+DF Membranes via Thermally Induced Phase Separation (TIPS) and Stretching Methods. J. Membr. Sci. 2016, 509, 94–104. Copyright 2016, Elsevier)

(经Li, C.-L.; Wang, D.-M.; Deratani, A.; Quémener, D.; Bouyer, D.; Lai, J.-Y. 允许转载。Insight Into the Preparation of Poly(vinylidene fluoride) Membranes by Vapor-Induced Phase Separation. J. Membr. Sci. 2010, 361, 154–166. Copyright 2010, Elsevier)

一般而言,TIPS法是一种多功能且功能强大的制备高性能膜的技术。顾名思义,相变是通过除去涂料溶液中的热能而引起的,而非使用非溶剂除去溶剂。但是,需要注意的是,NIPS 和 TIPS 效应可以同时进行,其组合方法称为非溶剂热诱导相分离(N - TIPS)方法,本章随后会有详细介绍。

在典型的 TIPS 工艺中,半结晶聚合物首先溶解在高于熔点(T_m)的适当溶剂中,然后将掺杂溶液浇铸成所需形状,继而以可控的速度冷却。当溶液冷却时,聚合物与溶剂之间的亲和力降低,这导致相的脱落,聚合物沉淀(结晶)低于其熔化温度。溶液热力学和凝固动力学之后将进行详细描述。

与其他相转化方法相比,TIPS 方法具有若干的关键性优点。第一,TIPS 可以应用于不易形成膜的聚合物。例如,可以使用 TIPS 方法将不溶于普通溶剂的聚合物,例如聚丙烯、聚乙烯、聚(乙烯三氧化乙烯)(ETFE)、聚四氧化乙烯(PTFK)和聚醚醚酮(PEEK)形成膜。第二,膜的制作过程可以很容易地扩大成一个连续的操作,这对于 NIPS 来说并不简单。对于 NIPS,通常需要很长时间来形成均匀的涂料溶液(几小时到几天),因此 NIPS 通常被认为是半间歇过程。然而,在 TIPS 工艺中,聚合物(固体)和溶剂可以被送入挤出机连续制作膜。这种特性不可被忽视或低估,因为连续过程在许多方面优于批量操作。第三,TIPS 制备的膜具有较窄的孔径分布(等孔)和较低的缺陷形成倾向。这种特性的出现是由于相变是通过带走热能而不是通过质量交换来进行的。基于传热通常比传质快一个数量级,所以驱动力(DT)均匀地作用于薄膜上,形成高度有序的结构。在大多数应用中,各向同性膜比非各向同性膜(孔径分布广)更受青睐,因为它具有较高的防污性能和较低的杂质(如病毒)泄漏。第四,TIPS 工艺的高工作温度提供了更广泛的溶剂选择,TIPS 工艺的这一独特特性是本章讨论的重点。

相转化法中所用的溶剂在整个试验中也起着至关重要的作用。其与聚合物的相互作用及其物理特性对最终膜的形态和性能有重要影响。此外,溶剂对膜生产环境的影响也受到监管机构的日益关注。据估计,膜生产过程中每年产生超过 500 亿 L 的溶剂污染废水。值得注意的是,大多数用于膜制造的溶剂是相当有毒且不环保的。例如,NIPS 的常用的极性非质子溶剂二甲基甲酰胺和二甲基乙酰胺,以及 TIPS 的常用溶剂邻苯二甲酸二丁酯(DBP)和 DOP。目前的研究趋势是用更环保的替代品取代这些有毒溶剂。同时,膜的性能还需要不断提高,以满足新兴膜应用的需求。要实现这一目标,必须充分了解膜形成的溶液热力学和动力学。特别是近年来发现了许多独特的溶剂可用于 TIPS 工艺。本章将对此做相应介绍。

综上所述,本章将介绍 TIPS 的基本概念,包括主要聚合物、主要溶剂(包括最近发现的溶剂),以及溶剂对最终膜形态和性能的影响。

15.2　热诱导相分离(TIPS)

TIPS 方法最早是在 20 世纪 80 年代作为相转化的另一种形式引入的。随后,Lloyd 和他的同事在 20 世纪 90 年代初为该方法的研究打下了坚实的基础,其他研究人员在过去的 20 年里也在这个基础上进行了研究。当通过 TIPS 制备薄膜时,最重要的概念之一是对相图的理解。

　　TIPS 的基本概念和相关步骤如图 15.2 所示。目标聚合物首先溶解在合适的溶剂中,在高于溶液熔点的温度下形成均相溶液。值得注意的是聚合物的熔融温度可根据聚合物－溶剂的相容性而降低。本章将在后面针对熔点降低理论有所讨论。在获得均匀的掺杂溶液时,就需将其浇铸成所需的形貌(扁平或中空纤维),然后以一定的控制速度进行冷却,以诱导相变和凝固。膜一经形成,通常使用另外一种溶剂将剩余溶剂提取出来。从图 15.2 的基本流程可以看出,TIPS 溶剂的要求比较严格。第一,溶剂必须在工作温度范围内具有较高的沸点和较低的蒸汽压。此外,出于安全考虑,使用前应仔细考虑溶剂的可燃性和燃点。第二,溶剂为小分子,分子量(MW)较低,便于膜形成过程中或膜形成后的提取。第三,溶剂应与目标聚合物表现出适度的相容性。由于 TIPS 的基本概念是通过冷却而析出聚合物,因此溶剂在高温下应表现出良好的相容性,而在低温下应表现出较低的相容性。本章后面部分将介绍指出,设计合适的相容性对薄膜形貌的裁剪至关重要。第四,溶剂应对工作人员不构成任何威胁,且排放时环境毒性应低。最后,该溶剂应表现出上述所有特征,并控制在一定经济承受范围内。

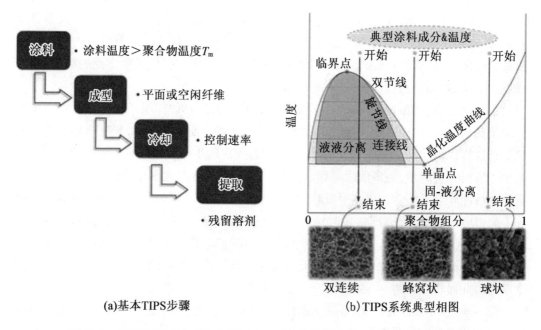

(a)基本TIPS步骤　　**(b)TIPS系统典型相图**

图 15.2　基本的 TIPS 步骤和典型相图三种常见的膜形态:双连续、蜂窝状和球形

(经 Kim, J. F.; Kim, J. H.; Lee, Y. M.; Drioli, E. 允许转载 Thermally Induced Phase Separation and Electrospinning Methods for Emerging Membrane Applications: A Review. AIChE J. 2016, 62, 461–490.)

　　与其他相转化方法类似,TIPS 方法将热力学稳定的掺杂溶液暴露在不稳定的环境中,溶液被脱去并最终沉淀成固体膜。如图 15.2 所示,典型的聚合物－溶剂 TIPS 体系可以用相图表示。由于 TIPS 是一个对应响应系统温度的双组分系统,相图通常绘制在温

度 – 组分图中。

图 15.2 为 TIPS 典型的掺杂成分(20% ~ 50%)和温度区域(10 ~ 20 ℃,高于 T_m 或 T_g)。在溶液冷却后,相分离可以通过两种不同的方式进行。第一种是液 – 液(L – L)分离,在这种分离中,溶液相分解为富聚合物相和贫聚合物相,随后凝固(类似 NIPS)。第二种是固液分离,聚合物从溶液中直接结晶。从图 15.2 中可以看出,两种不同的相分离途径产生了截然不同的形貌。S – L 分离导致球晶(类球)形貌,而 L – L 分离导致蜂窝状或双连续形貌。

首先,球晶形态是聚合物结晶析出的结果(S – L 分离)。这可能是在 TIPS 膜中观察到的最广泛的形貌,但由于其机械强度低,尤其是在聚合物浓度较低的情况下,通常不是首选的形貌。其次,通过成核和生长(NG)机制进行 L – L 分离得到蜂窝状形貌,这种成核和生长机制发生在不稳定聚合物掺杂溶液通过双节曲线和旋节曲线之间。虽然这种形态比球晶形态具有更好的强度,但细胞之间的孔连通性需要得到严格控制和优化,这主要是一个动力因素。正如所预期的,细胞连接性低的膜(许多闭合的细胞,即死孔)导致低渗透性。最后,在 L – L 分离过程中,自旋节分解可以得到双连续形貌。在聚合物浓度相同的情况下,双连续形貌的力学强度超过球晶形貌和蜂窝状形貌。此外,双连续形貌具有很高的孔隙连通性,通常是较理想的形貌。然而,在实践中,双连续和蜂窝状形态往往难以得到明确区分。不幸的是,导致所需的双连续形态的旋节分解路径只发生在低聚合物含量溶液中(对于 TIPS),并且在增加旋节线的大小方面也仍然需要不断研究(这将在后面讨论)。

从膜性能的角度来看,具有连通良好孔隙的双连续形貌(L – L 分离)是一种理想的结构,能够产生高渗透性和强机械完整性。然而,具有球晶形貌(S – L 分离)的膜在一定条件下也表现出优异的膜性能。相位分离通路从 L – L 切换到 S – L 的点称为单晶点。

充分理解 L – L 分相的概念是很重要的。当原液冷却并进入 L – L 分离区时,仍为液体(即,聚合物仍然溶解在溶剂中),但相分离为两个液相:连续的聚合物丰富相和聚合物贫乏相。在设定的溶液温度下,两相的组成在双标线的两端(通过连接线连接)。富含聚合物的相形成连续的网络并最终成为膜的基质,而贫聚合物的相变成膜孔(图 15.2 中的空单元)。重要的一点是,如果掺杂溶液通过二极线到达临界点的左边(二极线的顶部),那么所需的连续富聚合物相就不会形成,所形成的膜几乎没有机械完整性(呈粉末状)。也就是说,并非需要连续的富聚合物相,而是需要连续的富聚合物相和不连续的富聚合物相在凝固时产生粉末。如前所述,熔点可以从纯聚合物的熔点开始降低,这取决于聚合物 – 溶剂的相容性和组成。因此,当聚合物组分(Φ_P)等于 1 时,结晶温度等于纯聚合物的结晶温度。同样,二节和旋节区域的大小也与聚合物 – 溶剂的配比密切相关。因此,设计合适的聚合物 – 溶剂相容性十分关键。这两种效应都可以用溶液热力学和熔点降低理论来描述,即与 Flory – Huggins 交互相关参数(χ)有关,在下一节中将对此进行详细讨论。

15.2.1　热诱导相分离(TIPS)的热力学角度

为便于了解溶剂的作用,首先描述 TIPS 过程的基本溶液热力学是十分必要的。幸运的是,热力学家们已经在溶液热力学中打下了坚实的理论基础,这些理论基础现已被广泛应用于许多不同的领域,包括相转化过程。但是,需要注意的是,在热力学参数中很难定量描述成膜过程。然而,该理论可以为以后研究提供许多思路,并可以半定性地描述所观察到的现象。

在目前的膜文献中,研究人员已经应用了各种模型来描述相变过程中潜在的热动力学的解决方案。常用的模型有 Hildebrand 溶解度参数、Hansen 溶解度参数(HSP)和 Flory – Huggins 交互参数。这些模型均是基于相同的热力学原理并且是密切相关连的。

对于制备膜的目的,基本要点是确定目标聚合物是否会溶解在适当的溶剂中。当混合吉布斯自由能(ΔG_m)变化为负时,溶质(如聚合物)会自发地与溶剂混合,可以表示为

$$\Delta G_m = \Delta H_m - T\Delta S_m \tag{15.1}$$

其中,ΔH_m 和 ΔS_m 分别为混合焓和熵;T 为绝对温度。

值得注意的是,半结晶聚合物的熔融项自由能也应包括在内。然而,半晶态聚合物在熔点附近通常服从溶解度参数模型,而在描述 TIPS 反相现象时往往忽略熔融项。

对于聚合物 – 溶剂体系,混合熵(ΔS_m)在不可逆过程中是正的,因为可能的排列是有限的,因此通常非常小。可以想象,聚合物长链在溶液状态下的排列是有限的。因此,焓项(符号和大小)通常是决定聚合物 – 溶剂混溶性的决定因素(即 ΔG_m 是否为负值)。

焓项与结合能(E)的抽象概念有关,结合能(E)在物理术语中是一个分子与其相邻分子分离(蒸发)所需要的能量。结合能密度的平方根和熟知的溶解度参数 δ 的关系为

$$\delta[MPa^{0.5}] = \sqrt{CED} \tag{15.2}$$

其中,溶解度参数的单位通常为 $MPa^{0.5}$ 或 $(cal \cdot cm^{-3})^{0.5}$。

从理论上讲,每种化学物质都有其独特的溶解度参数,其数值可以用各种方法估计。此外,还可以方便地比较两种物质之间的溶解度参数,以评估它们之间的相互兼容性。Hildebrand 提出用溶解度参数的概念来描述 ΔH_m 如下:

$$\Delta H_m = V_m (\Delta \delta_{p-s})^2 V_p V_s \tag{15.3}$$

其中,V_m、V_p 和 V_s 分别为溶液、聚合物和溶剂的摩尔体积;$\Delta \delta_{p-s}$ 为聚合物与溶剂溶解度参数的差异 $(\delta_{polymer} - \delta_{solvent})$。

$\Delta \delta_{p-s}$(吸热溶解)的值升高,会导致聚合物和溶剂之间的相互作用降低,反之亦然。焓值在聚合物溶剂化过程中起着至关重要的作用。例如,焓值越小,聚合物与溶剂的相似度越高,说明这两种组分有可能混合(如溶解)。

虽然 Hildebrand 模型对于非极性系统简单有效,但它没有考虑氢键的影响,而且很可能与极性系统的实际情况严重偏离。在某些情况下,聚合物和溶剂具有非常相似的 Hildebrand 溶解度参数,但没有任何互溶性。这就得出了氢键作用不可忽视的结论。因此,并不提倡 Hildebrand 模型的使用,故在目前的文献中很少用于描述聚合物溶剂系统。

Hansen 溶解度参数（HSP）模型对 Hildebrand 模型进行了改进，将溶解度参数分解为三个离散项：色散力（vander waals）、极性力（偶极矩）、氢键，即

$$\delta^2 = \delta_d^2 + \delta_p^2 + \delta_h^2 \qquad (15.4)$$

其中，δ_d、δ_p 和 δ_h 分别为色散力、极性力和氢键引起的溶解度参数。

为了评价两种物质（如聚合物和溶剂）的相容性，Hansen 提出了使用以下公式计算 HSP 距离，简称 R_a：

$$R_a^2 = 4(\delta_{d,p} - \delta_{d,s})^2 + (\delta_{p,p} - \delta_{p,s})^2 + (\delta_{h,p} - \delta_{h,s})^2 \qquad (15.5)$$

HSP 距离或 R_a 可以表示为三维坐标下两点（两个向量的端点）之间的距离，如图 15.3所示。和 Hildebrand 溶解度参数的概念相似（$\Delta\delta_{p-s}$），R_a 距离越短，越容易混溶，反之亦然。有趣的是，离散项前面的因子 4 是几十年来一直是激烈争论的话题。试验结果表明，将因子 4 作为经验系数使用，所得到的结果一致较好。如今这个经验系数有了可靠的理论基础。

此时需要强调的是，溶解度参数法只能给出聚合物与溶剂的整体相容性。但对于膜的制备，需要描述不同浓度聚合物溶液的热力学状态，式（15.1）可以改写为

$$\Delta G = V\Delta P - S\Delta T + \sum \mu_i dn_i \qquad (15.6)$$

其中，μ_i 和 n_i 为 i 的化学势和摩尔数。

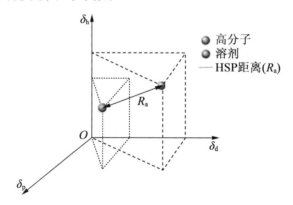

图 15.3 　Hansen 参数的说明（HSP）空间三维坐标：色散力（δ_d）、极力（δ_p）和氢键（δ_h）

（The distance between the two points is referred to as the HSP distance, or Ra. from Mulder, J. Basic Principles of Membrane Technology; Springer: Netherlands, 1996.）

在恒定的温度和压力下，聚合物 – 溶剂体系的 ΔG_m 项可以用化学势表示为（同样忽略了熔融热）

$$\Delta G_m = n_p \Delta\mu_p + n_s \Delta\mu_s \qquad (15.7)$$

对于理想解，式（15.7）可以重新排列为

$$\Delta G_m = RT(x_p \ln x_p + x_s \ln x_s) \qquad (15.8)$$

其中，x_p 和 x_s 分别为聚合物和溶剂的摩尔分数。

由于 $\Delta H = 0$ 是理想解，式（15.8）完全由熵效应（ΔS_m）决定。式（15.8）总是会得到

一个负值（若 $x<1$ 则有 $\ln x<0$），理想溶液总是自发混合。如前所述，聚合物–溶剂体系的熵项通常很低，因为可能的排列数量有限。

在实际溶液中，ΔH_m 不为零，因此一个小的正焓（$H>0$）就足以扰动聚合物–溶剂体系。换句话说，焓的贡献可以理解为对理想溶液的偏离，或者称之为过剩焓。Flory–Huggins 相互作用参数将这种过剩焓联系起来如下：

$$\Delta G_m = RT(n_p \ln \Phi_p + n_s \ln \Phi_s + n_p \Phi_s \chi) \tag{15.9}$$

其中，Φ_p 和 Φ_s 分别为聚合物和溶剂的体积分数；χ 为 Flory–Huggins 交互参数。Flory–Huggins 相互作用参数可以方便地与溶解度参数相关联。与吉布斯自由能类似，相互作用参数可以表示为焓和熵的总和：

$$\chi = \chi_S + \chi_H = a + \frac{b}{T} \tag{15.10}$$

其中，χ_S 和 χ_H 分别为熵反应和焓的贡献。

Flory–Huggins 相互作用参数是温度的反函数，在实际应用中经常使用两个拟合参数（a 和 b）进行拟合。需要注意的是，参数 a 和 b 受到限制需要以表格形式提供。如果文献中没有提供，则可以使用溶解度参数模型来估计 Flory–Huggins 参数。熵项 χ_S，通常是取值为 0.34 的常量，并且焓项可以使用以下方程来计算：

$$\chi_H = \frac{V_s}{RT} (\Delta \delta_{p-s})^2 \tag{15.11}$$

其中，$\Delta \delta_{p-s}$ 为聚合物和溶剂之间的溶解度参数差；V_s 为溶剂的摩尔体积。

理论上，V_s 应该是溶液的摩尔体积，而不是溶剂的摩尔体积。但在实际应用中，溶液的摩尔体积很难估计，假设溶液很稀，则改用溶剂的摩尔体积。正如预期的那样，Flory–Huggins 相互作用模型在聚合物浓度较高的情况下与实际存在较大偏差，自由体积贡献应考虑在内，以获得更准确的估计。这方面将在稍后做详细介绍。

重要的是要注意，χ 和温度成反比。该模型最初是利用 Hildebrand 溶解度参数建立的，但研究人员将其应用于 Hansen 溶解度参数，具体如下式所示：

$$\chi_H = \frac{V_s}{RT} \left[(\delta_{d,p} - \delta_{d,s})^2 + 0.25(\delta_{p,p} - \delta_{p,s})^2 + 0.25(\delta_{h,p} - \delta_{h,s})^2 \right] \tag{15.12}$$

通常，对于高平均分子量聚合物，在 $\chi \leqslant 0.5$ 下是可能出现完全溶解的。对于低平均分子量溶质，$\chi \leqslant 2$ 可保证完全溶解。对于 Flory–Huggins 相互作用参数的浓度和温度依赖性进行了深入的研究和制表。感兴趣的读者请参阅适当的参考资料。

为了更形象地说明溶液热力学，将 ΔG_m 与聚合物体积分数（Φ_p）进行对比，如图 15.4 所示。Lloyd 等在一系列论文中运用溶解度法对 TIPS 的过程进行了描述，为该研究奠定了较强的基础。

聚合物–溶剂对的溶液如图 15.4 所示。如前所述，如果 $\Delta G_m < 0$ 是可混溶的。从图 15.4(a)中可以看出，当 $\chi = 2$ 时，聚合物–溶剂体系在所有组分中都是不混相的；另一方面，当 $\chi = 0.3$ 时，该体系在所有组分中都是可混溶的。而 χ 在 0.3~2 之间会发生有趣的

现象：如当 $\chi = 0.8$ 时，如图 15.4(a)所示，在所有的组合物中，$\Delta G_{\mathrm{m}} < 0$，此现象意味着聚合物将在所有的组合物中与溶剂混合。但是，存在两个局部极小值（$\varPhi_{\alpha}$ 和 $\varPhi_{\beta}$），可以在这两个极小值（绿线）之间画一条切线。在物理术语中，这意味着两个液体组分可以平衡地存在于组分 $\varPhi_{\alpha}$ 和 $\varPhi_{\beta}$ 处。更具体地说，如果制备了成分界于 $\varPhi_{\alpha}$ 和 $\varPhi_{\beta}$ 之间的溶液，它的相将分为（L－L 分离）$\varPhi_{\alpha}$ 和 $\varPhi_{\beta}$ 的组合。需要注意的是，这只是一个假设的解决方案，而且曲线的实际形状和值对于每个聚合物－溶剂对都是不同的。

在不同温度下可以观察到类似的趋势，如图 15.4(b)所示，可由式(15.10)得以预测。温度的提高提升了聚合物－溶剂的相容性，这是 TIPS 法的核心原理。可以看出，每个聚合物－溶剂对都具有独特的相容性 χ，而相容性又可以通过调控温度来得以控制。

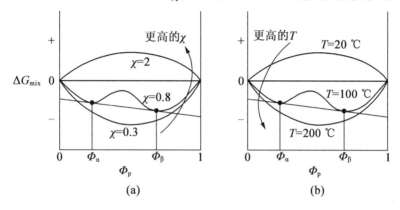

图 15.4　热力学假设的解决方案：(a)在固定的温度下不同的 χ 值和(b)不同的温度（见附录彩图）（经 Lloyd, D. R.；Kim, S. S.；Kinzer, K. E. 允许复制。Microporous Membrane Formation via Thermally－Induced Phase Separation. II. Liquid－liquid Phase Separation. J. Membr. Sci. 1991, 64, 1－11. Copyright 1991, Elsevier）

同样需要强调的是，每一对聚合物－溶剂对的准确值和曲线形状是不同的，图 15.4只是一个假设的情况。当然，这取决于聚合物－溶剂的相容性，在某些情况下，当温度降低时不发生相分离（L－L），只观察到 S－L 相分离。图 15.5 是一个重要的图，它说明了从热力学得到的 ΔG_{m} 趋势如何与实际相图相关联。在一个固定的温度（T_1）下，$\varPhi_{\alpha}$ 和 $\varPhi_{\beta}$ 之间组成的溶液将相分离（L－L 分离）在 $\varPhi_{\alpha}$ 和 $\varPhi_{\beta}$ 的平衡状态下分为两个组分。通过绘制每个温度下的极小点轨迹，可以得到一条完整的二极线。同样，图 15.5 所示的节点线是各温度下拐点（$\partial^2 \Delta G_{\mathrm{m}} / \partial \varPhi_{\mathrm{p}}^2 = 0$）的轨迹。有必要区分二节区和旋节区。简而言之，旋节区域内的溶液是热力学不稳定的，会自发地发生相变（旋节分解导致双连续形貌），而二节和旋节之间的溶液是亚稳态的，只有在稳定的细胞核形成后（通过核生长机制导致细胞形态），二节和旋节之间的溶液才会分离。当然，在这两种情况下，聚合物仍然处于溶液状态（所有状态下 $\Delta G_{\mathrm{mix}} < 0$），只有当温度低于溶液结晶点温度时，聚合物才会凝固。

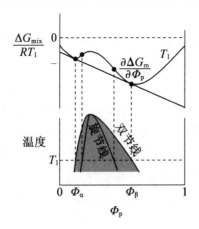

图 15.5　ΔG_{m} 与实际相图的相关性

(A full binodal line can be obtained by plotting the locus of the minima (Φ_{α} and Φ_{β}) at every temperature.

from Mulder, J. Basic Principles of Membrane Technology; Springer: Netherlands, 1996.)

在这一点上,溶液热力学的讨论忽略了聚合物结晶度的影响。对于 TIPS,使用的大部分聚合物是半结晶的。与 NIPS 相分离方法相比,TIPS 相分离多采用 S–L 相分离机制,形成球状形貌。熔点和结晶温度的降低取决于聚合物–溶剂的相容性。值得注意的是,聚合物的熔点(T_{m})较其结晶点(T_{c})高。

并且两者的差异取决于聚合物的成核倾向。例如聚烯烃和脂肪族聚酰胺结晶迅速,T_{c} 略低于其 T_{m},而聚苯醚结晶缓慢,T_{m} 与 T_{c} 之间的间隙较大。Lloyd 等指出,由于目前缺乏相对应的结晶热力学理论,所以采用了熔点降低理论。从简单的立场出发,本文默认为熔化温度和结晶温度是相似的,这两个术语可以互换使用。熔点降低(从纯聚合物状态)与 Flory – Huggins 参数之间的关系可以用下式表示:

$$T_{\mathrm{m}} = \cfrac{1}{\cfrac{R V_{\mathrm{r,u}}(\Phi_{\mathrm{s}} - \chi \Phi_{\mathrm{s}}^2)}{\Delta H_{\mathrm{f}} V_{\mathrm{s}}} + \cfrac{1}{T_{\mathrm{m}}^0}} \qquad (15.13)$$

其中,T_{m} 和 T_{m}^0 分别为聚合物在掺杂溶液中的熔化温度和纯结晶聚合物的熔化温度;V_{d} 和 $V_{\mathrm{r,u}}$ 分别为溶剂的摩尔体积和聚合物重复单元的摩尔体积;ΔH_{f} 为重复单元的熔化热;F_{s} 为溶剂的体积分数;χ 为 Flory – Huggins 交互参数。

将熔点降低理论应用到一个假设的系统中,得到一个 T_{c} 剖面,它是 Φ_{p} 的函数,如图 15.6(a)所示。在不存在 L–L 脱矿的体系中,当某种组分的掺杂溶液冷却到低于结晶温度时,溶液通过结晶出聚合物(S–L 相分离)来降低其能级。对于 L–L 脱矿体系,可以结合熔点降低理论,得到如图 15.6(b)所示的典型 TIPS 相图。

在这一点上,值得强调的是,需要对每个聚合物–溶剂体系进行试验,以获得一个实际的二节线和结晶温度。通常用光学显微镜或光散射装置的云点测量方法观察二节线,用差示扫描量热法测量结晶温度。

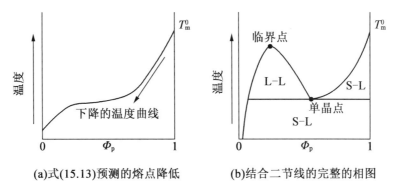

(a)式(15.13)预测的熔点降低　　　(b)结合二节线的完整的相图

图 15.6　式(15.13)预测的熔点降低和结合二节线的完整的相图

图 15.7 所示为目前所讨论的 TIPS 系统的溶液热力学。虽然有关相分离热力学的文献比较分散，但都是由几个简单的概念为根基的。首先，Flory－Huggins 相互作用参数定性地描述了聚合物－溶剂体系的相容性。Flory－Huggins 参数可以从几个不同的角度来看待，如两个目标化合物之间的相容性，或偏离理想溶液（过剩能量），它可以与溶解度参数模型有关。在应用溶解度参数模型时，应避免使用 Hildebrand 模型，因为 Hildebrand 模型缺乏氢键效应，导致极性系统与实际存在较大偏差。相反，应该尽可能使用 Hansen 溶解度参数（HSP）。除了使用 Flory－Huggins 参数描述溶液热力学外，HSP 模型还可以用于计算 R_a，即 HSP 距离，从而定性比较聚合物－溶剂的相容性。然而，需要注意的是，Flory－Huggins 参数最初是与 Hildebrand 模型相关的，因此，它如何解决氢键效应似乎是一个悬而未决的问题。另一方面，HSP 距离法在许多其他领域有着广泛的应用，它可以更好地描述聚合物－溶剂体系。

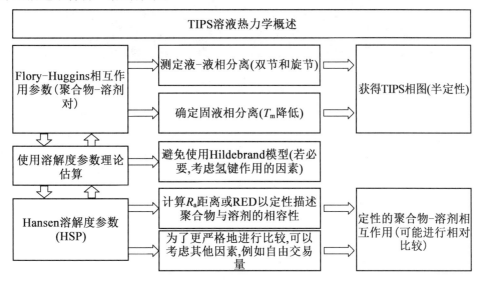

图 15.7　TIPS 溶液热力学概述

15.2.2　TIPS 的动力学的角度

在膜形成过程中,溶液热力学方面只提供了图像的一半。与所有其他化学体系一样,接近平衡态的速率也对最终膜的形态和性能产生重大影响。换句话说,冷却速率和结晶速率等动力学参数起着重要作用,有时甚至比热力学相容性更重要。此外,在成核剂、成孔剂等添加剂的作用下,成核体系变得更加复杂,这将影响成核速率和涂料稳定性。

在 TIPS 过程中,冷却速率通常是最易于控制的参数,也是最有效的参数,如图 15.8 所示。正如在 TIPS 部分热力学方面所讨论的,相分离有两种不同的方式进行:L - L 分离后聚合物凝固,以及 S - L 分离,即聚合物从溶液中直接结晶。

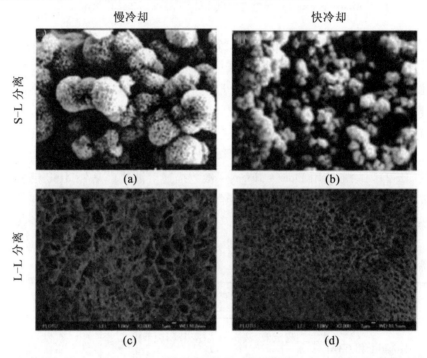

图 15.8　冷却动力学对膜形貌的影响:(a)采用邻苯二甲酸二甲酯(DMP)缓释分离 PVDF 膜,(b)快速淬火至 0 ℃,(c)用二苯甲酮(DPK)缓慢冷却的 L - L 分离 PVDF 膜,(d)快速降温至 0 ℃
(已经 Yang, Y.; Li, D.; Lin, Y.; Wang, X.; Tian, F.; Wang, Z. 授权获取版权 Formation of a Bicontinuous Structure Membrane of Polyvinylidene Fluoride in Diphenyl Ketone Diluent via Thermally Induced Phase Separation. J. Appl. Polym. Sci. 2008, 110, 341 - 347. Copyright 2006, Elsevier)

在热力学条件下,凝固过程仅在熔点(结晶点)以下进行,如图 15.2 相图所示。从动力学角度来说,过冷的程度决定了聚合物从溶液中凝固(结晶)的速度。

图 15.8(a)、(b)为不同冷却速率下 S - L 分离形成的膜形态。可以清楚地看到,冷却速度越快,球粒越小。这种现象可以用核生长模型来解释,在核生长模型中,快速冷却会更快地导致核形成,但会使晶体的生长时间更短。另一方面,冷却速度越慢,核越少,球粒生长时间越长,球粒越大,球粒密度越低。一般情况下,较小的球粒具有较强的膜,

渗透性较低;较大的球粒具有较弱的膜,渗透性较高。例如 Ghasem 等给出了定量结果,快速冷却使孔径从 13 μm 减小到 4 μm,机械强度也相应增大。

图 15.8(c)和(d)为不同冷却速率下 L-L 分离形成的膜形态。同样,膜的形态也受到冷却速率的显著影响。此外,不同的冷却速率对孔径的影响也不同。观察到这种现象是因为较慢的冷却时间使不稳定聚合物溶液有更多的时间到达相分离(L-L)。因为很难通过试验确定旋节线的准确位置,故冷却速率对 L-L 相分离膜性能的影响尚不清楚。有趣的是,据报道,L-L 分离的生长时间越长,形成的细胞结构越孤立,连接性和渗透性也越差。在本工作中值得注意的一点是,L-L 分离导致细胞结构而不是双连续形态。这项工作的数据清楚地表明,较大的孔径(或细胞大小)并不一定导致高渗透率,孔径连通性起着重要作用。另一方面,也有报道指出,较慢的冷却导致具有较大孔径的膜渗透率增加。遗憾的是,尽管孔隙连通性非常重要,但人们对其知之甚少。这可能是一个只有计算机辅助模拟才能阐明细节的课题。这里的关键概念是,一旦确定了相图(热力学),就可以微调冷却速率(动力学),以获得所需的孔径和机械强度。

聚合物凝固遵循成核-生长模型(S-L),以及成核速率影响球粒的最终尺寸,进而影响性能。如前所述,成核速率取决于过冷程度和冷却速率。此外,使用成核剂可以提高成核率,这对于许多应用本身是一个有趣的研究课题。Lloyd 等系统地研究了成核剂对等规聚丙烯(IPP)聚合物膜制备的影响。Su 等发现环己酮的加入有助于增强晶体成核,从而形成具有良好连通孔隙的层状结构(图 15.9)。他们的报道指出低表面张力和低黏度成核剂是带来此结果的原因。

图 15.9　成核剂对以 γ-丁内酯(BA)为溶剂,环己酮(CO)为成核剂的聚偏氟乙烯膜形态的影响(随着 CO 含量的增加,球晶尺寸变小,孔连通性增强,机械强度增强,流动性好)(经 Su, Y.; Chen, C.; Li, Y.; Li, J. 允许转载。Preparation of PVDF Membranes via TIPS Method: The Effect of Mixed Diluents on Membrane Structure and Mechanical Property. J. Macromol. Sci. A Pure Appl. Chem. 2007, 44, 305-313)

同时,其他成核剂还包括颜料和矿物填料。然而,TIPS 在此方面的文献研究较少。阐明普通聚合物成核剂的成核效果(如:聚丙烯和聚偏二氟乙烯(PVDF)),必将提高膜的性能。值得强调的是,动力学参数(冷却速率,成核剂的存在)不会将 S-L 相转化为 L-L 相,反之亦然。相反,动力学参数影响固有形态(如球粒、细胞或双连续)的大小和密度,从而影响膜的性能。

15.3 聚合物的标准

要用 TIPS 将聚合物铸造成膜,聚合物首先需要满足一定的条件。此外,需要仔细考虑聚合物的化学部分,以获得预期的应用效果(如极性、亲水性、pKa)。由于本节的重点是溶剂的影响,因此对聚合物方面只做简要介绍。在选择聚合物时需要考虑的一些关键参数有玻璃化转变温度(T_g)、熔点温度(T_m)、熔体黏度、疏水性、化学和机械稳定性、在特定溶剂中的溶解度、结晶速率和分子量。表 15.1 总结了用于 TIPS 工艺的常见聚合物的关键性能。

TIPS 的基本原理是通过控制冷却温度来诱导聚合物结晶。因此,文献中大多数 TIPS 聚合物表现出某种形式的结晶度(特殊情况将在后面讨论)。在实践中,结晶温度在 100 ℃ 到 200 ℃ 之间的半结晶材料是研究的热门材料,由于这一范围便于与许多可用的溶剂一起工作,而且比大多数膜操作温度高(10~50 ℃),这确保了膜的热稳定性。例如,Lloyd 和同事在 20 世纪 90 年代早期研究了 iPP。由于聚丙烯疏水性强,表面张力低,所以在这一时期并没有被广泛应用于水处理领域,但在膜接触器领域,特别是在 CO_2 吸附和膜蒸馏(MD)领域,聚丙烯正重新获得强大的发展势头。在 21 世纪初,研究人员探索了更多的亲水聚合物,如 EVOH(聚乙二醇)和 PVB。从表 15.1 可以看出,这两种聚合物在环境条件下处于玻璃态,与橡胶聚合物相比,它们表现出不同的力学和塑化行为。近年来,PVDF 因其优良的化学和机械性能而受到人们的广泛关注。此外,PVDF 可以通过化学改性和/或与亲水聚合物共混,在水处理应用(如 MBRs)中容易亲水。目前,由 TIPS 制备的聚丙烯和 PVDF 膜已在市场上销售。值得注意的是,也有非晶聚合物体系,如非晶聚甲基丙烯酸甲酯,其只存在 L-L 分离。对于该系统,在相图中绘制的是 T_g 线,而不是 T_c 线。

对于具有相同重复单体单元的聚合物,聚合物的分子量和分布是优化膜应用以保证适当的机械强度和加工性能的重要因素。聚合物形成连续膜(如膜)的趋势通常被称为成膜能力,它主要是聚合物分子量和化学官能团的作用。对于每一种用于薄膜的聚合物,都有一定的分子量,可以将聚合物加工成薄膜。如果分子量过低,制备的膜就会非常脆弱,而如果分子量过高,聚合物溶液就会变得非常黏稠,无法处理和加工。化学官能团和聚合物分子量都影响溶液黏度和成膜能力。例如聚四氟乙烯具有优良的化学稳定性和较强的机械支撑性能,但其高熔体黏度一直是加工成膜的主要限制因素。在聚合物分子量分布(多分散性指数)方面,较窄的分子量分布确保了性能的可重复性,并减少了与平均性能之间不必要的偏离。

在选择 TIPS 聚合物时需要考虑的一个细微参数是结晶速度。从膜制造商的角度来看,较高的膜制造效率是首选。聚合物需要以合理的速度凝固(结晶),以保证快速的膜生产。此外,结晶速度对膜的形成过程(即性能)确实有显著影响,尤其是对于 TIPS,其主要凝固路线是通过结晶来实现的。一般来说,结晶速率随分子量的增加而降低,直链烷烃的结晶速度明显快于芳香族和支链聚合物。重要的是，结晶速率取决于结晶点的过冷程度，而过冷程度又取决于聚合物－溶剂体系。

15.3.1　溶剂标准

对于给定的聚合物，必须为 TIPS 工艺确定合适的溶剂。尽管聚合物的选择相当有限，但存在许多可能的溶剂，特别是对于在高温下制备溶液的 TIPS 而言。例如，不能在环境温度下工作的溶剂可以有效地使用，因为溶解度随温度呈指数增长。在 TIPS 文献中，溶剂一词与稀释剂一词可互换使用。稀释剂一词来源于聚合物挤出过程，即稀释剂用于稀释熔融聚合物。在本章中，使用的是溶剂这个术语，因为它更适合描述 TIPS 过程。如果溶液在高温下（低于聚合物的 T_m）是热力学稳定的，聚合物就会被溶剂溶解。当溶液冷却，溶液变得不稳定（在饱和点以上），可以说聚合物被稀释剂稀释了。

选择溶剂主要考虑的参数有：沸腾温度（蒸汽压）、熔融温度、分子量、密度、成本、毒性、安全性、环境影响、溶解度参数。表 15.2 总结了一些常用的 TIPS 溶剂。需要注意的是，这个表格并不全面，因为有许多未知的溶剂可能用于 TIPS。TIPS 溶剂应具有高沸点（低蒸汽压），远高于 TIPS 加工温度，防止过度蒸发损失，从而改变涂料成分。同时，该溶剂应具有较低的分子量，便于从固化膜中提取。萃取通常使用酒精或氯化溶剂（如二氯甲烷）。从制备的膜中完全提取溶剂是非常重要的，这样在实际的膜操作过程中就不会有任何东西漏出。有趣的是，存在部分 TIPS 溶剂的结晶温度高于所使用的聚合物，这反过来又对膜的形成机制有显著的影响。最后，这种溶剂需能够承担大量供应的要求。

随着环境法规的日益严格，溶剂在绿色环保方面，如安全性、毒性和环境影响等，必须加以考虑。更具体地说，当 TIPS 操作在较高的温度下进行时，必须在选择溶剂之前考虑溶剂的闪点。值得注意的是，高沸点并不一定保证有高闪点，必须考虑其蒸汽压。此外，为了保障人员安全，化学品的毒性需要仔细评估。例如，二苯基酮（DPK）是一种众所周知的致癌物质，在紫外线照射下会形成自由基，而且大多数以邻苯二甲酸酯为基础的 TIPS 溶剂已经显示会在生物组织中累积。此外，由于膜制造过程会产生大量的废液和被污染的废水，因此必须仔细检查排放过程对环境的整体影响。这些影响目前正受到监管机构的严格审查。目前，工业和学术界的重点是开发更绿色、更环保的膜制造溶剂。

15.3.2　从热力学角度看溶剂的影响

正如前面所讨论的，相图显示了目标溶液的热力学状态，这是将薄膜裁剪成所需形态的关键信息。温度、溶液组成和聚合物－溶剂相互作用等参数决定了 TIPS 相图的形状。值得注意的是，系统温度和溶液组成是独立的参数，而聚合物－溶剂相互作用是形成特定聚合物－溶剂对的二节点和熔点下降曲线的依赖性参数。因此，了解聚合物－溶剂相互作用对二节点形状的影响，不仅对膜的形态控制至关重要，而且对设计出更稳定、更绿色的溶剂也至关重要。

表 15.1 常用的 TIPS 聚合物及其性能

聚合物	分子量/$(g \cdot mol^{-1})$	T_g/℃	T_c/℃	T_m/℃	表面张力/$(mN \cdot m^{-1})$	密度/$(g \cdot cm^{-3})$	分散参数 (δ_d)	极参数 (δ_p)	氢键参数 (δ_h)	参考文献
聚偏二氟乙烯	370~610 k	−40	133~144	170~175	30.3	1.75~1.80	17	12.1	10.2	
等规聚丙烯	190~580 k	−3	125~145	130~171	29.4	0.91	17.2	0	0	18
聚乙烯	120~600 k	−110	115~138	105~130	35.7	0.92~0.96	16.8	3.8	3.8	
聚(乙烯-共-乙烯醇)		55~72		164~183	35~37	1.14~1.19	20.5	10.5	12.3	40

续表 15.1

聚合物	分子量/(g·mol⁻¹)	T_g/℃	T_c/℃	T_m/℃	表面张力/(mN·m⁻¹)	密度/(g·cm⁻³)	分散参数 (δ_d)	极参数 (δ_p)	氢键参数 (δ_h)	参考文献
聚乙烯醇缩丁醛	620 k	87	165~185	38	1.08	19.1	9.5	12.2	50	
聚三氟氯乙烯		150	210~240	30.9	2.077~2.187	14.1	2.7	5.5	81	
醋酸纤维素	30~60 k	180~189	209~219	230~250	45.7	1.31	18.3	16.5	11.9	52

续表 15.1

聚合物	分子量/(g·mol^{-1})	T_g/℃	T_c/℃	T_m/℃	表面张力/(mN·m^{-1})	密度/(g·cm^{-3})	分散参数(δ_d)	极参数(δ_p)	氢键参数(δ_h)	参考文献
聚醚醚酮	23~37 k	132~158	300~324	335~343	42.1	1.26~1.27				53
聚苯硫醚	51 k	84~103.9		290~320	46.8	1.34~1.36	18.7	5.3	3.7	54
聚L-乳酸	100~137 k	53~64	100~118	145~186	43.5	1.248~1.290	18.6	9.7	6.1	55

表 15.2　TIPS 溶剂及其基本性能

溶剂	分子量 /(g·mol⁻¹)	温度 T_c/℃	温度 T_m/℃	密度 25 ℃ /(g·cm⁻³)	无毒性 环保	Hansen 溶解参数 (δ) 分散参数 (δ_d)	极参数 (δ_p)	氢键参数 (δ_h)	参考文献
柠檬酸十六烷基三丁酯	402.48	327	-59	1.048	0/0/△	16.02	2.56	8.55	[75]
乙酰柠檬酸三乙酯	318.3	297	-42	1.135	0/0/△	16.6	3.5	8.6	[76]
己内酰胺	113.16	266.9	68~70	1.022	X/0/X	19.4	13.8	3.9	[77]
环己酮	93.14	156	-32.1	0.95	X/X/△	16.8	0	0.2	[77]

续表 15.2

溶剂	分子量 /(g·mol⁻¹)	温度		密度 25 ℃ /(g·cm⁻³)	无毒性 环保	Hansen 溶解参数(δ)			参考 文献
		T_c/℃	T_m/℃			分散参数(δ_d)	极参数(δ_p)	氢键参数(δ_h)	
乙二酸二辛酯	370.57	214	-67.8	0.922	X/0/X	16.7	2	5.1	[78]
丙二酸二乙酯	160.17	198~199	-51~49	1.06	Δ/Δ/Δ	16.1	7.7	8.3	[79]
己二酸二丁酯	314.52	186~194	-11	0.94	Δ/0/X	13.9	4.5	4.1	[80]
癸二酸二辛酯	426.76	240	-48	0.92	0/0/X	16.8	1	4.7	[78]
二苯甲烷	168.234	261~266	22~26	1.006	?/0/X	19.5	1	1	[81]
二苯醚	170.21	258	25~26	1.08	Δ/0/X	19.5	3.4	5.8	[15]

续表 15.2

溶剂	分子量 /(g·mol⁻¹)	温度		密度 25 ℃ /(g·cm⁻³)	无毒性 环保	Hansen 溶解参数(δ)			参考 文献
		T_c/℃	T_m/℃			分散参数(δ_d)	极参数(δ_p)	氢键参数(δ_h)	
二苯酮	182.22	305.4	49	1.1108	Δ/O/Δ	19.6	8.6	5.7	[36]
碳酸二苯酯	214.22	301~302	79~82	1.272	O/O/Δ	18.73	3.64	7.48	[82]
邻苯二甲酸二甲酯	194.18	283~284	2	1.19	Δ/O/X	18.6	10.8	4.9	[83]
邻苯二甲酸二乙酯	222.24	298	-3	1.13592	X/O/X	17.6	9.6	4.5	[51]
邻苯二甲酸二丁酯	278.34	340	-35	1.043	X/O/X	17.8	8.6	4.1	[84]

续表 15.2

溶剂	分子量 /(g·mol⁻¹)	温度 T_c/℃	温度 T_m/℃	密度 25 ℃ /(g·cm⁻³)	无毒性 环保	Hansen 溶解参数(δ) 分散参数(δ_d)	极参数(δ_p)	氢键参数(δ_h)	参考文献
邻苯二甲酸二己酯	334.46	333		1.01	X/0/X	17	7.6	3.6	[85]
邻苯二甲酸二辛酯	390.56	385	−50	0.986 1	X/0/X	16.6	7	3.1	[26]
乙二醇 HO～OH	62.07	197.3	−12.9	1.11	0/0/0	17	11	26	[86]
γ丁内酯	86.09	205	−43.53	1.12	Δ/0/0	19	16.6	7.4	[26]
甘油 HO～OH OH	92.09	290	18	1.261	0/0/Δ	17.4	12.1	29.3	[64]

续表 15.2

溶剂	分子量 /(g·mol⁻¹)	温度		密度 25 ℃ /(g·cm⁻³)	无毒性 环保	Hansen 溶解参数(δ)			参考文献
		T_c/℃	T_m/℃			分散参数(δ_d)	极参数(δ_p)	氢键参数(δ_h)	
甘油三乙酸酯	218.21	258	4	1.159 6	0/0/Δ	16.5	4.5	9.1	[80]
苯甲酸甲酯	136.1	198	−12	1.1	Δ/X/Δ	18.9	8.2	4.7	[79]
5-(二甲氨基)-2-甲基-5-氧戊酸甲酯	187.8	278～282	< −60	1.043	0/0/0	15.8	10.7	9.2	[11]
水杨酸甲酯	152.15	220	−9	1.17	0/Δ/Δ	16	8	12.3	[87]
矿物油肉豆蔻酸	约等于 228.38	310 326.2	约等于 54.4	0.835 0.862	0/0/X 0/0/Δ	16.48	1.65	6.27	[21] [88]

续表 15.2

溶剂	分子量 /(g·mol⁻¹)	温度 T_c/℃	温度 T_m/℃	密度 25 ℃ /(g·cm⁻³)	无毒性 环保	Hansen 溶解参数 (δ) 分散参数(δ_d)	极参数(δ_p)	氢键参数(δ_h)	参考文献
聚乙二醇 H—[O⌒]—OH	177.65	250	−65	1.127	0/0/△	16.7	5.6	16.7	[89]
丙二醇 OH ⌒ OH	76.09	188.2	−59	1.04	0/0/0	16.8	9.4	23.3	[90]
环丁砜	120.17	285	27.5	1.261	△/0/△	20.3	18.2	10.9	[91]
三乙二醇二乙酸酯	234.25	286	−50	1.12	0/0/0	16.4	2.1	9.8	[92]
磷酸三乙酯	182.15	215	−56.5	1.072	X/△/X	16.7	11.4	9.2	[88]

续表 15.2

溶剂	分子量 /(g·mol⁻¹)	温度		密度 25 ℃ /(g·cm⁻³)	无毒性 环保	Hansen 溶解参数(δ)			参考 文献
		T_c/℃	T_m/℃			分散参数(δ_d)	极参数(δ_p)	氢键参数(δ_h)	
二甲基砜	94.13	238	109	1.17	Δ/0/0	19	19.4	12.3	[93]
二甘醇单乙醚乙酸酯	176.21	219	−25	1.01	0/0/0	16.2	5.1	9.2	[86]

由可用的 MSDS 数据确定。O=好,D=中,X=坏。从其易燃性和沸点确定安全性;从其致癌性和 LD50 确定毒性;通过其水溶性和水生危害性来确定环境友好性。

如图 15.10 所示,根据聚合物 – 溶剂对的不同,TIPS 图可以分为三种不同类型。首先,如果溶剂本身在操作温度范围内是可结晶的,则两个熔点下降曲线在共晶点相交,如图 15.10(a)所示。用这种聚合物 – 溶剂对制备的膜具有球晶结构和花边结构所组合的复合结构虽然这些聚合物 – 溶剂对相对不常见,但由于它们独特的膜形态(例如,PVDF – 己内酰胺、PVDF – DPC),已经引起了相当大的关注。其次,如果聚合物 – 溶剂相容性高,则双曲线完全从相图中消失,并且相分离仅通过聚合物结晶触发的 S – L 分离进行,如图 15.10(b)所示。在膜形态方面,除了聚合物结晶外,没有其他的相分离驱动力,最终膜可能呈现球状形态。结晶曲线下偶尔会出现双节点曲线,快速淬火时也会出现 L – L 相分离,但试验无法确定双节点曲线的准确位置。最后,如果溶剂与聚合物之间有足够的相容性,双节点曲线将与熔点曲线只相交于熔点,如图 15.10(c)所示。熔点的位置高度依赖于聚合物 – 溶剂的相容性。随着相容性的降低,双峰区变大,熔点向右移动。对于这种聚合物 – 溶剂对,可以选择适当的制备条件来诱导 L – L 分离膜或 S – L 分离膜,或两者兼有。

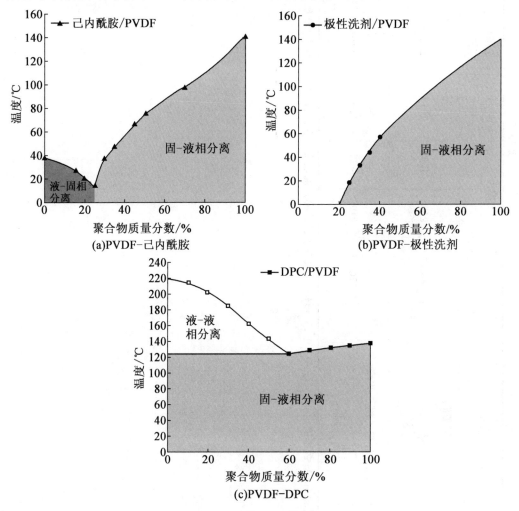

图 15.10　在不同的 PVDF – 溶剂热力学系统中,不同 TIPS 相图的绘制

　　本节对两组聚合物 iPP 和 PVDF 的相关文献进行了整理和分析,从热力学角度更好地说明了 TIPS 体系中溶剂的作用。这两种聚合物在 TIPS 领域得到了积极的研究,并已成功地商业化为 TIPS 膜。目前相关膜研究的文献中使用的两种方法主要是利用第 15.2.1 节讨论的热力学关系,采用 Flory - Huggins 相互作用和 Hansen 溶解度参数（HSP）分化（R_a）分析了报道的聚合物 - 溶剂相容性。由于目前的文献比较分散,本节试图描述观察到的膜形态和现象,并提出指导意见。然而,需要再次强调的是,热力学模型不能定量测量,只能作为理解系统的半定性手段。

　　图 15.11 和表 15.3 分别给出了所报道的 PVDF - 溶剂体系的相图编制和相应的溶解度参数分析。如第 15.2.1 节所述,R_a 项仅是 Hansen 溶解度参数的函数,对于系统的相对比较是有用的。另一方面,Flory - Huggins 交互参数（χ）为 Hansen 溶解度参数、温度、溶剂摩尔体积的函数。如式（15.11）所强调的,Flory - Huggins 相互作用模型假设溶液无限稀释,其精度在溶液浓度较高时可能下降。

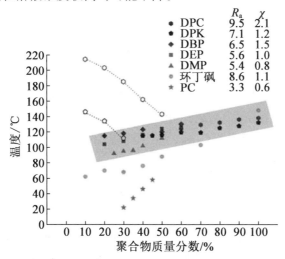

图 15.11　不同聚偏氟乙烯 - 溶剂体系的相图的绘制

符号—结晶点；空白符号—所报告的双曲线：DPC, DPK, DBP, DEP, DMP, 环丁砜, PC

表 15.3　溶度参数分析

聚合物和溶剂	δ_d	δ_p	δ_h	$R_a/(\text{MPa}^{0.5})$	χ	$V_s/(\text{cm}^3 \cdot \text{mol}^{-1})$
PVDF	17.2	12.5	9.2			
PC（极性溶剂）	15.8	10.7	9.2	3.3	0.6	185.4
DMP	18.6	10.8	4.9	5.4	0.8	163.2
DEP	17.6	9.6	4.5	5.6	1.0	198.4
DBP	17.8	8.6	4.1	6.5	1.5	267.6
DPK	19.6	8.6	5.7	7.1	1.2	164.2
环丁砜	20.3	18.2	10.9	8.6	1.1	95.4
DPC	18.7	3.64	7.5	9.5	2.1	191.3

R_a—HSP 距离；（χ）—Flory - Huggins 交互参数。

如图 15.11 所示,所选溶剂的溶解度参数和相互作用参数范围较大。在所选择的溶剂中,邻苯二甲酸酯类溶剂(二甲基邻苯二甲酸二甲酯(DMP)、邻苯二甲酸二乙酯(DEP)、DBP)是分子结构相似的 TIPS 类溶剂中最常见的类型,便于比较聚合物 - 溶剂相容性对相图形状的影响。在邻苯二甲酸酯类溶剂中,拥有最短烷基链的 DMP,显示出了最高的极性和最强的氢键,以及最小的 R_a 和 Flory - Huggins 交互参数(χ)。此外,随着烷基链的长度增加,极性和氢键均有所降低,这反过来使得 R_a 和 χ 值有所升高。也就是说,随着烷基链长度的增加,聚合物 - 溶剂相容性降低。同样,DPC(二苯基碳酸二苯酯)和 DPK 这两种分子结构略有差异的二苯基溶剂也被纳入比较之中。此外,Polar Clean (PC) 是最近发现的一种绿色溶剂。其溶解度参数与 NMP 非常相似,磺烷的极性和氢键溶解度参数非常强,且摩尔体积小得多。

正如 15.2.1 节所讨论的,R_a 和 χ 值越小,聚合物 - 溶剂兼容性越好。可以预料,小的 R_a 和 χ 值可能降低结晶曲线的位置,如图 15.11 所示。另一方面,R_a 和 χ 的增加,使得结晶曲线值有所增大。同时不难看出,由于不能超过聚合物的纯结晶点,溶剂的结晶曲线和 $\chi > 1$ 的结晶曲线非常相似。在稍后讨论的 iPP/溶剂体系中,也可以观察到结晶曲线中的这种模式。

PVDF/环丁砜体系是图 15.11 中一个特殊的离群值,其趋势不符合 HSP 距离(R_a)预测。PVDF/环丁砜体系的 R_a 值为 8.6 MPa$^{0.5}$,高于所列溶剂(DPC 除外),但其结晶曲线低于 PVDF/DMP 体系(R_a 为 5.40 MPa$^{0.5}$)。另一方面,采用 Flory - Huggins 交互模型可以得到更好地拟合。由于其模型结合了溶剂的摩尔体积,Lory - Huggins 模型拟合得很吻合。磺烷的摩尔体积为 95.37 cm$^3 \cdot$ mol^{-1},远远低于 DMP (163.17 cm$^3 \cdot$ mol^{-1})、DEP (198.42 cm$^3 \cdot$ mol^{-1})或者 DBP (267.63 cm$^3 \cdot$ mol^{-1})。从物理角度出发可知,溶剂的摩尔体积越小,在分配的体积中溶剂分子的数量就越多,与溶液中的聚合物相互作用的机会也就越大。当然,需要再次指出的是,Flory - Huggins 模型的前提条件是假设溶液是无限稀释的。Kim 等提出,对于浓溶液而言,必须考虑溶液体积(而不是溶剂)的影响。然而,这样的观察结果表明,Flory - Huggins 模型可能是预测聚合物 - 溶剂体系溶液热力学更好的工具。但是在实践中则建议使用这两种模型来共同描述 TIPS 解决方案的状态。

图 15.12 所示为不同溶剂的 iPP 相图。通常,iPP 的溶解度参数仅包含色散项(即 $\delta_p = 0$,$\delta_h = 0$),而一般认为溶剂中含有 δ_p 和 δ_h 会导致溶液不稳定。通常情况下,非极性系统的溶解度参数模型精度较高。如表 15.4 所示,R_a 和 χ 值变化趋势非常相似,部分原因是溶剂的摩尔体积相似。然而,溶液的稳定性与曲线的大小之间有明显的关系。随着 R_a 和 χ 数值的增加,溶液体系变得更加不稳定,双节点区域也有所变大。另一方面,在编译好的 iPP/溶剂体系中,熔点的降低是相当不显著的,如图 15.12 中彩色框所示。例如,对于 iPP/二苯基甲烷 (DPM)系统,χ 数值为 0.7,这和 PVDF/PC 系统相接近($\chi = 0.6$)。然而,这两种聚合物的熔点降低的程度有明显的差异。对于质量分数为 30% iPP/DPM 体系,其熔点降低程度 (ΔT_m) 程度达到了 30 ℃,但对于质量分数为 30% PVDF/PC 体

系而言，其 ΔT_m 可达 $120 \sim 140 \ \mathrm{℃}$。尽管对比了这两种聚合物，类似 χ 值在 ΔT_m 中出现如此大的反差表明溶解度参数法预测 TIPS 溶液热力学有效性存在一定的不准确性。因此，应使用热力学方法定性地描述观察到的现象，并定性地调整溶剂结构。

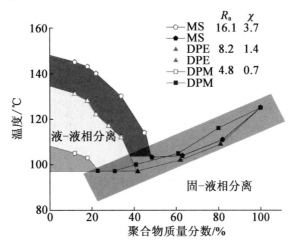

图 15.12　不同 iPP 溶剂系统的相图（见附录彩图）

符号—结晶点；空白符号—所报告的双曲线

（Matsuyama, H.; Teramoto, M.; Kudari, S.; Kitamura, Y. Effect of Diluents on Membrane Formation via Thermally Induced Phase Separation. J. Appl. Polym. Sci. 2001, 82, 169 – 177）

表 15.4　报道的 iPP – 溶剂体系的溶解度参数分析

聚合物和溶剂	δ_d	δ_p	δ_h	$R_\mathrm{a}/(\mathrm{MPa}^{0.5})$	χ	$V_\mathrm{s}/(\mathrm{cm}^3 \cdot \mathrm{mol}^{-1})$
iPP	17.2	0.0	0.0			
DPM	19.5	1.0	1.0	4.8	0.7	167.2
DPE	19.5	3.4	15.8	8.2	1.4	157.6
水杨酸甲酯（MS）	18.1	8	13.9	16.1	3.8	130.0

图 15.13（a）和 15.13（b）为采用式（15.13）所计算的理论熔点下降曲线。如图所示，当 Flory – Huggins 相互作用参数（χ）等于零时，熔点曲线基本上是一条直线。当 $\chi < 0$，此图显示出凹曲率，当 $\chi > 0$，此图显示出凸曲率。可见，理论预测与图 15.11 和图 15.12 所示的编译后的相图有较大偏差。这种明显的偏差源于在使用 Hansen 溶解度参数估计 Flory – Huggins 相互作用参数（χ）时所做的基本假设，该假设假定溶液的摩尔体积与溶剂的摩尔体积（在稀溶液中）相同。换言之，模型不考虑混合时的体积变化。这个假设不仅能简化 Flory – Huggins 模型，并且可以用溶解度参数方便地进行估计，但是得到的值总是正的（$\chi > 0$）。然而，如果没有这个假设，Flory – Huggins 模型的相互作用参数（χ）就会成为温度、组分，尤其是溶液体积的函数。将溶液体积效应考虑在内，可以得到更好的拟合效果。由此，可以获得准确的、有时甚至是负的 Flory – Huggins 相互作用参数值（χ），这可

以解释在 PVDF/溶剂 iPP/溶剂体系中观察到的偏差。就 Flory – Huggins 模型不可避免地存在局限性这点,Kim 等人在一系列论文中对此进行了深入的理论分析。然而,得到聚合物 – 溶剂体系的热力学关系并非易事,薄膜优化过程通常是通过试错启发式方法完成的。

　　总之,R_a 和 χ 值均可以通过产生有用的信息来预测结晶和双节的曲线的形状。但是,它们会经常与数据之间存在相当大的偏差,故只可用于定性比较。

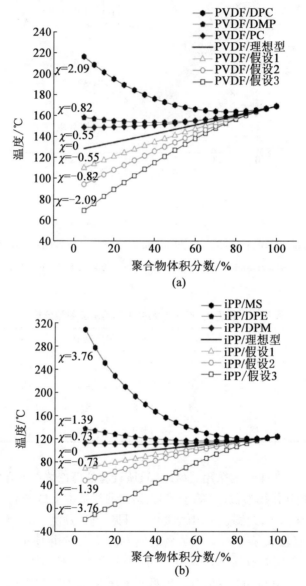

图 15.13　用式(15.13)预测体系熔点降低的理论图

(a)PVDF 体系($\Delta H_{f,PVDF} = 6\ 700\ J \cdot mol^{-1}$,$V_{r.u} = 36.0\ cm^3 \cdot mol^{-1}$),(b)iPP 体系($\Delta H_{f,iPP} = 8\ 700\ J \cdot mol^{-1}$, $V_{r.u} = 44.5\ cm^3 \cdot mol^{-1}$)

15.3.3　混合溶剂对膜制备的影响

正如上一节所讨论的,聚合物 – 溶剂相容性决定了相图的形状,而相图的形状反过来又影响最终膜的形态和性能。膜研究者对所得形貌(如球粒大小、细胞大小、孔径、孔连通性)与膜特性(如拉伸强度、渗透性、选择性)之间的关系进行了系统的研究。显然,膜制备的目的是获得高性能的膜,即具有高孔连通性和均匀孔径分布的机械强度的多孔膜。在 MF 的应用中,TIPS 占据最大的市场,膜大多为自支撑形式(无支撑),制造具有足够机械强度的膜是其关键的标准(依赖于应用)。膜的力学性能是由其本身固有的材料性能、结晶度和整体形貌(如链连通性)决定的。

在目前的 TIPS 文献中所形成的共识是,在聚合物含量相同的情况下,双连续形貌比细胞和球晶结构具有更高的力学强度和更好的孔连通性。然而,正如前面所讨论的,双连续形貌通常是通过亚稳相分解相分离得到的。虽然亚稳相分离膜是目前的优先选择,但是只有在聚合物含量低的涂料溶液中才有可能产生弱膜。聚合物含量的增加固然提高了机械完整性,但其整体形貌从双连续向细胞状或球晶结构转变,降低了机械完整性。在制备机械强度高的双连续膜时,这种明显的不匹配一直是 TIPS 技术面临的主要挑战。

显然,如果能得到更大的双节点线(旋节线),从而产生具有高孔连通性和渗透性的机械强度的膜,则可以在更高的聚合物浓度下诱导出双连续形态。为了达到这一目的,TIPS 的研究人员试图找到合适的溶剂,形成更大的二重线,但目前研究进展缓慢。最近,研究人员开始探索二元溶剂系统或混合溶剂,以控制双节点曲线的大小。Wang 团队在此方面做出的诸多工作都清楚地展示了混合溶剂的作用。例如,采用二元溶剂体系(DPK/PG)制备 PVDF 膜,如图 15.14 所示。相对于 PVDF,DPK 与 PG 相比具有更高的溶剂功率。因此,富含 DPK 的溶剂混合物被认为可能减小双节点 l 线的尺寸,而富含 PG 的溶剂混合物可能使其膨胀。通过简单地控制溶剂比(DPK/PG),可以控制膜的形貌,从球形到细胞状,再到双连续结构。有趣的是,这项工作还清楚地证明了拉伸强度与膜形态之间的关系。在相同的聚合物含量下,双连续结构显示出比球状结构高三倍的抗拉强度。然而,如图 15.14 所示,增加聚合物含量比改变膜形态对拉伸强度的影响更大。

混合溶剂(优良溶剂和不良溶剂)的概念一直是 TIPS 研究的活跃话题,已报道的工作见表 15.5。一般情况下,优良溶剂会减小双节点曲线的尺寸,降低聚合物的熔化曲线,而不良溶剂会扩大双节点曲线,对聚合物的熔化曲线影响不大。重要的是,一般要求优良溶剂和不良溶剂之间的相容性要高(这两种溶剂必须是高度混溶的)。值得一提的是,在设计良好的混合溶剂体系中,聚合物在混合溶液中的最终溶解性介于优良溶剂和不良溶剂之间。

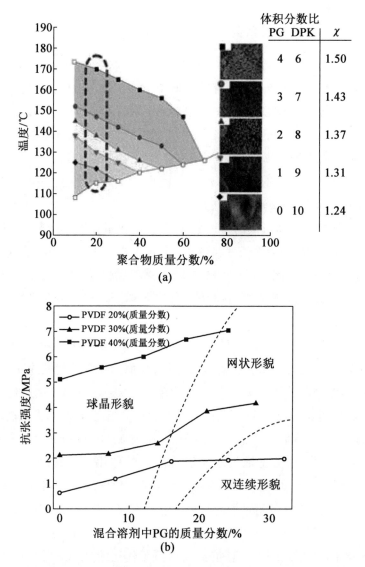

图 15.14 (a)混合溶剂对双节点曲线和膜形貌的影响(b)膜形态与相应力学强度的关系
(from Tang, Y.; Lin, Y.; Ma, W.; Tian, Y.; Yang, J.; Wang, W. Preparation of Microporous PVDF Membrane via Tips Method Using Binary Diluent of DPK and PG. J. Appl. Polym. Sci. 2010, 118, 3518–3523.)

表 15.5 有关混合溶剂的研究资料摘要

聚合物	溶剂		年份	参考文献
PVDF	GBL	CO	2007	[44]
	DBP	CO		

续表 15.5

聚合物	溶剂		年份	参考文献
PVDF	DBP	DEHP	2007	[108]
PVDF	DBP	DEHP	2008	[109]
PVDF	DBP	DOP	2008	[110]
PVDF(PMMA)	DMP	DOP	2009	[79]
	DMP	DOS		
	DMP	DBS		
	DMP	DOA		
	DMP	大豆油		
	DBP	DBS		
PVDF	DPK	PG	2010	[90]
PVDF(CaCO₃)	TBC	DEHP	2010	[111]
PVDF	GBL	DOP	2012	[26]
PVDF	TBC	DEHP	2013	[46]
PVDF	GBL	DOP	2014	[112]
PVDF	TEP	DCAC	2015	[86]
iPP	DOP	DBP	2006	[84]
iPP	大豆	DBP	2007	[106]
PP	油酸	DEP	2012	[113]
iPP	肉豆蔻酸	DPC	2015	[88]
PE	PTC13	HC16	1994	[114]
PE	大豆油	DOP	2007	[115]
PE	大豆油	异链烷烃	2008	[116]
PAN	甘油	DMSO₂	2012	[93]
PAN	PEG	DMSO₂	2013	[117]
聚（甲基丙烯酸－丙烯腈）	GBL	GTA	2016	[118]
聚（甲基丙烯酸－丙烯腈）	EC	TEC	2016	[119]
ECTFE	DEP	DEHA	2015	[120]
ECTFE	DBS	TPP	2016	[107]
CTA	DMSO₂	PEG400	2016	[121]
Nylon	PEG200	三酯酸甘油酯	2016	[122]
聚（4－甲基－1－戊烯）	DOP	DPE	2016	[123]
	DOP	DBP		

　　Wang 团队的另一项突出工作很好地描述了聚合物浓度对膜形态形成的影响,如图 15.15 所示。本研究以癸二酸二丁酯(DBS)为优良溶剂,以亚磷酸三苯酯(TPP)为不良溶剂制备 ECTFE 膜。当以 DBS 为单一溶剂,无 L-L 分离时,会形成弱球晶膜。相图中只有加入 TPP 后才呈现 L-L 区域,如图 15.15 所示。为排除其他热力学或动力学影响,所有制备条件如混合溶剂比(DBS:TPP=3:2)和冷却速率保持恒定,并且维持体系只有聚合物浓度发生变化。

　　如图 15.15 所示,随着聚合物浓度的增加,膜的形态由双连续向细胞或球晶结构转变。首先,对于聚合物质量分数小于 40% 的掺杂溶液,通过旋醛分解后聚合物固化形成膜,并且呈现双连续结构。对于聚合物质量分数在 40%～50% 之间的膜,最终的膜是通过 NG 机制诱导的 L-L 分离,然后固化所形成的。正如预期的那样,这种膜呈现出细胞结构。对于这样的结构,细胞间的连通性似乎是一个强大的动力学参数函数,提高细胞间的连通性对于最大化膜的渗透性非常重要。聚合物质量分数在 60% 以上的膜具有球晶形态,仅进行 S-L 分离,未进行 L-L 分离。

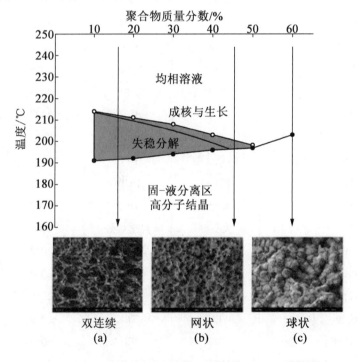

图 15.15　二元溶剂混合物对制备不同结构 ECTFE 膜的影响

(Zhou, B.; Li, Q.; Tang, Y.; Lin, Y.; Wang, X.; Preparation of ECTFE Membranes with Bicontinuous Structure via TIPS Method by a Binary Diluent. Desalin. Water Treat. 2015, 1−12.))

　　如前所述,热力学因素只说明了问题的一半。一旦设定了热力学因素,动力学参数(如冷却速率、成核速率)在决定最终膜的整体形状和性能方面便起着关键作用。

图 15.16 显示了 PVDF 膜在 DBP:DEHP(邻苯二甲酸二乙酯)(3:7(质量比))体系中横截面图像。其最终的形貌由半细胞向球晶结构的转变取决于冷却速率。这种现象是由于缓慢冷却使溶液有足够的时间进行 L-L 分离,而快速冷却使溶液没有足够的时间进行 L-L 分离。这些结果表明,动力学参数可以在一定程度上优胜于热力学参数。因此,在获得目标膜形貌时,必须同时考虑热力学和动力学因素。

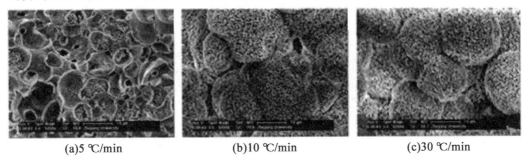

(a)5 ℃/min   (b)10 ℃/min   (c)30 ℃/min

图 15.16　DBP/DEHP 二元溶剂体系中 PVPF 膜的 SEM 图

(from Ji, G. L.; Du, C. H.; Zhu, B. K.; Xu, Y. Y. Preparation of Porous PVDF Membrane via Thermally Induced Phase Separation with Diluent Mixture of DBP and DEHP. J. Appl. Polym. Sci. 2007, 105, 1496 – 1502.)

15.3.4　TIPS 过程中 NIPS 的影响(N – TIPS)

到目前为止,所有的讨论都集中在溶液热力学和相分离动力学上。然而,在实际应用中,必须考虑另一个重要的因素,即相变过程中的传质效应。目前关于 TIPS 的研究大多是通过消除传质效应来研究 TIPS 参数的孤立效应。为了分离传质效应,研究人员首先制备了一个充满聚合物溶液的模具,然后以可控的速率冷却溶液。从技术上讲,在一个固定的温度下,使用滚筒进行平板制备是可行的。然而,在许多膜的应用上,中空纤维型膜是首选,在这种情况下,当冷却从喷头纺出的涂料溶液时,很难同时保持其形状。

一种方便的冷却未固化中空纤维涂料的方法是采用液体淬火浴法,一般采用水来进行试验。事实上,用 NIPS 法制备中空纤维膜采用水来完成几乎是普遍现象。对于 TIPS 中空纤维,可以想象将掺杂溶液浸入淬火浴(水)后,纤维表面在掺杂水界面处同时发生传热和传质。早期 TIPS 文献的共识是传热速率远快于传质速率,因此忽略了传质效果。

然而,目前使用的一些亲水性 TIPS 溶剂表明,传质效应并不能被忽略。例如,使用亲水性二醇溶剂(例如,聚乙二醇(PEG)、甘油)制备 EVOH 膜,能明显观察到其表面形貌是致密的,并且具有非常小的孔径。如果相变完全是通过 TIPS 进行的,就不会发生这种情况。在考虑质量交换时,必须将 TIPS 相图扩展到另一个维度,如图 15.17 所示。

Matsuyama 等首先以水和甲醇为非溶剂,用环己醇溶剂对 PMMA 聚合物进行 NIPS 效应的研究。虽然研究结果显示出了 TIPS 的重要性,但并没有完全阐明所观察到的现象。

近年来,作为进一步控制膜表面形貌的一种手段,TIPS 过程中 NIPS 的作用受到了广泛的关注。与此同时,值得注意的是,Jung 等对极性清洁溶剂在 TIPS 过程中的 NIPS 效应进行了系统的研究,他们发现可以通过操纵工艺参数来调整 NIPS 效应(图 15.18)。

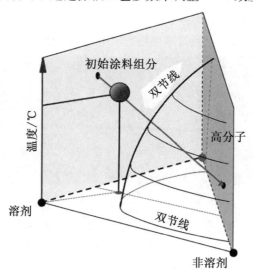

图 15.17　NIPS – TIPS 相图。TIPS 中空纤维纺丝过程中,表面传质是不可避免的,必须考虑 NIPS 效应 (经 Kim, J. F.；Kim, J. H.；Lee, Y. M.；Drioli, E. 允许转载 。Thermally Induced Phase Separation and Electrospinning Methods for Emerging Membrane Applications：A Review. AIChE J. 2016, 62, 461 – 490.)

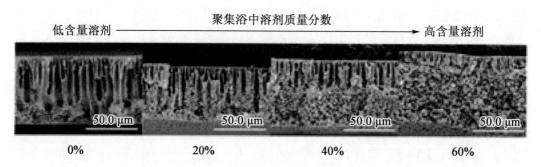

图 15.18　采用偏光洁溶剂制备 PVDF 膜时,采用独立参数控制 NIPS 和 TIPS 含量 (经 Jung, J. T.；Kim, J. F.；Wang, H. H.；di Nicolo, E.；Drioli, E.；Lee, Y. M. 允许转载。Understanding the Non – solvent Induced Phase Separation (NIPS)Effect During the Fabrication of Microporous PVDF Membranes via Thermally Induced Phase Separation (TIPS). J. Membr. Sci. 2016, 514, 250 – 263, Copyright 2016, Elsevier.)

　　虽然 TIPS 法的孔径分布非常窄,但基于这种小孔径的膜单靠聚合物结晶很难制作,导致制作孔径小于 50 nm 的膜仍然比较困难。因此,大多数 UF 和 NF 微孔膜以及致密膜

（气体分离和渗透汽化）以 NIPS 技术为主。然而，随着 N – TIPS 法的出现，NIPS 法和 TIPS 法之间的界限正在慢慢消失，N – TIPS 法可能会提供一种有趣的替代方法，即用独特的聚合物制备高性能的膜。

15.3.5 溶剂对聚合物结晶度的影响

另一个值得注意的重要方面是溶剂对聚合物结晶度和多晶现象的影响。在传统的膜工艺中，膜污染是一个关键问题，而膜污染在一定程度上是聚合物 – 污垢相互作用的结果。研究发现，光滑亲水的表面容易减少污垢，而粗糙疏水的表面容易增加污垢。在 MD 和 MCr 等非常规膜操作中，控制膜的表面形貌和化学性质对于减少膜的润湿和调节非均匀成核至关重要。值得注意的是，PVDF 是一种具有五个不同晶型的独特聚合物，每个晶型都表现出显著不同的特征。例如，与 α 相相比，β 相具有较好的电活性和高偶极矩。晶相对膜性能（包括污垢性质和润湿性）的影响还有待阐明。感兴趣的读者可参阅最近出版的作品。

15.4 结论与展望

正如本章所深入讨论的，目前对相分离机理的理解已逐渐具体化，现在可以从热力学和动力学的角度来解释所观察到的膜形态。利用 Hansen 溶解度参数和 Flory – Huggins 模型，可以半定量预测目标聚合物与潜在溶剂之间的相互相容性，并利用这些结果对制备参数进行微调，最终得到膜的形貌。遗憾的是，目前许多 TIPS 的研究仅仅集中在形态学的控制上，对于实际形态与性能关系的数据还十分缺乏。例如，有一系列的论文描述了操纵膜的横截面形貌的方法，而没有对膜的性能（如孔径、渗透性和机械强度）进行任何表征。此外，大多数研究缺乏对膜表面的详细分析，而膜表面往往是膜中最重要的部分。鉴于此，目前很难对各种制造参数对膜性能的实际影响进行详细阐述。

正如在本章中所讨论的，TIPS 研究的关键主题之一是扩展双节点线的大小，以此诱导形成双连续形貌。采用二元溶剂混合物是一种比较成功的方法，可以使涂料溶液变得不稳定并且制造出具有双连续形态的膜。然而，目前还没有明确的证据表明球晶形貌比双连续形貌更容易表现出更差的膜性能，只能证明其机械性能较差。此外，仍然存在一些悬而未决的问题，包括如何最大限度地提高细胞结构的孔连通性以及如何改进球晶结构的链连通性。在动力学参数方面，人们对冷却速率的影响进行了广泛的研究。然而，对于 TIPS 法控制聚合物成核速率的研究则相对较少。

此外，目前对相变方法的深入了解可使我们能够将该技术扩展到新的聚合物集上（因为当前的聚合物集相当有限）。例如，最近发现的 TIPS 聚合物（如 ECTFE）只能通过 TIPS 方法制备，而且这种聚合物对腐蚀性化学物质具有优异的耐腐蚀性，这使得膜的应用可以适用于需要频繁清洗的恶劣环境。此外,从热力学的角度出发,对合适的绿色溶剂进行逆向工程亦表现出了一定的可行性,故也是一个有趣的研究课题。因此,目前迫切需要用更绿色的替代品来取代常用的不可持续性溶剂,如邻苯二甲酸盐类溶剂。提高膜技术的可持续性正成为一个非常重要的问题,并将受到环境法规和政策的有力推动。有趣的是,随着 N – TIPS 方法的出现,NIPS 和 TIPS 之间的界限正在消失。TIPS 中空纤维纺丝过程中表面传质是不可避免的,不容忽视或低估。事实上,它应该得到充分的利用,因为新兴的 N – TIPS 方法可能提供了一种有趣的替代方法,可以用以前从未使用过的聚合物(如 ECTFE)来制造带有 NIPS 表面的膜。此外,N – TIPS 可以制备孔径较小(小于 50 nm)的膜,这是目前使用 TIPS 很难做到的。

本章参考文献

[1]　Elimelech, M. ; Phillip, W. A. The Future of Seawater Desalination: Energy, Technology, and the Environment. Science 2011, 333, 712 – 717.

[2]　Logan, B. E. ; Elimelech, M. Membrane – Based Processes for Sustainable Power Generation Using Water. Nature 2012, 488, 313 – 319.

[3]　Acmite – Market – Intelligence. Global Membrane Technology Market; Market Report; 2013.

[4]　Fane, A. G. ; Wang, R. ; Hu, M. X. Synthetic Membranes for Water Purification: Status and Future. Angew. Chem. Int. Ed. 2015, 54, 3368 – 3386.

[5]　Li, C. – L. ; Wang, D. – M. ; Deratani, A. ; Quémener, D. ; Bouyer, D. ; Lai, J. – Y. Insight Into the Preparation of Poly(Vinylidene Fluoride) Membranes by Vapor – Induced Phase Separation. J. Membr. Sci. 2010, 361, 154 – 166.

[6]　Park, H. C. ; Kim, Y. P. ; Kim, H. Y. ; Kang, Y. S. Membrane Formation by Water Vapor Induced Phase Inversion. J. Membr. Sci. 1999, 156, 169 – 178.

[7]　Matsuyama, H. ; Teramoto, M. ; Nakatani, R. ; Maki, T. Membrane Formation via Phase Separation Induced by Penetration of Nonsolvent from Vapor Phase. II. Membrane Morphology. J. Appl. Polym. Sci. 1999, 74, 171 – 178.

[8]　Castellari, C. ; Ottani, S. Preparation of Reverse Osmosis Membranes. A Numerical Analysis of Asymmetric Membrane Formation by Solvent Evaporation from Cellulose Acetate Casting Solutions. J. Membr. Sci. 1981, 9, 29 – 41.

[9]　Strathmann, H. ; Scheible, P. ; Baker, R. A Rationale for the Preparation of Loeb – Sourirajan – Type Cellulose Acetate Membranes. J. Appl. Polym. Sci. 1971, 15,

811 – 828.

[10] Kim, J. F.; Kim, J. H.; Lee, Y. M.; Drioli, E. Thermally Induced Phase Separation and Electrospinning Methods for Emerging Membrane Applications: A Review. AIChE J. 2016, 62, 461 – 490.

[11] Jung, J. T.; Kim, J. F.; Wang, H. H.; di Nicolo, E.; Drioli, E.; Lee, Y. M. Understanding the Non – Solvent Induced Phase Separation (NIPS) Effect During the Fabrication of Microporous PVDF Membranes via Thermally Induced Phase Separation (TIPS). J. Membr. Sci. 2016, 514, 250 – 263.

[12] Xiao, T.; Wang, P.; Yang, X.; Cai, X.; Lu, J. Fabrication and Characterization of Novel Asymmetric Polyvinylidene Fluoride (PVDF) Membranes by the Nonsolvent Thermally Induced Phase Separation (NTIPS) Method for Membrane Distillation Applications. J. Membr. Sci. 2015, 489, 160 – 174.

[13] Lee, J.; Park, B.; Kim, J.; Park, S. B. Effect of PVP, Lithium Chloride, and Glycerol Additives on PVDF Dual – Layer Hollow Fiber Membranes Fabricated Using Simultaneous Spinning of TIPS and NIPS. Macromol. Res. 2015, 23, 291 – 299.

[14] Razali, M.; Kim, J. F.; Attfield, M.; Budd, P. M.; Drioli, E.; Lee, Y. M.; Szekely, G. Sustainable Wastewater Treatment and Recycling in Membrane Manufacturing. Green Chem. 2015, 17, 5196 – 5205.

[15] Figoli, A.; Marino, T.; Simone, S.; Di Nicolo, E.; Li, X. – M.; He, T.; Tornaghi, S.; Drioli, E. Towards Non – Toxic Solvents for Membrane Preparation: A Review. Green Chem. 2014, 16, 4034 – 4059.

[16] Nohmi, T.; Yamada, T.; Doi, Y. Method of Separating Oil from Oil – Containing Liquid; Google Patents, 1980.

[17] Lloyd, D.; arlow, J. W. B. Microporous Membrane Formation via Thermally – Induced Phase Separation. In AIChE. Symp. Ser., 1988; p. 28.

[18] Lloyd, D. R.; Kinzer, K. E.; Tseng, H. Microporous Membrane Formation via Thermally Induced Phase Separation. I. Solid – Liquid Phase Separation. J. Membr. Sci. 1990, 52, 239 – 261.

[19] Lloyd, D. R.; Kim, S. S.; Kinzer, K. E. Microporous Membrane Formation via Thermally – Induced Phase Separation. II. Liquid – Liquid Phase Separation. J. Membr. Sci. 1991, 64, 1 – 11.

[20] Kim, S. S.; Lloyd, D. R. Microporous Membrane Formation via Thermally – Induced Phase Separation. III. Effect of Thermodynamic Interactions on the Structure of Isotactic Polypropylene Membranes. J. Membr. Sci. 1991, 64, 13 – 29.

[21] Lim, G. B.; Kim, S. S.; Ye, Q.; Wang, Y. F.; Lloyd, D. R. Microporous Membrane Formation via Thermally – Induced Phase Separation. IV. Effect of Isotactic Polypropylene Crystallization Kinetics on Membrane Structure. J. Membr. Sci. 1991, 64, 31 – 40.

[22] Mark, James E., Ed.; In Physical properties of polymers handbook Vol. 1076; 2007.; Springer: New York, 2007.

[23] Flory, Paul J. Principles of polymer chemistry; Cornell University Press: Ithaca, 1953.

[24] Colby, R.; Rubinstein, M. Polymer Physics; Oxford University: New York, 2003, pp 274 – 281.

[25] Hansen, Charles M. Hansen solubility parameters: a user´s handbook; CRC press: Boca Raton, 2007.

[26] Song, Z.; Xing, M.; Zhang, J.; Li, B.; Wang, S. Determination of Phase Diagram of a Ternary PVDF/g – BL/DOP System in TIPS Process and Its Application in Preparing Hollow Fiber Membranes for Membrane Distillation. Sep. Purif. Technol. 2012, 90, 221 – 230.

[27] Kim, S. S.; Lloyd, D. R. Thermodynamics of Polymer/Diluent Systems for Thermally Induced Phase Separation. 2. Solid – Liquid Phase Separation Systems. Polymer 1992, 33, 1036 – 1046.

[28] Bicerano, Jozef Prediction of polymer properties; CRC Press: Boca Raton, 2002.

[29] Qian, C.; Mumby, S. J.; Eichinger, B. Phase Diagrams of Binary Polymer Solutions and Blends. Macromolecules 1991, 24, 1655 – 1661.

[30] Brandrup, J.; Immergut, E. H.; Grulke, E. A.; Abe, A.; Bloch, D. R. Polymer Handbook; Wiley: New York, 1989.

[31] Mulder, J. Basic Principles of Membrane Technology; Springer: Netherlands, 1996.

[32] Kumaki, J.; Hashimoto, T. Time – Resolved Light Scattering Studies on Kinetics of Phase Separation and Phase Dissolution of Polymer Blends. 4. Kinetics of Phase Dissolution of a Binary Mixture of Polystyrene and Poly (Vinyl Methyl Ether). Macromolecules 1986, 19, 763 – 768.

[33] Cumming, A.; Wiltzius, P.; Bates, F. S.; Rosedale, J. H. Light – Scattering Experiments on Phase – Separation Dynamics in Binary Fluid Mixtures. Phys. Rev. A 1992, 45, 885.

[34] Gregorio, R., Jr.; Cestari, M. Effect of Crystallization Temperature on the Crystalline Phase Content and Morphology of Poly (Vinylidene Fluoride). J. Polym. Sci. B

1994, 32, 859 – 870.

[35] Chen, S. A. Polymer Miscibility in Organic Solvents and in Plasticizers—A Two – Dimensional Approach. J. Appl. Polym. Sci. 1971, 15, 1247 – 1266.

[36] Yang, J.; Li, D.; Lin, Y.; Wang, X.; Tian, F.; Wang, Z. Formation of a Bicontinuous Structure Membrane of Polyvinylidene Fluoride in Diphenyl Ketone Diluent via Thermally Induced Phase Separation. J. Appl. Polym. Sci. 2008, 110, 341 – 347.

[37] Ghasem, N.; Al – Marzouqi, M.; Duaidar, A. Effect of Quenching Temperature on the Performance of Poly (Vinylidene Fluoride) Microporous Hollow Fiber Membranes Fabricated via Thermally Induced Phase Separation Technique on the Removal of CO_2 from CO_2 – Gas Mixture. Int. J. Greenhouse Gas Control 2011, 5, 1550 – 1558.

[38] Shang, M.; Matsuyama, H.; Teramoto, M.; Okuno, J.; Lloyd, D. R.; Kubota, N. Effect of Diluent on Poly (Ethylene – co – vinyl Alcohol) Hollow – Fiber Membrane Formation via Thermally Induced Phase Separation. J. Appl. Polym. Sci. 2005, 95, 219 – 225.

[39] Matsuyama, H.; Okafuji, H.; Maki, T.; Teramoto, M.; Kubota, N. Preparation of Polyethylene Hollow Fiber Membrane via Thermally Induced Phase Separation. J. Membr. Sci. 2003, 223, 119 – 126.

[40] Matsuyama, H.; Yuasa, M.; Kitamura, Y.; Teramoto, M.; Lloyd, D. R. Structure Control of Anisotropic and Asymmetric Polypropylene Membrane Prepared by Thermally Induced Phase Separation. J. Membr. Sci. 2000, 179, 91 – 100.

[41] Tang, Y. – h.; He, Y. – d.; Wang, X. – l. Investigation on the Membrane Formation Process of Polymer – Diluent System via Thermally Induced Phase Separation Accompanied with Mass Transfer Across the Interface: Dissipative Particle Dynamics Simulation and Its Experimental Verification. J. Membr. Sci. 2015, 474, 196 – 206.

[42] Mino, Y.; Ishigami, T.; Kagawa, Y.; Matsuyama, H. Three – Dimensional Phase – Field Simulations of Membrane Porous Structure Formation by Thermally Induced Phase Separation in Polymer Solutions. J. Membr. Sci. 2015, 483, 104 – 111.

[43] Tang, Y. – h.; He, Y. – d.; Wang, X. – l. Three – Dimensional Analysis of Membrane Formation via Thermally Induced Phase Separation by Dissipative Particle Dynamics Simulation. J. Membr. Sci. 2013, 437, 40 – 48.

[44] Su, Y.; Chen, C.; Li, Y.; Li, J. Preparation of PVDF Membranes via TIPS Method: The Effect of Mixed Diluents on Membrane Structure and Mechanical Property. J. Macromol. Sci. A Pure Appl. Chem. 2007, 44, 305 – 313.

[45] Han, X.; Ding, H.; Wang, L.; Xiao, C. Effects of Nucleating Agents on the Porous

Structure of Polyphenylene Sulfide via Thermally Induced Phase Separation. J. Appl. Polym. Sci. 2008, 107, 2475 – 2479.

[46] Liu, M.; Chen, D. G.; Xu, Z. L.; Wei, Y. M.; Tong, M. Effects of Nucleating Agents on the Morphologies and Performances of Poly (Vinylidene Fluoride) Microporous Membranes via Thermally Induced Phase Separation. J. Appl. Polym. Sci. 2013, 128, 836 – 844.

[47] Luo, B.; Zhang, J.; Wang, X.; Zhou, Y.; Wen, J. Effects of Nucleating Agents and Extractants on the Structure of Polypropylene Microporous Membranes via Thermally Induced Phase Separation. Desalination 2006, 192, 142 – 150.

[48] Sukitpaneenit, P.; Chung, T. – S. Molecular Elucidation of Morphology and Mechanical Properties of PVDF Hollow Fiber Membranes from Aspects of Phase Inversion, Crystallization and Rheology. J. Membr. Sci. 2009, 340, 192 – 205.

[49] Lv, R.; Zhou, J.; Du, Q.; Wang, H.; Zhong, W. Effect of Posttreatment on Morphology and Properties of Poly (Ethylene – co – vinyl Alcohol) Microporous Hollow Fiber via Thermally Induced Phase Separation. J. Appl. Polym. Sci. 2007, 104, 4106 – 4112.

[50] Lubasova, D.; Martinova, L. Controlled Morphology of Porous Polyvinyl Butyral Nanofibers. J. Nanomater. 2011, 2011, 1 – 6.

[51] Karkhanechi, H.; Rajabzadeh, S.; Di Nicolò, E.; Usuda, H.; Shaikh, A. R.; Matsuyama, H. Preparation and Characterization of ECTFE Hollow Fiber Membranes via Thermally Induced Phase Separation (TIPS). Polymer 2016, 97, 515 – 524.

[52] Ghorani, B.; Russell, S. J.; Goswami, P. Controlled morphology and mechanical characterisation of electrospun cellulose acetate fibre webs. International Journal of Polymer Science 2013, 2013, 1 – 12.

[53] Zereshki, S.; Figoli, A.; Madaeni, S.; Simone, S.; Esmailinezhad, M.; Drioli, E. Pervaporation Separation of MeOH/MTBE Mixtures with Modified PEEK Membrane: Effect of Operating Conditions. J. Membr. Sci. 2011, 371, 1 – 9.

[54] Kass, M. D.; Theiss, T. J.; Janke, C.; Pawel, S. Compatibility Study for Plastic, Elastomeric, and Metallic Fueling Infrastructure Materials Exposed to Aggressive Formulations of Ethanol – blended Gasoline; ORNL/TM – 2012/88, July 2012.

[55] Mannella, G.; La Carrubba, V.; Brucato, V.; Sanchez, I. Lattice Fluid Model Generalized for Specific Interactions: An Application to Ternary Polymer Solutions. Fluid Phase Equilib. 2011, 312, 60 – 65.

[56] Tontiwachwuthikul, P.; Chakma, A. Using Polypropylene and Polytetrafluoroethylene

Membranes in a Membrane Contactor for CO_2 Absorption. J. Membr. Sci. 2006, 277, 99 – 107.

[57] Lv, Y.; Yu, X.; Tu, S. – T.; Yan, J.; Dahlquist, E. Experimental Studies on Simultaneous Removal of CO_2 and SO_2 in a Polypropylene Hollow Fiber Membrane Contactor. Appl. Energy 2012, 97, 283 – 288.

[58] Li, J. – M.; Xu, Z. – K.; Liu, Z. – M.; Yuan, W. – F.; Xiang, H.; Wang, S. – Y.; Xu, Y. – Y. Microporous Polypropylene and Polyethylene Hollow Fiber Membranes. Part 3. Experimental Studies on Membrane Distillation for Desalination. Desalination 2003, 155, 153 – 156.

[59] Tang, N.; Jia, Q.; Zhang, H.; Li, J.; Cao, S. Preparation and Morphological Characterization of Narrow Pore Size Distributed Polypropylene Hydrophobic Membranes for Vacuum Membrane Distillation via Thermally Induced Phase Separation. Desalination 2010, 256, 27 – 36.

[60] Matsuyama, H.; Kobayashi, K.; Maki, T.; Tearamoto, M.; Tsuruta, H. Effect of the Ethylene Content of Poly (Ethylene – co – vinyl Alcohol) on the Formation of Microporous Membranes via Thermally Induced Phase Separation. J. Appl. Polym. Sci. 2001, 82, 2583 – 2589.

[61] Matsuyama, H.; Iwatani, T.; Kitamura, Y.; Tearamoto, M.; Sugoh, N. Formation of Porous Poly (Ethylene – co – vinyl Alcohol) Membrane via Thermally Induced Phase Separation. J. Appl. Polym. Sci. 2001, 79, 2449 – 2455.

[62] Matsuyama, H.; Iwatani, T.; Kitamura, Y.; Tearamoto, M.; Sugoh, N. Solute Rejection by Poly (Ethylene – co – vinyl Alcohol) Membrane Prepared by Thermally Induced Phase Separation. J. Appl. Polym. Sci. 2001, 79, 2456 – 2463.

[63] Shang, M.; Matsuyama, H.; Maki, T.; Teramoto, M.; Lloyd, D. R. Preparation and Characterization of Poly (Ethylene – co – vinyl Alcohol) Membranes via Thermally Induced Liquid – Liquid Phase Separation. J. Appl. Polym. Sci. 2003, 87, 853 – 860.

[64] Shang, M.; Matsuyama, H.; Maki, T.; Teramoto, M.; Lioyd, D. R. Effect of Crystallization and Liquid – Liquid Phase Separation on Phase – Separation Kinetics in Poly (Ethylene – co – vinyl Alcohol)/Glycerol Solution. J. Polym. Sci. B 2003, 41, 194 – 201.

[65] de Lima, J. A.; Felisberti, M. I. Porous Polymer Structures Obtained via the TIPS Process from EVOH/PMMA/DMF Solutions. J. Membr. Sci. 2009, 344, 237 – 243.

[66] Qiu, Y. – R.; Matsuyama, H.; Gao, G. – Y.; Ou, Y. – W.; Miao, C. Effects of

Diluent Molecular Weight on the Performance of Hydrophilic Poly (Vinyl Butyral)/ Pluronic F127 Blend Hollow Fiber Membrane via Thermally Induced Phase Separation. J. Membr. Sci. 2009, 338, 128 – 134.

[67] Fu, X.; Matsuyama, H.; Teramoto, M.; Nagai, H. Preparation of Polymer Blend Hollow Fiber Membrane via Thermally Induced Phase Separation. Sep. Purif. Technol. 2006, 52, 363 – 371.

[68] Fu, X.; Matsuyama, H.; Teramoto, M.; Nagai, H. Preparation of Hydrophilic Poly (Vinyl Butyral) Hollow Fiber Membrane via Thermally Induced Phase Separation. Sep. Purif. Technol. 2005, 45, 200 – 207.

[69] Qiu, Y. - R.; Matsuyama, H. Preparation and Characterization of Poly (Vinyl Butyral) Hollow Fiber Membrane via Thermally Induced Phase Separation with Diluent Polyethylene Glycol 200. Desalination 2010, 257, 117 – 123.

[70] Barona, G. N. B.; Cha, B. J.; Jung, B. Negatively Charged Poly (Vinylidene Fluoride) Microfiltration Membranes by Sulfonation. J. Membr. Sci. 2007, 290, 46 – 54.

[71] Rahimpour, A.; Madaeni, S.; Zereshki, S.; Mansourpanah, Y. Preparation and Characterization of Modified Nano – Porous PVDF Membrane with High Antifouling Property Using UV Photo – Grafting. Appl. Surf. Sci. 2009, 255, 7455 – 7461.

[72] Tsai, F. J.; Torkelson, J. M. The Roles of Phase Separation Mechanism and Coarsening in the Formation of Poly (Methyl Methacrylate) Asymmetric Membranes. Macromolecules 1990, 23, 775 – 784.

[73] Drobny, J. G. Technology of fluoropolymers; CRC Press: Boca Raton, 2008.

[74] Goessi, M.; Tervoort, T.; Smith, P. Melt – Spun Poly (Tetrafluoroethylene) Fibers. J. Mater. Sci. 2007, 42, 7983 – 7990.

[75] Cui, Z.; Hassankiadeh, N. T.; Lee, S. Y.; Lee, J. M.; Woo, K. T.; Sanguineti, A.; Arcella, V.; Lee, Y. M.; Drioli, E. Poly (Vinylidene Fluoride) Membrane Preparation with an Environmental Diluent via Thermally Induced Phase Separation. J. Membr. Sci. 2013, 444, 223 – 236.

[76] Sawada, S. - i.; Ursino, C.; Galiano, F.; Simone, S.; Drioli, E.; Figoli, A. Effect of Citrate – Based Non – Toxic Solvents on Poly (Vinylidene Fluoride) Membrane Preparation via Thermally Induced Phase Separation. J. Membr. Sci. 2015, 493, 232 – 242.

[77] Elhaj, A.; Irgum, K. Monolithic Space – Filling Porous Materials from Engineering Plastics by Thermally Induced Phase Separation. ACS Appl. Mater. Interfaces 2014,

6, 15653 – 15666.

[78] Gu, M.; Zhang, J.; Wang, X.; Tao, H.; Ge, L. Formation of Poly (Vinylidene Fluoride) (PVDF) Membranes via Thermally Induced Phase Separation. Desalination 2006, 192, 160 – 167.

[79] Ma, W.; Chen, S.; Zhang, J.; Wang, X.; Miao, W. Membrane Formation of Poly (Vinylidene Fluoride)/Poly (Methyl Methacrylate)/Diluents via Thermally Induced Phase Separation. J. Appl. Polym. Sci. 2009, 111, 1235 – 1245.

[80] Lin, L.; Geng, H.; An, Y.; Li, P.; Chang, H. Preparation and Properties of PVDF Hollow Fiber Membrane for Desalination Using Air Gap Membrane Distillation. Desalination 2015, 367, 145 – 153.

[81] Matsuyama, H.; Teramoto, M.; Kudari, S.; Kitamura, Y. Effect of Diluents on Membrane Formation via Thermally Induced Phase Separation. J. Appl. Polym. Sci. 2001, 82, 169 – 177.

[82] Lin, Y.; Tang, Y.; Ma, H.; Yang, J.; Tian, Y.; Ma, W.; Wang, X. Formation of a Bicontinuous Structure Membrane of Polyvinylidene Fluoride in Diphenyl Carbonate Diluent via Thermally Induced Phase Separation. J. Appl. Polym. Sci. 2009, 114, 1523 – 1528.

[83] Gu, M.; Zhang, J.; Wang, X.; Ma, W. Crystallization Behavior of PVDF in PVDF – DMP System via Thermally Induced Phase Separation. J. Appl. Polym. Sci. 2006, 102, 3714 – 3719.

[84] Yang, Z.; Li, P.; Xie, L.; Wang, Z.; Wang, S. – C. Preparation of iPP Hollow – Fiber Microporous Membranes via Thermally Induced Phase Separation with Co – Solvents of DBP and DOP. Desalination 2006, 192, 168 – 181.

[85] Yadav, P. J. P.; Ghosh, G.; Maiti, B.; Aswal, V. K.; Goyal, P.; Maiti, P. Thermoreversible Gelation of Poly (Vinylidene Fluoride) in Phthalates: The Influence of Aliphatic Chain Length of Solvents. J. Phys. Chem. B 2008, 112, 4594 – 4603.

[86] Wang, L.; Huang, D.; Wang, X.; Meng, X.; Lv, Y.; Wang, X.; Miao, R. Preparation of PVDF Membranes via the Low – Temperature TIPS Method with Diluent Mixtures: The Role of Coagulation Conditions and Cooling Rate. Desalination 2015, 361, 25 – 37.

[87] Ma, W.; Chen, S.; Zhang, J.; Wang, X. Kinetics of Thermally Induced Phase Separation in the PVDF Blend/Methyl Salicylate System and Its Effect on Membrane Structures. J. Macromol. Sci. B Phys. 2010, 50, 1 – 15.

[88] Zhou, B.; Tang, Y.; Li, Q.; Lin, Y.; Yu, M.; Xiong, Y.; Wang, X. Prepara-

tion of Polypropylene Microfiltration Membranes via Thermally Induced (Solid – Liquid or Liquid – Liquid) Phase Separation Method. J. Appl. Polym. Sci. 2015, 132 (35):, 42490 (1 – 10).

[89] Liu, B.; Du, Q.; Yang, Y. The Phase Diagrams of Mixtures of EVAL and PEG in Relation to Membrane Formation. J. Membr. Sci. 2000, 180, 81 – 92.

[90] Tang, Y.; Lin, Y.; Ma, W.; Tian, Y.; Yang, J.; Wang, X. Preparation of Microporous PVDF Membrane via Tips Method Using Binary Diluent of DPK and PG. J. Appl. Polym. Sci. 2010, 118, 3518 – 3523.

[91] Liu, J.; Lu, X.; Li, J.; Wu, C. Preparation and Properties of Poly (Vinylidene Fluoride) Membranes via the Low Temperature Thermally Induced Phase Separation Method. J. Polym. Res. 2014, 21, 1 – 16.

[92] Cui, Z.; Hassankiadeh, N. T.; Lee, S. Y.; Woo, K. T.; Lee, J. M.; Sanguineti, A.; Arcella, V.; Lee, Y. M.; Drioli, E. Tailoring Novel Fibrillar Morphologies in Poly (Vinylidene Fluoride) Membranes Using a Low Toxic Triethylene Glycol Diacetate (TEGDA) Diluent. J. Membr. Sci. 2015, 473, 128 – 136.

[93] Wu, Q. – Y.; Wan, L. – S.; Xu, Z. – K. Structure and Performance of Polyacrylonitrile Membranes Prepared via Thermally Induced Phase Separation. J. Membr. Sci. 2012, 409, 355 – 364.

[94] Yoon, J.; Lesser, A. J.; McCarthy, T. J. Locally Anisotropic Porous Materials from Polyethylene and Crystallizable Diluents. Macromolecules 2009, 42, 8827 – 8834.

[95] Rhodes, M.; Bucher, J.; Peckham, J.; Kissling, G.; Hejtmancik, M.; Chhabra, R. Carcinogenesis Studies of Benzophenone in Rats and Mice. Food Chem. Toxicol. 2007,45, 843 – 851.

[96] Heudorf, U.; Mersch – Sundermann, V.; Angerer, J. Phthalates: Toxicology and Exposure. Int. J. Hyg. Environ. Health 2007, 210, 623 – 634.

[97] Becker, M.; Edwards, S.; Massey, R. I. Toxic Chemicals in Toys and Children's Products: Limitations of Current Responses and Recommendations for Government and Industry. Environ. Sci. Technol. 2010, 44, 7986 – 7991.

[98] Guillen, G. R.; Pan, Y.; Li, M.; Hoek, E. M. Preparation and Characterization of Membranes Formed by Nonsolvent Induced Phase Separation: A Review. Ind. Eng. Chem. Res. 2011, 50, 3798 – 3817.

[99] Kim, J. F.; Jung, J. T.; Wang, H. H.; Lee, S. Y.; Moore, T.; Sanguineti, A.; Drioli, E.; Lee, Y. M. Microporous PVDF Membranes via Thermally Induced Phase Separation (TIPS) and Stretching Methods. J. Membr. Sci. 2016, 509, 94 – 104.

[100] Hassankiadeh, N. T. ; Cui, Z. ; Kim, J. H. ; Shin, D. W. ; Lee, S. Y. ; Sangui-neti, A. ; Arcella, V. ; Lee, Y. M. ; Drioli, E. Microporous Poly (Vinylidene Flu-oride)Hollow Fiber Membranes Fabricated with PolarClean As Water – Soluble Green Diluent and Additives. J. Membr. Sci. 2015, 479, 204 – 212.

[101] Ma, W. ; Zhang, J. ; Bruggen, B. V. d. ; Wang, X. Formation of an Interconnec-ted Lamellar Structure in PVDF Membranes with Nanoparticles Addition via Solid – Liquid Thermally Induced Phase Separation. J. Appl. Polym. Sci. 2013, 127, 2715 – 2723.

[102] Cui, Z. Y. ; Du, C. H. ; Xu, Y. Y. ; Ji, G. L. ; Zhu, B. K. Preparation of Por-ous PVdF Membrane via Thermally Induced Phase Separation Using Sulfolane. J. Ap-pl. Polym. Sci. 2008, 108, 272 – 280.

[103] Kim, S. S. ; Lloyd, D. R. Thermodynamics of Polymer/Diluent Systems for Ther-mally Induced Phase Separation: 1. Determination of Equation of State Parameters. Polymer 1992, 33, 1026 – 1035.

[104] Kim, S. S. ; Lloyd, D. R. Thermodynamics of Polymer/Diluent Systems for Ther-mally Induced Phase Separation. 3. Liquid – Liquid Phase Separation Systems. Poly-mer 1992, 33, 1047 – 1057.

[105] Saljoughi, E. ; Amirilargani, M. ; Mohammadi, T. Effect of PEG Additive and Co-agulation Bath Temperature on the Morphology, Permeability and Thermal/Chemical Stability of Asymmetric CA Membranes. Desalination 2010, 262, 72 – 78.

[106] Chen, G. ; Lin, Y. ; Wang, X. Formation of Microporous Membrane of Isotactic Pol-ypropylene in Dibutyl Phthalate – Soybean Oil via Thermally Induced Phase Separa-tion. J. Appl. Polym. Sci. 2007, 105, 2000 – 2007.

[107] Zhou, B. ; Li, Q. ; Tang, Y. ; Lin, Y. ; Wang, X. Preparation of ECTFE Mem-branes with Bicontinuous Structure via TIPS Method by a Binary Diluent. Desalin. Water Treat. 2016, 57 (38), 17646 – 17657.

[108] Ji, G. L. ; Du, C. H. ; Zhu, B. K. ; Xu, Y. Y. Preparation of Porous PVDF Membrane via Thermally Induced Phase Separation with Diluent Mixture of DBP and DEHP. J. Appl. Polym. Sci. 2007, 105, 1496 – 1502.

[109] Ji, G. – L. ; Zhu, L. – P. ; Zhu, B. – K. ; Zhang, C. – F. ; Xu, Y. – Y. Struc-ture Formation and Characterization of PVDF Hollow Fiber Membrane Prepared via TIPS with Diluent Mixture. J. Membr. Sci. 2008, 319, 264 – 270.

[110] Li, X. ; Xu, G. ; Lu, X. ; Xiao, C. Effects of Mixed Diluent Compositions on Poly (Vinylidene Fluoride)Membrane Morphology in a Thermally Induced Phase – Separa-

tion Process. J. Appl. Polym. Sci. 2008, 107, 3630 - 3637.

[111] Liu, M.; Xu, Z. - L.; Chen, D. - G.; Wei, Y. - M. Preparation and Character-ization of Microporous PVDF Membrane by Thermally Induced Phase Separation from a Ternary Polymer/Solvent/non - Solvent System. Desalin. Water Treat. 2010, 17, 183 - 192.

[112] Wang, Z.; Sun, L.; Wang, Q.; Li, B.; Wang, S. A Novel Approach to Fabricate Interconnected Sponge - Like and Highly Permeable Polyvinylidene Fluoride Hollow Fiber Membranes for Direct Contact Membrane Distillation. Eur. Polym. J. 2014, 60, 262 - 272.

[113] Tang, Y. - H.; He, Y. - D.; Wang, X. - L. Effect of Adding a Second Diluent on the Membrane Formation of Polymer/Diluent System via Thermally Induced Phase Separation: Dissipative Particle Dynamics Simulation and Its Experimental Verifica-tion. J. Membr. Sci. 2012, 409, 164 - 172.

[114] Vadalia, H. C.; Lee, H. K.; Myerson, A. S.; Levon, K. Thermally Induced Phase Separation in Ternary Crystallizable Polymer Solutions. J. Membr. Sci. 1994, 89, 37 - 50.

[115] Jeon, M.; Kim, C. Phase Behavior of Polymer/Diluent/Diluent Mixtures and Their Application to Control Microporous Membrane Structure. J. Membr. Sci. 2007, 300, 172 - 181.

[116] Yoo, S.; Kim, C. Effects of the Diluent Mixing Ratio and Conditions of the Thermal-ly Induced Phase - Separation Process on the Pore Size of Microporous Polyethylene Membranes. J. Appl. Polym. Sci. 2008, 108, 3154 - 3162.

[117] Wu, Q. - Y.; Liu, B. - T.; Li, M.; Wan, L. - S.; Xu, Z. - K. Polyacryloni-trile Membranes via Thermally Induced Phase Separation: Effects of Polyethylene Gly-col with Different Molecular Weights. J. Membr. Sci. 2013, 437, 227 - 236.

[118] Han, N.; Xiong, J.; Chen, S.; Zhang, X.; Li, Y.; Tan, L. Structure and Prop-erties of Poly (Acrylonitrile - co - Methyl Acrylate) Membranes Prepared via Thermal-ly Induced Phase Separation. J. Appl. Polym. Sci. 2016, 133 (21): 43444 (1 - 8).

[119] Han, N.; Chen, S.; Chen, G.; Gao, X.; Zhang, X. Preparation of Poly (Acrylo-nitrile - Methacrylate) Membrane via Thermally Induced Phase Separation: Effects of MA with Different Feeding Molar Ratios. Desalin. Water Treat. 2016, 57 (57), 27531 - 27547.

[120] Pan, J.; Xiao, C.; Huang, Q.; Liu, H.; Hu, J. ECTFE Porous Membranes with

Conveniently Controlled Microstructures for Vacuum Membrane Distillation. J. Mater. Chem. A 2015, 3, 23549 – 23559.

[121] Yu, Y.; Wu, Q. Y.; Liang, H. Q.; Gu, L.; Xu, Z. K. Preparation and Characterization of Cellulose Triacetate Membranes via Thermally Induced Phase Separation. J. Appl. Polym. Sci. 2016, 134 (6); 44454(1 – 10).

[122] Funk, C. V.; Koreltz, M. S.; Billovits, G. F. Diluent Selection for Nylon 11 and Nylon 12 Thermally Induced Phase Separation Systems. J. Appl. Polym. Sci. 2016, 133 (13); 43237 (1 – 10).

[123] Huang, X.; Wang, W.; Zheng, Z.; Wang, X.; Shi, J.; Fan, W.; Li, L.; Zhang, Z. Dissipative Particle Dynamics Study and Experimental Verification on the Pore Morphologies and Diffusivity of the Poly (4 – Methyl – 1 – Pentene) – Diluent System via Thermally Induced Phase Separation: The Effect of Diluent and Polymer Concentration. J. Membr. Sci. 2016, 514, 487 – 500.

[124] Matsuyama, H.; Takida, Y.; Maki, T.; Teramoto, M. Preparation of Porous Membrane by Combined Use of Thermally Induced Phase Separation and Immersion Precipitation. Polymer 2002, 43, 5243 – 5248.

[125] Zhang, Z.; Guo, C.; Li, X.; Liu, G.; Lv, J. Effects of PVDF Crystallization on Polymer Gelation Behavior and Membrane Structure from PVDF/TEP System via Modified TIPS Process. Polym. Plast. Technol. Eng. 2013, 52, 564 – 570.

[126] Cha, B. J.; Yang, J. M. Preparation of Poly (Vinylidene Fluoride) Hollow Fiber Membranes for Microfiltration Using Modified TIPS Process. J. Membr. Sci. 2007, 291, 191 – 198.

[127] Meng, F.; Chae, S. – R.; Drews, A.; Kraume, M.; Shin, H. – S.; Yang, F. Recent Advances in Membrane Bioreactors (MBRs): Membrane Fouling and Membrane Material. Water Res. 2009, 43, 1489 – 1512.

[128] Baker, R. W. Membrane Technology and Applications, 3rd ed; John Wiley & Sons: Hoboken, 2012.

[129] Martins, P.; Lopes, A.; Lanceros – Mendez, S. Electroactive Phases of Poly (Vinylidene Fluoride): Determination, Processing and Applications. Prog. Polym. Sci. 2014, 39, 683 – 706.

[130] Yee, W. A.; Kotaki, M.; Liu, Y.; Lu, X. Morphology, Polymorphism Behavior and Molecular Orientation of Electrospun Poly (Vinylidene Fluoride) Fibers. Polymer 2007, 48, 512 – 521.

[131] Cui, Z.; Drioli, E.; Lee, Y. M. Recent Progress in Fluoropolymers for Mem-

branes. Prog. Polym. Sci. 2014, 39, 164 – 198.

［132］ Cui, Z. ; Hassankiadeh, N. T. ; Zhuang, Y. ; Drioli, E. ; Lee, Y. M. Crystalline Polymorphism in Poly (Vinylidenefluoride) Membranes. Prog. Polym. Sci. 2015, 51, 94 – 126.

［133］ Ahmad, A. ; Ideris, N. ; Ooi, B. ; Low, S. ; Ismail, A. Morphology and Polymorph Study of a Polyvinylidene Fluoride (PVDF) Membrane for Protein Binding: Effect of the Dissolving Temperature. Desalination 2011, 278, 318 – 324.

第 16 章　用静电纺丝制造膜的策略与应用

缩写

Ag	银	nZVI	固定化的纳米零价铁
CA	接触角	PA-6	聚酰胺-6
$CaCO_3$	碳酸钙	PCL	聚己内酯
CD	环糊精	PE	聚乙烯
CDI	电容去离子	PEO	聚环氧乙烷
CNFs	碳纳米纤维	PET	聚酯
CNTs	碳纳米管	PLA	聚乳酸
CO_2	二氧化碳	PLGA	聚乳酸-乙醇酸共聚物
Cr(VI)	六价铬	$PM_{2.5}$	颗粒物2.5
CTA	纤维素三乙酸酯	PMMA	聚(甲基丙烯酸甲酯)
DCMD	直接接触膜蒸馏	PS	聚苯乙烯
DSSC	染料敏化太阳能电池	PSf	聚砜
ECM	细胞外基质	PU	聚氨酯
Fe(III)	三价铁	PVA	聚乙烯醇
FO	正向渗透	PVDF	聚偏二氟乙烯
H_2O_2	过氧化氢	PVDF-HFP	聚偏二氟乙烯-六氟丙烯
HAp	羟基磷灰石	PVP	聚乙烯吡咯烷酮
HEI	草药提取物纳入	RH	相对湿度
HV	高压	RO	反渗透
LEP	液体入口压力	SEM	扫描电子显微镜
$Li-O_2$	过氧化锂	SiO_2	二氧化硅
MD	膜蒸馏	TCD	针头到收集器的距离
MF	微滤	TFC	薄膜复合材料
MW	分子量	TFNC	薄膜纳米复合材料
NaCl	氯化钠	TiO_2	二氧化钛
NF	纳滤	UF	超滤
Ni(II)	二价镍	UV	紫外线
NiO	氧化镍	VOCs	挥发性有机化合物
NPs	纳米颗粒	ZnO	氧化锌
ZnS	硫化锌		

词汇表

离子交换　一种涉及可逆化学反应的过程,该过程通过用相近电荷的离子替换来从溶液中去除溶解的离子。

熔喷　一种通过在高速吹气的帮助下挤出聚合物熔体来生产纤维的常规方法。

膜　一种选择性屏障,它允许某些事物通过但阻止其他事物。

膜蒸馏　混合热/膜分离过程,由进料流和渗透流之间的部分蒸汽压差驱动。

中孔结构　包含直径在 2 ~ 50 nm 之间孔的结构。

自组装　一种过程,其中无序系统中的预先存在的组件可以由组件本身形成有组织的结构,而无须任何外部感应或能量。

软光刻　非光刻策略,通过自组装和仿制模制,使用弹性体材料进行微米和纳米加工。

喷丝板　喷丝板也称为静电纺丝中的喷嘴,通常以金属针发射射流的形式出现。

泰勒锥　在静电纺丝过程中在喷丝板或喷嘴的尖端形成的圆锥形部分,一旦达到阈值电压,便会发出喷流。

复合薄膜　主要用于水净化或水脱盐系统的半透膜,由三部分组成:非常薄的活性层、多孔中间层和支撑层。

喷头到接收器的距离　喷丝头到接地集电极的距离。

超滤　一种水处理工艺,其中污染的流体通过孔径为 10 ~ 100 nm 的特殊膜,以从工艺液体中分离出部分污染物。

电容去离子　新兴的水处理技术,利用电化学方法通过对碳质电极施加电势来从溶液中分离阳离子和阴离子。

接收器　通常是接地的金属板或鼓作为第二电极,以形成电场,在静电纺丝过程中收集凝固的超细纤维。

脱盐　从咸水和海水等含盐水源中分离溶解的盐和其他矿物质以生产淡水的过程。

静电纺丝　一种通过向聚合物溶液或熔体施加高压来促进纳米纤维形成的过程,并通常以非织造膜形式收集在接收器中。

正向渗透　一种新兴的膜分离工艺,利用半渗透膜分离的两种溶液之间的固有渗透压差来淡化水。

溶血　溶血红细胞(红细胞)膜破裂,将血红蛋白及其内部成分释放到周围的液体中。

微滤膜　分离工艺,其中污染的流体通过孔径为 10 ~ 100 nm 的膜,以从工艺液体中分离出部分污染物。

纳米复合材料　一种基质,其中添加了纳米颗粒(在某一尺寸上具有 100 nm 的材料),以影响材料整体性能的变化或改善。

纳滤　压力驱动的膜分离工艺,用于从水中去除二价离子和全部溶解的固体,纳滤膜的孔径为 1 ~ 10 nm。

纳米网　纳米网也称为真正的纳米纤维,因为它们是直径 20 ~ 80 nm 的子纤维,与主纤维相连。

相对湿度　在给定温度下水蒸气分压与水平衡蒸汽压之比。

反渗透　一种膜分离技术,通过在非常高的压力下使用半透膜来从过程流体中分离盐、离子和分子。

16.1 引　言

纳米结构材料或纳米材料在我们日常生活中获得越来越广泛的应用,被认为是最热门的基础材料,其在改善传统材料性能和提供新的支撑及应用方面具有惊人的潜力。在众多纳米材料中,纳米纤维被认为是最有趣也是最重要的一维纳米结构之一,可以以非织造膜的形式被应用。作为一种独特而直接的技术,电纺丝或静电纺丝可制备操作简单、成本效益高的纳米纤维膜,具有可规模化生产的潜力,在工业应用中具有广阔的前景。所制备的膜状纳米纤维具有比表面积大、孔隙率高、孔径可控、功能性能好等优点,其组成和结构多种多样,其应用适用于不同的场合。

不可否认,纳米纤维由于其独特的性能,在膜的应用中越来越受欢迎。通过对静电纺丝工艺和材料参数的控制,可以获得特定设计的纳米纤维膜。纳米纤维具有孔径小、孔隙率高的特点,能够选择性地滤除空气和水中的物质。超细纤维膜具有较高的表面积,这使得他们可作为吸附污染物的材料及固定化纳米颗粒(NPs)进一步功能化复合膜的理想载体材料,同时,也可用作电池和能源装置的电极材料。纳米纤维膜是模拟天然细胞外基质(ECM)的理想材料,ECM 有助于不同组织的再生。纳米纤维的潜在应用是无限的,而静电纺丝作为主要的制备方法仍在不断发展和完善,因此需要改善新的结构和策略,以改进纳米纤维膜的性能和功能。在过去的三十年中,静电纺丝研究和纳米纤维膜的制备呈指数级增长。从空气过滤和生物医学的应用来看,电纺膜的性能、结构、设计和功能都在不断地改进,从而产生了大量潜在的新应用。新材料的出现,加上新的表征技术和功能化技术,使人们对静电纺丝和纳米纤维产生了更大的兴趣。本章着重介绍了静电纺丝工艺和静电纺丝膜的研究现状,首先讨论了静电纺丝制备膜的不同因素、策略和方法,然后讨论了纳米纤维膜的各种传统和新兴应用。

16.2 静电纺丝制膜

16.2.1 背景

纳米技术的出现使研究人员对其独特性质和应用方面产生浓厚的研究兴趣。纳米纤维是一种独特的纳米材料,因为它们在膜中具有有趣的特性。静电纺丝被认为是制造纳米纤维的最佳也是最简单的方法,其具有通用性和巨大的升级潜力静电纺丝是将强电场应用于聚合物共混溶液或熔体上,产生纳米纤维并沉积在接地的接收器上。静电纺丝是静电喷雾的一种变体,静电喷雾可以从液滴中产生气溶胶,其历史可以追溯到 270 多年前。从 1934 年到 1944 年,Formhals 公司发布了一系列描述静电纺丝装置的美国专利。

然而,尽管有了早期的发现,但静电纺丝直到20世纪90年代初才让人们对它重新燃起兴趣,并引起人们的广泛关注。人们对静电纺丝技术的关注日益高涨,这要归功于人们对纳米技术以及新设备和新材料的可用性越来越感兴趣。自此,静电纺丝的研究取得了实质性进展,相关文献的发表也有了很大的飞跃,200多所大学和研究机构参与了静电纺丝工艺的研究,提高了纳米纤维的性能和功能。超过200个聚合物可能被用于静电纺丝,且可设计出不同的接收器配置并制备不同形貌的纳米纤维。

静电纺丝装置主要由三部分组成(图16.1):①高压(HV)电源0~40 kV;②含有聚合物溶液或针状液的容器(通常为注射器);③可能采用不同配置设计(通常为平板或鼓式)的接地接收器。聚合物溶液或熔体送入注射器,高压电源应用于带针头的金属针或金属适配器上。聚合物溶液在注射泵的不断推动下,施加的高压电场克服了溶液的表面张力,在针尖上形成锥形液滴,超细纤维从空间中发射出来,通过接地接收器收集。静电斥力和库仑力有助于拉长发射的纤维,从而使其变薄,直到到达接收器为止。同时,值得一提的是,无针系统也可用于静电纺丝。

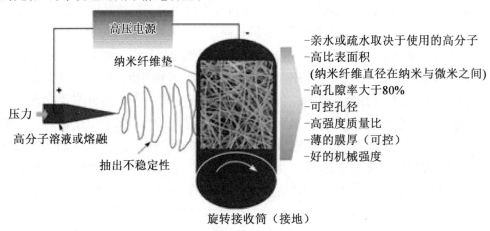

图16.1　由高压电源、带金属喷头的聚合物溶液容器和接地接收器组成的典型的静电纺丝装置(Adapted from Tijing, L. D.; Choi, J. – S.; Lee, S.; Kim, S. – H.; Shon, H. K. Recent Progress of Membrane Distillation Using Electrospun Nanofibrous Membrane. J. Membr. Sci. 2014, 453, 435 – 462.)

16.2.2　影响静电纺丝制膜工艺的因素

尽管静电纺丝装置很简单,但纤维的生产却很复杂,因为需要结合相关参数并对其进行合理优化。静电纺丝形成的纳米纤维膜可以通过操纵几个操作参数、材料参数、环境参数和后处理参数,并根据所需的形貌、结构和功能来设计。操作参数包括应用电压、溶液或熔体推进速率、针尖到集电极的距离(TCD)、接收器的设计和速度(如果是滚筒类型)、喷丝头或针尖的尺寸和设计,以及设置配置。材料参数包括聚合物类型和浓度、分子量(MW)、溶液黏度和导电性、表面张力、添加剂效果等。环境参数是指相对湿度、温度等周围环境条件。后处理策略对制备的纳米纤维也有很大影响,包括干燥条件、热处理和热压技术。为了确定纳米纤维膜形成的最佳条件,需要对这些参数进行充分的考虑。

1. 操作参数

(1)应用电压/电场。

为了克服聚合物溶液的表面张力,需要一个阈值外加电压,因此要通过发射一个射流来形成纳米纤维。高压电源产生的电流在喷丝板顶端形成一个锥形的水滴(称为 Taylor 锥),一旦达到临界值,随着聚合物的不同,拉伸射流就会集中在喷丝板和收集器之间产生。如图 16.2 所示,随着 Taylor 锥示意图的绘制和电压的进一步增大,聚合物溶液射流趋向稳定。静电纺丝过程中施加的电压一般在 5~40 kV 范围内,但也曾有报道是使用较小或较大电压来进行纺丝。施加的电压与施加的电场成正比,在保持两个电极之间距离不变的情况下,电压越高,电场越大。

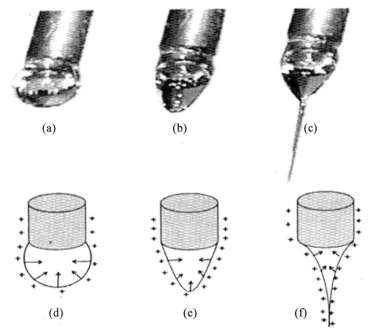

图 16.2　静电纺丝过程中 PVP 液滴三级变形的图像及其表面电荷效应示意图

(经 Laudenslager, M. J. ; Sigmund, W. M. 允许转载。Electrospinning, Encyclopedia of Nanotechnology; Springer Publishers, 2012; pp 769 – 775; Haider, A. ; Haider, S. ; Kang, I. – K. A Comprehensive Review Summarizing the Effect of Electrospinning Parameters and Potential Applications of Nanofibers in Biomedical and Biotechnology. Arab. J. Chem.)

然而关于外加电压对静电纺丝过程的影响,在文献中存在相互矛盾的报道。多研究小组认为,当高压作用时,由于电荷射流的静电斥力增加,将纤维拉伸成更细的尺寸,从而产生更小直径的纳米纤维。而另外一些研究小组则认为,基于溶液喷射量的增加以及珠子和串珠纤维的形成,由此可形成更大尺寸的纤维。但也有研究表明,使用聚乙烯氧化物(PEO)作为模型聚合物时,外加电场对纤维直径影响不大。需要注意的是,外加电压对纳米纤维形成的影响还取决于其他参数,尤其是材料的选择、聚合物浓度和黏度。

(2)溶液或熔体推进速率。

在试验研究中,聚合物溶液或熔体通常放置在注射器或特殊设计的容器中,并以可控的推进速率注入注射器泵。喷丝板或喷头连续产生稳定均匀的射流,根据溶液性质和聚合物种类,有一个关键的推进速率。通常情况下,推进速率控制在 1 mL/h 以下,以便在溶剂从发射溶液中经过空间并到达接收器表面时,有足够的时间使其蒸发。这能使得纳米纤维的分布均匀并且表面光滑。但是,必须注意不要使推进速率过慢,因为较低的推进速率会由于喷丝板上的溶液流量不足而形成退射流而不是 Taylor 锥。这种退格射流无法产生稳定的射流,因此在电纺过程中,退格射流和锥管交替形成,使得直径范围大的纤维分布不均匀。在非常高的推进速度下,喷丝头一侧形成水滴的可能性很大,由于锥筒不断被快速更换,喷丝头没有足够的时间均匀喷射,这也导致了未纺丝喷流的成珠和纺丝,因此静电纺丝膜的某些区域具有薄膜状结构。在提高推进速率时,也可观察到带状和环状缺陷。因此,最小推进速率对于稳定的射流生产和更均匀的纤维直径和形貌至关重要,这确保了喷射溶液的总量与替换它的总量之间的良好平衡。

(3)针尖到接收器距离。

构成非织造膜的纳米纤维的结构、形貌和尺寸受喷丝头与集电极(TCD)之间距离的影响。TCD 对系统电场强度也有影响,TCD 越短,产生的电场越大。TCD 不仅决定了电场强度,而且决定了沉积时间,溶剂在溶液中的蒸发速率、搅拌和失稳间隔。由于射流内部静电斥力的作用,较短的 TCD 只允许残留溶剂在极短的时间内蒸发和铺展,因此形成质量良好的纤维较为困难,而是可能产生薄膜状结构。另一方面,TCD 过长也会导致成水珠状结构的形成。一般来说,TCD 越长,纤维尺寸越小。一个很好的例证是当 TCD 从 4 cm 增加到 18 cm 时,nylon-6 的直径从 230 nm 减小到 140 nm。因此,与电压和进料流量相同时,需要保持足够的距离以使射流溶液中的溶剂有足够的时间蒸发掉,并使其铺展直到固化并在收集器上收集。

(4)接收器设计与转轴转速。

接收器的设计和形状也会对所形成的纳米纤维膜产生一定的影响。通常情况下,在试验中一般使用平板和鼓式接收器。只有当喷丝头向侧面摆动来扩大面积时,平板的生产面积方可避免不受限制。由于滚筒可以在轴上旋转,因此滚筒接收器更适合于生产更大尺寸的纳米纤维膜。一些研究发现,当使鼓形接收器高速运转时,可以形成排列整齐的纳米纤维。

2.材料参数

(1)聚合物浓度。

聚合物溶液或熔体的浓度是决定溶液可电纺性的重要因素。对于溶液共混物,质量分数根据所用聚合物的种类可以从低到1%至高到40%~50%不等。过低的浓度会导致成珠而并非形成纤维,表现为纤维的溅射现象而不是连续的流体流动。同时,浓度过高也会导致喷丝头堵塞,使得纤维无法形成。但一般来说,在适当的高浓度下可以形成较大的尺寸。例如,当聚合物质量分数为 10% ~ 25% 时,nylon – 6 纳米纤维膜的直径从 80 nm 增加到 230 nm。溶液黏度、表面张力和流变性与溶液浓度密切相关。在优化的浓度下,如果考虑到其他的操作参数、材料参数和环境参数,就可以得到均匀、光滑的圆柱形纳米纤维。

(2)聚合物 MW。

聚合物的分子量反映了聚合物在溶液中链的缠结情况,是影响溶液流变(黏度、表面张力)和电性能(电导率、介电性能)的一个重要参数。为了形成良好的纤维,一般采用较高的 MW,但超过 MW 阈值时,也可以产生扁平的带状结构。在相对较低的微波功率下,会有较高的成珠趋势。然而,如果分子间存在足够强的相互作用,可以通过链的缠结来替代链间的连通性,那么在这种情况下,对高 MW 的需求则不是必不可少的。

(3)溶液黏度。

黏度对纤维的可电纺性及纤维的尺寸和形貌均起着重要的作用。在低黏度或稀溶液较多时,纳米纤维存在形成非连续和成珠的趋势,这是由于在喷出过程中链条缠结断裂造成的。在增加黏度时,可形成更大更平滑的纤维。然而,如黏度进一步增加直至超过临界值,会导致珠状或变形的纳米纤维形成甚至引发喷丝板堵塞。研究发现珠子的形状会从低黏度的圆形到椭圆形,再到低黏度的光滑纳米。

(4)溶液导电性和添加剂。

在静电纺丝过程中,由于溶液中带电的离子高度影响射流的形成,因此溶液电导率是一个重要的参数。一般来说,大多数聚合物在本质上是导电的,并且可以制成纳米材料。但是除了聚合物本身,所用溶剂和添加的盐也会影响溶液的整体电导率。研究发现,溶液电导率越高,所得到的纤维越薄,这主要是因为电荷载流能力的提高,会导致高电场下的电荷排斥和伸长率的增加。同时,这也是由纤维形成过程中的高频搅动不稳定性所引起的。相反,在低导电性时,有较少的伸长率和形成珠子的可能性。一些研究报告了射流半径与溶液电导率的关系,一般认为射流半径与溶液电导率的立方根成反比。

盐和其他 NP 添加剂是提高溶液电导率的有效途径。一些添加剂如 NaCl、$CaCO_3$、碳纳米管(CNTs)、石墨烯、ZnO 等都已经被用来改善聚合物溶液的电纺性能。例如,在聚合物溶液上增加质量分数为 0.05% ~ 0.2% 的 NaCl 添加剂,会导致溶液电导率从 1.53 mS·cm^{-1} 增加到 10.5 mS·cm^{-1},平均纤维直径则会从 214 nm 减小到 159 nm。

(5)表面张力与溶剂的作用。

溶液表面张力通常是所用溶剂或溶液中添加表面活性剂的函数。为了获得光滑、无缺陷的纳米纤维,最为常见的手段是在电纺过程中降低溶液的表面张力。相反,增加溶液的表面张力可能会形成珠子或珠状纤维,剪裁表面张力也会影响电纺膜中纳米网的形成。一项研究中曾显示,将表面活性剂十二烷基磺酸钠加入聚氨酯(PU)溶液中,除了能形成更光滑、纤维黏附现象更少的纤维外,还能形成尺寸更均匀的纤维和更规则的纳米网。

溶剂对聚合物溶液的可电纺性起着重要作用,溶剂的挥发性决定了相分离的过程。在不同的研究中,通常采用混合溶剂系统来控制溶剂系统的挥发性。高挥发性溶剂可以使溶剂在电纺过程中快速蒸发,由于聚合物射流离开喷头后会凝固,因此可能无法产生纤维,而挥发性较低的溶剂由于蒸发较少,可能在集电极处形成类似湿膜的结构。

3. 环境参数

(1)相对湿度。

纺丝过程中环境的相对湿度(RH)会影响纺丝纤维的形态和结构。这是因为 RH 与喷射过程中聚合物溶液中溶剂的蒸发有关。研究发现,RH 越小,形成的纤维越光滑,反之,RH 越大,则形成的孔隙越明显。RH 效应会随着使用的聚合物不同而产生差异性。例如,在一项使用溶于水的聚乙烯吡咯烷酮(PVP)的研究中,较高的 RH,即环境中较高的蒸汽含量,在飞行过程中会将水分吸收到射流上,导致凝固变慢、射流伸长变长,从而产生更细的纤维尺寸。然而,更高的 RH(大于 60%)也会导致熔融纤维的形成,这可能是由于太多的水使 PVP 重新被熔融。另一项使用 PEO 的研究发现,纤维尺寸随着 RH 的增加而减小,从而导致串珠状纤维的形成。以醋酸纤维素为例,由于射流的快速析出导致纤维增大,受周围水的影响,在较高的 RH 下形成较大尺寸的纤维。

(2)温度。

除了 RH 外,环境温度还会影响溶剂的蒸发速率和聚合物溶液的黏度。根据使用的聚合物和操作参数的不同,这两种效应可能会有一种成为主导效应,从而导致纤维形态的变化。例如,与在 303 K 下相比,de Vrieze 等在 283 K 的环境温度下观察到了 PVP 纤维。这一现象的产生主要是因为在较低温度下(283 K)蒸发速率较大,而在较高的温度下即黏度较低的情况下(303 K)蒸发速率较小。另一项研究观察到,当电纺温度升高时,会有扁平带状的纤维。这些结果表明,无论使用何种聚合物体系,RH 和温度都会影响纳米纤维的平均直径和形貌。

4. 参数的后处理(干燥温度和湿度)

当在接收器上形成纳米粒子时,一些残留溶剂仍然存在于其垫子上,因此,通常采取额外的后处理策略来完全干燥它。在略低于所用溶剂沸点的温度下,一般在干燥或真空炉中进行干燥,这样做是为了确保残留溶剂在不形成任何孔的情况下缓慢地蒸发形成纤维,如果使用高于沸点温度的温度进行干燥,可能会有孔的形成。此外,干燥时还应保持较低的湿度,以防止水分渗透到纳米纤维膜上,这可能导致纳米纤维膜上的相分离或孔的形成。

16.3　静电纺丝制膜的策略与方法

16.3.1　单一喷丝板静电纺丝

该配置基于其简易性因此常被使用。从名称来看可知其只使用了一个喷丝头/喷头,因此在大多数情况下,只需使用一个注射器泵推动即可。这对于实验室规模的研究而言尤为合适,因为足够小尺寸的纳米纤维膜样品易于在此条件下生产。

16.3.2　多喷丝板静电纺丝

静电纺丝不限于单喷丝板系统生产单组分或混合组分纳米纤维膜,还包括含有不同组分聚合物的混合纳米纤维膜的生产。这可以通过双喷丝头或多喷丝头静电纺丝系统实现,其中两个或多个溶液同时被电纺到一个集电极表面。此外,与单喷头静电纺丝相比,多喷头静电纺丝可以更快地制备大面积纳米纤维。在实验室条件下,多喷丝头/喷头静电纺丝可以通过不同的配置来进行。一种是通过相互并排布置或周向布置的喷丝板阵列(图16.3(b)和(c)),例如两种聚合物溶液同时电纺:PU和Ag纳米颗粒修饰PEO。通过对两种并排放置的溶液进行一步静电纺丝,由于原位合成的Ag NPs的存在以及PU纳米纤维提供的力学强度,形成了具有抗菌性能的混合纳米纤维膜(图16.4(a))。另一种方法是将单个或多喷头阵列定位在旋转鼓式接收器的不同侧面,从而只聚焦于一个接收器和一个膜上。

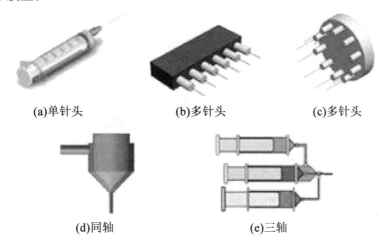

(a)单针头　　　(b)多针头　　　(c)多针头

(d)同轴　　　(e)三轴

图16.3　纯纺/纳米复合材料静电纺丝的各种纺丝装置

(Persano, L. ; Camposeo, A. ; Tekmen, C. ; Pisignano, D. Industrial Upscaling of Electrospinning and Applications of Polymer Nanofibers: A Review. Macromol. Mater. Eng. 2013, 298, 504 – 520.)

Zhan 等通过在收集器两侧电纺两种PS溶液制备出了超疏水聚苯乙烯(PS)纳米纤

维膜,其主要是通过一个喷嘴产生更大尺寸的光滑 PS,并在另一个喷嘴生成串珠细纤维。示意图如图 16.4(b)所示。这种结构产生了一种珠状纳米纤维膜,由于具有微细光滑的 PS 纤维,因此具有良好的超疏水性和机械完整性。多喷丝头结构是扩大电纺生产规模的理想选择。

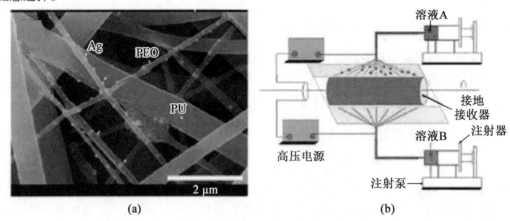

$$(a) \qquad (b)$$

图 16.4　(a)Ag/PEO 和 PU 溶液双喷嘴静电纺丝制备纳米杂化材料;(b)多喷丝头电纺制备超疏水聚苯乙烯膜的示意图

16.3.3　同轴静电纺丝

同轴静电纺丝是单喷嘴静电纺丝的一种变体,它不是使用单喷丝头单溶液系统,而是使用同心管或芯鞘喷丝头,使两种不同溶液可以同时进行静电纺丝。同轴电纺纳米纤维具有核鞘结构(图 16.3(d))。如图 16.3(d)所示,将两个相似或不同的溶液分别送入由单独或一个注射器泵驱动的注射器容器中,高压电源与同轴喷丝头相连。在该系统中,电荷主要聚集在鞘层上,表现为单射流纺丝,形成 Taylor 锥,一旦克服表面张力,就会产生稳定的射流。鞘层所经历的剪切应力会由于黏性力和接触摩擦而引起芯液的拖曳。一旦芯液与鞘液一起被携带,便会形成锥形,与鞘液一起飞行形成核鞘。只要射流稳定,芯鞘从锥尖便可以完全成形,弯曲和振荡不稳定就会随着溶剂蒸发而发生,直到集电极上形成凝固的芯鞘纤维。芯层和鞘层的组成对合成纤维的形态和均匀性起着重要的作用。但是,由于加入了额外的溶液,两种溶液的混相问题以及各自的凝固和电导率行为,会使得过程更加复杂。同轴静电纺丝是解决难被纺丝的溶液或难溶解聚合物的一种很好的方法。无论是核心层还是鞘层都可以作为这些“困难”聚合物的载体。同轴静电纺丝也可用于制备中空纤维膜。

16.3.4　熔体静电纺丝

大多数静电纺丝工程使用溶剂基溶液。传统的溶液电纺只能对溶解在溶剂中的聚合物进行电纺,因此不能将难溶解的聚合物如聚四氧乙烯、聚丙烯和聚乙烯(PE)制备膜。在许多情况下,有机溶剂被用来溶解不同类型的聚合物,以获得用于静电纺丝的理想的黏度和浓度。使用的某些化学品/溶剂可能对健康和环境都有害,如果用于工业,也可能留下一些残留物。因此,在追求清洁生产的过程中,熔体静电纺丝被纳入考虑范畴。熔体静电纺丝采用熔融聚合物,由于熔融聚合物的黏度较高(大多数聚合物溶液的黏度为40~200 Pa·s,而大多数聚合物溶液的黏度为 5 Pa·s),通常会形成较大的纤维,这使得熔体静电纺丝的策略不那么有吸引力,因为更成熟的纺丝工艺可以用于微米级纤维的制备。近年来,熔体电纺膜的制备受到人们越来越多的关注,,因为与之前报道的直径可达50 μm 的纤维相比,其可以形成更小的纤维(约 1 μm 距离)。采用非机械拉伸熔体静电纺丝法制备的纤维直径最小可达 270 nm。熔体静电纺丝的优点之一是不需要使用溶剂,因此不需要通风或排气,不需要残留溶剂,纤维的形成更加均匀。然而,由于聚合物的熔化通常需要热量,这就增加了成本,在这个过程中,冷却也需要热量。表 16.1 为溶液与熔体静电纺丝的比较。与溶液静电纺丝相比,熔体静电纺丝的 TCD 通常较短,为 3 ~ 5 cm,流速明显较低。典型的熔体静电纺丝装置如图 16.5(a)所示,各种加热源示意图如图 16.5(b)所示。加热源是熔体电纺的重要考虑因素,可分为:①电加热;②循环液;③加热空气;④激光源加热;⑤火焰加热;⑥微波加热。由于其工艺的环保性和无残留溶剂,熔体电纺膜具有潜在的应用于组织工程、伤口敷料、纺织品和过滤的价值。

表 16.1　溶液与熔体静电纺丝的比较

方法	纤维直径	主要参数	优点	缺点
溶液静电纺丝	数十至数千纳米	溶液溶解度,溶液系统性质,静电,电压,收集距离	价格便宜,设备简单,易于操作	环境污染,溶剂回收
熔体静电纺丝	大于或等于500 nm,部分约 200 nm	熔体黏度,静态电压,环境温度	环保,安全,生物医学应用	装置复杂,价格昂贵,直径大

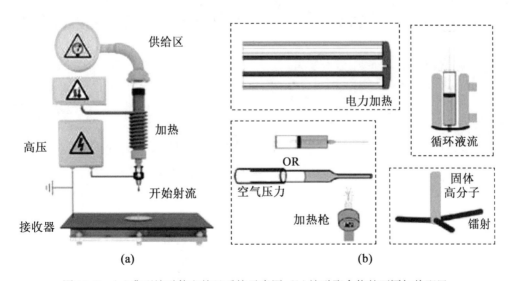

图 16.5　(a)典型熔融静电纺丝系统示意图;(b)熔融聚合物的不同加热配置

16.3.5　在电纺膜上形成纳米网

在静电纺丝过程中,可以制备和设计工艺和调制材料参数,以生产更细的纤维(直径小于 100 nm),称之为纳米网,这通常是在高电场下的带电小液滴静电纺丝过程中,由相分离引起的分裂而产生的。纳米网的存在为纳米纤维膜提供了额外的表面积、额外的孔隙度和更小的孔径。这些纳米网被描述为蜘蛛网状、鱼网状或具有相互连接的一维纳米纤维结构的肥皂泡状,其中主要的电纺纳米纤维作为支撑材料。Wang 等详细介绍了电纺纳米网的各种制备方法及其在许多领域的应用前景。静电纺丝过程中纳米网的形成已经得到了广泛的研究,但纳米网的形成机理仍存在争议,尚未达成共识。在不同的纳米网络形成机制中包括:①带电滴相分离——高电场力导致带电滴变形,导致快速相分离;②由于溶液中存在离子而形成的接头——研究表明,静电纺丝溶液中离子的加入导致了纳米纤维的分裂,其中附着在聚合物链上的离子发生反应并结合在一起形成纳米网络;③分子间氢键——在质子化酰胺基团及其含氧量存在的情况下,可选择性地与主纤维的聚酰胺-6(PA-6)分子的氧基团或可能的氢键相连;④喷流飞行过程中相互缠绕——有报道指出,在电纺过程中,主喷流和喷流同时形成,在喷流飞行过程中,一旦喷流被收集到集电极上,束缚和弯曲也会发生在喷流上,形成纳米网。图 16.6 所示为利用各种聚合物溶液和静电纺丝策略制备纳米网络的纳米纤维的典型结构和形貌。

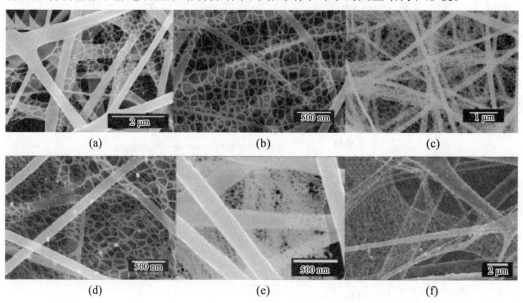

图 16.6　利用不同的材料和制备工艺,电纺成不同的纳米网

(经 Wang, X.; Ding, B.; Sun, G.; Wang, M.; Yu, J. 允许转载。Electro - Spinning/Netting: A Strategy for the Fabrication of Three - Dimensional Polymer Nano - Fiber/Nets. Prog. Mater. Sci. 2013, 58, 1173 - 1243.)

续图 16.6

16.3.6 三维纳米纤维膜

静电纺丝的通用性使其能够通过几种静电纺丝方法制造三维(3D)纤维纳米宏观结构。这种 3D 纳米纤维膜作为膜支架在组织工程中具有一定的应用潜力,例如可作为许多污染物的吸附膜,甚至可以作为太阳能电池应用的膜电极材料。虽然制备三维纳米结构的方法有很多,如蚀刻、模板合成、颗粒浸出、溶剂铸造、湿化学法、光刻等,但只有静电纺丝具有最高的孔隙率和很高的表面积体积比,尤其在组织工程应用方面具有很大的吸引力。如图 16.7 所示,一种潜在的产生 3D 膜的方法是通过按序静电纺丝,其中纤维层按顺序相互重叠形成;它们可能是相同类型的聚合物,也可能是不同的聚合物溶液,这取决于所需的结构。另一种方法是通过多层静电纺丝,其中三维纤维是通过长时间纺丝形成的,可能需要 30 min 至数小时。另一种方法是进行后处理,比如制作薄膜,然后从集电极上剥离薄膜,再将它们堆叠在一起,形成 3D 结构。目前人们使用的另一种方法是气体发泡技术。在这种方法中,氢气的原位生成导致纳米纤维的重组,形成低密度、海绵状的三维支架。

16.3.7 陶瓷纳米纤维膜

目前已有超过 100 种材料可被用于制造陶瓷纳米纤维等许多应用上。这些纤维可以是多孔纳米纤维的形式,如中空的、并排的、核鞘的、分层的或分段结构如聚合物纳米纤维。陶瓷纳米纤维的制备比高分子纳米纤维的制备更为复杂。虽然可以直接电纺 SiO_2、NiO、TiO_2 等无机前驱体的溶胶凝胶溶液,但对材料参数的控制难度较大,因此聚合物通常被用作宿主基质。

静电纺丝后,静电纺丝膜在煅烧过程中,其煅烧温度的升高由所使用的陶瓷材料决定。沸石和介孔纳米纤维已被制备用于催化应用。图 16.8 所示为制备陶瓷纳米纤维膜的装置和工艺示意图。

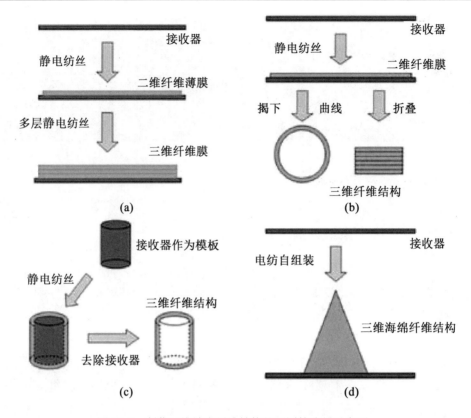

图16.7　制作三维纳米纤维结构的不同策略的示意图

16.3.8　后处理技术

1. 热压处理

热压处理是一种简单而有效的方法,通过微滤(MF)、超滤(UF)、纳滤(NF)、膜蒸馏(MD)和正向渗透(FO)等方法以提高电纺膜的性能,改善电纺膜的物理完整性和减小膜的孔径,从而改善其水处理潜力。对于燃料电池、气体扩散、衬底垫、污染物吸附、化学回收等其他应用,也迫切需要提高物理完整性、降低孔隙率,从而在不降低疏水性和孔隙度的前提下,提高液体的进入压力。Yao 等详细研究了热压过程中温度、压力和持续时间对MD 用聚偏氟乙烯(PVDF)膜的影响。在最佳热压条件下,可以提高 LEP 和弹性模量,而接触角(CA)和孔隙率分别比未压条件下降 2.1% 和 5.0%。热压提高了电纺膜的导电性,有利于燃料电池的应用。Chen 等发现热压提高了纳米复合膜的生物传感灵敏度。

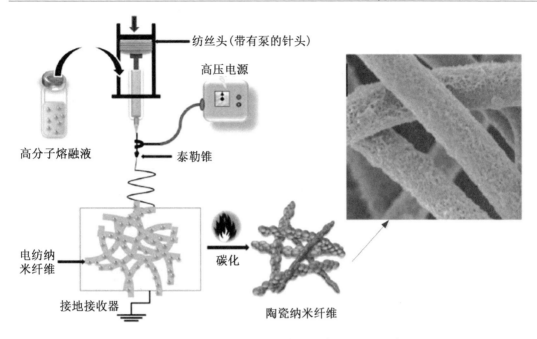

图 16.8　静电纺丝工艺和煅烧制备纳米陶瓷纤维的示意图

（经 Malwal，D.；Gopinath，P. 允许转载。Fabrication and Applications of Ceramic Nanofibers in Water Remediation：A Review. Crit. Rev. Environ. Sci. Technol. 2016，46，500 – 534）；scanning electron microscopy（SEM）image is cSiO$_2$@ sSiO$_2$@ TiO$_2$ nanofiber membrane.（adapted from Ma，Z.；Chen，W.；Hu，Z.；Pan，X.；Peng，M.；Dong，G.；Zhou，S.；Zhang，Q.；Yang，Z.；Qiu，J. Luffa – Sponge – Like Glass – TiO$_2$ Composite Fibers as Efficient Photocatalysts for Environmental Remediation. ACS Appl. Mater. Interfaces 2013，5，7527 – 7536.）

2. 高能辐照（等离子体、伽马射线、电子束和紫外线）

高能辐照方法（如等离子体、伽马射线、电子束、紫外光）是在不改变材料体积特性的前提下，利用各种诱导材料，以非常独特的方式稳定或改变薄膜物理化学性质的简单技术。在等离子体辐照方面，氧等离子体可以改善纤维表面的粗糙度和含氧量，影响分层网格三维环境下细胞骨架的存活率。含官能团的氧等离子体成功地固定了 TiO$_2$ 纳米纤维膜上的生物分子，提高了对胆固醇的敏感性。Cheng 等发现氩气等离子体处理聚（乳酸）膜可以在不影响表面形貌和物理完整性的前提下促进细胞增殖。在降低机械强度的同时，对光子晶体光纤膜进行等离子体处理，无论采用何种气体混合物，均可获得极亲水表面。Kim 等人在 PS 膜上应用不含诱导材料的伽马射线，提高了膜的热阻和热容保持能力。Ⅳ型胶原的固定是通过伽马射线移植来改善内皮化的。采用电子束辐照法将 Ag-NPs 均匀分散于壳聚糖膜中，获得了较好的力学性能和抗菌活性。Choi 等采用过氧化氢（H$_2$O$_2$）电子束辐照稳定了聚丙烯腈（PAN）纳米纤维膜。利用不同时间的紫外辐射设置，可以使聚乙二醇壳与聚己内酯（PCL）纤维具有光滑的形态和指定的厚度。

3. 表面引发原子转移自由基聚合

表面引发原子转移自由基聚合是近几年发展起来的一种新型接枝方法,它可以控制聚合物链长和接枝密度。改性后得到亲水性较高、血小板黏附性较低、血栓形成性和溶血性均良好的膜。

4. 化学沉积

化学沉积方法是在合适的基体表面进行化学反应,使产品自组装并沉积,从而在基体上形成薄膜。自组装膜通常采用结晶无机材料(如 ZnS)和半结晶聚合物。采用化学气相沉积的方法制备了亲水电纺膜,使其具有疏水性,其 LEP 从 15 kPa 大幅提高到 373 kPa,从而提高了 MD 性能。

5. 涂层

涂层可以通过将膜浸入涂层溶液中来实现。采用聚偏氟乙烯 – 六氟丙烯/聚甲基丙烯酸甲酯(PVDF – HFP/PMMA)对聚乙烯薄膜进行涂层处理,可以获得较高的离子导电性,这有利于锂离子电池性能的提高。另一种涂层形式涉及使用过渡界面来固定顶部的功能材料。近年来,多巴胺因其简单高效的黏附作用而成为界面材料。Lee 等提高了速率能力和电池性能。Liao 等利用多巴胺作为涂层技术的界面,将 MD 膜的 CA 从 138°提高到 158°。

16.3.9 静电纺丝纳米复合膜

纳米复合材料是一种多相固体材料,其中一种相具有至少小于 100 nm 的维度,或者具有构成材料不同的相之间的纳米级重复距离的结构。纳米结构以其尺寸效应和独特的物理/化学性质,在每个行业中几乎都能得到广泛的应用。然而,单个组件是很难达到多功能的作用,有时某些特性在具体需求中甚至可能是不需要的。因此,能够结合/放大不同纳米材料的优点或弥补/抑制单个组分缺陷的纳米复合材料已成为纳米结构材料应用的趋势。电纺纳米纤维具有比表面积大、孔隙率高、弹性好、表面性能可控等优点,是制备纳米复合材料的良好方法。通过将 NPs 引入到整齐的聚合物中以形成纳米复合材料,膜的机械、电学和热性能、结构和形态以及表面润湿性(变得更加亲水或疏水)等都会受到影响。结果表明,纳米纤维素、黏土、原硅酸四乙酯、碳纳米管、石墨烯和改性二氧化硅 NPs 均能提高膜表面 CA 含量,改善膜性能。

电纺纤维与纳米材料之间主要存在两种复合方式。一种是物理复合方式,如埋入和封装。Guo 等在电纺 PAN 纳米纤维上嵌入 GO 纳米片,用于挥发性有机化合物(VOCs)的吸附。纳米复合材料的中孔尺寸增大,表面氧含量高,有效提高了 VOC 的吸附性能。Huang 等将 Co – Ni NPs 封装到电纺石墨化碳纳米纤维(CNFs)中,作为锂超氧化物(Li – O_2)电池的独立电极。具有均匀介孔结构的纳米复合材料成功地增加了纤维的表面积,改善了电化学性能。另一种是化学复合过程,如纳米纤维与 NPs 之间的化学结合。Xiao

等和 Ma 等分别报道了利用电纺聚丙烯酸/聚乙烯醇(PVA)纳米纤维垫固定化纳米级零价铁(nZVI)NPs,通过络合将 nZVI 颗粒成功黏附在电纺纳米纤维上,提高了铜离子和三氯乙烯的去除率。

16.4　静电纺丝纳米纤维膜的应用

16.4.1　空气过滤用静电纺丝膜

空气污染是一个严重的现代文明问题,威胁着人类的生命。空气污染物可分为有毒气体、VOCs、颗粒物、金属、气味、病原体等,为了控制暴露量,需要对空气进行过滤。与活性炭、玻璃纤维等传统过滤材料相比,电纺纳米纤维膜具有表面体积比高、电阻低、尺寸可控等优点。这些特性有助于提高它们在空气过滤中的卓越性能,包括渗透性(即能源效率)和选择性。此外,由于纳米纤维膜具有较高的孔隙率和表面积,可以固定化更多的功能材料,从而进一步提高对污染物的吸附能力,获得额外的能力。电纺膜可以选用多种聚合物,包括聚酯(PET)、PU、PAN 等。最早用于空气过滤的纳米纤维膜可以追溯到 20 世纪 80 年代,并得到了进一步的发展。近年来,将 PAN 与二氧化硅的 NPs 相结合制备了多层结构电纺膜,可提高去除颗粒物过滤效率(99.99%)和压降(117 Pa)。还需要对特定污染物进行过滤。Scholten 等发现电纺纳米纤维膜吸附和脱附 VOC 的时间比活性炭过滤器短。Kayaci 的团队成功地合成了含有环糊精(CD)的 PET 纳米纤维。结果发现,CD 主要位于 PET 纳米纤维表面,在纳米纤维网中 PET/CD 膜包埋了较高量的 VOC。此外,CD 可以与 VOC 形成包合物,有助于提高 VOC 的包覆率。CD 的加入也提高了机械强度。将草药提取物(HEI)掺入到电纺膜中,可以获得有抗菌能力的空气滤清器。与原膜相比,HEI 膜具有较好的形貌和热稳定性,对表皮葡萄球菌生物气溶胶的抑菌活性为 99.5%。为了提高除尘效率和降低压降,目前正在进一步开发空气过滤用电纺膜,并且正利用创新的功能性材料检测特定的污染物。最近的一项研究将一种卷轴式组装作为一种高通量传输纳米纤维过滤器的方法,这种纳米纤维过滤器可以在约 73% 的透射率下去除 499.97% 的颗粒物 2.5($PM_{2.5}$)(图 16.9)。

16.4.2　用于过滤和脱盐的静电纺丝膜

与水有关的问题是全球最紧迫的问题之一,因此人们目前正在寻求新的处理技术和来源来解决这一问题。虽然已有传统的处理技术用于此,但关于目前的分离方法,如何使其降低成本,并在水的问题上如何应付新的挑战仍然是人们努力的方向。纳米纤维膜具有低基重、高孔结构(大于 80%)、孔径可控等优点,适用于过滤和脱盐。膜基水的净化和脱盐过程有 MF、UF、NF 和反渗透(RO)等,最近几十年来,MD、FO、压力阻滞渗透和电容性去离子化

(CDI)等新兴技术也引起了人们极大的兴趣。在这些过程中使用的膜主要取决于它们的孔径和材料性质。因此,人们对纳米纤维作为不同水处理和脱盐工艺的预滤层和支撑层进行了一些研究。对于任何膜工艺,除了污垢问题外,通量和选择性是两个最重要的考虑因素。

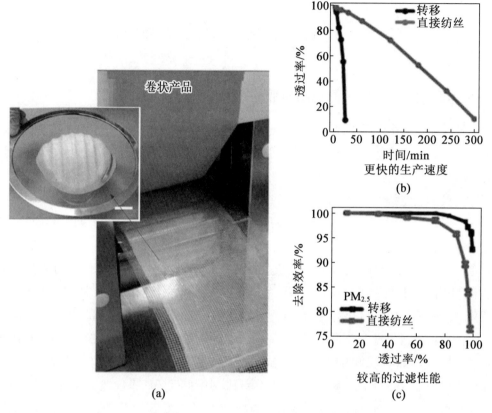

图 16.9　(a)将电纺纳米纤维转移到塑料网片上的卷轴工艺(插图:制备纳米纤维薄膜/膜容易转移到口罩上));(b)透射率采用传递法和直接纺丝法;(c)两种方法在不同透射率下透明滤光片的 PM$_{2.5}$ 去除效率

(经 Xu, J.; Liu, C.; Hsu, P. – C.; Liu, K.; Zhang, R.; Liu, Y.; Cui, Y. 允许转载。Roll – to – Roll Transfer of Electrospun Nanofiber Film for High – Efficiency Transparent Air Filter. Nano Lett. 2016, 16, 1270 – 1275.)

1. 用于 MF 的纳米纤维膜

通常,非织造纳米纤维膜孔径在几百纳米到几微米之间,这使其成为 MF 应用的理想材料。MF 是去除不需要的污染物或分离组分的必要过程,特别是作为预过滤器,澄清啤酒和葡萄酒,以及去除微生物,如尺寸大于 0.3 μm 的细菌方面。

目前市面上有许多商用薄膜,其公称孔径约为 0.2 mm,可用作微过滤器。纳米纤维膜相对于商用膜的优势在于其具有很高的孔隙率、可控的孔径,可以操纵成与商用膜相似的孔径,且易于制造。然而,纳米纤维膜缺乏机械强度,因此大多数的 MF 研究需要传统的支撑层来增加机械稳定性,但也有一些研究对具有较强性能的独立纳米纤维膜进行过报道。Liu 等的研究报道了一种电纺 PVA 膜,其微纤维 PET 支撑层孔径在 $0.21 \sim 0.30$ μm 之间。这种 PVA 纳米纤维膜的通量是普通微孔膜(0.22 μm)的 $3 \sim 7$ 倍。在过滤 0.2 μm 微球颗粒时,98% 的微球被过滤掉,同时保持比微孔膜高 $1.6 \sim 6$ 倍的通量。在另一项研究中,用 PVDF、聚砜(PSF)和 nylon - 6 制成的各种纳米膜成功地去除了直径为 $0.1 \sim 10$ μm 的 PS 颗粒。PS 颗粒大小的不同,会使得纳米纤维膜的性能各有不同。当颗粒(粒径约 10 μm)大于膜孔尺寸时,废旧率大于 95%,永久污垢问题较少。但当颗粒尺寸远小于膜孔尺寸($0.1 \sim 1$ μm)时,当颗粒穿透膜孔形成致密的饼层,观察到不可逆的污垢,从而减少了水的消耗量。因此,控制膜孔尺寸是提高膜性能的关键途径之一。Hsiao 和同事建立了孔径与纤维直径的关系,表明膜的平均孔径和最大孔径分别是纤维平均孔径的 3 倍和 10 倍左右。利用这种关系,可以更好地设计纳米纤维的结构和形貌。

2. 用于纳米过滤的纤维膜

当水处理需要比 MF 膜小得多的孔径时,如 UF 和 NF,由于孔径大,直接使用纳米纤维膜是不可行的。基于此的一个例子是油乳液的去除,由于其尺寸通常小于 50 nm,因此很难用 MF 将其去除。因此,在 UF 和 NF 的应用中,纳米纤维膜通常被用作其他方法形成的活性薄膜层的支撑层。在大多数情况下,薄膜复合(TFC)膜用于 UF、NF 和 RO 来将非常小的单元从供给水中分离出来。普通 TFC 膜具有一中间层,通常由相变制成,除了作为有源阻挡层外,还充当过滤层或支撑层。虽然这些 TFC 膜已经获得了较为可观的性能,但是仍可利用纳米纤维层作为中间层来提高膜的孔隙率,最终提高整个膜的渗透率,因此进一步完善膜的设计仍然具有比较大的研究意义与价值。Stony Brook 研究小组的一系列研究将纳米纤维支撑膜称为薄膜纳米复合材料(TFNC)膜,其由三层结构组成:"无孔"顶阻挡层、中层纳米纤维膜和传统的非织造微孔支撑层。其研究主要采用 PVA 纳米纤维中间层与 PVA 水凝胶涂层或亲水性嵌段聚醚酰胺树脂作为阻挡层。在油水分离上,这些新型的 TFNC 膜具有比传统 TFC 膜更高的通量和较高的废品率。

由于较薄的阻挡层是其主要的过滤层,因此对阻挡层的制备要求尽可能薄显得十分必要,但同时还应使其足够坚固,并与支撑层形成良好的附着力。此外,超微多糖纳米纤维和超微纤维素纳米纤维等几种材料在纳米纤维中间层上形成阻挡层的方法目前也被广泛研究。他们组的另一项研究以壳聚糖为阻隔膜,以细 PAN 纳米纤维为中间层,如图 16.10 所示。为了避免在浇注阻挡层时溶液渗透,人们采用了诸如方法应用于此,如控制浇注液黏度、光交联、混凝溶液浸泡、熔化或膨胀另一纳米纤维层使其暴露在溶剂蒸汽或溶剂溶液中,从而使其形成薄膜结构作为屏障等。

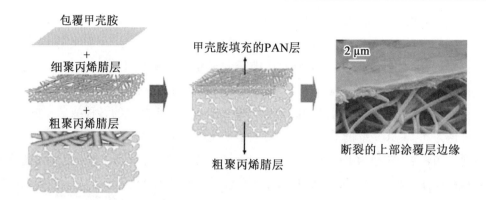

图 16.10　壳聚糖活性层纳米纤维膜的原理图及相应的 SEM 图

（Adapted from Yoon, K.; Kim, K.; Wang, X.; Fang, D.; Hsiao, B. S.; Chu, B. High Flux Ultrafil-tration Membranes Based on Electrospun Nanofibrous PAN Scaffolds and Chitosan Coating. Polymer 2006, 47, 2434 – 2441.）

3. 用于 MD 的纳米纤维膜

　　MD 是一种新兴的热驱动脱盐技术,其采用疏水膜作为分离层。到目前为止,MD 还没有商业化的膜,因此许多研究小组不断地投入大量的精力合成或生产新的膜。商用 MF 膜可以用于 MD,但仍然存在渗透率低和容易润湿的问题。由于其高疏水性、高孔隙度和足够的孔径,因此电纺纳米纤维膜被考虑用于 MD。自 2008 年首次报道纳米纤维膜在 MD 中的应用以来,许多研究团队通过制备纳米复合材料、独特的双层膜和三层膜混合设计、热压等后处理方法和表面改性技术,对纳米纤维膜的性能进行了制备和改进。据文献报道记载,一般来说,与商业膜相比,纳米纤维膜的渗透通量和拒盐性能有所改善,但长期稳定性和污垢形成问题还没有得到明确的研究。自支撑的纳米纤维薄膜本身表现出较好的性能,但在长期运行中容易受潮,尤其是在有挑战性的给水条件下。因此,为了提高纳米纤维膜的性能,特对电纺膜进行了大量的研究。一种具体的方法是通过在纳米纤维中间/表面掺入 NPs 来增加膜的疏水性,其甚至可以得到超疏水性表面。NPs 要么直接混合到溶液中,要么进行表面改性。所使用的 NPs 包括 CNTs、石墨烯、黏土、TiO_2、气凝胶、二氧化硅 NPs、氮化硼等。例如,我们之前的研究将 CNT 混合到电纺 PVDF – co – HFP 纳米纤维膜上(图 16.11),得到了质量分数为 5% CNT 的超疏水膜。CNT/PVDF – co – HFP 纳米纤维膜在通量和排盐性能方面,甚至在给盐浓度(高达 70 g/L NaCl 溶液)较高的情况下,也比普通平板膜表现出更好的直接接触膜蒸馏(DCMD)性能。另一种方法则是通过等离子体或紫外处理对纳米纤维表面进行改性。在这项技术中,等离子体处理增加了额外的氟化表面,构成了全疏水性纳米纤维表面。纳米纤维膜的一个典型缺点是因孔径较大、厚度较低,造成的 LEP 较低。低 LEP 表明孔隙润湿倾向高,MD 性能较差。为了解决这一问题,采取了一系列后处理和设计方法,如:热压膜、增加纳米纤维膜厚度以减小平均孔径和最大孔径,表面与疏水分子或 NPs 功能化以提高膜的疏水性等方法。本节综述了电纺纳米纤维膜在 MD 中的应用研究进展。

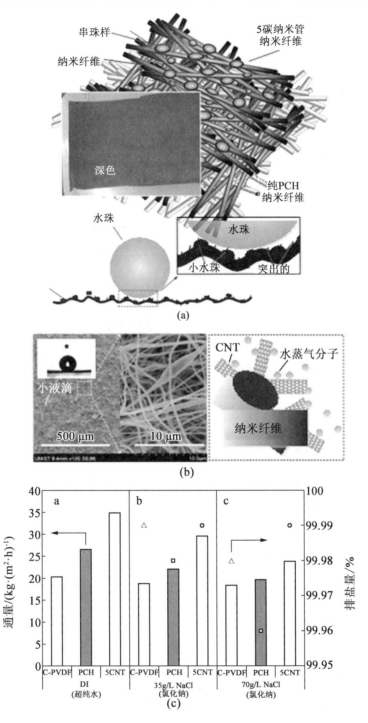

图 16.11　(a)串珠结构碳纳米纤维复合膜的示意图(插图为暗膜的摄影图像);(b)CNT/PH 纳米纤维膜的 SEM 图像和纳米纤维表面/内部突出的 CNTs 的示意图;(c)与纯净的 PH 纳米纤维膜和商用 PVDF 膜相比,不同进料溶液下 CNT/PH 纳米纤维膜的 DCMD 通量和拒盐性能

(经 Tijing, L. D.;Woo, Y. C.;Shim, W. – G.;He, T.;Choi, J. – S.;Kim, S. – H.;Shon, H. K. 允许转载。Superhydrophobic Nanofiber Membrane Containing Carbon Nanotubes for High – Performance Direct Contact Membrane Distillation. J. Membr. Sci. 2016, 502, 158 – 170.)

4. 用于 FO 的纳米纤维膜

FO 是另一种新兴的海水淡化技术。它是通过半透膜分离的两种不同浓度溶液之间的自然渗透作用来实现的。膜为渗透的发生提供了选择性的途径。通常情况下的 FO 膜由非常薄的非多孔活性层及相变形成的多孔中间层和强多孔支撑层组成。然而,反相法制备的 FO 膜存在严重的内浓差极化现象,尤其是在膜的中间层,影响了 FO 工艺的整体性能和效率。传统 FO 膜中间层具有扭曲的海绵状结构,限制了水通量的增加。理想情况下,中间层必须具有尽可能小的弯曲度和低厚度的多孔性。这些特性是在纳米纤维膜中发现的,因为它们具有超微的、重叠的纳米纤维结构(图 16.12,以纳米纤维膜为中间层)。因此,人们将电纺膜作为 FO 膜的中间层进行了测试。Tian 等以电纺 PVDF 为中间层,通过界面聚合形成聚酰胺活性层。

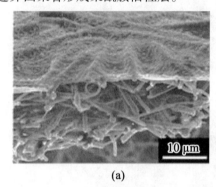

图 16.12　(a)未改性纳米纤维膜与聚酰胺活性层界面聚合的 SEM 图像;(b)PVDF 纳米纤维膜的 SEM 图像

(Adapted from Huang, L.; Arena, J. T.; McCutcheon, J. R. Surface Modified PVDF Nanofiber Supported Thin Film Composite Membranes for Forward Osmosis. J. Membr. Sci. 2016, 499, 352 – 360.)

他们发现聚酰胺层根据基板 PVDF 纳米纤维的特性以不同的方式形成。孔径较小的膜上形成密度较大的低渗透聚酰胺,孔径较大的膜上形成疏松的聚酰胺层。两种薄的纳米纤维复合膜均表现出较高的水通量(最高可达 $30.4\ L \cdot (m^2 \cdot h)^{-1}$ 或 $1.0\ mol \cdot L^{-1}$ NaCl 溶液下的 LMH,并作为去离子化的供水)。另一项研究报道中也指出,聚醚砜纳米纤维支撑聚酰胺薄膜与普通 FO 薄膜相比,其通量高 2～5 倍,盐通量低 100 倍。Hoover 和她的同事指出,使用小直径电纺 PET 纳米纤维可以增强脱层阻力,从而提高 FO 膜的机械完整性。虽然有许多关于纳米纤维作为 FO 中间层的研究结果是乐观及令人鼓舞的,但在粗糙的纳米纤维表面上形成一个稳定、均匀的活性层仍然是一个挑战。

5. 用于离子交换的纳米纤维膜

离子交换树脂或膜被广泛应用于许多领域,尤其是水处理领域。离子交换材料具有在离子交换过程中被目标物质取代的带电荷的活性位点(含官能团)。

　　由于纳米纤维具有较高的表面积,因此有可能存在更多的活性位点,因此人们对纳米纤维作为离子交换膜进行了一定的研究。An 等制备得到的 PS 纳米纤维膜作为离子交换剂,其最大离子交换容量为 3.74 mmol·g^{-1},与现有的商用离子交换膜相当。纳米纤维在这一领域的应用还处于起步阶段,要充分把握纳米纤维膜的潜力还需要做更多的研究。

6. 纳米纤维膜作为 CDI 电极

　　CDI 作为一种环保、低成本的海水淡化技术,正受到越来越多的关注。CDI 通过电化学方法工作,其中碳质电极起主要作用。小电位的应用将阳离子和阴离子分别拉向阴极和阳极。这个过程有助于从溶液中除去盐。电极的导电性、化学稳定性和表面积是 CDI 工艺中非常重要的考虑因素。碳基材料以其优异的性能成为 CDI 的首选材料。由于 CDI 具有较高的表面积,且静电纺丝制成的导电电极具有较高的应用潜力,因此,许多研究小组对碳基纳米纤维作为 CDI 膜电极的性能方面进行了研究。图 16.13 所示为典型的 CDI 试验示意图以及热处理后的电纺膜图。Wang 等采用电纺 PAN 纳米纤维制备活性炭纤维腹板/膜。在 1.6 V 下操作,可获得高达 4.64 mg/g 的电吸附能力。另一组作为 CDI 电极的多通道纳米纤维,其表面积是传统 CNFs 的 10 倍。通过 PAN 和 PMMA 纳米纤维电纺毡的稳定和石墨化,获得了多通道结构。由于高表面积,得到的比电容为237 F/g,除盐效率约为 90%。为了进一步提高 CNF 的去离子化性能,Bai 等将石墨烯 NPs 嵌入 CNF 中,发现由于石墨烯的加入,石墨烯的中孔比和导电性更高,因此其去离子化性能优于普通 CNF 和商用活性炭纤维。其他改进 CNF 的方法包括设计空心 CNFs、合并 CNTs 和分层 CNF 设计。

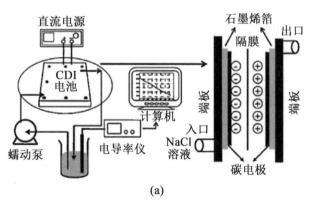

(a)

　　图 16.13　(a)CDI 设置示意图;(b)经过热处理的电纺纳米纤维膜;(c)电纺膜的 SEM 图 (经 Wang, G.; Pan, C.; Wang, L.; Dong, Q.; Yu, C.; Zhao, Z.; Qiu, J. 允许转载。Activated Carbon Nanofiber Webs Made by Electrospinning for Capacitive Deionization. Electrochim. Acta 2012, 69, 65–70.)

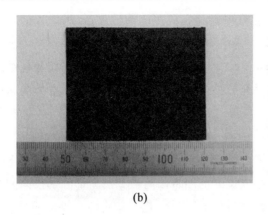
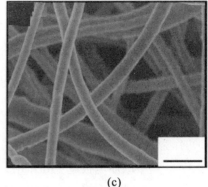

(b)　　　　　　　　　　　　(c)

续图 16.13

16.4.3　电纺油水分离膜

石油和天然气勘探活动的不断增加造成了一定的环境问题,特别是因石油泄漏所带来的环境污染问题。各种清洗技术(如撇油、超声分离、空气浮选、重力处理、混凝 - 絮凝)已被用于除油工艺中,但大多数方法耗时长、分离效率低、能源成本高,且会产生二次污染。吸附剂的使用是一种很有吸引力的选择,因为吸附剂能够吸附/吸收油,而且有可能重复使用。因此,仍然迫切需要找到一个成本效益更高的策略。纳米纤维吸附剂/过滤器由于其比表面积大、物理性能好、吸附能力强等优点,近年来受到越来越多的关注。利用纳米纤维膜进行油水分离的一些研究见表 16.2。Lee 等设计了一种超疏水和超亲油性 PS 纳米纤维膜,在短短几分钟内成功分离了水和低黏度油,如汽油、柴油和矿物油。研究还发现,CNF 气凝胶、改性 PSf 和 PS 纳米纤维以及纤维素纳米纤维等均可以有效地从水中分离出具有重复利用潜力的油。并且对于磁性复合纳米纤维膜提高吸附剂的回收率也进行了尝试。试验结果表明,虽然纳米纤维吸附剂在油水分离方面具有很大的潜力,但如何在更大的领域,如溢油清洗中得到更大的应用,依然是其面临的主要挑战。

表 16.2　一些利用纳米纤维膜进行油水分离的研究

材料类型	吸附(g/g)		参考文献
	只有油体系	水油混合	
聚氯乙烯 - 聚苯乙烯纤维	机油:146 花生油:119 乙二醇:81 柴油:38	机油:149 花生油:107 柴油:37	166
聚苯乙烯纤维	机油:84.41 葵花籽油:79.62	无应用	167

续表 16.2

材料类型	吸附(g/g)		参考文献
	只有油体系	水油混合	
聚苯乙烯纤维	无应用	机油:113.87 豆油:111.80 葵花籽油:96.89	168
聚苯乙烯 – 聚氨酯复合垫	无应用	机油:64.40 葵花籽油:47.48	169

16.4.4 电纺吸附膜

吸附力是从气体、液体或溶解的固体到表面的原子、离子或分子的附着力。从本质上说,这是一个基于表面的过程。为了提高吸附效率,迫切需要一种具有高表面积和多孔性的膜。静电纺丝不仅可以通过改变操作参数来控制表面尺寸和结构,还可以通过改变静电纺丝溶液的浓度或组分来改变表面性质。因此,静电纺丝具有膜表面改性方便的优点,有望提高其对各种污染物的吸附性能。

以电纺膜为吸附剂进行环境修复的研究很多。Zhao 等在电纺 PAN 膜上包覆活性炭对除草剂进行吸附。纳米纤维膜吸附剂具有良好的可回收性,5 次循环后去除效率保持在 83%,最大吸附容量为 437.64 mg/g。Nan 等采用电纺酚醛树脂基超细碳纤维吸附 CO_2。他们成功地制备了具有超细扩散路径、浅微孔和改善整体孔结构利用率的电纺膜,显著提高了 CO_2 吸附性能,在 2.92 mmol/g 时具有稳定的捕集能力。

此外,静电纺丝还可用于资源的分离纯化。Lan 等采用同轴静电纺丝方法将羟基磷灰石(HAp)NPs 负载在三醋酸纤维素(CTA)纳米纤维膜上。新型核鞘结构 CTA – HAp 纳米纤维膜吸附剂对牛血清白蛋白(蛋白纯化的典型蛋白)的吸附能力达到 176.04 mg/g。此外,Habiba 等采用静电纺丝法制备壳聚糖/PVA/沸石纳米纤维复合膜。该复合膜对 Cr(Ⅵ)、Fe(Ⅲ)、Ni(Ⅱ)具有较高的吸附性能和较好的解吸性能,在重金属分离回收方面具备较大的应用潜力。

16.4.5 用于组织工程、伤口敷料和药物输送的电纺膜

静电纺丝纳米纤维可以根据应用的需求性被设计成不同的形式。电纺膜可以是随机定向的非织造毡/膜、纤维束、松散的结构三维支架、排列整齐的纳米纤维或具有简单图案的纳米复合材料,也可以是核壳结构。

1. 组织工程

纳米纤维膜在组织工程中的应用引起了人们的广泛关注。组织工程或再生医学使

用的支架可以为细胞受损后的再生提供支持。纳米纤维的疏松、多孔和三维结构具有很高的潜力,可以替代 ECM 作为细胞生长的载体。由于静电纺丝可以生产由生物相容性和生物可降解材料制成的纳米纤维,因此纳米纤维成为组织支架的理想候选材料。我们的目标是让人体识别纳米纤维支架,使之成为自己的支架,从而实现再生和生长。纳米纤维的高表面积为细胞膜受体提供了大的结合位点。电纺材料包括聚乳酸(PLA)、PA-6、PCL、聚(乙醇酸)、醋酸纤维素、聚氨酯、壳聚糖等生物聚合物。文献报道大多是成功的体外研究,也有一些详细的体内研究。Santoro 等详细介绍了 PLA 纳米纤维支架用于组织工程和药物递送的许多积极方面,因为它的三维地形表面改善了细胞附着,药物递送的仓库和生物功能化的宿主。复合纳米纤维支架也被用作骨支架,它与成骨剂和模仿天然骨的组成和性能的纳米结构材料功能化。本节研究了 HAp 或磷酸三钙无机粒子对纳米支架性能的影响。对于皮肤损伤,研究人员发现,聚乳酸-乙醇酸(PLGA)与胶原蛋白混合形成的电纺复合垫能够增强 ECM 的细胞附着、增殖和分泌。核-壳结构电纺纤维在组织工程的缓释药物方面也引起了人们的密切关注。此外,药物通常用于纤维的核心,随着鞘层的缓慢降解,药物可以以更可控的速度被释放。

2. 伤口敷料

理想的创面敷料应能维持湿润度,具有较高的孔隙结构,并具备抗菌性能,特别是对耐药细菌的抗菌性。基于对这些要求的考虑,电纺膜非常适合此方面的应用。除了大的表面积之外,电纺垫的多孔结构提供了很好的途径来排出伤口渗出物,并允许氧气渗透伤口。活性纳米纤维创面敷料的生产通常是通过装载合适的有机或无机药物来完成的。这些药物可以是维生素、抗生素、抗炎药、抗菌 NPs 等。Torres Vargas 等制备了含有金盏花的超支聚甘油纳米纤维,用来作为伤口愈合剂和抗炎剂。结果表明,纳米纤维创面敷料植入术后炎症反应较低、复皮速度快。另一项研究利用葡聚糖和环丙沙星药物制备了聚氨酯纳米纤维,发现其与药物纳米纤维支架会产生良好的细胞相互作用,对革兰氏阳性和革兰氏阴性细菌均具有良好的抗菌活性。

3. 药物输送

纳米纤维膜的独特性质和结构为药物传递等应用开辟了许多可能性。通过对材料和加工参数进行微调,纳米纤维可以被设计成包覆药物分子的结构,这些分子可以被调制以控制释放。药物的释放机制和形态与所用聚合物的降解趋势、纳米纤维网内复杂的扩散途径、聚合物性能、表面涂层以及药物分子在固相中的状态有关。图 16.14 描述了通过物理手段将药物加载到纳米纤维网格上的一些方法。通常通过静电作用、氢键作用、疏水作用和范德瓦耳斯相互作用对纳米纤维表面进行简单的物理吸附。另一种方法是将药物包覆的 NP 结合到纳米纤维表面。纳米纤维的高表面积体积比可以提供高的负载能力。此外,还采用分层技术,可在超细厚度下对纳米纤维进行表面涂层。该技术易于合成带电荷的药物分子,但难以合成不溶性和不带电荷的药物。对于生物活性分子的固定化,通常进行化学修饰以产生活性官能团。通过这种方法,使得固定化分子与纳米纤维的结合更强,不易分离。一些研究人员为以氧化铁为基础的 NPs、受肌肉启发的表面功能化、化疗药物和交变磁场的结合,提供了高温治疗和肿瘤引发的药物释放。[192,193]

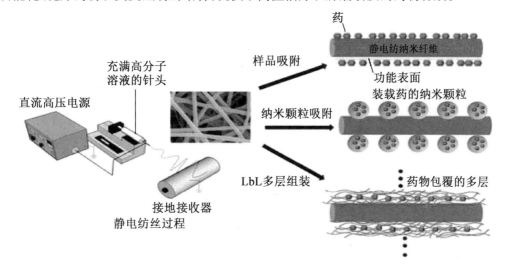

图 16.14　电纺纳米纤维的物理载药策略

(经 Yoo, H. S.; Kim, T. G.; Park, T. G. 允许转载。Surface - Functionalized Electrospun Nano? bers for Tissue Engineering and Drug Delivery. Adv. Drug Deliv. Rev. 2009, 61, 1033 - 1042.)

4. 支架覆盖

电纺纳米纤维膜作为血管和非血管支架的覆盖层目前也处于研究阶段。药物洗脱支架是近年来许多研究的热点材料。作为一种人工支架,它能在造成最小损伤的情况下打开体内堵塞的管道。Oh 和 Lee 以纳米纤维为支架覆盖治疗冠状动脉疾病。以 β-estradio 为支架覆盖的纳米纤维膜具有较高的内皮细胞增殖率,在亚细胞水平上对活性氧有充分的调控作用。Park 等研制出了一种纳米纤维膜覆盖食管支架,可持续药物释放 6天。通过加入整齐的 PLGA 纳米纤维作为扩散屏障来操纵纳米纤维覆盖设计,药物释放时间成功被延长至 21 天,此现象表明了可以通过进一步改善纳米纤维覆盖层结构,达到延长支架药物释放时间的可能性。

16.4.6　用于能源装置的电纺薄膜

如何满足能源和水的需求是全球普遍面临的两大挑战。在人类和工业活动的所有方面都对能源有着极大的需求,因此,提供可持续能源至关重要。随着化石能源的迅速减少,人们寻求更新、更清洁的能源的步伐逐渐加快。除了可再生能源之外,更清洁的替代能源设备主要包括燃料电池、锂离子电池和太阳能电池等。近年来,随着不断地研究和试验,这些发展中的能源器件的性能有了较大的提高,但在耐久性、收获效率、转换效率、功率密度、成本等方面还需要得到进一步提高,并对这些技术的整体性能达到高效整合。纳米技术的出现,特别是纳米纤维的使用,为改进这种器件的性能提供了巨大的潜力。电纺纤维膜超细的尺寸及其表面积体积比高的特点,使其具有独特的性能。对于燃料电池,电纺纳米纤维膜作为催化剂层或催化剂支撑材料,具有比其他材料更强的活性、更好的耐久性和更高的毒性。复合纳米纤维膜也可用作电极或质子交换膜。到目前为止,在此方面的应用,已存在关于改善燃料电池性能相关的研究报告。

锂离子电池是世界上最受欢迎的电池类型之一,基于其高能量密度、低自放电和微小的记忆效果,目前拥有较为广泛的应用领域,特别是在家庭、便携式电子产品、军事和航天以及电动汽车等方面的应用上。碳基阳极通常用作锂离子电池的电极,但其容量有限。作为一种提高其能力的方法,特别是以纳米纤维的形式存在的纳米材料,目前被发现可以提供更大的容量和性能。这些电纺纳米纤维膜阳极通常以碳基纳米纤维、硅基、锗基、锑基和金属基纳米纤维以及金属氧化物和金属硫化物基纳米纤维的形式存在。

研究还表明,纳米纤维在第三代光伏技术即染料敏化太阳能电池(DSSC)领域的应用也具有很大的潜力。利用不同的电纺纳米纤维作为多孔光阳极,可以使 DSSC 的电解液能更多地浸润多孔光阳极。在大多数情况下使用的是基于二氧化钛基的光阳极材料,ZnO 材料也有一定的研究,另外,电纺 Nb_2O_5 纳米纤维也存在相关的报道。

16.4.7　其他应用

电纺纳米纤维在食品相关领域的应用相对较少。然而,一些研究显示了使用静电纺丝技术在进行生物活性分子封装、食品包装和食用涂层等应用上的潜力。研究发现,静电纺丝技术的低通量限制了该技术的应用。电纺膜也被用作拉曼散射的柔性和高效率的衬底。其他部分则利用纳米纤维本身作为填充材料来改善基体材料的力学性能,如用聚氨酯纳米纤维加固浇注硅树脂薄膜。一些研究表明纳米纤维在透气屏障纺织材料或防护服等材料上均具备一定的应用潜力。电纺纳米纤维也可被用于微电子学,特别是在微电子封装、柔性显示和先进的介质材料等方面。

随着对环境污染问题的日益关注,气体传感器对于实现检测和监测至关重要。传感器的性能在很大程度上受到传感材料的影响,尤其是其灵敏度和比表面积。由于纳米纤维可以提供如此高的比表面积,人们对电纺纳米纤维传感器材料的设计进行了许多尝试。文献报道表明,设计合理的纳米纤维传感器在检测蒸汽和挥发性有机化合物方面具有很高的灵敏度。传感器纳米纤维的特殊设计包括使用导电聚合物复合材料、半导体和包含聚电解质组件。这些纳米纤维以非织造纤维、定向纤维或单纤维的形式排列。新材料和纳米纤维的发展,将在不久的将来为制造更多超灵敏传感器铺平道路。利用纳米纤维的葡萄糖传感器也同样受到关注。纳米管的大表面积为固定化位点提供了广泛的可用性,并增加了其与分析物的相互作用。由于复合纳米晶具有结合不同功能的能力——

从纳米晶本身到纳米晶材料,因此越来越多的研究集中在其作为传感器的应用。例如,在纳米纤维中加入 Au NP,增加了葡萄糖的氧化。葡萄糖氧化酶的加入也会导致其对 pH 和温度变化的抗变能力增强。

16.5　过程和工业梯度

目前,世界各地 200 多家研究机构正在使用静电纺丝技术制造不同用途的特殊设计的薄膜。在大多数情况下,基于针的静电纺丝装置被用于许多实验室规模的研究。一些公司已自行建立并提供现成且完整的工作台,或大规模的静电纺丝系统,或通过购买单独的零件来进行膜制作。对于有实验室规模的试验,这种单喷丝板和双喷丝板甚至无针装置都足以制造出足够的膜尺寸。但是对于大规模生产至关重要的产业升级来说,虽然还处于发展阶段,但已经存在一些中大型生产设备。例如,用于电池分离器和高温过滤器的 PA 纳米纤维膜,现在的生产线容量约已达 2 000 m^2/d。Kim 等最近的一项研究也测试了气缸式多喷管电纺系统的可行性,以获得潜在的大规模生产能力。

16.6　结论与展望

静电纺丝是一种用途广泛且易于操作的纳米纤维生产技术,最常用来制备多孔无纺布膜。与传统的膜相比,这种纳米纤维膜具有独特的优点。在大多数情况下,该技术使用聚合物溶液进行纺丝,但也可以纺织陶瓷和复合纤维。自 20 世纪 90 年代静电纺丝技术重新出现以来,许多静电纺丝方法得到了介绍和改进,包括对几种新应用的改进。纳米纤维膜的高表面积使其更容易通过 NP 修饰、表面处理(如化学修饰、UV 与等离子体处理、表面涂层等)、制备杂化膜等不同技术实现功能化。根据目标应用,纳米纤维膜的形貌、结构和性能可以通过控制材料、工艺和后处理过程进行适当的调整。然而,现阶段工业规模的高产量生产需求仍然是一个局限,新的更新也为新型的中大型设备铺就了道路。静电纺膜的前景似乎很有希望,尤其是随着技术和材料的快速发展,这将使纳米纤维的大规模工业生产成为可能。纳米纤维膜/支架仍将在生物医学、环境、水、能源、交通、食品等领域得到广泛的应用。它在水处理中作为过滤器或过滤元件的应用尤为突出。在不久的将来,纳米纤维市场将继续呈指数级增长。但不可否认的是,如想要充分发挥纳米纤维膜的全部潜力,还需要解决一些问题(如坚固性、耐久性、更均匀的孔径分布、纳米纤维的机械强度等),目前的研究趋势是朝着正确的方向去实现这一目标。

本章参考文献

[1] Wang, X.; Ding, B.; Sun, G.; Wang, M.; Yu, J. Electro – Spinning/Netting: A Strategy for the Fabrication of Three – Dimensional Polymer Nano – fiber/Nets. Prog. Mater. Sci. 2013, 58, 1173 – 1243.

[2] Fang, X.; Bando, Y.; Gautam, U. K.; Ye, C.; Golberg, D. Inorganic Semiconductor Nanostructures and Their Field – Emission Applications. J. Mater. Chem. 2008, 18, 509 – 522.

[3] Zhang, L.; Fang, M. Nanomaterials in Pollution Trace Detection and Environmental Improvement. Nano Today 2010, 5, 128 – 142.

[4] Yang, D.; Zheng, Z.; Liu, H.; Zhu, H.; Ke, X.; Xu, Y.; Wu, D.; Sun, Y. Layered Titanate Nanofibers as Efficient Adsorbents for Removal of Toxic Radioactive and Heavy Metal Ions from Water. J. Phys. Chem. C 2008, 112, 16275 – 16280.

[5] Pant, H. R.; Pant, B.; Pokharel, P.; Kim, H. J.; Tijing, L. D.; Park, C. H.; Kim, H. Y.; Kim, C. S. Photocatalytic TiO_2 – RGO/Nylon – 6 Spider – Wave – Like Nano – Nets via Electrospinning and Hydrothermal Treatment. J. Membr. Sci. 2013, 429, 225 – 234.

[6] Tijing, L. D.; Amarjargal, A.; Jiang, Z.; Ruelo, M. T. G.; Park, C. – H.; Pant, H. R.; Kim, D. – W.; Lee, D. H.; Kim, C. S. Antibacterial Tourmaline Nanoparticles/Polyurethane Hybrid Mat Decorated with Silver Nanoparticles Prepared by Electrospinning and UV Photoreduction. Curr. Appl. Phys. 2013, 13, 205 – 210.

[7] Cho, T.; Sakai, T.; Tanase, S.; Kimura, K.; Kondo, Y.; Tarao, T.; Tanaka, M. Electrochemical Performances of Polyacrylonitrile Nanofiber – Based Nonwoven Separator for Lithium – Ion Battery. Electrochem. Solid – State Lett. 2007, 10, A159 – A162.

[8] Pham, Q. P.; Sharma, U.; Mikos, A. G. Electrospinning of Polymeric Nanofibers for Tissue Engineering Applications: A Review. Tissue Eng. 2006, 12, 1197 – 1211.

[9] Bhardwaj, N.; Kundu, S. C. Electrospinning: A Fascinating Fiber Fabrication Technique. Biotechnol. Adv. 2010, 28, 325 – 347.

[10] Huang, Z. – M.; Zhang, Y. – Z.; Kotaki, M.; Ramakrishna, S. A Review on Polymer Nanofibers by Electrospinning and Their Applications in Nanocomposites. Compos. Sci. Technol. 2003, 63, 2223 – 2253.

[11] Bose, G. Recherches sur la cause et sur la veritable theorie de l'electricite; Witten-

berg, 1745.

[12] Dosunmu, O. O.; Chase, G. G.; Kataphinan, W.; Reneker, D. H. Electrospinning of Polymer Nanofibres from Multiple Jets on a Porous Tubular Surface. Nanotechnology 2006, 17, 1123.

[13] Yarin, A. L.; Zussman, E. Upward Needleless Electrospinning of Multiple Nanofibers. Polymer 2004, 45, 2977 – 2980.

[14] Tijing, L. D.; Choi, J. – S.; Lee, S.; Kim, S. – H.; Shon, H. K. Recent Progress of Membrane Distillation Using Electrospun Nanofibrous Membrane. J. Membr. Sci. 2014, 453, 435 – 462.

[15] Sill, T. J.; von Recum, H. A. Electrospinning: Applications in Drug Delivery and Tissue Engineering. Biomaterials 2008, 29, 1989 – 2006.

[16] Zhang, C.; Yuan, X.; Wu, L.; Han, Y.; Sheng, J. Study on Morphology of Electrospun Poly(Vinyl Alcohol) Mats. Eur. Polym. J. 2005, 41, 423 – 432.

[17] Darrell, H. R.; Iksoo, C. Nanometre Diameter Fibres of Polymer, Produced by Electrospinning. Nanotechnology 1996, 7, 216.

[18] Reneker, D. H.; Kataphinan, W.; Theron, A.; Zussman, E.; Yarin, A. L. Nanofiber Garlands of Polycaprolactone by Electrospinning. Polymer 2002, 43, 6785 – 6794.

[19] Theron, S. A.; Zussman, E.; Yarin, A. L. Experimental Investigation of the Governing Parameters in the Electrospinning of Polymer Solutions. Polymer 2004, 45, 2017 – 2030.

[20] Haider, A.; Haider, S.; Kang, I. – K. A. Comprehensive Review Summarizing the Effect of Electrospinning Parameters and Potential Applications of Nanofibers in Biomedical and Biotechnology. Arab. J. Chem. 2015 (in press).

[21] Megelski, S.; Stephens, J. S.; Chase, D. B.; Rabolt, J. F. Micro – and Nanostructured Surface Morphology on Electrospun Polymer Fibers. Macromolecules 2002, 35, 8456 – 8466.

[22] Matabola, K. P.; Moutloali, R. M. The Influence of Electrospinning Parameters on the Morphology and Diameter of Poly(Vinyledene Fluoride) Nanofibers—Effect of Sodium Chloride. J. Mater. Sci. 2013, 48, 5475 – 5482.

[23] Geng, X.; Kwon, O. – H.; Jang, J. Electrospinning of Chitosan Dissolved in Concentrated Acetic Acid Solution. Biomaterials 2005, 26, 5427 – 5432.

[24] Wang, T.; Kumar, S. Electrospinning of Polyacrylonitrile Nanofibers. J. Appl. Polym. Sci. 2006, 102, 1023 – 1029.

[25] Chase, G. G. ; Reneker, D. H. Nanofibers in Filter Media. Fluid/Particle Sep. J. 2004, 16, 105 – 117.

[26] Ki, C. S. ; Baek, D. H. ; Gang, K. D. ; Lee, K. H. ; Um, I. C. ; Park, Y. H. Characterization of Gelatin Nanofiber Prepared from Gelatin – Formic Acid Solution. Polymer 2005, 46, 5094 – 5102.

[27] Haghi, A. ; Akbari, M. Trends in Electrospinning of Natural Nanofibers. Phys. Status Solidi A 2007, 204, 1830 – 1834.

[28] Tao, J. ; Shivkumar, S. Molecular Weight Dependent Structural Regimes During the Electrospinning of PVA. Mater. Lett. 2007, 61, 2325 – 2328.

[29] McKee, M. G. ; Layman, J. M. ; Cashion, M. P. ; Long, T. E. Phospholipid Nonwoven Electrospun Membranes. Science 2006, 311, 353 – 355.

[30] Pillay, V. ; Dott, C. ; Choonara, Y. E. ; Tyagi, C. ; Tomar, L. ; Kumar, P. ; du Toit, L. C. ; Ndesendo, V. M. K. A Review of the Effect of Processing Variables on the Fabrication of Electrospun Nanofibers for Drug Delivery Applications. J. Nanomater. 2013, 2013, 22.

[31] Fong, H. ; Chun, I. ; Reneker, D. H. Beaded Nanofibers Formed During Electrospinning. Polymer 1999, 40, 4585 – 4592.

[32] Zong, X. ; Kim, K. ; Fang, D. ; Ran, S. ; Hsiao, B. S. ; Chu, B. Structure and Process Relationship of Electrospun Bioabsorbable Nanofiber Membranes. Polymer 2002, 43, 4403 – 4412.

[33] Hayati, I. ; Bailey, A. ; Tadros, T. F. Investigations Into the Mechanisms of Electrohydrodynamic Spraying of Liquids: I. Effect of Electric Field and the Environment on Pendant Drops and Factors Affecting the Formation of Stable Jets and Atomization. J. Colloid Interface Sci. 1987, 117, 205 – 221.

[34] Kim, B. ; Park, H. ; Lee, S. – H. ; Sigmund, W. M. Poly(Acrylic Acid) Nanofibers by Electrospinning. Mater. Lett. 2005, 59, 829 – 832.

[35] Talwar, S. ; Krishnan, A. S. ; Hinestroza, J. P. ; Pourdeyhimi, B. ; Khan, S. A. Electrospun Nanofibers with Associative Polymer – Surfactant Systems. Macromolecules 2010, 43, 7650 – 7656.

[36] Tong, L. ; Hongxia, W. ; Huimin, W. ; Xungai, W. The Charge Effect of Cationic Surfactants on the Elimination of Fibre Beads in the Electrospinning of Polystyrene. Nanotechnology 2004, 15, 1375.

[37] Hu, J. ; Wang, X. ; Ding, B. ; Lin, J. ; Yu, J. ; Sun, G. One – Step Electro – Spinning/Netting Technique for Controllably Preparing Polyurethane Nano – Fiber/

Net. Macromol. Rapid Commun. 2011, 32, 1729 – 1734.

[38] Casper, C. L.; Stephens, J. S.; Tassi, N. G.; Chase, D. B.; Rabolt, J. F. Controlling Surface Morphology of Electrospun Polystyrene Fibers: Effect of Humidity and Molecular Weight in the Electrospinning Process. Macromolecules 2004, 37, 573 – 578.

[39] De Vrieze, S.; Van Camp, T.; Nelvig, A.; Hagström, B.; Westbroek, P.; De Clerck, K. The Effect of Temperature and Humidity on Electrospinning. J. Mater. Sci. 2009, 44, 1357 – 1362.

[40] Tripatanasuwan, S.; Zhong, Z.; Reneker, D. H. Effect of Evaporation and Solidification of the Charged Jet in Electrospinning of Poly(Ethylene Oxide) Aqueous Solution. Polymer 2007, 48, 5742 – 5746.

[41] De Vrieze, S.; Van Camp, T.; Nelvig, A.; Hagström, B.; Westbroek, P.; De Clerck, K. The Effect of Temperature and Humidity on Electrospinning. J. Mater. Sci. 2008, 44, 1357 – 1362.

[42] Amiraliyan, N.; Nouri, M.; Kish, M. H. Effects of Some Electrospinning Parameters on Morphology of Natural Silk – Based Nanofibers. J. Appl. Polym. Sci. 2009, 113, 226 – 234.

[43] Tijing, L. D.; Choi, W.; Jiang, Z.; Amarjargal, A.; Park, C. – H.; Pant, H. R.; Im, I. – T.; Kim, C. S. Two – Nozzle Electrospinning of (MWNT/PU)/PU Nanofibrous Composite Mat with Improved Mechanical and Thermal Properties. Curr. Appl. Phys. 2013, 13, 1247 – 1255.

[44] Tijing, L. D.; Ruelo, M. T. G.; Amarjargal, A.; Pant, H. R.; Park, C. – H.; Kim, C. S. One – Step Fabrication of Antibacterial (Silver Nanoparticles/Poly(Ethylene Oxide))—Polyurethane Bicomponent Hybrid Nanofibrous Mat by Dual – Spinneret Electrospinning. Mater. Chem. Phys. 2012, 134, 557 – 561.

[45] Zhan, N.; Li, Y.; Zhang, C.; Song, Y.; Wang, H.; Sun, L.; Yang, Q.; Hong, X. A novel Multinozzle Electrospinning Process for Preparing Superhydrophobic PS Films with Controllable Bead – on – String/Microfiber Morphology. J. Colloid Interface Sci. 2010, 345, 491 – 495.

[46] Sun, Z.; Zussman, E.; Yarin, A. L.; Wendorff, J. H.; Greiner, A. Compound Core – Shell Polymer Nanofibers by Co – Electrospinning. Adv. Mater. 2003, 15, 1929 – 1932.

[47] Li, D.; Xia, Y. Direct Fabrication of Composite and Ceramic Hollow Nanofibers by Electrospinning. Nano Lett. 2004, 4, 933 – 938.

[48] Moghe, A. K.; Gupta, B. S. Co – Axial Electrospinning for Nanofiber Structures: Preparation and Applications. Polym. Rev. 2008, 48, 353 – 377.

[49] Qu, H.; Wei, S.; Guo, Z. Coaxial Electrospun Nanostructures and Their Applications. J. Mater. Chem. A 2013, 1, 11513 – 11528.

[50] Zhang, L. – H.; Duan, X. – P.; Yan, X.; Yu, M.; Ning, X.; Zhao, Y.; Long, Y. – Z. Recent Advances in Melt Electrospinning. RSC Adv. 2016, 6, 53400 – 53414.

[51] Hutmacher, D. W.; Dalton, P. D. Melt Electrospinning. Chem. Asian J. 2011, 6, 44 – 56.

[52] Dalton, P. D.; Grafahrend, D.; Klinkhammer, K.; Klee, D.; Möller, M. Electrospinning of Polymer Melts: Phenomenological Observations. Polymer 2007, 48, 6823 – 6833.

[53] Dalton, P. D.; Klinkhammer, K.; Salber, J.; Klee, D.; Möller, M. Direct in Vitro Electrospinning with Polymer Melts. Biomacromolecules 2006, 7, 686 – 690.

[54] Zhou, H.; Green, T. B.; Joo, Y. L. The Thermal Effects on Electrospinning of Polylactic Acid Melts. Polymer 2006, 47, 7497 – 7505.

[55] Larrondo, L.; John Manley, R. St. Electrostatic Fiber Spinning from Polymer Melts. I. Experimental Observations on Fiber Formation and Properties. J. Polym. Sci.: Polym. Phys. Ed. 1981, 19, 909 – 920.

[56] Lee, S.; Kay Obendorf, S. Developing Protective Textile Materials as Barriers to Liquid Penetration Using Melt – Electrospinning. J. Appl. Polym. Sci. 2006, 102, 3430 – 3437.

[57] Brown, T. D.; Dalton, P. D.; Hutmacher, D. W. Melt Electrospinning Today: An Opportune Time for an Emerging Polymer Process. Prog. Polym. Sci. 2016, 56, 116 – 166.

[58] Deng, R.; Liu, Y.; Ding, Y.; Xie, P.; Luo, L.; Yang, W. Melt Electrospinning of Low – Density Polyethylene Having a Low – Melt Flow Index. J. Appl. Polym. Sci. 2009, 114, 166 – 175.

[59] Kim, S. J.; Jang, D. H.; Park, W. H.; Min, B. – M. Fabrication and Characterization of 3 – Dimensional PLGA Nanofiber/Microfiber Composite Scaffolds. Polymer 2010, 51, 1320 – 1327.

[60] Yan, X.; Yu, M.; Zhang, L. – H.; Jia, X. – S.; Li, J. – T.; Duan, X. – P.; Qin, C. – C.; Dong, R. – H.; Long, Y. – Z. A portable Electrospinning Apparatus Based on a Small Solar Cell and a Hand Generator: Design, Performance and Applica-

tion. Nanoscale 2016, 8, 209 – 213.

[61] Li, X.; Liu, H.; Wang, J.; Li, C. Preparation and Characterization of PLLA/nHA Nonwoven Mats via Laser Melt Electrospinning. Mater. Lett. 2012, 73, 103 – 106.

[62] Long, Y. Z.; Yan, X.; Duan, X. P.; Zhang, L. H.; Jia, X. S.; Li, J. T.; Zhan, B. A Melt Electrospinning Apparatus Completely without Extra Electricity Supply. China Patent 201610079257. X, 2016.

[63] Li, H. S.; Chen, Y. H.; Zhang, X. X.; Zhao, Y. M.; Tao, Y. J.; Li, C. Y.; He, X. Experimental Study on Triboelectrostatic Beneficiation of Wet Fly Ash Using Microwave Heating. Physicochem. Probl. Miner. Process. 2016, 52 (1), 328 – 341.

[64] Bin, D.; Chunrong, L.; Yasuhiro, M.; Oriha, K.; Seimei, S. Formation of Novel 2D Polymer Nanowebs via Electrospinning. Nanotechnology 2006, 17, 3685.

[65] Barakat, N. A. M.; Kanjwal, M. A.; Sheikh, F. A.; Kim, H. Y. Spider – Net within the N6, PVA and PU Electrospun Nanofiber Mats Using Salt Addition: Novel Strategy in the Electrospinning Process. Polymer 2009, 50, 4389 – 4396.

[66] Tsou, S. – Y.; Lin, H. – S.; Wang, C. Studies on the Electrospun Nylon 6 Nanofibers from Polyelectrolyte Solutions: 1. Effects of Solution Concentration and Temperature. Polymer 2011, 52, 3127 – 3136.

[67] Ayutsede, J.; Gandhi, M.; Sukigara, S.; Ye, H.; Hsu, C. – M.; Gogotsi, Y.; Ko, F. Carbon Nanotube Reinforced Bombyx mori Silk Nanofibers by the Electrospinning Process. Biomacromolecules 2006, 7, 208 – 214.

[68] Sun, B.; Long, Y.; Zhang, H.; Li, M.; Duvail, J.; Jiang, X.; Yin, H. Advances in Three – Dimensional Nanofibrous Macrostructures via Electrospinning. Prog. Polym. Sci. 2014, 39, 862 – 890.

[69] Weintraub, B.; Wei, Y.; Wang, Z. L. Optical Fiber/Nanowire Hybrid Structures for Efficient Three – Dimensional Dye – Sensitized Solar Cells. Angew. Chem. 2009, 121, 9143 – 9147.

[70] Yang, Y.; Basu, S.; Tomasko, D. L.; Lee, L. J.; Yang, S. – T. Fabrication of Well – Defined PLGA Scaffolds Using Novel Microembossing and Carbon Dioxide Bonding. Biomaterials 2005, 26, 2585 – 2594.

[71] Ovsianikov, A.; Malinauskas, M.; Schlie, S.; Chichkov, B.; Gittard, S.; Narayan, R.; Löbler, M.; Sternberg, K.; Schmitz, K. P.; Haverich, A. Three – Dimensional Laser Micro – and Nano – Structuring of Acrylated Poly(Ethylene Glycol) Materials and Evaluation of Their Cytoxicity for Tissue Engineering Applications. Acta Biomater. 2011, 7, 967 – 974.

［72］ Guldin, S.; Hüttner, S.; Kolle, M.; Welland, M. E.; Müller – Buschbaum, P.; Friend, R. H.; Steiner, U.; Tétreault, N. Dye – Sensitized Solar Cell Based on a Three – Dimensional Photonic Crystal. Nano Lett. 2010, 10, 2303 – 2309.

［73］ Joshi, M. K.; Pant, H. R.; Tiwari, A. P.; Kim, H. J.; Park, C. H.; Kim, C. S. Multi – Layered Macroporous Three – Dimensional Nanofibrous Scaffold via a Novel Gas Foaming Technique. Chem. Eng. J. 2015, 275, 79 – 88.

［74］ Dai, Y.; Liu, W.; Formo, E.; Sun, Y.; Xia, Y. Ceramic Nanofibers Fabricated by Electrospinning and Their Applications in Catalysis, Environmental Science, and Energy Technology. Polym. Adv. Technol. 2011, 22, 326 – 338.

［75］ Gu, Y.; Jian, F.; Wang, X. Synthesis and Characterization of Nanostructured Co3O4 Fibers Used as Anode Materials for Lithium Ion Batteries. Thin Solid Films 2008, 517, 652 – 655.

［76］ Anis, S. F.; Khalil, A.; Saepurahman; Singaravel, G.; Hashaikeh, R. A Review on the Fabrication of Zeolite and Mesoporous Inorganic Nanofibers Formation for Catalytic Applications. Microporous Mesoporous Mater. 2016, 236, 176 – 192.

［77］ Wu, H. Y.; Wang, R.; Field, R. W. Direct Contact Membrane Distillation: An Experimental and Analytical Investigation of the Effect of Membrane Thickness Upon Transmembrane Flux. J. Membr. Sci. 2014, 470, 257 – 265.

［78］ Shen, L.; Yu, X.; Cheng, C.; Song, C.; Wang, X.; Zhu, M.; Hsiao, B. S. High Filtration Performance Thin Film Nanofibrous Composite Membrane Prepared by Electrospraying Technique and Hot – Pressing Treatment. J. Membr. Sci. 2016, 499, 470 – 479.

［79］ Ali, A. A.; Eltabey, M. M.; Abdelbary, B. M.; Zoalfakar, S. H. MWCNTs/Carbon Nano Fibril Composite Papers for Fuel Cell and Super Capacitor Applications. J. Electrost. 2015, 73, 12 – 18.

［80］ Kaur, S.; Barhate, R.; Sundarrajan, S.; Matsuura, T.; Ramakrishna, S. Hot Pressing of Electrospun Membrane Composite and Its Influence on Separation Performance on Thin Film Composite Nanofiltration Membrane. Desalination 2011, 279, 201 – 209.

［81］ Islam, M. S.; Sultana, S.; Rahaman, M. S. Electrospun Nylon 6 Nanofiltration Membrane for Treatment of Brewery Wastewater. In International Conference on Mechanical Engineering: Proceedings of the 11th International Conference on Mechanical Engineering (ICME 2015) AIP Publishing, 2016; p. 060017.

［82］ Truong, Y. B.; O'Bryan, Y.; McKelvie, I. D.; Kyratzis, I. L.; Humphries, W.

Application of Electrospun Gas Diffusion Nanofibre – Membranes in the Determination of Dissolved Carbon Dioxide. Macromol. Mater. Eng. 2013, 298, 590 – 596.

[83] Yang, D. – J.; Kamienchick, I.; Youn, D. Y.; Rothschild, A.; Kim, I. – D. Ultrasensitive and Highly Selective Gas Sensors Based on Electrospun SnO_2 Nanofibers Modified by Pd Loading. Adv. Funct. Mater. 2010, 20, 4258 – 4264.

[84] Pan, J.; Ge, L.; Lin, X.; Wu, L.; Wu, B.; Xu, T. Cation Exchange Membranes from Hot – Pressed Electrospun Sulfonated Poly(Phenylene Oxide) Nanofibers for Alkali Recovery. J. Membr. Sci. 2014, 470, 479 – 485.

[85] Chen, J.; Xu, L.; Xing, R.; Song, J.; Song, H.; Liu, D.; Zhou, J. Electrospun Three – Dimensional Porous CuO/TiO_2 Hierarchical Nanocomposites Electrode for Non-enzymatic Glucose Biosensing. Electrochem. Commun. 2012, 20, 75 – 78.

[86] Pan, J.; He, Y.; Wu, L.; Jiang, C.; Wu, B.; Mondal, A. N.; Cheng, C.; Xu, T. Anion Exchange Membranes from Hot – Pressed Electrospun $QPPO$ – SiO_2 Hybrid Nanofibers for Acid Recovery. J. Membr. Sci. 2015, 480, 115 – 121.

[87] He, F.; Sarkar, M.; Lau, S.; Fan, J.; Chan, L. H. Preparation and Characterization of Porous Poly(Vinylidene Fluoride – Trifluoroethylene) Copolymer Membranes via Electrospinning and Further Hot Pressing. Polym. Test. 2011, 30, 436 – 441.

[88] Lee, S. W.; Choi, S. W.; Jo, S. M.; Chin, B. D.; Kim, D. Y.; Lee, K. Y. Electrochemical Properties and Cycle Performance of Electrospun Poly(Vinylidene Fluoride) – Based Fibrous Membrane Electrolytes for Li – Ion Polymer Battery. J. Power Sources 2006, 163, 41 – 46.

[89] Liao, Y.; Wang, R.; Fane, A. G. Engineering Superhydrophobic Surface on Poly (Vinylidene Fluoride) Nanofiber Membranes for Direct Contact Membrane Distillation. J. Membr. Sci. 2013, 440, 77 – 87.

[90] Lalia, B. S.; Guillen – Burrieza, E.; Arafat, H. A.; Hashaikeh, R. Fabrication and Characterization of Polyvinylidenefluoride – co – hexafluoropropylene (PVDF – HFP) Electrospun Membranes for Direct Contact Membrane Distillation. J. Membr. Sci. 2013, 428, 104 – 115.

[91] Yao, M.; Woo, Y. C.; Tijing, L. D.; Shim, W. – G.; Choi, J. – S.; Kim, S. – H.; Shon, H. K. Effect of Heat – Press Conditions on Electrospun Membranes for Desalination by Direct Contact Membrane Distillation. Desalination 2016, 378, 80 – 91.

[92] Nandakumar, A.; Birgani, Z. T.; Santos, D.; Mentink, A.; Auffermann, N.; Werf, K. V. D.; Bennink, M.; Moroni, L.; Blitterswijk, C. V.; Habibovic, P. Surface Modification of Electrospun Fibre Meshes by Oxygen Plasma for Bone Regener-

ation. Biofabrication 2013, 5, 015006.

[93] Cheng, Q.; Lee, B. L. – P.; Komvopoulos, K.; Yan, Z.; Li, S. Plasma Surface Chemical Treatment of Electrospun Poly(L – Lactide) Microfibrous Scaffolds for Enhanced Cell Adhesion, Growth, and Infiltration. Tissue Eng. A 2013, 19, 1188 – 1198.

[94] Yan, D.; Jones, J.; Yuan, X.; Xu, X.; Sheng, J.; Lee, J. M.; Ma, G.; Yu, Q. Plasma Treatment of Electrospun PCL Random Nanofiber Meshes (NFMs)for Biological Property Improvement. J. Biomed. Mater. Res. A 2013, 101, 963 – 972.

[95] Mondal, K.; Ali, M. A.; Agrawal, V. V.; Malhotra, B. D.; Sharma, A. Highly Sensitive Biofunctionalized Mesoporous Electrospun TiO$_2$ Nanofiber Based Interface for Biosensing. ACS Appl. Mater. Interfaces 2014, 6, 2516 – 2527.

[96] Yu, H.; Jia, Y.; Yao, C.; Lu, Y. PCL/PEG Core/Sheath Fibers with Controlled Drug Release Rate Fabricated on the Basis of a Novel Combined Technique. Int. J. Pharm. 2014, 469, 17 – 22.

[97] Kim, K. J.; Kim, Y. H.; Song, J. H.; Jo, Y. N.; Kim, J. – S.; Kim, Y. – J. Effect of Gamma Ray Irradiation on Thermal and Electrochemical Properties of Polyethylene Separator for Li Ion Batteries. J. Power Sources 2010, 195, 6075 – 6080.

[98] Heo, Y.; Shin, Y. M.; Lee, Y. B.; Lim, Y. M.; Shin, H. Effect of Immobilized Collagen Type IV on Biological Properties of Endothelial Cells for the Enhanced Endothelialization of Synthetic Vascular Graft Materials. Colloids Surf. B: Biointerfaces 2015, 134, 196 – 203.

[99] Liu, Y.; Liu, Y.; Liao, N.; Cui, F.; Park, M.; Kim, H. – Y. Fabrication and Durable Antibacterial Properties of Electrospun Chitosan Nanofibers with Silver Nanoparticles. Int. J. Biol. Macromol. 2015, 79, 638 – 643.

[100] Choi, Y.; Park, M.; Kyoung Shin, H.; Liu, Y.; Choi, J. – W.; Nirmala, R.; Park, S. – J.; Kim, H. – Y. Facile Stabilization Process of Polyacrylonitrile – Based Electrospun Nanofibers by Spraying 1% Hydrogen Peroxide and Electron Beam Irradiation. Mater. Lett. 2014, 123, 59 – 61.

[101] Yuan, W.; Feng, Y.; Wang, H.; Yang, D.; An, B.; Zhang, W.; Khan, M.; Guo, J. Hemocompatible Surface of Electrospun Nanofibrous Scaffolds by ATRP Modification. Mater. Sci. Eng. C 2013, 33, 3644 – 3651.

[102] Guo, F.; Servi, A.; Liu, A.; Gleason, K. K.; Rutledge, G. C. Desalination by Membrane Distillation Using Electrospun Polyamide Fiber Membranes with Surface Fluorination by Chemical Vapor Deposition. ACS Appl. Mater. Interfaces 2015, 7,

8225 – 8232.

[103] Sohn, J. – Y.; Im, J. – S.; Shin, J.; Nho, Y. – C. PVDF – HFP/PMMA – Coated PE Separator for Lithium Ion Battery. J. Solid State Electrochem. 2012, 16, 551 – 556.

[104] Ryou, M. H.; Lee, D. J.; Lee, J. N.; Lee, Y. M.; Park, J. K.; Choi, J. W. Excellent Cycle Life of Lithium – Metal Anodes in Lithium – Ion Batteries with Mussel – Inspired Polydopamine – Coated Separators. Adv. Energy Mater. 2012, 2, 645 – 650.

[105] Lee, Y.; Ryou, M. – H.; Seo, M.; Choi, J. W.; Lee, Y. M. Effect of Polydopamine Surface Coating on Polyethylene Separators as a Function of Their Porosity for High – Power Li – Ion Batteries. Electrochim. Acta 2013, 113, 433 – 438.

[106] Fang, L. – F.; Shi, J. – L.; Zhu, B. – K.; Zhu, L. – P. Facile Introduction of Polyether Chains Onto Polypropylene Separators and Its Application in Lithium Ion Batteries. J. Membr. Sci. 2013, 448, 143 – 150.

[107] Tijing, L. D.; Park, C. – H.; Choi, W. L.; Ruelo, M. T. G.; Amarjargal, A.; Pant, H. R.; Im, I. – T.; Kim, C. S. Characterization and Mechanical Performance Comparison of Multiwalled Carbon Nanotube/Polyurethane Composites Fabricated by Electrospinning and Solution Casting. Compos. Part B 2013, 44, 613 – 619.

[108] Kang, S. – J.; Tijing, L. D.; Hwang, B. – S.; Jiang, Z.; Kim, H. Y.; Kim, C. S. Fabrication and Photocatalytic Activity of Electrospun Nylon – 6 Nanofibers Containing Tourmaline and Titanium Dioxide Nanoparticles. Ceram. Int. 2013, 39, 7143 – 7148.

[109] Tijing, L. D.; Ruelo, M. T. G.; Amarjargal, A.; Pant, H. R.; Park, C. – H.; Kim, D. W.; Kim, C. S. Antibacterial and Superhydrophilic Electrospun Polyurethane Nanocomposite Fibers Containing Tourmaline Nanoparticles. Chem. Eng. J. 2012, 197, 41 – 48.

[110] Ahmed, F. E.; Lalia, B. S.; Hashaikeh, R. A Review on Electrospinning for Membrane Fabrication: Challenges and Applications. Desalination 2015, 356, 15 – 30.

[111] Park, S. H.; Lee, S. M.; Lim, H. S.; Han, J. T.; Lee, D. R.; Shin, H. S.; Jeong, Y.; Kim, J.; Cho, J. H. Robust Superhydrophobic Mats Based on Electrospun Crystalline Nanofibers Combined with a Silane Precursor. ACS Appl. Mater. Interfaces 2010, 2, 658 – 662.

[112] Razmjou, A.; Arifin, E.; Dong, G.; Mansouri, J.; Chen, V. Superhydrophobic

Modification of TiO$_2$ Nanocomposite PVDF Membranes for Applications in Membrane Distillation. J. Membr. Sci. 2012, 415, 850 – 863.

[113] Liao, Y.; Loh, C. – H.; Wang, R.; Fane, A. G. Electrospun Superhydrophobic Membranes with Unique Structures for Membrane Distillation. ACS Appl. Mater. Interfaces 2014, 6, 16035 – 16048.

[114] Tijing, L. D.; Woo, Y. C.; Shim, W. – G.; He, T.; Choi, J. – S.; Kim, S. – H.; Shon, H. K. Superhydrophobic Nanofiber Membrane Containing Carbon Nanotubes for High – performance Direct Contact Membrane Distillation. J. Membr. Sci. 2016, 502, 158 – 170.

[115] Woo, Y. C.; Tijing, L. D.; Shim, W. – G.; Choi, J. – S.; Kim, S. – H.; He, T.; Drioli, E.; Shon, H. K. Water Desalination Using Graphene – Enhanced Electrospun Nanofiber Membrane via Air Gap Membrane Distillation. J. Membr. Sci. 2016, 520, 99 – 110.

[116] Guo, Z.; Huang, J.; Xue, Z.; Wang, X. Electrospun Graphene Oxide/Carbon Composite Nanofibers with Well – developed Mesoporous Structure and Their Adsorption Performance for Benzene and Butanone. Chem. Eng. J. 2016, 306, 99 – 106.

[117] Huang, J.; Zhang, B.; Xie, Y. Y.; Lye, W. W. K.; Xu, Z. – L.; Abouali, S.; Akbari Garakani, M.; Huang, J. – Q.; Zhang, T. – Y.; Huang, B.; Kim, J. – K. Electrospun Graphitic Carbon Nanofibers with In – Situ Encapsulated Co – Ni Nanoparticles as Freestanding Electrodes for Li – O$_2$ Batteries. Carbon 2016, 100, 329 – 336.

[118] Xiao, S.; Ma, H.; Shen, M.; Wang, S.; Huang, Q.; Shi, X. Excellent Copper (II) Removal Using Zero – Valent Iron Nanoparticle – Immobilized Hybrid Electrospun Polymer Nanofibrous Mats. Colloids Surf. A Physicochem. Eng. Asp. 2011, 381, 48 – 54.

[119] Ma, H.; Huang, Y.; Shen, M.; Guo, R.; Cao, X.; Shi, X. Enhanced Dechlorination of Trichloroethylene Using Electrospun Polymer Nanofibrous Mats Immobilized with Iron/Palladium Bimetallic Nanoparticles. J. Hazard. Mater. 2012, 211 – 212, 349 – 356.

[120] Sundarrajan, S.; Tan, K. L.; Lim, S. H.; Ramakrishna, S. Electrospun Nanofibers for Air Filtration Applications. Procedia Eng. 2014, 75, 159 – 163.

[121] Homaeigohar, S.; Elbahri, M. Nanocomposite Electrospun Nanofiber Membranes for Environmental Remediation. Materials 2014, 7, 1017 – 1045.

[122] Wang, N.; Si, Y.; Wang, N.; Sun, G.; El – Newehy, M.; Al – Deyab, S. S.;

Ding, B. Multilevel Structured Polyacrylonitrile/Silica Nanofibrous Membranes for High－Performance Air Filtration. Sep. Purif. Technol. 2014, 126, 44－51.

[123] Scholten, E.; Bromberg, L.; Rutledge, G. C.; Hatton, T. A. Electrospun Polyurethane Fibers for Absorption of Volatile Organic Compounds from Air. ACS Appl. Mater. Interfaces 2011, 3, 3902－3909.

[124] Wan, H.; Wang, N.; Yang, J.; Si, Y.; Chen, K.; Ding, B.; Sun, G.; El－Newehy, M.; Al－Deyab, S. S.; Yu, J. Hierarchically Structured Polysulfone/Titania Fibrous Membranes with Enhanced Air Filtration Performance. J. Colloid Interface Sci. 2014, 417, 18－26.

[125] Kayaci, F.; Uyar, T. Electrospun Polyester/Cyclodextrin Nanofibers for Entrapment of Volatile Organic Compounds. Polym. Eng. Sci. 2014, 54, 2970－2978.

[126] Choi, J.; Yang, B. J.; Bae, G.－N.; Jung, J. H. Herbal Extract Incorporated Nanofiber Fabricated by an Electrospinning Technique and Its Application to Antimicrobial Air Filtration. ACS Appl. Mater. Interfaces 2015, 7, 25313－25320.

[127] Matulevicius, J.; Kliucininkas, L.; Prasauskas, T.; Buivydiene, D.; Martuzevicius, D. The Comparative Study of Aerosol Filtration by Electrospun Polyamide, Polyvinyl Acetate, Polyacrylonitrile and Cellulose Acetate Nanofiber Media. J. Aerosol Sci. 2016, 92, 27－37.

[128] Xu, J.; Liu, C.; Hsu, P.－C.; Liu, K.; Zhang, R.; Liu, Y.; Cui, Y. Roll－to－Roll Transfer of Electrospun Nanofiber Film for High－Efficiency Transparent Air Filter. Nano Lett. 2016, 16, 1270－1275.

[129] Wang, X.; Hsiao, B. S. Electrospun Nanofiber Membranes. Curr. Opin. Chem. Eng. 2016, 12, 62－81.

[130] Farahbakhsh, K.; Svrcek, C.; Guest, R. K.; Smith, D. W. A Review of the Impact of Chemical Pretreatment on Low－Pressure Water Treatment Membranes. J. Environ. Eng. Sci. 2004, 3, 237－253.

[131] Liu, Y.; Wang, R.; Ma, H.; Hsiao, B. S.; Chu, B. High－Flux Nanofiltration Filters Based on Electrospun Polyvinylalcohol Nanofibrous Membranes. Polymer 2013, 54, 548－556.

[132] Gopal, R.; Kaur, S.; Ma, Z.; Chan, C.; Ramakrishna, S.; Matsuura, T. Electrospun Nanofibrous Filtration Membrane. J. Membr. Sci. 2006, 281, 581－586.

[133] Gopal, R.; Kaur, S.; Feng, C. Y.; Chan, C.; Ramakrishna, S.; Tabe, S.; Matsuura, T. Electrospun Nanofibrous Polysulfone Membranes as Pre－Filters: Particulate Removal. J. Membr. Sci. 2007, 289, 210－219.

[134]   Aussawasathien, D.; Teerawattananon, C.; Vongachariya, A. Separation of Micron to Sub – Micron Particles from Water: Electrospun Nylon – 6 Nanofibrous Membranes as Pre – Filters. J. Membr. Sci. 2008, 315, 11 – 19.

[135]   Ma, H.; Burger, C.; Hsiao, B. S.; Chu, B. Ultra – Fine Cellulose Nanofibers: New Nano – scale Materials for Water Purification. J. Mater. Chem. 2011, 21, 7507 – 7510.

[136]   Yoon, K.; Kim, K.; Wang, X.; Fang, D.; Hsiao, B. S.; Chu, B. High Flux Ultrafiltration Membranes Based on Electrospun Nanofibrous PAN Scaffolds and Chitosan Coating. Polymer 2006, 47, 2434 – 2441.

[137]   Wang, X.; Fang, D.; Yoon, K.; Hsiao, B. S.; Chu, B. High Performance Ultrafiltration Composite Membranes Based on Poly(Vinyl Alcohol) Hydrogel Coating on Crosslinked Nanofibrous Poly(Vinyl Alcohol) Scaffold. J. Membr. Sci. 2006, 278, 261 – 268.

[138]   Ma, H.; Burger, C.; Hsiao, B. S.; Chu, B. Ultrafine Polysaccharide Nanofibrous Membranes for Water Purification. Biomacromolecules 2011, 12, 970 – 976.

[139]   Tijing, L. D.; Woo, Y. C.; Choi, J. – S.; Lee, S.; Kim, S. – H.; Shon, H. K. Fouling and Its Control in Membrane Distillation—A Review. J. Membr. Sci. 2015, 475, 215 – 244.

[140]   Woo, Y. C.; Tijing, L. D.; Park, M. J.; Yao, M.; Choi, J. – S.; Lee, S.; Kim, S. – H.; An, K. – J.; Shon, H. K. Electrospun Dual – Layer Nonwoven Membrane for Desalination by Air Gap Membrane Distillation. Desalination 2015, 403, 187 – 198.

[141]   Feng, C.; Khulbe, K. C.; Matsuura, T.; Gopal, R.; Kaur, S.; Ramakrishna, S.; Khayet, M. Production of Drinking Water from Saline Water by Air – Gap Membrane Distillation Using Polyvinylidene Fluoride Nanofiber Membrane. J. Membr. Sci. 2008, 311, 1 – 6.

[142]   Tijing, L. D.; Woo, Y. C.; Johir, M. A. H.; Choi, J. – S.; Shon, H. K. A Novel Dual – Layer Bicomponent Electrospun Nanofibrous Membrane for Desalination by Direct Contact Membrane Distillation. Chem. Eng. J. 2014, 256, 155 – 159.

[143]   Prince, J. A.; Anbharasi, V.; Shanmugasundaram, T. S.; Singh, G. Preparation and Characterization of Novel Triple Layer Hydrophilic – Hydrophobic Composite Membrane for Desalination Using Air Gap Membrane Distillation. Sep. Purif. Technol. 2013, 118, 598 – 603.

[144]   Prince, J. A.; Singh, G.; Rana, D.; Matsuura, T.; Anbharasi, V.; Shanmu-

gasundaram, T. S. Preparation and Characterization of Highly Hydrophobic Poly(Vinylidene Fluoride)—Clay Nanocomposite Nanofiber Membranes (PVDF – Clay NNMs)for Desalination Using Direct Contact Membrane Distillation. J. Membr. Sci. 2012, 397 – 398, 80 – 86.

[145] Woo, Y. C.; Kim, Y.; Shim, W. – G.; Tijing, L. D.; Yao, M.; Nghiem, L. D.; Choi, J. – S.; Kim, S. – H.; Shon, H. K. Graphene/PVDF Flat – Sheet Membrane for the Treatment of RO Brine from Coal Seam Gas Produced Water by Air Gap Membrane Distillation. J. Membr. Sci. 2016, 513, 74 – 84.

[146] Shaffer, D. L.; Werber, J. R.; Jaramillo, H.; Lin, S.; Elimelech, M. Forward Osmosis: Where Are We Now? Desalination 2015, 356, 271 – 284.

[147] Sahebi, S.; Phuntsho, S.; Woo, Y. C.; Park, M. J.; Tijing, L. D.; Hong, S.; Shon, H. K. Effect of Sulphonated Polyethersulfone Substrate for Thin Film Composite Forward Osmosis Membrane. Desalination 2016, 389, 129 – 136.

[148] Song, X.; Liu, Z.; Sun, D. D. Nano Gives the Answer: Breaking the Bottleneck of Internal Concentration Polarization with a Nanofiber Composite Forward Osmosis Membrane for a High Water Production Rate. Adv. Mater. 2011, 23, 3256 – 3260.

[149] Tian, M.; Qiu, C.; Liao, Y.; Chou, S.; Wang, R. Preparation of Polyamide Thin Film Composite Forward Osmosis Membranes Using Electrospun Polyvinylidene Fluoride (PVDF)Nanofibers as Substrates. Sep. Purif. Technol. 2013, 118, 727 – 736.

[150] Bui, N. – N.; Lind, M. L.; Hoek, E. M. V.; McCutcheon, J. R. Electrospun Nanofiber Supported Thin Film Composite Membranes for Engineered Osmosis. J. Membr. Sci. 2011, 385 – 386, 10 – 19.

[151] Hoover, L. A.; Schiffman, J. D.; Elimelech, M. Nanofibers in Thin – Film Composite Membrane Support Layers: Enabling Expanded Application of Forward and Pressure Retarded Osmosis. Desalination 2013, 308, 73 – 81.

[152] Puguan, J. M. C.; Kim, H. – S.; Lee, K. – J.; Kim, H. Low Internal Concentration Polarization in Forward Osmosis Membranes with Hydrophilic Crosslinked PVA Nanofibers as Porous Support Layer. Desalination 2014, 336, 24 – 31.

[153] Bui, N. – N.; McCutcheon, J. R. Hydrophilic Nanofibers as New Supports for Thin Film Composite Membranes for Engineered Osmosis. Environ. Sci. Technol. 2013, 47, 1761 – 1769.

[154] Lazarin, A. M.; Borgo, C. A.; Gushikem, Y.; Kholin, Y. V. Aluminum Phosphate Dispersed on a Cellulose Acetate Fiber Surface: Preparation, Characterization and Application for Li , Na and K Separation. Anal. Chim. Acta 2003, 477, 305 –

313.

[155] An, H.; Shin, C.; Chase, G. G. Ion Exchanger Using Electrospun Polystyrene Nanofibers. J. Membr. Sci. 2006, 283, 84 – 87.

[156] Oren, Y. Capacitive Deionization (CDI) for Desalination and Water Treatment—Past, Present and Future (A Review). Desalination 2008, 228, 10 – 29.

[157] El – Deen, A. G.; Barakat, N. A.; Khalil, K. A.; Kim, H. Y. Hollow Carbon Nanofibers as an Effective Electrode for Brackish Water Desalination Using the Capacitive Deionization Process. New J. Chem. 2014, 38, 198 – 205.

[158] Wang, G.; Pan, C.; Wang, L.; Dong, Q.; Yu, C.; Zhao, Z.; Qiu, J. Activated Carbon Nanofiber Webs Made by Electrospinning for Capacitive Deionization. Electrochim. Acta 2012, 69, 65 – 70.

[159] El – Deen, A. G.; Barakat, N. A.; Khalil, K. A.; Kim, H. Y. Development of Multi – Channel Carbon Nanofibers as Effective Electrosorptive Electrodes for a Capacitive Deionization Process. J. Mater. Chem. A 2013, 1, 11001 – 11010.

[160] Bai, Y.; Huang, Z. – H.; Yu, X. – L.; Kang, F. Graphene Oxide – Embedded Porous Carbon Nanofiber Webs by Electrospinning for Capacitive Deionization. Colloids Surf. A Physicochem. Eng. Asp. 2014, 444, 153 – 158.

[161] Li, H.; Gao, Y.; Pan, L.; Zhang, Y.; Chen, Y.; Sun, Z. Electrosorptive Desalination by Carbon Nanotubes and Nanofibres Electrodes and Ion – Exchange Membranes. Water Res. 2008, 42, 4923 – 4928.

[162] Pan, L.; Wang, X.; Gao, Y.; Zhang, Y.; Chen, Y.; Sun, Z. Electrosorption of Anions with Carbon Nanotube and Nanofibre Composite Film Electrodes. Desalination 2009, 244, 139 – 143.

[163] Wang, G.; Dong, Q.; Ling, Z.; Pan, C.; Yu, C.; Qiu, J. Hierarchical Activated Carbon Nanofiber Webs with Tuned Structure Fabricated by Electrospinning for Capacitive Deionization. J. Mater. Chem. 2012, 22, 21819 – 21823.

[164] Jiang, Z.; Tijing, L. D.; Amarjargal, A.; Park, C. H.; An, K. – J.; Shon, H. K.; Kim, C. S. Removal of Oil from Water Using Magnetic Bicomponent Composite Nanofibers Fabricated by Electrospinning. Compos. Part B 2015, 77, 311 – 318.

[165] Sarbatly, R.; Krishnaiah, D.; Kamin, Z. A Review of Polymer Nanofibres by Electrospinning and Their Application in Oil – Water Separation for Cleaning Up Marine Oil Spills. Mar. Pollut. Bull. 2016, 106, 8 – 16.

[166] Zhu, H.; Qiu, S.; Jiang, W.; Wu, D.; Zhang, C. Evaluation of Electrospun Polyvinyl Chloride/Polystyrene Fibers as Sorbent Materials for Oil Spill Cleanup. Envi-

ron. Sci. Technol. 2011, 45, 4527 – 4531.

[167] Lin, J.; Ding, B.; Yang, J.; Yu, J.; Sun, G. Subtle Regulation of the Micro – and Nanostructures of Electrospun Polystyrene Fibers and Their Application in Oil Absorption. Nanoscale 2012, 4, 176 – 182.

[168] Lin, J.; Shang, Y.; Ding, B.; Yang, J.; Yu, J.; Al – Deyab, S. S. Nanoporous Polystyrene Fibers for Oil Spill Cleanup. Mar. Pollut. Bull. 2012, 64, 347 – 352.

[169] Lin, J.; Tian, F.; Shang, Y.; Wang, F.; Ding, B.; Yu, J.; Guo, Z. Co – axial Electrospun Polystyrene/Polyurethane Fibres for Oil Collection from Water Surface. Nanoscale 2013, 5, 2745 – 2755.

[170] Lee, M. W.; An, S.; Latthe, S. S.; Lee, C.; Hong, S.; Yoon, S. S. Electrospun Polystyrene Nanofiber Membrane with Superhydrophobicity and Superoleophilicity for Selective Separation of Water and Low Viscous Oil. ACS Appl. Mater. Interfaces 2013, 5, 10597 – 10604.

[171] Wu, Z. – Y.; Li, C.; Liang, H. – W.; Zhang, Y. – N.; Wang, X.; Chen, J. – F.; Yu, S. – H. Carbon Nanofiber Aerogels for Emergent Cleanup of Oil Spillage and Chemical Leakage Under Harsh Conditions. Sci. Rep. 2014, 4, 4079.

[172] Obaid, M.; Barakat, N. A.; Fadali, O.; Motlak, M.; Almajid, A. A.; Khalil, K. A. Effective and Reusable Oil/Water Separation Membranes Based on Modified Polysulfone Electrospun Nanofiber Mats. Chem. Eng. J. 2015, 259, 449 – 456.

[173] Zhao, R.; Wang, Y.; Li, X.; Sun, B.; Li, Y.; Ji, H.; Qiu, J.; Wang, C. Surface Activated Hydrothermal Carbon – Coated Electrospun PAN Fiber Membrane with Enhanced Adsorption Properties for Herbicide. ACS Sustain. Chem. Eng. 2016, 4, 2584 – 2592.

[174] Nan, D.; Liu, J.; Ma, W. Electrospun Phenolic Resin – Based Carbon Ultrafine Fibers with Abundant Ultra – Small Micropores for CO_2 Adsorption. Chem. Eng. J. 2015, 276, 44 – 50.

[175] Lan, T.; Shao, Z. – Q.; Wang, J. – Q.; Gu, M. – J. Fabrication of Hydroxyapatite Nanoparticles Decorated Cellulose Triacetate Nanofibers for Protein Adsorption by Coaxial Electrospinning. Chem. Eng. J. 2015, 260, 818 – 825.

[176] Habiba, U.; Afifi, A. M.; Salleh, A.; Ang, B. C. Chitosan/(Polyvinyl Alcohol)/Zeolite Electrospun Composite Nanofibrous Membrane for Adsorption of Cr^{6+}, Fe^{3+} and Ni^{2+}. J. Hazard. Mater. 2017, 322, 182 – 194.

[177] Amarjargal, A.; Tijing, L. D.; Park, C. – H.; Im, I. – T.; Kim, C. S. Controlled Assembly of Superparamagnetic Iron Oxide Nanoparticles on Electrospun PU

Nanofibrous Membrane: A Novel Heat – Generating Substrate for Magnetic Hyperthermia Application. Eur. Polym. J. 2013, 49, 3796 – 3805.

[178] Cui, W.; Zhou, Y.; Chang, J. Electrospun Nanofibrous Materials for Tissue Engineering and Drug Delivery. Sci. Technol. Adv. Mater. 2010, 11, 014108.

[179] Santoro, M.; Shah, S. R.; Walker, J. L.; Mikos, A. G. Poly (Lactic Acid) Nanofibrous Scaffolds for Tissue Engineering. Adv. Drug Delivery Rev. 107, 206 – 212.

[180] Rezvani, Z.; Venugopal, J. R.; Urbanska, A. M.; Mills, D. K.; Ramakrishna, S.; Mozafari, M. A Bird's Eye View on the Use of Electrospun Nanofibrous Scaffolds for Bone Tissue Engineering: Current State – of – the – Art, Emerging Directions and Future Trends. Nanomed. Nanotechnol. Biol. Med. 2016, 12, 2181 – 2200.

[181] Abdal – hay, A.; Tijing, L. D.; Lim, J. K. Characterization of the Surface Biocompatibility of an Electrospun Nylon 6/CaP Nanofiber Scaffold Using Osteoblasts. Chem. Eng. J. 2013, 215, 57 – 64.

[182] Pant, H. R.; Risal, P.; Park, C. H.; Tijing, L. D.; Jeong, Y. J.; Kim, C. S. Core – Shell Structured Electrospun Biomimetic Composite Nanofibers of Calcium Lactate/Nylon – 6 for Tissue Engineering. Chem. Eng. J. 2013, 221, 90 – 98.

[183] Yang, Y.; Zhu, X.; Cui, W.; Li, X.; Jin, Y. Electrospun Composite Mats of Poly[(D, L – Lactide) – co – Glycolide] and Collagen with High Porosity as Potential Scaffolds for Skin Tissue Engineering. Macromol. Mater. Eng. 2009, 294, 611 – 619.

[184] Unnithan, A. R.; Barakat, N. A. M.; Tirupathi Pichiah, P. B.; Gnanasekaran, G.; Nirmala, R.; Cha, Y. – S.; Jung, C. – H.; El – Newehy, M.; Kim, H. Y. Wound – Dressing Materials with Antibacterial Activity from Electrospun Polyurethane – Dextran Nanofiber Mats Containing Ciprofloxacin HCl. Carbohydr. Polym. 2012, 90, 1786 – 1793.

[185] Kim, S.; Park, S. – G.; Kang, S. – W.; Lee, K. J. Nanofiber – Based Hydrocolloid from Colloid Electrospinning Toward Next Generation Wound Dressing. Macromol. Mater. Eng. 2016, 301, 818 – 826.

[186] Zahedi, P.; Rezaeian, I.; Ranaei – Siadat, S. – O.; Jafari, S. – H.; Supaphol, P. A review on Wound Dressings with an Emphasis on Electrospun Nanofibrous Polymeric Bandages. Polym. Adv. Technol. 2010, 21, 77 – 95.

[187] Vargas, E. A. T.; do Vale Baracho, N. C.; de Brito, J.; de Queiroz, A. A. A. Hyperbranched Polyglycerol Electrospun Nanofibers for Wound Dressing Applications.

Acta Biomater. 2010, 6, 1069 – 1078.

[188] Zeng, J. ; Xu, X. ; Chen, X. ; Liang, Q. ; Bian, X. ; Yang, L. ; Jing, X. Biode-gradable Electrospun Fibers for Drug Delivery. J. Control. Release 2003, 92, 227 – 231.

[189] Yoo, H. S. ; Kim, T. G. ; Park, T. G. Surface – Functionalized Electrospun Nano-fibers for Tissue Engineering and Drug Delivery. Adv. Drug Deliv. Rev. 2009, 61, 1033 – 1042.

[190] Zeng, J. ; Yang, L. ; Liang, Q. ; Zhang, X. ; Guan, H. ; Xu, X. ; Chen, X. ; Jing, X. Influence of the Drug Compatibility with Polymer Solution on the Release Ki-netics of Electrospun Fiber Formulation. J. Control. Release 2005, 105, 43 – 51.

[191] Chua, K. – N. ; Chai, C. ; Lee, P. – C. ; Tang, Y. – N. ; Ramakrishna, S. ; Le-ong, K. W. ; Mao, H. – Q. Surface – Aminated Electrospun Nanofibers Enhance Adhesion and Expansion of Human Umbilical Cord Blood Hematopoietic Stem/Pro-genitor Cells. Biomaterials 2006, 27, 6043 – 6051.

[192] Sasikala, A. R. K. ; Unnithan, A. R. ; Yun, Y. – H. ; Park, C. H. ; Kim, C. S. An implantable Smart Magnetic Nanofiber Device for Endoscopic Hyperthermia Treat-ment and Tumor – Triggered Controlled Drug Release. Acta Biomater. 2016, 31, 122 – 133.

[193] Ramachandra Kurup Sasikala, A. ; Thomas, R. G. ; Unnithan, A. R. ; Saravanaku-mar, B. ; Jeong, Y. Y. ; Park, C. H. ; Kim, C. S. Multifunctional Nanocarpets for Cancer Theranostics: Remotely Controlled Graphene Nanoheaters for Thermo – Chem-osensitisation and Magnetic Resonance Imaging. Sci. Rep. 2016, 6, 20543.

[194] Park, C. – H. ; Kim, C. – H. ; Tijing, L. D. ; Lee, D. – H. ; Yu, M. – H. ; Pant, H. R. ; Kim, Y. ; Kim, C. S. Preparation and Characterization of (Polyure-thane/Nylon – 6) Nanofiber/ (Silicone) Film Composites via Electrospinning and Dip – Coating. Fibers Polym. 2012, 13, 339 – 345.

[195] Oh, B. ; Lee, C. H. Advanced Cardiovascular Stent Coated with Nanofiber. Mol. Pharm. 2013, 10, 4432 – 4442.

[196] Park, C. G. ; Kim, M. H. ; Park, M. ; Lee, J. E. ; Lee, S. H. ; Park, J. – H. ; Yoon, K. – H. ; Bin Choy, Y. Polymeric Nanofiber Coated Esophageal Stent for Sus-tained Delivery of an Anticancer Drug. Macromol. Res. 2011, 19, 1210 – 1216.

[197] Dong, Z. ; Kennedy, S. J. ; Wu, Y. Electrospinning Materials for Energy – Related Applications and Devices. J. Power Sources 2011, 196, 4886 – 4904.

[198] Bokach, D. ; ten Hoopen, S. ; Muthuswamy, N. ; Buan, M. E. ; Rønning, M. Ni-

trogen – Doped Carbon Nanofiber Catalyst for ORR in PEM Fuel Cell Stack: Performance, Durability and Market Application Aspects. Int. J. Hydrog. Energy 2016, 41, 17616 – 17630.

[199] Lee, K.; Zhang, J.; Wang, H.; Wilkinson, D. P. Progress in the Synthesis of Carbon Nanotube – and Nanofiber – Supported Pt Electrocatalysts for PEM Fuel Cell Catalysis. J. Appl. Electrochem. 2006, 36, 507 – 522.

[200] Kunitomo, H.; Ishitobi, H.; Nakagawa, N. Optimized CeO_2 Content of the Carbon Nanofiber Support of PtRu Catalyst for Direct Methanol Fuel Cells. J. Power Sources 2015, 297, 400 – 407.

[201] Wei, M.; Jiang, M.; Liu, X.; Wang, M.; Mu, S. Graphene – Doped Electrospun Nanofiber Membrane Electrodes and Proton Exchange Membrane Fuel Cell Performance. J. Power Sources 2016, 327, 384 – 393.

[202] Xu, X.; Li, L.; Wang, H.; Li, X.; Zhuang, X. Solution Blown Sulfonated Poly (Ether Ether Ketone) Nanofiber – Nafion Composite Membranes for Proton Exchange Membrane Fuel Cells. RSC Adv. 2015, 5, 4934 – 4940.

[203] Liang, Z.; Zheng, G.; Liu, C.; Liu, N.; Li, W.; Yan, K.; Yao, H.; Hsu, P. – C.; Chu, S.; Cui, Y. Polymer Nanofiber – Guided Uniform Lithium Deposition for Battery Electrodes. Nano Lett. 2015, 15, 2910 – 2916.

[204] Bhaway, S. M.; Chen, Y. – M.; Guo, Y.; Tangvijitsakul, P.; Soucek, M. D.; Cakmak, M.; Zhu, Y.; Vogt, B. D. Hierarchical Electrospun and Cooperatively Assembled Nanoporous Ni/NiO/MnOx/Carbon Nanofiber Composites for Lithium Ion Battery Anodes. ACS Appl. Mater. Interfaces 2016, 8, 19484 – 19493.

[205] Jung, J. – W.; Lee, C. – L.; Yu, S.; Kim, I. – D. Electrospun Nanofibers as a Platform for Advanced Secondary Batteries: A Comprehensive Review. J. Mater. Chem. A 2016, 4, 703 – 750.

[206] Sugathan, V.; John, E.; Sudhakar, K. Recent Improvements in Dye Sensitized Solar Cells: A Review. Renew. Sust. Energ. Rev. 2015, 52, 54 – 64.

[207] Qi, S.; Fei, L.; Zuo, R.; Wang, Y.; Wu, Y. Graphene Nanocluster Decorated Niobium Oxide Nanofibers for Visible Light Photocatalytic Applications. J. Mater. Chem. A 2014, 2, 8190 – 8195.

[208] Bhushani, J. A.; Anandharamakrishnan, C. Electrospinning and Electrospraying Techniques: Potential Food Based Applications. Trends Food Sci. Technol. 2014, 38, 21 – 33.

[209] Ghorani, B.; Tucker, N. Fundamentals of Electrospinning as a Novel Delivery Vehi-

cle for Bioactive Compounds in Food Nanotechnology. Food Hydrocoll. 2015, 51, 227 – 240.

[210] Amarjargal, A.; Tijing, L. D.; Shon, H. K.; Park, C. – H.; Kim, C. S. Facile In Situ Growth of Highly Monodispersed Ag Nanoparticles on Electrospun PU Nanofiber Membranes: Flexible and High Efficiency Substrates for Surface Enhanced Raman Scattering. Appl. Surf. Sci. 2014, 308, 396 – 401.

[211] Tijing, L. D.; Park, C. – H.; Kang, S. – J.; Amarjargal, A.; Kim, T. – H.; Pant, H. R.; Kim, H. J.; Lee, D. H.; Kim, C. S. Improved Mechanical Properties of Solution – Cast Silicone Film Reinforced with Electrospun Polyurethane Nanofiber Containing Carbon Nanotubes. Appl. Surf. Sci. 2013, 264, 453 – 458.

[212] Bagherzadeh, R.; Latifi, M.; Najar, S. S.; Gorji, M.; Kong, L. Transport Properties of Multi – Layer Fabric Based on Electrospun Nanofiber Mats as a Breathable Barrier Textile Material. Text. Res. J. 2012, 82, 70 – 76.

[213] Lee, S.; Obendorf, S. K. Use of Electrospun Nanofiber Web for Protective Textile Materials as Barriers to Liquid Penetration. Text. Res. J. 2007, 77, 696 – 702.

[214] Gorji, M.; Jeddi, A.; Gharehaghaji, A. Fabrication and Characterization of Polyurethane Electrospun Nanofiber Membranes for Protective Clothing Applications. J. Appl. Polym. Sci. 2012, 125, 4135 – 4141.

[215] Xia, J.; Zhang, G.; Deng, L.; Yang, H.; Sun, R.; Wong, C. – P. Flexible and Enhanced Thermal Conductivity of a Al_2O_3@ Polyimide Hybrid Film via Coaxial Electrospinning. RSC Adv. 2015, 5, 19315 – 19320.

[216] Liu, J.; Min, Y.; Chen, J.; Zhou, H.; Wang, C. Preparation of the Ultra – Low Dielectric Constant Polyimide Fiber Membranes Enabled by Electrospinning. Macromol. Rapid Commun. 2007, 28, 215 – 219.

[217] Ding, B.; Wang, M.; Yu, J.; Sun, G. Gas Sensors Based on Electrospun Nanofibers. Sensors 2009, 9, 1609.

[218] Lee, D. – S.; Han, S. – D.; Huh, J. – S.; Lee, D. – D. Nitrogen Oxides – Sensing Characteristics of WO 3 – Based Nanocrystalline Thick Film Gas Sensor. Sensors Actuators B Chem. 1999, 60, 57 – 63.

[219] Huang, J.; Virji, S.; Weiller, B. H.; Kaner, R. B. Polyaniline Nanofibers: Facile Synthesis and Chemical Sensors. J. Am. Chem. Soc. 2003, 125, 314 – 315.

[220] Sadek, A.; Wlodarski, W.; Kalantar – Zadeh, K.; Baker, C.; Kaner, R. Doped and Dedoped Polyaniline Nanofiber Based Conductometric Hydrogen Gas Sensors. Sensors Actuators A Phys. 2007, 139, 53 – 57.

[221] Wei, S. ; Yu, Y. ; Zhou, M. CO Gas Sensing of Pd – Doped ZnO Nanofibers Synthesized by Electrospinning Method. Mater. Lett. 2010, 64, 2284 – 2286.

[222] Li, P. ; Li, Y. ; Ying, B. ; Yang, M. Electrospun Nanofibers of Polymer Composite as a Promising Humidity Sensitive Material. Sensors Actuators B Chem. 2009, 141, 390 – 395.

[223] Senthamizhan, A. ; Balusamy, B. ; Uyar, T. Glucose Sensors Based on Electrospun Nanofibers: A Review. Anal. Bioanal. Chem. 2016, 408, 1285 – 1306.

[224] Mathew, M. ; Sandhyarani, N. Detection of Glucose Using Immobilized Bienzyme on Cyclic Bisureas – Gold Nanoparticle Conjugate. Anal. Biochem. 2014, 459, 31 – 38.

[225] Nien, P. – C. ; Tung, T. – S. ; Ho, K. – C. Amperometric Glucose Biosensor Based on Entrapment of Glucose Oxidase in a Poly(3,4 – Ethylenedioxythiophene) Film. Electroanalysis 2006, 18, 1408 – 1415.

[226] Elmarco. Nanospider Electrospinning Technology. http://www. elmarco. com/electrospinning/electrospinning – technology/ (accessed 10. 10. 16).

[227] NanoNC. Electrospinning System. http://nanonc. co. kr/wordpress/ (accessed 10. 10. 16).

[228] Inovenso Ltd. Industrial Machines. http://www. inovenso. com/ (accessed 09. 10. 16).

[229] Persano, L. ; Camposeo, A. ; Tekmen, C. ; Pisignano, D. Industrial Upscaling of Electrospinning and Applications of Polymer Nanofibers: A Review. Macromol. Mater. Eng. 2013, 298, 504 – 520.

[230] Ding, Y. ; Hou, H. ; Zhao, Y. ; Zhu, Z. ; Fong, H. Electrospun Polyimide Nanofibers and Their Applications. Prog. Polym. Sci. 2016, 61, 67 – 103.

[231] Hou, H. ; Cheng, C. ; Chen, S. ; Zhou, X. ; Lv, X. ; He, P. ; Kuang, X. ; Ren, J. Copolymide Nano – Fiber Non – Woven Fabric, Process for Producing the Same and the Use Thereof; Google Patents, 2013.

[232] Kim, I. G. ; Lee, J. – H. ; Unnithan, A. R. ; Park, C. – H. ; Kim, C. S. A Comprehensive Electric Field Analysis of Cylinder – Type Multi – Nozzle Electrospinning System for Mass Production of Nanofibers. J. Ind. Eng. Chem. 2015, 31, 251 – 256.

第17章 高分子膜的物理化学表征

17.1 引 言

目前,随着相关高分子膜的发展,材料研究也在快速发展。膜应用的可能性扩展提出了对材料性能全面了解的需求。序列膜制备 – 膜形态 – 膜性能之间的因果关系,是膜研究与开发不可缺少的组成部分。因此,膜表征是一个非常重要的问题,因为它为结构和质量输运特性方面提供了可靠的数据。通过了解它们,膜使用者就可以方便地选择那些满足他们要求的膜,并决定在何种条件下使用这些膜。毋庸置疑,理想的膜表征方法应该是快速、无损、准确、可重复的,并尽可能给出可靠的相关结果。

一般来说,薄膜材料的结构和功能可以分为三大类:多孔膜、致密(均匀)膜和离子选择膜。每一组膜材料都需要不同的方法和技术来进行详细的表征。

这些测定化学成分、表面、内部形貌和理化性质的方法可分为以下几种:

(1)孔径和孔径分布方法;

(2)光谱方法;

(3)微观方法;

(4)热性能、机械性能等方法。

此外,表17.1总结了每个类别的常用方法。到目前为止,有许多优秀的书籍和评论文章均与这个主题有关,感兴趣的读者可以找到更多的膜表征方法和程序的细节。

表 17.1　试验方法概述

孔径和孔径分布方法	光谱法	显微法	热、机械性能和其他方法
气泡输运法	红外光谱(IR)衰减全反射光谱(ATR)	扫描电子显微镜(SEM)/透射电子显微镜(TEM)	差示扫描量热法(DSC)
压汞法	拉曼光谱/拉曼成像	原子力显微镜(AFM)	热重分析(TGA)
吸附 – 解吸法	电子自旋共振波谱(ESR)	广角和小角 X 射线散射(WAXS/SAXS)	机械性能测定(抗拉强度、弹性模量)
渗透率测定法(气 – 液、液 – 液)	核磁共振成像(NMR)图	小角中子散射	接触角
热容计	超声光谱学	X 射线超显微术(XUM)	椭圆偏振法

续表 17.1

孔径和孔径分布方法	光谱法	显微法	热、机械性能和其他方法
气体渗透性	X 射线光电子能谱（XPS）	X 射线断层显微术（XTM）	表面电荷
传质法	正电子湮没寿命谱（PALS）	化学力显微镜（CFM）	热机械分析（TMA）

17.2 多孔和非多孔材料的表征

膜分离过程的重要性和优点在过去的几十年得到了承认。从 20 世纪下半叶开始，膜分离技术已经成为一种广泛应用的分离技术。目前膜分离过程有几种：微滤、超滤、纳滤、反渗透、渗透汽化、气/气分离和膜蒸馏。所有过程中使用的膜均为非带电的、多孔或非多孔(致密)膜。在电位梯度的膜过程中使用的带电荷或离子选择膜有电渗析、膜电解、电过滤和电去离子化。

在多孔膜材料中，孔洞可以假定为在致密固体基质中永久形成的空隙，使得孔径明显超过分子尺度或结构波动的特征尺度。基质内固定的形貌和输运将多孔膜与致密膜区分开来，致密膜中的输运直接发生在均匀致密的材料中。利用薄膜按大小分离粒子的原理有以下两种：

(1)分离出来的材料(颗粒)通过一种由组成薄膜的聚合物的热分子运动暂时形成的空隙，这被称为"溶质－扩散机制"，在电子显微镜无法观察到孔隙时，溶质－扩散机制起主导作用。

(2)小于膜孔半径的粒子只能通过永久孔，并根据分子大小进行分离。这通常被称为"分子筛选机制"（图 17.1）。

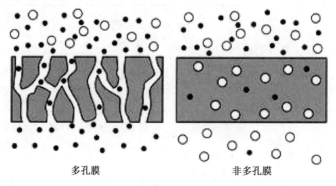

多孔膜　　　　　　　　非多孔膜

图 17.1 多孔和非多孔膜

表征多孔膜首先要考虑的形态学参数是孔径和孔径分布。这两个特性直接决定了多孔膜的大部分应用；然而，这些属性的确定值可能因表征方法的不同而有所差异。孔隙的几何结构是人们十分关心的问题。IUPAC 建议根据毛孔大小进行简单分类：

①宽度超过 50 nm 的为大孔。

②宽度在 2～50 nm 之间的为介孔。

③宽度不超过 2 nm 的为微孔。

在绝大多数多孔介质中，孔径的大小分布在一个被称为"孔径分布"的宽谱上。它是一个概率密度函数，给出了一个特征孔径下孔隙体积的分布。如果孔隙是被分离的物体，那么每个孔隙都可以按照某种一致的定义来分配大小，孔隙的大小分布就会类似于颗粒的大小分布（图 17.2）。

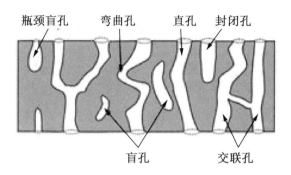

图 17.2　孔隙形状和结构

17.2.1　孔隙形状和结构

然而，一维孔径宽度并不是唯一的相关参数，还应该考虑孔隙的平均三维几何形状。孔隙状态和结构主要取决于其来源。考虑到孔隙的可达性（已接近），孔隙可以与外部相联通，它们可以被周围的分子或离子接触到，被称为"开孔"。"通孔"贯穿整个膜，而"盲孔"（或"死胡同"）只能从一侧进入。在加热不足的多孔固体中，靠近外壳的部分孔隙发生塌陷，形成与周围环境不连通的"封闭孔隙"。如果膜制备过程中气体物质的演化不充分，也可能形成闭孔。封闭孔隙与分子的吸附及渗透性无关，它影响固体材料的力学性能。其与周围环境的联系常常取决于探头的尺寸，特别是在分子分辨率孔隙度测量的情况下。宽度小于探针分子大小的开孔应视为闭孔。这种有效闭孔和化学闭孔被认为是潜孔。

这些孔洞的形状可以是一端闭合，另一端开口的圆柱体形、圆锥形状、狭缝形状；也可以是拥有窄的开口和宽的体形的形状——这些所谓的"瓶颈"闭孔和开口的孔洞可能是吸附滞后的原因。

但是，实际的孔隙大小和形状往往没有准确的定义，需要采用一定的孔隙形貌模型。已经提出的多孔介质最简单的模型是纯毛细管模式，其前提是假设有相等的圆柱形和直孔。在假定孔隙具有统计分布不均匀的大小的前提下，可以使该模型更加复杂，从而更接近真实情况。如果假设有收缩（气孔的倾斜度）和弯曲（没有直孔的存在），则可以得到更真实的膜结构。

另一个影响孔隙度和孔径分布的因素是膜污染。当发生结垢时，孔隙率和孔径分布减小。这将会导致小孔堵塞和大孔尺寸的减小。小孔和大孔数量减少则会导致中孔数量的增加。孔径大小在好几个方面都会影响膜的性能。一般而言,低孔、高异质性膜中污垢的影响最为普遍。

17.2.2　热力学背景

1. 力学平衡

位于孔隙(毛细管)中的液体与体积相中的液体表现不同。两个体积相(α 和 β)在界面面积可以忽略不计的情况下(相对于相邻相的体积),相平衡的条件是要求两相(α 和 β)中各组分的温度、压力和化学势相同(单组分体系的摩尔吉布斯能)。

在非常小的维数下,相位边界的曲率起着重要的作用。这种效应通常用界面的"平均曲率"来描述,其定义为一个小元素的表面积与其体积的比值,其比值等于曲率的平均倒数主半径。

$$\kappa = \frac{\mathrm{d}\lambda}{\mathrm{d}V} = \frac{1}{R_1} + \frac{1}{R_2} \tag{17.1}$$

在球面界面特殊情况下,平均曲率为 $\kappa = 2/r (r = R_1 = R_2)$;对于圆柱形的界面是 $R_1 = r, R_2 \to \infty$,因此 $\kappa = 1/r$。

根据经典的 Laplace – Young 方程,对于具有弯曲界面的两相系统(图 17.3),α 相(界面凹侧的相)的压力总是大于 β 相的压力:

$$p^\alpha - p^\beta = \gamma \cdot \kappa \tag{17.2}$$

球形界面 $p^\alpha - p^\beta = 2\gamma/r$;圆柱界面 $p^\alpha - p^\beta = \gamma/r$。

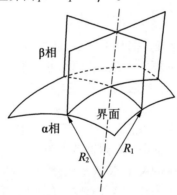

图 17.3　主曲率半径

液体在狭窄毛细管中的行为是这种改变平衡条件的直接结果。液体半月板在插入液体的毛细管中的平衡位置是通过 Laplace 关系由重力和毛细管力之间的平衡给出的。

当 $0° < \theta < 90°$ 时,$\cos \theta > 0$(图 17.4(a)),通过界面的压差,也称为毛细管压力,可以由 Laplace – Young 方程给出,其形式为

$$\Delta p = p^g - p^l \left(= hg(p^g - p^l) \right) = \frac{2\gamma_{lg} \cos \theta}{R} \tag{17.3}$$

符号详见图 17.4,根据上述符号,β 为液相,α 为气相。润湿液的液位将超过容器内液体的自由液位。

当 $90° < \theta < 180°$ 时, $\cos\theta < 0$(图 17.4(b)), α 为液相,β 为气相,有

$$\Delta p = p^{\mathrm{l}} - p^{\mathrm{g}}\left(= hg(p^{\mathrm{l}} - p^{\mathrm{g}})\right) = \frac{2\gamma_{\mathrm{lg}}\cos\theta}{R} \tag{17.4}$$

非湿润液体半月板会降至自由液位以下。

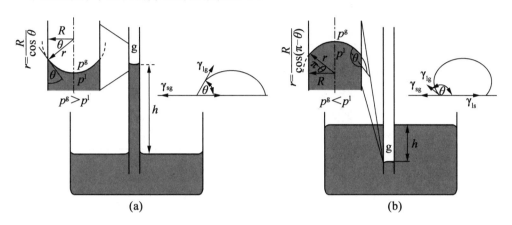

图 17.4 (a)湿润液体的毛细管升高和(b)非湿润液体的毛细管降低

h—水平差异;γ_{lg}—液体的表面张力;ρ^{l}—液体的密度;ρ^{g}—蒸汽的密度;

p^{l}—液相压力;p^{g}—气相压力

2. 界面曲率对相平衡的影响

相边界的曲率对平衡条件会有一定的影响。该平衡条件可用于描述热平衡和化学平衡,$T^{\alpha} = T^{\beta}$ 和 $\mu_i^{\alpha} = \mu_i^{\beta}$,这和系统在水平相的边界条件相同,但是机械平衡的条件发生了改变。当使用与推导 Clapeyron 方程相同的方法时,可以得到温度、压力和曲率之间的关系。

$$\mathrm{d}G_m^{\alpha} = \mathrm{d}G_m^{\beta} \tag{17.5}$$

利用吉布斯公式:

$$-S_m^{\alpha}\mathrm{d}T^{\alpha} + V_m^{\alpha}\mathrm{d}p^{\alpha} = -S_m^{\beta}\mathrm{d}T^{\beta} + V_m^{\beta}\mathrm{d}p^{\beta} \tag{17.6}$$

由于两相中的温度相同:

$$\mathrm{d}T^{\alpha} = \mathrm{d}T^{\beta} = \mathrm{d}T \tag{17.7}$$

且

$$(S_m^{\beta} - S_m^{\alpha}) \cdot \mathrm{d}T = V_m^{\beta} \cdot \mathrm{d}p^{\beta} - V_m^{\alpha} \cdot \mathrm{d}p^{\alpha} \tag{17.8}$$

由于如前文所提到的,p^{β} 和 p^{α} 并不是独立的,则

$$\mathrm{d}p^{\alpha} - \mathrm{d}p^{\beta} = \mathrm{d}(\gamma \cdot \kappa) \tag{17.9}$$

与 Clapeyron 方程相反,$\mathrm{d}(\gamma \cdot \kappa) = 0$。式(17.8)包含三个变量。与具有不同界面曲率的常温冷凝/气相系统相比,得到了描述界面曲率对蒸汽压影响的开尔文方程。另一方面,将不同界面曲率的系统在相同压力下进行比较,得到了表征曲率对平衡相变温度影响的 Gibbs - Thomson 方程(图 17.5 和图 17.6)。

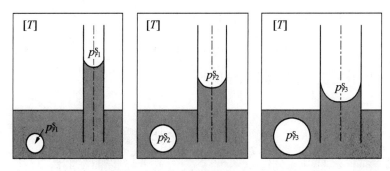

图 17.5　毛细管中液体润湿液中的气泡

$$p^{\mathrm{g}} = p^{\mathrm{l}} + \frac{2\gamma_{\mathrm{lg}}}{r}, \quad V_{\mathrm{m}}^{\mathrm{g}} \cdot \mathrm{d}p^{\mathrm{g}} = V_{\mathrm{m}}^{\mathrm{l}} \cdot \left(\mathrm{d}p^{\mathrm{g}} - \mathrm{d}\left(\gamma \frac{2\gamma_{\mathrm{lg}}}{r} \right) \right)$$

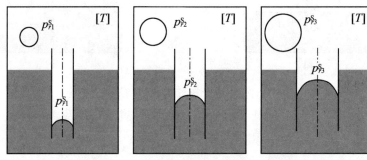

图 17.6　在毛细管中滴入蒸汽非润湿液体

$$p^{\mathrm{l}} = p^{\mathrm{g}} + \frac{2\gamma_{\mathrm{lg}}}{r}, \quad V_{\mathrm{m}}^{\mathrm{g}} \cdot \mathrm{d}p^{\mathrm{g}} = V_{\mathrm{m}}^{\mathrm{l}} \cdot \left(\mathrm{d}p^{\mathrm{g}} + \mathrm{d}\frac{2\gamma_{\mathrm{lg}}}{r} \right)$$

（1）界面曲率对常温多孔膜气液平衡的影响（开尔文公式）。

在恒定温度下 $\mathrm{d}T = 0$；$V_{\mathrm{m}}^{\mathrm{g}} \cdot \mathrm{d}p^{\mathrm{g}} = V_{\mathrm{m}}^{\mathrm{l}} \cdot \mathrm{d}p^{\mathrm{l}}$。

假定液体的摩尔体积与蒸汽的摩尔体积相比可以忽略，和蒸汽压都认为是在理想状态下，$V_{\mathrm{m}}^{\mathrm{g}} = RT/p^{\mathrm{g}}$，则有

$$RT \cdot \frac{\mathrm{d}p^{\mathrm{g}}}{p^{\mathrm{g}}} = -V_{\mathrm{m}}^{\mathrm{l}} \cdot \mathrm{d}\left(\frac{2\gamma_{\mathrm{lg}}}{r} \right) \quad RT \cdot \frac{\mathrm{d}p^{\mathrm{g}}}{p^{\mathrm{g}}} = V_{\mathrm{m}}^{\mathrm{l}} \cdot \mathrm{d}\left(\frac{2\gamma_{\mathrm{lg}}}{r} \right)$$

由宏观相除以平面界面组成的系统特征条件的积分，即 $r \to \infty$，并且 $p^{\mathrm{g}} = p_{\infty}^{\mathrm{s}}$（平面液体的饱和蒸汽压）研究了具有球面半径界面的两相系统的性质从表征宏观相除以平面界面的系统的条件积分即 $r \to \infty$，并且 $p^{\mathrm{g}} = p_{\infty}^{\mathrm{s}}$（平面液体的饱和蒸汽压）到表征半径为球面界面的两相系统的条件积分（具有曲面的液体的饱和蒸汽压）得到如下形式的开尔文公式：

$$RT \cdot \ln \frac{p_{r}^{\mathrm{s}}}{p_{\infty}^{\mathrm{s}}} = -\frac{2\gamma_{\mathrm{lg}} \cdot V_{\mathrm{m}}^{\mathrm{l}}}{r} \tag{17.10}$$

$$RT \cdot \ln \frac{p_{r}^{\mathrm{s}}}{p_{\infty}^{\mathrm{s}}} = \frac{2\gamma_{\mathrm{lg}} \cdot V_{\mathrm{m}}^{\mathrm{l}}}{r} \tag{17.11}$$

在局部润湿的情况下（毛细管中的液体）：

$$r = \frac{R}{\cos \theta} \qquad (\text{图 17.4(a)})$$

$$RT \cdot \ln \frac{p_r^s}{p_\infty^s} = -\frac{2\gamma_{lg} \cdot V_m^l}{r} \cdot \cos \theta \qquad (17.12)$$

$$r = -\frac{R}{\cos \theta} \qquad (\text{图 17.4(b)})$$

$$RT \cdot \ln \frac{p_r^s}{p_\infty^s} = -\frac{2\gamma_{lg} \cdot V_m^l}{r} \cdot \cos \theta \qquad (17.13)$$

圆柱界面:

$$p^g = p^l + \frac{\gamma_{lg}}{r}$$

可润湿液体:

$$RT \cdot \ln \frac{p_r^s}{p_\infty^s} = -\frac{2\gamma_{lg} \cdot V_m^l}{r} \qquad (17.14)$$

不可润湿液体:

$$p^l = p^g + \frac{\gamma_{lg}}{r}$$

$$RT \cdot \ln \frac{p_r^s}{p_\infty^s} = \frac{\gamma_{lg} \cdot V_m^l}{r} \qquad (17.15)$$

分别从开尔文方程(17.11)、17.13)、(17.15)可以看出,非润湿液体的蒸汽压与曲面(下降或液体在毛细管或狭缝 $\cos \theta < 0$)总是高于平面上液体的饱和蒸汽压,也就是说,相对蒸汽压 $p^g/p_\infty^s = p_{rel}^s > 1$,并随着 r 的增加而降低。

在接触角为锐角的窄毛细管或狭缝中的润湿液体,即 $\cos \theta > 0$,式(17.10)、式(17.12)或(17.14)表示半月板以上的蒸汽压低于该液体的饱和蒸汽压,该液体表面为平面,它随毛细管宽度的减小而减小。这意味着在低于饱和蒸汽压 p_∞^s 的压力 p_r^s 时蒸汽凝结。

相位边界曲率的影响在非常小的维数范围内尤为重要,见表 17.2,显示毛细管压力、相对蒸汽压力,以及亲水材料孔隙内的水的蒸汽压力与具有平面界面的水的蒸汽压力之间的差值。

表 17.2　水的毛细管压力和水汽压被限制在半径为 r 的毛细管中

r/m	毛细管压力(kPa)拉普拉斯 - 杨氏方程 $p^{(g)} - p^{(1)} = 2\gamma/r$	饱和蒸汽压(kPa)开尔文方程(17.10)	
		p_r^s/p_∞^s	p_r^s/p_∞^s
1×10^{-4}	1.44	0.999 99	-3.32×10^{-5}
1×10^{-6}	144	0.998 95	-3.32×10^{-3}
1×10^{-8}	14 360	0.900 44	$-0.315 6$
5×10^{-9}	28 720	0.810 79	$-0.599 8$
1×10^{-9}	143 600	0.350 39	$-2.059 3$

（2）界面曲率对恒压下多孔膜相平衡的影响。

界面曲率对沸腾、熔化和升华温度的影响可以用平面界面系统（图17.7，细线）和曲面界面系统（图17.7，粗线）的平衡 $p-T$ 图来表示。在冷凝相的情况下，大块材料相变 $\alpha\to\beta$ 的温度不取决于其尺寸。然而，随着材料尺寸的减小，过渡温度随材料尺寸的变化而变化。受限几何中相变的热力学处理可以预测相变温度的变化，通过 Gibbs-Thomson 方程可知这与孔隙宽度相关。

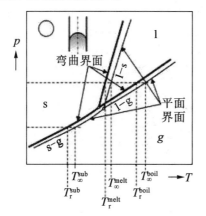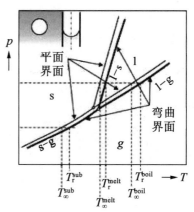

图 17.7　单组分系统的相图

曲率对相变温度的影响可以从束缚在连续相 β 接触的多孔材料孔隙中孔中的 α 相的例子中得到证明（图17.8和图17.9）。

$$p^{\beta} = p = \text{const}, \quad dp^{\beta} = 0$$

平衡状态时

$$dG_m^{\beta} = dG_m^{\alpha}$$

$$-S_m^{\beta} \cdot dT + V_m^{\beta} \cdot dp^{\beta} = -S_m^{\alpha} \cdot dT + V_m^{\alpha} \cdot dp^{\alpha}$$

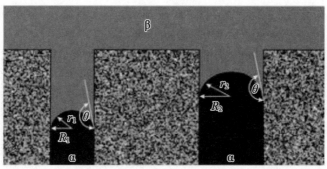

图 17.8　$p^{\beta} - p^{\alpha} = \dfrac{2\gamma_{\alpha\beta}}{r}, dp^{\beta} = d\left(\dfrac{2\gamma_{\alpha\beta}}{r}\right), \alpha\to\beta, -\underbrace{(S_m^{\beta} - S_m^{\alpha})}_{\frac{\Delta_{\alpha\to\beta}H_m}{T}} \cdot dT = V_m^{\alpha} \cdot d\left(\dfrac{2\gamma_0}{r}\right)$

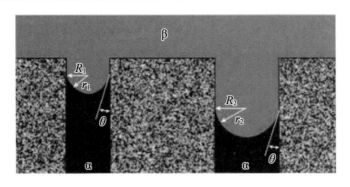

$$图 17.9 \quad p^{\beta} - p^{\alpha} = \frac{2\gamma_{\alpha\beta}}{r}, \mathrm{d}p^{\beta} = \mathrm{d}\!\left(\frac{2\gamma_{\alpha\beta}}{r}\right), \alpha \to \beta, -\underbrace{(S_{\mathrm{m}}^{\beta} - S_{\mathrm{m}}^{\alpha})}_{\frac{\Delta_{\alpha\to\beta}H_{\mathrm{m}}}{T}} \cdot \mathrm{d}T = V_{\mathrm{m}}^{\alpha} \cdot \mathrm{d}\!\left(\frac{2\gamma_{\alpha\beta}}{r}\right)$$

从平面界面系统($r \to \infty$, $T = T_{\infty}$)到曲线界面系统(r, $T = T_{\mathrm{r}}$)在特征条件下的积分:

$$\ln\frac{T_{\mathrm{r}}}{T_{\infty}} = -\frac{2\gamma_{\alpha\beta}\cdot V_{\mathrm{m}}^{\alpha}}{\Delta_{\alpha\to\beta}H_{\mathrm{m}}\cdot r} = \frac{2\gamma_{\alpha\beta}\cdot V_{\mathrm{m}}^{\alpha}}{\Delta_{\alpha\to\beta}H_{\mathrm{m}}\cdot R}\cdot\cos\theta$$

$$\left(部分润湿:r = -\frac{R}{\cos\theta}\right)$$

$$\ln\frac{T_{\mathrm{r}}}{T_{\infty}} = \frac{2\gamma_{\alpha\beta}\cdot V_{\mathrm{m}}^{\alpha}}{\Delta_{\alpha\to\beta}H_{\mathrm{m}}\cdot r} = \frac{2\gamma_{\alpha\beta}\cdot V_{\mathrm{m}}^{\alpha}}{\Delta_{\alpha\to\beta}H_{\mathrm{m}}\cdot R}\cdot\cos\theta$$

$$\left(部分润湿:r = \frac{R}{\cos\theta}\right)$$

其中, T_{∞} 和 T_{r} 分别为大体积材料的熔化温度和孔内受限材料的熔化温度; V_{m}^{α} 为孔内凝固材料的摩尔体积; $\Delta_{\alpha\to\beta}H_{\mathrm{m}}$ 为相变 $\alpha \to \beta$ 的大体积摩尔焓; θ 为接触角; R 为孔隙半径。

对于固→液相转变有

$$\ln\frac{T_{\mathrm{r}}}{T_{\infty}} = -\frac{2\gamma_{\mathrm{sl}}\cdot V_{\mathrm{m}}^{\mathrm{s}}}{\Delta_{\mathrm{fus}}H_{\mathrm{m}}\cdot r} = \frac{2\gamma_{\mathrm{sl}}\cdot V_{\mathrm{m}}^{\mathrm{s}}}{\Delta_{\mathrm{fus}}H_{\mathrm{m}}\cdot R}\cdot\cos\theta$$

$\Delta_{\mathrm{fus}}H_{\mathrm{m}}$ 总为正值

$$\cos\theta < 0 \Rightarrow T_{\mathrm{r}} < T_{\infty}$$

固体颗粒或者被固化在孔道内的润湿材料会在高于普通熔融温度时熔融

$$\cos\theta < 0 \Rightarrow T_{\mathrm{r}} > T_{\infty}$$

固化在孔道内的非润湿材料会在低于普通熔融温度时熔融。

熔融温度对孔径的依赖关系是热孔法测定孔径和孔径分布的理论背景。对于纳米尺寸的材料,熔化温度的变化可以是几十到几百度。

在气液平衡和气固平衡情况下,在相同压力时,不同界面曲率的系统在连续相中的比较如图 17.10 和图 17.11 所示。

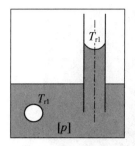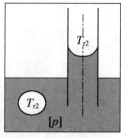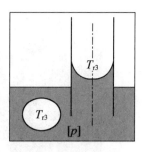

图 17.10　各种尺寸的球状气泡在冷凝相中,在毛细管中润湿物质

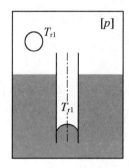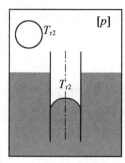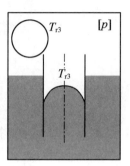

图 17.11　蒸汽中的球形颗粒,毛细管中的非湿润物质

$$p^{l,s} = p = \text{const.}, \quad dp^{l,s} = 0$$

$$p^{s} = p = \text{const.}, \quad dp^{g} = 0$$

$$p^{g} - p^{l,s} = \frac{2\gamma}{r}$$

$$p^{l,s} - p^{g} = \frac{2\gamma}{r}$$

$$-S_m^g \cdot dT + V_m^g \cdot dp^g = -S_m^{l,s} \cdot dT + V_m^{l,s} \cdot \underbrace{dp^{l,s}}_{0}$$

$$-S_m^g \cdot dT + V_m^g \cdot \underbrace{dp^g}_{0} = -S_m^{l,s} \cdot dT + V_m^{l,s} \cdot dp^{l,s}$$

$$-\underbrace{(S_m^g - S_m^{l,s})}_{\frac{\Delta_{\text{trans}} H_m}{T}} \cdot dT + \underbrace{V_m^s}_{\frac{RT}{p^g}} \cdot dp^g = 0$$

$$-\underbrace{(S_m^g - S_m^{l,s})}_{\frac{\Delta_{\text{trans}} H_m}{T}} \cdot dT = V_m^l \cdot d\left(\frac{2\gamma}{r}\right)$$

从 $r \to \infty$,$p^g = p$,$T = T_\infty$(平面界面)到气泡半径 r 中的压力:$p^g = p + 2\gamma/r$ 以及温度 T_r 的积分:

$$\frac{1}{T_\infty} - \frac{1}{T_r} = \frac{R}{\Delta_{\text{trans}} H_m} \ln\left(1 + \frac{2\gamma}{rp}\right)$$

毛细管中材料:$r = \dfrac{R}{\cos\theta}$

$$\frac{1}{T_\infty} - \frac{1}{T_r} = \frac{R}{\Delta_{\text{trans}} H_m} \ln\left(1 + \frac{2\gamma}{R \cdot p} \cdot \cos\theta\right)$$

从 $r \to \infty$，$T = T_\infty$（平面界面）到弯曲界面凝结温度 T_r（球面界面：半径 r）的积分：

$$\ln \frac{T_r}{T_\infty} = -\frac{2\gamma \cdot V_m^{l,s}}{\Delta_{trans} H_m \cdot r}$$

毛细管中材料：$r = -\dfrac{R}{\cos\theta}$

$$\ln \frac{T_r}{T_\infty} = -\frac{2\gamma \cdot V_m^{l,s}}{\Delta_{trans} H_m \cdot R}\cos\theta$$

其中，γ 为界面张力，液 – 气或固 – 气；$\Delta_{trans} H_m$ 为摩尔蒸发焓或升华焓。

含有小气泡的液体的沸点高于纯液体，固体表面各种凹槽的物质在高于其正常值的温度下升华。

$$\cos\theta > 0 \Rightarrow T_r > T_\infty$$

蒸汽在比冷凝相的平坦表面温度低的情况下凝结在小的固体或液体颗粒上，从而形成过饱和（过冷）蒸汽。

17.3 膜对流体的亲和力

膜表面的润湿性在许多工艺中起着关键作用。为了描述各种液体对固体表面的相对亲和力，人们引入了疏水性和亲水性的概念。润湿性是指两个接触相之间不平衡的分子之间的相互作用。表面润湿性与表面电荷一起影响医用材料的生物相容性和生物性能。它们代表了重要的特征，有助于预测各种界面的行为和长期的材料集成，以便能够选择最合适的组成和形态。在平衡状态下，多相系统假定所有界面和势能之和最小。考虑小滴液体放置在固体表面或吸附在浸没液体中的固体表面（图 17.12），根据界面能的值，可以出现各种情况：表面能量的固体 γ_{sg} 和液体 γ_{lg}，界面能量液固 γ_{ls}。假设重力等力场的影响可以忽略，固体表面光滑不变形，液滴或气泡的平衡状态由 Young 方程描述：

$$\gamma_{lg} \cos\theta = \gamma_{sg} - \gamma_{ls} \tag{17.16}$$

其中，θ 为接触角，即液滴表面与固体表面之间的夹角。

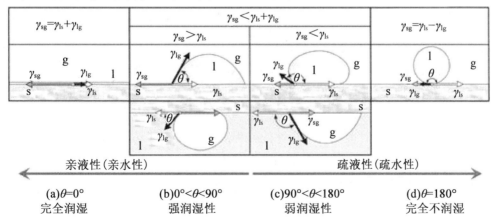

图 17.12 不同润湿性固体表面的固液滴（上）和黏附气泡（下）行为

当数值 $\theta < 90°$ 时表示固体部分被液体(如水)浸湿。以水的接触角小于 $90°$ 为特征的表面通常称为亲水表面。亲水性的字面意思是"喜欢水"。极限情况,当 $\theta = 0°$,称为完全润湿。表面的特点是非常良好的润湿($\theta < 5°$)被称为超亲水性。

当数值 $\theta > 90°$ 时表示固体部分被液体(如水)浸湿。这种表面称为疏水表面。水滴往往在疏水固体表面形成"珠"。水接触角大于 $150°$ 的表面称为"超疏水表面"。极限情况下最差的润湿程度时 $\theta = 180°$,这只是一种假设状态,因为它意味着没有固体和液体之间的相互作用,这在现实中是不存在的。

对于非常小的液滴($r < 10$ nm),也需要考虑靠近润湿线的三个相之间的相互作用。这种作用的结果称为线张力 τ(图 17.13),它可以是正的,也可以是负的($10^{-11} \sim 10^{-5}$ J·m^{-1})。线张力通过与界面张力的类比,定义为润湿线在接触相体积恒定、相界面积恒定的情况下,以单位长度等温拉伸所需要的功,其值随润湿线曲率的增大而增大;在直线润湿的情况下,τ 是零。然后以如下形式写出非常小的轴对称液滴(润湿线 r 的半径)的杨氏方程:

$$\gamma_{lg} \cdot \cos\theta = \gamma_{sg} - \gamma_{ls} - \frac{\tau}{r} \tag{17.17}$$

对于具有非常小的润湿线半径的系统,例如,在多孔固体中的非均匀成核或毛细冷凝,线张力的影响可能是重要的。

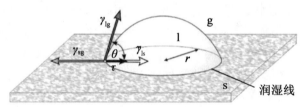

图 17.13   线张力

17.3.2   接触角的测定

由于接触角测定方法简单,因此其在膜表面疏水性评价中得到了广泛的应用。测量只需要一小片薄膜,而且测量速度很快。虽然有时由于表面的非理想性,很难得到准确的接触角值,但接触角可以作为膜的疏水性/亲水性的一个相对指标。

接触角测量中应用最广泛的技术是直接测量静滴剖面上三相接触点的相切角。

1. 斜板法

斜板法因其简单及对操作者主观性依赖程度较低而一度受到青睐。将一端浸入液体的实心板材,在板材两侧形成半月板,缓慢倾斜,直至半月板在板材一侧水平(图 17.14)。平板与水平面的夹角就是接触角。

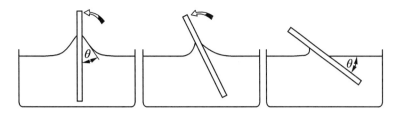

图 17.14 斜板法

2. Wilhelmy 平衡法

该方法是一种被广泛应用的间接测量固体样品接触角的方法。当一个薄的、光滑且垂直的盘子接触到液体时,它质量的变化是通过平衡来检测的。在天平上所检测到力的变化是浮力和湿润力(重力保持不变)的结合。测得的总力变化 F 在天平上为

$$F = \gamma_{lg} \cdot L \cdot \cos\theta - V \cdot \Delta\rho \cdot g \qquad (17.18)$$

其中,γ_{lg} 为液体表面张力;L 为接触线周长(即固体试样截面周长);θ 为接触角;V 为被置换液体体积;$\Delta\rho$ 为液体与空气(或第二液体)密度差;g 为重力加速度。

为了确定接触角 θ,可以修改 Wilhelmy 平衡法,测量毛细管上升 h 值(图 17.15(b))。动态接触角是通过上下移动平板来实现的。当液体接触到垂直的无限宽的板(大约 2 cm 宽的板满足"无限"宽的理论要求)时,由于毛细管效应,液体会上升。毛细管上升高度 h 由 Laplace 方程的积分确定:

$$\sin\theta = 1 - \frac{\Delta\rho \cdot g \cdot h^2}{2\gamma_{lg}} \qquad (17.19)$$

其中,$\Delta\rho$ 为液体和上部气体或第二液相的密度差;θ 为接触角;γ_{lg} 为面(界面)的张力。

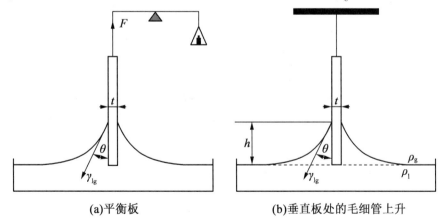

(a)平衡板 (b)垂直板处的毛细管上升

图 17.15 间接接触角测量

3. 液滴形貌分析

目前已经有许多方法可以通过液滴、吊坠滴或俘虏气泡的形状来确定接触角和液体表面张力。直接测角法简便易行,具有一定的优越性。液滴或气泡的图像由视频或数码

相机拍摄。在最简单的情况下,接触角可以直接在打印的图片上测量,或者假设液滴是球体的一部分,通过液滴半径 r 和顶点 h 的高度来计算(图 17.16):

$$\frac{\theta}{2} = \arctan\left(\frac{h}{r}\right) \tag{17.20}$$

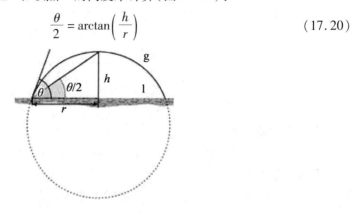

图 17.16　测角方法

轴对称液滴形状分析方法(ADSA)更为复杂。它的基本原理是找到 Laplace 方程给出的、与试验图像中提取的下降曲线相匹配的最佳理论剖面。理想情况下,液滴的形状取决于界面力和重力的共同作用。表面张力使液滴呈球形,使表面积趋于最小,而重力使液滴发生两种变形:①拉长垂滴;②压扁无柄滴。表面张力与外力(如重力)之间的这种平衡在 Laplace 毛细管方程中得到了数学描述。ADSA 方法有两个主要假设:①试验落点为 Laplace 变换和轴对称;②重力是唯一的外力。将表面张力作为一个可调参数,该算法探索得出最佳理论轮廓表面张力的具体值与试验下降轮廓相吻合。

4. 俘获气泡法

浸入测试液体的固体试样表面下形成的是空气泡,而不是在固体表面上形成液体固液滴。向液体中注入少量空气(约 0.05 mL),在水平固体表面下形成气泡。与固滴法类似,针应留在气泡内,以免影响推进角的平衡,也防止气泡在固体表面漂移。捕获气泡法有几个优点:①它能最大限度地减少空气中油滴等物质的来源对固体 – 蒸汽界面的污染,确保了表面与饱和大气接触;②与固着液滴相比,捕获气泡法更容易监测液体的温度,这使得研究接触角的温度依赖性变得更加可行。在光洁光滑的聚合物表面上,固着液滴与捕获气泡接触角之间存在良好的一致性。然而,该方法所具备的性质导致其比固着滴法需要更多的液体。当固体浸入液体后膨胀,或者固体上的薄膜被液体溶解时,也会出现一定的问题。

17.3.3　实际固体表面的润湿

虽然接触角测量操作简单,但它们的解释往往很复杂。Young 方程(17.16)非常简单,在每一本表面化学教科书中都有提及。然而,它的简单性可能会对人造成一定误导性。几个世纪以来(在 1805 年托马斯·杨(Thomas Young)就已经定性地提出过),它的有效性一直是值得讨论的问题。

与平衡接触角有关的基本问题,均涉及固体表面的结构,因为真实固体通常是粗糙的及非均匀的,接触角的数值也可能受到各种因素的影响,如表面各种杂质、吸附气体和蒸汽的存在或液体和固体表面之间可能的相互作用(化学反应、溶解或膨胀)等。

表面粗糙度对接触角的润湿性和数值影响较为深远。从图 17.17 可以看出,实际接触角 θ_{act} 的值是不同的,即液滴表面的切线与固体的实际局部表面的夹角,接触角 θ_{act} 的值,即液滴表面与宏观观察的固体表面相切的夹角,是试验所得到值。

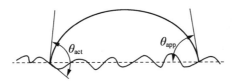

图 17.17 实际接触角和视接触角

为表征曲面的几何非理想性,引进粗糙度参数,并定义粗糙度参数 ε 为

$$A^{real} = \varepsilon \cdot A^{geom} \tag{17.21}$$

表面粗糙度增加了液固表面的接触面积($\varepsilon < 1$)。视接触角由该关系式给出:

$$\cos \theta_{app} = \varepsilon \cdot \frac{\gamma_{ls} - \gamma_{sg}}{\gamma_{lg}} = \varepsilon \cdot \cos \theta_Y \tag{17.22}$$

其中,θ_Y 为杨氏方程理想假设的接触角。因此,粗糙的冻干表面的润湿性优于光滑表面的润湿性:$\cos \theta_{app} > \cos \theta_Y$ 因此,对于 $0 < \cos \theta_Y < 1$,有 $\theta_{app} < \theta_Y$,而在疏水表面,其 $0 > \cos \theta_Y > -1$ 有 $\cos \theta_{app} < \cos \theta_Y$ 推出 $\theta_{app} > \theta_Y$(图 17.18)。因此,表面上的每一个沟槽或开孔都能起到毛细管的作用,如果接触角是锐角,液体就会上升;若为钝角,液体则会下降。

(a)润湿性好　　　　　　　　　　　(b)润湿性差

图 17.18 光滑和粗糙表面的润湿性比较

1. 表面的异质性

由各种材料组成的固体的表面是不均匀的。各组分具有各自的表面能量 $\gamma_{sl,i}$、$\gamma_{sg,i}$ 以及接触角 θ_i。此时接触角的测量值等于视角(图 17.19):

$$\cos \theta_{app} = \sum_i f_i \cdot \cos \theta_i \tag{17.23}$$

其中,f_i 为分量 i 曲面的分数。

粗糙表面上的液滴是表面异质性的一个重要例子,这种液滴在能量上不利于液体填满凹坑(图 17.20)。

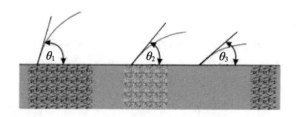

图17.19 非均匀表面上的接触角

表观接触角可以计算为

$$\cos \theta_{app} = \varepsilon \cdot f_{sg} \cdot \cos \theta_{ls} + f_{lg} \cdot \cos \theta_{lg} = \varepsilon f_{sg} \cos \theta_{ls} + f_{sg} - 1 \qquad (17.24)$$

其中，$\theta_{lg} = 180°, f_{lg} + f_{sg} = 1$。

以所谓的"层级结构"(图17.21)为特征的表面在微观和纳米尺度上都是粗糙的。这些表面是超疏水的;它们可以在自然界中找到(例如,荷叶、蝴蝶的翅膀和鸟类),同时,也存在于生物表面和材料的技术应用。技术应用是基于超疏水表面的自清洁能力,即:在光滑倾斜的表面,水滴滚动,杂质只移动一点距离,而在倾斜的超疏水表面,它带走了污垢(图17.22)。

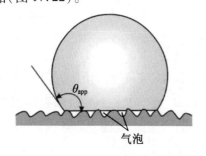

图17.20 液滴在粗糙疏水表面

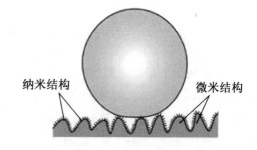

图17.21 表面的层次结构

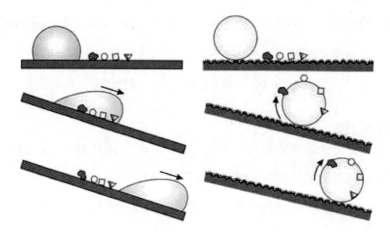

图17.22 表面粗糙度对润湿性和自洁性的影响

(左图显示了一个水滴从光滑的表面滑落,留下了污垢和污染物。右图显示一个珠状水滴从粗糙表面滚落,带有污垢和污染物)

2. 接触角滞后

接触角的大小取决于液体与固体表面的接触情况。例如,如果滴在固体的平面表面上的一小滴液体部分蒸发,或从液滴中取出少量液体(图 17.23(a)),在保持界面面积 ℓ/s 不变的情况下,液滴体积和接触角变小。当接触角达到一定值后,界面面积才开始减小。如进一步减小液滴的大小(图 17.23(b)),若接触角保持不变,则称其为后退接触角 θ_r(其中 r 代表正在后退)。相反,如果少量液体在液滴上凝结或加入少量液体,液滴体积和接触角增大,会再次在恒定的湿润区域直到角度达到某个值,称为前进角 θ_a(其中 a 代表前进)。

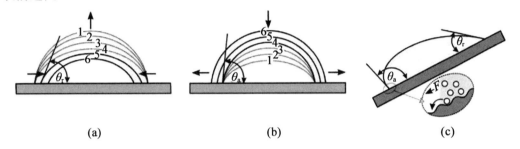

图 17.23 接触角滞后(a)后退角 θ_r,(b)前进角 θ_a 和(c)落在倾斜平面上的液滴

此时湿润线开始移动。前进角与后退角之差,即 $\Delta\theta = \theta_a - \theta_r$,称为滞后接触角,其值可能在 $20°\sim30°$ 之间。接触角滞后现象并非例外情况,而是有规律可循的,固体表面的粗糙度是导致其存在的主要原因。

当硬表面倾斜时(图 17.23(c)),小液滴应以与液滴沿斜面移动相同的形状滑动,该方向只改变液滴的势能,不改变任何与相边界相关面积成比例的界面能。根据杨氏方程,润湿角是由三相接触的性质决定的,所以接触角也不能改变。事实上,在倾斜平面上移动时,底部的下降必须继续进行,在上部后退。因此,最初的球形液滴在沿圆周方向上具有不同的液滴接触角的复杂形状,而在后退角上的液滴接触角大于后退角。

在将固体物体浸入液体中(例如,当使用 Wilhelmy 板时)和将固体物体浮现于液体中时,也可以观察到接触角迟滞现象(图 17.24)。

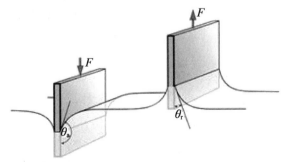

图 17.24 Wilhelmy 板上的接触角滞后

3. 表面吸附

杨氏方程描述了固体表面－液相－气相的平衡。由于气相由液体的饱和蒸汽组成，在平衡状态下考虑液体 γ_{sg} 而不是 γ_{so} 的固体表面能是可行的，也就是说，固体的表面能与其饱和蒸汽处于平衡状态。

将液滴置于完全清洁的固体表面(图 17.25(a))，液滴形状以接触角 θ_o 为特征。由于吸附作用，液体在固体表面的蒸发，其表面能从 γ_{so} 降低到 γ_{sg}(其差称为表面压力 π)，接触角增加到 θ(图 17.25(b))。

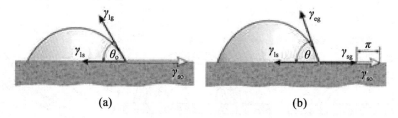

(a)　　　　　　　　(b)

图 17.25　吸附对接触角的影响

4. 表面的热力学状态

固相坚韧且不可变形这一条件是建立杨氏方程(17.16)的基础。在这种情况下，可以只考虑表面张力的余弦分量，即 $\gamma_{lg}\cos\theta$(图 17.26)，进入均势平衡。

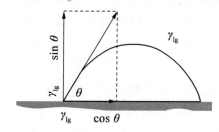

图 17.26　两部分的表面张力

虽然正弦波分量应该由固相的刚度来补偿，这样才不会使表面变形，但实际表面是否处于热力学平衡状态仍然是值得考虑的问题。然而，考虑到 Young 方程包含一个差值 $\gamma_{sg}-\gamma_{ls}$，可以假定固体的任何最终非平衡态都是不相关的，因为与液相接触的固相和与气相接触的固相是相同的，因此，它只是液相和气相之间的局部差异。这种与表面接触角成反比的法向力会使较软的材料变形。

5. 杨氏方程与润湿热

另一种测量表面润湿性的方法是润湿热。在固体表面润湿过程中，放出的热量越多，液体和固体之间的相互作用就越强烈。因此，润湿热(单位面积的能量)是表面性质的一个重要特征，即其疏水性或亲水性。

润湿热的量热值可根据杨氏方程计算的接触角的可靠性来测量，润湿热也可以从表

面热力学利用杨氏公式(17.16)计算:

$$\Delta_{wet} H = A\left[T \cdot \cos\theta \cdot \left(\frac{\partial \gamma_{lg}}{\partial T}\right)_{A,p} + T \cdot \gamma_{lg} \cdot \left(\frac{\partial \cos\theta}{\partial T}\right)_{A,p} - \gamma_{lg} \cdot \cos\theta \right] \quad (17.25)$$

润湿热、试验值和计算值应相等。由式(17.25)得到的润湿热值与表面张力和润湿角的试验值的计算值存在差异,说明推导出杨氏方程(17.16)的条件不满足,应用不充分。

17.3.4　基于 Young – Laplace 方程的方法

推进方法是基于毛细管中液体的润湿和非润湿行为所建立的。

1. 气泡点法(气液置换孔隙度法)

气泡点法(图 17.27)为表征给定膜中最大孔径提供了一种简单方法。它甚至在 21 世纪初就已经被应用。该方法测量了当气体压力增加时通过预湿膜时克服毛细管压力所需要的压力。膜的顶部与液体接触,液体浸湿膜材料,填充膜上的所有孔隙。气体被引入薄膜的底部。其压力逐渐增大,并且在一定压力下气泡穿透膜,这与 Laplace 方程(17.3)相对应。基于气体首先会通过孔隙,所以气泡点测试是测量最大孔隙半径的一种方法。如果存在小孔隙,由于水的表面张力非常高,空气 – 水系统有必要施加高压(假定 $\gamma = 72$ mN·m^{-1},完整的湿润角为 ($\theta = 0°$),方程(17.3)得出,其微孔压力大于 72 MPa,中孔压力在 3 ~ 72 MPa 之间,大孔压力小于 3 MPa)。高压在许多情况下会导致膜结构变形。这种方法的另一个局限性是气体扩散的贡献难以被量化,尤其是在分析大区域时更易被体现,如针对微孔膜所做的分析。

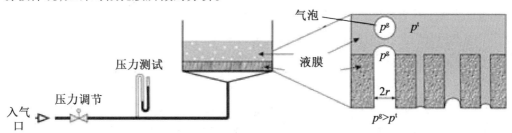

图 17.27　泡点法的原理

然而,水可以被另一种液体取代,例如,乙醇(t – 丁醇/空气 $\gamma = 20.7$ mN·m^{-1},或 i – 丙醛 /空气 $\gamma = 23.0$ mN·m^{-1}),所以需要更低的压强。然而,尽管式(17.3)表明该方法与所使用的液体类型无关,但不同液体的使用将可获得不同的孔隙半径值,这可能是基于湿润效应($\theta \neq 0°$)所导致的,因此,特选择其中一种——异丙醇作为标准液体。影响测量的其他因素包括压力增加的速率、孔的长度以及润湿液与膜材料之间的亲和力。

2. 流动比重法

气泡点法只能提供有限的信息。流动比重法(气泡点与气体输送)将气泡点概念与通过空孔的气体流量测量结合起来。这种无损技术包括:通过增加气体压力,将完全润湿的流体从饱和多孔介质中排出,气体压力越大,孔隙直径越小。考虑气体为非润湿流体($\theta = 180°$),用压差法 Δp 排空的孔径 D 由 Laplace 方程给出:

$$D = \frac{4\gamma_{lg}}{\Delta p} \tag{17.26}$$

首先测量通过干膜的气体流量,并作为压力的函数,通常得到一条直线(图 17.28,虚线)。然后将膜浸湿,再次确定气体流量作为施加压力的函数(图 17.28,实线)。在非常低的压力下,孔隙仍然充满了液体,而由液体扩散决定的气体流动非常低。在一定的最小压力("气泡点")下,通过最大气孔的气体将被清空,从而启动气体流动。随着压力的不断增大,越来越小的孔隙逐渐被打开,直到所有的孔隙都变空,通过湿试样的流量与通过干试样的流量相同。气体在达到稳定状态后,在每一压力下记录其流量。假设孔隙为圆柱形,可以用 Hagen – Poiseuille 方程来关联体积流 Q,以及具有给定孔隙直径的每个表面单位的孔数 N_i。对于每一个压力步长 Δp_i,对应的体积流量测量与由此打开的孔隙数相关:

$$Q = \sum_{1}^{i} \frac{\Delta p_i \cdot \pi \cdot N_i \cdot D_i^4}{128 \eta \cdot L} \tag{17.27}$$

其中,η 为气体的动力黏度;L 为孔隙长度,相当于膜厚度。

需要注意的是,这种简单形式的 Hagen – Poiseuille 定律只适用于通过圆柱形直孔的流体。然而,实际孔隙往往不符合柱状孔隙的假设,柱状孔隙是直的,彼此平行,并且垂直于膜表面,且长度与膜厚度相等。这些假设显然过于简化孔隙结构。孔隙往往是曲折的,其长度大于膜厚度(弯曲度定义为实际孔隙长度与膜厚度的比值)。由于测得的压力与孔隙最收缩部分置换液体所需要的压力相对应(图 17.29),计算出的孔隙直径就是此处孔隙的直径。因此,所有通过挤压流动比重法测量的孔隙直径都是收缩的孔隙直径。盲孔不计入测量范围。

平均流量孔径是孔隙的一个重要特征,它是衡量大多数孔隙大小和流体渗透率的一个重要指标。当流量超过平均孔径时,有50%的流量通过孔径,其余的流量通过较小的孔径,其数值可以由湿曲线与半干曲线相交所对应的平均流压来确定(图 17.28,点划线)。

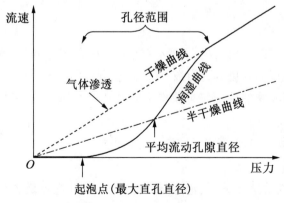

图 17.28　气体通过干湿试样的速率是压差的函数

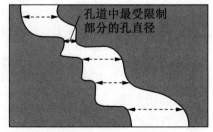

图 17.29　不同孔径沿孔道分布

3. 液 – 液置换孔率测定法

该方法的原理与气泡点法相同,但同时也避免了气泡点法的局限性。其主要原理是用第二种液体代替气体来置换已经存在于膜孔中的液体。这两种方法都使用了施加压力与通径开孔半径之间的相关性(式(17.3))。由于在气液驱替孔隙度测量中,液 – 液 – 固界面的界面张力与气 – 液 – 固界面相比可以大大降低,因此小孔隙的检测需要更低的压力。这样可以避免在测试过程中,因膜的机械应力过大而导致膜损坏或结构倒塌。通常使用以下两种液体:蒸馏水/水饱和异丁醇($\gamma = 1.7$ mN · m^{-1}),蒸馏水/异丁醇、甲醇和水的混合物($\gamma = 0.8$ mN · m^{-1}),或蒸馏水/异丁醇、甲醇和水的混合物($\gamma = 0.35$ mN · m^{-1})。该方法对膜在湿态下进行的测试可以提供非常接近膜正常运行条件的信息。但是它只能评估开放的孔道,而不对任何封闭的或瓶口的孔道进行计算。结果证明,当采用 $0.4 \sim 8$ nm 孔径的聚合物膜时,液 – 液位移孔隙度法在优化膜制备条件和准确评价性能相关能力方面的适用性。

17.3.5　汞孔率测定法

汞孔率测定法通常被认为是最有用的方法之一,其可以在大范围的中孔 – 大孔宽度(从约 3 nm 到约 0.4 mm)上进行孔径分析。

该方法可以为评价多孔材料的表面积和粒径分布提供一种手段,也可以研究多孔材料的弯曲性、渗透性、分形维数和压缩性。此外,还可以利用此方法获得与孔隙形状、网络效应、骨架和体积密度有关的有用信息。

正如前面所述,非湿润液体在毛细管中往往会消退,因此必须强行对其进行填充。由于汞不润湿大多数物质,且其表面张力高,所以通常被用作多孔介质。施加在汞上的压力补偿多孔体中汞弯面上的压差。由 Young – Laplace 方程给出的圆柱形孔隙最简单的情况,即施加在汞上的 p_{Hg} 静水压力与孔径 D 之间的关系,其形式被称为 Washburn 方程。

$$D = -\frac{4\gamma_{Hg}}{p_{Hg}} \cdot \cos\theta \qquad (17.28)$$

虽然几乎在所有多孔体中圆柱形孔隙的假设都没有得到满足,但是根据汞孔隙度测量数据,式(17.28)被普遍用于计算孔隙大小分布。计算出的孔径称为等效孔径或有效孔径。

在 25 ℃时的 485 mN · m^{-1} 值是被大多数研究者所能接受的。准确估计汞与相应固体样品之间的接触角非常重要,因为样品的表面粗糙度可以增加孔隙中汞前进/后退的有效接触角。所研究的每种材料的接触角都可以由此得到确定。如第 17.3.2 节所述,有几种技术可用来确定接触角。众多材料的汞接触角均有所报道。如果没有关于接触角 θ 的详细信息,则通常使用值 140°。

Washburn 方程假设表面张力和接触角为常数。然而,对于强弯曲表面,它们是曲率的函数,并且可能随表面不规则性的性质而变化。此外,汞侵入(前进接触角 θ_a)期间的主要接触角与汞收缩期间的后退接触角 θ_r 不同(第 17.3.2 节讨论了接触角滞后)。

在一个典型的孔率测定试验中,特抽空膨胀计单元中的样品,以此来去除孔隙系中的空气、残余水分或其他液体。为了避免气泡和污染问题的产生,做到彻底地疏散是很重要的。汞在真空下转移到试样槽中,膨胀计放入完全注满油或其他液压装置的高压釜中。然后高压釜中的压力逐渐增加,膨胀计实时记录体积变化。不断增加的压力使汞以宽度递减的顺序进入孔隙,达到最大可能的值后,施加的压力被小步骤地降低到环境中,然后每一步均再次测量离开样品的汞的体积。膨胀计的结构如图17.30所示。

结果显示,在累积汞体积与施加的汞压力的关系图中(称为孔隙图),Washburn方程(17.28)可以确定每个压力值的孔径。但是,孔径不能理解为孔洞大小,而应该理解为侵入孔洞的入口或喉口。

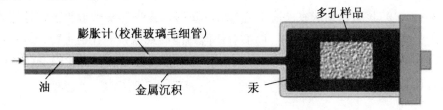

图 17.30　汞孔率测定计

1. 孔径分布

半径在 D 和 $D+dD$ 之间的所有孔隙的总体积可用孔径分布函数 $F_V(D)$ 表示。

$$dV = F_V(D)dD \tag{17.29}$$

假设汞的表面张力和接触角恒定,由 Washburn 方程(17.28)可得到

$$Ddp + pdD = 0 \tag{17.30}$$

此时:

$$F_V(D) = \left(-\frac{p}{D}\right) \cdot \frac{dV}{dp} \tag{17.31}$$

根据试验注入曲线累积汞体积与静水压的关系,得到了不同孔径下的 dV/dp 值。挤压曲线不能用来计算孔隙尺寸分布,因为一部分侵入的汞总是留在孔隙系统中。用这种方法得到的分布函数是基于圆柱孔模型的。根据孔径 D 绘制分布函数 $F_V(D)$ 给出分布曲线。试验累积曲线和导出的分布曲线示例如图17.31所示。

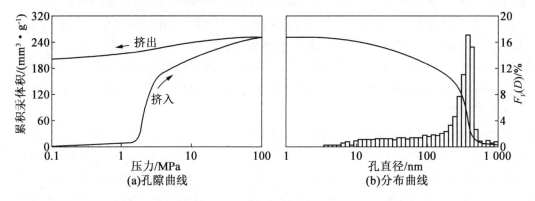

图 17.31　(a)孔隙曲线;(b)分布曲线

2. 总孔隙表面积

为了使汞体积元 dV 进入孔隙,可以通过施加压力 p_{Hg} 来完成($p_{Hg} \cdot dV$)。这些能量用于创造 dA 区域的新界面固体/液体,等于孔的湿壁面积,当固/气界面面积减小相同值时,dA:

$$p_{Hg} \cdot dV = (\gamma_{ls} - \gamma_{sg}) \cdot dA = -\gamma_{lg} \cdot \cos\theta \cdot dA \qquad (17.32)$$

其中,γ_{ls}、γ_{sg} 和 γ_{lg} 为界面能;θ 为接触角。利用杨氏方程(17.16),可以将式中较难测量的 γ_{ls} 和 γ_{sg} 予以忽略。由于 p_{Hg} 与侵入多孔样品的汞体积有关,因此可以得出孔隙面积为

$$A = -\frac{1}{\gamma_{lg} \cdot \cos\theta} \cdot \int_0^{V_{Hg}} p_{Hg} \cdot dV \qquad (17.33)$$

3. 迟滞、汞捕获和孔隙连通性

孔隙图可以根据样品中孔隙和空隙的特征和分布呈现出各种各样的形状。汞孔隙度测量的一个关键因素是孔隙形状。基本上所有的数据处理方法都采用柱状孔隙几何形状。但实际孔隙形状与柱状会有较大差异,若按照理想的柱状孔隙计算,则会导致分析与实际情况存在较大差异。

汞孔率测定法过高地估算了最小孔隙的体积。这是由于瓶颈形状和连通的孔隙会使孔径体积分布向更小的孔隙移动。样品表面的孔径决定了汞何时进入样品。因此,具有小开口的大孔隙在高压下会被填充,并被检测出比实际孔隙更小的值。

在几乎所有的汞孔率测定试验中,都能观察到侵入(增加压力)和挤压(减少压力)运行之间的滞后现象,在一定的压力下,侵入曲线上的压力指示大于挤压曲线上的压力指示,这将会导致卡包现象发生,即多孔网格中仍然含有汞,如图 17.31 的孔隙图所示,在侵入 – 挤压循环结束时,收缩曲线没有给出零体积,导致一些汞残留在样品中。当外部压力开始下降到允许汞在孔道中快速释放的水平时,汞开始从网格中退出。孔道将在折断后被清空,抑或是活塞式半月板收缩时被清空,取决于相邻的两个腔室是否均被充满还是只有一个腔室被充满。当外部压力低于最小毛细管压力,且相邻喉管中至少有一个为空时,腔体被清空。

包裹现象被认为与汞挤压过程中的动力学效应、无序孔隙网络的扭曲程度以及材料表面化学性质有关。通过孔网络模型试验和分子模拟研究(如文献 75,76)表明,汞的滞留通常与缩孔中汞桥的破裂有关,在挤压过程中会导致孔道中的汞滞留。

针对这一现象,人们提出了接触角滞后的存在、瓶颈孔的存在、渗流连通性模型等几种解释。试验运行结果示例显示图如图 17.32 所示:图中显示了在侵入和挤压过程中,1 g 膜被侵入的体积情况以及孔的填充情况。图 17.32 也给出了一般的孔隙填充机理,并将其与侵入和挤压曲线联系起来。可见,孔隙很少是均匀分布的。孔洞的入口通常小于实际孔洞的直径。为了迫使汞进入较小的孔隙,系统的颈部和主体都需要被施以高压。在孔隙排空过程中,汞在高压下从小直径孔隙中回缩,在低压下从大直径孔隙体中回缩。因此,汞进入孔洞的压力由入口尺寸决定,而不是实际的孔洞尺寸。在挤压过程中,气孔之间的所有喉部(较窄的连接)仍处于充满状态,留下大量的汞滞留在样品内部。

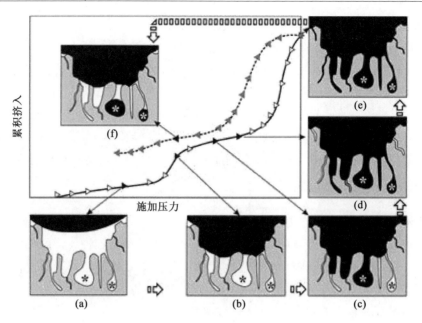

图 17.32　汞作为孔径的函数侵入每克样品的体积

实线—入侵分支;虚线—挤压分支

图 17.32(a)~(e)说明了随着压力的增加,汞是如何被挤压进入逐渐减小的孔隙的。当压力降低到孔隙填充压力以下时,孔隙就变空了。但是瓶颈孔(图 17.32 由星号表示)仍然是充满的,因为小颈孔是空的,但更大的直径的空腔实际上是一个比产生颈孔的孔更大的孔。当压力低于与空腔直径相同的孔洞的数值时,空腔内的汞有被挤出的趋势,但由于汞桥所穿过的通过孔洞的颈部较小而无法被挤出。

如图 17.32(f)所示,在挤压过程中,当压力降低到与图 17.32(b)相同的压力时,就会发生汞的捕获。

(1)邻接效应。

对于整个多孔网格而言,必须考虑孔隙间类似于瓶颈效应的邻接效应。要用汞填满一个孔,它不仅要在施加的压力下等于或大于相应的"孔径",而且必须有一条通向该孔的汞连续路径。除非压力足以确定通向该孔的通道,否则不会填充在被较小孔隙包围的较大的内部空隙内。在挤压过程中,会发生相反的过程,一旦某些孔或孔群不再具有朝向样品表面的连续汞路径,它们将仍然充满所捕获的汞。

(2)能量势垒。

在理想情况下,侵入和挤出均匀大小的圆柱形孔需在相同压力下进行。而在实际孔隙挤压过程中,当汞从孔隙系统中缩回时,必须创建新的汞界面以将先前用于气体吸附理论(Adamson)的孔隙势概念应用于孔隙测量滞后问题。取所有孔隙填充时汞柱的总长度为 l_{ii},取从这些孔隙中挤出的汞柱的总长度为 l_e,孔隙电位定义为

$$U = \int_0^{l_i} F_i \mathrm{d}l - \int_0^{l_e} F_e \mathrm{d}l \qquad (17.34)$$

其中，$F_i = p_i \pi r^2$ 为侵入平均半径为 r 的圆柱形孔所需的力；$F_e = p_e \pi r^2$ 为在挤压过程中的作用力。因此可得

$$U = \pi r^2 (p_i l_i - p_e l_e) \tag{17.35}$$

同时，电位也可以用侵入和挤压的体积来表示。

$$U = p_i V_i - p_e V_e \tag{17.36}$$

这种孔隙势的表达式等于侵入和挤压之间所做的功的差值，可以表示为滞后能。

$$W_H = \gamma_{Hg} (A_e |\cos \theta_e| - A_i |\cos \theta_i|) \tag{17.37}$$

当汞侵入孔隙（接触角 θ_i）时，会获得一定的界面自由能。在挤压过程中，随着压力的降低，汞开始以压力 p_e 离开孔隙，界面面积得以减少，同时减小接触角，从而自发降低界面自由能。汞从孔中析出的过程以挤压接触角 θ_e 的形式进行，直到界面自由能等于孔势，此时挤压停止。在降压过程中，汞以接触角 $\theta_i < \theta_e$ 的形式从孔隙中分离出来，在孔隙开口附近留下了一定数量的汞，通过试验观察证实，渗透试样在孔隙入口处由于汞的精细分离而出现变色现象。

其他类型的滞后目前也有所报道，例如，在高压下，汞原子被推入晶格的磁滞现象。由于汞在高压下与管壁产生黏附作用，其润湿性是不可逆的，因此在缩回后，部分吸附的汞仍然以薄膜的形式分布在大孔管壁上。

4. 汞孔率测定法的优点和局限性

汞孔率测定法是一种相对快速的方法，其孔隙尺寸范围很广。对于大孔试样和不需要过高操作压力的中孔试样特别有利。这种方法的主要缺点是膜结构可能会被扭曲，因为必须使用非常高的压力来分析小的孔隙（例如，填充直径 3.5 nm 的孔隙需要 400 MPa 的压力），此外，它对薄膜具有破坏性，因为总会有一些汞滞留在薄膜中。最大的可测孔径受样品高度的限制，这决定了最小的"头部压力"，例如，1 cm 的样品高度大约等于 1 mm 直径的孔径的高度。

同时，样品的性质可能会影响其重现性，并难以对结果做出明确的解释。汞孔率测定法实际上并不是测量内部孔隙的大小，但它决定了从样品表面到该孔隙的最大连接（喉道或孔隙通道）。因此，汞孔率测定结果总是比图像分析方法的结果显示出更小的孔隙尺寸。该方法不能用来分析封闭的孔隙，因为汞没有办法进入封闭的孔隙。

汞孔率测定法的一个关键限制是，它测量的是孔隙的最小入口，而不是孔隙的实际内部大小。由于封闭孔隙的隔离，无法使用该工具进行分析，因为汞没能进入封闭的孔隙。另一限制是从 Washburn 方程（17.28）对汞柱孔隙形状和接触角的假设。光镜图像显示，许多二氧化硅和氧化铝样品似乎具有随机收集的填充球形和半球形颗粒，以及圆柱体。样品的预处理也可能导致粉碎，从而以两种方式改变内部孔隙空间。如果存在的话，首先会破坏封闭孔隙的孔隙，然后沿着较大的孔隙破坏颗粒，这将导致较大孔隙的相对体积减小。

17.3.6　热孔径测量法

温度测定法（即差示扫描量热法（DSC）与孔隙测定法相结合）的基础是基于观察到

纯物质的相变固液的温度取决于相边界的曲率，这种相变固液是以非常小的颗粒形式存在的，或被限制在毛细管中。

固－液界面的曲率与孔隙大小密切相关，因此，不同孔径下的凝固温度是不同的。通过记录纯物质在多孔材料中的凝固热像图，可以根据该物质凝固时的温度确定孔隙大小，也可以根据特定 ΔT 时所涉及的能量确定孔隙体积。

在一个典型的热辐射测量试验中，将湿润液体注入所研究的多孔材料中，从而通过毛细管作用将其填充满所有可进入的空隙，再添加多余的液体（图17.33）。将样品冷却直至所有液体都冻结，然后根据选定的温度程序升高温度，直到所有液体再次熔化。每个温度步长对应一个孔径步长。DSC 非常适合于精确测量相对较小的温度变化，因为它对放热冻结和吸热熔融转变特别敏感。熔融液体的体积是由能量消耗一步计算出来的。

图 17.33　热辐射测量方法方案

这种现象可以用 Gibbs – Thomson 方程来描述，它的一般形式在前面几节中已经有过推导。考虑到纯物质在被研究材料的柱状孔隙中熔化，Gibbs – Thomson 方程具有如下形式：

$$\ln \frac{T_r}{T_\infty} = \frac{2\gamma_{sl} \cdot V_m^s}{\Delta_{fus} H_m \cdot r} = \frac{2\gamma_{sl} \cdot V_m^s}{\Delta_{fus} H_m \cdot R} \cdot \cos \theta \qquad (17.38)$$

其中，T_∞ 为散装物料的平衡熔化温度；T_r 为在孔中熔化物质的温度；r 为半月板的半径；R 为圆柱形孔隙半径；V_m^s 为固体的摩尔体积；$\Delta_{fus} H$ 为熔化的摩尔焓；γ_{sl} 为固液界面张力；θ 为接触角。为了显示出细微差别，$\Delta T = T_\infty - T_r$，左边的对数可以展开为

$$\ln \frac{T_r}{T_\infty} = \ln \frac{T_\infty - \Delta T}{T_\infty} = \ln\left(1 - \frac{\Delta T}{T_\infty}\right) \cong -\frac{\Delta T}{T_\infty} \qquad (17.39)$$

得到了温度降 ΔT 与孔径的关系：

$$\Delta T = -\frac{2T_\infty \cdot \gamma_{sl} \cdot V_m^s}{\Delta_{fus} H_m \cdot R} \cdot \cos \theta \qquad (17.40)$$

推导吉布斯－汤姆逊方程时，我们采用了一个隐式假设，即在温度区间内，ΔT、表面张力、密度和熔化热与温度无关，且采用了等于体积的值。$1/R$ 与冰点下降 ΔT 之间的线性关系已经被研究。但是，如果覆盖了较大的温度范围，也就是说，在非常小的孔隙中，必须考虑温度依赖性。这些参数的经验表达式通常以多项式形式引用；水作为探针液体

的例子已经在文献中被引用。

几乎任何化合物都可以用作探针液体。许多有机化合物被不同的作者使用（例如，乙炔 - onitrile；cyclohexane；n - heptane；nitrobenzene；顺十氢化萘；反十氢化萘、环己烷、苯、氯苯、石脑油、正庚烷、四氯化碳）。然而，水是最有吸引力的填充毛孔的物质之一，因为它的熔点在一个很容易测量的温度范围内。与水有关的测量和检查专门设计用于水溶液中操作的材料有关。使用水的另一个优点是，它的熔化热比大多数有机液体几乎大一个数量级，这提高了 DSC 技术对小体积吸附液体的灵敏度。

从理论上讲，无论是冻结还是熔点的降低都可以用来确定孔径。然而，熔点凹陷更具重现性，因此最常用于试验数据处理，因为从凝固点凹陷计算出的孔隙宽度在很大程度上受延迟成核的影响。球形孔的孔径可以通过固溶和熔融过程计算，因为固溶和熔融时固体表面的曲率不会改变。熔点和冰点的温度是相同的，并且取决于孔半径。但是，对于圆柱形孔洞，只有通过熔融温度的降低来计算才是可行的。固相开始以气孔的形状生长，即生长成圆柱体的壁。平均曲率等于 $1/R$（方程（17.1））。熔化开始于球形半月板（在理想情况下），平均曲率为 $2/R$。因此，冻结时的温度降应是熔化时温度降的两倍。

热孔径测量法不像传统的热孔法那样被使用广泛，其应用也不如气体吸附法或压汞法普遍。测试液体和多孔固体之间特定相互作用的影响在很大程度上是未知的，并可能导致不确定的解释量热信号。为了确定孔径分布，必须知道表面张力、接触角、摩尔体积和熔化焓等物理参数对温度的依赖关系。然而，这些参数的文献值往往不同，导致量热曲线难以直接转化为绝对孔径分布。因此，试验工作往往需要通过使用其他方法（如汞侵入孔隙度法或氮吸附法）仔细测量过的参考材料进行校准。

许多研究已经注意到，一层不可冷冻的液体通常存在于多孔材料的壁上。例如，有报道显示，硅水凝胶材料中的标称水层厚度在 $0.5 \sim 2.0$ nm 之间，相当于几个单层。厚度为 δ 的固定液层有效地减小了分散固相的半径。因此，对于非常小的孔隙，温度变化与孔隙半径之间的关系呈现出以下形式：

$$\Delta T = -\frac{2T_\infty \cdot \gamma_{sl} \cdot V_m^s}{\Delta_{fus}H_m \cdot (R-\delta)} \cdot \cos\theta \tag{17.41}$$

热孔径测量法适用于半径在 $2 \sim 200$ nm 之间的孔隙。下限是根据过程热力学描述中的假设设定的，这些假设对 -40 ℃ 以下的温度不再有效。半径小于 2 nm 的孔不能用水作为测试液体来研究，因为这些孔只含有吸附水，即使低于 -90 ℃ 也不会冻结。这些孔隙也与吸附层的厚度相当。热孔径测量法测得的最大孔隙或上限可以利用曲率对凝固点下降的影响来测定。与汞孔率计不同，热孔径测量法甚至适用于易碎、柔软或膨胀的材料。

17.3.7 核磁共振成像

与 DSC 热孔径测量法类似，核磁共振（NMR）低温成像技术所依赖的事实是，限制在材料孔隙内的液体的熔点比正常（体积）熔点低，其温差与 Gibbs - Thompson 方程中给出的孔隙宽度成反比。与基于 DSC 的方法不同的是,它不通过传热来检测实际熔化,而是测量在任何特定温度下熔化的液体的比例。该测量由具有适当回波时间(当前试验中为 10 ms)的自旋回波脉冲序列进行。自旋回波核磁共振试验保留了移动分子中原子核的核磁共振信号,因为在选定的回波时间下,它们的磁化强度不会放松到零。另一方面,由于这些原子核的横向自旋弛豫速率很大,因此在设定的回波时间内,它们的磁化强度会放松到零,因此存在于静止分子中的核磁共振信号会被抵消。

在试验过程中,先将填有湿润液体的多孔材料样品冷却,使所有液体结冰。这一点通过缺少自旋回波核磁共振信号得到了验证。然后,逐步提高温度,在每一个新的温度下进行新的自旋回波试验。随着温度的升高,当被限制在越来越大的孔隙中的液体熔化时,自旋回波核磁共振强度增加。所得温度 – 强度曲线的导数提供了孔隙大小分布。

核磁共振低温成像测量法优于 DSC 热孔径测量法,因为 DSC 测量的是瞬态热流,因此具有最小的测量速率。而 NMR 方法返回一个绝对信号,这个绝对信号可以是任意慢速测量的,也可以是离散步骤测量的,因此可以获得更好的分辨率或信噪比(S/N)。故 NMR 低温孔径测量法提供了一种更直接的测量开孔体积的方法。

低温成像技术非常适合于在 2 nm ~ 2 mm 的尺度上研究结构。被液体饱和后冷却的多孔材料,其熔化温度的分布取决于孔径的分布。由于过冷是一种常见的现象,所以通过冻结所有液体后提高温度,可以更加可靠地确定熔体的真实温度特性。测量液体的比例作为温度的函数得到孔径分布。孔隙体积 $V(r)$ 是孔隙半径 r 的函数。半径在 r 和 $r +$ dr 之间的孔隙体积为 $(dV/dr)\Delta r$。如果用液体填充孔隙,则液体 $T_r(r)$ 的熔化温度与孔隙尺寸分布有关,具体如下：

$$\frac{dV}{dr} = \frac{dV}{dT_r} \cdot \frac{dT_r}{dr} = \frac{dV}{dT_r} \cdot \underbrace{\left(\frac{2T_\infty \cdot \gamma_{sl} \cdot V_m^s \cdot \cos\theta}{\Delta_{fus}H_m} \right)}_{const} \cdot \frac{1}{r^2} \qquad (17.42)$$

17.3.8　吸附 – 解吸方法

通过吸附 – 解吸试验可以表征多孔膜和非多孔膜。由于孔隙大小不一,因此 IUPAC 对孔隙进行了分类,分别为:宽度大于 50 nm 的为大孔隙,宽度小于 50 nm 但大于 2 nm 的为中孔及宽度小于 2 nm 的为微孔。与此不同的是,致密聚合物被认为是完全无孔的,因此在与光分子的物理相互作用上是不同的。然而,致密膜材料的非多孔性的完整性还存在一定的问题。相反,光分子可以通过宏观致密材料形成的小空隙,在聚合物中通常称为自由体积空隙。

吸附等温线,即化合物的吸附量与其相对压力 p/p_{sat} 的关系,根据 IUPAC 可分为六种基本类型。所有六种类型(图 17.34)在较小的相对压力下均减小成成比例亨利型等温线。Ⅰ型是典型的单层吸附,也就是 Langmuir Ⅰ型吸附。Ⅱ型通常用于无孔或大孔吸附剂上的单层 – 多层吸附,例如通常由玻璃状聚合物显示。在这类等温线中,标记 B 近似表示第一吸附单层的饱和状态。Ⅲ型等温线通常由橡胶聚合物表示,即由系统表示,其中吸附 – 吸附相互作用显著。Ⅳ型等温线与Ⅱ型相似,但在较高的相对压力下表现出一个平台和一个滞回环,这两种效应都反映了吸附剂的介孔结构。与此类似,V 型的吸附物显示为Ⅲ型等温线,但也有多孔性。Ⅵ型等温线是吸附在均匀非多孔表面的多层等温线,其中表观波表示附加层的形成。

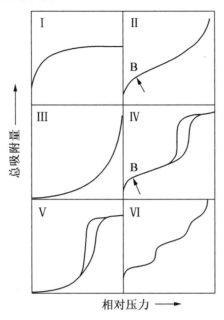

图 17.34 根据 IUPAC 对吸附等温线进行分类

(经 Pearson, R. J.; Derbyshire, W. 允许转载。NMR Studies of Water Adsorbed on a Number of Silica Surfaces. J. Colloid Interface Sci. 1974, 46, 232 – 248 (a general permission is stated at https://www. iupac. org/publications/pac/))

多孔膜材料通常通过测量氮在其正常沸点(约 77 K)的吸附 – 解吸等温线来表征,常用 BET 模型对这些等温线进行分析,BET 模型的全称为布鲁诺 – 埃米特 – 泰勒。该模型假设吸附层在微孔结构上形成,在较高的相对压力下,吸附层在微孔结构上形成。然而,该模型没有考虑中孔中毛细管冷凝和微孔填充,因此不能应用于中孔材料。吸附量 v 可以用 BET 模型表示:

$$v = \frac{v_m c p}{(p^0 - p)\left[1 + \left(c - 1\left(\frac{p}{p^0}\right)\right)\right]} \tag{17.43}$$

其中,v_m 为吸附表面被单分子层覆盖时的吸附吸收率;p^0 为饱和蒸汽压;c 为与第一吸附层吸附焓相关的常数。

介孔膜材料表现为毛细管缩合,也可用氮吸附法表征。在相对压力较低时,介孔表面作为单层 – 多层吸附,而在相对压力较高时,液氮填充孔隙变得越来越重要。为了将冷凝蒸汽的量与实际相对压力和孔隙的大小联系起来,开尔文模型通常以其形式用于半球半月板,半月板的半径可以表示为

$$r = \frac{2\sigma^{\lg} V_m^l}{RT\ln\left(\dfrac{p}{p^0}\right)} \qquad (17.44)$$

其中, p^0 为吸附物的饱和蒸汽压(表面); p 为它在半球形半月板上的压力; $\sigma^{\lg}$ 和 V_m^l 分别为液体的表面张力和摩尔体积。

由于可以假设另一种孔隙几何形状和孔隙尺寸分布的存在,试验数据的评估变得更加费力,并且受到初始假设的影响。此外,吸附曲线,即吸附量随相对压力的增加而变化的曲线,往往不同于相对压力逐渐减小时观察到的解吸曲线。这种滞后现象通常是毛细管冷凝所导致的结果,吸附和解吸曲线的差异主要受中孔几何形状的影响。

与多孔膜相比,致密的非多孔膜中的吸附通常是用于特殊分离的化合物来测量的。事实上,膜材料吸收化合物分子的能力是决定膜渗透通量的两个特性之一。然后可以使用溶质扩散模型对渗透通量进行建模,详细信息请参见 17.3.9 节。致密膜通常是由聚合物制备而成的。由于聚合物一般存在两种基本物理状态,即玻璃态和橡胶态,所以通常观察到两种基本类型的吸附等温线,也就是说,Ⅲ型等温线在橡胶聚合物中很常见,这意味着聚合物的温度高于特定聚合物的玻璃化转变温度。为了模拟这类等温线,常用的是基于长聚合物链中轻物质平衡溶解的统计力学的 Flory – Huggins 模型,由此可知:

$$\ln a_i = \ln \varphi_i + (1 - \varphi_i) + \chi_{ij}(1 - \varphi_i)^2 \qquad (17.45)$$

如果在低于玻璃化转变温度的聚合物中测量吸附,通常会观察到Ⅱ型等温线。双模吸附模型是种适用于这类等温线的模型:

$$c = k_d p + \frac{c_h' b p}{1 + b p} \qquad (17.46)$$

该模型假设聚合物中吸附物为亨利式溶解(常数),以及在由聚合物链"冻结"形成的附加吸附中心上发生的为 Langmuir 的Ⅰ单层吸附(常数 c_h 和 b)情况。尽管这种组合只是经验上的,但它通常提供了观察到的玻璃聚合物吸附等温线的良好近似。

17.3.9　传质过程

膜材料中的质量运输不仅受到工艺和膜的宏观特性(如施加的压差或厚度)的影响,还受到其内部结构的影响。在无源膜中,也就是说,在没有附加能量源的膜中,介质通过膜的流量与施加的驱动力(X)成正比,因此

$$J = LX \qquad (17.47)$$

其中, J 为通量; L 为比例因子。这个纯现象学方程概括了在施加各种驱动力(如压差或浓度差)时所观察到的输运强度,并且近似地与这些力成正比。更一般地说,化学势的差异而不仅仅是浓度或压力的差异可以被看作是真正的驱动力。

多孔膜具有不同的孔型、尺寸和膜内孔洞的分布,是微滤和超滤过程中常用的分离层和非对称膜中的多孔载体。这种膜的分离性能主要由所含孔隙的特性决定,而不是由化学成分决定。当孔隙比扩散化合物的自由路径大时,施加压差后,Poiseuille(黏性)流

动成为物质通过膜传递的主要机制。如果所考虑的混合物中的分子具有类似的大小,例如在气体混合物中,黏性流动不伴随任何分离。显然,减小孔径对分子的分离有积极的影响。如果分子的平均自由程 λ 明显大于平均孔径 d,则 Knudsen 扩散就变得重要。这种关系可以用 Knudsen 数表示:

$$KN = \frac{\lambda}{d} \quad \lambda = \frac{16\eta}{5\pi}\frac{1}{p}\sqrt{\frac{\pi RT}{2M}} \tag{17.48}$$

其中,η 为气体的黏度;T 为绝对温度;$\bar{p}$ 为膜内平均压强;R 为气体常数;M 为气体的摩尔质量。在一般条件下(100 kPa, 20 ℃)分离气体时,Knudsen 气体在直径为 2 ~ 50 nm 的孔隙中扩散。

与多孔膜不同的是,致密膜实际上不包含任何孔隙,它们的质量传递是通过溶质扩散机制进行的。这种机制意味着膜一侧的分子吸附(溶解),从浓度较高的地方向浓度较低的地方扩散,然后从膜上进行解吸。膜的化学组成和物理结构影响着整个物质通过致密膜运输的两个关键步骤:吸附和扩散。在某些情况下,聚合物膜和金属致密膜通常用于膜分离过程。

在前面的章节中讨论了在致密膜材料中化合物的吸附。因此,这里的重点是扩散机制。扩散是一个统计过程,其第一个观察结果来自 Robert Brownovn,他观察到花粉粒在水面上随机移动。在很长一段时间之后,爱因斯坦才证明随机扩散物种经过的均方位移与时间成正比,因此

$$\langle x^2 \rangle = 2D\tau \propto \tau \tag{17.49}$$

其中,D 为扩散系数,它的基本单位为 $m^2 \cdot s^{-1}$。与自由扩散不同的是,在实际分离过程中,外部驱动力一般施加在膜上。如果一种膜暴露在两种具有不同化学势的介质中,这种化合物的梯度就会在膜中形成。这种梯度会产生一种阻力,将这种化合物的分子推向梯度的方向。对一个分子和一维系统的力如下:

$$F \propto -\frac{\mathrm{d}\mu}{\mathrm{d}x} \tag{17.50}$$

阻力引起化合物分子的扩散运动,化合物的扩散浓度为 c。假设通量强度与阻力成正比,则有

$$J = -cv = -uc\frac{\mathrm{d}\mu}{\mathrm{d}x} \tag{17.51}$$

其中,μ 为扩散分子的迁移率。根据通常所用的反应定义,得

$$J = -uRT\frac{\mathrm{d}\ln(a)}{\mathrm{d}\ln(c)}\frac{\mathrm{d}c}{\mathrm{d}x} = -D\frac{\mathrm{d}c}{\mathrm{d}x} \tag{17.52}$$

其中,D 为扩散系数。假设薄膜中化合物的亨利式吸附是成比例的,得

$$J = -DS\frac{\mathrm{d}p}{\mathrm{d}x} = -p\frac{\mathrm{d}p}{\mathrm{d}x} \tag{17.53}$$

其中,S 为等温线的斜率(溶解度系数);P 为渗透率系数;p 为组分的压力。

　　虽然这些方程为跨膜通量的分析和预测提供了一定的基础,但许多膜材料的参数、扩散率、溶解度和渗透率与试验条件(如进料压力或膜的受热历程)有明显的相关性。除了各自吸附等温线的实际形状外,这些依赖可能是由 non – Fickian 扩散引起的,这种扩散通常与玻璃状聚合物的弛豫有关。为了识别 non – Fickian 扩散,通常需进行瞬态吸附试验。在这样的测试中,将一个扁平膜的样品瞬间暴露在研究的化合物中,同时记录吸附吸收程度,直到达到吸附平衡。实际的吸附吸收归一化为标准化的吸附吸收与时间的关系,因此

$$\frac{M(t)}{M_\infty} = kt^n \tag{17.54}$$

其中,k 为比例常数;n 为正数。如果归一化的吸附吸收与时间的平方根成正比,则会发生 Fickian 扩散。因此 $n = 1/2$。反之,如果归一化吸附吸收与时间成正比,则发生异常情形二类扩散,此时 $n = 1$。这种扩散与移动的浓度峰的形成有关,通常与聚合物的玻璃态有关。对于更多类型的扩散,读者可以参考相关文献。

　　为了表示膜的分离特性,分离因子,通常也称为选择性,可以用以下方程表示:

$$\alpha_{12} = \frac{\dfrac{\gamma_1}{\gamma_2}}{\dfrac{x_1}{x_2}} \tag{17.55}$$

其中,γ 和 x 分别为渗透液和进料混合物中化合物的质量或摩尔分数。如果渗透率的压力与混合料的压力相比可以忽略不计,则为理想分离系数,通常称为理想选择性,它具有这种形式:

$$\alpha_{12}^* = \frac{P_1}{P_2} \tag{17.56}$$

　　为了实际地比较各种膜材料的分离性能,理想的分离系数通常是用对数 – 对数图中考虑的混合物中透气率来表示的。这类图通常称为 Robeson 图,根据现有的试验数据,可以得到经验极限边界。其上界清楚地表明了膜的渗透性与其理想分离因子之间存在的一种权衡关系。

1. 气体和蒸汽渗透率法

　　用于测定渗透性物质在致密膜中的渗透系数,常用装置的测量单元通常被已知面积和厚度的膜分为两个单元,如图 17.35 所示。电池的第一个隔间(进料侧)在规定的条件下由气体或蒸汽(或它们的混合物)填充。然后,气体/蒸汽穿透膜并解吸到第二室(渗透侧),通常是真空或与气体接触。渗透气体/蒸汽的量在第二个(渗透)室被监测。

　　气体/蒸汽在恒定温度下通过薄膜的传输是由压力、浓度、体积或质量的变化(梯度)控制的。从渗透率测量的瞬态部分出发,对扩散系数(D)进行了评价。吸附系数(S)的测定是在被测化合物(sorbate)和膜(吸附剂)一起被封闭在一个测量单元内的装置中进行的。测定的化合物的总吸附量是由平衡后膜质量的增加或被测化合物浓度的下降引起的。在这种情况下,也可以从测量的瞬态部分确定扩散系数。

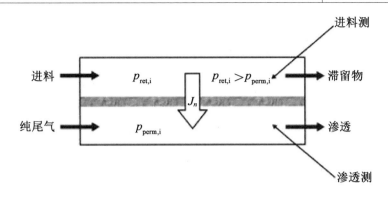

图 17.35　平板聚合物膜渗透率测量原理图

（1）测定渗透率。

渗透系数 P 是被测化合物 i 的流量 J，单位为 $m^3(STP)s^{-1} \cdot m^{-2}$ 或 $mol \cdot s^{-1} \cdot m^{-2}$，乘以膜厚 l，并除以驱动力（进料侧和渗透侧被测化合物的分压差；图 17.35）。下面的方程是从假设解扩散模型的 Fick 第一定律推导出来的。

$$P_n = \frac{J_n^s l}{p_{ret,i} - p_{perm,i}} \tag{17.57}$$

在进一步的研究中，假设忽略渗透压室的压力 $p_{perm,i}$，则有 $p_{ret,i} \gg p_{perm,i}$。将式（17.57）与图 17.35 的质量平衡相结合，可以推导出扫气渗透计渗透率计算公式如下（即 Wicke – Kallenbach 技术）：

$$P_n = \frac{l}{p_{ret,i}} \cdot \frac{v \cdot c}{A} \tag{17.58}$$

另一类方法（例如，所谓的时滞法）是在没有扫气的情况下使用的，这可以得到下面的方程：

$$P_n = \frac{l}{p_{ret,i}} \cdot \frac{V}{A}\left(\frac{dc}{d\tau}\right) \tag{17.59}$$

其中，l 为膜厚度；$p_{ret,i}$ 为测量室进料室中被测化合物的分压；V 为渗透室的体积；A 为活性膜面积；c 为被测化合物的试验测定浓度；τ 为时间；v 为扫描气体的体积速度。这些方程将在相关小节中进一步讨论。

渗透率系数的常用单位是 Barrer，即

$$1 \text{ Barrer} = 10^{-10} \frac{cm^3(STP)cm}{cm^2 \cdot s \cdot cmHg} \tag{17.60}$$

据下面的公式可以得到 SI 的单位是：

$$[P_n] = \frac{mol \cdot m}{m^2 \cdot Pa \cdot s}$$

$$[P_V] = \frac{m^3(STP)m}{m^2 \cdot Pa \cdot s} = 7.500\ 5 \times 10^{-18} \text{ Barrer} \tag{17.61}$$

其中，缩写 STP 代表标准温度和压力（$T_{STP} = 273.15$ K；$p_{STP} = 101\ 325$ Pa），因此，从 P_n

到 P_V 的转换是

$$P_V = P_n \frac{R \cdot T_{STP}}{p_{STP}} = P_n \cdot 0.002\ 414 \tag{17.62}$$

①扫气法。带有扫气的仪器（渗透计）有时被称为流量或差分渗透计。在这种情况下，渗透系数用式（17.58）确定。通常观察到的趋势如图 17.36 所示。通过测量开始时渗透剂浓度与稳定状态下渗透剂浓度之间的差异（图 17.36 中的高度 h），可以评估所研究渗透剂膜的渗透性。

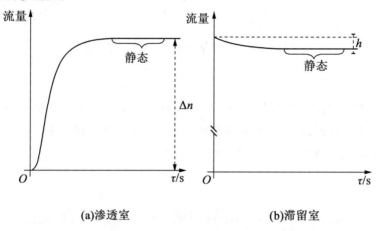

图 17.36 用扫气测量渗透计的例子

这些方法的优点在于可以直接测量通过膜的流量，从而精确测定稳定状态下的流量。此外，由于使用了扫气，膜两侧的压力可以保持在同一水平。这不仅可以将压力驱动力的影响降到最低，而且可以研究机械稳定性较差的膜。此外，使用高扫气流速，可以很容易地减轻浓差极化或高阶切割等影响。除此之外，使用扫气还可以在很长时间内保持非常稳定的边界条件，从而可以测定低挥发性有机化合物蒸汽的膜渗透性。另外，这些方法允许进行长时间的测量（几个月甚至更长时间）。在图 17.37 中，展示了一个带有扫气的渗透率计的示意图，它可以分析渗透率和滞留液流。通常可以利用气相色谱法、红外线法或质谱法（MS）等各种分析技术对渗透流进行分析。

利用下面的公式，在达到稳态后，可以通过已知的扫描气体中所测化合物的浓度来计算平板膜的最终渗透率。

$$P_{V,i} = \frac{1}{A} \cdot \frac{R \cdot T_{STP}}{p_{STP}} \cdot \frac{l}{p_{ret} \cdot x_{ret,i}} \cdot j_{n,i}^s \tag{17.63}$$

其中，L 为膜厚度及其活性区；$x_{ret,i}$ 为被测化合物在原保留液中的摩尔分数；p_{ret} 为滞留物内部压力；$j_{n,i}^s$ 是渗透室中扫气中第 i 组分摩尔量的流量，该流量是根据所用检测器的校准计算得出的；T_{STP} 和 p_{STP} 为标准条件（273.15 K 和 101 325 Pa）下的温度和压力；R 为通用气体常数。

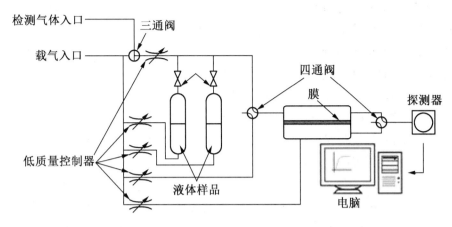

图 17.37 扫气渗透仪原理图

②累积法。第二种可能的试验装置是没有扫气的装置。在这种情况下,渗透剂不会从渗透室中被冲走,而是在渗透室中积聚,并且可以观察到被测化合物的增加。这种情况如图 17.38 所示。

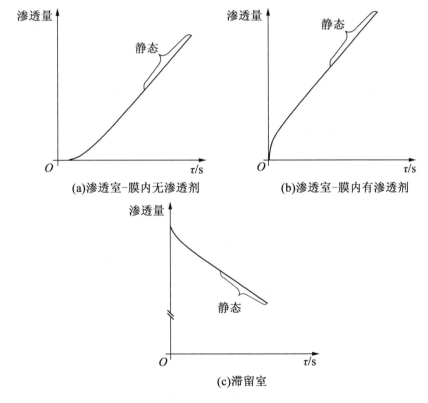

图 17.38 不含扫气的渗透计测量示例

更详细地说,图 17.38 显示了测量的不同类型。图 17.38(a)表示试验开始时膜内未出现渗透剂被吸收的情况。测量开始后,化合物开始渗透进膜,并可以观察到瞬态试验。在图 17.38(b)中显示的情况是,在先前的测量(所谓的初始流动法)后,渗透室被迅速抽空,而膜仍然含有吸收的渗透剂。图 17.38(c)显示了与图 17.38(a)相同初始条件下渗透剂浓度的降低(所谓的压力衰减方法)。

在整个试验过程中,当驱动力 $p_{ret,i} \gg p_{perm,i}$ 在整个试验中相对较高并且 $p_{ret,i}$ 实际上是恒定的情况下,无扫描气体的试验装置对气体渗透率的测量是足够的。它还可以测定挥发性有机化合物的渗透性,但是,当挥发性较低的化合物(如甲苯)在各自的测量中 $p_{perm,i}$ 达到 $p_{ret,i}$ 值时,可能会出现一些问题。

图 17.39 所示为一个不含扫气的渗透率计的可能设置示例。即使在这种情况下,检测器也可以随应用程序而变化。要测量纯气体或蒸汽的渗透性,只需使用压力表(这种设置也称为时滞法或固定体积压力增加法)。这种设置通常允许测定 0.1 Barrer 左右的极低渗透率。为了确定混合物的渗透性,可以使用 MS 或针对所研究混合物的每个组分的一些专用检测器。

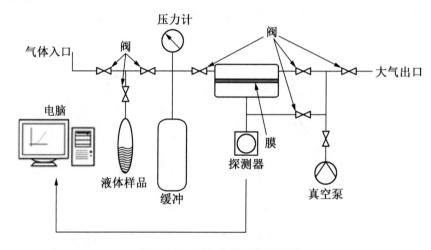

图 17.39　无扫气渗透仪原理图

此外,渗透性值可通过稳定状态下浓度增加 $c = c(\tau)$ 的斜率(图 17.38(a)和(b))通过以下公式进行估算:

$$P_{V,i} = \frac{V_{perm}}{A} \cdot \frac{R \cdot T_N}{p_N} \cdot \frac{l}{p_{ret} \cdot x_{ret,i}} \cdot \frac{dc_{perm,i}}{d\tau} \quad (17.64)$$

如果使用压力计作为检测器,则公式为

$$P_V = \frac{V_{perm}}{A \cdot T} \cdot \frac{T_{STP}}{p_{STP}} \cdot \frac{l}{p_{ret}} \cdot \frac{dp_{perm}}{d\tau} \quad (17.65)$$

其中,l 为膜厚度;A 为膜的活性区;T 为试验过程中的热力学温度;p_{ret} 为复示室中的压力;$x_{ret,i}$ 为复示室中被测化合物的摩尔分数;V_{perm} 为渗透室的体积;$c_{perm,i}/p_{perm}$ 为渗透室中的浓度/压力;T_{STP} 和 P_{STP} 为 STP (273.15 K 和 101 325 Pa)。

（2）吸附系数的测定。

吸附系数通过以下公式与 Henry 定律进行类比：

$$s = \frac{C_i^{(m)}}{p_{eq,i}^{(g)}} \tag{17.66}$$

其中，$p_{eq,i}^{(g)}$ 为达到平衡后膜周围被测化合物的压力；$C_i^{(m)}$ 为压力下膜内吸附化合物的浓度。浓度可以用不同的方式表示，例如，每 m^3 所检测的化合物 m^3（STP）g，每克膜，或者是每克膜中化合物的摩尔数。在上述情况下，S 有以下单位：

$$[S_V] = \frac{m^3(STP)}{m^3 \cdot Pa}$$

$$[S_m] = \frac{g}{g \cdot Pa}$$

$$[S_n] = \frac{mol}{g \cdot Pa} \tag{17.67}$$

然而，Henry 定律只能较好地描述橡胶聚合物中的气体溶解情况。为了描述其他系统的平衡吸附，需使用更复杂的非线性模型。

吸附系数的测定通常在一个充满被测化合物的测量单元中进行，被测化合物被置于被研究的膜中（图 17.40）。膜吸收的质量是在平衡状态下测量的。然后利用式（17.66），从膜 Δn 中吸附量的差异来评价吸附系数（图 17.41(a)）。

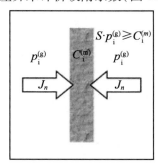

图 17.40 高分子膜吸附测定原理

吸附系数的测定方法可分为两组：①观察到膜内吸附量增加的方法（即重力法，图 17.41(a)）；②观察到吸附量减少的方法（即压力衰减，图 17.41(b)）。

膜和吸附剂质量变化的检测可采用多种检测器进行，如麦克白石英螺旋天平、磁悬天平或石英晶体微天平。这些装置的一般示意图如图 17.42 所示。

此外，压力衰减法通常用于测定在很高压力下纯气体对聚合物膜或离子液体的吸附。其简单示意图如图 17.43 所示。在这种情况下，使用式（3.51）再次评估吸附系数，测定量 Δn 为测量开始和结束时膜周围浓度的差异（图 17.41(b)）。然而，如果用选择性分析检测器代替压力计，也可以确定混合物的吸附。

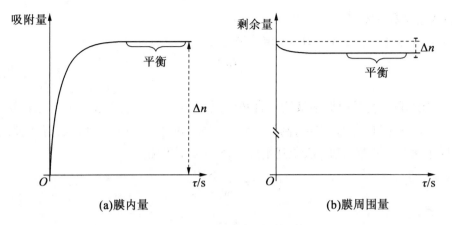

图 17.41   吸附量的测量示例

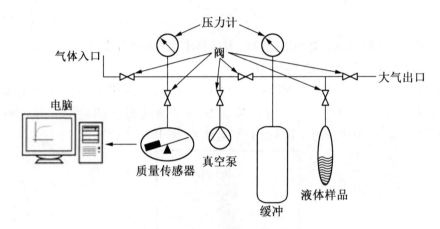

图 17.42   重力吸附装置原理图

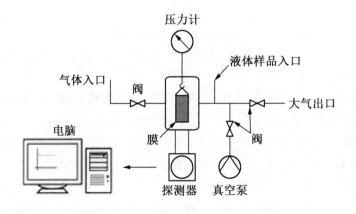

图 17.43   监测膜周围量的吸附装置示意图

(3)扩散系数的测定。

扩散系数的确定是为了从 Fickian 第二扩散定律的解中得到理想的行为。为了描述非 Fickian 现象,即非理想现象,如第二种情况,膨胀或塑化效应,可以使用 Fickian 定律修正,Maxwell – Stephan 模型,或包括黏弹性行为的扩散模型。所有这些模型通常都是以偏微分方程(PDE)的形式表示的,因此有必要用解析法或数值法来求解。

在试验上,扩散系数可由试验的瞬时部分或直接试验(如核磁共振谱或正电子湮没寿命谱)确定。

①扩散方程的解析。Fickian 第二定律的解只适用于具有恒定参数和解析描述边界条件的模型。在膜边界浓度阶跃变化的情况下,溶液如参考文献 134、140、141 中所述。

偏微分方程的解通常采用变量分离法或 Laplace 变换法。然后以五项级数的和的形式获得溶液,为了实际使用,必须将其限制在一些合理数量的项(通常 5 ~ 10 项是有效的)。通过变量分离得到的级数收敛时间长,通过 Laplace 变换得到的级数收敛时间短。由于这个事实,两个不同的级数可以组合成一个,其中初始部分由 Laplace 变换的解描述,其余部分由变量分离的解描述。然后将所需项的个数减少到 3 个或更少,得到了一个非常好的瞬态曲线。

②瞬态渗透扩散系数的测定。首先,从 Fick 第二定律对渗透试验瞬态部分的解开始。在渗透开始之前,假设膜内没有吸附渗透剂。在试验开始时,膜边界上的浓度突然增加到浓度 c_0。然后,浓度在膜内增加相应的使用模型。对于 Fick 第二定律,如图 17.44 所示。

在文献[140]中,可以通过分离通量变量得到如下形式的解:

$$J_n(\tau) = \frac{D \cdot c_0}{l} \cdot \left[1 + 2 \cdot \sum_{n=1}^{\infty} (-1)^n \cdot \exp\left(\frac{-D \cdot n^2 \pi^2}{l^2} \cdot \tau \right) \right] \qquad (17.68)$$

在计算扩散系数时,通常将数据归一化为稳态流量,即

$$\lim_{\tau \to \infty} J_n(\tau) = J_n^S = \frac{D \cdot c_0}{l} \qquad (17.69)$$

式(17.68)除以式(17.69)得

$$\frac{J_n(\tau)}{J_n^S} = 1 + 2 \cdot \sum_{n=1}^{\infty} (-1)^n \cdot \exp\left(\frac{-D \cdot n^2 \pi^2}{l^2} \cdot \tau \right) \qquad (17.70)$$

在文献[141]中,可以通过通量的 Laplace 变换求出它的解,这里它以归一化(除以式(17.69))的形式表述:

$$\frac{J_n(\tau)}{J_n^S} = \sqrt{\frac{4l^2}{D\pi\tau}} \sum_{k=0}^{\infty} \exp\left[\frac{-(2k+1)^2 l^2}{4D\tau} \right] \qquad (17.71)$$

式(17.70)和式(17.71)的假定时间依赖性如图 17.45 所示。扩散系数与试验数据用式(17.70)或式(17.71)或两者的组合拟合。例如,在参考文献 142 中使用了该过程。

为了方便地得到扩散系数,可以使用式(17.70)和式(17.71)的简化形式之一。这里给出了所谓的半衰期法。它取决于二分之一的半衰期 $\tau_{1/2}$(图 17.45)即归一化通量 $J_n(\tau_1/2) = J_n^S/2$。然后,利用该时间和膜厚 l,计算扩散系数有如下公式:

$$D = \frac{l^2}{7.205\,\dfrac{\tau_1}{2}} \tag{17.72}$$

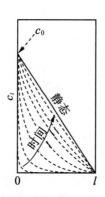

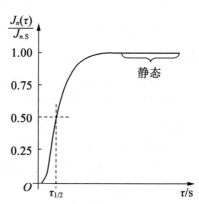

图 17.44　渗透试验中膜内浓度分布的时间依赖性　　图 17.45　归一化通量的时间依赖性

为了根据累积法确定扩散系数,必须将式(17.70)和式(17.71)乘以式(17.69),并从 0 到 τ 进行积分。然后得到扩散物质 $Q_n(\tau)$ 的量,即从开始到时间 τ 穿透膜,由式(17.70)得到的公式如下:

$$Q_n(\tau) = \frac{D \cdot c_0}{l} \cdot \tau - \frac{c_0 l}{6} - \frac{2c_0 l}{\pi^2} \cdot \Big[\sum_{n=1}^{\infty} \frac{(-1)^n}{n^2} \cdot \exp\Big(\frac{-D \cdot n^2 \pi^2}{l^2} \cdot \tau\Big) \Big] \tag{17.73}$$

并且根据式(17.71),有

$$Q_n(\tau) = \sqrt{\frac{4c_0^2}{D\pi l^2 \tau}} \Big[\sum_{k=0}^{\infty} 2Dl\tau \cdot \exp\Big(\frac{-(2k+1)^2 l^2}{4D\tau}\Big) - (2k+1)l^2 \sqrt{D\pi\tau} \cdot \mathrm{erfc}\Big(\frac{(2k+1)l}{\sqrt{4D\tau}}\Big) \Big] \tag{17.74}$$

同样,这些方程可用于确定通过各自方法获得的试验数据。假定时间依赖性如图 17.46 所示。

简化式(17.73)即得到时滞法。将滞后时间 τ_L 计算为延长至时间轴的稳态斜率与试验开始时间之间的差异。该量随后可用于确定扩散系数公式,如下:

$$D = \frac{l^2}{6 \cdot \tau_L} \tag{17.75}$$

其中,l 为薄膜厚度。

③瞬态吸附扩散系数的测定。如果通过测量瞬态吸附来确定扩散系数,在试验开始之前,膜内应没有吸附渗透剂。在试验开始时,膜两侧的浓度突然增加到浓度 c_0。然后,膜内的浓度相应地增加到所使用的模型。对于 Fick 第二定律,图 17.47 对此进行了描述。

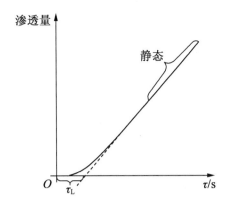

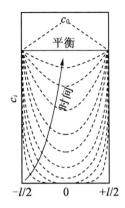

图 17.46　渗透扩散物质总量的时间依赖性　　图 17.47　吸附试验中膜内浓度分布的时间依赖性

在参考文献[140]中,可以通过分离变量的方法求出吸附量的解,形式如下:

$$M_n(\tau) = A \cdot c_0 \cdot l \cdot \left\{ 1 - \frac{8}{\pi^2} \sum_{m=0}^{\infty} \frac{1}{(2m+1)^2} \exp\left[\frac{-D \cdot (2m+1)^2 \pi^2}{l^2} \cdot \tau \right] \right\}$$

(17.76)

对于扩散系数的评估,通常将数据归一化为平衡值,即

$$M_n^{\infty} = \lim_{\tau \to \infty} M_n(\tau) = A \cdot c_0 \cdot l = V_{\text{mem}} \cdot c_0$$

(17.77)

其中,V_{mem} 为膜的体积。M_n^{∞} 与吸附系数(式(17.66))的关系如下:

$$S_V = \frac{M_n^{\infty}}{V_{\text{mem}}} \cdot \frac{R \cdot T_N}{p_{\text{eq,i}}^{(g)} \cdot p_N}$$

(17.78)

其中,$p_{\text{eq,i}}^{(g)}$ 为达到平衡后膜周围扩散物质的分压。

将式(17.76)除以式(17.77)得到归一化公式,形式如下:

$$\frac{M_n(\tau)}{M_n^{\infty}} = 1 - \frac{8}{\pi^2} \sum_{m=0}^{\infty} \frac{1}{(2m+1)^2} \exp\left[\frac{-D \cdot (2m+1)^2 \pi^2}{l^2} \cdot \tau \right]$$

(17.79)

根据文献[143],可以通过吸收量的 Laplace 变换找到解,这里用归一化形式表示(除以式(17.77)):

$$\frac{M_n(\tau)}{M_n^{\infty}} = 4 \sqrt{\frac{D\tau}{\pi l^2}} \cdot \left\{ 1 + 2 \cdot \sum_{j=1}^{\infty} (-1)^j \left[\exp\left(-\frac{j^2 l^2}{4D\tau} \right) - \frac{j}{2} \sqrt{\frac{\pi l^2}{D\tau}} \cdot \text{erfc}\left(-\frac{jl}{2\sqrt{D\tau}} \right) \right] \right\}$$

(17.80)

同样,这些方程也可以用来拟合各自方法得到的试验数据。假设的时间依赖性如图 17.48 所示。

在吸附的情况下,也可以用更简单的方法确定扩散系数。与渗透率试验推导的半衰期法类似,半衰期 $\tau_{1/2}$(图 17.48)为归一化吸附量等于二分之一的时间 $M_n(\tau_1/2) = M_n^{\infty}/2$。然后,利用该量和膜厚 l,计算扩散系数如下公式:

$$D = \frac{l^2}{20.332 \cdot \dfrac{\tau_1}{2}}$$

(17.81)

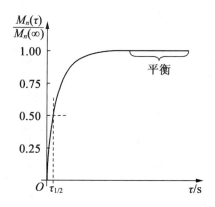

图 17.48　归一化吸附量的时间依赖性

④扩散方程的数值解。使用数值方法求解偏微分方程的最大优点是在几乎所有的情况下,可以求解任何可用的模型方程。另一方面,与解析解相比,数值计算是费时的,必须特别小心。在使用浓度相关扩散系数模型(非线性偏微分方程)时,计算时间随着可调参数数量的增加而迅速增加。

从模型的 PDE 形式和计算域的维数入手,可以实现具体扩散模型的数值求解。可以从头开始实现一个数值解(使用有限差分或有限元法),但这是不可取的,因为它非常耗时且容易出错。因此,一些专门的软件更适合于普通的 PDEs。

17.4　结　论

膜表征是膜研究与膜工程的重要组成部分。对材料性能和行为的适当了解是材料利用和选择最佳操作条件的关键因素。进一步了解膜结构、化学、形态、传输特性和膜性能之间的关系是材料成功应用于膜分离过程的前提。本章的目的不是要绘制出这个领域中的所有内容,这在给定的范围内是很难实现的。然而,它为读者提供了一定的洞察理论根源和方面选定的表征技术和方法。它们所取得的快速发展与许多新制备的膜材料密切相关。可以预期的是,许多今天被认为太复杂、太昂贵或太耗时的方法将来可能会变得更容易实现、更经济。

本章参考文献

[1]　Khulbe, K. C.; Feng, C. Y.; Matsuura, T. Membrane Characterization, in Water and Wastewater Treatment Technologies. In Encyclopedia of Life Support Systems(EOL-SS); UNESCO – EOLSS Joint Committee, Ed.; Eolss Publishers: Oxford, UK, 2010.

Developed under the Auspices of the UNESCO, http://www.eolss.ne.

[2] Mulder, M. Basic Principles of Membrane Technology; Kluwer Academic Publishers: Dordrecht, 1998.

[3] Tung, K. L.; Chang, K. S.; Wu, T. T.; Lin, N. J.; Lee, K. R.; Lai, J. Y. Recent Advances in the Characterization of Membrane Morphology. Curr. Opin. Chem. Eng. 2014, 4, 121 – 127.

[4] Guillen, G. R.; Pan, Y.; Li, M.; Hoek, E. M. V. Preparation and Characterization of Membranes Formed by Nonsolvent Induced Phase Separation: A Review. Ind. Eng. Chem. Res. 2011, 50 (7), 3798 – 3817.

[5] Wyart, Y.; Georges, G.; Demie, C.; Amra, C.; Moulin, P. Membrane Characterization by Microscopic Methods: Multiscale Structure. J. Membr. Sci. 2008, 315 (1 – 2), 82 – 92.

[6] Wyart, Y.; Georges, G.; Deumie, C.; Amra, C.; Moulin, P. Membrane Characterization by Optical Methods: Ellipsometry of the Scattered Field. J. Membr. Sci. 2008, 318 (1 – 2), 145 – 153.

[7] Tylkowski, B.; Tsibranska, I. Overview of Main Techniques Used for Membrane Characterization. J. Chem. Technol. Metall. 2015, 50 (1), 3 – 12.

[8] Childress, A.; Brant, J.; Rempala, P.; Phipps, D., Jr.; Kwan, P. Evaluation of Membrane Characterization Methods; Water Research Foundation, 2012, http://www.waterrf.org/publicreportlibrary/4102.pdf

[9] Thakur, V. K.; Thakur, M. K. Handbook of Polymers for Pharmaceutical Technologies, Processing and Applications, Vol. 2; John Wiley & Sons: Hoboken, NJ, 2015.

[10] Bernstein, R.; Kaufman, Y.; Freger, V. Membrane Characterization. In Encyclopedia of Membrane Science and Technology; Hoek, E. M. V.; Tarabara, V., Eds.; John Wiley & Sons: Hoboken, NJ, 2014.

[11] Kamide, K.; Manabe, S. I. Mechanism of Permselectivity of Porous Polymeric Membranes in Ultrafiltration Process. Polym. J. 1891, 13 (5), 459 – 479.

[12] Rouquerol, J.; Baron, G.; Denoyel, R.; Giesche, H.; Groen, J.; Klobes, P.; Levitz, P.; Neimark, A. V.; Rigby, S.; Skudas, R. Liquid Intrusion and Alternative Methods for the Characterization of Macroporous Materials (IUPAC Technical Report). Pure Appl. Chem. 2011, 84 (1), 107 – 136.

[13] Rouquerol, J.; Baron, G. V.; Denoyel, R.; Giesche, H.; Groen, J.; Klobes, P.; Levitz, P.; Neimark, A. V.; Rigby, S.; Skudas, R. The Characterization of Macroporous Solids: An Overview of the Methodology. Microporus Mesoporus Mater. 2012, 154, 2 – 6.

[14] Kaneko, K. Determination of Pore Size and Pore Size Distribution. 1. Adsorbents and

Catalysts. J. Membr. Sci. 1994, 96, 59 – 89.

[15] Calvo, J. I.; Hernández, A.; Caruana, G.; Martínez, L. Pore Size Distributions in Microporous Membranes: I. Surface Study of Track – Etched Filters by Image Analysis. J. Colloid Interface Sci. 1995, 175, 138 – 150.

[16] Drelich, J. The Significance and Magnitude of the Line Tension in Three – Phase (Solid – Liquid – Fluid) Systems. Colloids Surf. A 1996, 116 (1 – 2), 43 – 54.

[17] Amirfazli, A.; Kwok, D. Y.; Gaydos, J.; Neumann, A. W. Line Tension Measurements Through Drop Size Dependence of Contact Angle. J. Colloid Interface Sci. 1998, 205 (1), 1 – 11.

[18] Liu, Y.; Wang, J.; Zhang, X. Accurate Determination of the Vapor – Liquid – Solid Contact Line Tension and the Viability of Young Equation. Sci. Rep. 2013, 3. 2008.

[19] Amirfazli, A.; Neumann, A. W. Status of the Three – Phase Line Tension. Adv. Colloid Interface Sci. 2004, 110, 121 – 141.

[20] Blecua, P.; Lipowsky, R.; Kierfeld, J. Line Tension Effects for Liquid Droplets on Circular Surface Domains. Langmuir 2006, 22 (26), 11041 – 11059.

[21] Tadmor, R. Line Energy, Line Tension and Drop Size. Surf. Sci. 2008, 602, L108 – L111.

[22] Cho, J.; Amy, G.; Pellegrino, J. Membrane Filtration of Natural Organic Matter. Factors and Mechanism Affecting Rejection the Flux Decline with Charged (UF) Membrane. J. Membr. Sci. 2000, 164, 89 – 110.

[23] Combe, C.; Molis, E.; Lucas, P.; Riley, R.; Clark, M. M. The Effect of CA Membrane Properties on Adsorptive Fouling by Humic Acid. J. Membr. Sci. 1999, 154, 73 – 87.

[24] Drelich, J.; Miller, J. D.; Good, R. J. The Effect of Drop (Bubble) Size on Advancing and Receding Contact Angles for Heterogeneous and Rough Solid Surfaces as Observed with Sessile – Drop and Captive – Bubble Techniques Original. J. Colloid Interface Sci. 1996, 179, 37 – 50.

[25] Adam, N. K.; Jessop, G. J. Angles of Contact and Polarity of Solid Surface. J. Chem. Soc. Trans. 1925, 127, 1863 – 1868.

[26] Wilhelmy, L. über die Abhängigkeit der Kapillaritäts – Constanten des Alkohol von Substanz und Gestallt des Benetzten Festen Körpers. Ann. Phys. 1863, 119, 177 – 217.

[27] Shimokawa, M.; Takamura, T. Relation Between Interfacial Tension and Capillary Liquid Rise on Polished Metal Electrodes. J. Electroanal. Chem. Interfacial Electrochem. 1973, 41, 359 – 366.

[28] Neumann, A. W. Uber die Messmethodik zur Bestimmung Grenzflaehenenergetischer

Groben. Measurement Methodology for Determining Surface Energy Variables, Part I. Z. Phys. Chem. 1964, 41, 339 – 352.

[29] Neumann, A. W. Uber die Messmethodik zur Bestimmung Grenzflaehenenergetischer Groben. Measurement Methodology for Determining Surface Energy Variables, Part II. Z. Phys. Chem. 1964, 43, 71 – 83.

[30] del Río, O. I. ; Neumann, A. W. Axisymmetric Drop Shape Analysis: Computational Methods for the Measurement of Interfacial Properties from the Shape and Dimensions of Pendant and Sessile Drops. J. Colloid Interface Sci. 1997, 196, 136 – 147.

[31] Skinner, F. K. ; Rotenberg, Y. ; Neumann, A. W. Contact Angle Measurements from the Contact Diameter of Sessile Drops by Means of a Modified Axisymmetric Drop Shape Analysis. J. Colloid Interface Sci. 1989, 130, 25 – 34.

[32] Mazzola, L. ; Bemporad, E. ; Carassiti, F. An Easy way to Measure Surface Free Energy by Drop Shape Analysis. Measurement 2012, 45 (3), 317 – 324.

[33] Rotenberg, Y. ; Boruvka, L. ; Neumann, A. W. Determination of Surface Tension and Contact Angle from the Shapes of Axisymmetric Fluid Interfaces. J. Colloid Interface Sci. 1983, 93, 169 – 183.

[34] Zhang, W. ; Hallström, B. Membrane Characterization Using the Contact Angle Technique I Methodology of the Captive Bubble Technique. Desalination 1990, 79, 1 – 12.

[35] Taggart, A. F. ; Taylor, T. C. ; Ince, C. R. Experiments with Flotation Reagents. Trans. AIME 1930, 87, 285 – 386.

[36] Zhang, W. ; Wahlgren, M. ; Sivik, B. Membrane Characterization by the Contact Angle Technique: II. Characterization of UF – Membranes and Comparison Between the Captive Bubble and Sessile Drop as Methods to Obtain Water Contact Angles. Desalination 1989, 72, 263 – 273.

[37] Marmur, A. Soft Contact: Measurement and Interpretation of Contact Angles. Soft Matter 2006, 2, 12 – 17.

[38] Quéré, D. Rough Ideas on Wetting. Physica A 2002, 313, 32 – 46.

[39] Selvakumar, N. ; Barshilia, H. C. ; Rajam, K. S. Effect of Substrate Roughness on the Apparent Surface Free Energy of Sputter Deposited Superhydrophobic Polytetrafluoroethylene Coatings: A Comparison of Experimental Data with Different Theoretical Models. J. Appl. Phys. 2010, 108, 013505.

[40] Swain, P. S. ; Lipowsky, R. Contact Angles on Heterogeneous Surfaces: A New Look at Cassie's and Wenzel's Laws. Langmuir 1998, 14, 6772 – 6780.

[41] Wong, T. – S. ; Ho, C. – M. Dependence of Macroscopic Wetting on Nanoscopic Surface Textures. Langmuir 2009, 25 (22), 12851 – 12854.

[42] Dorrer, C. ; Rühe, J. Some Thoughts on Superhydrophobic Wetting. Soft Matter

2009, 5, 51 – 61.

[43] Gao, L.; McCarthy, T. J. Wetting and Superhydrophobicity. Langmuir 2009, 25, 14100 – 14104.

[44] Gao, L.; McCarthy, T. J. Contact Angle Hysteresis Explained. Langmuir 2006, 22, 6234 – 6237.

[45] Whyman, G.; Bormashenko, E.; Stein, T. The Rigorous Derivation of Young, Cassie – Baxter and Wenzel Equations and the Analysis of the Contact Angle Hysteresis Phenomenon. Chem. Phys. Lett. 2008, 450, 355 – 359.

[46] Extrand, C. W. Contact Angles and Hysteresis on Surfaces with Chemically Heterogeneous Islands. Langmuir 2003, 19, 3793 – 3796.

[47] Extrand, C. W. Model for Contact Angles and Hysteresis on Rough and Ultraphobic Surfaces. Langmuir 2002, 18, 7991 – 7999.

[48] Hiemenz, P. C.; Rajagopalan, R. Principles of Colloid and Surface Chemistry; Marcel Dekker, Inc: New York, 1997; p 266.

[49] Bechhold, H.; Schlesinger, M.; Silbereisen, K.; Maier, L.; Nurnberger, W. Porenweite von Ultrafiltern. Kolloid Z. 1931, 55, 172 – 198.

[50] Erbe, F. Blockierungsphänomene bei Ultrafiltern. Kolloid Z. 1932, 59, 195 – 206.

[51] Erbe, F. Die Bestimmung der Porenverteilung Nach Ihrer Größe in Filtern und Ultrafiltern. Kolloid Z. 1933, 63, 277 – 285.

[52] Grabar, P.; Niktine, S. Sur le Diametre des Pores des Membranes en Collodion Utilisées en Ultrafiltration. J. Chim. Phys. 1936, 33, 721 – 741.

[53] Pereira Nunes, S.; Peinemann, K. V. Ultrafiltration Membranes from PVDF/PMMA Blends. J. Membr. Sci. 1992, 77, 25 – 35.

[54] Martínez, L.; Florido – Díaz, F. J.; Hernández, A.; Prádanos, P. Characterisation of Three Hydrophobic Porous Membranes Used in Membrane Distillation. Modelling and Evaluation of Their Water Vapour Permeabilities. J. Membr. Sci. 2002, 203, 57 – 67.

[55] Hernández, A.; Calvo, J. I.; Prádanos, P.; Tejerina, F. Pore Size Distributions in Microporous Membranes. A Critical Analysis of the Bubble Point Extended Method. J. Membr. Sci. 1996, 112, 1 – 12.

[56] Gribble, C. M.; Matthews, G. M.; Laudone, G. M.; Turner, A.; Ridgway, C. J.; Schoelkopf, J.; Gane, P. A. C. Porometry, Porosimetry, Image Analysis and Void Network Modelling in the Study of the Pore – level Properties of Filters. Chem. Eng. Sci. 2011, 66 (16), 3701 – 3709.

[57] Calvo, J. I.; Hernández, A.; Prádanos, P.; Martinez, L.; Bowen, W. R. Pore Size Distributions in Microporous Membranes: II. Bulk Characterization of Track –

Etched Filters by Air Porometry and Mercury Porosimetry. J. Colloid Interface Sci. 1995, 176, 467 – 478.

[58] Jena, A.; Gupta, K. Liquid Extrusion Techniques for Pore Structure Evaluation of Nonwovens. Int. Nonwovens J. 2003, 12 (3), 45 – 53.

[59] Jena, A.; Gupta, K. Pore Volume of Nanofiber Nonwovens. Int. Nonwovens J. 2005, 14 (2), 25 – 36.

[60] Calvo, J. I.; Bottino, A.; Capannelli, G.; Hernández, A. Comparison of Liquid – Liquid Displacement Porosimetry and Scanning Electron Microscopy Image Analysis to Characterise Ultrafiltration Track – Etched Membranes. J. Membr. Sci. 2004, 239, 189 – 197.

[61] Carretero, P.; Molina, S.; Lozano, A.; de Abajo, J.; Calvo, J. I.; Prádanos, P.; Palacio, L.; Hernández, A. Liquid – Liquid Displacement Porosimetry Applied to Several MF and UF Membranes. Desalination 2013, 327, 14 – 23.

[62] Peinador, R. I.; Calvo, J. I.; Pedro Prádanos, P.; Palacio, L.; Hernández, A. Characterisation of Polymeric UF Membranes by Liquid – Liquid Displacement Porosimetry. J. Membr. Sci. 2010, 348, 238 – 244.

[63] Munari, S.; Bottino, A.; Moretti, P.; Capanelli, G.; Becchi, I. Permoporometric Study on Ultrafiltration Membranes. J. Membr. Sci. 1989, 41, 69 – 86.

[64] Kunh, W.; Peterli, E.; Majer, H. Freezing Point Depression of Gels Produced by High Polymer Network. J. Polym. Sci. 1955, 16, 539 – 548.

[65] Rouquerol, J.; Baron, G.; Denoyel, R.; Giesche, H.; Groen, J.; Klobes, P.; Levitz, P.; Neimark, A. V.; Rigby, S.; Skudas, R.; Sing, K.; Thommes, M.; Unger, K. Liquid Intrusion and Alternative Methods for the Characterization of Macroporous Materials. (IUPAC Technical Report). Pure Appl. Chem. 2012, 84 (1), 107 – 136.

[66] Thommes, M.; Skudas, R.; Unger, K. K.; Lubda, D. Textural Characterization of Native and n – Alky – Bonded Silica Monoliths by Mercury Intrusion/Extrusion, Inverse Size Exclusion Chromatography and Nitrogen Adsorption. J. Chromatogr. A 2008, 1191 (1 – 2), 57 – 66.

[67] León, Y.; León, C. A. New Perspectives in Mercury Porosimetry. Adv. Colloid Interface Sci. 1998, 76 – 77, 341 – 372.

[68] Lowell, S.; Shields, J.; Thomas, M. A.; Thommes, M. Characterization of Porous Solids and Powders: Surface Area, Porosity and Density; Kluwer Academic Publishers: The Netherlands, 2004.

[69] Washburn, E. W. Note on a Method of Determining the Distribution of Pore Sizes in a Porous Material. Proc. Natl. Acad. Sci. U. S. A. 1921, 7, 115 – 116.

[70] van Brakel, J.; Modry, S.; Svata, M. Mercury Porosimetry: State of the Art. Powder Technol. 1981, 29, 1 – 12.

[71] Groen, C.; Peffer, L. A. A.; Pérez – Ramírez, J. Incorporation of appropriate contact angles in textural characterization by mercury porosimetry. Stud. Surf. Sci. Catal. 2002, 144, 91 – 98.

[72] ISO 15901 – 1. Pore size Distribution and Porosity of Solid Materials by Mercury Porosimetry and Gas Adsorption. Part 2. Analysis of Macropores by Mercury Porosimetry.

[73] Dees, P. J.; Polderman, J. Mercury Porosimetry in Pharmaceutical Technology. Powder Technol. 1981, 29, 187 – 197.

[74] Moscou, L.; Lub, S. Practical Use of Mercury Porosimetry in the Study of Porous Solids. Powder Technol. 1981, 29, 45 – 52.

[75] Rigby, S. P.; Evbuomwan, I. O.; Watt – Smith, M. J.; Edler, K.; Fletcher, R. S. Using Nano – Cast Model Porous Media and Integrated Gas Sorption to Improve Fundamental Understanding and Data Interpretation in Mercury Porosimetry. Part. Part. Syst. Charact. 2006, 23 (1), 82 – 93.

[76] Felipe, C.; Rojas, F.; Kornhauser, I.; Thommes, M.; Zgrablich, G. Mechanistic and Experimental Aspects of the Structural Characterization of Some Model and Real Systems by Nitrogen Sorption and Mercury Porosimetry. Environ. Sci. Technol. 2006, 24, 623 – 643.

[77] Webb, P. A. PoreSizer 9320, AutoPore 119220, Data Collection, Reduction and Presentation. An International Sales Support Document; Micromeritics, 1993.

[78] Wardlaw, N.; McKellar, M. Mercury Porosimetry and the Interpretation of Pore Geometry in Sedimentary Rocks and Artificial Models. Powder Technol. 1981, 29, 127 – 143.

[79] Salmas, C.; Androutsopoulos, G. Mercury Porosimetry: Contact Angle Hysteresis of Materials with Controlled Pore Structure. J. Colloid Interface Sci. 2001, 239 (1), 178 – 189.

[80] Dullien, F. A. L.; Dhawan, G. K. Bivariante Pore – Size Distribution of Some Sandstones. J. Colloid Interface Sci. 1975, 52 (1), 129 – 135.

[81] Tsakiroglou, C.; Payatakes, A. Mercury Intrusion and Retraction in Model Porous Media. Adv. Colloid Interface Sci. 1998, 75 (3), 215 – 253.

[82] Tsakiroglou, C. D.; Kolonis, G. B.; Roumeliotis, T. C.; Payatakes, A. C. Mercury Penetration and Snap – off in Lenticular Pores. J. Colloid Interface Sci. 1997, 193 (2), 259 – 272.

[83] Giesche, H. Interpretation of Hysteresis "Fine – Structure" in Mercury – Porosimetry Measurements. In Advances in porous Materials, Proceedings of Material Research So-

ciety Symposium, Vol. 371; Komarneni, S., et al., Eds.; Material Research Socie-
ty: Pittsburgh, 1995; pp 505 – 510.

[84] Lowell, S.; Shields, J. Influence of Pore Potential on Hysteresis and Entrapment in
Mercury Porosimetry: Pore Potential/Hysteresis/Porosimetry. J. Colloid Interface Sci.
1982, 90, 203 – 211.

[85] Giesche, H. Mercury Porosimetry: A General (Practical) Overview. Part. Part. Syst.
Charact. 2006, 23, 9 – 19.

[86] Brun, M.; Lallemand, A.; Quinson, J. – F.; Eyraud, C. A new Method for the
Simultaneous Determination of the Size and Shape of Pores: The Thermoporometry.
Thermochim. Acta 1977, 21, 59 – 88.

[87] Homshaw, L. G. High Resolution Heat Flow DSC: Application to Study of Phase
Transitions, and Pore Size Distribution in Saturated Porous Materials. J. Thermal A-
nal. 1980, 19, 215 – 234.

[88] Yortsos, Y. C.; Stubos, A. K. Phase Change in Porous Media. Curr. Opin. Colloid
Interface Sci. 2001, 6, 208 – 216.

[89] Rennie, G. K.; Clifford, J. Melting of Ice in Porous Solids. J. Chem. Soc. Faraday
Trans. 1 1977, 73, 680 – 689.

[90] Jackson, C. L.; McKenna, G. B. The Melting Behavior of Organic Materials Con-
fined in Porous Solids. J. Phys. Chem. 1990, 93 (12), 9002 – 9011.

[91] Ishikiriyama, K.; Todoki, M. Evaluation of Water in Silica Pores Using Differential
Scanning Calorimetry. Thermochim. Acta 1995, 256, 213 – 226.

[92] Hansen, E. W.; Gran, H. C.; Sellevold, E. J. Heat of Fusion and Surface Tension
of Solids Confined in Porous Materials Derived from a Combined Use of NMR and Calo-
rimetry. J. Phys. Chem. B 1997, 101, 7027 – 7032.

[93] Wulff, M. Pore Size Determination by Thermoporometry Using Acetonitrile. Thermo-
chim. Acta 2004, 419, 291 – 294.

[94] Mu, R.; Malhotra, V. M. Effects of Surface and Physical Confinement on the Phase
Transitions of Cyclohexane in Porous Silica. Phys. Rev. B 1991, 44, 4296.

[95] Baba, M.; Nedelec, J. – M.; Lacoste, J.; Gardette, J. – L.; Morel, M. Crosslink-
ing of Elastomers Resulting from Ageing: Use of Thermoporosimetry to Characterise the
Polymeric Network with n – Heptane as Condensate. Polym. Degrad. Stab. 2003, 80,
305 – 313.

[96] Sliwinska – Bartkowiak, M.; Gras, J.; Sikorski, R.; Radhakrishnan, R.; Gelb,
L.; Gubbins, K. E. Phase Transitions in Pores: Experimental and Simulation Studies
of Melting and Freezing. Langmuir 1999, 15 (18), 6060 – 6069.

[97] Husár, B.; Commereuc, S.; Lukáč, I.; Chmela, S.; Nedelec, J. – M.; Baba, M.

Carbon Tetrachloride as Thermoporometry Liquid – Probe to Study the Cross Linking of Styrene Copolymer Networks. J. Phys. Chem. B 2006, 110 (11), 5315 – 5320.

[98] Ishikiriyama, K.; Todoki, M.; Motomura, K. Pore Size Distribution (PSD) Measurements of Silica Gels by Means of Differential Scanning Calorimetry: I. Optimization for Determination of PSD. J. Colloid Interface Sci. 1995, 171 (1), 92 – 102.

[99] Ishikiriyama, K.; Todoki, M. Pore Size Distribution Measurements of Silica Gels by Means of Differential Scanning Calorimetry: II. Thermoporosimetry. J. Colloid Interface Sci. 1995, 171 (1), 103 – 111.

[100] Cuperus, F. P.; Bargeman, D.; Smolders, C. A. Critical Points in the Analysis of Membrane Pore Structures by Thermoporometry. J. Membr. Sci. 1992, 66 (1), 45 – 53.

[101] Christenson, H. K. Confinement Effects on Freezing and Melting. J. Phys. Condens. Matter 2001, 13 (11), R95 – R133.

[102] Quinson, J. F.; Tchipkam, N.; Dumas, J.; Bovier, C.; Serughetti, J. Swelling of Titania Gels in Decane. J. Non – Cryst. Solids 1988, 99 (1), 151 – 159.

[103] Iza, M.; Woerly, S.; Danumah, C.; Kaliaguine, S.; Bousmina, M. Determination of Pore Size Distribution for Mesoporous Materials and Polymeric Gels by Means of DSC Measurements: Thermoporometry. Polymer 2000, 41 (15), 5885 – 5893.

[104] Carr, H. Y.; Purcell, E. M. Effects of Diffusion on Free Precession in Nuclear Magnetic Resonance Experiments. Phys. Rev. 1954, 94 (3), 630 – 637.

[105] Hahn, E. L. Spin Echoes. Phys. Rev. 1950, 80 (4), 580 – 594.

[106] Resing, H. A.; Thompson, J. K.; Krebs, J. J. Nuclear Magnetic Resonance Relaxation Times of Water Adsorbed on Charcoal. J. Phys. Chem. 1964, 68, 1621 – 1627.

[107] Pearson, R. J.; Derbyshire, W. NMR Studies of Water Adsorbed on a Number of Silica Surfaces. J. Colloid Interface Sci. 1974, 46, 232 – 248.

[108] Sing, K. S.; Everett, D. H.; Haul, R. A. W.; Moscou, L.; Pierotti, R. A.; Rouquerol, J.; Siemieniewska Reporting Physisorption Data for Gas/Solid Systems with Special Reference to the Determination of Surface Area and Porosity (Recommendations 1984). Pure Appl. Chem. 1985, 57 (4), 603 – 619.

[109] Langmuir, I. The Adsorption of Gases on Plane Surfaces of Glass, Mica and Platinum. J. Am. Chem. Soc. 1918, 40 (9), 1361 – 1403.

[110] Brunauer, S.; Emmett, P. H.; Teller, E. Adsorption of Gases in Multimolecular Layers. J. Am. Chem. Soc. 1938, 60 (2), 309 – 319.

[111] Flory, P. J. Principles of Polymer Chemistry; Cornell University Press: Ithaca, NY, 1953.

[112] Barrer, R. M.; Barrie, J. A.; Slater, J. Sorption and Diffusion in Ethyl Cellulose. 3. Comparison Between Ethyl Cellulose and Rubber. J. Polym. Sci. 1958, 27 (115), 177-197.

[113] Michaels, A. S.; Vieth, W. R.; Barrie, J. A. Solution of Gases in Polyethylene Terephthalate. J. Appl. Phys. 1963, 34 (1), 1-12.

[114] Noble, R. D.; Stern, S. A. Membrane Separations Technology: Principles and Applications; Elsevier: Amsterdam, 1995; Vol. 2.

[115] Wijmans, J. G.; Baker, R. W. The Solution-Diffusion Model: A Review. J. Membr. Sci. 1995, 107 (1-2), 1-21.

[116] Brown, R. Mikroskopische Beobachtungen über die im Pollen der Pflanzen Enthaltenen Partikeln, und über das Allgemeine Vorkommen Activer Molecüle in Organischen und Unorganischen Körpern. Ann. Phys. 1828, 90 (10), 294-313.

[117] Einstein, A. Un the Movement of Small Particles Suspended in Statiunary Liquids Required by the Molecular-Kinetic Theory of Heat. Ann. Phys. 1905, 17, 549-560.

[118] Hill, T. L.; Scatchard, G.; Pethica, B. A.; Straub, I. J.; SchloGl, R.; Manecke, G.; SchloGl, R.; Nagasawa, M.; Kagawa, I.; Meares, P.; Sollner, K.; Tye, F. L.; Despia, A.; Hills, G. J.; Helfferich, F.; Williams, R. J. P.; Peers, A. M.; Bergsma, F.; Staverman, A. J.; Krishnaswamy, N.; Runge, F.; Wolf, F.; Glueckauf, E.; Reichenberg, D.; Neihof, R.; Keynes, R. D.; Ubbelohde, A. R.; Barrer, R. M. General Discussion. Discuss. Faraday Soc. 1956, 21, 117-140.

[119] Moore, W. J. Physical Chemistry, 4th ed.; Prentice-Hall: Upper Saddle River, NJ, 1972.

[120] Vieth, W. R. Diffusion in and Through Polymers: Principles and Applications; Hanser Publishers: Munich, 1991.

[121] Neogi, P. Diffusion in Polymers; Marcel Dekker: New York, 1996.

[122] Thomas, N. L.; Windle, A. A Theory of Case II Diffusion. Polymer 1982, 23 (4), 529-542.

[123] Witelski, T. P. Traveling Wave Solutions for Case II Diffusion in Polymers. J. Polym. Sci. B Polym. Phys. 1996, 34 (1), 141-150.

[124] Robeson, L. M. The Upper Bound Revisited. J. Membr. Sci. 2008, 320 (1-2), 390-400.

[125] Sípek, M.; Jehlicka, V.; Quang, N. X. Thermal-Conductivity Method of Determination of Transport-Properties of Gases and Vapors in Polymeric Membranes. Chem. Listy 1982, 76 (3), 273-286.

[126] Pilnáček, K. ; Vopička, O. ; Lanč, M. ; Dendisová, M. ; Zgaˇzar, M. ; Budd, P. M. ; Carta, M. ; Malpass – Evans, R. ; McKeown, N. B. ; Friess, K. Aging of Polymers of Intrinsic Microporosity Tracked by Methanol Vapor Permeation. J. Membr. Sci. 2016, 520, 895 – 906.

[127] Vopička, O. ; Friess, K. ; Hynek, V. ; Sysel, P. ; Zgazar, M. ; Sipek, M. ; Pilnáček, K. ; Lanc, M. ; Jansen, J. C. ; Mason, C. R. ; Budd, P. M. Equilibrium and Transient Sorption of Vapours and Gases in the Polymer of Intrinsic Microporosity PIM – 1. J. Membr. Sci. 2013, 434, 148 – 160.

[128] Mamaliga, I. ; Schabel, W. ; Kind, M. Measurements of Sorption Isotherms and Diffusion Coefficients by Means of a Magnetic Suspension Balance. Chem. Eng. Process Process Intensif. 2004, 43 (6), 753 – 763.

[129] Mikkilineni, S. P. ; Tree, D. A. ; High, M. S. Thermophysical Properties of Penetrants in Polymers via a Piezoelectric Quartz Crystal Microbalance. J. Chem. Eng. Data 1995, 40 (4), 750 – 755.

[130] Koros, W. J. ; Paul, D. Design Considerations for Measurement of Gas Sorption in Polymers by Pressure Decay. J. Polym. Sci. Polym. Phys. Ed. 1976, 14 (10), 1903 – 1907.

[131] Davis, P. K. ; Lundy, G. D. ; Palamara, J. E. ; Duda, J. L. ; Danner, R. P. New Pressure – Decay Techniques to Study Gas Sorption and Diffusion in Polymers at Elevated Pressures. Ind. Eng. Chem. Res. 2004, 43 (6), 1537 – 1542.

[132] Alfrey, T. ; Gurnee, E. ; Lloyd, W. Diffusion in Glassy Polymers, Journal of Polymer Science Part C: Polymer Symposia; Wiley Online Library, 1966; pp 249 – 261.

[133] Petropoulos, J. H. ; Sanopoulou, M. ; Papadokostaki, K. G. Physically Insightful Modeling of Non – Fickian Kinetic Regimes Encountered in Fundamental Studies of Isothermal Sorption of Swelling Agents in Polymeric Media. Eur. Polym. J. 2011, 47 (11), 2053 – 2062.

[134] Pomerantsev, A. L. Phenomenological Modeling of Anomalous Diffusion in Polymers. J. Appl. Polym. Sci. 2005, 96 (4), 1102 – 1114.

[135] Hansen, C. M. The Significance of the Surface Condition in Solutions to the Diffusion Equation: Explaining "Anomalous" Sigmoidal, Case II, and Super Case II Absorption Behavior. Eur. Polym. J. 2010, 46 (4), 651 – 662.

[136] Krishna, R. ; Wesselingh, J. A. The Maxwell – Stefan Approach to Mass Transfer. Chem. Eng. Sci. 1997, 52 (6), 861 – 911.

[137] Zawodzinski, T. A. , Jr. ; Neeman, M. ; Sillerud, L. O. ; Gottesfeld, S. Determination of Water Diffusion Coefficients in Perfluorosulfonate Ionomeric Membranes. J. Phys. Chem. 1991, 95 (15), 6040 – 6044.

[138] Every, H. A.; Hickner, M. A.; McGrath, J. E.; Zawodzinski, T. A., Jr. An NMR Study of Methanol Diffusion in Polymer Electrolyte Fuel Cell Membranes. J. Membr. Sci. 2005, 250 (1 −2), 183 −188.

[139] Jansen, C. J.; Friess, K.; Tocci, E.; Macchione, M.; De Lorenzo, L.; Heuchel, M.; Yampolskii, Y. P.; Drioli, E. Amorphous Glassy Perfluoropolymer Membranes of Hyflon ADs : Free Volume Distribution by Photochromic Probing and Vapour Transport Properties. In Membrane Gas Separation; John Wiley & Sons: West Sussex, 2010; pp 59 −83.

[140] Crank, J. The Mathematics of Diffusion ; Clarendon Press: Oxford, 1975.

[141] Zgažar, M.; Dubcová, M.; Šípek, M.; Friess, K. Derivation of the Permeation E-quation for Diffusion of Gases and Vapors in Flat Membrane by Using Laplace Transform. Desalin. Water Treat. 2013, 51 (22 −24), 4343 −4349.

[142] Dušek, V.; Šípek, M.; Sunková, P. Determination of Diffusion Coefficients of Gases Through a Flat Polymeric Membrane by the Method of Non −Linear Regression. Collect. Czech. Chem. Commun. 1993, 58 (12), 2836 −2845.

[143] Nikolaev, N. Diffusion in Membranes; Khimiya: Moscow, 1980; p 232.

附录　部分彩图

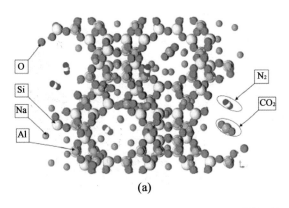

(a)

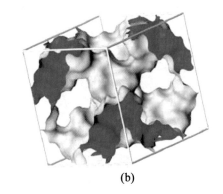

(b)

图 2.11

大相分离成膜

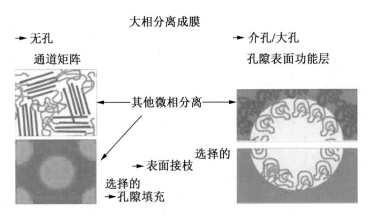

图 5.12

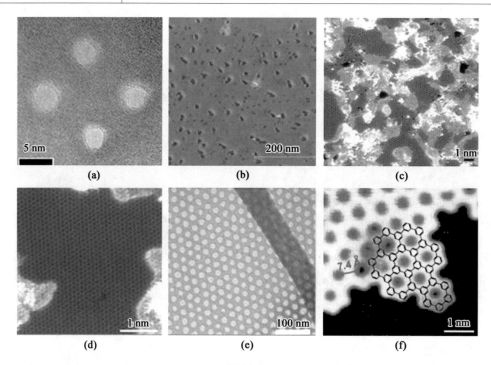

图 14.3

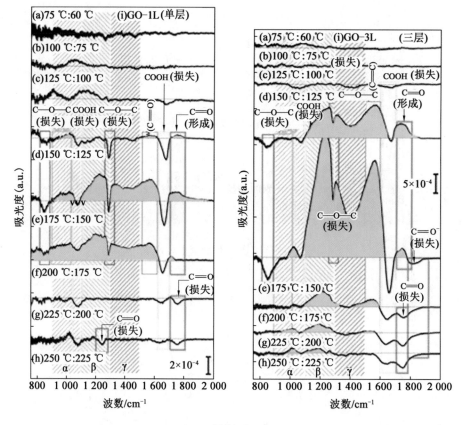

图 14.6

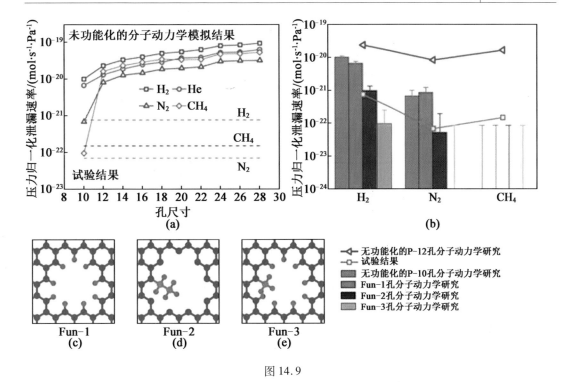

图 14.9

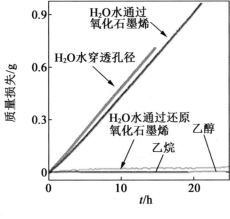

图 14.11

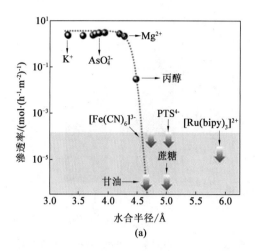

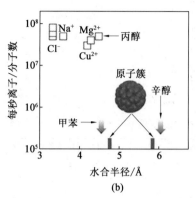

图 14.17

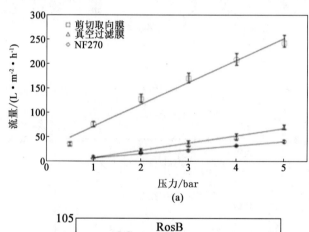

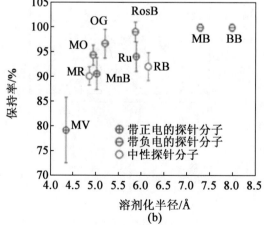

图 14.19

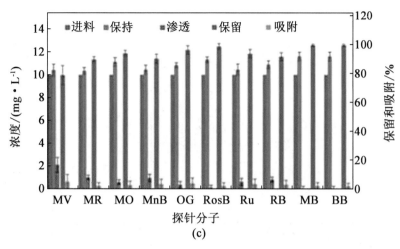

(c)

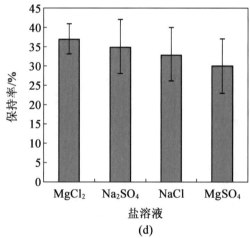

(d)

续图 14.19

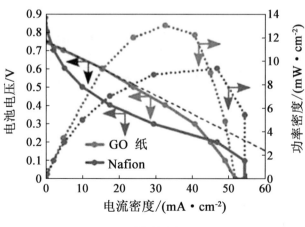

图 14.21

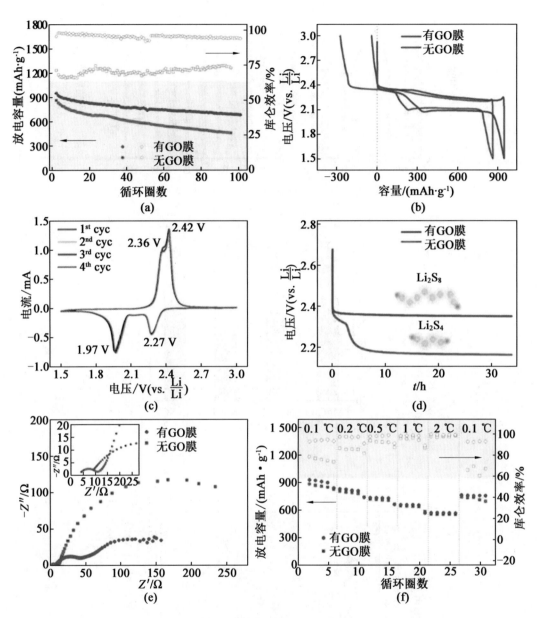

图 14.23

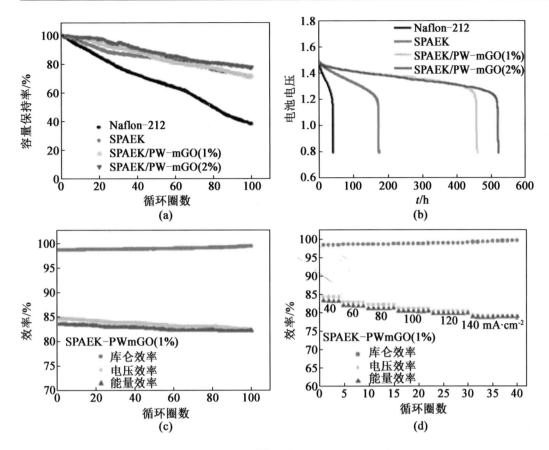

图 14.24

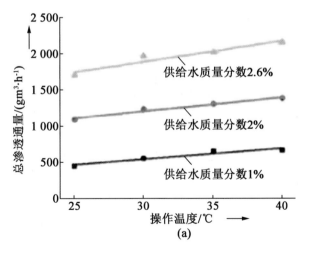

图 14.25

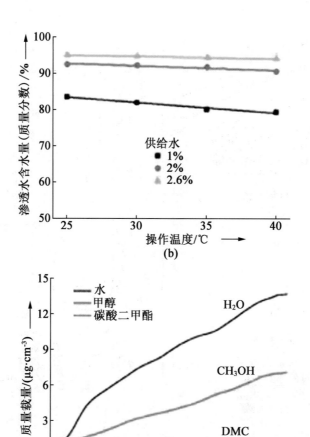

续图 14.25

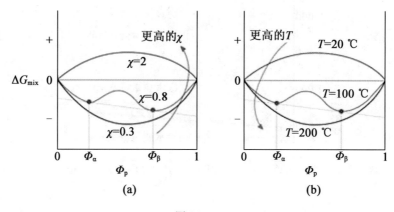

图 15.4

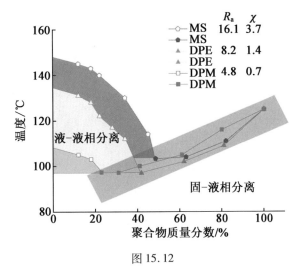

图 15.12